Zur Sache 5/88

Schutz der Erdatmosphäre

Eine internationale Herausforderung

Zwischenbericht der Enquete-Kommission
des 11. Deutschen Bundestages
„Vorsorge zum Schutz der Erdatmosphäre“
mit Plenardebatte am
9. März 1989

CIP-Titelaufnahme der Deutschen Bibliothek

Schutz der Erdatmosphäre: Eine internationale Herausforderung; Zwischenbericht der Enquete-Komm. des 11. Deutschen Bundestages „Vorsorge zum Schutz der Erdatmosphäre" / [Hrsg.: Dt. Bundestag, Referat Öffentlichkeitsarbeit, Bonn]. –
Bonn: Dt. Bundestag, Referat Öffentlichkeitsarbeit, 1988
(Zur Sache; 88,5)
ISBN 3-924521-27-1
NE: Deutschland <Bundesrepublik> / Enquete-Kommission Vorsorge zum Schutz der Erdatmosphäre; GT

Herausgeber:
Deutscher Bundestag
Referat Öffentlichkeitsarbeit
Bonn 1989
2. erweiterte Auflage

Gesamtherstellung:
Bonner Universitäts-Buchdruckerei

Vorwort

Bernd Schmidbauer, MdB

Bereits elf Monate nach ihrer Konstituierung legt die Enquete-Kommission dem Deutschen Bundestag ihren Zwischenbericht vor, in dem sie nicht nur eine detaillierte Bestandsaufnahme zum Ozonabbau in der Stratosphäre und zum Treibhauseffekt vornimmt, sondern vor allem weitreichende Maßnahmen zum Schutz der Erdatmosphäre empfiehlt.

Die Kommission hat namhafte Wissenschaftler, Vertreter aus Politik und Wirtschaft und die zuständigen Minister gehört, mit Umwelt- und Verbraucherverbänden sowie internationalen Organisationen diskutiert, intensive Beratungen mit hochrangigen Gesprächspartnern aus dem In- und Ausland geführt und sich auf internationalen Fachtagungen über den aktuellen Sachstand informiert.

Besondere Schwerpunkte unserer bisherigen Arbeit waren sowohl die stratosphärische Ozonabnahme als auch die weltweiten Klimaänderungen. Beide Problembereiche sind intensiv untersucht worden. Soweit möglich, werden bereits jetzt konkrete Handlungsempfehlungen gegeben und der Forschungsbedarf aufgezeigt.

Nachdem mit dem Wiener Übereinkommen und dem Montrealer Protokoll inzwischen wichtige Grundlagen geschaffen sind, gilt es jetzt, diese Abkommen möglichst schnell dem Stand der Wissenschaft anzupassen und entsprechend zu verschärfen. Da vergleichbare Vereinbarungen zur Eindämmung des Treibhauseffektes noch nicht bestehen, schlägt die Kommission eine internationale Konvention zum Schutz der Erdatmosphäre vor. Hier wird ein Schwerpunkt der künftigen weltweiten Anstrengungen zur Lösung dieser Problematik liegen.

Trotz mancher kontroverser Ausgangspunkte, verschiedener Argumentationen und Fragestellungen, haben sich die Mitglieder der Kommission in dem Bewußtsein der Dringlichkeit und der weltweiten Bedeutung der Aufgabenstellung um gemeinsame Aussagen bemüht. Diese sollen weder düstere Mahnungen noch hypothetische Problemdiagnosen darstellen, sondern in erster Linie dem Deutschen Bundestag und der Bundesregierung als Grundlage für ihre Entscheidungen dienen. Die Kommission versteht sich vorrangig nicht als wissenschaftliches Diskussionsgremium, sondern will durch den direkten Dialog zwischen Politik und Wissenschaft den Weg für politische Entscheidungen erheblich verkürzen. Dies sehen wir als Chance und Aufgabe unserer Enquete-Kommission.

Wir verstehen unsere Handlungsempfehlungen für den Deutschen Bundestag als Vorschläge, die möglichst bald einer parlamentarischen Beratung und Beschlußfassung zugeführt werden sollen. Wir wollen unseren Bericht auch verstanden wissen als einen Beitrag für notwendige internationale Lösungen.

Ich bitte alle, die diesen Bericht lesen, um Anregungen, Hinweise und konstruktive Kritik.

Mein herzlicher Dank gilt dem Präsidenten des Deutschen Bundestages für die wohlwollende Unterstützung, die er der Kommission gewährt hat. Ebenfalls danke ich allen Kommissionsmitgliedern für die gute und intensive Zusammenarbeit, die unabdingbare Voraussetzung für diesen Zwischenbericht war. Mein Dank gilt auch allen Sachverständigen, besonders den Professoren Dr. Flohn, Dr. Schönwiese und Dr. Graßl für ihre Beiträge im Verlauf der Beratungen für unseren Zwischenbericht. Meinen besonderen, persönlichen Dank und den Dank der Kommission möchte ich dem Sekretariat für seinen beispiellosen und vorbildlichen Einsatz sowie die hervorragende Zusammenarbeit aussprechen. Ohne diese Leistung in den vergangenen Monaten in ständiger, zusätzlicher Nacht- und Wochenendarbeit wäre dieser Bericht in dieser Form und zu diesem Zeitpunkt nicht möglich gewesen. Darüber hinaus danke ich dem Direktor beim Deutschen Bundestag und all denjenigen Stellen in der Verwaltung, die in besonderem Maße die Kommission in ihrer schwierigen und intensiven Arbeit unterstützt haben.

Bonn, den 3. November 1988

Bernd Schmidbauer, MdB

Vorsitzender der Enquete-Kommission
Vorsorge zum Schutz der Erdatmosphäre

Vorwort zur zweiten Auflage

Der erste Zwischenbericht der Enquete-Kommission ist in Politik und Wissenschaft, in den Medien und in der Bevölkerung auf so großes Interesse und positive Resonanz gestoßen, daß bereits nach weniger als sechs Monaten die vorliegende zweite Auflage notwendig geworden ist.

Eine Reihe von politischen Gremien hat sich intensiv mit dem Bericht auseinandergesetzt und sich den darin enthaltenen Darstellungen und Vorschlägen angeschlossen. So haben beispielsweise die Konferenz der Umweltminister des Bundes und der Länder im November 1988 und einige Landesregierungen die Vorschläge der Kommission zur Reduzierung der FCKW einstimmig angenommen. Der Deutsche Bundestag hat den Zwischenbericht bereits am 7. Dezember 1988 in erster Lesung beraten und in seiner 131. Sitzung am 9. März 1989 in einer ersten Entschließung einvernehmlich sowohl den im Bericht enthaltenen Analysen zum gegenwärtigen Sachstand in bezug auf den Ozonabbau in der Stratosphäre und den Treibhauseffekt sowie den daraus zu ziehenden Schlußfolgerungen als auch den Maßnahmevorschlägen inhaltlich voll zugestimmt. Der Beschluß des Deutschen Bundestages und die Plenardebatte vom 9. März 1989 sind im Anhang der vorliegenden Ausgabe abgedruckt.

Zahlreiche internationale Konferenzen befaßten sich seit der Veröffentlichung des Berichtes mit der Thematik des Ozonabbaus in der Stratosphäre und dem Treibhauseffekt. Auf Regierungsebene haben im Rahmen einer internationalen Umweltschutzkonferenz in Den Haag am 11. März 1989 die Staats- und Regierungschefs aus 24 Ländern zu internationalen Umweltproblemen, namentlich auch zum Schutz der Erdatmosphäre und zur Bekämpfung der Klimaveränderungen eine Resolution verabschiedet. Ein zwischenstaatliches Gremium für Klimaveränderungen (IPCC) befaßt sich mittlerweile mit der Problematik des Treibhauseffektes. Desweiteren wird die von der Enquete-Kommission geforderte Verschärfung des Montrealer Protokolls im Rahmen einer internationalen Regierungskonferenz gegenwärtig in Helsinki erörtert. Gerade die Entwicklung der vergangenen Wochen, namentlich die Signale aus verschiedenen Ländern und auch aus dem industriellen Bereich, zeigen, daß eine realistische Chance besteht, die vom Deutschen Bundestag beschlossenen Vorschläge der Enquete-Kommission auch auf internationaler Ebene zu verwirklichen.

Auf nationaler Ebene hat der Bundesminister für Umwelt, Naturschutz und Reaktorsicherheit mit der Umsetzung der Vorgaben des Bundestagsbeschlusses vom 9. März 1989 begonnen und die Enquete-Kommission bereits über den gegenwärtigen Stand der Bemühungen informiert.

Die Kommission hat zwischenzeitlich die Thematik des Schutzes der Erdatmosphäre in einem mehrstündigen Gespräch mit Bundeskanzler Dr. Kohl intensiv erörtert und ein weiteres Gespräch mit dem Vorsitzenden der SPD-Bundestagsfraktion geführt. Auch die Fraktionsvorstände weiterer Bundestagsfraktionen werden in Kürze mit der Kommission Gespräche führen.

Die Schwerpunkte der gegenwärtigen Kommissionsarbeit liegen zum einen in der Aufarbeitung der Thematik des Schutzes der tropischen Wälder. Hierzu führt die Kommission im Verlauf der kommenden Wochen intensive öffentliche Anhörungen mit namhaften Wissenschaftlern aus aller Welt durch und wird dazu im Herbst des Jahres einen gesonderten Zwischenbericht vorlegen. Einen weiteren Arbeitsschwerpunkt bildet die Thematik der Vermeidung und Reduktion energiebedingter klimarelevanter Spurengase sowie der mögliche Inhalt einer internationalen Konvention zum Schutz der Erdatmosphäre. Zur Bewältigung dieses Themenkomplexes wurde ein umfassendes Studienprogramm in die Wege geleitet. Die Arbeiten werden in diesen Tagen beginnen und sollen bis zum Ende des Jahres die Grundlagen für die Entwicklung erster robuster Maßnahmenvorschläge in diesem Problembereich liefern.

Es ist auch darauf hinzuweisen, daß der Deutsche Bundestag in seiner Sitzung am 7. Dezember 1988 eine Erhöhung der Zahl der Sachverständigen in der Enquete-Kommission beschlossen hat. Die Präsidentin des Deutschen Bundestages hat aufgrund dessen als weitere Kommissionsmitglieder Professor Dr. Dr. Rudolf Dolzer, Max-Planck-Institut für Ausländisches Öffentliches Recht in Heidelberg, und Professor Dr. Hartmut Graßl, Fachbereich Geowissenschaften der Universität Hamburg und Direktor am Max-Planck-Institut für Meteorologie in Hamburg sowie Vorsitzender des Klimabeirats beim Bundesminister für Forschung und Technologie in die Kommission berufen.

Im Vorwort zur ersten Auflage hatte ich alle, die den Bericht lesen, um Anregung, Hinweise und konstruktive Kritik gebeten. Für die zahlreichen Schreiben, die vielfältigen Hinweise und die äußerst positive Resonanz, die der Bericht bewirkt hat, möchte ich an dieser Stelle allen sehr herzlich danken. Die Zuschriften bestätigen die Kommission in ihrem Bemühen, in der bisherigen konstruktiven und um Konsens bemühten Arbeitsweise fortzufahren.

Mein besonderer Dank gilt darüber hinaus allen, die im Rahmen ihrer eigenen Arbeit und Zuständigkeiten tatkräftig an der Verwirklichung der Zielsetzungen der Enquete-Kommission mitwirken und die Kommission im Rahmen ihrer Arbeit unterstützen.

Bonn, den 25. April 1989

Bernd Schmidbauer, MdB

Vorsitzender der Enquete-Kommission
Vorsorge zum Schutz der Erdatmosphäre

Mitglieder der Enquete-Kommission

Stand: 4. November 1988

Bernd Schmidbauer, MdB (CDU/CSU)
Vorsitzender

Dr. Liesel Hartenstein, MdB (SPD)
Stellvertretende Vorsitzende

Dr. Eike Götz, MdB (CDU/CSU)
Herbert Lattmann, MdB (CDU/CSU)
Dr. Klaus W. Lippold (Offenbach), MdB (CDU/CSU)
Heinrich Seesing, MdB (CDU/CSU)
Prof. Monika Ganseforth, MdB (SPD)
Volker Jung (Düsseldorf), MdB (SPD)
Michael Müller (Düsseldorf), MdB (SPD)
Dr. Inge Segall, MdB (FDP)
Dr. Wilhelm Knabe, MdB (DIE GRÜNEN)

Prof. Dr. Wilfrid Bach
Prof. Dr. Dr. Paul Crutzen
Prof. Dr. Klaus Heinloth
Prof. Dr. Peter Hennicke
Prof. Dr. Klaus Michael Meyer-Abich, Senator a.D.
Prof. Dr. Hans Michaelis, Generaldirektor a.D.
Prof. Dr. Wolfgang Schikarski
Prof. Dr. Wolfgang Seiler
Prof. Dr. Reinhard Zellner

Sekretariat

Bodo Bahr (Leiter)

Hartmut Behrend
Dr. Wolfhart Dürrschmidt
Anneke Trux
Renate Zimmermann
Dieter Wehrend
Ingrid Schneidenbach
Sabine Dresen
Dagmar Schneider

Inhaltsübersicht

Seite

Inhaltsverzeichnis

Seite

Erster Zwischenbericht

ABSCHNITT A

Zusammenfassung und erste Empfehlungen

Zusammenfassung

Menschliche Eingriffe in die Natur sind auch zu einer Bedrohung der Erdatmosphäre geworden und gefährden das Leben auf der Erde.

Zwei große Problembereiche — der Ozonabbau in der Stratosphäre und der Treibhauseffekt — werden zu einer immer größeren Herausforderung für die Menschheit, wenn der gegenwärtigen Entwicklung nicht frühzeitig und umfassend Einhalt geboten wird.

Ursache sind durch menschliche Aktivitäten freigesetzte Spurengase.

Für den Ozonabbau in der Stratosphäre sind hauptsächlich verschiedene chlorhaltige Substanzen verantwortlich, im wesentlichen die Fluorchlorkohlenwasserstoffe (FCKW). Sie werden ausschließlich industriell produziert. Der größte Anwendungsbereich war bis vor wenigen Jahren der Einsatz als Treibmittel in Spraydosen. Mittlerweile werden die FCKW vorwiegend bei der Kunststoffverschäumung, als Löse- und Reinigungsmittel sowie als Kühlmittel in der Kälte- und Klimatechnik verwendet.

Für den Treibhauseffekt sind folgende durch den Menschen verursachte Spurengase verantwortlich:

— Kohlendioxid mit derzeit etwa 50 Prozent, im wesentlichen bedingt durch die Verbrennung fossiler Energieträger

- Methan mit derzeit etwa 19 Prozent, das unter anderem aus dem Reisanbau, Verlusten bei der Gewinnung und Nutzung fossiler Energien, der Rinderhaltung und Mülldeponien stammt,
- die FCKW mit derzeit etwa 17 Prozent
- und in geringerem Umfang das Ozon in der Troposphäre und Distickstoffoxid.

Ein Verursacher, die Stoffgruppe der FCKW, ist an der Ozonzerstörung im wesentlichen und am Treibhauseffekt erheblich beteiligt. Dabei handelt es sich um industrielle Produkte, die bereits gegenwärtig zum großen Teil und in einigen Jahren fast völlig durch chlorfreie Stoffe und andere Substitutionsmöglichkeiten ersetzt werden können, die die Ozonschicht nicht mehr gefährden.

Zur Reduktion der FCKW sind bereits in einer Reihe von Ländern Maßnahmen ergriffen und mit dem Wiener Übereinkommen und dem Montrealer Protokoll zum Schutz der Ozonschicht erste internationale Abkommen geschlossen worden. Diese sind zwar unzureichend, bieten aber den Einstieg, möglichst bald zu weiteren effektiven weltweiten Maßnahmen zu gelangen, die auf der Basis der gegenwärtigen wissenschaftlichen Erkenntnisse geeignet sind, katastrophale Schäden abzuwenden.

Die bisher eingeleiteten und geplanten Maßnahmen zur Reduktion der FCKW waren vor allem zur Rettung der Ozonschicht in Angriff genommen worden. Künftige Maßnahmen werden die Treibhausrelevanz der FCKW und deren Bedeutung zur Eindämmung des Treibhauseffektes in voller Schärfe berücksichtigen müssen.

Über die FCKW als Verursacher der Ozonzerstörung ist sich die Wissenschaft einig. Auch die wissenschaftlichen Erkenntnisse zum Treibhauseffekt sind in den Grundaussagen bereits so zwingend, daß so bald wie möglich weitreichende Maßnahmen zur Reduzierung der Spurengasemissionen eingeleitet werden müssen.

Im Verhältnis zu den FCKW stellen sich bei der Reduzierung der anderen zum Treibhauseffekt beitragenden Spurengase ungleich schwierigere Probleme. Weitgehende Maßnahmen, etwa zur Reduktion der Kohlendioxidemissionen, würden tief in die Energiepolitik der verschiedenen Länder eingreifen. Hier gilt es, den sich dabei stellenden großen Problemen in den kommenden Jahren volle Aufmerksamkeit zu widmen und Strategien für eine internationale und nationale Lösung des Problems zu entwickeln.

Im folgenden werden der naturwissenschaftliche Kenntnisstand zu beiden Problembereichen, die möglichen zukünftigen Entwicklungen und Auswirkungen, die wirtschaftliche, technische und — dort wo bereits Maßnahmen eingeleitet wurden — die bisherige politische und rechtliche Entwicklung zusammengefaßt. Anschließend werden die sich auf der Basis der bisherigen Kommissionsarbeit ergebenden ersten Empfehlungen ausführlich dargelegt. Dabei geben die wesentlichen Ergebnisse der einzelnen Kapitel einen Gesamtüberblick über die Einzeldarstellungen.

Im Anschluß daran werden die Maßnahmenvorschläge aus den Einzelabschnitten kapitelbezogen zusammenhängend dargestellt.

Zu Abschnitt C

Zum 1. Kapitel

Darstellung des aktuellen naturwissenschaftlichen Kenntnisstandes

1. Beobachtete Veränderungen des Ozons in der Stratosphäre

Die bereits jetzt festzustellende Ozonzerstörung in der Stratosphäre hat bedrohliche Ausmaße angenommen.

Besonders drastische Ozonabnahmen werden während der Monate September und Oktober über der Antarktis gemessen. Dort sind zeitweise mehr als 50 Prozent des Gesamtozons und im Höhenbereich 15 bis 20 km mehr als 95 Prozent zerstört. Mittlerweile hat dieses Phänomen eine Flächenausdehnung von der Größe der Vereinigten Staaten von Amerika (USA) erreicht. Der massive Ozonabbau beginnt mit der ersten Wiederkehr der Sonnenstrahlung nach der Polarnacht im späten August. Erst gegen Anfang Dezember hat sich die Ozonschicht wieder weitgehend erholt. Zwar ist der Ozonabbau am stärksten während des Frühlings ausgeprägt, aber Meßdaten zeigen, daß der Gesamtozongehalt in allen Breiten südlich des 60. Breitengrades seit 1979 im Jahresmittel um mehr als 5 Prozent abgenommen hat.

Die Abnahme des Ozongehaltes in der globalen Stratosphäre ist im Vergleich zur Stratosphäre über der Antarktis schwächer ausgeprägt. Jedoch wird auch hier ein Ozonabbau — besonders in den Wintermonaten — beobachtet.

Eine Neubewertung und Überprüfung langjähriger Ozonmeßreihen, die sowohl an Bodenstationen als auch von Satelliten aus durchgeführt wurden, wurde von dem im Oktober 1986 ins Leben gerufenen „Ozone Trends Panel" (OTP) vorgenommen. Dieses Gremium von über hundert Wissenschaftlern wurde von der National Aeronautics and Space Administration (NASA) in Zusammenarbeit mit der National Oceanic and Atmospheric Administration (NOAA), der amerikanischen Luftfahrtbehörde (Federal Aviation Administration (FAA)), der World Meterological Organization (WMO) und dem Umweltprogramm der Vereinten Nationen (United Nations Environment Program (UNEP)) gegründet. Der OTP stellte sich die Aufgabe, das vorhandene Datenmaterial sorgfältig zu überprüfen. Die Zusammenfassung der Ergebnisse des OTP-Berichtes, die im folgenden eine wichtige Rolle spielen werden, wurde im Frühjahr 1988 vorgelegt. Diese Auswertung bestätigte, daß eine alarmierende Veränderung sowohl in der Stratosphäre über der Antarktis als auch in der globalen Atmosphäre stattfindet.

Die Ergebnisse lassen sich wie folgt zusammenfassen:

- Die Ozonsäulendichte der Nordhemisphäre (Breitenband 30 bis 64° N) hat zwischen 1969 und 1986 um 1,7 bis 3 Prozent abgenommen. Gemittelt über die Wintermonate, betrug die Abnahme zwischen 2,3 und 6,2 Prozent.
- In der oberen Stratosphäre hat bei etwa 40 Kilometern (km) die Ozonkonzentration seit 1979 global um 3 bis 9 Prozent abgenommen. Im selben Zeitraum ist die Temperatur der Stratosphäre in Höhen zwischen 45 und 55 km um etwa 1,7° Celsius gesunken.
- Seit 1979 ist die Ozongesamtsäulendichte für alle geographischen Breiten südlich von etwa 60° S um etwa 5 Prozent gesunken.
- Die Ozonschicht der antarktischen Atmosphäre nimmt seit Mitte der siebziger Jahre jährlich wiederkehrend und in immer stärkerem Ausmaß während der Monate September und Oktober ab.
- Die beobachteten Abnahmen betrugen 1987 mehr als 50 Prozent in der Gesamtsäule und mehr als 95 Prozent zwischen 15 und 20 km Höhe.
- Spurengasmessungen zeigen eindeutig, daß die atmosphärischen Konzentrationen einer Reihe von Gasen, die bei der Zerstörung des Ozons eine wichtige Rolle spielen, global aufgrund anthropogener Aktivitäten stark ansteigen. Zu diesen Gasen zählen Fluorchlorkohlenwasserstoffe (FCKW), Tetrachlorkohlenstoff (CCl_4), Methylchloroform (CH_3CCl_3), Halone (bromhaltige Verbindungen wie $CBrF_3$ und $CBrClF_2$), Distickstoffoxid (N_2O) und Methan (CH_4).

Die drastischen Ozonabnahmen über der Antarktis wurden wissenschaftlich nicht vorhergesehen und können zur Zeit nicht im vollen Umfang theoretisch erklärt werden. Zudem hat sich gezeigt, daß die Rechenmodelle auch heute noch die globale Ozonzerstörung unterschätzen.

Eine für die Deutung des antarktischen Ozonlochs sehr wichtige Beobachtung ist die zunehmende Konzentration von Chlormonoxid (ClO)-Radikalen, deren Konzentration und Verteilung unter anderem durch Messungen vor Ort an Bord eines Höhenflugzeugs direkt bestimmt wurde. ClO spielt bei der katalytischen Ozonzerstörung eine bedeutende Rolle. Seine Konzentration ist innerhalb des Polarwirbels im Zentrum des Ozonlochs bis auf das Fünfhundertfache gegenüber der übrigen Stratosphäre angewachsen und erreicht Werte von etwa 1 ppb [1]).

---

[1]) In der Atmosphärenforschung hat sich eingebürgert, den Spurenstoffgehalt als Mischungsverhältnis (= Molenbruch) anzugeben. Hierbei wird das Volumenmischungsverhältnis definiert als das Verhältnis der Moleküle eines Gases zu der Gesamtzahl aller Moleküle. Folgende Abkürzungen sind gebräuchlich:
1 ppm (1 part per million) : 10^{-6} (1 Teil auf 1 Million)
1 ppb (1 part per billion) : 10^{-9} (1 Teil auf 1 Milliarde)
1 ppt (1 part per trillion) : 10^{-12} (1 Teil auf 1 Billion)

Als Folge dieses, im Vergleich zur „natürlichen" Stratosphäre stark erhöhten Chlorgehaltes, wird das Ozon in einigen Höhenbereichen zeitweise fast vollständig abgebaut.

Die beobachteten kurzzeitigen Ozonverluste in der Stratosphäre der Arktis sind wahrscheinlich Folgen dynamischer Effekte und vermutlich schon immer aufgetreten. Jedoch deuten Konzentrationsmessungen der ClO- und OClO-Radikale auch auf eine Störung der Chlorchemie über der Arktis hin. Die Konzentration beider Radikale ist gegenüber den Modellvoraussagen etwa um das Zehnfache erhöht. Dies ist erheblich geringer als im Südpolarwinter, aber doch signifikant.

2. Wissenschaftliche Grundlagen

Die Erdatmosphäre besteht hauptsächlich aus Stickstoff (N_2), Sauerstoff (O_2), Argon (Ar) und Kohlendioxid (CO_2), die relativen Volumenanteile betragen 78,08 Prozent, 20,95 Prozent, 0,94 Prozent beziehungsweise 0,035 Prozent. Die Konzentration von Wasserdampf schwankt stark.

Darüber hinaus enthält die Erdatmosphäre eine große Anzahl von Spurengasen. Trotz ihrer verschwindend geringen Konzentrationen, die im Bereich von ppm bis ppt liegen, haben viele dieser Spurengase entscheidenden Einfluß auf eine Reihe von Prozessen, die das Klima stark beeinflussen und das Leben auf der Erde ermöglichen und schützen.

Die untere Atmosphäre wird in zwei deutlich voneinander getrennte Schichten eingeteilt.

In der Troposphäre, der untersten Schicht der Atmosphäre bis in etwa 10 km Höhe, nimmt die Temperatur mit zunehmender Höhe ab. In der darüberliegenden Stratosphäre (bis etwa 50 km Höhe) wird hingegen ein Temperaturanstieg mit der Höhe (Temperaturinversion) beobachtet, weil Ozon dort Strahlung absorbiert. Diese Temperaturinversion erschwert den vertikalen Transport von Schadstoffen. Während die meisten Spurengase und Aerosole in der Troposphäre durch verschiedene „Reinigungsmechanismen" aus der Atmosphäre entfernt und am Erdboden abgelagert werden, fehlen diese Mechanismen in der Stratosphäre. Aus diesem Grund können Spurenstoffe sehr lange, das heißt mehrere Jahre oder Jahrzehnte, in der Stratosphäre verbleiben.

In der Stratosphäre befindet sich der Hauptanteil des Ozons (etwa 90 Prozent). Die maximalen Ozonmischungsverhältnisse von etwa 10 ppm liegen in etwa 30 km Höhe. Die höchsten Ozonkonzentrationen befinden sich mit etwa 5×10^{12} Molekülen pro cm^3 in den Tropen in etwa 25 km Höhe und in höheren Breiten bis etwa 15 km Höhe. Die mittleren Gesamtozonmengen bewegen sich zwischen 250 DU [1]) am Äquator und 300 bis 500 DU an den Polen. Die mittlere Vertikal- und Gesamt-

---

[1]) Im allgemeinen wird die Ozongesamtmenge über einer bestimmten Stelle der Erdoberfläche in Dobson-Einheiten (Dobson-Units, DU) angegeben. 100 DU entsprechen einer Luftschicht von 1 mm Dicke bei Atmosphärendruck (1013 hPa) und einer Temperatur von 298 K.

ozonverteilung hängt in der ungestörten Stratosphäre von der geographischen Breite und der Jahreszeit ab. Die durch FCKW bedingte Ozonzerstörung hat jedoch zu einer Veränderung dieser natürlichen Verteilung geführt. Seit etwa 10 Jahren sinkt der Ozongehalt während des Frühlings über der Antarktis, im Jahr 1987 fielen die Werte auf fast 100 DU.

Bis vor etwa zwei Jahrzehnten wurde angenommen, daß das Ozon in der Troposphäre (etwa 10 Prozent des Gesamtgehaltes) ausschließlich aus der Stratosphäre stammt. Heute ist bekannt, daß der Eintrag aus der Stratosphäre nur für einen Bruchteil verantwortlich ist. Die Untersuchung historischer Ozondaten zeigt, daß in der Troposphäre im vorindustriellen Zeitalter das Ozonniveau bei nur etwa 10 ppb lag und damit deutlich geringer war als zur heutigen Zeit. Derzeit werden in der nördlichen Hemisphäre im Mittel etwa 30 ppb beobachtet, durch menschlichen Einfluß treten jedoch kurzzeitig Spitzenbelastungen von über 200 ppb auf.

Die Zunahme des Ozons in der Troposphäre beträgt auf der Nordhemisphäre seit 1970 jährlich etwa 0,5 bis 1 Prozent und etwa 2 Prozent in stark schadstoffbelasteten Gebieten.

Ozon hat in den beiden Atmosphärenschichten eine völlig unterschiedliche Bedeutung.

Die Ozonschicht in der Stratosphäre wirkt als UV-B-Filter und schützt das Leben auf der Erdoberfläche vor kurzwelliger Strahlung. Eine Abnahme der Ozonschicht bedeutet daher, daß ein größerer Anteil der ultravioletten Strahlung im Bereich von 290 bis 310 nm die Erdoberfläche erreicht. Diese Strahlung ist biologisch wirksam und führt zu Schädigungen bei Menschen, Tieren und Pflanzen. Die Absorption der UV-B-Strahlung durch Ozon erwärmt die Stratosphäre und bestimmt das Temperaturprofil und damit die Dynamik der Stratosphäre. Änderungen der vertikalen Ozonverteilung haben noch nicht genau quantifizierbare Folgen für die chemische Zusammensetzung der Stratosphäre und das Klima der Erde.

In der Troposphäre hat Ozon dagegen negative Auswirkungen. Ozon ist giftig für Menschen, Tiere und Pflanzen. Hohe Ozonkonzentrationen in der Troposphäre führen zu Schädigungen der Fauna und Flora und werden unter anderem für das beobachtete Waldsterben mitverantwortlich gemacht. Zusätzlich trägt das Ozon der Troposphäre zu einer weiteren Verstärkung des Treibhauseffektes bei. Ein Konzentrationsanstieg kann zu gravierenden Schäden führen und ist daher — trotz der geringfügigen Kompensation der stratosphärischen Ozonabnahme — zu verhindern. Positiv wirkt sich die Ozonzunahme in der Troposphäre auf die Konzentration und Verteilung des Hydroxyl-Radikals (OH) aus. OH gilt als die wichtigste Substanz beim Abbau einer Vielzahl anthropogen und natürlich emittierter Spurengase und hat damit einen signifikanten Einfluß auf die chemische Zusammensetzung der Troposphäre.

Auch die Bildungsmechanismen des Ozons sind in beiden Atmosphärenschichten unterschiedlich.

Die grundlegende Theorie der Ozonbildung in der Stratosphäre wurde bereits 1930 von Chapman formuliert. Es ist eine reine Photochemie von Sauerstoffspezies und sagt Ozonkonzentrationen voraus, die etwa doppelt so hoch sind wie die tatsächlich beobachteten. Mittlerweile sind neben diesen Chapman-Reaktionen eine Reihe katalytischer Abbauzyklen bekannt, die Ozon in der Stratosphäre zerstören. Wegen des stark steigenden Chlorgehaltes in der Stratosphäre kommt dem ozonzerstörenden ClO_x-Zyklus eine immer stärkere Bedeutung zu. Die heutzutage wesentlichste Quelle von ClO_x in der Stratosphäre ist die Photolyse von FCKW. Auch der Brom(BrO_x)-Zyklus hat wegen der steigenden Emission bromhaltiger Quellgase zunehmende Bedeutung.

Die Hauptquelle des Ozons in der Troposphäre ist die photochemische Bildung aufgrund der „Smog-Mechanismen". Wegen des höheren Gehaltes anthropogener Kohlenwasserstoffe, Kohlenmonoxid und Stickoxiden in der Nordhemisphäre ist hier die Ozonkonzentration im Vergleich zur Südhemisphäre deutlich höher.

Gesamtozonmessungen werden in einem globalen Beobachtungsnetz von Bodenstationen mit Dobson-Spektrophotometern und Filterozonmetern seit 1957/58 durchgeführt. Mit Hilfe der Umkehrtechnik kann mit Dobson-Geräten auch die vertikale Ozonverteilung bestimmt werden. Moderne LIDAR- und Mikrowellen-Verfahren bieten seit einigen Jahren die Möglichkeit, Ozonprofile bis 50 beziehungsweise 80 km Höhe vom Boden aus zu messen. Seit Ende der sechziger Jahre werden die Bodenmessungen durch an Bord von Satelliten installierte Instrumente ergänzt. Mit Ballon- und Raketensonden kann der Ozongehalt vor Ort gemessen werden.

3. Ursachen für den Ozonschwund in der Stratosphäre

Die Registrierung von Ozonveränderungen in der Stratosphäre und die Bestimmung ihrer Ursachen ist eine schwierige Aufgabe. Es existieren, außer kurzfristigen Konzentrationsschwankungen, die mit meteorologischen Verhältnissen in der Troposphäre und unteren Stratosphäre zusammenhängen, auch regelmäßige jahreszeitliche Variationen. Diese Schwankungen werden zusätzlich von einem quasizweijährigen, sowie einem elfjährigen Zyklus überlagert. Daneben wirken andere natürliche unregelmäßige und vorübergehende Phänomene, wie zum Beispiel die El Niño/Southern Oscillation oder Vulkanausbrüche auf die Stratosphäre ein.

Erst nach Filterung dieser natürlichen Schwankungen können die Auswirkungen menschlicher Aktivitäten abgeschätzt werden. Die anthropogene Ozonzerstörung entsteht durch die Emission von Spurengasen. Vor allem die industriell hergestellten FCKW, andere chlorierte Stoffe sowie Halone stellen eine große Gefahr für die Ozonschicht dar. Auch Spurenstoffe, die bei der Gewinnung und Verbrennung fossiler Brennstoffe, Biomasseverbrennung, Rinderhaltung, Verwendung von stickstoffhaltigem Dünger sowie beim Reisanbau entstehen, spielen bei der Änderung des Ozongehaltes eine Rolle. Distickstoffoxid (N_2O) und Methan (CH_4) haben eine direkte chemische Wirkung, während das Kohlendioxid (CO_2) über die Temperatur auf die Ozonschicht einwirkt.

Notwendige Voraussetzung dafür, daß Spurenstoffe in die Stratosphäre transportiert werden und die Ozonschicht zerstören, ist ihre geringe Abbaubarkeit in der Troposphäre. Diese wird unter anderem durch die chemische Reaktivität der Spurenstoffe bestimmt. Die sogenannten Quellgase, die in der Troposphäre sehr reaktionsträge sind und erst nach Einwirkung kurzwelliger Sonnenstrahlung in der Stratosphäre chemisch reagieren, sind an dem Ozonabbau beteiligt.

Neben den aus der Troposphäre aufsteigenden chemisch inerten Quellgasen wird die Ozonschicht auch durch Substanzen zerstört, die durch Flugzeuge, Kernwaffenexplosionen oder Vulkanausbrüche direkt in die Stratosphäre gelangen.

Molina und Rowland alarmierten 1974 die Weltöffentlichkeit mit einer Untersuchung, in der vorhergesagt wurde, daß die Emission von FCKW zu einer Zerstörung der Ozonschicht führen werde. Mittlerweile ist diese Vorhersage durch eine Vielzahl von Untersuchungen und Berechnungen bestätigt worden.

FCKW und Halone werden in immer größerem Umfang in verschiedenen Bereichen angewendet. In der Troposphäre werden sie praktisch nicht abgebaut, sondern reichern sich allmählich an. Vor Bekanntwerden der ozonschädigenden Wirkung wurden diese Substanzen als umwelt- und gesundheitsverträglich angesehen.

Als Maß für die Ozonwirksamkeit halogenierter Verbindungen wurde vereinfachend der ODP-Wert (Ozone Depletion Potential, Ozon-Zerstörungs-Potential) eingeführt. Vollhalogenierte Verbindungen wie FCKW 11, 12, 113, 114, 115[1]) und CCl_4, haben hohe ODP-Werte. Sie zerstören die Ozonschicht in großem Umfang, da sie fast ausschließlich in der Stratosphäre abgebaut werden. Teilhalogenierte Substanzen wie H-FCKW 22 (CHF_2Cl), CH_3CCl_3, CH_3Cl und CH_3Br können dagegen in der Troposphäre teilweise umgewandelt werden. Deren geringere Ozonwirksamkeit kann jedoch durch drastische Produktionserhöhungen kompensiert werden. Bisher ist das Montrealer Protokoll nur auf die Produktion der wichtigsten vollhalogenierten FCKW und Halone beschränkt. Die Ozonschicht ist jedoch auch durch eine Reihe nicht regulierter Verbindungen gefährdet. Zu diesen Substanzen zählen besonders Tetrachlorkohlenstoff (CCl_4), Methylchloroform (CH_3CCl_3) sowie alle anderen teilhalogenierten Chlor- und Bromverbindungen.

Von welcher halogenierten Verbindung geht zur Zeit die größte Gefahr für die Ozonschicht der Stratosphäre aus? Der Beitrag einer Substanz zur Gesamtchlorinjektion in die Stratosphäre wird näherungsweise durch das Produkt aus produzierter Menge und ODP-Wert bestimmt. Daraus folgt, daß momentan etwa 70 Prozent des Gesamteffektes durch FCKW 11 und 12 erzeugt werden. Weitere

---

[1]) Die Benennung der FCKW erfolgt nach einem internationalen dreistelligen Code (xyz):
x = Zahl der C-Atome minus 1
y = Zahl der H-Atome plus 1
z = Zahl der F-Atome
Cl-Atome werden nicht gezählt.

10 Prozent entfallen auf FCKW 113; der Rest verteilt sich auf andere FCKW und Halone. Die Rollen des Tetrachlorkohlenstoffs (CCl_4) und des Methylchloroforms (CH_3CCl_3) sind noch nicht vollständig geklärt. CCl_4 hat einen hohen ODP-Wert, seine Quellen sind zum Teil unbekannt. CH_3CCl_3 weist eine stark steigende Konzentrationszunahme auf (8 Prozent pro Jahr) und hat einen relativ hohen ODP-Wert von 0,15. Diese Verbindungen müssen in Zukunft verstärkt Beachtung finden. Die Bedeutung von H-FCKW 22 ist derzeit noch gering. H-FCKW 22 wie auch CCl_4 und CH_3CCl_3 sind nicht durch das Montrealer Protokoll reguliert. Ihre Produktionen werden ohne entsprechende Maßnahmen stark ansteigen und müssen daher verstärkt Beachtung finden.

Betrachtet man nur die bislang erforschten chemischen Abbauprozesse, so scheint eine drastische globale Abnahme des Ozons zur Zeit unwahrscheinlich zu sein. Bisher unbekannte Mechanismen können jedoch plötzlich — vergleichbar zum Ozonloch über der Antarktis — eine gänzlich veränderte Situation schaffen. Nichtlineare Rückkopplungsmechanismen, wie sie beim antarktischen Ozonloch auftreten, können auch im Nordpolargebiet nicht ausgeschlossen werden. Zudem haben verstärkte Reduktionen des Ozons in den Polarregionen durch Mischungsprozesse Einfluß auf die umgebende Stratosphäre, so daß globale Auswirkungen keinesfalls ausgeschlossen werden können. Heterogene chemische Reaktionen sind weitaus komplizierter als reine Gasphasenreaktionen und sind nur in groben Zügen untersucht. Großer Forschungsbedarf ist besonders hinsichtlich der lebenswichtigen Frage vorhanden, ob die beobachteten drastischen Ozonreduktionen auch in anderen Regionen der Erdatmosphäre auftreten können.

Zum 2. Kapitel

Darstellung der wirtschaftlichen und technischen Situation

Fluorchlorkohlenwasserstoffe (FCKW) wurden gegen Ende des vergangenen Jahrhunderts zum ersten Mal im Labor hergestellt. Ihre industrielle Produktion begann etwa 1930, um zunächst den Bedarf an Kältemitteln und später den an Treibmitteln für Sprays, Mitteln zur Kunststoffverschäumung und zur Reinigung von Kunststoffen und Metallen zu decken. Die Herstellung der FCKW ist eingegliedert in die hochgradig vernetzten Stoffkreisläufe und Produktionszusammenhänge der chemischen Industrie. Zur Herstellung der mengenmäßig wichtigsten FCKW werden Methan beziehungsweise Methanol, 1.2-Dichlorethan, Chlor und Fluorwasserstoff eingesetzt. Chlor wird durch Elektrolyse (Energiebedarf pro Tonne Chlor etwa 3 000 kWh elektrische Energie) von wässrigen Steinsalzlösungen unter gleichzeitigem Anfall von Natronlauge (NaOH) hergestellt, Fluorwasserstoff durch Reaktion von Säurespat (Calciumfluorid CaF_2) mit Schwefelsäure. Weltweit fließen etwa 7 Prozent des produzierten Chlors in die „Senke" FCKW, bei einigen FCKW-Produzenten liegt dieser Anteil sogar bei etwa 30 Prozent. 20 bis 40 Prozent des hergestellten Fluorwasserstoffs (HF) dienen zur Synthese der FCKW. Eine Reihe von Indizien spricht dafür, daß die FCKW-Synthese auch eine ökonomische Senke für in der chemischen Industrie überschüssige Verbindungen wie Chlor und Fluorwasserstoff darstellt. Natronlauge zum Beispiel ist ein Mangelprodukt, welches sich heute nur durch gleichzeitige Synthese von Chlor herstellen läßt.

Die globale Produktion von FCKW 11 und 12, den beiden wichtigsten vollhalogenierten Verbindungen stieg seit Beginn der industriellen Synthese (etwa 1930) und besonders stark in den Jahren 1960 bis 1974. 1954 wurden nur etwa 75 000 Tonnen FCKW 11 und 12 produziert, 1974 waren es über 800 000 Tonnen. Seither liegt die FCKW-Produktion mindestens auf diesem Niveau (in diesen Zahlen sind die Produktionsmengen östlicher Länder nicht enthalten; auch für diese müssen erhebliche Mengen und Zuwachsraten angenommen werden).

Die Produktionskapazität der beiden bundesdeutschen Hersteller liegt bei 125 000 Tonnen FCKW 11 und 12 pro Jahr. Bei den Anwendungsgebieten Aerosoltreibmittel, Kunststoffverschäumung und Kälte- und Klimatechnik waren in den Jahren 1976 bis 1986 bei gleichbleibendem FCKW 11-Einsatz Marktverschiebungen von den Aerosoltreibmitteln zur Kunststoffverschäumung zu beobachten. In ähnlicher Weise wurden weltweit bei FCKW 12 Mindereinsätze bei Aerosolen durch erhöhten Einsatz in der Kälte- und Klimatechnik und zur Kunststoffverschäumung kompensiert.

In Anhörungen und Gesprächen, unter anderem mit Vertretern der bundesdeutschen Industrie, erkannte die Enquete-Kommission erhebliche Einsparpotentiale in den verschiedenen Einsatzgebieten der FCKW. Diese sollten und müssen durch gesetzgeberische Maßnahmen oder durch freiwillige Selbstverpflichtungen der Hersteller und der Anwender ausgeschöpft werden.

Zum 3. Kapitel

Bisherige politische und rechtliche Entwicklung

Die ersten Warnungen vor den Folgen einer Schädigung der Ozonschicht durch die zunehmende Verwendung von Fluorchlorkohlenwasserstoffen (FCKW), die gegen Mitte der siebziger Jahre von wissenschaftlicher Seite geäußert worden waren, wurden in der Politik einer Reihe von westlichen Industrieländern frühzeitig ernst genommen und führten innerhalb weniger Jahre zu ersten Maßnahmen, die sich in ihrem Umfang an der Stringenz der jeweils aktuellen wissenschaftlichen Aussagen orientierten.

Wegen der öffentlichen und politischen Diskussionen sowie der erörterten und eingeleiteten Maßnahmen zur Reduktion der Produktion und der Emissionen der FCKW ging in der zweiten Hälfte der siebziger Jahre die Produktion im Aerosolbereich — und dadurch bedingt insgesamt — bis Anfang der achtziger Jahre zurück, stieg jedoch in den Folgejahren so stark an, daß die weltweite Produktion mittlerweile den vor der Einleitung von Maßnahmen erreichten Höchststand längst überschritten hat.

Bei den in der ersten Hälfte der siebziger und Anfang der achtziger Jahre eingeleiteten Maßnahmen handelt es sich in der Regel um nationale Einschränkungen oder Verbote im Aerosolbereich. Innerhalb der Europäischen Gemeinschaften (EG) war in einer Richtlinie des Rates vom 26. März 1980 neben einer dreißigprozentigen Reduktion im Aerosolbereich ein gleichzeitiges Einfrieren der Produktionskapazität von FCKW 11 und 12 auf dem Stande von 1976 vorgesehen worden.

Seit Anfang der achtziger Jahre wurden die Bemühungen verstärkt, neben den bereits eingeleiteten nationalen Maßnahmen zu gleichgerichteten internationalen Beschränkungen zu kommen. Nach mehrjährigen Verhandlungen vor dem Hintergrund einer sich Anfang der achtziger Jahre entschärfenden wissenschaftlichen Diskussion gelang es dann im März 1985, in Wien ein Rahmenabkommen zum Schutz der Ozonschicht zu vereinbaren, das von 21 Ländern gezeichnet worden und nach Ratifikation durch 11 Staaten im September 1988 in Kraft getreten ist.

Erst im September 1987 wurde es durch das Montrealer Protokoll möglich, Reduktionsquoten auf der Basis dieses Rahmenabkommens festzulegen, nachdem sich die Verhandlungen — vor allem wegen der unterschiedlichen Ansätze in bezug auf die bis dahin erfolgten Maßnahmen innerhalb der EG und den USA — erheblich verzögert hatten. Allerdings verstärkte die Entdeckung des sogenannten „Ozonlochs“ 1986 und die daraus resultierende verschärfte wissenschaftliche und öffentliche Diskussion den Druck, zu einer Einigung zu kommen.

Nach dem Stand der bisher erfolgten Ratifikationen und dem Stand der Ratifikationsverfahren in weiteren Ländern ist zu erwarten, daß das Montrealer Protokoll wie vorgesehen zum 1. Januar 1989 in Kraft treten kann.

Innerhalb der EG ist unter der Deutschen Ratspräsidentschaft im Juni 1988 eine Verordnung zur Ausführung des Protokolls und eine darüber hinausgehende Entschließung verabschiedet worden.

Gegenwärtig wird sowohl in den USA als auch in der Bundesrepublik Deutschland und in weiteren europäischen Ländern gefordert, auf der Grundlage der aktuellen wissenschaftlichen Kenntnisse die 1990 vorgesehene Überprüfung des Montrealer Protokolls zu nutzen, um die darin getroffenen Festlegungen zu verschärfen. Darüber hinaus sind bereits in einer Reihe von Ländern Maßnahmen durchgeführt, eingeleitet oder geplant worden, die teilweise erheblich über die Vorgaben des Montrealer Protokolls hinausgehen.

Zum 4. Kapitel

Mögliche zukünftige Entwicklungen und Auswirkungen

1. Modellvoraussagen zur Änderung des Ozons in der Atmosphäre

Modellrechnungen bestätigen den Kausalzusammenhang zwischen FCKW-Emissionen und Ozonverlusten.

Sollten die FCKW-Emissionen weiter ansteigen, so werden von den Modellen Ozonverluste in einer Größenordnung prognostiziert, die katastrophale Folgen nach sich ziehen würden. Je nach Modell und Annahmen bezüglich der Konzentrationsentwicklung anderer Spurengase liegen die globalen Verluste des Gesamtozongehalts im Jahre 2025 in der Spanne von 5 bis mehr als 20 Prozent. Durch das Montrealer Protokoll wird angestrebt, die Produktion und Emission der FCKW nach einem Stufenplan in internationaler Abstimmung zu reduzieren. Bei ausnahmsloser Befolgung dieser Regulierungsmaßnahmen durch alle FCKW-produzierenden und -verbrauchenden Staaten, ergeben die Modellberechnungen im günstigsten Fall Ozonverluste zwischen 1,5 und 3,5 Prozent im Jahre 2030 im Vergleich zum Jahre 1965.

Nach den Ergebnissen der Modellrechnungen stellt daher das Montrealer Protokoll keine auch nur annähernd ausreichende Maßnahme zur Rettung der Ozonschicht dar. Die Rechnungen zeigen, daß halogenierte Substanzen, die durch das Montrealer Protokoll nicht erfaßt werden (z. B. Methylchloroform, Tetrachlorkohlenstoff und H-FCKW 22), zu den Ozonverlusten in erheblichem Maße beitragen können und deren Emission daher ebenfalls begrenzt werden muß. Desweiteren wird unter Annahme bestimmter Szenarien vorhergesagt, daß die Ozonverluste immer von einer drastischen Änderung der Ozonhöhenverteilung begleitet werden.

Nach eindimensionalen (1-D) Modellen sind für die Entwicklung nach dem Montrealer Protokoll Ozonabnahmen von 20 bis 50 Prozent in einer Höhe von 40 km durchaus realistisch, während die Ozonkonzentration in der Troposphäre ansteigt. Dies ist wegen der schädigenden Wirkung des Ozons unter anderem auf Pflanzen eine besorgniserregende Tendenz. Die genannten Ozonverluste können in der Stratosphäre Temperaturabnahmen in der Größenordnung von weit mehr als 10° C bewirken. Dies hat unvorhersehbar weitreichende Konsequenzen für die Zirkulation der Luftmassen und möglicherweise für das globale Wettergeschehen.

Die Ergebnisse von Modellrechnungen sind mit Unsicherheiten behaftet, die teils der Natur der Modelle entstammen, zum Beispiel vereinfachenden Annahmen über die Zirkulation der Luftmassen, teils aber auch die Unsicherheiten über die Entwicklung der Konzentrationen wichtiger Spurengase widerspiegeln, neben den FCKW und anderen halogenierten Substanzen vor allem Methan, Distickstoffoxid und Kohlendioxid.

Nach den Ergebnissen der Modellrechnungen kann zur Rettung der Ozonschicht und zu deren Erholung innerhalb der nächsten Jahrzehnte nur eine Verringerung der FCKW-Emissionen beitragen, die erheblich über die im Montrealer Protokoll vorgesehenen Quoten hinausgeht. Die „natürliche" Ozonvertikalverteilung (Bezugsjahr 1960) stellt sich langfristig nur dann wieder ein, wenn verbunden mit einer einschneidenden Produktions- und Emissionsbeschränkung der vollhalogenierten FCKW und der Halone auch die Produktion von Methylchloroform, Tetrachlorkohlenstoff und H-FCKW 22 zeitlich und mengenmäßig begrenzt wird.

2. Terrestrische Auswirkungen einer Ozonabnahme in der Stratosphäre

Die im Laufe der Erdgeschichte durch die Sauerstoffproduktion der photoautotrophen Organismen entstandene Ozonschicht der Stratosphäre umgibt die Erde als Schutzschild vor biologisch schädlicher ultravioletter Strahlung. Der anthropogene Abbau dieser schützenden Ozonschicht wird nach Meinung von Experten zu gravierenden Auswirkungen auf Menschen, Tiere und Pflanzen führen.

Das von der Sonne ausgesandte Strahlenspektrum besteht aus einem infraroten (IR), einem sichtbaren und einem ultravioletten (UV) Bereich. Der UV-Anteil wird in die Bereiche UV-A, UV-B und UV-C eingeteilt. Während der kurzwellige, energiereichste Teil (UV-C) ganz in der Atmosphäre absorbiert wird und der ungefährlichere langwelligere Teil (UV-A) fast ungehindert bis zum Erdboden dringt, wird der dazwischen liegende UV-B-Teil abgeschwächt durchgelassen. Bereits bei einer einprozentigen Reduktion der Ozonkonzentration in der Stratosphäre ist mit einer zweiprozentigen Erhöhung der biologisch effektiven UV-B-Strahlung zu rechnen. Als direkte Auswirkung auf den Menschen ergäbe sich aus einer solchen Verringerung der Ozonkonzentration ein deutlicher Anstieg von Hautkrebs, insbesondere unter der weißen Bevölkerung. Darüber hinaus ist weltweit eine Erhöhung der Anzahl schwerer Augenerkrankungen (z.B. Katarakte) zu erwarten. Weiterhin liegen wissenschaftliche Erkenntnisse vor, nach denen UV-B-Strahlung auch das Immunsystem und dessen Abwehrfähigkeiten beeinflußt. Weitaus gravierender als diese den Menschen direkt betreffenden Auswirkungen sind nach Einschätzung führender Wissenschaftler die Gefahren, die sich für Pflanzen und Mikroorganismen ergeben. Wissenschaftliche Untersuchungen zeigten, daß zahlreiche landwirtschaftliche Kulturpflanzen UV-empfindlich sind und auf eine erhöhte UV-B-Strahlung mit einer starken Ertragsminderung reagieren. Ursache hierfür sind unter anderem UV-bedingte Störungen der Photosynthese und eine Schädigung der für die Stickstoffversorgung der Pflanzen bedeutenden Blaualgen. Eine derart UV-bedingte Ertragsminderung bei Kulturpflanzen könnte zu ernsthaften Konsequenzen für die weltweite Ernährungssituation führen.

Dramatische Auswirkungen erhöhter UV-B-Strahlung drohen auch für die Primärproduktion des marinen Phytoplanktons. Beeinträchtigung der Photosyntheseleistung, des Stickstoffmetabolismus und der Photoorientierung der Mikroalgen als

Folge erhöhter UV-B-Strahlung führen zu einem meßbaren Rückgang der Populationsdichte. Da Phytoplankton als Primärproduzent an der Basis der biologischen Nahrungskette steht, hat jede Abnahme der Phytoplanktonpopulation dramatische Konsequenzen für die weiteren Glieder der Nahrungskette. Ein Rückgang des Phytoplanktons führt zu einem Rückgang des von ihm als Primärkonsumenten lebenden Zooplanktons. Dieses stellt wieder die Nahrungsgrundlage für Fische und Krebse, bis am Ende der Nahrungskette auch der Mensch steht.

Darüber hinaus bedeutet eine verringerte Primärproduktion durch marines Phytoplankton eine gravierende Einschränkung der Funktion der Ozeane als globale CO_2-Senke. Marines Phytoplankton ist zu etwa 65 Prozent an der jährlich weltweit durch photosynthetische Organismen fixierten CO_2-Menge beteiligt. Würde dieser Anteil eingeschränkt, bestünde die Gefahr einer Verstärkung des Treibhauseffektes. Desweiteren liegen wissenschaftliche Erkenntnisse vor, nach denen zu befürchten ist, daß durch eine Erhöhung der UV-B-Strahlung und die unterschiedliche UV-Empfindlichkeit der einzelnen Planktonarten eine nicht abschätzbare Veränderung der Artenzusammensetzung und damit eine Destabilisierung des marinen Ökosystems eintritt. Auch wenn quantitative Aussagen über das Ausmaß der zu erwartenden Schäden zur Zeit nicht möglich sind, sind sich führende Wissenschaftler einig, daß die Gefährdung für Menschen, Pflanzen und Tiere weitaus größer ist, als bisher angenommen.

Zum 5. Kapitel

Handlungsmöglichkeiten, Maßnahmen und Empfehlungen zum Schutz der Ozonschicht in der Stratosphäre

1. Handlungsmöglichkeiten zur Reduzierung der FCKW-Emissionen

Aus heutiger Sicht erscheint es technisch machbar, eine 95prozentige Reduktion der FCKW-Emissionen zumindest auf nationaler Ebene bereits innerhalb von fünf Jahren zu vollziehen. Es stehen Rückhalte-, Wiedergewinnungs- und Entsorgungstechniken, ferner Ersatzstoffe und Ersatztechniken zur Verfügung. Im Bereich der Aerosole hat sich in der Bundesrepublik Deutschland in den letzten Jahren eine positive Entwicklung vollzogen. Der Einsatz von FCKW als Treibmittel in Spraydosen wurde von 26 000 Tonnen im Jahre 1986 auf voraussichtlich etwa 4 000 Tonnen im Jahre 1988 verringert. Trotzdem ist anzuraten, für Aerosole eine generelle Kennzeichnungspflicht einzuführen. Dies gilt vor allem auch für importierte Aerosole von Herstellern, die nicht der Industriegemeinschaft Aerosole e.V. angehören. Nach den Erfahrungen in der Bundesrepublik Deutschland erscheint eine 95prozentige Reduktion des Einsatzes aller FCKW innerhalb von fünf Jahren auch weltweit realisierbar.

Eine Reduktion des Einsatzes der FCKW 11 und 12 zur Verschäumung von Polyurethanhartschaum, Polyurethanweichschaum und extrudiertem Polystyrol (XPS) ist teilweise möglich. Das wesentliche Einsparpotential liegt aber im Übergang zu FCKW-freien Produkten.

Da in einigen Bereichen Ersatzstoffe für FCKW 11 und 12 nicht verfügbar sind, unternimmt die Anwenderindustrie derzeit Anstrengungen, den FCKW-Einsatz zu verringern. Die Reaktion von Isocyanaten mit Wasser wird ausgenutzt, um bei der Herstellung von Weichschäumen die Blähwirkung durch das Reaktionsprodukt Kohlendioxid (CO_2) hervorzurufen. Mit Wasser beziehungsweise CO_2 lassen sich Polyurethanschäume mit Raumdichten von mehr als 35 kg pro m^3 relativ problemlos schäumen. Ersetzt man allgemein Schäume geringerer Dichte durch solche mit höherem spezifischem Gewicht und damit höherer Qualität bei Produkten wie Autositzen oder Matratzen, so sind höhere Produktionskosten in Kauf zu nehmen. Bei der Verschäumung von XPS werden einige deutsche Hersteller bis zum Ende des Jahres 1992 den Einsatz von FCKW 11 und 12 vollständig einstellen.

Neben den Ersatzstoffen zeichnen sich wichtige Neuentwicklungen und FCKW-freie Produkte ab, die wahrscheinlich langfristig einen großen Teil der Schaumstoffe überflüssig machen und verdrängen werden. Kühlschränke können zum Beispiel durch Vakuumisolation erheblich energieeffizienter arbeiten. Im Baubereich wird möglicherweise langfristig Aerogel, ein mikroporöses Pulvermaterial, eingesetzt werden können. Dies wurde bereits in Modellhäusern erprobt; dadurch kann bis zu 90 Prozent Heizenergie eingespart werden. Andere Alternativen stellen Fasermatten (Mineralwolle, Glasfasern) dar.

In der Kälte- und Klimatechnik liegen Vorschläge des Deutschen kälte- und klimatechnischen Vereins zu Rückhalte- und Wiederverwertungsmaßnahmen vor. In Anbetracht der großen Menge an FCKW, die zum Beispiel im Reservoir alter Kühlaggregate (Kühlsystem + Schaumstoff) gespeichert sind, ist eine Wiedergewinnung sinnvoll und geboten.

Im Bereich der Löse- und Reinigungsmittel werden FCKW 113, Methylchloroform und vermutlich in anderen Ländern in unbekanntem Ausmaß Tetrachlorkohlenstoff eingesetzt. Für viele Anwendungszwecke stehen heute Reinigungsmittel auf der Basis wässriger Lösung zur Verfügung. Diese Art der Reinigung wurde auch von den meisten namhaften Herstellern zum Beispiel in der Elektronikbranche erfolgreich erprobt. Falls sich der Einsatz von FCKW nicht vermeiden läßt, sind in Anbetracht der hohen Wertschöpfung in diesem Industriezweig die Kosten für gekapselte Reinigungsanlagen vertretbar.

Bei Halonen, die in Feuerlöschanlagen eingesetzt werden, muß durch gesetzgeberische Maßnahmen erreicht werden, daß für Testzwecke andere Stoffe Verwendung finden dürfen. Auf diese Weise läßt sich die Emission von Halonen erheblich vermindern.

Zu Abschnitt D

Zum 1. Kapitel

Darstellung des aktuellen naturwissenschaftlichen Kenntnisstandes

Die Temperatur der Erde in Bodennähe steigt in jüngster Zeit immer stärker an, in den vergangenen 100 Jahren allein um 0,6° C mit weiter steigender Tendenz. Vergleicht man diese Erwärmung mit dem globalen Temperaturanstieg nach der vergangenen Eiszeit vor 15 000 bis 50 000 Jahren von etwa 5° C, so wird seine Dramatik deutlich. Die Klimatologen sind sich darüber einig, daß die Ursache dieses Temperaturanstiegs der Anstieg der atmosphärischen Konzentration bestimmter klimawirksamer Spurengase, allen voran das Kohlendioxid ist. Sie erwarten als Folge einer Verdoppelung der Kohlendioxidkonzentration in der Atmosphäre einen mittleren globalen Temperaturanstieg von 3 ± 1,5° C in Bodennähe. Der Temperaturanstieg wird im gleichen Zeitraum (im Verlauf des nächsten Jahrhunderts) sogar 6 ± 3° C betragen, wenn die Zunahme der Konzentrationen aller klimawirksamen Spurengase berücksichtigt wird. Der letzte wissenschaftliche Beweis für diese These steht zwar noch aus, doch sind sich die Klimatologen darüber einig, daß diese These mit einer sehr großen Wahrscheinlichkeit richtig ist. Darüber hinaus warnen sie davor, erst den letzten lupenreinen wissenschaftlichen Beweis für die Existenz des Treibhauseffektes abzuwarten, da es bis dahin mit ziemlicher Sicherheit für Gegenmaßnahmen zu spät sein wird.

Die klimawirksamen Spurengase Kohlendioxid, Methan sowie Distickstoffoxid, FCKW und vor allem in der unteren Atmosphäre auch Ozon, sowie Wasserdampf und hohe Wolken (Cirren) heizen die Atmosphäre auf, indem sie die Sonnenstrahlung nahezu ungehindert die Atmosphäre passieren lassen, aber einen großen Anteil der infraroten Wärmestrahlung, die von der Erdoberfläche ausgestrahlt wird, absorbieren und zur Erdoberfläche zurückstrahlen.

Diese Wärmerückstrahlung durch die genannten Gase heizt die Erde um etwa 30° C auf durchschnittlich 15° C auf. Diese Erwärmung wird als natürlicher Treibhauseffekt bezeichnet. Er macht das Leben auf der Erde erst möglich, da ansonsten die Erde weitgehend vereist wäre. Die klimawirksamen Spurengase isolieren gewissermaßen die Erdoberfläche und die unteren Bereiche der Atmosphäre von den höheren Atmosphärenschichten oberhalb von etwa 6 km Höhe.

Dramatische Ausmaße bekommt der Treibhauseffekt erst dadurch, daß seit Beginn der Industrialisierung in immer größerem Umfang klimawirksame Spurengase anthropogenen Ursprungs in die Atmosphäre emittiert wurden und sich ihre Konzentrationen hier ständig erhöhten. Dadurch erhöht sich die Rückstrahlung der infraroten Wärmestrahlung der Erdoberfläche und es kommt zu einer Erwärmung der unteren Atmosphärenschichten und der Erdoberfläche. Die Klimatologen rechnen damit, daß ein weiterer Konzentrationsanstieg dieser sogenannten Treibhausgase in der Atmosphäre (klimawirksame Spurengase, die den Treibhauseffekt verstärken), die Luft in Bodennähe im Verlauf des nächsten Jahrhunderts um 6 ± 3° C erwärmen wird. Dabei gilt bereits eine Temperaturerhöhung von etwa 2° C als ein Wert, der voraussichtlich katastrophale Auswirkungen auf die Menschheit und ihre Ernährungssituation und auf die Ökosysteme haben würde.

Die zunehmende Dramatik des Treibhauseffektes bekam auf den internationalen Klimatagungen der vergangenen Jahre einen ständig steigenden Stellenwert. Auf der ersten Weltklimakonferenz, die 1979 in Genf stattfand, war der Treibhauseffekt bereits ein wichtiges Thema. Auf der internationalen Klimatagung von Villach (Österreich) im Jahre 1985 bestand unter den Wissenschaftlern erstmals ein Konsens darüber, daß der globale Temperaturanstieg auf den Treibhauseffekt zurückzuführen ist. Abschätzungen des zukünftigen Ausmaßes des Treibhauseffektes wurden auf internationaler Ebene erstmals auf den Klimatagungen von Villach und Bellagio (Italien) im Jahre 1987 gegeben. Die Klimatagung von Toronto im Juni des Jahres 1988 konfrontierte erstmals auch die Politik auf internationaler Ebene mit diesem Problem.

Der globale Temperaturanstieg seit etwa 1850 vollzog sich nicht gleichförmig auf der ganzen Erde. Auf der Nordhemisphäre sank die Temperatur zwischen 1940 und 1970 im Mittel sogar um 0,3° C, während sie anschließend um so stärker anstieg. In der jüngsten Vergangenheit (seit etwa 1965) hat der Temperaturanstieg mit 0,7° C in den Tropen besonders große Ausmaße angenommen. In der Stratosphäre ist in den vergangenen Jahrzehnten ein Temperaturrückgang gemessen worden, der in etwa 20 km Höhe 0,25° C im Jahrzehnt erreicht. Er läßt sich ebenfalls mit dem Treibhauseffekt erklären.

Im Verlauf der Klimageschichte hat sich die globale Durchschnittstemperatur seit der Würm-Eiszeit, die vor etwa 15 000 Jahren endete, von etwa 10° C auf 16° C vor 6000 Jahren erhöht. Seitdem war sie mehr oder weniger großen Schwankungen unterworfen. Etwa 1000 n. Chr. herrschte eine warme Periode; anschließend erfolgte zwischen den Jahren 1400 und 1850 die kleine Eiszeit. Seitdem ist die Temperatur ständig gestiegen. Mittlerweile ist es schon fast so warm wie zur Zeit des Klimaoptimums vor 6000 Jahren.

In der Klimageschichte lassen sich auch abrupte Klimaänderungen nachweisen. Vorwiegend während der letzten Eiszeit änderte sich die Temperatur etwa alle 2000 bis 3000 Jahre um 3 bis 5° C in einem Zeitraum von weniger als 100 Jahren. Die Klimaänderungen der Vergangenheit werden vor allem auf Änderungen der Erdbahnparameter (Präzession des sonnennächsten Punktes der Erdbahn, Exzentrizität der Erdbahn, Inklination der Erdachse), auf Vulkanausbrüche, die Kontinentalverschiebungen und nichtlineare Wechselwirkungen zwischen Atmosphäre, Ozean und Eisschild zurückgeführt.

Ein weiterer Befund weltweiter Klimaänderungen ist der Anstieg des Meeresspiegels um etwa 15 cm seit Beginn dieses Jahrhunderts. Er ist eine unmittelbare Folge der Erwärmung, da die Gletscher immer weiter abtauen und das Meerwasser sich durch die Erwärmung ausdehnt. Änderungen der Niederschlagsmengen sind weniger signifikant, doch scheint es zumindest auf der Nordhemisphäre in den Subtropen trockener geworden zu sein, während die höheren Breiten feuchter wurden.

Der Temperaturanstieg der vergangenen 100 Jahre geht einher mit einem Anstieg der Konzentration des klimawirksamen Spurengases Kohlendioxid in der Atmosphäre, die seit 1850 von etwa 280 ppm auf fast 350 ppm (= 0,035 Prozent) angestiegen ist. Zur Zeit steigt sie jährlich um 0,4 Prozent weiter an. Kohlendioxid hat derzeit einen Anteil von etwa 50 Prozent am zusätzlichen Treibhauseffekt durch die anthropogenen Spurengase. Der Anstieg seiner Konzentration wird hauptsächlich durch die steigende Verbrennung fossiler Energieträger (Kohle, Erdöl, Gas), aber auch durch die Rodung tropischer Regenwälder hervorgerufen. Im Verlauf der Klimageschichte variierte die Konzentration von Kohlendioxid in der Atmosphäre zwischen Eis- und Warmzeiten ebenfalls linear mit der Temperatur. Sie schwankte zwischen etwa 190 ppm in den Eiszeiten und 290 ppm in den Warmzeiten, hat aber noch nie zuvor auch nur annähernd die derzeitige Größe erreicht, obwohl die Temperatur vor 6000 Jahren noch etwa höher war.

Die einzelnen Spurengase tragen nach neuesten Abschätzungen mit folgenden Anteilen zum zusätzlichen Treibhauseffekt durch den derzeitigen Anstieg ihrer atmosphärischen Konzentration in den achtziger Jahren dieses Jahrhunderts bei:

Treibhausgas	*Anteil*
Kohlendioxid (CO_2)	50 %
Methan (CH_4)	19 %
Fluorchlorkohlenwasserstoffe (FCKW)	17 %
Ozon in der Troposphäre	8 %
Distickstoffoxid (N_2O)	4 %
Wasserdampf in der Stratosphäre	2 %

Methan ist das klimawirksame Spurengas mit dem zweitgrößten Anteil am Treibhauseffekt von 19 Prozent. Seine Konzentration in der Atmosphäre hat zwar erst 1,65 ppb erreicht, doch hat ein zusätzliches Molekül den gleichen Einfluß auf den globalen Temperaturanstieg wie 32 Kohlendioxid-Moleküle. Die Methan-Konzentration steigt zur Zeit jährlich um etwa 1 Prozent an und hat sich in den vergangenen 200 Jahren mehr als verdoppelt. Sie ist eng korreliert mit der Weltbevölkerung, denn ihre wesentlichen anthropogenen Quellen sind Erdgasverluste bei seiner Förderung und Verteilung, die Kohle- und Erdölförderung, der Reisanbau, die Rindviehhaltung und Mülldeponien. Sollten die subarktischen Böden durch den Treibhauseffekt weiter auftauen, so werden voraussichtlich große Mengen von Methan zusätzlich in die Atmosphäre emittiert, da vermehrt Sümpfe entstehen werden.

Auch die FCKW haben mit 17 Prozent einen beträchtlichen Anteil am derzeitigen Treibhauseffekt der anthropogenen Spurengase, obwohl ihre Konzentration in der Atmosphäre unter 1 ppb (= 0,001 ppm) liegt. Ihnen kommt eine besondere Bedeutung zu, da ihre Quellen, im Gegensatz zu den anderen genannten Spurengasen, fast ausschließlich anthropogen sind und ein zusätzliches Molekül dieser Spurengase einen genauso großen Einfluß auf das Klima hat wie 15 000 Kohlendioxid-Moleküle. Darüber hinaus sind sie, wie bereits erläutert, die Hauptverursacher der Ozonzerstörung in der Stratosphäre und ihre Konzentration steigt gegenwärtig jährlich um etwa 5 Prozent an. Die restlichen Treibhausgase sind im wesentlichen Distickstoffoxid und in den unteren Atmosphärenschichten auch Ozon. Distickstoffoxid wird anthropogen vor allem durch mikrobielle Umsetzungen der mineralischen Stickstoffdüngung in der Landwirtschaft in die Atmosphäre emittiert. Seine Konzentration steigt jährlich um 0,2 bis 0,3 Prozent und es hat einen Anteil von 4 Prozent am derzeitigen Treibhauseffekt der anthropogenen Spurengase.

Das Ozon in der Troposphäre unterscheidet sich von den bereits genannten Spurengasen beträchtlich, da seine Lebensdauer hier so gering ist (Tage bis Wochen), daß seine Konzentration großen Schwankungen sowohl räumlich als auch zeitlich unterworfen ist. Die Lebensdauer aller anderen bisher genannten klimawirksamen Spurengase in der Atmosphäre liegt zwischen 10 und mehr als 100 Jahren. Ozon bildet sich in der Troposphäre photochemisch aus Kohlenmonoxid und den Kohlenwasserstoffen, wenn die Konzentration der Stickoxide groß genug ist. Die anthropogenen Quellen der Stickoxide sind vor allem die Verbrennung fossiler Energieträger. Ozon hat einen Anteil von 8 Prozent am derzeitigen Treibhauseffekt der anthropogenen Spurengase. Seine Konzentration hat sich in der Troposphäre in den mittleren Breiten der Nordhemisphäre während der vergangenen 50 Jahren mehr als verdoppelt und steigt derzeit jährlich um etwa 1 Prozent weiter an. Mittlerweile hat sie etwa 30 ppb erreicht, kann während photochemischer Smogperioden aber auch 200 ppb überschreiten. Für die Südhemisphäre, auf der die Ozonkonzentration zwischen 10 und 20 ppb liegt, sind keine langfristigen Trends bekannt.

Ozon wirkt toxisch auf Pflanzen und ist daher maßgeblich an den Wald- und Pflanzenschäden beteiligt. Infolge seiner Schadenswirkung wird die Photosyntheseleistung der Pflanzen reduziert. Dadurch wird weniger Kohlendioxid in den Pflanzen gespeichert. Folglich dürfte die atmosphärische Kohlendioxidkonzentration noch schneller steigen, mit den entsprechenden Auswirkungen auf den Treibhauseffekt.

Der Treibhauseffekt der anthropogenen Spurengase wird durch Wasserdampf etwa verdreifacht, da die atmosphärische Wasserdampfkonzentration mit steigender Temperatur vermutlich exponentiell ansteigt. Diese Beziehung gilt zumindest für den Sättigungsdampfdruck der Luft, bei dem Wasserdampf kondensiert. Besonders in den Tropen erwärmt der Wasserdampf die Atmosphäre noch stärker, da hier seine sogenannte Kontinuumsabsorption (vgl. Abschnitt D, 1. Kapitel Nr. 2.4), die quadratisch von der Wasserdampfkonzentration abhängt, den Treibhauseffekt überproportional verstärkt. Hinzu kommt, daß der Vertikaltransport von Wasserdampf beschleunigt wird und bei der Niederschlagsbildung in der mittleren und oberen Troposphäre große Mengen an Wärme freigesetzt werden.

Die hohen Wolken sind ebenfalls zu einem beträchtlichen Anteil am Treibhauseffekt beteiligt, da sie etwa die Hälfte der Sonnenstrahlung auf ihrem Weg zur Erdoberfläche passieren lassen, die infrarote Wärmestrahlung der Erde aber nahezu vollständig absorbieren. Es ist nicht bekannt, inwieweit der globale Bedeckungsgrad hoher Wolken derzeit durch den Treibhauseffekt zunimmt und folglich den Treibhauseffekt verstärkt. Von den atmosphärischen Zirkulationsmodellen wird allerdings eine Zunahme prognostiziert, wenn die Temperaturen der Erde ansteigen.

Die anthropogenen Treibhausgase haben aus dem Grund einen so großen Einfluß auf den globalen Temperaturanstieg, da sie im atmosphärischen Wasserdampffenster (Spektralbereich zwischen 7 und 13 µm) einen Teil der infraroten Wärmestrahlung absorbieren. Dies ist der Bereich des Spektrums der infraroten Wärmestrahlung, in dem Wasserdampf am wenigsten Strahlung absorbiert, in dem also am meisten Wärmestrahlung in den Weltraum entweichen kann. Auf der anderen Seite ist dies aber auch genau der Bereich, in dem die bereits genannte Wasserdampf-Kontinuumsabsorption stattfindet.

Die Temperatur der Erde wird neben den anthropogenen Emissionen klimawirksamer Spurengase noch durch weitere anthropogene Faktoren beeinflußt. Die Überweidung der Savannen — insbesondere der Sahelzone — erhöht die Albedo, den Anteil der Sonnenstrahlung, der von der Erdoberfläche reflektiert und daher hier nicht in Wärme umgesetzt wird. Folglich kühlen diese Einflüsse für sich betrachtet die Erdoberfläche. Die Zerstörung der Ozonschicht in der Stratosphäre dürfte ebenfalls in Zukunft einen großen Einfluß auf den Kohlendioxidgehalt in der Atmosphäre haben, da immer mehr harte UV-B-Strahlung die Erdoberfläche erreicht und in der Biosphäre besonders das Phytoplankton in den Weltmeeren nachhaltig schädigt. Phytoplankton hat derzeit einen Anteil von etwa 65 Prozent an der gesamten Photosyntheseleistung der Biosphäre, die eine große Senke des Kohlendioxid in der Atmosphäre ist.

Zum 2. Kapitel

Mögliche zukünftige Entwicklung und Auswirkungen

Der zukünftige globale Temperaturanstieg, der durch die zunehmenden Konzentrationen an Treibhausgasen in der Atmosphäre hervorgerufen wird, läßt sich mit den Klimamodellen am besten vorhersagen. Sie errechnen üblicherweise die Temperatur, die sich nach einer Verdoppelung der Kohlendioxid-Konzentration in der Atmosphäre von 300 auf 600 ppm einstellt. Diese liegt um $3 \pm 1{,}5°$ C höher als ihr vorindustrieller Wert, wenn die anthropogenen Emissionen der Treibhausgase — hierbei werden auch andere Treibhausgase als Kohlendioxid berücksichtigt — zumindest bis zum Jahre 2020 mit der gleichen Rate wie derzeit weiter ansteigen. Der Temperaturanstieg, der durch diese Klimamodelle errechnet wird, ist allgemein umso höher, je komplexer und damit auch genauer das zugrundeliegende Modell ist. Dreidimensionale atmosphärische Zirkulationsmodelle errechnen fast durchweg einen Temperaturanstieg von mehr als 3° C. Sie haben große Ähnlichkeit mit den atmosphärischen Modellen, die in der operationellen Wettervorhersage eingesetzt werden. Neuere Zirkulationsmodelle errechnen teilweise sogar Temperaturerhöhungen von mehr als 5° C. Daher dürfte der tatsächlich eintretende globale Temperaturanstieg durch die zunehmenden Emissionen von Treibhausgasen eher größer sein als bisher vorhergesagt.

Auch die neueren Zirkulationsmodelle weisen noch die folgenden Unzulänglichkeiten auf:

- Begrenzte räumliche und zeitliche Auflösung. Daher müssen wichtige atmosphärische Prozesse wie beispielsweise der Wärme- und Impulsaustausch zwischen Erdboden und Atmosphäre parameterisiert (mit den Variablen an den Gitterpunkten beschrieben) werden.
- Begrenzte spektrale Auflösung sowohl der Sonnenstrahlung im sichtbaren Spektralbereich als auch der infraroten Wärmestrahlung der Erdoberfläche. Dadurch ist die Genauigkeit der simulierten Strahlungserwärmung durch die Treibhausgase in den Modellen begrenzt.
- Lineare Approximation von nichtlinearen Prozessen, insbesondere von der Advektion (Transport atmosphärischer Größen durch die Luftströmungen).
- Relativ ungenaue Modellierung der Rückkopplungen zwischen Wolken, Strahlung und großräumigen Luftströmungen.

Damit sind nur die wichtigsten Fehlerquellen genannt, die in zukünftigen Zirkulationsmodellen verbessert werden sollten. Darüber hinaus sollten Fortschritte bei der Kopplung atmosphärischer Zirkulationsmodelle an ozeanische Zirkulationsmodelle, Eisschild-Modelle und Kohlenstoff-Kreislaufmodelle erzielt werden, um die Rückkopplungen zwischen Atmosphäre, Ozean, Eisschild und Biosphäre besser modellieren zu können. Der Ozean modifiziert das atmosphärische Modellverhalten beträchtlich, da er sehr viel Wärme speichern kann und die Hälfte des globalen Temperaturausgleiches zwischen den Tropen und den hohen Breiten durch die Strömungen in den Ozeanen bewerkstelligt wird. Zudem haben Änderungen der Ozeanströmungen einen großen Einfluß auf regionale Klimaänderungen. Die Koppelung von photochemischen Modellen an die dreidimensionalen Zirkulationsmodelle ist zur Zeit noch nicht realisiert. Sie wird aber angestrebt, da die Photochemie einen großen Einfluß auf die Zusammensetzung und den Strahlungshaushalt der Atmosphäre hat.

Während eine Vorhersage der globalen Durchschnittstemperatur, die sich infolge des Treibhauseffektes einstellen wird, möglich ist, sind die Vorhersagen der anderen Klimaparameter wesentlich schwieriger. Es ist wahrscheinlich, daß der Meeresspiegel im Verlauf des nächsten Jahrhunderts um bis zu 1,5 m ansteigen wird, aber auch ein Anstieg um 5 m ist nicht ausgeschlossen, wenn das westantarktische Schelfeis abschmilzt. Die Niederschlagssummen werden wahrscheinlich im globalen Mittel zunehmen, doch werden sie regional sehr stark variieren und in vielen Gegenden wird es trockener werden. In den inneren Tropen werden die

Niederschlagssummen wahrscheinlich um 5 bis 20 Prozent ansteigen. Änderungen der Niederschlagssummen hängen eng mit Verschiebungen der Klimazonen dieser Erde wie etwa der subtropischen Wüsten oder der feuchten Westwindzonen der mittleren Breiten zusammen. Beide werden sich wahrscheinlich weiter polwärts ausbreiten, während die subarktischen Breiten zunehmend schnee- und eisfrei werden. Weitere regionale Klimaänderungen lassen sich noch nicht vorhersagen, da die Zirkulationsmodelle hierfür noch keine verläßlichen Ergebnisse liefern.

Der zunehmende Treibhauseffekt wird voraussichtlich verheerende Folgen auf die Waldbestände der Erde, auf die Landwirtschaft und damit auch auf die Ernährungssituation der Menschheit haben, die unter dem Druck der Bevölkerungsexplosion in den Entwicklungsländern noch zusätzlich verschärft wird. Alte Waldbestände und landwirtschaftliche Produkte müssen besonders in mittleren und hohen Breiten umso schneller neuen weichen, je schneller sich der Temperaturanstieg vollzieht. Folglich haben die neuen Wälder immer weniger Zeit, sich dem veränderten Klima anzupassen. Die Waldbestände würden zwangsläufig schrumpfen. Als kritische Erwärmung wird eine Rate von 1° C pro Jahrhundert genannt. Die zunehmende Erwärmung wird auch die landwirtschaftliche Produktion stark schmälern. Darüber hinaus werden viele Küstenregionen mit landwirtschaftlicher Nutzfläche durch den ansteigenden Meeresspiegel dem Meer zum Opfer fallen. Dieses Problem wird durch Sturmfluten besonders in den Tropen verstärkt. Die Folgen sind große Hungersnöte und zunehmende Völkerwanderungen mit ihren sozialen Problemen.

Der Treibhauseffekt wird sich in den mittleren Breiten, in denen sich die Bundesrepublik Deutschland befindet, über die schon dargestellten Schäden hinaus besonders dadurch negativ auswirken, daß die Sommer wahrscheinlich trockener und heißer werden und damit den positiven Einfluß einer längeren land wirtschaftlichen Vegetationsperiode mehr als kompensieren. Hinzu kommen häufigere Dürren und Hitzeperioden. Die Subarktis wird zunächst davon profitieren, daß die Küstengewässer im Verlauf der Zeit auftauen, während die Fischerei in den arktischen Gewässern ermöglicht wird. Die auftauenden Böden werden dagegen kaum als landwirtschaftliche Nutzfläche genutzt werden können, da sie sich zunächst in Sümpfe verwandeln werden.

Von größtem Interesse sind Angaben darüber, wie stark die Emissionen anthropogener Spurengase reduziert werden müssen, damit die globale Temperaturerhöhung auf eine maximale Obergrenze reduziert werden kann.

Bereits heute ist das Temperaturniveau um 0,5 bis 0,9° C gegenüber dem vorindustriellen Wert angestiegen. Die notwendige Begrenzung des derzeit beschleunigt steigenden Temperaturniveaus auf eine maximale Obergrenze um 1 bis 2° C, bezogen auf das vorindustrielle Niveau erfordert tiefgreifende Maßnahmen zur Emissionsminderung bei allen Spurengasen. Eine Überschreitung dieser Obergrenze durch die bereits heute absehbaren erheblichen Auswirkungen des Treibhauseffektes würden in einigen Regionen dramatische Formen annehmen.

Treibhauseffekt und Ozonabbau in der Stratosphäre sind vielfach miteinander gekoppelt. Einerseits erhöhen die FCKW-Emissionen ebenso wie in geringerem Maße anthropogene Distickstoffoxid-Emissionen den Treibhauseffekt. Andererseits kühlt das bis zur Stratosphäre aufgestiegene Kohlendioxid diese infolge seiner starken Infrarotausstrahlung ab. Diese Abkühlung verlangsamt dort die durch chemische Reaktionen bedingte Ozonzerstörungsrate. Es bestehen jedoch noch weitere Rückkopplungsmechanismen. Wenn das Phytoplankton der Ozeane infolge der Zerstörung der Ozonschicht geschädigt wird, fällt eine wichtige Kohlendioxidsenke weg und es kommt über die daraus folgende Erhöhung der Kohlendioxidkonzentration der Atmosphäre zur Verstärkung des Treibhauseffektes.

Zum 3. Kapitel

Denkbare Handlungsstrategien zur Eindämmung des Treibhauseffekts und der anthropogenen Klimaänderungen

1. Das Ausmaß der gebotenen Reduktion

Es zeichnet sich ab, daß die zu erwartenden Änderungen der Erdatmosphäre und des Klimas gravierende Folgen für die menschlichen Lebensbedingungen und für die Biosphäre insgesamt nach sich ziehen werden, die durch Vorsorgemaßnahmen nur noch teilweise verhindert werden können. Dramatische Entwicklungen können nicht ausgeschlossen werden. Da es sich um weitgehend irreversible Vorgänge handelt, sieht sich die Enquete-Kommission vor die Aufgabe gestellt, den Reduktionsumfang und angemessene Reduktionsraten aller direkt und indirekt wirkenden Treibhausgase zu bestimmen sowie geeignete Lösungsstrategien und deren Realisierungswege zu finden und dem Deutschen Bundestag zu empfehlen.

Die Diskussion über Vorsorgemaßnahmen und Handlungsstrategien zur Eindämmung des Treibhauseffekts haben erst begonnen. Die Kommission kann daher auf der Basis der bisherigen Vorarbeiten und Erörterungen zum gegenwärtigen Zeitpunkt — außer bei den FCKW — noch keine bestimmten Reduktionsquoten und Vorgehensweisen konkretisieren, die zu einer einigermaßen hinreichenden Eindämmung des Treibhauseffektes führen würden. Dies bleibt dem nächsten Bericht vorbehalten. Die politische Reduktionsstrategie setzt eine Gesamtrisikoabwägung voraus, die ökologische, technische und soziale Fragen einbezieht. Es kann jedoch jetzt schon festgestellt werden, daß in Anbetracht der Komplexität, der Unsicherheiten und der Dimension des Problems ein außerordentlich großer Handlungsbedarf besteht und daß tiefgehende sowie langfristig angelegte Handlungsstrategien auf internationaler und nationaler Ebene entwickelt werden müssen.

2. Energie

Die durch die weltweiten Energiebereitstellungen, -umwandlungen und -nutzungen emittierten Spurengase gehören zu den Hauptverursachern des durch Menschen verursachten (anthropogenen) Treibhauseffektes und weitreichender sonstiger Schäden. Es ist erforderlich, die heutige Energieversorgung angesichts dieser neuen Situation grundlegend zu überdenken und dabei Möglichkeiten und Realisierungswege zu finden, um die negativen Folgewirkungen für Mensch und Natur zu minimieren oder zu beseitigen. Dazu besteht ein großer Forschungs-, Entwicklungs-, Entscheidungs- und Handlungsbedarf, so daß die Aufgabe, die aus dem Energiebereich stammenden Spurengasemissionen zu reduzieren, als zentrale Querschnittsaufgabe von Politik, Wirtschaft, Forschung und Technologie anzusehen ist. Es zeichnet sich ab, daß die durch den Treibhauseffekt aufgeworfenen Probleme so tiefgehend sind, daß die Struktur der Energieversorgung weltweit in der Bereitschaft grundlegend überdacht werden muß, gravierende Änderungen vorzunehmen. Die Handlungsstrategien müssen langfristig angelegt sein, und Wege zu ihrer Realisierung müssen so früh wie möglich beschritten werden.

Energieversorgung (2.1)

Energieverbrauch weltweit

Im Jahr 1987 trugen

- die fossilen Energien mit einem Anteil von 88,1 Prozent,
- die Wasserkraft mit einen Anteil von 6,7 Prozent
- und die Kernenergie mit einen Anteil von 5,2 Prozent

zum gesamten kommerziellen Primärenergieverbrauch der Welt in Höhe von 327 Exajoule (gleich 11,2 Milliarden Tonnen Steinkohleneinheiten (Mrd. t SKE)) bei.

Obgleich der Primärenergieverbrauch der vergangenen Jahre in einigen Industrieländern konstant blieb, wächst er weltweit seit 1983 mit einer jährlichen Steigerung von 2 bis 2,5 Prozent.

Der durchschnittliche Primärenergieverbrauch pro Kopf im Jahr 1986 betrug in Afrika 0,4 Tonnen SKE, in Asien 0,7 Tonnen SKE und weltweit 1,9 Tonnen SKE. Die Werte in den Industrieländern sind weitgestreut: Europa mit 4,4 Tonnen SKE, Italien mit 3,2 Tonnen SKE, die Bundesrepublik Deutschland mit 5,7 Tonnen SKE, die UdSSR mit etwa 6,4 Tonnen SKE und die USA mit rund 9,5 Tonnen SKE.

Energieverbrauch in der EG

An Primärenergie verbrauchte die EG im Jahr 1987 insgesamt rund 1,5 Milliarden Tonnen SKE – etwa ein Siebtel (rund 14,3 Prozent) des Weltenergiebedarfs. Hiervon entfielen auf Rohöl knapp 45 Prozent, auf Steinkohle und Erdgas je knapp

20 Prozent und auf Kernenergie etwa 13 Prozent. In den meisten westlichen Industrienationen konnte der Nutzungsgrad der Energie seit 1973 um 20 bis 30 Prozent erhöht werden. In einer Zeit, in der sich das Energieangebot praktisch kaum vergrößert hat, wurde der Nutzungsgrad soweit erhöht, daß dadurch heute in den Industrienationen ein Wert von jährlich 250 Milliarden US-Dollar an Öl, Kohle und Kernenergie ersetzt werden konnte.

Energieverbrauch in der Bundesrepublik Deutschland

1987 betrug der Primärenergieverbrauch in der Bundesrepublik Deutschland 11 368 Petajoule (PJ) (388 Millionen Tonnen Steinkohleneinheiten [Mio. t SKE]).

Davon hatten

- die fossilen Energien einen Anteil von etwa 86 Prozent,
- die Kernenergie einen Anteil von etwa 11 Prozent,
- die Wasserkraft einen Anteil von etwa 2 Prozent und
- die sonstigen Energien (Müll, Brennholz usw.) einen Anteil von etwa 1 Prozent.

Zukünftiger Energieverbrauch der Welt

Die bisher vorliegenden Prognosen und Szenarien der zukünftigen Energieversorgung der Welt gehen bis auf wenige Ausnahmen von einem weiterhin steigenden Bedarf fossiler Energieträger aus und berücksichtigen dabei nicht die Konsequenzen, die aus der Zunahme des Treibhauseffekts gezogen werden müssen. Um so mehr zwingt das Ausmaß der Folgen der zu erwartenden Klimaänderungen dazu, die Prioritäten in der zukünftigen Energieversorgung grundlegend zu ändern.

Geht man von der Beibehaltung des gegenwärtigen Pro-Kopf-Energieverbrauchs in den Industrieländern und von einer Steigerung des Pro-Kopf-Energieverbrauchs von etwa 0,7 Prozent pro Jahr in den Entwicklungsländern aus, dann wird der Primärenergieverbrauch der Welt bis zur Mitte des nächsten Jahrhunderts auf etwa das Zweifache des heutigen Wertes ansteigen. Dabei könnten weder der massive Ausbau der Nutzung der erneuerbaren Energien noch ein ebenso starker Ausbau der Kernenergie noch beide zusammen den Verbrauch der fossilen Energieträger auf das zur Eindämmung des Treibhauseffektes in der gegenwärtigen Diskussion als notwendig angesehene Maß reduzieren.

Die Abschätzung zeigt, daß Lösungswege keinen Erfolg versprechen, die nur auf eine Verschiebung zwischen den Energieträgern abzielen, statt einer weitgehenden Substitution von Energie durch Investitionen und technisches Wissen (Energiequelle Energieeinsparung) den Vorrang zu geben. Da sie notwendige und unabdingbare Voraussetzungen für die Bewältigung des Problems sind, kommt daher nach Meinung der Kommission bei allen Überlegungen der Energieeinsparung Priorität zu.

Energierelevante Emissionen (2.2)

Die Prozentanteile der energiebedingten Emissionen der direkten Treibhausgase Kohlendioxid (CO_2) und Methan (CH_4) und der indirekt wirkenden Spurengase, das heißt vor allem der Stickoxide (NO_x), des Kohlenmonoxids (CO), der flüchtigen organischen Verbindungen (VOC) sowie des Schwefeldioxids (SO_2) variieren entsprechend den spezifischen Bedingungen von Land zu Land, bewegen sich in vergleichbaren Ländern allerdings in ähnlicher Größenordnung. In der Bundesrepublik Deutschland werden von den anthropogenen Emissionen Kohlendioxid zu 92 Prozent, die Stickoxide zu 99 Prozent, Kohlenmonoxid zu 88 Prozent und Schwefeldioxid zu 96 Prozent energiebedingt emittiert.

Die Emissionen von Methan (CH_4) stammen nach neueren Messungen zu etwa 30 Prozent aus der Förderung und Bereitstellung fossiler Energieträger. CH_4 besitzt ein um den Faktor 32 größeres Treibhauspotential als CO_2. Deshalb muß in Zukunft äußerste Sorge dafür getragen werden, daß CH_4-Verluste auf ein Minimum reduziert werden.

Im Jahr 1986 wurden weltweit etwa 20,5 Milliarden Tonnen CO_2 emittiert. Hiervon trugen Nordamerika mit 28 Prozent, die Staatshandelsländer mit 21,6 Prozent, Westeuropa mit 15,4 Prozent und China mit 13 Prozent, zusammen also 78 Prozent, zur CO_2-Emission bei, was die besondere Rolle der Weltmächte bei der Umsetzung von Reduzierungsmaßnahmen unterstreicht. Die Bundesrepublik Deutschland ist mit etwa 750 Millionen Tonnen, das heißt rund 3,6 Prozent an der CO_2-Emission durch kommerzielle Energieträger in der ganzen Welt beteiligt.

Möglichkeiten der Reduktion der energiebedingten klimarelevanten Spurengase (2.3)

Die Kommission erkennt folgende Möglichkeiten, die klimarelevanten Spurengase aus dem Energiebereich zu vermindern:

Reduktion durch Energieeinsparung (2.3.1)

Energieeinsparung hat die erste Priorität bei der Suche nach Lösungswegen zur Senkung des fossilen Energieverbrauchs auf das gebotene Maß. Eine Energiepolitik, die der Energieeinsparung Priorität gibt, muß in den Industrieländern zu einer erheblichen Senkung des Energieverbrauchs pro Kopf und in den Entwicklungsländern zur besseren Nutzung der bisher genutzten Energien (z.B. des Brennholzes) und zum Aufbau einer tragfähigen zukünftigen Versorgung mit energiebezogenen Dienstleistungen führen.

Energieeinsparung wird hier, dem Stand der Diskussion entsprechend, grundsätzlich im Sinne des Energiedienstleistungskonzepts verstanden. Das heißt, der bisher sogenannte Energiebedarf ist auf eine Dienstleistung (z.B. Raumtemperatur, Licht, Kraft) gerichtet, die immer schon durch eine Kombination der Faktoren Energie, Kapital und technisches Wissen erbracht wird.

Energieeinsparung wird hier als Oberbegriff verstanden: Er umfaßt die Minimierung des Energieeinsatzes für ein gegebenes Niveau von Energiedienstleistungen über die gesamte Prozeßkette — also einschließlich der Umwandlung von Primärenergie in Endenergie und deren Umwandlung in Nutzenergie beziehungsweise in die eigentliche Energiedienstleistung. Aufmerksamkeit verdienen die Angebots- und die Nachfrageseite.

In der Bundesrepublik Deutschland beträgt das Verhältnis von Primärenergie, Endenergie und Nutzenergie etwa 3 zu 2 zu 1, das heißt, nur etwa ein Drittel der Primärenergie bzw. rund 45 Prozent der Endenergie werden in Nutzenergie umgesetzt.

Die weitaus geringste Effizienz hat der Verkehr mit einem Wirkungsgrad bei der Umwandlung von der Endenergie zur Nutzenergie von 17 Prozent. Er trägt mit etwa 25 Prozent zum Endenergieverbrauch bei. Wirksamen Maßnahmen zur Effizienzsteigerung und Schadstoffrückhaltung bei der Verbrennung fossiler Energieträger im Verkehrsbereich verdienen große Aufmerksamkeit.

Besonders bedeutsam ist auch der Heizenergieverbrauch, der in der Bundesrepublik Deutschland fast ausschließlich auf der Verbrennung fossiler Energieträger beruht und rund ein Drittel des gesamten Endenergieverbrauchs beträgt. Die Enquete-Kommission sieht hier einen besonders großen Handlungsbedarf. Es ist zu prüfen, in welchem Umfang und durch welche Maßnahmen (Wärmeschutz, neue Heizungstechnologien, passive Solartechnik und anderes) die in der wissenschaftlichen Literatur genannten Einsparpotentiale bis zu 90 Prozent in diesem Bereich realisiert werden können.

Eine Reihe von Abschätzungen gelangen zu dem Ergebnis, daß es in den Industrieländern Einsparpotentiale des Primärenergieverbrauchs bis zu 90 Prozent gibt. Es wird in vertieften Studien zu untersuchen sein, wie derartige Einsparpotentiale möglichst weitgehend umgesetzt werden können. Die Enquete-Kommission hält es für besonders dringend geboten, diese Effizienzpotentiale systematisch zu erfassen und Strategien zu ihrer weitgehenden Ausschöpfung zu erarbeiten.

Reduktion durch erneuerbare Energien/Solartechnik (2.3.2)

Unter der Nutzung der erneuerbaren (regenerativen) Energien versteht man die technische Umsetzung der direkten und der indirekten, bereits in der Natur umgewandelten Solarenergieformen. Aus der Solarstrahlung läßt sich zum Beispiel mittels Solarzellen (Photovoltaik) Strom oder mittels Sonnenkollektoren Wärme erzeugen. Die in der Natur umgewandelten solaren Energieformen lassen sich in Form von Wasser- und Windkraft, Umweltwärme, Biomasse, Meereswärme und Wellenenergie verwerten. Unter passiver Solarnutzung versteht man die Wandlung der Solarenergie in Wärme im Gebäude beziehungsweise in mit dem Innern des Gebäudes in Verbindung stehenden Wandstrukturen.

Im Jahr 1987 trug die Nutzung der regenerativen Energien in Form der Wasserkraft und damit der Erzeugung hochwertiger Elektrizität mit 6,7 Prozent zum kommerziellen Primärenergieverbrauch weltweit bei. Schließt man die nichtkommerzielle Energienutzung, also vor allem die Verbrennung von Holz und anderer Biomasse in den Entwicklungsländern ein, so beträgt der Anteil der direkten und indirekten Sonnenenergienutzung rund 21 Prozent, davon Wasserkraft rund 6 Prozent und Biomasse rund 15 Prozent, (der Kernenergie rund 4,5 Prozent und der fossilen Energien rund 74,5 Prozent).

Die Sonnenenergie ist mit weitem Abstand die größte Energiequelle, zumal sie über den natürlichen Treibhauseffekt überhaupt erst ein für das Leben auf der Erdoberfläche geeignet hohes und ausgeglichenes Temperaturniveau schafft.

Der jährliche Primärenergieverbrauch der Menschheit, zur Zeit rund 90 Billionen Kilowattstunden (rund 11 Milliarden Tonnen Steinkohleneinheiten), beträgt nur etwa ein Zehntausendstel der auf die Erdoberfläche jährlich einfallenden Sonnenstrahlung. Der Anteil der Landfläche an der Erdoberfläche beträgt etwa 30 Prozent, so daß die jährlich auf die Landfläche der Erde einfallende Solarstrahlung etwa das 3 000fache des Primärenergieverbrauchs der Welt beträgt.

Im Prinzip ist ein großes technische Potential zur direkten und indirekten Nutzung von Solarenergie vorhanden: Würde man langfristig wenige Prozent der Landfläche der Erde, das heißt einige Millionen km^2, für eine Energiewandlung der Solarstrahlung mit einem Gesamtwirkungsgrad von durchschnittlich fünf Prozent (einschließlich aller Umwandlungs-, Verteilungs- und Speicherverlusten) und zusätzlich einen Teil des technisch nutzbaren Potentials der Wasser- und Windkraft nutzen, so ließe sich das Zwei- bis Dreifache des heutigen globalen Primärenergiebedarfs mit regenerativen Energien decken.

Reduktion durch Kernenergie (2.3.3)

Ende 1987 befanden sich weltweit 404 Kernkraftwerke mit einer installierten Bruttoleistung von 317,6 Milliarden Watt (GWe) in Betrieb. Im Jahre 1986 erzeugten die 377 weltweit in Betrieb befindlichen Kernkraftwerke rund 1,5 x 10^{12} kWh (1,5 Billionen Kilowattstunden) Strom.

Im Jahr 1987 trug die Nutzung der Kernenergie weltweit mit rund 5,2 Prozent zum Primärenergieaufkommen bei. In der EG betrug der Anteil der Kernenergie am gesamten Primärenergieaufkommen im Jahr 1987 12,9 Prozent. In der Bundesrepublik Deutschland trug die Nutzung der Kernenergie im Jahr 1987 mit rund 11 Prozent zum Primärenergieaufkommen bei. Ihr Anteil an der Stromproduktion betrug etwa ein Drittel. Da der Strom im Jahr 1987 16,9 Prozent der Endenergie ausmachte, trug die Kernenergie rund 5,5 Prozent zur gesamten Endenergiebereitstellung in der Bundesrepublik Deutschland bei.

Es ist zu prüfen, ob beziehungsweise in welchem Umfang die Kernenergie national und weltweit einen Beitrag zur Eindämmung des Treibhauseffektes leisten kann. Bei dieser Prüfung ist — wie bei allen anderen Energietechnologien auch — nicht

nur das Kriterium der Klimaverträglichkeit zugrunde zu legen. Die Kommission wird sich in diesem Sinn auch prüfend mit neuen Reaktorlinien im Kernenergiebereich und einem möglichen Beitrag der Kernenergie auf dem Wärmemarkt auseinandersetzen. Man sollte bei der globalen Vorgehensweise nicht übersehen, daß die Kernenergienutzung lediglich in einigen Ländern infragegestellt ist. Aus heutiger Sicht ist zu erwarten, daß eine Reihe von Ländern Kernenergie zur CO_2-Begrenzung vorsehen wird.

Reduktion durch Emissionsrückhaltung (2.3.4)

Es entspricht dem Stand der Technik, Stickoxide (NO_x), Kohlenmonoxid (CO), Kohlenwasserstoffe (C_xH_y) und Methan (CH_4) bei der Verbrennung fossiler Energieträger weitgehend zurückhalten zu können. So mindern Drei-Wege-Katalysatoren in Pkw mit Ottomotoren in Verbindung mit einer Lambda-Regelung die Emissionen von CO, NO_x und C_xH_y um mehr als 90 Prozent. Analog halten Entstikkungsanlagen den Ausstoß von NO_x aus Kraftwerken weitgehend zurück.

Einem rasch und stringent durchgeführten Programm zum Einbau von Rückhaltetechniken für NO_x-, CO- und C_xH_y-Emissionen in Verbrennungsanlagen für fossile Energieträger (im Verkehr bei Otto- und Diesel-Motoren, bei der Heizung, in Kraftwerken) kommt daher — vor allem auch wegen der damit möglichen Verringerung des Ozons in der Troposphäre — sowohl im Hinblick auf den Treibhauseffekt als auch im Hinblick auf das Waldsterben eine besondere Bedeutung zu.

Eine Rückhaltung des CO_2 am Ort der Verbrennung, wie sie bei den anderen Spurengasen weitgehend möglich ist, läßt sich zwar theoretisch vorstellen, scheitert aber nach dem heutigen Kenntnisstand an dem hierzu erforderlichen außerordentlich großen Aufwand.

Reduktion durch Austausch von fossilen Brennstoffen (2.3.5)

Die verschiedenen fossilen Energieträger haben unterschiedliche CO_2-Emissionsfaktoren. Bezogen auf denselben Heizwert verhalten sich die spezifischen CO_2-Emissionen bei der Verbrennung von Braunkohle, Steinkohle, Erdöl und Erdgas wie 121 : 100 : 88 : 58. Daher läßt sich durch die Substitution der CO_2-Emissions-intensiven durch weniger CO_2-Emissions-intensive fossile Energien der CO_2-Ausstoß verringern.

Erdgas hat zwar im Vergleich zu Kohle und Erdöl wesentlich geringere spezifische CO_2-Emissionen bei der Verbrennung, jedoch muß berücksichtigt werden, daß Erdgas weitgehend aus Methan besteht und daher selbst zu den klimarelevanten Spurengasen gehört. Methan hat, soweit es nicht verbrannt, sondern freigesetzt wird, pro Molekül ein um den Faktor 32 größeres Treibhauspotential als Kohlendioxid. Durch Messungen von radioaktivem CH_4 ist abgeschätzt worden, daß wahrscheinlich etwa 30 Prozent des Methans aus der Öl- und Erdgasindustrie und aus dem Kohlebergbau stammen oder aus den Lagerstätten fossiler Energieträger zur Oberfläche steigen und ausgasen.

Gegenüber der Einsparung von Energie spielt die CO_2-Reduktion durch den Austausch von fossilen Brennstoffen eine nachgeordnete Rolle.

Reduktion durch umweltbewußteres Verhalten (2.3.6)

Untersuchungen der verschiedenen Energieeinsparpotentiale haben ergeben, daß der Energieverbrauch um etwa 10 Prozent zu vermindern wäre, wenn im Umgang mit Energie etwas mehr Aufmerksamkeit darauf verwendet würde, für einen bestimmten Zweck nicht mehr Energie als nötig einzusetzen.

Reduktion durch Konsumverzicht (2.3.7)

Durch einen umweltbewußteren Konsum und einen teilweisen Verzicht auf energiebezogene Dienstleistungen kann jeder Bürger so weit zur Umweltentlastung beitragen, wie der Verzicht reicht.

Externe Kosten, externer Nutzen

Die Kommission weist darauf hin, daß zur Bewertung der Möglichkeiten (2.3.1 bis 2.3.7) im Vergleich zum Verbrauch fossiler Energieträger auch jeweils die externen Kosten beziehungsweise der externe Nutzen berücksichtigt werden müssen. Diese sind in den bisherigen Preisen nicht berücksichtigt. Nach einer solchen Wirtschaftlichkeitsrechnung würden insbesondere die Energieeinsparung und die regenerativen Energieträger gegenüber den bisherigen Preisrelationen einen Kostenvorteil gewinnen.

3. Fluorchlorkohlenwasserstoffe (FCKW)/Chemische Industrie/Produktion/Abfall

Die durch das Montrealer Protokoll geregelten FCKW tragen gegenwärtig mit etwa 17 Prozent zum Treibhauseffekt bei. Dabei wirkt ein einzelnes FCKW-Molekül etwa 15 000 mal so stark wie ein CO_2-Molekül. Auch zur Eindämmung des Treibhauseffekts ist es daher besonders wichtig, daß das Montrealer Protokoll so schnell wie möglich und von möglichst vielen Staaten in der jetzigen Fassung ratifiziert und anschließend (1990) wesentlich verschärft wird (siehe Abschnitt C).

4. Forstwirtschaft

Das Waldsterben in den Industrieländern besitzt ebenfalls einen Einfluß auf den Treibhauseffekt, der bis heute aber noch nicht quantifiziert worden ist. Der Anteil des Waldsterbens am Treibhauseffekt läßt sich am effektivsten dadurch verringern, daß die Schwefeldioxid- und besonders die NO_x-Emissionen reduziert werden. Die Eindämmung der Vernichtung der tropischen Wälder gehört auch aus Klimagründen zu einer wichtigen internationalen Schwerpunktaufgabe (siehe Abschnitt D, 4. Kapitel).

5. Landwirtschaft/Welternährung

Methan (CH_4), Distickstoffoxid (N_2O) und Kohlendioxid (CO_2) tragen als landwirtschaftlich bedingte Emissionen zum Treibhauseffekt bei. Geeignete Strategien, diese Emissionen zu vermindern, gilt es zu erarbeiten.

Welthunger und Fehlernährung führen bereits heute zu untragbaren Auswirkungen auf das Leben und die Gesundheit eines beträchtlichen Teils der Menschheit. In Anbetracht der steigenden Weltbevölkerung und der wahrscheinlich verheerenden Auswirkungen der Klimaänderungen und des Anstiegs der UV-B-Strahlung muß die künftige Lebensmittelversorgung als außerordentlich gefährdet angesehen werden.

6. Internationale Konvention zum Schutz der Erdatmosphäre

Die globale Dimension der zu erwartenden Klimaänderungen erfordert, das Problem im Rahmen eines weltweiten, solidarischen Vorgehens zu lösen. Hierfür haben alle entwickelten Industrieländer, die über größere ökonomische und technische Handlungsoptionen verfügen, eine besondere Verantwortung. Dies gilt sowohl für nationale Anstrengungen wie auch für Initiativen zur Verbesserung weltweiter Rahmenbedingungen für eine ökologisch verträgliche Entwicklung.

Die Enquete-Kommission ist der Auffassung, daß es einer internationalen Konvention bedarf, in der sich die einzelnen Staaten verpflichten, die von Quellen in ihren Gebieten ausgehenden Emissionen aller Treibhausgase nach Maßgabe eines einvernehmlich festgestellten Reduktionsprogramms jeweils selbstverantwortlich zu vermindern. Die internationalen Anstrengungen sollten zu dem Erfolg führen, daß bis spätestens 1992 ein internationales Übereinkommen in Form eines Rahmenabkommens zu treffen ist.

Aufgrund des heutigen Kenntnisstandes geht es vor allem um die Reduktion der Emissionen von Fluorchlorkohlenwasserstoffen (FCKW), Kohlendioxid (CO_2), Methan (CH_4), Distickstoffoxid (N_2O), der Spurengase, welche die Bildung des troposphärischen Ozons (O_3) begünstigen bzw. luftchemische Veränderungen bewirken (in erster Linie Stickoxide (NO_x), Kohlenmonoxid (CO), Kohlenwasserstoffe (C_xH_y) und Schwefeldioxid (SO_2)) sowie weiterer auf ihre Klimarelevanz noch im einzelnen zu überprüfender Spurengase.

Ein internationales Übereinkommen zum Schutz der Erdatmosphäre durch Vermeidung und Reduzierung aller beteiligten Spurengase ist unabdingbar notwendig.

Die Bundesrepublik Deutschland ist mit rund 3,6 Prozent an der weltweiten CO_2-Emission durch kommerziell genutzte Energieträger beteiligt. Nationale Reduktionsstrategien erbringen daher — auch wenn sie über die international vorzugebenden Reduktionsraten hinausgehen — global gesehen einen relativ kleinen unmittelbaren Reduktionsbeitrag. Allerdings können durch Maßnahmen in der Bundesrepublik Deutschland mittelbar weit größere Reduktionen induziert werden. Diese könnten eine relevante Größenordnung erreichen beispielsweise durch eine Beschleunigung der Entwicklung innerhalb der EG durch nationale bundesdeutsche Maßnahmen, eventuell durch Wettbewerbsvorteile auf dem Weltmarkt, durch Demonstration der Marktreife und raschen Markteinführung zum Beispiel energieeffizienter Innovationen, durch eine verbesserte Innovationsfähigkeit der Industrieländer insgesamt, durch geeignete Entwicklungshilfe etc.

Die Kommission empfiehlt für die Bundesrepublik Deutschland mit dem Ziel einer wechselseitigen Verstärkung sowohl ein internationales als auch ein nationales Vorgehen zur weitgehenden Reduktion der Emission aller klimarelevanten Spurengase.

Zum 4. Kapitel

Internationale Schwerpunktaufgabe: Schutz der tropischen Regenwälder

Ein besonders komplexes entwicklungspolitisches Problem ist der rapide Rückgang der tropischen Waldgebiete, der mit gravierenden wirtschaftlichen, sozialen und ökologischen Auswirkungen verbunden ist. Die Rodung der tropischen Wälder führt darüber hinaus zu einer erheblichen Veränderung des lokalen und regionalen Klimas. Durch die sich ändernden Stoffflüsse zwischen der Atmosphäre und der tropischen Biosphäre wird durch die Rodung der Wälder auch die Chemie der Troposphäre und damit auch das globale Klima beeinflußt. Weiterhin bewirkt die Zerstörung der tropischen Waldgebiete einen nicht wieder rückgängig zu machenden Verlust wichtiger genetischer Ressourcen.

Im Anbetracht der Bedeutung der länder- und regionenübergreifenden Folgewirkungen ist der Schutz der tropischen Waldgebiete im Interesse der gesamten Menschheit zu einer internationalen Schwerpunktaufgabe zu erheben.

Die Fläche der geschlossenen tropischen Wälder wurde für das Jahr 1980 auf weltweit 11 Millionen km^2 geschätzt. Zusammen mit den offenen tropischen Wäldern betrug die gesamte tropische Waldfläche 17,5 Millionen km^2, das entspricht 40 Prozent der Waldfläche der Erde. Die tropische Waldfläche hat in den vergangenen Jahrzehnten durch Rodungen laufend abgenommen. Die wichtigsten Ursachen der tropischen Waldrodungen sind das enorme Bevölkerungswachstum und der damit unmittelbar verbundene Mehrbedarf an landwirtschaftlich nutzbarer Fläche, die Landnot der Kleinbauern, die Wanderfeldbau betreiben, die Beschaffung von Brennholz, eine verfehlte Ansiedlungspolitik als Folge einer nicht durchgeführten Landreform, Rodungsanreize durch Gesetze und das Steuersystem, aber auch entwicklungspolitische Großprojekte wie der Bau von Wasserkraftwerken mit riesigen Stauseen, große Straßenbauvorhaben, die den Primärwald aufreißen, Ausbeutung von Erzvorkommen durch Bergbau, Anlage agroindustrieller Rinderfarmen, kommerzielle Nutzung tropischer Hölzer durch den internationalen Holzhandel, Grundstücksspekulationen, die Industrialisierung und die zunehmende Verstädterung. Der Beitrag der hier aufgeführten Ursachen zu der Vernichtung von Regenwaldflächen ist in den einzelnen Ländern sehr unterschiedlich.

Der jährliche Verlust an Waldgebieten in den tropischen Breiten ist wegen des unvollständigen Kenntnisstandes nur schwer abzuschätzen. Die in der Literatur angegebenen Zahlen sind oft fehlerhaft oder widersprüchlich. Weitere intensive Untersuchungen und die Verwendung neuer Techniken, zum Beispiel von Satellitenaufnahmen, sind zur Verbesserung der Daten erforderlich.

Nach den derzeit vorliegenden Daten verringerte sich die gesamte Waldfläche in den tropischen Breiten im Jahr 1980 um etwa 560 000 km^2, was in etwa der doppelten Fläche der Bundesrepublik Deutschland entspricht. Von dieser Fläche entfallen etwa 160 000 km^2 auf Primärwald, also Waldfläche, die bis dahin nicht durch menschliche Aktivitäten beeinflußt worden war.

Dem Verlust an Waldfläche in den tropischen Breiten steht eine Zunahme der Waldfläche in Teilen der gemäßigten und subtropischen Breiten durch Wiederaufforstung sowie durch Auflassung landwirtschaftlich genutzter Fläche etwa in Europa gegenüber, durch die atmosphärischer Kohlenstoff in Form von Biomasse gebunden wird. Der Umfang der Kohlenstoffixierung ist wegen unsicherer und unvollständiger Daten nicht bekannt. Es kann mit Sicherheit davon ausgegangen werden, daß diese Kohlenstoffsenke im globalen Mittel die durch die Brandrodungen freigesetzte Kohlenstoffmenge bei weiten nicht aufwiegt. Die in der Atmosphäre bleibende Nettomenge an Kohlenstoff wird auf etwa $1 \pm 0,6$ Milliarden Tonnen Kohlenstoff (C) pro Jahr geschätzt. Dies entspricht etwa 7 bis 32 Prozent des weltweit durch Verbrennung fossiler Brennstoffe emittierten Kohlendioxids. Die Rodung der tropischen Waldgebiete trägt damit entscheidend zum Anstieg des CO_2-Gehalts der Atmosphäre und dadurch zum Treibhauseffekt bei.

Die tropischen Ökosysteme werden durch die Brandrodungen in ihrem Bestand erheblich dezimiert und in ihrem Systemgefüge nachhaltig gestört, was sich negativ auf das regionale und lokale Klima und auf die wirtschaftliche Lage dieser Staaten auswirkt. Zusätzlich wird der Austausch an Spurengasen zwischen der tropischen Biosphäre und der Atmosphäre und dadurch die Chemie der Troposphäre beeinflußt. Dieser Effekt wird noch durch die starke Emission weiterer luftchemisch wichtiger Spurengase wie Stickoxide (NO_x), Kohlenmonoxid (CO), Nichtmethankohlenwasserstoffe (NMHC) verstärkt, die bei der Verbrennung der gerodeten Biomasse entstehen und einen entscheidenden Einfluß auf die Photochemie und Verteilung anderer klimarelevanter Spurenstoffe nehmen.

Die mit der Rodung tropischer Wälder zusammenhängenden Probleme wurden zwar schon zu Beginn der achtziger Jahre erkannt und diskutiert. Trotzdem sind bisher nur geringe politische Aktivitäten auf internationaler Ebene zur Eindämmung oder Minimierung des Waldverlustes zu verzeichnen. Als ein zukunftsweisender Schritt in diese Richtung kann die Aufstellung des internationalen Tropenwald-Aktionsplanes im Jahre 1986 durch die FAO gewertet werden. Ergänzend hierzu schlug der Bundeskanzler auf dem Weltwirtschaftsgipfel 1988 in Toronto vor, den Umfang der Rodungen in den tropischen Länder dadurch einzudämmen, daß der Erlaß der Schulden mit entsprechenden Auflagen gekoppelt werde. Mit diesem und weiteren Vorschlägen von anderer Seite wird sich die Enquete-Kommission in ihrem nächsten Zwischenbericht mit dem Schwerpunkt „Tropische Regenwälder" auseinandersetzen.

Erste Empfehlungen

Die Enquete-Kommission gibt aufgrund ihres aktuellen Kenntnisstandes zu einigen Kapiteln Handlungsempfehlungen und Empfehlungen zum Forschungsbedarf, die im Verlauf der weiteren Kommissionsarbeit ergänzt und fortgeschrieben werden.

Handlungsempfehlungen

Zu Abschnitt C

Zum 5. Kapitel

Erste politische Empfehlungen zum Schutz der Ozonschicht in der Stratosphäre

Die Enquete-Kommission kommt auf der Grundlage ihrer bisherigen Arbeit zu einer Reihe weitgehender Empfehlungen.

Diese ergänzen den Beschluß des Deutschen Bundestages vom 22. September 1988, der bereits auf den bis zum Juni 1988 von der Enquete-Kommission erarbeiteten Beratungsergebnissen beruht.

Bei den Empfehlungen ist zu unterscheiden zwischen Maßnahmen auf internationaler, europäischer und nationaler Ebene.

– Internationale Maßnahmen

Die Enquete-Kommission sieht es als notwendig an, daß die Bundesregierung mit Nachdruck dafür eintritt, daß neben dem Wiener Übereinkommen auch das Montrealer Protokoll möglichst schnell von möglichst vielen Staaten gezeichnet und ratifiziert wird, um Produktionsverlagerungen und Produktionserweiterungen zu verhindern.

Die Enquete-Kommission ist der Auffassung, daß das Montrealer Protokoll in seiner gegenwärtigen Ausgestaltung bei weitem nicht ausreicht, um die bereits eingetretenen und zu erwartenden Schäden im Zusammenhang mit dem Ozonabbau in der Stratosphäre zu reduzieren.

Da die FCKW sowohl zum Ozonabbau in der Stratosphäre beitragen als auch gegenwärtig zu 17 Prozent am Treibhauseffekt beteiligt sind, ist die Enquete-Kommission der Auffassung, daß Produktion und Verbrauch dieser Stoffe bis zum Jahre 2000 um mindestens 95 Prozent reduziert werden müssen.

Die Forderung nach einer fast völligen Beseitigung der FCKW ergibt sich aus den aktuellen wissenschaftlichen Erkenntnissen über das Ozonzerstörungspotential der zu regelnden Stoffe und die dadurch zu erwartenden Auswirkungen, über ihre Treibhausrelevanz und die Verstärkung ihres Wirkungspotentials bei der Reduktion anderer treibhausrelevanter Spurengase.

Diese Überlegungen führen zu der Forderung, daß das Montrealer Protokoll im Rahmen der im Jahre 1990 vorgesehenen Überprüfung einer erheblichen Überarbeitung und Fortschreibung unterzogen wird und die Bundesregierung sich so früh wie möglich dafür einsetzt, daß die Verhandlungen für die Überprüfung des Montrealer Protokolls und die Vorbereitung von Verhandlungen für eine drastische Verschärfung bereits im Jahr 1989 eingeleitet werden, damit eine Realisierung der Überarbeitung 1990 möglich ist.

Die Enquete-Kommission sieht es als notwendig an, daß die Bundesregierung im Rahmen der Verhandlungen mit allem Nachdruck folgende Ziele verfolgt:

– eine Erhöhung der Reduktionsquoten und eine Verkürzung der Zeitläufe.

  Im einzelnen:

  ○ spätestens im Laufe des Jahres 1992 werden Produktion und Verbrauch der geregelten Stoffe – ausgehend von den Werten des Jahres 1986 – um 20 Prozent reduziert. Diese dann erreichten Verbrauchs- und Produktionsmengen dürfen bis zum 31. Dezember 1994 nicht mehr überschritten werden;

  ○ spätestens im Laufe des Jahres 1995 werden Produktion und Verbrauch der geregelten Stoffe – ausgehend von den Werten des Jahres 1986 – um 50 Prozent reduziert. Diese dann erreichten Verbrauchs- und Produktionsmengen dürfen bis zum 31. Dezember 1998 nicht mehr überschritten werden;

○ spätestens im Laufe des Jahres 1999 werden Produktion und Verbrauch der geregelten Stoffe — ausgehend von den Werten des Jahres 1986 — um 95 Prozent reduziert. Dieser Restbestand von 5 Prozent gegenüber dem Jahr 1986 darf in den folgenden Jahren nicht überschritten werden;

- die Einbeziehung der bisher im Montrealer Protokoll noch nicht geregelten Chlorverbindungen — wie zum Beispiel Tetrachlorkohlenstoff, Methylchloroform und der H-FCKW — in die Regelungen des Montrealer Protokolls mit der Maßgabe, daß bis spätestens zum 31. Dezember 1992 eine Bilanzierung

  ○ der Produktionsmengen,

  ○ der Emissionsmengen und

  ○ der Trends

  von allen Vertragsparteien vorgenommen wird und im Rahmen der weiteren Überprüfung des Montrealer Protokolls auf der Grundlage dieser Werte und der damit möglichen Abschätzbarkeit des gesamten Gefährdungspotentials (Ozonabbau in der Stratosphäre und Treibhauseffekt) entsprechende Maximalmengen oder Reduktionsquoten auch für diese Stoffe vorgegeben werden mit dem Ziel, die Reduzierung des Gefährdungspotentials entsprechend dem verschärften Montrealer Protokoll nicht zu unterlaufen.

- die Abschwächung und wenn möglich Beseitigung der Ausnahmetatbestände, namentlich die Zulassung eines globalen Pro-Kopf-Verbrauchs; dabei muß durch die Industrieländer sichergestellt werden, daß Ersatzstoffe und Ersatztechnologien auch in Drittländern zeitgleich wie in den Industrieländern zur Verfügung gestellt werden und dafür der notwendige Technologietransfer vorgesehen wird;

- eine Regelung, durch die die Hersteller in Vertragsstaaten des Montrealer Protokolls verpflichtet werden, keine Produktion in Nicht-Unterzeichnerstaaten zu verlagern oder auszuweiten;

- eine weltweite Kennzeichnung FCKW-haltiger Roh-, Zwischen- und Endprodukte;

- die Regelung einer staatlichen Kontrolle der Produktions- und Verbrauchszahlen;

- eine Regelung über eine effektive, von der interessierten Öffentlichkeit nachvollziehbare Kontrolle der erzielten Reduktionsquoten und

- die Erhaltung der Möglichkeit, daß jeder Vertragsstaat nationale Regelungen treffen kann mit dem Ziel, die vorgegebenen Quoten erheblich früher zu erreichen, als im Protokoll festgelegt ist; dabei darf es durch weitergehende Regelungen nicht zu Wettbewerbsverzerrungen kommen.

Die Enquete-Kommission sieht es ferner als erforderlich an, daß sich die Bundesregierung im Rahmen des nächsten Weltwirtschaftsgipfels 1989 dafür einsetzt, daß die führenden westlichen Industrienationen beschließen, gemeinsam eine entsprechende Verschärfung des Montrealer Protokolls im Jahre 1990 herbeizuführen und national bereits vorab Maßnahmen einzuleiten, die über die gegenwärtigen Vorgaben des Montrealer Protokolls hinausgehen.

– Maßnahmen innerhalb der Europäischen Gemeinschaften

Die Enquete-Kommission sieht es als notwendig an, daß die weltweit als erforderlich angesehenen Reduzierungsquoten innerhalb der EG unabhängig von den internationalen Vereinbarungen schneller erreicht werden. Dies bedeutet, daß es Ziel der Bundesregierung sein muß, unabhängig von einer Verschärfung des Montrealer Protokolls und über eine Verschärfung des Protokolls hinausgehend innerhalb der EG folgende Reduktionsquoten mit allem Nachdruck anzustreben:

- spätestens im Laufe des Jahres 1992 werden Produktion und Verbrauch der im Montrealer Protokoll geregelten Stoffe – ausgehend von den Werten des Jahres 1986 – um 50 Prozent reduziert. Diese dann erreichten Verbrauchs- und Produktionsmengen dürfen bis zum 31. Dezember 1994 nicht überschritten werden;

- spätestens im Laufe des Jahres 1995 werden Produktion und Verbrauch der geregelten Stoffe – ausgehend von den Werten des Jahres 1986 – um 75 Prozent reduziert. Diese dann erreichten Verbrauchs-und Produktionsmengen dürfen bis zum 31. Dezember 1996 nicht überschritten werden;

- spätestens im Laufe des Jahres 1997 werden Produktion und Verbrauch der geregelten Stoffe – ausgehend von den Werten des Jahres 1986 – um mindestens 95 Prozent reduziert. In den folgenden Jahren dürfen die Produktions- und Verbrauchsmengen 5 Prozent der Werte des Jahres 1986 nicht übersteigen.

Die Bundesregierung wird ersucht, im Rahmen des nächsten EG-Gipfels Ende 1988 darauf hinzuwirken, daß die Notwendigkeit einer entsprechenden Verschärfung des Montrealer Protokolls erörtert wird mit dem Ziel, die EG-Mitgliedstaaten mögen sich bereit erklären, 1989 Verhandlungen zur Überprüfung des Protokolls im Jahre 1990 aufzunehmen und dafür Sorge zu tragen, daß eine Überarbeitung des Protokolls im Jahre 1990 abgeschlossen wird.

Auch auf EG-Ebene muß so schnell wie möglich – und unabhängig von einer anzustrebenden Regelung im Montrealer Protokoll – eine Kennzeichnung FCKW-haltiger Roh-, Zwischen- und Endprodukte herbeigeführt werden.

Die Bundesregierung wird ersucht, die Realisierung der oben genannten Forderung zur Einbeziehung der bisher im Montrealer Protokoll noch nicht geregelten Chlorverbindungen unabhängig von der Umsetzung im Rahmen des Montrealer Protokolls auch auf EG-Ebene zu erreichen.

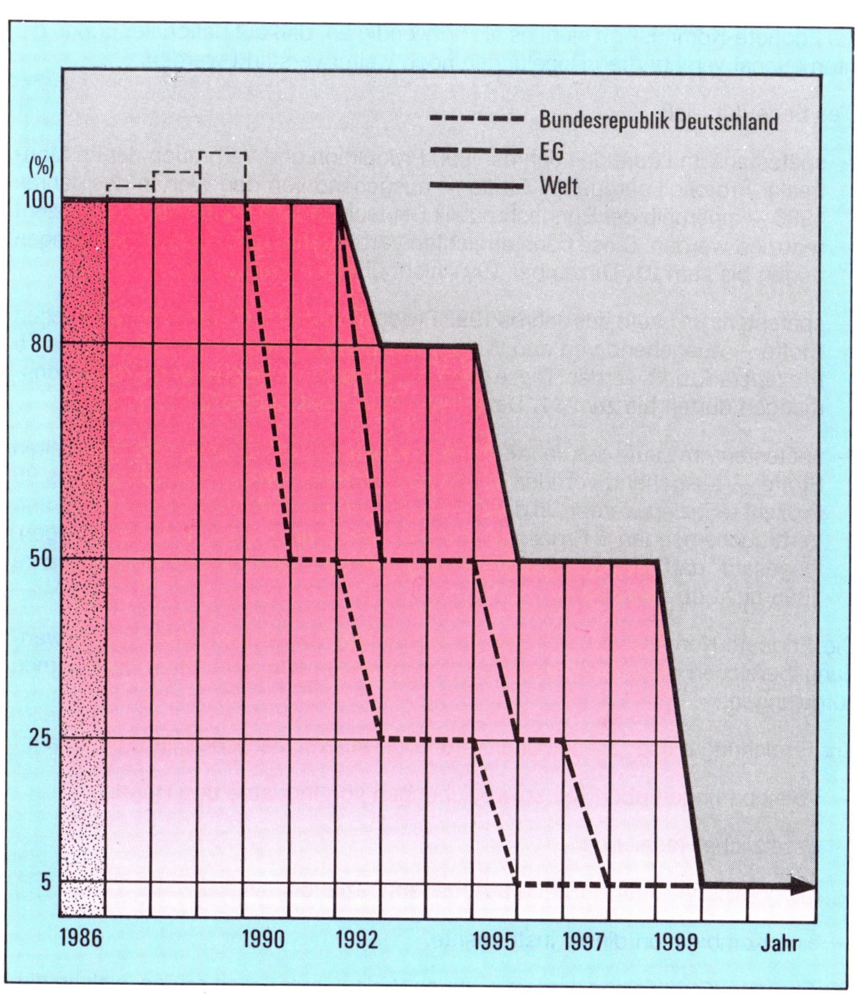

Die Abbildung zeigt die Reduktionsquoten der FCKW entsprechend dem von der Enquete-Kommission national, EG- und weltweit vorgeschlagenen Reduktionsplan.

– Nationale Handlungsnotwendigkeiten

Die Enquete-Kommission ist der Auffassung, daß die Bundesrepublik Deutschland im Rahmen der gesamten Diskussion beispielhaft vorangehen sollte.

Die Enquete-Kommission sieht es als notwendig an, daß auf nationaler Ebene die international verschärften Regelungen noch weiter verstärkt werden.

Dies bedeutet, daß

- spätestens im Laufe des Jahres 1990 Produktion und Verbrauch der im Montrealer Protokoll geregelten Stoffe — ausgehend von den Werten des Jahres 1986 — innerhalb der Bundesrepublik Deutschland um mindestens 50 Prozent reduziert werden. Diese dann erreichten Verbrauchs- und Produktionsmengen dürfen bis zum 31. Dezember 1991 nicht überschritten werden;

- spätestens im Laufe des Jahres 1992 Produktion und Verbrauch der geregelten Stoffe — ausgehend von den Werten des Jahres 1986 — um mindestens 75 Prozent reduziert werden. Diese dann erreichten Verbrauchs- und Produktionsmengen dürfen bis zum 31. Dezember 1994 nicht überschritten werden;

- spätestens im Laufe des Jahres 1995 Produktion und Verbrauch der geregelten Stoffe — ausgehend von den Werten des Jahres 1986 — um mindestens 95 Prozent reduziert werden. In den folgenden Jahren dürfen die Produktions- und Verbrauchsmengen 5 Prozent der Werte des Jahres 1986 nicht übersteigen. Insgesamt darf die jährliche Verbrauchsmenge 5 000 Tonnen ab dem Jahre 1995 nicht überschreiten.

Die Enquete-Kommission sieht es als notwendig an, in den einzelnen Anwendungsbereichen möglichst schnell zu weitgehenden und wirksamen Maßnahmen zu gelangen.

Zur Erreichung dieser Zielsetzung bieten sich unterschiedliche Instrumente an:

- Vereinbarungen über Selbstverpflichungen von Industrie und Handel,

- gesetzliche Regelungen,

- ökonomische Anreize (Steuern/Abgaben) beziehungsweise

- eine Kombination dieser Instrumente.

Die Enquete-Kommission wird im weiteren Verlauf ihrer Arbeit prüfen, welche dieser Maßnahmen die vorgegebenen Zielsetzungen am besten und schnellsten erreichen und auf dieser Basis weitere Vorschläge unterbreiten. Dies gilt insbesondere für ökonomische Anreize zur Erreichung ökologischer Ziele.

Als unverzichtbar sieht es die Enquete-Kommission an, daß Bemühungen und Vereinbarungen zur Selbstbeschränkung der Industrie zeitlich befristet sind. Sollten bis zu einer festgesetzten Frist keine Vereinbarungen zustande kommen, sind dem Deutschen Bundestag unverzüglich rechtliche Regelungen vorzuschlagen.

Im einzelnen sieht die Enquete-Kommission Selbstverpflichtungen oder Regelungsvorschläge in folgenden Bereichen:

1. Aerosolbereich

   Eine Verschärfung der bestehenden Selbstverpflichtung der Industriegemeinschaft Aerosole e.V. vom August 1987 dahingehend, daß ab 1. Januar 1990 weniger als 1.000 Tonnen FCKW pro Jahr im Aerosolbereich verwendet werden und sich die Verwendung auf lebenserhaltende medizinische Systeme beschränkt.

   Gleichzeitig soll die neue Verpflichtung die Erklärung enthalten, daß in diesem Bereich H-FCKW 22 nicht eingesetzt wird.

   Sollte eine Verschärfung der Selbstverpflichtung der Industriegemeinschaft Aerosole und eine entsprechende Selbstverpflichtung des Handels, damit auch sämtliche Importe im Aerosolbereich umfaßt werden, nicht bis zum 1. März 1989 beim Bundesminister für Umwelt, Naturschutz und Reaktorsicherheit eingegangen sein, wird die Bundesregierung ersucht, dem Deutschen Bundestag bis zum 1. September 1989 den Entwurf für eine gleichgerichtete nationale, EG-konforme Verbotsregelung zuzuleiten.

2. Kälte- und Klimabereich

   Die Bundesregierung wird ersucht, mit dem zuständigen Industrieverband ein Entsorgungskonzept für den Kälte- und Klimabereich bis zum 1. März 1989 vorzulegen.

   Sollte dies nicht erreichbar sein, wird die Bundesregierung gebeten, dem Deutschen Bundestag bis zum 1. Juni 1989 einen Vorschlag für eine rechtliche Regelung dieses Bereiches vorzulegen.

   Die Bundesregierung wird ersucht, bis zum 31. Dezember 1990 eine Verpflichtungserklärung der entsprechenden Industrie und des Handels zu erreichen, die auch sämtliche Importe erfassen muß, daß spätestens ab dem 1. Januar 1992 als Kühl- und Kältemittel nur noch Ersatzstoffe eingesetzt werden, die auf lange Sicht als Ersatzstoffe dienen können.

   Darüber hinaus soll in dieser Selbstverpflichtung auch eine Kennzeichnungsverpflichtung über die Recyclingfähigkeit der Kühl- und Kältemittel sowie der Geräte aufgenommen werden.

   Sollte eine entsprechende Verpflichtungserklärung der Industrie nicht bis zum 31. Dezember 1990 beim Bundesminister für Umwelt, Naturschutz und Reaktorsicherheit vorliegen, wird die Bundesregierung ersucht, dem Deutschen Bundestag bis zum 1. Juni 1991 einen Vorschlag für eine gleichgerichtete, EG-konforme rechtliche Regelung zuzuleiten.

3. Verschäumungsbereich

   Die Bundesregierung wird ersucht, bis zum 31. Dezember 1989 eine Selbstverpflichtungserklärung der schaumstoffherstellenden Industrie zu erreichen, nach der im Jahre 1992 und in den folgenden Jahren eine Reduktion im Bereich der Schaumstoffherstellung um 80 Prozent erreicht wird. Dabei soll der FCKW-

Einsatz bei Polyurethan-Hartschäumen um mindestens 50 Prozent und bei Integralschäumen um 80 Prozent reduziert werden. Für die Weichschaumherstellung darf kein FCKW verwendet werden. XPS soll nicht mehr mit vollhalogenierten FCKW hergestellt werden; auch für die Herstellung mit teilhalogenierten ozonschädigenden FCKW ist nur eine Übergangszeit von maximal 10 Jahren vorzusehen. Bei den übrigen Schaumstoffen soll eine Reduktion um 90 Prozent erreicht werden. Insbesondere soll unverzüglich eine Regelung angestrebt werden, die die Herstellung und das Inverkehrbringen von FCKW in Verpackungsmaterial und Wegwerfgeschirr in der Bundesrepublik Deutschland unverzüglich unterbindet.

4. Reinigungs- und Lösemittelbereich

   Die Bundesregierung wird ferner ersucht, bis spätestens zum 31. Dezember 1989 eine Verpflichtungserklärung der entsprechenden Industrien und Verbände herbeizuführen, nach der spätestens ab dem 1. Januar 1992 der FCKW-Einsatz bei Reinigungs- und Lösemitteln auf unumgängliche Einsatzbereiche durch den Einsatz von Ersatzstoffen und -technologien sowie durch gekapselte Reinigungssysteme eingeschränkt und in diesen Bereichen ab dem Jahre 1995 um 95 Prozent verringert wird. Dabei sind insbesondere die umweltrelevanten Eigenschaften der Chlorkohlenwasserstoffe verstärkt zu berücksichtigen.

5. Sollten entsprechende Verpflichtungserklärungen in den unter 3. und 4. genannten Bereichen nicht bis zum 31. Dezember 1989 beim Bundesminister für Umwelt, Naturschutz und Reaktorsicherheit vorliegen, wird die Bundesregierung ersucht, dem Deutschen Bundestag bis zum 1. Juni 1990 Regelungsvorschläge zur Erreichung der genannten Zielsetzungen vorzulegen.

6. Durch Vereinbarungen ist mit den Trägern der Feuerwehr, den Brandschutzbeauftragten sowie den Versicherungen zu erreichen, daß

   - bei Übungen auf den Einsatz von Halonen verzichtet wird, soweit die Sicherheit dies zuläßt und
   - Halone aus Feuerlöschgeräten prinzipiell wiederverwertet werden.

7. Hinsichtlich der Ausgestaltung der Selbstverpflichtungen der Industrie oder der rechtlichen Regelungen wird gefordert, daß diese klare, für Parlament und Öffentlichkeit nachvollziehbare Kontrollmechanismen vorsehen. Es muß gewährleistet sein, daß es zu keinen Wettbewerbsverzerrungen innerhalb der EG kommt und ausländische Produzenten die Selbstverpflichtungen nicht unterlaufen.

8. Die Bundesregierung wird aufgefordert, dem Deutschen Bundestag jährlich einen Bericht über die eingeleiteten Maßnahmen im internationalen, europäischen und nationalen Bereich sowie eine Bilanzierung der Reduktionsquoten in der Bundesrepublik Deutschland zuzuleiten. Dabei ist gleichzeitig darüber zu berichten, ob und in welcher Form eine Chlorbilanz der Atmosphäre vorgelegt werden kann.

Zu Abschnitt D

Zum 3. Kapitel

Denkbare Handlungsstrategien zur Eindämmung des Treibhauseffektes und der anthropogenen Klimaänderungen

Die Enquete-Kommission stellt auf der Basis der bisherigen Arbeit fest, daß in Anbetracht der Komplexität, der Unsicherheiten und der Dimension des Problems ein außerordentlich großer Handlungsbedarf besteht und daß tiefgehende sowie langfristig angelegte Handlungsstrategien auf internationaler und nationaler Ebene entwickelt werden müssen.

Eine möglichst optimale Vorsorgestrategie muß wegen der immensen globalen Probleme in der Tendenz zu sehr hohen Reduktionswerten führen. Da die Emissionen in erster Linie von den Industrieländern ausgehen und diese auch am ehesten zu Einschränkungen in der Lage sind, kommt ihnen bei der Eindämmung der Entwicklung die Hauptverantwortung zu.

Die globale Dimension der zu erwartenden Klimaänderungen erfordert, das Problem im Rahmen eines weltweiten, solidarischen Vorgehens zu lösen. Die Enquete-Kommission ist der Auffassung, daß es einer internationalen Konvention bedarf, in der sich die einzelnen Staaten verpflichten, die von Quellen in ihren Gebieten ausgehenden Emissionen nach Maßgabe eines einvernehmlich festgestellten Reduktionsprogramms jeweils selbstverantwortlich zu vermindern. Dabei ist zu prüfen, in welchem internationalen Rahmen eine entsprechend abgestimmte Reduktionsstrategie des Energieangebots erreicht werden kann. Um einerseits den vielfältigen Verflechtungen und der allgemeinen Interdependenz, andererseits aber auch der Notwendigkeit Rechnung zu tragen, aus Vorsorgegründen möglichst schnell mit dem Handeln zu beginnen, sieht die Enquete-Kommission den raschen Abschluß eines internationalen Übereinkommens unter Einbeziehung aller relevanten Spurengase als notwendig an. Die Kommission empfiehlt daher im Sinn einer wechselseitigen Verstärkung sowohl ein internationales als auch ein beispielhaftes nationales Vorgehen der Bundesrepublik Deutschland zum vorsorgenden Schutz der Erdatmosphäre, das heißt zur weitgehenden Reduktion der Emission aller klimarelevanten Spurengase.

– Energie

Die Maßnahmen, die zur Eindämmung des Treibhauseffekts zu treffen sind, wurden von der Kommission noch nicht mit ausreichender Intensität beraten. Die Kommission gibt zu diesem Zeitpunkt daher nur allgemeine Empfehlungen und wird diese im Endbericht präzisieren.

Es ist erforderlich, die heutige Energieversorgung angesichts dieser neuen Situation grundlegend zu überdenken und dabei Möglichkeiten und Realisierungswege zu finden, die negativen Folgewirkungen für Mensch und Natur zu minimieren oder zu beseitigen. Dazu existiert ein großer Forschungs-, Entwicklungs-, Entscheidungs- und Handlungsbedarf, so daß die Aufgabe, die aus dem Energiebereich stammenden Spurengasemissionen zu reduzieren, als zentrale Querschnittsaufgabe von Politik, Wirtschaft, Forschung und Technologie anzusehen ist.

Als Konsequenz kann festgestellt werden: Es zeichnet sich ab, daß die durch den Treibhauseffekt aufgeworfenen Probleme so tiefgehend sind, daß die Struktur der Energieversorgung weltweit in der Bereitschaft grundlegend überdacht werden muß, gravierende Änderungen vorzunehmen. Nur fundierte und wirksame Langfriststrategien auf internationaler Ebene und entsprechende nationale Umsetzungsstrategien können zur Lösung des Problems beitragen. Die Handlungsstrategien müssen langfristig angelegt sein, und Wege zu ihrer Realisierung müssen so früh wie möglich beschritten werden.

Es versteht sich, daß die Energiebereitstellung, -umwandlung und -nutzung generell nicht nur unter dem Gesichtspunkt der Klimarelevanz zu optimieren sind. Speziell diese Thematik aber gehört zu den Aufgaben der Enquete-Kommission.

Daß eine langfristig angelegte Umstrukturierung der weltweiten Energieversorgung in Angriff genommen werden muß, folgt aus der Erkenntnis der Dimension der Gefährdung durch Klimaänderungen, der Höhe des Anteils der fossilen Energieträger von knapp 90 Prozent am weltweiten kommerziellen Primärenergieverbrauch und den immensen Hemmnissen, mit denen auf denkbaren Lösungswegen zu rechnen ist. Eine solch große Aufgabe kann nur in einem breiten und dauerhaften Konsens, mit einem konsequenten politischen Willen, mit einer fundierten, flexiblen Gesamtstrategie und in solidarischer, weltweit gemeinsamer Anstrengung umfassend gelöst werden.

Die Enquete-Kommission hat sich in ihren bisherigen Beratungen und der ersten Anhörung zu Energiefragen am 20. Juni 1988 zunächst erst vorläufig mit den zu treffenden Maßnahmen bezüglich der zukünftigen Energieversorgung beschäftigt. Als vorläufiges Ergebnis stellt die Kommission im Zwischenbericht fest:

- Die Emissionen aus der Energieversorgung gehören zu den bedeutsamsten Ursachen des durch Menschen verursachten (anthropogenen) Treibhauseffektes. Es ist daher notwendig, die Emissionen aller klimarelevanten Spurengase aus dem Energiebereich erheblich zu senken.

- Die globale Dimension der zu erwartenden Klimaänderungen zwingt dazu, das Problem im Rahmen eines weltweiten, solidarischen Vorgehens zu lösen.

- Insbesondere im Energiebereich empfiehlt die Kommission eine internationale Konvention, in der sich die einzelnen Staaten verpflichten, die wegen des Energieverbrauchs entstehenden Emissionen nach Maßgabe eines einvernehmlich beschlossenen Reduktionsprogramms jeweils selbstverantwortlich zu vermindern.

- Die Kommission fordert den Bundestag und die Bundesregierung auf, als wirksamste Strategie mit dem Ziel einer wechselseitigen Verstärkung sowohl ein internationales als auch ein nationales Vorgehen zur Vorsorge zum Schutz der Erdatmosphäre und insbesondere zur Reduktion der energierelevanten Spurengasemissionen in die Wege zu leiten.
- Aufgrund von Klimamodellrechnungen sind Vorsorgewerte (z.B. Spurengaskonzentrationen und Klimaveränderungen) zu definieren und daraus die notwendigen Reduktionsraten zu ermitteln. Diese würden im Energiebereich die Reduktion der Verbrennung der fossilen Energieträger beziehungsweise die Rückhaltung der dabei freigesetzten klimarelevanten Spurengase verlangen.
- Die Prioritäten der Entwicklungshilfe der Bundesrepublik Deutschland sind besonders auf den Aufbau einer effizienten, sozial und ökologisch optimierten Energieversorgung der Entwicklungs- und Schwellenländer auszurichten.
- Energieeinsparung und Effizienzsteigerung haben — insbesondere in den Industrieländern — Priorität bei der Suche nach Lösungswegen zur Senkung des Energieverbrauches, namentlich zur Reduktion der Verbrennung der fossilen Energieträger auf das gebotene Maß.
- Alle Energieeinsparpotentiale und die Umsetzungsstrategien zu ihrer weitgehenden Ausschöpfung sind angesichts der Klimagefährdung erneut zu untersuchen. Dabei ist es erforderlich, die bestehenden Marktbarrieren und strukturellen Hemmnisse in die Untersuchung einzubeziehen. Zu untersuchen sind insbesondere die technischen Einspar- und Rückhaltepotentiale durch Effizienzsteigerung im Bereich der Raumheizung (etwa ein Drittel des Endenergieverbrauchs der Bundesrepublik Deutschland), des Verkehrs (etwa ein Viertel des Endenergieverbrauchs der Bundesrepublik Deutschland), der Elektrizitätserzeugung und -verwendung und weiterer noch zu bestimmender Bereiche sowie die Strategien zu ihrer weitgehenden Ausschöpfung in der Bundesrepublik Deutschland und analog in anderen vergleichbaren Ländern.
- Bei der Erarbeitung von Strategien und Wegen zur Realisierung einer weitgehenden Ausschöpfung der technischen Potentiale der erneuerbaren Energien durch direkte und indirekte Solartechniken müssen national und international besonders große Anstrengungen unternommen werden.
- Es ist zu prüfen, ob beziehungsweise in welchem Umfang die Kernenergie national und weltweit einen Beitrag zur Eindämmung des Treibhauseffekts leisten kann. Bei dieser Prüfung ist — wie bei allen anderen Energietechnologien auch — nicht nur das Kriterium der Klimaverträglichkeit zugrunde zu legen. Die Kommission wird sich in diesem Sinn prüfend auch mit neuen Reaktorlinien im Kernenergiebereich und einem möglichen Beitrag der Kernenergie auf dem Wärmemarkt auseinandersetzen.
- Auch bei der Nutzung der Kernenergie ist — unabhängig von anderen Fragestellungen — zu prüfen, inwieweit damit Emissionen radioaktiver Gase mit klimarelevanten Folgen verbunden sind.

- Die Entwicklung von politischen Rahmenbedingungen, die international und national einen Beitrag zur Lösung des Treibhausproblems leisten können, bedarf im Energiebereich besonders intensiver Bemühungen.
- Besondere Bedeutung ist den jeweiligen externen Kosten bzw. dem externen Nutzen des Einsatzes der verschiedenen Energieträger beziehungsweise der Energieeinsparung beizumessen. Es ist zu prüfen, inwieweit der Treibhauseffekt und die zu erwartenden Klimaänderungen neben weiteren Umweltbelastungen in eine solche Wirtschaftlichkeitsrechnung einbezogen werden können.
- Im Hinblick auf die wirksamsten Maßnahmen sind national und international optimierte Gesamtstrategien zu erarbeiten. Unter anderem sind dabei nationale und internationale energiewirtschaftliche Analysen und Entscheidungsprozeduren zu erfassen und auf ihre Realisierungsmöglichkeiten zu prüfen. Die Aufgaben der Energiewirtschaft (in allen Bereichen der Energiebereitstellung, -umwandlung und -nutzung) sind dabei grundlegend zu überprüfen.

– Fluorchlorkohlenwasserstoffe (FCKW)/ Chemische Industrie/Produktion/ Abfall

Im Hinblick auf ihre doppelt schädigende Wirkung — sie zerstören der Ozonschicht der Stratosphäre und tragen zum Treibhauseffekt bei — gebührt der schnellen und wirkungsvollen Reduzierung und Substitution der FCKW weltweit höchste Priorität.

Auch die nicht im Montrealer Protokoll geregelten FCKW sowie weitere Kohlenwasserstoffe sind darauf zu überprüfen, inwieweit sie derzeit beziehungsweise bei einem Anstieg ihrer Emissionen zum Treibhauseffekt — und zur Zerstörung des stratosphärischen Ozons — beitragen können. Insbesondere die Substanzen, die heute als Ersatzstoffe für die im Montrealer Protokoll geregelten FCKW gelten, müssen nicht nur auf ihr Ozonzerstörungspotential, sondern auch auf ihren möglichen Beitrag zum Treibhauseffekt überprüft werden.

Die in Abschnitt C in erster Linie zum Schutz der Ozonschicht der Stratosphäre vorgeschlagenen Maßnahmen sind angesichts der Treibhauswirkung der FCKW umso dringlicher und stringenter zu realisieren. Vor diesem Hintergrund muß es eine besonders dringliche Aufgabe der internationalen Umweltpolitik sein, daß in einer ersten Phase möglichst viele Staaten möglichst schnell das Montrealer Protokoll ratifizieren und daß in einer zweiten Phase das Montrealer Protokoll 1990 erheblich verschärft wird.

Obwohl die FCKW und die Emissionen aus dem Energiebereich in großem Maß zum Treibhauseffekt beitragen, sollten die weiteren Treibhausgasemissionen nicht außer acht gelassen werden. Die produktions- und anwendungstechnisch bedingten Quellen der NO_x-, N_2O-, CH_4-, CO-, CO_2-, Lösungsmittel- und Kohlenwasserstoffemissionen sind daher unter Vorsorgegesichtspunkten systematisch zu erfassen.

— Forstwirtschaft

Die Auswirkungen des Waldsterbens auf den Treibhauseffekt sind quantitativ abzuschätzten. Alle geeigneten Maßnahmen zur Eindämmung des Waldsterbens, zur Regenerierung der Waldböden und zur Wiederaufforstung in der nördlichen Hemisphäre sind auch aus Gründen der Klimavorsorge beschleunigt durchzuführen. Der Anteil des Waldsterbens am Treibhauseffekt läßt sich am effektivsten dadurch verringern, daß die Schwefeldioxid- und besonders die NO_x-Emissionen reduziert werden.

— Landwirtschaft/Welternährung

Es ist zu prüfen, durch welche Maßnahmen der landwirtschaftlichen Praxis die CH_4- und N_2O-Emissionen verringert werden können. Dabei ist auch zu prüfen, inwieweit auch aus Klimagründen eine Reduktion des hohen Rindfleischkonsums der Industrieländer anzustreben ist.

Die Auswirkungen der Zerstörung des Ozons in der Stratosphäre und der zu erwartenden Klimaänderungen auf die zukünftige Lebensmittelversorgung, aber auch andere langfristige ökologische Folgen der Landwirtschaft und die nach wie vor exponentiell steigende Weltbevölkerung lassen es als äußerst dringlich erscheinen, systematisch Gesamtkonzeptionen zum Schutz der globalen Ökosysteme, der weltweiten Landwirtschaft und zur Sicherung einer vollwertigen, ausreichenden und dauerhaften Lebensmittelversorgung auf ökologischer Basis zu entwickeln.

— Internationale Konvention zum Schutz der Erdatmosphäre

Die Enquete-Kommission ist der Überzeugung, daß der am ehesten erfolgversprechende Weg zu einer effizienten Reduktion der klimarelevanten Spurengase eine internationale Konvention ist.

Wegen der Vielschichtigkeit der mit den Spurengasemissionen zusammenhängenden Faktoren und der gebotenen Eile ist es unerläßlich, parallel zu den Bemühungen um eine internationale Konvention in jedem Land fundierte nationale Maßnahmen einzuleiten. Diese müssen geeignet sein, einerseits in einer ersten Phase möglichst rasche Reduktionen der treibhausrelevanten Spurengase zu veranlassen und andererseits langfristig wirksame, flexible nationale Gesamtstrategien in die Wege zu leiten.

Die Zugehörigkeit der Bundesrepuklik Deutschland zur Europäischen Gemeinschaft und die Einbindung der deutschen Wirtschaft in den internationalen Güter- und Warenaustausch haben die Möglichkeiten eingeschränkt, auf dem Energie- und Umweltgebiet eine Vorreiterrolle zu übernehmen. Isolierte nationale Maßnahmen zur Umstrukturierung der Energieversorgung und zur Reduktion der Verbrennung fossiler Energieträger stoßen auf Schwierigkeiten. Einschneidende Maßnahmen zur Reduktion der Emissionen aus Quellen in der Bundesrepublik Deutschland können dann besonders stringent durchgeführt werden, wenn dies Teil einer internationalen Strategie ist. Die Bundesrepublik Deutschland sollte aber anstreben, im Rahmen einer internationalen Konvention den ihr zugewiesenen Beitrag zur Reduktion der Emissionen so zu erfüllen, daß sie eine Schrittmacherrolle übernehmen kann.

Die Kommission empfiehlt für die Bundesrepublik Deutschland mit dem Ziel einer wechselseitigen Verstärkung sowohl ein internationales als auch ein nationales Vorgehen zur weitgehenden Reduktion der Emission aller klimarelevanten Spurengase.

Die internationalen Anstrengungen sollten zu dem Erfolg führen, daß bis spätestens 1992 ein internationales Übereinkommen in Form eines Rahmenabkommens zu treffen ist.

Das Rahmenabkommen muß die gegenwärtigen und möglicherweise zukünftig für den Schutz der Erdatmosphäre relevanten Spurengase umfassen. Es muß so ausgestaltet werden, daß es in bestimmten Zeitintervallen jeweils überprüft wird, mit dem Ziel, Umfang und Ausgestaltung dem fortschreitenden wissenschaftlichen Kenntnisstand anzupassen.

Aufgrund des heutigen Kenntnisstandes geht es vor allem um die Reduktion der Emissionen von Fluorchlorkohlenwasserstoffen (FCKW), Kohlendioxid (CO_2), Methan (CH_4), Distickstoffoxid (N_2O), der Spurengase, welche die Bildung des troposphärischen Ozons (O_3) begünstigen bzw. luftchemische Veränderungen bewirken (in erster Linie Stickoxide (NO_x), Kohlenmonoxid (CO), Kohlenwasserstoffe (C_xH_y) und Schwefeldioxid (SO_2)) sowie weiterer auf ihre Klimarelevanz noch im einzelnen zu überprüfender Spurengase.

Die konkrete Ausgestaltung und die Durchführung von internationalen und nationalen Maßnahmen zur Verringerung der Emissionen können in Form einzelner, den Sachgebieten zuzuordnender Einzelprotokolle oder Einzelübereinkommen festgelegt werden.

Die zur Ausgestaltung des zum gegenwärtigen Zeitpunkt nur grob skizzierbaren internationalen Übereinkommens zum Schutz der Erdatmosphäre notwendigen Daten liegen nur zum Teil vor. Die Frage der Funktionsfähigkeit und Effizienzsteuerung bedarf noch einer eingehenden Prüfung. Die Kommission hält es für angebracht, insbesondere die folgenden Problemkomplexe zu prüfen:

- Die Entwicklung der weltweiten und nationalen Spurengasemissionen sind unter verschiedenen Prämissen der Weltwirtschaftsentwicklung und der emissionsmindernden Interventionen zu ermitteln.
- Analysen der Potentiale und der Machbarkeiten der verschiedenen Reduktionsansätze weltweit und national (Einsparen/ Vermeiden/Effizienzsteigerung/ fossiler Austausch/erneuerbare Energien/Kernenergie) sind zu entwickeln.
- Weltweit zur Verfügung stehende Instrumente für die Emissionsminderung sowohl im Rahmen internationaler Organisationen als auch auf nationaler

Ebene sind zu erfassen beziehungsweise neue Instrumente sind zu entwickeln.

- Eine vielschichtig angelegte Gesamtstrategie ist angesichts der verschiedenen Interdependenzen und Interessen nötig für die Ausgestaltung und die Lösung der Funktionsprobleme einer Konvention zum Schutz der Erdatmosphäre in Form eines Rahmenabkommens sowie der grob umrissenen, fachbezogenen oder spurengasbezogenen Einzelabkommen.

Zum 4. Kapitel

Internationale Schwerpunktaufgabe: Schutz der tropischen Regenwälder

Das in diesem Abschnitt behandelte Problem der Vernichtung der tropischen Regenwälder ist in der Enquete-Kommisison noch nicht grundlegend diskutiert worden.

Die Enquete-Kommission gibt zum jetzigen Zeitpunkt noch keine Empfehlung zu diesem Bereich, da zu der Schwerpunktaufgabe „Schutz der tropischen Regenwälder" im Verlauf des Jahres 1989 ein gesonderter Zwischenbericht erscheinen wird.

Forschungsbedarf

Zu Abschnitt C

Zum 4. Kapitel

Forschungsbedarf zu den terrestrischen Auswirkungen der erhöhten UV-B-Strahlung

Bislang sind vom BMFT etwa zwanzig Forschungsvorhaben mit einem Umfang von 10 Millionen DM zur Erforschung der biologischen Folgen des Ozonabbaus in der Stratosphäre gefördert worden. Darüber hinaus ergaben die Anhörungen und Berichte vor der Enquete-Kommission noch einen erheblichen Forschungsbedarf hinsichtlich der Auswirkungen erhöhter UV-B-Strahlung auf:

- die Inzidenz maligner Melanome unter besonderer Berücksichtigung der Dosis-Wirkungs-Beziehung,

– das menschliche Immunsystem, insbesondere mit Hinblick auf Zusammenhänge zwischen Immunabwehr und Entstehung von Hautkrebs,

– Stoffwechsel, Wachstum und Vermehrung höherer und niederer Pflanzen,

– den Ertrag bei land- und forstwirtschaftlichen Nutzpflanzen,

– die Stabilität und Zusammensetzung terrestrischer und mariner Ökosysteme,

– die Biomasseproduktion, Kohlendioxidfixierung, Stickstoffmetabolismus und Sauerstoffemission marinen Phytoplanktons,

– die Motilität wie Photoorientierung und die Entwicklung von Mikroorganismen.

Dabei sollen wenn möglich und nötig Freilandexperimente durch Laboruntersuchungen an charakteristischen bzw. ökologisch besonders relevanten Arten ergänzt werden. Eingang in die Untersuchungen sollten auch die Kombinationswirkungen erhöhter UV-B-Strahlung und die anderen klimatischen Änderungen oder Streßfaktoren finden. Da gerade die antarktischen Gewässer von besonderer Bedeutung für den globalen Bestand des Phytoplanktons sind, sind hier Freilandexperimente vor Ort zu empfehlen. Forschungsbedarf besteht auch hinsichtlich Modellrechnungen über UV-B-Schädigung bei Mikroorganismen. Diese Modelle sollten mehrdimensional und zeitlich gerechnet werden und sollten die Vorhersage von Biomasseproduktion, Kohlendioxidemission und den Einfluß auf die Modelle zu globalen Klimaänderungen erlauben.

Zum 5. Kapitel

Forschungsbedarf zu den Modellvoraussagen zur Änderung des Ozons in der Atmosphäre

Die Enquete-Kommission hat in einer Reihe von Anhörungen, Kommissionssitzungen und Besichtigungen vor Ort einen guten Überblick über den derzeitigen Kenntnisstand bezüglich der in diesem Abschnitt dargestellten Problematik gewonnen. Dabei ist deutlich geworden, daß in vielen Bereichen ein Forschungsbedarf gegeben ist. So müssen etwa Meßverfahren und -instrumente verbessert werden. Der Umfang der Meßdaten ist zu erweitern und es bedarf dringend einer kontinuierlichen Überwachung des Ozongehaltes in der Strato- und Troposphäre. Zum Verständnis atmosphärischer Vorgänge sowie als Grundlage für Modellberechnungen wurden noch nicht genügend Laboruntersuchungen durchgeführt. Die zur Verfügung stehenden Modelle, denen die wichtige Aufgabe zukommt, Prognosen über die zukünftige Entwicklung der Atmosphäre, insbesondere des Ozonabbaus in der Stratosphäre zu erstellen, sind mit Unsicherheiten behaftet. Die Kommission hat festgestellt, daß trotz intensiver Erforschung der Spurenstoffkreisläufe noch erhebliche Kenntnislücken über die Quellen der in der Troposphäre befindlichen

Gase und Aerosole besteht. Gleiches gilt für die Wechselwirkung zwischen Troposphäre und Biosphäre.

Im einzelnen sieht die Enquete-Kommission daher folgenden Forschungsbedarf:

– **Meßkampagnen zur Erforschung der Stratosphäre**

○ Durchführung von weiteren Messungen zur Beobachtung des Gesamtozongehaltes und der Vertikalverteilung mit dem Ziel, Ozonveränderungen frühzeitig und global zu erfassen.

○ Konzentrationsbestimmung von Radikalen, speziell ClO_x, NO_x, BrO_x und HO_x bei gleichzeitiger Verbesserung und Neuentwicklung der dazu notwendigen Meßmethoden.

○ Erforschung der Verteilung und Bildung von PSC I- und II-Partikeln durch experimentelle Studien mit dem Ziel, deren Zusammenhang mit der Aktivierung der ClO_x-Radikalchemie zu ergründen.

○ Bestimmung der genauen Korrelation zwischen ozonzerstörenden Radikalen sowie verwandter Spezies und der Ozonkonzentration.

Der Schwerpunkt dieser Forschungsvorhaben sollte nach Auffassung der Enquete-Kommission vor allem in der Nordhemisphäre, aber auch im Bereich der Tropen und der Antarktis liegen. In Zusammenarbeit mit den zuständigen wissenschaftlichen Organisationen in den lateinamerikanischen Ländern sollen gemeinsame Meß-und Untersuchungsprogramme entlang der Breitengrade vor allem in bezug auf die Ozonverteilung als auch in bezug auf die Auswirkungen erhöhter UV-B-Strahlung auf Menschen, Tiere und Pflanzen, durchgeführt werden.

Zur Realisierung der Vorhaben sind folgende Voraussetzungen notwendig:

○ Bereitstellung geeigneter Flugzeuge

○ Vermehrte Durchführung von Ballonaufstiegen in hohen Breiten

○ Vermehrte Durchführung bodengestützter Messungen zur Konzentrationsbestimmung von Spurenstoffen in der Stratosphäre, zum Beispiel mit Hilfe von LIDAR-Spektrometern

○ Entwicklung eines europäischen Forschungssatelliten zur Erforschung der Erdatmosphäre

– **Laboruntersuchungen**

○ Untersuchung schneller Reaktionen in der Gasphase unter Verwendung geeigneter Methoden zur Erzeugung und zum Nachweis von Radikalen mit dem Ziel, das Verständnis bei einer Reihe wichtiger Reaktionen, zum Beispiel der Chemie atmosphärischer Halogenverbindungen oder der Kohlenwasserstoffoxidation, weiter zu vertiefen.

- Chemie und Photochemie von schwach gebundenen Dimeren, zum Beispiel von $(ClO)_2$ oder von hydratisierten Molekülen sowie von Produkten der Photooxidation von H-FCKW und CH_3CCl_3 in der Troposphäre.

- Entwicklung von Methoden zur Untersuchung heterogener chemischer Reaktionen mit den Zielen, Elementarreaktionen zu charakterisieren, Eingabedaten (Reaktionsgeschwindigkeitskonstanten, Produktverteilungen und andere) für Chemiemodelle zu erhalten und die Frage zu klären, ob und unter welchen Umständen mit einem Einsetzen heterogener chemischer Prozesse auch in der globalen Stratosphäre zu rechnen ist. Hierbei sind Reaktionen an Sulfatpartikeln und an den Partikeln, die in den verschiedenen PSC-Typen auftreten, einschließlich des dynamischen Verhaltens der Aerosolsysteme, zu untersuchen.

- Thermodynamische Untersuchungen des Phasengleichgewichts atmosphärischer Mehrkomponentensysteme bei tiefen Temperaturen mit dem Ziel, die Verteilung der einzelnen Komponenten der Cl_x und NO_y-Spurengasgruppen in Gegenwart von kondensierten Phasen zu quantifizieren.

- Bestimmung von Absorptionsquerschnitten und Linienformen von Spurengasen im IR- und Mikrowellenbereich zur Unterstützung von Fernerkundungsexperimenten.

– Modellentwicklungen

- Entwicklung geeigneter Trajektorienmodelle unter Berücksichtigung meteorologischer und chemischer Vorgänge, besonders auch heterogener Prozesse mit dem Ziel, die Ergebnisse von Meßkampagnen genauer auszuwerten und zu interpretieren.

- Entwicklung gekoppelter Klima- und Chemiemodelle insbesondere auf zwei- bis dreidimensionaler Basis (2-D-, 3-D-Modelle) mit dem Ziel, Veränderungen in der Atmosphäre umfassender zu modellieren.

- Modellierung der Aerosolbildung, insbesondere von Sulfat, PSC I und II und von heterogenen Prozessen, die auf diesen Partikeln stattfinden, mit dem Ziel, deren Einfluß auf die Ozonzerstörung in der Stratosphäre abzuschätzen.

– Globale Troposphärenchemie – Wechselwirkung mit der Biosphäre

Verbesserte Kenntnisse über die wichtigsten Spurengasemissionen in den bedeutendsten Quellgebieten sind unabdingbar. Diese können nur im Rahmen internationaler Zusammenarbeit gewonnen werden. Geboten ist insbesondere die Teilnahme am ISBP (International Geosphere Biosphere Program). Ebenso ist der verstärkte Einsatz von Meßflugzeugen und die Weiterentwicklung von Satellitenmeßtechniken erforderlich.

Globale Messungen der Verteilung wichtiger Spurenstoffe in der Atmosphäre sind notwendig. Hierbei sind außer CO_2, N_2O und CH_4 noch zusätzlich O_3, NO_x, CO, KW, CH_3CCl_3, $CHFCl_2$, C_2Cl_4, C_2HCl_3 einzubeziehen.

Bezüglich der anthropogenen Emissionen müssen

- Zusammenfassungen vorliegender Kenntnisse,
- Abschätzungen auf regionaler Basis
- in einigen Fällen Neubestimmungen (Leckraten von Methan bei Erdgas- und Ölgewinnung, Distickstoffoxid bei fossiler Brennstoffverbrennung),

erstellt werden.

Hinsichtlich der biogenen Emissionen sollen zusätzlich vermehrte Messungen der Emissionen und damit verbundene Prozeßstudien für spätere Extrapolationen unter sich verändernden klimatischen und sonstigen Umweltbedingungen durchgeführt werden.

Die Spurengase, die die Chemie der Troposphäre und damit unter anderem auch den Fluß von H-FCKW in die Stratosphäre beeinflussen, müssen dringend weiter untersucht werden. Hierbei handelt es sich insbesondere um die weitere Quantifizierung und Bilanzierung von CH_4, CO, H_2, NO_x und troposphärischem Ozon. Darüber hinaus müssen in solche Untersuchungen auch die Abbauprodukte von H-FCKW (darunter $COCl_2$, COClF, und $CClF_2O_2NO_2$) eingeschlossen werden. Diese Verbindungen sind aufgrund ihrer Stabilität in der Troposphäre zusätzliche Quellen für den Chloreintrag in die Stratosphäre.

Zu Abschnitt D

Zum 1. und 2. Kapitel

Forschungsbedarf zu Treibhauseffekt und Klimaänderung

– Klimadaten und Verteilung klimarelevanter Spurengase

Die zur Zeit vorliegenden Informationen über die räumliche und zeitliche Verteilung klimarelevanter Spurengase in der Atmosphäre sowie meteorologischer Parameter ist unbefriedigend und muß durch weltweite Messungen verbessert werden. Folgende Aktivitäten werden vorgeschlagen:

- Bessere Nutzung der vorliegenden Klimareihen und weitere Erforschung paläoklimatischer Klimadaten.
- Die Datensätze über die globale Verteilung klimarelevanter Spurenstoffe in der Atmosphäre müssen verbessert und ihre zeitliche Entwicklung durch Langzeitmessungen unter anderem an Reinluftstationen und Flugzeugen verfolgt werden.

○ Die Datensätze der Niederschlagsmengen der Bewölkung und der Vertikalverteilung der Temperatur müssen durch entsprechende Messungen und bessere Meßmethoden dringend verbessert werden.

○ Der verstärkte Einsatz von Satelliten wird empfohlen; vorhandene Satellitendaten sind zu nutzen und Methoden zur Bereitstellung von Daten über die Verteilung von klimarelevanten Spurenstoffen, die Bewölkung, den atmosphärischen Strahlungshaushalt und die Vegetation (beispielsweise über Busch- und Waldbrände, Vegetationstyp bestimmter Gebiete) sind zu entwickeln.

○ Daten über die zuvor genannten klimarelevanten Parameter sind möglichst kurzfristig zur Verfügung zu stellen, um die Auswirkung der für die neunziger Jahre zu erwartenden Klimaänderungen erfassen und beurteilen zu können. Dazu gehören auch Satellitendaten über die Veränderungen der Vegetationszonen.

– Emissionsdaten

Die Emissionsdaten sind zum Teil nur sehr unzureichend bekannt (vgl. 2. Kapitel Nr. 3.2). Deshalb müssen die folgenden Daten besser erfaßt werden:

○ Die CO_2-Emissionen, die durch die Rodungen der tropischen Regenwälder entstehen.

○ Die CH_4-Emissionen von Reisfeldern, Sümpfen, Abfallhalden, aus der Verbrennung von Biomasse, Erdgasförderung und -verteilung und dem Ausgasen arktischer Permafrostböden.

○ Die Emissionen von NO_x, CO und Kohlenwasserstoffen, die zur Bildung von troposphärischem Ozon führen.

– Physikalisches Verständnis atmosphärischer Vorgänge und Rückkopplungsprozesse

Die folgenden physikalischen Zusammenhänge müssen näher erforscht werden:

○ Rückkopplungen zwischen dem Anstieg des CO_2-Gehaltes, der Ozean-Verdunstung und dem Niederschlag, unter besonderer Berücksichtigung des Freisetzens latenter Wärme und der Änderungen der thermischen Vertikalstruktur.

○ Rückkopplung des globalen Temperaturanstiegs auf den CO_2-und CH_4-Austausch zwischen Biosphäre und Atmosphäre, zum Beispiel durch das Auftauen der Permafrostböden der Subarktis.

○ Düngungseffekt einer höheren CO_2-Konzentration in der Atmosphäre: Einige Wissenschaftler vermuten, daß eine höhere CO_2-Konzentration zu einer höheren CO_2-Assimilationsrate der Pflanzenwelt führt, wordurch mehr Biomasse entsteht.

- Einfluß des Waldsterbens auf den Treibhauseffekt: Das Waldsterben in den Industriestaaten der mittleren Breiten vernichtet eine biosphärische CO_2-Senke, wodurch der CO_2-Gehalt in der Atmosphäre ebenfalls steigen dürfte.
- Treibhauseffekt vom troposphärischen Ozon und vom stratosphärischen Wasserdampf: Der Ozongehalt in der Troposphäre schwankt regional stark und ein Anstieg der Wasserdampfkonzentration der oberen Stratosphäre ist schwer meßbar.
- Rückkopplungen zwischen dem Anstieg der atmosphärischen CO_2-Konzentration und dem El Niño-Ereignis: In El Niño-Jahren steigt die CO_2-Konzentration besonders stark an (vgl. 1. Kapitel Nr. 1.3). Ein besseres Verständnis dieser Rückkopplung würde erheblich zum Verständis des Kohlenstoff-Kreislaufes beitragen.
- Rückkopplungen zwischen Klimaänderungen und Änderungen anderer anthropogener Faktoren (Aerosole, Albedo): Der Aerosolgehalt in der Atmosphäre wird wahrscheinlich größer, wenn sich die subtropischen Wüsten ausbreiten. Der Temperaturrückgang auf der Nordhemisphäre zwischen 1940 und 1975 wird auf den Einfluß von Aerosolen zurückgeführt. Die Albedo ändert sich, wenn die Vegetation zerstört wird (beispielsweise Abholzung tropischer Regenwälder). Während die CO_2-Konzentration in der Atmosphäre durch die Vegetationszerstörung ansteigt, wirkt die Erhöhung der Albedo einem Temperaturanstieg entgegen.
- Einfluß menschlicher Aktivitäten an den Polen auf das Klima: In diesem Zusammenhang sollten insbesondere das Problem des arktischen Dunstes und die Verschmutzung der Oberfläche der Antarktis (erniedrigte Albedo) untersucht werden.

– Klimamodellierung

In den Klimamodellen stecken generell noch sehr große Unsicherheiten. Daher sollten in Zukunft bei der Klimamodellierung die folgenden Punkte verstärkt berücksichtigt werden:

- Die Modellierung der Wolken und ihre Rückkopplung mit der Strahlung und der Dynamik der Atmosphäre.
- Die Parametrisierungen des Impuls-, Wärme- und Wasserdampfaustausches zwischen der Erdoberfläche und der freien Atmosphäre.
- Die Beschreibung der Orographie (Geländestruktur) in den Modellen.
- Die Modellierung der Strahlströme in der höheren Atmosphäre.

Weitere Probleme in der Klimamodellierung, die verbessert werden sollten:

- Die Simulation des Ozeans, insbesondere der Ozeanströmungen und der Tiefenzirkulation.

○ Die Wechselwirkungen zwischen Atmosphäre, Ozean, Eisschild, Biosphäre und der Luftchemie.

○ Der Einfluß des Ozeans auf die CO_2-Konzentration in der Atmosphäre, insbesondere im Hinblick auf die Kohlenstoff-Speicherfähigkeit des Ozeans und die Reaktionszeit des Ozeans bei Klimaänderungen.

○ Sowohl die Modellsimulationen des gegenwärtigen Klimas als auch die Vorhersagen der Klimamodelle müssen mit Hilfe möglichst multivariater statistischer Methoden auf der Grundlage der Beobachtungsdaten überprüft werden. (Multivariat heißt, daß mit dem anthropogenen Einfluß zugleich auch die wichtigsten natürlichen Ursachen der Klimaschwankungen erfaßt werden).

– Einfluß des Treibhauseffektes auf die Menschen und die Vegetationssysteme

Die Untersuchungen des Einflusses des Treibhauseffektes auf Menschen und Vegetationssysteme (Impakt-Studien) muß in nächster Zeit stark vorangetrieben werden, da sich dieses Forschungsgebiet noch in seinem Anfangsstadium befindet.

Wichtige Punkte, die erforscht werden sollten, sind:

○ Genaue Bestimmung einer globalen Erwärmungsrate, bei der das Sterben von Wäldern und Ökosystemen in erträglichen Grenzen bleibt. Gegenwärtig gilt die Erwärmungsrate von 1° C pro Jahrhundert als gerade noch akzeptable Grenze (vgl. 2. Kapitel Nr. 3.4).

○ Analysen der Verifikation der Klimaänderungen anhand von Klimadaten.

○ Einfluß der Klimaänderungen auf die landwirtschaftliche Produktivität, Wasserqualität (Versalzung von Böden) und Häufigkeit von Bränden, bei denen sehr viel CO_2 und CO emittiert wird.

○ Studien über die Zusammenhänge zwischen mikrobiellen Umwandlungsprozessen und Emissionen von Treibhausgasen.

– Indirekte Wirkung von Aerosolen auf das Klima

Indirekte Wirkungen von Aerosolen auf das Klima sind nur im Ansatz bekannt und sollten daher näher erforscht werden. Zu unterscheiden ist:

○ die Wasserdampfkondensation von Aerosolen und ihr Beitrag zur Wolkenbildung

○ die Veränderung der Strahlungseigenschaften von Wolken durch Aerosole

○ die Bildung von Aerosolen durch anthropogen emittierte Spurengase in der Atmosphäre (sekundäres Aerosol)

○ die Verweilzeit von Aerosolen in der Atmosphäre als Funktion von Partikelgröße, chemischer Zusammensetzung, Partikelwachstum, usw.

- die optischen Eigenschaften von aus vielen chemischen Verbindungen zusammengesetzten Partikeln mit komplexer Struktur
- die Reaktionskinetik von Aerosolen mit Gasen
- die Partikelgrößenänderung als Funktion des Wasserdampfgehaltes
- die photochemische Umwandlung von Aerosolen
- der Einfluß von Aerosolprozessen auf das Transportverhalten (z. B. Photoporese)
- die globale Verteilung von Aerosolen und ihr regionaler Transport
- die Berücksichtigung des Verhaltens und der realen optischen Eigenschaften von Aerosolen in Klimamodellen.

ABSCHNITT B

Aufgabenstellung und bisherige Arbeit der Kommission

1. KAPITEL

Problembeschreibung, Entstehung und Auftrag der Kommission

In den vergangenen Jahren hat sich die Diskussion um die Probleme des Ozonabbaus in der Stratosphäre sowie der weltweiten Klimaänderungen und des Treibhauseffektes sowohl in der Wissenschaft als auch in der Politik und der Öffentlichkeit immer mehr verstärkt.

Dies ist bedingt durch sich immer stärker verdichtende wissenschaftliche Erkenntnisse über Ursachen und Ausmaß der mit den Phänomenen des Ozonabbaus in der Stratosphäre und des Treibhauseffektes verbundenen Schäden.

Vor diesem Hintergrund hat der Bundeskanzler in seiner Regierungserklärung vom 18. März 1987 auf zunehmende globale Gefährdungen der Erdatmosphäre und auf die Notwendigkeit nationaler und internationaler Maßnahmen in diesem Bereich hingewiesen. Die Fraktionen der CDU/CSU und der FDP haben am 24. Juni 1987 beim Deutschen Bundestag den Antrag gestellt, eine Enquete-Kommission „Vorsorge zum Schutz der Erdatmosphäre" zur parlamentarischen Diskussion möglicher Vorsorgemaßnahmen gegen die vom Menschen verursachten Veränderungen in der Erdatmosphäre und deren Auswirkungen auf das Weltklima und die Umwelt einzusetzen[1]).

Diese Kommission sollte die Aufgabe haben, eine Bestandsaufnahme über die globalen Veränderungen der Erdatmosphäre vorzunehmen und den Stand der Ursachen- und Wirkungsforschung festzustellen sowie mögliche nationale und internationale Vorsorge- und Gegenmaßnahmen zum Schutz von Mensch und Umwelt vorzuschlagen.

Insbesondere sollte sie Untersuchungen zu einer Reihe von Fragestellungen durchführen.

Dazu gehörten

- Umfang und Ursachen des befürchteten Ozonabbaus in der Stratosphäre,
- das Ausmaß und die Ursachen möglicher globaler Temperaturveränderungen der Erdatmosphäre,
- Auswirkungen

[1]) BT-Drucksache 11/533

- ○ des Ozonabbaus und des sogenannten Treibhauseffektes,
- ○ der Schadstoffemissionen, wie z. B. halogenierte Kohlenwasserstoffe,
- ○ der Abholzung von Regenwäldern und der Übernutzung der Vegetation in Trockengebieten auf atmosphärische Vorgänge,
- ○ der Kohlendioxidanreicherung der Erdatmosphäre,
- ○ der zunehmenden Meeresverschmutzung auf den Kohlendioxidkreislauf,

— mögliche Vorsorgemaßnahmen, insbesondere zur Vorsorge gegen zu befürchtende Schäden, z. B. durch

- ○ weitere Luftreinhaltemaßnahmen zur Entlastung der Erdatmosphäre, insbesondere das Verbot von halogenierten Treibgasen und die Reduzierung von freigesetzten Treibstoffen und Lösungsmitteldämpfen,
- ○ Energieeinsparung und Änderung der Ressourcenverwendung,
- ○ Förderung weiterer Forschungs- und Entwicklungsvorhaben,
- ○ Entwicklungshilfeprojekte,
- ○ internationale Zusammenarbeit und Entwicklung neuer völkerrechtlicher Instrumentarien.

Einen ersten Zwischenbericht sollte die Kommission 1988 vorlegen.

Am 14. September 1987 beantragte die Fraktion DIE GRÜNEN die Einsetzung einer Enquete-Kommission „Langfristiger Klimaschutz“ [2]).

Im Einsetzungsbeschluß sollte die Feststellung getroffen werden, daß der Deutsche Bundestag umgehend die Beratung von Maßnahmen gegen die vom Menschen verursachten Veränderungen in der Erdatmosphäre beginnen sollte. Zusätzlich sollte jedoch eine Enquete-Kommission eingesetzt werden, um langfristig relevante Handlungsmaßnahmen zum Klimaschutz, die über wissenschaftlich gesicherte Kenntnisse oder über unmittelbar plausible, sofort einzuleitende Maßnahmen hinausgehen, zu beraten.

Zur Begründung wurde ausgeführt, daß sich zwischen dem Beginn von Gegenmaßnahmen und der Verringerung der Atmosphärenbelastung die Klima-Vorsorgepolitik am vorhandenen Wissen und Erkenntnisstand orientiere, auf deren Grundlage jetzt gehandelt werden müsse.

Die Enquete-Kommission sollte zusätzlich zum bereits gegebenen politischen Handlungsbedarf die Aufgabe haben, auf der Grundlage einer Bestandsaufnahme über

— die globalen Veränderungen der Erdatmosphäre und den Stand der Ursachen- und Wirkungsforschung,

---

[2]) BT-Drucksache 11/787

– getroffene, geplante und geforderte internationale Vorsorge- und Gegenmaßnahmen zum Schutz von Mensch und Umwelt,
– die erwarteten Wirkungen der unmittelbar eingeleiteten, dringlichsten und unstrittigsten nationalen Maßnahmen

weitergehende Vorschläge zur Klimaforschung und zur Forschungspolitik auf diesem Gebiet, zu weiteren Vorsorge- und Gegenmaßnahmen, sowie zur internationalen Kooperation zu machen.

Beispiele für solche weitergehenden und teilweise nur in internationaler Kooperation zu bearbeitenden Fragestellungen seien,

– von Menschen hervorgerufene Klimaschwankungen besser unterscheidbar zu machen von natürlichen Klimaschwankungen,
– die Rolle von Distickstoffoxid (Lachgas) und weiteren halogenierten Kohlenwasserstoffen (z. B. bromierte Kohlenwasserstoffe),
– der Beitrag von Methan zum Treibhauseffekt, Emissionsquellen und internationale Maßnahmen zur Emissionsbegrenzung,
– Zersetzungsprodukte von Halogenkohlenwasserstoffen und ihre Auswirkungen auf Mensch und Umwelt,
– Einstieg in die Wasserstoffenergiewirtschaft als Beitrag gegen den Treibhauseffekt,
– Internationale Zusammenarbeit zur Erhaltung der Tropenwälder, z.B. Erarbeitung eines Verhaltenskodex zur Regulierung des Tropenholzeinschlags durch Konzessionierung, Kennzeichnung oder Importbeschränkungen,
– Schuldenerlaß für die Länder der Dritten Welt und andere Maßnahmen als notwendige Voraussetzung zum Umstieg in eine ökologisch verträgliche Wirtschaftsweise.

Auch in diesem Einsetzungsvorschlag wurde beantragt, daß die Kommission einen Zwischenbericht 1988 vorlegen sollte. Bis zum Jahr 1989 sollte ein Bericht vorgelegt werden, der konkrete Handlungsprioritäten und einen umsetzungsreifen Katalog der weiteren zu ergreifenden Maßnahmen enthalten sollte.

Parallel dazu wurden am 7. August 1987 zur Thematik des Schutzes der Ozonschicht durch Verbot des Einsatzes von Fluorchlorkohlenwasserstoffen ein Antrag der Fraktion der SPD[3]) und am 14. September 1987 ein Antrag der Fraktion DIE GRÜNEN über ein Klimaschutzprogramm, namentlich Sofortmaßnahmen gegen den Abbau der Ozonschicht und die Auswirkungen des Treibhauseffektes[4]) beim Deutschen Bundestag eingebracht.

Der Deutsche Bundestag hat alle diese Anträge in seiner 27. Sitzung am 17. September 1987 beraten und an den Ausschuß für Umwelt, Naturschutz und Reak-

---

[3]) BT-Drucksache 11/678
[4]) BT-Drucksache 11/788

torsicherheit federführend, sowie an den Ausschuß für Wirtschaft, den Ausschuß für Jugend, Familie, Frauen und Gesundheit, den Ausschuß für Verkehr, den Ausschuß für Forschung und Technologie und den Ausschuß für wirtschaftliche Zusammenarbeit zur Mitberatung überwiesen. In seiner 34. Sitzung am 16. Oktober 1987 hat der Deutsche Bundestag dann die Einsetzung einer Enquete-Kommission „Vorsorge zum Schutz der Erdatmosphäre" gemäß § 56 der Geschäftsordnung des Deutschen Bundestages beschlossen.

Grundlage dazu war die Beschlußempfehlung des Ausschusses für Umwelt, Naturschutz und Reaktorsicherheit vom 14. Oktober 1987[5]). Dieser hatte die beiden Einsetzungsanträge in seiner Sitzung am 7. Oktober 1987 wegen des Sachzusammenhanges in Verbindung mit den oben erwähnten Sachanträgen anberaten. Auf der Grundlage eines Kompromißvorschlages der Berichterstatter hat der Ausschuß dann in seiner Sitzung am 14. Oktober 1987 der dem Deutschen Bundestag vorgelegten Beschlußempfehlung einvernehmlich zugestimmt. Diese beruht auf dem Entwurf der Koalitionsfraktionen, ergänzt diesen jedoch um einige spezielle Themen, die sich teilweise bereits aus der Begründung dieses Antrags ergaben, teilweise aber auch auf Vorschlag der Berichterstatter der Fraktion der SPD und der Fraktion DIE GRÜNEN hinzugefügt worden sind. Außerdem wurde der für 1988 erbetene erste Zwischenbericht um Empfehlungen für vordringliche und bereits überschaubare Bereiche konkretisiert.

Im Deutschen Bundestag wurde der von allen Fraktionen gemeinsam getragene Auftrag und die Zusammensetzung der Kommission gemäß der Beschlußempfehlung des Ausschusses für Umwelt, Naturschutz und Reaktorsicherheit wie folgt beschlossen:

„Zur parlamentarischen Diskussion möglicher Vorsorgemaßnahmen gegen die vom Menschen verursachten Veränderungen in der Erdatmosphäre und deren Auswirkungen auf Weltklima und Umwelt wird eine Enquete-Kommission „Vorsorge zum Schutz der Erdatmosphäre" gemäß § 56 der Geschäftsordnung des Deutschen Bundestages eingesetzt.

I.

Die Kommission hat die Aufgabe, eine Bestandsaufnahme über die globalen Veränderungen der Erdatmosphäre vorzunehmen und den Stand der Ursachen- und Wirkungsforschung festzustellen sowie mögliche nationale und internationale Vorsorge- und Gegenmaßnahmen zum Schutz von Mensch und Umwelt vorzuschlagen.

Insbesondere hat sie zu untersuchen

— Umfang und Ursachen des beobachteten und befürchteten Abbaus des Ozons in der Stratosphäre,

---

[5]) BT-Drucksache 11/971

- Ausmaß und Ursachen möglicher globaler Temperaturveränderungen der Erdatmosphäre,
- Auswirkungen
  - des Ozonabbaus und des sog. Treibhauseffektes,
  - der Schadstoffemissionen, wie z. B. halogenierte Kohlenwasserstoffe, Distickstoffoxid, Methan und andere,
  - der Trübung der Erdatmosphäre und Auswirkungen auf das Klima durch Feinststäube,
  - der Abholzung von Regenwäldern und der Übernutzung der Vegetation in Trockengebieten auf atmosphärische Vorgänge,
  - der Kohlendioxid-Anreicherung der Erdatmosphäre,
  - der zunehmenden Meeresverschmutzung auf den CO_2-Kreislauf,
- mögliche Vorsorgemaßnahmen, insbesondere zur Vorsorge gegen zu befürchtende Schäden, z. B. durch
  - weitere Luftreinhaltemaßnahmen zur Entlastung der Erdatmosphäre, insbesondere das Verbot von halogenierten Treibgasen und die Reduzierung von freigesetzten Treibstoff- und Lösungsmitteldämpfen,
  - Energieeinsparung und Änderung der Ressourcenverwendung, insbesondere Nutzung regenerativer Energiequellen,
  - Förderung weiterer Forschungs- und Entwicklungsvorhaben,
  - Entwicklungshilfeprojekte, insbesondere Aufforstungsprojekte und Maßnahmen zum Schutz tropischer Regenwälder,
  - internationale Zusammenarbeit und Entwicklung neuer völkerrechtlicher Instrumentarien.

II.

Die Kommission setzt sich aus neun Abgeordneten der im Deutschen Bundestag vertretenen Fraktionen sowie aus neun Sachverständigen zusammen.

Einen ersten Zwischenbericht legt die Kommission 1988 vor mit Empfehlungen für vordringliche und bereits überschaubare Bereiche. Hierbei ist auch der Substitution von FCKW und konkreten Maßnahmen zur rationellen Energieverwendung besondere Aufmerksamkeit zu widmen.“

Im Hinblick darauf, daß seitens der Fraktionen ein so großes Interesse an einer Mitarbeit in der Kommission auf seiten der Mitglieder des Bundestages festzustellen war, daß die Mitgliederzahl dafür nicht ausreichte, wurde am 26. November 1987 ein interfraktioneller Antrag der Fraktionen der CDU/CSU, SPD, FDP und DIE GRÜNEN im Deutschen Bundestag eingebracht. Danach sollte die Zahl der Mitglieder des Deutschen Bundestages in der Kommission von neun auf elf erhöht werden.

Der Deutsche Bundestag hat diesem interfraktionellen Antrag in seiner 44. Sitzung am 27. November 1987 einvernehmlich zugestimmt.

2. KAPITEL

Zusammensetzung der Kommission

1. Mitglieder der Kommission

Von den Fraktionen wurden folgende Mitglieder des Deutschen Bundestages für die Enquete-Kommission benannt:

CDU/CSU-Fraktion:

Bernd Schmidbauer, Vorsitzender
Dr. Gerhard Friedrich (bis 13.04.1988)
Dr. Eike Götz (ab 13.04.1988)
Herbert Lattmann
Dr. Klaus W. Lippold (Offenbach), Obmann
Heinrich Seesing

SPD-Fraktion:

Prof. Monika Ganseforth
Dr. Liesel Hartenstein, Stv. Vorsitzende
(ab 20.06.1988)
Klaus Lennartz, Stv. Vorsitzender (bis 20.06.1988)
Volker Jung (Düsseldorf) (ab 28.09.1988)
Michael Müller (Düsseldorf), Obmann

FDP-Fraktion:

Dr. Inge Segall, Obfrau

Fraktion DIE GRÜNEN:
Dr. Wilhelm Knabe, Obmann

Auf Vorschlag der Fraktionen berief der Präsident des Deutschen Bundestages als sachverständige Kommissionsmitglieder:

Prof. Dr. Wilfrid Bach
Forschungststelle für angewandte Klimatologie und Umweltstudien
Institut für Geographie der Universität Münster

Prof. Dr. Dr. Paul Crutzen (ab 27.04.1988)
Max-Planck-Institut für Chemie, Mainz

Prof. Dr. Klaus Heinloth
Physikalisches Institut der Universität Bonn

Prof. Dr. Peter Hennicke
Öko-Institut, Freiburg

Prof. Dr. Klaus Michael Meyer-Abich, Senator a. D.
Lehrstuhl für Naturphilosophie, Universität Essen

Prof. Dr. Hans Michaelis, Generaldirektor a. D.
Energiewirtschaftliches Institut an der Universität zu Köln

Prof. Dr. Wolfgang Schikarski
Kernforschungszentrum Karlsruhe
Laboratorium für Aerosolphysik und Filtertechnik 2

Prof. Dr. Wolfgang Seiler
Fraunhofer-Institut für atmosphärische Umweltforschung
Garmisch-Partenkirchen

Prof. Dr. Reinhard Zellner
Institut für Physikalische Chemie der Universität Göttingen

2. Kommissionssekretariat

Die Verwaltung des Deutschen Bundestages stellte der Kommission ein Sekretariat zur Verfügung.

Leitung des Sekretariats:
Regierungsdirektor Bodo Bahr, Mag. rer. publ.

Wissenschaftliche Aufgaben:

Hartmut Behrend (ab 16.05.1988)
Diplom-Meteorologe

Dr. Wolfhart Dürrschmidt (ab 01.04.1988)
Diplom-Physiker

Anneke Trux (ab 01.10.1988)
Diplom-Biologin

Renate Zimmermann (ab 15.04.1988)
Diplom-Meteorologin

Organisatorische Aufgaben:
Oberamtsrat Dieter Wehrend

Sekretariatsaufgaben:

Ingrid Schneidenbach (ab 19.07.1988)
Sabine Dresen (ab 18.04.1988)
Dagmar Schneider (ab 24.08.1988)
Bettina Thurn (bis 18.07.1988)
Heidi Meyer (bis 15.04.1988)

Das Sekretariat wurde im Rahmen seiner Arbeit unterstützt durch:

Joachim Karthäuser
Diplom-Chemiker (gutachtlich)

Rainer Klüting
Wissenschaftsredakteur

Robert Fontner
Studio/Verlag (graphische Darstellungen)

Heiko Braß, Studienassessor, Stud. rer. publ.

Eckhard von Bülow, Stud. jur

Lars Wippern

Ralf Schmidt

Bernhard Burdick

Thomas Fürst

3. KAPITEL

Bisherige Arbeit der Kommission

Die Kommission wurde am 3. Dezember 1987 vom Bundestagspräsidenten konstituiert.

Zum Vorsitzenden wurde der Abgeordnete Bernd Schmidbauer (CDU/CSU) bestimmt. Stellvertretender Vorsitzender wurde der Abgeordnete Klaus Lennartz — nach dessen Ausscheiden am 20. Juni 1988 die Abgeordnete Dr. Liesel Hartenstein (jeweils SPD).

Als Obleute, das heißt Sprecher ihrer Fraktion in der Kommission, wurden die Abgeordneten Dr. Klaus Lippold, Michael Müller (Düsseldorf), Dr. Inge Segall und Dr. Wilhelm Knabe benannt.

Im Rahmen der konstituierenden Sitzung hat der Vorsitzende unter anderem hervorgehoben, daß die Kommission dem Deutschen Bundestag nicht nur Empfehlungen im Rahmen des von ihr abzugebenden Zwischen- oder Abschlußberichtes vorlegen sondern auch angestrebt werden sollte, daß bei eindeutigen Zwischenergebnissen und Forderungen der Kommission, die sich aus der laufenden Arbeit ergäben, die in der Kommission vertretenen Mitglieder des Bundestages, die in den parlamentarischen Beratungsprozeß fest eingebunden seien, über ihre Fraktionen initiativ würden und über entsprechende Initiativen versucht werde, Ergebnisse der Kommissionsarbeit laufend umzusetzen. Gerade dies sei die eigentliche Aufgabe und Chance einer Enquete-Kommission, daß sie nicht nur der Politik wissenschaftliche Erkenntnisse vermittele und Empfehlungen erarbeite, die am Ende einer Wahlperiode vorgelegt und dann nicht mehr oder nicht frühzeitig genug in parlamentarischen Beschlüssen umgesetzt würden, sondern daß sie die enge Verzahnung zwischen Politik und Wissenschaft in einem solchen Gremium dazu nutze, fundierte wissenschaftliche Erkenntnisse laufend in konkrete parlamentarische oder — über das Parlament durch politische Empfehlungen — in exekutive Maßnahmen umzusetzen. Dabei bestehe auch die Chance, daß abseits vom tagespolitischen Streit um Einzelfragen ein Problem in seiner komplexen Gesamtheit untersucht werden könne und sich als notwendig angesehene Maßnahmen in eine Gesamtkonzeption einbinden würden.

Diesen Ausführungen war von allen Kommissionsmitgliedern ausdrücklich zugestimmt worden.

Die Kommission hat im Rahmen ihrer bisherigen Tätigkeit mit Nachdruck versucht, dieser Zielvorgabe Rechnung zu tragen.

Vom 3. Dezember 1987 bis zum 2. November 1988 hat die Kommission insgesamt 27 Sitzungen durchgeführt. Darüber hinaus fanden Sitzungen der Arbeitsgruppen „Stratosphärischer Ozonabbau“, „Klimaveränderungen“ und „Energiefragen“ statt.

Aus Anlaß des 6. Dechema-Fachgespräches Umweltschutz über die anthropogene Beeinflussung der Ozonschicht, an dem eine Reihe von Kommissionsmitgliedern teilnahm, wurde die erste Arbeitssitzung der Kommission am 17. Dezember 1987 auf der Basis der Ergebnisse des Dechema-Fachgespräches in Frankfurt durchgeführt.

In dieser Sitzung begann die Komission mit der Erstellung eines umfassenden Arbeitsprogrammes, das im weiteren Verlauf der Kommissionsarbeit verfeinert und konkretisiert worden ist.

Die Kommission hat im ersten Halbjahr 1988 fünf intensive — teils zweitägige — öffentliche Anhörungen zu den Problemkreisen des Ozonabbaus in der Stratosphäre sowie des Treibhauseffektes und der zu erwartenden weltweiten Klimaänderungen mit einer großen Zahl von namhaften nationalen und internationalen Wissenschaftlern, namentlich aus Belgien, Frankreich, Großbritannien, den Niederlanden, Schweden, der Schweiz und den Vereinigten Staaten von Amerika durchgeführt. Als Sachverständige sind zu den Anhörungen auch Vertreter der Kommission der Europäischen Gemeinschaften, verschiedener Bundesressorts, des Umweltbundesamtes, der FCKW-produzierenden, -verarbeitenden sowie -benutzenden Industrien, von Umwelt- und Verbraucherverbänden, der Gewerkschaften, von Industrie- und Handwerksverbänden sowie Vertreter ausländischer Umweltbehörden eingeladen worden.

Die Ergebnisse dieser Anhörungen bilden zum einen eine fundierte Grundlage für diesen Zwischenbericht. Zum anderen wurden die jeweiligen Anhörungsergebnisse, soweit dies möglich war, im Rahmen der laufenden Beratungen des Deutschen Bundestages zu Vorlagen aus diesem Sachbereich berücksichtigt.

Die Kommission führte ferner Sitzungen in Bremerhaven und in Garmisch-Partenkirchen durch.

In Bremerhaven hat sich die Kommission am 25. April 1988 über das am gleichen Tag zu seiner Forschungsexpedition in die Arktis auslaufende deutsche Forschungsschiff Polarstern und das Arktis-Forschungsprogramm sowie die Ergebnisse der bisherigen Antarktis-Expeditionen informiert. Darüber hinaus hat sich die Kommission im einzelnen über das Programm der klimarelevanten Forschungsprojekte des Alfred-Wegener-Institutes für Polar- und Meeresforschung in den Bereichen Paläoklimatologie, atmosphärisches Ozon und Ozeanzirkulation unterrichtet und diese mit dem stellvertretenden Präsidenten und den zuständigen Abteilungsleitern des Institutes erörtert.

Am 16. Mai 1988 hat sich die Kommission detailliert über die Klimameßstation und das Programm der gegenwärtig laufenden sowie die Ergebnisse der bisher durchgeführten Forschungsprojekte des Fraunhofer-Instituts für atmosphärische Umweltforschung auf der Zugspitze informiert und dort vor allem auch eine erste Bewertung der bisherigen Arbeitsergebnisse zur Thematik der FCKW und des Ozons in der Stratosphäre vorgenommen.

Die Beratungsergebnisse der Enquete-Kommission zur Thematik des Ozonabbaus in der Stratosphäre wurden im Rahmen einer Entschließung des Deutschen Bundestages zum Wiener Übereinkommen in die laufenden Beratungen des entsprechenden Gesetzentwurfes eingebracht[6]). Erkenntnisse aus den Beratungen der Enquete-Kommission gaben ferner Anlaß zu der vom Deutschen Bundestag verabschiedeten Entschließung zum Montrealer Protokoll[7]).

Im Verlauf der durch die Kommissionsmitglieder in ihren Fraktionen beantragten drei ausführlichen Plenardebatten zur Einbringung und Verabschiedung des Wiener Übereinkommens und des Montrealer Protokolls wurden in den Redebeiträgen der Sprecher aller Fraktionen die jeweils aktuellen Ergebnisse der Kommissionsarbeit dargestellt und bestimmten sowohl das Meinungsbild im Rahmen der Plenar- als auch im Rahmen der Ausschußberatungen.

Die Enquete-Kommission hat auch von Beginn ihrer Tätigkeit an einen intensiven Dialog mit der Bundesregierung geführt, den Bundespräsidenten, den Bundeskanzler und die zuständigen Bundesminister über Zwischenergebnisse ihrer Arbeit unterrichtet und Anliegen an die Bundesregierung, die sich als Ergebnis aus der bisherigen Arbeit ergeben haben, jeweils dem Bundeskanzler und den zuständigen Ressortministern übermittelt.

Im einzelnen ist dabei auf folgende Ereignisse hinzuweisen:

In der Kommissionssitzung am 28. Januar 1988 hat der Bundesminister für Forschung und Technologie die Kommission in öffentlicher Sitzung über den aktuellen Stand der Forschung und Entwicklung auf den Gebieten des Kommissionsauftrages unterrichtet und daraus resultierende Fragen mit der Kommission im einzelnen erörtert. In der gleichen Sitzung hat der Bundesminister für Umwelt, Naturschutz und Reaktorsicherheit über die nationalen und internationalen Maßnahmen auf den Gebieten des Kommissionsauftrages berichtet und die Problematik in ihrer Gesamtheit ebenfalls mit der Kommission diskutiert.

In der Kommissionssitzung am 25. Mai 1988 hat der Staatssekretär beim Bundesminister für Umwelt, Naturschutz und Reaktorsicherheit die Kommission unmittelbar im Anschluß an die Kabinettssitzung über den Kabinettsbeschluß in bezug auf den Vertragsgesetzentwurf zum Montrealer Protokoll und die Haltung der Bundesregierung über das weitere Vorgehen zur Umsetzung des Protokolls in öffentlicher Sitzung unterrichtet.

Das Bundesministerium für wirtschaftliche Zusammenarbeit (BMZ) hat in der gleichen Sitzung die Kommission im einzelnen über die nationalen und internationalen Maßnahmen informiert, die auf den in die Zuständigkeit des BMZ fallenden Gebieten des Kommissionsauftrages, namentlich im Hinblick auf die Regenwaldproblematik, durchgeführt, eingeleitet und geplant sind, und diese Thematik mit der Kommission im einzelnen erörtert.

---

[6]) BT-Drucksache 11/2946

[7]) BT-Drucksache 11/3093, vgl. dazu auch unten in diesem Kapitel

Aus Anlaß der Anhörung der Enquete-Kommission zur Thematik des Treibhauseffektes am 6. und 7. Juni 1988 hat der Bundesminister für Forschung und Technologie die Kommission erneut über den aktuellen Stand der Klimaforschung unterrichtet.

Der Vorsitzende der Kommission führte weitere Gespräche mit den Bundesministern für Forschung und Technologie sowie für Umwelt, Naturschutz und Reaktorsicherheit über verschiedene Problembereiche der Kommissionsarbeit, namentlich auch in bezug auf die Forschungsförderung und in bezug auf mögliche und notwendige Maßnahmen.

Der Kommissionsvorsitzende hat den Bundeskanzler über die Zwischenergebnisse in der Arbeit der Kommission jeweils aktuell unterrichtet und ihn eindringlich gebeten, sich mit Nachdruck dafür einzusetzen, daß die Forderung nach einem weltweiten Übereinkommen zur Reduzierung der zum Treibhauseffekt beitragenden Spurengasemissionen im Rahmen des Weltwirtschaftsgipfels in Toronto und der nachfolgenden Gipfeltreffen der Regierungschefs der westlichen Industriestaaten erörtert wird und dabei die Forderung nach einem weltweiten Abkommen intensiv zu unterstützen. Gleichzeitig hat er ihn um eine verstärkte Thematisierung dieser Problematik im Rahmen des West-Ost-Dialoges ersucht.

Der Bundeskanzler hat in seinem Antwortschreiben vom 8. Juni 1988 hervorgehoben, daß er die Anregungen und Vorschläge des Vorsitzenden der Enquete-Kommission, die auch schon innerhalb der Bundesregierung erörtert würden, gerne aufgreife. Außerdem halte er den Abschluß eines internationalen Klimaschutz-Übereinkommens für so wichtig, daß er die Frage selbst auch bei seinem Besuch in Moskau zur Sprache bringen werde. Mit dem Vorsitzenden der Enquete-Kommission sei er der Auffassung, daß es sich bei der Klimaproblematik um ein weltweites Problem handele, dem nur durch gemeinsame Anstrengungen der Vereinigten Staaten und der Sowjetunion wirksam begegnet werden könne.

In einem Schreiben vom 31. Mai 1988 hat sich die Enquete-Kommission ferner an die Bundesminister für Umwelt, Naturschutz und Reaktorsicherheit sowie für Forschung und Technologie in ihrer damaligen Eigenschaft als Präsidenten des Umweltminister- und des Forschungsministerrates der Europäischen Gemeinschaften gewandt und auf der Basis der von der Enquete-Kommission durchgeführten Anhörungen auf die Notwendigkeit einer Ausweitung der Forschungsaktivitäten auf den Arbeitsfeldern der Enquete-Kommission im einzelnen hingewiesen und beide Bundesminister gebeten, sich im Rahmen der nächsten Ministerratssitzung der EG dafür einzusetzen, daß die nationalen und europäischen Forschungsaktivitäten — insbesondere diejenigen im Bereich der Europäischen Gemeinschaften — zum Schutz der Ozonschicht und zur Eindämmung des Treibhauseffektes wesentlich verstärkt und koordiniert werden.

Der Bundesminister für Forschung und Technologie hat in seinem Antwortschreiben vom 16. Juni 1988 auf die gegenwärtigen Forschungsaktivitäten des Bundesministeriums für Forschung und Technologie im einzelnen hingewiesen. Ferner hat er erklärt, er werde sich dafür einsetzen, daß der angesprochene Mangel an Forschungsplattformen im Rahmen der existierenden Gremien verstärkt aufgegriffen und daß parallel zu den laufenden europäischen Abstimmungen gegebenenfalls zu einer gesonderten Konferenz einberufen werde.

Der Bundesminister für Umwelt, Naturschutz und Reaktorsicherheit hat in seinem Antwortschreiben vom 5. Juli 1988 hervorgehoben, daß er die Delegationen der EG-Mitgliedstaaten und die EG-Kommission im Rahmen der Umweltministerratsitzung am 16. Juni 1988 in Luxemburg gebeten habe, sich für eine Verstärkung der nationalen und europäischen Forschungsaktivitäten zum Schutz der Ozonschicht einzusetzen. Die Kommission sei gebeten worden, einen Bericht über den derzeitigen Stand der Forschungsaktivitäten und die weiteren Planungen vorzulegen. Ein mit dem Schreiben der Enquete-Kommission übermittelter Aufruf europäischer Wissenschaftler mit konkreten Forschungsvorschlägen sei an die Delegationen und die EG-Kommission mit der Bitte um Unterstützung verteilt worden. Es werde davon ausgegangen, daß die Anregung von der Kommission der Europäischen Gemeinschaften aufgegriffen und entsprechende Aktivitäten in die Wege geleitet würden.

Die Zwischenergebnisse der Enquete-Kommission in bezug auf den Ozonabbau in der Stratosphäre, die sich bis zu diesem Zeitpunkt ergeben hatten, sind voll inhaltlich über die Kommissionsmitglieder, die gleichzeitig Mitglieder im Auschuß für Umwelt, Naturschutz und Reaktorsicherheit sind und dort Berichterstatter für den Gesetzentwurf zum Wiener Übereinkommen waren, in eine Entschließung eingeflossen, die der Ausschuß für Umwelt, Naturschutz und Reaktorsicherheit am 10. Juni 1988 einvernehmlich beschlossen und die der Deutsche Bundestag in seiner Sitzung am 22. September 1988 verabschiedet hat[8]).

Die darin enthaltenen Forderungen wurden in einer weiteren Entschließung zum Gesetzentwurf für das Montrealer Protokoll unterstrichen. Darüber hinaus wurde in dieser Entschließung, die mit dem Gesetzentwurf zum Montrealer Protokoll am 13. Oktober 1988 vom Deutschen Bundestag verabschiedet worden ist, aufgrund der Erkenntnisse in der Arbeit der Enquete-Kommission die Aufforderung an die Bundesregierung beschlossen, unabhängig von der EG das Montrealer Protokoll so schnell wie möglich zu ratifizieren[9]).

Der Vorsitzende und weitere Kommissionsmitglieder haben ferner gesonderte Gespräche mit einer Reihe von Vertretern der Industrie, von Umweltverbänden und der Wissenschaft geführt, um Probleme und Zwischenergebenisse, die sich in den Beratungen ergeben haben, zu erörtern, aber auch um Anregungen und Empfehlungen zu geben.

Alle Bundesminister, die in ihrer Zuständigkeit von den Arbeitsfeldern der Enquete-Kommission stärker berührt sind, und der Präsident des Umweltbundesamtes haben spezielle Verbindungsbeamte benannt, die die Arbeit der Kommission intensiv begleiten und für eine reibungslose Zusammenarbeit und ständige Kom-

[8]) BT-Drucksache 11/2946

[9]) BT-Drucksache 11/3093

munikation zwischen der Kommission und den für die Kommissionsarbeit zuständigen Bundesministerien Sorge tragen.

Im einzelnen benannt wurden:

- vom Bundesminister für Umwelt, Naturschutz und Reaktorsicherheit: MDg Dr. Westheide, Leiter der Unterabteilung Immissionsschutz,
- vom Bundesminister für Forschung und Technologie: MR Dr. Krause, Leiter des Referates ökologische Forschung,
- vom Bundesminister für Wirtschaft: MR Lötz, Leiter der Unterabteilung wirtschaftliche Fragen des Umweltschutzes, Betriebswirtschaft und
- vom Präsidenten des Umweltbundesamtes: Wiss.OR Dr. Garber.

Im Hinblick auf die von allen Fraktionen des Deutschen Bundestages als notwendig angesehene Offenlegung der Produktions- und Verbrauchszahlen für FCKW hat der Vorsitzende der Kommission zur Klärung der damit verbundenen offenen Fragen ein Gespräch mit dem Verband der Chemischen Industrie, Vertretern der Hersteller, Vertretern der beteiligten Bundesressorts und Vertretern des Umweltbundesamtes geführt. Im Rahmen dieses Gespräches kristallisierte sich heraus, daß im Reinigungs- und Lösemittelbereich erhebliche Unterschiede in der Abschätzung des nationalen Verbrauchs bestehen blieben und diese sich nur ausräumen ließen, wenn die nationalen Verkaufszahlen für die Bundesrepublik Deutschland von der chemischen Industrie offengelegt würden. Dazu müsse eine Freigabe der einem Treuhandbüro in London übermittelten Zahlen durch die FCKW-Arbeitsgruppe der europäischen Hersteller erfolgen.

Deswegen hat der Kommissionsvorsitzende den Vorsitzenden der FCKW-Arbeitsgruppe der europäischen Hersteller angeschrieben mit der Bitte, auf deren Sitzung am 20. und 21. Juni 1988 von den europäischen Herstellern die Freigabe der Verkaufsmengen für die FCKW 11, 12, 113, 114 und 115 im Jahr 1986 in der Bundesrepublik Deutschland und — weil dieser Bereich im Rahmen der hiesigen Diskussion am meisten umstritten sei — eine Auskunft über den zahlenmäßigen Anteil für Lösungs- und Reinigungsmittel zu erhalten.

Die FCKW-Arbeitsgruppe der europäischen Hersteller hat sich dazu mit dem Hinweis auf Wettbewerbsgründe nicht in der Lage gesehen. Die einzige Offenlegung, die den Herstellern als möglich erschien, war die Aussage, daß die Schätzzahlen des Verbandes der chemischen Industrie in der Bundesrepublik Deutschland in Höhe von 75 000 Tonnen eine Fehlerquote von mehr als 10 Prozent aufwiesen, das heißt, daß der Verbrauch in der Bundesrepublik Deutschland 1986 entweder weniger als 68 000 Tonnen oder mehr als 82 000 Tonnen betragen hätte. Da der Verbrauch in der Bundesrepublik Deutschland nach allen der Enquete-Kommission vorliegenden Informationen allerdings nicht unter 68 000 Tonnen liegen kann, war damit nur die Klarstellung gewonnen, daß er mehr als 82 000 Tonnen betragen haben muß, so daß die Schätzzahlen des Umweltbundesamtes realistischer erschienen.

Vertreter verschiedener Fraktionen führten ferner gesonderte Gespräche mit verschiedenen Herstellern, Anwendern und dem Verband der chemischen Industrie, um vertiefte Kenntnisse über die Möglichkeiten der Industrie zum großtechnischen Einsatz von Ersatzstoffen und zum Einsatz von Ersatztechnologien zu erhalten und den Industrievertretern ihre Auffassung über zu treffende Maßnahmen mitzuteilen.

Der Vorsitzende und die Obleute der Kommission haben die Problembereiche des Ozonabbaus in der Stratosphäre und des Treibhauseffektes ferner in einem intensiven Gespräch mit dem Leiter der US-Delegation zu den Verhandlungen des Montrealer Protokolls, Botschafter a. D. Richard Benedick, erörtert. Daraus resultierten eine Reihe von Hinweisen und Erkenntnissen, die in die weitere Arbeit der Kommission eingeflossen sind.

Seitens der Kommission wurde ferner eine intensive und regelmäßige Unterrichtung der Medien durchgeführt, die sicher dazu beigetragen hat, das Medienecho zu den von der Kommission bearbeiteten Themenfeldern erheblich zu verstärken und die jeweiligen Arbeitsergebnisse der Kommission stärker ins öffentliche Bewußtsein zu rücken.

Mitglieder und Mitarbeiter der Kommission haben im In- und Ausland an einer Reihe von Fachkongressen teilgenommen und der Kommission jeweils über deren Ergebnisse berichtet, so daß diese laufend über den Stand der aktuellen fachlichen Diskussion unterrichtet war. Zu diesen Tagungen gehörten das 6. Dechema-Fachgespräch über anthropogene Beeinflussung der Ozonschicht im Dezember 1987 in Frankfurt, die Internationale Energieberaterkonferenz im April 1988 in Graz, das Internationale Energie-Symposium in Nijmwegen im Mai 1988, der Ozone Workshop in Aspen/Colorado im Mai 1988, eine Tagung in Tutzing über Naturwissenschaft, Politik und Ökonomie im Konflikt, konkretisiert am Beispiel des Schutzes der Ozonschicht, im Juni 1988, eine Tagung in Kassel zur Regenwaldvernichtung in Amazonien ebenfalls im Juni 1988, die Clean Coal Conference im Juni 1988 in London, der Kongreß „Energy and Climate Change" im Juni 1988 in Brüssel, der Weltklimakongreß „The Changing Atmosphere" Ende Juni 1988 in Toronto, der Ozone Workshop und das Ozon-Symposium im August 1988 in Göttingen, das Tropical Forest Symposium im August 1988 in Aarhus, die Tagung „Umweltzerstörung und Weltbank" im September 1988 in Berlin sowie im Oktober 1988 der Kongreß „Greenhouse Network" in Washington, die Behandlung der Thematik der tropischen Regenwälder und der Gefährdung der Erdatmosphäre im Rahmen der Jahrestagung des Hauptverbandes der deutschen Holz und Kunststoffe verarbeitenden Industrie, die Tagung „Flugverkehr und Umwelt" in Bad Boll sowie das Forum „New Energies '88" in Saarbrücken.

Eine Delegation der Kommission führte in der Zeit vom 13. bis 27. August 1988 eine Reise zu Fragen des stratosphärischen Ozonabbaus und des Treibhauseffektes sowie der tropischen Regenwälder nach Chile, Argentinien und Brasilien durch. Während der zweiwöchigen Reise konnten im Rahmen eines äußerst dicht gedrängten Programmablaufes eine Fülle von Gesprächen mit Parlamentariern, den für Umweltschutz-, Forschungs- und Energiefragen zuständigen Ministern, Ministerien, Kommissionen und sonstigen exekutiven Institutionen, Vertretern politischer Parteien, der deutschen politischen Stiftungen, Wissenschaftlern sowohl von Universitäten als auch von meteorologischen, antarktischen, Umwelt- und Raumforschungsinstitutionen, Vertretern der Industrie, namentlich FCKW-produzierender Firmen sowie mit Vertretern von Umwelt- und Naturschutzgruppen geführt werden. Dadurch konnten wichtige Erkenntnisse über den Stand des Problembewußtseins in den besuchten Ländern, über deren Haltung zum Montrealer Protokoll, dessen Verschärfung und zum Abschluß eines internationalen Übereinkommens zur Reduzierung der Spurengasemissionen festgestellt, konkret notwendige Maßnahmen zur Intensivierung der Forschungszusammenarbeit erarbeitet und Anstöße zu deren Umsetzung gegeben werden, intensive sowohl direkte Erfahrungen vor Ort als auch sehr fundierte Informationen über die Zerstörung und Abholzung der Wälder in Lateinamerika gesammelt werden. Die Ergebnisse der Reise sind bereits in die konkrete Sacharbeit der Kommission eingeflossen und werden auch im Rahmen der weiteren Arbeit berücksichtigt. Der Kommissionsvorsitzende hat die konkreten Vorschläge, die sich für die Ausweitung der Erdatmosphärenforschung und die Forschungszusammenarbeit mit den lateinamerikanischen Ländern als Ergebnis der Reise herauskristallisiert haben, im einzelnen mit dem Bundesminister für Forschung und Technologie erörtert, der zugesagt hat, die entsprechenden Anregungen aufzugreifen und zu realisieren.

Eine weitere Delegation der Kommission führte auf fachlicher Ebene am 6. Oktober mit Vertretern der EG-Kommission intensive Gespräche über Fragestellungen aus dem gesamten Aufgabengebiet der Enquete-Kommission.

Die Kommission wird ihre begonnene Arbeit in bezug auf den Ozonabbau in der Stratosphäre vor allem hinsichtlich der weiteren Konkretisierung von Maßnahmenvorschlägen, deren politische und rechtliche Wertung sowie die Abschätzung ihres Wirkungspotentials fortsetzen. Darüber hinaus wird die Befassung mit den weltweiten Klimaänderungen und den daraus zu ziehenden Schlußfolgerungen und Handlungsempfehlungen weiter spezifiziert. Ein besonderes Schwergewicht wird auf der Fortentwicklung und Vertiefung der durch die Problematik des Treibhauseffektes bedingten energiepolitischen Fragestellungen liegen. Die Kommission wird sich darüber hinaus in einem eigenen Arbeitsschwerpunkt mit der Thematik der tropischen Regenwälder befassen, diese in einer Reihe von Expertengesprächen und öffentlichen Anhörungen intensiv aufarbeiten und im Verlauf des kommenden Jahres dazu einen gesonderten Zwischenbericht vorlegen.

Zu Anhörungen eingeladene Sachverständige

Die Kommission führte öffentliche Sachverständigen-Anhörungen zu folgenden Themen durch:

„Fluorchlorkohlenwasserstoffe und stratosphärisches Ozon"

Fragen zum Ist-Zustand
am 29. Februar 1988 in Berlin

Sachverständige

Dr. H. Bräutigam
KALI-Chemie, Hannover

Prof. Dr. G. Brasseur
Institut d'Aeronomie Spatiale, Brüssel

Prof. Dr. Paul Crutzen
Max-Planck-Institut für Chemie, Mainz

Prof. Dr. D. H. Ehhalt
Kernforschungsanlage Jülich

Prof. Dr. P. Fabian
Max-Planck-Institut für Aeronomie, Lindau

Dipl.-Ing. B. Hoffmann
HOECHST AG, Frankfurt-Höchst

Frau Prof. Dr. K. Labitzke
Institut für Meteorologie, Freie Universität Berlin

Prof. Dr. F. S. Rowland
University of California, Irvine, CA., USA

Dr. R. S. Stolarski
NASA Goddard, Greenbelt, MD, USA

Dr. R. T. Watson
NASA-Headquarters, Washington, D.C.

„Fluorchlorkohlenwasserstoffe und stratosphärisches Ozon"

- Modellvoraussagen
- Terrestrische Auswirkungen einer stratosphärischen Ozonabnahme
  am 27. April 1988 in Bonn

Sachverständige zu:

- Modellvoraussagen

Prof. Dr. G. Brasseur
Institut d'Aeronomie Spatiale, Brüssel

Dr. C. Brühl
Max-Planck-Institut für Chemie, Mainz

Prof. Dr. P. Crutzen
Max-Planck-Institut für Chemie, Mainz

Dr. John Hoffmann
U.S. Environmental Protection Agency, EPA
Washington, D.C.

Prof. Dr. I. Isaksen
University of Oslo, NL-Blindern

Prof. Dr. M.B. McElroy
Harvard University, Cambridge, MA, USA

Dr. M. McFarland
Du Pont de Nemours Company, Wilmington, Delaware

Dr. N.D. Sze
Atmospheric and Environmental Research Inc., Cambridge, MA, USA

Dr. D.J. Wuebbles
Lawrence Livermore National Laboratory, Livermore, CA, USA

Sachverständige zu:

— *Terrestrische Auswirkungen einer stratosphärischen Ozonabnahme*

Prof. Dr. Döhler
Botanisches Institut, Universität Frankfurt

Prof. Dr. Häder
Institut für Botanik, Universität Marburg

Prof. Dr. Ippen
Universität Göttingen
Zentrum Arbeits- und Sozialmedizin, Dermatologie und Venerologie

Prof. Dr. Kayser
Leiter der Abteilung Chemiekalienbewertung, Bundesgesundheitsamt, Berlin

Prof. Dr. Tevini
Botanisches Institut, Universität Karlsruhe

Prof. Dr. F. Urbach
Health Science Center, Temple University, PA, USA

Prof. Dr. van der Leun
Universität Utrecht

Dr. Robert Worrest
Corvalis, EPA, Oregon, USA

„Fluorchlorkohlenwasserstoffe und stratosphärisches Ozon"

- Ersatzstoffe und Ersatztechnologien
- Politische, wirtschaftliche sowie rechtliche Bedingungen und Handlungsmöglichkeiten

am 02. und 03. Mai 1988 in Berlin

Sachverständige zu:

- Ersatzstoffe und Ersatztechnologien

Dipl.-Ing. I.G. Abbott
Dow Chemical Europe, Hörgen/Schweiz

Frau Dr. Friege
Arbeitsgemeinschaft der Verbraucherverbände e.V., Bonn

ATOCHEM S.A., Paris
R. Papp, Direktor für Fragen des Umweltschutzes
M. Verhille, Experte

Dr. H. Bräutigam
KALI-Chemie, Hannover

Prof. Dr. D. Kayser
Leiter der Abteilung Chemikalienbewertung
Bundesgesundheitsamt, Berlin

Bundesministerium für Umwelt, Naturschutz und Reaktorsicherheit, Bonn
MDg Dr. Westheide, MR Kreft

Bundesministerium für Wirtschaft, Bonn
MR Lötz, Leiter der Unterabteilung ZD
Wirtschaftliche Fragen des Umweltschutzes, Betriebswirtschaft

Dr. Creyf
Chairman EUROPUR Technical Commitee,
Recticel GECHEM, Wetteren/Belgien

Raimond von Ermen
Europäisches Umweltschutzbüro, Brüssel

Dipl.-Ing. Bernd Hoffmann
HOECHST AG, Frankfurt-Höchst

Imperial Chemical Industries PLC (ICI), London
K. Ackroyd — ICI C & P Limited, Runcorn
J. Beckitt — ICI C & P Limited, Runcorn
E. Rastetter — Deutsche ICI, Frankfurt

Industriegewerkschaft Chemie — Papier — Keramik, Hannover

Dir. Dr. Bennett
Kommission der Europäischen Gemeinschaften, Brüssel

Frau Ingrid Kökeritz
Schwedisches Umweltministerium, Stockholm

Dr.-Ing. Helmut Lotz
Vorsitzender des Deutschen Kälte- und Klimatechnischen Vereins, Stuttgart

Dr. Max Mann
Bayer AG, Leverkusen

Dr. Joachim von Schweinichen
European Fluorocarbon Technical Committee, Brüssel

Société L'Oréal
M. Christian Monnais, Ingénieur ENSCL
M. Michel Desruet, Ingénieur de l'Ecole Central de Lyon
Clichy/Frankreich

Umweltbundesamt, Berlin
Präsident Dr. Frh. von Lersner, Prof. Dr. Uppenbrink, Dr. Nantke,
Dr. Bunge, Schärer

Verband der chemischen Industrie e.V. (VCI), Frankfurt
Prof. Dr. Nader, Dr. Rudolf

Wissenschaftszentrum für Sozialforschung
Forschungsabteilung Normbildung und Umwelt, Berlin
Dr. V. Prittwitz, Dr.J.C. Bongaerts

Sachverständige zu:

— Politische, wirtschaftliche sowie rechtliche Bedingungen und Handlungsmöglichkeiten

Bundesministerium für Umwelt, Naturschutz und Reaktorsicherheit, Bonn
MR Dr. Kraus

Bundesministerium für Wirtschaft, Bonn
MR Lötz, Leiter der Unterabteilung ZD
Wirtschaftliche Fragen des Umweltschutzes, Betriebswirtschaft

Raimond van Ermen
Europäisches Umweltschutzbüro, Brüssel

James K. Hammitt
Rand Corporation, Santa Monica, CA, USA

Industriegewerkschaft Chemie — Papier — Keramik
Hannover

Frau Ingrid Kökeritz
Schwedisches Umweltministerium, Stockholm

Dir. Dr. Bennett
Kommission der Europäischen Gemeinschaften, Brüssel

Dr. Adam Markham
WWF-International, Gland/Schweiz

Umweltbundesamt, Berlin
Präsident Dr. Frh. von Lersner, Prof. Dr. Uppenbrink, Dr. Nantke, Dr. Bunge, Schärer

Verband der chemischen Industrie e.V. (VCI), Frankfurt
Prof. Dr. Nader, Dr. Rudolf

Dr. L. Reijnders
Stichting Natuur en Milieu, Utrecht

Prof. Dr. E.U. von Weizsäcker
Institut für europäische Umweltpolitik, Bonn

Wissenschaftszentrum für Sozialforschung
Forschungsabteilung Normbildung und Umwelt, Berlin
Dr. Volker Prittwitz
Dr. Jan C. Bongaerts

„Treibhauseffekt"

— Gegenwärtiger Kenntnisstand über Klimaänderungen

— Kenntnisstand über die klimabeeinflussenden physikalischen und chemischen Prozesse

— Überblick über Klimamodelle

— Auswirkungen künftiger Klimaänderungen

am 06. und 07. Juni 1988 in Bonn

Einführung (Statement zur Gesamtthematik):
Prof. Dr. Hermann Flohn
Meteorologisches Institut der Universität Bonn

Sachverständige zu:

— Gegenwärtiger Kenntnisstand über Klimaänderungen

Prof. Dr. Christian Schönwiese
Institut für Meteorologie und Geophysik der Universität Frankfurt

Dr. T.M.L. Wigley
Direktor Climatic Research UNIT
University of East Anglia, Norwich, G.B.

— Kenntnisstand über die klimabeeinflussenden physikalischen und chemischen Prozesse

Prof. Dr. Hartmut Graßl
Leiter des Instituts für Physik, GKSS-Forschungszentrum Geesthacht

Prof. Dr. V. Ramanathan
University of Chicago
Department of the Geophysical Sciences, Chicago, Illinois, USA

— Überblick über Klimamodelle

Prof. Dr. Klaus Hasselmann
Max-Planck-Institut für Meteorologie, Hamburg

— Auswirkungen künftiger Klimaänderungen

Dr. Gerrit Hekstra
Ministerie van Volkshuisvesting
Rulmelijke Ordening en Milieunbe
Directoraat-Generaal voor de Milieuhygiene, Leidschendam/Niederlande

Dr. Martin Parry
Department of Geography, University of Birmingham

Bundesministerium für Forschung und Technologie, Bonn
MR Dr. Krause

Bundesministerium für Umwelt, Naturschutz und Reaktorsicherheit, Bonn
RD Weber

Bundesministerium für Wirtschaft, Bonn
MR Lötz

„Treibhauseffekt"

Möglichkeiten zur Eindämmung der Klimaänderungen
am 20. Juni 1988 in Bonn

Sachverständige:

Dr. Eberhard Jochem
Fraunhofer-Institut für Systematik und Innovationsforschung, Karlsruhe

Dr. F. Krause
Lawrence Berkeley Laboratory, Berkeley, Ca 94 720

Dr. Irving Mintzer
World Resources Institute, Washington, D.C.

Prof. Dr. H. Schäfer
Lehrstuhl für Energiewirtschaft und Kraftwerkstechnik der TU München

Prof. Dr. A. Voß
Lehrstuhl für Energiewirtschaft und Energiesysteme
Institut für Kernenergetik und Energiesysteme, Universität Stuttgart

Bundesministerium für Forschung und Technologie, Bonn
MR Dr. Krause

Bundesministerium für Umwelt, Naturschutz und Reaktorsicherheit, Bonn
MR'in Frau Dr. Müller

Bundesministerium für Wirtschaft, Bonn
MR Lötz

ABSCHNITT C

Fluorchlorkohlenwasserstoffe (FCKW) und Ozonzerstörung in der Stratosphäre

Vorbemerkung

Auf eine mögliche Gefährdung der Ozonschicht in der Stratosphäre durch menschliche Eingriffe wurde erstmals im Jahre 1971 hingewiesen. Mit Hilfe von Modellberechnungen wurden die Auswirkungen der durch Flugzeuge direkt in die Stratosphäre eingebrachten Stickoxide aufgezeigt.

Die ersten Warnungen vor den Folgen einer Schädigung der Ozonschicht durch die Verwendung von Fluorchlorkohlenwasserstoffen (FCKW) kamen von den amerikanischen Wissenschaftlern Molina und Rowland im Jahr 1974. Diese alarmierten die Weltöffentlichkeit mit einer Untersuchung in der vorhergesagt wurde, daß das aus FCKW entstehende Chlor in der Stratosphäre in katalytischen Reaktionszyklen zu einer Zerstörung des Ozons führen werde. Wegen dieser Studie ging in der zweiten Hälfte der siebziger Jahre die Produktion der FCKW im Aerosolbereich und dadurch bedingt insgesamt bis Anfang der achtziger Jahre zurück. In den Folgejahren stieg die Produktion jedoch weltweit so stark an, daß mittlerweile der vor der Einleitung von Maßnahmen erreichte Höchststand längst überschritten ist.

Vor dem Hintergrund einer sich Anfang der achtziger Jahre entschärfenden wissenschaftlichen Diskussion, wurden die Bemühungen verstärkt, neben den bereits eingeleiteten nationalen Maßnahmen internationale FCKW-Produktionsbeschränkungen zu erreichen.

Im Jahr 1986 wurde die Menschheit dann durch die Entdeckung des Ozonlochs während des Frühlings über der Antarktis alarmiert. Messungen belegen, daß seit etwa 1977 das Ozon in der Stratosphäre der Antarktis zeitweise fast völlig zerstört ist. Dieses plötzlich auftretende Phänomen muß als sehr ernste Warnung verstanden werden, die FCKW nicht weiter zu nutzen.

Aber nicht nur in der Stratosphäre der Antarktis hat die Ozonkonzentration abgenommen. Auch in der globalen Stratosphäre wird ein Rückgang der Ozonkonzentration — wenn auch in deutlich geringerem Ausmaß — beobachtet.

1. KAPITEL

Darstellung des aktuellen naturwissenschaftlichen Kenntnisstandes

1. Beobachtete Veränderungen des Ozons in der Stratosphäre

Zusammenfassung

In den vergangenen Jahren wurden drastische Ozonabnahmen über der Antarktis gemessen. Dort sind zeitweise mehr als 50 Prozent des Gesamtozons und im Höhenbereich 15 bis 20 km mehr als 95 Prozent zerstört. Auch global hat in der Stratosphäre der Ozongehalt — mit Verstärkung in den Wintermonaten — deutlich abgenommen. Ursache der Ozonzerstörung ist hauptsächlich der starke Konzentrationsanstieg industriell hergestellter Fluorchlorkohlenwasserstoffe (FCKW) und Halone. Eine Analyse langjähriger Ozonmeßreihen, die sowohl an Bodenstationen als auch von Satelliten aus durchgeführt wurden, führte zu folgenden Ergebnissen (1) (vgl. Abb. 1, 2, Tab. I, II):

- Die Ozonsäulendichte der Nordhemisphäre (Breitenband 30 bis 64° N) hat zwischen 1969 und 1986 um 1,7 bis 3 Prozent abgenommen. Gemittelt über die Wintermonate betrug die Abnahme zwischen 2,3 und 6,2 Prozent.
- In der oberen Stratosphäre hat bei etwa 40 Kilometern (km) die Ozonkonzentration seit 1979 global um 3 bis 9 Prozent abgenommen. Im selben Zeitraum ist die Temperatur der Stratosphäre in Höhen zwischen 45 und 55 km um etwa 1,7° Celsius (C) gesunken.
- Seit 1979 ist die Gesamtsäulendichte für alle geographischen Breiten südlich von etwa 60° S um etwa 5 Prozent gesunken.
- Die Ozonschicht der antarktischen Atmosphäre nimmt seit Mitte der siebziger Jahre jährlich wiederkehrend und in immer stärkerem Ausmaß während der Monate September und Oktober ab.
- Die beobachteten Abnahmen betrugen 1987 mehr als 50 Prozent in der Gesamtsäule und mehr als 95 Prozent zwischen 15 und 20 km Höhe.

Hingegen konnte die Ausbildung eines entsprechenden großflächigen Ozonlochs im arktischen Gebiet bisher nicht nachgewiesen werden. Satellitendaten zur Ozongesamtsäulendichte in der Nordhemisphäre sowie Konzentrationsmessungen der ClO- und OClO-Radikale zeigen jedoch — besonders in der winterlichen Polarregion — einen spezifischen Ozonverlust und eine beginnende Störung der Ozonchemie in der Stratosphäre. Diese ist stärker als theoretisch erklärt werden kann und wahrscheinlich auf eine aktive Beteiligung von Wolken in der Stratosphäre zurückzuführen. Ein solcher Ozonabbaumechanismus ist bisher noch nicht in den Modellen berücksichtigt.

1.1 Globale Stratosphäre

Die mittlere Verteilung des Ozons in der Atmosphäre ist abhängig von der Höhe, der geographischen Breite und der Jahreszeit. Sie wird durch die Photochemie und durch Transportprozesse bestimmt.

Die Registrierung von Ozonveränderungen und die Bestimmung ihrer Ursachen ist eine schwierige Aufgabe. In der Stratosphäre existieren, außer kurzfristigen Konzentrationsschwankungen, die mit meteorologischen Verhältnissen in der Troposphäre und unteren Stratosphäre zusammenhängen, auch regelmäßige jahreszeitliche Variationen. Diese Schwankungen werden zusätzlich von einem quasizweijährigen (quasi-biennial oscillation - QBO), sowie einem elfjährigen Zyklus überlagert. Daneben wirken andere natürliche unregelmäßige und vorübergehende Phänomene, wie zum Beispiel die El Niño/Southern Oscillation (ENSO) (vgl. Abschnitt D, Kap.1, Nr. 1.1) oder Vulkanausbrüche auf die Stratosphäre ein. Erst nach Kenntnis und Filterung dieser natürlichen Variationen im Jahresverlauf können aus den Datensätzen Langzeittrends abgeleitet werden.

Diese natürlichen Schwankungen werden seit jüngster Zeit von globalen Ozonabnahmen überlagert, die durch anthropogene Einflüsse hervorgerufen werden (vgl. Nr. 3.2).

Der Ozongehalt wird durch eine Anzahl unterschiedlicher Meßtechniken bestimmt (vgl. Nr. 2.6). Am Boden stationierte Spektrometer registrieren durch Messung der bis zum Erdboden durchdringenden UV-Strahlung den Gesamtozongehalt und geben mit Einschränkungen auch Informationen über die vertikale Ozonverteilung. Eine bessere vertikale Auflösung wird durch Ballon- und Raketensonden sowie neuerdings auch durch Lasergeräte erreicht. Umfangreiche globale Ozondaten werden mit Satelliteninstrumenten gewonnen.

In den vergangenen Jahren erschien eine Reihe von Veröffentlichungen, die sich mit Veränderungen der Ozonschicht in der Stratosphäre beschäftigten. Eine Neubewertung und Überprüfung der vorhandenen Meßdaten wurde von dem im Oktober 1986 ins Leben gerufenen „Ozone Trends Panel“ (OTP) durchgeführt. Dieses Gremium von über hundert Wissenschaftlern wurde von der National Aeronautics and Space Administration (NASA) in Zusammenarbeit mit der National Oceanic and Atmospheric Administration (NOAA), der amerikanischen Luftfahrtbehörde Federal Aviation Administration (FAA), der World Meterological Organization (WMO) und dem Umweltprogramm der Vereinten Nationen United Nations Environment Program (UNEP) gegründet. Der OTP stellte sich die Aufgabe, sowohl die beobachteten drastischen Ozonabnahmen während des Frühlings über der Antarktis als auch die globalen Veränderungen auf der Grundlage erneut ausgewerteter Boden- und Satellitendaten sorgfältig zu überprüfen. Die Zusammenfassung der Ergebnisse des OTP-Berichtes, die im folgenden eine wichtige Rolle spielen werden, wurde im Frühjahr 1988 vorgelegt.

Im allgemeinen wird die Ozongesamtmenge über einer bestimmten Stelle der Erdoberfläche in Dobson-Einheiten (Dobson-Units, DU) angegeben. 100 DU entsprechen einer Schicht von 1 mm Dicke bei Atmosphärendruck.

1.1.1 Gesamtozonverteilung

Einige sehr frühe Beobachtungen der Gesamtozonkonzentration stammen bereits aus dem Jahr 1913. Erste regelmäßige bodengebundene Dobson-Spektrophotometermessungen begannen in Arosa (Schweiz), Oxford (Großbritannien) und Tromsö (Schweden) in den späten zwanziger Jahren. Seit dem Internationalen Geophysikalischen Jahr (1957/1958) besteht ein weltweites Netz von Bodenmeßstationen mit heute etwa 85 Stationen. Wegen dieser kontinuierlichen Messungen ist eine ausreichende Zahl von Meßwerten vorhanden, die es erlauben, eine globale Analyse der Gesamtozonverteilung durchzuführen. Die geographische Verteilung der Meßstationen ist aber nicht einheitlich. Im Vergleich zu tropischen und subtropischen Gegenden beziehungsweise zu Regionen der südlichen Hemisphäre außerhalb der Antarktis steht in mittleren nördlichen Breiten eine weitaus größere Anzahl von Dobson-Stationen zur Verfügung (vgl. Abb. 7).

Seit Oktober 1979 werden die bodengebundenen Messungen der Gesamtozonschichtdicke mit Hilfe von an Bord des Satelliten NIMBUS 7 installierten Geräten ergänzt. Mit dem „Solar Backscatter Ultraviolett-Gerät" (SBUV) und dem „Total Ozone Mapping Spectrometer" (TOMS) wird die globale Ozonverteilung kontinuierlich überwacht und aufgezeichnet.

Die Analyse aller verfügbaren Daten durch den OTP zeigt, daß in den verschiedenen geographischen Breitenbändern unterschiedlich ausgeprägte, jahreszeitabhängige Ozonabnahmen zu verzeichnen sind. Die globalen Ozonabnahmen sind in den Tabellen 1 und 2 angegeben sowie in Abbildung 2 dargestellt. Danach hat die Gesamtozonschicht von 1969 bis 1986 zwischen 30° und 64° N um 1,7 bis 3 Prozent abgenommen. In den Wintermonaten ist dieser Abbau am stärksten ausgeprägt: die Abnahmen lagen zwischen 2,3 bis 6,2 Prozent, wobei die Werte über den Zeitraum Dezember bis einschließlich März gemittelt wurden. In den Sommermonaten betrugen die Änderungen der Ozonschichtdicke +0,4 bis −2,1 Prozent. In diesem Fall wurden die Werte für den Zeitraum von Juni bis einschließlich August gemittelt. Alle genannten Trends sind bereits bezüglich der Konzentrationsänderungen aufgrund der oben genannten natürlichen Schwankungen bereinigt. Dies ist mit Hilfe langjähriger Dobson-Meßreihen erreicht worden, die eine Analyse zweier aufeinander folgender, jeweils elf Jahre andauernder Sonnenfleckenzyklen ermöglicht. Auch wenn nördlich von 64° N nicht genügend Bodenstationen existieren, um eine genaue Trendanalyse der Gesamtozonschichtdicke in dieser

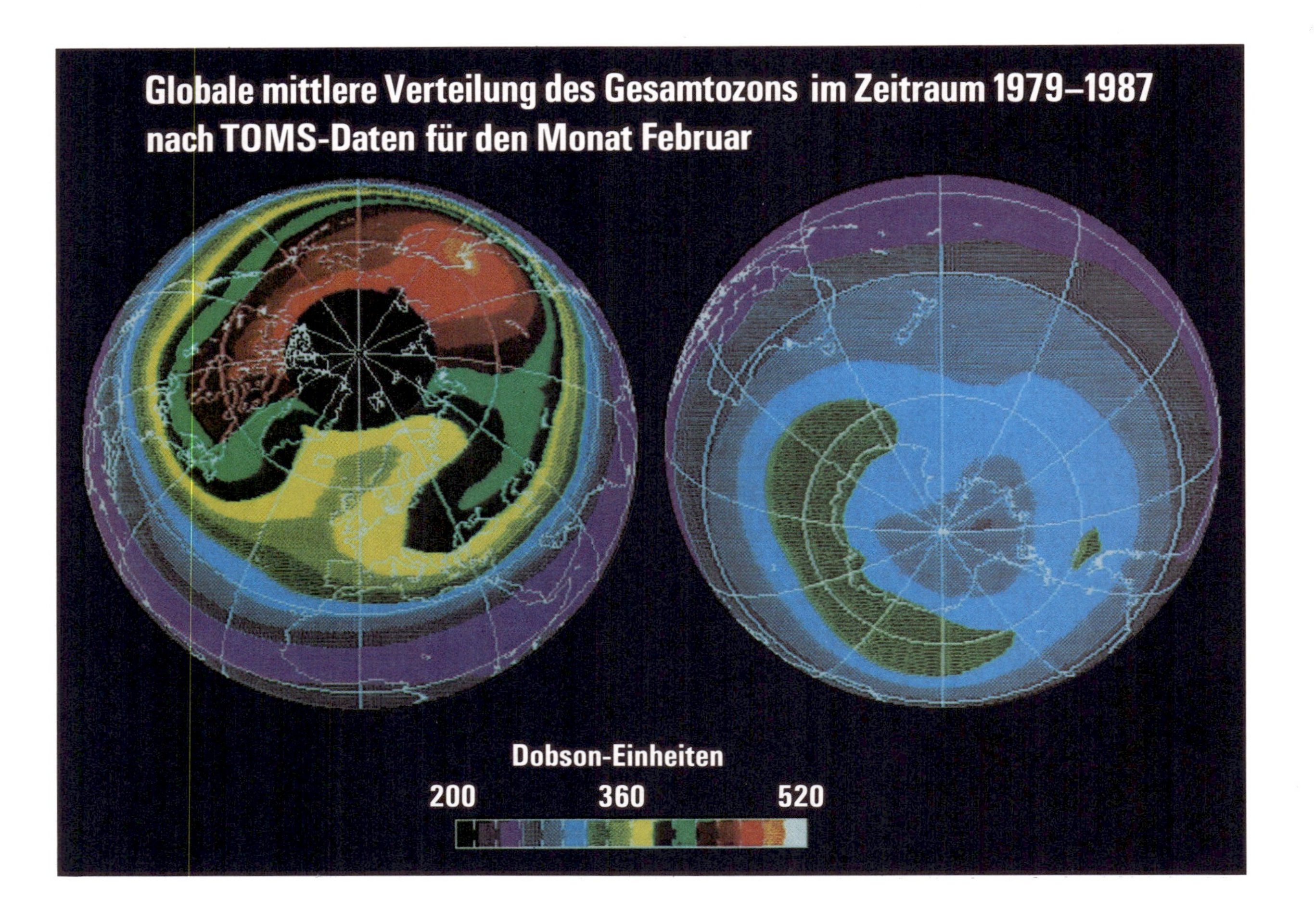
Globale mittlere Verteilung des Gesamtozons im Zeitraum 1979–1987
nach TOMS-Daten für den Monat Februar
Dobson-Einheiten
200
360
520

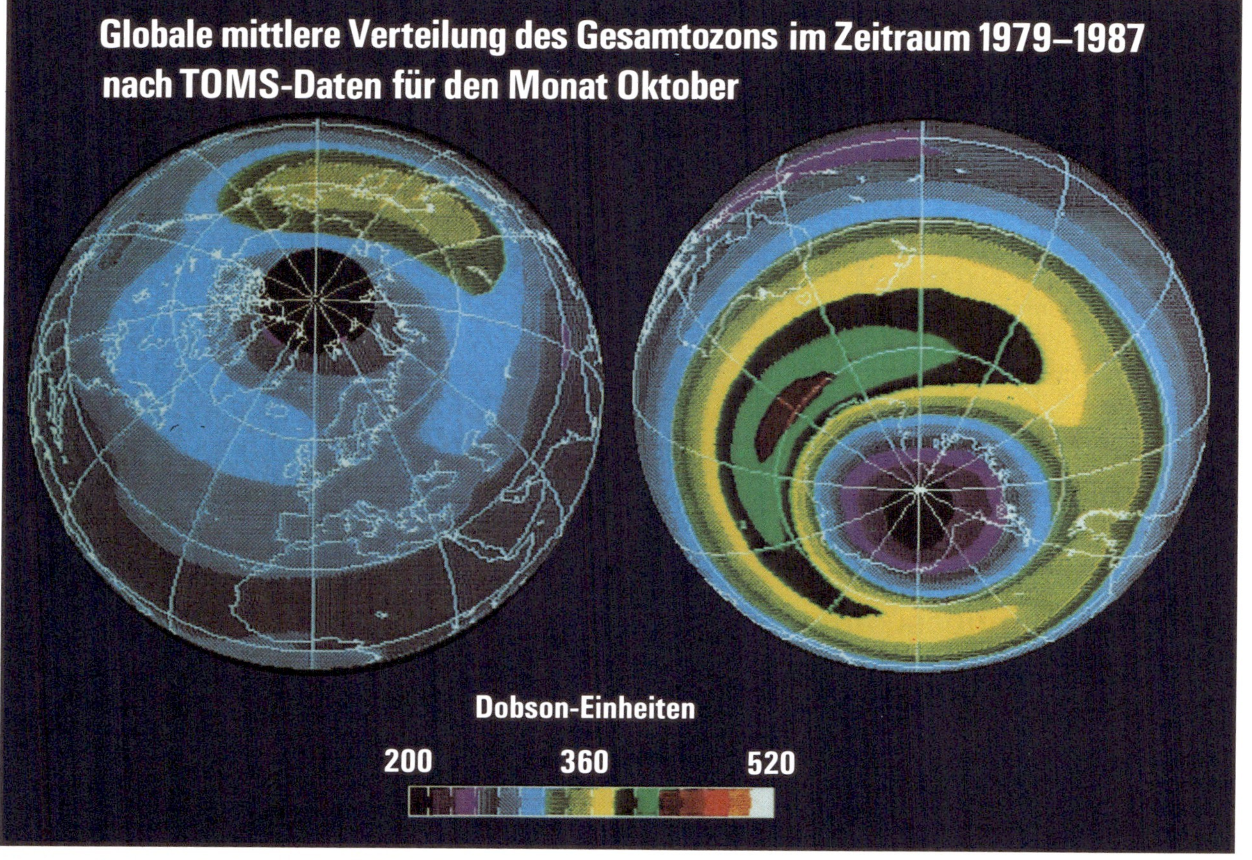

Abb. 1: Auffallend ist das Ozonloch im Frühjahr über der Antarktis (unten rechts), erkennbar an der violetten bis schwarzen Färbung. Über der nördlichen Hemisphäre ist die Ozonschicht im Oktober relativ homogen (unten links), im Februar sehr inhomogen (oben links), was aber als normal gilt. Die globalen Ozonabnahmen sind in diesen Satellitenbildern nicht erkennbar (2).

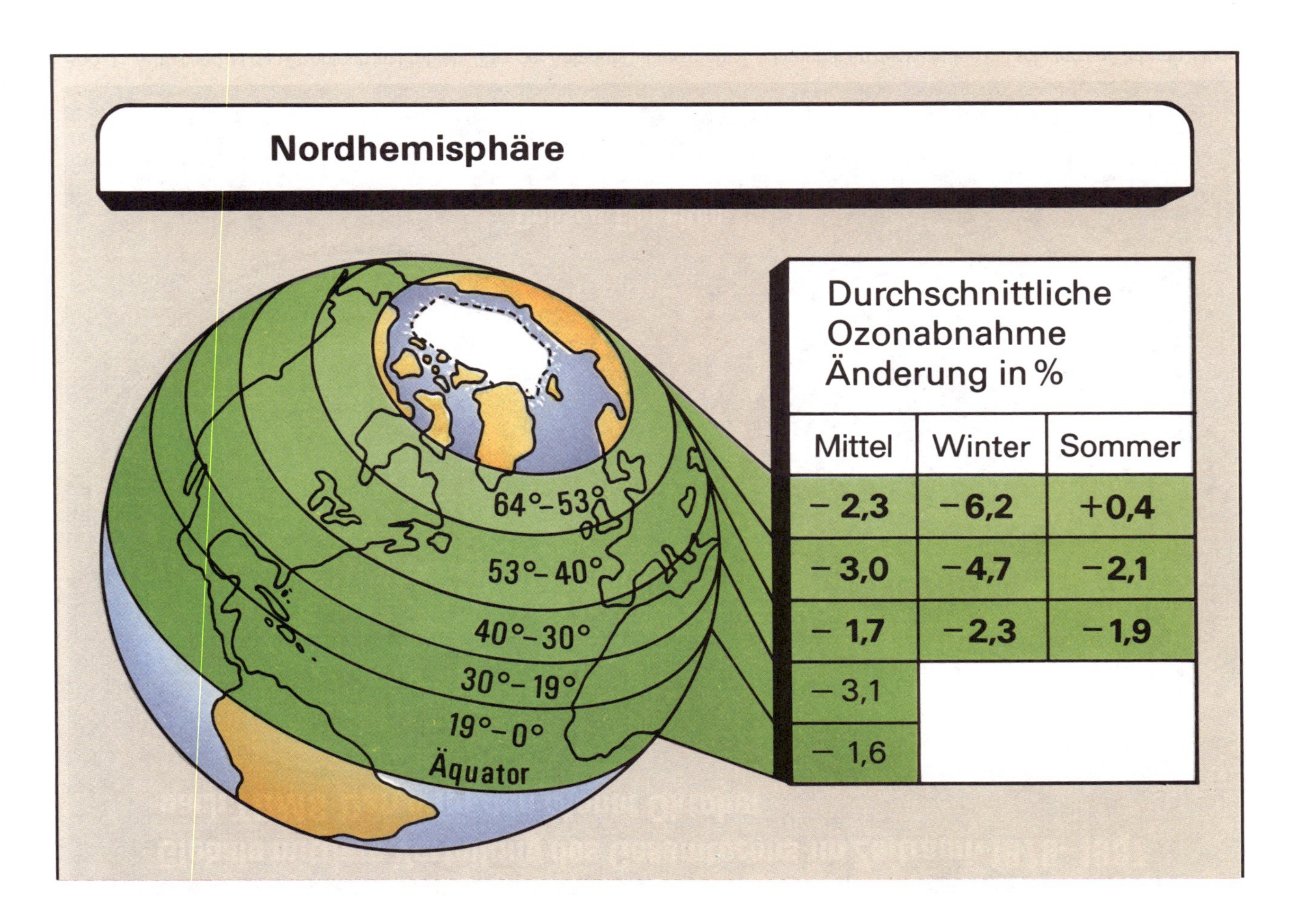

Durchschnittliche Ozonabnahme Änderung in %

Mittel	Winter	Sommer
– 2,3	–6,2	+0,4
– 3,0	–4,7	–2,1
– 1,7	–2,3	–1,9
– 3,1		
– 1,6		

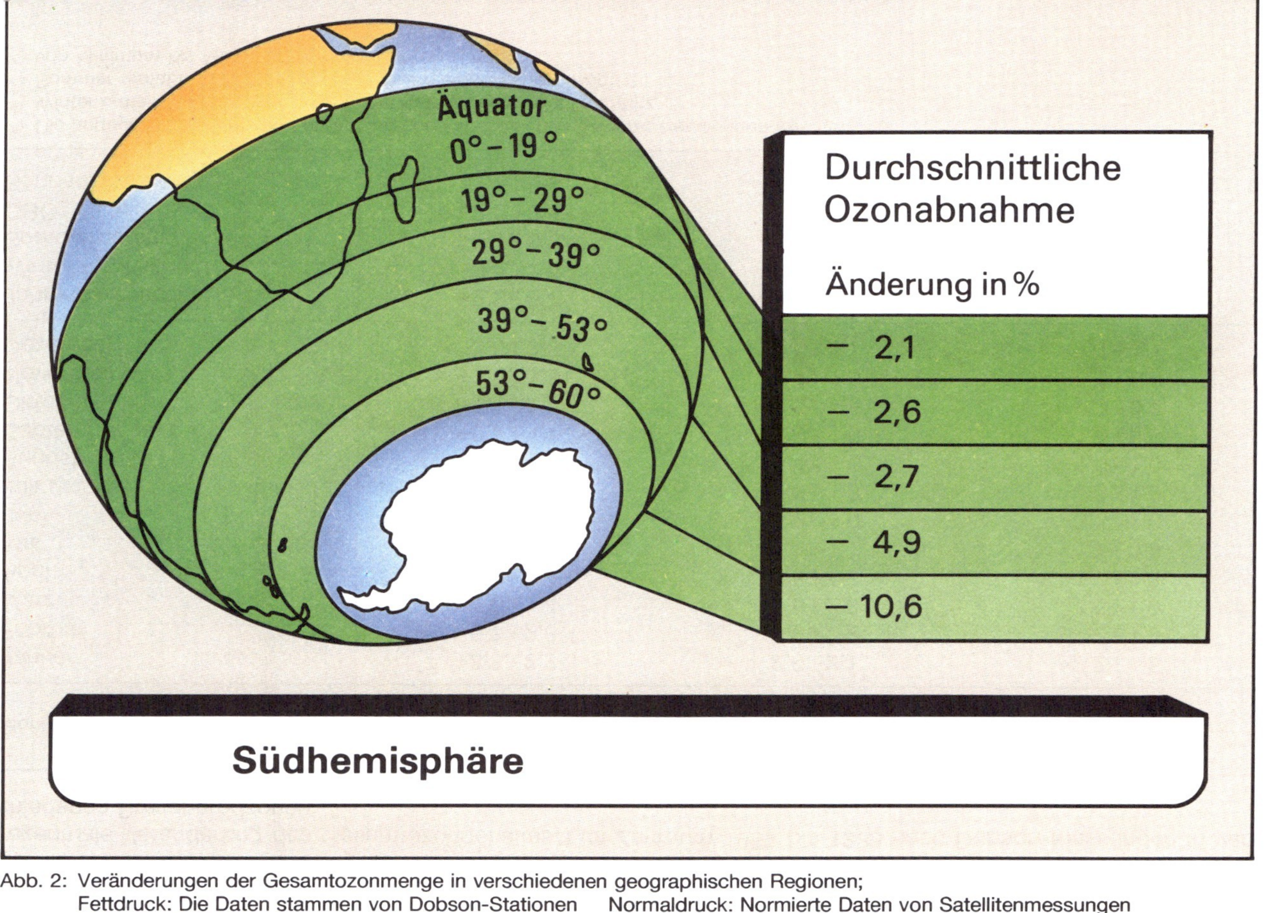

Abb. 2: Veränderungen der Gesamtozonmenge in verschiedenen geographischen Regionen;
Fettdruck: Die Daten stammen von Dobson-Stationen Normaldruck: Normierte Daten von Satellitenmessungen
Nach (3), Graphische Darstellung Enquete-Kommission

Tabelle 1

Prozentuale Veränderung des Gesamtozongehaltes*) im Zeitraum 1969 bis 1986 nach Dobson-Messungen in verschiedenen Breitengradzonen

Monat	Breitengradzonen		
	53°–64° N	40°–52° N	30°–39° N
Januar	−8,3±2,2	−2,6±2,1	−2,2±1,5
Februar	−6,7±2,8	−5,0±2,2	−1,2±1,9
März	−4,0±1,4	−5,6±2,3	−3,5±1,9
April	−2,0±1,4	−2,5±1,7	−1,7±1,3
Mai	−2,1±1,2	−1,3±1,1	−1,7±0,9
Juni	+1,1±0,9	−1,8±1,0	−3,3±1,0
Juli	+0,0±1,1	−2,2±1,0	−1,3±1,0
August	+0,2±1,2	−2,4±1,0	−1,0±1,0
September	+0,2±1,1	−2,9±1,0	−1,0±0,9
Oktober	−1,1±1,2	−1,5±1,5	−0,9±0,8
November	+1,5±1,8	−2,4±1,3	−0,1±0,8
Dezember	−5,8±2,3	−5,5±1,7	−2,1±1,1
Jahresdurchschnitt	−2,3±0,7	−3,0±0,8	−1,7±0,7
Winterdurchschnitt**)	−6,2±1,5	−4,7±1,5	−2,3±1,3
Sommerdurchschnitt***)	+0,4±0,8	−2,1±0,7	−1,9±0,8
QBO****)	−2,0±0,6	−1,3±0,6	+1,9±0,6
Sonnenzyklus****)	+1,8±0,6	+0,8±0,7	+0,1±0,6

*) Die angegebenen Fehlerbreiten entsprechen statistischen Fehlerabweichungen (σ)
**) Winter umfaßt den Zeitraum von Dezember bis einschließlich März
***) Sommer umfaßt den Zeitraum von Juni bis einschließlich August
****) von Minimum bis Maximum pro Zyklus

Tabelle 2

Prozentuale Veränderung des Gesamtozongehaltes*) seit November 1978 nach TOMS-Daten

Breite	Veränderungen insgesamt bis Oktober 1985	Veränderungen insgesamt bis November 1987
53 S–53 N	–2,6±0,5	– 2,5±0,6
0–53 S	–2,6±0,9	– 2,9±0,9
0–53 N	–2,1±1,5	– 1,8±1,4
53 S–65 S	–9,0±1,8	–10,6±1,6
39 S–53 S	–5,0±1,8	– 4,9±1,8
29 S–39 S	–3,2±2,4	– 2,7±2,1
19 S–29 S	–2,5±1,9	– 2,6±1,5
0–19 S	–1,1±0,8	– 2,1±0,8
0–19 N	–1,1±1,5	– 1,6±1,3
19 N–29 N	–3,5±2,2	– 3,1±1.9
29 N–39 N	–3,7±2,0	– 2,5±1,7
39 N–53 N	–2,7±1,7	– 1,2±1,5
53 N–65 N	–2,4±1,6	– 1,4±1,4

*) Bei dieser Auswertung wurden normierte TOMS-Daten benutzt, für den Trend wurde ein lineares Verhalten angenommen. Die angegebenen Fehlerbreiten entsprechen statistischen Standardabweichungen (σ)

Region durchzuführen, deuten die verfügbaren Daten darauf hin, daß auch hier eine Ozonabnahme von ähnlichem Ausmaß wie die zwischen 53° und 64° N beobachtete stattgefunden hat. Die regional unterschiedliche Abnahme des Gesamtozons kann durch den Abbau des Ozons in der Stratosphäre der Südhemisphäre, zum Beispiel durch Reaktionen auf kalten salpetersäure- und salzsäurehaltigen Dunst- und Eispartikeln in der Stratosphäre, aber auch durch die Zunahme des Ozons in der Troposphäre der Nordhemisphäre erklärt werden.

Die Interpretation der SBUV- und TOMS-Satellitendaten ist infolge von Veränderungen des instrumentellen Wahrnehmungsvermögens mit Schwierigkeiten verbunden. Die mit Hilfe dieser Geräte erhaltenen Daten wurden von dem OTP daher nicht allein als Grundlage für die Ableitung der Ozontrends verwendet, sondern mit Hilfe von in mittleren Breiten der nördlichen Hemisphäre ermittelten Dobson-Daten normiert. Dieses Normierungs- oder Eichverfahren basiert auf der Annahme, daß der Qualitätsverlust der Satellitendaten nicht durch einen systematischen Fehler beeinflußt wird, der signifikant vom Breitengrad abhängt. Die korrigierten Daten zeigen, daß sich die mittleren Ozonkonzentrationen für den Zeitraum November 1978 bis November 1987 zwischen 53° N und 53° S um 2,5 Prozent verringert haben. In der nördlichen Hemisphäre betrug die Ozonreduktion 1,2 bis 3,1 Prozent, in der südlichen Hemisphäre 2,1 bis 10,6 Prozent.

In den letzten zwanzig Jahren ist in den mittleren Breiten der nördlichen Hemisphäre der Ozongehalt der Troposphäre um etwa 1 Prozent pro Jahr angestiegen. Da sich etwa ein Zehntel der Gesamtozonschicht in der Troposphäre befindet, würde dies einer Zunahme der gesamten Ozonschichtdicke von etwa 2 Prozent entsprechen. Die angegebenen Gesamtozontrends berücksichtigen nicht die Veränderung in der Troposphäre. Die Ursache und Umweltbelastung dieser Ozonveränderung wird in Nr. 2.2.2 sowie in Abschnitt D, Kap. 1, Nr. 4.2.3 diskutiert.

1.1.2 Ozonvertikalverteilung

Die vertikale Verteilung des Ozons in der Stratosphäre wird seit 1967 durch Messungen vom Boden aus bestimmt. Diese Messungen werden bei niedrigen Sonnenwinkeln mit Dobson-Instrumenten (Umkehrtechnik) durchgeführt. Die Umkehrtechnik reagiert empfindlich auf Aerosole in der Stratosphäre (z.B. Staub von Vulkanausbrüchen), da diese die für die Ozonmessung notwendige UV-Strahlung beeinflussen. Bei Kenntnis der Aerosolkonzentration, der Größenverteilung und der optischen Eigenschaften der Partikeln können die Meßdaten korrigiert werden. Nur wenige Umkehrstationen verfügen über umfangreiche Aufzeichnungen, so daß über die Vertikalverteilung im Vergleich zur Gesamtmenge deutlich geringere Informationen vorliegen.

Global wird die vertikale Ozonverteilung seit 1979 mittels mehrerer an Bord von Satelliten installierten Instrumenten gemessen. Die Daten stammen von dem SBUV-Gerät auf NIMBUS 7, den im Zusammenhang mit dem „Stratospheric Aerosol and Gas Experiment" (SAGE) I und II eingesetzten Spektrometern und den im Rahmen von „Solar Mesospheric Explorer" (SME) verwendeten Instrumenten zur Erfassung des infraroten- und ultravioletten Spektrums. Bei Ermittlung der Ozonprofile mittels der SBUV-Geräte spielen die Qualitätsverluste der Diffusorplatten eine noch größere Rolle als bei der Ermittlung der Ozongesamtschichtdicke.

Der OTP nahm daher erst nach Überarbeitung der Boden- wie auch der Satellitendaten eine Bewertung der vertikalen Ozonveränderungen vor und kam zu folgenden Ergebnissen: In einer Höhe von 40 km betrug die Ozonabnahme im Mittel 3 Prozent bei einem Standardfehler von ca. 1 Prozent und einem möglichen systematischen Fehler von 4 Prozent. Die Ozonveränderung beläuft sich also in etwa 40 km Höhe auf +1 Prozent bis –7 Prozent. Dabei wurden die Daten verschiedener Satellitenmessungen im Höhenbereich von 25 bis 50 km sowohl in dem Breitenband von 20° bis 50° N als auch von 20° bis 50° S zwischen 1979 bis 1981 und 1985 bis 1987 kombiniert. Die SAGE-Daten deuten auch auf einen Ozonabbau in etwa 25 km Höhe hin, der mit dem in 40 km Höhe beobachteten Abbau vergleichbar ist.

Nach Umkehrdaten von fünf in nördlichen Breiten gelegenen Stationen, die mit Hilfe der besten zur Zeit verfügbaren Daten und Theorien über die Wirkung vulkanischer Aerosole korrigiert wurden, ist der Ozongehalt im Zeitraum 1979 bis 1986 in einer Höhe von 33 bis 38 km um 8 ± 3 Prozent und in einer Höhe von 38 bis 43 km um 9 ± 4 Prozent zurückgegangen.

Im Rahmen der erwähnten experimentellen Unsicherheiten stimmen die Modellberechnungen der Ozonabnahme in einer Höhe von etwa 40 km mit den aufgrund von SAGE-I- und SAGE-II-Daten ermittelten Werten überein. Dies gilt auch für die SBUV-Meßdaten. Infolge der geschilderten Meßprobleme und der begrenzten Anzahl von durchgeführten Umkehrmessungen können die Werte aber nicht als globale Schätzung oder als Durchschnitt für mittlere Breiten der nördlichen Hemisphäre angesehen werden.

Die Absorption ultravioletter Strahlung durch Ozon ist die primäre Wärmequelle in der Stratosphäre. Eine Analyse der Temperaturentwicklung liefert daher auch Information über die Ozonveränderungen in der oberen Stratosphäre. Satellitenmessungen der Strahlungsstärke in einem Höhenbereich von 45 bis 55 km belegen, daß die Temperaturen in der Stratosphäre im Zeitraum von 1979 bis 1986 global um $1{,}7 \pm 1°$ C und in den Tropen um $1{,}3 \pm 1°$ C zurückgegangen sind.

Dies ist konsistent mit den beobachteten Ozonverlusten. Ein Temperaturrückgang in der Stratosphäre, wie zum Beispiel infolge einer zunehmenden CO_2-Konzentration in der Troposphäre, kann als Ursache für die Ozonabnahmen ausgeschlossen werden.

1.1.3 Quell- und Spurengase

Spurengasmessungen zeigen eindeutig, daß die atmosphärischen Konzentrationen einer Reihe von Gasen, die bei der Zerstörung des Ozons eine wichtige Rolle spielen, global aufgrund anthropogener Aktivitäten stark ansteigen. Zu diesen Gasen zählen FCKW, Tetrachlorkohlenstoff (CCl_4), Methylchloroform (CH_3CCl_3), Halone (bromhaltige Verbindungen wie $CBrF_3$ und $CBrClF_2$), Distickstoffoxid (N_2O) und Methan (CH_4). Zu den Spurenstoffkreisläufen dieser Gase vgl. Abschnitt D, Kap. 1, Nr. 3.

Die Beteiligung der Halogenverbindungen an dem beobachteten Ozonabbau ist unter anderem durch ihre Abbauprodukte nachgewiesen. Von Bodenstationen aus durchgeführte Messungen von Chlorwasserstoff (HCl) und Fluorwasserstoff (HF) haben ergeben, daß deren Konzentrationen in der Stratosphäre im Zeitraum 1976 bis 1987 jährlich um 2 bis 3 Prozent (HCl) beziehungsweise um 5 bis 10 Prozent (HF) gestiegen sind. Diese Steigerungsraten entsprechen ungefähr den Erwartungen, die sich aus den gestiegenen Emissionen der chlor- und fluorhaltigen Quellgase und deren Photolysegeschwindigkeiten ergeben.

Eine für die Deutung des antarktischen Ozonlochs sehr wichtige Beobachtung ist die zunehmende Konzentration von Chlormonoxid (ClO)-Radikalen, deren Konzentration und Verteilung unter anderem durch in situ-Messungen (Messungen vor Ort) an Bord eines Höhenflugzeugs direkt bestimmt wurde. ClO spielt bei der katalytischen Ozonzerstörung eine bedeutende Rolle. Seine Konzentration ist innerhalb des Polarwirbels im Zentrum des Ozonlochs bis auf das Fünfhundertfache gegenüber der Konzentration in der übrigen Stratosphäre angewachsen und erreicht Werte von etwa 1 ppb[1]). Dies hängt mit Reaktionen an polaren Wolkenpartikeln zusammen, die sich vor allem in der besonders kalten Stratosphäre der Antarktis bilden können. Da der Gesamtchlorgehalt der Stratosphäre zur Zeit etwa 2,7 ppb beträgt, und in Gegenwart der polaren Stratosphärenwolken ein Teil davon als HCl gelöst bleibt, ist ClO unter diesen Bedingungen eine der Hauptchlorkomponenten. Das heißt, die Chlorverteilung hat sich wegen anthropogener FCKW-Emissionen gegenüber der natürlichen Stratosphäre stark verändert. Diese Störung bewirkt, daß das Ozon in einigen Höhenbereichen zeitweise fast vollständig zerstört ist.

1.2 Polarregionen

1.2.1 Ozonloch über der Antarktis

Die ausgeprägtesten Abnahmen der Ozonkonzentration sind seit 1977 in den Monaten September/Oktober über der Antarktis zu beobachten. Seit dieser Zeit nimmt jährlich wiederkehrend, überlagert von zweijährigen Schwankungen und in verstärktem Ausmaß die Ozonschichtdicke während des Frühlings drastisch ab. Mittlerweile hat dieses Phänomen, das wegen der scharfen Abgrenzung der ozonarmen Zone (es treten Ozongradienten von 10 DU[2]) pro 100 km auf) als „Ozonloch" bezeichnet wird, eine Flächenausdehnung von der Größe der Vereinigten Staaten von Amerika erreicht. Der massive Ozonabbau beginnt mit der ersten Wiederkehr der Sonnenstrahlung nach der Polarnacht im späten August. Erst gegen Anfang Dezember ist diese Anomalie wieder weitgehend verschwunden.

Zwar ist der Ozonabbau am stärksten während des Frühlings über der Antarktis ausgeprägt, aber normierte TOMS-Daten deuten darauf hin, daß die Ozonschichtdicke in allen Breiten südlich des 60. Breitengrades seit 1979 um mehr als 5 Prozent abgenommen hat.

Über Ozonverluste in der Stratosphäre der Antarktis wurde erstmals im September 1984 berichtet (4). Messungen der Ozonkonzentration über der japanischen Ant-

---

[1]) In der Atmosphärenforschung hat sich eingebürgert, den Spurenstoffgehalt als Mischungsverhältnis (= Molenbruch) anzugeben. Hierbei wird das Volumenmischungsverhältnis definiert als das Verhältnis der Moleküle eines Gases zu der Gesamtzahl aller Moleküle. Folgende Abkürzungen sind gebräuchlich:
1 ppm (1 part per million) : 10^{-6} (1 Teil auf 1 Million)
1 ppb (1 part per billion) : 10^{-9} (1 Teil auf 1 Milliarde)
1 ppt (1 part per trillion) : 10^{-12} (1 Teil auf 1 Billion)

[2]) Im allgemeinen wird die Ozongesamtmenge über einer bestimmten Stelle der Erdoberfläche in Dobson-Einheiten (Dobson-Units, DU) angegeben. 100 DU entsprechen einer Luftschicht von 1 mm Dicke bei Atmosphärendruck (1013 hPa) und einer Temperatur von 298 K.

arktisstation Syowa (69° S), die normalerweise etwa 300 DU betrug, zeigen, daß während der Monate September/Oktober 1982 die Werte auf unter 200 DU abfielen.

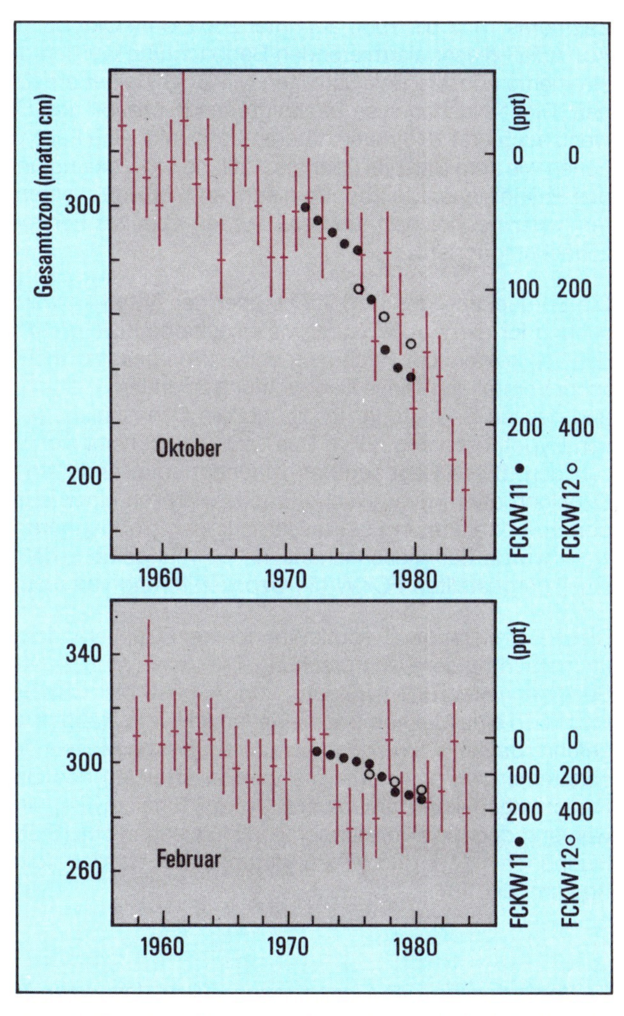

Abb. 3: Monatsmittelwerte der Gesamtozonschichtdicke über der britischen Antarktisstation Halley Bay zwischen 1957 und 1984 für die Monate Oktober (oben) und Februar (unten) (6). Die Punkte kennzeichnen die in Bodennähe gemessenen Konzentrationen (in ppt) von FCKW 11 (●) und 12 (o).

Ein Jahr später wurde die Öffentlichkeit von Wissenschaftlern des British Antarctic Survey auf die drastischen Ozonverluste in der Stratosphäre aufmerksam gemacht. Mittels langjähriger Bodenmessungen mit Dobson-Spektrometern an der britischen Station Halley Bay (76° S) wurde nachgewiesen, daß die Oktobermittelwerte der Ozonschichtdicke über dieser Station von etwa 320 DU während des Zeitraums 1957 bis 1964 auf unter 200 DU im Oktober 1984 gesunken waren (5). Aus Anlaß dieser alarmierenden Beobachtung wurden die Meßdaten der Ozoninstrumente an Bord des Satelliten NIMBUS 7 einer erneuten Auswertung unterzogen. Diese Nachanalyse bestätigte eindrucksvoll den Ozonschwund und ergab, wenn auch erst zu einem späteren Zeitpunkt, eine Fülle von zusätzlichen Informationen wie zum Beispiel über die zeitliche Entwicklung und räumliche Ausdehnung des Phänomens. Die abnorm niedrigen Meßwerte waren vorher von den Computern zwar gespeichert worden, wurden aber als Fehlmessungen eingestuft und zunächst ignoriert.

Die Entdeckung des Ozonlochs über der Antarktis war eine sehr große Überraschung für alle Atmosphärenwissenschaftler. Die drastischen Ozonverluste wurden von keinem der Rechenmodelle vorhergesagt, und es fehlte zunächst an jeglicher Vorstellung, diese Beobachtung zu erklären. Über Ursachen des Rückgangs und dessen Bedeutung für die globale Ozonschicht wurden anfangs eine Reihe von Hypothesen angeführt. Das Ozonloch scheint sich von oben beginnend auszubilden. Diese Beobachtung widerlegt unter anderem die Auffassung, daß das Ozonloch durch dynamische Effekte, nämlich einen aufwärts gerichteten Transport von ozonarmen Luftmassen aus der Troposphäre, verursacht wird. Mittlerweile wurde der wissenschaftliche Beweis geführt, daß die ausschließlich industriell hergestellten FCKW die Ozonzerstörung verursachen.

Diese alarmierenden Beobachtungen der Ozonveränderung bewirkten eine starke Intensivierung der Ozonforschung. Die Vereinigten Staaten von Amerika haben im Südpolarwinter und -frühjahr von August bis Oktober 1986 an der Station McMurdo eine Meßkampagne (genannt NOZE, National Ozone Expedition) durchgeführt, bei der vorwiegend spektroskopische Messungen von Spurengasen vorgenommen wurden sowie die Vertikalverteilung des Ozons in situ mit Hilfe von Forschungsballons untersucht wurde. Eine zweite, umfassendere Kampagne, während der auch Messungen von Flugzeugen aus (Startort: Punta Arenas, Chile; Flughöhen 12 km und 18 km) durchgeführt wurden, folgte zwischen August und September 1987.

– Veränderung des Gesamtozons über der Antarktis

An der britischen Antarktisstation Halley Bay wird seit 1957 mit Dobson-Spektrometern und Ozonsonden der Gesamtozongehalt der Atmosphäre bestimmt. Weitere Daten zur Gesamtschichtdicke des Ozons liegen seit dem Start des Satelliten NIMBUS 7 am 24. Oktober 1978 vor.

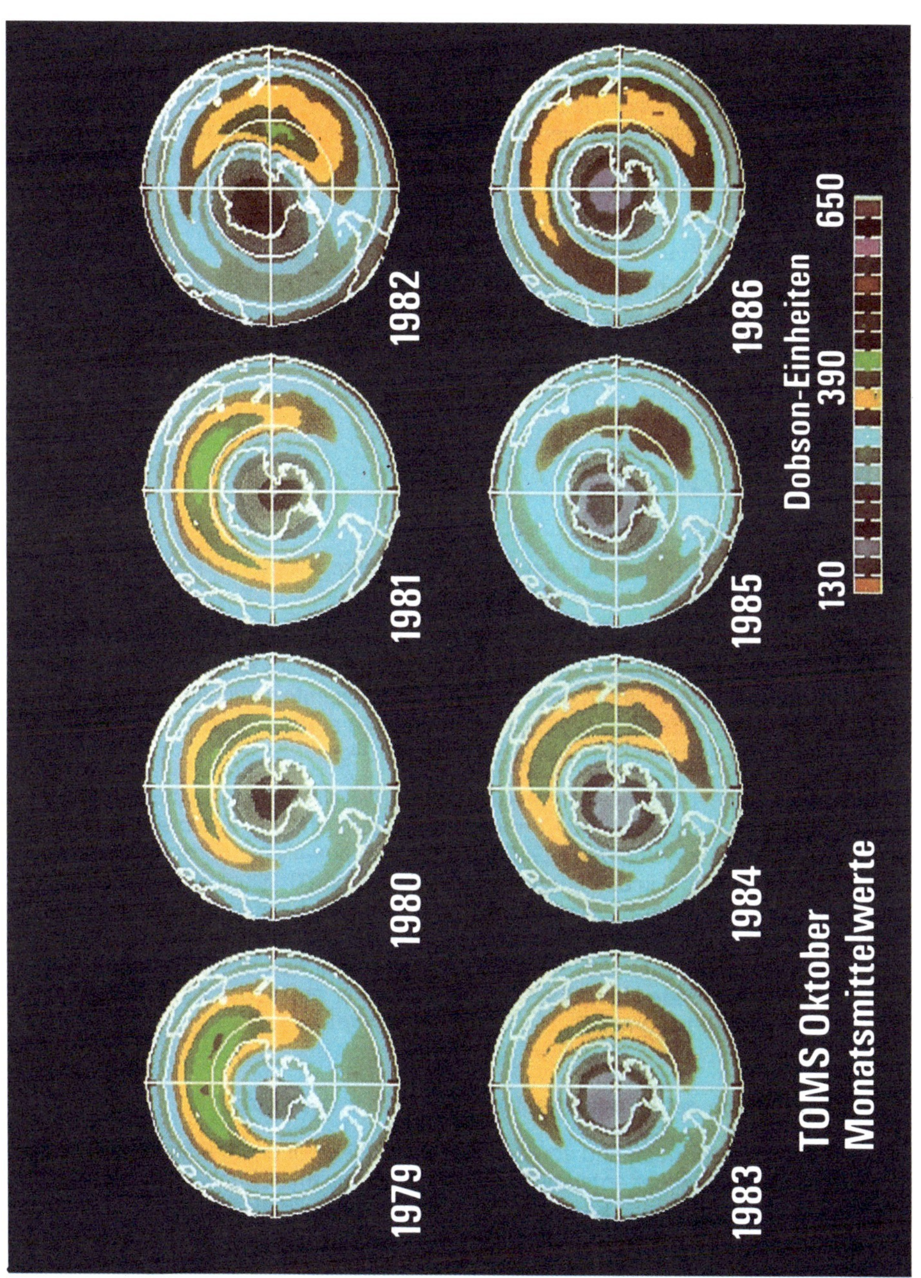

Abb. 4: Das Ausmaß des Ozonlochs während des Frühlings über der Antarktis im Zeitraum 1979 bis 1986. Die Daten stammen von Satellitenmessungen (7)

Die Entwicklung der Monatsmittelwerte der Ozongesamtschichtdicke für Oktober und Februar über der Station Halley Bay seit dem Jahr 1957 ist in Abbildung 3 dargestellt. Die ersten signifikanten Ozonabnahmen traten gegen Ende der siebziger Jahre auf. Bis Mitte der siebziger Jahre schwankten die Oktobermittelwerte zwischen 300 und 320 DU. Seit dieser Zeit nahmen die Ozonkonzentrationen drastisch ab und erreichten 1985, im Jahr des Bekanntwerden des Ozonlochs, einen Wert von 180 DU. Gleichzeitig werden in Bodennähe stark steigende FCKW 11 und 12 Konzentrationen gemessen (vgl. Abb. 3).

Der Rückgang der Oktobermittelwerte für den Zeitraum 1979 bis 1984 lag bei etwa 40 Prozent. Die Minimumwerte, die Anfang Oktober beobachtet wurden, betrugen in den Jahren

- 1984: 169 DU,
- 1985: 152 DU,
- 1986: 162 DU und
- 1987: nur noch 110 DU.

Im Februar dagegen wurde für den gleichen Zeitraum keine signifikante Ozonveränderung festgestellt.

Einzelheiten über das räumliche und zeitliche Ausmaß der beobachteten Ozonreduktion ergaben die Satellitendaten. Die Abbildung 4 zeigt die Chronologie des Ozonlochs seit 1979. Aufgetragen ist die mittlere Gesamtozonschichtdicke für die Oktobermonate 1979 bis 1986. Die Karten beruhen auf Daten des TOMS-Instruments an Bord des Satelliten NIMBUS 7 der NASA.

Nachdem 1986 die Ozonverluste während des antarktischen Frühlings gegenüber dem Vorjahr etwa gleich blieben, erreichte das Ozonloch 1987 sein bisher größtes Ausmaß. Nach Auswertungen des OTP lagen die monatlichen Gesamtozonkonzentrationen im Mittel in 60° S um etwa 20 Prozent, in 70° S um etwa 40 Prozent und in 80° S um etwa 50 Prozent unter den entsprechenden Ergebnissen des Oktobers 1979. Die niedrigste jemals beobachtete Ozonschichtdicke wurde mit etwa 110 DU im Oktober 1987 registriert. In jenem Jahr hielt das Ozondefizit über der Antarktis bis Ende November/Anfang Dezember an, länger als je zuvor seit Entdeckung des Phänomens.

– Veränderung der Ozonvertikalverteilung über der Antarktis

Daten von Ballonsonden und von dem Satelliten SAGE-II deuten darauf hin, daß der Ozonabbau über der Antarktis hauptsächlich in einem Höhenbereich von etwa 12 bis 22 km auftritt. In der ungestörten Stratosphäre befindet sich in diesem Höhenbereich das Ozonmaximum. In einer Höhe von 15 bis 20 km lagen die im Oktober 1986 gemessenen Ozonkonzentrationen um über 95 Prozent unter den zwei Monate zuvor beobachteten Werten.

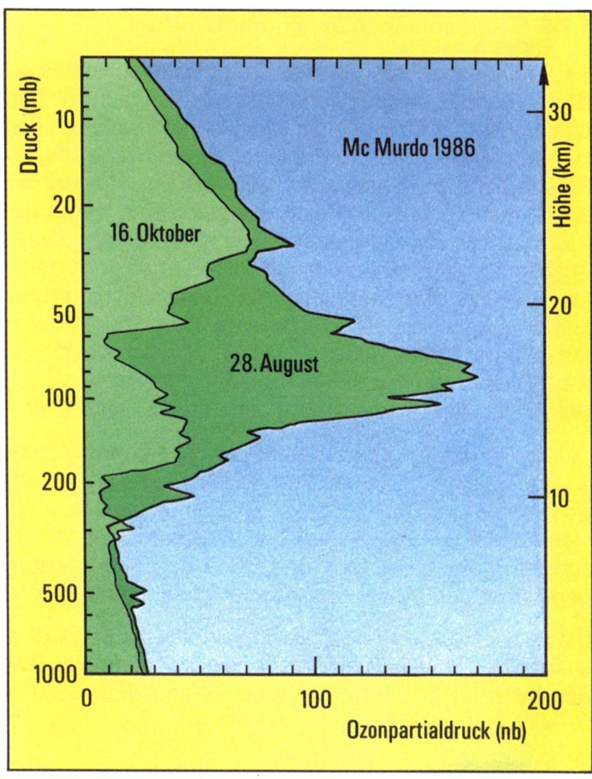

Abb. 5: Ozonvertikalprofile an der amerikanischen Antarktisstation Mc Murdo im Jahr 1986. Während am 28. August ein Ozonmaximum in etwa 18 km registriert wurde, war zwei Monate später, am 16. Oktober, das Ozon in diesem Höhenbereich fast vollständig zerstört (8)

Die Abbildung 5 zeigt den Vergleich einer weitgehend normalen vertikalen Konzentrationsverteilung (28. August 1986) und eines gestörten Ozonprofils (16. Oktober 1986). Die Daten wurden im Rahmen von NOZE über der amerikanischen Station McMurdo ermittelt.

Durch Integration der Konzentrationsprofile erhält man für den 28. August eine Gesamtozondicke von 271 DU, dagegen wurden am 16. Oktober nur noch 155 DU registriert. Die Ergebnisse decken sich gut mit den TOMS-Daten für diese Region.

1.2.2 Beobachtungen im Nordpolarwinter

Satellitenbeobachtungen der Ozongesamtschichtdicke in der Nordhemisphäre deuten auf das gelegentliche Auftreten von räumlich und zeitlich begrenzten Ausdünnungen der Ozonschicht („Minilöcher") während der Jahreszeiten Herbst und Winter im Bereich der Nordpolarregion hin. Wegen der im Vergleich zur südpolaren Region höheren dynamischen Aktivität der Atmosphäre, die durch wiederholtes Zusammenbrechen des Polarwirbels und Einströmen von ozonreichen Luftmassen aus mittleren Breiten gekennzeichnet ist, führen diese Ausdünnungen nicht zur Ausbildung eines großräumigen, lokal begrenzten Ozonlochs. Diese beobachteten Ozonverluste sind wahrscheinlich Folgen dynamischer Effekte und vermutlich immer aufgetreten. Einen stärkeren Trend zeigt die bodengebundene Dobson-Meßreihe im Breitenband 30° bis 64° N, wenn sie über die Wintermonate gemittelt wird. Dies ist ein Anzeichen für einen spezifischen ausgeprägten Ozonverlust im Winter, für den chemische Ursachen nicht ausgeschlossen werden können.

Die im Nordpolarwinter 1987/88 durchgeführten Spurengasmessungen sind auf wenige selektive Experimente begrenzt, die unter anderem von Kiruna (68° N, Schweden) und Thule (76,5° N, Grönland) aus durchgeführt wurden. Die deutlichsten Anzeichen für den Beginn einer Störung der Chlorchemie in der Arktis liegen zur Zeit in Form der ClO- und OClO-Konzentrationsmessungen vor. Beide sind gegenüber den Modellvoraussagen etwa um das Zehnfache erhöht.

Dies ist erheblich geringer als im Südpolarwinter, aber doch signifikant. Die Messungen des ClO-Radikals konnten mit dem Trägerflugzeug aus logistischen Gründen nur bis 61° N in Nordamerika durchgeführt werden.

2. Wissenschaftliche Grundlagen

Zusammenfassung

Die untere Atmosphäre wird in zwei deutlich voneinander getrennte Schichten eingeteilt.

In der Troposphäre, der untersten Schicht der Atmosphäre bis in etwa 10 km Höhe, nimmt die Temperatur mit zunehmender Höhe ab. In der darüberliegenden Stratosphäre (bis etwa 50 km Höhe) wird hingegen ein Temperaturanstieg mit der Höhe (Temperaturinversion) beobachtet, weil Ozon dort Strahlung absorbiert. Diese Temperaturinversion erschwert den vertikalen Transport von Schadstoffen. Während Spurengase und Aerosole in der Troposphäre durch verschiedene „Reinigungsmechanismen" aus der Atmosphäre entfernt und am Erdboden abgelagert werden, fehlen diese Mechanismen in der Stratosphäre. Aus diesem Grund können Spurenstoffe sehr lange, das heißt mehrere Jahre oder Jahrzehnte in der Stratosphäre verbleiben.

In der Stratosphäre befindet sich der Hauptanteil des Ozons (etwa 90 Prozent). Die maximalen Ozonmischungsverhältnisse von etwa 10 ppm liegen in etwa 30 km Höhe. Die mittlere Vertikal- und Gesamtozonverteilung hängt in der ungestörten Stratosphäre von der geographischen Breite und der Jahreszeit ab. Die durch FCKW bedingte Ozonzerstörung hat jedoch zu einer Veränderung dieser natürlichen Verteilung geführt.

In der Troposphäre (etwa 10 Prozent des Gesamtozongehaltes) wird aufgrund anthropogener Aktivitäten, besonders in Gebieten starker Luftverschmutzung, ein Anstieg der Ozonkonzentrationen registriert. Hier werden kurzfristig Spitzenbelastungen von über 200 ppb registriert.

Ozon hat in den beiden Atmosphärenschichten eine völlig unterschiedliche Bedeutung.

Die Ozonschicht in der Stratosphäre wirkt als UV-B-Filter und schützt das Leben auf der Erdoberfläche vor kurzwelliger Strahlung. Diese Strahlung ist biologisch wirksam und führt zu pathologischen Zellveränderung bei Menschen, Tieren und Pflanzen. Schon geringfügige Ozonabnahmen bewirken steigende Hautkrebsraten und schädigen eine Vielzahl von Organismen. Drastische Ozonreduktionen sind eine globale Bedrohung für das Leben auf der Erde. Auch die Temperaturstruktur und Dynamik der Stratosphäre wird durch Ozon bestimmt. Änderungen seiner vertikalen Verteilung haben noch nicht genau quantifizierbare Folgen für die chemische Zusammensetzung der Stratosphäre und das Klima der Erde.

Hohe Ozonkonzentrationen in der Troposphäre führen zu Schädigungen der Fauna und Flora und werden unter anderem für das beobachtetete Waldsterben mitverantwortlich gemacht. Zusätzlich trägt das Ozon der Troposphäre zu einer Verstärkung des Treibhauseffekts bei. Positiv wirkt sich die Ozonzunahme in der Troposphäre auf die Konzentration und Verteilung des Hydroxyl-Radikals (OH) aus. OH gilt als die wichtigste Substanz beim Abbau einer Vielzahl anthropogen und natürlich emittierter Spurengase und hat damit einen signifikanten Einfluß auf die chemische Zusammensetzung der Troposphäre.

Die grundlegende Theorie der Ozonbildung wurde bereits 1930 von Chapman formuliert. Sie entspricht einer reinen Photochemie von Sauerstoffspezies und sagt Ozonkonzentrationen voraus, die etwa doppelt so hoch sind wie die tatsächlich beobachteten. Mittlerweile sind neben diesen Chapman-Reaktionen eine Reihe katalytischer Abbauzyklen bekannt, die Ozon in der Stratosphäre zerstören. Wegen des stark steigenden Chlorgehaltes in der Stratosphäre, kommt dem ozonzerstörenden ClO_x-Zyklus eine immer stärkere Bedeutung zu. Die heutzutage wesentlichste Quelle von ClO_x in der Stratosphäre ist die Photolyse von FCKW. Auch der BrO_x-Zyklus hat wegen der steigenden Emission bromhaltiger Quellgase zunehmende Bedeutung.

Gesamtozonmessungen werden in einem globalen Beobachtungsnetz von Bodenstationen mit Dobson-Spektrophotometern und Filterozonmetern seit 1957/58 durchgeführt. Mit Hilfe der Umkehrtechnik kann mit Dobson-Geräten auch die vertikale Ozonverteilung bestimmt werden. Moderne LIDAR- und Mikrowellen-Verfahren bieten seit einigen Jahren die Möglichkeit, Ozonprofile bis 50 beziehungsweise 80 km Höhe vom Boden aus zu messen. Seit Ende der sechziger Jahre werden die Bodenmessungen durch an Bord von Satelliten installierten Instrumenten ergänzt. Mit Ballon- und Raketensonden kann der Ozongehalt in situ gemessen werden.

2.1 Allgemeine Angaben zur Erdatmosphäre

Die Erdatmosphäre hat eine vertikale Ausdehnung von mehreren tausend Kilometern. Jedoch befinden sich ungefähr 75 bis 90 Prozent der Gesamtmasse der Atmosphäre in der untersten Schicht, der Troposphäre, die sich durchschnittlich über einen Höhenbereich von 10 Kilometern in mittleren bis polaren Breiten und bis zu 18 Kilometer Höhe in äquatorialen Gebieten erstreckt. Im Vergleich zu den Wassermassen der Ozeane ($1,39 \times 10^{24}$ g) und der Erdmasse ($5,98 \times 10^{27}$ g) ist die Gesamtmasse der Atmosphäre ($5,1 \times 10^{21}$ g) sehr gering.

Die relativen Volumenanteile der Hauptkomponenten Stickstoff (N_2), Sauerstoff (O_2), Argon (Ar) und Kohlendioxid (CO_2) betragen 78,08 Prozent, 20,95 Prozent, 0,94 Prozent beziehungsweise 0,034 Prozent. Die Konzentration von Wasserdampf (H_2O) schwankt stark.

Darüber hinaus enthält die Erdatmosphäre eine große Anzahl von Spurengasen. Trotz ihrer verschwindend geringen Konzentrationen, die im Bereich von ppm bis ppt liegen, haben viele dieser Spurenstoffe entscheidenden Einfluß auf eine Reihe von Prozessen, die das Klima stark beeinflussen und das Leben auf der Erde ermöglichen und schützen.

Die Einteilung der verschiedenen Schichten der Atmosphäre zeigt die Abbildung 6. Die Grundlage dieser Einteilung ist die Temperaturstruktur.

Die untere Atmosphäre besteht aus zwei unterschiedlichen Schichten, der Troposphäre und der Stratosphäre, die durch eine meist markante Diskontinuitätsschicht, die Tropopause, voneinander getrennt sind. Die Höhe der Tropopause schwankt zwischen 8 km (Polarregionen) und 16 km (Tropen). In der Troposphäre nimmt die Temperatur mit der Höhe um durchschnittlich 6,5 °C pro Kilometer ab. In der darüberliegenden Stratosphäre dagegen steigt die Temperatur im Durchschnitt mit der Höhe an und erreicht in etwa 50 km (Stratopause) ein Maximum. Oberhalb der Stratopause, in der sogenannten Mesosphäre, sinken die Temperaturen wieder bis auf ein Temperaturminimum (kälter als –80° C) in etwa 80 km Höhe (Mesopause).

Der Übergang zwischen Troposphäre und Stratosphäre ist durch ein deutliches Temperaturminimum gekennzeichnet (Tropopause). Die Tropopause ist keine durchgehende einheitlich von den Polen zum Äquator ansteigende Schicht. Vielmehr weist sie im Bereich zwischen dem 30. und 60. Breitengrad ausgeprägte „Falten“ auf. Der vertikale Austausch zwischen Troposphäre und Stratosphäre findet bevorzugt in diesen Bruchzonen und im Äquatorialgebiet statt.

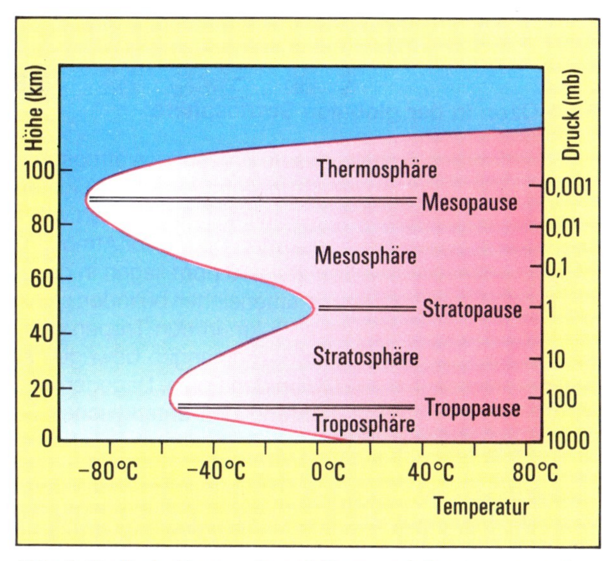

Abb. 6: Vertikale Temperaturverteilung und Stockwerkeinteilung der Erdatmosphäre. Die warme Schicht mit einem Temperaturmaximum im Stratopausenniveau ist die Folge der Strahlungsabsorption durch Ozon.

Die Troposphäre hat infolge ihrer Temperaturabnahme mit der Höhe im Gegensatz zur Stratosphäre im allgemeinen eine gute vertikale Durchmischung. In der Stratosphäre wird dieser turbulente Austausch durch die Temperaturinversion begrenzt.

Das von uns als Wetter wahrgenommene Geschehen mit Verdunstung, Wolkenbildung und Niederschlag ist auf den Bereich der Troposphäre beschränkt. Spurengase und Aerosolpartikel, die in die Troposphäre eingebracht werden, können durch die dort wirkenden Reinigungsmechanismen wieder entfernt werden. Hierzu zählen „nasse Deposition“, das heißt das Auswaschen der Spurenstoffe durch Regen, Schnee und Nebel und „trockene Deposition“, also Absorption und Adsorption (Ablagerung) von Spurengasen und Aerosolen an der Oberfläche der Erde, der Vegetation und der Ozeane. Der wesentliche Reinigungsmechanismus in der Stratosphäre ist die chemische Umwandlung von Spurenstoffen mit anschließendem Transport der gebildeten Zwischen- und Endprodukte in die Troposphäre. Horizontale Winde sind in der Stratosphäre ebenso stark ausgeprägt wie in der Troposphäre. Die Spurengase und Aerosole werden deshalb in relativ kurzer Zeit über den Globus verteilt. Vertikale Transportprozesse erfolgen dagegen sehr langsam.

2.2 Konzentrationsverteilung des Ozons in der Atmosphäre

2.2.1 Ozon in der globalen Stratosphäre

Die Stratosphäre enthält etwa 90 Prozent des atmosphärischen Ozons, so daß die im folgenden angegebenen Konzentrationen des Gesamtozons etwa denen in der Stratosphäre entsprechen. Allein im Höhenbereich von 15 bis 30 km befindet sich ungefähr 75 Prozent des gesamten Ozons der Atmosphäre. Die maximalen Ozonmischungsverhältnisse von etwa 10 ppm liegen in ca. 30 km Höhe. Die höchsten Ozonkonzentrationen pro Volumeneinheit befinden sich mit etwa 5×10^{12} Moleküle pro cm^3 in Höhen von etwa 25 km in den Tropen und 15 bis 25 km in höheren Breiten. Die mittleren Gesamtozonmengen bewegen sich zwischen 250 DU am Äquator und 300 bis 500 DU an den Polen. Dagegen ist zum Beispiel im Jahr 1987 die Gesamtozonmenge während des antarktischen Frühlings auf fast 100 DU gesunken.

Die Verteilung des Ozons in der Atmosphäre wird durch photochemische Ozonbildungs- und Abbauprozesse und meteorologische Transportprozesse (z. B. allgemeine Zirkulation in der Atmosphäre) bewirkt. Durch dynamische Prozesse wird laufend Ozon aus dem tropischen Hauptquellgebiet zwischen etwa 25 bis 30 km Höhe polwärts und gleichzeitig in geringere Höhen transportiert.

– Gesamtozonverteilung

Die durchschnittliche Gesamtozonverteilung ist in Abbildung 7 dargestellt. Diese Verteilung wurde auf der Grundlage von Meßdaten ermittelt, die die ebenfalls in Abbildung 7 eingetragenen Meßstationen im Zeitraum von 1957 bis 1975 registriert haben. Ein ausgeprägtes Minimum befindet sich über der Äquatorregion. In Richtung der Pole steigt die Konzentration an und erreicht polwärts von 60° ein Maximum. Einige wichtige, quasi-permanente Merkmale sind:

- Ein Gürtel minimaler Ozonwerte liegt zwischen 10° S und 15° N.
- Insgesamt nimmt die Gesamtozonmenge mit der geographischen Breite zu. Diese Zunahme ist jedoch in beiden Hemisphären verschieden in Stärke und Verteilung.
- Die Ozonmenge über der Antarktis ist geringer als über der Arktis. Dies ist ein Ergebnis der unterschiedlichen Landverteilung und des Verhaltens der zirkumpolaren Wirbel.

  Diese natürliche Verteilung wird in jüngster Zeit durch ein ausgeprägtes, von Menschen verursachtes, Ozonminimum während des südpolaren Frühlings überlagert. Es ist darauf hinzuweisen, daß dieses Ozonminimum vor Ende der siebziger Jahre nie beobachtet wurde.

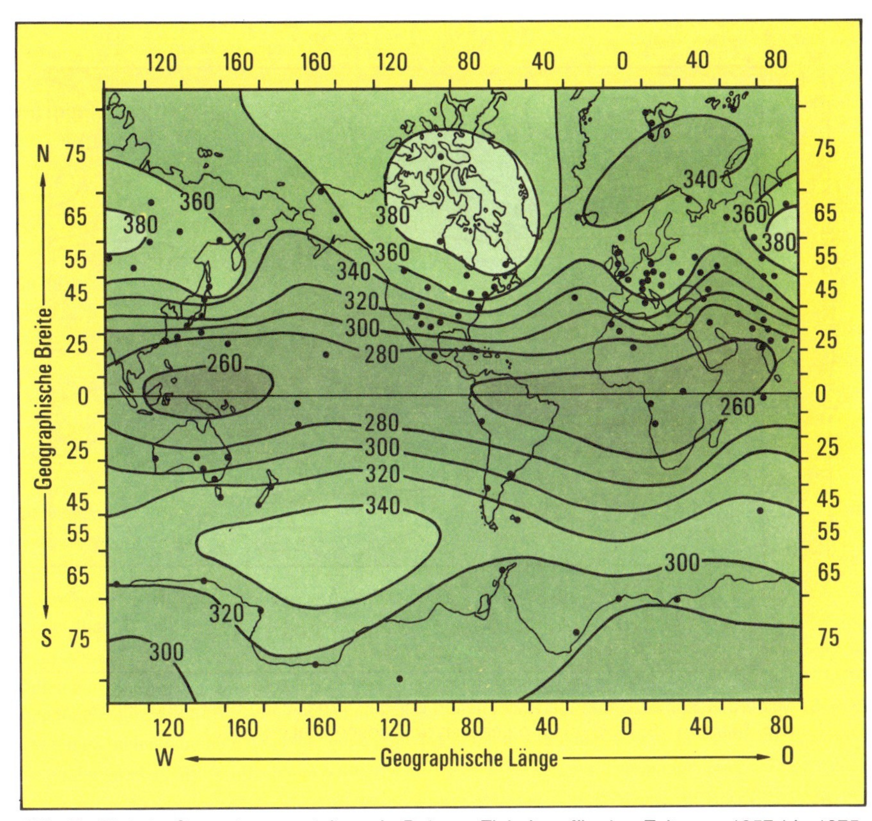

Abb. 7: Globale Gesamtozonverteilung in Dobson-Einheiten für den Zeitraum 1957 bis 1975, gemessen an Bodenstation (●) (9).

Abbildung 8 zeigt die beobachtete mittlere Verteilung des Gesamtozons als Funktion der geographischen Breite und der Jahreszeit für den Zeitraum 1957 bis 1975. In den mittleren und polaren Breiten werden sehr große jahreszeitliche Schwankungen festgestellt. In beiden Hemisphären wurden im Frühjahr Ozonmaxima beobachtet, deren Intensität um so stärker ausgeprägt ist, je weiter man sich den Polen nähert. Dieses Frühjahrs-Maximum ist auf der Nordhalbkugel intensiver als auf der Südhalbkugel und befindet sich dort näher am Pol. Im Bereich zwischen 25°N und 25°S treten dagegen nur sehr schwach ausgeprägte jahreszeitliche Änderungen auf.

Diese bisher beobachtete Ozonverteilung ist seit einigen Jahren zeitweise so stark gestört, daß das südpolare Ozonmaximum der Jahre 1957 bis 1975 während der Monate September bis November seit 1977 in ein Minimum verwandelt wurde (vgl. Nr. 1.1).

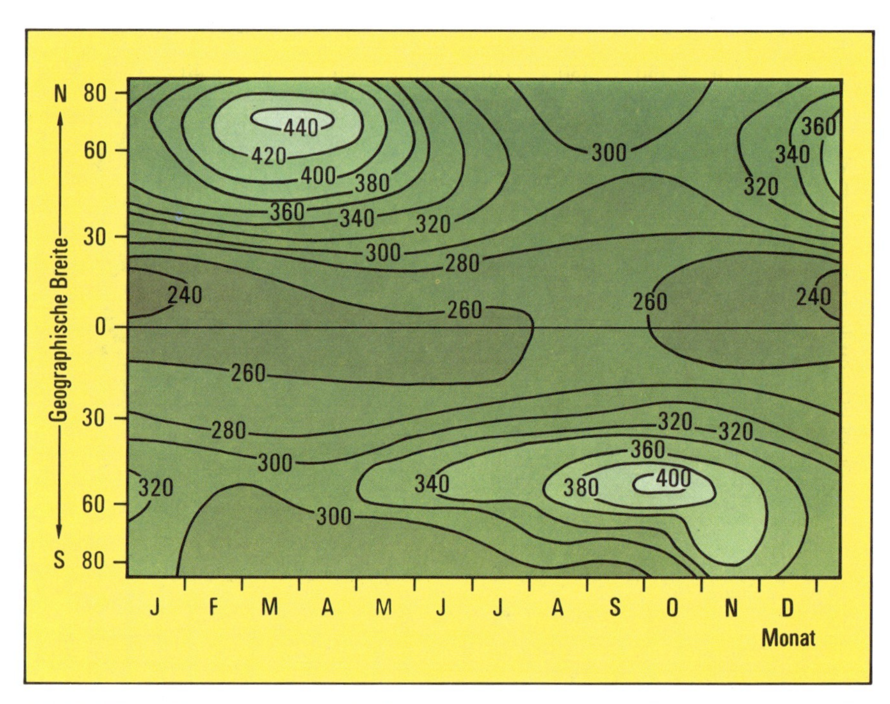

Abb. 8: Mittlere Gesamtozonmenge als Funktion der geographischen Breite und Jahreszeit für den Zeitraum 1957 bis 1975, gemessen an Dobson-Stationen (10).

— Vertikalverteilung

Vertikalprofile für verschiedene geographische Breiten der Nordhalbkugel, die durch Mittelung aus einer großen Anzahl von Einzelmessungen bestimmt wurden, sind in Abbildung 9 gezeigt. Die Ordinate ist als Höhenskala in km beziehungsweise als Druckskala in Millibar dargestellt. Auf der Abzisse ist der Ozonpartialdruck in Nanobar (10^{-9} bar) aufgetragen. Die beiden Teilbilder veranschaulichen auch die jahreszeitlichen Schwankungen der Ozonschicht (links: April; rechts: Oktober). In Höhen oberhalb 25 km nimmt der Ozonpartialdruck von niederen zu hohen Breiten ab. Dagegen wird in der unteren Stratosphäre beobachtet, daß der Ozonpartialdruck in allen Jahreszeiten, besonders jedoch im Frühjahr, vom Äquator zum Nordpol hin stark zunimmt. Unterhalb von 25 km werden mit wachsender geographischer Breite höhere Ozonkonzentrationen registriert. Ferner sinkt das Konzentrationsmaximum als Folge des polwärts und abwärts gerichteten Transports in geringere Höhen. Die Ozonschicht in 15 bis 20 km Höhe ist in der Südpolarregion infolge der FCKW-Emissionen zeitweise nahezu vollständig zerstört (vgl. Abb. 5).

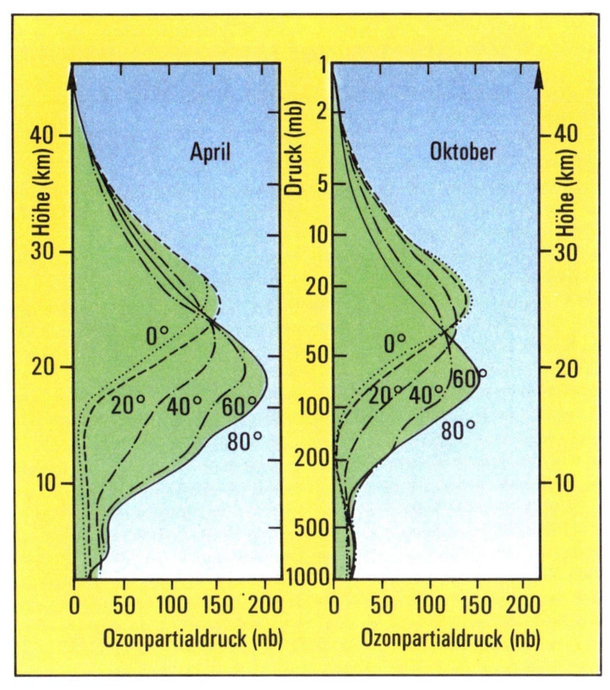

Abb. 9: Mittlere Ozonvertikalverteilung für verschiedene geographische Breiten der Nordhemisphäre,
rechts: Oktober, links: April (11).

– Lokale Variabilität

In Abbildung 10 werden für einen bestimmten Ort sowohl die Kurzzeittrends der Ozonkonzentration, die auf dynamische Effekte zurückgehen, wie auch die jahreszeitlichen Variationen dargestellt. Deutlich erkennbar ist, daß beide im Verlauf eines Jahres Schwankungen in einer Größenordung von 30 Prozent hervorrufen. Somit ist die lokale Gesamtozonsäule eine sehr variable Größe. Die derzeit beobachteten globalen Ozonabnahmen sowie das antarktische Ozonloch stehen jedoch in keinem Zusammenhang mit den lokalen kurzzeitigen Schwankungen. Vielmehr sind die großräumigen signifikanten Anomalien hauptsächlich auf eine gestörte Chlorchemie zurückzuführen.

Wie der Verlauf der Jahresmittelwerte an der Station Arosa (Schweiz), die neben Oxford (Großbritannien) und Tromsö (Schweden) über eine der längsten Reihen

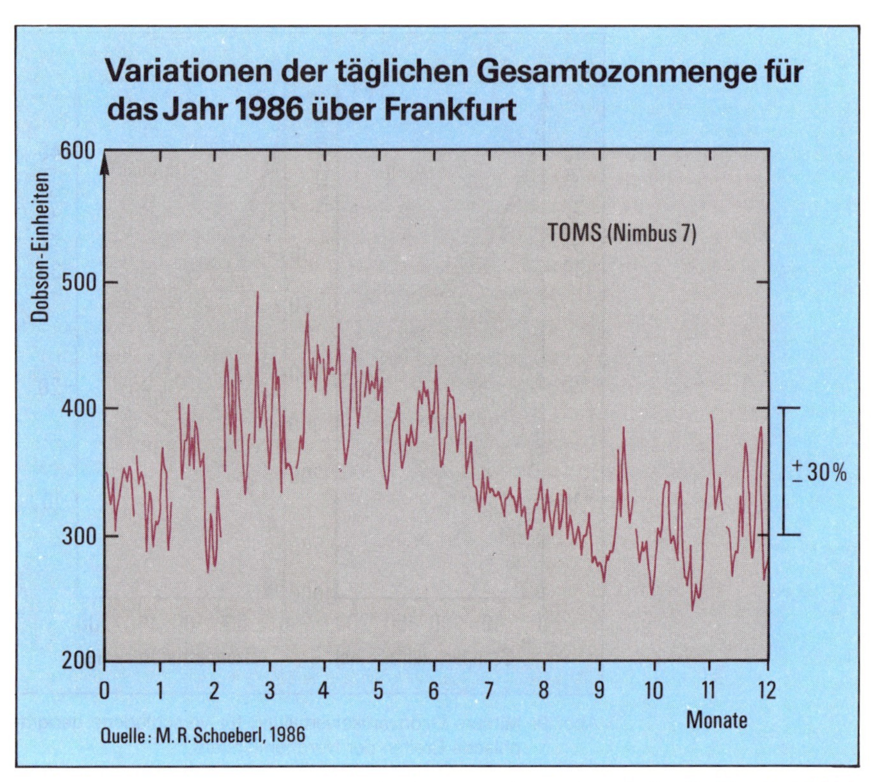

Abb. 10: Jahreszeitliche Variationen der Ozonkonzentration an einem festen Ort (Frankfurt/Main). Die Daten stammen von dem TOMS-Gerät auf dem Satelliten Nimbus 7 (12).

verfügt, zeigt, sind die Jahresmittelwerte durchaus nicht konstant (vgl. Abb. 11). Es werden im wesentlichen Fluktuationen um 3 Prozent gemessen. Dies verdeutlicht, warum es so schwierig ist, die Ursachen von Änderungen der Ozonkonzentrationen zu bestimmen.

2.2.2 Ozon in der Troposphäre

Bis vor etwa 15 Jahren wurde angenommen, daß das Ozon der Troposphäre ausschließlich in der Stratosphäre gebildet und durch Transportprozesse in die tiefe Atmosphärenschicht gelange. Aus heutiger Sicht ist aber der Eintrag aus der Stratosphäre nur für einen Bruchteil verantwortlich. Die Hauptquelle ist die photo-

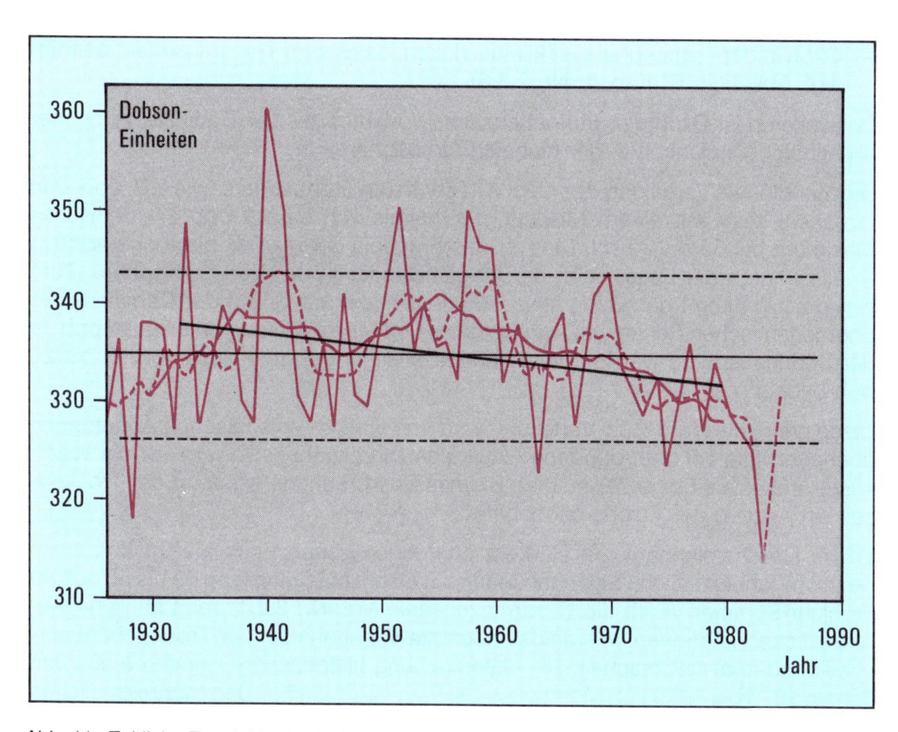

Abb. 11: Zeitliche Entwicklung der Jahresmittelwerte der Gesamtozonsäule. Gemessen an Dobson-Station, Standort Arosa, Schweiz. Jahresmittel (durchgezogene Linie), übergreifende Mittel über 5 Jahre (gestrichelte Linie), übergreifende Mittel über 10 Jahre (flache durchgezogene Linie), Regressionsgerade für gesamten Meßzeitraum (13).

chemische Bildung von Ozon aufgrund der „Smog-Mechanismen". Der höhere Gehalt an anthropogenen Kohlenwasserstoffen und NO_x in der Nordhemisphäre ist die Ursache für die dort auftretenden höheren Ozonkonzentrationen.

Das Ozonmischungsverhältnis in der Troposphäre ist etwa hundertfach kleiner als in der Stratosphäre. Die Ozonmenge in der Troposphäre repräsentiert dabei ca. $^1/_{10}$ der Ozongesamtsäule. Trotz des kleineren Anteils gehen vom Ozon der Troposphäre bedeutende biologische, chemische und klimatische Wirkungen aus. Ein Konzentrationsanstieg führt zu gravierenden Schäden und ist daher – trotz der geringfügigen Kompensation der stratospärischen Ozonabnahme – zu verhindern.

– Ozon ist ein Giftgas für Menschen und Tiere und ein Schadstoff für viele Pflanzen.

- Ozon in der Troposphäre ist klimawirksam, da es zum Treibhauseffekt beiträgt (vgl. Abschnitt D, Kap. 1, Nr. 2.3.3).

Desweiteren ist Ozon der photochemische Vorläufer des OH-Radikals, einem der wichtigsten Oxidantien in der globalen Atmosphäre.

Die meridionale Verteilung des Ozons in der freien Troposphäre (wie z.B. über den Ozeanen) zeigt mit einem Mischungsverhältnis von ca. 40 ppb ein deutliches Maximum bei 60 bis 70 °N. Dies ist das Ergebnis der starken photochemischen Quellen durch die Emissionen der Industrieländer in der Nordhemisphäre. Zum Äquator hin nimmt das Ozon stark ab und erreicht auf Grund der Dominanz der photochemischen Senken im Äquatorialbereich Minimalwerte von etwa 10 ppb. In der Südhemisphäre werden durchgehend Mischungsverhältnisse von 10 bis 20 ppb beobachtet.

Diese generelle Nord-Süd-Verteilung wird von starken episodischen Änderungen überlagert, die auf anthropogene Aktivitäten zurückgehen. So wird vor der Westküste Afrikas als Folge der starken Biomasseverbrennung während der Trockenzeit ein Anstieg des Ozons beobachtet.

In der Nordhemisphäre mit starkem photochemischen Einfluß zeigt das Ozon deutliche jahreszeitliche Schwankungen mit einem Maximum von 40 bis 50 ppb im Frühjahr/Sommer. Auch die Gesamtozonsäule (vgl. Nr. 2.2.1) zeigt ähnliche jahreszeitliche Variationen, allerdings haben die Variationen in der Troposphäre entscheidend andere Ursachen. Die Untersuchung historischer Ozondaten aus den Jahren 1876 bis 1910 von Montsouris bei Paris zeigt, daß es diese jahreszeitlichen Variationen im vorindustriellen Zeitalter nicht gab (14). Das Ozonniveau lag bei nur etwa 10 ppb und damit um etwa einen Faktor 4 bis 5 niedriger als heute in vergleichbaren Regionen gefunden wird.

Die Zunahme des Ozons in der Nordhemisphäre beträgt seit 1970 im Jahresmittel etwa 0,5 bis 1 Prozent pro Jahr und etwa 2 Prozent in stark schadstoffbelasteten Gebieten (15).

2.3 Bedeutung des Ozons in der Stratosphäre

Ozon ist eines der bedeutendsten Spurengase der Erdatmosphäre. Im Gegensatz zur Troposphäre hat das Ozon in der Stratosphäre wichtige Funktionen für das Leben und das Klima auf der Erde. Verringerungen der Ozongesamtsäulendichte haben Intensitätszunahmen der zellschädigenden UV-B-Strahlung am Erdboden zur Folge (vgl. Kap. 4, Nr. 2). Daneben bestimmt es die Chemie und Dynamik der Stratosphäre. Variationen der vertikalen Ozonverteilung verursachen Veränderungen der Temperaturstruktur und Dynamik der oberen Atmosphäre.

2.3.1 UV-Schutzwirkung

Das Spektrum der Sonnenstrahlung wird beim Durchqueren der Atmosphäre unterschiedlich – abhängig von der Wellenlänge – geschwächt. Die Ursachen für diese Schwächung sind die Strahlungsabsorption durch Gase sowie die Streuung des Lichts an Aerosolpartikeln in der Erdatmosphäre.

In Abbildung 12 ist das Sonnenspektrum außerhalb der Erdatmosphäre, nach Durchquerung der Ozonschicht in der Stratosphäre, sowie nahe der Erdoberfläche dargestellt.

Die Troposphäre und die Erdoberfläche selbst erhalten von der Sonne nur Strahlung im Wellenlängenbereich oberhalb 290 nm. Der UV-Anteil zwischen 290 und 310 nm wird aufgrund der Absorption durch Ozon in der Stratosphäre stark geschwächt. In der Stratosphäre (etwa 15 bis 50 km Höhe) wird die Strahlung im Bereich zwischen etwa 200 und 242 nm durch Sauerstoff absorbiert. Die Strahlung bewirkt eine Dissoziation (Spaltung) der Sauerstoffmoleküle und als Folge die Bildung der Ozonschicht. Das Ozon selbst absorbiert Strahlung im Bereich zwischen 200 und 310 nm sowie geringfügig auch im sichtbaren Spektralbereich, der von etwa 400 nm (violett) bis 750 nm (rot) reicht. Eine Abnahme der Ozonschicht bedeutet daher, daß größere Mengen der ultravioletten Strahlung im Bereich von 290 bis 310 nm die Erdoberfläche erreichen (vgl. Nr. 2.5.1). Starke Ozonabnahmen haben lebensbedrohende Konsequenzen für Menschen, Tiere und Pflanzen (vgl. Kap.4 Nr. 2).

2.3.2 Temperatur und Stabilität der Stratosphäre

Neben der Funktion des Ozons, das Leben auf der Erde vor kurzwelliger UV-B-Strahlung zu schützen, ist die Photochemie des Ozons in der Stratosphäre für die bestehende Temperaturverteilung und damit für die Dynamik der Stratosphäre verantwortlich.

Die Absorptionsprozesse des Ozons sind von entscheidender Bedeutung für die thermische Struktur der Stratosphäre, da die Lichtabsorption eine direkte Umwandlung von Strahlungsenergie in thermische Energie bedeutet. In der oberen Stratosphäre ist vorwiegend die Absorption von UV-Strahlung für die Erwärmung verantwortlich. In der unteren Stratosphäre spielt auch die Absorption von sichtbarem Licht eine wichtige Rolle. Hier ist ebenfalls die von Ozon absorbierte Infrarotstrahlung, die von der Erdoberfläche und der Troposphäre kommt, von entscheidender Bedeutung. Das Ergebnis der Ozonphotolyse und -rückbildung ist die Aufheizung der Stratosphäre bis zu einem Temperaturmaximum von etwa 0° C in 50 km Höhe (vgl. Abb. 6). Diese Erwärmung führt zu einer hohen dynamischen Stabilität, die eine vertikale Durchmischung innerhalb der Stratosphäre stark behindert. Der Temperaturanstieg mit zunehmender Höhe ist auch die Ursache für die zwischen Troposphäre und Stratosphäre bestehende Diskontinuitätsschicht (Tropopause). Die Stratosphäre und deren Temperaturinversion wirkt wie eine Sperrschicht und erschwert den Transport von Aerosolpartikeln und Spurengasen zwischen beiden Atmosphärenschichten.

Die Temperaturstruktur der Stratosphäre wirkt über die Tropopause auch auf das Klima der Troposphäre ein. Daher beeinflußt jede Ozonänderung in der Strato-

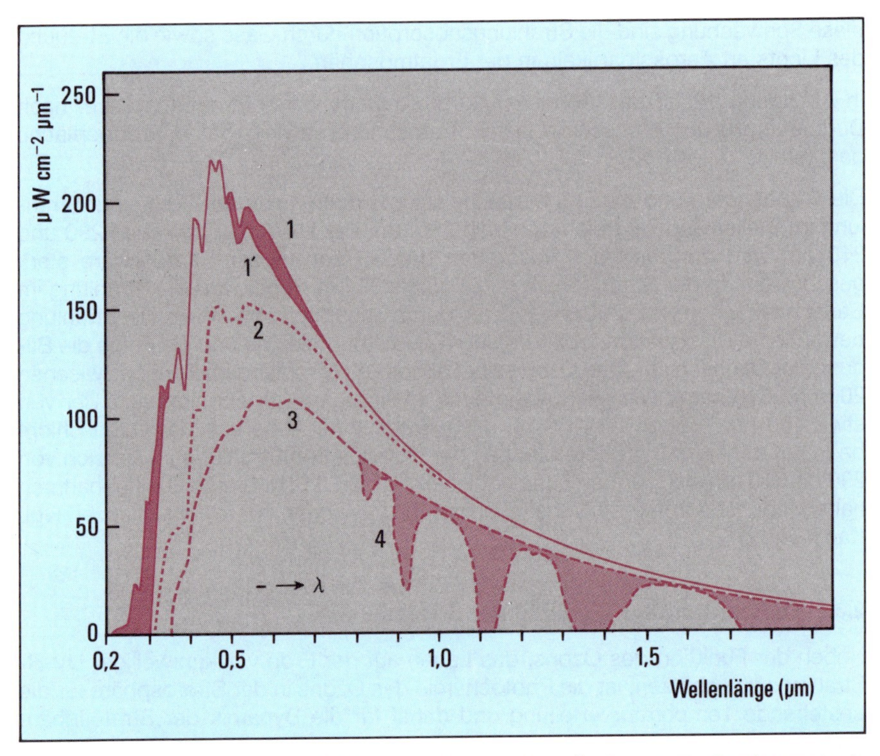

Abb. 12: Die spektrale Verteilung der Sonnenstrahlung und ihre Änderung beim Durchgang durch die Atmosphäre:
1 : außerhalb der Erdatmosphäre
1': unterhalb der Ozonschicht
2 : Schwächung der Sonnenstrahlung durch Streuung an Luftmolekülen
3 : Schwächung der Sonnenstrahlung durch Streuung an Staubpartikeln
4 : an der Erdoberfläche

sphäre auch das Klima in unserem unmittelbaren Lebensraum. Die quantitativen Auswirkungen einer Ozonabnahme auf die dynamische Struktur der Stratosphäre und auf das Klima der Erde sind zur Zeit noch nicht abzuschätzen.

2.4 Meteorologische Bedingungen und Wolken in der polaren Stratosphäre

Die besonderen meteorologischen Bedingungen in der Antarktis sind die Voraussetzung für das Auftreten der drastischen Ozonreduktionen.

Die Zirkulationen in der nördlichen und südlichen Hemisphäre sind sehr unterschiedlich. Besonders deutlich unterscheiden sich die winterlichen Zyklonen, die sich in der polaren Stratosphäre ausbilden. Über der Antarktis ist der Wirbel relativ symmetrisch und über dem Südpol zentriert. Die Luft zirkuliert in der Stratosphäre auf nahezu konzentrischen Kreisen um den Pol. Während des Winters ist das Innere des Südpolarwirbels von der übrigen Atmosphäre getrennt. Dagegen ist der arktische Polarwirbel asymmetrisch, besteht häufig aus mehreren Zellen und bricht oft zusammen (vgl. Abb. 13). Dies führt dazu, daß hier im Gegensatz zum Südpolargebiet ein stärkerer Austausch mit Luftmassen aus äquatorialen Breiten stattfindet. In der Nordpolarregion bewirken Wellenstörungen bereits während des Winters gelegentliche Zwischenerwärmungen. Daher ist während des Winters und Frühjahrs die nordpolare untere Stratosphäre gegenüber der südpolaren im Durchschnitt etwa um 10°C wärmer. Dadurch wird die Bildung polarer Stratosphärenwolken in der Antarktis und damit die Umwandlung von inertem HCl in aktive ClO-Radikale begünstigt (vgl. Nr. 3.4). Diese zerstören in katalytischen Reaktionen Ozon.

Es ist mittlerweile gesichert, daß die polaren stratosphärischen Wolken „polar stratospheric clouds" (PSC) eine Schlüsselrolle bei der Zerstörung des Ozons über der Antarktis spielen (vgl. Nr. 3.4). Diese Wolken entstehen in der Antarktis während des Winters und Frühjahrs und in der Arktis während des Winters, wenn sich die Luft in der Stratosphäre infolge der langen Abwesenheit des Sonnenlichts stark abkühlt. Mit höhersteigender Sonne im Frühjahr lösen sie sich wieder auf. Seit 1984 hat sich der Zeitraum, innerhalb dessen diese PSC auftreten, immer mehr verlängert. 1985 wurde in der Antarktis beobachtet, daß sich die Wolken zum ersten Mal während des ganzen Monats September und bis in den Oktober hinein in einer Höhe von etwa 16 km hielten. 1987 konnten die PSC bis in den Oktober und in bis zu 18 km Höhe beobachtet werden. Die Wolken in der Stratosphäre wurden unter anderem durch LIDAR — (Light Detection and Ranging) Experimente und durch in situ-Messungen im Rahmen der NOZE-2 genauer untersucht.

Danach gibt es zwei verschiedene PSC-Typen:

- Typ I sind binäre HNO_3/H_2O-Teilchen, die bereits bei 195—200 K entstehen, relativ klein sind (ca. 1 µm) und nur in sehr geringem Maße sedimentieren. Ihre Entstehung entzieht der Stratosphäre große Mengen von Stickstoff (Denitrifizierung).

- Typ II sind Eiswolken, die unterhalb der Sublimationstemperatur des Wassers in der Stratosphäre bei etwa 190 K entstehen. Diese Teilchen sind größer (ca. 10 µm) und neigen zum Sedimentieren. Bildung und Sedimentation der H_2O-PSC verursachen eine starke Denitrifizierung, entziehen der Stratosphäre aber auch teilweise Wasser (Dehydratisierung).

In diesem Zusammenhang ist wichtig, daß beide Wolkentypen eine starke Aktivierung der Chlorradikalchemie bewirken. Das normalerweise häufiger auftretende und zumindest gegenüber Ozon weitgehend inerte Gas HCl kann in Chlor (Cl), Chlormonoxid (ClO) oder andere aktive Chlorverbindungen umgewandelt werden.

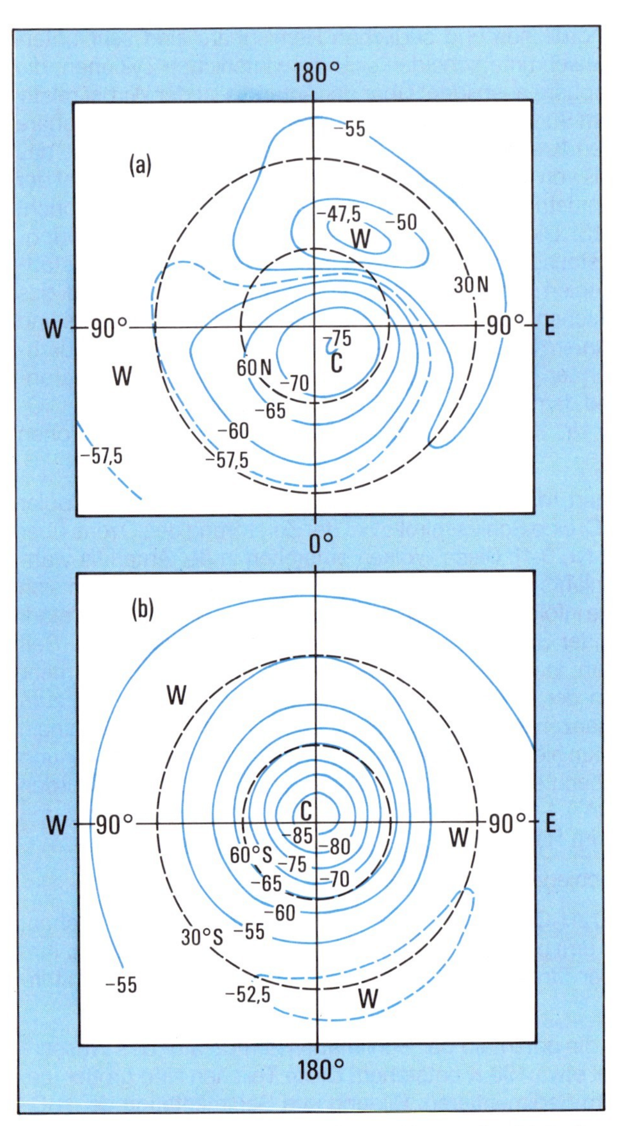

Abb. 13: Vergleich der winterlichen Polarzyklonen, die sich in der arktischen (oben) und antarktischen (unten) Stratosphäre ausbilden. Dargestellt sind die Linien gleicher Temperatur im 50 mb-Niveau.

Diese zerstören unter Einfluß von UV-Strahlung in katalytischen Reaktionen Ozon.

Die wichtigsten Reaktionen sind:

$ClONO_2$ + HCl (PSC) → Cl_2 + HNO_3 (PSC)
Cl_2 + UV-Strahlung → 2 Cl

und möglicherweise auch:

HCl + OH → Cl + H_2O

Die in den letzten 10 Jahren auftretenden drastischen Ozonverluste können durch sich verstärkende Rückkopplungsmechanismen zu einer chemischen Instabilität führen. Die dies bewirkende Kette von Ereignissen kann wie folgt verlaufen:

Zunahme von FCKW →

Zunahme des Chlorgehalts in der Stratosphäre →

stärkere Bildung reaktiver Cl- und ClO-Radikale an PSC Teilchen →

Abnahme der Ozonkonzentration →

verstärkte Bildung von PSC-Teilchen →

verstärkte Bildung aktiver Cl- und ClO-Radikale →

verstärkter Ozonabbau → u.s.w.

2.5 Chemie des Ozons in der Stratosphäre

2.5.1 Photochemische Grundlagen

Die Photodissoziation ist der Prozeß, bei dem ein Molekül ein Photon absorbiert und dadurch gespalten wird. In der Erdatmosphäre entstehen durch die Photodissoziation des molekularen Sauerstoffs (O_2), der atomare Sauerstoff (O) und nach einer weiteren Reaktion das Ozon (O_3). Die Spaltung des Ozons erfordert Strahlung mit Wellenlängen kleiner als 1200nm, während die für die Photodissoziation des molekularen Sauerstoffes notwendige ultraviolette Sonnenstrahlung mit Wellenlängen kürzer als 242 nm erheblich energiereicher sein muß.

Die Grundlage der Ozonbildung in der Stratosphäre ist die Photodissoziation von O_2, gefolgt von der Rekombination des Sauerstoffatoms mit O_2:

$$O_2 + h\nu \rightarrow 2\,O$$
$$O + O_2 + M \rightarrow O_3 + M$$

Hierbei ist $h\nu$ ein aufgenommenes Photon im UV-Bereich. M ist ein für die Reaktion notwendiger Stoßpartner, der die freiwerdende Energie aufnimmt.

Die thermodynamische Grenze für die Bildung von Sauerstoffatomen im elektronischen Grundzustand (^3P) aus O_2 liegt bei einer Grenzwellenlänge von 242,4 nm. Die Photodissoziation des O_2 im Herzberg-Kontinuum (vgl. Abb. 14) ist die wich-

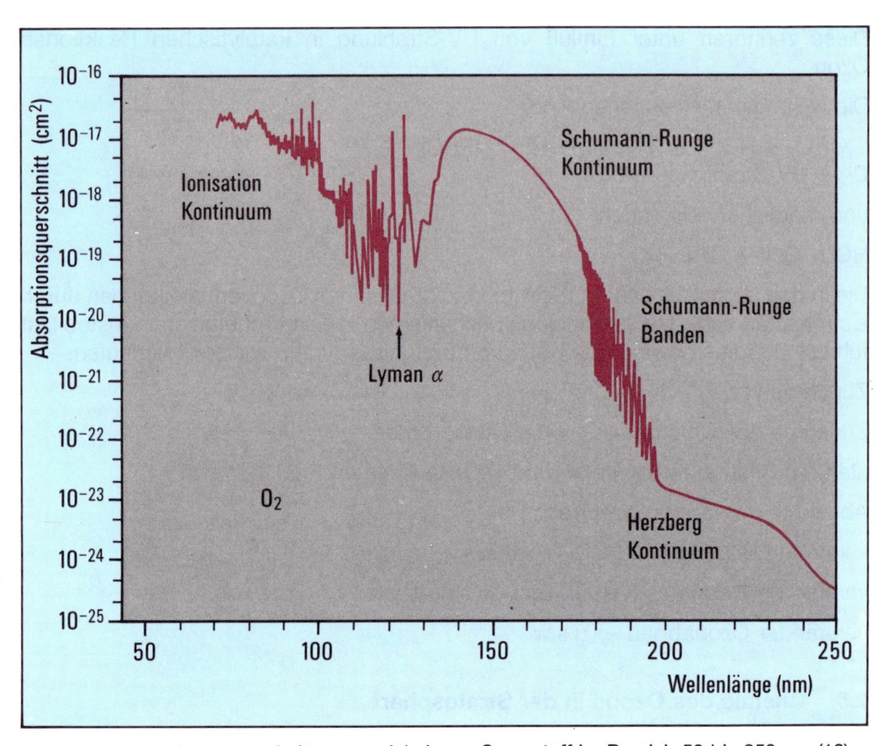

Abb. 14: Absorptionsquerschnitt von molekularem Sauerstoff im Bereich 50 bis 250 nm (16)

tigste Quelle von O (^3P)-Atomen unterhalb von etwa 60 km Höhe. Die Absorption des O_2 nimmt mit kürzeren Wellenlängen (Schumann-Runge-System) stark zu. Dieser Bereich ist durch ein schwächeres Bandensystem im Bereich 175 bis 204 nm, in dem O(^3P)-Atome entstehen, sowie ein starkes Kontinuum ($\leq$ 175 nm), charakterisiert. Im Bereich dieses Kontinuums befindet sich eines der entstehenden O-Atome im angeregten (^1D)-Zustand. Die Dissoziation des O_2 im Schumann-Runge-System ist die dominierende O-Atomquelle oberhalb von 60 km Höhe. Die entsprechend hohen Absorptionskoeffizienten sind gemeinsam mit der hohen O_2-Dichte dafür verantwortlich, daß die kurzwellige solare Strahlung unterhalb von 200 nm vollständig in der oberen Atmosphäre absorbiert wird (vgl. Abb. 15).

Die Ausbildung der Ozonschicht ist abhängig von der O_2-Dichte und dem Photonenfluß. In geringen Höhen existiert zwar eine größere Anzahl von Sauerstoffmolekülen, jedoch besitzt die verfügbare Strahlung nicht genügend Energie. Umgekehrt ist in größeren Höhen ausreichend Energie vorhanden, die O_2- Dichte jedoch geringer. In etwa 35 km Höhe herrscht optimale Überlappung zwischen dem spek-

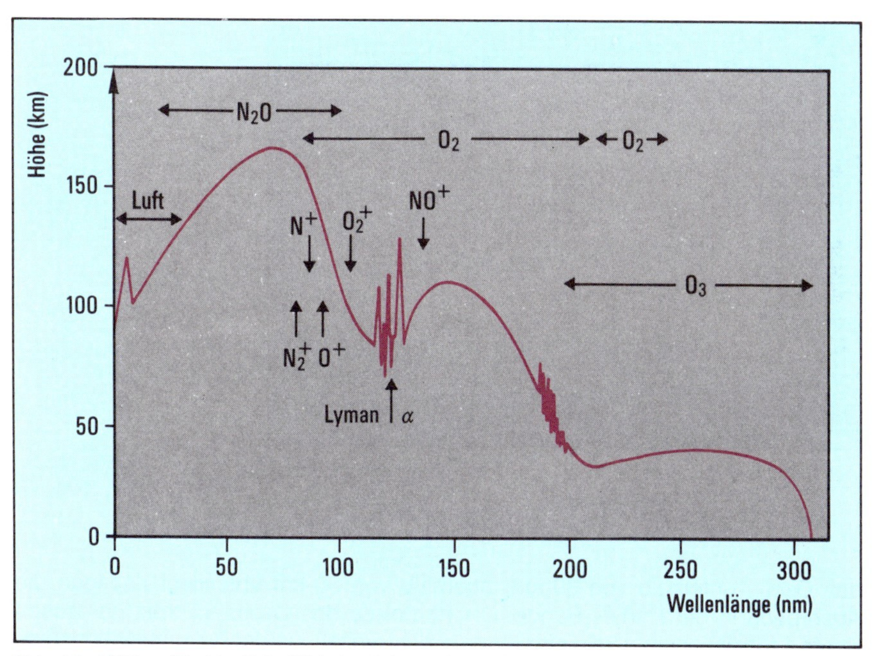

Abb. 15: Mittlere Eindringtiefe (1/e) der Solarstrahlung im ultravioletten Spektralbereich (17)

tralen Strahlungsfluß und der O_2-Dichte, hier befindet sich daher ein Maximum im Ozonmischungsverhältnis. Die schichtenförmige Verteilung des Ozons als Folge der Lichtabsorption in einem System mit exponentiell zunehmender Dichte wurde bereits von Chapman im Jahre 1930 qualitativ richtig vorhergesagt.

Ozonmoleküle können gemäß

$$O_3 + h\nu \rightarrow O_2 + O$$

photochemisch zerstört werden. Je nach Photolysewellenlänge entstehen Fragmente mit unterschiedlichem Energiegehalt. Ozon absorbiert in verschiedenen Wellenlängenbereichen, die entsprechend ihren Entdeckern Hartley-, Huggins- und Chappuis-Banden genannt werden (Abb. 16).

Bei Absorption im Bereich der Hartley-Bande befinden sich die entstehenden Fragmente (O, O_2) in elektronisch angeregten Zuständen. Zu längeren Wellenlängen geht die Hartley-Bande über in die schwächere Huggins-Bande, bei dieser Absorption liegt nur das O-Atom in einem angeregten Zustand vor. Schließlich folgt ein breiter, aber schwacher Absorptionsbereich im sichtbaren Spektralbereich (Chappuis-Bande). Hier entstehen nur Fragmente, die sich im Grundzustand befinden. Die Dissoziation in dieser Bande ist der wichtigste photochemische Prozeß

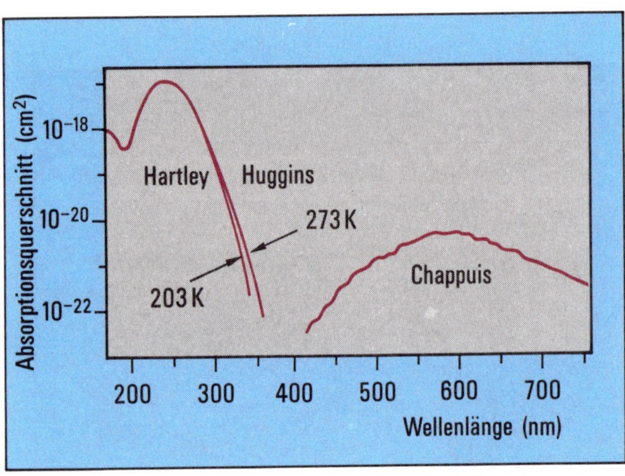

Abb. 16: Absorptionsquerschnitt von Ozon im Wellenlängenbereich 200 bis 750 nm (18)

des Ozons unterhalb von 30 km; oberhalb von 30 km überwiegt dagegen die Absorption in der Hartley-Bande. Die Photolyse des Ozons ist trotz der hohen Photodissoziationsrate kein effizienter Verlustprozeß, da der Rekombinationsprozeß

$O + O_2 + M \rightarrow O_3 + M$

die einzelnen Bestandteile wieder in Ozon umwandelt. Nur ein kleiner Anteil der angeregten O-Atome wird durch Reaktion mit H_2O und CH_4 dem O_x-Reservoir entzogen. Dieser Reaktionsweg ist jedoch von entscheidender Bedeutung für den katalytischen Ozonabbau durch den HO_x-Zyklus (vgl. Nr. 2.5.2).

Wegen der Absorption solarer Strahlung in der Atmosphäre, unterscheidet sich das am Erdboden gemessene Spektrum deutlich von dem direkten Sonnenlicht (vgl. Abb. 12). Unterschiedliche Absorptionsprozesse legen eine Unterteilung des Sonnenspektrums in drei Spektralbereiche nahe:

$<$ 120 nm; 120 bis 300 nm; 300 bis 1000 nm.

Oberhalb von 100 km Höhe wird der extrem kurzwellige Teil ($<$ 120 nm) der Sonnenstrahlung absorbiert. Strahlung des Spektralbereiches 120 bis 300 nm wird fast vollständig in der Mesosphäre und Stratosphäre absorbiert. Langwelligere Strahlung ($>$ 300 nm) dringt in die Troposphäre ein und wird in der Atmosphäre und an der Erdoberfläche durch Absorptions- und Streuungsprozesse weiter verändert.

In Abb. 17 ist der solare Strahlungsfluß in Abhängigkeit von der Wellenlänge aufgetragen. Die drei Kurven geben das Sonnenspektrum außerhalb der Erdatmosphäre (a), in Höhe des Meeresspiegels (c) und in 30 km über dem Erdboden (b) wieder.

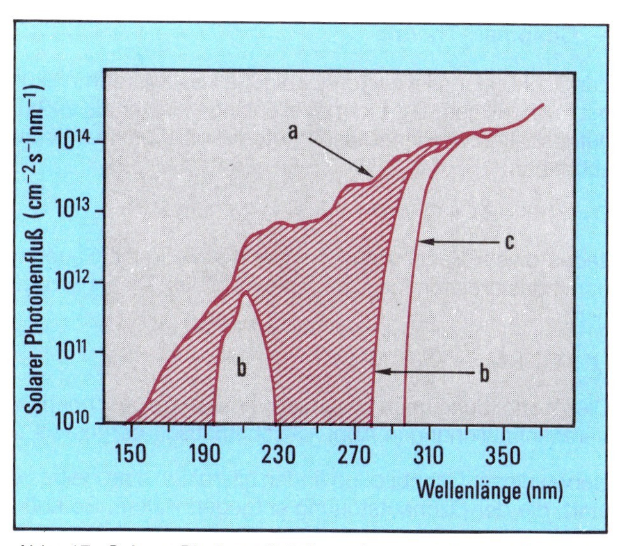

Abb. 17: Solarer Photonenfluß im nahen und fernen UV-Strahlungsbereich.
a: außerhalb der Erdatmosphäre
b: in 30 km Höhe
c: an der Erdoberfläche

Die Spektralverteilung zeigt, daß in 30 km Höhe der UV-Bereich von 195 bis 225 nm, das sogenannte stratosphärische UV-Fenster, nur wenig abgeschwächt ist (b). Die unterhalb dieser Höhe befindliche Ozonschicht absorbiert gemeinsam mit dem molekularen Sauerstoff diesen UV-Strahlungsanteil, so daß in Meereshöhe nur Strahlung mit einer Wellenlänge größer als 300 nm vorhanden ist (c). Schon eine geringfügige Schwächung der Ozonkonzentration in der Stratosphäre bewirkt eine Erhöhung der zellschädigenden UV-B-Strahlung nahe der Erdoberfläche.

2.5.2 Chemische Reaktionszyklen

Sonnenstrahlung, besonders im energiereichen UV-Bereich, ist in allen Höhen die treibende Kraft der Ozonchemie. Die erste Theorie über Bildung und Zerstörung der Ozonmoleküle, die viele Jahre als einziger Mechanismus galt, entwickelte Chapman im Jahre 1930. Erst Mitte der sechziger und Anfang der siebziger Jahre wurde diese Theorie durch eine Reihe weiterer Reaktionszyklen vervollständigt.

– Chapman-Theorie

Zur Ozonbildung ist es notwendig, daß Sauerstoffmoleküle (O_2) durch Bestrahlung mit kurzwelligem UV-Licht (Wellenlänge kleiner als 242 nm) in einzelne Atome (O) aufgespalten werden. Diese Photodissoziationsreaktion wird folgendermaßen beschrieben:

$O_2 + h\nu \rightarrow O + O$ Wellenlänge < 242 nm

Jedes dieser Sauerstoffatome kann sich an ein Sauerstoffmolekül anlagern und damit das dreiatomige Ozonmolekül bilden. Dieser Prozeß wird wie folgt beschrieben:

$O + O_2 + M \rightarrow O_3 + M$

Die Ozonbildung nach Chapman verläuft wie beschrieben in zwei Schritten, die zur Veranschaulichung in Abb. 18 schematisch dargestellt sind.

Neben dieser Ozonbildung finden allerdings eine Reihe von Ozonabbauprozessen statt, die der Ozonentstehung entgegen wirken. So können Ozonmoleküle durch Einwirkung von Strahlung in ihre Ausgangsbestandteile O und O_2 zerlegt werden. Da die Bindungsenergie der O_3-Moleküle im Vergleich zum O_2-Molekül nur etwa ein Fünftel beträgt, wird für die Ozonspaltung (Photolyse) weniger Energie benötigt. Somit kann die O_3-Spaltung bei größeren Wellenlängen stattfinden. Im Gegensatz zur Photodissoziation von Sauerstoff läuft die Reaktion

$O_3 + h\nu \rightarrow O + O_2$ Wellenlänge < 1200 nm

also nicht nur mit UV-Strahlung, sondern auch bei sichtbarem Licht ab.

Der zweite Ozonzerstörungsmechanismus ist die Reaktion zwischen einem O-Atom und einem O_3-Molekül:

$O_3 + O \rightarrow O_2 + O_2$

Die beiden Ozonzerstörungsreaktionen sind in Abbildung 19 schematisch dargestellt.

Für eine Vielzahl von Folgereaktionen ist es wichtig, wie energiereich die Strahlung war, die das Ozonmolekül gespalten hat. Während die Ozonzerstörung durch UV-Strahlung mit einer Wellenlänge größer als 310 nm zu O-Atomen führt, die sich im Grundzustand (^3P) befinden, werden durch O_3-Spaltung mit kurzwelligerer Strahlung (< 310 m) angeregte O-Atome (^1D) gebildet. Es existieren demnach zwei Möglichkeiten:

$O_3 + h\nu \rightarrow O(^3P) + O_2$ für Wellenlänge > 310 nm
$O_3 + h\nu \rightarrow O(^1D) + O_2$ für Wellenlänge < 310 nm

Angeregte Sauerstoffatome sind, wie nachfolgend genauer ausgeführt wird, für die gesamte Photochemie der Erdatmosphäre von großer Bedeutung.

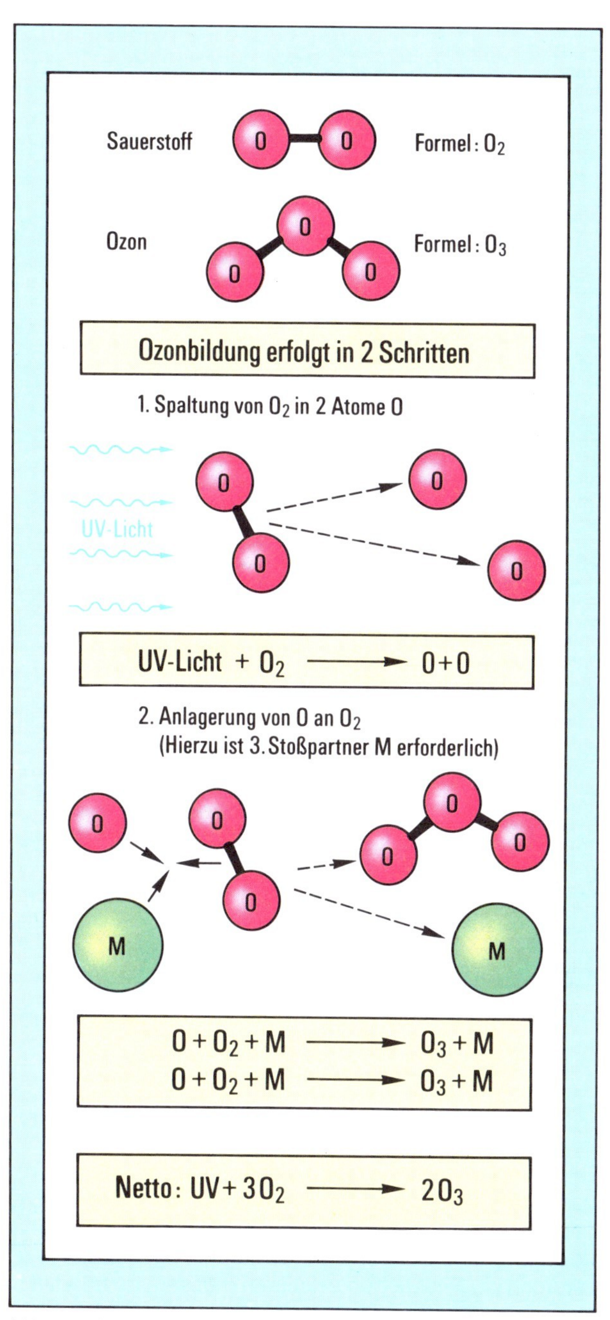

Abb. 18: Schematische Darstellung der Ozonbildung (nach 46)

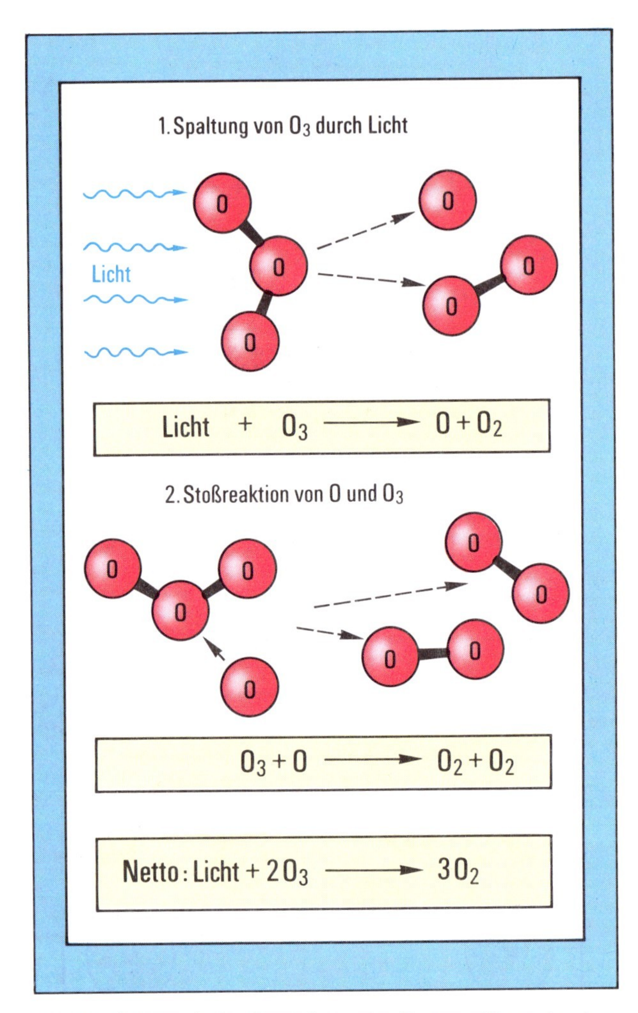

Abb. 19: Schematische Darstellung der Ozonzerstörung in einer reinen Sauerstoff-Atmosphäre (nach 46)

– Katalytische Ozonabbaureaktionen

Berechnet man die globale Ozonverteilung unter Berücksichtigung allein dieser von Chapman entdeckten Reaktionen, so ergibt sich, gegenüber der tatsächlich beobachteten Dichte der Ozonschicht in der Stratosphäre, etwa 50 Prozent mehr Ozon und eine falsche vertikale Verteilung. Daraus folgt, daß noch andere ozonzerstörende Reaktionen existieren müssen. Es handelt sich dabei um katalytische

Prozesse, also um solche, bei denen die beteiligten Spurengase in einer Reihe von Reaktionen Ozon zerstören, am Ende der Reaktionskette jedoch wieder in ihrer anfänglichen Form vorliegen. Deshalb kann ein solcher Katalysator viele tausend oder mehr O_3-Moleküle zerstören, ohne selbst verändert zu werden. Daraus folgt, daß katalytisch wirksame Spurenstoffe, die in einem Mischungsverhältnis von der Größenordnung 1 ppb oder weniger vorliegen, die Ozondichte in der Stratosphäre signifikant ändern können. Durch menschliche Aktivitäten steigt seit Jahrzehnten die Konzentration einer Vielzahl von Substanzen, die Ozon zerstören. Vor allem infolge der ständig steigenden FCKW-Emissionen, die die Quelle reaktiver Chlorverbindungen in der Stratosphäre sind, werden Abnahmen der Ozonkonzentration beobachtet.

Die katalytischen Reaktionen laufen meist nach dem in Abbildung 20 dargestellten Schema ab:

Im ersten Schritt reagiert der Katalysator (X) mit dem Ozonmolekül und bildet ein O_2-Molekül sowie das Zwischenprodukt XO. Anschließend entsteht aus XO und einem Sauerstoffatom der anfänglich verbrauchte Katalysator und ein Sauerstoffmolekül. Durch diese Reaktionen wird Ozon und atomarer Sauerstoff wieder in O_2 zurückverwandelt, ohne daß die Katalysatoren X und XO chemisch verändert werden.

Diese Katalysoren sind reaktionsfreudige instabile Substanzen. Sie sind zum Teil natürlichen Ursprungs. In jüngster Zeit werden deren Konzentrationen jedoch durch menschliche Einflüsse zum Teil drastisch erhöht. Die für die Ozonzerstörung verantwortlichen HO_x-, NO_x-, ClO_x- und BrO_x-Radikale entstehen beim Abbau langlebiger Spurengase in der Stratosphäre, die in der Troposphäre freigesetzt werden. Diese Gase sind in der Troposphäre relativ reaktionsträge, in der Stratosphäre werden sie jedoch durch UV-Strahlung sowie Reaktionen mit angeregtem atomarem Sauerstoff und OH-Radikalen umgewandelt.

Die relevanten Abbaureaktionen werden in Kürze diskutiert.

HO_x-Zyklus

Der HO_x-Zyklus beinhaltet die Radikale H, OH und HO_2.

Folgende Reaktionen finden vorwiegend oberhalb von 40 km statt (19):

$$HO + O_3 \rightarrow HO_2 + O_2$$
$$HO_2 + O \rightarrow OH + O_2$$
$$\text{Netto:} \quad O_3 + O \rightarrow O_2 + O_2$$

Ein analoger Zyklus ist dort auch mit H-Atomen statt OH-Radikalen möglich. In der unteren Stratosphäre trägt die Reaktion von HO_2 mit O_3 statt O zur Ozonzerstörung bei. Die HO_x-Radikale, die zum Ablauf der Reaktionskette benötigt werden, entstehen in der Stratosphäre aus Wasserdampf (H_2O), Methan (CH_4) und Wasserstoff (H_2). Diese Vorläufer stammen sowohl aus natürlichen wie auch anthropogenen

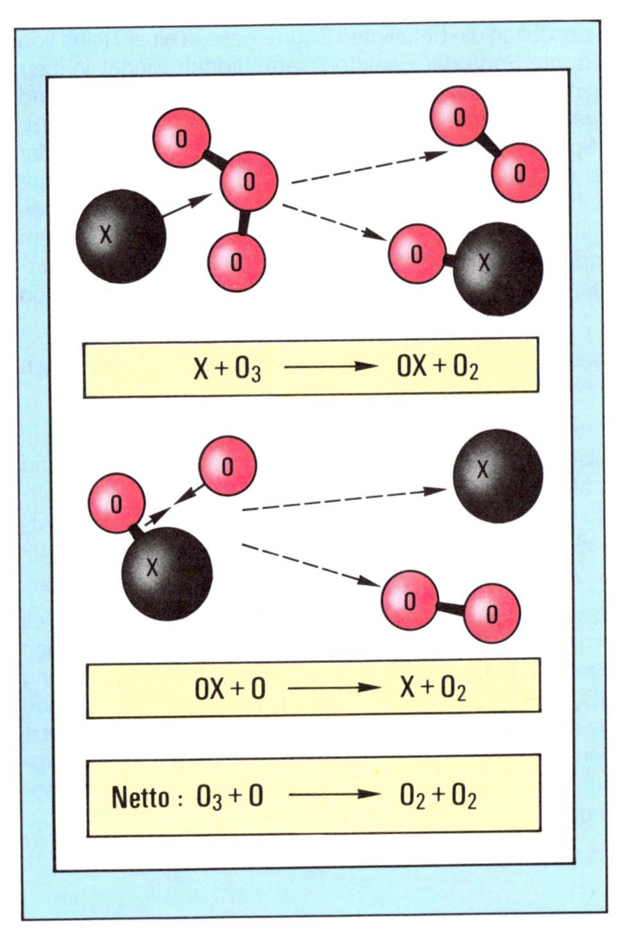

Abb. 20: Schematische Darstellung der katalytischen Ozonzerstörung (nach 46).
X = Katalysator: NO, H, OH, Cl, Br

Quellen (vgl. Abschnitt D, Kap. 1, Nr. 3). Die wichtigsten direkten Bildungsreaktionen sind:

$H_2O + O^* \rightarrow 2\ OH$
$CH_4 + O^* \rightarrow OH + CH_3$
$H_2 + O^* \rightarrow H + OH$

wobei O* ein angeregtes Sauerstoffatom repräsentiert, das in der Photolyse von O_3 bei einer Wellenlänge kleiner als 310 nm gebildet wird.

NO_x-Zyklus

Von großer Bedeutung für die Photochemie des Ozons in der Stratosphäre ist die Produktion von NO durch Reaktionen zwischen elektronisch angeregten Sauerstoffatomen und N_2O:

$$N_2O + O^* \rightarrow NO + NO$$

Das NO-Radikal löst einen wichtigen Reaktionszyklus in der Stratosphäre aus (20). Dieser Zyklus besteht aus den Reaktionen

$$\begin{array}{lllll} & NO & + O_3 & \rightarrow NO_2 & + O_2 \\ & NO_2 & + O & \rightarrow NO & + O_2 \\ \hline \text{Netto:} & O & + O_3 & \rightarrow O_2 & + O_2 \end{array}$$

Distickstoffoxid (N_2O) wird durch mehrere natürliche und anthropogene Prozesse gebildet und in die Atmosphäre emittiert. Die jährliche Zunahme dieses Gases beträgt 0,2 bis 0,3 Prozent (vgl. Abschnitt D, Kap. 1, Nr. 3).

ClO_x-Zyklus

Daß Chlor in Form seiner chemischen Verbindungen an der Ozonzerstörung beteiligt sein könnte, wurde zuerst von Stolarski und Cicerone (1974), Crutzen (1974) sowie Wofsy und McElroy (1974) (21) entdeckt. Die größte Chlorquelle in der Stratosphäre sind die ausschließlich industriell erzeugten FCKW (besonders FCKW 11: $CFCl_3$ und FCKW 12: CF_2Cl_2) (22). Aus diesen Verbindungen werden durch Photolyse im Wellenlängenbereich des sogenannten stratosphärischen Fensters sowie durch Reaktionen mit angeregtem Sauerstoff oder OH-Radikalen ClO_x-Radikale freigesetzt. Dasselbe gilt für andere chlorhaltige Verbindungen wie zum Beispiel FCKW 113, 114, 115, CH_3CCl_3, CCl_4 und CH_3Cl. Ohne auf die einzelnen Zwischenreaktionen einzugehen, kann die ClO_x-Bildung in der Stratosphäre aus diesen Verbindungen wie folgt dargestellt werden:

$$\left.\begin{array}{ll} CH_3Cl & \xrightarrow{OH,\, h\nu,\, O^*} \\ CF_2Cl_2 & \xrightarrow{h\nu,\, O^*} \\ CFCl_3 & \xrightarrow{h\nu,\, O^*} \\ C_2F_3Cl_3 & \xrightarrow{h\nu,\, O^*} \\ CH_3CCl_3 & \xrightarrow{OH,\, h\nu,\, O^*} \\ CCl_4 & \xrightarrow{h\nu,\, O^*} \end{array}\right\} \; n\ ClO_x$$

wobei n die Zahl der im Molekül enthaltenen Chloratome bedeutet.

Die wichtigsten Reaktionen des ClO_x-Zyklus lauten:

$$\begin{array}{lllll} & Cl & + O_3 & \rightarrow ClO & + O_2 \\ & ClO & + O & \rightarrow Cl & + O_2 \\ \hline \text{Netto:} & O_3 & + O & \rightarrow O_2 & + O_2 \end{array}$$

Dies ist der dominierende Mechanismus in der globalen Stratosphäre. Für die Entstehung des Ozonlochs in der Antarktis sind jedoch andere Mechanismen verantwortlich (vgl. Nr. 3.4).

BrO_x-Zyklus

Ein weiterer für die Zerstörung des Ozons der Stratosphäre relevanter Katalysator ist Brom (23). Bromatome entstehen in der Stratosphäre durch die Spaltung von Halon-Verbindungen aus industrieller Herstellung (vgl. Abschnitt D, Kap. 1, Nr. 3). Eine weitere Hauptquelle der Br-Atome scheint Methylbromid (CH_3Br) zu sein, das in der Atmosphäre teilweise durch OH-Radikale zersetzt wird. Der analog zum ClO_x-Zyklus ablaufende chemische Brom-Zyklus besteht aus den Reaktionen:

$$\begin{array}{lllll} & Br & + O_3 & \rightarrow BrO & + O_2 \\ & BrO & + O & \rightarrow Br & + O_2 \\ \hline \text{Netto:} & O_3 & + O & \rightarrow O_2 & + O_2 \end{array}$$

Dieser Reaktionszyklus trägt zur Zeit wegen der vergleichsweise geringen Bromkonzentration in der Atmosphäre nicht stark zum Ozonabbau bei.

Dagegen erfolgt durch die gekoppelte ClO_x und BrO_x-Katalyse ein sehr effektiver Ozonabbau. Folgender Reaktionsweg ist besonders in der unteren Stratosphäre von Bedeutung:

$$\begin{array}{llll} BrO + ClO & \rightarrow Br & + Cl & + O_2 \\ Br + O_3 & \rightarrow BrO & + O_2 & \\ Cl + O_3 & \rightarrow ClO & + O_2 & \\ \hline 2\,O_3 & \rightarrow 3\,O_2 & & \end{array}$$

Im Gegensatz zu Chlor, das teilweise in Chlorwasserstoff und Chlornitrat gebunden ist, liegt Brom fast ausschließlich in aktiver Form (BrO, Br) vor. Die Verbindung HBr hat eine geringe Bindungsenergie, daher ist dessen Konzentration in der Atmosphäre klein.

– Bedeutung der unterschiedlichen katalytischen Zyklen

Die Berechnung des Ausmaßes der Ozonveränderungen erfordert, daß die Kopplung zwischen den einzelnen katalytischen Zyklen so weit wie möglich berücksichtigt wird. Die Erhöhung der Konzentration eines bestimmten Katalysators muß nicht notwendigerweise zu einer entsprechenden Verminderung der Ozonkonzentration führen. Abhängig von der Konzentration der an anderen Zyklen beteiligten Spurengase kann eine Teilkompensation der Störung erfolgen (24).

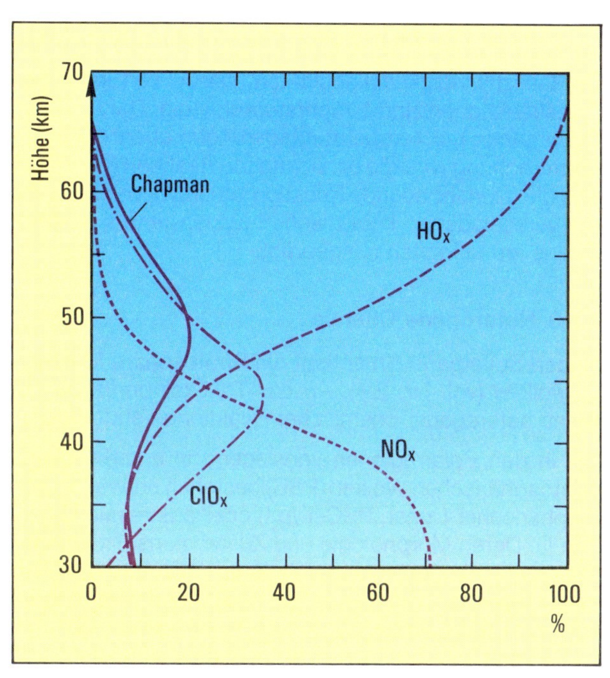

Abb. 21: Relative Bedeutung der verschiedenen Spurengasgruppen für den Ozonabbau in verschiedenen Höhen (25)

Der relative Beitrag der genannten katalytischen Reaktionen an der Ozonzerstörung ist sehr unterschiedlich und ist unter anderem von der Höhe abhängig. In Abbildung 21 sind die relativen Beiträge der einzelnen Zyklen zusammengestellt.

Unterhalb von 35 km, hier befindet sich die größte Menge des Ozons, kommt dem NO_x-Zyklus mit Werten um 70 Prozent die größte Bedeutung zu.

Im oberen Bereich der Stratosphäre und in der Mesosphäre dominiert der HO_x-Zyklus. Der relative Beitrag der HO_x-Radikale am Ozonabbau beträgt in 50 km Höhe etwa 52 Prozent. Das Ozonkonzentrationsmaximum liegt in tieferen Schichten, so daß sich dieser Zyklus auf das Gesamtozon nur gering auswirkt. In der Troposphäre ist der HO_x-Zyklus jedoch wieder wirksam. Durch anhaltende Emissionen der FCKW steigt die Konzentration des Chlors in der Stratosphäre um etwa 5 Prozent pro Jahr, so daß die Bedeutung des katalytischen Ozonabbaus durch ClO_x-Radikale ständig zunimmt. Über der Antarktis bewirken ClO_x-Radikalen wegen eines zusätzlichen Mechanismus sehr starke Ozonabnahmen (vgl. Nr. 3.4).

– **Temperaturabhängigkeit der katalytischen Zyklen**

Die Geschwindigkeitskonstanten aller in den katalytischen Zyklen auftretenden Einzelreaktionen sind temperaturabhängig. Daraus folgt unmittelbar, daß sich die Ozonmenge bei Temperaturänderungen ebenfalls verändert. Durch eine Temperaturerhöhung wird die ozonbildende Reaktion ($O + O_2 + M \rightarrow O_3 + M$) beschleunigt und die ozonabbauende Reaktion verlangsamt. Die Temperaturabhängigkeit ist für die verschiedenen katalytischen Zyklen unterschiedlich und für den Chapman-Zyklus am stärksten ausgeprägt.

2.5.3 Heterogene Chemie

Neben Sulfatpartikeln enthält die Stratosphäre Meteoritenstaub und gelegentlich Eiswolken (vgl. Nr. 2.4). An den Partikeloberflächen der Aerosole können eine Reihe heterogener chemischer Reaktionen stattfinden.

Die in den Polarregionen vorwiegend in antarktischen Regionen, beobachteten stratosphärischen Wolken (PSC) bestehen entweder aus HNO_3/H_2O Teilchen (stratosphärischer Dunst, PSC-Typ I) oder aus reinen Eiswolken (Cirruswolken, PSC-Typ II). Deren Morphologie und Zusammensetzung spielt bei der Entstehung des Ozonlochs eine entscheidende Rolle. Während die Ozonzerstörung durch homogene Gasphasenreaktionen gut verstanden wird, herrscht über die Geschwindigkeit und Produktverteilung heterogener Reaktionen noch große Unklarheit. Sicher ist nur, daß heterogene Prozesse an der Ozonzerstörung beteiligt sind. Eine wichtige Frage ist, ob heterogene Reaktionen auch außerhalb der Polargebiete von Bedeutung sind. Weitere Forschungsarbeit in diesem schwierigen Arbeitsgebiet ist dringend notwendig.

In Zusammenhang mit den während des antarktischen Frühlings beobachteten drastischen Ozonverlusten werden die heterogenen stratosphärischen Prozesse in Nr. 3.4 näher diskutiert.

2.6 Ozonmeßmethoden

Der Geruch bei elektrischen Entladungen in Sauerstoff ist einem Gas zuzuschreiben, dem man den Namen „Ozon“, (aus dem Griechischen, das „Riechende“) gab.

1840 erkannte der Chemiker Schönbein in Basel, daß Ozon ein Bestandteil der Atmosphäre ist. Er entdeckte dessen starke Oxidationswirkung und nutzte diese für den Nachweis von Ozon in Luft: Ein mit Kaliumjodid getränktes Papier verfärbt sich bei Anwesenheit von Ozon blau und gibt somit ein relatives Maß für den Ozongehalt der Luft. Mit dieser „Schönbein-Methode“ wurde erstmals weltweit bodennahes Ozon gemessen (26). Obwohl diese Meßmethode sehr ungenau ist, zeigt sie dennoch, daß in der bodennahen Luft der Ozongehalt sehr gering ist.

Im Jahre 1880 entdeckte Hartley die sehr intensive Absorption des Ozons in dem nach ihm benannten Absorptionskontinuum (zwischen etwa 200 und 300 nm Wellenlänge). Er schloß daraus, daß der plötzliche Abbruch des Sonnenspektrums unterhalb von 300 nm, den man an der Erdoberfläche beobachtet, durch den Ozongehalt der hohen Atmosphäre verursacht wird. 1930 konnte Götz mit Hilfe der von ihm entwickelten Umkehrmethode und einem spektrographischen Meßverfahren die Höhe der Ozonschicht annähernd bestimmen.

Mit dem von Dobson in den zwanziger Jahren erbauten und nach ihm benannten Spektrophotometer wurden erstmals in einem kleinen synoptischen Netz regelmäßige Messungen des Gesamtozongehaltes der Atmosphäre durchgeführt, die zum Beispiel in Arosa (Schweiz) bis heute kontinuierlich fortgesetzt werden. Die im Laufe der Jahre immer weiterentwickelte Dobson-Meßtechnik, die bis heute als Standard im globalen Ozonbeobachtungsnetz dient, wird jetzt zunehmend durch die Brewer-Meßtechnik ersetzt.

Im Jahr 1934 wurde erstmals die vertikale Ozonverteilung mit Hilfe eines ballongetragenen Spektrometers bestimmt. Von 1960 an wurden naßchemische Ozonnachweismethoden mit Radiosonden gekoppelt, und oberhalb etwa 35 km wurde die Ozonkonzentration mit raketengetragenen spektroskopischen Instrumenten bestimmt.

Seit 1970 ist die Überwachung der globalen Ozonverteilung durch den Einsatz mit an Bord von Satelliten installierten Instrumenten möglich. Moderne neuere Ozonmeßmethoden nutzen Mikrowellen- und Laserstrahlen. Eine detaillierte Beschreibung der historischen Ozonforschung ist bei Crutzen (27) zu finden.

2.6.1 Methoden zur Bestimmung der Gesamtozonmenge

Vom Boden aus durchgeführte Gesamtozonmessungen erfordern entweder Spektrometer oder optische Filtertechnik. Diese Geräte messen die relative Abschwächung der Sonnenstrahlung durch Ozon im Bereich der Huggins-Banden (ca. 300—340 nm). Die Ozonabsorption ändert sich sehr stark entlang dieses Spektralbereiches (vgl. Abb. 16). Gemessen wird mit zwei ausgewählten Wellenlängenpaaren, wobei jeweils eine Wellenlänge sehr stark, die andere nur schwach vom atmosphärischen Ozon absorbiert wird. Das Verhältnis der Intensitäten der verschiedenen Wellenlängen ist ein Maß für die Gesamtozonmenge.

— Dobson-Spektrometer (28)

Das Dobson-Spektrometer benutzt das genannte Referenzprinzip und stellte für viele Jahrzehnte das Standardgerät im globalen Ozonbeobachtungssystem dar. Es dient auch als Kalibrierungsbasis für andere Gesamtozonmeßsysteme, einschließlich der Satelliteninstrumente. Die ersten Meßstationen gehen bis in die dreißiger Jahre zurück. Ihre Anzahl ist heute auf etwa 85 angewachsen (geographische Verteilung auf der Erde vgl. Abb. 7).

– **Filter-Ozonmeter (M-83) (29)**

Dieses optische Filterinstrument wird seit dem Jahr 1957 routinemäßig, hauptsächlich in der Sowjetunion und Osteuropa, eingesetzt. Es arbeitet prinzipiell nach dem gleichen Verfahren wie das Dobson-Gerät. Vergleichsmessungen ergaben, daß M-83- und Dobson-Daten divergieren, wobei letztere als zuverlässiger angesehen werden.

– **Brewer-Gitter-Spektrophotometer (30)**

Als wesentliche Verbesserung der Gesamtozonmessungen wurde die Verwendung von Gitter-Spektrometern und elektronischer Datenverarbeitung vorgeschlagen. Das Brewer-Instrument hat ein Beugungsfilter und mißt die absolute Lichtintensität bei fünf Wellenlängen. Der „Environment Service of Canada“ hat das Brewer-Gerät weiterentwickelt und die Möglichkeiten seiner zukünftigen Verwendung im Hinblick auf den Ersatz des gegenwärtigen Dobson-Instruments getestet. Es ist jedoch noch kein globales Brewer-Meßnetz vorgesehen.

– **Satellitenmessungen des Gesamtozons (31)**

Eine Anzahl von in unbemannte Erdsatelliten eingebauten Instrumenten, liefert seit Anfang der siebziger Jahre zahlreiche Meßdaten zur globalen Gesamtozonverteilung.

Die benutzten Spektralbereiche reichen vom UV- (310 bis 340 nm) über den sichtbaren Bereich (Chappuis-Ozonbanden, in der Nähe von 600 nm) bis zu den Infrarot-Ozonbanden (9,6 µm). Die Meßstrecken reichen zum Teil nur zum Fußpunkt, andere Geräte tasten bis zu etwa 50°. Den Auswertmethoden und insbesondere der Kalibrierung können dabei theoretische oder empirische Ergebnisse zugrunde liegen.

Die wichtigsten Satellitenexperimente, die signifikante Gesamtozondaten erbrachten, sind folgende:

- das „Backscattered Ultraviolet“ (BUV) Instrument auf Nimbus 4, welches von April 1970 bis Ende 1977 Meßdaten lieferte,
- das „Solar Backscattered Ultraviolet“ (SBUV) Instrument auf Nimbus 7, das seit Oktober 1978 bis heute in Betrieb ist,
- das „Total Ozone Mapping Spectrometer“ (TOMS) Instrument, das zusammen mit SBUV auf Nimbus 7 arbeitet,
- das „Solar Backscattered Ultraviolet/2“ (SBUV/2) Instrument auf dem NOAA-9-Satelliten. Dieser Satellit wurde im Dezember 1984 gestartet,
- das „Multichannel Filter Radiometer“ (MFR), ein Infrarot-Instrument, welches im Rahmen des „USAF Defense Meteorological Satellite Program“ (DMSP) geflogen wurde. Es lieferte Gesamtozonergebnisse von März 1977 bis einschließlich Januar 1980,

- der „TIROS Operational Vertical Sounder“ (TOVS) auf dem TIROS-N NOAA-Satelliten, welches Ozondaten seit Mitte 1979 lieferte, sowie
- das „Stratospheric Aerosol and Gas Experiment“ (SAGE) Instrument, das am 18. Februar 1979 auf dem Explorer-Satelliten (AEM-2) gestartet wurde.

2.6.2 Methoden zur Bestimmung der Vertikalverteilung des Ozons

Die vertikale Ozonverteilung kann durch eine Reihe unterschiedlicher Techniken bestimmt werden (32). Man unterscheidet zwischen Systemen, die vor Ort (in situ) oder von einer entfernten Meßstation (Satellit, Bodenstation) den Ozongehalt registrieren. Während die von Satellitenplattformen und Bodenstationen (remote-systems) betriebenen Geräte auf der Grundlage optischer Meßprinzipien arbeiten, sind für in situ-Techniken optische, elektrochemische und Chemilumineszenz Verfahren in Gebrauch.

– in situ-Systeme

Von allen Meßmethoden zur Erfassung des Ozongehaltes in der freien Atmosphäre ermöglicht die in situ-Messung die zuverlässigsten Aussagen über die Verteilung des Ozons in den einzelnen Höhenschichten. Der dabei von Ballonen normalerweise nicht erfaßbare Bereich oberhalb 35 km Höhe wird mittels Raketensonden untersucht.

Ballonsonden (33)

Ozonsonden werden in der Regel mit Radiosonden gekoppelt, die neben Ozonmeßwerten auch Druck- und Temperaturdaten zur Empfangsstation übertragen. Die Auswertung der Daten ist einfacher, und die Ergebnisse sind zuverlässiger als jene der im folgenden vorgestellten Umkehrtechnik.

Elektrochemische Ozonsonden

Standardmethode für die Routineüberwachung der vertikalen Ozonverteilung ist der Einsatz von ballongetragenen elektrochemischen Ozonsonden. Das elektrochemische Meßverfahren wurde von Brewer und Milford entwickelt und beruht auf der Fähigkeit des Ozons, Jodid-Ionen zu Jod zu oxidieren.

Obwohl das Meßprinzip selbst ein absolutes System darstellt, müssen einige Korrekturen für andere Oxidantien durchgeführt werden. Zur Qualitätskontrolle werden die von der Sonde aufsummierten Daten mit den gleichzeitig an einer Bodenstation gemessenen Gesamtozonkonzentrationen verglichen. Im November 1966 wurde ein europäisches Ozonsondenmeßnetz ins Leben gerufen, das mit mindestens einem Ballonaufstieg pro Woche eine Erforschung der vertikalen Ozonverteilung ermöglichte.

Optische Ozonsonde

Diese Sonde mißt den Gesamtozongehalt oberhalb des Gerätes in Abhängigkeit von der Höhe des Ballons. Ähnlich wie bei Dobson- und Brewer-Instrumenten wird die unterschiedliche Absorption zweier Spektralbereiche durch das Ozon bestimmt. Ein ausgedehntes Meßprogramm mit optischen Sonden wurde über einen Zeitraum von fast zwanzig Jahren durchgeführt. Diese Beobachtungen sind jedoch weder zeitlich noch räumlich homogen.

Raketensonden (34)

Raketen werden seit den späten vierziger Jahren anfangs sporadisch, von 1960 an regelmäßig als Träger direkter Ozonsondierungen in der oberen Stratosphäre und der mittleren Mesosphäre genutzt. Bis Ende 1984 sondierten dort etwa 400 Raketen den Ozongehalt. Die hauptsächlich verwendeten Ozonmeßmethoden arbeiten nach zwei Grundprinzipien:

- UV-Absorption (Abschwächung des Sonnen- oder Mondlichts durch die UV-Absorptionsbanden des Ozons als Funktion der Höhe);
- Chemilumineszenz eines Nachweis-Farbstoffes (Anregung eines Farbstoffes (Rhodamin B) durch Elektronen und nachfolgende Aussendung von Licht nach Reaktion mit Ozon als Maß für die Ozonkonzentration.)

– „remote-systems“

Im folgenden werden Meßverfahren beschrieben, die von Satellitenplattformen oder Bodenstationen aus betrieben werden.

Umkehrmethode (35)

Je tiefer die Sonne am Himmel steht, desto mehr nimmt das Verhältnis der Strahlungsintensitäten zweier im Dobson-Gerät gemessenen Wellenlängen ab. Ist ein bestimmter Sonnenstand oberhalb eines Zenitwinkels von 80° erreicht, steigt das Verhältnis wegen der gegenüber dem langwelligen Strahlungsanteil wieder anwachsenden kurzwelligen Strahlung.

Mit diesem Verfahren konnte seit dem Jahr 1930 die vertikale Ozonverteilung mit Dobson-Spektrophotometern ermittelt werden. Es findet bis heute Verwendung und lieferte eine große Anzahl von Daten über den Ozongehalt in der oberen Stratosphäre. Diese sind im Zusammenhang mit der Beurteilung heutiger anthropogener Einflüsse auf die Ozonschicht von besonderem Interesse.

Satellitenmessungen des Ozonprofils (36)

Im Jahr 1956 wurde angeregt, Ozonprofile der Atmosphäre mit Satellitenmessungen des rückgestreuten ultravioletten Lichtes (BUV) zu bestimmen. Seit den siebziger Jahren werden derartige Satellitenexperimente durchgeführt. Eine Fülle von Informationen über die Vertikalverteilung des Ozons lieferten vor allem die SBUV- und SAGE-Meßkampagnen. Das SBUV-Instrument auf dem Satelliten Nimbus 7 mißt das zurückgestreute Ultraviolett in Richtung des Nadirs. Das SAGE-Gerät arbeitet nach der Absorptionsmethode.

Lidarmessungen (37)

Das LIDAR-Instrument liefert Ozon-Vertikalprofile für den Höhenbereich zwischen 15 und 50 km. Das Verfahren basiert auf der Messung von zwei Wellenlängen, die in dem zu untersuchenden Gas unterschiedlich stark absorbiert werden. Während die eine Linie stark absorbiert wird, bleibt die andere fast unverändert und dient somit als Referenz. Bei der Verwendung von gepulsten Lasern gibt die Messung der Laufzeit des rückgestreuten Lichts Aufschluß über die Höhenverteilung. Der Vergleich der Rückstreuintensitäten beider Wellenlängen aus zwei benachbarten Höhenschichten ergibt die Konzentration des untersuchten Gases.

Mikrowellenmessungen (38)

Passive Mikrowellen-Radiometer für die Fernerkundung der Atmosphäre werden in der Meteorologie seit mehr als zehn Jahren für experimentelle und operationelle Anwendungen eingesetzt. In neuerer Zeit werden diese Sensoren auch für die Erforschung der mittleren Atmosphäre (15 km bis 100 km) verwendet.

Mirkowellen-Sensoren messen in einem Spektralbereich von ca. 10 GHz — 300 GHz (entsprechend einer Wellenlänge von 1 mm — 30 mm) die thermische Strahlung der Atmosphäre, die bei Rotationsübergängen von Molekülen emittiert wird. Die spektrale Analyse der Mikrowellenstrahlung erlaubt es, auf Atmosphären-Parameter wie Temperatur, Druck und auf das Mischungsverhältnis eines Gases als Funktion der Höhe zu schließen. Ein besonders zur Untersuchung mit Mikrowellen geeignetes Gas ist Ozon, das mehrere starke Absorptionslinien im Bereich bis 300 GHz aufweist.

Mikrowellensensoren haben gegenüber den herkömmlichen Ozonmeßgeräten Vorteile, da sie sowohl vom Sonnenstand, als auch vom Aerosolgehalt der Troposphäre unabhängig sind und auch bei bewölktem Himmel eingesetzt werden können. Diese Geräte bestimmen zudem neben Ozon auch andere wichtige Stoffe wie H_2O und ClO und messen auch die Temperaturverteilung in der Atmosphäre. Probleme bereitet allerdings die Linienverbreiterung durch Druck und Temperatur sowie die noch zu geringe vertikale Auflösung.

— Messung des bodennahen Ozons

Mit „bodennahem Ozon" ist das Ozon der Troposphäre wenige Meter über Grund gemeint. Seit photochemische Mechanismen entdeckt wurden, die in durch menschliches Handeln belasteter Luft Ozon bilden, ist die Messung des bodennahen Ozons von großer Bedeutung. Ozonmeßgeräte gehören zur Grundausstattung einer Meßstation für Umweltparameter. Die automatische, kontinuierliche Ozonmessung ist heute unproblematisch. Es stehen naßchemische und optische Verfahren zur Verfügung, die bei gewissenhafter Wartung dauerhaft zuverlässig arbeiten.

2.6.3 Bewertung der Ozonmeßtechniken (39)

Die Erkenntnis der globalen Bedrohung durch die Abnahme des Ozons in der Stratosphäre verstärkt das Interesse an der Präzision der Ozonmessungen. Seit Entwicklung der ersten Nachweismethode für Ozon im Jahre 1840 wurden Meßverfahren laufend verbessert, überprüft und neuentwickelt. Auch wurden Vergleichsanalysen der verschiedenen Techniken im internationalen Maßstab in einer Reihe von Kampagnen vorgenommen.

Die Messung der Ozonkonzentration in der Stratosphäre ist aus vielen, zum Teil schon genannten Gründen kompliziert.

Besondere Probleme bereiten die Satelliten-Instrumente. Die harte UV- und Teilchen-Strahlung im All zerstört langsam die Diffusorplatte und führt zu einer „Erblindung" der optischen Elemente und damit zu falschen Konzentrationsangaben.

Die Bestimmung der vertikalen Ozonverteilung mittels der Umkehrtechnik wird zum Beispiel durch Aerosole in der Stratosphäre etwa nach Vulkanausbrüchen beeinträchtigt. Bei Kenntnis der Konzentration, der Größenverteilung und der optischen Eigenschaften der Aerosole können die Umkehrdaten jedoch korrigiert werden.

Einen sehr wichtigen Beitrag zur Bewertung der mit den verschiedenen Meßtechniken erhaltenen Daten leistete der „OTP", der eine umfangreiche, genaue Nachanalyse des bereits vorhandenen Datenmaterials vornahm. In der im März 1988 vorgelegten OTP-Zusammenfassung werden korrigierte Meßdaten angegeben, die eindeutig bestätigten, daß eine jährlich wiederkehrende drastische Ozonabnahme während des antarktischen Frühlings und seit 1969 eine globale Ozonabnahme in der Stratosphäre stattgefunden hat.

3. Ursachen für den Ozonschwund in der Stratosphäre

Zusammenfassung

Die Gesamtozonmenge wird durch mindestens drei natürliche zyklische Phänomene beeinflußt: die Jahreszeiten, die quasi zweijährigen Schwankungen und den elfjährigen Sonnenfleckenzyklus. Daneben beeinflussen in unregelmäßiger Weise Vulkanausbrüche und das „El Niño Ereignis" die Ozonverteilung in der Stratosphäre. Erst nach Filterung dieser natürlichen Variabilität können die Auswirkungen menschlicher Aktivitäten abgeschätzt werden. Die anthropogene Ozonzerstörung entsteht durch die Emission von Spurenstoffen. Die industriell hergestellten FCKW, andere chlorierte und bromierte Stoffe sowie Halone stellen eine große Gefahr für die Ozonschicht dar. Aber auch Spurenstoffe, die bei der Gewinnung und Verbrennung fossiler Brennstoffe, Biomasseverbrennung, Massentierhaltung, Verwendung von stickstoffhaltigem Dünger sowie bei Reisanbau entstehen, spielen bei der Änderung des Ozongehaltes eine wichtige Rolle.

Sicher ist, daß das zu Beginn des antarktischen Frühlings entstehende Ozonloch hauptsächlich durch anthropoge FCKW hervorgerufen wird. Die globale Ozonreduktion ist im Vergleich zu dem antarktischen Phänomen deutlich schwächer ausgeprägt. Jedoch wird auch unter Berücksichtigung natürlicher Ozonschwankungen eine signifikante Ozonabnahme festgestellt, die mit großer Wahrscheinlichkeit auf den Einfluß anthropogener FCKW-Emissionen zurückzuführen ist. In der Arktis und Antarktis herrschen unterschiedliche meteorologische Bedingungen, so daß die chemischen Prozesse, die zur Entstehung des Ozonlochs führen, in den Nordpolgebieten nicht, oder nur stark abgeschwächt, ablaufen.

Der natürliche Chlorgehalt in der Stratosphäre beträgt etwa 0,6 ppb. Mittlerweile ist er aufgrund anthropogener Einflüsse drastisch gestiegen und hat einen Wert von etwa 2,5 bis 3 ppb erreicht. Die extreme Langlebigkeit halogenierter FCKW und Halone zeigt die zeitliche Dimension der Bedrohung. Bei konstanten FCKW-Emissionen wird in einigen Jahrzehnten etwa das zwölffache der natürlichen Konzentration vorhanden sein. Schon eine Vervier- bis Verfünffachung der natürlichen Konzentration führte zu drastischen Ozonzerstörungen in der Antarktis. Selbst ein FCKW-Stop bringt keine sofortige Erholung der Ozonschicht; vielmehr verstärken sich die Auswirkungen zunächst und werden um so größer, je später Maßnahmen getroffen werden. Als Maß für die Ozonwirksamkeit halogenierter Verbindungen wurde vereinfachend der ODP-Wert (Ozone Depletion Potential) eingeführt. Vollhalogenierte Verbindungen haben große Ozonzerstörungspotentiale, da sie fast ausschließlich in der Stratosphäre abgebaut werden. Teilhalogenierte Substanzen können dagegen teilweise in der Troposphäre umgewandelt werden. Deren geringere Ozonwirksamkeit kann jedoch durch drastische Produktionserhöhungen kompensiert werden. Bisher wird im Montrealer Protokoll nur die Produktion der wichtigsten vollhalogenierten FCKW und Halone beschränkt. Die Ozonschicht ist jedoch auch durch eine Reihe nicht regulierter Verbindungen gefährdet. Zu diesen Substanzen zählt besonders Tetrachlorkohlenstoff (CCl_4), Methychloroform (CH_3CCl_3) sowie alle anderen teilhalogenierten Chlor- und Bromverbindungen.

3.1 Natürliche Ursachen

3.1.1 Dynamische Änderungen

Die lokale Ozonkonzentration in der Stratosphäre wird durch photochemische und dynamische Prozesse bestimmt. In der Mesosphäre und der Stratosphäre oberhalb von etwa 25 bis 30 km herrscht photochemisches Gleichgewicht, und die

Atmosphären-Dynamik hat nur geringen Einfluß auf die Ozonverteilung. In der Stratosphäre unterhalb von etwa 25 km wird dagegen die Ozonverteilung weitgehend durch die atmosphärische Dynamik bestimmt. Daher werden in diesem Höhenbereich besonders starke Ozonfluktuationen beobachtet. Die dynamischen Effekte spielen aber für das in diesem Höhenbereich beobachtete Ozonloch eine nur untergeordnete Rolle.

Als Folge der jahreszeitabhängigen dynamischen Prozesse, die im Spätwinter am stärksten ausgeprägt sind, wird in der unteren Stratosphäre ein natürlicher Jahresgang der Ozonkonzentration beobachtet (vgl. Abb. 8).

Schwankungen der Ozonkonzentration in der Stratosphäre können auch durch andere großräumige dynamische Vorgänge hervorgerufen werden. Es wurde ein Zusammenhang zwischen dem im Jahr 1983 beobachteten Ozonminimum und dem El Niño-Phänomen sowie der quasi — zweijährigen Schwankung (QBO) gefunden (40). Die quasi-zweijährigen Schwankungen beruhen auf Änderungen der Winde in der Stratosphäre mit einem Wiederholungszyklus von etwa 22 Monaten.

3.1.2 Zyklische Änderungen der Solaraktivität

Die Ozonbildung als Ergebnis der UV-Photodissoziation des molekularen Sauerstoffs (vgl. Nr. 2.5.1) wird direkt durch Variationen der Sonnenaktivität beziehungsweise der UV-Strahlungsintensität beeinflußt. Folgende Intensitätsvariationen werden beobachtet:

- Veränderungen durch die Rotation der Sonne um ihre Achse (27 Tage-Rhythmus)
- Langzeitvariationen im Zusammenhang mit dem elfjährigen Sonnenzyklus.

Sowohl ein kurzfristiger Anstieg der solaren Röntgenstrahlung als auch ein Partikelstrom, der hauptsächlich aus Protonen besteht, beeinflussen zusätzlich die Atmosphäre. Insbesondere die Partikelströme können von Bedeutung sein, da sie zur Bildung von NO_x führen, die das Ozon angreifen.

Im 27 Tage-Rhythmus variiert die solare UV-Strahlung im folgenden Größenbereich:

175 nm — 210 nm: etwa 5 — 7 Prozent
210 nm — 250 nm: etwa 3 Prozent
260 nm — 300 nm: etwa 1 Prozent

Es wird angenommen, daß eine Änderung der Solarstrahlung bei 205 nm um 5 bis 6 Prozent (über einen 27 Tage-Rhythmus) Ozonschwankungen von 2 bis 3 Prozent in etwa 30 bis 50 km Höhe bewirken. In der Gesamtozonkonzentration wird keine nachweisbare Veränderung erwartet (41).

Langzeitschwankungen der Ozonkonzentration im elfjährigen Zyklus der Sonnenaktivität sind ebenfalls in einer Reihe von Studien untersucht worden. Es wurde berechnet, daß sich die Ozonkonzentrationen in der mittleren Stratosphäre wegen der Änderung der UV-Intensität um weniger als 5 Prozent ändern können. Hinsichtlich der Gesamtozonmenge werden Variationen in der Größenordnung von 1 bis 3 Prozent erwartet. Die Kenntnisse über UV-Langzeitschwankungen sind allerdings noch unsicher. Bekannt ist, daß die Sonnenfleckenzyklen unterschiedlich ausgeprägt sind.

Die Sonnenaktivität kann über einen weiteren Mechanismus die Ozonkonzentration in der Stratosphäre beeinflussen: Die Protonenausbrüche (solar proton events) führen in der Meso- beziehungsweise Stratosphäre zur Bildung von OH- und NO-Radikalen. Wie in Nr. 2.5.2 dargestellt, ist die Effizienz der katalytischen Ozonzyklen höhenabhängig. OH führt daher in der Mesosphäre und NO in der Stratosphäre zu einer Ozonreduktion. Ein eindrucksvolles Beispiel war der solare Protonenausbruch am 4. August 1972. Der katalytische Ozonabbau wurde vorhergesagt und ließ sich auch anhand gemessener Daten nachweisen (42).

Korrelationen zwischen Sonnenflecken-Relativzahlen und Gesamtozongehalt wurden mehrfach postuliert, doch weichen die Ergebnisse zum Teil erheblich voneinander ab. Ein wichtiger Grund dafür ist, daß der Einfluß der Sonnenausbrüche nur im Höhenbereich oberhalb von 30 km eine Rolle spielt und damit nur etwa 10 Prozent der Ozonschicht erfaßt. Bei Betrachtung des Gesamtozongehaltes kann die gesuchte Korrelation durch die unterhalb von 30 km befindlichen 90 Prozent der Ozonschicht und durch den „Selbstheilungseffekt" maskiert werden.

3.1.3 Vulkanismus

Nach mächtigen vulkanischen Eruptionen, bei denen Aerosole bis in die Stratosphäre geschleudert werden, kann sich die Ozonkonzentration in der Stratosphäre verringern. Eine Ozonabnahme im Nachgang des El-Chichon Ausbruchs (Mexiko) im Jahr 1982 wird für wahrscheinlich gehalten (43), während der Einfluß der Mt. Agung Eruption im Jahr 1960 nicht gesichert ist. Nach dem El Chichon-Ausbruch wurde in der Stratosphäre eine HCl-Zunahme von 40 Prozent im Bereich 20° und 40° N beobachtet (44).

Die Mechanismen, die diese Ozonreduktionen bewirken, sind im einzelnen noch nicht geklärt. Für die beobachteten Abnahmen werden die direkte Chlorinjektion sowie heterogene chemische Prozesse an Aerosolpartikeln verantwortlich gemacht.

3.2 Beeinflussung der Ozonschicht durch menschliche Aktivitäten

Notwendige Voraussetzung dafür, daß Spurenstoffe in die Stratosphäre transportiert werden und die Ozonschicht beeinflussen, ist eine lange troposphärische Verweilzeit. Diese wird unter anderem durch die chemische Reaktivität der Spurenstoffe bestimmt. Eine große Anzahl von Spurengasen unterliegt in der Troposphäre chemischen Umwandlungsprozessen, bei denen dem Hydroxyl-Radikal

(OH) eine entscheidende Bedeutung zukommt, oder werden durch trockene und nasse Deposition aus der Atmosphäre entfernt. Viele Verbindungen haben daher in den untersten zehn Kilometern der Atmosphäre eine kurze Verweilzeit und können die Stratosphäre nicht in signifikanten Mengen erreichen (z. B. Schwefeldioxid, SO_2). Im Gegensatz zu diesen Substanzen existieren jedoch sogenannte Quellgase, die in der Troposphäre sehr reaktionsträge sind und erst nach Einwirkung kurzwelliger Sonnenstrahlung in der Stratosphäre chemisch reagieren. Es handelt sich hierbei vor allem um FCKW, Halone und Distickstoffoxid (N_2O). Neben den aus der Troposphäre aufsteigenden chemisch inerten Quellgasen wird die Ozonschicht auch durch Substanzen zerstört, die durch Flugzeuge, Kernwaffenexplosionen oder Vulkanausbrüche direkt in die Stratosphäre gelangen.

3.2.1 Fluorchlorkohlenwasserstoffe (FCKW) und Halone

Molina und Rowland (45) alarmierten 1974 die Weltöffentlichkeit mit einer Untersuchung, in der vorhergesagt wurde, daß die Emission von FCKW zu einer Zerstörung der Ozonschicht führen werde. Mittlerweile ist diese Vorhersage durch eine Vielzahl von Untersuchungen und Berechnungen bestätigt worden. FCKW und Halone werden in immer größerem Umfang in verschiedenen Bereichen angewendet (vgl. Kap. 2, Nr. 1). In der Troposphäre werden sie praktisch nicht abgebaut, sondern reichern sich allmählich an. Vor Bekanntwerden der ozonschädigenden Wirkung wurden diese Substanzen als umwelt- und gesundheitsverträglich angesehen. Ihre mittleren atmosphärischen Verweilzeiten sind sehr groß. Sie betragen für FCKW 11 mindestens 65 Jahre und für FCKW 12 etwa 120 Jahre. Von diesen beiden vollhalogenierten FCKW werden die größten Mengen produziert. Neben ihnen existieren noch eine Reihe anderer halogenierter Verbindungen (vgl. Abschnitt D, Kap. 1, Nr. 3), die ebenfalls hauptsächlich in der Stratosphäre abgebaut werden. Dies wird auch durch die gemessenen Vertikalverteilungen der FCKW und Halone bewiesen. Innerhalb der Troposphäre wird mit der Höhe keine Konzentrationsabnahme beobachtet, dagegen nehmen oberhalb der Tropopause die Werte deutlich ab (vgl. Abb. 22).

Die beobachteten Vertikalprofile sind, mit Ausnahme derer von Tetrachlorkohlenstoff (CCl_4) und Methylchlorid (CH_3Cl), konsistent mit den Modellvorhersagen (47).

Der wichtigste, für einige FCKW und Halone auch einzig mögliche Abbaumechanismus ist die Photolyse durch UV-Sonnenstrahlung mit Wellenlängen zwischen 190 und 220 nm. Durch diese Molekülspaltung entstehen Chlor- beziehungsweise Bromatome, die als Katalysatoren wirken und über die in Nr. 2.5.2 beschriebenen Reaktionen Ozon zerstören. Fluoratome werden dagegen in HF gebunden und sind nicht an der Ozonzerstörung beteiligt.

Da die Geschwindigkeit des photolytischen FCKW-Abbaus noch kleiner ist als die heutigen Emissionsraten, werden die Konzentrationen dieser Verbindungen in der Atmosphäre weiter zunehmen. Messungen sowie Ergebnisse von Modellrechnungen zeigen, daß die untere Stratosphäre mittlerweile 2,5 bis 3 ppb Chlor enthält.

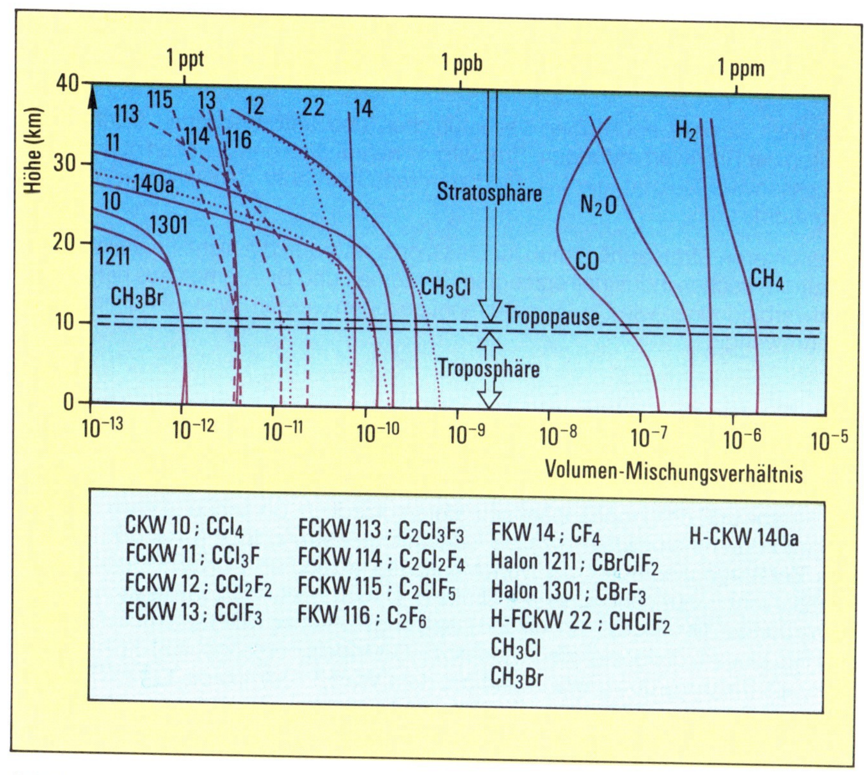

Abb. 22: Vertikalprofile verschiedener Quellgase in der Atmosphäre. Die Angaben beruhen auf Analysen von Luftproben aus der Troposphäre und Stratosphäre (46)

Die natürliche Cl_x-Konzentration, vorwiegend hervorgerufen durch das aus Ozeanen freigesetzte Methylchlorid (CH_3Cl), beträgt etwa 0,6 ppb. Daraus folgt, daß die menschlich bedingte Chlorbelastung von heute etwa um den Faktor 4 bis 5 gegenüber dem natürlichen Hintergrund erhöht ist. Weil chlorhaltige Substanzen extrem langlebig sind, muß angenommen werden, daß selbst bei konstant bleibenden Emissionsraten die Cl_x-Konzentration in der unteren Stratosphäre in einigen Jahrzehnten einen Maximalwert von ca. 8 ppb — das heißt etwa das Zwölffache der natürlichen Menge erreichen wird.

Diese außerordentliche Langlebigkeit halogenierter Substanzen erklärt, warum die Emissionen der Vergangenheit die Ozonschäden der Gegenwart, die Emissionen von „Heute" die Schäden von „Morgen" sind. Modellrechnungen belegen, daß selbst bei sofortigem Stopp der Emissionen halogenierter Verbindungen, der Chlorgehalt in der Stratosphäre noch über viele Jahre fast konstant bleibt (vgl. Nr. Kap. 4, Nr. 1).

Unklarheit besteht noch über die natürlichen und anthropogenen Quellen und Senken der Bromverbindungen. Bromatome nehmen an den gleichen chemischen Prozessen wie Chloratome teil. Sie zerstören Ozon aber deutlich wirksamer als Chloratome.

In der unteren Stratosphäre muß für die Ozonzerstörung die nichtlineare Wechselwirkung zwischen industriell erzeugten Cl-Atomen und Br-Atomen aus natürlichen Bromverbindungen wie CH_3Br in Betracht gezogen werden. Weitere Forschung ist hier notwendig.

3.2.2 Relative Ozonwirksamkeit — ODP-Wert

Alle Chlorverbindungen zerstören durch die gleichen Mechanismen Ozon, jedoch ist die Effizienz einzelner Verbindungen infolge bestimmter chemischer Prozesse in der Strato- und der Troposphäre sehr unterschiedlich. So schädigt etwa das vorwiegend durch natürliche Prozesse freigesetzte Methylchlorid (CH_3Cl) in Relation zum Zerstörungspotential der von Menschen erzeugten FCKW 11 und 12 die Ozonschicht in nur sehr geringem Umfang. Diese „relative Ozonwirksamkeit" der Verbindungen (im Englischen: Ozone Depleting Potential, ODP) wird üblicherweise mit Hilfe eines 1-dimensionalen-Modells (1-D-Modell) berechnet (48). FCKW 11 ist dabei als Bezugsgröße gewählt und mit dem Wert 1 festgesetzt. Die ODP-Werte der ozonrelevanten Verbindungen sind in Tabelle IV Abschnitt D, Kap. 1 angegeben. Im folgenden wird der ODP-Wert der wichtigsten ozonrelevanten Verbindungen vorgestellt. Gleichzeitig werden die chemischen Prozesse, die den ODP-Wert bestimmen, erläutert:

— Vollhalogenierte FCKW, wie FCKW 11, 12, 113, 114, 115 und CCl_4, haben hohe ODP-Werte, das heißt sie zerstören die Ozonschicht in großem Umfang. Sie sind in der Troposphäre stabil, so daß nahezu jedes emittierte Molekül in die Stratosphäre gelangt und dort photolysiert wird. Die Spaltprodukte zerstören dann die Ozonschicht.

— Teilhalogenierte wasserstoffhaltige Verbindungen, wie H-FCKW 22 (CHF_2Cl), CH_3CCl_3, CH_3Cl und CH_3Br werden zum Teil noch in der Troposphäre durch OH-Radikale abgebaut, so daß dieser Anteil nicht in die Stratosphäre gelangt und nicht ozonwirksam wird. Teilhalogenierte Verbindungen, insbesondere H-FCKW 22, werden daher zur Zeit als mögliche Ersatzstoffe für vollhalogenierte Substanzen auf ihre Umweltverträglichkeit und Toxizität hin getestet. Die entsprechenden Untersuchungen sind zwar sehr zeitaufwendig, müssen aber durchgeführt werden, da befürchtet wird, daß diese Stoffe schädliche Wirkungen haben können. Der Beweis, ob alle Abbauprodukte chlorierter Kohlenwasserstoffe vollständig aus der Troposphäre entfernt werden, steht bisher aus. Die mögliche Bildung stabiler Zwischenprodukte, wie zum Beispiel chlorhaltiger organischer Nitrate, sollte genauer untersucht werden (49). Auch würden drastische Produktionserhöhungen teilhalogenierter Substanzen ebenfalls zu einer Schädigung der Ozonschicht führen, da die wasserstoffhaltigen Verbindungen, wie oben angeführt, nur zum Teil in der Troposphäre abgebaut werden.

- Bromhaltige Halonverbindungen sind in der Troposphäre sehr stabil und werden ebenfalls erst in der Stratosphäre durch Photolyse gespalten. Die bei dieser Reaktion entstehenden Bromatome zerstören die Ozonschicht im Vergleich zu Chloratomen drei- bis zehnmal wirksamer, da relativ wenig HBr gebildet wird. Besonders die Effizienz der gekoppelten ClO_x-BrO_x-Katalyse ist sehr hoch (vgl. Nr. 2.5.2). Bromhaltige Halonverbindungen weisen daher höhere ODP-Werte als FCKW 11 und 12 auf.

  Da Halone zur Zeit noch in geringen Mengen produziert werden, tragen sie im Vergleich zu den FCKW momentan relativ wenig zum Ozonabbau bei. Steigende Halon-Emissionen (im wesentlichen die Halone 1211:$CBrClF_2$ und 1301:$CBrF_3$) können dies jedoch ändern.

Angesichts dieser ODP-Werte ergeben sich wichtige Konsequenzen für eine Regulierung der FCKW-Emissionen wie auch für mögliche Ersatzstoffe auf internationaler Ebene:

- Alle vollhalogenierten Verbindungen, einschließlich CCl_4, müssen reglementiert werden.

- Auch wasserstoffhaltige, teilhalogenierte FCKW, die als potentielle Ersatzstoffe gelten, wie zum Beispiel H-FCKW 22 ($CHClF_2$), 123 ($CHCl_2$-CF_3), 124 ($CHClF$-CF_3) und 132b (CH_2Cl-$CClF_2$) zerstören die Ozonschicht und dürfen nur eine mengen- und zeitbegrenzte Übergangsmaßnahme darstellen. Sie müssen ebenfalls in eine Reglementierung einbezogen werden.

Die Festsetzung der Ozonwirksamkeit durch den ODP-Wert ist nicht unumstritten. Die Berechnung dieser Werte wird in der Regel mit einem 1-D- Modell durchgeführt und erfaßt nur den nach vielen Jahrzehnten erreichten Fall, jedoch nicht die zeitliche Entwicklung der Ozonzerstörung. Dies bedeutet, daß sich der Vorteil eines geringeren ODP-Wertes auch erst nach dieser Zeitspanne bemerkbar machen wird. Der ODP-Wert berücksichtigt nur die Verringerung der Gesamtozonkonzentration. Vertikale Ozonumverteilungen bei konstanter Gesamtkonzentration schlagen sich somit nicht im ODP-Wert nieder.

3.2.3 Distickstoffoxid (N_2O), Methan (CH_4) und Kohlendioxid (CO_2)

Neben den FCKW und Halonen beeinflussen eine Reihe anderer Spurenstoffe die Ozonschicht. N_2O und CH_4 haben eine direkte chemische Wirkung während das chemisch inerte CO_2 über die Temperatur auf die Ozonschicht einwirkt.

– Distickstoffoxid (N_2O)

Die wichtigste N_2O-Senke liegt in der Stratosphäre und entsteht durch die Photolyse des N_2O und Reaktionen mit angeregtem atomaren Sauerstoff. Das entstehende NO ist an dem katalytischen Ozonabbau in der Stratosphäre beteiligt.

In der Troposphäre hat N_2O keine nennenswerten Senken. Wegen zunehmender, anthropogener N_2O-Emissionen (Anstieg: 0,2 – 0,3 Prozent pro Jahr) (vgl. Abschnitt D, Kap. 1, Nr. 3.5) wird mit einer Verstärkung der Ozonabnahme im Höhenbereich zwischen 25 und 45 km gerechnet.

Auf die Gefährdung der Ozonschicht durch direkt in die Stratosphäre verbrachte Stickoxide (NO_x) wurde im Jahr 1971 hingewiesen (50).

Zusätzlich zu der NO_x-Produktion durch die Photolyse von N_2O werden Stickoxide zum Beispiel von hochfliegenden Flugzeuge und Raketen direkt in die Stratosphäre emittiert, dies kann zu einer signifikanten Reduktion des Ozons in der Stratosphäre führen.

Der Umfang der Ozonzerstörung durch steigende NO_x- und ClO_x-Konzentrationen in der Stratosphäre ergibt sich nicht allein durch Addition der individuellen Effekte. Vielmehr finden Rückkopplungen statt, die Ozon teilweise vor Zerstörung schützen, insbesondere durch die Reaktionen:

$$ClO + NO_2 + M \rightarrow ClONO_2 + M$$
$$ClO + NO \rightarrow Cl + NO_2$$
$$Cl + CH_4 \rightarrow HCl + CH_3$$

Durch die erste Reaktion werden die katalytischen ClO- und NO_2-Radikale in Chlornitrat umgewandelt, durch die dritte Reaktion entsteht HCl. Sowohl $ClONO_2$ als auch HCl reagieren nicht mit Ozon.

– Methan (CH_4)

In einigen Höhenbereichen kann CH_4 Ozonabnahmen, in anderen Ozonzunahmen hervorrufen.

Methan wirkt gemäß obiger Reaktion einem Ozonabbau in der Stratosphäre entgegen. Daneben ist Methan eines der wichtigsten Quellgase für den ozonzerstörenden katalytischen HO_x-Zyklus. In der oberen Stratosphäre erhöht die CH_4-Oxidation die HO_x-Konzentration. Dadurch tritt oberhalb von 45 km eine Verstärkung des Ozonabbaues durch HO_x-Radikale ein.

Auch aktivieren OH-Radikale über die Reaktion

$$HCl + OH \rightarrow Cl + H_2O$$

die ClO_x-Chemie. Diese Reaktion ist jedoch von untergeordneter Bedeutung.

Infolge des beobachteten Emissionsanstieges der Quellgase (vgl. Abschnitt D, Kap. 1, Nr. 3) ist mit einer Störung der Stratosphärenchemie zu rechnen.

Methan ist der wichtigste Kohlenwasserstoff der globalen Atmosphäre. Auch in der Troposphäre besitzt dieses Gas große Bedeutung.

– Kohlendioxid (CO_2)

Neben den starken Auswirkungen erhöhter CO_2-Emissionen auf das Klima der Troposphäre hat dieses Gas wegen der Temperaturrückkopplung Einfluß auf die Chemie der Stratosphäre. Eine zunehmende CO_2-Konzentration und als Folge eine höhere Wärmeausstrahlung lassen für die Stratosphäre Temperaturabnahmen erwarten. Die Geschwindigkeitskonstanten der in den katalytischen Zyklen auftretenden Einzelreaktionen sind temperaturabhängig. Eine Temperaturabnahme in der Stratosphäre verlangsamt die ozonabbauende und beschleunigt die ozonbildende Reaktion, so daß insgesamt die Gesamtkonzentration ansteigt.

3.2.4 Aerosole in der Stratosphäre

In etwa 15 bis 25 km Höhe werden erhöhte Aerosolkonzentrationen beobachtet. Es handelt sich vorwiegend um Sulfatpartikel. Es wird daher im allgemeinen von der stratosphärischen Sulfatschicht oder nach ihrem Entdecker von der Junge-Schicht gesprochen. Die Spurenstoffe werden zum Teil durch Vulkanausbrüche direkt in diese Höhe injiziert oder aus stabilen Schwefelgasen, hauptsächlich aus Carbonylsulfid, gebildet.

Bisher ist kein direkter Einfluß stratosphärischer Aerosole auf die Ozonverteilung bekannt. Eine Ausnahme bilden die polaren Wolken, die fast ausschließlich während des Winters und Frühlings in der Antarktis und während des Winters in der Arktis beobachtet werden sowie die speziellen Effekte nach starken episodischen Aerosolinjektionen bei Vulkanausbrüchen.

3.3 Ursachen der Ozonzerstörung in der globalen Stratosphäre

Die globale Abnahme des Ozons in der Stratosphäre ist noch gering, so daß die Ursache schwieriger zu finden ist, als für das Ozonloch über der Antarktis. Die Gesamtozondichte wird nicht nur durch die Folgen menschlichen Handels beeinflußt, sondern auch von natürlichen, geophysikalischen Phänomenen. Der OTP hat die vorhandenen Meßdaten überprüft und mit statistischen Analyseverfahren Ursachen bestimmt. Unter Berücksichtigung des Einflusses natürlicher Schwankungen hat die Gesamtozonschicht in dem Zeitraum von 1969 bis 1986 um 1,7 bis 3 Prozent im Bereich von 30° bis 64° N abgenommen. Diese Ozonabnahme ist ganz oder teilweise auf den Anstieg der Spurenstoffemissionen – vor allem von FCKW – zurückzuführen (vgl. Nr. 1, Tab. I, II und Abb. 2).

Modellberechnungen zufolge hätte die Gesamtozonreduktion im Zeitraum 1978 bis 1985 aufgrund der

- abnehmenden Solaraktivität (unabhängig von geographischer Breite und Jahreszeit) 0,7 bis 2,0 Prozent und der

– gestiegenen Spurenstoffkonzentration 0,2 bis 0,6 Prozent (Sommer) und 0,5 bis 1,5 Prozent (Winter) abnehmen müssen.

Demnach bestünde zwischen Modellrechnungen und Beobachtungen eine gute Übereinstimmung. Wegen der Komplexität des Problems und den wissenschaftlichen Unsicherheiten kann diese Aussage allerdings nicht als gesichert gelten.

Für den Zeitraum von 1979 bis 1985 berechneten die Modelle in etwa 40 km Höhe einen Ozonrückgang um 4 bis 9 Prozent als Reaktion auf die erhöhten Spurengasmengen – hauptsächlich der FCKW – und um 1 bis 3 Prozent infolge der abnehmenden Sonnenaktivität.

Satellitenmessungen geben für diesen Höhenbereich eine Ozonveränderung von +1 bis –7 Prozent an. Nach Umkehrdaten ergab sich eine Ozonabnahme von 9 Prozent.

Betrachtet man nur die bislang erforschten chemischen Abbauprozesse, so scheint eine drastische globale Abnahme des Ozons zur Zeit unwahrscheinlich zu sein. Bisher unbekannte Mechanismen können jedoch plötzlich – vergleichbar zum antarktischen Ozonloch – eine gänzlich veränderte Situation schaffen. Nichtlineare Rückkopplungsmechanismen, wie sie beim antarktischen Ozonloch auftreten, können auch im Nordpolargebiet nicht ausgeschlossen werden. Auch haben verstärkte Reduktionen des Ozons in den Polarregionen durch Mischungsprozesse Einfluß auf die umgebende Stratosphäre, so daß globale Auswirkungen keinesfalls ausgeschlossen sind.

Das Ausmaß der momentanen globalen Ozonveränderung muß durch weitere Messungen überwacht werden. Wahrscheinlich ist, daß die derzeitige globale Ozonabnahme überwiegend durch industriell hergestellte FCKW hervorgerufen wird.

Von welcher halogenierten Verbindung geht zur Zeit die größte Gefahr für die stratosphärische Ozonschicht aus? Der Beitrag einer Substanz zur Gesamtchlorinjektion in die Stratosphäre wird in etwa durch das Produkt aus produzierter Menge und ODP-Wert bestimmt. Daraus folgt, daß momentan etwa 70 Prozent des Gesamteffektes durch FCKW 11 und 12 erzeugt werden. Weitere 10 Prozent entfallen auf FCKW 113; der Rest verteilt sich auf andere FCKW und Halone. Die Rollen des Tetrachlorkohlenstoffs (CCl_4) und des Methylchloroforms (CH_3CCl_3) sind noch nicht vollständig geklärt. CCl_4 hat einen hohen ODP-Wert, seine Quellen sind zum Teil unbekannt. CH_3CCl_3 weist eine stark steigende Konzentrationszunahme auf (8 % pro Jahr) und hat einen relativ hohen ODP-Wert von 0,15. Diese Verbindungen müssen in Zukunft verstärkt Beachtung finden. Die Bedeutung von H-FCKW 22 ist derzeit noch gering. H-FCKW 22 wie auch CCl_4 und CH_3CCl_3 sind nicht durch das Montrealer Protokoll reguliert. Ihre Produktionen werden aller Voraussicht nach drastisch ansteigen und müssen daher verstärkt Beachtung finden.

3.4 Ursachen des Ozonlochs über der Antarktis

Das antarktische Ozonloch entstand völlig überraschend! Kein Wissenschaftler hat diese Entwicklung auch nur annähernd vorhergesagt. Dieses plötzlich auftretende Phänomen ist die Folge von menschlichen Eingriffen in den Naturhaushalt und muß als eine sehr ernste Warnung, die FCKW nicht weiter zu nutzen, verstanden werden. Zur Erklärung des Vorganges wurden eine Reihe von Theorien angeführt, die anfänglich auf keine oder sehr unzureichende Beobachtungen gestützt werden konnten. Es wurden natürliche und anthropogene Ursachen zur Erklärung vorgeschlagen. Nach mehreren Meßkampagnen unter oft schwierigen Bedingungen wird jetzt von keinem namhaften Wissenschaftler mehr bestritten, daß die gestörte ClO_x-Chemie Ursache für den Ozonrückgang ist. Verantwortlich für diese Störung ist primär die Emission von FCKW.

Zu klären war, warum Ozon im Höhenbereich zwischen 10 und 25 km während des antarktischen Frühlings zerstört wird, und warum dieses Defizit immer bedrohlichere Ausmaße annimmt. Die wichtigsten Arbeiten zur Erklärung des antarktischen Ozonlochs stammen von Solomon u.a., Mc Elroy u.a., Crutzen und Arnold u.a., Toon u.a. und Turco u.a. (51). Die Wissenschaftler teilten sich zunächst in zwei Gruppen, die sogenannten „Dynamiker“ und die „Chemiker“. Nach Auffassung der ersten Gruppe sollte das Ozonloch durch sich stark verändernde dynamische, das heißt meteorologische Einflüsse natürlichen Ursprungs hervorgerufen werden. Hingegen gingen die „Chemiker“ davon aus, daß anthropogen emittierte halogenierte Verbindungen die Ursache seien. Die Hypothese, daß das Ozonloch die Folge einer großräumigen Umverteilung des Ozons sei, wurde bald für unwahrscheinlich erklärt. Auch die Annahme, daß das Defizit durch Aufwärtstransporte ozonarmer Luft aus der Troposphäre über dem Südpol entstehe, ist inzwischen widerlegt worden. Dagegen wurde der Verdacht auf einen ursächlichen Zusammenhang zwischen anthropogenen FCKW einerseits und der Ozonzerstörung andererseits bewiesen (52).

Die Entstehung des Ozonminimums kann nicht durch reine Gasphasenchemie beschrieben werden, vielmehr müssen zu dessen Erklärung Reaktionen an Eisteilchen berücksichtigt werden. Meteorologische Voraussetzung für die Bildung des Ozonlochs ist daher die Existenz der PSC, die sich über der Antarktis, in beschränktem Umfang auch über der Arktis ausbilden.

In der ungestörten globalen Stratosphäre sind HCl und $ClONO_2$ die häufigsten Chlorverbindungen. Diese Verbindungen sind Senken für aktives Chlor, das heißt, sie beschränken die Wirksamkeit des ozonabbauenden ClO_x-Zyklus. Ist das aktive Chlor in HCl beziehungsweise $ClONO_2$ gebunden, kann es in der Gasphase nur durch Reaktion mit OH beziehungsweise durch Photolyse wieder freigesetzt werden. Diese Situation verändert sich aber, wenn HCl in den polaren stratosphärischen Wolken gelöst ist. PSC Typ I (HNO_3 x $3H_2O$ Kristalle) werden bei etwa 10 °C höheren Temperaturen gebildet als PSC Typ II (Eiswolken). Typ I tritt daher in der Antarktis und besonders in der Arktis häufiger auf als Typ II.

Neue Labormessungen haben gezeigt, daß $ClONO_2$ mit in PSC (I,II) gelösten HCl sehr rasch reagiert und dabei Cl_2-Moleküle gebildet werden. Weiter wurde festgestellt, daß das entstehende Chlormolekül die Oberfläche verläßt, während das andere Produkt (HNO_3) im Eis festgehalten wird. Ähnliches gilt für Stöße von $ClONO_2$ mit reinen Eisflächen; hierbei wird die Bildung von gasförmigem HOCl beobachtet. Die Bedeutung der PSC besteht in einer Umverteilung von Chlor aus wenig aktiven Senken ($ClONO_2$, HCl) in aktivere Formen (Cl_2, HOCl). Gleichzeitig werden die Stickoxide aus der Gasphase durch Aufnahme von HNO_3 in PSC Typ I Teilchen übergeführt (53).

In der Zeit des Polarwinters, sind die Luftmassen über dem Südpol weitgehend von der übrigen Atmosphäre abgetrennt und somit ohne Sonnenlicht. Die Cl_2- und HOCl-Moleküle können sich daher anreichern. Bei Frühjahrsbeginn werden diese Moleküle durch die Sonnenstrahlen aufgespalten, und das entstehende aktive Chlor kann Ozon nach folgenden Mechanismen zerstören (54):

$$
\begin{array}{ll}
2x\,(Cl + O_3 & \rightarrow ClO + O_2) \\
ClO + ClO & \xrightarrow{M} Cl_2O_2 \\
Cl_2O_2 + h\nu & \rightarrow Cl + ClOO \\
ClOO & \rightarrow Cl + O_2 \\
\hline
2O_3 & \rightarrow 3O_2
\end{array}
$$

Wichtige Beweise für die Störung der Chlorchemie der Stratosphäre brachten die Bodenbeobachtungen an der amerikanischen Antarktisstation McMurdo aus dem Jahre 1986 sowie die Ergebnisse der Flugzeugmessungen, die im Rahmen des Airborne Antarctic Ozone Experiment von August bis September 1987 durchgeführt wurden. Die vielleicht wichtigste Beobachtung bezüglich der Erklärung des Ozonlochs betrifft das ClO-Radikal, dessen Konzentration und Verteilung unter anderem durch in situ-Messungen direkt bestimmt wurde. Seine Konzentration ist innerhalb des Polarwirbels im Zentrum des Ozonlochs bis zum Fünfhundertfachen im Vergleich zur globalen, ungestörten Stratosphäre erhöht. Ende September 1987 erreichte die ClO-Konzentration in einer Höhe von 18,5 km Werte von etwa 1 ppb. Der Gesamtchlorgehalt der Stratosphäre beträgt zur Zeit etwa 2,5 bis 3 ppb, so daß ClO unter diesen Bedingungen eine der Hauptchlorkomponenten ist. Somit ist eine starke Veränderung der natürlichen Chlorverteilung eingetreten. Die meridionale ClO-Konzentrationsverteilung zeigt eine starke Antikorrelation mit der Ozonsäulendichte, das heißt bei hohen ClO-Werten werden geringe Ozonkonzentrationen beobachtet (55).

Vermutlich wurde aus zwei Gründen bislang noch kein Ozonloch über der Arktis beobachtet:

- im Vergleich zur Antarktis werden etwa 10 Grad höhere Temperaturen beobachtet
- es herrschen stärkere Austauschprozesse, so daß sich keine von der übrigen Atmosphäre abgeschlossene Luftmasse ausbilden kann.

Das Ozonloch ist ein vom Menschen verursachtes Phänomen. Es ist die Folge des starken Emissionsanstieges halogenierter FCKW. Die meteorologischen Bedingungen sind die Voraussetzung für den Ablauf der chemischen Prozesse.

Heterogene chemische Reaktionen sind weitaus komplizierter als reine Gasphasenreaktionen und nur in groben Zügen untersucht. Besonders hinsichtlich der lebenswichtigen Frage, ob die beobachteten drastischen Ozonreduktionen auch in anderen Regionen der Erdatmosphäre auftreten können, ist großer Forschungsbedarf vorhanden.

4. Literaturverzeichnis

(1) OZONE TRENDS PANEL REPORT
Watson, R.T. u.a., Washington, 1988

(2) STOLARSKI, R.S.; M.S. SCHOEBERL; L.R. HAITE; A.J. KRUEGER:
NASA, Goddard Space Flight (Center) unveröffentlicht

(3) OZONE TRENDS PANEL REPORT, a.a.O.

(4) CHUBACHI, S.:
in: Atmospheric Ozone, D. Reidel, Dordrecht, 1984, S. 285

(5) FARMAN, J.C., B.G. GARDINER, J.D. SHANKLIN:
Large losses of total ozone in Antarctica reveal seasonal ClO_x/NO_x interaction. Nature Band 315, 1985, S. 207—210

(6) FARMAN, J.C., B.G. GARDINER, J.D. SHANKLIN, a.a.O.

(7) SCHOEBERL, M.S. und A.J. KRUEGER:
NASA Goddard Space Flight (Center)

(8) HOFMANN, D.J., J.W. HARDER, S.R. ROLF, J.M. ROSEN:
Balloon-borne observations of the development and vertical structure of the Antarctic ozone hole in 1986. Nature Band 326, 1987, S. 59—62

(9) LONDON, J., und K. ANGELL:
The observed distribution of ozone and its variations; in: Stratospheric ozone and man, Volume I, Hrsg. Bower, F.A. und Ward, R.B.; CRC Press, 1982, S. 7—42

(10) LONDON, J. und K. ANGELL, a.a.O.

(11) DÜTSCH, H.U.:
Vertical ozone distribution and troposphere ozone. Proc. NATO Adv. Study Inst. on Atmospheric Ozone, US Department of Transportation Report FAA-EE-80-20,7, 1980

(12) SCHOEBERL, M.S. und A.J. KRUEGER:
NASA, Goddard Space Flight (Center) unveröffentlicht

(13) DÜTSCH, H.U.:
in: Atmospheric Ozone, Hrsg. Zerefos, C. und Ghazi, A.; Reidel, Dordrecht, 1985, S. 263—268

(14) KLEY, U. und A.VOLZ:
Ozon Symposium Göttingen, August 1988

(15) OLTMANS, S.J. u.a.:
Tropospheric Ozone: Variations from surface and ECC Ozonesonde Observations, noch nicht veröffentlicht, 1988

ATTMANSPACHER, W.; HARTMANNSGRUBER, R.; LANG, P.:
Langzeittendenzen des Ozons der Atmosphäre aufgrund der 1967 begonnenen Ozonmeßreihen am Meteorologischen Observatorium Hohenpreißenberg. Meteorol. Rdsch. Band 37, 1984, S. 193—199

(16) BRASSEUR, G., S. SOLOMON:
„Aeronomy of the Middle Atmosphere: Chemistry and Physics in the Stratosphere and Mesosphere“, Reidel Dordrecht, 1984, S. 441

(17) HERZBERG, L.:
in: „Physics of the Earth's upper atmosphere“, Hrsg. C. Hines u.a. Prentice Hall 1965

(18) BRASSEUR, G., S. SOLOMON, a.a.O.

(19) BATES, D.R. und M. NICOLET:
The photochemistry of atmospheric water vapor, J. Geophys. Res. Band 55, 1950, S. 301

NICOLET, M.:
Ozone and hydrogen reactions, Ann. Geophys. Band 26, 1970, S. 531—536

(20) CRUTZEN, P.J.:
The influence of nitrogen oxides on the atmospheric ozone content, Q.J.R. Meteorol. Soc. Band 96, S. 320—325, 1970

(21) STOLARSKI, R.S. und R.J. CICERONE:
Stratospheric chlorine: A possible sink for ozone, Can.J. Chem. Band 52, 1974, S. 1610—1615

WOFSY, S.C. und M.B. McELROY:
HO_x, NO_x and ClO_x: their role in atmospheric photochemistry, Can. J. Chem., Band 52, 1974, S. 1582—1591

CRUTZEN, P.J.:
Estimates of possible future ozone reductions from continued use of fluoro-chloro-methanes (CF_2Cl_2, $CFCl_3$), Geophys. Res. Lett. Band 1, 1974, S. 205—208

(22) MOLINA, M.J.; ROWLAND, F.S.:
Stratospheric sink for chlorofluoromethanes: Chlorine atom catalyzed destruction of ozone, Nature Band 249, 1974, S. 810—814

MOLINA, M.J.; ROWLAND, F.S., a.a.O.

ROWLAND, F.S. und M.J. MOLINA:
Chlorofluoromethanes in the environment, Rev. of Geophys. Space Phys. Band 13, 1975, S. 1—36

(23) WOFSY, S.C., M.B. McELROY und Y.L. YUNG:
The chemistry of atmospheric bromine, Geophys. Res. Lett. Band 2, 1975, S. 215—218

YUNG, Y.L., J.P. PINTO, R.T. WATSON und S.P. SANDER:
Atmospheric bromine and ozone perturbations in the lower stratosphere, J. Atmos. Sci. Band 37, 1980, S. 339—353

(24) ZELLNER, R.:
Chemie des stratosphärischen Ozons, in: Anthropogene Beeinflussung der Ozonschicht, 6. DECHEMA – Fachgespräch, Umweltschutz am 16. u. 17. Dez. 1987, 1988, S. 77–100

(25) ZELLNER, R., a.a.O.

(26) LAUSCHER, R.:
Aus der Frühzeit atmosphärischer Ozonforschung; Zeitschr. f. Angew. Meteor. Band 35, 1983, S. 69–80

(27) CRUTZEN P.J.:
Tropospheric Ozone: an overview in: Tropospheric Ozone, Hrsg. I.S.A. Isaksen, Reidel, Dordrecht 1988, S. 3–22

(28) BASHER, R.E.:
Review of the Dobson spectrophotometer; WMO Ozone Report Nr. 6, 1982

KOMHYR, W.D.:
operations handbook – ozone observations with Dobson spectrophotometer; WMO Ozone Report Nr. 6, 1980

(29) BOJKOV, R.D.:
Differences in Dobson spectrophotometer and filter ozonometer measurements of total ozone, J. Appl. Meteorol., Band 8, 1969, S. 362

(30) KÖHLER, U; WEGE, K; HARTMANNSGRUBER, R; CLAUDE, H.:
Vergleich und Bewertung von verschiedenen Geräten zur Messung des atmosphärischen Ozons zur Absicherung von Trendaussagen; Abschlußbericht Vorhaben KBF 59; BPT-Bericht 1/88, 1988, S. 114

(31) MATEER, C.L.:
Satellitenmessungen des Gesamtozons; Promet, Meteorologische Fortbildung, Ozon I, Band 16, Heft 4, 1986, S. 15 bis 20

(32) LONDON, J.:
Distribution of Atmospheric Ozone and How It Is Measured, Air Quality Meteorology and Atmospheric Ozone, ASTM STP 653, Morris, A.L. und Barras, R.C., Hrsg., American Society for Testing and Materials, Philadelphia, 1978, S. 339

(33) HARTMANNSGRUBER, R.:
Ballonsonden, Promet, Meteorologische Fortbildung, Ozon II und III, Band 17, Heft 1/2, 1987, S. 1–4

(34) KRUEGER, A.J.:
Raketensonden, Promet, Meteorologische Fortbildung, Ozon II und III, Band 17, Heft 1/2, 1987, S. 5–9

(35) DÜTSCH, H.U.:
Die Umkehrmethode zur Bestimmung der vertikalen Ozonverteilung, Promet, Meteorologische Fortbildung, Ozon II und III, Band 17, Heft 1/2, 1987, S. 10–13

(36) MATEER, C.L.:
Satellitenmessungen des Ozonprofils, Promet, Meteorologische Fortbildung, Ozon II und III, Band 17, Heft 1/2, 1987, S. 14–20

(37) WALTHER, H.; ROTHE, K.W.:
Lidarmessungen, Promet, Meteorologische Fortbildung, Ozon II und III, Band 17, Heft 1/2, 1987, S. 21–24

(38) KÄMPFER, N; KÜNZI, K.:
Mikrowellenmessungen, Promet, Meteorologische Fortbildung, Ozon II und III, Band 17, Heft 1/2, 1987, S. 25—28

(39) World Meteorological Organization (WMO):
Atmospheric ozone 1985, Global Ozon Research and Monitoring Project. Report NO. 16, Geneva 1986

(40) ANGELL, J.K., K. KORSHOVER, W.G. PLANET:
Ground-Based and Satellite Evidence for a Pronounced Total-Ozone Minimum in Early 1983 and Responsible Atmospheric Layers; Mouthly Weather Rev. Band 113, 1985

(41) World Meteorological Organization (WMO), a.a.O.

(42) CRUTZEN, P.J., I.S.A., ISAKSEN, G.C. REID:
Solar proton events: Stratospheric sources of nitric oxide, Science, Band 189, 1975, S. 457—459

HEATH, D.F.; A.J. KRUEGER und P.J. CRUTZEN:
Solar proton event: influence on stratospheric ozone; Science Band 197, 1977, S. 886—889

SOLOMON, S., P.J. CRUTZEN:
Analysis of the August 1972 solar proton event including chorine chemistry, J. Geophys. Res. Band 86, 1981, S. 1140—1146

(43) DÜTSCH, H.U.:
Total ozone trend in the light of ozone soundings, The impact of El Chichon, in: Atmospheric Ozone, Hrsg. Zerefos, C.S.; Ghazi, A., Reidel Dordrecht, 1985, S. 263—268

VUPPUTURY, R.K.R.:
Study the effect of El Chichon volcanic cloud on the stratospheric temperature structure and ozone distribution in a 2-D model, in: Atmospheric Ozone (C.S. Zerefos, A. Ghazi) 1985, S. 59—60, Reidel Dordrecht

(44) MANKIN, W.G. und M.T. COFFEY:
Increased stratospheric hydrogen chloride in the El Chichon cloud, Science Band 226, 1984, S. 170—172

World Meteorological Organization (WMO), a.a.O.

(45) MOLINA, M.J.; ROWLAND, F.S., a.a.O

(46) FABIAN, P.:
Atmosphäre und Umwelt, Springer-Verlag, 1987, S. 133

(47) FABIAN, P.:
E.K.-Drucksache, 11/4, 1988, S. 20

CRUTZEN, P.J.:
E.K.-Drucksache 11/4, 1988, S. 6

(48) WUEBBLES, D.J.:
Chlorocarbon emission scenarios: Potential impact on stratospheric ozone, J. Geophys. Res. Band 88, 1983, S. 1433 bis 1443

(49) CRUTZEN, P.J.:
E.K.-Drucksache 11/4, 1988

(50) JOHNSTON, H.S.:
Reduction of stratospheric ozone by nitrogen oxide catalysts from supersonic transport exhaust, Science Band 173, 1971, S. 517—522

CRUTZEN, P.J.:
Ozone production rates in an oxygen-hydrogen-nitrogen oxide atmosphere, J.Geophys. Res. Band 76, 1971, S. 7311—7327

(51) CRUTZEN, P.J.; ARNOLD, F.:
Nitric acid cloud formation in the cold Antarctic stratosphere: a major cause for the springtime ‚ozone hole', Nature 324, 1986, S. 651—655

SOLOMON, S., GARCIA, R.R. ROWLAND, F. S. WUEBBLES, D. J.:
On the depletion of Antarctic ozone, Nature Band 321, 1986, S. 755—758

TOON, O.B., P. HAMILL, R.P. TURCO, J. PINTO:
Condensation of HNO_3 and HCl in the Winter polar stratospheres, Geophys. Res. Lett, Band 13, 1986, S. 1284 bis 1287

TURCO, R.P., O. TOON, P. HAMILL, J. PINTO:
Heterogeneous physicochemistry of the polar ozone hole, J. Geophys. Res. (in press) 1988

McELROY, M.B., SALAWITCH, R.J., WOFSY, S.C., LOGAN, J.A.:
Reductions of Antarctic ozone due to synergistic interactions of chlorine and bromine, Nature Band 321, 1986, S. 759—762

(52) ROWLAND, F.S.:
E.K.-Drucksache KDrs 11/9, 1988

OZONE TRENDS PANEL REPORT, a.a.O.

FACT SHEET:
Initial Finding from Punta Arenas, Chile, NASA-NOAA-CMA-NSF-Bericht, 1987

(53) TOON, O.B., P. HAMILL, R.P. TURCO, J. PINTO, a.a.O.

CRUTZEN, P.J.; ARNOLD, F., a.a.O.

(54) MOLINA, LT. UND M.J. MOLINA:
Production of Cl_2O_2 by the self reaction of the ClO radical, J. Phys. Chem., Band 91, 1986, S. 433

(55) ANDERSON, J.G., W.H. BRUNE und M.J., PROFFITT:
Ozone destruction by chlorine radicals within the Antarctic Vortex: The spatial and temporal evolution of ClO-O_3 anticorrelation based on in-situ ER-2 data, J. Geophys. Res (in press) 1988

FACT SHEET, a.a.O.

LINDLEY, D.:
Ozone hole deeper than ever, Nature Band 329, 1987, S. 473

SOLOMON, S.; MOUNT, G.H.; SANDERS, R.W.; SCHMELTEKOPF, A.L.:
Visible spectroscopy at McMurdo station, Antarctica 2. Observations of OClO, J. Geophys. Res. Band 92, 1987, S. 8329—8338

5. Abbildungsverzeichnis

6. Tabellenverzeichnis

2. KAPITEL

Darstellung der wirtschaftlichen und technischen Situation

Zusammenfassung

Fluorchlorkohlenwasserstoffe (FCKW) wurden gegen Ende des vergangenen Jahrhunderts zum ersten Mal im Labor dargestellt. Ihre industrielle Produktion begann etwa 1930 und deckte zunächst den Bedarf an Kältemitteln und später den an Treibmitteln für Sprays, Mitteln zur Kunststoffverschäumung und zur Reinigung von Kunststoffen und Metallen. Die Herstellung der FCKW ist eingegliedert in die hochgradig vernetzten Stoffkreisläufe und Produktionszusammenhänge der chemischen Industrie. Zur Herstellung der mengenmäßig wichtigsten FCKW werden Methan beziehungsweise Methanol, 1.2-Dichlorethan, Chlor und Fluorwasserstoff eingesetzt. Chlor wird durch Elektrolyse (Energiebedarf pro Tonne Chlor etwa 3 000 kWh elektrische Energie) von wässerigen Steinsalzlösungen unter gleichzeitigem Anfall von Natronlauge (NaOH) hergestellt, Fluorwasserstoff durch Reaktion von Säurespat (Calciumfluorid CaF_2) mit Schwefelsäure. Weltweit fließen etwa 7 Prozent des produzierten Chlors in die „Senke" FCKW, bei einigen FCKW-Produzenten liegt dieser Anteil sogar bei etwa 30 Prozent (1). 20 bis 40 Prozent des hergestellten Fluorwasserstoffs (HF) dienen zur Synthese der FCKW. Eine Reihe von Indizien spricht dafür, daß die FCKW-Synthese auch eine ökonomische Senke für in der chemischen Industrie überschüssige Verbindungen wie Chlor und Fluorwasserstoff darstellt. Natronlauge zum Beispiel war lange und ist vermutlich noch ein Mangelprodukt, welches sich heute nur durch gleichzeitige Synthese von Chlor herstellen läßt.

Die globale Produktion von FCKW 11 und 12, der beiden wichtigsten vollhalogenierten Verbindungen, stieg seit Beginn der industriellen Synthese (etwa 1930) besonders stark in den Jahren 1960 bis 1974. 1954 wurden noch etwa 75 000 Tonnen FCKW 11 und 12 produziert, 1974 waren es über 800 000 Tonnen. Seither liegt die FCKW-Produktion mindestens auf diesem Niveau. In diesen Zahlen sind die Produktionsmengen östlicher Länder nicht enthalten; auch für diese müssen erhebliche Mengen und Zuwachsraten angenommen werden. Die Produktionskapazität der beiden bundesdeutschen Hersteller liegt bei 125 000 Tonnen FCKW 11 und 12 pro Jahr (2). Bei den Anwendungsgebieten Aerosoltreibmittel, Kunststoffverschäumung, und Kälte- und Klimatechnik waren in den Jahren 1976 bis 1986 bei gleichbleibendem FCKW 11 — Einsatz Marktverschiebungen von den Aerosoltreibmitteln zur Kunststoffverschäumung zu beobachten. In ähnlicher Weise wurden weltweit bei FCKW 12 Mindereinsätze bei Aerosolen durch erhöhten Einsatz in der Kälte- und Klimatechnik und zur Kunststoffverschäumung kompensiert.

In Gesprächen der Enquete-Kommission unter anderem mit Vertretern der bundesdeutschen Industrie wurden erhebliche Einsparpotentiale in den verschiedenen Einsatzgebieten der FCKW deutlich. Diese sollten und müssen durch gesetzgeberische Maßnahmen oder durch freiwillige Selbstverpflichtungen der Hersteller, der Anwender und des Handels ausgeschöpft werden.

1. Wirtschaftliche und technische Situation

1.1 Fluorchlorkohlenwasserstoffe und Halone — Produktion, Verbrauch und Emission

1.1.1 Geschichtliches

Die Chemie organischer Fluorverbindungen wurde um 1892 durch Swarts in Belgien begründet. Ihm und seinen Mitarbeitern gelang der Austausch von Halogenatomen in halogenierten Kohlenwasserstoffen gegen Fluor mit Hilfe des Katalysators Antimontrifluorid. Noch heute hat diese Swarts-Technik herausragende Bedeutung bei der FCKW-Synthese.

Midgley (General Motors, USA) entdeckte 1929 die unbrennbaren und ungiftigen Kältemittel FCKW 11 (CCl_3F) und 12 (CCl_2F_2). Etwa 1930 begann die industrielle Produktion. In den folgenden Jahren brachte die technische Entwicklung weitere Kältemittel hervor (FCKW 113, 114 und H-FCKW 22).

Während des zweiten Weltkrieges begann in den USA im Rahmen des Manhattan-Projektes die intensive Erforschung perfluorierter organischer Polymere („Teflon" und andere), für die H-FCKW 22 ein Ausgangsprodukt darstellt. Zur Uranisotopentrennung wurde (und wird) Uranhexafluorid (UF_6) eingesetzt, welches ähnlich aggressiv und korrosiv wie molekulares Fluor reagiert. Daher wurden thermisch und chemisch stabile Hilfsstoffe, zum Beispiel Dichtungsmaterialien benötigt. Eine Reihe von Patenten und Herstellungsverfahren, insbesondere für die genannten Polymere, geht auf diese Zeit zurück.

In der Zeit nach 1945 verlagerte sich das Gewicht der Anwendung fluorierter und chlorierter Kohlenwasserstoffe auf die Gebiete Aerosole, Kunststoffverschäumung, Kälte- und Klimatechnik sowie Kunststoff- und Metallreinigung.

1.1.2 Industrielle Synthese der FCKW

Zur Herstellung der FCKW stehen verschiedene Methoden zur Verfügung, darunter Fluorierung mit elementarem Fluor oder mit oxidierenden Metallfluoriden, das elektrochemische Simonsverfahren, die klassische Chlorsubstitution durch HF und andere (3), (4).

1.1.3 Zusammenhänge zwischen industrieller Synthese der FCKW und anderen Produktionszweigen

Die Synthese chemischer Substanzen aus Grundchemikalien liefert je nach Syntheseweg eine Reihe von Koppelprodukten. Aus vernünftigen ökonomischen Gründen wird angestrebt, diese anderweitig zu nutzen oder die Synthesewege so zu gestalten, daß Angebot und Bedarf an den Koppelprodukten ausbalanciert werden. Auf diese Weise entstanden in der chemischen Industrie hochgradig vernetzte Stoffkreisläufe und Produktionszusammenhänge. Neue Rohstoffquellen, die Entwicklung neuer Synthesewege oder sich ändernde Nachfrage nach bestimmten Produkten beeinflussen deshalb immer Verfügbarkeit und Preis solcher Stoffe, die aus Koppelprodukten hergestellt werden.

Die industrielle Synthese der FCKW und anderer halogenhaltiger organischer Verbindungen ist eingegliedert in die Nutzung und den Verbrauch der Halogene Fluor, Chlor und Brom sowie der organischen C_1-Verbindungen Methan (CH_4) und Methanol (CH_3OH) und der C_2-Verbindungen Ethylen ($H_2C{=}CH_2$), Dichlorethan ($H_2ClC{-}CH_2Cl$) und Vinylchlorid ($H_2C{=}CHCl$) (1), (2), (5).

1.1.4 Ausgangsprodukte

Auf der Seite der Ausgangsprodukte für C_1- und C_2-FCKW stehen die folgenden Stoffe:

(1.) Aus Steinsalz (NaCl) wird elektrolytisch Chlor neben Natronlauge und (relativ wenig) Wasserstoff gewonnen. Pro Tonne Chlor werden 2700 bis 3300 kWh elektrische Energie verbraucht. 63 Prozent des Natriumchlorids werden für die Elektrolyse verbraucht, 30 Prozent für die Sodaherstellung, 7 Prozent für verschiedene Zwecke (Winterstreudienst, Speisesalz und andere). Drei Elektrolyseverfahren, das Amalgam-, Diaphragma- und in neuerer Zeit zunehmend das Membranverfahren sind gebräuchlich. Die Koppelprodukte werden wie folgt verwendet:

NaOH:	Chemie (Seifen und Farben)	57,2 %
	Reinigungsmittel	10,8 %
	Zellstoffindustrie	4,4 %
	Bauxit-Aufschluß	4,7 %
	Zelluloseester	3,3 %
	Sonstige Verwendungen	19,6 %

(Zahlenangaben nach (5))

Chlor:	Synthese der FCKW	7,0 %
	PVC	19,0 %
	Lösungsmittel	22,7 %
	Sonstige organische Produkte	41,7 %
	Andere Verwendungen	9,6 %

Die Zahlen gelten für 1977 für die Bundesrepublik Deutschland; in anderen Ländern sind die Einsatzgebiete teilweise deutlich verschieden.

(2.) Aus Calciumfluorid (Flußspat) wird durch Reaktion mit Schwefelsäure Fluorwasserstoff HF gewonnen,

HF:		
	FCKW-Synthese	20–40 %
	Aluminium-Herstellung	30–40 %
	Uranverarbeitung	2–12 %
	Alkylierung in der Petrochemie	3– 5 %
	Andere Verwendungen (Ätzen etc.)	3–15 %

(3.) Aus Methan und Methanol wird durch Umsetzung mit Chlor unter Bildung von HCl schrittweise Methylchlorid (CH_3Cl), Dichlormethan (CH_2Cl_2), Trichlormethan ($CHCl_3$, Chloroform) und Tetrachlorkohlenstoff (CCl_4) erhalten. Trichlormethan ist Ausgangsstoff zur Synthese des H-FCKW 22 (CHF_2Cl), der die Grundsubstanz einer Reihe fluorhaltiger Polymere darstellt; Tetrachlorkohlenstoff wird zu mehr als 95 Prozent mit Fluorwasserstoff zu den FCKW 11 und 12 umgesetzt.

(4.) Ethylen wird heute durch Oxichlorierung mit wasserfreier HCl und Luft zu 1.2-Dichlorethan (CH_2Cl-CH_2Cl) umgesetzt. Nach einer älteren Methode wird Chlor an Ethylen addiert; die Oxichlorierung ist allerdings ökonomischer, da HCl aus zahlreichen industriellen Chlorierungsprozessen als Überschußprodukt zur Verfügung steht. Aus dem gleichen Grunde wird heute vorzugsweise Methylchlorid (siehe oben) aus billigem Methanol und HCl dargestellt. 1.2-Dichlorethan wird durch Gasphasen-Dehydrochlorierung unter Bildung von HCl zu Monochlorethylen („Vinylchlorid") umgesetzt.

$$CH_2Cl\text{-}CH_2Cl \rightarrow HCl + H_2C{=}CHCl$$

Vinylchlorid ist der „Grundbaustein" in der Synthese einer Reihe wichtiger Polymere und Copolymere für Bauwesen, Elektroindustrie und Kraftfahrzeugbau. Sowohl Vinylchlorid als auch 1.2-Dichlorethan sind Zwischenprodukte zur Herstellung von Löse- und Extraktionsmitteln, darunter 1.1.1-Trichlorethan (CH_3-CCl_3, auch: Methylchloroform), Tri- und Tetrachlorethylen ($Cl_2C{=}CHCl$ beziehungsweise $CCl_2{=}CCl_2$). Aus Tetrachlorethylen wird FCKW 113 (ClF_2C-$CFCl_2$, 1.2.2-Trichlor-1.1.2-Trifluorethan), der wichtigste C_2-FCKW, gewonnen, welcher die giftigen Verbindungen Tri- und Tetrachlorethylen auf dem Gebiet der Metall- und Kunststoffreinigung verdrängt hat.

1.1.5 Koppelprodukte

Auf der Seite der Koppelprodukte stehen – der bei der NaCl-Elektrolyse anfallende Wasserstoff, der zur Hydrierung organischer Verbindungen eingesetzt werden kann (unproblematischer Absatz), und – Natronlauge (wäßrige NaOH-Lösung), wobei der Ausgleich des Absatzes von Chlor und NaOH immer ein schwieriges Problem darstellte. Für die nächsten Jahre wird eine Verknappung der NaOH erwartet. (Früher wurde NaOH durch „Kaustifizieren“ (Ätzend machen) von Soda gemäß

$Na_2CO_3 + Ca(OH)_2 \rightarrow 2\ NaOH + CaCO_3$

ohne den Zwangsanfall an Chlor hergestellt).

1.1.6 Produktionstrends

Es wurde häufig die Vermutung geäußert, daß die FCKW-Synthese eine ökonomische Senke für überschüssige Verbindungen wie Chlor oder Fluorwasserstoff darstellt. Für diese Vermutung sprechen tatsächlich eine Reihe von Indizien. Der steigende Bedarf an Natronlauge läßt sich nur durch gleichzeitige Synthese von Chlor decken. Gleichzeitig ist die Nachfrage der Aluminiumindustrie nach HF, welches zur Synthese von Aluminiumtrifluorid (AlF_3) dient, einem Flußmittel in der elektrolytischen Herstellung von Aluminium, durch die Entwicklung von Fluor-Recyclingverfahren erheblich gesunken.

1.1.7 Bisherige Entwicklung und heutiger Stand

Die Daten zur bisherigen Entwicklung, etwa der produzierten FCKW- und Halonmengen, stammen fast ausschließlich von den Produzenten, die sich mit einer Reihe wichtiger Chemieunternehmen in der CMA (Chemical Manufacturers Association) zusammengeschlossen haben. Die CMA umfaßt alle Hersteller von FCKW außerhalb der Staatshandelsländer. Deren Produktion und Verbrauch können nur geschätzt werden (s.u.). Die Handelsnamen und Hersteller von FCKW und Halonen sind in der folgenden Tabelle zusammengestellt.

Die folgenden Abbildungen präsentieren die Ergebnisse der CMA-Statistiken. Diese sind zustandegekommen, indem die Mitgliedsfirmen ihre Produktionsdaten an einen Notar beziehungsweise ein Treuhandbüro übermittelt haben, welches die Einzeldaten addierte. Diese vertraulichen Informationen wurden anschließend vernichtet.

Nach diesen Angaben stieg in den Jahren 1960 bis 1970 der Verbrauch von FCKW 12 um mehr als 200 Prozent, der Verbrauch von FCKW 11 sogar um etwa 400 Prozent. Diese Steigerungsraten sind im wesentlichen auf die Durchsetzung der Sprays und Aerosole auf dem Markt zurückzuführen.

Mit den von Bevington verfaßten Berichten der Metra Consulting (8) steht ein umfassendes Datenmaterial über die Anwendung der FCKW in den verschiedenen Bereichen zur Verfügung, welches darzustellen, den Rahmen dieses Berichtes weit überschreiten würde. Die wichtigsten Resultate sind in den Abbildungen 1 bis 4 zusammengefaßt. Sie zeigen die in den Jahren 1976 bis 1986 weltweit verkauften beziehungsweise produzierten Mengen an FCKW 11 und 12 (getrennt in Abb. 1 und 2) sowie die innerhalb der EG produzierten Mengen an FCKW 11 und 12

Tabelle 1

Produzenten von Fluorchlorkohlenwasserstoffen (FCKW)

Land, Handelsname	Produzent
Frankreich	
Flugene	Pechiney-Saint Gobain S.A.
Forane	Ugine
	Atochem, Atochem (Spain)
Bundesrepublik Deutschland	
Frigen	Hoechst AG, Hoechst Iberia SA, Hoechst do Brasil
Kaltron	Kali-Chemie AG, Kali-Chemie
—	Iberia SA
Deutsche Demokratische Republik	
Frigedohn	Fluorwerke Dohna
Fridohna	VEB Chemiewerk Nunchritz
Italien	
Algofren	Montecatini
—	Montefluos Spa
Japan	
Asahiflon	Asahi Glass
Daiflon	Daikin Kogyo
Flon	Mitsui Fluorochemicals
Großbritannien	
Arcton	Imperial Chemical Industries
Isecon	Imperial Smelting
—	ISC Chemicals Ltd.
USA	
Freon	E.I. Du Pont de Nemours
Genetron	Allied Chemical Corporation
Isotron	Pennwalt Corporation
Ucon	Union Carbide Corporation
—	Racon Inc.
—	Kaiser Aluminum & Chem. Co.
UdSSR	
Eskimon	—
Khladon	—

(zusammengefaßt in Abb. 3) und die EG-Produktion an FCKW 113 und 114 (zusammengefaßt in Abb. 4), jeweils aufgeschlüsselt nach Einsatzgebieten.

Die Verbrauchsmengen von FCKW 11 und 12 sind in den Jahren 1976 und 1986 fast identisch. Der deutlich verringerte Einsatz bei Aerosolen wird bei FCKW 11 (Abb. 1) durch die vermehrte Produktion von Hartschäumen (closed cell foams) kompensiert. Die Kompensation bei FCKW 12 erfolgt durch vermehrten Einsatz dieses Stoffes für Kühlungszwecke und für Hartschäume. Da diesen Anwendungsumstellungen keine zwingenden technischen Erfordernisse zugrundelagen, zeigt diese Kompensation, daß versucht wurde, FCKW in Anwendungsbereichen zu etablieren, in denen sie prinzipiell nicht nötig wären.

Die Abbildung 3 zeigt, daß eine ähnliche Kompensation innerhalb der EG stattgefunden hat. Ein Wachstum etwa um den Faktor 3 ist im Zeitraum 1976 bis 1986 bei FCKW 113 und 114 (Abbildung 4) zu verzeichnen; dies ist den expandierenden Zweigen der Elektro- und Elektronikindustrie zuzuschreiben.

1.1.8 Produktion und Verbrauch in der Bundesrepublik Deutschland

Herstellerangaben über die FCKW-Produktion der beiden bundesdeutschen Hersteller Hoechst AG und Kali-Chemie sowie zur Import/Export-Situation lagen sehr lange nicht vor. Angaben zu den Verbrauchsmengen liegen lediglich für Teilbereiche vor. Im Jahr 1986 wurden zum Beispiel für Sprays 26 000 Tonnen FCKW verwendet. Der Einsatz an Kältemitteln wurde für 1985 und 1986 durch eine Hochrechnung ermittelt. Er betrug vermutlich etwa 7000 Tonnen pro Jahr. Die Verbrauchsmengen in den wesentlichen anderen FCKW-Einsatzgebieten (Schaumstoffe, Lösungs- bzw. Reinigungsmittel) konnten nur anhand der Produktionsverfahren und aus Anwenderangaben abgeschätzt werden.

Das Umweltbundesamt schätzte Mitte 1987 den FCKW-Jahresverbrauch in der Bundesrepublik Deutschland aufgrund von Informationen aus der Industrie auf etwa 60 000 Tonnen pro Jahr. Diese Zahl wurde später auf 90 000 bis 100 000 Tonnen pro Jahr korrigiert, weil der Einsatz im Bereich Lösungsmittel (vor allem FCKW 113 für Entfettungs- und Trocknungszwecke) deutlich unterschätzt worden war. Der Verband der Chemischen Industrie (VCI) bezifferte im April 1988 nach einer Befragung der beiden bundesdeutschen FCKW-Hersteller Hoechst AG und Kali-Chemie den Verbrauch an vollhalogenierten FCKW mit 75000 Tonnen im Jahr 1986 (7); hiervon stammten 59000 Tonnen aus deutscher Produktion. Von Seiten der EG wurde signalisiert, daß die korrekte Verbrauchsmenge die genannten 75000 Tonnen um 10 Prozent unter- oder überschreite. Es bestehen hier weiterhin Diskrepanzen, die auch den Verbrauch in anderen EG-Staaten betreffen (6). Für die Jahre 1987 und voraussichtlich 1988 ist es nicht unrealistisch, einen Verbrauch in der Größenordnung von mindestens 100 000 Tonnen anzunehmen.

Der VCI konnte nicht die Mengen der aufgelisteten FCKW-Typen beziffert, die die deutschen Hersteller 1986 in andere EG- und Nicht-EG-Länder exportiert haben.

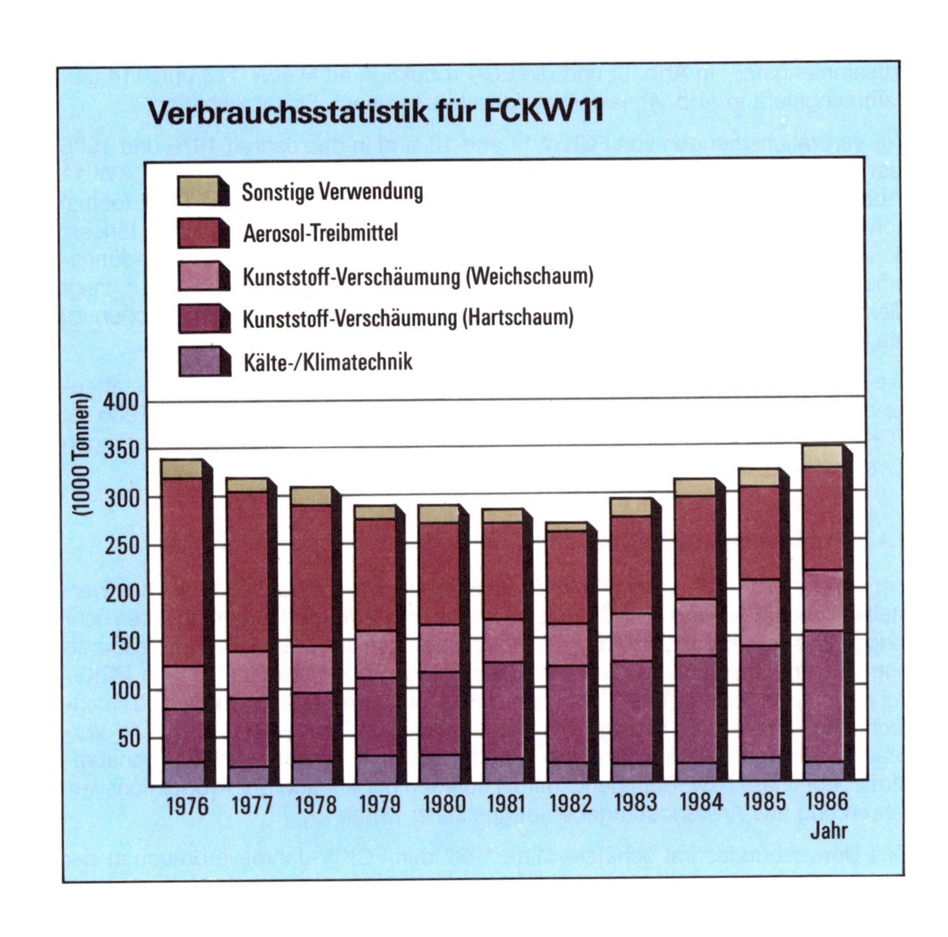

Abb. 1: Weltweit verkaufte FCKW 11-Mengen in den Jahren 1976 bis 1986, aufgeschlüsselt nach Anwendungsgebieten (CMA).

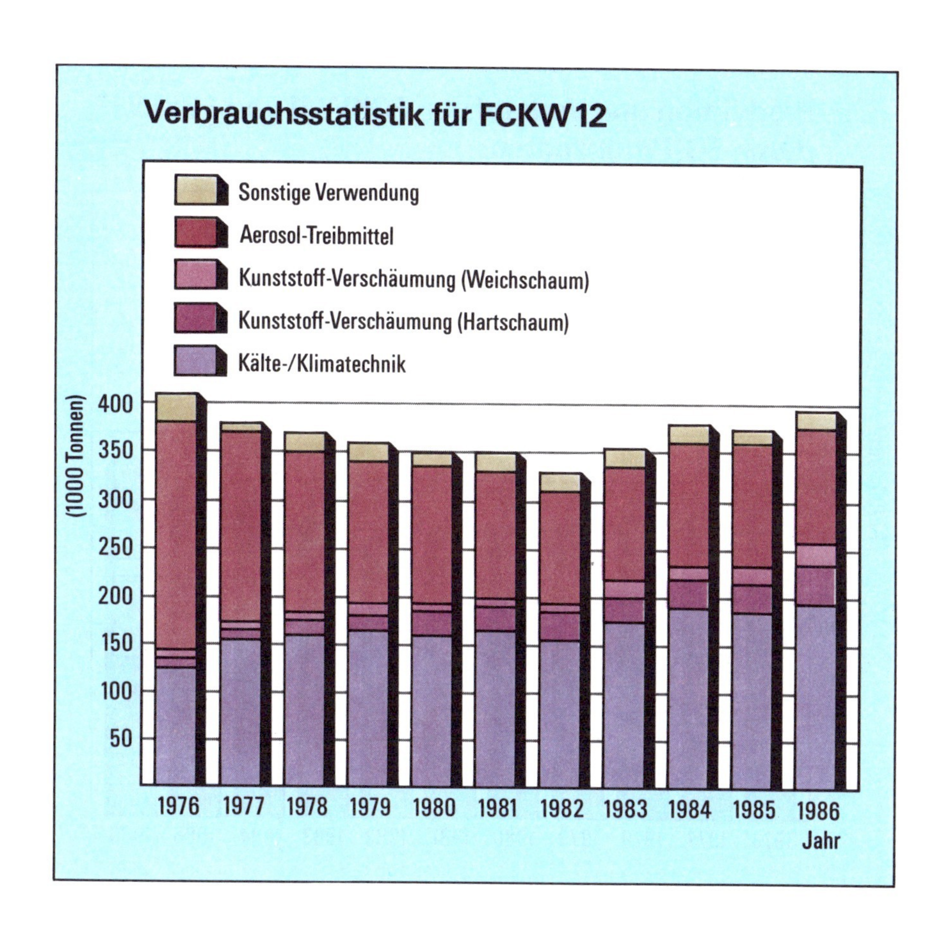

Abb. 2: Weltweit verkaufte FCKW 12-Mengen in den Jahren 1976 bis 1986, aufgeschlüsselt nach Anwendungsgebieten (CMA).

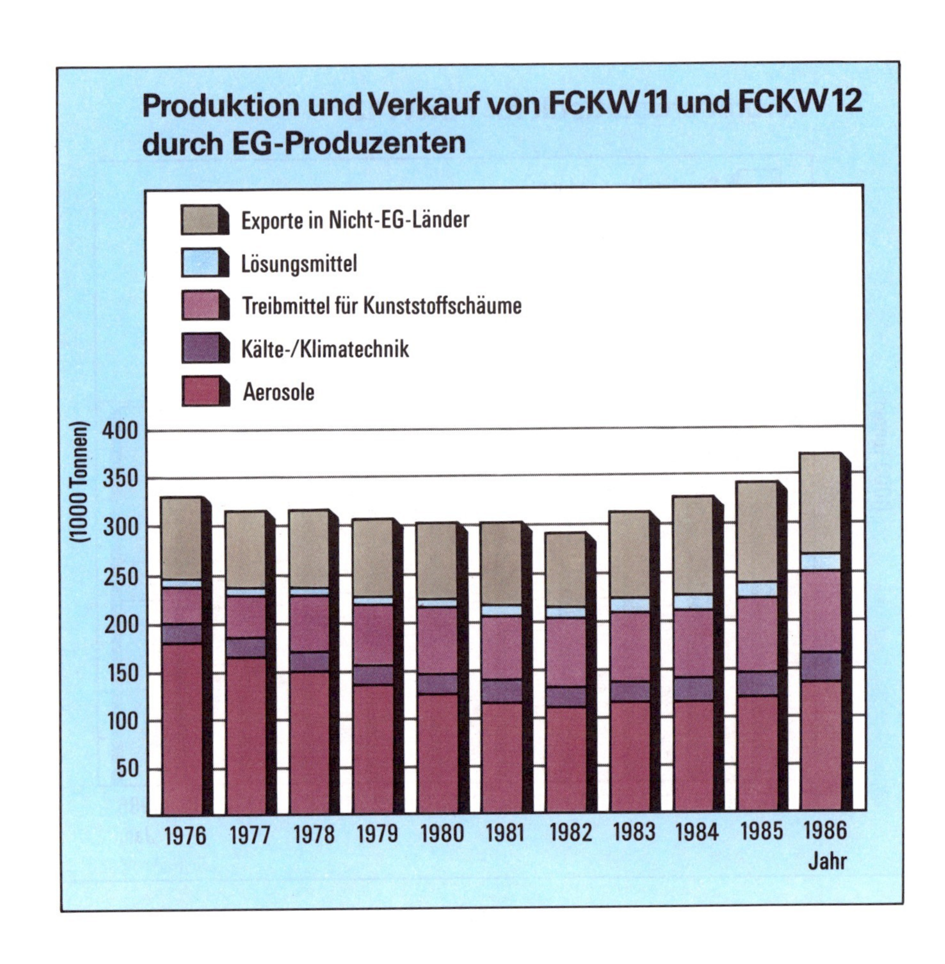

Abb. 3: Innerhalb der EG produzierte und verkaufte Mengen an FCKW 11 und 12, aufgeschlüsselt nach Anwendungsgebieten (CMA).

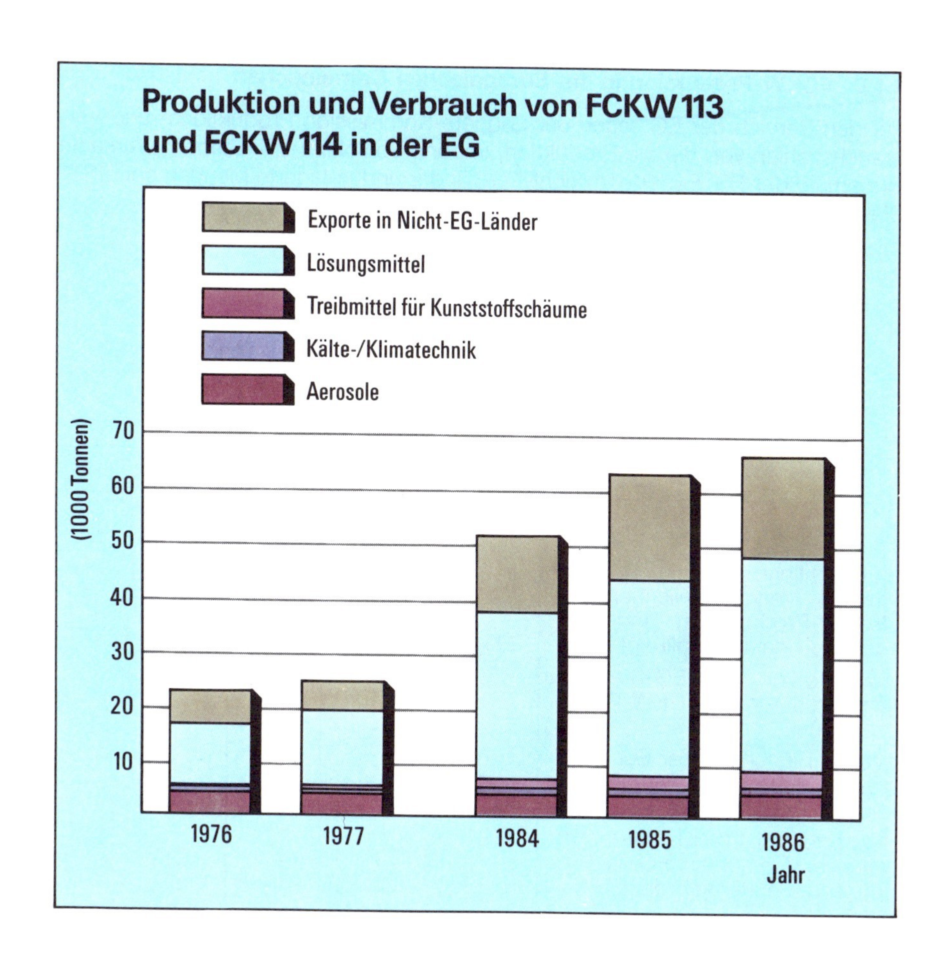

Abb. 4: Innerhalb der EG produzierte und verkaufte Mengen an FCKW 113 und 114, aufgeschlüsselt nach Anwendungsgebieten (CMA).

1.1.9 FCKW-Produktion in der Europäischen Gemeinschaft

Für den Bereich der EG liegen der Enquete-Kommission Produktions- und Verbrauchszahlen vor, die die Produktion, Importe von Nicht-EG-Ländern, Verkäufe innnerhalb der EG, Exporte in Nicht-EG-Länder und gelagerte Mengen betreffen. Diese sind in der folgenden Tabelle gezeigt.

Tabelle 2

FCKW-Produktion und -verbrauch im Jahre 1986 in der Europäischen Gemeinschaft
(in Tonnen)

FCKW	11	12	113	114	115
Produktion (tatsächliche Produktion außer Import, Verkauf zwischen EG-FCKW-Produzenten und Zwischenproduktherstellung)	203 940	167 480	56 060	8 780	6 310
Importe von Nicht-EG-Staaten (Import durch EG-FCKW-Produzenten)	347	32	1 970	0	609
Verkauf innerhalb der EG (außer Verkauf zwischen EG-FCKW-Produzenten)	152 990	106 260	41 576	6 745	2 815
Exporte in Nicht-EG-Staaten (inklusive Verkauf an FCKW-Produzenten außerhalb der EG)	51 390	60 060	16 410	1 940	4 510

1.1.10 Halone: Produktion, Verbrauch und Emission

Halone sind vollhalogenierte organische Verbindungen, die mindestens ein Bromatom enthalten, und werden vor allem zum Feuerlöschen in solchen Fällen eingesetzt, in denen andere Mittel wie Wasser oder Kohlendioxid Menschenleben oder teure Produktionsanlagen gefährden würde. Es werden die niedrig siedenden Halone Halon 1301 ($CBrF_3$) und 1211 ($CBrClF_2$) verwendet. Neuerdings wurden auch Halon 1201 (CBr_2F_2) und 2402 ($CBrF_2$-$CBrF_2$) vorgeschlagen.

Im WMO-Report Nr. 16 („Atmospheric Ozone 1985") (8) wurden die Produktionsmengen an Halon 1211 beziehungsweise 1301 mit 5 000 beziehungsweise 7 000 bis 8 000 Tonnen pro Jahr angegeben. Diese Mengen erscheinen gering, man beachte aber, daß die Halone beziehungsweise die aus ihnen in der Stratosphäre freigesetzten Bromatome ein erhebliches Ozonzerstörungspotential besitzen.

Für die USA ergab eine Schätzung für das Jahr 1985, daß von den wichtigsten Halonen (1211 und 1301) 2 800 beziehungsweise 3 600 Tonnen produziert wurden (inklusive Importe in die USA). Die atmosphärischen Emissionen (hauptsächlich durch Testmaßnahmen der Löschgeräte und -anlagen) werden mit 4 300 beziehungsweise 1 000 Tonnen angegeben.

Für den Halonmarkt wurden erhebliche Wachstumraten erwartet. Allerdings sieht das Montrealer Protokoll ein Einfrieren der Halongesamtproduktion auf einem Niveau von 8 000 Tonnen pro Jahr vor.

1.2 Eigenschaften und Anwendungsbereiche der FCKW und Halone

FCKW sind chemisch äußerst reaktionsträge, sie sind nicht brennbar, kaum giftig und übertragen Wärme nur sehr schlecht. Gerade diese Eigenschaften haben ihnen die bekannten, vielfältigen Anwendungsgebiete erschlossen.

Die Halone, also Bromfluor- und Bromfluorchloralkane, zeichnen sich ebenfalls durch hohe Stabilität, Nichtbrennbarkeit und geringe Toxizität aus. Erst bei höheren Temperaturen wird die Kohlenstoff-Brom-Bindung unter Freisetzung von antikatalytisch wirksamen Radikalen gespalten. Dies erklärt (neben dem Effekt der Luftverdrängung) die feuerlöschende Wirkung der Halone.

Die folgenden Tabellen zeigen anhand der physikalisch-chemischen Eigenschaften der wichtigsten FCKW (außer möglichen Ersatzstoffen wie FCKW 134a und anderen), warum sie für Anwendungen wie die „Formulierung" von Aerosolen und in der Kältetechnik zwar nicht zwingend notwendig, aber dennoch hervorragend geeignet sind.

1.2.1 Toxikologie

In der Giftigkeit halogenierter Kohlenwasserstoffe (9) gibt es erstaunliche Unterschiede. Organische Fluorverbindungen sind zum Beispiel allgemein weniger toxisch als die analogen Chlor- oder Bromverbindungen. Trichlormethan (Chloroform) bewirkt schon in Konzentrationen von zwei Volumenprozent tiefe Narkose und Leberschädigungen. Dagegen ist Trifluormethan so wenig physiologisch wirksam, daß Tiere im Versuch zwanzig Volumenprozent stundenlang ohne Narkose oder Effekte auf die Leber einatmen können. Insbesondere gesättigte Perfluorverbindungen (zum Beispiel Hexafluorethan) sind vermutlich völlig ungiftig (anders: ungesättigte Verbindungen wie Perfluorolefine). Chlorfluoralkane (= FCKW) sind

Tabelle 3

Allgemeine physikalische Eigenschaften von FCKW

Verbindung	Formel	*M*	Kennzahl	Kp °C	Fp °C
Trichlorfluormethan	CCl_3F	137,38	FCKW 11	23,7	–111
Dichlordifluormethan	CCl_2F_2	120,93	FCKW 12	–29,8	–155
Chlortrifluormethan	$CClF_3$	104,47	FCKW 13	–81,1	–181
Dichlorfluormethan	$CHCl_2F$	102,93	H-FCKW 21	8,9	–135
Chlordifluormethan	$CHClF_2$	86,48	H-FCKW 22	–40,8	–160
Tetrachlor-1.2-difluorethan ..	CCl_2F-CCl_2F	203,85	FCKW 112	92	27,4
Tetrachlor-1.1-difluorethan ..	$CClF_2CCl_3$	203,85	FCKW 112 iso	91,5	40,8
1.1.2-Trichlortrifluorethan ...	$CCl_2F-CClF_2$	187,39	FCKW 113	47,7	– 33
1.1.1-Trichlortrifluorethan ...	CF_3-CCl_3	187,39	FCKW 113 iso	45,9	14
1.2-Dichlortetrafluorethan ...	$CClF_2-CClF_2$	170,94	FCKW 114	3,8	– 94
1.1-Dichlortetrafluorethan ...	CF_3-CCl_2F	170,94	FCKW 114 iso	– 2	– 56,6
Chlorpentafluorethan	CF_3-CClF_2	154,48	FCKW 115	–38	–106
1.1.2-Trichlor-2.2-difluorethan	$CClF_2-CHCl_2$	169,39	H-FCKW 122	71,9	–140
1.1-Dichlor-2.2.2-trifluorethan	CF_3-CHCl_2	152,94	H-FCKW 123	28,7	–107
1-Chlor-1.2.2.2-Tetra-fluorethan	$CF_3-CHClF$	136,48	H-FCKW 124	–13	
1.2-Dichlor-1.1-difluorethan .	$CClF_2-CH_2Cl$	134,94	H-FCKW 132	46,8	–101,3
1-Chlor-2.2.2-trifluorethan ...	CF_3-CH_2Cl	118,49	H-FCKW 133	6,9	–101
1.1-Dichlor-1-fluorethan	CCl_2F-CH_3	116,95	H-FCKW 141	32	–103,3
1-Chlor-1.1-difluorethan	$CClF_2-CH_3$	100,49	H-FCKW 142	– 9,2	–130,8

Physikalische Eigenschaften von technisch wichtigen FCKW

		CCl_3F	CCl_2F_2	$CClF_3$	$CHClF_2$	$CCl_2F-CClF_2$	$CClF_2CClF_2$
Kennzahl		FCKW 11	FCKW 12	FCKW 13	H-FCKW 22	FCKW 113	FCKW 114
Kritische Temperatur ϑ_K	°C	198,0	112,0	28,8	96,0	214,1	145,7
Kritischer Druck p_K	bar	44,0	42,1	38,6	49,4	34,1	32,7
Kritische Dichte ρ_K	g/cm³	0,548	0,581	0,525	0,576	0,578	
Verdampfungswärme (beim Siedepunkt)	J/kg	18 216	16 688	14 850	23 412	14 570	13 942
Spez. Wärme (bei 1 013 mbar)	J/kgK	871	854	850	1 088	946	971
Oberflächenspannung	N/cm	$19 \cdot 10^{-3}$	$9 \cdot 10^{-3}$		$9 \cdot 10^{-3}$	$19 \cdot 10^{-3}$	$13 \cdot 10^{-3}$
Löslichkeit von Wasser							
bei 0 °C	g/100 g	0,0036	0,0025	0,0019	0,060	0,0036	0,0026
bei 30 °C	g/100 g	0,013	0,0125	0,0065	0,15	0,013	0,011
Dielektrizitätskonstante							
Flüssigkeit (25 °C)		2,5	2,1	2,3 (−30 °C)	6,6	2,6	2,2
Dampf (bei 0,49 bar)		1,0019 (26 °C)	1,0016 (29 °C)	1,0013 (29 °C)	1,0035 (25,4 °C)	1,0024 (27,5 °C)	1,0021 (26,8 °C)
Dampfdruck bei	bar						
− 120 °C				0,0696			
− 100 °C			0,0118	0,3314			
− 80 °C			0,0612	1,098			
− 60 °C			0,227	2,825			0,036
− 40 °C		0,051	0,643	6,07			0,130
− 20 °C		0,157	1,510	11,46	2,46	0,0508	0,370
0 °C		0,402	3,087	19,69	5,00	0,1479	0,879
20 °C		0,890	5,669	31,77	9,17	0,364	1,82
40 °C		1,76	9,585		15,49	0,783	3,40
60 °C		3,16	15,187		24,59	1,513	5,83
80 °C		5,28	22,847			2,680	9,35
100 °C		8,30	32,975			4,422	14,23
120 °C		12,42					20,83
140 °C		17,85					29,64

meist weniger toxisch als die entsprechenden Chlorkohlenwasserstoffe. Die MAK-Werte für FCKW 11, 113 und 114 liegen bei 1000 ppm, aber auch höhere Konzentrationen sind ohne schädliche Wirkung verträglich. FCKW 12 wirkt in Konzentrationen von mehr als zehn Volumenprozent narkotisch.

Die üblichen Halone sind ebenfalls toxikologisch als eher unbedenklich einzustufen. Allerdings bewirkt Dibromdifluormethan bereits bei einmaliger Exposition (15 min) von 4 000 ppm Lungenschädigungen. Daher wurde für dieses Halon-1201 ein MAK-Wert von 100 ppm vorgeschlagen. Auch das in 1.1 genannte Halon 2402 wirkt toxisch (empfohlener MAK-Wert ebenfalls 100 ppm).

Die Toxikologie von H-FCKW 22, das als Ersatzstoff für die FCKW 11 und 12 diskutiert wird, ist noch nicht hinreichend geklärt. Die toxikologischen Bedenken rühren vom Wasserstoffgehalt dieser Verbindung und damit der Tatsache, daß H-FCKW 22 — molekular gesehen — einen Übergang von giftigen, zum Teil krebserregenden Substanzen wie Dichlormethylen zu den unbedenklichen Fluorchlormethanen darstellt. In der Toxikologie gilt im allgemeinen der Grundsatz: Jede (Fluor-)Verbindung ist als giftig anzusehen, bis das Gegenteil bewiesen wurde" (9). Bei H-FCKW 22 fehlt auch eine ökotoxikologische Bewertung. Es sei angemerkt, daß H-FCKW 22 in den USA als unbedenklich („gras" = generally recognized as save) eingestuft wurde.

Das United Nations Environment Programme (UNEP) befaßte sich in einer Arbeitsgruppe mit dem Thema Ersatzstoffe. Zwei Verbindungen werden als aussichtsreiche Kandidaten angesehen, weil sie in vielen Eigenschaften den klassischen FCKW 11 und 12 ähneln:

H-FCKW 123 ($CHCl_2$-CF_3) Kp. 28.7 °C und
H-FCKW 134a (CH_2F-CF_3) Kp. –26.5 °C

Die Vorinformationen über Produktionsmöglichkeiten (Preis) und Toxikologie sind zunächst ermutigend für die potentiellen Hersteller. Die toxikologischen Eigenschaften dieser Verbindungen werden von 1988 an in einem auf fünf bis sieben Jahre veranschlagten gemeinsamen Programm vierzehn führender FCKW-Produzenten aus Europa, USA und Japan untersucht.

Zusammenfassend ist festzustellen, daß vermutlich kein Ersatzstoff toxikologisch so wenig bedenklich wie die „klassischen" FCKW 11 und 12 sein kann. Eine Festlegung auf einen bestimmten Stoff stellt — vereinfachend gesagt — einen Kompromiß zwischen Ozonzerstörungspotential und direkter toxischer Wirkung wegen erhöhter chemischer Reaktivität oder verminderter Stabilität dar.

Ein Ausweg liegt nur im Übergang zu anderen Technologien oder im Verzicht auf die mit FCKW erzeugten Produkte.

1.2.2 Brennbarkeit, Reaktionsträgheit und Arbeitsschutz

Vollständig halogenierte Verbindungen sind nicht brennbar, äußerst reaktionsträge und aus der Sicht des Arbeitsschutzes und der Wirtschaftlichkeit fast ideal (das heißt ökonomisch günstig bei hohen MAK-Werten) . Je höher der Fluoranteil liegt, desto höher ist aus thermodynamischen Gründen auch die Stabilität, also die Reaktionsträgheit der Verbindungen. Eine gewisse, allerdings erwünschte Ausnahme stellen die bromierten Substanzen dar. Die C-Br-Bindung ist eine „Sollbruchstelle“ in den Halonen. Sie erklärt unter anderem die feuerhemmende Wirkung dieser Stoffe (s. o.).

Die Nichtbrennbarkeit von FCKW hat Grenzen bei hohen Temperaturen. Einigen Halonen sind niedrigsiedende FCKW als Treibmittel zugesetzt. Bei hohen Flammentemperaturen werden diese Treibmittel zersetzt (unter anderem Bildung von Halogenwasserstoff bzw. Säuren).

Mit steigendem Wasserstoffgehalt werden Verbindungen eher brennbar. H-FCKW 22 ist bei normalen Temperaturen nicht brennbar (ein H-Atom), die in den USA zur Zeit diskutierten und angebotenen H-FCKW-Typen 141 b (CH_3-CCl_2F, Kp. 32 °C), 142 b (CH_3-$CClF_2$, Kp. −9.2 °C) und 152 a (CH_3-CHF_2, Kp. −24.7 °C) sind dagegen brennbar. Im Unterschied zur japanischen und amerikanischen Industrie sehen die deutschen Hersteller diese Verbindungen daher nicht als geeignete Verbindungen an.

1.2.3 FCKW- und Halon-Eigenschaften in den einzelnen Anwendungen

Im folgenden werden die Vorzüge und Nachteile des FCKW-Einsatzes aufgeschlüsselt nach den klassischen Einsatzgebieten geschildert.

1.2.4 Anwendungsbereich: Aerosole, Sprays

Früher wurden die FCKW-Typen 11, 12 und 114 einzeln oder besonders in Mischungen verwendet. In den letzten Jahren fand vor allem in den USA und in den skandinavischen Ländern, aber auch in der Bundesrepublik Deutschland eine Verlagerung zu H-FCKW 22, zu Propan/Butan und zu Dimethylether (die letzteren brennbar) statt. Aufgrund von Vereinbarungen mit der Aerosolindustrie wird der FCKW-Verbrauch (ohne H-FCKW 22) in der Bundesrepublik Deutschland bis Ende 1989 auf vielleicht 2 000 Tonnen pro Jahr reduziert werden. Die Aerosolindustrie verfügt — auch nach eigener Aussage — über ausgezeichnete Substitutionsmöglichkeiten hinsichtlich Chemie und Technik und setzt diese auch bereits ein, wobei sich sicherlich zukünftig noch weitere Alternativen bieten werden (zum Beispiel im Bereich pharmazeutischer Sprays).

1.2.5 Anwendungsbereich: Kunststoffverschäumung

Hier sind die Gebiete Polyurethan-Weichschaum (PU), PU-Hartschaum und Polystyrolschaum (XPS, extrudiert) zu trennen. Zur Herstellung von PU-Weichschäumen wurden und werden Kohlendioxid und FCKW 11 eingesetzt. Auch Methylenchlorid und H-FCKW 22 oder Mischungen der genannten Gase finden Verwendung (H-FCKW 22 z. B. in den USA für Verpackungen von Nahrungsmitteln aus Imbißstuben). Methylenchlorid ist toxisch (MAK-Wert je nach Land bei 50—100 ppm) und wird vor allem ab 1991 keine Rolle mehr in der Bundesrepublik Deutschland spielen. Neben ihrer Funktion als Blähmittel führen die Gase auch die Prozeßwärme ab, ohne die Ausgangssubstanzen zu lösen beziehungsweise zu zersetzen.

Die Treibgase diffundieren teils direkt bei der Produktion, teils innerhalb von 24 Stunden nach Produktion aus den Kunststoffzellen. Eine niederländische Firma kann mittlerweile 40 Prozent der FCKW aus der Produktionsabluft wiedergewinnen.

Zur Herstellung der PU-Hartschäume, die als Isolationsmaterial im Baugewerbe und zum Beispiel bei Kühlgeräten verwendet werden, wird fast nur FCKW 11 benutzt. Dieses Gas verbleibt innerhalb der Nutzungszeit (das heißt bis zur mechanischen Zerstörung etwa beim Hausabriß) in den PU-Zellen und ist für die hervorragende Isolationswirkung bei kleinem Volumen verantwortlich. Andere Stoffe erreichen die gleiche Isolationswirkung erst bei höherem Volumen.

Extrudiertes Polystyrol wird mit den FCKW 11 und 12 sowie mit Pentan geschäumt. Pentan wird eingesetzt, wo Brennbarkeit und Isolationswirkung keine große Rolle spielen. H-FCKW 22 ist fast ohne Einschränkungen für diese Thermoplaste einzusetzen.

1.2.6 Anwendungsbereich: Reinigungs- und Lösungsmittel

Auf dem Gebiet der Textilreinigung werden die FCKW 11 und 113 sowie besonders Tetrachlorethen (Per) eingesetzt (in den USA und Japan auch zunehmend Methylchloroform), während bei der Präzisionsreinigung elektronischer, optischer und feinmechanischer Elemente FCKW 113 eine dominierende Rolle spielt.

Das toxische Potential des Tetrachlorethens ist bekanntlich hoch, während FCKW 113 hinsichtlich der Sicherheit am Arbeitsplatz fast völlig unbedenklich ist.

FCKW 113 wird bei einigen derzeitig verwendeten Produktionsverfahren und Reinigungstechniken als schwer ersetzbar bezeichnet, weil es nicht brennbar ist, nicht aggressiv zum Beispiel auf die zu reinigenden Platinen wirkt und rückstandsfrei verdunstet (Kp. +47.6 °C). Daher hat auch der Verbrauch welt- und EG-weit (s. o.) stark mit der Expansion der Wachstumsbranchen zugenommen. H-FCKW 22 ist wegen seines niedrigen Siedepunktes (Kp. –40.8 °C) hier nicht einzusetzen (vgl. Kapitel 5.1).

1.2.7 Anwendungsbereich: Kälte- und Klimatechnik

In dieser Branche werden je nach spezieller Anforderung Ammoniak und verschiedene FCKW eingesetzt. Der Einsatz läßt sich für die Bundesrepublik Deutschland folgt aufschlüsseln: 30 Prozent Ammoniak (NH_3), 7,7 Prozent FCKW 502 (ein Azeotrop aus 48,8 Prozent H-FCKW 22 und 51,2 Prozent FCKW 115), 28 Prozent

H-FCKW 22, 30,8 Prozent FCKW 12 und 2,1 Prozent FCKW 11. Früher wurde auch Schwefeldioxid SO_2 (toxisch) eingesetzt.

Die Industrie favorisiert H-FCKW 22 für Geräte, in denen auf FCKW-Einsatz schlecht verzichtet werden kann. Tatsächlich wächst die Bedeutung von H-FCKW 22 auf dem Kühlsektor konstant. Die Industrie unternimmt derzeit Anstrengungen, Ersatztechniken zu entwickeln, die ohne FCKW auskommen. Hierzu gehören Absorptionsverfahren (mit Ammoniak), Kaltgaskreisläufe (Stirling-Maschinen), die Peltierkälteerzeugung und sogenannte neue Kreisläufe (magnetokalorische und osmotische Kälteerzeugung).

1.2.8 Anwendungsbereich: Feuerlöscher

Wegen ihrer niedrigen Toxizität und hervorragenden Löscheigenschaften wird der Einsatz der Halontypen 1301 und 1211 in den Fällen, in denen der Schutz hochwertiger Anlagen im Vordergrund steht, für unverzichtbar gehalten. Allerdings sind die Halone beim gesetzlich vorgeschriebenen Test der Löschgeräte und -anlagen durch andere Stoffe austauschbar.

2. Literaturverzeichnis

(1) HOFFMANN, B. , Mitteilung an die Enquete-Kommission (1988)

(2) WEISSERMEL, K. , ARPE, H.-J., Industrielle organische Chemie, 3. Aufl., Verlag Chemie (1988)

(3) HOUBEN-WEYL, 4. Aufl. Bd. 5/3, S. 1—502

(4) SHEPPARD, W.A. , SHARTS, C.M., „Organic fluorine chemistry", W.A. Benjamin Inc., New York 1969

(5) BÜCHNER, W., SCHLIEBS, R., WINTER, G., BÜCHEL, K.H., „Industrielle anorganische Chemie", 2. Aufl. (1986), Verlag Chemie

(6) Stellungnahme des Umweltbundesamtes, EK-Drucksache 11/23, S. 52ff. (S. 84), 1988

(7) VERBAND DER CHEMISCHEN INDUSTRIE, „Chemie-Nachrichten", 26. 4. 1988

(8) BEVINGTON, C.F.P. , Metra Consulting, Final report, EEC study contract, 1987, EK-Drucksache 11/28, S. 181

(9) nach H. OETTEL in „Ullmann's Enzyklopädie der industriellen Chemie" Bd. 11, 3. Aufl. 1980

(10) in: WMO report Nr. 16 (Atmospheric Ozone)

3. Abbildungsverzeichnis

4. Tabellenverzeichnis

Die Daten zu den Tabellen wurden zusammengestellt nach a) J.M. HAMILTON jr., „Advances in fluorine chemistry“, Bd. 3, S. 117, Butterworths Science Publ., London (1963) und b) „Frigen, Handbuch für die Kälte- und Klimatechnik“, Hoechst AG (1969)

3. KAPITEL

Bisherige politische und rechtliche Entwicklung

Zusammenfassung

Die ersten Warnungen vor den Folgen einer Schädigung der Ozonschicht durch die zunehmende Verwendung von Fluorchlorkohlenwasserstoffen (FCKW), die gegen Mitte der siebziger Jahre von wissenschaftlicher Seite geäußert worden waren, wurden in der Politik einer Reihe von westlichen Industrieländern frühzeitig ernst genommen und führten innerhalb weniger Jahre zu ersten Maßnahmen, die sich in ihrem Umfang an der Stringenz der jeweils aktuellen wissenschaftlichen Aussagen orientierten.

Wegen der öffentlichen und politischen Diskussionen sowie der erörterten und eingeleiteten Maßnahmen zur Reduktion der Produktion und der Emissonen der FCKW ging in der zweiten Hälfte der siebziger Jahre die Produktion im Aerosolbereich — und dadurch bedingt insgesamt — bis Anfang der achtziger Jahre zurück, stieg jedoch in den Folgejahren so stark an, daß die weltweite Produktion mittlerweile den vor der Einleitung von Maßnahmen erreichten Höchststand längst überschritten hat.

Bei den in der ersten Hälfte der siebziger und Anfang der achtziger Jahre eingeleiteten Maßnahmen handelt es sich in der Regel um nationale Einschränkungen oder Verbote im Aerosolbereich.

Innerhalb der Europäischen Gemeinschaften (EG) war in einer Richtlinie des Rates vom 26. März 1980 neben einer dreißigprozentigen Reduktion im Aerosolbereich ein gleichzeitiges Einfrieren der Produktionskapazität von FCKW 11 und 12 auf dem Stande von 1976 vorgesehen worden.

Seit Anfang der achtziger Jahre wurden die Bemühungen verstärkt, neben den bereits eingeleiteten nationalen Maßnahmen zu gleichgerichteten internationalen Beschränkungen zu kommen. Nach mehrjährigen Verhandlungen vor dem Hintergrund einer sich Anfang der achtziger Jahre entschärfenden wissenschaftlichen Diskussion, gelang es dann im März 1985, in Wien ein Rahmenabkommen zum Schutz der Ozonschicht zu vereinbaren, das von 21 Ländern gezeichnet worden und nach Ratifikation durch elf Staaten im September 1988 in Kraft getreten ist.

Erst im September 1987 wurde es durch das Montrealer Protokoll möglich, Reduktionsquoten auf der Basis dieses Rahmenabkommens festzulegen, nachdem sich die Verhandlungen — vor allem wegen der unterschiedlichen Ansätze in bezug auf die bis dahin erfolgten Maßnahmen innerhalb der EG und den USA — erheblich verzögert hatten. Allerdings verstärkte die Entdeckung des sogenannten „Ozonlochs“ 1986 und die daraus resultierende verschärfte wissenschaftliche und öffentliche Diskussion den Druck, zu einer Einigung zu kommen.

Nach dem Stand der bisher erfolgten Ratifikationen und dem Stand der Ratifikationsverfahren in weiteren Ländern ist zu erwarten, daß das Montrealer Protokoll wie vorgesehen zum 1. Januar 1989 in Kraft treten kann.

Innerhalb der EG ist unter der Deutschen Ratspräsidentschaft im Juni 1988 eine Verordnung zur Ausführung des Protokolls und eine darüber hinausgehende Entschließung verabschiedet worden.

Gegenwärtig wird sowohl in den USA als auch in der Bundesrepublik Deutschland und in weiteren europäischen Ländern gefordert, auf der Grundlage der aktuellen wissenschaftlichen Kenntnisse die 1990 vorgesehene Überprüfung des Montrealer Protokolls zu nutzen, um die darin getroffenen Festlegungen zu verschärfen. Darüber hinaus sind bereits in einer Reihe von Ländern Maßnahmen durchgeführt, eingeleitet oder geplant worden, die teilweise erheblich über die Vorgaben des Montrealer Protokolls hinausgehen.

Im folgenden soll die bisherige politische und rechtliche Entwicklung im Hinblick auf den Ozonabbau in der Stratosphäre sowie die derzeitige Sachlage im einzelnen dargestellt werden.

1. Entwicklung in der Bundesrepublik Deutschland und innerhalb der Europäischen Gemeinschaften

1.1 Nationale und EG-weite Reaktionen auf die ersten Anzeichen einer Bedrohung der Ozonschicht durch FCKW

1974 stellten amerikanische Wissenschaftler (1) die Hypothese auf, daß die zunehmende Verwendung von FCKW besonders bedenklich sein könnte, weil sie in der Lage seien, die Ozonschicht der Stratosphäre anzugreifen.

Untersuchungen, die 1975 von Ramanathan — der an der Anhörung der Enquete-Kommission am 6. und 7. Juni 1988 teilgenommen hat — durchgeführt worden waren, kamen zu dem Ergebnis, daß auch mit Auswirkungen auf den Treibhauseffekt zu rechnen sei, da die Atmosphärentemperatur in Bodennähe im Gleichgewichtszustand bei gleichbleibenden FCKW-Emissionen wie denjenigen des Jahres 1973 allein dadurch um etwa 1° Celsius ansteigen würde.

1.1.1 Reaktionen auf nationaler Ebene

In der Bundesrepublik Deutschland war die von einigen Wissenschaftlern ausgesprochene Warnung einer möglichen Beeinträchtigung und Schädigung der stratosphärischen Ozonschicht durch den weltweit hohen Verbrauch von FCKW schon frühzeitig ernst genommen und der wissenschaftliche Kenntnisstand von Anfang an sehr genau verfolgt worden. Im Jahre 1975 gab die Bundesregierung eine Studie in Auftrag mit dem Ziel einer ersten Wertung der Situation. Die Studie diente der Untersuchung sowohl der wissenschaftlichen als auch der ökonomischen Aspekte der FCKW-Problematik. Diese Untersuchung stützte die Hypothese der amerikanischen Wissenschaftler.

Gleichzeitig wurde die Forschung auf dem Gebiet der atmosphärischen Vorgänge erheblich intensiviert. In den Jahren von 1976 bis 1979 wurden mehr als 20 Forschungsprojekte zur Problematik der Ozonschicht in der Stratosphäre mit einem Kostenvolumen von über sechs Millionen DM eingeleitet und durchgeführt (2).

Anfang 1977 hatte der damals für Umweltfragen zuständige Bundesminister des Innern mit der Industrie eine Übereinkunft erzielt, das Volumen der FCKW in Aerosolen bis 1979 um 30 Prozent gegenüber dem Volumen des Jahres 1975 zu vermindern, was bis zum vorgegebenen Zeitpunkt auch erreicht worden ist (3).

Damit hatte die Bundesrepublik Deutschland neben den USA die stärkste faktische Verminderung des FCKW-Ausstoßes verwirklicht.

1.1.2 Bestrebungen auf internationaler Ebene

— Erste internationale Konferenz über FCKW in der Umwelt

Vom 26. bis 28. April 1977 hatte die Bundesregierung in Washington mit der Mehrheit der auf einer internationalen Konferenz über die FCKW-Problematik vertretenen Regierungen die Absicht bekundet, durch eine primär freiwillige Umstellung der Industrie im Bereich der Aerosole auf mechanische Pumpen oder umweltfreundliche Treibgase eine Verminderung der Emissionen zu erreichen.

Im Rahmen dieser Konferenz waren die weltweit größten Hersteller und Verbraucher von FCKW zu dem Schluß gekommen, daß die Frage, ob normative Maßnahmen erforderlich seien, um einem Abbau der Ozonschicht durch FCKW entgegenzuwirken, nur schwer zu beantworten sei. Die meisten Delegationen waren allerdings der Auffassung, daß die vorhandenen Kenntnisse ihre Besorgnis über die Auswirkungen der Verwendung von FCKW auf die Ozonschicht rechtfertigten, stellten jedoch gleichzeitig fest, daß vor allem über die Atmosphären-Physik und -Chemie sowie die Auswirkungen der ultravioletten (UV-)Strahlung auf die Gesundheit und das Ökosystem noch zu wenig bekannt sei und es daher intensiverer Forschung bedürfe, um noch bestehende Ungewißheiten zu klären.

In der zweiten Hälfte des Jahres 1978 sollte eine Prüfung der Problematik der FCKW erfolgen.

— Empfehlung der EG-Kommission für eine Entschließung des Rates über FCKW in der Umwelt

Von der EG-Kommission war dem Rat der EG am 29. August 1977 ein Vorschlag für eine Entschließung des Rates über FCKW in der Umwelt (4) zugeleitet worden, in dem vor allem vorgesehen war, daß

- die Mitgliedstaaten bei der weiteren Forschung zusammenarbeiten und den Informationsaustausch intensivieren,
- die betroffene Industrie nach Alternativprodukten sucht und die Entwicklung alternativer Hilfsmittel fördert sowie das Austreten der Chemikalien aus Apparaturen, die solche Stoffe enthalten, ausschließt,
- die Produktion von FCKW 11 und 12 nicht mehr erweitert wird.

In diesen Empfehlungsvorschlag war die gemeinsame Haltung der EG-Mitgliedstaaten während der Washingtoner Konferenz eingeflossen.

Der Erarbeitung dieses Kommissionsvorschlages waren im Juni und Dezember 1976 in Brüssel verschiedene, von der Kommission durchgeführte Sitzungen nationaler Sachverständiger vorausgegangen, in denen die Möglichkeiten eines gemeinsamen Forschungsprogramms der EG geprüft wurden, nachdem verschiedene Forschungsprogramme in einzelnen Mitgliedstaaten, vor allem in der Bundesrepublik Deutschland, in Frankreich und in Großbritannien eingeleitet worden waren. Im Rahmen dieser Konferenzen war allgemein die Notwendigkeit erkannt worden, im Gemeinschaftsrahmen ein Konzept für die Forschung zu entwickeln und sicherzustellen, daß die Forschungen in den Mitgliedstaaten nach Möglichkeit ein kohärentes, wenn nicht allumfassendes Programm bildeten. Die Möglichkeit einer konzertierten Aktion sollte noch weiter überprüft werden.

Im Rahmen dieses Empfehlungsvorschlages der Kommission war nicht nur auf die möglichen Gefährdungen eines Ozonabbaus in der Stratosphäre und die Folgen eines Anstiegs der UV-Strahlung — verstärktes Auftreten von bösartigen Melanomen und bestimmten Hautkarzinomen sowie verschiedene Auswirkungen auf Pflanzen und Tiere — eingegangen worden, sondern auch auf die Untersuchungen hingewiesen worden, die 1975 von Ramanathan (vgl. unter 1.1) durchgeführt worden waren.

In der Diskussion über mögliche Maßnahmen war betont worden, daß die Industrie die Möglichkeiten der Anwendung anderer Halogenkohlenwasserstoffe und Nicht-Halogenkohlenwasserstoffe prüfe. Darüber hinaus war in mehreren Mitgliedsstaaten untersucht worden, wie viele Arbeitsplätze entweder direkt oder indirekt mit der Herstellung oder Verwendung von FCKW in Verbindung stünden. In Großbritannien lag die Anzahl bei 50 000, in Frankreich bei etwa 20 000 Arbeitsplätzen im Bereich der Aerosolproduktion und -verwendung. Denkbare wirtschaftliche Folgen eines FCKW-Verbotes wären beispielsweise in den Niederlanden in einem Umsetzungszeitraum von etwa 18 Monaten Mehrwertsteuerverluste in Höhe von 75 bis 80 Millionen Gulden pro Jahr gewesen sowie ein Verlust von 725 bis 950 Arbeitsplätzen. Diese hätten sich bei einem Verbot innerhalb von vier Jahren auf 60 Millionen Gulden pro Jahr und auf einen Verlust von 200 bis 400 Arbeitsplätzen reduziert.

Der Vorlage des Kommissionsvorschlages waren am 20. und 21. Januar 1977 Sitzungen nationaler Sachverständiger, am 17. Februar und am 14. April 1977

Sitzungen der Ratsarbeitsgruppe für Umweltfragen zur Formulierung einer gemeinsamen Haltung der EG vorausgegangen.

In seiner Sitzung am 20. Januar 1978 hat der Deutsche Bundestag diesen Empfehlungsvorschlag des Rates einstimmig zur Kenntnis genommen und gleichzeitig die Bundesregierung ersucht, sich im Sinne der in der EG-Kommission vorgeschlagenen Empfehlungen für die internationale Durchsetzung von Maßnahmen einzusetzen, die die Verwendung von FCKW als Treibmittel unterbinden, sobald die Schädlichkeit wissenschaftlich nachgewiesen sein sollte (5).

— Entschließung des Rates der EG vom 30. Mai 1978 über FCKW in der Umwelt

Der Rat der EG hat am 30. Mai 1978 auf der Basis des Empfehlungsvorschlages der Kommission eine Entschließung über FCKW in der Umwelt angenommen, in der Sofortmaßnahmen zur Intensivierung der Entwicklung von Austauscherzeugnissen und Alternativen zur Anwendung von FCKW in der Aerosol- und Plastikschaumindustrie sowie zur Schaffung eines Anreizes für Hersteller und Benutzer gefordert wurden, die Leckage von FCKW 11 und 12 aus Geräten zu verhindern und die Produktionskapazität für FCKW 11 und 12 nicht zu erhöhen. Ergänzend wurde vorgesehen, daß im 2. Halbjahr 1978 die Auswirkungen der FCKW auf die Umwelt erneut überprüft werden sollten.

— Jahrestagung der Umweltsachverständigen der Vereinten Nationen (UNEP) in Bonn

Vom 28. November bis 1. Dezember 1978 wurde der damalige Stand der wissenschaftlichen Erkenntnisse von dem speziell für dieses Problem eingesetzten „Koordinierungskomitee Ozonschicht" der Umweltsachverständigen der Vereinten Nationen auf deren Jahressitzung in Bonn erörtert. Dabei wurde festgestellt, daß sich aus den vorliegenden Modellberechnungen bereits eine Abnahme der Ozonschicht um 2 Prozent und bei Erreichen des Gleichgewichtszustandes unter den herrschenden Emissionsbedingungen sogar eine Verminderung von 15 Prozent ergäbe.

Diese Befunde stimmten seinerzeit mit der zweiten Erklärung des Exekutivrates der Weltorganisation Meteorologie überein.

— Zweite internationale Regierungskonferenz über FCKW in München

Auf der anschließenden, vom Bundesminister des Innern einberufenen zweiten internationalen Regierungskonferenz über FCKW vom 6. bis 8. Dezember 1978 in München wurden diese Ergebnisse von den Vertretern der Regierungen der 13 bedeutendsten Hersteller- und Verbraucherstaaten (Australien, Belgien, Bundesrepublik Deutschland, Kanada, Dänemark, Frankreich, Italien, Niederlande, Norwegen, Schweden, Schweiz, Großbritannien, USA und Jugoslawien), der Organisation für wirtschaftliche Zusammenarbeit und Entwicklung (OECD), des Umweltprogramms der Vereinten Nationen und der EG-Kommission beraten. Damit wurde die im April 1977 in Washington begonnene Diskussion über Fragen und Probleme der weltweiten Verwendung von FCKW fortgesetzt. Gleichzeitig sollte mit dieser Konferenz der Entschließung des Rates der EG vom 30. Mai 1978 zur Überprüfung der Auswirkungen der FCKW auf die Umwelt im 2. Halbjahr 1978 Rechnung getragen werden. Neben den Ergebnissen des Koordinierungskomitees und des Exekutivrates für Meteorologie der Vereinten Nationen wurde der Konferenz von D. H. Ehhalt (Kernforschungsanlage Jülich) — der auch an der Anhörung der Enquete-Kommission am 29. Februar 1988 teilgenommen hat (vgl. Abschnitt B, 3. Kapitel) — aufgezeigt, daß viele aufgrund von atmosphärischen Messungen erstellte, vertikale Konzentrationsprofile sehr wohl mit den Resultaten übereinstimmten, die auf der Basis des mathematischen Modells errechnet worden waren.

Die Konferenz kam trotz bestehender Unsicherheiten zu dem Schluß, daß vorsorglich die FCKW in Aerosolen deutlich vermindert werden müßten. Des weiteren hatte sie beschlossen, daß entscheidende Anwendungsbeschränkungen, also Verwendungsverbote, erforderlich seien, wenn neue und überzeugende wissenschaftliche Befunde vorlägen.

Im einzelnen stellte die Konferenz in ihrer Empfehlung fest, daß die Probleme der Wirkung von FCKW auf die Ozonschicht und der UV-Strahlung auf die Gesundheit nicht ignoriert werden könnten und empfahl, als Vorbeugungsmaßnahme die Freisetzung von FCKW weltweit zu verringern. Sie rief daher die Regierungen, die Industrie und die sonstigen Institutionen dazu auf, in den allernächsten Jahren eine erhebliche Verringerung der Freisetzung von FCKW gegenüber dem Stand von 1975 anzustreben. Ferner wurde anerkannt, daß bei Vorliegen neuer und überzeugender wissenschaftlicher Erkenntnisse entscheidende Einschränkungen des Gebrauchs von FCKW erforderlich sein könnten. Bei ihren Bemühungen um die genannte Verringerung der Freisetzung von FCKW sollten die betroffenen Regierungen versuchen, die größtmögliche internationale Harmonisierung der Maßnahmen herbeizuführen, um durch gemeinsame Anstrengungen die wirksamsten Lösungsmöglichkeiten zu finden und gleichzeitig Handelsschranken zu vermeiden. Außerdem sollten unverzüglich Schritte unternommen werden, alle Aerosol- und Schaumstoffhersteller, die die FCKW 11 und 12 verwendeten, zu ermutigen, die Erforschung alternativer Produkte zu verstärken und die Entwicklung alternativer Anwendungsmethoden zu fördern. Außerdem sollten die Hersteller und Benutzer von Material, das die FCKW 11 und 12 enthalte, dazu veranlaßt werden, die Freisetzung dieser Verbindungen zu verhindern.

— Entscheidung des Rates der EG vom 26. März 1980 über FCKW in der Umwelt

Auf der Grundlage dieser Ergebnisse hatte bereits eine Woche nach Abschluß der Münchner Konferenz der Rat der EG in seiner Sitzung am 19. Dezember 1978 auf Initiative und Textvorschlag des Bundesministers des Innern die Kommission beauftragt, alsbald den Entwurf für einen Beschluß des Rates vorzulegen, durch den im Rahmen eines gemeinsamen Marktes eine signifikante und staatlich überwachte Verwendungsbeschränkung von FCKW in Aerosolen erreicht werden sollte.

Die EG-Kommission hat dann am 16. Mai 1979 entsprechend dem Auftrag in der Ratstagung vom 19. Dezember 1978 einen Vorschlag für eine Entscheidung des Rates über FCKW in der Umwelt vorgelegt (8).

Danach war vorgesehen, daß jeder Mitgliedstaat geeignete Maßnahmen ergreifen sollte, um sicherzustellen, daß die ansässige Industrie die Produktionskapazitäten für FCKW nicht erhöht und bis zum 31. Dezember 1981 eine Verringerung der Verwendung von FCKW in Aerosolen um 30 Prozent gegenüber 1976 erreicht würde. Außerdem sollten im ersten Halbjahr 1982 die zu ergreifenden Maßnahmen anhand der verfügbaren wissenschaftlichen und wirtschaftlichen Daten überprüft werden. Der Rat sollte bis zum 31. Dezember 1982 auf Vorschlag der Kommission die weiteren Maßnahmen treffen, die angesichts dieser Überprüfung notwendig erschienen.

Im Rahmen der Beratungen waren dann Änderungen dahin gehend beschlossen worden, daß eine Verringerung um mindestens 30 Prozent gegenüber 1976 zu erreichen sei, daß die Kommission bereits im ersten Halbjahr 1980 die zu ergreifenden Maßnahmen überprüfen und der Rat so bald wie möglich, spätestens bis zum 30. Juni 1981, über weitere, sich als notwendig erweisende Maßnahmen beschließen sollte. Die Bundesrepublik Deutschland hatte sich gemeinsam mit den Niederlanden und Dänemark vorbehalten, im Hinblick auf mögliche neue wissenschaftliche Erkenntnisse über das von der Gemeinschaft gesetzte Ziel hinaus strengere nationale Maßnahmen zu ergreifen.

Der Rat der EG hat den Entscheidungsvorschlag der EG-Kommission mit den oben erwähnten, im Rahmen des Beratungsverlaufs vorgenommenen Änderungen am 26. März 1980 verabschiedet.

1.1.3 Nationale Reaktionen auf die internationalen Bestrebungen

– Beratungen im Deutschen Bundestag

Der Innenausschuß des Deutschen Bundestages hat sich in seiner Sitzung am 7. Februar 1979 über die Ergebnisse der Münchner Konferenz und der Ratstagung vom Dezember 1978 sowie insgesamt über die Problematik der Gefährdung der Ozonschicht durch die Verwendung von FCKW als Treibgase in Spraydosen unterrichten lassen. In der Diskussion wurde von seiten der Ausschußmitglieder die Notwendigkeit gesehen, die Verwendung von FCKW erheblich einzuschränken, und es wurde dem Vorhaben der Bundesregierung, eine entsprechende EG-Regelung zu erwirken, zugestimmt. Allerdings wurde dabei hervorgehoben, daß es nicht einsichtig sei, weshalb zunächst eine Beschränkung auf eine Absenkung um 30 Prozent vorgesehen werden solle. Die Bundesregierung hob hervor, daß der

Gesamtverbrauch von FCKW als Treibmittel in Spraydosen 1975 50 200 Tonnen, 1976 48 200 Tonnen und 1977 41 450 Tonnen betragen habe, was eine Abnahme von 17,5 Prozent bedeute. CO_2 könne als Ersatztreibgas verwendet werden, wobei zu bedenken sei, daß die Verwendung als Spray im Hinblick auf die CO_2-Emissionen vernachlässigbar sei im Vergleich zur Emission durch Verbrennung. Der seinerzeitige Umsatz an FCKW habe 180 Millionen DM im Jahr betragen (7).

Der Innenausschuß des Deutschen Bundestages hatte ferner den Entscheidungsvorschlag der EG-Kommission in seiner Sitzung am 5. März 1980 beraten, diesen als eine erste notwendige Maßnahme zur Verringerung der Verwendung von FCKW zustimmend zur Kenntnis genommen sowie das damit verbundene Anliegen unterstützt und befürwortet. Ferner hat der Ausschuß in einer einvernehmlichen Entschließung hervorgehoben, daß bereits zum Zeitpunkt der Beschlußfassung vorsorglich eine weitere Reduzierung der Verwendung von FCKW anzustreben sei, da in Anbetracht neuerer wissenschaftlicher Erkenntnisse der amerikanischen nationalen Akademie der Wissenschaften nicht ausgeschlossen werden könne, daß durch eine weitere Verwendung von FCKW in größerem Umfang längerfristig erhebliche Gesundheitsschäden und negative ökologische Folgen auftreten könnten. Die Bundesregierung wurde daher ersucht, bis zum 30. April 1980 einen Bericht darüber vorzulegen,

- in welchen industriellen Bereichen schon jetzt wegen vorliegender Alternativen auf die Verwendung von FCKW verzichtet werden könne;
- wie stark ein derartiger Verzicht und die damit verbundene Umstellung auf entsprechende Alternativen die einschlägigen Industriezweige finanziell belasten würde;
- in welchem Zeitraum entsprechende Umstellungen durchgeführt werden könnten und wie stark dadurch die Verwendung von FCKW insgesamt — verglichen mit dem Stand von 1975 und Ende 1979 — eingeschränkt werden könnte.

Weiterhin wurde die Bundesregierung dazu aufgefordert,

- die Auswirkungen eines Verwendungsverbotes von FCKW in Aerosolen in dem in den USA und in Schweden praktizierten Umfang zu untersuchen, ein derartiges Verwendungsverbot gegebenenfalls auf nationaler Ebene anzustreben und auf internationaler Ebene zu unterstützen;
- längerfristig ein totales Verwendungsverbot von FCKW anzustreben und zu diesem Zweck Forschungsvorhaben zu fördern, die sich um Möglichkeiten der Substitution von FCKW in den Bereichen bemühten, in denen bisher noch keine Alternativen bekannt seien und
- den Deutschen Bundestag jeweils über entsprechende Aktivitäten und neuere wissenschaftliche Erkenntnisse in diesem Bereich umgehend zu unterrichten.

Bei den Beratungen hatte der Ausschuß unter anderem hervorgehoben, daß die Sorge über das mögliche Ausmaß der durch die FCKW-Emissionen erwarteten

Schäden im Verhältnis zu den früheren Beratungen der Thematik erheblich gestiegen sei. In den vorangegangenen Beratungen sei man noch mit Gutachten konfrontiert worden, die die Möglichkeit einer Schädigung der Ozonschicht durch FCKW bestritten hätten. In diesem Zusammenhang hatte der Ausschuß in Anbetracht der Sachlage größten Wert darauf gelegt, genaue Angaben über die Produktionsverhältnisse, namentlich klare Zahlenwerte, sowie die Substitutionsmöglichkeiten zu erhalten. Gleichzeitig hob er hervor, daß die in dem Entschließungsvorschlag der EG-Kommission geforderte Verminderung mit dem Bezugsjahr 1976 für die deutsche Industrie aufgrund der bereits erbrachten Verminderung des FCKW-Verbrauches im Jahr 1976 eine zusätzliche Verminderung über den Entschließungsvorschlag hinaus bedeute.

— Auffassung der Bundesregierung

Die Bundesregierung hatte darauf hingewiesen, daß noch keine konkreten Meßergebnisse vorlägen und man immer noch auf Modellrechnungen angewiesen sei. Diese würden aber immer sicherer. Die Ergebnisse der Modellrechnungen würden auf eine größere Wahrscheinlichkeit der These einer erheblichen Schädigung der Ozonschicht durch FCKW hindeuten (9).

Entsprechend dem erwähnten Beschluß des Innenausschusses des Deutschen Bundestages war diesem vom Bundesminister des Innern am 7. Mai 1980 ein Bericht über FCKW in der Umwelt zugeleitet worden. Darin wurde im Detail auf die zu diesem Zeitpunkt denkbaren Alternativen und die Möglichkeiten eines Verzichts von FCKW in einzelnen industriellen Bereichen eingegangen. Namentlich wurde hervorgehoben, daß im Aerosolbereich die in anderen Ländern zu diesem Zeitpunkt bereits eingeleiteten Verbote (vgl. 2.) zeigten, daß dort eine nahezu vollständige FCKW-Substitution möglich sei, falls die wirtschaftlichen Auswirkungen in Kauf genommen würden. Die Zulassung von Ausnahmen, wie sie in anderen Ländern vorgesehen seien — zum Beispiel für einige Arzneimittel, für Reinigungsmittel von elektronischen Einrichtungen und Artikel für die Sicherheit im Flugbetrieb — würden maximal 2 Prozent der gesamten Verwendungsmenge ausmachen. Nach dem Stand der Technik im Kälteanlagenbau und den zur Auswahl stehenden Stoffen seien andere Kältemittel als die FCKW und Ammoniak zu jener Zeit nicht verwendbar. Eine Substitution von FCKW durch Ammoniak sei nur in ganz beschränktem Umfang im Bereich des Großkälteanlagenbaus möglich. Eine Substitution der FCKW durch Stoffe wie Schwefeldioxid (SO_2), Methylchlorid (CH_3Cl), Methylenchlorid (CH_2Cl_2), Propan und ähnliche sei wegen deren Giftigkeit, Brennbarkeit, Korrosivität oder geringen thermodynamischen Effizienz nicht sinnvoll und wäre mit einem nicht vertretbaren Aufwand und zum Teil erheblichem Sicherheitsrisiko für Hersteller und Anwender verbunden.

Für den Bereich der Kunststoffverschäumung könnten aufgrund lückenhafter Informationen nur grobe Abschätzungen gegeben werden. Dabei wurde unter anderem hervorgehoben, daß der Einsatz der FCKW zur Herstellung von Polyurethan-Hartschäumen mit geschlossenzelliger Struktur für Wärmeisolationszwecke zum damaligen Zeitpunkt unverzichtbar gewesen sei. Ein Teil der Weichschäume werde mit Rezepturen ohne Einsatz von FCKW hergestellt. Versuchsweise seien Polyurethanschäume (hart und weich) anstelle von FCKW mit Methylenchlorid hergestellt worden. Hinsichtlich der im Bereich der chemischen Reinigung verwendeten FCKW-Mengen war auf deren steigende Tendenz seit 1975 hingewiesen worden. Eine Substitution des in diesem Bereich eingesetzen FCKW 113 war damals als nicht möglich erachtet worden, weil keine Alternativen vorhanden waren und empfindliche Textilien dann nicht mehr hätten gereinigt werden können. Hinsichtlich des für die Reinigung für Textilien eingesetzten FCKW 11 war hervorgehoben worden, daß dieses mittelfristig durch andere Lösungsmittel (zum Beispiel Perchlorethylen) ersetzt werden könne. Im Bereich der Leder- und Pelzreinigung war das dort verwendete FCKW 11 als zur damaligen Zeit nicht substituierbar angesehen worden. Zu den bei der chemischen Reinigung auftretenden Lösungsmittelverlusten war dargelegt worden, daß diese durch emissionsmindernde Maßnahmen, wie zum Beispiel den Einsatz neuer Maschinensysteme und eine bessere Wartung der installierten Anlagen, zum Teil erheblich verringert werden könnte.

Zu den ökonomischen Auswirkungen eines Verzichts auf FCKW und die damit verbundenen Umstellungen war hervorgehoben worden, daß diese für die Bundesrepublik Deutschland nur im Aerosolbereich eingehender untersucht worden seien. Die größten Belastungen seien insoweit bei den Herstellern der FCKW und deren Zulieferern zu erwarten. Nach einer Studie des Battelle-Institutes sei hinsichtlich der beiden deutschen Hersteller bei einem Verwendungsverbot von FCKW in Aerosolen ein Umsatzverlust in Höhe von insgesamt 180 Millionen DM (einschließlich der Umsatzverluste bei den Koppelprodukten) zu erwarten. Auf seiten ihrer Zulieferer sei mit einem Umsatzverlust von 50 Millionen DM zu rechnen. Dieser erwartete Umsatzverlust von 230 Millionen DM entspräche etwa 0,3 Prozent des Gesamtumsatzes der chemischen Industrie im Jahre 1977. Nach der Studie des Battelle-Institutes sei mit einem Verlust von 1 500 Arbeitsplätzen zu rechnen. Diese Schätzung des Verlustes an Arbeitsplätzen sei nach Auffassung der Bundesregierung skeptisch zu beurteilen. Bei angemessenen Übergangsfristen könnten die geschätzten Arbeitsplatzverluste durch Umsetzungen in niedrigeren Grenzen gehalten werden. Im Bereich der Koppelprodukte seien vor allem Auswirkungen auf den Markt für Salzsäure, Kalziumfluorid und Flußsäure zu erwarten. So seien zum Beispiel 1975 15 Prozent der Salzsäureproduktion in der Bundesrepublik Deutschland als Koppelprodukt bei der FCKW 11- und 12-Herstellung angefallen. Größere Verschiebungen würden sich auf dem Markt für fluorhaltige Produkte ergeben.

Hinsichtlich der Auswirkung auf die Aerosolindustrie, die Lohnabfüller und die Zulieferer war daran erinnert worden, daß in diesem Bereich die Substitution von FCKW schon am weitesten fortgeschritten sei. Die Verwendung von Propan und Butan als Substitutionsprodukte machten den Bau explosionssicherer Abfüllanlagen erforderlich. Hierbei seien Investitionen in Höhe von 500 000 bis 1 Million DM pro Anlage notwendig. Zum Teil sei mit diesen Investitionen schon aufgrund der freiwilligen Beschränkung begonnen worden. Längerfristig seien Einbußen nicht zu erwarten, da die Kosten für die neuen Produktionsanlagen durch die geringeren Kosten für Propan/Butan ausgeglichen würden. Im Bereich der Zulieferer (Dosen, Ventile) seien bei Umstellungen auf Propan/Butan als Treibmittel keine Auswirkungen zu erwarten.

Ein vollständiges Anwendungsverbot von FCKW in Aerosolen würde in der Bundesrepublik Deutschland zu einer Einschränkung des FCKW-Verbrauches um etwa 50 000 Tonnen, bezogen auf das Jahr 1975, führen.

Eine vollständige Substitution im Aerosolbereich mit eng begrenzten Ausnahmeregelungen etwa für den medizinischen Bereich, sei technisch möglich.

Die Entscheidung der EG über FCKW in der Umwelt sehe eine Verringerung der FCKW 11 und 12 als Treibgas in Aerosolen um mindestens 30 Prozent bis Ende 1988 vor. Aufgrund einer Vereinbarung mit den betroffenen deutschen Industrieunternehmen im Jahre 1977 sei diese Verwendung der FCKW wie bereits in den vergangenen Jahren kontinuierlich verringert worden. Es könne damit gerechnet werden, daß von deutscher Seite aus bereits Ende 1979 eine Reduktion von 30 Prozent erreicht worden sei.

Dagegen hätten Bemühungen in Brüssel um eine stärkere Verringerung keine Unterstützung durch die Mehrheit der Mitgliedstaaten gefunden. Wegen der globalen Natur der Ozonschädigung sei aber ein übernationales, möglichst weltweites Vorgehen anzustreben. Die Bundesregierung unterstütze daher alle Bestrebungen in der UNEP, der OECD, der EG und sonstigen internationalen Gremien, die Verwendung der FCKW in Aerosolen einzuschränken beziehungsweise zu verbieten.

Hinsichtlich der Forderung des Innenausschusses, längerfristig ein totales Verwendungsverbot von FCKW anzustreben und zu diesem Zweck Forschungsvorhaben zu fördern, die sich um Möglichkeiten der Substitution einer Verwendung von FCKW in den Bereichen bemühten, in denen bisher noch keine Alternativen bekannt seien, war von der Bundesregierung hervorgehoben worden, daß ein totales Verwendungsverbot der FCKW wegen der Komplexität des FCKW-Marktes und der Unkontrollierbarkeit von Beschränkungsmaßnahmen an sich eine zweckentsprechende Vorgehensweise wäre. Auch die Überlegung, daß ohne besondere Vorkehrungen letztlich jede irgendwie verwendete FCKW-Menge — sofort oder verzögert — in die Umwelt emittiert werde, komme zu diesem Schluß. Bei der weitgehenden Substition der FCKW im Nichtaerosolbereich seien aber noch erheblich größere Probleme als im Aerosolbereich zu erwarten.

Deswegen hatte die Bundesregierung hervorgehoben, daß sie eine sehr differenzierte Lösung für erforderlich halte. Der Begriff des „totalen Verwendungsverbotes" sei zu pauschal. Vor allem seien hierzu noch eine Reihe von Forschungen unterschiedlicher Zielrichtungen durchzuführen. Die Arbeiten würden wie die Vorhaben zur Begrenzung der Produktionskapazitäten und zu den Beschränkungen im Aerosolbereich insgesamt — entsprechend der EG-Entschließung — im Rahmen der EG weiter verfolgt (10).

1.1.4 Weitere Bestrebungen auf EG-Ebene

Entsprechend der Vorgabe in der Entscheidung des Rates vom 26. März 1980 leitete die Kommission dem Rat der EG am 16. Juni 1980 eine Mitteilung in bezug auf die Überprüfung der verfügbaren wissenschaftlichen und wirtschaftlichen Daten zu (11). Am 26. Mai 1981 legte die Kommission dem Rat eine zweite Mitteilung (12) vor, die die Informations- und Beurteilungselemente für die Einschätzung und die Fortführung der Gemeinschaftspolitik für eine Reduzierung der FCKW in der Umwelt betraf. Diese Mitteilung enthielt eine Aufzählung der verfügbaren wissenschaftlichen und wirtschaftlichen Daten. Außerdem wird darin eine Reihe von Maßnahmen vorgeschlagen. Die Umweltminister der EG stimmten auf dieser Grundlage am 11. Juni 1981 folgenden Vorhaben zu:

- Einführung geeigneter Verfahren und Instrumente für den Austausch wissenschaftlicher, technischer, sozioökonomischer und statistischer Informationen;
- Durchführung von Maßnahmen zur Verringerung der FCKW-Freisetzungen in den Bereichen der Schaumstoffherstellung, der Kältetechnik und der Lösungsmittel.

Außerdem wurde die EG-Kommission beauftragt, dem Rat frühzeitig einen Vorschlag für eine Entscheidung über Verhütungs- und Schutzmaßnahmen vorzulegen, die von den Mitgliedstaaten nach dem 31. Dezember 1981 durchgeführt werden sollten.

Folgende Maßnahmen waren vorgesehen:

- Eine nochmalige Versicherung der Festschreibung der Produktionskapazität der FCKW 11 und 12 auf der Grundlage genau festgelegter Werte,
- die Konsolidierung des bereits erreichten Rückgangs in der Verwendung von FCKW 11 und 12 in Aerosolbehältnissen,
- die Möglichkeit eines weiteren Rückgangs im Aerosolbereich,
- die Vorbereitung von Maßnahmen zur Verringerung der FCKW-Freisetzungen in den Nichtaerosolbereichen.

Darüber hinaus wurde die Kommission vom Rat aufgefordert, einen Entscheidungsvorschlag vorzulegen, durch den sie ermächtigt werden sollte, im Namen der Gemeinschaft an den Verhandlungen zur Schaffung einer umfassenden Rahmenvereinbarung zum Schutz der Ozonschicht teilzunehmen.

Die Kommission hat dann am 8. Oktober 1981 auf der Basis dieser Vorgaben einen Vorschlag vorgelegt, darin jedoch eine Verhandlungsermächtigung für eine umfassende Rahmenvereinbarung ausgeklammert, weil sie diese gesondert vorlegen wollte. Im Richtlinienvorschlag war unter anderem vorgesehen, daß das Nullwachstum der Produktionskapazität für FCKW 11 und 12 im Bereich der Abfüllung von Aerosolbehältnissen beibehalten werden sollte. Das heißt, daß die Gesamtverwendung nicht über das Niveau des Jahres 1981 hinaus ansteigen sollte und dabei davon ausgegangen wurde, daß diese wenigstens 30 Prozent unter dem

Niveau des Jahres 1976 liegen würde. Ferner war ein Aktionsprogramm zur Verringerung der Freisetzung dieser Stoffe in den Bereichen der Schaumstoffherstellung, der Kältetechnik und der Lösungsmittel vorgesehen, da aus den aktuellen Daten hervorgegangen war, daß die Verwendung der FCKW in diesen Bereichen stark anstieg. Weiterhin war ein Austausch von Informationen festgelegt worden, der die Kommission in die Lage versetzen sollte, bis zur zweiten Hälfte des Jahres 1983 weitere Vorschläge zu erarbeiten, damit der Rat bis zum Juni 1984 über notwendig gewordene Maßnahmen hätte beschließen können.

In einer Stellungnahme an den Innenausschuß des Deutschen Bundestages hat die Bundesregierung den Entwurf dieser Entscheidung grundsätzlich unterstützt, jedoch die Ansicht vertreten, daß eine weitere Reduktion der FCKW-Verwendung im Aerosolbereich angestrebt werden sollte, damit dem Mehrverbrauch von FCKW in Nichtaerosolbereichen entgegengewirkt werde (13).

Der Rat der EG hat am 15. November 1982 eine Entscheidung zur Verstärkung der Vorbeugungsmaßnahmen in bezug auf FCKW in der Umwelt verabschiedet, die fast alle Punkte des ursprünglichen Kommissionsvorschlages enthielt (14). Nicht mehr darin enthalten war allerdings die ausdrückliche Vorgabe, daß bei der Abfüllung von Aerosolbehältnissen die Gesamtverwendung gegenüber derjenigen des Jahres 1981, die mindestens 30 Prozent unter dem Niveau von 1976 lag, nicht mehr erhöht werden sollte.

Allein die Einschränkung der FCKW-Verwendung in Aerosolen in diesen Jahren sowohl durch die Maßnahmen der EG, als auch durch einzelstaatliche Verbote, verringerte die FCKW-Emissionen über mehrere Jahre. Die Produktion der FCKW 11 und 12 ging in den Ländern, die in der Chemical Manufacturers Association (CMA) — Unternehmen, die etwa 85 Prozent der geschätzten weltweiten Produktion repräsentieren — zusammengeschlossen sind, zwischen 1974 und 1982 um 26 Prozent zurück. Es begann sich jedoch abzuzeichnen, daß die allmählich zunehmende Verwendung der Stoffe in anderen Einsatzbereichen diese Emissionsverringerung schließlich zunichte machen würde. Die Modellberechnungen legten Ende der siebziger Jahre zudem die Annahme nahe, daß die Problematik sich schlimmer entwickeln könnte, als zunächst erwartet worden war (15).

1.2 Nationale und EG-weite Reaktionen auf abgeschwächte Modellvoraussagen der Wissenschaft

In den Jahren 1982 bis 1983 führten weitergehende Untersuchungen der Ozonproblematik zunächst zu einer starken Abschwächung der ursprünglichen Abbauhypothesen (16). Die Konstrukteure von Modellen relativierten ihre Vorhersagen über den Ozonabbau auf der Grundlage revidierter Reaktionsraten, und die FCKW-Hersteller und -Anwender argumentierten, daß die hohen Kosten für Ersatzstoffe angesichts neuer wissenschaftlicher Abschätzungen nicht zu rechtfertigen seien. Die Industrie vertrat die Ansicht, daß alle weiteren Regelungen von einem internationalen Abkommen ausgehen müßten.

— Reaktionen der EG-Kommission und der Bundesregierung

Auf der Grundlage dieser Erkenntnisse teilte die EG-Kommission dem Rat am 31. Mai 1983 mit, daß die vorliegenden wissenschaftlichen und wirtschaftlichen Zwischendaten eine Änderung der bisherigen Politik bzw. zusätzliche Maßnahmen nicht erforderlich machten. Eine erneute umfassende Überprüfung und Bewertung der Situation brauche erst gegen Ende des Jahres 1985 zu erfolgen. Diese Einschätzung wurde seinerzeit von der Bundesregierung geteilt, so daß für weitergehende nationale Maßnahmen damals keine Veranlassung gesehen wurde.

— Reaktionen von industrieller Seite

Symptomatisch für die Reaktionen auf die starke Relativierung der ursprünglichen Abbauhypothesen durch die Wissenschaft und die damit verbundene Reduzierung des Druckpotentials auf politische Entscheidungen mag eine Presseerklärung der Industriegemeinschaft Aerosole (IGA) vom Juli 1984 sein, in der unter anderem folgendes ausgeführt war:

„Ozonhysterie — mußte sie sein? Umweltrelevanz der Spraytreibmittel zurechtgerückt — Beliebtheit der Sprays steigt weiter. Was den Umweltschützern als Menetekel erschien, war wissenschaflich von Anfang an umstritten und erwies sich jetzt als Fehlrechnung.

Beruhigend für die bundesdeutschen Verbraucher, die sich 1983 durchschnittlich alle sechs bis sieben Wochen ein Sprayprodukt kauften — öfter als je zuvor. Seit Februar 1984 spricht nun ein weiterer Grund für Sprays: Ihre Umweltverträglichkeit ... Auf die hastigen gesetzgeberischen Maßnahmen, die in den USA, Kanada, Schweden und Norwegen sogar zum Verbot der umstrittenen FCKW führten, als Folge davon auch in der EG später erhebliche Restriktionen auslösten, reagierte die bundesdeutsche Industrie mit einer freiwilligen Selbstbeschränkung ... Die neuen Erkenntnisse über das Ausmaß des Abbaus der Ozonschicht durch Spraytreibmittel wurden von der National Academy of Sciences, der obersten amerikanischen Wissenschaftsbehörde ... veröffentlicht. Die neue Studie sagt bis zum Jahr 2100 einen möglichen Ozonabbau bis zu 4 Prozent durch FCKW voraus. In der Zeit zwischen 1970 und 1980 wurden allerdings keine erkennbaren Veränderungen an der Ozonschicht beobachtet ... Verbesserte Rechenmodelle zur Bestimmung der Reaktionsgeschwindigkeiten in der Stratosphäre führen im Ergebnis zu erheblich niedrigeren Ozonabbauraten als bisher angenommen ... Es errechnet sich ein langfristiger Abbauwert von 2 bis 4 Prozent bis zum Jahre 2100. Die Schätzungen lagen 1979 hingegen noch bei 16,5 Prozent, 1982 bei 7 Prozent ... Modelle, die alle bekannten Konzentrationsveränderungen der Spurengase innerhalb der Atmosphäre berücksichtigen, ergeben für die Zeit von 1970 bis 1980 eine rechnerische Zunahme des Gesamtozons von 0,1 bis 0,4 Prozent. Für die kommenden Jahrzehnte wird mit einer Ozonzunahme von 1 Prozent gerechnet ... Mögliche biologische Auswirkungen einer verminderten Ozonschicht sind angesichts der neuen Modellberechnungen und Meßergebnisse nicht mehr von Bedeutung, da kein Ozonabbau prognostiziert wird ... In den USA geht man den Kosten nach, die die umstrittene, aber durch den Gesetzgeber erzwungene Umformulierung von rund 30 000 sprühenden Konsumartikeln verschlungen haben. Der Aufwand dafür wird in einer Größenordnung von 1,5 Milliarden US-Dollar geschätzt. In der Bundesrepublik sollten die mit dem Umweltschutz befaßten Behörden beim Erlaß administrativer Regelungen übereilte Maßnahmen vermeiden und den aktuellen Wissensstand berücksichtigen. Damit ließen sich sowohl unnötige Verunsicherungen des umweltbewußten Verbrauchers als auch beträchtliche wirtschaftliche Folgekosten durch übereilte Maßnahmen verhindern. Ein Beispiel für vorschnelle Entschlüsse gibt der britische Europaparlamentarier Stanley Johnson, der 1978 an den EG-Beschlüssen gegen Sprays beteiligt war und sich erst kürzlich an Ort und Stelle von den neuen Untersuchungsergebnissen überzeugt hat. Sein anschließender Kommentar war das Eingeständnis, daß wohl ein Fehler gemacht worden sei" (17).

– Haltung des Umweltbundesamtes

Dieser Presseerklärung war seitens des Umweltbundesamtes entgegengehalten worden, daß ein solcher Text nicht vom Geist des Vorsorgeprinzips durchdrungen sei.

Nach den aktuellen Modellrechnungen betrage der langfristig zu erwartende Ozonabbau in der Stratosphäre bei weiterer FCKW-Emission im derzeitigen Umfang etwa 2 bis 4 Prozent. Damit sei der prognostizierte Abbau deutlich geringer als in früheren Jahren, wo er meist auf 6 bis 10 Prozent, 1979 sogar auf 16 Prozent rechnerisch geschätzt worden sei. Auch wenn die Modelle und Eingangsdaten inzwischen wesentlich verbessert worden seien, bestünden nach wie vor ganz erhebliche Unsicherheiten bei derartigen Prognosewerten. Diese Unsicherheiten seien weiter zu berücksichtigen und wegen der fehlenden Rückholbarkeit einmal erfolgter Emissionen in die Vorsorgeüberlegung einzubeziehen. Ferner wurde darauf hingewiesen, daß Ozon die Eigenschaft habe, in den Strahlungshaushalt der Atmosphäre einzugreifen und daher starken Einfluß auf die Wärmeverteilung habe. Nach den aktuellen Erkenntnissen sei zwar keine erhöhte UV-B-Strahlung zu befürchten, dafür seien aber Auswirkungen auf die klimatischen Gegebenheiten zu erwarten. Ein restriktiver Umgang mit FCKW sei daher vernünftig und geboten.

– Verhaltenskodizes der EG-Kommission für die Industrie vom Januar 1985

Im Hinblick auf die Ratsentscheidung von 1982 legte die EG-Kommission im Januar 1985 drei Verhaltenskodizes für die Industrie vor, die in wesentlichen Punkten auf deutschen Vorschlägen basierten. Diese dienten dem Ziel der Verminderung der Emissionen von FCKW 11 und 12 aus Anlagen zur Herstellung von harten Polyurethan-Schaumstoffen zur Verwendung in der Bauindustrie, aus Reinigungsanlagen sowie aus Kälte- und Klimaanlagen. Die Kodizes wurden mit Hilfe der entsprechenden europäischen Industrieverbände an die betroffenen Industriezweige geleitet und finden dort Anwendung.

Noch im Laufe des Jahres 1988 sollen die Kodizes aufgrund der gesammelten Erfahrungen und in Absprache mit der Industrie überprüft werden.

1.3 Nationale und EG-weite Reaktionen auf den 1985 gemessenen drastischen Ozonabbau in der Stratosphäre über der Antarktis

1.3.1 Bewertung der EG-Kommission

Im November 1986 legte die EG-Kommission ihre ursprünglich für 1985 vorgesehene Bewertung der aktuellen Sachlage vor. Die darin enthaltenen Schlußfolgerungen waren aus Sicht der Bundesregierung sehr unbefriedigend, weil sie sich im wesentlichen darauf beschränkten, festzustellen, daß die bisherigen EG-Maßnahmen einen grundlegend gesunden politischen Rahmen darstellten und daß im Grunde kein Anlaß bestehe, den erreichten Stand zu verändern.

Die Bundesregierung allerdings ist dieser Auffassung in den EG-internen Beratungen und den parallel verlaufenden UNEP-Verhandlungen über ein FCKW-Beschränkungsprotokoll nachdrücklich entgegengetreten (18).

1.3.2 Bewertung der Sachlage auf nationaler Ebene

Neben den Verhandlungen für ein internationales Übereinkommen zum Schutz der Ozonschicht, das im März 1985 als Rahmenabkommen in Wien sowohl von der Bundesrepublik Deutschland als auch der EG und anderen EG-Mitgliedstaaten gezeichnet wurde und auf der Basis der darauf aufbauenden Verhandlungen am 16. September 1987 in Montreal zur Verabschiedung eines Protokolls über ozonschichtschädigende Stoffe mit konkretisierenden Reduktionsquoten führte, verstärkte sich mit der im Herbst 1985 entdeckten drastischen Reduzierung des Ozons in der Stratosphäre über der Antarktis und der Prägung des Begriffs „Ozonloch" nicht nur die internationale sondern auch die nationale Diskussion erheblich und führte zu weitergehenden Maßnahmen auf nationaler Ebene.

– Maßnahmen der Bundesregierung

Im Rahmen der Anfang 1986 verabschiedeten Neufassung der Technischen Anleitung zur Reinhaltung der Luft (TA Luft) und der Verordnung zur Emissionsbegrenzung von leichtflüchtigen Halogenkohlenwasserstoffen (2. Verordnung zur Durchführung des Bundesimmissionsschutzgesetzes, 2. BImSchV) legte die Bundesregierung auch für FCKW-emittierende Anlagen Emissionsgrenzwerte fest (19). Das Umweltbundesamt erwartet durch die neuen Grenzwerte der TA Luft bis zum Jahre 1991 eine Verminderung der FCKW-Emissionen aus Anlagen zur Herstellung von Polyurethan-Weichschaumstoffen um etwa 90 Prozent, das heißt etwa 3 000 Tonnen pro Jahr. Außerdem wird davon ausgegangen, daß durch diese Verordnung weitere Verminderungen bei chemischen Reinigungs- und bei Entfettungsanlagen herbeigeführt werden.

— Regierungserklärung vom 18. März 1987

In der Regierungserklärung vom 18. März 1987 wurde seitens des Bundeskanzlers auf zunehmende globale Gefährdungen der Erdatmosphäre und auf die Notwendigkeit nationaler und internationaler Maßnahmen hingewiesen. Namentlich wurde hervorgehoben, daß die Ozonschicht in bedenklicher Weise angegriffen werde und die Bundesregierung deswegen international auf einem Verbot von gefährlichen Treibgasen in Spraydosen bestehen und, wenn nötig, nationale Maßnahmen ergreifen werde (20).

— Forderungen des Bundesrates

In seiner Sitzung am 15. Mai 1987 hat der Bundesrat eine Entschließung verabschiedet (21), in der die Bundesregierung gebeten wurde, die Herstellung und das Inverkehrbringen von FCKW, die die Ozonschicht gefährden könnten, grundsätzlich zu verbieten. Namentlich sollte

- die Herstellung und der Einsatz solcher FCKW als Treibmittel in Spraydosen — notfalls in einem nationalen Alleingang in der Bundesrepublik Deutschland — mit Ausnahme des Einsatzes im medizinischen Bereich und
- der Einsatz solcher FCKW nach angemessener Umstellungszeit, wenn eine Substitution durch geeignete andere Stoffe möglich oder das Recycling nicht gesichert sei,

verboten werden.

Außerdem war die Bundesregierung gebeten worden, innerhalb der EG und auf internationaler Ebene nachdrücklich darauf hinzuwirken, daß alsbald wirksame Regelungen zum Verbot von FCKW getroffen würden.

In der Begründung wurde darauf hingewiesen, daß neuere Meßergebnisse aus der Antarktis gezeigt hätten, daß bereits ein unerwartet hoher Abbau der Ozonschutzschicht in der Stratosphäre stattgefunden habe. Diese bedrohliche Entwicklung werde insbesondere auf die Einwirkung von FCKW zurückgeführt. Die Bundesregierung habe in der Bundestagsdrucksache 10/6030, Nr. 71, Seite 30 zum Ausdruck gebracht, daß an der Beteiligung der FCKW — neben anderen klimawirksamen Spurengasen — am Abbau der Ozonschicht in der Stratosphäre kein Zweifel bestehe. Dieser Befund lege den Schluß nahe, daß sowohl die weltweit wie auch die in der EG angewandten Maßnahmen zur Verringerung der FCKW-Emission wirkungslos geblieben oder zum Schutz der Ozonschicht in der Stratosphäre unzureichend gewesen seien.

So habe sich, der EG-Statistik vom 20. November 1986 zufolge, der Gesamtverbrauch an FCKW 11, 12, 113 und 114 trotz der in der EG geltenden Maßnahmen von 261 000 Tonnen im Jahre 1976 auf 272 000 Tonnen im Jahre 1985, das heißt um plus 4 Prozent, erhöht, obwohl der Einsatz als Treibmittel in Spraydosen zurückgegangen sei. Der Einsatz der FCKW 11, 12, 113 und 114 in diesem Bereich habe in der EG im Jahre 1985 nur noch 43 Prozent des gesamten Verbrauches gegenüber 67,6 Prozent im Jahre 1976 betragen. Der in der Bundestagsdrucksache 10/6030 angegebene Rückgang der FCKW-Verwendung als Spraytreibmittel seit 1976 um 35 Prozent sei daher durch Erschließung neuer Anwendungsmöglichkeiten für FCKW in den Bereichen Kältetechnik, Schaumkunststoffe und Lösemittel überkompensiert worden. Dies belege auch die erhebliche Steigerungsrate von 82,5 Prozent, die mit dem Einsatz der FCKW in diesen Marktsegmenten von 1976 bis 1985 eingetreten sei. Auch die in diesen Anwendungsbereichen eingesetzten FCKW-Mengen gelangten aufgrund ihrer Flüchtigkeit und Langlebigkeit letztlich in die Atmosphäre und trügen zur Zerstörung der Ozonschutzschicht bei.

Die Bundesregierung habe sich bisher im wesentlichen auf die Umsetzung der Entscheidung des Rates der EG vom 26. März 1980 konzentriert (Verbot der Produktionserhöhung der FCKW 11 und 12 und Verwendungsbeschränkung dieser FCKW in Spraydosen). Diese Bemühungen hätten nicht zu einem nennenswerten Erfolg geführt. Daher sei es geboten, zusätzlich im nationalen Recht alle Möglichkeiten zur Begrenzung der FCKW auszuschöpfen. Die Bundesrepublik Deutschland sollte daher nicht hinter nationalstaatlichen Maßnahmen, wie sie zum Beispiel in den USA und Schweden getroffen worden seien, zurückstehen. Sie sollte durch die vom Bundesrat geforderten Initiativen zugleich einen Anstoß für umfassende Verbotsregelungen innerhalb der EG und auf internationaler Ebene geben, weil letztlich nur weltweite Regelungen zu einem Erfolg führen könnten.

Im nationalen Recht gebe es bereits heute Möglichkeiten, die Herstellung und das Inverkehrbringen bestimmter gefährlicher Stoffe zu verbieten. Das Chemikaliengesetz erfasse als gefährliche Stoffe solche Stoffe, „die selbst oder deren Verunreinigungen oder Zersetzungsprodukte geeignet seien, die natürliche Beschaffenheit von ... Luft ... sowie des Naturhaushalts derart zu verändern, daß dadurch erhebliche Gefahren oder erhebliche Nachteile für die Allgemeinheit herbeigeführt werden“.

Der EWG-Vertrag stehe nationalen Regelungen zum Verbot der Herstellung und des Inverkehrbringens von FCKW nicht entgegen. Wegen der von FCKW ausgehenden Gefahren sei das Verbot zum Schutz der Gesundheit und des Lebens von Menschen und Tieren gerechtfertigt (Artikel 36 EWG-Vertrag).

– Beschluß des Deutschen Bundestages vom 21. Mai 1987

Der Deutsche Bundestag hat in seiner Sitzung am 21. Mai 1987 eine Beschlußempfehlung des Petitionsausschusses verabschiedet. Darin wurden der Bundesregierung verschiedene Petitionen, die die Einschränkung der Verwendung von FCKW zur weiteren Vermeidung von Schädigungen der Ozonschicht in der Stratosphäre zum Inhalt hatten, mit folgenden Zielen zur Berücksichtigung überwiesen:

- Erlaß eines sofortigen nationalen Verbots betreffend die Herstellung von FCKW-haltigen Spraydosen in der Bundesrepublik Deutschland;
- die Verwendung von FCKW in den übrigen Bereichen kurzfristig durch geeignete Maßnahmen drastisch einzuschränken und in absehbarer Zeit weitgehend zu verbieten;
- soweit ein Ersatzstoff nicht zur Verfügung steht, sowie innerhalb eines Übergangszeitraums für den Einsatz von FCKW (insbesondere als Kühl- und Reinigungsmittel) Einrichtungen zur Emissionsvermeidung sowie eine sachgerechte Abfallentsorgung bindend vorzuschreiben;
- sich weiterhin nachdrücklich für entsprechende internationale Maßnahmen einzusetzen und die Petitionen dem Europäischen Parlament hinsichtlich der im EG-Bereich zu treffenden Maßnahmen zu überweisen (22).

– Reaktion der chemischen Industrie

Mit Schreiben vom 13. August 1987 hat die Industriegemeinschaft Aerosole dem Bundesminister für Umwelt, Naturschutz und Reaktorsicherheit eine Selbstbeschränkungserklärung zur Reduzierung des Einsatzes vollhalogenierter FCKW in Spraydosen übermittelt.

Darin wurde verbindlich zugesagt, daß – bezogen auf die Verbrauchsmengen des Jahres 1976 – der Einsatz der FCKW 11 und 12 bis zum 31. Dezember 1988 um mindestens 75 Prozent und bis zum 31. Dezember 1989 um mindestens 90 Prozent reduziert werde und diese nicht durch andere, vergleichbar umweltbelastende Treibmittel ersetzt würden. In diese Rechnung würden daher auch die FCKW 113 und 114 einbezogen, die in früheren Erhebungen wegen unbedeutenden Anteils (etwa 1 000 Jahrestonnen in der Bundesrepublik Deutschland) nicht erfaßt gewesen seien. FCKW 115 finde bei Aerosolpackungen keinen Einsatz. Die nach 1990 verbleibende Menge entfalle auf besondere Produktgruppen wie zum Beispiel Arzneimittelsprays und Sprays für technische Einsatzzwecke (Elektronik, Schweißtechnik, Bergbau, u.ä.), in denen eine Substitution durch andere Treibmittel nach dem Stand der Technik noch nicht möglich sei. Die jährlichen Verbrauchsmengen der genannten FCKW würden von den Mitgliedern des Aerosolverbandes jeweils zum 30. Juni 1988, 1989 und 1990 der Treuarbeit AG in Frankfurt am Main mitgeteilt. Das durch Stichproben der Treuarbeit AG gesicherte Ergebnis werde dem Bundesminister für Umwelt, Naturschutz und Reaktorsicherheit übermittelt.

Hinsichtlich der Verbrauchsmengen des Jahres 1976 wurde davon ausgegangen, daß im Verlauf dieses Jahres 53 000 t FCKW für 457 Millionen Aerosolpackungen in der Bundesrepublik Deutschland verbraucht worden seien. Bis 1986 habe sich diesbezüglich bereits eine Reduktion um etwa 50 Prozent ergeben, weil die Verbrauchsmenge auf 26 000 Tonnen für 672 Millionen Aerosolpackungen gesenkt worden sei.

Zur zwischenzeitlichen Realisierung der Selbstbeschränkungserklärung des Aerosolverbandes teilte der Bundesminister für Umwelt, Naturschutz und Reaktorsicherheit im August 1988 mit, daß nach dem jüngsten Bericht der unabhängigen Wirtschaftsprüfungsgesellschaft Treuarbeit der FCKW-Einsatz im Spraybereich seit 1986 erheblich schneller zurückgegangen sei als erwartet. Im ersten Halbjahr 1987 habe der Verbrauch noch 14 900 Tonnen, im zweiten Halbjahr 1987 5 700 Tonnen und im ersten Halbjahr 1988 2 600 Tonnen betragen.

In einem Schreiben der Industriegemeinschaft Aerosole an den Vorsitzenden der Enquete-Kommission wurde hervorgehoben, daß die Substitutionsbemühungen energisch weiter vorangetrieben würden und für 1989 ein Ergebnis deutlich unter 5 000 Tonnen erwartet werde. Der Bundesminister für Umwelt, Naturschutz und Reaktorsicherheit ging kürzlich in einer Erklärung davon aus, daß bei Fortdauer des gegenwärtigen Trends in eineinhalb Jahren der vollständige Ersatz der FCKW aus Spraydosen erreicht wäre.

– Forderungen der SPD-Fraktion

Am 7. August 1987 brachte die Fraktion der SPD im Deutschen Bundestag einen Antrag ein, in dem die Bundesregierung unter anderem aufgefordert wurde,

- die Herstellung und das Inverkehrbringen von FCKW in Sprays in der Bundesrepublik Deutschland (mit Ausnahme des Einsatzes im medizinischen Bereich) sofort zu untersagen;
- innerhalb einer Übergangszeit von zwei Jahren den Einsatz von FCKW in industriellen Schäumen auf nationaler Ebene zu verbieten;
- die FCKW in Kühlaggregaten und Klimaanlagen soweit wie möglich durch andere Flüssigkeiten zu ersetzen und in den Fällen, in denen ein Ersatz vorerst nicht möglich sei, verbindliche Recycling-Regelungen einzuführen;
- für langlebige chlorierte- und bromierte Kohlenwasserstoffe Produktions- und Importbeschränkungen anzustreben;
- Regelungen auch auf EG-Ebene unverzüglich zu initiieren und bei Verhandlungen im Rahmen der Vereinten Nationen zu vertreten (23).

Dem Deutschen Bundestag sollte bis zum 31. Dezember 1987 ein Bericht über die nationalen und internationalen Fortschritte beim Ersatz der Verwendung von FCKW sowie langlebigen chlorierten und bromierten Kohlenwasserstoffen zugeleitet werden.

– Forderungen der Fraktion DIE GRÜNEN

Am 14. September 1987 brachte die Fraktion Die Grünen im Deutschen Bundestag einen Antrag über Sofortmaßnahmen gegen den Abbau der Ozonschicht und die Auswirkungen des Treibhauseffektes ein (24). Darin wurde die Bundesregierung unter anderem zu einer Reihe von Maßnahmen zur Verringerung von FCKW-Emissionen aufgefordert.

Namentlich sollte zum 1. Juli 1988 ein Verbot für die Anwendung von FCKW sowie sämtlicher anderer Halogenkohlenwasserstoffe als Treibgase in Spraydosen beschlossen werden. Weiterhin sollte eine gesetzliche Grundlage geschaffen werden, um eine Steuer auf niedrigsiedende halogenierte Kohlenwasserstoffe zu erheben. Vorgeschlagen wurden ferner Novellierungen der 2. BlmSchV (Verordnung zur Emissionsbegrenzung von leichtflüchtigen Halogenwasserstoffen), der 4. BlmSchV (Verordnung über genehmigungsbedürftige Anlagen) sowie der TA Luft, um weitergehende Verminderungen der FCKW-Emissionen zu erreichen. Insoweit sollte vor allem in das BlmSchG eine Bestimmung aufgenommen werden, nach der eine Bilanzierung der eingesetzten Halogenkohlenwasserstoffe nach Art, Umfang und Verwendungszweck für alle gewerblichen Anlagen erfolgen sollte. In die 2. BlmSchV sollten Anlagen mit aufgenommen werden, die der Aufarbeitung von leichtflüchtigen Halogenkohlenwasserstoffen, der Lackierung, der Aufschäumung von Kunststoffen sowie der Herstellung, Wartung oder Reparatur von kältetechnischen Anlagen dienten, soweit sie nicht genehmigungspflichtig sind. In die 4. BlmSchV sollten Anlagen zur Herstellung sowie zur Aufarbeitung von Halogenkohlenwasserstoffen durch Destillieren mit aufgenommen werden. In der TA Luft sollten sämtliche leichtflüchtigen Halogenkohlenwasserstoffe in den Anhang E aufgenommen und in die Emissionsklasse I eingestuft werden. Die entsprechenden Novellierungen sollten bis spätestens zum 1. Januar 1990 in Kraft treten. Zusätzlich war vorgeschlagen worden, die nach § 14 Abfallgesetz vorgesehenen Verordnungen zu erlassen und darin eine Verpflichtung für Händler von kältetechnischen Anlagen, Schaumstoffen, Reinigungs- oder Lösemitteln aufzunehmen, die diese zur Rücknahme der entsprechenden ausgedienten oder verbrauchten Produkte, die Halogenwasserstoffe enthielten oder enthalten könnten, verpflichteten. Auch eine Kennzeichnungspflicht für alle Produkte, die Halogenkohlenwasserstoffe enthalten, und die zum 1. Juli 1988 in den Endverbrauchshandel kämen, war als notwendig angesehen worden. Zudem war ein Programm zur Erforschung unbedenklicher Ersatzstoffe und -verfahren und außerdem eine großangelegte Aufklärung der Verbraucher sowie der gewerblichen Verwender von Halogenkohlenwasserstoffen gefordert worden.

– Stellungnahme der Bundesregierung zu den Forderungen der Opposition und zum Beschluß des Deutschen Bundestages vom 21. Mai 1987

Die damalige Haltung der Bundesregierung wird aus der Antwort auf eine Kleine Anfrage der Fraktion DIE GRÜNEN vom 28. Juli 1987 deutlich (25).

Darin wurde hervorgehoben, daß der Schutz der Ozonschicht in der Atmosphäre zu den drei weltweit wichtigsten Aufgaben des Umweltschutzprogrammes der Vereinten Nationen (UNEP) gehöre, das 1981 in Montevideo ausgearbeitet worden sei. Diese sehr hohe Priorität beruhe auf der inzwischen wissenschaftlich weitgehend bestätigten Gefährdung der Ozonschicht durch menschliche Aktivitäten, insbesondere durch die Emissionen von FCKW. Im einzelnen wurde der damalige Sachstand zur Ratifikation des Wiener Übereinkommens und hinsichtlich der Beratungen für das Montrealer Protokoll dargelegt.

In bezug auf die Frage nach einem Verwendungsverbot für die Anwendung von FCKW als Treibgase in Spraydosen wurde die Auffassung der Bundesregierung hervorgehoben, daß bis zum Ende des Jahres 1990 die Verwendung von FCKW in Spraydosen durch freiwillige Maßnahmen der Industrie bis auf unverzichtbare medizinische und technische Einsatzbereiche eingestellt werde. Ein entsprechendes Angebot der Industrie liege vor. Grundsätzlich wurde betont, daß die Bundesregierung zum damaligen Zeitpunkt die Durchsetzung von Maßnahmen auf internationaler Ebene für erfolgversprechender halte als ein isoliertes rechtliches Vorgehen. Durch die Umsetzung der Altanlagenregelung in der TA Luft vom 27. Februar 1986 werde eine Emsissionsminderung um etwa 90 Prozent erreicht werden. Außerdem wurde die Auffassung der Bundesregierung unterstrichen, daß im Bereich der Verwendung von FCKW als Kältemittel geeignete Rückgewinnungs- und Entsorgungskonzepte entwickelt werden müßten. Diesbezüglich wurden die Arbeiten der Elektrohaushaltsgeräteindustrie an entsprechenden Konzepten für Haushaltskühlgeräte und das Angebot der FCKW-Hersteller, verschmutzte Kältemittel zur Wiederaufarbeitung entgegenzunehmen, als wichtiger Schritt in diese Richtung begrüßt. Dabei wurde allerdings hervorgehoben, daß die Bundesregierung die Notwendigkeit von Maßnahmen nach § 14 Abfallgesetz prüfen werde, wenn die genannten Aktivitäten nicht zu einer deutlichen Verbesserung der Rückgewinnungsquoten führten.

Hinsichtlich der Entscheidung anderer Länder, etwa den USA und Kanada, zum Verbot von FCKW in Spraydosen wurde dargelegt, daß sich ein wirkungsvoller Schutz der Ozonschicht letztlich nur im internationalen Rahmen erreichen lasse. Diese Einschätzung werde von den USA und Kanada ausdrücklich geteilt, deren nationale Maßnahmen schon im Hinblick auf die kontinentale Weite der Staatsgebiete mit einzelnen Maßnahmen in Europa nicht verglichen werden könnten. Die Bundesregierung halte weltweite Emissionsverminderungen für dringend geboten und unterstütze nachhaltig die Erstellung und Verabschiedung eines FCKW-Protokolls zum Wiener Übereinkommen. Ihrer Auffassung nach könne ein möglicher Abbau der Ozonschicht eher durch ein von vielen Staaten unterzeichnetes und befolgtes Übereinkommen mit mittleren FCKW-Minderungsraten verhindert werden, als durch ein von wenigen Ländern unterzeichnetes Übereinkommen mit hohen Minderungsraten. Die Bundesregierung strebe aus Gründen des Vorsorgeprinzips eine Verminderung der FCKW-Emissionen auch über den Spraybereich hinaus an.

Zur Ausführung des Beschlusses des Deutschen Bundestages vom 21. Mai 1987 hat der Bundesminister für Umwelt, Naturschutz und Reaktorsicherheit in einem an den Präsidenten des Deutschen Bundestages gerichteten Schreiben vom 28. September 1987 mitgeteilt, daß ein nationales Herstellungsverbot FCKW-haltiger Spraydosen wegen seiner Auswirkungen auf den freien Warenverkehr innerhalb der EG nicht sofort möglich sei. Vielmehr müßte ein Notifizierungsverfahren durchlaufen werden, das ein nationales Verbotsverfahren um zwölf Monate verlängern würde. Die Bundesregierung habe deshalb einen schnelleren und effektiveren Weg der FCKW-Beschränkung gesucht. Ein solcher Weg sei in Verhandlungen des Bundesumweltministers mit der betroffenen Industrie gefunden worden.

Im einzelnen wurde in diesem Schreiben dann die Selbstverpflichtung der Industriegemeinschaft Aerosole und die bisherigen sowie die geplanten nationalen und internationalen Maßnahmen in den anderen Anwendungsbereichen dargestellt und dabei teilweise auf die vorstehende Antwort auf die Kleine Anfrage der Fraktion DIE GRÜNEN eingegangen und Bezug genommen.

— Einsetzung der Enquete-Kommission und Entschließung der Fraktionen der CDU/CSU und FDP

Am 14. Oktober 1987 beschloß der Ausschuß für Umwelt, Naturschutz und Reaktorsicherheit des Deutschen Bundestages einvernehmlich die Einsetzung der Enquete-Kommission „Vorsorge zum Schutz der Erdatmosphäre" auf der Grundlage einer von allen Fraktionen gemeinsam getragenen Aufgabenstellung.

Mit Mehrheit seitens der Koalitionsfraktionen lehnte der Ausschuß die Anträge der Fraktion der SPD und der Fraktion Die Grünen ab und nahm eine Entschließung an, in der unter anderem das Montrealer Protokoll vom 16. September 1987 als erster weltweiter Schritt zur Verringerung ozonschädigender Emissionen von FCKW und Halonen begrüßt wurde. Die Selbstverpflichtung der Industriegemeinschaft Aerosole wurde als geeignet angesehen, das Vertragsziel des Montrealer Protokolls früher als im Protokoll vorgesehen und ohne rechtssetzende Maßnahmen zu erreichen. Ferner wurde die Bundesregierung aufgefordert, mit dem Ziel einer national gleichwertigen Beteiligung aller EG-Mitgliedsstaaten Beschränkungsmaßnahmen für eine zügige Umsetzung des Montrealer Protokolls im Rahmen der EG einzutreten und sich mit Nachdruck für eine beschleunigte Lösung verschiedener Probleme einzusetzen. Dazu gehörten:

- eine Vertiefung und Fortführung der wissenschaftlichen Erkenntnisse über die Zusammenhänge zwischen FCKW-Halon-Emissionen und Schädigungen der Ozonschicht;
- eine Intensivierung der Ersatzstofforschung und
- eine Verbraucheraufklärung mit dem Ziel weiterer Einschränkung des Verbrauchs ozonschädigender Produkte.

Außerdem wurde die Bundesregierung aufgefordert, bei der Industrie darauf hinzuwirken, daß die Verwendung ozonschädigender Stoffe in den Bereichen Kunststoffverschäumung sowie Klima-Kälte-Technik weiter reduziert und eine Regelung über die Rücknahme und Wiederverwendung gebrauchter Kühlmittel mit FCKW-Anteil baldmöglichst abgeschlossen werde. Soweit es nicht zu entsprechenden Vereinbarungen käme, sollte die Bundesregierung den Einsatz dieser Stoffe nach angemessener Umstellungszeit verbieten, wenn eine Substitution durch geeignete andere Stoffe möglich oder das Recycling nicht gesichert sei.

Der Deutsche Bundestag hat die entsprechenden Empfehlungen des Ausschusses für Umwelt, Naturschutz und Reaktorsicherheit in seinen Sitzungen am 22. September und am 13. Oktober 1988 angenommen (26).

1.4 Wissenschaftliche Erforschung des Ozonabbaus in der Stratosphäre

1.4.1 Bestandsaufnahme

Im Rahmen ihrer Arbeit überprüfte die Enquete-Kommission den Stand der Forschung zu den Inhalten ihres Auftrages, führte zu diesem Zweck eine Reihe von Anhörungen durch (vgl. Abschnitt B, Kapitel 3) und ließ sich von den zuständigen Bundesministern über den aktuellen Sachstand der Arbeit der Bundesregierung unterrichten.

– Bericht des Bundesministers für Forschung und Technologie (BMFT)

Am 28. Januar 1988 gab der Bundesminister für Forschung und Technologie der Enquete-Kommission in öffentlicher Sitzung einen Überblick über die Forschungs- und Entwicklungsmaßnahmen im gesamten, von der Enquete-Kommission in Angriff genommenen Arbeitsfeld (27).

Dabei wies er namentlich zur Ozonforschung darauf hin, daß bezüglich der Verschmutzung der Atmosphäre durch menschliches Handeln 98 Projekte im Umfang von 53 Millionen DM durchgeführt worden seien. In bezug auf den Ozonabbau in der Stratosphäre seien etwa 21 Millionen DM und zusätzlich 7,5 Millionen DM zur Erforschung der Folgen eingesetzt worden. Es werde versucht, ein gutes nationales Programm aufzubauen, das sowohl bi- als auch multilateral verflochten werde. In bilateralen Kontakten werde mit skandinavischen Ländern, mit Frankreich, mit Großbritannien und den USA gearbeitet. Gleichzeitig arbeite die Bundesrepublik Deutschland in weltweiten Programmen mit, unter anderem im Geosphere-Biosphere-Program und im World-Climate-Impact-Program. Aus der Sicht der Bundesregierung gebe es einige Bereiche, in denen es schwierig sei, Ersatzstoffe für die FCKW zu finden. Die Bundesregierung versuche, mit Forschungsprojekten dazu beizutragen, daß diese Ersatzstoffe bald zur Verfügung stünden.

– Bericht des Bundesministers für Umwelt, Naturschutz und Reaktorsicherheit (BMU)

In derselben Kommissionssitzung stellte der Bundesminister für Umwelt, Naturschutz und Reaktorsicherheit unter anderem die Haltung und die bisherigen Maßnahmen der Bundesregierung in bezug auf die Reduktion der FCKW dar. Dabei hob er hervor, daß es natürlich notwendig sei, wissenschaftliche Forschungen voranzutreiben, um die Maßnahmen, die zu ergreifen seien, auch möglichst gezielt ansetzen und damit ihre Effizienz erhöhen zu können. Dabei könnten allerdings nicht bis zum letzten nachgewiesene wissenschaftliche Zusammenhänge zum Alibi für eigenes Nichtstun gemacht werden, das heißt, es müsse vorsorgebezogen gehandelt werden. Eine internationale Vorgehensweise sei ebenso notwendig. Auch sie dürfe aber kein Alibi für Nichtstun auf nationaler Ebene sein. Das heißt, daß die globalen Zusammenhänge berücksichtigt werden müßten, wobei gleichzeitig in der eigenen Arbeit vorangegangen werden müsse.

Die Gefährdung der Ozonschicht durch FCKW sei mehr oder weniger sicher erforscht. Eine drastische Verminderung von FCKW sei auf jeden Fall notwendig.

Es sei eine richtige Entscheidung, sich zunächst in besonderer Weise mit dem Einsatz der FCKW in Spraydosen auseinanderzusetzen, weil der bestimmungsmäßige Gebrauch von FCKW in diesem Bereich dazu führe, daß sie unmittelbar in die Umwelt entlassen würden. Dagegen würden die FCKW in Kältemitteln und bei den Kunststoffen bei bestimmungsgemäßem Gebrauch nicht direkt in die Umwelt entlassen werden. Ein Verbot der FCKW in diesem Bereich würde die Bundesregierung aus ihrer Sicht gerne herbeiführen, sehe sich allerdings diesbezüglich vor die Situation gestellt, daß die rechtlichen Grundlagen dafür nicht vorhanden seien, da nur im Rahmen der EG eine solche Verfahrensweise praktiziert werden könne. Deswegen habe sie es als rechtens angesehen, nicht zu warten, bis diese Rechtsgrundlagen geschaffen oder die Zustimmung der EG für ein nationales Vorgehen erreichbar gewesen seien, sondern mit der Herbeiführung der freiwilligen Selbstbeschränkung der Aerosolindustrie auf jeden Fall das getan, was national machbar gewesen sei. Die in der Selbstbeschränkungserklärung gegebenen Zusagen seien bereits erheblich übertroffen worden (vgl. 1.3.2).

Die Aufgabe der Bundesrepublik Deutschland im internationalen Bereich bestehe darin, die in Montreal vereinbarte Regelung auch in der EG, wenn irgend möglich, während der deutschen Präsidentschaft umzusetzen, wobei alles daran gesetzt werden müsse, daß die EG nicht als eine „Glocke" verstanden werde und die Minderung nicht insgesamt um 50 Prozent für die EG zu erreichen sei, so daß das, was ein Mitgliedstaat weiterführend an Maßnahmen ergreife, nicht der Umwelt zugute komme, sondern in die Aufrechnung aller Mitgliedstaaten eingehe.

Die Bundesregierung wolle auch hinsichtlich der Reduktionsmaßnahmen nicht bei den Aerosolen stehenbleiben. Deswegen seien in der 2. Verordnung zum Bundesimmissionsschutzgesetz und in der TA Luft auch hinsichtlich der Emissionsprobleme bei der Verwendung der FCKW neue Regelungen aufgenommen worden. In Gesprächen mit den Unternehmen, die im Klimabereich tätig seien, versuche man seit einiger Zeit zu einem Recyclingprozeß der FCKW zu kommen, die in Kühlgeräten eingesetzt würden. In diesem Bereich sollten die FCKW entweder umweltunschädlich beseitigt oder in einem Recyclingprozeß so bearbeitet werden, daß sie wieder zu benutzen seien. Dies gelte auch im Zusammenhang mit den Abfällen bei den Schaumstoffen.

Eine besondere Problematik bei den nationalen Maßnahmen sei die Frage der Importe. Diese könnten nicht verboten werden. Diesbezüglich müßte intensiv geprüft werden, welche Alternative bestehe. Insoweit biete sich in Kenntnis des sehr sensibel gewordenen Verbrauchers sicher die Kennzeichnung an. Für eine Kennzeichnungspflicht reiche das Chemikaliengesetz gegenwärtig als Rechtsbasis nicht aus. Dieses werde allerdings mit dem Ziel überarbeitet, eine solche Rechtsbasis für die Kennzeichnungspflicht mit aufzunehmen. Die Bundesregierung strebe wegen der noch fehlenden gesetzlichen Grundlage an, daß in Kürze eine freiwillige Verpflichtung der Aerosolindustrie abgegeben werde, aufgrund derer die ohne FCKW hergestellten Sprays auch entsprechend gekennzeichnet würden.

1.4.2 Anregungen der Enquete-Kommission zur Intensivierung der Ozonforschung

– Schreiben des Vorsitzenden der Enquete-Kommission an den Bundesminister für Forschung und Technologie und an den Bundesminister für Umwelt, Naturschutz und Reaktorsicherheit

Auf der Grundlage der damaligen Beratungsergebnisse hatte sich der Kommissionsvorsitzende mit Schreiben vom 31. Mai 1988 an die Bundesminister für Forschung und Technologie sowie für Umwelt, Naturschutz und Reaktorsicherheit gewandt. Darin wurde hervorgehoben, daß die Enquete-Kommission wegen der von ihr durchgeführten Anhörungen sowie aufgrund der vorliegenden wissenschaftlichen Aussagen zu der Überzeugung gelangt sei, daß das Problem des Ozonabbaus in der Stratosphäre weder in den bestehenden nationalen noch in den Forschungsprogrammen der EG ausreichend berücksichtigt sei.

Insbesondere werde zum einen der Mangel an Koordination der Aktivitäten und zum anderen an ihrer Ausweitung auf zur Zeit nicht verfügbare Plattformen (Flugzeuge, Satelliten und Meßstationen) beklagt.

Dieser Mangel werde auch aus einem Aufruf deutlich, der von einer Vielzahl europäischer Wissenschaftler anläßlich des Polar-Ozone-Workshop vom 9. bis 13. Mai 1988 in Snowmass/ Colorado unterzeichnet worden sei. Dieser Aufruf werde von der Enquete-Kommission auf der Grundlage der bisherigen Arbeitsergebnisse der Kommission inhaltlich voll unterstützt.

Über die direkten Aktivitäten im Zusammenhang mit der Ozonschicht hinaus ergebe sich aus einer Anhörung der Enquete-Kommission zu den terrestrischen Auswirkungen die Notwendigkeit, die Wirkungsforschung einer vermehrten UV-Strahlung auf die terrestrische und aquatische Biosphäre zu verstärken.

Eine Ausweitung der Forschungsaktivitäten in der dargelegten Richtung auf nationaler und auf EG-Ebene ergebe sich nicht nur als Verpflichtung aus dem Wiener Übereinkommen und dem Montrealer Protokoll, sondern habe auch für das Gewicht der EG im Rahmen der Umsetzung des Wiener Übereinkommens und einer

1990 aus Sicht der Enquete-Kommission notwendigerweise anstehenden Überarbeitung des Montrealer Protokolls besondere Bedeutung.

Im Namen der Enquete-Kommission wurde daher der Bundesminister für Forschung und Technologie in seiner damaligen Eigenschaft als Präsident des Rates der Forschungsminister der EG und der Bundesminister für Umwelt, Reaktorsicherheit und Strahlenschutz in seiner damaligen Eigenschaft als Präsident des Rates der Umweltminister der EG gebeten, sich im Rahmen der nächsten Ministerratssitzungen der EG dafür einzusetzen, daß die nationalen und europäischen Forschungsaktivitäten — insbesondere diejenigen im Bereich der EG — zum Schutz der Ozonschicht und zur Eindämmung des Treibhauseffektes im Sinne der dem Schreiben beigefügten Resolution der europäischen Wissenschaftler und der dargelegten Ausführungen wesentlich verstärkt und koordiniert würden.

— Reaktion des Bundesministers für Forschung und Technologie

In seinem Antwortschreiben vom 16. Juni 1988 hat der Bundesminister für Forschung und Technologie darauf hingewiesen, daß am 3. und 4. Februar 1988 in London eine Konferenz mit Regierungsvertretern und Wissenschaftlern stattgefunden habe, um Wege zu finden, die das Anliegen der Kommission, das der Bundesminister für Forschung und Technologie auch zu dem seinen mache, voranbringen solle. Da eine Verstärkung und bessere Koordinierung nur sinnvoll sein könne, wenn Klarheit über die vorhandenen Forschungskapazitäten sowie die zu verfolgenden Forschungsthemen in Europa herrsche, habe die Konferenz eine Expertengruppe eingerichtet, die auf dieser Grundlage ein koordiniertes europäisches Forschungsprogramm vorschlagen sollte. Diese Gruppe habe im März 1988 in Cambridge getagt und anläßlich des Polar-Ozone-Research-Workshops in Snowmass/Colorado einen Entwurf für ein entsprechendes Programm erarbeitet. Dieser Entwurf werde derzeit in den einzelnen Ländern abgestimmt und sei am 13. und 14. Juni 1988 in der zweiten europäischen Ozonforschungskonferenz in London abschließend beraten worden. Zur konkreten wissenschaftlichen Ausfüllung des Programms planten die europäischen Wissenschaftler Ende 1988 eine Tagung abzuhalten, die anläßlich des Ozonkongresses in Göttingen am 8. bis 13. August 1988 abgestimmt werden solle.

Im Bundesministerium für Forschung und Technologie werde in enger Rückkopplung mit der Wissenschaft ein Programm zur Verstärkung der deutschen Ozonforschung erarbeitet, das noch vor der Sommerpause der Öffentlichkeit vorgestellt werden solle. Es werde so angelegt sein, daß es in seinen zentralen Aussagen auch Teil des europäischen Programms sein könne.

Auch zum Problemkreis der UV-B-Strahlung sei in der Bundesrepublik Deutschland vergleichsweise umfangreich gearbeitet worden. Die bisherigen Ergebnisse würden gerade in einem zusammenfassenden Bericht aufgearbeitet. Dennoch werde er auch hier die Forschungsförderung verstärken.

Der im Schreiben der Enquete-Kommission zu Recht angesprochene Mangel an Forschungsplattformen (Flugzeuge, Satelliten und ähnliches) lasse sich vermutlich beheben, wenn die europäische Weltraumorganisation (ESA) zusammen mit den nationalen Luft- und Raumfahrtinstitutionen dieses Problem aufgreife. Er werde sich dafür einsetzen, daß dies im Rahmen der existierenden Gremien verstärkt geschehe und daß gegebenenfalls parallel zu den laufenden europäischen Abstimmungen hierzu eine gesonderte Konferenz einberufen werde.

Er sei überzeugt, daß man in den nächsten Wochen ein gutes Stück mit der Verstärkung und besseren Koordinierung der europäischen Ozonforschung vorankommen werde.

Gleichzeitig hat der Bundesminister für Forschung und Technologie im Verbund mit diesem Antwortschreiben ein unterstützendes Schreiben an den Bundeskanzler gerichtet und die Inititative des Vorsitzenden der Enquete-Kommission begrüßt, die Bundesregierung zu bitten, die Probleme des Treibhauseffektes und des Abbaus der schützenden Ozonschicht anläßlich der internationalen Treffen anzusprechen und gemeinsame Anstrengungen zu verabreden, die zur Lösung dieser Probleme beitragen könnten. Dem Bundeskanzler teilte er mit, daß er eine Verstärkung der deutschen Ozonforschung veranlaßt habe, die einen wesentlichen Beitrag zum entsprechenden europäischen Programm leisten werde. Anläßlich des EG-Forschungsministerrates am 29. Juni 1988 werde er diese Punkte ansprechen und sei davon überzeugt, daß im Bereich der Forschung eine Intensivierung und verbesserte Koodinierung bei diesem so wichtigem Themenkreis erreicht werde.

– Reaktion des Bundesministers für Umwelt, Naturschutz und Reaktorsicherheit

Der Bundesminister für Umwelt, Naturschutz und Reaktorsicherheit hat in seinem Antwortschreiben vom 5. Juli 1988 darauf hingewiesen, daß die deutsche Delegation während der Sitzung des Umweltrates am 16. Juni 1988 in Luxemburg das vom Vorsitzenden der Enquete-Kommission dargelegte Anliegen aufgegriffen und die Delegationen sowie die Kommission gebeten habe, sich für eine Verstärkung der nationalen und europäischen Forschungsaktivitäten zum Schutze der Ozonschicht einzusetzen. Die Kommission sei gebeten worden, einen Bericht über den derzeitigen Stand der Forschungsaktivitäten und die weiteren Planungen vorzulegen. Der Aufruf der europäischen Wissenschaftler anläßlich des Polar-Ozone-Workshop vom 9. bis 13. Mai 1988 in Colorado sei an die Delegationen und die Kommission mit der Bitte um Unterstützung verteilt worden. Er gehe davon aus, daß diese Anregung von der Kommission der EG aufgegriffen und entsprechende Aktivitäten in die Wege geleitet würden.

1.4.3 Aktivitäten auf europäischer und nationaler Ebene

– Europäische Ebene

○ *Londoner Konferenz der EG- und EFTA-Länder im Juni 1988*

Im Rahmen der vom Bundesminister für Forschung und Technologie in seinem Schreiben an den Vorsitzenden der Enquete-Kommission erwähnten Konferenz von Regierungsvertretern und Wissenschaftlern der EG- und EFTA-Länder sind am 13. und 14. Juni 1988 in London Empfehlungen zur Koordinierung der Europäischen Forschung zum Ozonabbau in der Stratosphäre erarbeitet worden.

Dabei bestand Einigkeit darüber, daß die Errichtung einer Arbeitseinheit, die ein zusammenfassendes und zielgerichtetes europäisches Programm zur Ozonforschung in der Stratosphäre koordinieren solle, notwendig und sinnvoll sei. Das erfolgreiche Eurotrac-Programm EUREKA zu Transportvorgängen und zur Chemie der Troposphäre könne als Modell hierfür dienen. Das Schwergewicht solle bei der Forschung über den Ozonabbau in der Stratosphäre allerdings auf der Koordinierung bereits laufender und geplanter Aktivitäten liegen. Eine Integration in das EUREKA-Programm werde nicht empfohlen.

Das entsprechende Sekretariat solle noch vor Ende 1988 errichtet werden und drei verschiedene Arten von Forschungsaktivitäten koordinieren:

- nationale Forschungsprogramme
- ein zusammengefaßtes Forschungsprogramm der EG-Kommission zum Ozonabbau in der Stratosphäre,
- die Nutzung existierender nationaler Forschungsplattformen, wie Flugzeuge, Ballons, Meßstationen und ähnliche sowie die Beschaffung neuer Forschungsinstrumente, die für die Durchführung der genannten Programme notwendig seien.

Unter anderem wurde festgelegt, daß Verbindungen mit anderen Forschungsprogrammen, zum Beispiel der USA und der UdSSR zu einem späteren Zeitpunkt mitberücksichtigt würden. Die aus dem koordinierten Programm erwarteten Ergebnisse und Informationen sollten dem UNEP zugänglich gemacht werden und einen Beitrag zur wissenschaftlichen Klärung der im Montrealer Protokoll festgeschriebenen Maßnahmen liefern.

Festgelegt wurde auch, daß das Sekretariat von der Gruppe der für die nationalen Ozonforschungsprogramme in den EG-Ländern und den Mitgliedern der Europäischen Freihandelszone (EFTA) Verantwortlichen sowie von einem wissenschaftlichen Beirat Instruktionen erhalte. Die Forschungsprogrammverantwortlichen stünden dabei in der Verantwortung ihrer Minister. Die Zusammensetzung des wissenschaftlichen Beirates, der am 15. und 16. Oktober 1988 in Den Haag zusammenkommen sollte, sollte die ganze Breite der wissenschaftlichen Disziplinen, die zur

Ozonforschung in der Stratosphäre beitrügen, berücksichtigen. In beiden Gremien sollte die Mitwirkung der EG-Kommission sichergestellt sein.

○ *Treffen von Den Haag im Oktober 1988*

Am 15. und 16. Oktober 1988 fand in Den Haag auf der Basis der Festlegungen vom 13. und 14. Juni ein Arbeitstreffen von europäischen Wissenschaftlern zusammen mit den Forschungsprogrammverantwortlichen statt, im Rahmen dessen

- die wissenschaftlichen Ziele des koordinierten europäischen Programms, das auf den vorliegenden Empfehlungen aufbaut, definiert,
- die Unterprojekte, die zur Erreichung der genannten Ziele benötigt werden, festgelegt und
- die Koordinierungsmechanismen sowie die Einrichtung des Sekretariates beschlossen wurden.

Damit fand das Arbeitstreffen unmittelbar vor der ersten UNEP-Sitzung zur wissenschaftlichen Verfolgung des Montrealer Protokolls am 17. und 18. Oktober 1988 in Den Haag statt.

Zur Ausgestaltung des 5. Europäischen Umweltforschungsprogramms wurde vereinbart, daß dieses ein gut dotiertes und zusammengefaßtes Programm für die Ozonforschung in der Stratosphäre beinhalten sollte. Das zusammengefaßte Programm sollte gemeinsame Forschungsplattformen, wie sie normalerweise von einzelnen Ländern nicht bereitgestellt werden könnten, zum Beispiel Forschungsflugzeuge und die Finanzierung der Nutzung solcher Forschungsinstrumente, beinhalten. Ferner wurde unter anderem die ESA massiv aufgefordert, das Gebiet der Atmosphärenchemie und der Klimaveränderungen mit in ihre Aktivitäten aufzunehmen.

Abschließend wurde vereinbart, daß die Koordination der europäischen Forschungsprogramme zum Ozonabbau in der Stratosphäre zunächst auf die Fragen der physikalischen und chemischen Prozesse konzentriert werden sollten, die die Ozonschicht beeinflussen. Im nächsten Schritt sollte eine Ausweitung der Aktivitäten auf die Untersuchung der Auswirkungen des Abbaus der Ozonschicht für die Umwelt und die menschliche Gesundheit vorgenommen werden. Darüber hinaus sollten die Querverbindungen zur Klimaforschung berücksichtigt werden.

– Nationale Ebene

○ *Einsetzung des Klimabeirats*

Am 12. Juli 1988 wurde ein von der Bundesregierung zur Intensivierung der Klimaforschung beim Bundesminister für Forschung und Technologie eingesetzer Klimabeirat konstituiert. Dieser hat die Aufgabe,

- eine Bestandsaufnahme und Analyse des vorhandenen Kenntnisstandes über Klimaänderungen zu erarbeiten,
- Hinweise auf Forschungsdefizite zu geben und Vorschläge für Forschungsaktivitäten zu formulieren,
- die Kommunikation zwischen Wissenschaft und Politik zu verbessern,
- identifizierbare nationale Beiträge zu internationalen Programmen zu definieren und
- Bund und Länder im Hinblick auf eine verbesserte Koordinierung der nationalen Klimaforschungsaktivitäten zu beraten.

Um die Arbeitsergebnisse der Enquete-Kommission jeweils direkt in die Arbeit des Klimabeirates einfließen lassen zu können und umgekehrt die Beratungsergebnisse des Klimabeirates jeweils in der Enquete-Kommission berücksichtigen zu können sowie die Arbeit beider Gremien zur Vermeidung von Doppelarbeit möglichst nahtlos aufeinander abstimmen zu können, wurden auch zwei sachverständige Mitglieder der Enquete-Kommission in den Klimabeirat berufen.

Ein weiteres sachverständiges Mitglied der Enquete-Kommission wurde vom Bundesminister für Forschung und Technologie zum Koordinator der Deutschen Ozonforschung bestellt, so daß die Arbeitsergebnisse der Enquete-Kommission in die Koordination der Forschungsprogramme und die vorbereitende und beratende Ausarbeitung von Forschungsprogrammen für den Bundesminister für Forschung und Technologie einfließen können.

○ *Forschungsinitiative des BMFT*

Der Bundesminister für Forschung und Technologie hat am 18. Juli 1988 die angekündigte Forschungsinitiative zur verstärkten Erforschung des Ozonabbaus in der Stratosphäre als Teil des Programms „Umweltforschung und Umwelttechnologie“ vorgestellt. Mit dieser Forschungsinitiative wurde der Wissenschaft angeboten, bis Ende 1988 gemeinsam mit dem Bundesminister für Forschung und Technologie die Basis für eine Förderkonzeption zu legen.

In der Forschungsinitiative wurde die Absicht betont, im Rahmen eines abgestimmten und integrierten Forschungsverbundes gezielt Feldmessungen, Laborexperimente und numerische Modellierungen durchzuführen, um fundierte wissenschaftliche Erkenntnisse zur Veränderung der Ozonschicht in der Stratosphäre zu erarbeiten.

Die Forschungsvorhaben müßten darauf ausgerichtet sein,

- Art und Umfang von Veränderungen der Ozonkonzentration festzustellen
- die Ursachen dieser Veränderungen aufzuklären und
- verläßliche Voraussagen für zukünftige Entwicklungen zu ermöglichen.

Die Forschungsinitiative sei als ein Angebot an die Wissenschaft zu verstehen, die Forschung in der Bundesrepublik Deutschland zum Ozon in der Stratosphäre zu verbessern und zu beschleunigen.

Die Initiative enthält die wichtigsten fachlichen und fachpolitischen Elemente für eine Förderkonzeption zu dieser Thematik. Dazu gehören:

- Konzentration der Forschung auf die Nordhemisphäre;
- verbessertes Beobachten und Messen mit leistungsfähigem Gerät;
- Verstärkung der Modellierung und der Laborexperimente;
- Intensivierung der UV-B-Wirkungsforschung;
- Verbesserung der Forschungsinfrastruktur, vor allem in Form von Forschungsplattformen und wissenschaftlichen Großgeräten wie Großforschungsballonen, Forschungsraketen, hochfliegenden Flugzeugen, Ausbau von Bodenstationen, Einsatz von mobilen „bodengestützten" Messungen;
- Koordinierung und Konzentrierung der deutschen Spitzenforschung;
- Einbindung eines definierbaren qualitativ anspruchsvollen deutschen Beitrages in internationale, vornehmlich europäische, Programme;
- kritische Fachberatung und -begleitung der vorgesehenen Forschungsthemen;
- Bereitstellung der hierfür notwendigen Finanzmittel im Haushalt des Bundesministers für Forschung und Technologie.

Eine durch Vorschläge aus der Wissenschaft überarbeitete Fassung der Forschungsinitiative wurde am 30. Oktober 1988 dem wissenschaftlichen Klimabeirat der Bundesregierung als Entwurf für eine „Förderkonzeption zur Erforschung des Ozons in der Stratosphäre" zur Beratung vorgelegt. Die Konzeption soll Ende 1988 verabschiedet werden.

In bezug auf die Finanzmittel war hervorgehoben worden, daß unter Berücksichtigung bereits laufender Vorhaben und koordinierter Nutzung der wissenschaftlichen Geräte sowie Einbindung der Institute der Großforschungseinrichtungen und der Max-Planck-Gesellschaft jährlich zusätzliche Aufwendungen in Höhe von 5 bis 10 Millionen DM erforderlich seien. Für die Mehraufwendungen gelte jedoch der Grundsatz, daß gute Forschungsvorhaben dieses Bereiches nicht an fehlenden Finanzmitteln scheiterten.

Im Rahmen des Initiativkonzeptes wurden auch die aktuellen Forschungsergebnisse dargestellt und die bisherigen Forschungsaktivitäten erläutert, die nach den Darlegungen des Bundesministeriums für Forschung und Technologie zu einem erheblich verbesserten Verständnis der natürlichen und anthropogenen Spurengaseinflüsse in der Stratosphäre führten.

Bisher seien zunächst Verfahren entwickelt worden, um die notwendige Datenbasis zu vervollständigen.

Zu den unter diesem Aspekt geförderten Geräten gehörten unter anderem

- der Ausbau des Observatoriums Hohenpeißenberg des Deutschen Wetterdienstes zu einer Ozonmonotoringstation;
- die Entwicklung einer Massenspektrometersonde zur Bestimmung von Spurenstoffen;
- die Entwicklung von Kryosammlern für Luftproben beim Einsatz von Stratosphärenballonflügen;
- die Entwicklung von Fernerkundungsmeßsystemen, wie beispielsweise das auf dem Forschungsschiff Polarstern erfolgreich erprobte Ozon-LIDAR-System (vgl. Abschnitt C, 1. Kapitel, Nr. 2.6).

Weitere Forschungen würden der Verbesserung der Meßmethoden dienen, die Aussagen über die Veränderung der vertikalen Verteilung von anthropogenen und anderen Spurenstoffen zuließen.

Ein besonderer Stellenwert war im Rahmen der bisherigen Forschungen der Modellbildung eingeräumt worden. Auf diesem Gebiet nimmt die Bundesrepublik Deutschland nach den Darlegungen des Bundesministers für Forschung und Technologie in der Welt eine führende Stellung ein. Das deutsche Klimarechenzentrum in Hamburg, dessen Träger das Bundesministerium für Forschung und Technologie, das Land Hamburg, die Gesellschaft für Kernenergieverwertung in Schiffbau und Schiffahrt (GKSS)/Forschungszentrum Geesthacht und die Max-Planck-Gesellschaft seien, solle in Zukunft nicht nur eine reine Serviceeinrichtung für Modellgruppen, sondern auch Dialogpartner für die Wissenschaft zur Weiterentwicklung der Klimaforschung in der Zukunft sein.

Im Bereich der Laboruntersuchungen seien vor allem Arbeiten gefördert worden, die Reaktionsabläufe unter stratosphärischen Bedingungen zum Ziel gehabt hätten und als Eingabegrößen für die numerischen Modellierungen gedient hätten.

In den Wintern 1986/87 und 1987/88 seien in bezug auf den Spurengashaushalt in nördlichen Breiten zwei Forschungskampagnen unter dem Namen Cheops (Chemistry of ozone in the polare stratosphere) in Kiruna durchgeführt worden. Bei den Kampagnen seien Geräte und Methoden eingesetzt und erfolgreich erprobt worden, die im Rahmen des Forschungsprogramms des Bundesministers für Forschung und Technologie entwickelt worden seien.

Hervorgehoben wurde ferner, daß die Großforschungseinrichtungen im Rahmen ihrer eigenen Forschungsarbeiten einen wichtigen Beitrag zur Ozonforschung lieferten. Beteiligt seien hier vor allem das Alfred-Wegener-Institut, das Kernforschungszentrum Karlsruhe, die Kernforschungsanlage Jülich und die deutsche Forschungs- und Versuchsanstalt für Luft- und Raumfahrt. Weitere in diesem Zusammenhang äußerst relevante Forschungsarbeiten würden an den Max-Planck-Instituten in Mainz, Hamburg, Heidelberg und Lindau sowie an zahlreichen Universitätsinstituten geleistet.

Im Rahmen des Schwerpunktes „Mittelatmosphärenprogramm (MAP)“ der deutschen Forschungsgesellschaft seien in den vergangenen Jahren an den Universitäten in Berlin und Köln leistungsfähige dreidimensionale Modelle zur Zirkulation der Mittelatmosphäre aufgebaut und zu Untersuchungen des atmosphärischen Transports, insbesondere des Transports von Ozon in der Stratosphäre, eingesetzt worden. Das Max-Planck-Institut für atmosphärische Chemie in Mainz habe im Rahmen dieses Schwerpunktes an Problemen zur numerischen Simulation von Chemie, Dynamik und Strahlung sowie deren Kopplung mit Hilfe einer Hierarchie von Modellen gearbeitet.

Hingewiesen wurde auch darauf, daß das Bundesministerium für Forschung und Technologie zur Förderung der Atmosphärenforschung frühzeitig auch Forschungsarbeiten über die möglichen biologischen Effekte der durch den Abbau der stratosphärischen Ozonschicht erhöhten UV-B-Strahlung unterstützt habe. Dazu gehörten

- phänomenologische Untersuchungen
- Untersuchungen von photoregulierten Mechanismen und
- ökosystemare Untersuchungen.

Dargelegt wurde ferner, daß zur wissenschaftlichen Klärung des durch FCKW und andere anthropogene Spurengase verursachten Ozonabbaues in der Stratosphäre von den westlichen Industrienationen seit Mitte der siebziger Jahre eine bemerkenswerte Forschungsaktivität eingeleitet und durchgeführt worden sei, die zu einer umfangreichen Verbesserung der Kenntnisse über chemische Stoffkreisläufe und die Dynamik in der Stratosphäre geführt habe. Dies sei durch eine gemeinsame und koordinierte Anstrengung von Wissenschaftlern erreicht worden, die auf den stark interdisziplinären Arbeitsgebieten der Atmosphärenchemie (Feldmessungen, Laborexperimente) und der numerischen Modellierungen tätig seien.

Ein Bericht mit dem Titel „Stratospheric Ozone 1985“, dessen Erstellung mit Mitteln des Bundesministers für Forschung und Technologie gefördert worden sei, stelle eine eindrucksvolle Dokumentation über den Zustand der Ozonschicht sowie der chemischen und dynamischen Ursachen dar, die diesen Zustand erzeugten.

1.5 Politische Entwicklung seit Einsetzung der Enquete-Kommission

1.5.1 Briefwechsel des Vorsitzenden der Enquete-Kommission mit dem Bundeskanzler

Mit Schreiben vom 20. Mai 1988 hat der Vorsitzende der Enquete-Kommission den Bundeskanzler über den Stand der Arbeit in der Enquete-Kommission und die ersten daraus von der Kommission gezogenen Schlußfolgerungen unterrichtet. Namentlich hat er in bezug auf die Ozonproblematik darauf hingewiesen, daß die Kommission in einer ersten Auswertung von drei öffentlichen Anhörungen zum

Thema „FCKW und stratosphärisches Ozon“ die Feststellung getroffen habe, daß zur Verminderung des durch einen erheblichen Ozonabbau erwarteteten Gefahrenpotentials national, EG-harmonisiert und weltweit Maßnahmen ergriffen werden müßten, die zu erheblich schnelleren und drastischeren Emissionsreduzierungen führten, als sie im Montrealer Protokoll vorgesehen seien. Als erster weltweiter Schritt zur Reduzierung der FCKW-Produktion müsse das Montrealer Protokoll so schnell wie möglich von allen FCKW-produzierenden Ländern ratifiziert werden. Gleichzeitig bat er den Bundeskanzler eindringlich, sich mit Nachdruck dafür einzusetzen, daß die Forderung nach einem weltweiten Übereinkommen zur Reduzierung der zum Treibhauseffekt beitragenden Spurengasemissionen im Rahmen des Weltwirtschaftsgipfels in Toronto und der nachfolgenden Gipfeltreffen der Regierungschefs der westlichen Industriestaaten erörtert werde und dabei die Forderung nach einem weltweiten Abkommen intensiv zu unterstützen.

In seinem Antwortschreiben vom 8. Juni 1988 hob der Bundeskanzler hervor, daß er die Anregungen und Vorschläge des Vorsitzenden der Enquete-Kommission, die auch schon innerhalb der Bundesregierung erörtert würden, gerne aufgreife. Zusammen mit dem kanadischen und dem italienischen Regierungschef setze er sich dafür ein, auch Umweltfragen zum Thema des Weltwirtschaftsgipfels in Toronto vom 19. bis 21. Juni 1988 zu machen. Damit würden frühere Erörterungen von Umweltfragen in diesem Rahmen fortgeführt. Die angesprochenen Probleme des Ozonabbaus und der Klimaveränderungen sowie entsprechender Vorsorgemaßnahmen bestätigten die Richtigkeit und Notwendigkeit dieses Weges. Das Montrealer Protokoll sehe bereits erste weltweite Schritte zur Reduzierung der Produktion konkreter Schadstoffe vor. Das Bundeskabinett habe dem Entwurf des Ratifikationsgesetzes am 25. Mai 1988 zugestimmt und dieses dem Bundesrat zugeleitet. Es sei davon auszugehen, daß das Vertragsgesetz termingerecht zum 1. Januar 1989 in Kraft treten könne.

1.5.2 Verabschiedung der Verordnung zum Montrealer Protokoll

Im Rahmen der EG-Umweltministerratstagung am 16. Juni wurde auf Drängen der deutschen Präsidentschaft, die diesem Fragenbereich größte Priorität beigemessen hatte, der Vorschlag für eine Entscheidung des Rates über den Abschluß und die Durchführung des Wiener Übereinkommens und des Montrealer Protokolls sowie der Vorschlag einer Verordnung des Rates zur Festlegung gemeinsamer Vorschriften für bestimmte Stoffe, die zu einer Abnahme der Ozonschicht führen, beschlossen (28).

Damit wurden die Voraussetzungen dafür geschaffen, daß das Wiener Übereinkommen sobald wie möglich und das Montrealer Protokoll zum 1. Januar 1989 in Kraft treten kann.

Die Verordnung zur Umsetzung des Montrealer Protokolls legt unter anderem fest, daß die Einfuhr von FCKW aus Drittländern, die Vertragsparteien des Montrealer Protokolls sind, entsprechend einer Quotierung durch die Gemeinschaft ab 1. Juli 1989 beschränkt ist und eine Einfuhr aus Drittländern, die nicht Vertragsparteien des Protokolls sind, ab 1. Juli 1990 völlig untersagt ist. Darüber hinaus wird vorgesehen, daß der Rat der EG Vorschriften über die Einfuhr von Produkten aus Drittländern, die nicht Vertragsparteien des Montrealer Protokolls sind, festlegt, soweit diese Produkte mit FCKW hergestellt sind, auch wenn sie keine FCKW enthalten.

Die weiteren Vorschriften betreffen vor allem die Regelung der Produktion entsprechend den Vorgaben des Montrealer Protokolls, sowie die Regelung des Verbrauchs durch Vorgaben zum Angebot in der Gemeinschaft. Die Kommission sieht es als zweckmäßig an, den Verbrauch der im Montrealer Protokoll geregelten Stoffe weniger durch eine Nachfrage- als durch eine Angebotskontrolle zu regeln und diese durch die Begrenzung von Verkauf und Verwendung durch die Hersteller in der Gemeinschaft und durch Einfuhrbeschränkungen sicherzustellen.

Gleichzeitig wurde zu der Verordnung eine Entschließung verabschiedet, in der betont wird, daß in der Gemeinschaft zusätzlich zu der Verordnung zur Durchführung des Montrealer Protokolls unverzüglich Maßnahmen ergriffen werden sollten, um insbesondere die Verwendung von FCKW und Halonen in Erzeugnissen und Geräten oder bei Arbeitsprozessen zu beschränken. Ferner wird darin hervorgehoben, daß die Gemeinschaft und die Mitgliedsstaaten die weitere Erforschung der Klimaveränderungen und der Ozonschicht sowie im Einvernehmen mit der Industrie weitere Untersuchungen nach umweltverträglichen alternativen Erzeugnissen, Geräten oder Arbeitsprozessen fördern müssen.

Die Kommission wurde ersucht, in Zusammenarbeit mit den Mitgliedsstaaten Gespräche über freiwillige Vereinbarungen auf Gemeinschaftsebene mit allen betreffenden Industrien aufzunehmen, damit FCKW und Halone in Erzeugnissen — wie Aerosolen — oder in Geräten oder bei Arbeitsprozessen soweit wie möglich ersetzt würden oder — sofern dies noch nicht möglich sei — die Verwendung dieser Stoffe weitestgehend eingeschränkt werde.

Die Kommission wurde ferner gebeten, über die erzielten Fortschritte zu berichten und außerdem ersucht, in Zusammenarbeit mit den Mitgliedsstaaten Gespräche mit den betreffenden Industrien aufzunehmen, um eine freiwillige Vereinbarung über ein gemeinsames EG-Kennzeichen für FCKW-freie Erzeugnisse zu treffen.

Hervorgehoben wurde in der Entschließung außerdem, daß die sich aufgrund einzelstaatlicher oder der genannten gemeinschaftsweiten Maßnahmen ergebende verringerte Verwendung von FCKW und Halonen in Erzeugnissen, in Geräten und bei Arbeitsprozessen keinesfalls durch eine erhöhte Verwendung dieser Stoffe in anderen Anwendungsbereichen oder in anderen Teilen der Gemeinschaft aufgehoben werden dürfe, sondern für den Schutz der menschlichen Gesundheit und der Umwelt unbedingt gesichert werden müsse. Deswegen wurde die Kommission aufgefordert, die Auswirkungen dieser verringerten Verwendung jährlich zu bewerten und dem Rat spätestens bis zum 31. Dezember 1990 — und danach in regelmäßigen Abständen — einen Bericht hierüber vorzulegen. Erforderlichenfalls solle die Kommission dem Rat geeignete Vorschläge unterbreiten.

1.5.3 Erste Plenardebatte zum Wiener Übereinkommen

Im Rahmen der Plenardebatte aus Anlaß der ersten Beratung des von der Bundesregierung eingebrachten Gesetzentwurfs zum Wiener Übereinkommen wurde am 10. Juni 1988 von den Sprechern der Bundestagsfraktionen, die gleichzeitig alle Mitglieder in der Enquete-Kommission sind, auf die Ergebnisse der von der Kommission durchgeführten Anhörungen zum Ozonabbau in der Stratosphäre eingegangen (29). Auf der Grundlage der Anhörungsergebnisse sahen die Sprecher übereinstimmend dringenden weiteren Handlungsbedarf in bezug auf die Reduktion der FCKW-Emissionen.

— Fraktion der CDU/CSU

Namentlich wurde seitens der Fraktion der CDU/CSU unter anderem festgestellt, daß im Hinblick auf die Ergebnisse der Arbeit des Ozone Trends Panel (OTP) sowie die Anhörungen der Enquete-Kommission festzustellen sei, daß die Vorschläge des Montrealer Protokolls bei weitem nicht ausreichten, um eine gefährliche Zerstörung des Ozonmantels zu verhindern und deswegen möglichst umgehend eine weitergehende Reduzierung der FCKW — mittelfristig um 50 Prozent und mindestens um 85 bis 90 Prozent bis zum Jahre 2000 — zwingend notwendig sei.

— Fraktion der SPD

Die Fraktion der SPD hob unter anderem hervor, daß es einer Fülle von Maßnahmen bedürfe, die von der eindeutigen Kennzeichnung der FCKW-haltigen Produkte über Recycling und Wiedergewinnung, schadlose Abfallbeseitigung und Verwendung nur in geschlossenen Systemen bis hin zum Verbot reichten, und daß im Grunde der Gesetzgeber handeln müsse. Ferner wurde auf die in der Enquete-Kommission gesehene Notwendigkeit hingewiesen, daß es zu einer Verbesserung der Abkommen, zu ganz klaren öffentlichen Zahlen über Produktion und Verwendung kommen müsse, Schlupflöcher geschlossen werden müßten, die notwendige Kontrolle zu gewährleisten sei und weitergehende nationale Maßnahmen möglich sein und bleiben müßten.

— Fraktion der FDP

Die Fraktion der FDP betonte ebenfalls, daß die vorliegenden Abkommen vor allem daran krankten, daß die Ausgangsdaten über Produktion und Verbrauch gegenwärtig nicht eindeutig festgelegt werden könnten. Der Streit um diese Zahlen sei angesichts der Bedrohung unerträglich, und die in den gegenwärtig vorliegenden internationalen Vereinbarungen angestrebten Reduzierungen seien nicht drastisch genug, sowohl was die Größenordnung der Reduktionen als auch was die Zeitpunkte, zu denen sie erreicht werden sollten, betreffe. Kritisiert wurden auch die erlaubten Verbrauchszahlen für einen Zehnjahreszeitraum für die Dritte Welt.

– Fraktion DIE GRÜNEN

Seitens der Fraktion DIE GRÜNEN war hervorgehoben worden, daß national einiges getan worden sei und international dafür gesorgt werden müsse, daß die anderen Staaten mitzögen. Alle Wissenschaftler, die Wirkungsforschung betrieben, hätten sich in den Anhörungen der Enquete-Kommission für eine Reduktion um mindestens 85 Prozent, anstelle der im Montrealer Protokoll vorgesehenen 50 prozentigen Reduktion ausgesprochen. Der Gesetzgeber müsse Regeln vorgeben, die die FCKW ausschlössen. Man könne sich nicht auf die freiwillige Vereinbarung mit der Industrie verlassen. Die Arbeit der Enquete-Kommission sei von der Einsicht getragen, daß etwas getan werden müsse und es die Chance der Kommission sei, möglichst viel Wissen zusammenzutragen, Wissenschaftler genauer zu befragen und diese Informationen wieder zu verteilen. Dadurch werde auch eine Wechselwirkung zu anderen Regierungen, zu anderen Staaten hergestellt. Das Gesamtmaterial werde eine international anerkannte Grundlage sein, auf der Maßnahmen aufgebaut werden könnten. Dies könne dazu beitragen, daß das Montrealer Protokoll revidiert und ergänzt werde.

– Bundesregierung

Die Bundesregierung hatte unter anderem betont, daß zum Schutz der Ozonschicht auf der Basis internationaler Absprachen eine rasche und drastische Verringerung ozonzerstörender Emissionen erforderlich sei. Der Bundesminister für Umwelt, Naturschutz und Reaktorsicherheit sei der Enquete-Kommission sehr dankbar, daß sie mit ihrer Arbeit erheblich dazu beigetragen habe, daß das Bewußtsein dieser Notwendigkeit ausgeweitet worden sei. Im einzelnen wurde auf die national eingeleiteten Maßnahmen und auf den Stand der Beratungen auf EG-Ebene im Zusammenhang mit dem EG-Verordnungsvorschlag verwiesen. Dargestellt wurden auch die Bemühungen des Bundesministers für Umwelt, Naturschutz und Reaktorsicherheit in seiner Eigenschaft als Ratspräsident, die zum Ziel gehabt hätten, daß über die Montrealer Verpflichtungen hinaus in der EG weitergehende Maßnahmen ergriffen würden.

1.5.4 Antwort der Bundesregierung auf eine Kleine Anfrage der Fraktion DIE GRÜNEN

In einer Antwort auf die Kleine Anfrage der Fraktion DIE GRÜNEN zur Problematik des Treibhauseffektes vom 21. Juli 1988 (30) hat die Bundesregierung auf die Frage, welche über das Montrealer Protokoll hinausgehenden Schritte zur Verringerung der FCKW-Produktion die Bundesregierung beabsichtige und wie sie die Instrumente eines Verbotes, der rechtlichen Verschärfungen (insbesondere des BImSchG, der 2. und 4. BImSchV, der TA Luft und des Abfallgesetzes [AbfG]), eine Ökosteuer, eine Kennzeichnungspflicht, freiwillige Vereinbarungen und die Forschungsförderung für die Ersatzstofforschung beurteile, auf die bisher von ihr eingeleiteten Maßnahmen im Detail hingewiesen.

Namentlich hat sie dargelegt, daß die TA Luft 1986 für genehmigungsbedürftige Anlagen strenge Emissionswerte enthalte, die dem derzeitigen Stand der Technik entsprächen. Die zulässigen Emissionswerte seien für eine große Zahl organischer Verbindungen erheblich reduziert worden. Nach Nr. 3.1.7 TA Luft gelte zum Beispiel für FCKW ein Emissionsgrenzwert von 150 Milligramm pro Kubikmeter ab einem Massenstrom von 3 Kilogramm pro Stunde.

Bei nichtgenehmigungsbedürftigen Anlagen sei die 2. BImSchV anzuwenden, die FCKW-Verluste beziehungsweise Emissionsgrenzwerte in Abhängigkeit von den Einsatzmengen festlege. Beide Vorschriften würden von den zuständigen Länderbehörden umgesetzt. Sowohl die TA Luft als auch die 2. BImSchV enthielten Fristen für die Nachrüstung von Altanlagen, die überwiegend im Jahr 1991 abliefen. Die bei der Herstellung sogenannter Weichschaumstoffe freiwerdenden FCKW würden durch die strengen Emissionswerte der TA Luft (aus 1986) um etwa 90 Prozent (ca. 3 000 Tonnen pro Jahr) vermindert.

Mit dem Thema „Emissionsminderung bei Perchlorethylen" sei eine Arbeitsgruppe des Länderausschusses für Immissionsschutz befaßt, deren Bericht der Umweltministerkonferenz (UMK) im Herbst des Jahres 1988 vorgelegt werden solle. Dabei werde geprüft, ob eine Änderung der 2. BImSchV erforderlich sei oder zusätzliche Maßnahmen zu treffen seien, um eine unerwünschte Umstellung von Perchlorethylen auf FCKW vor allem bei chemischen Reinigungen zu verhindern.

Neben der Verringerung der FCKW-Emissionen durch Umsetzung des Montrealer Protokolls im Rahmen einer EG-einheitlichen Rechtsverordnung habe der Umweltministerrat am 16. Juni 1988 eine Entschließung verabschiedet, die die Mitgliedstaaten veranlassen werde, zusätzliche Maßnahmen zur Reduzierung der FCKW-Emissionen durchzuführen (vgl. 1.5.2). Durch die Entschließung sei zu erwarten, daß auch andere Mitgliedstaaten der EG gleiche oder ähnliche Maßnahmen ergreifen würden, so daß die Umsetzung des Montrealer Protokolls auch innerhalb der EG wesentlich früher erreicht werden könne.

Die Bundesregierung setze auf die genannten bisherigen rechtlichen Schritte zur Minderung der FCKW-Emissionen. Abgaben mit dieser Zielsetzung seien nicht vorgesehen.

Die Einführung einer Kennzeichnungspflicht wärmeisolierender Gase — insbesondere FCKW — im Hinblick auf den Teibhauseffekt sei nach derzeitiger Rechtslage nicht möglich. Bei der gegenwärtig laufenden Novellierung des Chemikaliengesetzes werde aber die Möglichkeit einer Kennzeichnungspflicht durch entsprechende Änderung des Gesetzes geprüft.

Nach der Selbstverpflichtungserklärung der deutschen Aerosolindustrie werde durch Substitution der FCKW in Aerosolen allein bis Ende 1989 eine Verringerung des Gesamtverbrauchs an FCKW in der Bundesrepublik Deutschland, bezogen auf das Jahr 1986, um etwa ein Drittel zu verzeichnen sein.

Zur kurzfristigen Verminderung des Einsatzes von FCKW beziehungsweise deren Rückgewinnung und zur längerfristig verfolgten Substitution von FCKW sei ein

Forschungs- und Entwicklungs-Förderkonzept erarbeitet worden. Danach sei vorgesehen, für die Durchführung von zwölf Forschungs- und Entwicklungs-Vorhaben etwa 20 Millionen DM bereitzustellen.

1.5.5 Zweite Plenardebatte zum Wiener Übereinkommen

— Annahme des Gesetzentwurfes

Am 22. September 1988 wurde in der 94. Sitzung des Deutschen Bundestages der Gesetzentwurf zum Wiener Übereinkommen abschließend beraten und einvernehmlich angenommen (31).

— Verabschiedung einer Entschließung

Gleichzeitig wurde mehrheitlich gegen die Stimmen der Fraktion DIE GRÜNEN eine am 10. Juni 1988 vom Ausschuß für Umwelt, Naturschutz und Reaktorsicherheit einvernehmlich beschlossene Entschließung verabschiedet (32), in die — über die Mitglieder des Ausschusses für Umwelt, Naturschutz und Reaktorsicherheit, die gleichzeitig Mitglieder der Enquete-Kommission sind — die bis Anfang Juni 1988 erarbeiteten Beratungsergebnisse der Enquete-Kommission eingeflossen sind.

In dieser Entschließung hat der Deutsche Bundestag das Wiener Übereinkommen als einen internationalen Präzedenzfall begrüßt, mit dem es erstmals gelungen sei, einen Rahmen für eine globale Vereinbarung über die Zusammenarbeit in der Bekämpfung einer weltweiten Umweltverschmutzung unter Zugrundelegung des Vorsorgeprinzips zu vereinbaren.

Der Deutsche Bundestag hat ferner festgestellt, daß es sich bei der Zerstörung der Ozonschicht um ein weltweites Problem handele, das die gesamte Menschheit in seinen Auswirkungen treffe, wenn ihm nicht rechtzeitig im notwendigen Umfang entgegengesteuert werde. Deswegen könne nur ein möglichst weitgehendes gleichgerichtetes Vorgehen möglichst vieler Länder bei der Reduzierung der FCKW-Emissionen zu einer wirksamen Lösung des Problems führen.

Ferner hat der Deutsche Bundestag in dieser Entschließung zur Kenntnis genommen, daß nach den von der Enquete-Kommission festgestellten aktuellen wissenschaftlichen Erkenntnissen nur im Fall einer baldmöglichen drastischen Reduktion der gegenwärtigen Emissionen der FCKW um 85 bis 95 Prozent eine effektive Vorsorgemaßnahme getroffen werde.

Darüber hinaus hat es der Bundestag nachdrücklich begrüßt, daß

- die Umweltminister der EG im Rahmen der Umweltministerratstagung am 16. Juni 1988 zugesagt hätten, sich dafür einzusetzen, daß das Montrealer Protokoll vom 16. September 1987 als erste Konkretisierung des Wiener Übereinkommens für eine schrittweise weltweite Reduktion der Produktion und des Verbrauchs der FCKW so rechtzeitig ratifiziert werde, daß es wie vorgesehen am 1. Januar 1989 in Kraft treten könne;

- dem Vorschlag einer Verordnung des Rates zur Festlegung gemeinsamer Vorschriften für bestimmte Stoffe, die zu einer Abnahme der Ozonschicht führten und die das Montrealer Protokoll in bindendes nationales Recht für die Länder der EG umsetzten, bereits im Rahmen dieses Umweltministerrates unter deutscher Präsidentschaft habe zugestimmt werden können;
- der Umweltministerrat in einer Entscheidung zu dem EG-Verordnungsentwurf betont habe, daß die sich aufgrund einzelstaatlicher oder gemeinschaftsweiter Maßnahmen ergebende verringerte Verwendung von FCKW und Halonen keineswegs durch eine erhöhte Verwendung dieser Stoffe in anderen Anwendungsbereichen oder in anderen Teilen der Gemeinschaft aufgehoben werden dürfe;
- der Bundeskanzler die Problematik des Schutzes der Ozonschicht auf dem Weltwirtschaftsgipfel in Toronto thematisiert habe und damit auf der Ebene der Staats- und Regierungschefs der westlichen Industrienationen der Weg für eine weitere, über die bisherigen internationalen Festlegungen hinausgehende Reduktion der Emission von FCKW geebnet werden könne;
- vom Bundesminister für Umwelt, Naturschutz und Reaktorsicherheit seit geraumer Zeit auch auf nationaler Ebene eine Reihe von Anstrengungen unternommen würden, um erheblich schnellere und weitergehende Reduzierungen der FCKW-Emissionen zu erreichen, als sie in den vorliegenden internationalen Vereinbarungen vorgesehen seien und
- der Bundesminister für Forschung und Technologie gegenwärtig in enger Rückkopplung mit der Wissenschaft ein Programm zur Verstärkung der deutschen Ozonforschung erarbeite, das in Kürze der Öffentlichkeit vorgestellt werden solle.

Der Deutsche Bundestag hat daher die Bundesregierung ersucht,

- sich im Rahmen ihrer bilateralen Beziehungen zu Staaten, die das Wiener Übereinkommen noch nicht gezeichnet hätten, dafür einzusetzen, daß möglichst viele dieser Staaten dem Übereinkommen beiträten;
- mit Nachdruck dafür einzutreten, daß — entsprechend den Vorgaben des Wiener Übereinkommens —
  - ○ der Informationsaustausch und die Forschung auf dem Gebiet der stratosphärischen Ozonchemie sowie in bezug auf Ersatzstoffe und Ersatztechnologien für FCKW und Halone stark intensiviert würden und
  - ○ namentlich der bestehende Mangel an Forschungsplattformen (Flugzeugen, Satelliten, Meßstationen) bei den nationalen und europäischen Einrichtungen

  beseitigt würden;
- die Kommission der EG — entsprechend der Resolution zur Überwachung von Stoffen, die zu einer Abnahme der Ozonschicht führten — zu drängen,

○ sobald wie möglich in Zusammenarbeit mit den Mitgliedstaaten forcierte Gespräche über freiwillige Vereinbarungen, Gesetze und Verordnungen zur möglichst weitgehenden Reduktion der FCKW-Produktion auf Gemeinschaftsebene zu führen,

○ die Industrie sobald wie möglich zu einer Kennzeichnung FCKW-freier Produkte zu veranlassen und

○ sich in Gesprächen mit der betreffenden Industrie dafür einzusetzen, daß sich die europäischen Hersteller freiwillig dazu verpflichteten, keine Neuproduktion oder Produktionsausweitungen von FCKW in Nichtunterzeichner-Staaten des Wiener Übereinkommens und des Montrealer Protokolls vorzusehen;

— auf ihrem Weg voranzuschreiten, auf nationaler Ebene die in den bisherigen internationalen Übereinkommen enthaltenen Vorhaben schneller und in erheblich größerem Umfang zu erreichen, namentlich über die bisherigen Erfolge im Aerosolbereich hinaus so schnell wie möglich ein Gesamtkonzept zur Rückgewinnung und Entsorgung im Bereich von Kältemitteln, Verschäumung und Präzisionsreinigern vorzulegen;

— gegenüber der chemischen Industrie durchzusetzen, daß die Produktions- und Verkaufsmengen der einzelnen FCKW-Arten im nationalen Bereich offengelegt würden, um auf diese Weise eine transparente und verläßliche Datenbasis zu erhalten und eine ausreichende Kontrolle zu ermöglichen;

— dem Deutschen Bundestag bis zum 1. Juni 1989 einen Bericht über die nationale, EG- und weltweite Entwicklung der Reduktion der FCKW-Produktion und -Emission sowie über den Stand der weltweit in den einzelnen Ländern in diesem Zusammenhang durchgeführten und geplanten Maßnahmen zuzuleiten;

— bei der EG und den anderen Vertragsparteien von Wien — wie in der Resolution des EG-Umweltministerrates vorgesehen — Initiativen mit dem Ziel zu ergreifen, möglichst kurzfristig zu weitergehenden Maßnahmen zur Verringerung der FCKW zu kommen. Dabei seien weitere, im Protokoll von Montreal nicht vorgesehene FCKW entsprechend neuen wissenschaftlichen Erkenntnissen in die Vertragsregelungen einzubeziehen.

— Antrag der Fraktion der SPD

Am 21. September 1988 hat die Fraktion der SPD ebenfalls zur abschließenden Beratung des Wiener Übereinkommens und der Ersten Lesung des Montrealer Protokolls einen Antrag zum Schutz der Ozonschicht eingebracht (33).

Ziel dieses Antrages ist es, eine Entschließung des Deutschen Bundestages herbeizuführen, in der dieser feststellt, daß es sich bei der Ausdünnung der Ozonschicht um ein globales Problem handele, dessen Auswirkungen die gesamte Menschheit träfen. Die Unterzeichnung des Wiener Abkommens vom 22. März 1985 und des Montrealer Protokolls vom 16. September 1987 stellten erste, noch unzureichende Maßnahmen im Sinne des Vorsorgeprinzips dar. Sie unterstrichen, daß international abgestimmtes Vorgehen bei der Reduzierung der langlebigen FCKW und Halone notwendig sei, um zu einer weltweit wirksamen Lösung des Problems zu kommen. Darüber hinaus seien nationale, weitergehende Maßnahmen, die heute international noch nicht durchsetzbar seien, zum Schutz der Erdatmosphäre notwendig.

Nicht zuletzt seit der Sitzung des OTP vom 15. März 1988 sei an einem ursächlichen Zusammenhang zwischen der Zerstörung der Ozonschicht in der Stratosphäre und den durch menschlichen Einfluß verursachten Emissionen von FCKW und Halonen nicht zu zweifeln. Die von der Enquete-Kommission aufgearbeiteten wissenschaftlichen Erkenntnisse machten deutlich, daß eine schnellstmögliche und drastische Verringerung der gegenwärtigen Emissionen um etwa 95 Prozent zwingend notwendig sei.

FCKW hätten zudem erhebliche Auswirkungen auf das globale Klima, da ihre Freisetzung in die Atmosphäre die infrarote Abstrahlung der Erde hindere und so zur globalen Erwärmung der Erde beitrage („Treibhauseffekt").

In dem Antrag wird die Bundesregierung zu einer Reihe von Maßnahmen, zum einen auf nationaler Ebene und zum anderen im internationalen Bereich aufgefordert. Auf nationaler Ebene solle die Bundesregierung folgenden Handlungsrahmen umsetzen:

- die Herstellung und das Inverkehrbringen von FCKW in Spraydosen in der Bundesrepublik Deutschland sei unverzüglich zu untersagen (besondere Ausnahmen im medizinischen Bereich bedürften einer Genehmigung);
- die Herstellung und das Inverkehrbringen von FCKW in Verpackungsmaterial und Wegwerfgeschirr in der Bundesrepublik Deutschland sei unverzüglich zu untersagen;
- die von der Kältemittelindustrie und Wissenschaft erarbeiteten Vorschläge seien so zu konkretisieren, daß
  - bei Normalbetrieb, Wartung und Reparatur von Kühleinrichtungen keine FCKW emittiert würden;
  - das Recycling der FCKW oder anderer Wärmeträgersubstanzen sowie der Öle und anderer Stoffe in Verantwortung des Herstellers erfolge;
  - der Einsatz der FCKW durch ozonunschädliche Ersatzstoffe oder andere technische Innovationen verringert werde.

  Der Einsatz von FCKW als Kältemittel sei generell nur noch für eine Übergangsfrist bis Ende 1995 zuzulassen;
- die Verwendung von FCKW im Bereich der Lösemittel zur Verschäumung und als Präzisionsreiniger sei zeitlich zu begrenzen;
- durch Vereinbarungen mit den Trägern der Feuerwehr, den Brandschutzbeauftragten sowie den Versicherungen sei zu erreichen, daß

- ○ bei Übungen, zum Beispiel der Feuerwehr, auf den Einsatz von Halonen verzichtet werde, soweit die Sicherheit dies zulasse,
- ○ Halone aus Feuerlöschgeräten prinzipiell wiederverwertet würden;

— auf die Produktion und den Import von FCKW sei eine marktwirtschaftlich wirkende Abgabe einzuführen;

— für Produkte, die die im Montrealer Protokoll genannten FCKW und Halone sowie sonstige, die Ozonschicht gefährdende Substanzen enthielten, sei eine Kennzeichnungspflicht einzuführen;

— die Erforschung von ozonverträglichen Ersatzstoffen sei zu verstärken und auf umwelt- und gesundheitsverträgliche Verfahren zu erweitern;

— bis zum 31. Dezember 1995 sei eine Produktions- und Verbrauchsreduzierung der FCKW in der Bundesrepublik Deutschland von 95 Prozent bezogen auf 1986 durchzusetzen.

Auf internationaler Ebene sei

— die Initiative für sofortige Anschlußverhandlungen zur Verschärfung des Montrealer Protokolls zur weltweiten Verringerung von FCKW zu ergreifen;

— die Einfuhr von FCKW-haltigen Produkten aus Staaten, die das Montrealer Protokoll nicht unterzeichnet hätten, zu untersagen, sowie die Ausfuhr in diese Staaten einzustellen;

— eine entsprechende Regelung auch auf EG-Ebene unverzüglich einzuleiten und bei Verhandlungen im Rahmen der Vereinten Nationen zu vertreten;

— der Technologietransfer von ozonverträglichen Ersatzstoffen in Länder der Dritten Welt, die das Montrealer Protokoll unterzeichnet hätten, zum Beispiel durch Übernahme der Kosten für Patentrechte oder technische Beratung zu verbessern;

— die Erstellung einer Strategie für „dauerhafte Entwicklung", wie sie im Abschlußbericht der Weltkommission für Umwelt und Entwicklung (Brundtland-Report) gefordert werde, im Rahmen der Vereinten Nationen nachdrücklich zu unterstützen.

Darüber hinaus soll mit dem Antrag die Notwendigkeit festgestellt werden, dem Parlament ab 1990 zweijährlich eine nationale Chlorbilanz zu erstellen sowie bis zum 31. Dezember 1995 jährlich einen Bericht über die nationalen und internationalen Fortschritte bei der Verringerung im Einsatz von FCKW und Halonen vorzulegen.

Ferner wird mit dem Antrag eine Feststellung des Deutschen Bundestages dahin gehend angestrebt, daß entsprechend den beschriebenen Maßnahmen Gesetzesnovellierungen erforderlich seien. Deswegen solle der Deutsche Bundestag die Bundesregierung auffordern, entsprechende Vorschläge vorzulegen — insbesondere für:

- das Bundesimmissionsschutzgesetz, einschließlich der TA Luft,
- das Abfallgesetz,
- das Chemikaliengesetz und
- das Textilkennzeichnungsgesetz.

– Verlauf der Plenardebatte

In der Plenardebatte am 22. September 1988 zur abschließenden Beratung des Wiener Übereinkommens wurden von den Sprechern der Fraktionen, die alle Mitglieder in der Enquete-Kommission sind, übereinstimmend die aktuellen Arbeitsergebnisse der Kommission dargestellt, nicht nur über die Problematik des Ozonabbaus in der Stratosphäre sondern auch über die Verknüpfungen zwischen Ozonabbau und Treibhauseffekt durch die FCKW, die an beiden Phänomenen beteiligt sind (34).

○ CDU/CSU-Fraktion

Die Fraktion der CDU/CSU unterstrich unter anderem, daß vor allem die FCKW für den Abbau des Ozons in der Stratosphäre entscheidend verantwortlich und auch am Treibhauseffekt mitbeteiligt seien. Hingewiesen wurde auch darauf, daß neben der alarmierenden Ozonabnahme über der Antarktis, dem sogenannten Ozonloch, eine Abnahme des Ozons in der nördlichen Hemisphäre festgestellt worden sei. Ferner wurde hervorgehoben, daß die bisherige Entwicklung über der Antarktis durch keine Modellrechnung vorausgesagt worden sei. Dies zeige, daß die aktuellen Modellrechnungen, die dramatische Entwicklungen vorhersagten, wenn nicht weltweit massive Gegenmaßnahmen ergriffen würden, von der Wirklichkeit noch übertroffen werden könnten. Die vergangenen Jahre hätten gezeigt, daß nicht nur die Spitze des Eisberges erkennbar sei, sondern inzwischen auch deutlich die Umrisse der gigantischen Auswirkungen der Versäumnisse in den vergangenen Jahrzehnten.

Das Wiener Übereinkommen wurde als Rahmenvereinbarung und Voraussetzung für eine weltweite Koordinierung und Intensivierung der Forschungszusammenarbeit begrüßt. Es wurde darauf hingewiesen, daß mit dem Montrealer Protokoll eine erste schrittweise Umsetzung des Wiener Übereinkommens und erstmalig die Festschreibung von Reduzierungsquoten vorgenommen worden sei. Die aktuellen wissenschaftlichen Erkenntnisse zeigten jedoch deutlich, daß damit im Endeffekt noch keine Reduzierung der FCKW erreicht werde und deshalb erhebliche Verschärfungen im Protokoll vorgenommen werden müßten. Trotzdem sei seine möglichst rasche Ratifikation notwendig, damit es am 1. Januar 1989 in Kraft treten und als Sprungbrett für weitere, bessere Beschlüsse dienen könne, die einen wirklichen Fortschritt in der Sache erbrächten. Das Protokoll müsse 1990 entsprechend den aktuellen wissenschaftlichen Erkenntnissen fortgeschrieben werden. Die Fristen für die Reduzierung müßten verkürzt werden, die Schlupflöcher geschlossen und bis zum Jahr 2000 mindestens 95 Prozent der FCKW beseitigt werden, so daß nur noch ein kleiner Teil vorhanden sei, für den bestimmte Tatbestände gelten. Außerdem müsse darüber nachgedacht werden, welche zusätzlichen Stoffe den Regelungen des Protokolls unterworfen werden müßten. Es müsse alles dazu beigetragen werden, daß die Industrie mit der Kooperation Ernst mache, das heißt weder eine Neuproduktion noch eine Produktionsausweitung von FCKW in Nicht-Unterzeichnerstaaten des Protokolls vorsehe, und daß vor allem Importe aus Nicht-Unterzeichnerstaaten zu verhindern seien. Es müsse auch dafür gesorgt werden, daß eine effiziente Kontrolle stattfinde, und es sei ebenso dringend geboten, daß exakte Daten über Produktion und Verbrauch ermittelt und den politischen Kontrollinstanzen zugänglich gemacht würden, das heiße, es müsse dafür gesorgt werden, daß das Versteckspiel mit den Zahlen aufhöre. Zwar seien erste Schritte dazu gemacht. Das Montrealer Protokoll sehe dies allerdings in einer Form vor, die auf Dauer nicht akzeptabel sei. Darüber hinaus wurde eine weltweite Kennzeichnung FCKW-haltiger Produkte als notwendig angesehen.

Hervorgehoben wurde auch, daß die Problematik nicht durch nationale Maßnahmen zu lösen sei, sondern daß die Maßnahmen international abgestimmt werden müßten. Allerdings dürfe national nicht auf internationale Maßnahmen gewartet werden.

In bezug auf die Ausnahmeregelungen für Drittländer wurde betont, daß diese Länder keine Schlupflöcher sondern moderne Technologien bräuchten,daß sie an der Forschung über Ersatzstoffe teilhaben und in die Lage versetzt werden müßten, Ersatzstoffe und Ersatztechnologien möglichst rasch einzusetzen.

Die wissenschaftliche Forschung müsse intensiviert werden. Es werde eine verstärkte Atmosphärenforschung benötigt. Namentlich brauche man geeignete Meßplattformen sowie in Europa geeignete Flugzeuge und Satelliten. Dadurch würden sich die wissenschaftlichen Erkenntnisse verdichten; die Dramatik der Situation könne deutlicher und damit auch der Druck für politische Maßnahmen erhöht werden. Nur durch eigene Messungen und eigene wissenschaftliche Untersuchungen sei man in der Lage, im Rahmen der Verhandlungen zur Verschärfung des Montrealer Protokolls die Position und sowohl das Gewicht der Bundesrepublik Deutschland als auch das Gewicht Europas mit in die Waagschale zu werfen.

Eigene wissenschaftliche Erkenntnisse erlaubten es, die Zeitachse genauer festzulegen und entsprechenden Druck in Richtung auf Verschärfungen auszuüben.

Zu weiteren Maßnahmen wurde auf die in dieser Sitzung verabschiedete Entschließung des Bundestages verwiesen.

Zu dem Antrag der Fraktion der SPD hieß es, daß darin eine Reihe von Vorschlägen aufgelistet sei, über deren Zielsetzung es überhaupt keinen Streit geben könne. Über eine Reihe von Maßnahmen sei man sich einig. Es gebe allerdings auch einige Punkte, die intensiver überprüft werden müßten, und besonders gebe es bei näherem Hinsehen EG-rechtliche Vorbehalte, die erörtert werden müßten.

Im einzelnen wurde auch auf die Verknüpfungen zwischen Ozonabbau und Treibhauseffekt hingewiesen und hervorgehoben, daß die möglichst schnelle Reduktion der FCKW in bezug auf beide Problembereiche notwendig sei.

Gerade auch die Dimension der Problematik des Treibhauseffektes verlange ein weltweites Klimaschutzprogramm, das seinerseits weltweite Energieabkommen bedinge. Dies sei Sache der Regierungschefs und müsse auf Weltwirtschaftsgipfeln und Weltenergiekonferenzen möglichst rasch angegangen werden — und nicht erst übermorgen.

Schnelles, entschiedenes und konsequentes Handeln sei zwingendes Gebot. Es gebe keine Ausrede für Zögern. Die Größe der Aufgabe kenne man nur in Umrissen. Aber sie stelle sich klar genug, um mit dem Handeln zu beginnen. Selbst wenn wissenschaftlich nicht alles exakt bewiesen wäre, sei Handlungsnotwendigkeit gegeben.

○ SPD-Fraktion

Die Fraktion der SPD hatte hervorgehoben , daß sich die wissenschaftlichen Fakten in der Zwischenzeit zu eindeutigen Schlußfolgerungen verdichtet hätten und die Gefahr der Atmosphärenzerstörung real sei. Es sei wissenschaftlich unbestritten, daß die Spurengase für diese Problematik als verantwortlich anzusehen seien. Die Faktenlage sei eindeutig. Über die Dramatik der Entwicklung gebe es keinen Zweifel mehr.

Im einzelnen wurden auch seitens der Fraktion der SPD die in der Enquete-Kommission erarbeiteten aktuellen wissenschaftlichen Erkenntnisse dargelegt und auf die möglichen Folgen einer Zerstörung des Pflanzenwuchses, der Verminderung von Ernteerträgen, der Auswirkungen auf Zoo- und Phytoplankton, der Zerstörung der Nahrungskette der Meere und auch die Auswirkungen auf die Gesundheit — speziell auf das Immunsystem des Menschen —, auf Krebs- und Augenerkrankungen hingewiesen.

Gleichzeitig wurde hervorgehoben, daß der Zusammenbruch des luftchemischen Systems nicht linear erfolge, sondern in Schüben und Sprüngen. Darüber hinaus müsse man mit aller Deutlichkeit die enorme zeitliche Verzögerung zwischen Ursache und Wirkung sehen. Die heutige Zerstörung der Ozonschicht sei das Ergebnis von FCKW-Freisetzungen von vor zehn bis fünfzehn Jahren. Dies bedeute, daß selbst dann, wenn heute ein radikales Verbot vorgesehen werden sollte, die Ozonproblematik über zehn bis fünfzehn Jahre weiter zunehmen werde. Erst dann würde die Situation über lange Zeit stabil bleiben, bis sich schließlich die Erdatmosphäre wieder sanieren würde. Dies sei mit den bisherigen reparierenden und kompensatorischen Umweltschutzmaßnahmen nicht mehr zu bewältigen. Es bedeute in der Konsequenz, daß ohne eine auf konsequente Vorbeugung ausgerichtete Umweltschutzpolitik diese globalen Herausforderungen nicht mehr bewältigt werden könnten und daß neben der Politik der Umweltreparatur ein massiver

Umbau des ökonomischen und rechtlichen Systems in der Bundesrepublik Deutschland vorgenommen werden müsse.

Hervorgehoben wurde ferner, daß entschieden zu wenig gehandelt werde. Man wisse schon seit vielen Jahren — und dies habe sich zunehmend erhärtet —, welche verheerende Wirkung auf den Ozonabbau und den Treibhauseffekt die FCKW hätten. Daß es trotz dieses jahrelangen Wissens nicht zu einem sofortigen Verbot der FCKW von seiten der Regierung beziehungsweise zur Einstellung der Produktion von seiten der Industrie gekommen sei, könne nur kriminell genannt werden.

Man benötige bereits jetzt eine Strategie der schrittweisen Einschränkung. Ein zentrales Problem bei den FCKW sei, daß dahinter eine relativ preisgünstige Verwertung des Chlorüberschusses in der Bundesrepublik Deutschland stehe. Das heiße, daß FCKW-Produkte sehr preiswerte, aber gleichzeitig in vielen Bereichen sehr lukrative Produkte seien, so daß ohne ökonomische und auch gesetzliche Maßnahmen die schnelle Reduzierung der FCKW nicht zu erreichen sei.

Hinsichtlich der Reduktionsstrategien bestehe das Problem, daß man immer mehr von der europäischen Rahmengesetzgebung und von den Rahmendaten, die die EG-Kommission setze, abhängig sei. So sei es in der Tat nicht eindeutig geregelt, ob in diesem Bereich ein nationales Verbot erreicht werden könne, obwohl man wisse, daß es erreicht werden müsse. Deswegen schlage die Fraktion der SPD vor, über eine ökonomisch wirkende Abgabe zusätzlichen Druck zu erzeugen, damit die Produktion von FCKW nicht mehr lukrativ sei. Dies werde als Ergänzung zu den gesetzlich als notwendig angesehenen Maßnahmen gefordert.

Maßnahmen im nationalen Bereich machten deshalb Sinn, weil die Bundesrepublik Deutschland zu etwa 10 Prozent an der weltweiten FCKW-Produktion beteiligt sei. Deswegen werde ein Verbot der Anwendung der FCKW in Spraydosen, in Verpackungsmaterial und in Wegwerfgeschirr als notwendig angesehen. Die Fraktion der SPD wolle keine freiwillige Vereinbarung, sondern das Verbot.

Für die Kältemittelindustrie werde ein Recycling beziehungsweise der Ersatz durch Stoffe, die die Ozonschicht nicht schädigten, gefordert. Im Bereich der Lösemittel, zur Verschäumung und als Präzisionsreiniger solle die Verwendung der FCKW zeitlich begrenzt werden. Halone seien von der Ozonschädlichkeit her wesentlich dramatischer als FCKW zu beurteilen. Deswegen sollten diese nur noch im Brandfall, aber nicht mehr für Übungen eingesetzt werden.

Es sei dringend erforderlich, daß auf nationaler und europäischer Ebene Meß- und Forschungsprogramme initiiert würden. International werde das Bild von der amerikanischen Wissenschaft bestimmt, weil diese durch ihre durchweg bessere finanzielle Ausstattung ganz andere Möglichkeiten habe, vor allem was die Messungen betreffe. Erst ein Wettbewerb der Wissenschaft werde schnell zu optimalen Ergebnissen führen. Auch die Wirkungsforschung stecke noch in den Kinderschuhen. Hier sei Verärgerung und Enttäuschung der Wissenschaft über zu geringe Förderung und unnötige bürokratische Hindernisse bei der Forschungsförderung festzustellen. Diese hätten ihren Grund auch darin, daß die Erkenntnisse der Wissenschaft nicht in Handeln umgesetzt würden. Deswegen sei es ebenfalls sehr wichtig, daß die Regierung die Forschungsergebnisse aufnehme und in Handlungen umsetze.

Auf internationaler Ebene würden in Übereinstimmung mit den übrigen Fraktionen internationale Anschlußverhandlungen gefordert, um das Montrealer Protokoll zu verschärfen. Für die Länder der Dritten Welt werde ein Technologietransfer von ozonverträglichen Ersatzstoffen und Ersatzverfahren sowie die technische Beratung als erforderlich angesehen. Außerdem solle dem Deutschen Bundestag jährlich ein Bericht über die nationalen und die internationalen Fortschritte bei der Verringerung des Einsatzes von FCKW und Halonen vorgelegt werden.

○ FDP-Fraktion

Die Fraktion der FDP legte unter anderem ebenfalls die Notwendigkeit einer Nachbesserung des Montrealer Protokolls dar und stellte fest, daß auch die Bundesregierung dies erkannt habe und sich um eine weltweite weitere Reduzierung der Emissionen von FCKW bemühe. Das Eintreten des Bundeskanzlers für dieses Ziel auf dem Weltwirtschaftsgipfel in Toronto sei dafür ein Beispiel. Die FPD unterstütze diese Bemühungen, erwarte jedoch weitere kontinuierliche Anstrengungen seitens der Bundesregierung.

Neben diesen politischen Anstrengungen bedürfe es auch noch erheblicher Anstrengungen der Wissenschaft, um die Ursachen und Wirkungszusammenhänge des Klimas zu ergründen oder doch wenigstens besser zu verstehen. Bei den Gefahren, die der Erde durch die Veränderung des Klimas drohten, müßten politisches Handeln und Verstärkung der Forschung parallel laufen. Notwendig seien dazu kontinuierliche Langzeitmessungen zur Beobachtung der Veränderung der Spurengaskonzentration, einschließlich der Aerosole in der Troposphäre und der Stratosphäre sowie episodische Intensivmeßphasen zur Aufdeckung wichtiger, die Konzentration der Ozonschicht beeinflussender Prozesse. Die Bedeutung der durch menschliche Aktivitäten entstandenen Spurengase müsse noch genauer untersucht werden. Die Vorhaben des Bundesministers für Forschung und Technologie seien wichtige Elemente bei der Erkundung der Ursachen des Ozonlochs. Die umfangreichen Mittel, die für Weltraumprogramme ausgegeben würden, seien für die Fraktion der FDP nur dann vertretbar, wenn im Zuge ihrer Durchführung auch die im Moment lebenswichtigeren Daten über klimatische Veränderungen in der Atmosphäre erhoben würden.

Die Probleme des Ozonabbaus und des Treibhauseffektes beunruhigten die Bevölkerung. Dieses neue Bewußtsein könne politisch genutzt werden. Deswegen werde dringend an den Bundesminister für Umwelt, Naturschutz und Reaktorsicherheit appelliert zu prüfen, ob durch freiwillige Vereinbarungen mit der Industrie eine Kennzeichnung von FCKW-freien Produkten erreicht werden könne. Die vorhandene Sensibilität in der Bevölkerung werde dazu führen, daß auch die Industrie noch stärker und noch schneller die FCKW-Produktion begrenzen werde. Nötig sei eine solche freiwillig vereinbarte Kennzeichnungspflicht in den Bereichen, in denen bis heute noch FCKW eingesetzt würden.

Unter diesem Aspekt müsse auch überlegt werden, ob neben den beschlossenen internationalen Abkommen nicht wenigstens EG-weit verstärkt auf das Bewußtsein der Bevölkerung hingewirkt werden könne. Die jetzt beschlossenen internationalen Maßnahmen könnten nur ein erster Schritt sein.

Die Fraktion der FDP fordere die Bundesregierung deshalb auf, eine Verringerung der FCKW-Emissionen um 90 bis 95 Prozent zu erreichen und die Fristen für die Reduktion wesentlich kürzer festzulegen sowie darüber hinaus die Forschungskooperation zu verstärken zur besseren Ermittlung der Wirkungsmechanismen in der Stratosphäre und zur Entwicklung von Ersatzstoffen und/oder anderen Technologien in allen Einsatzbereichen der FCKW.

Die Verringerung der FCKW-Emissionen sei weltweit nicht nur wegen des Erhalts der Ozonschicht dringend geboten sondern auch wegen der Gefahren, die von den FCKW als Spurengas bei der Verstärkung des Treibhauseffektes ausgingen.

○ Fraktion DIE GRÜNEN

Von der Fraktion DIE GRÜNEN wurde beklagt, daß seit der Zeit der ersten wissenschaftlichen Darstellung der Bedrohung der Ozonschicht im Jahre 1974 keine oder zu wenig Maßnahmen getroffen worden seien.

Verbote seien ein wirksames Instrument, das in dringenden Fällen eingesetzt werden müsse, und zwar so gezielt, wie dies im Klimaschutzprogramm der Fraktion DIE GRÜNEN präzise beschrieben sei. Bis die internationale Staatengemeinschaft auf die neue Herausforderung reagiert habe, hätten elf Jahre vergehen müssen, in denen vielleicht 10 Millionen Tonnen FCKW in die Atmoshäre entlassen worden seien.

Wenn die Fraktion DIE GRÜNEN trotz der bestehenden Mängel der internationalen Vereinbarungen, namentlich der völligen Untauglichkeit des Montrealer Protokolls in der vorliegenden Form, für eine Zustimmung plädiere, so deshalb, weil dies der erste Schritt zu den dringend notwendigen internationalen Vereinbarungen sei. Ein Problem mit derart globalem Charakter wie das der Zerstörung der Ozonschicht könne nicht auf nationalstaatlich bornierte Weise gelöst werden. Es bedürfe einer grenzüberschreitenden Kooperation.

Die Fraktion DIE GRÜNEN fordere dazu auf, daß die Bundesregierung international tätig werde, um das Montrealer Protokoll zu verschärfen. Ziel müsse es sein, Verbrauch und Produktion der FCKW bis zum Ende des Jahrhunderts auf Null herabzufahren. Ansätze für eine solche Haltung fänden sich in der Entschließung des Bundestages.

Die FCKW zerstörten nicht nur das Ozon in der Stratosphäre sondern trügen noch mehr zum Treibhauseffekt bei. Die Wirkung eines Moleküls für die Wärmeisolierung der Luft sei etwa 10 000fach größer als die eines Kohlendioxidmoleküls. Trotz der begrenzten Emission von etwa 1 Million Tonnen pro Jahr machten die FCKW-Verbindungen bereits 20 Prozent des gesamten globalen Treibhauseffektes aus.

Es müsse rasch und überlegt gehandelt werden. Diesbezüglich sei auf das umfassende Klimaschutzprogramm der Fraktion DIE GRÜNEN zu verweisen.

Die politische Forderung laute: FCKW-Sofortausstieg in vielen Bereichen. Das adäquate Instrument hierzu sei ohne Zweifel das Verbot. Die FCKW-Haarsprays, Wegwerfgeschirr und Schaumstoffverpackungen seien langfristig ein tödlicher Luxus. In bestimmten Anwendungsbereichen, wie bei der Wärmeisolierung, könne es auch einmal zu Zielkonflikten zwischen der Forderung nach Energieeinsparung und der FCKW-Problematik kommen. Hier müsse man politisch abwägen und gleichzeitig durch intensive Forschung neue Stoffe entwickeln.

Zu fordern sei auch die Wiedergewinnung, das Recycling, von FCKW. Wichtig seien auch die Kennzeichnung, das Vorschreiben geeigneter Rückhalteverfahren und geschlossener Produktionskreisläufe.

Von der Bundesregierung werde eine Doppelstrategie gefordert. Auf internationaler Ebene solle sie darauf hinwirken, daß das Wiener Übereinkommen und das Montrealer Protokoll überarbeitet würden, und zwar mit dem Ziel, bis 1999 eine 95prozentige FCKW-Reduktion zu erreichen. Auf nationaler Ebene dagegen sei ein prinzipielles FCKW-Verbot bis 1994 anzustreben.

○ Bundesregierung

Der Bundesminister für Umwelt, Naturschutz und Reaktorsicherheit ging im Rahmen der Debatte nochmals auf die Grundsätze der Politik der Bundesregierung und die bisher bereits getroffenen Maßnahmen sowie die aktuellen Zahlenangaben ein.

Dabei hob er unter anderem hervor, daß es bei der Bewertung der Umweltrelevanz der FCKW keine Unterschiede gebe. Sie seien als entscheidende Täter bei der Zerstörung der Ozonschicht sowie auch und gerade beim Klimaeffekt erkannt und dingfest gemacht. Forschung könne auf diesem Gebiet nicht zum Alibi für unterlassenes Handeln gemacht werden. Ebenso dürften auch internationale Abstimmungsnotwendigkeiten nicht zum Alibi gegen eigene nationale Zusatzmaßnahmen werden. Dennoch müsse das Problem auf beiden Ebenen in Angriff genommen werden. Das Wiener Übereinkommen und das Montrealer Protokoll seien wichtige und notwendige Abkommen im internationalen Rahmen, bedeuteten für die Bundesregierung jedoch nicht, daß der Inhalt bereits ausreichend sei.

Im Rahmen der deutschen Präsidentschaft auf EG-Ebene habe man vor der Frage gestanden, ob die EG insgesamt für eine Unterzeichnung des Montrealer Protokolls gewonnen werden solle, oder ob nicht darauf verzichtet werden sollte, um gleich eine Nachbesserung anzustreben. Die Bundesregierung sei weltweit, von den USA genauso wie von der UNEP, dringlich gebeten worden, alles daranzusetzen, während der deutschen Präsidentschaft eine europäisch harmonisierte Durchsetzung des Montrealer Protokolls zu erreichen.

Erreicht worden sei auch in der Verordnung zum Montrealer Protokoll eine klare Datenberichterstattung für die Zukunft. Nach der Verordnung müsse künftig jeder Hersteller, Importeur und Exporteur von FCKW und Halonen der Kommission mit Durchschrift an die zuständige Behörde des betreffenden Mitgliedstaates die notwendigen Angaben liefern, so daß man dann eine klare Übersicht über die Produktions- und Importstrukturen nicht nur auf EG-Ebene, sondern auch in der Bundesrepublik Deutschland erhalte. Auf diese Weise werde man ein Ärgernis, unter dem alle gelitten hätten – die EG habe es durchgepaukt – wegbekommen. Als wichtiger zusätzlicher Punkt sei hervorzuheben, daß Produktionszahlen, Mengen, die innerhalb der Gemeinschaft in Verkehr gebracht würden, Einfuhren in die Gemeinschaft usw. mitgeteilt werden müßten.

Auch die Resolution, die zur Verordnung verabschiedet worden sei, reiche nicht aus.

Die Bundesrepublik Deutschland werde am 24. November 1988 in der Kommission den Antrag einbringen, ebenfalls eine Verpflichtung für eine zusätzliche Minderung um 30 Prozent zu dem bisher Verabschiedeten zu erreichen. Dies würde bereits eine Verminderung um 80 Prozent bedeuten.

Über die Produktions- und Verbrauchszahlen auf nationaler Ebene wurde mitgeteilt, daß 1986 die Produktion in der Bundesrepublik Deutschland 112 000 Tonnen betragen habe.

26 000 Tonnen seien auf nationaler Ebene in den Spraydosen enthalten gewesen. Allein durch das Selbstbeschränkungsabkommen seien die 26 000 Tonnen in 18 Monaten bis auf einen Rest von etwa 5 000 Tonnen am Ende des Jahres 1988 zurückgeführt. Eine Verbotsverordnung hätte demgegenüber notifiziert werden müssen. Allein die Rechtszeiten, die für eine Verbotsverordnung benötigt würden, um zu einer Notifizierung zu gelangen, würden länger als 18 Monate in Anspruch nehmen. Diese 5 000 Tonnen umfaßten die Importe mit.

Im Bereich der Kühlgeräte gehe man davon aus, daß die Kühlflüssigkeit eine Größenordnung von etwa 4 000 Tonnen ausmache. Hinzu kämen etwa 3 000 Tonnen FCKW, die im Montrealer Protokoll nicht geregelt seien. Man sei dabei, die Schaumstoffe aus diesen Kühlgeräten – und auch die Kühlflüssigkeit selbst – einem Recycling zuzuführen. Die entsprechenden Angebote lägen vor, und auch die Technik sei vorhanden. Man sei ferner dabei, zu einer Kennzeichnungspflicht in bezug auf diese Geräte zu kommen. Die Verordnung liege vor. Er sei trotz vieler ihm gegenüber geäußerter Bedenken der Auffassung, daß insoweit auf der Grundlage des § 24 Abfallgesetz gehandelt werden könne.

Hinsichtlich der Hart- und Weichschäume sei, bezogen auf das Jahr 1986, von einer Größenordnung von etwas über 20 000 Tonnen auszugehen. Diesbezüglich müsse am Verschäumungsprozeß selbst angesetzt werden. Deswegen sei die TA

Luft geändert worden, wodurch man sich eine Reduktion um 3 000 Tonnen FCKW verspreche.

Der entscheidende Punkt seien die Lösemittel. Dies sei ein Graubereich gewesen. Mit dem Umweltbundesamt sei er der Auffassung, daß es dabei um eine Größenordnung von 40 000 Tonnen gehe. Diesbezüglich bestehe entscheidender Handlungsbedarf, weil bei der Substitution von Lösemitteln immer Schwierigkeiten mit anderen problematischen Stoffen, etwa Perchlorethylen, aufträten.

Auch die gesetzlichen Grundlagen würden verbessert. Für die Kennzeichnungspflicht werde eine Änderung des Chemikaliengesetzes benötigt. An der Novelle werde gearbeitet.

In Anbetracht der Sachlage dürfe man sich sicher nicht selbstgefällig zurücklehnen, aber es sei ein wesentlicher Schritt vorwärts gemacht worden.

Nationale Maßnahmen seien wichtig. Jeder, der national etwas unternehme, müsse dies allerdings immer mit dem Ziel machen, damit auch internationale multiplikative Wirkungen auszulösen, die wirklich zu einer Lösung führten.

1.5.6 Verabschiedung des Gesetzentwurfs zum Montrealer Protokoll

Bereits am 13. Oktober 1988 wurde in der 100. Sitzung des Deutschen Bundestag mit den Stimmen der Fraktionen der CDU/CSU, der SPD und der FDP bei Gegenstimmen und einigen Enthaltungen seitens der Fraktion DIE GRÜNEN der Gesetzentwurf zum Montrealer Protokoll verabschiedet (35).

Gleichzeitig wurde mit den Stimmen der Koalitionsfraktionen und der Fraktion der SPD eine Entschließung angenommen, in der der Deutsche Bundestag mit Nachdruck die in seiner am 22. September 1988 zum Wiener Übereinkommen sowohl zur Gesamtproblematik des Ozonabbaus in der Stratosphäre als auch zum Montrealer Protokoll getroffenen Feststellungen und an die Bundesregierung gerichteten Ersuchen unterstreicht (36). In der Entschließung wird die Bundesregierung ferner aufgefordert, das Ratifikationsverfahren zum Montrealer Protokoll so beschleunigt durchzuführen, daß die Bundesrepublik Deutschland ihre Ratifikationsurkunde unter allen Umständen rechtzeitig vor dem 31. Dezember 1988 hinterlegt und damit — unabhängig von einer eventuell nicht fristgerechten Ratifikationsmöglichkeit durch einzelne der übrigen EG-Mitgliedstaaten und die EG selbst — ihren Beitrag dazu leistet, daß das Montrealer Protokoll wie vorgesehen am 1. Januar 1989 in Kraft treten könne und die dann vorgesehenen Fristen ohne jeden Aufschub zu laufen beginnen könnten.

Hintergrund für den zweiten Teil der Entschließung war, daß einzelne EG-Staaten das Verfahren der Ratifikation erkennbar weniger rasch vollziehen werden als die anderen, so daß die Gefahr bestehen würde, daß die EG die Mitgliedsländer bittet, mit ihrem jeweiligen Ratifikationsverfahren so lange zu warten, bis dieses Verfahren insgesamt abgeschlossen ist. Eine dadurch mögliche Verzögerung sollte aber verhindert werden. Gleichzeitig sollte vermieden werden, daß die Bundesrepublik

Deutschland ihre Glaubwürdigkeit verliert, wenn sie selbst nicht rechtzeitig ratifiziert und dadurch gegebenenfalls dazu beitragen würde, daß das Protokoll nicht rechtzeitig in Kraft tritt und alle Reduzierungsfristen später zu laufen beginnen würden, während sie gleichzeitig 1990 eine Verschärfung verlangt.

– Antrag der Fraktion DIE GRÜNEN

In dieser Sitzung hatte ferner die Fraktion DIE GRÜNEN einen Entschließungsantrag zum Montrealer Protokoll (37) eingebracht. Darin war beantragt worden, daß der Deutsche Bundestag die Bundesregierung auffordern sollte, sich für eine Verschärfung der im Montrealer Protokoll festgeschriebenen Reduktionsziele von FCKW einzusetzen und anzustreben, daß

- eine weltweite FCKW-Reduktion von über 90 Prozent bis 1999 erreicht werde,
- möglichst alle Produzentenländer dem – verschärften – Montrealer Protokoll beitreten sollten, um Produktionsverlagerungen in Nicht-Unterzeichnerstaaten zu verhindern,
- die derzeit möglichen Ausnahmebestimmungen (wegen „grundlegender nationaler Bedürfnisse") für Industrieländer aufgehoben würden,
- sämtliche ozonzerstörenden Substanzen erfaßt würden, also zum Beispiel auch H-FCKW 22, Trichlorethan und Tetrachlorkohlenstoff,
- ein Technologietransfer in Entwicklungsländer stattfinden sollte, um dort einen Einstieg in Technologie und Verfahren auf der Basis von gefährlichen Chlorverbindungen zu verhindern.

Um international glaubwürdig auftreten zu können, sei es darüber hinaus notwendig, daß in der Bundesrepublik Deutschland schon bis 1993 eine FCKW-Reduzierung von mindestens 90 Prozent erreicht werde.

– Verlauf der Plenardebatte

Im Rahmen der Plenardebatte wurde erneut von allen Fraktionen unterstrichen, wie ernst sich die Sachlage auf der Basis der wissenschaftlichen Ergebnisse und Beratungen der Enquete-Kommission darstelle, daß das Montrealer Protokoll massiv verschärft werden müsse und eine Reihe national weitergehender Maßnahmen notwendig sei (38).

○ CDU/CSU-Fraktion

Von Seiten der CDU/CSU wurde darauf hingewiesen, daß über 20 Millionen Tonnen FCKW ihr zerstörerisches Werk in der Stratosphäre verrichteten. Dies sei etwa die Menge, die sich gegenwärtig in der Atmosphäre aufhalte.

Wissenschaft, Politik und Industrie seien sich in der Beurteilung der Bedrohung einig. Das Montrealer Protokoll reiche daher bei weitem nicht aus, um die eingetretenen Schäden zu reduzieren. Allerdings sei es ein wichtiger Grundstein für die weitere vertragliche Entwicklung. Seine Bedeutung liege weniger in der derzeitigen Fassung und Schärfe, sondern eher im instrumentellen Bereich. Das heißt, daß sich jetzt zum ersten Mal auf der Basis der vorliegenden internationalen Vereinbarungen die Möglichkeit biete, zu einer schnellen Anpassung an neue Erkenntnisse über Ursachen und Wirkung des Ozonabbaus zu kommen. Eine rasche Umsetzung weiterführender Maßnahmen sei durch die im Vertragstext vorgesehene Verordnungsermächtigung möglich — was allerdings auch von allen Unterzeichnerstaaten so gewollt und unterstützt werden müsse. In der Enquete-Kommission bestehe Einigkeit darüber, daß die erste Fortschreibung des Montrealer Protokolls bereits 1990 erfolgen müsse und dem neuesten wissenschaftlichen Sachstand anzupassen sei.

Im Rahmen der Neufassung müßten die Ausnahmeregelungen abgeschafft und die Reduktionsquoten schärfer gefaßt werden. Es müsse gewährleistet sein, daß Anfang der neunziger Jahre 50 Prozent der geregelten Stoffe reduziert und bis zum Jahr 2000 diejenigen Stoffe, die ein hohes ozonschädigendes Potential aufwiesen, abgeschafft würden.

Weitere ozonschädigende Stoffe, zu denen Trichlorethan, Methylchloroform und Tetrachlorkohlenstoff gehörten, müßten in das Protokoll aufgenommen werden. Dazu gehöre auch, daß bis dahin sehr genau überlegt werde, was mit H-FCKW 22 passiere. Hier müsse genau definiert werden, wie hoch das Ozonzerstörungspotential dieses Stoffes sei, ob er ein geeigneter Ersatzstoff sei oder ob er — und dies scheine so zu sein — auch innerhalb des Montrealer Protokolls mitgeregelt werden müsse.

Darüber hinaus müsse die Forschung insgesamt intensiviert werden. Dazu gehöre unter anderem die Einrichtung einer europäischen Forschungsplattform mit Satelliten und die Koordinierung aller nationalen, EG-weiten und internationalen Programme und Projekte, denn nur durch eine enge Zusammenarbeit könne es auf diesem Gebiet zu den notwendigen Fortschritten kommen.

Festzuhalten sei, daß in mehreren EG-Ländern inzwischen ernsthafte Bemühungen festzustellen seien, zu weiteren Fortschritten zu gelangen.

Im Aerosol-Bereich müsse der eingeleitete dynamische Prozeß fortgesetzt werden. Hier seien erste Erfolge erreicht worden. Im wesentlichen sei es aufgrund nationaler Vereinbarungen gelungen, in diesem Bereich ein Stück voranzukommen. Hier müsse nach weiteren Möglichkeiten gesucht werden, die Importe FCKW-haltiger Spraydosen zu stoppen. Dies sei durch eine nationale Vereinbarung nicht abgedeckt. Es müsse auch dafür Sorge getragen werden, daß die restlichen 5 000 Tonnen weiter reduziert würden. Das heißt, es müsse durchgesetzt werden, daß FCKW-haltige Spraydosen nur noch in lebenserhaltenden, lebensrettenden Systemen im medizinischen Bereich benutzt würden.

Nicht nur bei den Aerosolen, sondern auch auf den übrigen Gebieten würden nationale Vereinbarungen, zum Beispiel bei den Kunststoff-Verschäumungen, erwartet. Diesbezüglich gebe es ausreichende Reduktions-, Substitutions- und Recyclingpotentiale. Gleiches gelte — dies sei überfällig — für den Kühl- und Kältemittelbereich.

Hier stünden zur Zeit Ersatzstoffe nur begrenzt zur Verfügung, so daß vorerst nur durch eine Änderung der Technologie und durch entsprechende Recyclingsysteme eine FCKW-Reduktion erreicht werden könne. Diesbezüglich werde in nächster Zeit eine Vereinbarung mit dem zuständigen Industrieverband erwartet.

Besonderes Augenmerk verdiene der Lösungs- und Reinigungsmittelbereich, der in den vergangenen Jahren beträchtlich zugenommen habe. Neben intensiver Ersatzstofforschung müsse im Übergang jede Recyclingmöglichkeit genutzt werden.

Wenn alle diese Möglichkeiten ausgeschöpft würden, ergebe sich ein großes Reduktionspotential, das ausreiche, um im ersten Ansatz die im Jahre 1986 national verbrauchte Menge in Höhe von etwa 90 000 Tonnen auf die Hälfte zu reduzieren.

Eine besondere Bedeutung komme der Kontrolle zu. Hier sei erneut die Forderung zu unterstreichen, daß die genauen Produktions- und Verbrauchszahlen offengelegt werden müßten, und zwar national und europaweit.

Auch eine europaweite Kennzeichnung sei notwendig.

Die Bundesregierung bleibe aufgefordert, die Beschlußempfehlung des Deutschen Bundestages vom 22. September 1988 Zug um Zug umzusetzen.

Mit Nachdruck müsse sich die Bundesrepublik Deutschland dafür einsetzen, daß möglichst viele Staaten dem Übereinkommen beiträten.

Ferner müsse eine freiwillige Vereinbarung der europäischen Hersteller erreicht werden, auf Neuproduktion oder auf Produktionsausweitung zu verzichten. Auf nationaler Ebene, bei der EG und den anderen Vertragsparteien von Wien und Montreal müsse außerdem darauf hingearbeitet werden, daß schneller und in erheblich größerem Umfang weitergehende nationale Maßnahmen realisiert würden, als in den internationalen Übereinkommen vorgegeben seien.

Der Deutsche Bundestag erwarte zum 1. Juni 1989 einen Bericht der Bundesregierung über den Stand der bis dahin weltweit durchgeführten und geplanten Maßnahmen.

Die Arbeit, die in Montreal begonnen worden sei, müsse fortgesetzt werden und in ein weltweites Abkommen zum Schutz der Erdatmosphäre einmünden, in das vor allem auch die Problematik der globalen Klimaänderung durch Treibhausgase eingeschlossen werde.

Die Koalitionsfraktionen hätten das Problem von Anfang an mit dem ihm gebührenden Ernst wahrgenommen und frühzeitig Initiativen gestartet, angefangen von der Koalitionsvereinbarung und dem Anstoß, diese Problematik in der Enquete-Kommission aufzuarbeiten. Der Bundeskanzler habe sich dieses Themas angenommen und damit deutlich gemacht, welche Dimension es habe und wie es in Zukunft auf Weltwirtschaftskonferenzen und auf Weltwirtschaftsgipfeln aufgearbeitet werden müsse.

Es müsse darauf gedrängt werden, daß die Schadstoffreduktion beschleunigt erfolge und daß der Ausstieg absehbar möglich sei. Die Entwicklung und die schnelle Einführung chlorfreier Ersatzstoffe — etwa des FCKW 134 a — und FCKW-freier Ersatzprodukte müßten ganz energisch vorangetrieben werden.

Die FCKW trügen zum Treibhauseffekt bei, und man müsse natürlich auch sehen, daß wegen der Luftchemie insgesamt die Problematik der Atmosphärenerwärmung wiederum mit der Problematik der FCKW zusammenhänge.

Zur Rolle der Bundesrepublik Deutschland sei zur Problematik insgesamt hervorzuheben, daß Vorweginitiativen ergriffen werden müßten und deutlich gemacht werden müsse, daß das, was von anderen verlangt werde, in der Bundesrepublik Deutschland zuerst erfüllt werde. Die Bundesrepublik Deutschland müsse deutlich mehr tun als andere, damit klar werde, daß sie von anderen nicht etwas fordere, was zu leisten sie selbst nicht bereit und in der Lage sei. Dabei müsse man sich allerdings deutlich machen, daß letztendlich die Problemlösungen nur im internationalen Verbund erreicht werden könnten.

○ SPD-Fraktion

Von den Sprechern der Fraktion der SPD wurde hervorgehoben, daß im Bundestag vor allem hinsichtlich der Beschreibung der dramatischen Lage ein breiter Konsens festzustellen sei.

Ein wirksamer Schutz und die wirksame Erhaltung der Ozonbarriere sei ein exemplarischer Fall dafür, daß die Politik zum ökologischen Umbau und zur ökologischen Erneuerung fähig sei.

Die Fakten seien in der Zwischenzeit eindeutig. Die wissenschaftlichen Studien und die Anhörungen der Enquete-Kommission hätten dies eindeutig ergeben.

Neben der Ozonzerstörung leiste der Ausstoß von FCKW, dem Haupttäter der Ozonvernichtung, einen Beitrag zum Heißlaufen des Klimas, vor allem durch die Ozonanreicherung in der unteren Atmosphäre.

Zur Lösung der Gesamtproblematik gehörten grundlegende Veränderungen in den Produktions- und Verhaltensweisen, und es werde eine neue gesellschaftliche Entwicklung benötigt. Die Verhinderung der weiteren Ozonvernichtung sei ein Testfall für die Glaubwürdigkeit der Umweltpolitik.

Wenn man dieses Problem in den nächsten Jahren nicht löse, werde es verhängnisvoll, weil die Zeitverzögerung der Schadensanreicherung 10 bis 15 Jahre betrage.

Der Stop der FCKW sei ungleich einfacher durchzusetzen als der Umbau der gesamten Industriestrukturen zur Verhinderung des sogenannten Treibhauseffektes. Wenn der Treibhauseffekt – eine noch sehr viel größere Problematik als die Ozonverdünnung – ernst genommen werde, dann könne dies nur heißen, es müsse radikal ein Verbot und die Reduzierung von FCKW angegangen werden, sonst sei die Besorgnis über die Klimaänderungen nicht glaubwürdig, und man verliere auch wertvolle Zeit, die zum Umbau von Produktions- und Lebensweisen, zum Umbau des Energiesystems, zur Reduzierung der Verkehrsemissionen, zur Neuordnung der Landwirtschaftspolitik und zu vielem anderen mehr gebraucht werde.

Wer den Schutz des Klimas ernst nehme, der müsse die FCKW rasch und umfassend reduzieren.

Alle Beteiligten wüßten, daß die Reduzierungsmargen des Montrealer Protokolls unzureichend und die Fristen der Umsetzung viel zu lang seien.

Die Wissenschaft verlange eine kurzfristige Reduzierung um 90 bis 95 Prozent, weil sonst mit den zutreffenden Maßnahmen letztlich nur eine Abbremsung des Zuwachses zu erreichen sei. Selbst wenn um 90 bis 95 Prozent reduziert werde, werde die Schadensentwicklung vorerst weitergehen.

Deswegen bedeute Zustimmung zum Montrealer Protokoll auch eine Aufforderung zu national weitergehenden Maßnahmen sowie die Aufforderung an die Bundesregierung, internationale Initiativen für rasche Anschlußverhandlungen einzuleiten und auch, daß die Bundesregierung Druck auf andere Partner, insbesondere auf die EG-Partner, ausübe, endlich ihre schüchterne Zurückhaltung aufzugeben.

Die rasche Fortführung des Montrealer Protokolls verlange, daß bei Zusatzprotokollen weitere Substanzen einbezogen würden, weil die bisher erfaßten FCKW und Halone zu wenig seien und sehr viel kürzere Verbotsfristen benötigt würden. Es müsse das Ziel der Weltgesellschaft sein, daß im Jahre 2000 weltweit keine FCKW mehr produziert und eingesetzt würden. Außerdem benötige man klare Regelungen über die Pflicht zur Bekanntgabe von Zahlen über Produktion und Verbrauch. Auch für den Bundestag sei es eine unmögliche und unwürdige Situation, daß im Parlament Reduzierungen beschlossen würden, man aber nicht wisse, wie die Summe von 100 Prozent aussehe. Dies sei und bleibe ein Skandal.

Wichtigste Ziele seien:

- National bis 1995 auf nahezu Null bei der Produktion von FCKW und anderen ozonschädigenden Chlorsubstanzen zu kommen.
- Eine ökonomische Abgabe hinsichtlich der Produktion von FCKW, um diese zu verteuern. Die Produktion von FCKW sei für die Industrie eine kostengünstige Angelegenheit, weil es sich im Kern um eine billige Verwertung von Chlorüber-

schüssen handele. Es dürften nicht nur Fristen gesetzt werden, weil dieser Zeitraum angesichts der günstigen betriebswirtschaftlichen Daten bis zuletzt ausgenutzt werde. Demgegen sei jedes weitere Jahr, in dem FCKW produziert würden, eine Schädigung der Umwelt und damit ein Verbrechen, das nicht verantwortet werden könne. Deswegen seien wirtschaftliche Maßnahmen zur Verteuerung der Produkte notwendig.

- Klare gesetzliche Regelungen und Hilfen, um die Markteinführung von Ersatzstoffen zu erleichtern.

- Eine Chlorbilanz, um zu wissen, welche Stoffe im Umlauf seien, wo sie eingesetzt würden und welche Wirkungen sie hätten.

Auch auf internationaler Ebene müßten die Initiativen verstärkt werden. Ein weltweites Klimaschutzabkommen sei notwendig. Auf internationaler Ebene müsse neben der Friedens- und Sicherheitspolitik sowie der Wirtschaftspolitik die internationale ökologische Kooperation das dritte Standbein sein. Deswegen werde angeregt, daß sich eine Sonderkonferenz der Vereinten Nationen mit dieser Problematik beschäftige.

Die Zerstörung der Ozonschicht werde aufgrund der Zeitverzögerung, mit der diese auftrete, noch lange fortschreiten. Im günstigsten Fall, das heiße wenn alle Nationen der Erde das Montrealer Protokoll unterschreiben und keine Ausnahmeregelungen ausgeschöpft würden, würde sich zwar die Emissionsrate der FCKW bis zum Jahr 2000 gegenüber dem Jahr 1986 etwa halbieren, die Konzentration der FCKW in der Stratosphäre aber würde über Jahrhunderte hinweg zunehmen und der Ozonabbau weitergehen. Modellrechnungen hätten ergeben, daß sich die FCKW-Konzentration in diesem günstigsten Fall des Montrealer Protokolls bis zum Jahr 2100 mehr als verdoppelt haben werde.

Im ungünstigsten Fall, das heiße wenn alle zulässigen Ausnahmebestimmungen ausgeschöpft würden — nach den bisherigen Erfahrungen mit der Industrie, aber auch mit der Politik, sei dies eine nicht unrealistische Annahme —, stiegen die Emissionen der FCKW zunächst gewaltig an, würden dann wieder absinken und kämen auf dem Wert von 1986 über Jahrzehnte hinweg zum Stillstand. Dies würde eine Zunahme der FCKW-Konzentration in der Stratosphäre um mehr als den Faktor 4,4 bedeuten. Was dies für die Ozonschicht bedeute, sei kaum vorstellbar, weil die Reaktion der Natur auf Belastungen nicht linear sei, sondern die Natur mit Umkippen reagiere. In bezug auf den Ozonabbau sei das bei einem Faktor 4,4 natürlich zu erwarten. Das Entstehen des Ozonlochs in der Antarktis sei ein solcher Umkippprozeß. Die Wissenschaft habe über Jahre nicht erklären können, was die Ursache des Umkippens sei, und sie sei auch völlig überrascht von diesem Effekt. Man könne also nicht wissen, welche Auswirkungen das habe, was komme. Es bestehe die Gefahr, daß nicht mehr reagiert werden könne, wenn es zum Umkippen komme. Deswegen müßten Produktion und Verbrauch der FCKW sofort gestoppt werden. Wenn dies international nicht möglich sei, dann solle man wenigstens national sofort damit anfangen.

Zur Qualifizierung der Stoffe sei auf die Anhörung der Enquete-Kommission am 2. und 3. Mai 1988 und die dortigen Ausführungen des Umweltbundesamtes zu verweisen, das hervorgehoben habe, daß — wirtschaftlich betrachtet — die FCKW Einsatzstoffe mit erheblichen produktionstechnischen Vorteilen seien. Gleichwohl seien sie in keiner Weise als Schlüsselprodukte anzusehen. In allen Verwendungsbereichen gebe es mindestens eine von folgenden Minderungsmöglichkeiten: Substitute, rationellere Verwendungsmöglichkeiten, Wiedergewinnungsmöglichkeiten, die eine deutliche Emissionsminderung und damit Verbrauchsreduktion eröffneten. Bei einem Verbrauchsvolumen 1986 von grob geschätzt 100 000 Tonnen dürften Umsätze von etwa 400 Millionen DM erzielt worden sein. Die Produktion der FCKW entfalle in der Bundesrepublik Deutschland auf zwei Hersteller, in deren Produktionssparte FCKW nicht den Ausschlag gäben, so daß Produktionsminderungen bei FCKW wirtschaftlich durchaus verkraftbar sein dürften, zumal sich Märkte für teure Ersatzstoffe öffneten.

○ **FDP-Fraktion**

Seitens der Fraktion der FDP war ebenfalls unterstrichen worden, daß das Montrealer Abkommen wirklich nur ein Anfang sei, daß es lückenhaft sei und die Ziele zu niedrig angesetzt seien. Auch in anderen Staaten setze sich immer mehr die Einsicht durch, daß dieses globale Problem eine weit drastischere Gegensteuerung erfordere.

In bezug auf den Stand der Problematik, habe die Enquete-Kommission bereits wichtige Zwischenergebnisse erzielt.

Bezüglich des Montrealer Protokolls sei festzustellen, daß schon der Text Unklarheiten enthalte. Die Erhöhung der Weltproduktion sei nach wie vor möglich; die Reduktion um 50 Prozent in den Vertragsstaaten sei völlig unzureichend; die Ausnahmeregelung für die Entwicklungsländer sei nicht akzeptabel; ein Teil der globalen Produktion sei gar nicht erfaßt; wichtige Staaten wie Südkorea, Taiwan und die DDR seien bisher nicht Vertragspartner, und das Protokoll umfasse nur eine begrenzte Anzahl von FCKW-Typen.

Von der Bundesregierung werde erwartet, daß sie jetzt in internationalen Verhandlungen auf eine wesentliche Verbesserung des Abkommens dränge und bis Mitte/Ende der neunziger Jahre eine Verringerung der Emission um 90 bis 95 Prozent weltweit zu erreichen versuche.

Im internationalen Bereich gebe es ermutigende Signale. Die sowjetische Regierung habe am 12. Oktober einen Umweltgipfel und ein Umweltgespräch auf internationaler Ebene angeregt. Auf den beiden Kongressen der großen britischen Parteien habe es zum ersten Mal positive Signale in Richtung Umweltpolitik gegeben. Darüber hinaus werde eine afrikanische Umweltkonferenz vorbereitet. In bezug auf den Binnenmarkt des Jahres 1992 sei eine stärkere Umweltinitiative auch der Bundesregierung in der Gemeinschaft notwendig. FCKW-Reduzierung und Klimagefahren sollten auch einmal ein Thema für einen europäischen Umweltgipfel sein.

Der französische Koordinator für die deutsch-französische Zusammenarbeit habe einen deutsch-französischen Umweltrat vorgeschlagen. Der Vorschlag sollte aufgegriffen werden, um durch eine engere Kooperation mit Frankreich auch in der EG zu Einigungen zu kommen.

Völlig unzureichend sei es, daß die beiden Hersteller von FCKW in der Bundesrepublik Deutschland ihre Produktionszahlen nicht nennen würden. Für das Jahr 1986 seien sie bekannt. Es müsse allerdings vermutet werden, daß die Produktion nicht in der wünschenswerten Weise zurückgegangen sei. Deswegen bestehe man auf dieser Forderung. Auch wenn vorgesehen sei, sie auf der Grundlage des Montrealer Protokolls zu erfüllen, müßten gesetzliche Maßnahmen ins Auge gefaßt werden, wenn hier nicht Klarheit geschaffen werde.

Zu drängen sei ferner auf eine rasche Novellierung des Chemikaliengesetzes, um bessere Instrumente für die FCKW-Reduzierung zu bekommen.

Zur fordern sei, daß bei Spraydosen in der EG eine ähnliche Reduktion erfolge, wie dies in der Bundesrepublik Deutschland geschehe. Man brauche also EG-weite Maßnahmen. Wenn dies nicht möglich sei, sollte ein entsprechendes EG-weites Verbot angestrebt werden.

Auch das Importproblem müsse gelöst werden. Es gebe keine Regelungen in bezug auf die Importe von Spraydosen in die Bundesrepublik Deutschland. Ihre Einbeziehung sollte energisch versucht werden, anderenfalls sollte diesbezüglich einmal ein Alleingang durchgeführt werden, wie dies auch in der Koalitionsvereinbarung festgelegt worden sei.

Gefordert werde ferner eine für den Verbraucher deutliche Kennzeichnung.

Außerdem setze sich die Fraktion der FDP für ein Verbot der FCKW-Verwendung in chemischen Reinigungs- und Textilausrüstungsanlagen ein.

Für Oberflächenbehandlungsanlagen sollten ausschließlich geschlossene Systeme verwendet werden.

Gefordert würden außerdem verbindliche Vereinbarungen zwischen den Beteiligten über die Entsorgung von Klima- und Kälteanlagen. Die Ankündigung der bundesdeutschen Hersteller von Kühl- und Gefriergeräten, den FCKW-Gehalt in Wärmedämmschäumen um 50 Prozent zu reduzieren, sei ein richtiger Schritt. Ebenso sei die Erklärung des Elektrotechnikerverbandes zu bewerten.

Diesbezügliche gesetzliche Regelungen seien eine mühselige und langwierige Angelegenheit. Auch die Reduzierung bei Spraydosen sei durch eine Vereinbarung herbeigeführt worden, und solange die Reduzierungen auf diesem Weg möglich seien, sei dies wirkungsvoller. Die Vereinbarungen kämen allerdings nur zustande, wenn auch die Möglichkeit eines Verbotes bestehe. Sie müßten jetzt zustande kommen, sonst müsse der Gesetzgeber eingreifen.

Notwendig seien auch verbindliche Anforderungen an Konstruktion, Betrieb und Wartung von Anlagen, in denen FCKW als Kältemittel verwendet würden.

Erforderlich sei auch eine Neubewertung der Umweltrelevanz der FCKW im Rahmen der TA Luft.

Die Hartschäume, die FCKW enthielten, seien durch umweltverträgliche Ersatzstoffe zu ersetzen. Bei Kunststoffverschäumungen und bei Lösemitteln würden höhere Reduzierungs- und Ersatzangebote sowie entsprechende Zielvorgaben nötig.

Für Verpackungsmaterial würden FCKW überhaupt nicht benötigt. Eine Vereinbarung zum Ersatz oder ein Verbot seien notwendig.

Die Ozonproblematik müsse in die Klimaproblematik eingebettet werden. Weltweite Vereinbarungen zur Reduzierung der Belastungen, die Klimaveränderungen herbeiführten, seien notwendig.

○ Fraktion DIE GRÜNEN

Die Fraktion DIE GRÜNEN legte dar, daß sie mit ihrem Nein im Rahmen der Abstimmung zum Montrealer Protokoll dokumentieren wolle, daß dieses nicht ausreiche, auch wenn sie wisse, daß das Abkommen ratifiziert werden müsse.

Von der Bundesregierung sei zu fordern, daß sie sich für eine Verschärfung der im Montrealer Protokoll festgeschriebenen Ziele der Reduzierung von FCKW einsetzen und anstreben solle, daß weltweit eine Reduktion um über 90 Prozent bis 1999 erreicht werde.

Alle Produzentenländer seien aufgefordert, diesem verschärften Protokoll beizutreten und sich zu bemühen, die Ausnahmebestimmungen wegen grundlegender nationaler Bedürfnisse für die Industrieländer aufzuheben. Unsicherheit bestehe in bezug auf die Entwicklungsländer, die nur ganze 5 Prozent der Mengen produzierten. Deswegen seien diese der Auffassung, daß die Industrieländer zunächst einmal anfangen müßten. Dieses Argument müsse ernst genommen werden.

Auch andere Stoffe müßten erfaßt werden, wie zum Beispiel H-FCKW 22, Trichlorethan und Tetrachlorkohlenstoff.

Außerdem müsse der Technologietransfer verbessert werden. Dies sei ein weiterer Wunsch der Entwicklungsländer. Diese brauchten die besten Methoden und Ersatzstoffe, damit sie nicht auf die veralteten Techniken angewiesen und nicht gezwungen seien, die schädlichen Stoffe zu produzieren. Seitens der Entwicklungsländer bestehe aktuell eine ganz große Sorge, daß jetzt die deutsche Industrie etwas verlagere.

Die Zusammenarbeit der Parteien sei in bezug auf diese Problematik notwendig.

Erforderlich sei darüber hinaus die Mitarbeit der Verbraucher. Ohne deren Mitarbeit seien die Politiker zum Scheitern verurteilt und könnten die beabsichtigten Ziele nicht erreichen.

○ Bundesregierung

Der Bundesminister für Umwelt, Naturschutz und Reaktorsicherheit hat im Rahmen der Debatte darauf hingewiesen, daß die Bundesrepublik Deutschland ihre Ratifikationsurkunde für das Wiener Übereinkommen am 30. September 1988 hinterlegt habe, so daß die Voraussetzung geschaffen sei, daß dieses Übereinkommen für die Bundesrepublik Deutschland noch vor dem 1. Januar 1989 in Kraft trete und sichergestellt sei, daß auch das Montrealer Protokoll für die Bundesrepublik Deutschland zum frühestmöglichen Zeitpunkt, das heiße zum 1. Januar 1989, in Kraft treten könne.

Es sei zu unterstreichen, daß dieser Schritt dringend notwendig, gleichzeitig aber nicht hinreichend sei.

Das Montrealer Protokoll habe dazu geführt, daß das Umweltprogramm der Vereinten Nationen zu Recht weltweit Anerkennung als Mandatar für diese Verhandlungen gefunden habe. Es habe dazu geführt, daß eine Einbeziehung von Staaten über die ideologischen Grenzen zwischen Ost und West möglich geworden sei, und es habe dazu geführt, daß man in der EG zu einem gemeinsamen Handeln gekommen sei.

Die seit der Verabschiedung des Protokolls noch besorgniserregender gewordenen Informationen über die sich beschleunigenden Entwicklungen unterstrichen die Notwendigkeit, Produktion und Verbrauch der FCKW erheblich stärker zu reduzieren, als es das Montrealer Protokoll vorsehe. Dieser Schritt müsse seinen Ausgang in den hochindustrialisierten Staaten der nördlichen Hemisphäre finden, also auch in der EG und damit auch in der Bundesrepublik Deutschland.

Die Diskussion über 80, 85, 90 oder 95 Prozent Reduktion sei immer wieder der Hinweis darauf, daß diese Stoffe eigentlich ganz verschwinden müßten und nur noch dort, wo sie in wirklich lebenserhaltendem Einsatz seien, genutzt werden sollten.

Die Bunderegierung habe zunächst mit Erfolg daran gearbeitet, daß der erste Schritt des Montrealer Protokolls in Europa und weltweit möglich geworden sei. Unter der deutschen Präsidentschaft sei sowohl dem Wiener Übereinkommen als auch dem Montrealer Protokoll in der EG zum Durchbruch verholfen worden. Dies sei vor einem halben Jahr noch keineswegs eine Selbstverständlichkeit gewesen.

In der deutschen Präsidentschaft sei gleichfalls durch die zum Montrealer Protokoll auf EG-Ebene verabschiedete Resolution dazu beigetragen worden, die Tür zu einer Verschärfung des Protokolls aufzustoßen, da die Resolution zeige, daß mehr getan, erreicht und schneller gehandelt werden müsse. Im Rahmen des informellen

EG-Umweltministertreffens, das zwei Wochen zuvor in Delphi stattgefunden habe, sei seitens der Bundesregierung dargelegt worden, daß eine Ausweitung der bisherigen Regelungen benötigt werde. Dies sei mit dem britischen Umweltminister erörtert worden. Dieser habe in einem Bericht vom 3. Oktober daraus schon sehr konkrete Schlußfolgerungen gezogen und mit Datum vom 4. Oktober mitgeteilt, daß er die Initiative der Bundesregierung in der Europäischen Gemeinschaft aufgreifen und unterstützen werde. Deswegen sei der Kommission von der Bundesregierung mitgeteilt worden, daß sie bereits auf der formellen Ratstagung im November den Antrag stellen werde, zu Verhandlungen der EG über eine Ausweitung der bisherigen Vereinbarungen zu kommen. Am 16. und 17. Oktober würden diese Fragen auf einer Konferenz angesprochen, die in Den Haag vom Umweltprogramm der Vereinten Nationen durchgeführt werde. Dort werde er mit dem Präsidenten des Umweltprogramms der Vereinten Nationen zusammentreffen und mit dem amerikanischen und dem niederländischen Umweltminister den Weg zu einer zweiten Stufe von Montreal beraten. Das heiße, die Bundesregierung arbeite sehr konkret daran, eine Ausweitung des Montrealer Protokolls zu ermöglichen. Dabei werde ganz sicher die Entwicklung in Großbritannien ein besonders wichtiger Punkt sein. Neben dem Schreiben des britischen Umweltministers sei diesbezüglich auch auf eine Rede der britischen Premierministerin vor der Royal Society zu verweisen.

Er werde gleichzeitig Gelegenheit haben, während der letzten Oktoberwoche anläßlich der Unterzeichnung des Umweltabkommens zwischen der Bundesrepublik Deutschland mit der Sowjetunion auch und gerade diese Frage zu erörtern.

Im Rahmen der weiteren Überarbeitung des Montrealer Protokolls dürfe man nicht nur die Entwicklungsländer im Blick haben, sondern müsse vor allen Dingen auch die neuen Industrieländer in hohem Maße berücksichtigen.

Zu den Maßnahmen auf nationaler Ebene sei nochmals zu unterstreichen, daß die Verbotsmöglichkeiten im Spraybereich in der Bundesrepublik Deutschland gegenwärtig in § 17 des Chemikaliengesetzes lägen. Dabei sei allerdings darauf hinzuweisen, daß auf der Grundlage dieser Vorschrift eine Rechtsverordnung zum Verbot von Pentachlorphenol erarbeitet worden sei, bei dem die Möglichkeit eines Verbotes eigentlich noch viel näher gelegen habe, weil dabei die menschliche Gesundheit zur Debatte stehe. Diese Verordnung sei in Brüssel notifiziert, aber dort bisher nicht abschließend behandelt worden. Deswegen sei der Weg, den die Bundesregierung mit der Herbeiführung der Selbstbeschränkungsverpflichtung der Aerosol-Industrie gegangen sei, der richtige gewesen. In bezug auf die Frage, wie die erwartete Reduktion bis auf weniger als 5 000 Tonnen noch weiter fortgesetzt werden könne, sei darauf hinzuweisen, daß es bei der verbleibenden Menge vornehmlich um die medizinischen Sprays gehe. Diesbezüglich ergebe sich das Problem, daß eine neue Medizin, wenn sie in einer anderen Darreichungsform angeboten werde, einer neuen Zulassung bedürfe. Dies sei ein zeitliches Problem. Hier müsse eine Änderung bei der Zulassung herbeigeführt werden. Es könne nicht sein, daß eine Medizin zugelassen sei, wenn sie in einer Spraydose angeboten werde, jedoch eine neue Zulassung benötige, wenn sie als Pulver angeboten werde. Diese Zulassungsverfahren kosteten zu viel Zeit. Auch hier werde man daher bei der erreichten Grenze von unter 5 000 Tonnen nicht aufhören, sondern dort weitermachen.

Die Importe seien in der Selbstbeschränkungserklärung der Aerosol-Industrie mit enthalten.

Zum Kälte- und Klimabereich sei daran zu erinnern, daß es diesbezüglich einmal um die Ersatzstoffe gehe. Dabei erhebe sich die Frage, ob bei all denjenigen, die eine 90prozentige internationale Reduktion anstrebten, auch gemeint sei, daß H-FCKW 22 nicht als Ersatz in Betracht komme.

Bei aller Notwendigkeit internationaler Zusammenarbeit sollte man sich auch mehr und mehr darüber klar werden, daß die nationalen Maßnahmen nun wirklich griffen. Dazu hätten sowohl das Bewußtsein der Öffentlichkeit als auch die qualifizierte Arbeit der Enquete-Kommission als auch das Mitwirken des Deutschen Bundestages einen guten Beitrag geleistet.

2. Bisherige und geplante Maßnahmen in anderen Ländern (39)

2.1 Ägypten

In Ägypten wurde im Vorgriff auf hoheitliche Regelungen aufgrund einer Abmachung zwischen der ägyptischen Umweltschutzbehörde und der staatlichen Betriebsholding der einzige FCKW-verarbeitende Betrieb auf FCKW-freie Produkte umgestellt.

Da der direkte FCKW-Verbrauch in ägyptischen Betrieben durch diese Abmachung auf Null gesenkt wurde, wird dort die Auffassung vertreten, daß das Montrealer Protokoll bereits vorzeitig erfüllt sei. Die ägyptische Volksversammlung hatte am 22. Juni 1988 das Gesetz zum Montrealer Protokoll und zum Wiener Übereinkommen abschließend beraten und beschlossen. In einem Präsidialdekret wurden das Wiener Übereinkommen und das Montrealer Protokoll veröffentlicht und sind damit für Ägypten in Kraft getreten.

2.2 Australien

Durch freiwillige Vereinbarungen konnte in Australien seit 1983 die Verwendung von FCKW in Spraydosen um zwei Drittel gesenkt werden. In Australien befindet sich ferner eine Anlage kurz vor der Fertigstellung, die nach einem Verfahren der Firma Uhde Substitute für FCKW herstellen wird.

Australien strebt darüber hinaus noch in diesem Jahr gesetzliche Beschränkungen für die Produktion und den Verbrauch von FCKW an. Dort wird eine Reduzierung um 85 Prozent innerhalb von zehn Jahren als realisierbar erachtet.

2.3 Dänemark

Im November 1984 wurde in Dänemark eine Verordnung verabschiedet, nach der die Verbindung bestimmter, jetzt auch durch das Montrealer Protokoll erfaßter Substanzen in Spraydosen eingeschränkt, beziehungsweise untersagt wurde. Diese Verordnung ist seit dem 1. Januar 1987 wirksam.

Im Rahmen der Verhandlungen zum EG-Verordnungsentwurf über die Umsetzung des Montrealer Protokolls hat sich Dänemark außerdem für möglichst weitgehende, das heißt über die Regelungen der Verordnung hinausgehende Beschränkungen eingesetzt.

2.4 Finnland

In Finnland sind Bemühungen um freiwillige Absprachen mit der Industrie im Gange.

Eine Vereinbarung mit den Aerosolherstellern wurde bereits im November 1987 getroffen und sieht eine Verringerung der Anwendung und Herstellung von FCKW um 80 bis 90 Prozent bis 1991 vor. Eine Vereinbarung mit der Kühlmittel- und Kühltechnikindustrie steht kurz vor ihrem Abschluß. Da sich weitere freiwillige Abkommen namentlich mit Herstellern von Dämmmaterial als schwierig erwiesen haben, wird in Finnland auch eine Revision der einschlägigen Rechtsvorschriften, namentlich des Luftreinhaltungsgesetzes, erwogen.

Aufgrund der freiwilligen Absprache mit den Aerosol-Herstellern konnte der FCKW-Verbrauch im Spraybereich bereits 1987 abgesenkt werden. Vor allem durch die erweiterte Produktion von Isoliermaterial, das die Hälfte des Gesamtverbrauchs von FCKW in Finnland ausmacht, ist der Verbrauch 1987 jedoch insgesamt angestiegen.

In Finnland wurde zunächst geplant, die Anwendung von FCKW auf der Basis des Verbrauchs von 1986 bis 1991 um 25 Prozent und bis 1993 um 50 Prozent zu reduzieren. Im Verlauf des Jahres hat die finnische Regierung ihre Absicht erklärt, den FCKW-Verbrauch in einer dritten Stufe bis 1999 um 85 Prozent zu senken.

2.5 Großbritannien

1988 hat sich der Verband der Aerosolhersteller Großbritanniens in einseitigen Erklärungen verpflichtet, FCKW-haltige Produkte zu kennzeichnen und die Verwendung der FCKW einzuschränken. Der Verband geht davon aus, daß 1989 nur noch 10 Prozent aller Aerosole FCKW enthalten werden.

Darüber hinaus hat sich das Unterhaus für eine Neuverhandlung des Montrealer Protokolls ausgesprochen, mit dem Ziel der Verschärfung einzelner Vorschriften und einer Ausdehnung des Anwendungsbereiches auf H-FCKW 22.

Der britische Umweltminister hat sich in einem Schreiben an den Bundesminister für Umwelt, Naturschutz und Reaktorsicherheit vom 4. Oktober 1988 diese Forderung zu eigen gemacht und die Aufnahme von Verschärfungsverhandlungen bereits für das Jahr 1989 gefordert.

2.6 Indonesien

Das indonesische Umweltministerium blockierte im Frühsommer des Jahres einen Antrag auf Bau der ersten indonesischen Anlage zur Produktion von FCKW.

Indonesien wird im Hinblick darauf, daß keine eigene Produktion besteht, darüber hinaus voraussichtlich Importbeschränkungen einführen.

2.7 Italien

In Italien wurden 1980 Produktion und Verbrauch von FCKW und Halonen reduziert.

2.8 Japan

In Übereinstimmung mit den Empfehlungen des OECD-Umweltausschusses von 1980 hatte Japan den Ausbau der Produktionsanlagen für FCKW 11 und 12 eingefroren und sich um eine Reduzierung im Aerosolbereich bemüht. Durch diese Maßnahmen konnte die Produktion von FCKW 11 und 12 seit 1980 um 30 Prozent reduziert werden.

Am 27. April des Jahres hat das japanische Parlament dem Beitritt Japans zum Montrealer Protokoll zugestimmt.

Darüber hinaus hat das japanische Parlament am 13. Mai 1988 ein Gesetz zum Schutz der Ozonschicht durch die Kontrolle bestimmter chemischer Stoffe verabschiedet. Das Gesetz sieht Grenzen für die Produktions- und Verbrauchsmengen vor und führt für Importe und Produktion eine Genehmigungspflicht ein, um eine staatliche Kontrolle zu gewährleisten. Darüber hinaus erlaubt es eine staatliche Unterstützung durch Subventionen und Steuererleichterungen für die umweltfreundliche Produktion sowie die Entwicklung und Nutzung von Substituten.

Am 30. September 1988 hat die japanische Regierung mit Kabinettsbeschluß entschieden, das Montrealer Protokoll zu unterzeichnen und dem Wiener Übereinkommen beizutreten.

Innerhalb der japanischen Regierung wird das Wirtschaftsministerium (MITI) die Verantwortung für die Überwachung von Produktion, Import und Export der FCKW tragen.

Gegenwärtig werden in Japan etwa 160 000 Tonnen FCKW pro Jahr produziert, die als Kühlmittel, als Treibgas und als Reinigungsmittel verwendet werden.

2.9 Jugoslawien

In Jugoslawien lag Mitte des Jahres ein Referentenentwurf für ein nationales Programm zur Reduktion der die Ozonschicht schädigenden Stoffe vor. Einzelheiten sollen jedoch erst nach der Verabschiedung im Anschluß an die Ratifikation des Montrealer Protokolls bekanntgegeben werden.

2.10 Kanada

Kanada hat bereits 1980 Vorschriften erlassen, die den Gebrauch von ozonschichtschädigenden Stoffen, insbesondere in Spraydosen, einschränken, beziehungsweise verbieten.

Neben der Umsetzung des Montrealer Protokolls wird in Kanada eine Erweiterung der Produktkennzeichnungsvorschriften und ein Verbot der Verwendung ozonschichtschädigender Stoffe in neuen Produkten erwogen. Darüber hinaus werden entsprechende Empfehlungen an die Industrie erörtert.

Bezüglich weiterer, über die Vorgaben des Montrealer Protokolls hinausgehender Maßnahmen zur Reduzierung des FCKW-Verbrauchs bestanden noch zur Jahresmitte keine konkreten Zeit- und Zielvorstellungen. Erwogen werden ferner die Einführung von Verbraucherquoten oder von Import- und Produktionsverboten.

Durch die bereits erfolgten rechtlichen Maßnahmen wurde in Kanada seit 1980 eine Reduzierung des Gebrauchs ozonschichtschädigender Stoffe um 45 Prozent erreicht.

2.11 Kenia

In Kenia ist die Prüfung des Montrealer Protokolls noch nicht abgeschlossen. Auch hier gilt ebenso wie für Marokko, daß das Land sich bereits durch die Verpflichtungen des Montrealer Protokolls vor finanzielle und personelle Probleme gestellt sieht.

Trotzdem wird ein Einfuhrverbot erwogen.

2.12 Marokko

Marokko wird bereits durch die Verpflichtungen aus dem Montrealer Protokoll vor finanzielle und personelle Probleme gestellt. Die Diskussion über geeignete Maßnahmen zur Umsetzung des Montrealer Protokolls befindet sich zur Zeit noch in der Diskussion. In Marokko wird diesbezüglich gegenwärtig die öffentliche Meinung sensibilisiert.

2.13 Mexiko

In Mexiko werden die Beschränkung der Einfuhr durch Zölle, die Einführung einer Genehmigungspflicht für Import, Export und Produktion sowie Vorschriften über umweltfreundliche Verfahren bei der Verwendung von FCKW geplant.

Hier ist ein Produktions- und Verbrauchsrückgang bei den FCKW festzustellen, der auf die sich abzeichnenden staatlichen Beschränkungen und Kontrollen zurückgeführt wird.

2.14 Neuseeland

In Neuseeland wurden bereits weitreichende Einfuhrbeschränkungen und ein System handelbarer Importlizenzen eingeführt. Diskutiert wird auch ein Ausschreibungssystem, im Rahmen dessen der meistbietenden Firma eine Importlizenz erteilt würde.

Über das Montrealer Protokoll hinausgehende Maßnahmen waren bis vor kurzem in Neuseeland nicht vorgesehen. Die neuseeländische Regierung überwacht jedoch die Entwicklung der Ozonschicht über ihrem Territorium regelmäßig und behält sich für den Bedarfsfall weitergehende Maßnahmen vor.

In Neuseeland stagniert der FCKW-Verbrauch seit 1986. Ein Rückgang wird bei Aerosolen, die der Kennzeichnungspflicht unterliegen und bei chemischen Reinigungen verzeichnet.

2.15 Niederlande

Bereits 1978 wurde in den Niederlanden eine Kennzeichnungspflicht für FCKW-haltige Spraydosen vorgesehen.

Anfang 1988 unterzeichnete der niederländische Umweltminister eine Vereinbarung mit dem Verband der niederländischen Aerosolhersteller. Danach soll bis 1990 eine Reduzierung der FCKW um 25 Prozent in den Niederlanden erreicht sein.

Außerdem führt die Niederländische Regierung Gespräche mit den Unternehmensverbänden und den einzelnen Firmen, um weitere Reduktionsmöglichkeiten auszuloten.

2.16 Nordischer Rat

Für den Bereich des Nordischen Rates ist insgesamt eine Verringerung des FCKW-Gebrauchs um 25 Prozent bis 1991 vereinbart worden. Finnland erwägt gegenwärtig, im Rahmen des Umweltprogramms der Vereinten Nationen für eine Verkürzung der in Montreal vereinbarten Fristen einzutreten.

2.17 Norwegen

Ebenso wie Schweden plant Norwegen eine Reduzierung ozonschichtschädigender Stoffe um 50 Prozent bis 1991 und um 90 Prozent bis 1995. Fortschritte in dieser Frage werden allerdings vom Fortgang der jeweiligen Ratifikationsverfahren abhängig gemacht.

In einem dem norwegischen Parlament zugeleiteten Weißbuch hat das norwegische Umweltministerium Möglichkeiten für eine 50prozentige Verbrauchsreduktion bereits bis 1991 und für eine 90prozentige Reduktion bis 1995 angegeben. Gleichzeitig wird darin betont, daß insgesamt ein vollständiger Verzicht auf den FCKW-Einsatz als nötig angesehen werde. Zur schnelleren Umsetzung des Montrealer Protokolls wird eine Genehmigungspflicht für FCKW-Importe und ein Verbot für die FCKW-Verwendung in neuen Anwendungsgebieten geplant. Einige Sorten Weichschaum werden durch eine freiwillige Selbstverpflichtung der skandinavischen Hersteller seit 1988 nicht mehr hergestellt. XPS-Schäumer werden ab 1989 nicht mehr hergestellt oder importiert; Ersatzprodukte sind in Norwegen verfügbar. Zum gleichen Zeitpunkt wird der Verbrauch von Hartschaum um die Hälfte gekürzt werden. Im Kältemittelbereich sollen Leckagen durch technische Anforderungen verringert werden. Im Lösemittelbereich wird ab 1991 der FCKW-Einsatz verboten; ausgenommen ist dabei die Mikrochip-Herstellung. Zur 90prozentigen Reduktion bis 1995 kommen als Maßnahmen hinzu:

- Produktions- und Importverbot für Weich- und Hartschäume
- Verwendungsverbot für FCKW im Textilreinigungsbereich und in verschiedenen anderen Bereichen.

2.18 Österreich

In Österreich besteht die Absicht, FCKW als Treibgas zu verbieten und die FCKW-Verwendung auf den Bereich der Medizin und Elektronik zu beschränken. Darüber hinaus wird in Österreich die Art und Weise der Halon-Reduzierung geprüft.

2.19 Portugal

In Portugal wurde die Herstellung von FCKW 11 und 12 verboten und eine Importquote von 3 000 Tonnen pro Jahr festgesetzt.

2.20 Schweden

In Schweden wurde 1979 ebenfalls ein weitgehendes Verwendungsverbot für FCKW im Aerosolbereich vorgesehen.

Darüber hinaus hat Schweden Reduzierungsmaßnahmen im Hinblick auf die FCKW-Verwendung namentlich in Reinigungsprozessen und bei Kunststoffschäumen eingeleitet.

Außerdem strebt die schwedische Regierung über eine Verminderung der FCKW-Verwendungen um 50 Prozent bis Ende 1990 ein völliges Verbot außerhalb des medizinischen Bereichs bis Ende 1994 an.

Der Zeitplan für die einzelnen Maßnahmen sieht vor, die Verwendung für Sterilisierungszwecke und Aerosole bis Ende 1988 um 90 Prozent zu reduzieren (Ausnahmen bei speziellen pharmazeutischen Produkten) und die Verwendung in Verpackungen bis Ende 1989 sowie die Verwendung für Metallreinigungszwecke und für Bereiche der Schaumstoffherstellung bis Ende 1990 ganz einzustellen. Die Verwendung in der Herstellung von Hartschäumen und in Kältemaschinen soll Ende 1994 aufhören. Im Bereich der chemischen Reinigung soll bis Ende 1990 eine Reduktion um 30 Prozent erreicht sein.

2.21 Schweiz

Die Schweiz verabschiedete auf der Grundlage des Umweltschutzgesetzes bereits 1985 eine Lufreinhalteverordnung, die Vorschriften zur Verminderung der FCKW-Emissionen für technische Anlagen enthält und 1986 eine Stoffverordnung, die die Verwendung von FCKW in Druckgaspackungen, das heißt die Einfuhr und die Abgabe durch Hersteller, einschränkt. 1986 wurde in der Schweiz außerdem eine Kennzeichnungspflicht für FCKW aus Spraydosen vorgesehen.

Die Schweiz beabsichtigt, FCKW als Treibgas zu verbieten und die FCKW-Verwendung auf den Bereich der Medizin und der Elektronik zu beschränken. Ferner führt die Schweiz seit 1987 mit den Branchen Kältetechnik, Schaumstoffe und Reinigungstechnik Gespräche mit dem Ziel einer freiwilligen Selbstbeschränkung. Weitere Erörterungen sind mit den industriellen Verwendern bromhaltiger FCKW vorgesehen.

Die Schweiz strebt durch diese Maßnahmen an, über die Vorgaben des Montrealer Protokolls hinauszugehen. Aufgrund der bereits erlassenen Verordnungen soll die Schweiz den Protokollvorgaben bereits heute entsprechen. Weitere Reduzierungen werden mit den angesprochenen Beschränkungen und Vereinbarungen angestrebt. Bevor dieser Bereich jedoch gesetzlich festgeschrieben wird, möchte die Schweiz eine Reihe von technischen und ökonomischen Fragen klären, die derzeit Gegenstand eines breit angelegten internationalen Informationsaustausches sind.

2.22 Spanien

Spanien hat mit drei spanischen Unternehmen Kontakte zur Produktionsverringerung der FCKW aufgenommen.

2.23 Thailand

In Thailand werden zwar keine FCKW und Halone produziert. Diese werden jedoch zur Weiterverarbeitung unter anderem aus der Bundesrepublik Deutschland eingeführt. Sie werden als Gifte klassifiziert und fallen als solche unter die sehr restriktiven Vorbestimmungen des „Poisonous Substances Act" von 1967, nach dem die Unabweislichkeit der Einfuhr und der Verwendung nachzuweisen ist. Der Import unter anderem für Sprays und Insektizide ist unzulässig. Für Medikamente, Kosmetika, Kühlmittel und bestimmte Reinigungsmittel wird die Einfuhr jedoch genehmigt.

2.24 Togo

Über die Vorgaben des Montrealer Protokolls hinausgehende oder die Vorgaben schneller erreichende Maßnahmen zur Reduzierung des FCKW-Verbrauchs werden auch in Togo erwogen. Allerdings bestehen dort noch keine konkreten Zeit- und Zielvorstellungen.

2.25 USA

Im Gegensatz zur EG, die es Ende der siebziger Jahre als notwendig ansah, FCKW-Emissionen in allen Verwendungsbereichen zu vermindern, haben die USA den Weg beschritten, sich zunächst nur auf den Aerosolbereich zu konzentrieren. Deswegen wurde in den USA die Verwendung von FCKW in Spraydosen ab dem 15. Dezember 1978 verboten. Dieses Verbot war dort relativ leicht zu erreichen, weil die Produktionsmenge aus dem Spraybereich zum großen Teil von dem sich stark ausdehnenden Markt für Kühl- und Klimaanlagen aufgenommen wurde. Inzwischen hat in den USA die Gesamtproduktion von FCKW wieder den Stand erreicht, den sie vor der Einführung der Beschränkungsmaßnahmen im Spraybereich hatte.

1980 konzipierte die amerikanische Umweltbehörde (Environmental Protection Agency — EPA) einen Vorschlag, der darauf ausgerichtet war, die Gesamtproduktion der FCKW in den USA auf das damalige Niveau zu beschränken. Das heißt, es wurde eine Konzeption des Nullwachstums angeregt, mit der die zulässige Produktion durch kostenpflichtige Genehmigungen geregelt werden sollte, was zwangsläufig zu allmählichen Verringerungen in der Verwendung von FCKW geführt hätte. Dieser Vorschlag war sowohl aus politischen als auch aus wirtschaftlichen Gründen abgelehnt worden. Die Relativierung der wissenschaftlichen Aussagen führte dann mit dazu, daß der Vorschlag der EPA nicht aufgegriffen wurde (40).

Die Diskussion über eine Verschärfung des Montrealer Protokolls und weitergehende sowie schnellere Maßnahmen wird auch in den USA immer intensiver. Der Meinungsbildungsprozeß ist noch nicht endgültig abgeschlossen. Zum Zeitpunkt der Zustimmung des Senats zu den internationalen Übereinkommen, die im März 1988 erfolgt ist, waren vorzeitige oder weitergehende Reduktionsmaßnahmen nicht mehrheitsfähig.

2.26 Venezuela

In Venezuela wird eine Verordnung zur Verminderung von FCKW und Halonen ausgearbeitet, die in Kürze durch Veröffentlichung im „Diario Official“ in Kraft gesetzt werden soll.

Darüber hinaus hatte Venezuela die Staaten aus Lateinamerika und dem karibischen Bereich im April 1988 zu einer Tagung eingeladen, um über die Umsetzung des Wiener Übereinkommens und des Montrealer Protokolls zu beraten.

2.27 Weitere Staaten

Keine konkreten Maßnahmen zur Beschränkung von FCKW und Halonen werden gegenwärtig in China, Malaysia und Singapur erwogen.

China erwartet eine Steigerung des Verbrauchs von derzeit ca. 20 g pro Person und Jahr auf 80 bis 100 g im Jahr 2000.

Argentinien und Malaysia weisen darauf hin, daß Produktion und Verbrauch von FCKW und Halonen im Lande vernachlässigbar klein seien.

Singapur entwickelt gegenwärtig einheitliche statistische Grundlagen, um den Verbrauch zu erfassen. Hier ist mit weiteren Maßnahmen erst nach Zeichnung des Montrealer Protokolls zu rechnen.

3. Internationale Vereinbarungen

3.1 Entwicklung bis zu den Wiener Verhandlungen

Die Vorarbeiten für ein internationales Übereinkommen zum Schutz der Ozonschicht gehen bis auf die Internationale Konferenz im April 1977 in Washington zurück.

Die sogenannte „Toronto-Gruppe“, zu der Kanada, die USA, Finnland, Norwegen und Schweden gehörten, ging bei ihren Bemühungen um eine Reduzierung der FCKW einen anderen Weg als die EG. Die „Toronto-Gruppe“ beschloß Verbote in bezug auf die FCKW als Treibgase, ohne Beschränkungen für die anderen Verwendungen vorzusehen. Die EG beschloß Reduzierungen der Treibgase um 30 Prozent im Aerosolbereich und limitierte die Produktionskapazität in den übrigen Bereichen auf dem Stand von 1980.

Im Hinblick darauf, daß die internationalen Diskussionen über weitere Maßnahmen im Übergang zu den achtziger Jahren anhielten, wurden die Regierungen in einer Entscheidung des Verwaltungsrates des Umweltprogramms der Vereinten Nationen vom April 1980 aufgefordert, die Verwendung und Herstellung der FCKW auf nationaler Ebene zu reduzieren.

Der Schutz der Ozonschicht in der Stratosphäre war von den Rechtsexperten der Mitgliedstaaten des Umweltprogramms der Vereinten Nationen dann während einer 1981 in Montevideo durchgeführten Tagung als prioritär bezeichnet worden, als sie ein umfassendes, langfristiges Arbeitsprogramm für ein weltweites Umweltrecht entwickelten. Wegen der Komplexität der Thematik vereinbarten die Mitgliedstaaten des Umweltprogramms der Vereinten Nationen, schrittweise gegen nachteilige Veränderungen der Ozonschicht durch menschliche Einwirkungen vorzugehen und zunächst eine Rahmenkonvention zu erarbeiten, die anschließend in ergänzenden Folgevereinbarungen näher konkretisiert werden sollte.

Im Mai 1981 setzte der Verwaltungsrat des Umweltprogramms der Vereinten Nationen eine Ad-hoc-Arbeitsgruppe aus juristischen und technischen Experten ein, die die Aufgabe hatte, eine globale Rahmenvereinbarung über den Schutz der Ozonschicht auszuarbeiten.

Nach mehrjährigen Verhandlungen legte die Expertengruppe zu Beginn des Jahres 1985 den Entwurf einer Rahmenregelung vor.

3.2 Das Wiener Übereinkommen vom 22. März 1985 zum Schutz der Ozonschicht

Am 22. März 1985 wurde der von der Expertengruppe des Umweltprogramms der Vereinten Nationen vorgelegte Entwurf einer Rahmenregelung als „Übereinkommen zum Schutz der Ozonschicht" von 21 Staaten — darunter die Bundesrepublik Deutschland und weitere 6 Mitgliedstaaten der EG — sowie von der Gemeinschaft selbst unterzeichnet.

Das Übereinkommen ist im August 1988 nach der Ratifikation durch die notwendige Zahl von 20 Staaten in Kraft getreten. Die Bundesrepublik Deutschland hat ihre Ratifikationsurkunde am 30. September 1988 in New York hinterlegt, nachdem die Ratifizierung aufgrund der Verabschiedung des Vertragsgesetzes (41) durch den Deutschen Bundestag am 22. September 1988 nach Zustimmung des Bundesrates und Ausfertigung durch den Bundespräsidenten am 28. September 1988 abgeschlossen worden ist. Dadurch tritt das Übereinkommen für die Bundesrepublik Deutschland zum 1. Januar 1989 völkerrechtlich in Kraft.

Die einzelnen Vertragsparteien sowie der Stand der Unterzeichnung und der Ratifikation ergeben sich aus Tabelle 1.

Das Wiener Übereinkommen stellt in zweierlei Hinsicht einen internationalen Präzedenzfall dar. Zum einen ist es damit erstmals gelungen, einen Rahmen für eine globale Vereinbarung über die Zusammenarbeit in der Bekämpfung der Umweltverschmutzung festzulegen. Zum zweiten wurde damit versucht, im Rahmen einer internationalen Vereinbarung ein Problem vorauszusehen und abzuwenden, anstatt seine Folgen zu beseitigen, das heißt, es kam auf internationaler Ebene zum ersten Mal zum Durchbruch des Vorsorgeprinzips.

Als Rahmenkonvention enthält das Übereinkommen keine konkreten Maßnahmen. Solche spezifischen Maßnahmen müssen in Folgeprotokollen vereinbart werden.

Tabelle 1

Wiener Übereinkommen zum Schutz der Ozonschicht vom 22. März 1985

— Stand des Ratifikationsverfahrens: 21. Oktober 1988 —

Vertragsparteien	Unterzeichnung	Ratifikation
Ägypten	22. März 1985	9. Mai 1988
Äquatorial-Guinea		17. August 1988*)
Argentinien	22. März 1985	
Australien		16. September 1987*)
Belgien	22. März 1985	17. Oktober 1988
Bundesrepublik Deutschland	22. März 1985	30. September 1988
Burkina Faso	12. Dezember 1988	
Chile	22. März 1985	
Dänemark	22. März 1988	9. Mai 1988
Europäische Gemeinschaft	22. März 1988	17. Oktober 1988***)
Finnland	22. März 1985	26. September 1986
Frankreich	22. März 1985	4. Dezember 1987***)
Griechenland	22. März 1985	
Großbritannien	20. Mai 1985	15. Mai 1987
Guatemala		11. September 1987*)
Irland		15. September 1988*)
Italien	22. März 1988	19. September 1988
Japan	17. April 1985	30. September 1988*)
Kanada	22. März 1985	4. Juni 1986
Luxemburg		17. Oktober 1988*)
Malediven		26. April 1988*)
Malta		15. September 1988
Marokko	7. Februar 1986	
Mexiko	1. April 1988	14. September 1987
Neuseeland	21. März 1986	2. Juni 1987
Österreich	16. September 1985	19. August 1987
Niederlande	22. März 1985	28. September 1988**)
Norwegen	22. März 1985	23. September 1986
Peru	22. März 1988	
Portugal		17. Oktober 1988*)
Spanien		25. Juli 1988*)
Schweden	22. März 1988	26. November 1986
Schweiz	22. März 1988	17. Dezember 1987
Uganda		24. Juni 1988*)
Ungarn		4. Mai 1988*)
Union der Sozialistischen Sowjetrepubliken	22. März 1985	18. Juni 1988**)
Ukraine	22. März 1985	18. Juni 1986**)
Venezuela		1. September 1988*)
Vereinigte Staaten von Amerika	22. März 1985	18. Juni 1987
Weißrußland	22. März 1985	20. Juni 1986*)

*) Ratifikation durch Beitritt ohne vorherige Zeichnung des Übereinkommens (accession)
**) Ratifikation durch Übernahme des Übereinkommens (acceptance)
***) Ratifikation durch Billigung des Übereinkommens (approval)

Das Übereinkommen verfolgt das Ziel, die menschliche Gesundheit und die Umwelt gegen schädliche Auswirkungen solcher anthropogenen Aktivitäten zu schützen, die die Ozonschicht verändern können. Zum Grad der Bestimmtheit dieser Veränderung legt das Übereinkommen ausdrücklich fest, daß es genügt, wenn diese Veränderung wahrscheinlich ist.

Die Konvention verpflichtet die Vertragsparteien im Rahmen der ihnen zur Verfügung stehenden Mittel und Möglichkeiten dazu, geeignete Rechts- und Verwaltungsmaßnahmen zu ergreifen, um Aktivitäten zu überwachen, zu begrenzen, zu verringern oder zu vermeiden, die die Ozonschicht schädigen können.

Die weiteren Bestimmungen des Übereinkommens enthalten Regelungen über wesentliche Forschungsgebiete und verpflichten die Vertragsparteien zur Zusammenarbeit und zum Informationsaustausch in der Forschung. Ein Anhang zur Konvention enthält eine Liste von Substanzen, die die Ozonschicht verändern. Diese Liste ist nicht auf vollhalogenierte FCKW beschränkt sondern enthält als Beispiel auch H-FCKW 22.

Die Beschlußfassung über die Protokolle, die der näheren Konkretisierung des Übereinkommens dienen, soll nach den Regelungen der Konvention jeweils in der auf der Grundlage des Übereinkommens angesetzten Konferenz der Vertragsparteien vorgesehen werden.

3.3 Entwicklung bis zu den Montrealer Verhandlungen

Die Teilnehmer an den Tagungen des Wiener Übereinkommens versuchten auch — allerdings zunächst ohne Erfolg — ein Protokoll zur Kontrolle der FCKW zu vereinbaren — ein Vorschlag, der im April 1983 zuerst von Norwegen, Finnland und Schweden gemacht worden war. Zu einem späteren Zeitpunkt des gleichen Jahres empfahlen die Vereinigten Staaten, Kanada und die Schweiz, den Vorschlag auf ein internationales Aerosolverbot zu beschränken. Dieser Empfehlung stimmten auch die skandinavischen Länder zu. Dies waren diejenigen Länder, die bereits größtenteils ein Aerosolverbot erlassen hatten.

Demgegenüber schlugen die Länder der EG, die größten Hersteller von FCKW, ein alternatives Protokoll vor, das an ihre eigene Politik und die innerhalb der EG beschlossenen Maßnahmen anknüpfte, das heißt, eine Verringerung des Einsatzes von Aerosolen um 30 Prozent und eine Begrenzung der künftigen FCKW-Produktionskapazität.

Im Hinblick auf die bestehenden Divergenzen und den Versuch der verschiedenen Ländergruppen, jeweils an ihre nationalen oder im Verbund beschlossenen Maßnahmen anzuknüpfen, wurden verschiedene Kompromisse vorgeschlagen, bei denen eine schnelle Lösung jedoch als unwahrscheinlich galt. Um das Übereinkommen nicht weiter zu verzögern, vereinbarten die Vertragsparteien, es fertigzustellen und die Protokollfragen weiterhin zu diskutieren. Zu den Vorbereitungen für die Erstellung und Verabschiedung eines Protokolles wurde beschlossen, 1986 zwei Workshops abzuhalten, um die wirtschaftlichen und politischen Fragen im

Zusammenhang mit der Produktion und der Kontrolle der FCKW zu prüfen und sich danach im März 1987 wieder zu treffen.

Die Workshops und die anschließende Diskussion sollten sicherstellen, daß alle Länder die Bewertungen der anderen hinsichtlich der Vor- und Nachteile der verschiedenen Verfahrensweisen verstehen — praktisch eine internationale Risikobewertung.

Im Dezember 1986 wurde versucht, zu einem konkreten Textvorschlag für einen Protokollentwurf zu gelangen. Die EG-Mitgliedstaaten waren dabei zwar anwesend, überließen jedoch weitgehend und entsprechend den Regeln der EG der Kommission die Verhandlungsführung, ohne ihr klare inhaltliche Vorschläge vorgegeben zu haben.

Im Februar 1987 gingen die Delegationen aus 31 Staaten und 3 zwischenstaatlichen Organisationen im Streit auseinander, weil sich die Delegation der USA auf eine Verringerung um nur 20 Prozent als mittelfristigem Schritt nicht einlassen wollte.

Ende April 1987 bewegte man sich in Genf auf einen Kompromiß zu. Endgültige Beschlüsse waren jedoch erst im September durch die Regierungskonferenz in Montreal vorgesehen worden.

Es wurde vereinbart, folgende Maßnahmen in drei Phasen vorzusehen:

- innerhalb von zwei Jahren ein Einfrieren der Produktion auf dem Niveau von 1986;
- eine Reduzierung der Produktion und der Importe innerhalb von sechs Jahren nach Inkrafttreten des Protokolls um 20 Prozent;
- alle vier Jahre eine regelmäßige Überprüfung der Kontrollmaßnahmen unter Zugrundelegung der jeweils neuesten wissenschaftlichen, technischen und wirtschaftlichen Erkenntnisse.

Zu Beginn der Protokollverhandlungen bestand nur das Angebot der EG, die Produktionskapazität der beiden wichtigsten FCKW zu beschränken. Am Ende hat die Gemeinschaft nicht nur den beschlossenen Produktions- und Verbrauchsbeschränkungen für alle vollhalogenierten FCKW zugestimmt, sondern sich auch damit einverstanden erklärt, die Halone in das Protokoll einzubeziehen.

3.4 Das Montrealer Protokoll vom 16. September 1987 über Stoffe, die zu einem Abbau der Ozonschicht führen

Am 16. September 1987 ist mit dem Montrealer Protokoll die erste Folgevereinbarung zur Wiener Konvention von 24 Staaten und der EG unterzeichnet worden.

Für das Zustandekommen des Protokolls sind einige in die Zeit der Vorverhandlungen fallende Entwicklungen und Ereignisse relevant:

Im Jahre 1985 kam es zu der — weil nicht vorausberechneten — verblüffenden Entdeckung der drastischen Reduzierung des Ozons in der Stratosphäre über der Antarktis und der Prägung des Begriffs vom Ozonloch, das die Wissenschaft, die Öffentlichkeit und die politische Landschaft alarmierte und in dramatischer Weise veränderte, weil es nicht nur zeigte, daß große, unerwartete atmosphärische Veränderungen möglich sind und daß es anstelle von allmählichen Veränderungen zu plötzlich einsetzenden Schwellenwertwirkungen kommen kann, sondern auch deutlich machte, wie hoch das Risiko in dem ungeplanten globalen Experiment ist, auf das die Menschheit sich eingelassen hat.

Darüber hinaus gaben die Anwender und Hersteller von FCKW in den USA und in Europa im Jahre 1986 die Erklärung ab, daß sie bereit seien, die Produktion von FCKW zu beschränken. Diese Haltung der Industrie, namentlich unter dem Aspekt, daß trotz vieler verbleibender, wissenschaftlicher Unsicherheitsfaktoren Maßnahmen ergriffen werden müßten, bedeutete in der gesamten Entwicklung einen wichtigen Schritt nach vorn.

Das Protokoll ist nach dem Stand vom 21. Oktober 1988 von 45 Staaten und Gemeinschaften gezeichnet und von 12 Staaten ratifiziert worden.

Der Stand der Unterzeichnung und Ratifikation im einzelnen ergibt sich aus Tabelle 2.

Der Deutsche Bundestag hat dem Entwurf eines Gesetzes zum Montrealer Protokoll (42) in seiner Sitzung am 13. Oktober 1988 zugestimmt. Mit der Zustimmung des Bundesrates ist am 4. November und mit der Verkündung der Gesetzes sowie der Hinterlegung der Ratifikationsurkunde noch im November 1988 zu rechnen, zumal der Deutsche Bundestag die Bundesregierung in einer Entschließung zu dem Gesetzentwurf aufgefordert hat, das Ratifikationsverfahren so beschleunigt durchzuführen, daß die Bundesrepublik Deutschland ihre Ratifikationsurkunde unter allen Umständen rechtzeitig vor dem 31. Dezember 1988 hinterlegt und damit — unabhängig von einer eventuell nicht fristgerechten Ratifikationsmöglichkeit durch einzelne der übrigen EG-Mitgliedstaaten und die EG selbst — ihren Beitrag dazu leistet, daß das Montrealer Protokoll wie vorgesehen am 1. Januar 1989 in Kraft treten und damit die dann vorgesehenen Fristen ohne jeden Aufschub zu laufen beginnen können.

Innerhalb der EG haben Belgien, Irland, Italien, die Niederlande und Griechenland das Ratifikationsverfahren eingeleitet. In Großbritannien ist das parlamentarische Verfahren abgeschlossen. Auch Dänemark strebt eine fristgerechte Ratifikation an. In Frankreich wird mit einer Ratifikation frühestens Ende des Jahres gerechnet.

In Jugoslawien sind interne Vorbereitungen für die Zeichnung eingeleitet worden. Diesbezüglich ist jedoch fraglich, ob die einschlägigen Verfahren noch vor Jahresende abgeschlossen werden können.

Wohlwollend geprüft wird die Möglichkeit einer Zeichnung ferner von Singapur und Südafrika. Südafrika, das aus politischen Gründen nicht zur Montrealer Konferenz eingeladen war, hat jetzt einen Ausschuß mit Vertretern staatlicher Stellen und betroffener Industriezweige eingerichtet. Dieser wird über die Erforderlichkeit der Zeichnung und eines späteren Beitritts entscheiden.

Singapur macht eine endgültige Entscheidung von der Haltung der ASEAN-Staaten abhängig.

Malaysia hat eine Prüfung der handels- und wirtschaftspolitischen Implikationen des Protokolls noch nicht abgeschlossen und vertritt die Auffassung, daß das Protokoll die Industrieländer einseitig begünstige. Dewegen erscheint eine Einigung der ASEAN-Staaten auf den Beitritt gegenwärtig eher unwahrscheinlich.

China und Albanien werden voraussichtlich nicht zeichnen. Namentlich kritisiert China, daß die „Freeze"-Bestimmungen des Protokolls den Nachholbedarf der Entwicklungsländer nicht ausreichend berücksichtigten. China wäre nur bei einer Revision des Protokolls zeichnungsbereit, die den Entwicklungsländern einen Pro-Kopf-Verbrauch von 300 g jährlich zugesteht. In Albanien werden FCKW und Halone weder importiert noch verbraucht, so daß aus tatsächlichen Gründen kein Anlaß zum Protokollbeitritt besteht.

In Kenia ist die Prüfung des Protokolls abgeschlossen und das interne Ratifizierungsverfahren eingeleitet.

In Venezuela wird das Parlamentsverfahren zur Ratifikation vorbereitet.

In bezug auf die osteuropäischen Industrieländer ist anzumerken, daß das Umweltministerium der DDR im Verlauf des Sommers alle Vorbereitungen getroffen hat, um eine rechtzeitige Entscheidung über den Beitritt zum Montrealer Protokoll herbeizuführen. In Ungarn wird eine Zeichnung des Montrealer Protokolls in Betracht gezogen. Eine abschließende Entscheidung soll jedoch erst im Anschluß an Untersuchungen getroffen werden, die in Budapest jetzt zu den technischen, wirtschaftlichen und handelspolitischen Implikationen des Protokolls eingeleitet worden sind. Auch das Schädigungspotential der FCKW und Halone wird noch geprüft. Mit den Untersuchungsergebnissen ist nicht vor Anfang 1989 zu rechnen. Bulgarien lehnt eine Zeichnung des Protokolls zum gegenwärtigen Zeitpunkt ab. Nach dortiger Auffassung ist der Ursachenzusammenhang zwischen FCKW und Halonen sowie der Ozonausdünnung wissenschaftlich noch nicht erwiesen. Darüber hinaus seien die erforderlichen Alternativtechnologien für den Ostblock nur schwer erhältlich. Über die weiteren Absichten Polens und Rumäniens liegen gegenwärtig noch keine Informationen vor.

Wenn das Protokoll zum 1. Januar 1989 in Kraft treten und damit die darin vorgesehenen Fristen zum frühestmöglichen Zeitpunkt zu laufen beginnen sollen, ist es notwendig, daß mindestens 11 Vertragsparteien — dies können Staaten oder auch Staatengemeinschaften wie die EG sein —, die mindestens zwei Drittel der Produktion der den Regelungen des Montealer Protokolls unterworfenen Stoffe repräsentieren, ratifiziert haben.

Tabelle 2

Montrealer Protokoll vom 16. September 1987
– Stand des Ratifizierungsverfahrens: 21. Oktober 1988 –

Staaten und Gemeinschaften	Unterzeichnung	Ratifikation
Ägypten	16. September 1987	2. August 1988
Argentinien	29. Juni 1988	
Australien	8. Juni 1988	
Belgien	16. September 1987	
Bundesrepublik Deutschland	16. September 1987	
Burkina Faso	14. September 1988	
Chile	14. Juni 1988	
Dänemark	16. September 1988	
Europäische Gemeinschaft	16. September 1987	
Finnland	16. September 1987	
Frankreich	16. September 1987	
Ghana	16. September 1987	
Griechenland	29. Oktober 1987	
Großbritannien	16. September 1987	
Indonesien	21. Juli 1988	
Irland	15. September 1988	
Israel	14. Januar 1988	
Italien	16. September 1987	
Japan	16. September 1987	30. September 1988*)
Kanada	16. September 1987	30. Juni 1988
Kenia	16. September 1987	
Kongo	15. September 1987	
Luxemburg	29. Januar 1988	17. Oktober 1988
Malediven	12. Juli 1988	
Malta	15. September 1988	
Marokko	7. Januar 1988	
Mexiko	16. September 1987	31. März 1988*)
Neuseeland	16. September 1987	24. Juni 1988
Niederlande	16. September 1987	
Norwegen	16. September 1987	24. Juni 1988
Österreich	29. August 1988	
Panama	16. September 1987	
Philippinen	14. September 1988	
Portugal	16. September 1987	17. Oktober 1988
Senegal	16. September 1987	
Spanien	21. Juli 1988	
Schweden	16. September 1987	29. Juni 1988
Schweiz	16. September 1987	
Thailand	15. September 1988	
Togo	16. September 1987	
Uganda	15. September 1988	15. September 1988
Ukraine	18. Februar 1988	20. September 1988*)
Union der Sozialistischen Sowjetrepubliken	29. Dezember 1987	
Venezuela	16. September 1987	
Vereinigte Staaten von Amerika	16. September 1987	21. April 1988

*) Ratifikation durch Annahme des Protokolls (acceptance)

Ziel des Protokolls ist es, die menschliche Gesundheit und die Umwelt vor schädlichen Auswirkungen von Tätigkeiten zu schützen, die zu einer Veränderung der Ozonschicht führen können. Mit „Tätigkeiten" ist die Produktion und der Verbrauch aller vollhalogenierten FCKW und bestimmter Halone gemeint, die im Protokoll als „geregelte Stoffe" bezeichnet werden.

Diese geregelten Stoffe sind in zwei Gruppen zusammengefaßt. In der ersten Gruppe sind die FCKW 11, 12, 113, 114 und 115 aufgelistet; die zweite Gruppe enthält die Halone 1211, 1301 und 2402. Für die Gruppen gelten unterschiedliche Regelungen.

Insgesamt ist mit diesen acht Stoffen in diesem ersten Protokoll nur eine Auswahl der in der Wiener Konvention genannten Stoffe erfaßt.

Die Stoffe der ersten Gruppe unterliegen folgenden Regelungen:

- zwischen Juli 1989 und Juni 1993 müssen Produktion und Verbrauch dieser Stoffe jährlich auf die Mengen des Jahres 1986 eingefroren werden,
- zwischen Juli 1993 und Juni 1998, müssen Produktion und Verbrauch gegenüber 1986 um jährlich 20 Prozent gesenkt und ab Juli 1998 jährlich um weitere 30 Prozent verringert werden.

Der Beginn der angegebenen Fristen setzt jedoch ein Inkrafttreten am 1. Januar 1989 voraus.

Die letzte Reduktionsstufe um weitere 30 Prozent, das heißt 50 Prozent Reduktion gegenüber 1986 ab Juni 1998, kann durch eine Zweidrittelmehrheit der Vertragsparteien, die zwei Drittel des Weltverbrauchs an den Stoffen der Gruppe 1 darstellt, aufgehoben werden.

Für die Stoffe der Gruppe 2 gilt, daß Produktion und Verbrauch ab 1992 auf dem Stand von 1986 eingefroren werden.

Bei allen Regelungen sind die Stoffe einer bestimmten Gruppe untereinander austauschbar. Das Protokoll nennt Näherungswerte für die Auswirkung der geregelten Stoffe auf die Ozonschicht (ODP-Werte; Ozone Depletion Potentials, also Ozonzerstörungspotentiale), mit denen die Stoffe gewichtet werden müssen. Geregelt wird dann die gewichtete Produktion und der gewichtete Verbrauch.

Gegenüber diesen grundlegenden Regelungen läßt das Protokoll eine Reihe von Ausnahmen zu:

- Produktionsobergrenzen für FCKW und Halone dürfen überschritten werden — um 10 Prozent, in der letzten Stufe bei FCKW um 15 Prozent — zum Zwecke der Deckung innerstaatlicher Bedürfnisse von Entwicklungsländern und zur industriellen Rationalisierung zwischen Vertragsparteien;
- Produktions- und Verbrauchszahlen für 1986 dürfen für diejenigen Staaten rechnerisch erhöht werden, die vor Unterzeichnung des Protokolls mit dem Bau von Produktionsanlagen begonnen haben;

- Entwicklungsländer können alle festgelegten Maßnahmen um 10 Jahre hinausschieben, wenn ihr jährlicher Pro-Kopf-Verbrauch der Stoffe der Gruppen 1 und 2 zu irgendeiner Zeit nach Inkrafttreten des Protokolls innerhalb eines Zeitraumes von 10 Jahren weniger als 0,3 kg beträgt. In diesem Fall sind die Basisdaten die durchschnittlichen Jahresmengen der Jahre 1995 bis 1997, wenn diese niedriger als 0,3 kg pro Kopf liegen — ansonsten werden 0,3 kg pro Kopf angesetzt.

Ergänzt werden die Maßnahmen durch Handelsbeschränkungen mit Nicht-Vertragsstaaten: Der Import der geregelten Stoffe aus Nicht-Vertragsstaaten ist innerhalb eines Jahres nach Inkrafttreten zu verbieten. Der Export in Nicht-Vertragsstaaten ist zwar zulässig, kann aber von 1993 an nicht mehr vom Verbrauch abgezogen werden. Für Entwicklungsländer ist sogar ein Exportverbot ab 1993 in Nicht-Vertragsstaaten festgeschrieben.

Das Protokoll sieht eine mögliche Revision aller dieser Regelungen alle vier Jahre, beginnend 1990, auf der Grundlage verfügbarer relevanter Informationen vor.

Zur Ausgestaltung des Montrealer Protokolls ist hervorzuheben, daß dieses nach Auffassung der Enquete-Kommission bei weitem nicht ausreicht, um die eingetretenen Schäden zu reduzieren. Es bildet jedoch einen wichtigen Grundstein, weil es das Instrumentarium schafft, beginnend ab 1990 alle vier Jahre auf der Basis neuer wissenschaftlicher Erkenntnisse Verschärfungen und Ausweitungen vorzunehmen.

Die erreichbaren tatsächlichen Reduktionsquoten hängen hauptsächlich vom Befolgungsgrad ab. Selbst wenn nur ein kleiner Teil der Weltproduktion ungeregelt bleibt und mit den Wachstumsraten der Vergangenheit exponentiell ansteigt, werden alle Minderungsmaßnahmen zunichte gemacht. Dies belegt ein einfaches Zahlenbeispiel:

Unter der Annahme, daß Staaten unterzeichnen, die 80 Prozent der Weltproduktion 1986 von rund 1 Million Tonnen FCKW repräsentieren, bleiben 200 000 Tonnen ungeregelt. Bei jährlichen Wachstumsraten von 5 Prozent hat sich dieser Anteil bereits nach 28 Jahren vervierfacht und damit die 50 Prozent Reduktion der Vertragsstaaten von 800 000 Tonnen auf 400 000 Tonnen mehr als aufgewogen.

Die Ausnahmeklausel für Entwicklungsländer, die ohnehin nur 10 Jahre gilt, verliert demgegenüber an Bedeutung:

Selbst wenn alle Entwicklungsländer (Bevölkerungsanteil etwa 4 Milliarden Menschen) ihre Produktion auf einen Pro-Kopf-Verbrauch von 0,3 kg steigern könnten, also auf 1,2 Millionen Tonnen, ergäbe dies eine Weltproduktion von etwas über 2 Millionen Tonnen, die etwa 20 Jahre nach Inkrafttreten des Protokolls um 50 Prozent auf etwa 1 Million Tonnen reduziert werden müßte. Dies käme zwar nur einem Einfrieren der Weltproduktion gleich, muß aber verglichen werden mit der höheren Produktion in dem Fall, daß 20 Prozent der Weltproduktion nicht geregelt werden. In letzterem Fall steigt zudem die Produktion noch weiter exponentiell an.

Darüber hinaus umfaßt der Kreis der geregelten Stoffe nicht alle Stoffe mit Ozonzerstörungspotential und ist daher zu eng gezogen. Auch exponentielles Wachstum von Stoffen mit kleinerem Ozonzerstörungspotential als FCKW 11 kann Emissionsreduktionen der geregelten Stoffe in der Wirkung auf die Ozonschicht aufheben.

Zur aktuellen Entwicklung im Zusammenhang mit dem Montrealer Protokoll ist auf die zweite Sitzung der Ad-hoc-Arbeitsgruppe zur Datenharmonisierung des Umweltprogramms der Vereinten Nationen vom 24. bis 26. Oktober 1988 zu verweisen, die im Nachgang zur oben erwähnten UNEP-Sitzung zur wissenschaftlichen Verfolgung des Montrealer Protokolls am 17. und 18. Oktober 1988 in Den Haag stattfand.

Unter den wesentlichen Ergebnissen der Sitzung ist hervorzuheben, daß die Voraussetzungen für das Inkrafttreten des Protokolls von Montreal nach dessen Artikel 16 aus der Sicht der Ad-hoc-Arbeitsgruppe erfüllt sind. Danach wird das Protokoll am 1. Januar 1989 in Kraft treten.

Bezüglich der Konkretisierung unklarer Regelungen des Montrealer Protokolls ist hervorzuheben, daß keine Einigung in bezug auf die Datenübermittlungsregelung nach Art. 7 Abs. 2 des Protokolls erzielt werden konnte. Offen blieb, ob die Daten für jeden geregelten Stoff getrennt, aggregiert für alle Stoffe zusammen oder aggregiert für jede Stoffgruppe zu übermitteln sind. Erörtert wurde auch vor allem die Frage der Vertraulichkeit der Daten. Dabei versuchte die EG-Kommission diese Erörterungen zum Anlaß zu nehmen, um über die im Protokoll ausgeschlossene Möglichkeit erneut zu verhandeln, daß die EG selbst die Datenübermittlung für alle Mitgliedstaaten übernimmt. In bezug auf den Begriff der Entwicklungsländer verständigten sich die Teilnehmer der Arbeitsgruppe darauf, daß die Liste der bisher 77 festliegenden Länder um Albanien, die Volksrepublik China, die Mongolei und Namibia ergänzt werden sollte. Offen blieb auch die Konkretisierung des Begriffes der grundlegenden nationalen Bedürfnisse.

4. Schlußfolgerungen

Aus dieser Entwicklung lassen sich folgende Überlegungen ableiten:

Am Beginn der Entwicklung standen warnende Hypothesen der Wissenschaftler. Nachdem sie sich verdichtet hatten und das drohende Ausmaß einer möglichen Katastrophe bei Unterlassung von entsprechenden Gegenmaßnahmen plastisch und mit Einhelligkeit dargestellt wurde, führte dies zu relativ schnellen Initiativen auf internationaler und nationaler Ebene. Diese Maßnahmen waren allerdings bei weitem nicht ausreichend.

Weil diese Aussagen vorwiegend nicht auf der Grundlage von Meßergebnissen beruhten, war deren Durchsetzungspotential in Politik und Öffentlichkeit zur Ergreifung einschneidender Maßnahmen nur so groß, daß lediglich erste Schritte zur Reduzierung eingeleitet wurden. Diese unterschieden sich in einer Reihe von Ländern und waren den jeweiligen wirtschaftlichen Situationen auf industrieller Seite angepaßt, so daß nur solche Maßnahmen ergriffen wurden, die von der Industrie leicht zu realisieren waren.

Nach diesem ersten weltweiten Schritt waren die Weichen für Verschärfungen gestellt, die sich jedoch zunächst nicht durchsetzen ließen, weil weitergehende Untersuchungen in den Jahren 1982 und 1983 zu einer starken Relativierung der ursprünglichen wissenschaftlichen Aussagen führten.

Die in dieser Situation fortgesetzten Verhandlungen nahmen eine unerwartete Wendung zugunsten weitergehender Maßnahmen, als die wissenschaftlichen Entdeckungen plötzlich erheblich fundierter wurden und sich die Indizienkette für die wissenschaftlichen Voraussagen aufgrund dieser Ergebnisse verdichtete.

Fazit daraus: das Durchsetzungspotential für politische Maßnahmen zugunsten des Umweltschutzes ist umso stärker, je nachvollziehbarer das Bedrohungspotential und je dichter die wissenschaftlichen Erkenntnisse sind. Das heißt, insgesamt orientieren sich Umfang und Durchsetzungspotential politischer Aktivitäten an einer klaren und deutlichen wissenschaftlichen Aussage.

Die zweite wichtige Beobachtung aus der bisherigen Entwicklung ist, daß nur relativ kurzfristige Entlastungen erreicht werden, wenn Stoffe ausschließlich in Einzelbereichen verboten werden, aber insgesamt die Stoffmenge sich durch Ausweitung in andere Bereiche nicht verändert.

Hinzu kommt, daß es große Schwierigkeiten und Zeitverzögerungen bei internationalen Abkommen gibt, wenn einzelne Länder unterschiedliche Lösungsansätze suchen.

Andererseits wird deutlich, daß sich die Zeitläufe verkürzen, wenn es gelingt, einen Durchbruch im Grundsätzlichen zu erreichen und das notwendige Instrumentarium erst geschaffen ist.

Die bisherige Entwicklung zeigt sehr deutlich, daß erst unter dem Druck von wissenschaftlichen Aussagen und Ergebnissen im Hinblick auf ein drohendes Gefahrenpotential einschneidende Maßnahmen von politischer Seite eingeleitet wurden. Ein Beispiel dafür auf nationaler Ebene ist die immer intensivere parlamentarische Arbeit in diesem Bereich.

Erst nachdem die Realität sämtliche Modellannahmen weit übertraf, gelang ein schärferes Vorgehen. Damit war der Argumentation, die Politik handle aus einer gewissen Hysterie heraus vorschnell und übereilt, der Boden entzogen.

Bei Problemen von so großer Dimension, wie sie die Ozonzerstörung und der Treibhauseffekt darstellen, bei denen vor allem von einer bestimmten Dauer des untätigen Zuwartens an die Katastrophe nicht mehr verhindert sondern nur noch durch sekundäre Abwehrmaßnahmen etwas abgemildert werden kann, wird der Politik dann zu Recht verantwortungsloses Nichthandeln vorgeworfen, wenn sie sich auf Entwarner verläßt oder den zaghaft Warnenden nicht zum Durchbruch verhilft.

Besser ist es, sich dem Vorwurf auszusetzen, zu weitgehende Maßnahmen vorzusehen, die auch zu Belastungen führen, als dem Vorwurf, Warnungen vor Katastrophen falsch eingeschätzt und damit die Katastrophe durch unterlassene Vorsorgemaßnahmen mitverursacht zu haben.

Auch die Wissenschaft muß sich ihrer Verantwortung im politischen und wirtschaftlichen Entscheidungsmechanismus stärker bewußt werden. Öffentlichkeit und Politik reagieren in ihren Forderungen, Bemühungen und Maßnahmen umso stärker, je klarer die Dringlichkeit einer Gefahrenlage dargestellt wird und je deutlicher die notwendigen Handlungsempfehlungen sowie die Konsequenzen unterlassenen Handelns gerade von wissenschaftlicher Seite aufgezeigt und formuliert werden.

Die Wissenschaft verliert das Recht, die Politik für unterlassenes Handeln anzuklagen, wenn ihre Darstellungen zurückhaltend und mit so vielen Fragezeichen formuliert sind, daß für den Politiker diese Aussagen bei einer Abwägung als nicht ausreichend angesehen werden.

Die Wissenschaft darf sich nicht mit dem Hinweis begnügen, daß noch zehn Jahre geforscht werden müsse, bis man sicherer in den Prognosen sei, da es bei weltweit notwendigen Initiativen oft zehn Jahre dauert, bis überhaupt Maßnahmen im internationalen Konsens beschlossen sind (43). Eine solche Haltung kann kein Durchsetzungspotential besitzen. Sie reicht noch nicht einmal aus, einen größeren Forschungsumfang zu rechtfertigen.

Außerdem muß sich der Wissenschaftler bewußt sein, daß dann, wenn Zweifel an der Zuverlässigkeit von Modellvoraussagen geäußert werden, diese von der Wirklichkeit noch erheblich übertroffen werden können.

Wissenschaftliche Aussagen dürfen nicht bestimmt werden von der Sorge, die Reputation in den jeweiligen Fachkreisen könnte leiden durch zu weitgehende Prognosen, die in der Realität möglicherweise nicht ganz eintreffen.

5. Literaturverzeichnis

(1) Mario Molina und Sherwood Rowland, Stratospheric sink for chlorofluoromethanes: Chlorine atom catalized destruction of ozone, Nature Band 249, 1974, S. 810

(2) Kurzprotokoll der 62. Sitzung des Innenausschusses des Deutschen Bundestages vom 7. Februar 1979, Seite 10 ff. und Anlage 4

(3) Bericht des Bundesministers des Innern an den Innenausschuß des Deutschen Bundestages vom 5. März 1980 über Fluorchlorkohlenwasserstoffe in der Umwelt, Ausschußdrucksache 8/183, Seite 12

(4) EG-Dok. Nr. R/2008/77 (Env. 115), BT Drucksache 8/894

(5) BT Drucksache 8/1328

(6) BR-Drucksache 308/79 vom 21. Juni 1979

(7) Kurzprotokoll der 62 Sitzung des Innenausschusses des Deutschen Bundestages vom 7. Februar 1979, Seite 10 ff.

(8) EG-Dok. Nr. 6994/79, BR-Drucksache 308/79

(9) Kurzprotokoll der 5. Sitzung des Innenausschusses des Deutschen Bundestages vom 5. März 1988, Seite 16 ff.

(10) Bericht des Bundesministers des Innern an den Innenausschuß des Deutschen Bundestages vom 7. Mai 1980, Ausschußdrucksache 8/183

(11) EG Dok. Nr. Kom. 80/339 vom 16. Juni 1980

(12) EG Dok. Nr. Kom. 81/261 vom 26. Mai 1981

(13) Schreiben des Bundesministers des Innern an den Innenausschuß des Deutschen Bundestages vom 14. Januar 1982, Seite 3, Ausschußdrucksache 10/89, Seite 2

(14) Amtsblatt Nr. L 329 vom 25. November 1982

(15) Alan S. Miller und Irving M. Mintzer, The Sky is the Limit: Strategies for Protecting the Ozone Layer, World Resources Institute, Washington D. C., November 1986, S. 21

(16) vgl. dazu Umwelt Nr. 3 vom 29. Mai 1987, S. 120

(17) Presseerklärung der Industriegemeinschaft AEROSOLE e.V. vom Juli 1984

(18) Manfred Hohnstock, FCKW-Situation und Ausblick nach dem Montrealer Protokoll, in: Anthropogene Beeinflussung der Ozonschicht, 6. Dechema Fachgespräch Umweltschutz am 16. und 17. Dezember 1987, hrsg. von D. Behrens und J. Wiesner in Zusammenarbeit mit Reinhard Zellner, Frankfurt 1988, S. 275ff (279)

(19) Umwelt Nr. 3 v. 29. Mai 1987, S. 121

(20) Die Schöpfung bewahren — die Zukunft gewinnen, die Regierungserklärung von Bundeskanzler Helmut Kohl mit Erläuterungen, hrsg. vom Presse- und Informationsamt der Bundesregierung, S. 80f

(21) BR-Drucksache 85/87

(22) BT-Drucksache 11/241 vom 7. Mai 1987, Sammelübersicht 8 des Petitionsausschusses über Anträge zu Petitionen, Antrag 1 a

(23) BT-Drucksache 11/678

(24) BT-Drucksache 11/788

(25) BT-Drucksache 11/649

(26) Vgl. BT-Drucksache 11/2472; Plenarprotokoll der 94. Sitzung des Deutschen Bundestages am 22. September 1988, Seite 6452 D und 6543 A; Plenarprotokoll der 100. Sitzung vom 13. Oktober 1988, Seite 6808

(27) vgl. dazu EK-Drucksache 11/3 vom 28. Januar 1988

(28) KOM (88) 58 endg.; Ratsdok 4997/88

(29) Plenarprotokoll der 84. Sitzung des Deutschen Bundestages am 10. Juni 1988, Seite 5707 Bff

(30) BT-Drucksache 11/2687

(31) Plenarprotokoll der 94. Sitzung des Deutschen Bundestages am 22. September 1988, Seite 6452 D

(32) vgl. Beschlußempfehlung und Bericht des Ausschusses für Umwelt, Naturschutz und Reaktorsicherheit zum Entwurf eines Gesetzes zu dem Übereinkommen vom 22. März 1985 zum Schutz der Ozonschicht in BT-Drucksache 11/2946

(33) BT-Drucksache 11/2939

(34) Plenarprotokoll der 94. Sitzung des Deutschen Bundestages am 22. September 1988, Seite 6434 B ff

(35) Plenarprotokoll der 100. Sitzung des Deutschen Bundestages am 13. Oktober 1988, Seite 6808 B

(36) vgl. Beschlußempfehlung und Bericht des Ausschusses für Umwelt, Naturschutz und Reaktorsicherheit zum Entwurf eines Gesetzes zu dem Montrealer Protokoll vom 16. September 1987 über Stoffe, die zu einem Abbau der Ozonschicht führen, in BT-Drucksache 11/3093

(37) BT-Drucksache 11/3096

(38) Plenarprotokoll der 100. Sitzung des Deutschen Bundestages am 13. Oktober 1988, Seiten 6794 B ff

(39) Die Ausführungen dieses Abschnitts basieren im wesentlichen auf Auskünften der Auslandsvertretungen der Bundesrepublik Deutschland. Diese wurden im Rahmen einer Umfrage des Auswärtigen Amtes bei den Auslandsvertretungen ermittelt, um die der Vorsitzende der Enquete-Kommission den Bundesminister des Auswärtigen gebeten hatte. Vgl. dazu auch EK-Arbeitsunterlagen 11/80, 11/116, 11/118, 11/130, 11/132 und 11/164. Darüber hinaus sind in die Darlegungen auch die im Rahmen der Anhörung am 2. und 3. Mai 1988 gegebenen Hinweise zu Maßnahmen anderer Länder eingeflossen.

(40) vgl. dazu Miller/Mintzer, a. a. O., S. 21 f

(41) vgl. BT-Drucksache 11/2271

(42) BT-Drucksache 11/2676

(43) vgl. etwa in der Chronologie den ersten Entscheidungsprozeß auf EG-Ebene in den Jahren von 1977 bis 1983

4. KAPITEL

Mögliche zukünftige Entwicklungen und Auswirkungen

1. Modellvoraussagen zur Änderung des Ozons in der Atmosphäre

Zusammenfassung

Fluorchlorkohlenwasserstoffe (FCKW) zerstören die Ozonschicht. Die chemischen Mechanismen sind weitgehend geklärt, in Feldmessungen wurden die in diesen Mechanismen wichtigen Zwischen- und Folgeprodukte nachgewiesen, und Modellrechnungen bestätigen den Kausalzusammenhang zwischen FCKW-Emissionen und Ozonverlusten.

Sollten die FCKW-Emissionen wachsen, so werden von den Modellen Ozonverluste in einer Größenordnung prognostiziert, die katastrophale Folgen nach sich ziehen würden. Je nach Modell und Annahmen bezüglich der Konzentrationsentwicklung der Spurengase lägen die globalen Ozonverluste in der Spanne von 5 bis mehr als 20 Prozent etwa im Jahr 2025. Durch das Montrealer Protokoll wird angestrebt, die Produktion und Emission der FCKW nach einem Stufenplan in internationaler Abstimmung zu reduzieren. Entsprechende Modellrechnungen ergeben im günstigsten Fall, das heißt bei vollständiger Befolgung der Regulierungsmaßnahmen durch alle FCKW-produzierenden und -verbrauchenden Staaten, Ozonverluste zwischen 1,5 und 3,5 Prozent etwa im Jahre 2030 im Vergleich zum Jahr 1965.

Nach den Ergebnissen der Modellrechnungen stellt das Montrealer Protokoll keine auch nur annähernd ausreichende Maßnahme zur Rettung der Ozonschicht dar. Die Rechnungen zeigen, daß

- halogenierte Substanzen, die durch das Montrealer Protokoll nicht erfaßt werden (wie z. B. Methylchloroform, Tetrachlorkohlenstoff und H-FCKW 22) zu den Ozonverlusten in erheblichem Maße beitragen können und ihre Emission daher ebenfalls begrenzt werden muß und
- die Ozonverluste, die unter Annahme bestimmter Szenarien vorhergesagt werden, immer von einer drastischen Änderung der Ozon-Höhenverteilung begleitet werden. Nach 1-D-Modellen sind für die Entwicklung nach dem Montrealer Protokoll Ozonabnahmen von 20 bis 50 Prozent in einer Höhe von 40 km durchaus realistisch. In der Troposphäre dagegen steigt die Ozonkonzentration deutlich an — wegen der schädigenden Wirkung des Ozons unter anderem auf Pflanzen eine besorgniserregende Tendenz. Das Ozon in der Stratosphäre schützt aber nicht nur die Erde vor „harter" UV-Strahlung, sondern bestimmt auch die Temperaturstruktur der Stratosphäre. Die genannten Ozonverluste können in der Stratosphäre Temperaturabnahmen in der Größenordnung von

weit mehr als 10 °C bewirken. Dies hat unvorhersehbar weitreichende Konsequenzen für die Zirkulation der Luftmassen und möglicherweise für das globale Klima.

Eine unwägbare Größe ist die Entwicklung der FCKW-Emissionen in den Nichtsignatarstaaten. In einer der durchgeführten Modellrechnungen wurde angenommen, daß in den Industriestaaten im langfristigen Mittel 0,5 kg FCKW pro Kopf und Jahr verbraucht werden, womit ungefähr den Vorgaben des Montrealer Protokolls gefolgt wird, während in einigen Entwicklungsländern – und darunter vor allem Staaten, die bisher ihre Absicht betonten, dem Montrealer Protokoll nicht beizutreten – verknüpft mit einer Steigerung des Lebensstandards der FCKW-Verbrauch bis zum Jahr 2030 linear auf 0,25 kg pro Kopf und Jahr wächst. Bei einem Bevölkerungswachstum in diesen Staaten von 1,6 Prozent pro Jahr ergeben sich in diesem Fall im Jahre 2050 globale Ozonverluste in der Größenordnung von mindestens 10 Prozent mit weiterhin steigender Tendenz. Der in dieser Weise bisher noch nicht erkannte Zusammenhang zwischen FCKW-Produktion und Lebensstandard in Entwicklungsländern ist ein Aspekt, der beachtet werden muß, wenn man nach der Präventivwirkung des Montrealer Protokolls fragt. Das Modellergebnis zeigt auch, wie dringend die Entwicklung von FCKW-freien Produkten und Techniken beziehungsweise von Ersatzstoffen und deren Einführung in Schwellen- und Entwicklungsländern ist.

In welchem Ausmaß die Ozonschicht gefährdet ist, wurde erst durch das „Ozonloch", das Auftreten von Ozonverlusten über der Antarktis in einer Größenordnung, die bis dahin für unmöglich gehalten wurde, deutlich. Offensichtlich sind die Atmosphäre und insbesondere die Stratosphäre viel verletzbarer als vor Jahren noch angenommen wurde. Das Phänomen „Ozonloch" ist von keinem Wissenschaftler vorhergesagt worden. Unerwartet war in diesem Zusammenhang die große Zahl sich gegenseitig verstärkender Mechanismen und sich beschleunigender chemischer Reaktionen, die über der Antarktis zusätzlich durch besondere meteorologische Verhältnisse begünstigt werden. Solche „positiven Rückkopplungen" werden heute auch für den Bereich der Arktis und sogar für die globale Stratosphäre für denkbar gehalten. In den heutigen Modellen werden die bei der Ausbildung des Ozonlochs auftretenden heterogenen Reaktionen noch nicht berücksichtigt. Aus diesem Grunde können sie die Ozonverluste in den polaren Bereichen noch nicht wiedergeben. Modellvorhersagen unterschätzen auch den globalen Ozonabbau.

Modellvorhersagen sind weiterhin mit Unsicherheiten behaftet, die teils der Natur der Modelle entstammen, zum Beispiel vereinfachenden Annahmen über die Zirkulation der Luftmassen , teils aber auch die Unsicherheiten über die Entwicklung der Konzentrationen wichtiger Spurengase wiederspiegeln, neben den FCKW und anderen halogenierten Substanzen vor allem Methan, Distickstoffoxid und Kohlendioxid.

Nach den Ergebnissen der Modellrechnungen kann zur Rettung der Ozonschicht und zu einer Erholung innerhalb der nächsten Jahrzehnte nur eine Verringerung der FCKW-Emissionen beitragen, die erheblich über die im Montrealer Protokoll vorgesehenen Quoten hinausgeht. Die „natürliche“ Ozonvertikalverteilung (Bezugsjahr 1960) stellt sich langfristig nur dann wieder ein, wenn verbunden mit einer einschneidenden Produktions- und Emissionsbeschränkung der vollhalogenierten FCKW und der Halone auch die Produktion von Methylchloroform, Tetrachlorkohlenstoff und H-FCKW 22 begrenzt wird.

1.1 Grundlagen, 1-D-, 2-D- und 3-D-Modelle, Leistungsfähigkeit und Einschränkungen der Modellvoraussagen

Die Erdatmosphäre ist ein außerordentlich kompliziertes chemisches System. Sie enthält neben den Hauptbestandteilen Stickstoff und Sauerstoff eine Vielzahl chemischer Verbindungen, die in einem großen Druck- und Temperaturbereich (1 bis 1 000 hPa und −80 bis +30 °C) auf verschiedene Weise miteinander reagieren oder von bestimmten Anteilen der Sonnenstrahlung zersetzt werden. Der Motor der atmosphärischen Prozesse ist die Sonnenstrahlung. Sie liefert die Energie für die Kreisläufe des Wettergeschehens und für die vielfältigen chemischen und physikalischen Prozesse. Durch Absorption der Sonnenstrahlung und durch die Absorption und Abstrahlung von Wärmeenergie bestimmen einzelne Spurenstoffe das Temperaturprofil der Atmosphäre.

Die Gesamtheit aller Prozesse ist so komplex, daß nur Teilbereiche im Labor simuliert und untersucht werden können: Die Geschwindigkeiten chemischer Elementarreaktionen und deren Produktverteilung lassen sich bei verschiedenen Drucken und Temperaturen untersuchen; die Geschwindigkeit und Ausbeute der Zersetzung einzelner Spurengase durch das Sonnenlicht läßt sich messen; neben diesen vornehmlich in der reinen Gasphase ablaufenden Prozessen steht neuerdings auch zunehmend die Untersuchung heterogener Prozesse, an denen atmosphärische Gase, Wasser-, Eis- und andere Partikeln beteiligt sind, im Vordergrund.

Voraussagen über das Gesamtverhalten bestimmter Spurenstoffe lassen sich aber prinzipiell nur treffen, wenn in einem mathematischen Modell

— die Chemie,

— die Sonnen- und Wärmestrahlung und

— die Dynamik der Atmosphäre

untereinander gekoppelt berücksichtigt werden. Die „einfachsten“ Atmosphärenmodelle — die bereits einer erheblichen Rechenzeit auf Großrechnern bedürfen — benutzen die Höhe über dem Erdboden (typisch 0 bis 80 km in geeigneten Intervallen) als einzige Dimension (1-D-Modell). 2-D-Modelle fügen die geographische Breite, 3-D-Modelle zusätzlich die geographische Länge als neue Dimension hinzu. In 1-D-Modellen wird die Chemie der Atmosphäre betont, in 3-D-Modellen die Dynamik. Die 2-D-Modelle stellen einen Kompromiß dar. Chemische Szenarien werden daher mit 1-D- und in wenigen Fällen mit 2-D-Modellen gerechnet. Wegen des erheblichen Rechenzeitaufwandes sind 3-D-Modelle hierfür bisher noch nicht eingesetzt worden.

Zur Beschreibung der Chemie des stratosphärischen Ozons werden in modernen Modellen über 100 Reaktionen von etwa 40 Spezies verwendet. Die Geschwindigkeitskonstanten und die Produkte solcher Reaktionen sowie Annahmen über die Zuverlässigkeit der Angaben sind heutzutage in Tabellenwerken zu finden, die von internationalen Expertengruppen zusammengestellt und bewertet wurden (1).

Die Sonnenstrahlung umfaßt einen Spektralbereich vom „harten" Ultraviolett bis zum Infraroten (3,5 μm) mit einem maximalen Strahlungsenergiefluß bei etwa 500 nm. Die verschiedenen Wellenlängen dringen unterschiedlich tief in die Atmosphäre ein, weil sie von bestimmten Gasen und Aerosolen absorbiert werden. Das harte UV (bis etwa 175 nm) wird zum Beispiel in der Thermosphäre oberhalb 90 km absorbiert, wodurch die Hochatmosphäre aufgeheizt wird. Der Wellenlängenanteil 200 bis 242 nm wird durch Sauerstoff- und Ozonmoleküle in der Stratosphäre (etwa 15—50 km Höhe) absorbiert. Die Spaltung von O_2 in diesem Wellenlängenbereich führt zur Ozonbildung. Ozon ist — abgesehen von marginalen Beiträgen anderer Gase — das einzige Gas, das die UV-Strahlung zwischen 200 und 310 nm absorbiert.

Eine Reihe anderer Gase absorbiert ebenfalls im UV- oder in anderen Spektralbereichen der einfallenden Solarstrahlung und beeinflußt so die Photochemie und in geringerem Maß das Strahlungsbudget und die Temperaturstruktur der Atmosphäre. Die Verteilung der Gase, ihre Chemie und Photochemie sowie Temperatur und Strahlung sind also intensiv miteinander gekoppelt. Eine Computersimulation benötigt als Eingabe daher nicht einen festen „Strahlungscode" (2) , sondern muß diesen entsprechend der Vertikalverteilung der Gase modifizieren können. Modelle, die Voraussagen für einen Zeitraum von mehreren Jahrzehnten liefern sollen, müssen zusätzlich Schwankungen durch den etwa elfjährigen Sonnenfleckenzyklus berücksichtigen.

Die Dynamik der Atmosphäre, also alle Austausch- und Transportprozesse in einer bestimmten Höhe oder zwischen verschiedenen Atmosphärenschichten, wird in 1-D- und 2-D-Modellen durch vereinfachende Annahmen über vertikale und horizontale Durchmischungsraten beschrieben. Diese Annahmen gründen sich auf Messungen und stellen Mittelungen über verschiedene meteorologische Verhältnisse dar. Ein 1-D-Modell beschreibt zum Beispiel die Geschwindigkeit des vertikalen Austausches, die stark von der Höhe über dem Erdboden abhängt, durch die „Eddy-Diffusionskoeffizienten" (3). In der Realität findet der vertikale Austausch von Luftmassen aber nicht gleichmäßig, wie im Modell vereinfachend angenommen wird, sondern durch eine Vielfalt dynamischer Prozesse statt. Nachgewiesen sind etwa Ozoninjektionen von der Stratosphäre in die Troposhäre bei „Tropopausenbrüchen" (4). Die Benutzung dieser Eddy-Diffusionskoeffizienten bedeutet also eine Mittelwertbildung über viele meteorologische Effekte und Transport- und Austauschprozesse; sie stellt damit eine „Parametrisierung" des vertikalen Netto-

Transportes dar. In ähnlicher Weise wird in 2-D-Modellen der horizontale Austausch teilweise parametrisiert.

Ein Modell als Ganzes besteht aus einem System vieler gekoppelter Differentialgleichungen, welche mit Randbedingungen für die Erhaltung von Masse und Energie numerisch gelöst werden. Das Vorgehen ist „iterativ", die Lösung über ein Zeitintervall dient als Eingabe für das nächste Intervall.

1-D-Modelle sind nach wie vor die gebräuchlichsten und aus rein chemischer Sicht auch die leistungsfähigsten. Mit diesen Modellen lassen sich Gesamtsäulendichten und Vertikalverteilungen von Spurenstoffen berechnen. Es ist dabei gebräuchlich, einem Ist-Zustand eine Störung aufzugeben und dann die neuen Konzentrationen der übrigen Spurenstoffe zu berechnen. „Stationäre" Modelle geben dabei nicht an, in welcher Zeit der neue Zustand erreicht sein wird. Dies leisten erst besondere zeitabhängige Versionen der Modelle.

2-D-Modelle benutzen die geographische Breite als weitere Dimension, um der breitenabhängigen Solarstrahlung, insbesondere den Sommer- und Winterphasen Rechnung zu tragen. Zudem ist die Schichtung der Atmosphärenbereiche und vor allem die Höhe der Tropopause abhängig von der Breite. 1-D- und 2-D-Modelle liefern teils deutlich verschiedene Voraussagen. Zweidimensionale zeitabhängige Rechnungen liegen erst seit kurzem vor (5).

3-D-Modelle, die die geographische Länge einbeziehen und damit auch die Unterschiede von Luftmassen über Kontinenten und Ozeanen berücksichtigen (regional verschiedene Temperatur, Solarstrahlung und Wärmerückstrahlung von der Erde, verschiedener Grad an Wolkenbedeckung und anderes), befinden sich im Hinblick auf chemische Fragestellungen erst im Stadium der Entwicklung (6).

Grenzen der Leistungsfähigkeit der Modelle und Fehler in ihren Voraussagen ergeben sich aus einer Reihe von Gründen (vgl. Diskussion in den folgenden Kapiteln). Welche Folgen solche Grenzen und Fehler haben können, wird dadurch illustriert, daß die dramatischen Ozonverluste im antarktischen Ozonloch von keinem der existierenden globalen Modelle vorhergesagt wurden. Als Gründe kommen in Frage:

— Die FCKW-produzierende Industrie veröffentlicht bis heute aus „Wettbewerbsgründen", die der Enquete-Kommission unverständlich blieben, nicht die genauen Produktionsmengen der einzelnen FCKW. Selbst nach Inkrafttreten des Montrealer Protokolls werden die Angaben über die FCKW-Emissionen mit Unsicherheiten behaftet sein. Ebenfalls unsicher sind die zukünftigen Konzentrationen anderer ozon- und klimawirkamer Spurengase (CO_2, CH_4, N_2O).

— Den Modellen kann eine fehlerhafte oder unvollständige Beschreibung der chemischen und photochemischen Prozesse zugrunde liegen, zum Beispiel durch die Vernachlässigung von Kopplungseffekten und heterogenen Reaktionen an Aerosoloberflächen.

– Die mangelhafte Beschreibung beziehungsweise Parametrisierung der Transportprozesse kann zur Unter- oder Überschätzung der Flüsse etwa durch die Tropopause führen.

1.2 Einflußgrößen der Vorhersagen

Die Wirkung der einzelnen Spurengase auf das atmosphärische Ozon kann durch getrennte Störungsrechnungen ermittelt werden. Diese zeigen Änderungen in der Ozonmenge und -verteilung, die sich ergeben, wenn die Konzentration eines betreffenden Stoffes etwa um einen bestimmten Betrag pro Jahr ansteigt. Der Erkenntniswert solcher Rechnungen ist allerdings dadurch eingeschränkt, daß die Auswirkungen der einzelnen Stoffe und die einzelnen Effekte nicht summiert werden dürfen, um die Gesamtwirkung zu erhalten. Wegen der starken, nichtlinearen Kopplung der chemischen Prozesse und der Rückkopplungseffekte über Temperatur und Strahlung sind die Ozonwirkungen einzelner Spurengase nicht additiv.

1.2.1 Methan

In der Atmosphäre befinden sich derzeit rund 4,5 Milliarden Tonnen Methan. Dies entspricht einem Volumenanteil von etwa 1,7 ppm mit etwas geringeren Werten in der Südhemisphäre. Methan ist damit der häufigste Kohlenwasserstoff und wird aus zwei Gründen als besonders wichtig betrachtet: Methan beeinflußt die Chemie von Troposphäre und Stratosphäre, es absorbiert ferner terrestrische Wärmestrahlung im Bereich von 6 bis 10 µm – einem Bereich, in dem CO_2 nicht absorbiert – und trägt damit in besonderem Maße zum Treibhauseffekt bei (vgl. Abschnitt D, Kapitel 1.2.).

Auf die Ozonkonzentration gehen vom Methan drei indirekte Wirkungen aus, die mit seinem komplizierten Oxidationsmechanismus verknüpft sind (7):

(1.) Methylperoxi-Radikale (CH_3O_2) konvertieren NO zu NO_2. Sichtbares Licht photolysiert NO_2 zu NO und O-Atomen. Die O-Atome rekombinieren mit O_2 zu Ozon (Bildung von Ozon durch Smog-Reaktionen, allerdings nur in der Troposphäre).

(2.) In der Stratosphäre wird die Methanoxidation auch durch Reaktion mit Cl-Atomen eingeleitet. Durch den Verbrauch von Cl und Bildung von HCl wird der Ozonabbau durch den ClO_X-Zyklus reduziert.

(3.) Die Bildung von H_2O durch die Methanoxidation und die Bildung von OH durch die Reaktion von O (^1D) mit CH_4 oder H_2O bewirkt (a) eine Reduktion des Ozonabbaus durch NO_X unterhalb von 45 km und (b) eine Verstärkung des Ozonabbaus oberhalb 45 km Höhe und unter Umständen in der unteren Stratosphäre.

Die Abbildung 1 zeigt die Veränderungen der lokalen Ozonmenge als Ergebnis einer typischen 1-D-Modellrechnung (8). Hierbei wurde eine Verdopplung der Methankonzentration von 1,6 auf 3,2 ppm angenommen.

Danach nimmt Ozon im Bereich der Troposphäre stark zu (Ursache (1.)). Durch die Kopplung der Methanoxidation mit ClO_X und NO_X (Ursachen (2.) und (3.a)) nimmt

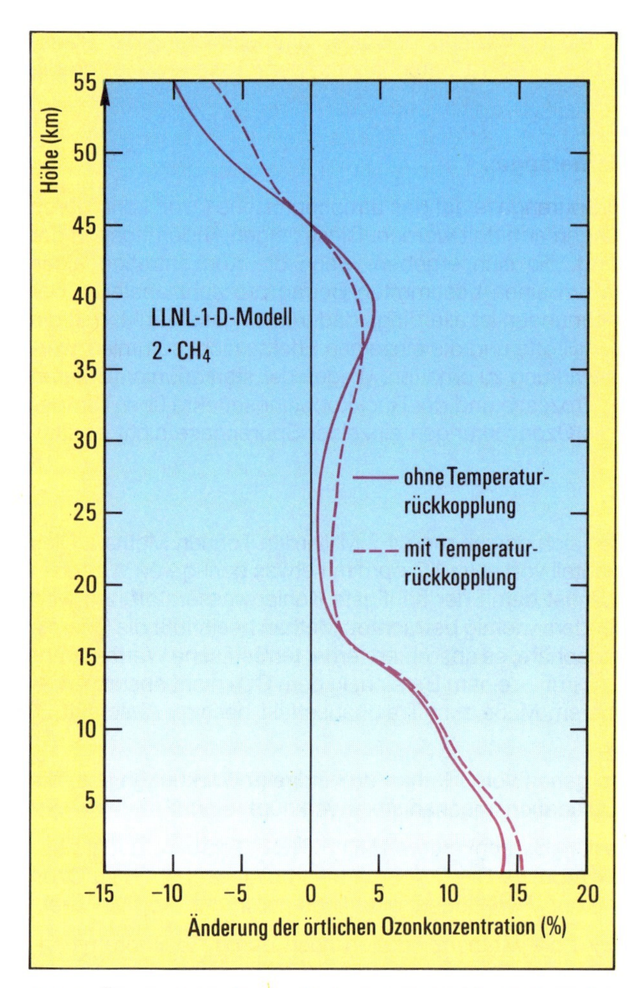

Abb. 1: Änderung der Ozonvertikalverteilung bei Verdopplung der Methankonzentration mit und ohne Temperaturrückkopplung (Stationäres LLNL-1-D-Modell, (8)). Aufgetragen sind hier prozentuale Abweichungen von der „natürlichen" Ozonvertikalverteilung (bei 1,6 ppm Methan) für den Fall, daß alleine die Methankonzentration sich erhöht (auf 3,2 ppm). Zu den Ursachen des Ozonanstiegs bis 45 km Höhe siehe (1.) bis (3.) im vorangegangenen Text.

Ozon auch im Höhenbereich zwischen 30 und 45 km zu. Oberhalb von 45 km wird Ozon vermehrt abgebaut (Ursache (3.b)). Nach diesem LLNL-Modell nimmt die Ozon-Gesamtsäulendichte um 2,9 Prozent zu. Andere Modelle liefern für das gleiche Szenario Ozonzunahmen zwischen +0,3 und +3,0 Prozent.

Wie sich der Ozongehalt in der Troposphäre bei einer Methanzunahme (9) ändert, hängt deutlich von der NO_X-Konzentration ab. Für geringere NO_X-Konzentrationen, wie sie typischerweise in der Südhemisphäre anzutreffen sind, wird sogar eine Ozonabnahme vorausgesagt (10). (Es sei angemerkt, daß 1-D-Modelle nur mit starken Einschränkungen Voraussagen für den Bereich der Troposphäre liefern können.)

1.2.2 Distickstoffoxid

Die gegenwärtige N_2O-Konzentration in der Troposphäre beträgt etwa 310 ppb. Sie steigt um 0,2 bis 0,3 Prozent pro Jahr an. N_2O entsteht durch natürliche Prozesse in Ozeanen, im Erdboden und durch Tätigkeiten des Menschen, darunter die Verwendung von Mineraldünger in der Landwirtschaft. N_2O ist stabil und wird in der Troposphäre nicht abgebaut. Erst in der Stratosphäre wird es durch Photolyse und — zu geringerem Anteil — durch Reaktionen mit angeregten Sauerstoffatomen (O (^{1}D)) zersetzt (vgl. Abschnitt D, 1. Kap., 3.5)

Die Reaktion von O (^{1}D)-Atomen mit N_2O verläuft im Bereich zwischen 20 und 40 km Höhe sehr effektiv und ist die wichtigste Quelle für NO_X in der Stratosphäre (7). NO_X ist in der Lage Ozon katalytisch abzubauen; daher bewirkt eine N_2O-Zunahme eine Abnahme von Ozon.

Die Abbildung 2 verdeutlicht den Effekt einer N_2O-Zunahme um 20 Prozent von derzeit 310 auf 370 ppb.

Nach dieser Rechnung nimmt Ozon im gesamten Bereich der Stratosphäre deutlich ab. Die leichte Ozonzunahme zwischen 7 und 15 km Höhe ist auf den „Selbstheilungseffekt" sowie auf die komplizierte Kopplung mit anderen Spurengasgruppen (HO_X, CH_4) zurückzuführen. Die Ozongesamtmenge ändert sich hier um −1,7 Prozent ; vergleichbare Modelle liefern Werte zwischen −1,1 und −2,6 Prozent. Die gestrichelte Linie in Abbildung 2 zeigt die Ozonänderungen unter Berücksichtigung der Temperaturrückkopplung. Die Ozonabnahmen sind in diesem Fall weniger stark ausgeprägt. Der Grund ist folgender: Durch den verringerten Ozongehalt wird weniger UV-Strahlung absorbiert, so daß der Stratosphäre die Wärmequelle Ozonphotodissoziation / Rekombination fehlt. In der abgekühlten Stratosphäre verlaufen die ozonzerstörenden Reaktionen langsamer. Netto wird auf diese Weise der Ozonverlust verringert. Inwieweit eine N_2O-Zunahme zum Ozonabbau beitragen wird, hängt in entscheidendem Maße vom stratosphärischen Chlorgehalt ab.

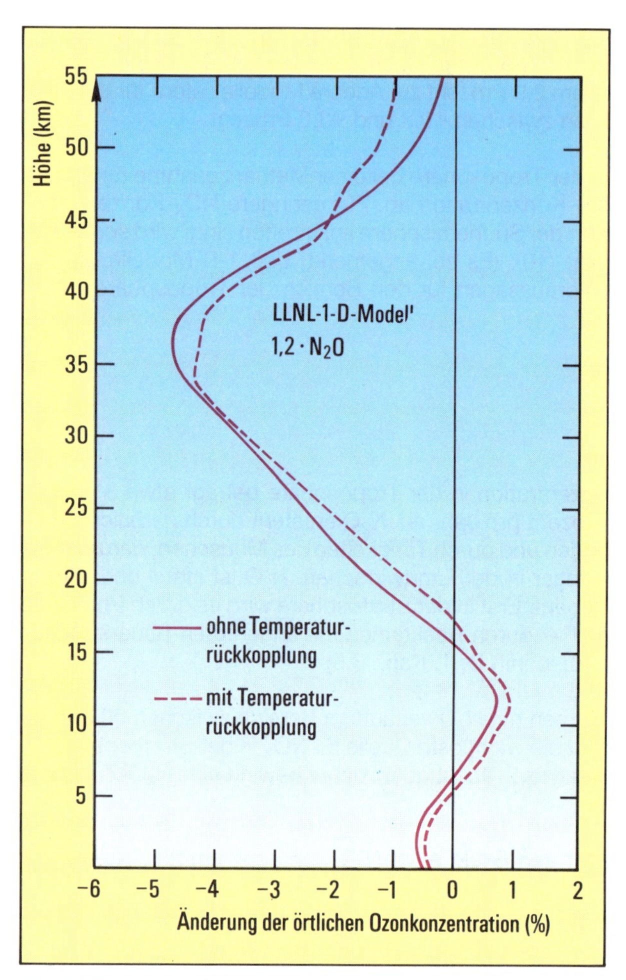

Abb. 2: Berechnete Änderung der Ozonvertikalverteilung bei Erhöhung der N_2O-Konzentration um 20 % auf 370 ppb mit und ohne Temperaturrückkopplung (stationäres LLNL-1-D-Modell, (8)). Distickstoffoxid alleine führt zu einer Ozonabnahme in fast der gesamten Stratosphäre. Die Ozonzunahme zwischen 7 und 15 km ist die Folge des „Selbstheilungseffektes“: Durch den Ozonabbau in der Stratosphäre dringt mehr ozonbildende UV-Strahlung in tiefere Schichten der Atmosphäre. Trotz dieses Effektes verringert sich die Ozon-Gesamtsäulendichte um 1,7 %.

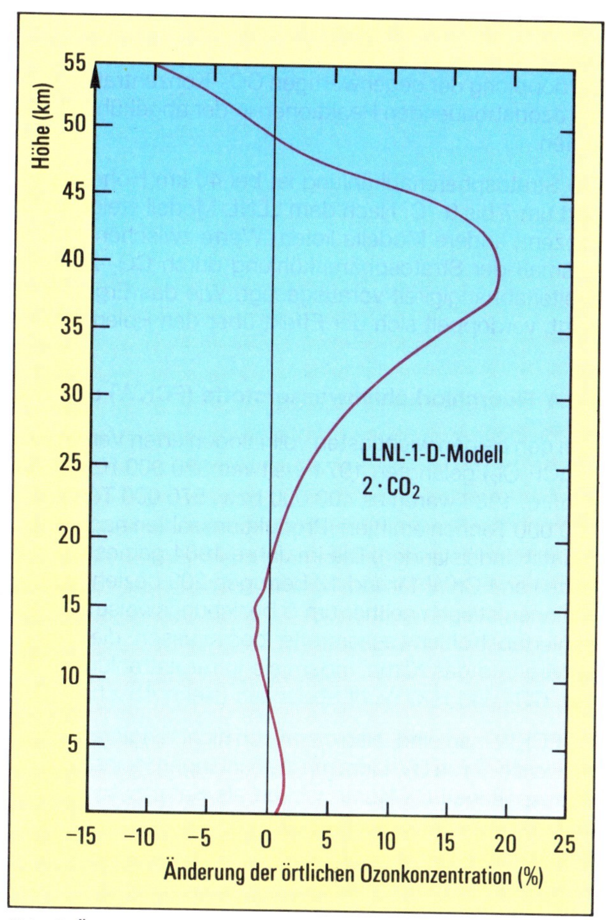

Abb. 3: Änderung der Ozonvertikalverteilung bei Verdopplung der CO_2-Konzentration von derzeit 345 auf 690 ppb (Stationäres LLNL- 1-D-Modell (8)). Durch die mit dem Kohlendioxid-Anstieg verbundene Abkühlung der Stratosphäre verlaufen die ozonabbauenden Reaktionen langsamer, so daß der stratosphärische Ozongehalt um 3,5 % ansteigt.

1.2.3 Kohlendioxid (CO_2)

Im Gegensatz zu FCKW, Methan und N_2O wirkt CO_2 nicht direkt chemisch, sondern indirekt durch die Absorption und Emission infraroter Strahlung auf das Ozon ein. Eine Zunahme von CO_2 bedeutet eine Erwärmung der Troposphäre und eine Abkühlung der Stratosphäre (vgl. Abschnitt D,1. Kap., 2.3.1).

Das Ergebnis einer Modellrechnung, die denkbare Rückkopplungseffekte nicht berücksichtigt, ist in der Abbildung 3 gezeigt. Die Zunahme des Ozons bei einer Verdopplung der gegenwärtigen CO_2-Konzentration wird dadurch verursacht, daß die ozonabbauenden Reaktionen in der abgekühlten Stratosphäre langsamer verlaufen.

Die Stratosphärenabkühlung ist bei 40 km Höhe maximal ; die Temperatur sinkt dort um 7 bis 9 °C. Nach dem LLNL-Modell steigt die Ozongesamtmenge um 3,5 Prozent; andere Modelle liefern Werte zwischen +1,2 und +3,5 Prozent. Für das Ausmaß der Stratosphärenkühlung durch CO_2-Zunahme wird eine ausgeprägte Breitenabhängigkeit vorausgesagt. Wie das Ergebnis einer 2-D-Modellrechnung zeigt, verdoppelt sich der Effekt über den Polen (11).

1.2.4 Fluorchlorkohlenwasserstoffe (FCKW) und Halone

Von den beiden wichtigsten vollhalogenierten Verbindungen FCKW 11 ($CFCl_3$) und 12 (CF_2Cl_2) gelangten 1974 weltweit 320 000 bzw. 420 000 Tonnen in die Atmosphäre. 1986 waren es 400 000 bzw. 570 000 Tonnen. An FCKW 113 wurden ca. 160 000 Tonnen emittiert (Produktionszahlen nach einer Abschätzung auch für die Staatshandelsländer). Die im Jahre 1984 gemessenen Konzentrationen (globales Mittel) an FCKW 11 und 12 betrugen 200 beziehungsweise 350 ppt. Die Konzentrationen stiegen seither um 5 beziehungsweise 6 Prozent pro Jahr an. Die halogenierten Kohlenwasserstoffe beeinflussen die Temperaturstruktur der Atmosphäre und das Klima, indem sie Infrarotstrahlung in einem Bereich absorbieren, den CO_2 und H_2O nicht abdecken (siehe Abschnitt D,1 Kap., 2.3).

Da FCKW inert sind, also chemisch nicht reagieren, gelangen sie in die Stratosphäre, wo sie durch UV-Licht mit Wellenlängen kleiner 220 nm photolysiert werden. Die abgespaltenen Cl-Atome wirken als Katalysatoren in den Ozonabbaureaktionen (vgl. 1. Kap., 2.5.2). Die anderen Photolysefragmente ($CFCl_2$, CF_2Cl und andere) werden nicht photolysiert, sondern über chemische Reaktionsketten zersetzt. Darauf weist unter anderem der in der Stratosphäre nachgewiesene Fluorwasserstoff (HF) hin.

Die Änderung der vertikalen Ozonverteilung bei einem Ansteigen des Chlorgehaltes in der Stratosphäre auf 8 ppb relativ zu einer Situation, in der sich nur 1.3 ppb in der Stratosphäre befinden, zeigt die Abbildung 4.

Die ozonabbauende Wirkung der aktiven Chlorverbindungen ist am stärksten in einer Höhe von 40 km ausgeprägt, weil dort der langsamste, geschwindigkeitsbestimmende Schritt des chlorinduzierten Ozonabbaus

$$O + ClO \rightarrow Cl + O_2$$

seine höchste Geschwindigkeit erreicht. Die ozonbildende UV-Strahlung kann dadurch tiefer in die Atmosphäre eindringen. Daher wird eine leichte Zunahme des Ozons zwischen 10 und 28 km Höhe berechnet (Selbstheilungseffekt). Der UV-Strahlungsanteil geht der oberen und mittleren Stratosphäre als Wärmequelle verloren. Mit der leichten Abkühlung der Stratosphäre werden die ozonabbauenden Reaktionen verlangsamt, was der Ozonabnahme entgegenwirkt (siehe Verlauf der gestrichelten Linie). Dieser Effekt der negativen Temperaturrückkopplung wird in allen heutigen Modellen verwendet.

Mit dem LLNL-1-D-Modell wird eine Verringerung der Ozon-Gesamtsäule um 5,7 Prozent (im Falle der Temperaturrückkopplung) vorausgesagt; die Schwankungsbreite zwischen verschiedenen Modellen für dasselbe Szenario beträgt –2,9 bis –9,1 Prozent.

Die Bromatome, die aus Halonen in der Stratosphäre photolytisch freigesetzt werden, können eine besonders wichtige Rolle beim Ozonabbau spielen. Bromatome zersetzen Ozon in der gleichen katalytischen Weise wie Chloratome. Dieser BrO_X-Zyklus ist (bezogen auf den Br_X-Gehalt) effektiver als der ClO_X-Zyklus, weil Bromatome nicht durch Reaktion mit Methan in die Reservoirsubstanz Bromwasserstoff überführt werden. Allerdings ist derzeit der Br_X-Gehalt klein im Verhältnis zum Cl_X-Gehalt. Zusätzlich jedoch regenerieren die im BrO_X-Zyklus entstehenden Brommonoxid-Radikale Chlor- und Brom-Atome in der Reaktion:

$$ClO + BrO \rightarrow Cl + Br + O_2$$
$$\rightarrow Br + OClO$$

Durch die Beteiligung der Bromradikale werden die Halogenatome bedeutend schneller als im „normalen" Katalysezyklus regeneriert. Aus diesen Gründen können geringe Br_X-Konzentrationen enorme Wirkungen entfalten (vgl. 1. Kap., 2.5.2). Brom verstärkt vermutlich besonders den Ozonabbau in der unteren Stratosphäre (12); daher sollte die Gefahr für die Ozonschicht durch Bromverbindungen nicht unterschätzt werden. Die Veränderung des Gesamtozons durch Halone ist nur dann relativ gering, wenn die Emissionen konstant auf dem Niveau von 1986 bleiben (13). Dieses Szenario ist allerdings vermutlich unrealistisch: Die Halone sind derzeit zum größten Teil im „Reservoir" der Feuerlöschsysteme gebunden, und der Anstieg der Emissionen scheint mit nur 5 Prozent pro Jahr unterschätzt worden zu sein (13).

1.2.5 Andere Gase (CO, H_2)

Die Atmosphäre enthält zur Zeit etwa 500 Millionen Tonnen Kohlenmonoxid. Dies entspricht Konzentrationen von ca. 0,2 ppm in der Nord- und 0,05 ppm in der Südhemisphäre. CO entstammt der Methanoxidation (25 Prozent), der unvollständigen Verbrennung bei der Energiegewinnung und im Verkehr (20 Prozent), der Oxidation natürlich emittierter Kohlenwasserstoffe, der Biomasseverbrennung (zum Beispiel der Brandrodung der Regenwälder) und anderen Prozessen. Wenige Beobachtungen weisen zwar auf einen Anstieg der atmosphärischen CO-Konzentration von 1 bis 5 Prozent pro Jahr hin, allerdings sind hier weitere Messungen notwendig. Die genaue Bestimmung der Anstiegsrate ist schwierig, da CO mit einem bis sechs Monaten eine relativ kurze Lebensdauer hat und die lokalen Kon-

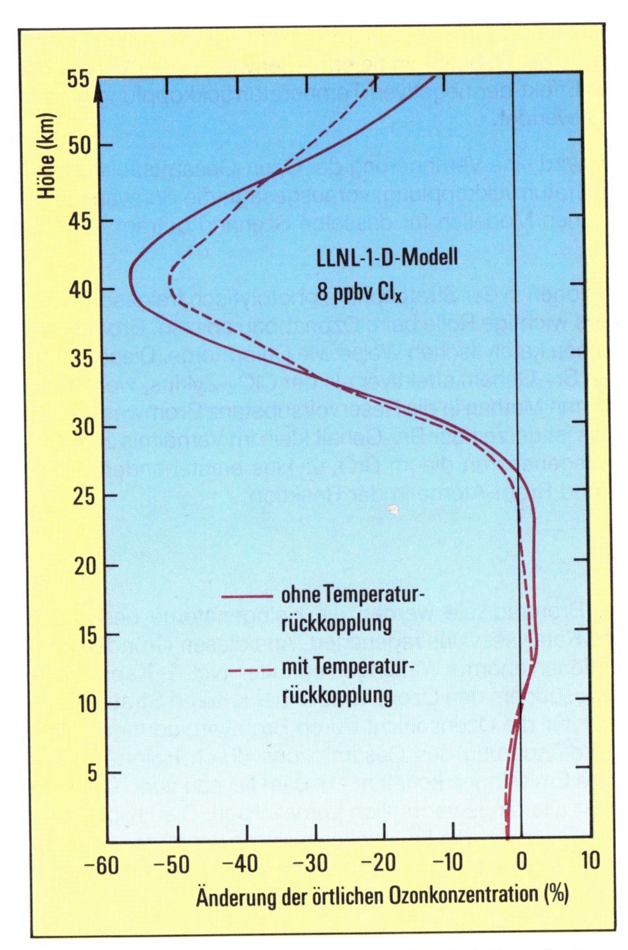

Abb. 4: Änderung des atmosphärischen Ozongehalts bei einem Zuwachs des stratosphärischen Cl_X-Gehalts von 1,3 auf 8 ppb. Die gestrichelte Kurve zeigt den Effekt der Temperaturrückkopplung (Stationäres LLNL-1-D-Modell (8)). In 40 km Höhe befinden sich im stationären Fall nur etwa 50 % der „natürlichen" Ozonmenge.

zentrationen stark schwanken. CO wird teilweise durch den Erdboden aufgenommen, zu fast 90 Prozent aber durch Reaktion mit OH-Radikalen gemäß

$$OH + CO \rightarrow CO_2 + H$$

abgebaut. Die hierdurch mögliche Verringerung der mittleren Konzentration von OH-Radikalen ist zu beachten. Das mögliche Ausmaß des OH-Abbaus hängt allerdings von der zukünftigen NO_X-Konzentration ab. Der gleiche Effekt (OH-Abbau) ist mit dem Methananstieg verbunden.

Neben Methan und Kohlenmonoxid trägt auch molekularer Wasserstoff zur Produktion von HO_X-Radikalen in der Stratosphäre bei. H_2 entsteht bei der unvollständigen Verbrennung und photochemisch bei der Oxidation verschiedener Kohlenwasserstoffe (Terpene, Isopren, Methan und andere). Mit dem Methananstieg ist daher auch mit steigenden H_2-Konzentrationen zu rechnen. Wasserstoff wird sehr wirksam durch Mikroorganismen im Boden abgebaut, 65 bis 80 Prozent des Wasserstoffs fließen in diese Senke. In der Troposphäre wird H_2 durch Reaktion mit OH-Radikalen abgebaut,

$$H_2 + OH \rightarrow H_2O + H$$

was wegen der sich anschließenden Rekombination von H mit O_2 zu HO_2 einer Konversion von OH zu HO_2 gleichkommt. Dabei werden 18 bis 33 Prozent des Wasserstoffs abgebaut. Die restlichen 1 bis 2 Prozent reagieren in der Stratosphäre mit angeregten Sauerstoffatomen,

$$H_2 + O\,(^1D) \rightarrow OH + H$$

wobei das Konzentrationsniveau der ozonabbauenden HO_X-Verbindungen erhöht wird. Ähnlich wie bei Kohlenmonoxid sind bei Wasserstoff die Angaben zu Lebensdauer (etwa 2 Jahre), Konzentrationsniveau (Nordhemisphäre 575 ppb, Südhemisphäre 550 ppb) und Anstiegsrate noch mit erheblichen Unsicherheiten behaftet.

1.2.6 Nichtlineare Effekte

Eine Änderung der Ozonmenge, die stärker oder schwächer als linear mit der Änderung seiner Ursache verknüpft ist, wird als nichtlinearer Effekt bezeichnet. Allein die Natur der dynamischen und chemischen Gleichungen, mit denen die Atmosphäre beschrieben wird, läßt erkennen, daß nichtlineares Verhalten eher die Regel als die Ausnahme darstellt. Die auffälligsten Nichtlinearitäten treten bei der Kopplung der Spurengaszyklen und der Konzentrationen der beteiligten Radikale auf sowie — und dies ist durch das Phänomen des Ozonlochs deutlich geworden — bei sprunghaften Änderungen der Natur der chemischen Prozesse infolge starker Temperaturänderungen.

Abbildung 5 verdeutlicht die Abhängigkeit der berechneten Abnahmen der Ozonsäulendichten als Funktion des stratosphärischen Cl_X-Gehalts für verschiedene NO_X-Konzentrationen. Aus dieser 1-D-Rechnung geht hervor, daß nur bei unrealistisch hohen stratosphärischen NO_Y-Konzentrationen (NO_X plus HNO_3 bei etwa 30 ppb) kleine und lineare Änderungen des Ozons mit wachsender Cl_X-Menge zu verzeichnen sind. Dies ist eine Folge der starken Kopplung der Chlor- und Stickoxid-Chemie (14): ClO wird durch hohe NO_Y-Konzentrationen immer in Form des inaktiven Chlornitrats gebunden und den katalytischen Ozonzerstörungszyklen entzogen. Bei kleinen NO_X-Konzentrationen ist dies nicht durchgehend der Fall. Hier ist die Chlornitrat-Bildung nur bei geringem Cl_X-Gehalt effektiv. Mit anwachsendem Cl_X steht aber nicht mehr genügend NO_Y zur Verfügung, so daß es zu einer nichtlinearen Verstärkung des Ozonabbaus kommt. Ein Cl_X-Gehalt von mehr als 10 ppb würde dramatische Konsequenzen mit sich bringen. Er wird aber in einigen Szenarien, sogar solchen, die die Entwicklung nach dem Montrealer Protokoll beschreiben, durchaus erreicht (vgl. 1.6).

Bei der Ausbildung des Ozonlochs in der polaren Stratosphäre geschieht qualitativ etwas sehr ähnliches: Der ClO_X-Zyklus wird durch zu geringe NO_Y-Konzentrationen in nichtlinearer Weise verstärkt. Dies wird durch die Kondensation von HNO_3 und durch die Reaktion von Chlornitrat an H_2O-Kristallen bei den tiefen Temperaturen des südpolaren Winters ermöglicht. In der mechanistischen Beschreibung der Ozonphotochemie stellt dies eine sprunghafte, nichtlineare Änderung dar.

Es ist hier auch auf die bisher ungeklärte Auswirkung eines CO_2-Anstiegs hinzuweisen. CO_2 wirkt durch die Kühlung der Stratosphäre dem Ozonabbau prinzipiell entgegen. Falls diese Kühlung aber in den Bereich der Kondensationstemperaturen von HNO_3 und H_2O führt, wird sich der Effekt auf Grund der einsetzenden heterogenen Chemie umkehren. Auch als Folge des vermehrten Wassereintrags in die Stratosphäre durch die Methanoxidation kann man bei einem Methananstieg ein verstärktes Einsetzen heterogener chemischer Prozesse erwarten.

1.3 Gesamtozonverteilung für verschiedene Szenarien

1.3.1 Angenommene Szenarien

Der stratosphärische Chlorgehalt und damit der Grad der Gefährdung der Ozonschicht hängt von den zukünftigen FCKW-Emissionen ab. Eine Reihe international anerkannter Experten (vgl. Abschnitt B) wurde von der Enquete-Kommission aufgefordert, die zu erwartenden Veränderungen des atmosphärischen Ozongehalts für bestimmte Annahmen über die FCKW-Emissionen mit Hilfe von Modellen zu berechnen. Die Szenarien gaben folgende Annahmen vor:

(a) Konstante FCKW-Emission auf dem Niveau von 1986, das heißt insgesamt 950 000 Tonnen pro Jahr an den FCKW 11, 12, 113, 114 und 115;

(b) Emissionen entsprechend dem Montrealer Protokoll (siehe Abbildung 6);

(c) Verschärfung des Montrealer Protokolls: Anstelle der Reduzierung der Gesamtemissionen um 50 % wird zeitlich proportional eine Reduzierung um 85 % vorgesehen,

(d) Zunahme der FCKW-Emissionen um 2,5 % pro Jahr.

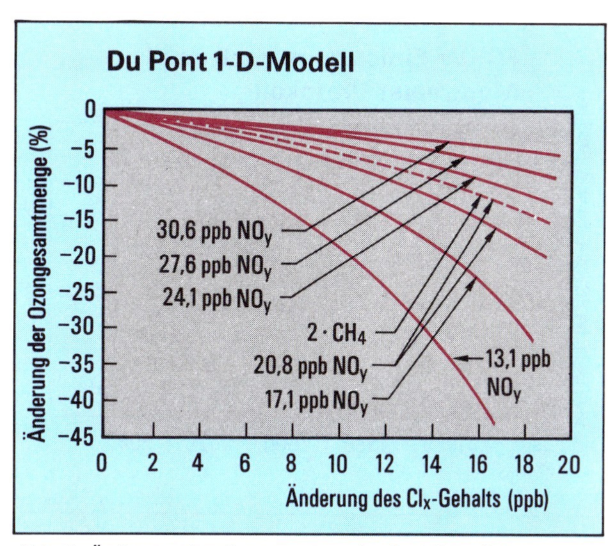

Abb. 5: Änderung des Gesamtozons durch aktives Chlor bei verschiedenen NO_Y-Konzentrationen in der oberen Stratosphäre (Du Pont-1-D-Modell (14)). Aus dieser 1-D-Rechnung geht hervor, daß nur bei unrealistisch hohen stratosphärischen NO_Y-Konzentrationen (ca. 30 ppb) kleine und lineare Änderungen der Ozon-Gesamtmenge zu verzeichnen sind. Bei kleinem NO_Y-Gehalt ist die Ozonänderung groß und mit dem Cl_X-Gehalt nichtlinear verknüpft. Dies ist eine Folge der starken Kopplung der Chlor- und Stickoxid-Chemie (15): ClO wird durch hohe NO_X-Konzentrationen in Form des inaktiven Chlornitrats gebunden und ist den katalytischen Ozonzerstörungszyklen entzogen.

Zusätzlich sollte der Einfluß anderer ozon- und klimawirksamer Spurengase (CO_2, CH_4 und N_2O), deren atmosphärische Konzentrationen derzeit steigen (Anstiegsraten 0,5 Prozent, 0,017 ppm bzw. 0,2 Prozent pro Jahr), geklärt werden.

Infolge der knappen Zeitvorgaben war es den verschiedenen Arbeitsgruppen nicht möglich, die als Modelleingaben dienenden Szenarien (a) bis (d) und die Trends der übrigen Spurengaskonzentrationen völlig einheitlich zu gestalten. Daher sind die geschilderten Modellvoraussagen nicht immer direkt vergleichbar. Im Text ist jeweils angemerkt, wenn die Annahmen der Modellrechner erheblich von den genannten Szenarien abweichen.

Die Ergebnisse der Modellrechnungen werden im folgenden vorgestellt, unterteilt nach den Änderungen der Gesamtozonmenge und der Ozonbreitenverteilung (in 1.3, aufgeteilt nach 1-D- und 2-D-Modellen) und der entsprechenden Ozonvertikalverteilungen (in 1.4, aufgeteilt nach 1-D- und 2-D-Modellen).

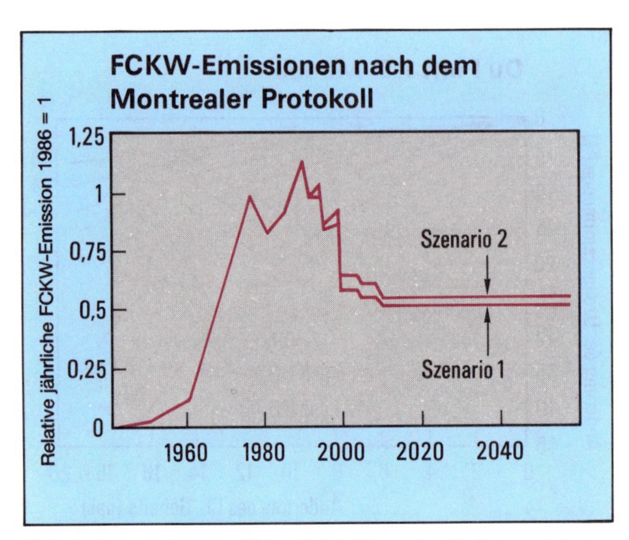

Abb. 6: Vorgesehene zeitliche Entwicklung der jährlichen globalen FCKW-Emissionen (FCKW 11, 12 und 113) für die zwei Szenarien des Montrealer Protokolls. Angegeben ist die relative jährliche FCKW-Emission, 1986 wurde mit einer Emission von 950 000 Tonnen als Referenzjahr gewählt. Die Szenarien 1 und 2 sind in Tabelle (I) erläutert.

Die Vorhersage der tatsächlichen FCKW-Emissionen ist sehr schwierig. Diese können teilweise erheblich von der in der Abbildung 6 gezeigten Entwicklung abweichen, wenn zum Beispiel mit einem langsamen Anstieg des Lebensstandards auch der FCKW-Verbrauch in Entwicklungsländern — und hier besonders in Ländern wie Indien und China, die bisher ihre Absicht bekräftigt haben, das Montrealer Protokoll nicht zu ratifizieren — steigt. Selbst wenn in allen Ländern der Verbrauch pro Kopf und Jahr sich unterhalb der Grenzen bewegt, die langfristig durch das Montrealer Protokoll vorgesehen wurden, ergeben sich FCKW-Emissionen, die die in der Abbildung 6 zugrunde gelegten Werte erheblich überschreiten. Nach einer Modellrechnung (vgl. 1.6) könnten die Ozonverluste bis zum Jahr 2050 in der Größenordnung von 10 Prozent liegen. Es ergeben sich noch höhere FCKW-Emissionen und Ozonverluste, wenn nur das derzeit erforderliche Minimum an Ländern, (die insgesamt zwei Drittel der FCKW- und Halonproduktion von 1986 repräsentieren,) das Montrealer Protokoll ratifiziert und in Nichtsignatarstaaten FCKW-Produktionskapazitäten eingerichtet werden (vgl. 1.6).

1.3.2 Gesamtozonverteilung nach 1-D-Modellen

Chlor- und Ozongehalt der Stratosphäre sind eng miteinander gekoppelt. Die zeitliche Entwicklung des stratosphärischen Chlorgehalts ist eine komplizierte Funktion von Emissionsraten und Transportprozessen. Selbst nach einem Einfrieren der

Emissionsraten auf dem heutigen Stand würde der stratosphärische Chlorgehalt noch viele Jahre weiter steigen. Der Effekt wird verstärkt bei einem Anwachsen und geschwächt bei einer Reduzierung der Emissionen. Die Abbildung 7 zeigt das Ergebnis einer 1-D-Modellrechnung (13) für die genannten Emissionsszenarien (a) bis (d).

Die zeitliche Änderung des globalen Gesamtozons ohne (Teil a) und mit Anstieg der Spurengase CO_2, CH_4 und N_2O (Teil b) ist in der Abbildung 8 dargestellt.

Fast alle Szenarien beschreiben eine stetige Zerstörung der Ozonschicht. Nur die fortgesetzte Zunahme der Gase Methan und Kohlendioxid sorgt im gekoppelten Szenario (c) im Teil (b) der Abbildung 8 für eine langsame Erholung des Gesamtozons vom Jahre 2005 an. Ohne den Anstieg der Spurengase — der in Hinsicht auf den Treibhauseffekt bedrohlich wirkt — wird ein im Zeitraum 2000 bis 2025 unge-

Tabelle 1

FCKW- und Halon-Produktion nach dem Montrealer Protokoll (Szenario 1)

<table>
<tr><th rowspan="2">Jahr</th><th colspan="4">FCKW 11, 12 und 13 in 1 000 t</th><th rowspan="2">Halone</th></tr>
<tr><th colspan="2">Industriestaaten (DC) und Entwicklungsländer (LDC)</th><th>UdSSR</th><th>insgesamt</th></tr>
<tr><td>1986 ....</td><td colspan="2">800</td><td>150</td><td>950</td><td>8</td></tr>
<tr><td>6/1989 ....</td><td colspan="2">LDC 926 DC</td><td>150</td><td>1 076</td><td>8</td></tr>
<tr><td>7/1989 ....</td><td colspan="2">800</td><td>150</td><td>950</td><td>8</td></tr>
<tr><td></td><td>80</td><td>720</td><td></td><td></td><td></td></tr>
<tr><td>6/1993 ....</td><td>97</td><td>720</td><td>150</td><td>967</td><td>8</td></tr>
<tr><td>7/1993 ....</td><td>97</td><td>576</td><td>120</td><td>793</td><td>8</td></tr>
<tr><td>6/1998 ....</td><td>124</td><td>576</td><td>120</td><td>820</td><td>8</td></tr>
<tr><td>7/1998 ....</td><td>124</td><td>360</td><td>75</td><td>559</td><td>8</td></tr>
<tr><td>6/1999 ....</td><td>130</td><td>360</td><td>75</td><td>565</td><td>8</td></tr>
<tr><td>7/1999 ....</td><td>113</td><td>360</td><td>75</td><td>548</td><td>8</td></tr>
<tr><td>6/2003 ....</td><td>113</td><td>360</td><td>75</td><td>548</td><td>8</td></tr>
<tr><td>7/2003 ....</td><td>90</td><td>360</td><td>75</td><td>525</td><td>8</td></tr>
<tr><td>6/2008 ....</td><td>90</td><td>360</td><td>75</td><td>525</td><td>8</td></tr>
<tr><td>7/2008 ....</td><td>56</td><td>360</td><td>75</td><td>491</td><td>8</td></tr>
<tr><td>2060 ....</td><td>56</td><td>360</td><td>75</td><td>491</td><td>8</td></tr>
</table>

FCKW- und Halon-Produktion nach dem Montrealer Protokoll (Szenario 2)

Jahr	FCKW 11, 12 und 13 in 1 000 t				Halone
	Industriestaaten (DC) und Entwicklungsländer (LDC)		UdSSR	insgesamt	
1986	800		150	950	8
6/1989	LDC 926 DC		150	1 076	8
7/1989	800		150	950	8
	80	720			
6/1993	117	720	150	987	8
7/1993	117	576	120	813	8
6/1998	187	576	120	883	8
7/1998	187	360	75	622	8
6/1999	208	360	75	643	8
7/1999	156	360	75	591	8
6/2003	156	360	75	591	8
7/2003	125	360	75	560	8
6/2008	125	360	75	560	8
7/2008	78	360	75	513	8
2060	78	360	75	513	8

fähr konstanter Ozonverlust von etwa zwei Prozent gegenüber 1975 berechnet. Ozonverluste in dieser Größenordnung sind nicht tolerabel. Alle Szenarien, die der Abbildung 8 zugrunde liegen, sind zusätzlich mit einer mehr oder weniger stark ausgeprägten Änderung der Ozonvertikalverteilung verbunden (vgl. 1.4).

Wuebbles u. a. (16) haben anstelle des Wachstumsszenarios (d) Szenarien erarbeitet, in denen keine Maßnahmen zur Emissionsreduzierung getroffen werden. Bei einer Verknüpfung von Wirtschaftswachstum und FCKW-Produktion und -emission ergaben sich verschiedene Szenarien für sieben ozonzerstörende Substanzen (FCKW 11, 12, 113, Halon 1301 und 1211 sowie CCl_4 und Methylchloroform = CH_3-CCl_3), nach deren Resultaten die Gesamtozonmenge bis zum Jahr 2040 um bis zu 17 Prozent reduziert wird (inklusive Temperaturrückkopplung). Ein solches Szenario verdeutlicht den Ernst der Lage und den gebotenen nationalen und internationalen Handlungsbedarf.

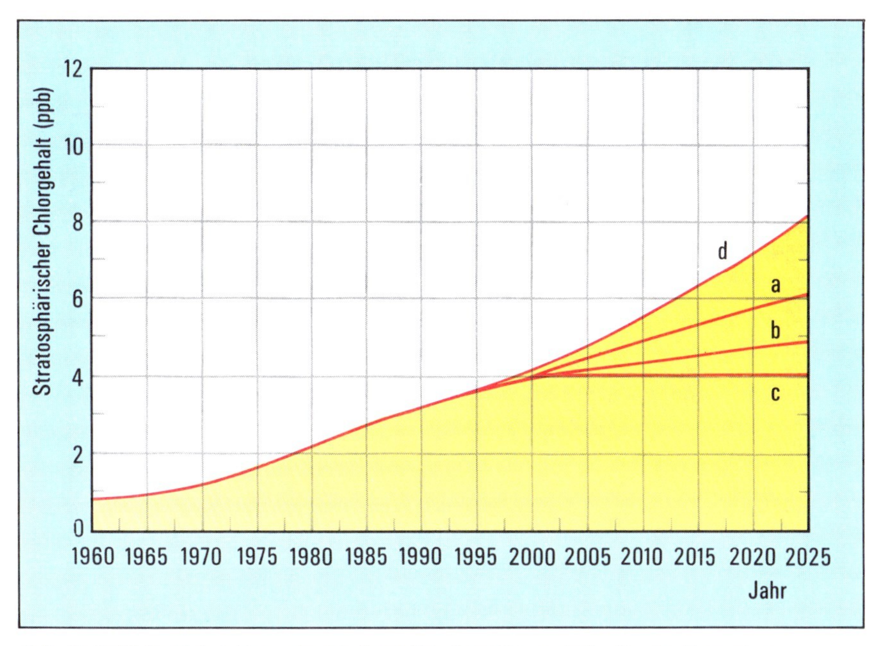

Abb. 7: Zeitliche Entwicklung des stratosphärischen Chlorgehalts für vier Szenarien (MPIC-1-D-Modell, (13)).
(a) FCKW-Emissionen konstant bei 950 000 Tonnen pro Jahr
(b) FCKW-Emissionen entsprechend des Montrealer Protokolls
(c) Verschärfung des Montrealer Protokolls (85 % — Regel)
(d) Zuwachs der FCKW-Emissionen um 2,5 % pro Jahr.

1.3.3 Gesamtozonverteilung nach 2-D-Modellen

Das LLNL-Modell (16) sagt sowohl in der 1-D- als auch der 2-D-Version eine Verringerung des Gesamtozons um etwa 1 Prozent bis zum Jahr 2015 (Referenzjahr 1985) voraus, wenn weiterhin FCKW auf dem Niveau von 1985 emittiert werden. Die Abbildung 9 zeigt für diesen Fall die Ozonveränderungen im Jahr 2015 relativ zu 1985 abhängig von geographischer Breite und Jahreszeit.

Im Jahre 2015 ist noch nicht der stationäre Zustand des Ozonabbaus erreicht. Das entsprechende stationäre LLNL-Modell sagt für das Szenario konstanter

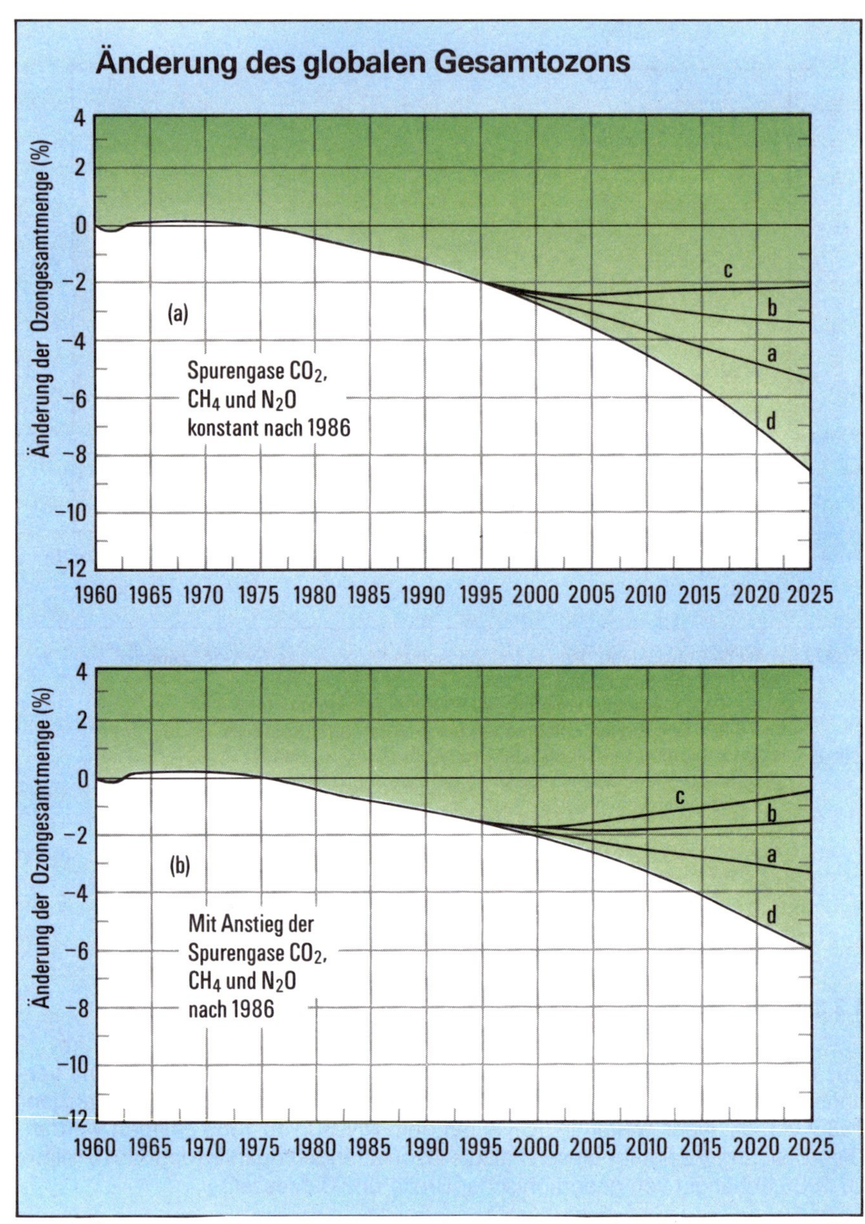

Abb. 8: Änderung des globalen Gesamtozons zwischen 1960 und 2025 ohne (Teil a) und mit (Teil b) Anstieg der Spurengase CO_2, CH_4 und N_2O für die genannten FCKW-Emissionsszenarien (a) bis (d) nach dem MPIC-1-D-Modell (13). Eine Erholung der Ozonschicht wird nur für das Szenario (c), eine drastischere Beschränkung der FCKW-Emissionen als nach dem Montrealer Protokoll vorgesehen, berechnet.

Emissionen auf dem Niveau von 1985 etwa zweifach höhere Ozonverluste (mit der gleichen Breiten- und Jahreszeitenabhängigkeit) voraus, als sie in der Abbildung 9 gezeigt sind. Das 2-D-Modell von Sze u. a. (17) liefert für dieses Szenario ein qualitativ und quantitativ ähnliches Bild.

Isaksen u. a. (18) berechneten global gemittelte Ozonänderungen für vier spezielle Szenarien, die teilweise von den oben genannten Szenarien (a) bis (d) verschieden sind. Szenario (1) weicht etwas von den Vorgaben des Montrealer Protokolls ab, indem angenommen wird, daß nur die USA die Protokollvorschriften hundertprozentig befolgen, die übrigen Industrienationen und Entwicklungsländer dagegen nur zu 94 beziehungsweise 65 Prozent. Das Szenario (2) nimmt keinerlei regulative Maßnahmen und Kontrollen an: die wichtigsten FCKW und halogenierten Verbindungen wachsen in der Größenordnung von 3 bis 4 Prozent pro Jahr. Im Szenario (3) werden die Emissionen vollhalogenierter FCKW im Jahre 1991 auf 50 Prozent und 1995 auf 10 Prozent des Wertes von 1986 reduziert, und nach dem Szenario (4) werden alle vollhalogenierten FCKW sofort durch H-FCKW 22 ersetzt (vgl. 1.6: Diskussion des H-FCKW 22). Die berechneten Ozonveränderungen sind in der Abbildung 10 gezeigt.

Für das Szenario (1), das dem Montrealer Protokoll am nächsten kommt, sind die errechneten Ozonverringerungen in Abhängigkeit von geographischer Breite und Jahreszeit in der Abbildung 11 dargestellt. Wie in Abbildung 9 sind hier prozentuale Reduktionen zwischen zwei Vergleichsjahren, hier 2015 und 1965, gezeigt. Auch nach dieser Rechnung muß mit einer erheblichen Verringerung der globalen Gesamtozonmenge gerechnet werden.

Entscheidend ist, daß durch das Montrealer Protokoll die Gesamtozonverringerung nicht aufgehalten wird. In der Abbildung 11 erkennt man Ozonverluste zwischen 3 und 4 Prozent im Breitenband um 40° Nord. Ähnlich wie bei Abbildung 9 ist auch hier im Jahr 2015 noch nicht der stationäre Zustand erreicht. Für das Jahr 2035 werden Ozonverluste bei 40° N im Rahmen von 3 bis 5 Prozent berechnet.

Deutlich geringere Ozonverluste ergeben sich nach Isaksen nur, wenn die FCKW-Emissionen sehr viel stärker als im Montrealer-Protokoll vorgesehen beschränkt werden oder für die unrealistische Annahme, daß alle vollhalogenierten FCKW sofort vollständig durch H-FCKW 22 ersetzt werden (vgl. 1.6).

1.4 Ozonvertikalverteilung für verschiedene Szenarien

1-D- und 2-D-Modelle zeigen, daß selbst bei nur geringfügigen Änderungen des Gesamtozons teilweise erhebliche Änderungen der Ozonvertikalverteilung eintreten werden. Hierbei sind zwei Effekte zu trennen: Die Treibhausgase bewirken durch die Abkühlung der Stratosphäre eine Verlangsamung der ozonabbauenden Reaktionen, die allerdings (auch im optimistischen Szenario (c) in der Abb. 8) durch die ozonzerstörende Wirkung der FCKW überkompensiert wird. Dagegen ist der Ozonanstieg in der Troposphäre im wesentlichen auf den Methananstieg zurück-

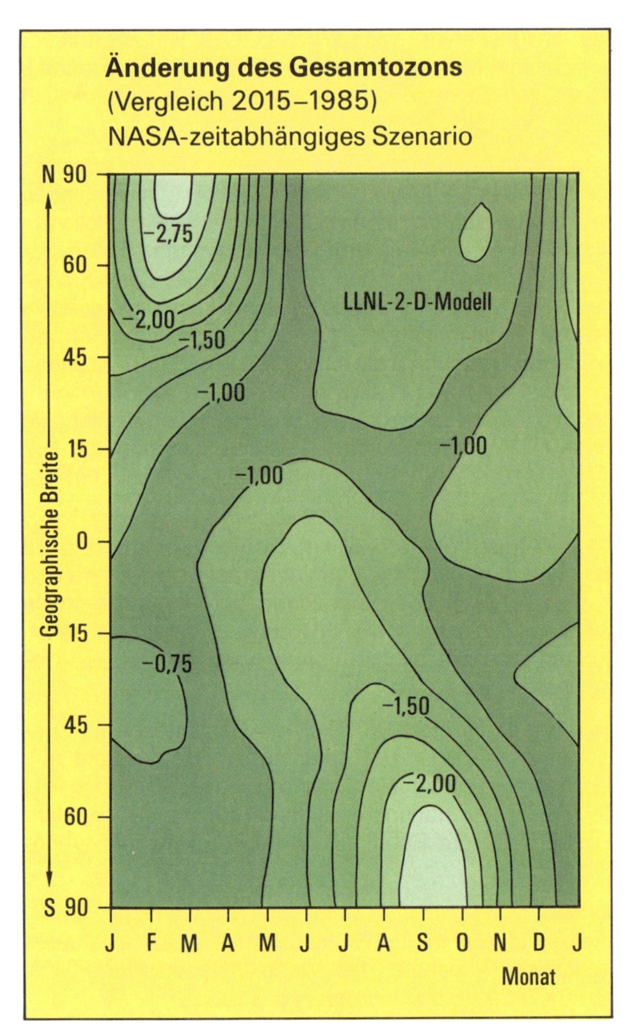

Abb. 9: Globale Ozonverminderungen im Jahre 2015 relativ zu 1985 in Prozent, dargestellt in Abhängigkeit von geographischer Breite und Monat. Es wurden konstante FCKW-Emissionen auf dem Niveau von 1985 angenommen (Zeitabhängiges LLNL-2-D-Modell (16)). Besonders starke Ozonverluste treten in den hohen Breiten der Nord- und Südhemisphäre zu Beginn des jeweiligen Frühlings auf.

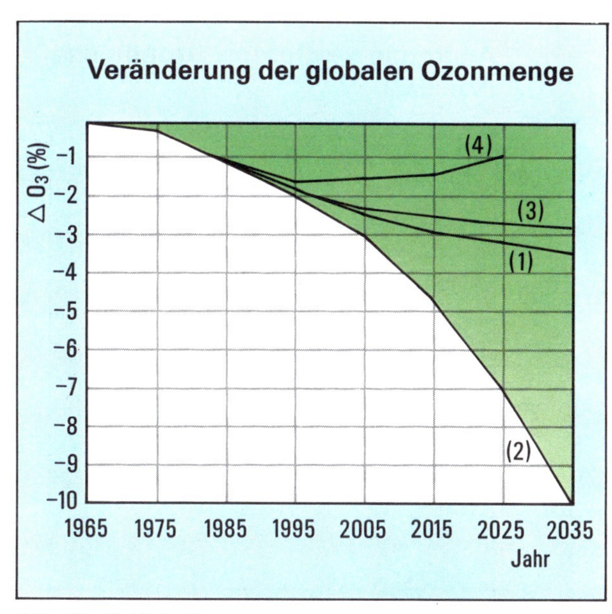

Abb. 10: Zeitliche Entwicklung der global gemittelten Ozonverminderung (1965 — 2035) für die Szenarien (vgl. Text):
(1) Montrealer Protokoll mit bestimmten Ausnahmen,
(2) Emissionsanstieg der FCKW und halogenierter Verbindungen im Rahmen von 3 bis 4 % pro Jahr,
(3) Verschärfung des Montreal-Abkommens: Die FCKW-Emissionen werden 1991 auf 50 % und 1995 auf 10 % des Wertes von 1986 reduziert,
(4) Alle vollhalogenierten FCKW werden sofort und vollständig durch H-FCKW 22 ersetzt.
Referenzjahr ist hier 1965 mit einem stratosphärischen Cl_x-Gehalt von 0,6 ppb (2-D-Modell (18)).

zuführen. Dieser verstärkt besonders in stickoxidreichen Gebieten wie der industrialisierten Nordhemisphäre über photochemische Smog-Reaktionen die Bildung von Ozon. Wegen der nachgewiesenen Schädlichkeit des Ozons unter anderem für Pflanzen und wegen der Klimaeffekte ist diese Ozonzunahme äußerst unerwünscht.

1.4.1 Ozon-Vertikalverteilung nach 1-D-Modellen

Die Abbildung 12 zeigt die bis zum Jahr 2025 zu erwartende Änderung der Ozonvertikalverteilung nach dem MPIC-1-D-Modell (13). Der Temperatur-Rückkopplungseffekt durch den Konzentrationsanstieg der Spurengase CO_2, CH_4 und N_2O wurde in der Rechnung berücksichtigt. Der entsprechende Rückgang des Gesamtozons ist in der Abbildung 8 abzulesen.

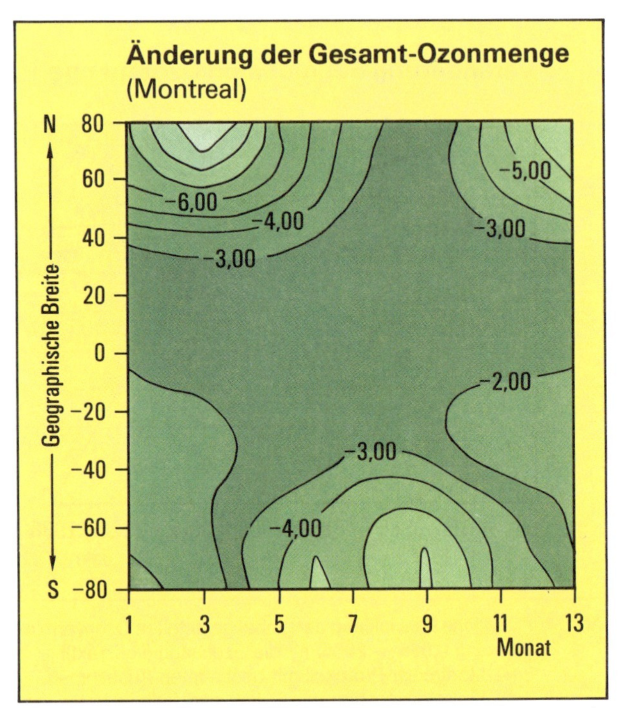

Abb. 11: Prozentuale Verringerung der Gesamtozonmenge zwischen 80° N und 80° S im Jahre 2015 relativ zum Jahr 1965 für das modifizierte Montreal-Szenario (1) (vgl. Text, zeitabhängiges 2-D-Modell (18)). Auch nach dieser Rechnung sind die Ozonverluste in hohen Breiten stärker als in gemäßigten Breiten.

1.4.2 Ozonvertikalverteilung nach 2-D-Modellen

2-D-Modelle zeigen die Veränderungen der Vertikalverteilung zusätzlich in Abhängigkeit von der geographischen Breite. Für das modifizierte Montreal-Szenario (vgl. Text zu Abb. 10) sagt das 2-D-Modell von Isaksen (18) die in der Abbildung 13 gezeigten, breitenabhängigen Änderungen der Ozonvertikalverteilung voraus.

In hohen Breiten sind die Änderungen der vertikalen Ozonverteilung deutlicher als in Äquatornähe beziehungsweise in mittleren Breiten. Die stärksten Ozonabnahmen werden für die winterliche südliche Stratosphäre berechnet. Die speziellen Effekte über dem Südpol (Ozonloch) können durch diese Rechnung nicht erfaßt werden. Die Zunahme des Ozons in der unteren Stratosphäre ist in der Nähe des

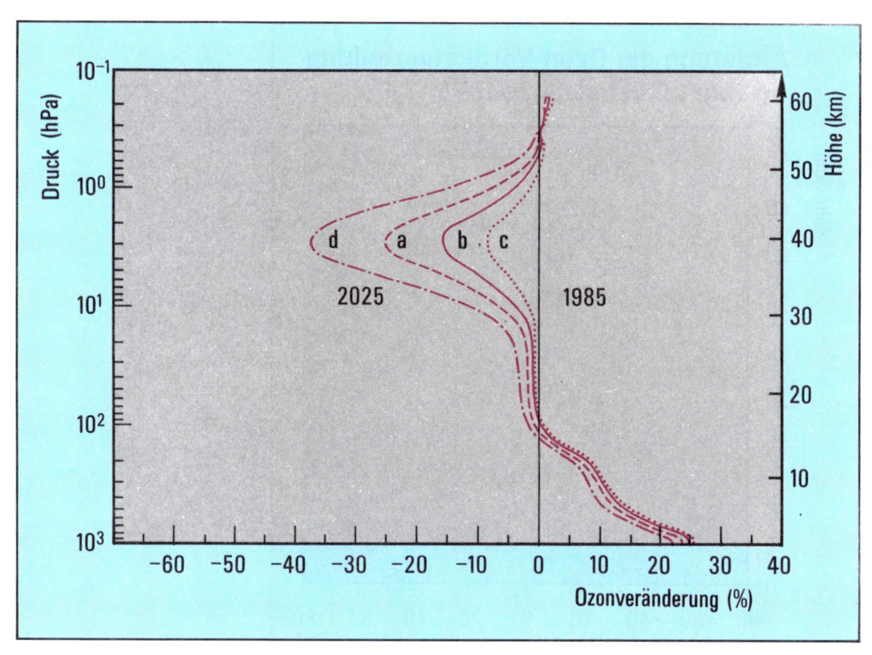

Abb. 12: Prozentuale Änderung der Ozonvertikalverteilung bis zum Jahr 2025 (Bezugsjahr 1985) mit Zunahme der Spurengase CO_2, CH_4 und N_2O für die Szenarien (a) bis (d) nach dem MPIC-1-D-Modell (13). Selbst bei Einhaltung der Vorschriften des Montrealer Protokolls sind Ozonverluste von 15 % in einer Höhe von etwa 40 km zu erwarten (Szenario b). Die entsprechende Verringerung der Gesamtozonsäulendichte beträgt etwa 1,5 % gegenüber 1960.

Äquators mit ca. + 20 Prozent am größten. Sie ist auf den „Selbstheilungseffekt" zurückzuführen.

Andere Modelle, beispielsweise von Solomon und Garcia (19) und Wuebbles u. a. (15) liefern qualitativ ähnliche Vorhersagen.

1.5 Zusammenfassung und Bewertung der Modellergebnisse

1.5.1 Vergleich von 1-D- und 2-D-Modellrechnungen

Wegen der unterschiedlichen Natur der Modelle ist es nicht überraschend, daß 1-D- und 2-D-Modelle teilweise deutlich verschiedene Vorhersagen liefern. Diese Unterschiede betreffen die Änderung der Vertikal- und der Breitenverteilung sowie auch die Änderung der globalen Gesamtmenge des Ozons.

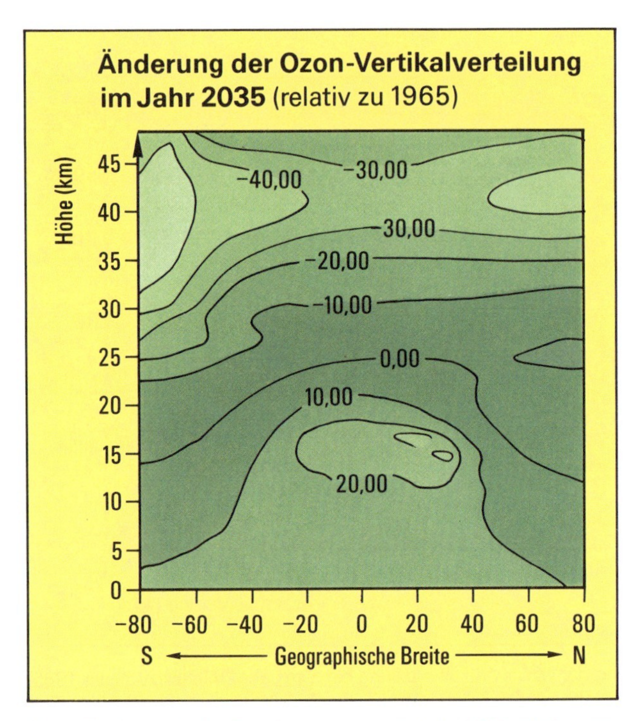

Abb. 13: Prozentuale Ozonänderungen im Jahr 2035 relativ zum Jahr 1965 als Funktion von Höhe und geographischer Breite (Mittel über die drei Sommermonate auf der Nordhalbkugel). Der Anstieg der anderen Spurengase wurde berücksichtigt (Isaksen-2-D-Modell (18)). Die Änderungen der Vertikalverteilungen sind in den hohen Breiten der Nord- und Südhemisphäre deutlicher ausgeprägt als in Äquatornähe. Die Prozentangaben unterscheiden sich von denen in Abb. 12, weil unter anderem ein anderes Bezugsjahr (hier 1965) gewählt wurde.

Die Abbildung 14 zeigt den direkten Vergleich von Vertikalprofilen der prozentualen Ozonänderungen nach dem AER-2-D-Modell (20) mit dem entsprechenden Profil, das sich aus dem AER-1-D-Modell ergibt. Das zugrunde liegende Szenario entspricht jeweils einer „Störung" (einer Zunahme) des stratosphärischen Cl_x-Gehalts von 1.3 auf 8 ppb bei sonst unveränderten Spurengaskonzentrationen.

Die Voraussagen über die Änderung der Ozonvertikalverteilung zeigen eine sehr wichtige Eigenschaft der 2-D-Modelle im Vergleich zu den 1-D-Modellen: Sie liefern Informationen über die Variation des Gesamtozons als Funktion von geographischer Breite und Jahreszeit. Für mittlere und höhere Breiten liefern 2-D-Modelle

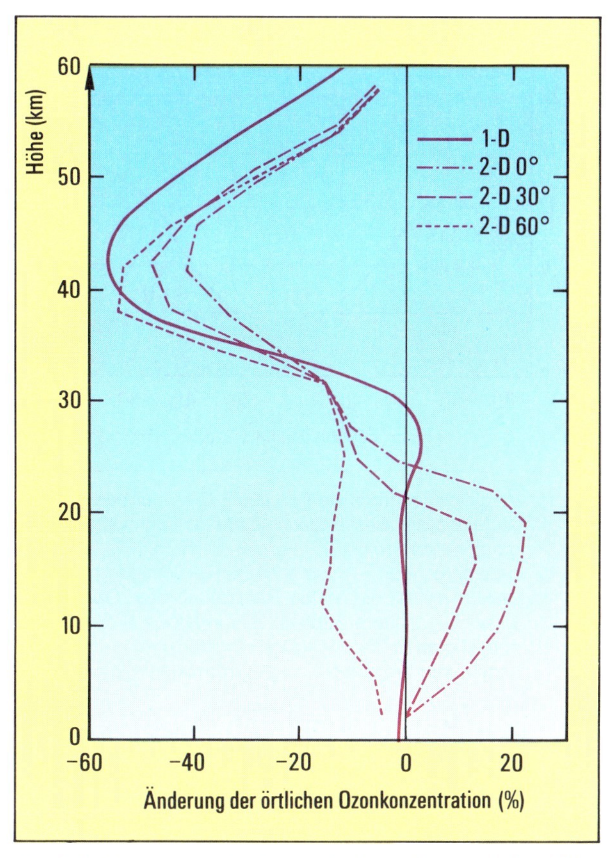

Abb. 14: Voraussagen der Ozonvertikalverteilung nach dem AER-1-D- und AER-2-D-Modell. Das fett gezeichnete Profil ist das Ergebnis des 1-D-Modells. Die anderen Kurven entsprechen dem 2-D-Modell für 0, 30 bzw. 60° N. (20).

deutlich höhere Ozonabnahmen als entsprechende 1-D-Modelle. Die Ergebnisse für die relative Änderung des Gesamtozons, berechnet mit den AER-1-D- und 2-D-Modellen für das Szenario der Abbildung 14, sind in der Abbildung 15 wiedergegeben.

Das 2-D-Modell berechnet in der Nähe der Polarregionen eine um den Faktor 3 bis 4 stärkere Ozonabnahme als in Äquatornähe. Als Folge dieser Verstärkung in den mittleren und polaren Breiten sind die mit 2-D-Modellen berechneten global gemittelten Ozonabnahmen größer als die mit 1-D-Modellen berechneten. Die speziellen Effekte an den Polen sind wiederum nicht berücksichtigt.

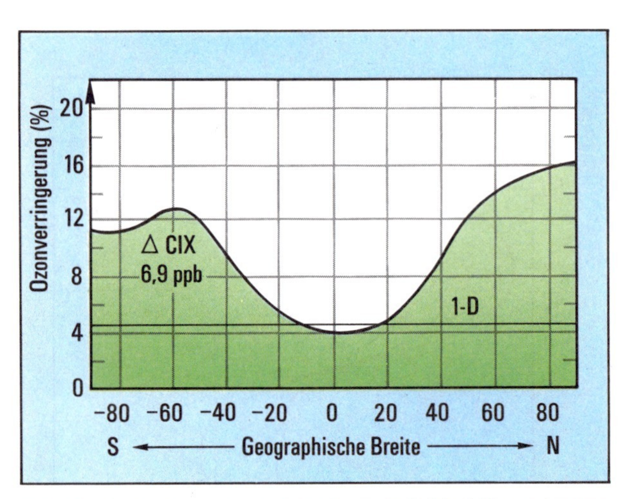

Abb. 15: Vergleich der durch ein 1-D- und 2-D-Modell berechneten Änderung der Gesamtozonmenge als Funktion der geographischen Breite (AER-Modell, Sze u. a. (20)). 2-D-Modelle berechnen — auch ohne Berücksichtigung der speziellen Effekte, die bei der Ausbildung des „Ozonlochs" wirken — stärkere Ozonverluste in hohen Breiten als in gemäßigten Breiten. 1-D-Modelle liefern per se keine Aussagen über breitenabhängige Ozonänderungen.

1.5.2 Fehlerquellen und Unsicherheiten der Modellvorhersagen

Die Aussagekraft der Modellvorhersagen läßt sich anhand der Größe der möglichen Fehler bestimmen. Die wesentlichen Fehlerquellen wurden bereits in 1.1 genannt; sie sollen hier ausführlicher diskutiert werden.

1.5.3 Zukünftige Konzentrationen der ozon- und klimawirksamen Spurengase

Das UNEP-Protokoll von Montreal (21) vom September 1987 gab erstmals die zukünftigen Produktionsmengen der FCKW 11, 12, 113, 114 und 115 und der Halone 1211, 1301 und 2402 vor. Entsprechende Berechnungen wurden in den vorigen Kapiteln präsentiert. Die Vorhersage des genauen stratosphärischen Chlorgehalts ist dennoch aus mehreren Gründen schwierig:

- Das Montrealer Protokoll sieht wegen des wirtschaftlichen Aufholbedarfs der Entwicklungsländer für diese Ausnahmeregelungen vor. Die zukünftigen Produktionsmengen dieser Länder sind daher ungewiß.

— Das Nicht-Befolgen des Protokolls durch Nicht-Signatarstaaten ist unbedingt vorauszusetzen.

— Eine Reihe ozonzerstörender Substanzen (darunter H-FCKW 22, CCl_4 und Methylchloroform) wird darüber hinaus nicht durch das Protokoll erfaßt. Weder ihre Eignung als Ersatzstoffe (aus technischer und umweltpolitischer Sicht) noch ihre zukünftigen Produktionstrends sind derzeit gesichert oder auch nur abschätzbar (vgl. 1.6).

— Die langfristige Entwicklung der Konzentrationen der ebenfalls ozonwirksamen Spurengase CO_2, CH_4 und N_2O ist derzeit außer durch eine sinnvolle Extrapolation der Trends in der Neuzeit nur mit großer Unsicherheit anzugeben. Die in 1.2 präsentierten Modellrechnungen zeigten, daß diese Gase in sehr unterschiedlichen Höhenbereichen auf das Ozon einwirken und zum Teil den Ozonabbau kompensieren. Die genannten Gase sind allerdings nicht nur ozon-, sondern auch klimawirksam (vgl. Abschnitt D, 1. Kap., 2.3). Eine dringend anzustrebende Eingrenzung des Klimaeffektes durch Verringerung der Emissionen dieser Gase hat deshalb auch Folgen für die stratosphärische Ozonschicht. Insbesondere die Begrenzung von CO_2 verstärkt den Ozonabbau durch die beschriebene negative Rückkopplung in der Stratosphäre. Zeitabhängige Modelle, die CO_2-Szenarien mit einer Zunahme von 0,5 Prozent pro Jahr (vgl. 1.3) verwenden, unterschätzen deshalb den FCKW-induzierten Ozonabbau im Falle einer Begrenzung der CO_2-Emissionen.

1.5.4 Chemische und photochemische Prozesse

Die heutigen Modelle geben die gemessenen Konzentrationen des Ozons und anderer Spurengase in der globalen Atmosphäre mit der wichtigen Ausnahme des antarktischen Ozonlochs recht befriedigend wieder. Dies ist natürlich kein Beweis dafür, daß die vor allem in der homogenen Gasphase ablaufenden chemischen Prozesse damit vollständig und richtig beschrieben wurden. Für den Bereich der oberen Stratosphäre zum Beispiel, wo Chlor prozentual seine größte Wirkung entfaltet und die Ozonkonzentration aufgrund des photochemischen Gleichgewichts am leichtesten zu modellieren sein sollte, liegen die Ozon-Modellvorhersagen 30 bis 50 Prozent niedriger als die gemessenen Werte (22). Dies deutet darauf hin, daß noch zusätzliche Prozesse in der Ozon-Photochemie berücksichtigt werden müssen.

Die Fehlerquellen in der Beschreibung der Chemie liegen in

(1.) Unsicherheiten bei den gemessenen Geschwindigkeitskonstanten chemischer Reaktionen, deren Temperaturabhängigkeiten und Produktverteilungen sowie

(2.) der Vernachlässigung chemischer Prozesse, die wegen fehlender oder unvollständiger Daten nicht in die Modelle einbezogen sind.

Trotz einer Vielzahl von Untersuchungen in verschiedenen Laboratorien existieren noch Unsicherheiten in der Gasphasenchemie der ClO_x-Radikale. Hierzu gehören unter anderem die Produktverteilung der Reaktion: OH + ClO und die Rekombination von ClO-Radikalen beziehungsweise die Photolyse des ClO-Dimeren (Cl_2O_2), die insbesondere in der südpolaren Stratosphäre eine bedeutende Rolle spielt. Hier besteht dringender Bedarf an weiteren kinetischen und photochemischen Untersuchungen.

Alle verfügbaren kinetischen Daten sind darüber hinaus mit Fehlergrenzen behaftet. Bei der Vielzahl der beteiligten Reaktionen würde eine einfache Addition der Einzelfehler einen Gesamtfehler ergeben, der jede Modellvorhersage der Ozonabnahme sinnlos werden ließe. Stolarski u. a. (23) benutzten deshalb zur Eingrenzung dieser Fehlerquelle eine statistische („Monte-Carlo-") Methode. Hierbei werden im Computer willkürlich alle Reaktionsparameter innerhalb der experimentellen Unsicherheitsgrenzen variiert. Aus typischerweise hunderten bis tausenden von Kombinationen dieser parametrischen Unsicherheiten wird dann eine Wahrscheinlichkeitsverteilung der Ozonänderungen berechnet. In den modernsten Versionen werden zusätzlich Kombinationen durch den Rechner eliminiert, die von den Messungen in der Atmosphäre drastisch abweichende Konzentrationen bestimmter Spurengase liefern.

Das Ergebnis einer solchen statistischen Analyse ist, daß sich obere und untere Grenzen der berechneten Ozontrends wegen der Fehlerquellen in den chemischen Parametern mindestens um einen Faktor 2 unterscheiden. Dies muß als Minimalfehler jeder Modellvorhersage angesetzt werden.

Eine besondere Schwierigkeit in der Modellierung der Stratosphärenchemie stellen die heterogenen Prozesse dar. Dies ist durch das Auftreten des antarktischen Ozonlochs, das noch 1985 von keinem der existierenden Modelle vorausgesagt oder beschrieben werden konnte, eindringlich deutlich geworden. Erst innerhalb der letzten zwei Jahre konnten die heterogenen Prozesse der Umverteilung von Chlorkomponenten in Gegenwart von Eis- und Eis / HCl-Partikeln charakterisiert werden. Daher ist heute zumindest die qualitative Deutung der Chemie in der winterlichen antarktischen Stratosphäre möglich (vgl. 1. Kap., 3.4). Die Einzelheiten dieser Vorgänge — und die drängende Frage, ob die heterogenen Prozesse auch in der nordpolaren und globalen Stratosphäre von Bedeutung sind oder zukünftig sein können — sind aber noch weitgehend ungeklärt.

Die untere Stratosphäre (15—25 km) enthält eine insgesamt stabile Schicht schwefelsaurer Aerosole (Junge-Schicht). Diese bestehen aus Tröpfchen wäßriger Schwefelsäure mit gewissen Verunreinigungen. Es ist nicht auszuschließen, daß die Oberflächen dieser Aerosoltröpfchen die Bildung ozonzerstörender Radikale ebenfalls katalytisch beschleunigen. Kinetische Messungen auf dem Gebiet der heterogenen Chemie, inklusive der Wolkenchemie, sind daher dringend erforderlich.

1.5.5 Parametrisierung der Transportprozesse

Der Transport chemischer Substanzen wird in allen Modellen als Diffusionsprozeß beschrieben, dessen Geschwindigkeit durch die höhenabhängigen, empirisch bestimmten Eddy-Diffusionskoeffizienten definiert ist. Modellvorhersagen können deutlich verschieden ausfallen, wenn das Vertikalprofil der Eddy-Koeffizienten geändert wird (3, 24) (Der Transport und damit die Eddy-Koeffizienten sind temperaturabhängig. Änderungen der Temperatur, die sich etwa bei einem Ozonverlust ergeben, beeinflussen daher zum Beispiel die Effizienz des Transports durch die Tropopause). Unterschiedliche Ergebnisse verschiedener 1-D-Modelle zum gleichen Szenario lassen sich zum Beispiel zu einem großen Teil auf unterschiedliche Transportparametrisierung zurückführen. Holton und Mahlmann (25) schlugen darüberhinaus vor, jeder (genügend langlebigen) Verbindung ein eigenes Eddy-Profil zuzuordnen. Solche Modellansätze können nur durch fortgesetzten Vergleich von Modellergebnissen mit Feldmessungen verbessert werden.

Bei 2-D-Modellen stellt die Formulierung des meridionalen Luftmassentransports ein besonderes zusätzliches Problem dar. Alle Verbesserungen, die auf eine Berücksichtigung der etwa aus Satellitendaten bekannten Winde (unter anderem der „jet streams") und anderer Austauschprozesse in der Parametrisierung des Transports zielen, bedeuten einen erheblichen Mehraufwand an Rechenzeit.

1.6 Entwicklung nach Inkrafttreten des Montrealer Protokolls

1.6.1 Bewertung des Montrealer Protokolls

Das Montrealer Protokoll vom 16. September 1987 stellt eine wichtige internationale Vereinbarung und einen ersten Schritt in die richtige Richtung dar. Diese Vereinbarung ist allerdings bei weitem nicht ausreichend, und sie kann der Absicht, die stratosphärische Ozonschicht zu schützen, keinesfalls gerecht werden.

Obwohl einige 1-D-Modelle für „optimistische" Montreal-Szenarien Abnahmen der Gesamtozonmenge in der Größenordnung von „nur" einem bis drei Prozent im Jahre 2025 (bezogen auf 1960) vorhersagen und diese Gesamtabnahme sich innerhalb der natürlichen Schwankungsbreite bewegen mag, läßt sich hieraus keinesfalls eine ausreichende Präventivwirkung des Montrealer Protokolls ableiten. Folgende Gründe sind zu bedenken:

- Das Auftreten des antarktischen Ozonlochs wurde von keinem Wissenschaftler vorhergesagt, und weder die Beschreibung der dort stattfindenden Ozonverluste noch eine Vorhersage der zukünftigen Entwicklung ist derzeit durch eine Modellrechnung zuverlässig möglich. Das Auftreten des Ozonlochs zeigte deutlich die Verletzbarkeit der Stratosphäre und der Ozonschicht und berechtigt alleine zu einschneidenden Vorsorgemaßnahmen.
- Viele Modellvoraussagen berücksichtigen nicht das Ozonzerstörungspotential, das aus dem Emissions- und Konzentrationsanstieg von im Montrealer Proto-

koll nicht geregelten Verbindungen wie Methylchloroform, Tetrachlorkohlenstoff und H-FCKW 22 erwächst.

- Selbst eine relativ kleine Änderung der Ozongesamtmenge ist das Ergebnis einer starken Änderung der Ozonvertikalverteilung mit einer etwa vierzigprozentigen Ozonabnahme in 40 km Höhe und einer etwa zwanzigprozentigen Ozonzunahme in der Troposphäre. Es ergeben sich weitreichende Konsequenzen für die Temperaturstruktur und die Dynamik der Stratosphäre, deren Auswirkungen derzeit nicht abzuschätzen sind. Mit einer Abkühlung der Stratosphäre werden zwar ozonabbauende Reaktionen verlangsamt, aber auch die Bildung kondensierter Phasen und das Einsetzen heterogener chemischer Prozesse begünstigt, wie sie bei der Ausbildung des Ozonlochs auftreten. Solche heterogenen Prozesse können heute auch für den globalen Bereich nicht länger ausgeschlossen werden.

- 2-D-Modelle sagen für höhere geographische Breiten drei- bis vierfach höhere Ozonabnahmen voraus als vergleichbare 1-D-Modelle. Dementsprechend liegen die Voraussagen der 2-D-Modelle über die Abnahmen des Gesamtozons im globalen Mittel deutlich höher als die Voraussagen der 1-D-Modelle.

- „Optimistische" Modellvorhersagen, das heißt solche, die relativ geringe Ozongesamtänderungen prognostizieren, gründen sich unter anderem auf die Annahme weiterhin steigender Emissionen von CH_4, N_2O und CO_2. Methan und Kohlendioxid wirken dem durch die FCKW verursachten Ozonabbau entgegen. Ein verlangsamter Anstieg, der wegen der Gefahren des anthropogenen Treibhauseffekts angestrebt wird, wird den Ozonabbau zwangsläufig verstärken. Die Gesamtozonänderungen liegen bei stagnierenden Konzentrationen dieser Spurengase etwa um einen Faktor 2 höher als bei ansteigenden Konzentrationen (vgl. Abbildung 8).

Die Vorschriften des Montrealer Protokolls werden im Abschnitt C, 3. Kapitel erläutert. Obwohl das Montrealer Protokoll eine laufende Überprüfung zum Beispiel des Grades der Erreichung der Ziele und schnelle Reaktionen auf neue wissenschaftliche und sonstige Erkenntnisse vorsieht, ergibt sich dennoch aus einigen interpretationsbedürftigen Vertragsbestimmungen wie der „spezifischen Bedürfnisse der einzelnen Vertragsparteien" und anderen eine gewisse Spannbreite der Entwicklung der zukünftigen FCKW-Emissionen.

1.6.2 FCKW-Produktion in Schwellenländern und Nichtsignatarstaaten

Auf Veranlassung der Enquete-Kommission wurde auf der Grundlage der im Montrealer Protokoll enthaltenen Regelungen und besonders der wahrscheinlichen Entwicklung in den Nichtsignatarstaaten eine umfassende Spannbreite von FCKW-Emissionsszenarien erarbeitet, auf Grund derer das mögliche Ausmaß der Ozonzerstörung nach Inkrafttreten des Montrealer Protokolls berechnet wurde (26). Im folgenden werden fünf ausgewählte Szenarien beschrieben, in die alle Regelun-

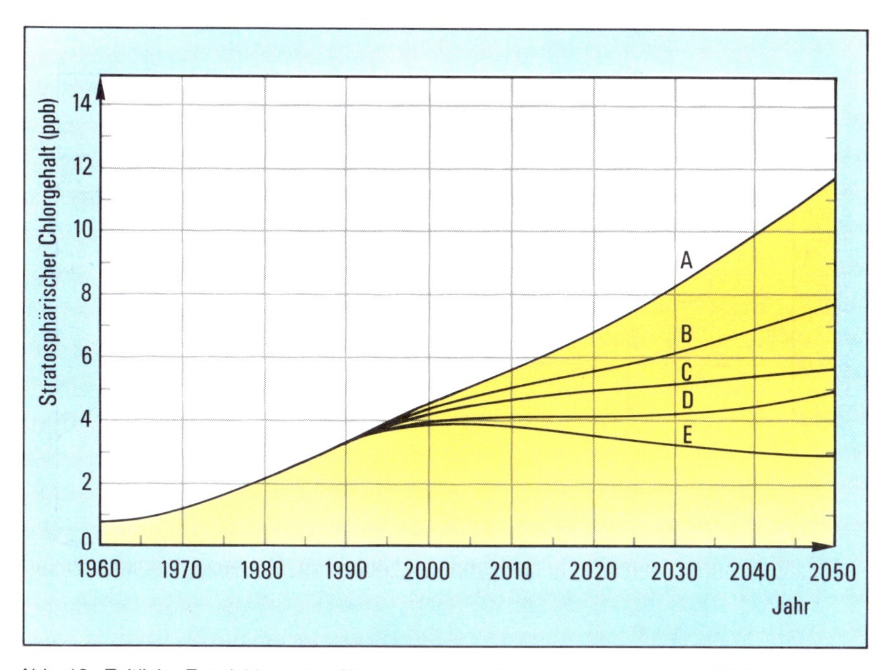

Abb. 16: Zeitliche Entwicklung des Chlorgehalts der Stratosphäre nach dem MPIC-1-D-Modell (26) für die im Text beschriebenen Szenarien A bis E. Für den Fall, daß mit dem Lebensstandard in den Entwicklungsländern, vor allem in China und Indien, auch der Pro-Kopf-FCKW-Verbrauch auf nur etwa 50 Prozent des Wertes ansteigt, der in guter Näherung nach dem Montrealer Protokoll in den Industriestaaten verbraucht werden darf, ergibt sich im Jahre 2050 ein Chlorgehalt von mehr als 10 ppb (Szenario A). Ein Absinken des stratosphärischen Chlorgehalts wird nur für den Fall (Szenario E) berechnet, daß verbunden mit einem Produktionsstopp der FCKW und Halone bis zum Jahr 2000 auch die Produktion der nicht überwachten halogenierten Stoffe auf dem Niveau von 1986 eingefroren wird (26).

gen, Ausnahmemöglichkeiten und quantitativ kaum erfaßbare Unwägbarkeiten so weit wie möglich einbezogen wurden.

Szenario A: In allen Industriestaaten liegt langfristig der FCKW-Verbrauch pro Kopf und Jahr bei 0,5 kg. Dies entspricht etwa der Hälfte des derzeitigen Pro-Kopf-Verbrauchs und damit ungefähr den Vorgaben des Montrealer Protokolls. In den Entwicklungs- und Schwellenländern steigt verknüpft mit dem Lebensstandard der FCKW-Verbrauch bis zum Jahr 2030 linear auf 0,25 kg pro Kopf und Jahr. Dies entspricht nicht einmal der nach dem Montrealer Protokoll zugelassenen Höchstmenge. Die Bevölkerung in diesen Ländern (zwei Milliarden Menschen im Jahr 1986) wächst mit einer Rate von 1,6 Prozent pro Jahr. Mit diesen Annahmen wurde

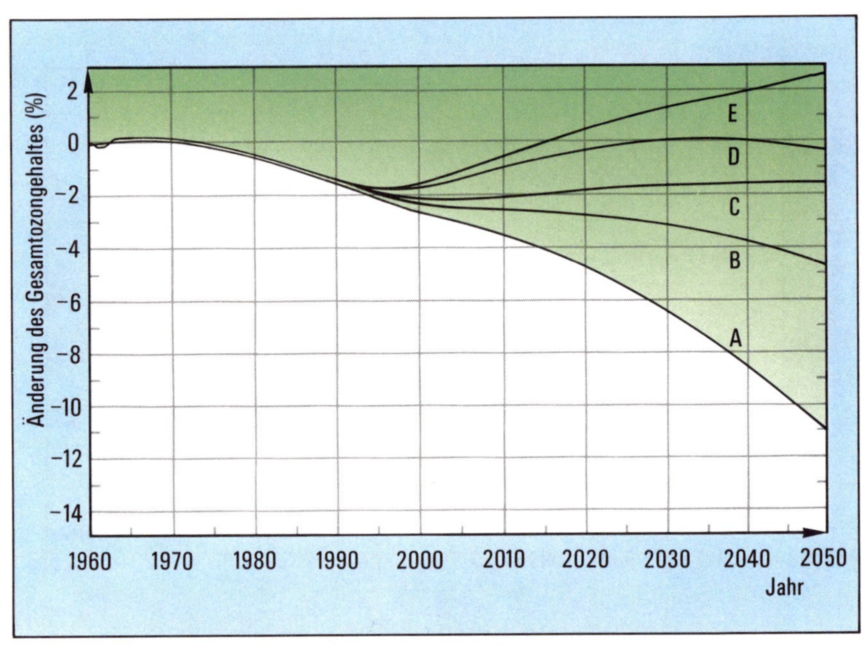

Abb. 17: Zeitliche Entwicklung der Ozongesamtmenge für die im Text beschriebenen Szenarien A bis E nach dem MPIC-1-D-Modell (26) bis zum Jahr 2050.

vor allem versucht, der voraussichtlichen Entwicklung in China und Indien gerecht zu werden.

Szenario B: Alle Länder ratifizieren das Montrealer Protokoll und schöpfen nicht die legalen Sonderregelungen aus. Von 1986 bis 1989 liegen die Wachstumsraten für die geregelten FCKW zwischen drei und fünf Prozent, die der Halone zwischen vier und elf Prozent. Für die nicht dem Montrealer Protokoll unterliegenden Stoffe wurden Annahmen getroffen: Die Emissionen von Methylchloroform und H-FCKW 22 steigen mit drei Prozent pro Jahr an; die Emission von Tetrachlorkohlenstoff ist proportional zur Summe der Produktion der FCKW 11 und 12.

Szenario C: Dieses Szenario entspricht dem Szenario B, es wurde lediglich angenommen, daß die Emissionen an Methylchloroform, H-FCKW 22 und Tetrachlorkohlenstoff konstant auf dem Niveau von 1986 bleiben.

Szenario D: Alle Länder einigen sich auf die vollständige Einstellung der FCKW- und Halonproduktion bis zum Jahr 2000. Die Reduktion vollzieht sich stufenweise bis zum Jahr 1989 auf den Wert von 1986 und danach (jeweils bezogen auf den Wert von 1986) um 20 Prozent bis 1990, um 50 Prozent bis 1994 und um

100 Prozent bis zum Jahr 2000. Für Methylchloroform und H-FCKW 22 gelten die im Szenario B genannten Zuwachsraten von drei Prozent pro Jahr; die Emission an Tetrachlorkohlenstoff verhält sich proportional zur Summe der Produktion der FCKW 11 und 12.

Szenario E: Dieses Szenario unterscheidet sich von dem Szenario D nur durch die Annahme, daß die Emissionen an Methylchloroform, H-FCKW 22 und Tetrachlorkohlenstoff konstant auf dem Niveau von 1986 bleiben.

Allen Szenarien liegen die gleichen Annahmen zur Entwicklung wichtiger Spurengase zugrunde. Die Konzentrationen von Methan, Distickstoffoxid und Kohlendioxid wachsen um 1,0 Prozent, 0,2 Prozent beziehungsweise 0,6 Prozent pro Jahr. Der NO_x-Gehalt wächst bis zum Jahr 2030 um 1,6 Prozent pro Jahr und ist danach konstant.

Die Abbildung 16 zeigt die zeitliche Entwicklung des Chlorgehalts der Stratosphäre bis zum Jahr 2050 für die Szenarien A bis E.

Die entsprechende zeitliche Entwicklung der Gesamtozonmenge ist in der Abbildung 17 dargestellt. Vor allem im Szenario A ergeben sich Ozonverluste in einer Größenordnung, die man nur als katastrophal bezeichnen kann. Es zeigt sich, daß gerade auch im Sinne einer Steigerung des Lebensstandards in den Entwicklungsländern nach Wegen gesucht werden muß, FCKW-freie Alternativprodukte oder -techniken zu entwickeln und einzusetzen. Nur in den Szenarien C, D und E wird eine Erholung des Gesamtozons etwa ab dem Jahr 1995 berechnet.

Es sei angemerkt, daß auch FCKW-Emissionsszenarien nach dem Montrealer Protokoll denkbar sind, bei denen sich Ozonverluste in der Größenordnung von 20 Prozent und mehr im Jahre 2050 ergeben würden. Dies könnte dann geschehen, wenn alle im Montrealer Protokoll vorgesehenen Ausnahme- und Sonderregelungen vollständig ausgeschöpft werden und zusätzlich eine große Zahl von Nicht-Signatarstaaten die FCKW-Produktion in erheblichem Maß steigert. Die Enquete-Kommission ist sich der Tatsache bewußt, daß die Entwicklung zu einer solchen Situation und hier gerade die volle Ausschöpfung von Ausnahmeregelungen das Gegenteil der politischen Absichten der Verhandlungsführer in Montreal darstellen würde. Die präsentierten Modellergebnisse und vor allem das Szenario A akzentuieren aber den in dieser Weise noch nicht erkannten Zusammenhang zwischen der FCKW-Produktion und der politisch und moralisch begründeten Aufgabe, den Lebensstandard der Entwicklungsländer zu steigern. Auch aus diesem Grund muß das Montrealer Protokoll so schnell wie möglich revidiert und verschärft werden.

1.7 Die Rolle der nicht geregelten Halogenverbindungen

Die Regelungen des Montrealer Protokolls sind auf vollhalogenierte Verbindungen begrenzt, die praktisch in der Troposphäre stabil sind und erst in der Stratosphäre wirksam werden. FCKW 11 und 12 sind die derzeit stärksten Chlorlieferanten für die Stratosphäre. Ebenfalls industriell in großem Maß genutzt und emittiert werden die Organo-Halogenverbindungen Methylchlorid (CH_3Cl), Tetrachlorkohlenstoff (CCl_4), Methylchloroform (CH_3-CCl_3) und H-FCKW 22 (Chlordifluormethan, $CHClF_2$).

Im folgenden wird der Beitrag dieser Verbindungen zur anthropogenen Chlorbelastung der Stratosphäre diskutiert. Methylchloroform und H-FCKW 22 muß besondere Aufmerksamkeit gewidmet werden, da sie wegen ihrer physikalisch-chemischen Eigenschaften in ähnlichen Anwendungsgebieten wie die geregelten FCKW eingesetzt werden können.

Methylchlorid wird in großen Mengen industriell genutzt. Seine Hauptemissionsquelle ist aber der tropische Ozean. Die Verbrennung von Biomasse und PVC-Abfällen stellt eine zusätzliche geringe, anthropogene Quelle dar. Der Gehalt der Atmosphäre an Methylchlorid liegt bei etwa 630 ppt und ist recht konstant. Der Beitrag des Methylchlorids zum stratosphärischen Cl_x-Gehalt wird mit 0,6 ppb angegeben und als natürlicher Hintergrund angesehen.

Tetrachlorkohlenstoff wird ausschließlich industriell hergestellt. Natürliche Quellen sind nicht bekannt. CCl_4 dient heute fast ausschließlich als Zwischenprodukt für die Herstellung der FCKW 11 und 12. Daher verlaufen seine abgeschätzten Produktionsmengen praktisch proportional zu denen der FCKW 11 und 12. Die Emissionen an CCl_4 sind nicht genau bekannt, werden aber auf Grund von Konzentrationsmessungen (etwa 150 ppt in der globalen Troposphäre) auf etwa 100 000 Tonnen pro Jahr (hauptsächlich aus östlichen Ländern, wo es möglicherweise als Lösungsmittel oder zur Brandbekämpfung verwendet wird,) geschätzt. CCl_4 hat unter den vollhalogenierten Verbindungen wegen der höheren Photolyserate die kürzeste Lebensdauer. Der Beitrag von CCl_4 zum stratosphärischen Cl_x-Gehalt dürfte derzeit bei etwa 10 bis 20 Prozent liegen. Bei der Verringerung der Produktion der FCKW 11 und 12 muß auch CCl_4 reguliert werden. Die Quellen und Emissionsmengen von CCl_4 müssen weiter geklärt werden.

Methylchloroform: Auf Grund der Anwendungsmuster (vgl. Abschnitt D, 1. Kap., 3.) kann angenommen werden, daß die gesamte produzierte Menge auch emittiert wird. Messungen der troposphärischen Konzentration und ihrer zeitlichen Trends deuten auf ein starkes Anwachsen der Emissionen hin. Methylchloroform hat eine relativ kurze troposphärische Lebensdauer und einen ODP-Wert von etwa 0,15. Der Beitrag zum stratosphärischen Cl_x-Gehalt dürfte derzeit schon bei etwa 10 Prozent liegen — wegen den wahrscheinlich weiter ansteigenden Emissionen von CH_3CCl_3 mit steigender Tendenz. Bei einem Anwachsen von CH_3CCl_3 mit 3 Prozent pro Jahr wird für das Jahr 2030 ein Beitrag von 1,4 ppb Cl_x aus dieser Verbindung für möglich gehalten (26). Methylchloroform hat auf Grund seiner guten Löseeigenschaften potentiellen Ersatzstoffcharakter für das geregelte FCKW 113.

H-FCKW 22 ist als Stoff mit einem niedrigen Siedepunkt neben FCKW 12 ein klassisches Kühlmittel in der Kälte-, Klima- und Energietechnik. In den vergangenen Jahren hat die Verwendung von H-FCKW 22 zu Lasten von FCKW 12 in diesem Bereich deutlich zugenommen. H-FCKW 22 hat darüber hinaus potentielle Anwendungen als Blähmittel für die Verschäumung von Thermoplasten, insbesondere Polystyrol, und als Treibmittel für Sprayprodukte. H-FCKW 22 kann aber wegen seines hohen Dampfdrucks nicht zur Verschäumung von geschlossenzelligen Schäumen wie PUR-Hartschäumen oder als Lösemittel eingesetzt werden. Über die weltweit produzierten und emittierten Mengen von H-FCKW 22 gibt es derzeit keine zuverlässigen Angaben. Die Produktionsmenge liegt vermutlich in der Größenordnung von 200 000 Tonnen pro Jahr. Etwa 30 Prozent der Produktionsmenge werden zu Polymeren weiterverarbeitet, ein weiterer, großer Anteil wird in Kälteanlagen verwendet. Zu den Emissionen liegen teils deutlich verschiedene Angaben und Schätzungen vor; der Beitrag von H-FCKW 22 zum Chlorgehalt der Stratosphäre liegt aber zur Zeit deutlich unter zehn Prozent, vermutlich sogar nur bei einem bis zwei Prozent. Wird das technisch für möglich gehaltene Substitutionspotential von H-FCKW 22 vollständig ausgeschöpft, so ergibt sich im Jahre 2020 ein Beitrag dieser Verbindung zum stratosphärischen Chlorgehalt von kleiner oder gleich 1 ppb (26).

Wegen der kürzeren Lebensdauer in der Troposphäre und längeren Lebensdauer in der Stratosphäre hat H-FCKW 22 einen deutlich geringeren ODP-Wert als FCKW 11 oder 12. Auch neuere Modellrechnungen liefern einen ODP-Wert von 0,05 und damit eine Ozonwirksamkeit von nur einem Zwanzigstel der vollhalogenierten FCKW. Die primäre Chlorinjektion in die Stratosphäre erfolgt wegen der längeren Photolyselebensdauer in größeren Höhen. Dies wird durch ein kürzlich gemessenes Vertikalprofil dieser Verbindung bestätigt (27). Ein Unterschied in der Injektionshöhe hat aber vermutlich keinen nennenswerten Einfluß auf die Ozonwirksamkeit einer Verbindung. Die bestimmende Größe ist hier der Beitrag zum Gesamt-Cl_x-Gehalt (Cl, HCl, ClO, Cl_2O_2, $ClONO_2$) und nicht die lokale Freisetzung von Cl-Atomen.

Das Ergebnis einer zeitabhängigen 2-D-Modellrechnung, in der die Gesamtemission aller FCKW durch H-FCKW 22 ersetzt wurde, wurde in der Abbildung 10 präsentiert. Die Ozonverluste sind in diesem Fall deutlich geringer als in den übrigen Szenarien. Es sei angemerkt, daß die Annahme eines vollständigen Ersatzes aller FCKW durch H-FCKW 22 technisch ausgeschlossen ist. Weiterhin ist zu beachten, daß H-FCKW 22 ein Treibhausgas darstellt (vgl. Abschnitt D, 1. Kap., 3.3).

2. Terrestrische Auswirkungen einer Ozonabnahme in der Stratosphäre

Zusammenfassung

Die im Laufe der Erdgeschichte durch die Sauerstoffproduktion der photoautotrophen Organismen entstandene Ozonschicht der Stratosphäre umgibt die Erde als Schutzschild vor biologisch schädlicher ultravioletter Strahlung. Der anthropogene

Abbau dieser schützenden Ozonschicht wird nach Meinung von Experten zu gravierenden Auswirkungen auf Menschen, Tiere und Pflanzen führen.

Das von der Sonne ausgesandte Strahlenspektrum besteht aus einem infraroten (IR), einem sichtbaren und einem ultravioletten (UV) Bereich. Der UV-Anteil wird in die Bereiche UV-A, UV-B und UV-C eingeteilt. Während der kurzwellige, energiereichste Teil (UV-C) ganz in der Atmosphäre absorbiert wird und der ungefährlichere langwelligere Teil (UV-A) fast ungehindert bis zum Erdboden dringt, wird der dazwischen liegende UV-B-Teil abgeschwächt durchgelassen. Bereits bei einer einprozentigen Reduktion der Ozonkonzentration in der Stratosphäre ist mit einer zweiprozentigen Erhöhung der biologisch effektiven UV-B-Strahlung zu rechnen. Als direkte Auswirkung auf den Menschen ergäbe sich aus einer solchen Verringerung der Ozonkonzentration ein deutlicher Anstieg von Hautkrebs, insbesondere unter der weißen Bevölkerung. Darüber hinaus ist weltweit eine Erhöhung der Anzahl schwerer Augenerkrankungen (z. B. Katarakte) zu erwarten. Weiterhin liegen wissenschaftliche Erkenntnisse vor, nach denen UV-B-Strahlung auch das Immunsystem und dessen Abwehrfähigkeiten beeinflußt. Weitaus gravierender als diese den Menschen direkt betreffenden Auswirkungen sind nach Einschätzung führender Wissenschaftler die Gefahren, die sich für Pflanzen und Mikroorganismen ergeben. Wissenschaftliche Untersuchungen zeigten, daß zahlreiche landwirtschaftliche Kulturpflanzen UV-empfindlich sind und auf eine erhöhte UV-B-Strahlung mit einer starken Ertragsminderung reagieren. Ursache hierfür sind unter anderem UV-bedingte Störungen der Photosynthese und eine Schädigung der für die Stickstoffversorgung der Pflanzen bedeutenden Blaualgen. Eine derart UV-bedingte Ertragsminderung bei Kulturpflanzen könnte zu ernsthaften Konsequenzen für die weltweite Ernährungssituation führen.

Dramatische Auswirkungen erhöhter UV-B-Strahlung drohen auch für die Primärproduktion des marinen Phytoplanktons. Beeinträchtigung der Photosyntheseleistung, des Stickstoffmetabolismus und der Photoorientierung der Mikroalgen als Folge erhöhter UV-B-Strahlung führen zu einem meßbaren Rückgang der Populationsdichte. Da Phytoplankton als Primärproduzent an der Basis der biologischen Nahrungskette steht, hat jede Abnahme der Phytoplanktonpopulation dramatische Konsequenzen für die weiteren Glieder der Nahrungskette. Ein Rückgang des Phytoplanktons führt zu einem Rückgang des von ihm als Primärkonsumenten lebenden Zooplanktons. Dieses stellt wieder die Nahrungsgrundlage für Fische und Krebse, bis am Ende der Nahrungskette auch der Mensch steht.

Darüber hinaus bedeutet eine verringerte Primärproduktion durch marines Phytoplankton eine gravierende Einschränkung der Funktion der Ozeane als globale CO_2-Senke. Marines Phytoplankton ist zu etwa 65 Prozent an der jährlich weltweit durch photosynthetische Organismen fixierten CO_2-Menge beteiligt. Würde dieser Anteil eingeschränkt, bestünde die Gefahr einer Verstärkung des Treibhauseffektes. Desweiteren liegen wissenschaftliche Erkenntnisse vor, nach denen zu befürchten ist, daß durch eine Erhöhung der UV-B-Strahlung und die unterschiedliche UV-Empfindlichkeit der einzelnen Planktonarten eine nicht abschätzbare Veränderung der Artenzusammensetzung und damit eine Destabilisierung des marinen Ökosystems eintritt. Auch wenn quantitative Aussagen über das Ausmaß der zu erwartenden Schäden zur Zeit nicht möglich sind, sind sich führende Wissenschaftler einig, daß die Gefährdung für Menschen, Pflanzen und Tiere weitaus größer ist, als bisher angenommen.

2.1 Grundlagen

2.1.1 Änderung der UV-B-Strahlung bei Ozonabnahme

Die Sonne sendet ein breites Spektrum sichtbarer und unsichtbarer Strahlung aus, die auf der Erde mit einer durchschnittlichen Gesamtstrahlungsstärke von 1 350 Watt pro m^2 eintrifft. Die Hauptanteile an dieser Solarkonstante steuern mit 45 Prozent der infrarote und mit 48 Prozent der sichtbare Bereich bei. Der UV-Anteil beträgt lediglich 7 Prozent. Die ultraviolette Strahlung teilt man gewöhnlich in die wellenlängen- und damit energieabhängigen Bereiche UV-A, UV-B und UV-C ein.

Die Sonnenstrahlung, speziell die UV-Komponente, wird auf dem Weg durch die Atmosphäre vor allem von den Gasen Sauerstoff und Ozon absorbiert und in unterschiedlichem Maß abgeschwächt (Tabelle 2).

Tabelle 2

Spektrale Verteilung der Sonnenstrahlung vor und nach Durchdringung der Atmosphäre

Wellenlänge nm	Extraterrestrische Sonneneinstrahlung Watt/m^2	Globalstrahlung Watt/m^2	Absorption Prozent
−280 (UV-C)	8	0	100
280−320 (UV-B)	22	5	77
320−400 (UV-A)	88	63	28

Der UV-B-Strahlungsfluß variiert in natürlicher Weise im Verlaufe eines Tages, da die Sonnenstrahlung je nach Einstrahlungswinkel zum Beobachtungsort verschieden lange Wege durch die Atmosphäre durchläuft. Die Abbildung 18 zeigt das Intensitätsspektrum direkten Sonnenlichtes für verschiedene Einstrahlwinkel (30).

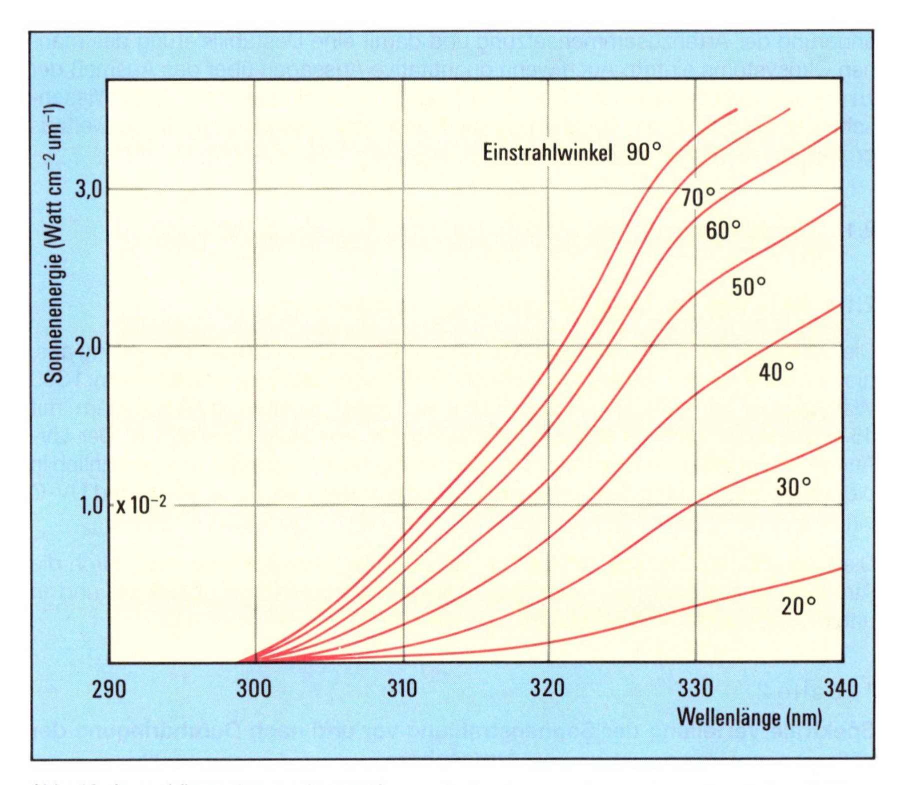

Abb. 18: Intensitätsspektrum direkten Sonnenlichtes für verschiedene Einfallwinkel nach (30)

Die photochemischen Grundlagen (Lichtabsorption durch molekularen Sauerstoff im Schumann-Runge-Kontinuum, in den Schumann-Runge-Banden und in Herzberg-Kontinuum; Absorption durch Ozon in den Hartley- und Huggins-Banden etc.) und genauere Angaben über die Photonenflüsse am Erdboden sind in Abschnitt C, 3. Kapitel 2.5 beziehungsweise in (29) ausführlich dargestellt. Zwei Aspekte verdienen aber, noch einmal aufgeführt zu werden.

- Ozon ist der natürliche Filter für Wellenlängen unterhalb von etwa 300 nm, die bei Mensch, Tier und Pflanze eine besondere Wirksamkeit entfalten.

- Innerhalb eines Intervalls von nur einigen Nanometern bricht der an der Erdoberfläche meßbare Photonenfluß scharf ab (29). Die Lage der Abbruchkante (um 295 nm) und damit die Stärke der UV-B-Strahlung am Erdboden hängen empfindlich von der Gesamtozonmenge ab, während Ozonänderungen die UV-A-Intensität kaum beeinflussen. Daher muß dem UV-B-Bereich in der Diskussion besondere Aufmerksamkeit gewidmet werden.

Der UV-B-Anteil der Solarstrahlung wird nicht nur durch Ozon, sondern auch durch Aerosole, Wolken und Stäube gefiltert. Dies erschwert eine genaue Vorhersage, um wieviel Prozent die Photonenflüsse in einem gewissen Wellenlängenintervall bei einer definierten Ozonabnahme steigen. Allgemein sollten der physikalisch meßbare Photonenfluß und die Ozonänderung bei kleinen Variationen (d. h. im Rahmen einiger Prozente) linear miteinander verknüpft sein. Dies gilt jedoch nicht für die biologische Wirksamkeit der UV-Strahlung. Die Erbsubstanz (DNA)[1]) wird bei UV-Strahlen von 290 nm Wellenlänge etwa 10 000 mal stärker geschädigt als bei 320 nm. Schädigungen der Erbsubstanz sind verantwortlich für Erbgutveränderungen und die Entstehung von Krebs.

In der Biologie, Botanik und Medizin ist es daher üblich, die Sonnenintensität mit der biologischen Effektivität zu einem „Wirkungsspektrum" zu verknüpfen. Die Beziehung zwischen Ozonänderung und biologischer Wirkung wird somit nichtlinear. Nimmt das Gesamtozon zum Beispiel um ein Prozent ab, so steigt die mit dem Wirkungsspektrum gewichtete UV-Strahlung um 1,7 bis 2 Prozent (31). Das Verhältnis zwischen diesen Prozentangaben nennt man den „optischen Verstärkungsfaktor".

2.1.2 Methoden und Schwierigkeiten von Strahlungsmessungen

Solarspektren wurden mit Spektralradiometern, mit Einfachmonochromatoren (Bandbreite 1 bis 5 nm) und in neuerer Zeit mit Doppelmonochromatoren (Bandbreite kleiner als 1 nm) aufgenommen. Bei klarem Himmel wurden Abbruchkanten (rapider Abfall des Photonenflusses von etwa 10^{14} auf etwa 10^{10} Photonen pro cm^2 x s x nm) der UV-Strahlung von deutlich unter 290 nm gemessen (28). Durch einen hohen Bewölkungsgrad, Staubpartikeln oder Aerosole kann diese Abbruchkante allerdings bis zu etwa 330 nm verschoben sein.

Verblüffend war, daß zwischen 1974 und 1985 mit sogenannten Robertson-Berger-Meßinstrumenten weder in industrialisierten Gebieten noch auf Hawaii (Mauna Loa) ein Ansteigen der biologisch wirksamen UV-B-Strahlung nachgewiesen werden konnte, obwohl Dobson-Stationen in der Nähe der Meßpunkte eindeutig eine Reduktion des Gesamtozons anzeigten (32). Die durchgeführten Eichmessungen zeigten, daß Gerätefehler ausgeschlossen werden konnten. Die Beobachtungen wurden mit meteorologischen, klimatischen und anderen Umweltfaktoren, insbesondere einem möglicherweise höheren Aerosolgehalt und einer Zunahme des Bedeckungsgrades durch Wolken, erklärt.

Die Genauigkeit und Aussagekraft dieser Methode muß allerdings in diesem Zusammenhang noch angezweifelt und überprüft werden.

Eine meßtechnische Schwierigkeit scheint die Erfassung der diffusen Himmelsstrahlung zu sein, deren Anteil an der gesamten Strahlung sehr hoch sein kann (31). Mittlerweile steht zur Bestimmung der effektiven Strahlung ein rechnerisches

---

[1]) DNA = Desoxyribonukleinsäure; englische Bezeichnung
Desoxyribo**n**uclein**a**cid

Modell zu Verfügung, welches die diffuse und direkte Komponente getrennt als Funktion der Atmosphärenbedingungen (Aerosolgehalt und Oberflächenbeschaffenheit, das heißt UV-Reflektivität beziehungsweise Albedo und anderes) und des Sonnenwinkels berechnet (34). Mit Hilfe dieses Modells ist auch versucht worden, eine globale Kartierung des UV-Flusses und seiner Abhängigkeit von Ozon- und Aerosolgehalt zu berechnen. Trotz dieser Fortschritte besteht hier noch erheblicher Forschungsbedarf.

2.1.3 Auswirkungen der UV-Strahlung auf die Biosphäre

Ultraviolette Strahlung, speziell der bei einer Ozonverringerung steigende UV-B-Anteil, wirkt sich schädigend auf die Biosphäre aus. Die Schädigungen betreffen den Menschen (Haut, Augen, Immunsystem), die Pflanzen (Wachstum, Ernteertrag) und marine Mikroorganismen (Zellschädigung, Artenvielfalt, Photosynthese, Nahrungsketten).

Menschen können sich — anders als Pflanzen und marines Zoo- und Phytoplankton — in gewissem Maß vor UV-Strahlung schützen. Dies ist einer der Gründe, weshalb die Gefahren für Pflanzen und Mikroorganismen, die selbstverständlich indirekt auch die Menschheit (Ernteerträge, Photosynthese) betreffen, höher eingeschätzt werden. Ein weiterer Grund liegt in der kaum kalkulierbaren Möglichkeit eines „Umkippens" labiler Ökosysteme schon durch geringfügige Störungen.

In den folgenden Kapiteln werden die Konsequenzen, die Mediziner, Botaniker und Biologen bei einem fortgesetzten Ozonschwund für wahrscheinlich halten, geschildet und, sofern möglich, quantifiziert. Es sei vorangeschickt, daß das Ausmaß erwarteter Schäden teilweise nicht zu berechnen ist und daher auf vielen Gebieten noch wesentliche Forschung geleistet werden muß.

2.2 Auswirkungen auf den menschlichen Organismus

2.2.1 Hautschäden

Die UV-B-Strahlung bewirkt in der Haut sowohl schnelle Effekte wie Sonnenbrand und Pigmentierung wie auch späte Veränderungen, die erst nach einer Latenzzeit von Jahren bis Jahrzehnten zutage treten. Gerade diese sind aber von besonderer Bedeutung. Man unterscheidet

- das vorzeitige Altern der Haut (aktinische Elastose, Heliosis) und
- die lichtinduzierten Krebsvorstufen (Präkanzerosen) und sich daraus entwikkelnde Hautkarzinome.

In Deutschland stehen der Wissenschaft leider wegen der dezentralen Behandlung und des Datenschutzes keine zuverlässigen und alterskorrelierten Fallzahlen (inclusive Präkanzerosen) zur Verfügung. Für statistische Auswertungen und Prognosen ist man daher auf Stichproben und Vergleiche mit Ländern ähnlicher Bevölkerungszusammensetzung angewiesen.

Die Präkanzerosen und daraus möglicherweise entstehenden Hauttumore werden weitgehend durch die UV-Strahlung verursacht. Ihre Häufigkeit ist deutlich dosisabhängig.

Dabei sind zwei Mechanismen der Entstehung von Hautkrebs zu unterscheiden:

- Kumulative lebenslange UV-B-Exposition manifestiert sich in einer höheren Wahrscheinlichkeit für das Auftreten von Basalzell- und Plattenepithelkarzinomen nach dem fünfzigsten Lebensjahr.

  Befürchtet wird auch eine verkürzte Latenzzeit. Lichtinduzierte Tumore können sich bereits vom vierzigsten statt vom fünfzigsten Lebensjahr an manifestieren.

  Hochrechnungen haben ergeben, daß eine einprozentige Verringerung der Ozonschicht zu einer um 2 Prozent effektiveren Bestrahlung führt, und daß dies wiederum eine Erhöhung der Inzidenz des Basalzellkarzinoms um 4 Prozent und des Plattenepithelkarzinoms um 6 Prozent ergibt. Bei einem angenommenen Ozonabbau von 10 Prozent würde dies zu einer Erhöhung der Basalzellkarzinome um etwa 50 Prozent und der Plattenepithelkarzinome um ca. 80 Prozent führen.

  Eine Hochrechnung aus Schätzungen für die Niederlande ergab, daß in der Bundesrepublik Deutschland ein zehnprozentiger Ozonabbau zu ca. 20 000 zusätzlichen neue Fällen von Hautkrebs (ohne Melanome) pro Jahr führen würde (36).

- Die in der Jugend (unter 15 Jahren) durch überstarke UV-B-Exposition bewirkten Sonnenbrände erhöhen das Risiko der Melanomentstehung vom dreißigsten Lebensjahr an. Melanome sind selten im Vergleich zu Plattenepithel- und Basalzellkarzinomen, verlaufen aber wesentlich häufiger tödlich als diese.

  Die Häufigkeit maligner Melanome hat in der weißen Bevölkerung weltweit zugenommen. Epidemiologische Studien gehen jährlich von einer Steigerungsrate von 4 Prozent für die Vereinigten Staaten von Amerika aus. Zu der Abschätzung von Melanomrisiken muß allerdings gesagt werden, daß sie sich aus epidemiologischen Daten und indirekten Versuchen ableiten. Exakte experimentelle Daten zur Dosis-Wirkungsbeziehung zwischen UV-B-Strahlung und Melanomrisiko liegen bislang nicht vor.

2.2.2 Augenerkrankungen

Bereits die derzeitige Intensität der UV-B-Strahlung kann beim Menschen Schäden und Erkrankungen der Augen bewirken. Als häufigste Schäden sind zu nennen:

- Schneeblindheit, eine akute und direkte Läsion der Hornhaut durch UV-Strahlung, die bei besonders exponierten Menschen (z. B. Skifahrern) auftritt und gewöhnlich innerhalb einiger Tage abklingt, sowie die

– Katarakt, eine im Alter auftretende bleibende Trübung der Augenlinse, deren Ursache unter anderem kumulative UV-B und UV-A-Exposition ist.

In beiden Fällen ist bei einer Steigerung der mittleren UV-B-Intensität mit einer derzeit noch nicht quantifizierbaren zunehmenden Häufigkeit der Schäden zu rechnen.

2.2.3 Auswirkungen auf das Immunsystem

Die UV-B-Strahlung beeinflußt das Immunsystem und dessen Abwehrfähigkeiten. Die einschlägigen Erkenntnisse sind allerdings recht bruchstückhaft, so daß die Gesamtauswirkungen auf die Gesundheit des Menschen nicht als geklärt angesehen werden können. Eine durch die UV-B-Strahlung herabgesetzte Immunabwehr ist wahrscheinlich einer der Gründe, die zur Entstehung von Hautkrebs beitragen (36).

Die Abwehrbereitschaft gegen bestimmte Infektionen wie Herpes ist bei höherer UV-B-Intensität herabgesetzt. Für ein allgemeines Ansteigen der Häufigkeit von Infektionen finden sich jedoch keine Hinweise.

Obwohl beim Menschen auch positive Effekte durch erhöhte UV-B-Strahlung bekannt sind, (auf manche Hautkrankheiten, zum Beispiel der Psoriasis; auch Menschen mit Vitamin-D-Mangelerscheinungen würden theoretisch von mehr UV-B-Strahlung profitieren; Ursache des Vitamin-D-Mangels ist allerdings nicht eine derzeitig unzureichende UV-B-Intensität, sondern Fehlernährung und zu wenig Aufenthalt im Freien) überwiegen zweifellos die negativen Auswirkungen.

Eine „Toleranzschwelle“ wird in der Medizin insbesondere im Falle der Hautkrebse ohne Melanome abgelehnt, weil brereits die derzeitige UV-B-Strahlung zu zahlreichen Krebserkrankungen führt.

Wird trotzdem eine maximal tolerierbare UV-B-Dosis definiert, so handelt es sich dabei um eine politische Entscheidung, die ausdrücklich oder billigend eine gewisse Zahl von Mehrerkrankungen in Kauf nimmt.

Auch die Genehmigung von Sonnenbänken und Solarien, deren zunehmende Nutzung nach Schätzungen (zum Beispiel Gesundheitsrat der Niederlande, siehe in (36)) zu einer erhöhten Häufigkeit von Hautkrebs (ohne Melanome) führen dürfte, muß in diesem Zusammenhang gesehen werden.

2.3 Auswirkungen auf Pflanzen

2.3.1 Art der Schädigungen

Die Wirkung erhöhter UV-B-Strahlung wurde bisher vorwiegend an Kulturpflanzen untersucht. Mehr als die Hälfte der etwa 200 untersuchten Pflanzenarten ist UV-empfindlich und zeigt je nach Pflanzenart qualitativ und quantitativ unterschiedliche Schäden. Vor allem Verminderungen der durchschnittlichen Blattfläche, Verkürzungen der Sproßlängen und Einschränkungen der Photosyntheserate werden beobachtet.

Das Ausmaß dieser Schäden hängt stark von der Wahl der Strahlungsquellen ab, die im Gewächshaus oder im Freiland zur Simulation einer erhöhten UV-B-Intensität eingesetzt werden, besonders von deren spektraler Energieverteilung. Wie in 2.1.1 erläutert wurde, wird die biologische Wirksamkeit einer Strahlungsquelle durch Gewichtung der physikalischen Strahlungsintensität mit einer Funktion, die das deutlich unterschiedliche Schadenspotential verschiedener Wellenlängen berücksichtigt, bestimmt. Problematisch sind hierbei die Wahl der Wirkungsspektren, die im wesentlichen die Absorptionseigenschaften biologischer Moleküle ausdrükken und die Zuordnung zwischen einer simulierten Zunahme der UV-Strahlung und einem Wert für die Abnahme des Ozons in der Stratosphäre, die die gleiche biologische Wirkung hervorrufen würde.

Weiterhin wurde festgestellt, daß erhöhte UV-B-Strahlung die Zusammensetzung von künstlichen und wahrscheinlich auch natürlichen Ökosystemen durch eine Veränderung des kompetitiven Wachstums- und Blühverhaltens der beteiligten Arten schädigt.

Einige Pflanzenarten sind zwar in der Lage, Schutzpigmente gegen UV zu bilden oder UV-Schäden teilweise oder vollständig mit Hilfe des langwelligeren UV-A und des Weißlichts zu reparieren. Trotzdem wird das Geamtrisiko einer ökologischen Gefährdung der Pflanzenwelt durch erhöhtes UV-B als hoch angesehen (37).

2.3.2 Folgen für die Ernteerträge

Die beschriebenen möglichen Schäden durch erhöhte UV-B-Strahlung haben eine Verringerung der Ernteerträge vieler Kulturpflanzen zur Folge. Dies ist eine unmittelbare Folge der reduzierten Blattflächen und der damit verbundenen verringerten Photosyntheserate. Experimentell wurde dies an Sojabohnenarten und anderen Kulturarten nachgewiesen. Von 25 untersuchten Sojabohnensorten reagierten zum Beispiel zwei Drittel UV-B-sensitiv, zum Teil mit Ertragsminderung und einer Verminderung des Nährstoffgehaltes. Eine Fünfjahresstudie zeigte, daß bei einer simulierten Ozonabnahme von 25 Prozent die Nettoproduktion bestimmter Sojabohnenarten um 20 bis 25 Prozent sinkt. Berücksichtigt man, daß die UV-B-Strahlung außerdem den Ernteverlust durch Krankheiten, Insekten und konkurrierende Wildpflanzen vergrößern kann — letztere weisen häufig höhere UV-Verträglichkeit auf als Nutzpflanzen — dann ist von einer Halbierung des Sojabohnenertrags bei 25 Prozent Ozonabnahme auszugehen (42).

Die Kombination mehrerer Streßfaktoren verstärkt teilweise die Schadensbilder. Der unter natürlichen Verhältnissen häufig auftretende Wasserstreß bzw. -mangel kann die Wirkung der verstärkten UV-B-Strahlung erhöhen. Dies gilt für die Gurkenkeimlinge, allerdings nicht für viele Sojabohnenarten.

In welcher Weise UV-B die Photosyntheserate verringert, ist nicht geklärt. Es wurde allerdings nachgewiesen, daß UV-B auf indirektem Wege ein Schließen der für den Gasaustausch verantwortlichen Spaltöffnungen auf den Blättern bewirken kann. Studien an isolierten Chloroplasten und Radieschenkeimlingen zeigten ferner, daß auch die Reaktionszentren des Photosystems II durch UV-B inaktiviert werden können.

Die Ernteerträge hängen auch von der Effizienz der Stickstoffversorgung der Kulturpflanzen durch Mikroorganismen ab. Diese Kleinlebewesen produzieren selbst in gemäßigten Breiten etwa 500 kg Stickstoff pro Hektar und Jahr. Die Mengenannahmen für tropische und subtropische Gebiete liegen sogar noch deutlich höher. In Reisfeldern werden sogar künstlich Cyanobakterien eingesetzt, die die Stickstoffproduktion erhöhen. Eine Schädigung dieser extrem UV-B-sensitiven Organismen würde den Teilausfall der Stickstoffzufuhr bedeuten. Eine Kompensation durch Kunstdünger scheidet vor allem in den Ländern der Dritten Welt aus finanziellen Gründen aus und ist im Hinblick auf den Beitrag des Kunstdüngers zum Treibhauseffekt (vgl. Abschnitt D, 1. Kapitel 4.2) nicht empfehlenswert (38).

Zusammenfassend läßt sich feststellen, daß der mögliche Umfang der Ertragsverringerung nur mit großen Unsicherheiten vorhergesagt werden kann. Die Zahl der bisher auf UV-B-Sensitivität untersuchten Pflanzenarten muß erhöht werden. In die Untersuchungen sollten auch niedrig stehende Pflanzengruppen wie Moose, Pilze und Farne eingeschlossen werden. Ferner müssen mehr Untersuchungen im Freiland an einzelnen Pflanzenarten und an ganzen Ökosystemen (Wäldern, Sträuchern, Steppen, Wiesen etc.) durchgeführt werden. Bei solchen Untersuchungen sollten die Wirkungen kombinierter Streßfaktoren (Wassermangel, UV-B, Temperatur, Ozon etc.) und die möglichen Störungen des ökologischen Gleichgewichts in den Ökosystemen untersucht werden (37).

2.4 Auswirkungen auf Zoo- und Phytoplankton

2.4.1 Einfluß auf die marine Nahrungskette (38-41)

Photoautotrophe Organismen fixieren nach einer groben Schätzung jährlich weltweit etwa 100 Milliarden Tonnen CO_2. Mehr als 65 Prozent dieser Menge wird vom Phytoplanktonorganismen in den Meeren umgesetzt. Erhöht sich die biologisch effektive UV-B-Strahlung als Folge einer Abnahme der Gesamtozonmenge, so werden sich die Zahl beziehungsweise Populationsdichte und die Artenzusammensetzung des Phytoplanktons verändern. Neben der Tatsache, daß auf diese Weise eine sehr bedeutsame globale CO_2-Senke verkleinert wird (Gefahr einer Verstärkung des Treibhauseffektes), ergeben sich Konsequenzen für die marine Nahrungskette (Abbildung 19), die im folgenden geschildert werden.

Phytoplanktonische Mikroorganismen stehen als Primärproduzenten am Anfang der biologischen Nahrungskette. Marines Phytoplankton produziert jährlich durch Photosynthese etwa 60 Milliarden Tonnen pflanzliches Trockengewicht, etwa doppelt so viel wie die weltweite Nettoprimärproduktion aller terrestrischen Pflanzen. Phytoplankton wird primär von Zooplankton konsumiert, welches dann die Nahrungsgrundlage für Fische und Krebse darstellt. Am Ende der Nahrungskette steht unter anderen der Mensch (Abbildung 19). Die Menge an produzierter Biomasse verringert sich beim Übergang von einem Glied der Kette zum nächsten etwa um den Faktor 10. 1 000 Tonnen Phytoplankton ernähren 100 Tonnen kleinerer Crustaceen, diese wiederum 10 Tonnen kleinerer Fische und aus diesen entsteht eine Tonne organischen Materials in Form größerer Fische.

Die mögliche Veränderung des Nahrungskettengefüges erwächst aus der UV-B-Wirkung auf folgende Faktoren:

– Artenzusammensetzung und Wachstum des Planktons

Die UV-B-Empfindlichkeit der Mikroalgen ist artspezifisch. In einem „künstlichen Ökosystem" verschiedener Mikroalgen nahm die Zahl filamentöser Cyanobakterien unter UV-B-Bestrahlung auf Kosten der sonst dominierenden Diatomeen stark zu. Zur Verdeutlichung der Rolle der Diatomeen sei erwähnt, daß sie als Hauptbestandteil des Phytoplanktons jährlich 15,6 Milliarden Tonnen Kohlenstoff zu organischen Substanzen verarbeiten und so zu 20 Prozent der Nettoprimärproduktion der Erde beitragen.

Plankton bewegt sich vertikal in der Nähe der Meeresoberfläche. Bereits an „normalen" Sommertagen ist die dort je nach Transparenz beziehungsweise Verschmutzungsgrad des Wassers vorherrschende UV-Strahlung tödlich für viele Algenarten. (Das abgestorbene Plankton sinkt zum Meeresgrund und ist Nahrungsgrundlage zum Beispiel für Tiefseefische.) Bei einer Erhöhung der mittleren UV-B-Dosis erwartet man starke Schädigungen der Algenzusammensetzung. Wahrscheinlich hat die UV-Strahlung als wesentlicher Selektionsfaktor im marinen Ökosystem die heutige Artenzusammensetzung mitbestimmt.

Im einzelnen lassen sich keine exakten oder quantitativen Aussagen zu den Auswirkungen treffen. Ein positiver Effekt träte ein, wenn die erhöhte UV-B-Strahlung den Anteil der für Primärkonsumenten gut verwertbaren Algen begünstigen würde. Für wahrscheinlicher wird allerdings der negative Effekt eines Anstiegs schlecht verwertbarer oder sogar toxischer Planktonalgen und der Verlust von Arten, die für Nahrungsspezialisten unter den Primärkonsumenten wichtig sind, gehalten.

Unterhalb letaler Dosen beeinflußt UV-B das Wachstum mariner Diatomeen und dessen Synchronität ungünstig. Eine quantitative Abschätzung der Biomasse-Produktionsverringerung durch (vermehrtes) UV-B kann für den globalen Maßstab nicht gegeben werden.

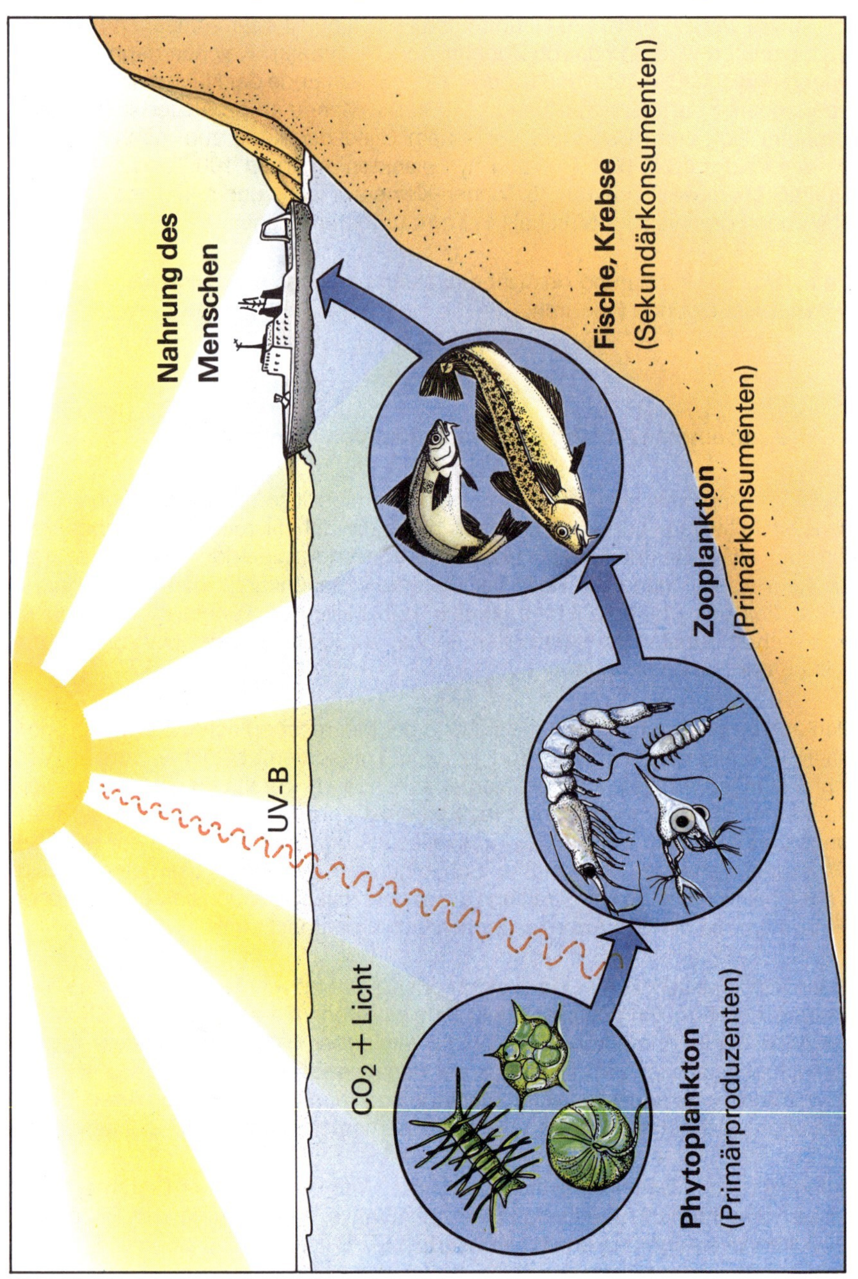

Abb. 19: Vereinfachtes Schema der marinen Nahrungskette. Der Haupteinfluß der UV-B-Strahlung wird bei Phyto- und Zooplankton festgestellt. In das Schema sind marine Säugetiere und Raubfische nicht mit einbezogen.

– Protein- und Pigmentgehalt der Planktonarten und deren Fähigkeit zur Selbstreparatur der durch UV-B-Strahlung entstandenen Schäden

Normaler UV-Streß schädigt Proteine. Diese gewinnen allerdings durch Dunkel- und Weißlichtreparaturmechanismen ihre ursprüngliche Struktur und Funktion zurück. Erst höhere Dosen beeinträchtigen die Ionenpermeabilität der Zellmembranen und bewirken irreversible Schäden an den Proteinen und schließlich den Zelltod.
Verstärkte UV-B-Strahlung verringert den Gehalt an Photosynthesepigmenten und führt über eine veränderte Produktion von ATP und $NADPH_2$ zu einer Absenkung der CO_2-Fixierung. Ferner wurde eine Schädigung des Photosystem-II-Zentrums beobachtet, die sich in einer Verminderung bestimmter Lipide und einer damit verbundenen Strukturänderung der Membran niederschlägt.

Temperatur und Salzgehalt (Salinität) stellen zusätzliche Streßfaktoren für Plankton dar.

– Zellstoffwechsel

Veränderungen der Nukleinsäuren und Proteinstrukturen können allgemein die Enzymsynthese hemmen bzw. zum Verlust der Enzymaktivität führen. Bei Cyanobakterien und Meeresdiatomeen ist eine spezifische Enzymhemmung durch UV-B festgestellt worden, die zur Beeinträchtigung der Photosyntheseleistung führt.

Die für den Stickstoffmetabolismus wichtigen Schlüsselenzyme wie Nitratreduktase, Glutaminsynthetase und Glutamatsynthase werden durch Licht aktiviert, aber auch inaktiviert. Diese Enzyme verarbeiten Kohlenstoffskelette aus der photosynthetischen CO_2-Fixierung und die marinen Stickstoffquellen (Nitrat, Ammonium und Harnstoff) zu Aminosäuren und Proteinen. Die bisherigen experimentellen Ergebnisse (u. a. Tracerversuche bei Diatomeen und Cyanobakterien zur Aufnahme und Assimilation der Stickstoffquellen) lassen erkennen, daß eine Erhöhung der UV-B-Dosis sich vor allem negativ auf den Stickstoffmetabolismus auswirken könnte.

Bestimmte Algen, die zum Beispiel bei Ebbe häufig Starklicht ausgesetzt sind (Ulva lactuca), sind weniger empfindlich gegen UV-B. Dies wird als Indiz dafür gewertet, wie sehr die verschiedenen Algenarten an die in ihren jeweiligen Lebensräumen beziehungsweise die dort herrschenden UV-Verhältnissen angepaßt sind.

– Ökologische Gleichgewichte innerhalb der marinen Biotope

Die beschriebenen biologischen Effekte verändern die ökologischen Verhältnisse durch die Verringerung der Primärproduktion an Biomasse. Die heutige, „normale" UV-Intensität reduziert vermutlich die Biomasseproduktion nahe der Wasseroberfläche um ca. 30 Prozent im (rein theoretischen) Vergleich zur möglichen Produktion nach vollständigem Ausfiltern der UV-B-Strahlung. Hieraus ergibt sich für die gesamte euphotische Zone des Meeres eine Abnahme der Biomasseproduktion um 12 Prozent bei den jetzigen Strahlungsverhältnissen und um weitere 5 Prozent (bzw. 9 Prozent) bei einer Reduktion des Ozons um 16 Prozent (bzw. um 25 Prozent).

Diese sehr allgmeinen Berechnungen geben nicht die Verhältnisse in einem kleineren Bereich wieder. In einem eng begrenzten Ökosystem, etwa nahe der Wasseroberfläche, können wesentlich stärkere Schäden auftreten.

Die Verschiebung des Gleichgewichts zwischen den unterschiedlich UV-sensiblen Phytoplanktonalgen kann Quantität und Qualität der Nahrung der Primärkonsumenten drastisch beeinträchtigen und entsprechende Folgen für die Nahrungskette haben. Dies ist vor allem der Fall, wenn die UV-B-resistenten Arten einen geringeren Nährwert für die Konsumenten besitzen oder sogar toxisch wirken können.

2.4.2 Ausmaß der erwarteten Schäden

Es ist derzeit unmöglich, die Schäden quantitativ oder vollständig qualitativ zu prognostizieren, die aus einer (weiteren) Reduktion der Ozonschicht erwachsen können. Es ist auch unbekannt, welche Synergismen und Rückkopplungseffekte die marinen Ökosysteme stabilisieren und destabilisieren. In der Fachwelt gilt es aber als gesichert, daß durch mehr UV-B teilweise erhebliche Veränderungen im ökologischen Gleichgewicht eintreten werden. Dies betrifft besonders die planktonreichen und UV-B-transparenten Gewässer der Antarktis, der Region, in der die Ozonabnahme zudem am gravierendsten ist.

Auch wenn zur Zeit eine quantitative Abschätzung der zu erwartenden Schäden nicht möglich ist, lassen sich folgende Konsequenzen aus den geschilderten Auswirkungen erhöhter UV-B-Strahlung auf das Meeresplankton ziehen:

- Beeinträchtigung der Funktion der Meere als CO_2-Senke durch eine abgesenkte Primärproduktion
- Destabilisierung des marinen Ökosystems durch eine noch nicht abschätzbare Veränderung der Artenzusammensetzung
- Auswirkungen auf die Funktion der Meere als Nahrungsquelle für den Menschen indem durch Verminderung der Primärproduktion auch der Fischbestand als ein Glied in der Nahrungskette abnimmt, und durch Rückgang des für menschliche Ernährung möglicherweise an Bedeutung zunehmenden Zooplanktons (Krill).

2.5 Forschungsbedarf

Bislang sind vom BMFT etwa zwanzig Forschungsvorhaben mit einem Umfang von 10 Millionen DM zur Erforschung der biologischen Folgen des Ozonabbaus in der Stratosphäre gefördert worden. Darüber hinaus ergaben die Anhörungen und

Berichte vor der Enquete-Kommission noch einen erheblichen Forschungsbedarf hinsichtlich der Auswirkungen erhöhter UV-B-Strahlung auf:

- die Inzidenz maligner Melanome unter besonderer Berücksichtigung der Dosis-Wirkungs-Beziehung,
- das menschliche Immunsystem, insbesondere mit Hinblick auf Zusammenhänge zwischen Immunabwehr und Entstehung von Hautkrebs,
- Stoffwechsel, Wachstum und Vermehrung höherer und niederer Pflanzen,
- den Ertrag bei land- und forstwirtschaftlichen Nutzpflanzen,
- die Stabilität und Zusammensetzung terrestrischer und mariner Ökosysteme,
- Biomasseproduktion, Kohlendioxidfixierung, Stickstoffmetabolismus und Sauerstoffemission marinen Phytoplanktons,
- die Motilität, die Photoorientierung und die Entwicklung von Mikroorganismen.

Dabei sollen bei Bedarf Freilandexperimente durch Laboruntersuchungen an charakteristischen bzw. ökologisch besonders relevanten Arten ergänzt werden. Eingang in die Untersuchungen finden sollten auch die Kombinationswirkungen erhöhter UV-B-Strahlung und anderen klimatischen Änderungen oder Streßfaktoren. Da gerade die antarktischen Gewässer von besonderer Bedeutung für den globalen Bestand des Phytoplanktons sind, sind hier Freilandexperimente vor Ort zu empfehlen. Forschungsbedarf besteht auch hinsichtlich Modellrechnungen über UV-B-Schädigung bei Mikroorganismen. Diese Modelle sollten mehrdimensional und zeitlich gerechnet werden und sollten die Vorhersage von Biomasseproduktion, Kohlendioxidemission und den Einfluß auf die Modelle zu globalen Klimaänderungen erlauben.

3. Literaturverzeichnis

(1) WATSON, R.T. u. a., „Journal of Physical Chemistry, Reference data“ und „NASA Panel for data evaluation“

(2) BRASSEUR, G., Gutachten für die Enquete-Kommission, EK-Drucksache 11/27 (1988)

(3) BRASSEUR, G. und DE RUDDER, A., Journal. Geophys. Res., 92, 10.903—10.920 (1987)

(4) „Atmospheric Chemistry“, FINLAYSON-PITTS, B.J. und PITTS, N., Wiley-Interscience 1986, S. 963

(5) ISAKSEN, I., und ROGNERUD, B., Gutachten für die Enquete-Kommission, EK-Drucksache 11/27 (1988)

(6) CRUTZEN, P. Mitteilung an die Kommission

(7) (a) „Atmosphärische Spurenstoffe“, Hg.: JAENICKE, R. Deutsche Forschungsgemeinschaft, VCH Weinheim 1987

(b) „Atmosphäre und Umwelt“, FABIAN, P., Springer Verlag 1984

(8) WUEBBLES, D.J., u. a., zitiert in „Stratospheric Ozone“, WMO-Report Nr. 16, 1986

(9) BRÜHL, C., Dissertation, Universität Mainz, 1987

(10) CRUTZEN, P., in „Geophysiology of Amazonia“, Hg.: DICKERSON, R., J. Wiley, 1985

(11) BRASSEUR, G. und HITCHMAN, M., Gutachten für die Enquete-Kommission, EK-Drucksache 11/27, (1988), S. 15

(12) BRÜHL, C., Mitteilung an die Enquete-Kommission, EK-Arbeitsunterlage

(13) BRÜHL, C., Gutachten für die Enquete-Kommission, EK-Drucksache 11/16 (1988), S. 4

(14) OWENS, A., u. a., zitiert in „Stratospheric Ozone“, WMO-Report No. 16 (1986)

(15) WUEBBLES, D.J., Gutachten für die Enquete-Kommission, EK-Drucksache 11/27 (1988)

(16) HAMMITT, J.K., WUEBBLES, D.J., u. a., Nature, Bd. 330, Nr. 6150, S. 711–716 (1987)

(17) SZE, N.D., Gutachten für die Enquete-Kommission, EK-Drucksache 11/16 (1988), S. 68–100

(18) ISAKSEN, I., Gutachten für die Enquete-Kommission, EK-Drucksache 11/27 (1988), S. 59–77

(19) GARCIA, R.R., SOLOMON, S., Journal. Geophys. Res. 88, 1379 (1983)

(20) SZE, N.D., u. a., zitiert in „Atmospheric Ozone“, WMO-Report Nr. 16 (1985), S. 768

(21) „Montreal Protocol on substances that deplete the ozone layer“, Final Act 1987, EK-Drucksache 11/14 (1988)

(22) BRASSEUR, G., und SIMON, P.C., Journal. Geophys. Res. Bd. 86, S. 7343 (1981)

(23) STOLARSKI, R., u. a., zitiert in WMO-Report Nr. 16 (1986)

(24) WUEBBLES, D.J., Mitteilung an die Enquete-Kommission

(25) HOLTON, J.R., und MAHLMANN, J.D., zitiert in WMO-Report Nr. 16, 1986

(26) BRÜHL, C., BACH, W., und CRUTZEN, P., Gutachten für die Enquete-Kommission (1988), EK-Arbeitsunterlage

(27) FABIAN, P., u. a., in: Proceedings of the quadrennial ozone symposium 1988 (Göttingen)

(28) TEVINI, M., STEINMÜLLER, D. und IWANZIK, W., „Über die Wirkung erhöhter UV-B-Strahlung in Kombination mit anderen Streßfaktoren auf Wachstum und Funktion von Nutzpflanzen“, (Hg.) Gesellschaft für Strahlen- und Umweltforschung mbH, 1986

(29) ZELLNER, R., in: „Anthropogene Beeinflussung der Ozonschicht“, 6. Dechema-Fachgespräch Umweltschutz am 16. und 17. 12. 1987, Hg. Dechema Frankfurt, 1988, S. 83

(30) ROBERTSON, D.F., „Solar UV radiation in relationship to human sunburn and skin cancer“, Promotion an der Universität Queensland, Australien, 1972

(31) URBACH, F., Gutachten für die Enquete-Kommission, EK-Drucksache 11/18, 1988

(32) SCOTTO, J., URBACH, F. u. a., Science Band 239, 1988, S. 762–764

(33) DAVE, J.V., HALBERN, P., in: Radiation in the atmosphere“, Hg. H.J. Bolle, Science Press, 1976, S. 611

(34) GREEN, A.E.S., CROSS, K.R. und SMITH, L.A., Photo chem. Photobiol. 31, 1980, S. 59–65

(35) JUNG, E.G., Gutachten für die Enquete-Kommission, EK-Drucksache 11/16, 1988, S. 125ff.

(36) VAN DER LEUN, J.C., Gutachten für die Enquete-Kommission, EK-Drucksachen 11/16, 1988, S. 140ff. bzw. 11/126, 1988, S. 1ff. (deutsche Übersetzung)

(37) TEVINI, M., Gutachten für die Enquete-Kommission, EK-Drucksache 11/16, 1988, S. 130ff.

(38) HÄDER, D., Gutachten für die Enquete-Kommission, EK-Drucksache 11/16, 1988, S. 120ff.

(39) DÖHLER, G., Gutachten für die Enquete-Kommisson, EK-Drucksache 11/16, 1988, S. 101ff.

(40) WORREST, R.C., Gutachten für die Enquete-Kommission, EK-Drucksache 11/18, 1988, S. 31ff.

(41) „Draft report to the United Nations Environment Programme coordinating committee on the ozone layer effects of stratopheric modification and climate change", Draft Final, 1986

(42) MAKHIJANI, M. u. a., Saving our skins: Technical potential and policies for the elimination of ozone-depleting chlorine compounds, Maryland, 1988, S. 45–64

4. Abbildungsverzeichnis

5. Tabellenverzeichnis

5. KAPITEL

Handlungsmöglichkeiten, Maßnahmen und Empfehlungen zum Schutz der Ozonschicht in der Stratosphäre

1. Handlungsmöglichkeiten zur Reduzierung der FCKW-Emissionen

Aus heutiger Sicht erscheint es technisch erreichbar, eine fünfundneunzigprozentige Reduktion der FCKW-Emissionen zumindest auf nationaler Ebene bereits innerhalb von fünf Jahren zu vollziehen. Im folgenden werden

- mögliche Rückhalt, Wiedergewinnungs- und Entsorgungstechniken,
- mögliche Ersatzstoffe, Ersatztechniken und Einsparpotentiale sowie
- Handlungsoptionen

getrennt nach den Anwendungsgebieten Aerosole, Kunststoffverschäumung, Kälte- und Klimatechnik, Lösungs- und Reinigungsmittel und Sonstige geschildert.

Zur Frage des Einsatzes von H-FCKW als Ersatzstoffen sei vorangeschickt, daß diese allgemein zum zusätzlichen Treibhauseffekt beitragen. Ihre toxikologische und ökotoxikologische Bewertung steht ebenfalls noch aus.

1.1 Aerosole

Im Bereich der Aerosole hat sich in der Bundesrepublik Deutschland in den letzten Jahren eine positive Entwicklung vollzogen. Der Einsatz von FCKW als Treibmittel in Spraydosen wurde von 26 000 Tonnen im Jahre 1986 auf voraussichtlich etwa 4 000 Tonnen im Jahre 1988 verringert. Dies ist auf das mittlerweile hohe Umweltbewußtsein der Verbraucher und die technisch relativ leichte Umstellung auf andere Treibgase wie Propan, Butan und Dimethylether zurückzuführen.

Die Rückhaltung oder Wiedergewinnung der FCKW-Treibgase ist nicht möglich; die Gase werden bei der Spraydosenbenutzung vollständig freigesetzt. Für 1989 erwartet die Industriegemeinschaft Aerosole e.V. einen Einsatz von ca. 2 500 Tonnen FCKW (in der Bundesrepublik Deutschland), die hauptsächlich im medizinischen und speziellen technischen Bereichen (Kühlung bei bestimmten Schweißtechniken) Verwendung finden. Im Pharmabereich ist zu prüfen, ob nicht auch andere Treibmittel verwendet werden können, sofern es sich nicht um lebensrettende Präparate oder Maßnahmen handelt. In den technischen Bereichen könnten andere Kühltechniken und Schutzgase eingesetzt werden.

Als Handlungsoption ist dringend anzuraten, für Aerosole eine generelle Kennzeichnungspflicht einzuführen. Dies gilt vor allem auch für importierte Aerosole von Herstellern, die nicht der Industriegemeinschaft Aerosole e. V. angehören. Nach den Erfahrungen in der Bundesrepublik Deutschland erscheint eine fünfundneunzigprozentige Reduktion des Einsatzes aller FCKW bis Ende 1995 auch weltweit realisierbar.

1.2 Kunststoffverschäumung

Eine Reduktion des Einsatzes der FCKW 11 und 12 zur Verschäumung von Polyurethanhartschaum, Polyurethanweichschaum und extrudiertem Polystyrol (XPS) ist teilweise möglich. Das wesentliche Einsparpotential liegt aber im Übergang zu anderen FCKW-freien Produkten.

Bei Polyurethanhartschaum werden 10 Prozent der FCKW direkt bei der Produktion, bei Polyurethanweichschaum 50 Prozent der FCKW direkt bei der Produktion, die restlichen 50 Prozent innerhalb von ein bis zwei Tagen nach Produktion freigesetzt. In den geschlossenen Zellen des Hartschaums verbleiben 90 Prozent der FCKW. Sie sind für die hervorragenden Wärmedämmungs- und Isolationseigenschaften der Produkte verantwortlich. Bei Weichschäumen können nach Angaben des entsprechenden europäischen Verbandes vierzig Prozent der bei der Produktion freiwerdenden FCKW an Aktivkohle oder anderen neuen Absorberstoffen absorbiert und wiedergewonnen werden (erfolgreiche Versuche bei einer niederländischen Firma). Ein Schweizer Anlagenhersteller berichtet sogar, daß eine fast hundertprozentige Wiedergewinnung der FCKW bei der Herstellung von Weichschäumen möglich und ökonomisch ist. 1 Million Tonnen FCKW sind derzeit weltweit in Polyurethanhartschäumen, die zum Beispiel im Baubereich oder als Konstruktions- und Isolationsmaterial für Kühlaggregate Verwendung finden, gespeichert. In Anbetracht dieser Menge, die etwa der mittleren Weltjahresproduktion aller FCKW entspricht, muß eine Entsorgung, eine Trennung dieser Stoffe von anderen Abfallmaterialien, wenn möglich eine Wiederverwertung und in anderen Fällen eine umweltverträgliche Hochtemperaturverbrennung angestrebt werden. Ersatzstoffe für FCKW 11 und 12 als Treibmittel für Kunststoffe (etwa H-FCKW 141 b und 123) werden von FCKW-Herstellern und Anwendern derzeit auf ihr Ersatzpotential, ihre Toxizität, ihre Herstellungsmöglichkeiten, ihre allgemeine Umweltverträglichkeit und andere Eigenschaften wie ihren voraussichtlichen Preis untersucht. Die genannten H-FCKW zeigen vorteilhafte Eigenschaften wie eine bessere Löslichkeit in der Ausgangssubstanz Polyol, aber auch nachteilige Wirkungen. Der Schaumstoff zeigt eine schlechtere Fließfähigkeit, die H-FCKW lösen zum Teil die Polymermatrix und bewirken eine geringere Druckstabilität, so daß der Einsatz als Konstruktionswerkstoff wie in Kühlgeräten fraglich erscheint. Das Brandverhalten ist etwas ungünstiger und der Preis des Produkts wird höher liegen.

Da in einigen Bereichen Ersatzstoffe der FCKW 11 und 12 nicht verfügbar sind, unternimmt die Anwenderindustrie derzeit erhebliche Anstrengungen, den FCKW-Einsatz zu verringern. Wenn Brandschutzvorschriften dies zulassen, wird Pentan als Blähmittel eingesetzt . Die exotherme Reaktion von Isocyanaten mit Wasser zu Harnstoffderivaten und Kohlendioxid wird ausgenutzt, um die Blähwirkung durch das Reaktionsprodukt CO_2 hervorzurufen. Da in diesem Fall die Reaktionswärme nicht von FCKW 11 abgeführt wird, kommt es bei größeren Schaumdicken zum

Reißen des Kunststoffes. Mit Wasser beziehungsweise CO_2 lassen sich Polyurethanschäume mit Raumdichten von mehr als 35 kg pro m^3 relativ problemlos schäumen. Ersetzt man allgemein Schäume geringerer Dichte durch solche mit höherem spezifischem Gewicht (und damit höherer Qualität bei Produkten wie Autositzen und Matratzen), so sind höhere Produktionskosten in Kauf zu nehmen. Amerikanische Produzenten streben an, in zwei bis drei Jahren zum Beispiel für Autositze und Matratzen nur noch Wasser-, das heißt CO_2-geschäumte Kunststoffe zu verwenden. Bei den Treibmitteln für Schäume, die zur Isolation von Kühlaggregaten dienen, kann der FCKW-Anteil um 40 bis 50 Prozent ohne Verschlechterung der Wärmeleitfähigkeit reduziert werden. Die erhöhte Wärmeleitfähigkeit des H_2O-Dampfes wird durch verkleinerte Zellgrößen kompensiert. Für diesen Bereich will ein großes deutsches Unternehmen ab 1989 den FCKW-Einsatz um 50 Prozent reduzieren.

Da die Wiedergewinnung der FCKW bei der Weichschaumherstellung möglicherweise relativ kostspielig sein kann, werden wahrscheinlich zukünftig Weichschäume hoher Raumdichte solche niedriger Dichte verdrängen. Für den Konsumenten ergeben sich etwas höhere Preise bei erhöhter Qualität.

Zur Verschäumung von extrudiertem Polystyrol (XPS) werden einige deutsche Hersteller bis zum Ende des Jahres 1992 den Einsatz von FCKW 11 und 12 vollständig einstellen.

Neben den Ersatzstoffen für die FCKW zeichnen sich wichtige neue Entwicklungen, Techniken und FCKW-freie Produkte ab, die vielleicht langfristig einen großen Teil der Schaumstoffe überflüssig machen und verdrängen werden. Kühlschränke (und übrigens auch Fernwärmerohre) können durch Vakuumisolation, eine im wesentlichen eingeführte und erprobte Technik, noch erheblich energieeffizienter arbeiten. Gegenüber den ersten Marktserien vakuumisolierter Kühlschränke sind mittlerweile auch konstruktive Verbesserungen erzielt worden, durch die zum Beispiel ein Eindringen von Wasser in den Vakuummantel verhindert wird. Nach Angaben einer Firma aus dem Bereich Energieanlagenbau kann man bei Kühlschränken solcher Bauart mit einer Lebensdauer von fünfzig Jahren rechnen. Im Baubereich werden möglicherweise langfristig „Aerogele“, ein mikroporöses Pulvermaterial, dessen Gerüst aus SiO_2 besteht und das durchlässig für ultraviolettes und sichtbares Licht, aber undurchlässig für infrarotes Licht ist, eingesetzt werden können. Diese wurden bereits in Modellhäusern erprobt; mit ihrer Hilfe kann bis zu neunzig Prozent Heizenergie gespart werden. Andere Alternativen stellen Wärmeisolationsmaßnahmen mit Fasermatten (Mineralwolle, Glasfasern) dar, die im Baugewerbe ein höheres Volumen zur Erzielung der gleichen Isolationswirkung beanspruchen. Für Verpackungsmaterialien, wo weniger die wärmeisolierende als stoßabsorbierende Wirkung erwünscht wird, kann sofort auf FKCW-freie Schäume oder herkömmliche Materialien zurückgegriffen werden. Wegwerfgeschirr aus Kunststoffen sollte verboten werden; ein Ersatz durch Papier oder Pappe ist unproblematisch. Das Reduktionspotential unter Einschluß der Verwendung neuer (bzw. klassischer) Techniken und FCKW-freier Produkte wird auf 70 bis 95 Prozent geschätzt. 100 Prozent Reduktionspotential besteht bei Weichschäumen (siehe oben) und bei XPS-Schäumen. Das geringste Reduktionspotential besteht bei PU-Hartschäumen. Dieses wird wahrscheinlich unter anderem durch die langfristige Markteinführung der Aerogele und der in diesem Zusammenhang zu nennenden transparenten Wärmedämmung erhöht.

1.3 Kälte- und Klimatechnik

Für Rückhalte und Wiederverwertungsmaßnahmen liegen Vorschläge des Deutschen Kälte- und Klimatechnischen Vereins (DKV) und anderer Verbände vor, die ein sehr hohes Maß der Wiederverwertung oder Vernichtung der FCKW vorsehen. Weltweit befinden sich derzeit ca. 320 000 Tonnen FCKW (vor allem FCKW 12 und 115) im „Reservoir" alter bzw. genutzter Kühlaggregate (Kühlsystem + Schaumstoff). Dies verdeutlicht, daß eine Rückhaltung, Wiederverwertung oder Entsorgung sinnvoll und geboten ist. Durch verbesserte Konstruktion, insbesondere bei Automobilklimaanlagen, die auch von deutschen Herstellern für den amerikanischen Markt geliefert werden, lassen sich Verluste erheblich einschränken. Metallverbindungen sind hier eine bessere konstruktive Lösung als Schläuche, und von Seiten des Herstellers sollte ein hermetisch dichter Aufbau garantiert werden können. Als Ersatzstoffe, vor allem für Großanlagen, kommen Ammoniak (NH_3) und Schwefeldioxid (SO_2) beziehungsweise ein vermehrter Einsatz dieser Stoffe in Frage. Im Gegensatz zu den FCKW 11 und 12 sind einige H-FCKW kaum oder nicht ozongefährdende Stoffe. Allerdings tragen auch diese zum zusätzlichen Treibhauseffekt bei. Im übrigen steht ihre toxikologische Bewertung ebenfalls noch aus.

Neue Techniken (magnetokalorisches Konzept, Lithiumbromid/Wasser-Absorptionssysteme und ähnliches) befinden sich im Entwicklungsstadium, sind teilweise nur für bestimmte Anwendungen geeignet und sind insgesamt hinsichtlich ihres Ersatzpotentials noch nicht zu beurteilen. Mittel- bis langfristig könnten Kühlaggregate, die mit flüchtigen organischen Verbindungen als Arbeitsgas betrieben werden, die herkömmlichen Modelle verdrängen. Äußerst nützliche Maßnahmen sind gesetzlich vorgeschriebene Wartungsintervalle zur Vermeidung von Leckagen bei Großanlagen und eine Verpflichtung des Käufers zum Recycling der FCKW. Kühlgeräte könnten und müssen auch für eine längere Lebensdauer konstruiert werden. Derzeit wird ein hoher Prozentsatz von Geräten verschrottet, weil geringwertige Bauelemente versagen und eine Reparatur „nicht lohnt". Die Polyurethanhartschäume in Kühlschränken sind — wenn möglich — aus dem Abfall zu sortieren, wiederzuverwerten oder in anderen Fällen einer umweltverträglichen Hochtemperaturverbrennung zuzuführen. Der Polyurethanschaum eines typischen Kühlschranks enthält übrigens 4 bis 5mal mehr FCKW als der Kühlkreislauf.

Innerhalb von fünf Jahren sollten sich bis zu 90 Prozent des Einsatzes von FCKW vermeiden lassen.

1.4 Löse- und Reinigungsmittel

In diesem Bereich werden FCKW 113, Methylchloroform und (vermutlich in anderen Ländern in unbekanntem Ausmaß) Tetrachlorkohlenstoff eingesetzt. FCKW 113 wird in den Vereinigten Staaten von Amerika zu dreißig Prozent in der Metallreinigung eingesetzt (zum Beispiel Bleche für den Automobilbau) und zu fünfundfünfzig Prozent zur Grob- und Präzisionsreinigung in der Elektronikindustrie. Ungefähr fünfzehn Prozent des FCKW 113 werden zur Textilreinigung und anderen Zwecken eingesetzt. Für viele Anwendungszwecke stehen heute Reinigungsmittel auf der Basis wäßriger Lösungen zur Verfügung, die auch von den meisten namhaften Herstellern erprobt wurden und beherrscht werden. Ein großer Elektronikkonzern nutzt Terpene aus Orangenschalen zur Reinigung von elektronischen Elementen und Platinen. Auch von mindestens einem deutschen Hersteller wird eine biologisch voll abbaubare Kombination von Tensiden und Komplexbildnern angeboten, die FCKW in vielen Reinigungsbereichen ersetzen kann. Unter möglichen Ersatzstoffen befindet sich auch eine Reihe früher benutzter Stoffe wie Alkohole, Ester, Ketone und andere , die jedoch brennbar und in Luftgemischen zum Teil explosiv sind und daher aufwendige Sicherheitsmaßnahmen erfordern. In der Elektronikindustrie sollten Reinigungsmittel mit geringsten Verlusten wiedergewonnen werden können. Wie hoch derzeit die Wiederverwertungsquote in den Reinigungsbereichen liegt, konnte nicht ermittelt werden. In Anbetracht der hohen Wertschöpfung in diesem Industriezweig sind die Kosten für eine Wiedergewinnung der Lösemittel in gekapselten Reinigungsanlagen vertretbar; die Einführung des Recyclings sollte durch den Gesetzgeber vorgeschrieben werden. Eine Reduktion der Emissionen um mehr als 90 Prozent innerhalb von fünf Jahren erscheint technisch machbar.

Die Stiftung Warentest hat für den Bereich der Bundesrepublik Deutschland ermittelt, daß nur zehn Prozent der Kleidungsstücke, die in chemischen Reinigungen verarbeitet werden, tatsächlich diesem aufwendigen Verfahren unterzogen werden müssen. Über den Weg der Textilkennzeichnungspflicht muß es dem Verbraucher und Konsumenten erleichtert werden zu beurteilen, ob seine Kleidungsstücke nicht anderweitig gereinigt werden können.

1.5 Sonstige FCKW-Anwendungen

Mischungen aus 12 Prozent Ethylenoxid und 88 Prozent FCKW 12 sind nicht explosiv, nicht entflammbar und daher sicher in Handhabung und Lagerung. Sie werden zumindest in den USA im klinischen Bereich und bei Lebensmitteln zum Zwecke der Sterilisierung eingesetzt. In der Bundesrepublik Deutschland werden auch Mischungen von Ethylenoxid und CO_2 verwendet. Das amerikanische Midwest Research Institut hat nach Angaben aus dem Jahr 1978 extrapoliert, daß 1986 in den USA 12 Millionen kg FCKW 12 für diese Anwendungen verbraucht und zu über 90 Prozent in die Atmosphäre emittiert wurden. Für den Bereich der Bundesrepublik Deutschland waren keine Zahlen erhältlich. In den USA ist die Wiedergewinnung und Entsorgung des Ethylenoxids zwingend vorgeschrieben. Auch

FCKW 12 sollte sich durch geeignete Absorbermaterialien wiedergewinnen und entsorgen lassen. Zum Bereich der übrigen Anwendungen gehören die Kältebehandlung von Lebensmitteln wie zum Beispiel bestimmter Fisch- und Muschelsorten (FCKW 12, Verbrauch 1985 in den USA USA 600 Tonnen) und einige, teilweise exotisch anmutende Beispiele wie die Stabilisierung fettarmer Sprühsahne durch einen gewissen Zusatz an FCKW 115.

1.6 Halone

Die gesetzlich vorgeschriebenen Wartungs- und Testmaßnahmen für Feuerlöschanlagen zum Beispiel in Industriebetrieben und auf Flughäfen gehören zu den wesentlichsten Emissionsquellen für Halone. Hier muß sehr schnell durch gesetzgeberische Maßnahmen erreicht werden, daß für diese Zwecke andere Stoffe Verwendung finden können, insbesondere dann, wenn nur ein Funktionstest der Löscheinrichtungen angestrebt wird.

2. Erste politische Empfehlungen zum Schutz der Ozonschicht in der Stratosphäre

Die Enquete-Kommission kommt auf der Grundlage ihrer bisherigen Arbeit zu einer Reihe weitgehender Empfehlungen.

Diese ergänzen den Beschluß des Deutschen Bundestages vom 22. September 1988, der bereits auf den bis zum Juni 1988 von der Enquete-Kommission erarbeiteten Beratungsergebnissen beruht.

Bei den Empfehlungen ist zu unterscheiden zwischen Maßnahmen auf internationaler, europäischer und nationaler Ebene.

2.1 Internationale Maßnahmen

Die Enquete-Kommission sieht es als notwendig an, daß die Bundesregierung mit Nachdruck dafür eintritt, daß neben dem Wiener Übereinkommen auch das Montrealer Protokoll möglichst schnell von möglichst vielen Staaten gezeichnet und ratifiziert wird, um Produktionsverlagerungen und Produktionserweiterungen zu verhindern.

Die Enquete-Kommission ist der Auffassung, daß das Montrealer Protokoll in seiner gegenwärtigen Ausgestaltung bei weitem nicht ausreicht, um die bereits eingetretenen und zu erwartenden Schäden im Zusammenhang mit dem Ozonabbau in der Stratosphäre zu reduzieren.

Da die FCKW sowohl zum Ozonabbau in der Stratosphäre beitragen als auch gegenwärtig zu 17 Prozent am Treibhauseffekt beteiligt sind, ist die Enquete-Kommission der Auffassung, daß Produktion und Verbrauch dieser Stoffe bis zum Jahre 2000 um mindestens 95 Prozent reduziert werden müssen.

Die Forderung nach einer fast völligen Beseitigung der FCKW ergibt sich aus den aktuellen wissenschaftlichen Erkenntnissen über das Ozonzerstörungspotential der zu regelnden Stoffe und die dadurch zu erwartenden Auswirkungen, über ihre Treibhausrelevanz und die Verstärkung ihres Wirkungspotentials bei der Reduktion anderer treibhausrelevanter Spurengase.

Diese Überlegungen führen zu der Forderung, daß das Montrealer Protokoll im Rahmen der im Jahre 1990 vorgesehenen Überprüfung einer erheblichen Überarbeitung und Fortschreibung unterzogen wird und die Bundesregierung sich so früh wie möglich dafür einsetzt, daß die Verhandlungen für die Überprüfung des Montrealer Protokolls und die Vorbereitung von Verhandlungen für eine drastische Verschärfung bereits im Jahre 1989 eingeleitet werden, damit eine Realisierung der Überarbeitung 1990 möglich ist.

Die Enquete-Kommission sieht es als notwendig an, daß die Bundesregierung im Rahmen der Verhandlungen mit allem Nachdruck folgende Ziele verfolgt:

- eine Erhöhung der Reduktionsquoten und eine Verkürzung der Zeitläufe.

  Im einzelnen:

  - spätestens im Laufe des Jahres 1992 werden Produktion und Verbrauch der geregelten Stoffe — ausgehend von den Werten des Jahres 1986 — um 20 Prozent reduziert. Diese dann erreichten Verbrauchs- und Produktionsmengen dürfen bis zum 31. Dezember 1994 nicht mehr überschritten werden;
  - spätestens im Laufe des Jahres 1995 werden Produktion und Verbrauch der geregelten Stoffe — ausgehend von den Werten des Jahres 1986 — um 50 Prozent reduziert. Diese dann erreichten Verbrauchs- und Produktionsmengen dürfen bis zum 31. Dezember 1998 nicht mehr überschritten werden;
  - spätestens im Laufe des Jahres 1999 werden Produktion und Verbrauch der geregelten Stoffe — ausgehend von den Werten des Jahres 1986 — um 95 Prozent reduziert. Dieser Restbestand von 5 Prozent gegenüber dem Jahr 1986 darf in den folgenden Jahren nicht überschritten werden;

- die Einbeziehung der bisher im Montrealer Protokoll noch nicht geregelten Chlorverbindungen — wie zum Beispiel Tetrachlorkohlenstoff, Methylchloroform und der H-FCKW — in die Regelungen des Montrealer Protokolls mit der Maßgabe, daß bis spätestens zum 31. Dezember 1992 eine Bilanzierung

  - der Produktionsmengen,
  - der Emissionsmengen und
  - der Trends

  von allen Vertragsparteien vorgenommen wird und im Rahmen der weiteren Überprüfung des Montrealer Protokolls auf der Grundlage dieser Werte und der damit möglichen Abschätzbarkeit des gesamten Gefährdungspotentials (Ozonabbau in der Stratosphäre und Treibhauseffekt) entsprechende Maximalmengen oder Reduktionsquoten auch für diese Stoffe vorgegeben werden mit dem Ziel, die Reduzierung des Gefährdungspotentials entsprechend dem verschärften Montrealer Protokoll nicht zu unterlaufen;

- die Abschwächung und wenn möglich Beseitigung der Ausnahmetatbestände, namentlich die Zulassung eines globalen Pro-Kopf-Verbrauchs; dabei muß durch die Industrieländer sichergestellt werden, daß Ersatzstoffe und Ersatztechnologien auch in Drittländern zeitgleich wie in den Industrieländern zur Verfügung gestellt werden und dafür der notwendige Technologietransfer vorgesehen wird;
- eine Regelung, durch die die Hersteller in Vertragsstaaten des Montrealer Protokolls verpflichtet werden, keine Produktion in Nicht-Unterzeichnerstaaten zu verlagern oder auszuweiten;
- eine weltweite Kennzeichnung FCKW-haltiger Roh-, Zwischen- und Endprodukte;
- die Regelung einer staatlichen Kontrolle der Produktions- und Verbrauchszahlen;
- eine Regelung über eine effektive, von der interessierten Öffentlichkeit nachvollziehbare Kontrolle der erzielten Reduktionsquoten und
- die Erhaltung der Möglichkeit, daß jeder Vertragsstaat nationale Regelungen treffen kann mit dem Ziel, die vorgegebenen Quoten erheblich früher zu erreichen, als im Protokoll festgelegt ist; dabei darf es durch weitergehende Regelungen nicht zu Wettbewerbsverzerrungen kommen.

Die Enquete-Kommission sieht es ferner als erforderlich an, daß sich die Bundesregierung im Rahmen des nächsten Weltwirtschaftgipfels 1989 dafür einsetzt, daß die führenden westlichen Industrienationen beschließen, gemeinsam eine entsprechende Verschärfung des Montrealer Protokolls im Jahre 1990 herbeizuführen und national bereits vorab Maßnahmen einzuleiten, die über die gegenwärtigen Vorgaben des Montrealer Protokolls hinausgehen.

2.2 Maßnahmen innerhalb der Europäischen Gemeinschaften

Die Enquete-Kommission sieht es als notwendig an, daß die weltweit als erforderlich angesehenen Reduzierungsquoten innerhalb der EG unabhängig von den internationalen Vereinbarungen schneller erreicht werden. Dies bedeutet, daß es Ziel der Bundesregierung sein muß, unabhängig von einer Verschärfung des Montrealer Protokolls und über eine Verschärfung des Protokolls hinausgehend innerhalb der EG folgende Reduktionsquoten mit allem Nachdruck anzustreben:

- spätestens im Laufe des Jahres 1992 werden Produktion und Verbrauch der im Montrealer Protokoll geregelten Stoffe — ausgehend von den Werten des Jahres 1986 — um 50 Prozent reduziert. Diese dann erreichten Verbrauchs- und

Produktionsmengen dürfen bis zum 31. Dezember 1994 nicht überschritten werden;

- spätestens im Laufe des Jahres 1995 werden Produktion und Verbrauch der geregelten Stoffe — ausgehend von den Werten des Jahres 1986 — um 75 Prozent reduziert. Diese dann erreichten Verbrauchs- und Produktionsmengen dürfen bis zum 31. Dezember 1996 nicht überschritten werden;
- spätestens im Laufe des Jahres 1997 werden Produktion und Verbrauch der geregelten Stoffe — ausgehend von den Werten des Jahres 1986 — um mindestens 95 Prozent reduziert. In den folgenden Jahren dürfen die Produktions- und Verbrauchsmengen 5 Prozent der Werte des Jahres 1986 nicht übersteigen.

Die Bundesregierung wird ersucht, im Rahmen des nächsten EG-Gipfels Ende 1988 darauf hinzuwirken, daß die Notwendigkeit einer entsprechenden Verschärfung des Montrealer Protokolls erörtert wird mit dem Ziel, die EG-Mitgliedstaaten mögen sich bereit erklären, 1989 Verhandlungen zur Überprüfung des Protokolls im Jahre 1990 aufzunehmen und dafür Sorge zu tragen, daß eine Überarbeitung des Protokolls im Jahre 1990 abgeschlossen wird.

Auch auf EG-Ebene muß so schnell wie möglich — und unabhängig von einer anzustrebenden Regelung im Montrealer Protokoll — eine Kennzeichnung FCKW-haltiger Roh-, Zwischen- und Endprodukte herbeigeführt werden.

Die Bundesregierung wird ersucht, die Realisierung der Forderung unter 2.1, zweiter Spiegelstrich, zur Einbeziehung der bisher im Montrealer Protokoll noch nicht geregelten Chlorverbindungen unabhängig von der Umsetzung im Rahmen des Montrealer Protokolls auch auf EG-Ebene zu erreichen.

2.3 Nationale Handlungsnotwendigkeiten

Die Enquete-Kommission ist der Auffassung, daß die Bundesrepublik Deutschland im Rahmen der gesamten Diskussion beispielhaft vorangehen sollte.

Die Enquete-Kommission sieht es als notwendig an, daß auf nationaler Ebene die international verschärften Regelungen noch weiter verstärkt werden.

Dies bedeutet, daß

- spätestens im Laufe des Jahres 1990 Produktion und Verbrauch der im Montrealer Protokoll geregelten Stoffe — ausgehend von den Werten des Jahres 1986 — innerhalb der Bundesrepublik Deutschland um mindestens 50 Prozent reduziert werden. Diese dann erreichten Verbrauchs- und Produktionsmengen dürfen bis zum 31. Dezember 1991 nicht überschritten werden;
- spätestens im Laufe des Jahres 1992 Produktion und Verbrauch der geregelten Stoffe — ausgehend von den Werten des Jahres 1986 — um mindestens 75 Prozent reduziert werden. Diese dann erreichten Verbrauchs- und Produktionsmengen dürfen bis zum 31. Dezember 1994 nicht überschritten werden;

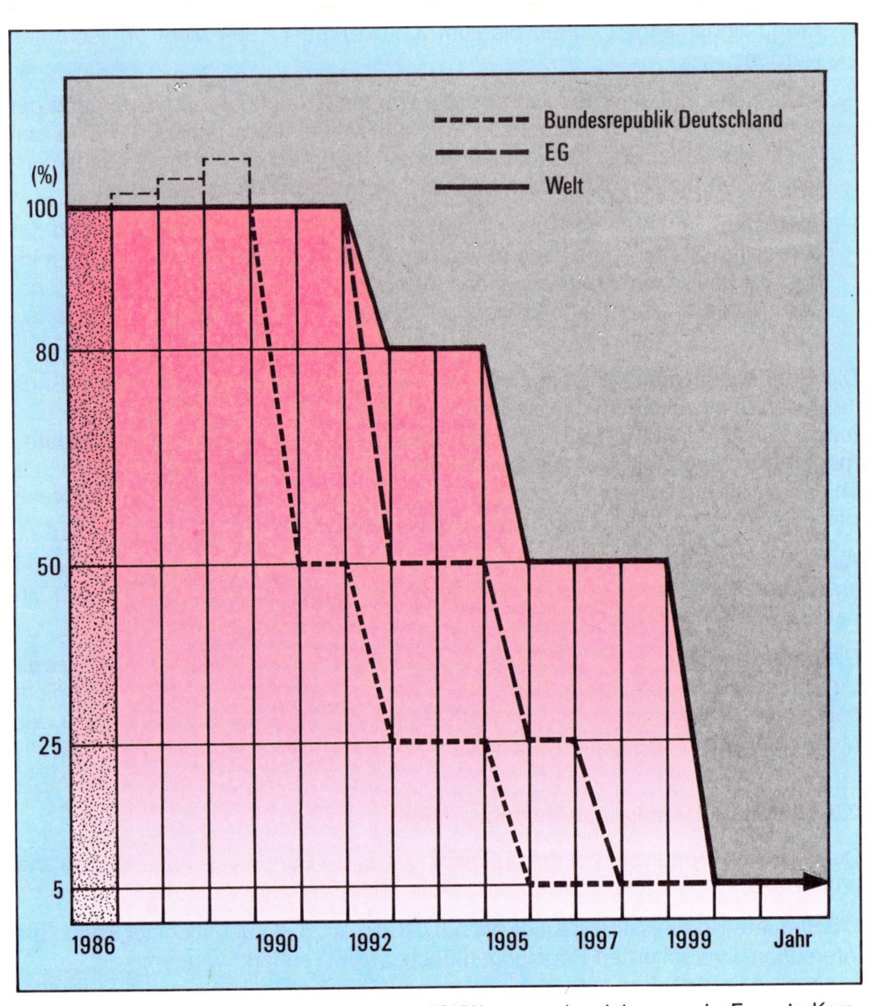

Die Abbildung zeigt die Reduktionsquoten der FCKW entsprechend dem von der Enquete-Kommission national, EG- und weltweit vorgeschlagenen Reduktionsplan.

— spätestens im Laufe des Jahres 1995 Produktion und Verbrauch der geregelten Stoffe — ausgehend von den Werten des Jahres 1986 — um mindestens 95 Prozent reduziert werden. In den folgenden Jahren dürfen die Produktions- und Verbrauchsmengen 5 Prozent der Werte des Jahres 1986 nicht übersteigen. Insgesamt darf die jährliche Verbrauchsmenge 5 000 Tonnen ab dem Jahre 1995 nicht überschreiten.

Die Enquete-Kommission sieht es als notwendig an, in den einzelnen Anwendungsbereichen möglichst schnell zu weitgehenden und wirksamen Maßnahmen zu gelangen.

Zur Erreichung dieser Zielsetzung bieten sich unterschiedliche Instrumente an:

- Vereinbarungen über Selbstverpflichungen von Industrie und Handel,
- gesetzliche Regelungen,
- ökonomische Anreize (Steuern/Abgaben) beziehungsweise
- eine Kombination dieser Instrumente.

Die Enquete-Kommission wird im weiteren Verlauf ihrer Arbeit prüfen, welche dieser Maßnahmen die vorgegebenen Zielsetzungen am besten und schnellsten erreichen und auf dieser Basis weitere Vorschläge unterbreiten. Dies gilt insbesondere für ökonomische Anreize zur Erreichung ökologischer Ziele.

Als unverzichtbar sieht es die Enquete-Kommission an, daß Bemühungen und Vereinbarungen zur Selbstbeschränkung der Industrie zeitlich befristet sind. Sollten bis zu einer festgesetzten Frist keine Vereinbarungen zustande kommen, sind dem Deutschen Bundestag unverzüglich rechtliche Regelungen vorzuschlagen.

Im einzelnen sieht die Enquete-Kommission Selbstverpflichtungen oder Regelungsvorschläge in folgenden Bereichen:

1. Aerosolbereich

   Eine Verschärfung der bestehenden Selbstverpflichtung der Industriegemeinschaft Aerosole e. V. vom August 1988 dahingehend, daß ab 1. Januar 1990 weniger als 1 000 Tonnen FCKW pro Jahr im Aerosolbereich verwendet werden und sich die Verwendung auf lebenserhaltende medizinische Systeme beschränkt.

   Gleichzeitig soll die neue Verpflichtung die Erklärung enthalten, daß in diesem Bereich H-FCKW 22 nicht eingesetzt wird.

   Sollte eine Verschärfung der Selbstverpflichtung der Industriegemeinschaft Aerosole und eine entsprechende Selbstverpflichtung des Handels, damit auch sämtliche Importe im Aerosolbereich umfaßt werden, nicht bis zum 1. März 1989 beim Bundesminister für Umwelt, Naturschutz und Reaktorsicherheit eingegangen sein, wird die Bundesregierung ersucht, dem Deutschen Bundestag bis zum 1. September 1989 den Entwurf für eine gleichgerichtete nationale, EG-konforme Verbotsregelung zuzuleiten.

2. Kälte- und Klimabereich

   Die Bundesregierung wird ersucht, mit dem zuständigen Industrieverband ein Entsorgungskonzept für den Kälte- und Klimabereich bis zum 1. März 1989 vorzulegen.

Sollte dies nicht erreichbar sein, wird die Bundesregierung gebeten, dem Deutschen Bundestag bis zum 1. Juni 1989 einen Vorschlag für eine rechtliche Regelung dieses Bereiches vorzulegen.

Die Bundesregierung wird ersucht, bis zum 31. Dezember 1990 eine Verpflichtungserklärung der entsprechenden Industrie und des Handels zu erreichen, die auch sämtliche Importe erfassen muß, daß spätestens ab dem 1. Januar 1992 als Kühl- und Kältemittel nur noch Ersatzstoffe eingesetzt werden, die auf lange Sicht als Ersatzstoffe dienen können.

Darüber hinaus soll in dieser Selbstverpflichtung auch eine Kennzeichnungsverpflichtung über die Recyclingfähigkeit der Kühl- und Kältemittel sowie der Geräte aufgenommen werden.

Sollte eine entsprechende Verpflichtungserklärung der Industrie nicht bis zum 31. Dezember 1990 beim Bundesminister für Umwelt, Naturschutz und Reaktorsicherheit vorliegen, wird die Bundesregierung ersucht, dem Deutschen Bundestag bis zum 1. Juni 1991 einen Vorschlag für eine gleichgerichtete, EG-konforme rechtliche Regelung zuzuleiten.

3. Verschäumungsbereich

Die Bundesregierung wird ersucht, bis zum 31. Dezember 1989 eine Selbstverpflichtungserklärung der schaumstoffherstellenden Industrie zu erreichen, nach der im Jahre 1992 und in den folgenden Jahren eine Reduktion im Bereich der Schaumstoffherstellung um 80 Prozent erreicht wird.

Dabei soll der FCKW-Einsatz bei Polyurethan-Hartschäumen um mindestens 50 Prozent und bei Integralschäumen um 80 Prozent reduziert werden. Für die Weichschaumherstellung darf kein FCKW verwendet werden. XPS soll nicht mehr mit vollhalogenierten FCKW hergestellt werden; auch für die Herstellung mit teilhalogenierten ozonschädigenden FCKW ist nur eine Übergangszeit von maximal 10 Jahren vorzusehen. Bei den übrigen Schaumstoffen soll eine Reduktion um 90 Prozent erreicht werden.

Insbesondere soll unverzüglich eine Regelung angestrebt werden, die die Herstellung und das Inverkehrbringen von FCKW in Verpackungsmaterial und Wegwerfgeschirr in der Bundesrepublik Deutschland unverzüglich unterbindet.

4. Reinigungs- und Lösemittelbereich

Die Bundesregierung wird ferner ersucht, bis spätestens zum 31. Dezember 1989 eine Verpflichtungserklärung der entsprechenden Industrien und Verbände herbeizuführen, nach der spätestens ab dem 1. Januar 1992 der FCKW-Einsatz bei Reinigungs- und Lösemitteln auf unumgängliche Einsatzbereiche durch den Einsatz von Ersatzstoffen und -technologien sowie durch gekapselte Reinigungssysteme eingeschränkt und in diesen Bereichen ab dem Jahre 1995 um 95 Prozent verringert wird. Dabei sind insbesondere die umweltrelevanten Eigenschaften der Chlorkohlenwasserstoffe verstärkt zu berücksichtigen.

5. Sollten entsprechende Verpflichtungserklärungen in den unter 3. und 4. genannten Bereichen nicht bis zum 31. Dezember 1989 beim Bundesminister für Umwelt, Naturschutz und Reaktorsicherheit vorliegen, wird die Bundesregierung ersucht, dem Deutschen Bundestag bis zum 1. Juni 1990 Regelungsvorschläge zur Erreichung der genannten Zielsetzungen vorzulegen.

6. Durch Vereinbarungen ist mit den Trägern der Feuerwehr, den Brandschutzbeauftragten sowie den Versicherungen zu erreichen, daß

   - bei Übungen auf den Einsatz von Halonen verzichtet wird, soweit die Sicherheit dies zuläßt und
   - Halone aus Feuerlöschgeräten prinzipiell wiederverwertet werden.

7. Hinsichtlich der Ausgestaltung der Selbstverpflichtungen der Industrie oder der rechtlichen Regelungen wird gefordert, daß diese klare, für Parlament und Öffentlichkeit nachvollziehbare Kontrollmechanismen vorsehen.

   Es muß gewährleistet sein, daß es zu keinen Wettbewerbsverzerrungen innerhalb der EG kommt und ausländische Produzenten die Selbstverpflichtungen nicht unterlaufen.

8. Die Bundesregierung wird aufgefordert, dem Deutschen Bundestag jährlich einen Bericht über die eingeleiteten Maßnahmen im internationalen, europäischen und nationalen Bereich sowie eine Bilanzierung der Reduktionsquoten in der Bundesrepublik Deutschland zuzuleiten.

   Dabei ist gleichzeitig darüber zu berichten, ob und in welcher Form eine Chlorbilanz der Atmosphäre vorgelegt werden kann.

3. Empfehlungen für den Forschungsbedarf

Die Enquete-Kommission hat in einer Reihe von Anhörungen, Kommissionssitzungen und Besichtigungen vor Ort einen guten Überblick über den derzeitigen Kenntnisstand bezüglich der in diesem Abschnitt dargestellten Problematik gewonnen. Dabei ist deutlich geworden, daß in vielen Bereichen ein Forschungsbedarf gegeben ist. So müssen etwa Meßverfahren und -instrumente verbessert werden. Der Umfang der Meßdaten ist zu erweitern und es bedarf dringend einer kontinuierlichen Überwachung des Ozongehaltes in der Strato- und Troposphäre. Zum Verständnis atmosphärischer Vorgänge sowie als Grundlage für Modellberechnungen wurden noch nicht genügend Laboruntersuchungen durchgeführt. Die zur Verfügung stehenden Modelle, denen die wichtige Aufgabe zukommt, Prognosen über die zukünftige Entwicklung der Atmosphäre, insbesondere des Ozonabbaus in der Stratosphäre zu erstellen, sind mit Unsicherheiten behaftet. Die Kommission hat festgestellt, daß trotz intensiver Erforschung der Spurenstoffkreisläufe noch erhebliche Kenntnislücken über die Quellen der in der Troposphäre befindlichen Gase und Aerosole besteht. Gleiches gilt für die Wechselwirkung zwischen Troposphäre und Biosphäre.

Im einzelnen sieht die Enquete-Kommission daher folgenden Forschungsbedarf:

3.1 Meßkampagnen zur Erforschung der Stratosphäre

- Durchführung von weiteren Messungen zur Beobachtung des Gesamtozongehaltes und der Vertikalverteilung mit dem Ziel, Ozonveränderungen frühzeitig und global zu erfassen.
- Konzentrationsbestimmung von Radikalen, speziell ClO_x, NO_x, BrO_x und HO_x bei gleichzeitiger Verbesserung und Neuentwicklung der dazu notwendigen Meßmethoden.
- Erforschung der Verteilung und Bildung von PSC I und II-Partikeln durch experimentelle Studien mit dem Ziel, deren Zusammenhang mit der Aktivierung der ClO_x-Radikalchemie zu ergründen.
- Bestimmung der genauen Korrelation zwischen ozonzerstörenden Radikalen sowie verwandter Spezies und der Ozonkonzentration.

Der Schwerpunkt dieser Forschungsvorhaben sollte nach Auffassung der Enquete-Kommission vor allem in der Nordhemisphäre, aber auch im Bereich der Tropen und der Antarktis liegen. In Zusammenarbeit mit den zuständigen wissenschaftlichen Organisationen in den lateinamerikanischen Ländern sollen gemeinsame Meß-und Untersuchungsprogramme entlang der Breitengrade vor allem in bezug auf die Ozonverteilung als auch in bezug auf die Auswirkungen erhöhter UV-B-Strahlung auf Menschen, Tiere und Pflanzen, durchgeführt werden.

Zur Realisierung der Vorhaben sind folgende Voraussetzungen notwendig:

- Bereitstellung geeigneter Flugzeuge
- Vermehrte Durchführung von Ballonaufstiegen in hohen Breiten
- Vermehrte Durchführung bodengestützter Messungen zur Konzentrationsbestimmung von Spurenstoffen in der Stratosphäre, zum Beispiel mit Hilfe von LIDAR-Spektrometern
- Entwicklung eines europäischen Forschungssatelliten zur Erforschung der Erdatmosphäre.

3.2 Laboruntersuchungen

- Untersuchung schneller Reaktionen in der Gasphase unter Verwendung geeigneter Methoden zur Erzeugung und zum Nachweis von Radikalen mit dem Ziel, das Verständnis bei einer Reihe wichtiger Reaktionen, zum Beispiel der Chemie atmosphärischer Halogenverbindungen oder der Kohlenwasserstoffoxidation, weiter zu vertiefen.

- Chemie und Photochemie von schwach gebundenen Dimeren, zum Beispiel von $(ClO)_2$ oder von hydratisierten Molekülen sowie von Produkten der Photooxidation von H-FCKW und CH_3CCl_3 in der Troposphäre.
- Entwicklung von Methoden zur Untersuchung heterogener chemischer Reaktionen mit den Zielen, Elementarreaktionen zu charakterisieren, Eingabedaten (Reaktionsgeschwindigkeitskonstanten, Produktverteilungen und andere) für Chemiemodelle zu erhalten und die Frage zu klären, ob und unter welchen Umständen mit einem Einsetzen heterogener chemischer Prozesse auch in der globalen Stratosphäre zu rechnen ist. Hierbei sind Reaktionen an Sulfatpartikeln und an den Partikeln, die in den verschiedenen PSC-Typen auftreten, einschließlich des dynamischen Verhaltens der Aerosolsysteme, zu untersuchen.
- Thermodynamische Untersuchungen des Phasengleichgewichts atmosphärischer Mehrkomponentensysteme bei tiefen Temperaturen mit dem Ziel, die Verteilung der einzelnen Komponenten der Cl_x und NO_y-Spurengasgruppen in Gegenwart von kondensierten Phasen zu quantifizieren.
- Bestimmung von Absorptionsquerschnitten und Linienformen von Spurengasen im IR- und Mikrowellenbereich zur Unterstützung von Fernerkundungsexperimenten.

3.3 Modellentwicklungen

- Entwicklung geeigneter Trajektorienmodelle unter Berücksichtigung meteorologischer und chemischer Vorgänge, besonders auch heterogene Prozesse mit dem Ziel, die Ergebnisse von Meßkampagnen genauer auszuwerten und zu interpretieren.
- Entwicklung gekoppelter Klima- und Chemiemodelle insbesondere auf zwei- bis dreidimensionaler Basis (2-D, 3-D Modelle) mit dem Ziel, Veränderungen in der Atmosphäre umfassender zu modellieren.
- Modellierung der Aerosolbildung, insbesondere von Sulfat, PSC I und II und von heterogenen Prozessen, die auf diesen Partikeln stattfinden, mit dem Ziel, deren Einfluß auf die Ozonzerstörung in der Stratosphäre abzuschätzen.

3.4 Globale Troposphärenchemie — Wechselwirkung mit der Biosphäre

Verbesserte Kenntnisse über die wichtigsten Spurengasemissionen in den bedeutendsten Quellgebieten sind unabdingbar. Diese können nur im Rahmen internationaler Zusammenarbeit gewonnen werden. Geboten ist insbesondere die Teilnahme am ISBP (International Geosphere Biosphere Program). Ebenso ist der verstärkte Einsatz von Meßflugzeugen und die Weiterentwicklung von Satellitenmeßtechniken erforderlich.

Globale Messungen der Verteilung wichtiger Spurenstoffe in der Atmosphäre sind notwendig. Hierbei sind außer CO_2, N_2O und CH_4 noch zusätzlich O_3, NO_x, CO, KW, CH_3CCl_3, $CHFCl_2$, C_2Cl_4, C_2HCl_3 einzubeziehen.

Bezüglich der anthropogenen Emissionen müssen

- Zusammenfassungen vorliegender Kenntnisse,
- Abschätzungen auf regionaler Basis
- in einigen Fällen Neubestimmungen (Leckraten von Methan bei Erdgas- und Ölgewinnung, Distickstoffoxid bei fossiler Brennstoffverbrennung),

erstellt werden.

Hinsichtlich der biogenen Emissionen sollen zusätzlich vermehrte Messungen der Emissionen und damit verbundene Prozeßstudien für spätere Extrapolationen unter sich verändernden klimatischen und sonstigen Umweltbedingungen durchgeführt werden.

Die Spurengase, die die Chemie der Troposphäre und damit unter anderem auch den Fluß von H-FCKW in die Stratosphäre beeinflussen, müssen dringend weitere untersucht werden. Hierbei handelt es sich insbesondere um die weitere Quantifizierung und Bilanzierung von CH_4, CO, H_2, NO_X und troposphärischem Ozon. Darüberhinaus müssen in solche Untersuchungen auch die Abbauprodukte von H-FCKW (darunter $COCl_2$, COClF, und $CClF_2O_2NO_2$), eingeschlossen werden. Diese Verbindungen sind aufgrund ihrer Stabilität in der Troposphäre zusätzliche Quellen für den Chloreintrag in die Stratosphäre.

ABSCHNITT D

Treibhauseffekt und Klimaänderung

Vorbemerkung

Mit jeder Klimatagung der vergangenen Jahre wurde deutlicher, daß der Treibhauseffekt dramatisch zunimmt. In Villach (Österreich, 1985) waren sich die Wissenschaftler aus aller Welt darüber einig, daß sich die globale Durchschnittstemperatur in Erdbodennähe erhöhen wird. Konsensfähig war auch, daß die durch Menschen verursachte Zunahme der Konzentrationen klimarelevanter Treibhausgase in der Atmosphäre, vor allem der von Kohlendioxid (CO_2), Methan (CH_4), troposphärischem Ozon, Distickstoffoxid (N_2O)und der Fluorchlorkohlenwasserstoffe (FCKW), zur Temperaturerhöhung führt.

Auf der nachfolgenden Klimatagung von Villach im Jahre 1987 legten die Klimatologen Schätzungen über den Umfang der zu erwartenden Zunahme der globalen Durchschnittstemperatur aufgrund des Treibhauseffektes vor. Die Villacher Erklärung prognostiziert eine Zunahme der globalen Durchschnittstemperatur in Erdbodennähe um $3 \pm 1{,}5°$ Celsius (C), wenn sich der CO_2-Gehalt der Atmosphäre gegenüber dem jetzigen Wert verdoppele, was angesichts der derzeitigen Zunahme der Emissionen schon in weniger als 100 Jahren zu erwarten sei. Unter Berücksichtigung der anderen klimawirksamen Spurengase CH_4, N_2O, Ozon in der Troposphäre und der FCKW werde sich die globale Durchschnittstemperatur im gleichen Zeitraum voraussichtlich um das Doppelte, nämlich $6 \pm 3°$ C, erhöhen.

Der Treibhauseffekt war auch Gegenstand der Klimatagung von Bellagio (Italien) im November 1987, an der neben Wissenschaftlern auch Politiker teilnahmen. Im gleichen Jahr bekräftigten die Deutsche Meteorologische Gesellschaft und die Deutsche Physikalische Gesellschaft die Villacher Erklärung.

Wie dramatisch der Treibhauseffekt sich entwickelt, wurde auf der Klimakonferenz in Toronto im Juni 1988, auf der führende Politiker, unter anderem die norwegische Ministerpräsidentin Brundtland und der kanadische Ministerpräsident Mulroney, anwesend waren, klarer herausgestellt. Erstmals wurde vor einem internationalen politischen Forum das Problem in seinem ganzen Ausmaß dargestellt.

Auch der Kongreß „Klima und Entwicklung“ in Hamburg im November 1988 und die 2. Weltklimakonferenz in Genf 1990 werden sich vordringlich mit dem Treibhauseffekt beschäftigen. Letztere schließt an die 1. Weltklimakonferenz an, die 1979 in Genf stattgefunden hat.

1. KAPITEL

Darstellung des aktuellen naturwissenschaftlichen Kenntnisstandes

1. Beobachtete Veränderungen vom Klima und klimarelevanten Parametern

Zusammenfassung

Die Klimageschichte lehrt uns, daß das irdische Klima schon immer großen Schwankungen unterworfen war. Meist vollzogen sich diese Klimaänderungen langsam. Allerdings sind auch abrupte Klimaänderungen, wie beispielsweise nach Vulkanausbrüchen und Meteoriteneinfällen, nachzuweisen. Die früheren Klimaänderungen waren zum Teil mit Änderungen der CO_2-Konzentration in der Atmosphäre verbunden. Noch nie in den vergangenen Millionen Jahren aber enthielt die Erdatmosphäre soviel CO_2 wie zur gegenwärtigen Zeit. Diese hohen Konzentrationen sind durch die Emission anthropogen erzeugten Kohlendioxids bedingt, die eine Zunahme des atmosphärischen CO_2-Gehalts von derzeit 0,4 bis 0,5 Prozent pro Jahr bezogen auf ihre gegenwärtige Konzentration verursacht. Parallel dazu stieg innerhalb der vergangenen Jahrzehnte die globale Durchschnittstemperatur in Erdbodennähe — abgesehen von kurzen Unterbrechungen — immer stärker an.

1.1 Änderungen der Temperatur, der Kohlendioxidkonzentration, des Niederschlags und des Meeresspiegels in der jüngsten Vergangenheit

Die Temperatur der Atmosphäre in Bodennähe ist seit der kleinen Eiszeit von 1400 bis 1850 angestiegen. Quantitative Aussagen über die Temperaturzunahme der unteren Troposphäre sind aufgrund der Messungen an Klimastationen möglich, die seit etwa hundert Jahren durchgeführt werden und eine mittlere globale Temperaturzunahme in dieser Periode von 0,6 ± 0,2° C vorweisen.

In dieser globalen Temperaturerhöhung ist der Einfluß des sogenannten „Stadteffektes", der die Größe von 0,1 bis 0,2° C (1) hat, berücksichtigt. Der Temperaturanstieg war nicht gleichmäßig und auch regional verschieden. Die stärksten Erwärmungen fanden Anfang der zwanziger Jahre, Ende der siebziger Jahre und in der jüngsten Vergangenheit statt. Dies wird in Abbildung 1 verdeutlicht, in der von 1880 an die Jahresmittel der globalen Durchschnittstemperatur in Erdbodennähe als Abweichung von der mittleren Temperatur der Jahre 1950 bis 1980 aufgetragen sind. Zusätzlich verdeutlichen die übergreifenden Fünfjahresmittel (durchgezogene Kurve) den Trend. Zwischen 1940 und 1965 kühlte sich die Nordhemisphäre nördlich des Wendekreises vorübergehend sogar um etwa 0,4° C ab, wie es Abbil-

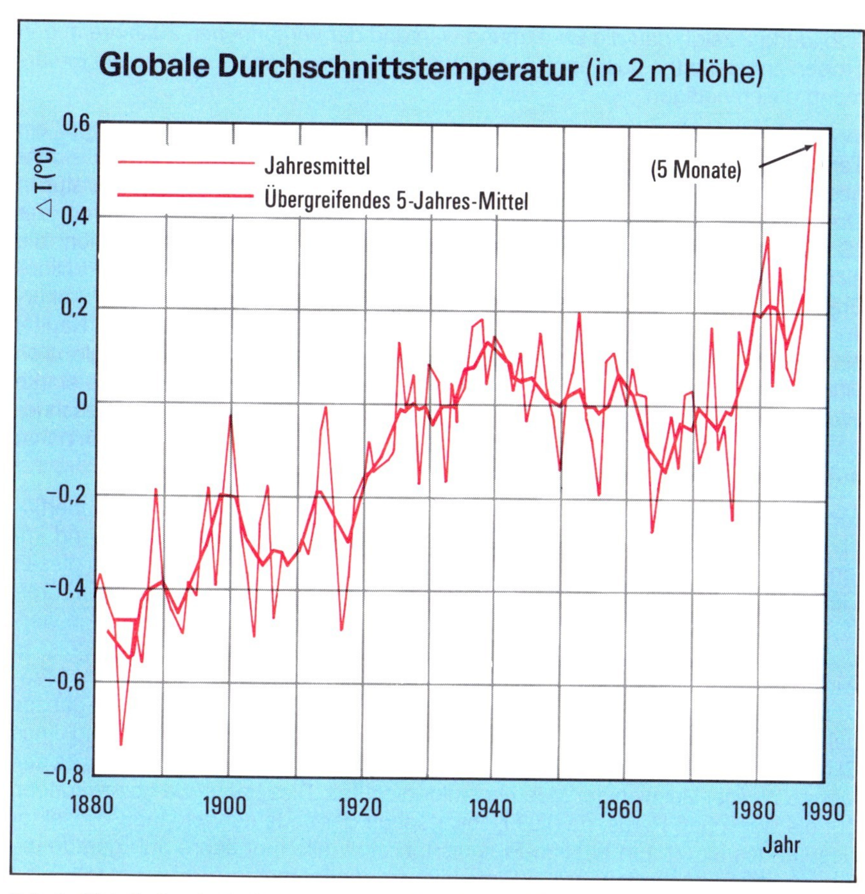

Abb. 1: Globale Durchschnittstemperatur in 2 m Höhe in °C zwischen 1880 und heute. Der Referenzwert ist das langjährige Mittel des Zeitraumes 1950 bis 1980. Die dünne Linie verbindet die Jahresmittel der Durchschnittstemperatur. Der Wert von 1988 wurde nur aus den Monatsmitteln Januar bis Mai gebildet. Die dicke Linie stellt übergreifende Fünfjahresmittel dar (2).

dung 2 verdeutlicht. In dieser Abbildung sind die entsprechenden globalen Durchschnittstemperaturen und die übergreifenden Fünfjahresmittel für die Nordhemisphäre, die Tropen und die Südhemisphäre getrennt dargestellt. Diese Unterteilung zerlegt die Erdoberfläche in ungefähr gleichgroße Teile. Aufgrund dieser Einteilung können regional unterschiedliche Klimaänderungen erfaßt werden.

Abbildung 2 zeigt, daß die Erwärmung während der vergangenen 20 Jahre in den Tropen am stärksten ausgeprägt war. Auf der Südhemisphäre erfolgte die Erwärmung gleichmäßiger.

In den inneren Tropen hat sich in den vergangenen zwanzig Jahren sogar ein Temperaturanstieg von 0,7° C — gemittelt über die gesamte Troposphäre — eingestellt (4). Dieser ist größer als der entsprechende Anstieg der Temperatur in Oberflächennähe. Temperaturvariationen sind in den Tropen stark mit der „Southern Oscillation" (SO) gekoppelt, der größten globalen Klimavariation, die sich über mehrere Jahre erstreckt (5). Sie ist eng verbunden mit dem „El Niño-Ereignis" (EN). Daher werden beide in der Literatur als ein Ereignis mit der Abkürzung ENSO (El Niño/Southern Oscillation) bezeichnet (vgl. Abschnitt C, 1. Kapitel Nr. 1.1). ENSO ist nicht nur mit der tropischen, sondern auch mit der globalen Durchschnittstemperatur stark korreliert (6). Darüber hinaus besteht eine starke Wechselwirkung mit dem globalen Kohlenstoffkreislauf, die noch näher beschrieben werden soll. Wegen der Bedeutung für das Weltklima soll im folgenden näher auf das El Niño-Ereignis eingegangen werden.

Merkmal für das El Niño-Ereignis ist sehr warmes Wasser an der Meeresoberfläche, das sich entlang der peruanischen Küste und über einen zehntausend km langen Teil des äquatorialen Pazifik bis etwa zur Datumsgrenze hinzieht. In diesen Gebieten ist die Meeresoberfläche durch das Aufquellen kalten und nährstoffreichen Tiefenwassers kühler als sonst am Äquator. Die tiefsten Temperaturen werden an der peruanischen Küste gemessen. Während eines El Niño-Ereignisses wird das Aufquellen geschwächt oder sogar unterbunden, so daß sich die Meeresoberfläche erwärmen kann. Diese Temperaturanomalie dauert meist ein ganzes Jahr an und kann vor der Küste von Peru mehr als +5° C betragen. Während eines El Niño-Ereignisses schrumpft der Fischbestand vor der Küste Perus stark, da das warme Wasser viel weniger Meeresplankton enthält. Dies hat große Auswirkungen auf die Wirtschaft Perus, da die Fischwirtschaft der bedeutendste Industriesektor des Landes ist (7). Ein El Niño-Ereignis tritt etwa alle fünf Jahre auf; gerade die letzten haben besonders große Dimensionen angenommen.

Das gipfelte 1982/83 in dem größten El Niño seit Beginn der Klimaaufzeichnungen. Schon 1987 erfolgte wieder ein El Niño-Ereignis, diesmal mit nur wenig geringeren Auswirkungen. Während dieses bisher letzten El Niño war nicht nur die Meeresoberfläche des äquatorialen Pazifik überdurchschnittlich warm, sondern nahezu die der gesamten Äquatorzone.

Die globalen Auswirkungen der El Niños zeigen sich darin, daß in solchen „El Niño-Jahren" die Durchschnittstemperatur der Tropen besonders hoch ist. Beispiele hierfür sind die Jahre 1972/3, 1976/7, 1982/3 (vgl. Abb. 2).

Die Southern Oscillation, mit der das El Niño-Ereignis eng verbunden ist, ist eine Luftdruckschwankung zwischen dem südpazifischen Subtropenhoch mit seinem Zentrum bei der Osterinsel und dem indonesischen Hitzetief. In El Niño-Jahren verlagert sich das indonesische Hitzetief auf den zentralen Pazifik, während das südpazifische Subtropenhoch besonders schwach ausgebildet ist. Hingegen ist in

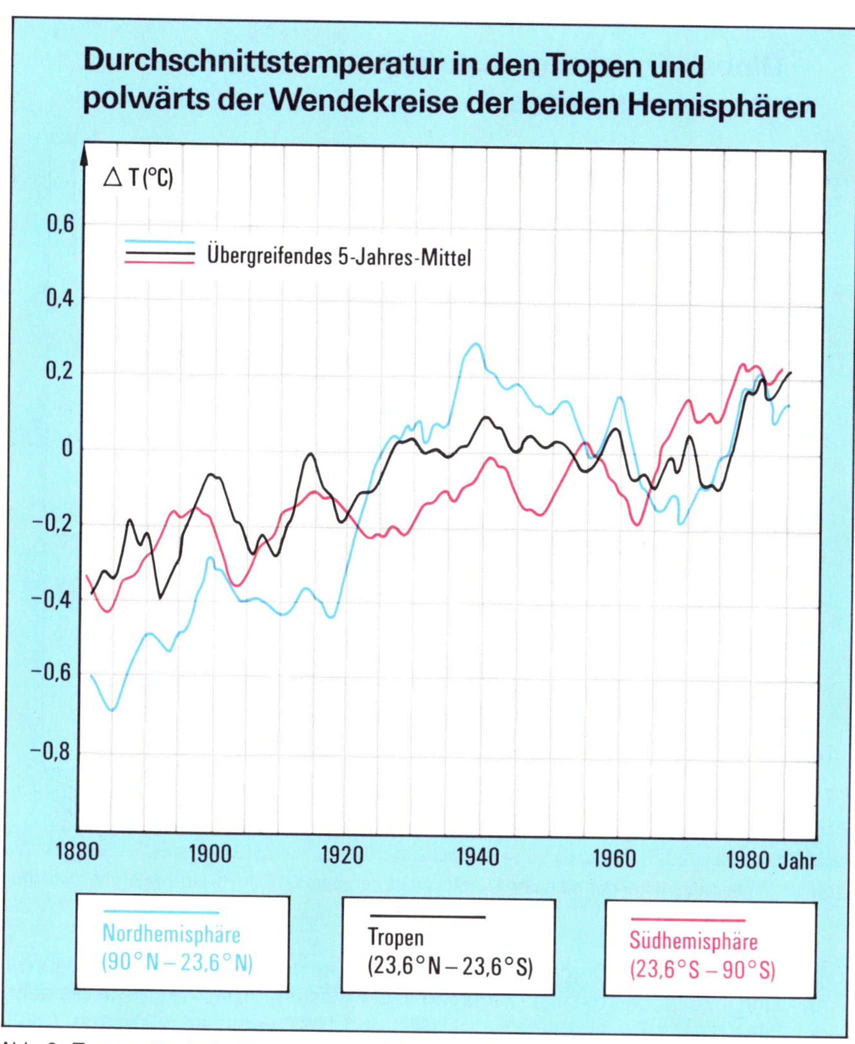

Abb. 2: Temperatur der Luft in 2 m Höhe seit 1880 (wie Abb. 1), unterteilt in Nordhemisphäre ohne Tropen (90° Nord (N)—23,6° N), die Tropen (23,6° N—23,6° Süd (S)) und die Südhemisphäre ohne Tropen (23,6° S—90° S) (3).

den Jahren, in denen kühles Aufquellwasser auf dem äquatorialen Pazifik vorherrscht, das südpazifische Subtropenhoch kräftig ausgebildet und das indonesische Hitzetief auf seiner normalen Position über Indonesien.

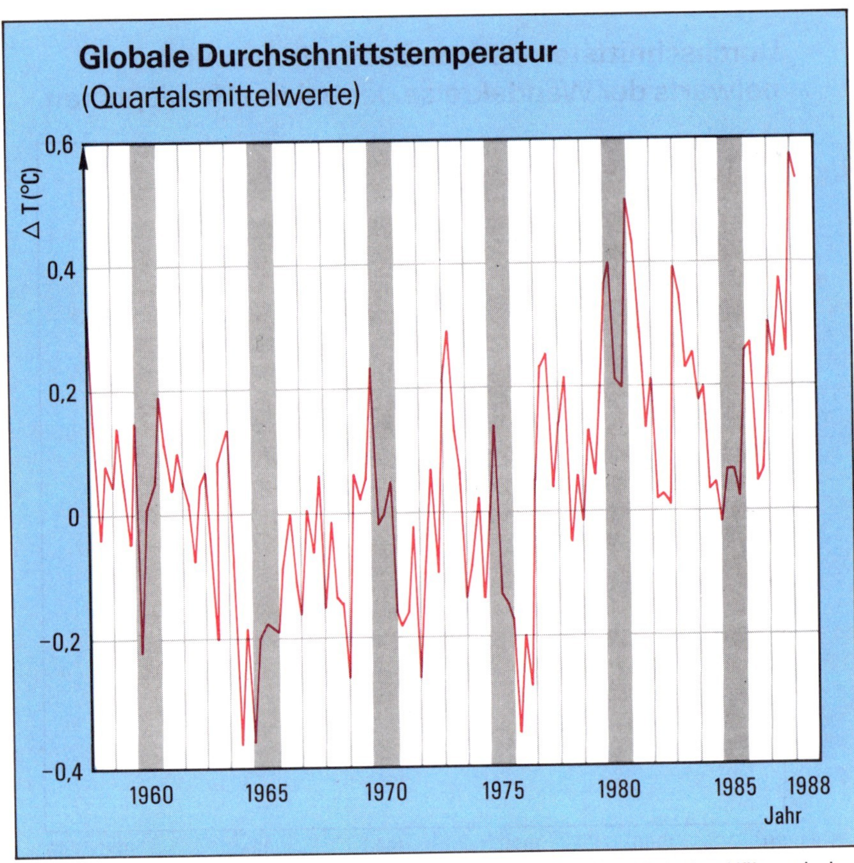

Abb. 3: Dreimonatsmittel der globalen Durchschnittstemperatur T (in °C) in 2 m Höhe zwischen 1958 und heute (11).

Die Kurve der globalen Durchschnittstemperatur der vergangenen hundert Jahre in Abbildung 1 zeigt, daß die vier wärmsten Jahre dieser ganzen Periode in die achtziger Jahre dieses Jahrhunderts fallen. 1981 und 1987 waren am wärmsten. Abbildung 3 zeigt die Temperaturkurve der Abbildung 1 seit 1958 in einer höheren Auflösung. Danach hat sich die Erdoberfläche in den ersten fünf Monaten dieses Jahres um weitere 0,2° C gegenüber 1987 erwärmt (vgl. Abb. 1 und 3). Sie liegt damit 0,6° C über dem Durchschnittswert des Zeitraumes 1950 bis 1980 (8). Die globale Durchschnittstemperatur in Erdbodennähe ist ein sicheres Maß für Klimaänderungen, da sie keinen großen raum-zeitlichen Schwankungen unterworfen ist. Die Monatsmittel der Temperatur sind noch über einer Entfernung von fast 1000 km signifikant miteinander korreliert (9). Daher können sie selbst auf der Südhemisphäre nahezu flächendeckend erfaßt werden (10).

Dagegen zeigt sich in der Stratosphäre und in der Troposphäre oberhalb von 9 km Höhe eine mit der Höhe zunehmende Abkühlung (12), die allerdings statistisch nicht signifikant ist. In etwa 25 km Höhe beträgt sie auf der Nordhemisphäre 0,24° C pro Jahrzehnt (13). Die Temperatur hat sich dort aber nach 1980 wieder etwas erhöht, was auf den Einfluß von Vulkanausbrüchen (El Chichon) zurückzuführen ist.

Die Abkühlung der Stratosphäre bei gleichzeitiger Erwärmung der Troposphäre in Bodennähe ist genau das, was man bei zunehmendem Treibhauseffekt, also bei einer Zunahme der Wärmeisolierung zwischen der unteren und mittleren Troposphäre und höheren Atmosphärenschichten, erwartet. Der Grund hierfür ist die Zunahme von wärmeisolierenden Spurengasen in der Luft. So ist beispielsweise der CO_2-Gehalt der Atmosphäre innerhalb der vergangenen hundert Jahre stetig von etwa 285 ppm[1]) auf 348 ppm im Jahre 1987 (14) gestiegen (vgl. Abb. 4). Die oben genannte Erwärmung der unteren Troposphäre und die Abkühlung der höheren Troposphäre dürfte auch zu einer Labilisierung der Troposphäre führen und damit zu einer verstärkten Konvektion. Auf diesen Sachverhalt wird unter 2.4 näher eingegangen.

Ein weiterer Befund ist der Anstieg des Meeresspiegels um 14 ± 5 cm seit Beginn dieses Jahrhunderts (15). Dieser wird durch die Ausdehnung des wärmer werdenden Meerwassers infolge der Erwärmung und das Abschmelzen von Eis (weltweit bei Gletschern zu beobachten) verursacht. Auch liegen in letzter Zeit das Islandtief und das Subtropenhoch etwas weiter im Norden. Die tropische Hadley-Zelle, die die aufsteigenden Luftbewegungen in Äquatornähe mit dem Absinken der Luftmassen in den Wüstenregionen bei etwa 30° geographischer Breite verbindet, ist insgesamt etwas stärker geworden. Gleichzeitig hat sich die Ferrell-Zelle, das Zirkulationssystem zwischen den Hochdruckgebieten der subtropischen Wüsten und den wandernden Tiefdruckwirbeln der mittleren Breiten, etwas abgeschwächt. Die Verstärkung der Hadley-Zelle ist auf dem Pazifik besonders stark. Auf dem Atlantik ist der Trend gegenläufig, jedoch nur sehr schwach (16). Die Verschiebung der Klimazonen ist auch in der nordamerikanische Seenplatte nachzuweisen. Dort ist der Wasserstand in den vergangenen Jahrzehnten angestiegen (20). Vermutlich ist dies die Konsequenz einer Nordwärtsverschiebung der Tiefdruckwirbel der mittleren Breiten, was in diesem Gebiet zu höheren Niederschlagsmengen führt.

Ein klarer Trend läßt sich in den Niederschlagsmengen nicht eindeutig erkennen. Allerdings ist nachgewiesen, daß der Niederschlag auf der Nordhemisphäre in den vergangenen dreißig Jahren in der Zone von 5° bis 35° N abgenommen hat, während gleichzeitig die Niederschlagssummen in der Zone von 35° bis 70° N gestie-

---

[1]) Gebräuchliche Abkürzungen der Atmosphärenphysik (vgl. Abschnitt C, 1. Kapitel, Nr. 1.1):
1 ppm (1 part per million): 10^{-6} (Ein Teil auf eine Million)
1 ppb (1 part per billion): 10^{-9} (Ein Teil auf eine Milliarde)
1 ppt (1 part per trillion): 10^{-12} (Ein Teil auf eine Billion)
(Man beachte die unterschiedlichen englisch- und deutschsprachigen Bezeichnungen.)

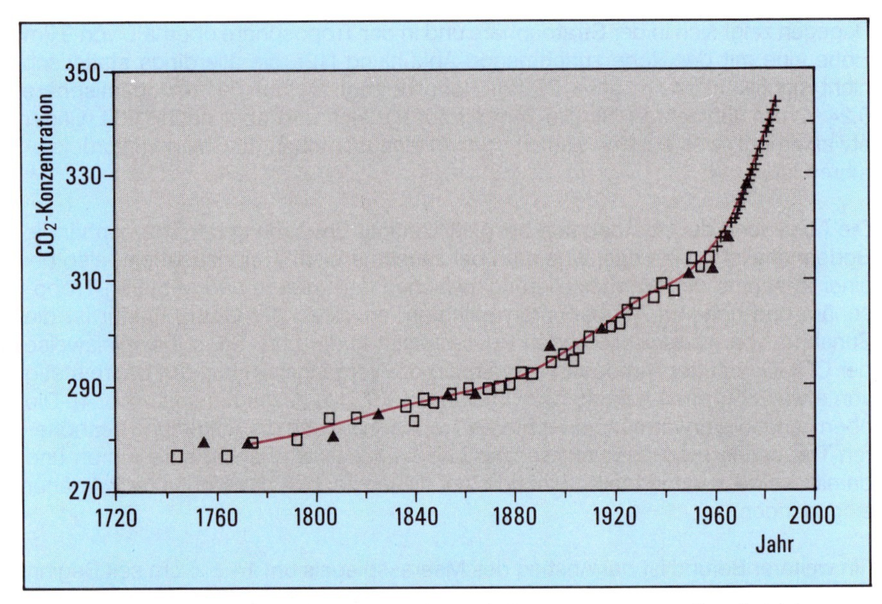

Abb. 4: Atmosphärische CO_2-Konzentration (in ppm) der vergangenen zweihundert Jahre. Die Dreiecke stellen die durch infrarote Laser Spektroskopie aus dem Eisbohrkern von Siple Station in der Antarktis gewonnenen Werte dar (17), die Rechtecke diejenigen dieses Eisbohrkerns, die durch Gaschromatographie gewonnen wurden (18) und die Kreuze die Meßwerte des Observatoriums auf dem Mauna Loa/Hawaii seit 1958 (vgl. Abb. 7) (19).

gen sind (21). Generell sind globale Mittelwerte des Niederschlags und damit auch ihre Änderungen wesentlich schwerer zu bestimmen als globale Mittelwerte der Temperatur.

Die Niederschlagsmengen schwanken räumlich und zeitlich sehr stark und können deshalb mit dem gegenwärtigen Meßnetz bei weitem nicht flächendeckend erfaßt werden.

1.2 Klimageschichte

1.2.1 Temperatur

Nachdem zuvor die Klimaänderungen der jüngsten Zeit dargestellt worden sind, soll an dieser Stelle die Klimageschichte der vergangenen Million Jahre betrachtet werden. Sie ist durch einen mehrfachen Wechsel zwischen Warm- und Eiszeiten gekennzeichnet. Abbildung 5 zeigt für diesen Zeitraum die Temperatur der Nordhemisphäre in Erdbodennähe, die indirekt aus dem Isotopenverhältnis $^{18}O/^{16}O$ von Tiefseesedimenten bestimmt worden ist. Die globale Durchschnittstemperatur

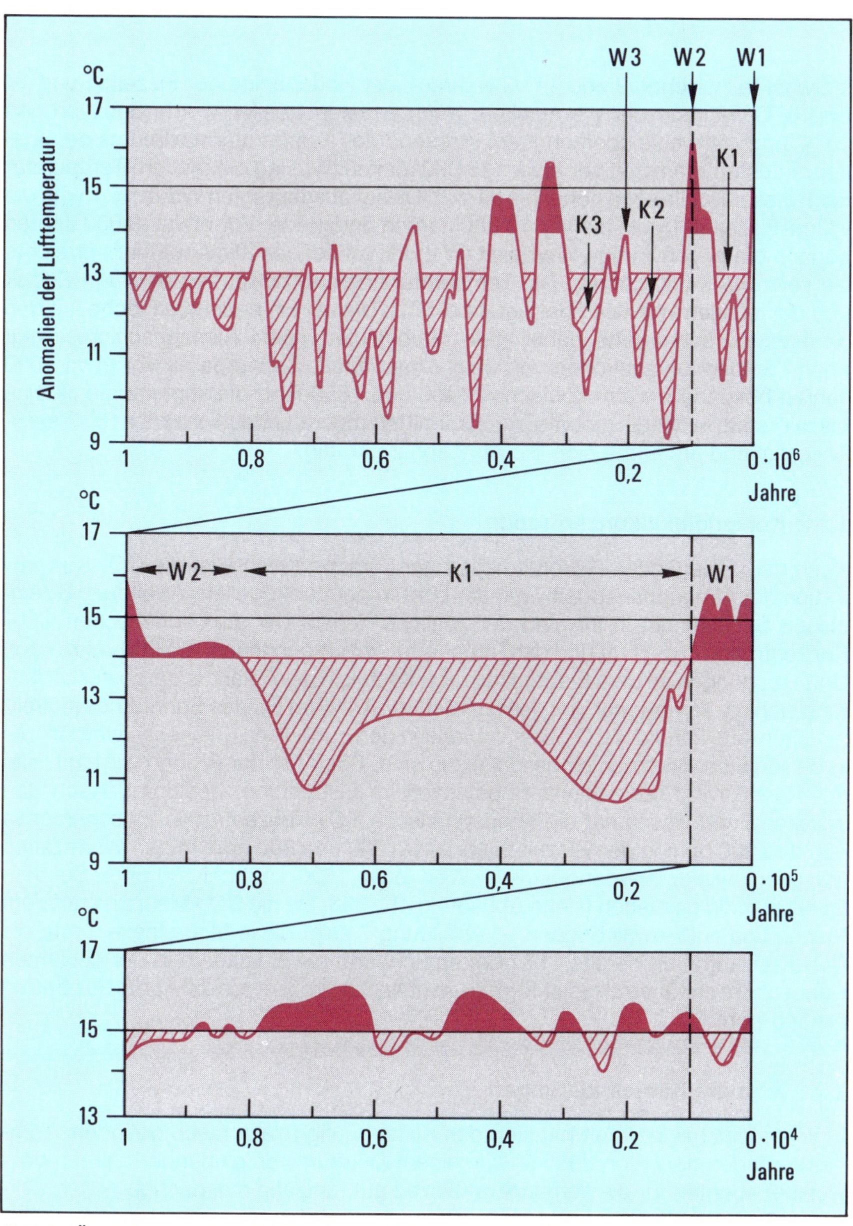

Abb. 5: Überblick der über die Nordhemisphäre gemittelten Temperaturvariationen (bodennah) für die vergangene Million Jahre, 100 000 Jahre und die vergangenen 10 000 Jahre. Die Temperaturen sind Zehnjahresmittel und enden 1980. Daher wird der jüngste Temperaturanstieg, der in Abbildung 1 für globale Mittelwerte dargestellt wird, hier nicht mehr erfaßt.Mit W1, W2 und W3 sind Warmzeiten bezeichnet, mit K1, K2 und K3 Eiszeiten (22).

schwankte zwischen 9 und 11° C während der Höhepunkte der Eiszeiten und 14 bis 16° C während der Warmzeiten. Nach anderen Quellen wurde der Wert von 16° C noch teilweise überschritten. Während des Temperaturmaximums der ausgeprägtesten Warmzeit vor etwa 125 000 Jahren (W2) lag die mittlere Temperatur nach dieser Quelle etwa höher als derzeit. Dieser ausgeprägten Warmzeit folgte die Würm-Eiszeit (K1), die bis vor 13 000 Jahren andauerte. Vor etwa 10 000 Jahren begann die gegenwärtige Warmzeit (W1). Ihr vorläufiges Klimaoptimum erreichte sie vor etwa 6 000 Jahren. Die Temperaturdifferenz zwischen der Würm-Eiszeit und der jetzigen Warmzeit beträgt 4 bis 5° C. Die mit Eis bedeckte Fläche auf den Kontinenten schrumpfte dabei stark. Selbst die jüngste Klimageschichte zeigt noch Temperaturvariationen von über einem Grad. So wurde es vor etwa 1000 Jahren besonders warm. Zwischen 1400 und 1850 fand die sogenannte „Kleine Eiszeit" statt, in der die globale Durchschnittstemperatur deutlich unter 15° C sank. Anschließend erwärmte sich die Atmosphäre kräftig.

1.2.2 Kohlendioxidkonzentration

Nach der vorliegenden Rekonstruktion der Klimageschichte ist die CO_2-Konzentration der Atmosphäre positiv mit der Lufttemperatur korreliert. Abbildung 6 zeigt diesen Sachverhalt. In ihr sind der zeitliche Verlauf der atmosphärischen CO_2-Konzentration in der Luft und der Temperatur der vergangenen 160 000 Jahre nach Untersuchungen an dem Eisbohrkern von Vostok in der Antarktis dargestellt. Während sich die Temperatur aus dem Deuterium-Anteil im Eis des Bohrkernes indirekt herleiten läßt, kann der CO_2-Gehalt direkt in den Luftblasen gemessen werden, die in diesen Eisbohrkernen eingeschlossen sind. Das Alter der Proben wird mit Hilfe der Restaktivität radioaktiver Substanzen im Eisbohrkern bestimmt. Nach den erzielten Ergebnissen hat die atmosphärische CO_2-Konzentration zwischen etwa 180 und 200 ppm in den Eiszeiten und etwa 280 und 300 ppm in den Warmzeiten (23) geschwankt. Ihr vorindustrieller Wert (etwa 1800) liegt bei 280 ppm. Seitdem ist sie ständig gestiegen (siehe Abbildung 4). 1958, als die CO_2-Meßreihe auf dem Mauna Loa auf Hawaii begann — Abbildung 7 zeigt diese Meßreihe — hatte die CO_2-Konzentration bereits 315 ppm erreicht und steigt seitdem in der gesamten Atmosphäre annähernd gleichförmig um etwa 0,4 Prozent pro Jahr an. 1987 betrug sie 348 ppm.

1.2.3 Abrupte Klimaänderungen

In vorgeschichtlicher Zeit hat sich das Klima häufig relativ rasch geändert. Temperaturänderungen von 3 bis 5° C in einem Zeitraum von einhundert Jahren oder weniger konnten für die vergangene Eiszeit gut fünfzehn mal nachgewiesen werden (26). Die Änderungen der CO_2-Konzentration der Atmosphäre waren wahrscheinlich nicht immer so abrupt. Der Eisbohrkern von Vostok zeigt, daß bei Abkühlungsphasen die CO_2-Konzentration nur allmählich abnahm (vgl. Abb. 6). Bei Erwärmungen dagegen scheint die Zunahme der CO_2-Konzentration aber oft parallel zur Temperaturänderung verlaufen zu sein (27).

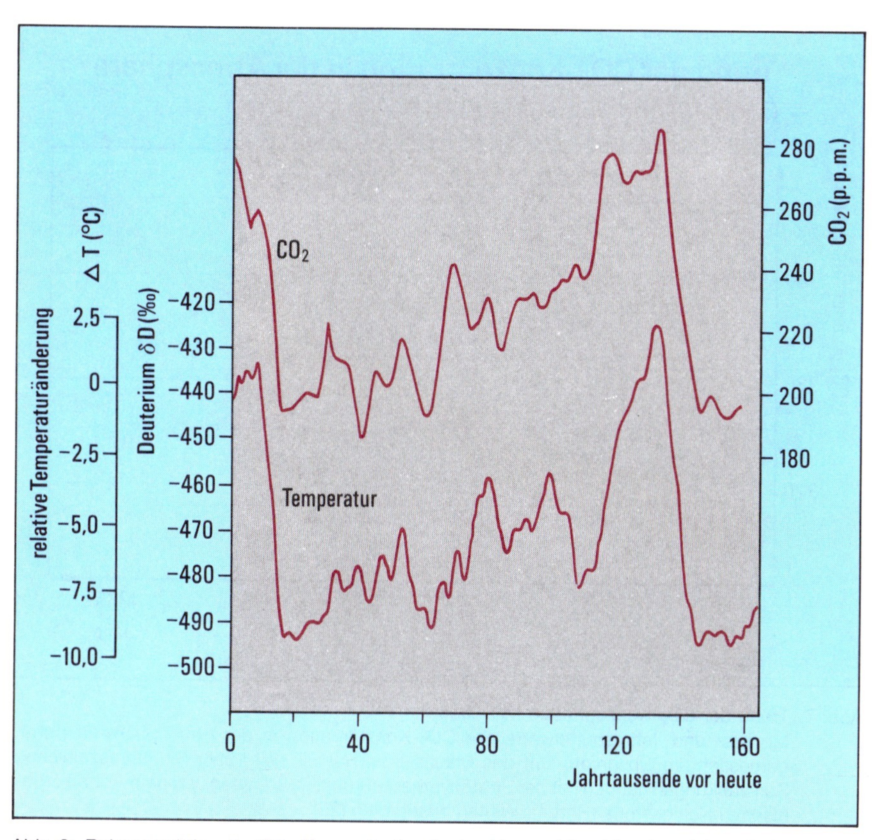

Abb. 6: Rekonstruktion der CO_2-Konzentration in der Atmosphäre (oben) und der relativen Temperaturvariation (unten):
Es wurden die Daten des Eisbohrkerns der russischen Station Vostok in der Antarktis verwendet. Die Temperatur wurde nach der Deuterium-Methode rekonstruiert. Bei einem niedrigen Deuterium-Gehalt ist die Temperatur besonders hoch, bei einem hohen ist sie niedrig (24).

Einige abrupte regionale Klimaänderungen dieses Jahrhunderts:

- In der Arktis stieg die Temperatur etwa ab 1920 innerhalb von wenigen Jahren um 3° C (im Winter sogar um 7° C) an.

- Anfang der sechziger Jahre regnete es im äquatorialen Ostafrika ungewöhnlich stark, wodurch die Abflußmenge des Weißen Nils 1961 auf das Doppelte und der Wasserstand des Viktoriasees um 2,5 m anstieg.

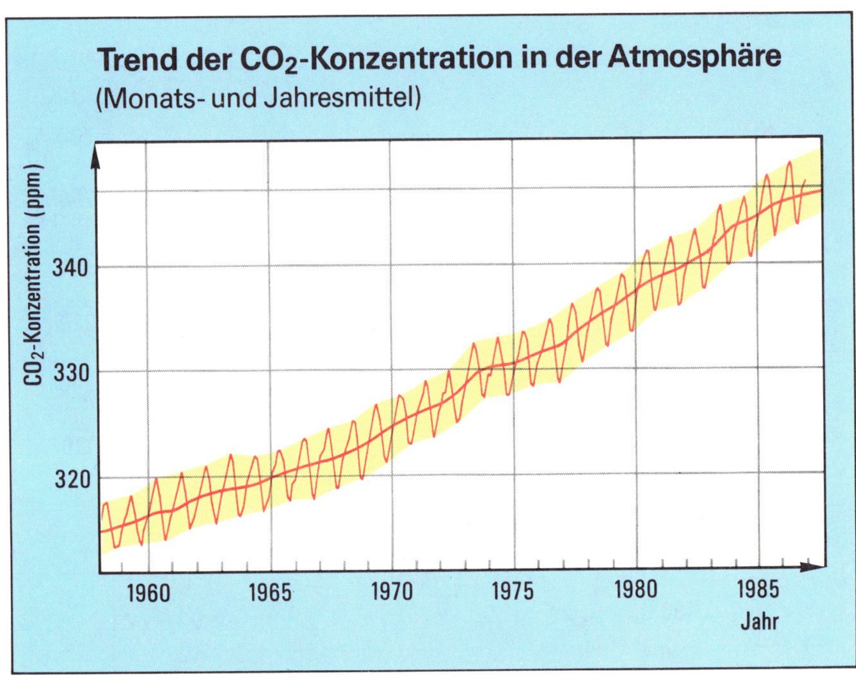

Abb. 7: Trend der CO_2-Konzentration seit 1958:
Monats- und Jahresmittelwerte der CO_2-Konzentration in der Atmosphäre (in ppm), gemessen am Observatorium des Mauna Loa, Hawaii, seit 1958. Die jahreszeitlichen Schwankungen hängen mit der Photosynthese (Frühjahr, Sommer) und dem Abbau organischen Kohlenstoffs (Herbst, Winter) zusammen (25).

- Die El Niño-Ereignisse haben in den vergangenen Jahrzehnten immer größere Ausmaße angenommen. 1982/83 war der stärkste El Niño seit Beginn der Klimabeobachtungen. Während dieses El Niño nahmen die Niederschlagssummen auf dem äquatorialen Pazifik sehr stark zu und erreichten an der peruanischen Küste das Achtzigfache des Normalwertes. Gleichzeitig herrschten in Indonesien, Australien und auf dem indischen Subkontinent, in Südafrika und Nordostbrasilien katastrophale Dürren (28).

- 1968 begann in der Sahelzone eine Dürre, die mit kleinen Unterbrechungen bis heute andauert.

Die geschilderten abrupten Klimaänderungen, zumindest die in früheren Zeiten, hängen nicht mit anthropogenen Einflüssen zusammen. Sie müssen an dieser Stelle aber erwähnt werden, da sie verdeutlichen, in welchem Ausmaß sich Klimaänderungen auch ohne Einfluß des Menschen vollziehen können.

1.3 Änderungen in der Konzentration der Treibhausgase

Als Treibhausgase werden die Gase in der Atmosphäre bezeichnet, die ihre wesentlichen Absorptionsbanden im Wellenlängenbereich der Wärmestrahlung, im Infrarotbereich, aufweisen, die also bei Anstieg ihrer Konzentrationen den Treibhauseffekt der Atmosphäre verstärken (vgl. Nr. 2.3) und damit eine Erhöhung der Temperatur an der Erdoberfläche bewirken können. Auf diesen Zusammenhang wies bereits der schwedische Physikochemiker Arrhenius im Jahre 1896 hin. Schon 1938 konnte der britische Chemiker Callendar nachweisen, daß durch die Verbrennung fossiler Energieträger die Atmosphäre mit CO_2 angereichert wird (29). Die wichtigsten Treibhausgase sind der Wasserdampf, Kohlendioxid, Methan, Distickstoffoxid, die FCKW und Ozon. In Tabelle 1 sind die gegenwärtigen Konzentrationen einiger Treibhausgase, ihre Verweilzeit in der Atmosphäre, ihre gegenwärtige jährliche Zuwachsrate, das spezifische Treibhauspotential eines Moleküls (Einfluß eines zusätzlichen Moleküls, das bei gegenwärtigen Konzentrationen in die

Tabelle 1

Charakteristika der Treibhausgase

Konzentration (c), Verweilzeit in der Atmosphäre und Biosphäre (t), Konzentrationsanstieg ($\triangle$ c), spezifisches Treibhauspotential bezogen auf ein Molekül CO_2 (spez. THP) und Anteil der einzelnen Treibhausgase am Treibhauseffekt, der durch die anthropogenen Spurengase hervorgerufen wurde, in den achtziger Jahren dieses Jahrhunderts (Anteil):

Treibhausgas	CO_2	CH_4	N_2O	Ozon [1]	FCKW 11	FCKW 12
c (in ppm)	346	1,65	0,31	0,02	0,0002	0,00032
t (in Jahren) ...	100 [2]	10	150	0,1	65	110
$\triangle$ c (in %/Jahr)	*0,4*	*1,0*	*0,2–0,3*	*0,5*	5	5
spez. THP	1	32	150	2 000	14 000	17 000
Anteil (in %) [3] .	*50*	*19*	*4*	*8*	*5*	*10*

[1]) Sämtliche Angaben sind sehr grobe Mittelwerte, da die troposphärische Ozonkonzentration räumlich und zeitlich sehr variabel ist (vgl. 2.1).

[2]) Streng genommen besitzt CO_2 eine wesentlich kürzere Verweilzeit, wenn die Austauschvorgänge zwischen Atmosphäre und Biosphäre einerseits und Atmosphäre und Ozean bis in große Tiefen andererseits betrachtet werden. Die genannte Verweilzeit von einhundert Jahren beinhaltet auch Phasen, in denen das CO_2 in andere Kohlenstoffverbindungen überführt wird. Mit dieser Verweilzeit wird zum Ausdruck gebracht, daß es etwa einhundert Jahre dauert, bis eine freigesetzte CO_2-Menge auf etwa ein Drittel ihres ursprünglichen Wertes abgesunken sind.

[3]) Diese Anteile ergeben in der Summe nur 96 Prozent, da die anderen FCKW und stratosphärischer Wasserdampf, die unter 2.3 näher diskutiert werden, nicht enthalten sind.

Atmosphäre emittiert wird) und der Anteil dieser Treibhausgase am Treibhauseffekt durch anthropogene Spurengase in den achtziger Jahren dieses Jahrhunderts aufgelistet. Das spezifische Treibhauspotential eines Moleküls ist abhängig von der Gesamtkonzentration des entsprechenden Treibhausgases und ändert sich deshalb mit der Zeit (vgl. Nr. 2.3).

Wasserdampf und Ozon nehmen unter den Treibhausgasen eine Sonderstellung ein, da sie relativ kurze Verweilzeiten haben und ihre Konzentrationen daher räumlich und zeitlich stark schwanken. Die Konzentration des Wasserdampfes steigt in der Troposphäre von den Polen zu den Tropen stark, da die Aufnahmefähigkeit der Luft für Wasserdampf annähernd exponentiell von der Temperatur abhängt. Sie verdoppelt sich im hier relevanten Temperaturbereich bei einem Temperaturanstieg von etwa 11 ° C. Ein zeitlicher Trend der global gemittelten Konzentration von Wasserdampf in der Troposphäre ist nicht nachgewiesen. Es ist wegen der beobachteten Temperaturzunahme in den vergangenen einhundert Jahren aber naheliegend anzunehmen, daß der Wasserdampf-Gehalt der Troposphäre zugenommen hat. In den Tropen ist für die vergangenen zwanzig Jahre ein Anstieg der atmosphärischen Wasserdampfkonzentration um 20 bis 30 Prozent im Höhenbereich von drei bis sechs km nachgewiesen worden (30).

Das Ozon wurde bereits in Abschnitt C ausführlich behandelt. Die Konzentration des Ozons in der Troposphäre beträgt 0,01 bis 0,05 ppm. Sie steigt gegenwärtig auf der Nordhemisphäre, insbesondere in den mittleren Breiten (31). In Mitteleuropa hat sie sich seit der Jahrhundertwende nahezu vervierfacht. Der derzeitige Trend beträgt 1 Prozent pro Jahr (vgl. Abschnitt C, 1. Kapitel Nr. 2.2.2).

Die CO_2-Konzentration in der Atmosphäre steigt nicht von Jahr zu Jahr genau proportional zur anthropogenen CO_2-Freisetzung (vgl. Abb. 7). Vielmehr nimmt sie in El Nino-Jahren besonders stark zu, da die Weltmeere, die normalerweise etwa die Hälfte des anthropogen emittierten CO_2 aufnehmen, in El Niño-Jahren netto wenig oder überhaupt kein CO_2 binden. In diesen Jahren ist der Pazifik in den Tropen eine CO_2-Quelle.

Überdurchschnittlich warmes Wasser enthält entsprechend wenig Meeresplankton, das atmosphärisches CO_2 über die Photosynthese binden kann, und durch Absinken aus der Deckschicht in die Tiefsee entfernt wird. Dies kann durch die CO_2-Senken anderer Teile der Weltmeere oft nicht kompensiert werden. In Jahren, in denen kühles Aufquellwasser im äquatorialen Pazifik vorherrscht, kann dagegen bis zu 80 Prozent des anthropogen freigesetzten CO_2 im Ozean und in der marinen Biosphäre aufgenommen werden. Dies erklärt einen Teil der Schwankungen im Anstieg des CO_2-Gehaltes.

Mit Hilfe der im Eis enthaltenen Luftblasen konnte sowohl ein Anstieg der CH_4- und N_2O-Konzentration der Atmosphäre in den vergangenen 200 bis 300 Jahren als auch zwischen den vergangenen zwei Eis- und Warmzeiten nachgewiesen werden. Seit etwa 1700 hat sich die CH_4-Konzentration von 0,7 ppm auf 1,67 ppm erhöht. Der prozentuale Anstieg betrug in den vergangenen 10 Jahren 1 Prozent pro Jahr. Seit Mitte der achtziger Jahre deutet sich ein Rückgang auf 0,8 Prozent pro Jahr an (32). Der Anstieg der CH_4-Konzentration ist eng korreliert mit dem Bevölkerungswachstum (33) wegen der zunehmenden Bedeutung des Reisanbaus, der Rinderhaltung, der CH_4-Emissionen der Kohle-, Öl- und Erdgasindustrie, der Mülldeponien und der Biomassenverbrennung. Im gleichen Zeitraum ist der N_2O-Gehalt von 280 auf 310 ppb mit 0,2 bis 0,3 Prozent jährlich gestiegen. Die Konzentration der beiden wichtigsten anthropogen produzierten FCKW (FCKW 11 und 12) in der Atmosphäre hat seit den sechziger Jahren dieses Jahrhunderts stark zugenommen und mittlerweile 0,20 beziehungsweise 0,32 ppb erreicht. Die Konzentration von FCKW 11 und 12 steigt unvermindert um etwa 5 Prozent pro Jahr an. Zusätzlich zu den Konzentrationsänderungen der Treibhausgase ändern sich der Aerosolgehalt und die planetarische Albedo (Anteil der Sonnenstrahlung, der von der Erde reflektiert wird). Allerdings sind globale Änderungen dieser Größen gegenwärtig aufgrund fehlender direkter Messungen nicht ausreichend gesichert.

2. Wissenschaftliche Grundlagen

Zusammenfassung

Wissenschaftliche Grundlagen, die zur Erklärung des Treibhauseffektes beitragen, sind eine notwendige Voraussetzung für das Verständnis der von diesem Phänomen ausgehenden Folgen. Den größten Anteil am Treibhauseffekt haben atmosphärische Spurengase, die zwar nur in geringen Konzentrationen vorhanden sind, gleichwohl aber nachhaltig auf den Strahlungshaushalt der Atmosphäre einwirken. Obwohl sie teilweise sehr gleichförmig über die Atmosphäre verteilt sind, sollen die relativ geringen raum- zeitlichen Schwankungen dieser Gase wegen ihrer großen Bedeutung dargestellt werden.

Der Strahlungshaushalt der Atmosphäre ist ebenfalls von grundlegender Bedeutung für den Treibhauseffekt, da sich Änderungen der Strahlungsbilanz direkt auf die Temperatur in Erdbodennähe auswirken. Dynamische Prozesse als Reaktion auf Änderungen des Strahlungshaushalts können den Treibhauseffekt verstärken oder abschwächen (vgl. 2. Kapitel Nr. 1). Besonders bedeutsam ist die Rolle des Wasserdampfes und der hohen Wolken, weil sie ebenfalls für den Treibhauseffekt wesentlich sind. In diesem Zusammenhang sind die Eiswolken in der oberen Troposphäre von besonderer Bedeutung, da der Einfluß der Wolken auf den Treibhauseffekt umso größer wird, je höher die Wolken und folglich je tiefer die Temperaturen sind, die diese Wolken besitzen. In der unteren Troposphäre würde ein zunehmender Bedeckungsgrad durch Wolken den Treibhauseffekt sogar abschwächen. Doch läßt sich der Einfluß der Wolken noch nicht quantifizieren, da sie in den Klimamodellen sehr rudimentär behandelt werden.

2.1 Raum-zeitliche Variationen von direkten und indirekten Treibhausgasen

Die Treibhausgase sind zum Teil nicht gleichmäßig über die Atmosphäre verteilt und ihre Konzentration schwankt auch kurzzeitig. Deshalb werden im folgenden die raum-zeitlichen Variationen der wichtigsten Spurengase beschrieben.

– Kohlendioxid

CO_2 ist trotz lokal begrenzter natürlicher und anthropogener Quellen wegen seiner relativ hohen Lebensdauer annähernd gleichmäßig über die gesamte Lufthülle der Erde verteilt. Seine Konzentration hat einen ausgeprägten Jahresgang. Ende April ist sie im globalen Mittel um 6 ppm höher als im Oktober (34). Der Grund liegt darin, daß die Pflanzen der Nordhemisphäre im Frühjahr, wenn die Photosynthese verstärkt einsetzt, Kohlenstoff fixieren und der Atmosphäre so viel CO_2 entziehen, daß die Konzentration des CO_2 bis zum Herbst abnimmt. Anschließend wird bis zum nächsten Frühjahr durch die Mineralisation von Biomasse wieder zunehmend CO_2 freigesetzt (vgl. Abb. 7). Diese Jahresamplitude ist in mittleren und hohen Breiten der Nordhemisphäre mit 15 ppm am größten. Auf der Südhemisphäre ist in mittleren und höheren Breiten der Jahresgang kaum noch zu erkennen.

– Kohlenmonoxid

Die CO-Verteilung in der Atmosphäre ist wegen der relativ kurzen Lebensdauer des CO (einige Monate) nicht einheitlich. Während seine Konzentration auf der Nordhemisphäre Werte von 90 bis 150 ppb erreicht, beträgt sie auf der Südhemisphäre 40 bis 80 ppb im Mittel, doch treten vor allem in Ballungsgebieten kurzzeitig wesentlich höhere Konzentrationen auf. Die CO-Konzentration nimmt in der Stratosphäre und in der belasteten Troposphäre mit der Höhe deutlich ab. Sie hat auf der Nordhemisphäre im Februar und März ihr Maximum, auf der Südhemisphäre im August. Die Differenz zwischen den Konzentrationen beträgt im Februar 200 Prozent, im August 20 Prozent (35).

– Stickoxide

Die Stickoxide haben nur eine Lebensdauer von wenigen Tagen und sind deshalb sehr großen raum-zeitlichen Variationen unterworfen. Ihre Konzentration schwankt zwischen Werten unter 10 ppt in tropischen Reinluftgebieten und mehr als 1 ppb in verschmutzten Luftmassen der Industriestaaten. In Städten liegt sie über 10 ppb, kann aber auch kurzzeitig einige 100 ppb erreichen (36).

– Ozon in der Troposphäre

Das troposphärische Ozon hat ebenfalls eine relativ kurze Lebensdauer und ist daher raum-zeitlich sehr ungleichmäßig verteilt. Seine Konzentration schwankt zwischen 10 und 20 ppb auf der Südhemisphäre und in vielen tropischen Gebieten sowie um 30 ppb in Bodennähe auf der Nordhemisphäre. In der Bundesrepublik Deutschland steigt sie im Sommerhalbjahr auf durchschnittlich 35 bis 45 ppb, in höheren Lagen der Mittelgebirge ist sie noch um 5 bis 10 ppb höher (37). In Perioden photochemischen Smogs kann die Ozonkonzentration regional Werte oberhalb von 200 ppb erreichen. Die bodennahe Ozonkonzentration hat einen ausgeprägten Tages- und Jahresgang. Sie ist tagsüber wesentlich größer als in der Nacht. Im Jahresverlauf tritt im Frühjahr ein Maximum und im Herbst ein Minimum auf (38). In den mittleren Breiten der Nordhemisphäre hat sich das Maximum in den Sommer verlagert (39).

– Methan

Methan zeigt wegen seiner langen Lebenszeit eine geringe räumliche Variation. Generell wird ein Nord-Süd-Gefälle der Methankonzentration beobachtet. Die höchsten Konzentrationen werden in den höheren Breiten der Nordhemisphäre und die niedrigsten Konzentrationen auf der Südhemisphäre angetroffen. Die atmosphärische Methankonzentration unterliegt ebenfalls einem ausgeprägten Jahresgang mit einem Maximum im Frühjahr und einem Minimum im Herbst. Die Differenz zwischen den Methankonzentrationen auf der Nord- und der Südhemisphäre beträgt im März 10 Prozent, im August 4 Prozent. Der beobachtete Jahresgang der anthropogenen Methankonzentration ist höchstwahrscheinlich durch die zeitliche Variation der Senken des anthropogenen Methans bedingt. Dies ist im wesentlichen der photochemische Abbau durch Reaktionen mit OH-Radikalen. Interessant ist die gute zeitliche Übereinstimmung der in der Südhemisphäre beobachteten Jahresgänge von CO und CH_4 (38). Sie zeigt, wie eng die Kreisläufe dieser Spurengase gekoppelt sind.

2.2 Strahlungshaushalt der Atmosphäre und Treibhauseffekt

Die Erdoberfläche und die Atmosphäre werden durch die elektromagnetische Strahlung der Sonne erwärmt. Gleichzeitig senden sie langwellige Wärmestrahlung in den Weltraum aus. Die Energie, die vom System Erde-Atmosphäre in Form von langwelliger Wärmestrahlung in den Weltraum ausgestrahlt wird, entspricht im globalen Jahresmittel der Energie der kurzwelligen Sonnenstrahlung, die von Erde und Atmosphäre absorbiert wird. Jede Abweichung von diesem Gleichgewicht führt zu einer Erwärmung oder zu einer Abkühlung der Erde.

2.2.1 Strahlungsbilanz der Erde

Die Erde und ihre Atmosphäre empfangen Strahlung von der Sonne im kurzwelligen Strahlungsbereich zwischen etwa 0,3 μm und 3 μm. Dieser Bereich umfaßt das Spektrum des sichtbaren Lichtes zwischen 0,4 und 0,7 μm, das Spektrum der nahen Infrarot (IR)-Strahlung bei Wellenlängen größer als 0,7 μm und ultraviolette (UV) Strahlung bei Wellenlängen kürzer als 0,4 μm. Die Erdoberfläche strahlt ihrerseits IR-Strahlung im langwelligeren Spektralbereich (etwa 3 bis 60 μm) in den

Weltraum zurück. Die spektrale Verteilung der Energie der Sonnenstrahlung wurde bereits im Abschnitt C, 1. Kapitel in der Abbildung 12 dargestellt. In dieser Abbildung würde sich das Spektrum der IR-Strahlung der Erde und der Atmosphäre unmittelbar rechts anschließen. Im Wellenlängenbereich um 3 μm überlappen sich beide Spektren.

Die Sonne läßt sich in guter Näherung als schwarzer Körper mit einer Temperatur von etwa 5 700 Kelvin (K) beschreiben. Das heißt, daß die spektrale Verteilung der Energie ihrer elektromagnetischen Strahlung (Aufteilung dieser Energie auf die verschiedenen Wellenlängenintervalle des Spektrums) der eines schwarzen Körpers der Temperatur von 5 700 K in guter Nährung entspricht. Die Strahlung der Sonne ist maximal bei einer Wellenlänge von etwa 0,5 μm. Ein schwarzer Körper ist hier definiert als ein Körper, der sämtliche eingestrahlte elektromagnetische Energie jeglicher Wellenlänge absorbiert und diese Energie sofort wieder als Strahlung emittiert. Die Sonne strahlt ihre Energie im wesentlichen gleichförmig in alle Raumrichtungen aus. Die Erde (in einem Abstand von etwa 150 Millionen km zur Sonne) beziehungsweise der Außenrand ihrer Atmosphäre empfängt auf einem Flächenquerschnitt senkrecht zur Strahlrichtung der Sonne eine Strahlung der Flußdichte (Energie pro Zeit- und Flächeneinheit) von 1373 Watt (W) pro m^2. Diesen Wert bezeichnet man als Solarkonstante. Streng genommen ist sie keine Konstante, weil die Strahlung der Sonne selbst schwanken kann, aber auch weil der Abstand zwischen Sonne und Erde aufgrund der elliptischen Umlaufbahn der Erde variiert. Im Januar ist er am geringsten und im Juli am größten. Daher ist die Solarkonstante im Januar größer als im Juli. Berücksichtigt man zusätzlich, daß die fiktive Erdoberfläche, die von der Sonne senkrecht bestrahlt wird, dem Querschnitt der Erde entspricht und damit einem Viertel der Erdoberfläche, und daß die Erde im globalen Mittel etwa 30 Prozent der Sonnenstrahlung reflektiert, so erhält man eine global gemittelte solare Strahlungsflußdichte von (1 — A) x SK/4[1]), die der Erde zur Erwärmung dient. Diese solare Strahlungsflußdichte muß mit der IR-Strahlung der Erde im Gleichgewicht stehen. Die IR-Strahlung der Erde ist nach dem Stefan-Boltzmann-Gesetz proportional zur 4. Potenz ihrer Temperatur, beträgt also $\sigma \times T_e^4$ (T_e ist die Temperatur der Erdoberfläche in K, $\sigma = 5{,}6696 \times 10^{-8}\ Wm^{-2}\ K^{-4}$). Dabei wird in relativ guter Näherung angenommen, daß auch die Erde einen schwarzen Strahler darstellt. Daraus resultiert das Strahlungsgleichgewicht:

$$(1 - A)\ SK/4 = \sigma\ T_e^4$$

Hieraus berechnet man eine globale Durchschnittstemperatur von 254 K = −19° C. Diese Temperatur entspricht der globalen Durchschnittstemperatur in ungefähr 6 km Höhe. Die Hälfte der Atmosphärenmasse befindet sich unterhalb dieser Höhe.

Nahe der Erdoberfläche beträgt die globale Durchschnittstemperatur etwa +15° C. Diese Differenz von etwa 34° C wird durch den Treibhauseffekt der klimarelevanten Spurengase, des Wasserdampfes und der Wolken bedingt. Die wärmeabsorbie-

---

[1]) SK steht für Solarkonstante, A für Albedo (Reflexionsvermögen der Erde bezüglich des Sonnenlichtes).

renden Spurengase spielen hier also in grober Näherung die Rolle des Glasfensters eines Treibhauses:

Sichtbares Sonnenlicht durchstrahlt das Glas fast ungehindert und wird erst dann durch die Körper im Inneren des Treibhauses absorbiert und erwärmt diese dadurch. Die von den erwärmten Körpern im IR-Bereich abgestrahlte Wärme wird vom Glas absorbiert und danach zum Teil nach außen, zum Teil zurück nach innen gestrahlt. Diese Wärmerückstrahlung führt zu einer gegenüber außen erhöhten Innentemperatur des Treibhauses (vgl. Nr. 2.3).

2.2.2 Strahlungshaushalt der Atmosphäre

Abbildung 8 zeigt den Strahlungshaushalt der Atmosphäre im kurzwelligen- und im langwelligen Strahlungsbereich. In dieser Abbildung ist die Solarkonstante die Bezugsgröße. Von der direkten Sonnenstrahlung, die in die Atmosphäre einfällt, werden 24 Prozent vom Erdboden, 16 Prozent von der Atmosphäre und 3 Prozent von den Wolken absorbiert. Somit wird an der Erdoberfläche mehr Wärme umgesetzt als in der Atmosphäre. Diese unterschiedliche Erwärmung wird ausgeglichen durch die Konvektion, also dem Fluß fühlbarer Wärme, der im globalen Durchschnitt eine Größenordnung von 5 Prozent der Solarkonstanten hat, und dem Fluß latenter Wärme mit einer Größenordnung von 27 Prozent der Solarkonstanten. Diese beiden Flüsse werden später näher beschrieben. Sie sind in der Abbildung ganz rechts unten als „Nicht-Strahlungsprozesse" dargestellt. Die Wolken fangen etwa die Hälfte der Sonnenstrahlung auf, von der der größte Teil teils zum Erdboden gestreut, teils in den Weltraum reflektiert wird. Der Erdboden reflektiert nur 4 Prozent der solaren Strahlung. Der verbleibende Rest der Sonnenstrahlung von 11 Prozent wird durch Gasmoleküle und Teilchen in der Atmosphäre gestreut. Insgesamt bleiben im kurzwelligen Bereich der Sonnenstrahlung (linke Hälfte der Abbildung) netto 70 Prozent innerhalb des Systems Erdoberfläche-Atmosphäre. 51 Prozent der Sonnenstrahlung werden an der Erdoberfläche absorbiert, 19 Prozent innerhalb der Atmosphäre (Absorption an den Luftmolekülen und an den Wolken). Die 30 Prozent, die im kurzwelligen Bereich in den Weltraum reflektiert werden, werden an Wolken, an Luftmolekülen, an Aerosolen und an der Erdoberfläche reflektiert.

Der Anteil von 70 Prozent der Sonnenstrahlung, der im System bleibt, muß im langwelligen Strahlungsbereich wieder in den Weltraum ausgestrahlt werden, damit zwischen Erde und Weltraum Strahlungsgleichgewicht herrscht. Die Ausstrahlung in den Weltraum erfolgt vor allem durch Wolken und die Treibhausgase Wasserdampf und Kohlendioxid, auf die später noch näher eingegangen wird, aber auch vom Erdboden direkt.

Die Strahlungsbilanz zwischen der Erdoberfläche und der freien Atmosphäre ist äußerst kompliziert. Die Sonnenstrahlung wird an der Erdoberfläche in Wärme umgesetzt. Die Erdoberfläche strahlt ihrerseits langwellige IR-Strahlung in Abhängigkeit von ihrer Temperatur ab. Der Strahlungsfluß ist 14 Prozent höher als die Solarkonstante. Er wird weitgehend von den atmosphärischen Gasen absorbiert

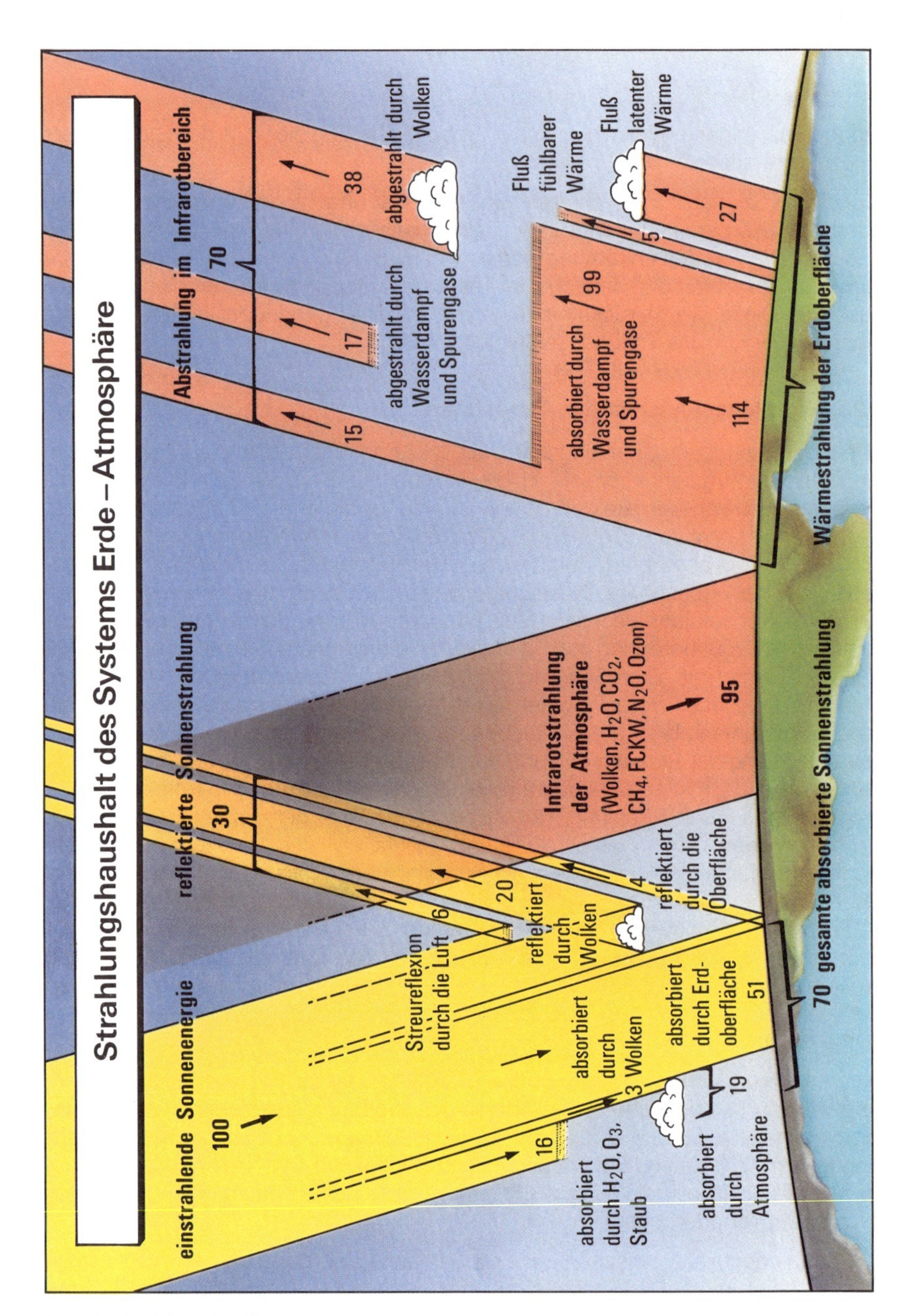

Abb. 8: Strahlungshaushalt der Erde:
Verteilung der einfallenden Sonnenstrahlung auf Erdboden und Erdatmosphäre. Am Rand der Atmosphäre und am Erdboden wird jeweils die Bilanzsumme gebildet. Die linke Seite beschreibt die kurzwelligen Strahlungsflüsse, die rechte Seite die langwelligen Strahlungsflüsse von Erde und Atmosphäre. Bezugsgröße (= 100) ist jeweils die einfallende Sonnenstrahlung.

und entsprechend deren Temperatur zum Teil wieder zurückgestrahlt. Da die Atmosphäre kälter ist als die Erdoberfläche, ist die Wärmestrahlung der Atmosphäre, die die Erdoberfläche erreicht, entsprechend geringer. Daher klafft in der Strahlungsbilanz an der Erdoberfläche eine Lücke von 32 Prozent (etwa 100 W pro m^2), die von den Strömen latenter und fühlbarer Wärme, also mit Nicht-Strahlungsprozessen, geschlossen wird. Sie erwärmen die Atmosphäre durch turbulenten Austausch von Luftmasssen zwischen Erdboden und Atmosphäre.

Der Fluß fühlbarer Wärme transportiert Wärmeenergie vom erwärmten Erdboden durch den turbulenten vertikalen Austausch trockener Luft in die untere Atmosphäre.

Der Fluß latenter Wärme wird hingegen über den Wasserdampf in die freie Atmosphäre transportiert, der bei der Niederschlagsbildung große Mengen von Wärme in der Atmosphäre freisetzt. Er ist in den Tropen viel größer als in höheren Breiten, da die Luft hier wesentlich mehr Wasserdampf aufnehmen kann. Die Aufnahmefähigkeit der Luft an Wasserdampf steigt annähernd exponentiell mit der Temperatur. Der vertikale Wärmetransport über den aufsteigenden Wasserdampf bis in große Höhen ist in Gewittern sehr effektiv, da hier die stärksten Aufwinde auftreten und dem entsprechend die größten Höhen erreicht werden — in den Tropen oft bis zu 18 km.

Die IR-Strahlung des Systems Erdoberfläche-Atmosphäre in den freien Weltraum ist ein weiterer wichtiger Bestandteil der Strahlungsbilanz. Sie beträgt im Gleichgewicht mit der Sonnenstrahlung 236 W pro m^2 und entspricht damit der Schwarzkörperstrahlung eines Körpers der Temperatur von −19° C.

Verglichen mit der IR-Abstrahlung von 236 W pro m^2 aus einer Höhe von etwa 6 km ist die IR-Abstrahlung an der Erdoberfläche dank des Treibhauseffektes wesentlich höher: Sie beträgt bei der mittleren Erdoberflächentemperatur von +15° C gemäß dem Strahlungsgesetz von Stefan-Boltzmann 390 W/m^2. Die Differenz von 34° C zwischen der Strahlungstemperatur der Atmosphäre und der Temperatur in Bodennähe wird hauptsächlich durch den Treibhauseffekt hervorgerufen. Enthielte die Atmosphäre keine Treibhausgase, so wäre die Temperatur in Bodennähe 30° C niedriger als zur Zeit, läge also bei −15° C. Eine Atmosphäre ohne Treibhausgase hätte zur Folge, daß die globale Albedo von derzeit 30 Prozent viel geringer wäre. Dadurch würde ein größerer Anteil der Sonnenstrahlung an der Erdoberfläche in Wärme umgesetzt, was die Strahlungstemperatur des Systems Erde-Atmosphäre gegenüber dem derzeitigen Wert um 4° C erhöhen würde, nämlich von derzeit −19° C auf die genannten −15° C.

Die Höhe von 6 km für die effektiv strahlende Schicht der Atmosphäre entspricht einer Mittelung über die gesamte IR-Strahlung des Systems Erdoberfläche-Atmosphäre. Die Höhe dieser Schicht variiert stark in Abhängigkeit von der Wellenlänge der IR-Strahlung. Die Gase in der Atmosphäre absorbieren die IR-Strahlung der Erdoberfläche in den meisten Spektralbereichen stark, in einigen dagegen nur geringfügig, wie etwa im Spektralbereich 7 bis 13 µm. In diesem Bereich stammt der größte Anteil der IR-Strahlung von der Erdoberfläche. Er wird als „offenes atmosphärisches Strahlungsfenster" bezeichnet, da hier am wenigsten Wasserdampf- und Kohlendioxidabsorption stattfindet. 70 bis 90 Prozent der Abstrahlung von der Erdoberfläche und von den Wolken gelangen hier direkt in den Weltraum (41).

2.2.3 Vertikales Temperaturprofil der Troposphäre

Die Temperatur nimmt vom Erdboden bis zur Tropopause (in 9 bis 18 km Höhe) um etwa 6 bis 7° C pro km ab (vgl. Abb. 6 im 1. Kapitel von Abschnitt C), weil die Absorption der Sonnenstrahlung hauptsächlich an der Erdoberfläche stattfindet, die Abstrahlung in den Weltraum hingegen vor allem in der oberen Atmosphäre. Die Flüsse fühlbarer- und latenter Wärme können den Wärmeausgleich zwischen Erdboden und Atmosphäre nur solange bewerkstelligen, bis sich der sogenannte adiabatische vertikale Temperaturgradient einstellt. Ist die vertikale Temperaturabnahme der Troposphäre größer als der adiabatische Temperaturgradient, so wird die Luft in den unteren Schichten wärmer und deshalb leichter als die darüberliegende. Folglich steigt sie auf. Durch diesen Konvektionsprozeß entstehen die Flüsse latenter und fühlbarer Wärme. Die Größenordnung des adiabatischen Temperaturgradienten beträgt in Abhängigkeit von der Wasserdampfkonzentration 6 bis 7° C pro km, ist aber entscheidend davon abhängig, wieviel Wasserdampf die Luft enthält.

Der adiabatische Temperaturgradient wird im folgenden erläutert. Ausgangspunkt für die Erklärung dieses Gradienten bilden folgende Naturgesetze:

- Warme Luft ist leichter als kalte.
- Die Dichte der Luft nimmt nach oben hin ab.
- Bei adiabatischer Ausdehnung, das heißt bei Expansion ohne Wärmezufuhr von außen, kühlt sich Luft ab.

Würde sich die Erdoberfläche bei gleichzeitiger Abkühlung der höheren Schichten der Atmosphäre ständig erwärmen, so hätte dies zur Folge, daß die Luft in den unteren Schichten mit der Zeit so leicht würde, daß sie nach dem archimedischen Prinzip nach oben steigen muß, während die kältere und schwerere Luft absinkt. Daher wird Luft zwischen höheren und tieferen Schichten ausgetauscht und die Atmosphäre erwärmt. Wasserdampf kompliziert diesen Prozeß. Er ist leichter als trockene Luft.

Deshalb ist auch feuchte Luft bei gleichbleibendem Gesamtdruck leichter als trokkene. Da warme Luft viel mehr Wasserdampf aufnehmen kann als kalte Luft, kommt es besonders in warmen und feuchten Regionen zu einem wirksamen vertikalen Austausch von Luftmassen in der Troposphäre. Daher ist der Fluß latenter Wärme auch viel größer als der Fluß fühlbarer Wärme. Von noch größerer Bedeutung ist die Kondensation von Wasserdampf während des Vertikaltransportes. Der Wasserdampf kühlt sich dabei ab und kondensiert genau dann, wenn die Luft nicht mehr warm genug ist, um ihn in der Gasphase zu halten. Bei der Niederschlagsbildung setzt er eine große Menge an Wärme frei, da der Energiegehalt einer bestimmten Menge flüssigen Wassers viel geringer ist als der derselben Menge von Wasserdampf.

2.3 Treibhauseffekt der Spurengase im Detail

Dem Treibhauseffekt, der in der jetzigen Warmzeit aufgrund von wärmeisolierenden Spurengasen natürlicherweise in der Atmosphäre vorhanden ist, verdanken wir eine Temperaturdifferenz von etwa 30° C (vgl. Nr. 2.2.2) zwischen der Strahlungstemperatur des Systems Erde-Atmosphäre von −19° C und der Temperatur in Erdbodennähe von etwa +15° C. Dieser Treibhauseffekt macht erst das Leben auf der Erde möglich, denn ohne ihn wäre die Erde weitgehend vereist. Der Treibhauseffekt wird dadurch wirksam, daß durch IR-Absorption der Spurengase die effektiv strahlende Schicht der Atmosphäre, also jene Schicht, in der die IR-Rückstrahlung der atmosphärischen Gase und Wolken in den Weltraum maximal ist, kälter ist als die Erdoberfläche. Am natürlichen Treibhauseffekt [1]) haben zur Zeit der Wasserdampf, CO_2 und die Wolken zusammen einen Anteil von 90 Prozent. Die verbleibenden 10 Prozent verteilen sich auf andere Spurengas. Zu nennen sind vor allem CH_4, N_2O, troposphärisches Ozon und in den vergangenen Jahren zunehmend die FCKW. Diese Treibhausgase erwärmen den Erdboden und die unteren Bereiche der Atmosphäre sehr effektiv, da sie die Sonnenstrahlung nahezu ungehindert passieren lassen, die IR-Strahlung der Erdoberfläche aber ziemlich stark absorbieren. Dieser Zusammenhang wird in Abbildung 9 veranschaulicht.

Eine Änderung des atmosphärischen Gehalts an klimarelevanten Spurengasen wirkt sich über den Strahlungshaushalt unmittelbar auf die Temperatur der Erdoberfläche aus. Natürlicherweise ist dies im Wechsel zwischen Eis- und Warmzeit zu beobachten. Zur Zeit nimmt der Treibhauseffekt zu, weil die Konzentration von Treibhausgasen in der Atmosphäre durch anthropogene Aktivitäten erhöht wird. Dadurch wird ein zunehmender Anteil der Strahlung der Erdoberfläche von den Treibhausgasen in der Atmosphäre absorbiert und teilweise zur Erde zurückgestrahlt. Folglich wird die Strahlungsbilanz am oberen Rand der Atmosphäre positiv, die Erde verliert weniger Energie und die Erdoberfläche erwärmt sich. Die Temperaturerhöhung wird von den vielen Rückkopplungen im Klimasystem mitbestimmt und ist deshalb nur mit Modellrechnungen abzuschätzen. Im neuen Gleichgewicht strahlt die Erdoberfläche gemäß dem Stefan-Boltzmann-Gesetz bei einer höheren Temperatur entsprechend mehr Energie in Form von IR-Strahlung aus. Die von außen mit einem alle Wellenlängen integrierenden Infrarotsensor gemessene Strahlungstemperatur bleibt bei −19° C entsprechend der unveränderten Sonneneinstrahlung, mit der sie im Gleichgewicht stehen muß.

---

[1]) An dieser Stelle werden Wasserdampf und Wolken, die den Treibhauseffekt der anthropogenen Spurengase verstärken, im Gegensatz zur Tabelle 1, getrennt betrachtet.

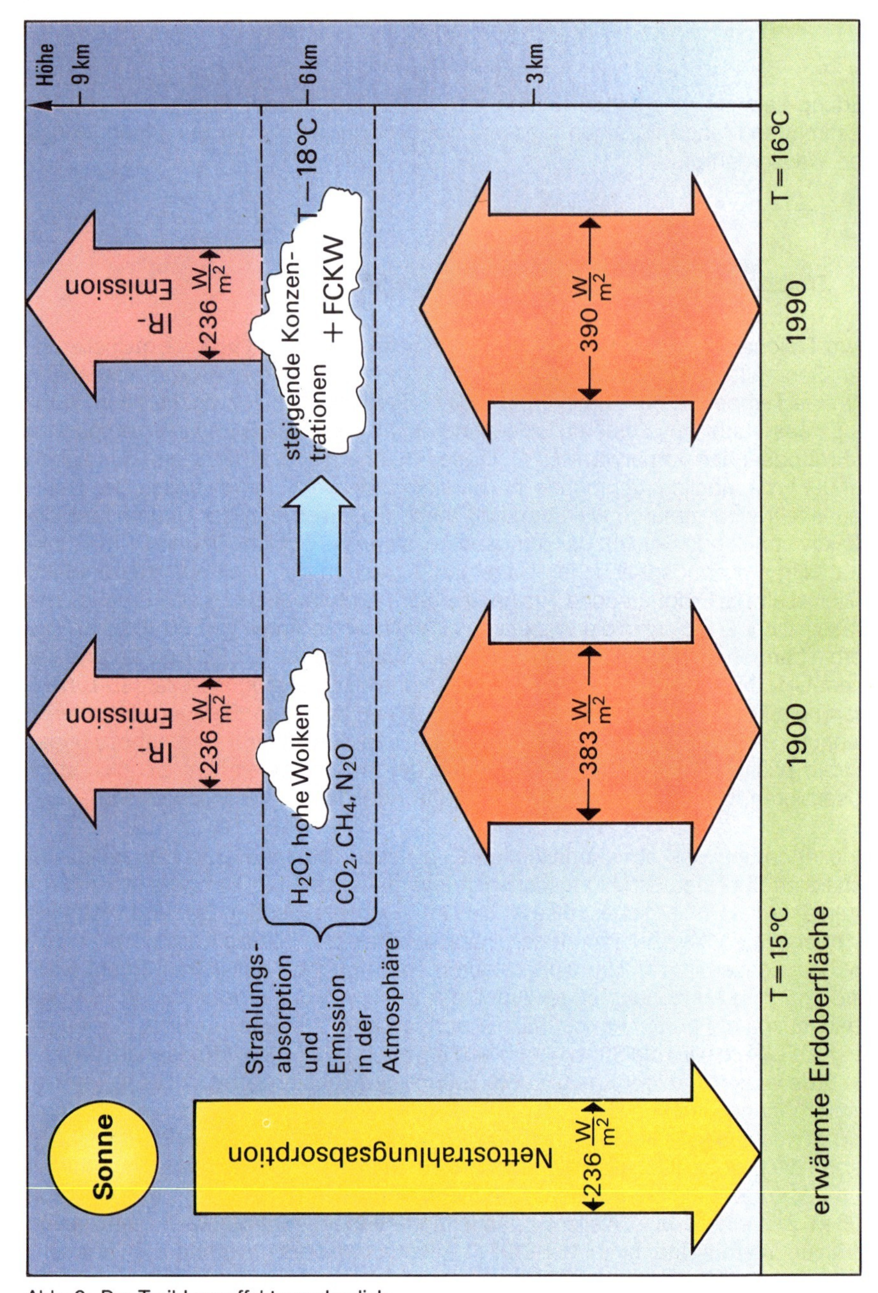

Abb. 9: Der Treibhauseffekt anschaulich.

a: In dieser Abbildung sind lediglich die Strahlungsflußdichten eingetragen, die von der Sonnenstrahlung im System Erdoberfläche-Atmosphäre absorbiert werden, ferner der IR-Strahlungsfluß zwischen Erdoberfläche und Atmosphäre und die von der Atmosphäre (durch die effektiv strahlende Schicht) in den Weltraum emittierte Strahlung. Daher handelt es sich hier um einen Teil der Strahlungsflußdichten, die in Abbildung 8 dargestellt sind. Darüber hinaus enthält diese Abbildung die zeitliche Veränderung der Strahlungsflüsse.

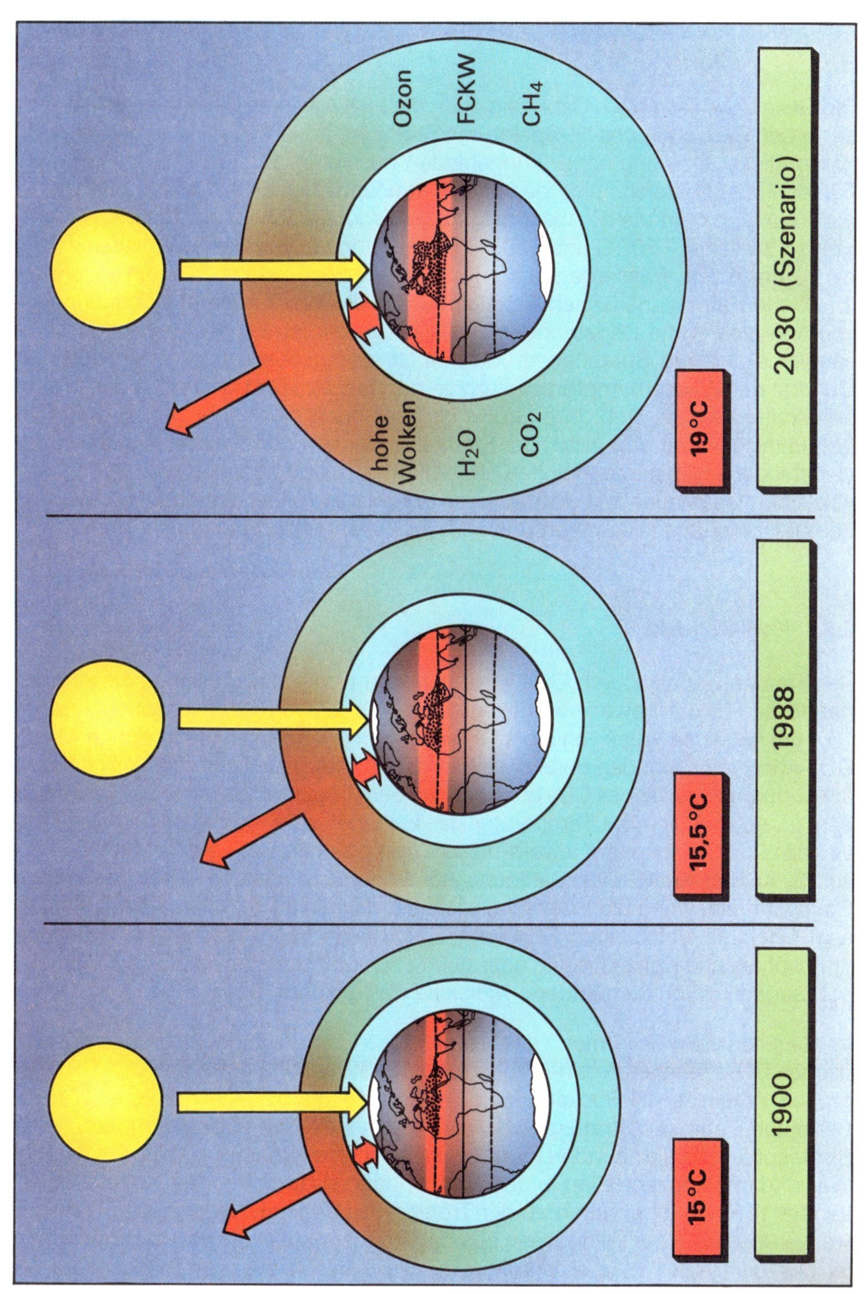

b: In dieser Abbildung wird die Verschiebung der Wärmezonen deutlich.
Die Strahlungsflußdichten zwischen Erdoberfläche und Atmosphäre, Atmosphäre und Weltall und zwischen Sonne und Erde für die Jahre 1900, 1988 und 2030 (als Szenario) werden als Pfeile dargestellt. Der grünblaue Gürtel steht für die Treibhausgase der Atmosphäre. Die Verschiebung der einzelnen Wärmezonen während des Zeitraums 1900–2030 wird durch die Farbabstufung rot nach weiß erkennbar. Die Ausdehnung der Sahara nach Norden wird durch die gepunktete Fläche dargestellt.

Die Gase CO_2, CH_4, N_2O, Ozon und auch die FCKW wirken besonders effektiv, da sie in den Bereichen des IR-Spektrums Strahlung absorbieren, in denen Wasserdampf diese Strahlung nahezu ungehindert passieren läßt. Die energetisch wichtigsten Fensterbereiche sind das offene atmosphärische Wasserdampffenster (7 bis 13 μm), in dem die IR-Ausstrahlung der Erdoberfläche zumindest für Temperaturen zwischen −20° C und +50° C am größten ist, und der Spektralbereich 13 bis 18 μm, in dem Wasserdampf die IR-Strahlung noch nicht vollständig absorbiert. Im offenen atmosphärischen Fenster besitzt die Wasserdampf-Kontinuumsabsorption eine große Bedeutung, da sie hier größer ist als die Absorption durch sämtliche anderen Spurengase und ihre Strahlungsabsorption zudem mit dem Quadrat des Wasserdampfdruckes zunimmt. Aus dem Grund ist sie in den Tropen so wichtig (vgl. Nr. 2.4). Ihre Größe ist aber noch nicht sehr genau erforscht. Abbildung 10 zeigt den Anteil der Strahlung, der von den Treibhausgasen in den verschiedenen Spektralbereichen absorbiert wird. Im folgenden wird auf den zusätzlichen Treibhauseffekt der einzelnen Spurengase näher eingegangen. Wasserdampf ist hier ausgeklammert und wird in 2.4 eingehend behandelt.

2.3.1 Kohlendioxid

Der Treibhauseffekt durch CO_2 wird im wesentlichen durch seine Absorptionsbande bei 15 μm bewerkstelligt (vgl. Abb. 10). Die CO_2-Absorptionsbande bei 10,4 μm hat einen Anteil von 5 bis 10 Prozent an der Strahlungsabsorption. Da die CO_2-Absorptionsbanden bereits weitgehend gesättigt sind, nimmt der Treibhauseffekt durch zusätzliches CO_2 nur noch mit dem Logarithmus der CO_2-Konzentration zu, so daß sich die Temperatur der Erde bei jeder Verdoppelung des CO_2-Gehaltes der Atmosphäre jeweils nur um den gleichen Betrag erhöht (etwa 3° C, vgl. 2. Kapitel Nr. 1). Eine Sättigung der Absorptionsbanden eines bestimmten Gases tritt ein, wenn die Wahrscheinlichkeit, daß ein zusätzliches Molekül in diesem Spektralbereich noch Strahlung absorbieren kann, wegen der Größe der atmosphärische Konzentration eher gering zu veranschlagen ist. Es befindet sich sozusagen im Schatten anderer Moleküle des gleichen Gases.

Im Gegensatz zur Erwärmung der Troposphäre führt die Zunahme des atmosphärischen CO_2-Gehaltes zu einer Abkühlung der Stratosphäre, wo das CO_2 für einen großen Anteil der IR-Rückstrahlung in den Weltraum verantwortlich ist. Seine Bedeutung ist in der Stratosphäre viel größer als die des Wasserdampfes, da die Stratosphäre etwa einhundert mal mehr CO_2 als Wasserdampf enthält. Die niedrige Wasserdampfkonzentration in der Stratosphäre ist durch die als „Kältefalle" wirkenden tiefen Temperaturen an der Tropopause bedingt. Der vertikale Transport wasserdampfhaltiger Luftmassen aus der Troposphäre in die untere Stratosphäre ist hier die größte Wasserdampfquelle. Die Injektion aus der Troposphäre geschieht bei Temperaturen von etwa −82° C (43), der Temperatur der Tropopause über der innertropischen Konvergenzzone. Bei dieser Temperatur kann Luft nur noch wenig Wasserdampf enthalten.

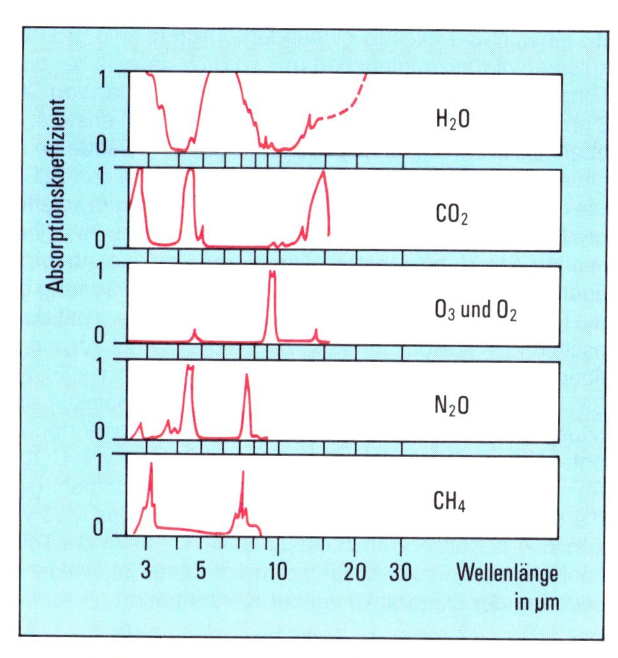

Abb. 10: Absorptionsspektren der Treibhausgase in der Atmosphäre (42).

Dagegen bleibt das CO_2 durch diese Prozesse unbeeinflußt, daß heißt CO_2 hat in der Stratosphäre nahezu das gleiche Mischungsverhältnis wie in der Troposphäre. Da nun die stratosphärische Temperatur mit der Höhe steigt, emittiert das CO_2 mit der Höhe zunehmend effizient IR-Strahlung in den Weltraum. Sie kühlt somit die Stratosphäre und kompensiert die Erwärmung durch Ozon. Nimmt die CO_2-Konzentration zu, so wird die Abstrahlung von immer wärmeren Schichten der Stratosphäre aus erfolgen, so daß die obere Stratosphäre sich besonders stark abkühlt.

2.3.2 Methan, Distickstoffoxid, Fluorchlorkohlenwasserstoffe

Diese Spurengase absorbieren Strahlung fast ausschließlich im IR-Spektralbereich. Ihre Konzentrationen sind zwar wesentlich geringer als die des CO_2, aber ein zusätzliches Molekül dieser Gase erhöht die IR-Strahlungsabsorption der Atmosphäre um ein Vielfaches mehr als ein zusätzliches CO_2-Molekül. Die Wirksamkeit eines CH_4-Moleküls ist zweiunddreißig mal so groß wie die eines CO_2-Moleküls;

die eines N_2O-Moleküls einhundertfünfzig mal so groß und die von FCKW-Molekülen etwa fünfzehntausend mal so groß, jeweils bei den derzeitigen Konzentrationen in der Atmosphäre. Die Absorptionsbanden von CH_4 liegen bei 3 µm und bei 8 µm am Rande des offenen atmosphärischen Fensters, die des N_2O bei 4 µm und ebenfalls bei 8 µm, aber gegenüber der CH_4-Bande im atmosphärischen Fenster etwas zum langwelligeren Bereich hin versetzt, und bei 16 µm in der CO_2-Bande. Die Strahlungsabsorption der FCKW ist deswegen so effektiv, weil ihre Absorption pro Einheit der Konzentration besonders hoch ist, sie direkt im offenen atmosphärischen Strahlungsfenster absorbieren und die Absorptionsbanden bei weitem noch nicht gesättigt sind. Daher nimmt die Erwärmung der Erdoberfläche, die auf die FCKW zurückzuführen ist, zur Zeit noch linear mit dem Anstieg der atmosphärischen FCKW-Konzentration zu. Da die CO_2-Absorptionsbanden sich weiter sättigen werden, wird das Treibhauspotential eines FCKW-Moleküls (zusätzliche Strahlungsabsorption durch ein zusätzliches Molekül) sich gegenüber dem Treibhauspotential eines Moleküls CO_2 in Zukunft sogar noch erhöhen. Das Treibhauspotential von CH_4 und N_2O liegt zwischen dem von CO_2 und dem der FCKW. Ihre Absorptionsbanden sind zwar schon wesentlich mehr gesättigt als die der FCKW, die Sättigung erreicht aber noch lange nicht das Maß von CO_2. Steigt die atmosphärische Konzentration dieser Gase, so steigt die Temperatur an der Erdoberfläche, die auf diesen Anstieg zurückzuführen ist, bei der derzeitigen Konzentration etwa mit der Quadratwurzel der Konzentration dieser Gase (44).

CH_4 wirkt sich nicht nur auf die Strahlungsbilanz aus, sondern auch auf chemische Prozesse (vgl. Kap. 4.2). An dieser Stelle sei an die Methanoxidation erinnert, die in der Stratosphäre eine wichtige Wasserdampfquelle ist und damit wahrscheinlich den Treibhauseffekt verstärkt (45).

2.3.3 Ozon

Das Ozon absorbiert IR-Strahlung im offenen atmosphärischen Fenster bei 9,6 µm. Darüber hinaus absorbiert es nahezu die gesamte Strahlung im UV-Bereich. Sein Treibhauseffekt erwärmt analog zu dem von CO_2 die Troposphäre durch Strahlungsabsorption der terrestrischen IR-Strahlung und kühlt die Stratosphäre durch IR-Strahlung in den Weltraum. Die Konzentration des Ozons steigt in den mittleren Breiten der Nordhemisphäre stark. Damit liefert es ebenfalls einen Beitrag zum zusätzlichen Treibhauseffekt.

2.3.4 Weitere Charakteristika der Treibhausgase

Tabelle 2 listet auf, mit wieviel Prozent die einzelnen Treibhausgase zum zusätzlichen Treibhauseffekt und damit zur Temperaturerhöhung am Erdboden beitragen. Diese Zahlen beziehen sich allein auf die derzeitige Änderung der Konzentration der Treibhausgase in der Atmosphäre, nicht aber auf die absolute Konzentration. Bezugszeitraum sind die achtziger Jahre dieses Jahrhunderts. Die Zunahme von Wasserdampf und Wolken ist in der Tabelle insofern enthalten, als die Wasserdampfkonzentration mit steigender Konzentration der Treibhausgase

Tabelle 2

Beitrag der einzelnen Treibhausgase zum zusätzlichen Treibhauseffekt in den achtziger Jahren dieses Jahrhunderts (47)

Treibhausgas	Abschätzung in Prozent (%)
CO_2	50
CH_4	19
FCKW	17**
Ozon	8***
N_2O	4
str. H_2O*	2

* str. H_2O = stratosphärischer Wasserdampf

** Von den 17 Prozent der FCKW entfallen 10 Prozent auf FCKW 12, 5 Prozent auf FCKW 11 und 2 Prozent auf die restlichen FCKW. Die FCKW, die nicht im Protokoll von Montreal geregelt sind, sind bisher noch von untergeordneter Bedeutung.

*** Dieser Wert ist ein globaler Mittelwert. Auf der Nordhemisphäre müßte er größer sein, auf der Südhemispäre kleiner.

ebenfalls ansteigt. Die Daten wurden in einem Strahlungs-Konvektionsmodell (46) errechnet. Hierbei wurden die atmosphärischen Konzentrationen dieser Treibhausgase und die jährlichen Anstiege ihrer Konzentrationen benutzt.

Der relative Anteil des CO_2 am zusätzlichen Treibhauseffekt wird in Zukunft abnehmen, da der absolute Anteil der anderen Treibhausgase, insbesondere die der FCKW, wahrscheinlich stärker zunimmt als der des CO_2. Das liegt vor allem an den relativ großen prozentualen Zuwachsraten dieser Gase und an ihren großen Treibhauspotentialen. Doch abgesehen davon wird allein schon der absolute Beitrag der steigenden atmosphärischen CO_2-Konzentration eine nicht zu tolerierende Temperaturerhöhung bewirken. Das 2. Kapitel stellt genaue Szenarien über die Bedeutung der einzelnen Treibhausgase für die weitere Klimaentwicklung vor.

Die Stratosphäre kühlt sich nicht nur wegen der IR-Ausstrahlung der Treibhausgase ab, sondern auch, weil sie wegen sinkender Ozonkonzentration weniger Energie im UV-Spektralbereich absorbiert (vgl. Abschnitt C, 1. Kapitel Nr. 2.3).

Das vertikale Temperaturprofil in der Stratosphäre wird vorwiegend von der Vertikalverteilung der Spurengase bestimmt, da hier Veränderungen durch vertikale

Durchmischung langsamer sind als Erwärmung oder Abkühlung durch Strahlungsprozesse.In der Troposphäre wird dagegen die Temperatur wegen der schnellen vertikalen Durchmischung durch die Konvektion nur von der Gesamtkonzentration der Spurengase bestimmt.

2.3.5 Bewertung der Aerosole

Aerosole sind feste oder flüssige Partikeln, außer Wasser- und Eispartikeln, im Größenbereich zwischen 0,001 µm und 10 µm. Ihr Einfluß auf das globale Klima ist komplex, aber vermutlich geringer als der der Treibhausgase. Ob sie kühlend oder wärmend wirken, hängt von vielen ihrer Eigenschaften, aber auch vom Untergrund, über dem sie sich befinden, ab. Je nach Größenverteilung, Rußanteil, Sonnenhöhe, optischer Dicke, relativer Feuchte und Albedo des Untergrundes, tragen sie zum Treibhauseffekt bei oder dämpfen ihn. Kühlend wirken sie vor allem über den Ozeanen, die eine sehr geringe Albedo haben. Dagegen können sie über Wüsten und über schnee- und eisbedeckten Gegenden den Treibhauseffekt erhöhen. Dabei darf bei der Abschätzung ihrer Wirkung das offene Fenster im IR-Spektralbereich nicht außer acht gelassen werden. Aerosolteilchen in der Stratosphäre bewirken eine Abkühlung der Erde, weil die Teilchen (Schwefelsäure) Strahlung so gut wie gar nicht absorbieren, also fast nur streuen und relativ klein sind (etwa 0,4 µm Durchmesser). Nur nach Vulkanausbrüchen ist die optische Dicke der Aerosolteilchen groß genug für wesentliche Effekte auf die Temperatur der Erde (vgl. Nr. 4.1.2).

Die vielleicht größte Wirkung der Aerosolteilchen besteht in ihrem Einfluß auf die optischen Eigenschaften der Wolken und die Niederschlagsgestaltung. Die Zahl der Wolkentröpfchen, der Flüssigwassergehalt der Wolken und der Beginn der Niederschlagsbildung hängen auch von der Zahl der Aerosolteilchen, ihrer Größe und ihrer chemischen Zusammensetzung ab. Nachdem jüngst für Norddeutschland eine drastische Zunahme der Aerosolmasse für die vergangenen Jahrzehnte nachgewiesen wurde, die im wesentlichen von der Umwandlung des NO_x und SO_2 (Schwefeldioxid) in kleine Teilchen herrühren, sollten auch die bei unveränderten dynamischen Bedingungen entstehenden niedrigen Wolken eine höhere Albedo haben (48). Ein albedoerhöhender Effekt ist jüngst auch auf Satellitenbildern als Folge von Partikelemissionen durch einzelne Schiffe oder Ölplattformen nachgewiesen worden (49). Diese Befunde sind in Einklang mit der in einem globalen Aerosoltransportmodell und Strahlungstransportrechnungen gehaltenen Albedoerhöhung der nördlichen Hemisphäre (unter Einschluß der Aerosolwirkung auf Wolken) durch anthropogene Partikelemissionen, die allerdings nicht den zusätzlichen Treibhauseffekt durch Spurengase kompensieren kann (50).

Änderungen des Aerosolgehaltes der Atmosphäre sind nur für kleinere Regionen bekannt. Eine wichtige Quelle von Aerosolen ist die Desertifikation in den Wüstenrandgebieten. Einige Wissenschaftler vermuten auch, daß der Temperaturrückgang der Nordhemisphäre zwischen 1940 und 1975 auf den Einfluß der Aerosole zurückzuführen ist (51). Nach Vulkanausbrüchen bewirken die Aerosole eine meßbare Temperaturverringerung (vgl. Nr. 4.1.2).

Die Auswirkungen des vermutlich aus anthropogenen Aerosolen bestehenden arktischen Dunstes („arctic haze“) auf das Klima sollten näher erforscht werden, da sie zu einer Erwärmung der arktischen Breiten in der Nordhemisphäre führen könnten.

2.4 Rolle des Wasserdampfes und der hohen Wolken

Dem Treibhauseffekt des Wasserdampfes und der hohen Wolken kommt eine besondere Bedeutung zu, da sie in den Klimamodellen den zusätzlichen Treibhauseffekt durch die Spurengase um das Zwei- bis Dreifache verstärken. Die Wolken in der unteren Troposphäre dämpfen hingegen den Treibhauseffekt, wenn ihr Bedeckungsgrad global zunimmt, da ihre Albedo größer ist als die des Systems Erde–Atmosphäre, aber ihre IR-Abstrahlung sich derjenigen des Bodens um so mehr annähert, je tiefer diese Wolken sind.

Der Anteil des Wasserdampfes am Treibhauseffekt beträgt gegenwärtig etwa 65 Prozent (52). An dritter Stelle folgen dann nach CO_2 die hohen Wolken (53). Der Beitrag des Wasserdampfes zum Treibhauseffekt ist bei der Kontinuumsabsorption vom Quadrat des Wasserdampfdruckes abhängig und spielt daher gerade in den Tropen eine wichtige Rolle. Diese extreme Temperaturabhängigkeit hängt mit der Aufnahmefähigkeit der Luft an Wasserdampf zusammen, die mit steigender Temperatur annähernd exponentiell ansteigt. Der Dampfdruck kann als ein Maß für die Konzentration des Wasserdampfes in der Atmosphäre angesehen werden. Unter dem Sättigungsdampfdruck versteht man den Dampfdruck, bei dem die Aufnahmefähigkeit der Luft für Wasserdampf gerade gesättigt ist. Zusätzlich nimmt die Fähigkeit der Wasserdampfmoleküle,IR-Strahlung der Erdoberfläche bei der Kontinuumsabsorption zu absorbieren, mit dem Quadrat des Wasserdampfdrucks zu. Der mit steigender Temperatur stark ansteigende Wasserdampfgehalt bedeutet auch einen Anstieg des Stroms latenter Wärme bei der Niederschlagsbildung.

Kürzlich wurde abgeschätzt, wie die Erwärmung in Bodennähe während der vergangenen zwanzig Jahre die Verdunstung auf den warmen tropischen Ozeanen verändert hat, die etwa 10 Prozent der Erdoberfläche bedecken. Demnach ist die Verdunstung in diesem Zeitraum um 12 bis 17 W pro m^2 angestiegen, also um ein Vielfaches mehr, als die etwa 2,3 W pro m^2, die auf das Konto der Absorption von zusätzlicher IR-Strahlung nur durch die anthropogenen Treibhausgase seit 1880 gehen. Der Wasserdampf, der durch Verdunstung in die Atmosphäre gelangt, verstärkt den Treibhauseffekt insbesondere bei der Niederschlagsbildung, da hierbei große Mengen an latenter Wärme freigesetzt werden und die Atmosphäre entsprechend erwärmt wird. In Abbildung 11, einem höhenabhängigen Meridionalschnitt des Wasserdampfgehaltes in der Atmosphäre, wird deutlich, um wieviel größer der Treibhauseffekt in den Tropen im Vergleich zu den polaren Regionen sein muß.

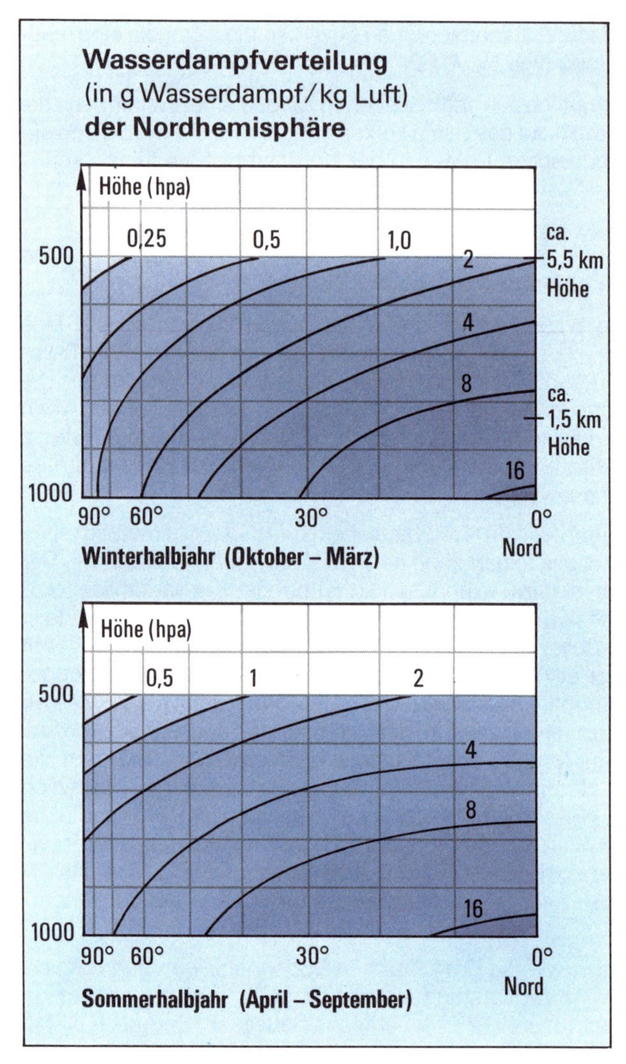

Abb. 11: Meridionalverteilung des Wasserdampfes. Mischungsverhältnis des Wasserdampfes (in g/kg) in Abhängigkeit von der geographischen Breite (°N) und dem Luftdruck beziehungsweise der Höhe über Normalnull (NN) (in Hektopascal (hpa); 500 hpa entspricht im globalen Mittel etwa 5,5 km über NN) (55).

Hinzu kommt der starke Anstieg des Wasserdampfgehaltes in den Tropen in den vergangenen zwanzig Jahren (54).

Die atmosphärischen Zirkulationsmodelle (vgl. 2. Kapitel Nr. 1) errechnen in den polaren Gegenden eine stärkere Temperaturzunahme als im globalen Mittel, in den Tropen jedoch eine verminderte Temperaturzunahme. Der Grund für die Diskrepanz zwischen der beobachteten kräftigen Temperatur- und Wasserdampfzunahme in den Tropen und der vergleichsweise geringen Erwärmung in hohen nördlichen Breiten könnte darin liegen, daß in diesen Zirkulationsmodellen die Temperatur-Wasserdampf-Rückkopplung zu schwach ausgeprägt ist, die hochreichende Konvektion nicht genügend berücksichtigt wird und der Einfluß der Vulkane, der sich in den polaren Gegenden besonders stark auswirkt, vernachlässigt wird (vgl. 2. Kapitel Nr. 1). Dagegen scheint die Eis-Albedo-Rückkopplung im Verhältnis zu den anderen Effekten relativ realistisch modelliert worden zu sein. Sie wirkt folgendermaßen: Bei steigenden Temperaturen nimmt die Schnee- und Eisbedeckung der Erdoberfläche ab. Da das Eis eine sehr große Albedo besitzt, können die Gegenden, in denen das Eis geschmolzen ist, viel mehr Wärme absorbieren. Diese Gegenden liegen naturgemäß nahe an den Polkappen und können diese durch die atmosphärischen Luftströmungen besonders effektiv erwärmen. In diesen Regionen ist also die Erwärmung im Winter besonders stark, da dann das Meer, das vorher eisbedeckt war, nun die Atmosphäre erwärmen kann. Im Sommer wird hingegen ein Großteil der zusätzlichen Wärme für Abschmelzvorgänge verbraucht.

Die Unterschätzung des Einflusses der Temperatur-Wasserdampf-Rückkopplung rührt daher, daß einerseits die Wasserdampf-Kontinuums-Absorption möglicherweise bisher stark unterschätzt worden ist (ihre Größenordnung ist noch immer mit einer Unsicherheit von mehreren W pro m^2 behaftet) (56), und andererseits die hochreichende Konvektion nur unzureichend von den Modellen simuliert wird.

Wasserdampf gehört zu den Treibhausgasen, die auch im solaren Strahlungsspektrum ($\lambda > 0{,}6\ \mu m$) absorbieren. Dies verstärkt den Treibhauseffekt sogar geringfügig, da sich nahezu der gesamte Wasserdampf der Atmosphäre in der unteren Troposphäre befindet und die Erwärmung hier über die Konvektion auch den Erdboden betrifft. Die Methanoxidation und die damit verbundene Wasserdampfbildung verstärkt in einem geringen Maß den Treibhauseffekt in der oberen Stratosphäre.

Die hohen Eiswolken (meist oberhalb von 6 km Höhe) verstärken im Gegensatz zu Wolken in der unteren und mittleren Troposphäre in fast allen Fällen den Treibhauseffekt, da sie wegen ihrer relativ geringen optischen Dicke einen Großteil der Sonnenstrahlung in Vorwärtsrichtung gestreut passieren lassen, während sie die IR-Strahlung der Erdoberfläche schon bei optischen Dicken ab zwei nahezu vollständig absorbieren (57). Dieser Effekt ist umso größer, je kälter (also höher) die Eiswolken sind. Da Eiswolken in Tropopausennähe bei Temperaturen unter $-50°$ C ein besonders starkes Treibhauspotential haben, ist auch der Vermehrung der Eiswolken durch Flugzeuge, die bevorzugt in diesen Höhen fliegen, Aufmerksamkeit zu widmen. Wie hoch die Zunahme der dünnen Eiswolken (Kondensstreifen) aufgrund des Flugverkehrs ist, kann gegenwärtig noch nicht beantwortet werden.

3. Spurengaskreisläufe klimawirksamer Substanzen

Zusammenfassung

Zur Zeit wird eine Änderung der chemischen Zusammensetzung der Atmosphäre beobachtet. Die Konzentrationen der Spurengase CO_2, CH_4, Ozon, N_2O, FCKW und der Halone steigen nachweislich und zum Teil stark an. Trotz ihrer — im Vergleich zu den Hauptbestandteilen — sehr geringen Konzentrationen sind sie jedoch aufgrund einer Vielzahl chemischer und physikalischer Eigenschaften von großer Bedeutung für das Leben und das Klima auf der Erde.

Der Anstieg der Konzentration dieser und weiterer Spurengase führt zu folgenden Veränderungen in der Atmosphäre:

- Verstärkung des Treibhauseffektes der Atmosphäre (CO_2, CH_4, FCKW, Halone, N_2O und troposphärisches Ozon);
- Zerstörung der Ozonschicht in der Stratosphäre (FCKW, Halone und N_2O);
- Veränderung der Chemie der Troposphäre (zum Beispiel Smogbildung, saurer Regen und anderes),
  (SO_2, NO_x, höhere Kohlenwasserstoffe, CO, CH_4 und Ozon).

Die Kreisläufe der zuvor genannten Spurengase sind über chemische Reaktionen in der Troposphäre eng miteinander gekoppelt. Dabei können Spurengase, die nicht direkt zum Treibhauseffekt beitragen, in langlebigere klimawirksame Verbindungen umgewandelt werden (z. B. Stickoxide bei der Ozonbildung in der Troposphäre) und auf diesem Weg indirekt zu einer Temperaturerhöhung beitragen. Die Stratosphärenchemie wird ebenfalls indirekt durch Reaktionen in der Troposphäre beeinflußt. Die Veränderung der troposphärischen Konzentrationen von Ozon und OH, zum Beispiel durch Änderung der Konzentration von CO und CH_4, wirkt sich auf den Abbau vieler Spurenstoffe in der Troposphäre und deren Eintrag in die Sratosphäre und damit eventuell auf die katalytischen Ozonzyklen aus.

Dieser Bericht beschränkt sich auf einen Teilbereich der Chemie der Atmosphäre und den Treibhauseffekt. Die beobachteten Änderungen in der Konzentration und Verteilung von Spurenstoffen in der Atmosphäre bedrohen auch das Leben auf der Erde (Gesundheitsschäden bei direktem Kontakt, Naturzerstörung). Das Ausmaß dieser Schäden ist zur Zeit nicht ausreichend bekannt.

CO_2 ist das bei weitem wichtigste Treibhausgas. Seine Quellen sind nur zu 4 Prozent anthropogen. Dies sind vor allem die Verbrennung fossiler Energieträger, aber auch die Rodung tropischer Regenwälder und sonstige Änderungen der Landnutzung. Der CO_2-Kreislauf ist eingebettet in den globalen Kohlenstoffkreislauf, der neben der Atmosphäre auch die Biosphäre, die Ozeane und die Litosphäre umfaßt.

Die beobachtete Änderung der chemischen Zusammensetzung der Troposphäre ist durch menschliche Aktivitäten hervorgerufen worden. Vollhalogenierte FCKW werden ausschließlich aus anthropogenen Quellen emittiert. Die Produktion und damit die Konzentration dieser Verbindungen in der Atmosphäre — die Hauptgase sind mittlerweile FCKW 11 und 12 — hat seit den sechziger Jahren drastisch zugenommen.

Die Ursache für die gemessene globale N_2O-Zunahme ist hauptsächlich die Verwendung stickstoffhaltiger Dünger in der Landwirtschaft. Geringere Beiträge entstehen bei der Verbrennung von Biomasse und möglicherweise fossiler Brennstoffe. Methan ist nicht nur ein wichtiges Treibhausgas, sondern beeinflußt sowohl die Chemie der Troposphäre wie auch der Stratosphäre. Seine Quellen sind noch nicht vollständig geklärt. Die starke Zunahme in der Atmosphäre wird jedoch vorwiegend auf verstärkten Reisanbau, Rinderhaltung und den Verbrauch fossiler Energieträger zurückgeführt. N_2O beeinflußt die Chemie der Stratosphäre in einem noch viel größeren Umfang als das Methan.

In belasteten Gebieten haben die anthropogenen NO_x-Emissionen — Hauptquelle ist in der Bundesrepublik Deutschland und anderen Industriestaaten der Ausstoß durch Kraftfahrzeuge — in zweifacher Hinsicht Anteil an regionalen Umweltschädigungen. Die Stickoxide führen vor allem über die Bildung von Salpetersäure (HNO_3) zu einer Versauerung des Niederschlages und damit der Böden und Gewässer. Zum anderen sind Stickoxide für die Ozonbildung in der Troposphäre mitverantwortlich. Saurer Niederschlag, das toxisch wirkende Ozon sowie andere im Verlauf der Ozonbildung entstehenden Photooxidantien führen zu einer Schädigung der Vegetation, vor allem der Waldbestände.

Zur Planung von Maßnahmen gegen die Zunahme der Spurenstoffe müssen neben den Emissionsquellen und Abbaumechanismen auch die zeitliche Emissionsentwicklung und troposphärische Transportprozesse bekannt sein. Daher werden im folgenden die Kreisläufe von Substanzen dargestellt, die für Klima und die Ozonchemie wichtig sind, und die Ansatzpunkte für eine Verringerung der Emissionen aufgezeigt.

3.1 Kohlendioxidkreislauf

Der CO_2-Kreislauf ist eingebettet in den globalen Kohlenstoffkreislauf, der in Abbildung 12 wiedergegeben ist. Die Atmosphäre tauscht Kohlenstoff (C) mit dem Ozean und der Biosphäre vor allem über das CO_2 aus. Während die Atmosphäre zur Zeit 720 Milliarden Tonnen C enthält, sind im Ozean 39 000 Milliarden Tonnen C gespeichert (fünfzig mal so viel). Hiervon enthält die obere Deckschicht der Meere nur etwa die gleiche Menge an Kohlenstoff wie die Atmosphäre. In der Biosphäre lagern 1 000 Millarden Tonnen C. Der Austausch zwischen Atmosphäre und Ozean erfolgt vor allem über die Lösung von CO_2 im Ozean gemäß den Naturgesetzen über die Löslichkeit von Gasen und der nachfolgenden weitgehenden Anlagerung an OH-Radikale zu HCO_3 gemäß dem Massenwirkungsgesetz. Hinzu kommt das Ausgasen des CO_2 aus dem Ozean und die Photosynthese und Sedimentation von Algen und totem organischem Material. Der Austausch von CO_2 zwischen der Atmosphäre und der Biosphäre erfolgt hauptsächlich über die Photosynthese der Pflanzen, wobei Kohlenstoff gespeichert wird. Bei der Respiration (Atmung) und der Verwesung der Pflanzen sowie auch der Atmung von Tieren wird CO_2 wieder in die Atmosphäre freigesetzt. Der Kohlenstoff abgestorbener Pflanzen bildet ein Kohlenstoffreservoir, das teilweise durch die Flüsse in die Ozeane geschwemmt wird und teilweise in der Erde (beispielsweise als Humus) gespeichert wird.

Nur 4 Prozent des jährlich emittierten CO_2 sind anthropogen. Hierbei handelt es sich um die Verbrennung fossiler Energieträger in Höhe von 5,6 $\pm$ 0,5 Milliarden Tonnen Kohlenstoff pro Jahr im Jahr 1986 (58) und die Emissionen von CO_2 durch Landnutzungsänderungen, die mit 1 $\pm$ 0,6 Milliarden Tonnen Kohlenstoff pro Jahr abgeschätzt werden (59). An dieser Stelle sei angemerkt, daß „Tonnen C“ und „Tonnen CO_2“ sehr leicht konvertierbar sind. Ein C-Atom besitzt das Atomgewicht 12, ein O-Atom das Atomgewicht 16. Folglich ist ein CO_2-Molekül 3,67 mal so schwer wie ein C-Atom. Analog werden die Gewichte von CO_2-Emissionen in ihr Kohlenstoffgewicht umgerechnet.

Die Verbrennung fossiler Energieträger setzte 1986 folgende Mengen an CO_2 in die Atmosphäre frei: 8,2 Milliarden Tonnen durch die Kohleverbrennung, 9,1 Milliarden Tonnen durch die Erdölverbrennung und 3,3 Milliarden Tonnen durch die Erdgasverbrennung (vgl. Nr. 3.2). Die natürlichen Quellen des CO_2 sind die Pflanzenatmung, die mikrobielle Zersetzung des organischen Materials im Boden, Gesteinsverwitterung und die Freisetzung von CO_2 aus dem Ozean. Senken des atmosphärischen CO_2 sind die Aufnahme von CO_2 im Ozean und die Photosynthese der Pflanzen. Eine besonders große Rolle spielt die Photosynthese von Meeresplankton. Es fixiert etwa 65 Prozent des Kohlenstoffs, den die gesamte Pflanzenwelt bei der Photosynthese aufnimmt.

In der Vergangenheit bereitete die Modellierung des CO_2-Kreislaufes große Schwierigkeiten, da seine Quellen größer erschienen als seine Senken. In letzter Zeit wird für diese fehlende Senke die sogenannte biologische Pumpe verantwortlich gemacht, die dadurch entsteht, daß in bestimmten Zeiten Algen ihr Wachstum stark beschleunigen und dadurch große Mengen an CO_2 aufnehmen. Nach ihrem Absterben sinken diese Algen sehr schnell auf den Meeresgrund (60), wodurch den oberen Schichten der Ozeane wirkungsvoll CO_2 entzogen wird. Dieser Prozeß könnte beim Übergang von Warmzeiten in Eiszeiten eine wesentliche Rolle spielen.

Nur sehr ungenau sind die CO_2-Quellen erfaßt, die aus der veränderten Landnutzung durch den Menschen herrühren. Zu ihnen zählt vor allem die Rodung tropischer Regenwälder und die Bodenbearbeitung in der Landwirtschaft. Bei der Brandrodung tropischer Regenwälder wird der in der verbrannten Biomasse

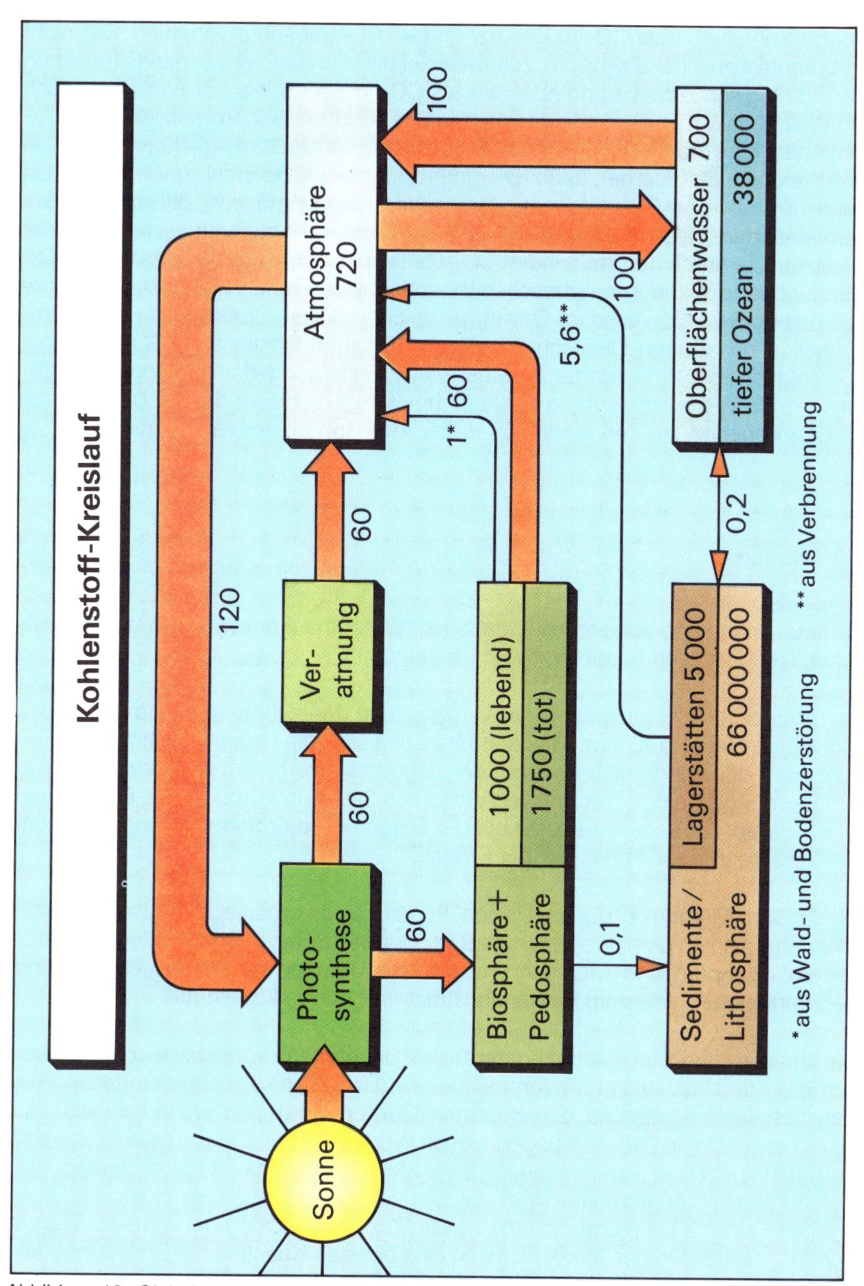

Abbildung 12: Globaler Kohlenstoffkreislauf.
Die Zahlen bezeichnen Kohlenstoffflüsse in Milliarden Tonnen pro Jahr und Kohlenstoffreservoire in Milliarden Tonnen.

fixierte Kohlenstoff als CO_2 freigesetzt und in die Atmosphäre emittiert. Der nicht verbrannte Anteil der Biomasse, zum Beispiel die Wurzeln, wird in den Folgejahren mikrobiologisch zersetzt und ebenfalls als CO_2 in die Atmosphäre emittiert. Auch die Waldschäden in den Industriestaaten der Nordhemisphäre entziehen der Atmosphäre eine biosphärische CO_2-Senke, die bis heute allerdings quantitativ noch nicht abgeschätzt werden kann. Die anthropogenen CO_2-Emissionen verbleiben derzeit zu etwa 50 Prozent in der Atmosphäre. Es ist möglich, daß ein Teil des verbleibenden Rests aufgrund der zunehmenden Photosyntheseleistung der Pflanzen, die durch den steigenden CO_2-Gehalt hervorgerufen werden kann (CO_2-Düngungseffekt) in der terrestrischen Biosphäre gespeichert wird (61). Der größte Teil dieses Rest-CO_2 wird im Ozean gespeichert. Diese Speicherung erfolgt zunächst in der oberen Deckschicht, deren Aufnahmefähigkeit für CO_2 aber beschränkt ist. Es ist zu erwarten, daß bei weiter ansteigenden anthropogenen CO_2-Emissionen in die Atmosphäre die Aufnahmefähigkeit dieser oberen Deckschicht an CO_2 abnimmt, so daß mehr CO_2 in der Atmosphäre verbleiben muß.

3.2 Methan

Die räumlichen und saisonalen Variationen der Methankonzentration und ihr zeitlicher Trend wurden bereits in Nr. 2.1 behandelt.

Der drastische Methananstieg der vergangenen Jahrzehnte ist auf menschliche Aktivitäten zurückzuführen. Wichtige Ursachen sind die starke Zunahme des Reisanbaus, der Rinderhaltung und der Biomassenverbrennung (beispielsweise Brandrodungen in den Tropen), der Abbau von Stein- und Braunkohle, Emissionen aus Mülldeponien sowie Verluste bei der Erdgas- und Erdölgewinnung sowie bei der Versorgung der Abnehmer mit Erdgas.

Biogen wird Methan bei der anaeroben Vergärung von organischem Material durch Mikroorganismen gebildet. Derartige Bedingungen treten in Sedimenten von Reisfeldern, Sümpfen und Marschen, tropischen Überschwemmungsgebieten und Tundragebieten, sowie im Verdauungstrakt von Wiederkäuern auf.

Die Quellen- und Senkenstärken der bisher bekannten Produktions- und Abbauprozesse des Methans in der Atmosphäre sind in Tabelle 3 zusammengefaßt. Aus den Schwankungsbreiten der einzelnen Quellen- und Senkenstärken wird die Unsicherheit der in Tabelle 3 angegebenen Werte sichtbar. Es ist zu erwähnen, daß neueste Ergebnisse aus Messungen in Reisfeldern in China darauf hindeuten, daß der in Tabelle 3 angegebene Wert der CH_4-Emissionen aus Reisfeldern vielleicht um den Faktor 2 bis 3 unterschätzt wurde. Zur Abschätzung der weiteren Trends des CH_4-Gehalts in der Atmosphäre ist eine bessere Kenntnis der Emissionsquellen erforderlich. Hier besteht ein erheblicher Forschungsbedarf.

Tabelle 3

Quellen und Senken von Methan
(in Millionen Tonnen CH_4 pro Jahr) (62)

In dieser Tabelle kompensieren sich die Quellen und Senken nicht, da die atmospärische Methan-Konzentration steigt und die Größenordnung vieler Quellen und Senken nicht genau bekannt ist.

Natürliche Quellen	
Feuchtgebiete	30–170
Termiten und sonstige Insekten	5– 30
Ozeane	7– 13
Fermentation durch wildlebende Wiederkäuer	2– 6
Seen	2– 6
Tundra	1– 5
Sonstige	0– 80
Anthropogene Quellen	
Mülldeponien	30– 70
Fermentation durch Wiederkäuer	70– 80
Verbrennung von Biomasse	30–100
Reisfelder	60–140
Erdgasverluste bei seiner Gewinnung und Verteilung	30– 35
Kohlebergbau*)	35
Senken	
chem. Abbau durch OH-Radikale	375–475
Abbau in der Stratosphäre	35– 50
Aufnahme durch Bodenorganismen	10– 30

*) vergleiche 3. Kapitel Nr. 2.2

In der Troposphäre sind drei wichtige Methansenken wirksam. Die weitaus wichtigste in der Troposhäre ist die Oxidation durch OH-Radikale gemäß der Gleichung

$$CH_4 + OH \rightarrow CH_3 + H_2O$$

Diese Reaktion leitet eine komplizierte Kette weiterer Reaktionen ein, die unter anderem zur Bildung von CH_2O, CO, CO_2 und H_2 führen. Abhängig von der NO-Konzentration kann dabei Ozon gebildet oder zerstört werden. Sind die NO-Werte kleiner als etwa 10 ppt, wird Ozon bei der Oxidation von Methan abgebaut; hohe NO-Konzentrationen führen dagegen zur Ozonproduktion.

Ein Teil des Methans gelangt in die Stratosphäre und wird dort unter Bildung von Wasserdampf oxidiert. Dadurch trägt Methan auch zur Bildung von Wasserdampf in der Stratosphäre bei. Dieser Beitrag ist in der hohen Stratosphäre am größten. Er wirkt sich, wie bereits dargestellt, auch auf die Ozonchemie aus (vgl. Abschnitt C, 1. Kapitel Nr. 3.2.3).

Weiterhin wird Methan am Boden durch mikrobiologische Prozesse abgebaut (63).

Angaben über die Senkenstärken sind nur rudimentär vorhanden.

3.3 Fluorchlorkohlenwasserstoffe (FCKW)

Halogenierte Verbindungen verursachen die Zerstörung der Ozonschicht in der Stratosphäre und verstärken den Treibhauseffekt.

FCKW wurden erstmals 1930 in den Laboratorien von General Motors synthetisiert, um als geruchlose, nichttoxische und nichtbrennbare Kältemittel die damals gebräuchlichen Stoffe Schwefeldioxid und Ammoniak zu ersetzen. Mittlerweile werden FCKW auch als Treibgase für Aerosole, als Blähmittel zur Herstellung von Kunststoffschäumen sowie als Reinigungsmittel in der Elekronikbranche verwendet. Ihre Einsatzbereiche, Produktionsmengen und Produktalternativen werden in Abschnitt C, 2. Kapitel Nr. 1.2 näher erläutert.

Im Laufe der Zeit sind verschiedene voll- und teilhalogenierte Verbindungen entwickelt worden. In Tabelle 4 sind die wichtigsten Informationen über Halogenverbindungen zusammengestellt. Im Jahr 1978 wurde das sogenannte Atmospheric Lifetime Experiment (64) ins Leben gerufen. In diesem Experiment wird an mehreren „background"- Stationen mehrmals täglich die Konzentration verschiedener halogenierter und klimawirksamer Verbindungen gemessen.

Im Gegensatz zu vollhalogenierten FCKW, die neben Kohlenstoffatomen ausschließlich Halogenatome enthalten, bestehen teilhalogenierte Verbindungen zusätzlich aus Wasserstoffatomen. Diese Wasserstoffatome ermöglichen einen Teilabbau der Verbindung in der Troposphäre. Die Stoffe sind dadurch an der Zerstörung der Ozonschicht in der Stratosphäre weniger stark beteiligt. Nachfolgend werden die wichtigsten FCKW angeführt.

3.3.1 Vollhalogenierte Verbindungen

Die wichtigsten vollhalogenierten Verbindungen sind FCKW 11 (CCl_3F), FCKW 12 (CCl_2F_2), FCKW 113 (CCl_2F-$CClF_2$), FCKW 114 ($CClF_2$-$CClF_2$), FCKW 115 (C_2ClF_5) und Tetrachlorkohlenstoff (CCl_4). Vollhalogenierte Verbindungen haben ein sehr hohes Ozonzerstörungspotenial (vgl. Abschnitt C, 3. Kapitel Nr. 3.2.2). Ihre einzige Quelle ist die industrielle Herstellung.

Das Montrealer Protokoll zur Reduzierung ozonzerstörender halogenierter Verbindungen regelt bisher nur die Verbindungen FCKW 11, 12, 113, 114 und 115 sowie in beschränktem Umfang die Halone 1211, 1301 und 2402. CCl_4 ist in den Reglementierungen nicht enthalten. Aufgrund seines hohen ODP-Wertes wäre aber eine weitere Zunahme seiner Konzentration besorgniserregend.

– FCKW 11 und FCKW 12

Diese Verbindungen sind die in den größten Mengen hergestellten FCKW. Die Lebensdauer von FCKW 11 in der Atmosphäre beträgt etwa 65, die von FCKW 12 etwa 120 Jahre. Die Herstellung dieser beiden Substanzen ist seit 1960 drastisch angestiegen. Zur Zeit beträgt der durchschnittliche jährliche Anstieg ihrer Konzentrationen etwa 5 Prozent (65), nachdem die Emissionen seit gut 10 Jahren nicht mehr zugenommen haben. Der drastische Produktionsanstieg seit den sechziger Jahren wurde 1974 als Folge der Molina-Rowland Hypothese vorübergehend gestoppt. Die Produktion ging zunächst leicht zurück, steigt aber seit 1982 wieder an. Nach einer Statistik, die auf freiwilliger Basis von etwa 20 Chemiefirmen in Westeuropa, Nord- und Südamerika, Japan, Australien, Afrika und Indien erstellt wurde, sank die Produktionsrate von FCKW 11 und 12 von 1981 auf 1982 um 7 Prozent, allein in den beiden darauffolgenden Jahren wurde jedoch jährlich die Produktion um 8 Prozent erhöht. Eine Unsicherheit in der Festlegung der globalen Produktionsmengen ergibt sich aus dem Fehlen von Daten über die Produktion in der Sowjetunion und anderen östlichen Ländern. Für FCKW 12 wird eine kleine, aber stark steigende Menge abgeschätzt. Bundesdeutsche Verbrauchszahlen sind nach Angaben der Hersteller aus Wettbewerbsgründen nur begrenzt verfügbar.

Neueste Untersuchungen geben an, daß 91 Prozent des produzierten FCKW 12 und 85 Prozent des FCKW 11 noch im gleichen Jahr an die Atmosphäre abgegeben wird (66), der Rest mit zeitlicher Verzögerung. Die einzige atmosphärische Senke ist die Photolyse in der Stratosphäre.

Die nachgewiesenen Konzentrationen in der Troposphäre und ihre zeitliche Entwicklung sind etwa konsistent mit den angegebenen Produktionsmengen. Die 1983 gemessenen Konzentrationen betrugen etwa 190 ppt für FCKW 11 beziehungsweise 300 ppt für FCKW 12 (vgl. Tabelle 4) mit einer jährlichen Zunahme von etwa 5 Prozent.

– FCKW 113

FCKW 113 ist wegen seiner langen Verweilzeit, seiner zunehmenden industriellen Anwendung und seiner stark steigenden Konzentration in der Atmosphäre von etwa 10 Prozent pro Jahr von besonderem Interesse. Die wichtigsten Daten sind in Tabelle 4 angegeben. Für diese Verbindung sind die Produktionszahlen der vergangenen Jahre nicht verfügbar. FCKW 113 wird hauptsächlich als Lösungs- und Reinigungsmittel in der Elektronikindustrie verwendet.

– FCKW 114

FCKW 114 wird als Treibmittel für Spraydosen und als Zwischenprodukt bei der Herstellung von FCKW 115 verwendet.

– FCKW 115

FCKW 115 wird in der Kälte- und Klimatechnik in der azeotropen Mischung verwendet, in geringem Maß auch als Aerosoltreibmittel (vgl. Abschnitt C, 2. Kapitel). Sein ODP-Wert ist relativ hoch und seine Verweilzeit in der Atmosphäre mit 400 bis 800 Jahren (vgl. Tabelle 4) lang, obwohl es sich hier strenggenommen nur um seine partielle Verweilzeit durch die Photolyse handelt.

– Tetrachlorkohlenstoff

Vor 1950 wurde CCl_4 vorwiegend als industrielles Lösungsmittel und als Feuerlöschmittel eingesetzt. Auch wegen seiner toxischen Eigenschaften ist die direkte Verwendung von Tetrachlorkohlenstoff stark rückläufig. CCl_4 wird jedoch noch in sehr großen Mengen produziert und hauptsächlich als Zwischenprodukt für die Herstellung von FCKW 11 und 12 verwendet. Die direkte Emission von CCl_4 ist in westlichen Industrieländern wahrscheinlich von untergeordneter Bedeutung. Jedoch wird ein Anstieg der Konzentration von CCl_4 beobachtet, der im Zeitraum 1978 bis 1983 etwa 1,5 Prozent pro Jahr betrug (67). Genauere Informationen über seine anthropogenen Quellen sind notwendig. Tetrachlorkohlenstoff wurde nicht in das Montrealer Protokoll aufgenommen. Es ist daher für dieses Gas mit weiter steigenden Konzentrationen in der Atmosphäre zu rechnen.

Die bedeutendste Senke für Tetrachlorkohlenstoff ist nach dem Transport in die Stratosphäre die dortige photolytische Zerstörung.

– FCKW 14

FCKW 14 trägt nicht zum Ozonabbau bei, aber zum Treibhauseffekt. Seine Konzentration ist geringer als die Konzentrationen anderer FCKW. Sie ist jedoch aufgrund ihrer extrem langen Verweilzeit von Jahrhunderten von Interesse. FCKW 14 wird in der Atmosphäre chemisch nicht umgewandelt. Nur die Photolyse durch sehr kurzwellige Strahlung ($\lambda < 100$ nm) zerstört die Verbindung, allerdings erst in

Höhen oberhalb von 100 km. Die Vertikalprofile zeigen bis in Höhen von etwa 33 km nur geringe Konzentrationsabnahmen. Es scheint, daß die Hauptquelle für diese Verbindung die Herstellung von Aluminium ist (68). Diese Substanz entsteht anthropogen, so daß mit steigenden Konzentrationen gerechnet werden muß.

3.3.2 Teilhalogenierte Verbindungen

– H-FCKW 22 ($CHClF_2$)

Von H-FCKW 22 sind keine natürlichen Emissionsquellen bekannt. Es wird hauptsächlich als Kältemittel verwendet, und ein Teil (etwa 35 Prozent) ist Zwischenprodukt für die Herstellung von Polymeren wie zum Beispiel Teflon. Seine Konzentration in der Troposphäre nimmt, mit einem jährlichen Anstieg von etwa 12 Prozent, stark zu. H-FCKW 22 wird teilweise in der Troposphäre durch OH-Radikale abgebaut; dabei entstehen unter anderem HCl, CO, CO_2 und HF. Im Vergleich zu vollhalogenierten Verbindungen hat H-FCKW 22 ein geringeres Ozonzerstörungspotential (ODP = 0,05) und wird als ein zeitlich begrenzter Ersatzstoff für FCKW 11 und 12 angesehen. Ein drastischer Produktionsanstieg von H-FCKW 22 würde allerdings trotz der geringeren Ozonwirksamkeit ebenso wie die vollhalogenierten zu einer Zerstörung der Ozonschicht führen. Die Umweltverträglichkeit sowie die Toxizität dieser Verbindung ist noch nicht vollständig geklärt.

– Methylchloroform (CH_3-CCl_3)

Diese Verbindung wird primär als Entfettungsmittel in der Metallindustrie und als Lösungsmittel für Lacke, Farben und Klebstoffe eingesetzt. Wegen seiner geringen Toxizität und schweren Entflammbarkeit hat Methylchloroform andere Reinigungsmittel wie C_2HCl_3 und C_2Cl_4 weitgehend verdrängt. Dementsprechend ist die Produktion mit einer jährlichen Zunahme von 3 bis 4 Prozent deutlich angestiegen. Die Konzentration in der Atmosphäre hat ebenfalls stark zugenommen. Methylchloroform wird größtenteils in der Troposphäre abgebaut, der Rest (10 bis 20 Prozent) gelangt in die Stratosphäre. Aufgrund des verhältnismäßig hohen ODP-Wertes von 0,15 kann diese Verbindung in Zukunft signifikant zur Ozonzerstörung beitragen. CH_3-CCl_3 wird nicht durch das Montrealer Protokoll reguliert.

– Methylchlorid (CH_3Cl)

Methylchlorid ist ein industrielles Zwischenprodukt, zum Beispiel für die Synthesen der FCKW 11, 12 und 22. Es ist der häufigste halogenierte Kohlenwasserstoff der Atmosphäre. Weil es mit OH-Radikalen reagiert, wird CH_3Cl zum Teil in der Troposphäre abgebaut und hat eine atmosphärische Lebensdauer von etwa eineinhalb Jahren. Diese Substanz wird hauptsächlich aus Ozeanen emittiert. Die weitere Entwicklung seiner Konzentration ist nicht bekannt.

– Treibhauswirkung der FCKW

Die FCKW sind zu 17 Prozent am derzeitigen zusätzlichen Treibhauseffekt durch die anthropogenen Spurengase beteiligt (vgl. Tab. 2), wobei der Anteil von FCKW 12 bei 10 Prozent liegt, der von FCKW 11 bei 5 Prozent. Der Anteil der restlichen FCKW ist zur Zeit mit etwa 2 Prozent zwar noch gering, doch steigen ihre atmosphärischen Konzentrationen teilweise stark. In diesem Zusammenhang muß insbesondere das H-FCKW 22 genannt werden, da es als vorübergehender Ersatzstoff für FCKW 11 und 12 gilt und seine atmosphärische Konzentration derzeit jährlich um etwa 12 Prozent ansteigt (vgl. Tab. 2).

3.4 Bromhaltige Verbindungen

Infolge ihrer sehr großen katalytischen Effizienz können Bromatome in größerem Ausmaß als Chloratome Ozon zerstören. Besonders der gekoppelte ClO_x-BrO_x-Zyklus ist effektiv. Brom liegt zu einem erheblichen Teil in der aktiven Form Br und BrO vor, da die Bildung von HBr nur durch die Reaktion von Br mit CH_2O und HO_2 erfolgen kann. Der Bromzyklus ist möglicherweise besonders in den Nordpolargebieten relevant. Aus diesem Grund muß die Produktion bromhaltiger Substanzen - trotz der gegenwärtig geringen Konzentration - ebenfalls beschränkt werden. Ein sehr großer Anteil des Broms in der Atmosphäre stammt zwar aus natürlichen Quellen (CH_3Br aus Ozeanen), anthropogene Emissionenen der Halone 1211 und 1301 tragen jedoch ebenfalls zum Bromanstieg in der Stratosphäre bei.

– Halon 1211 (CF_2BrCl) und Halon 1301 ($CBrF_3$)

Die Halone haben bisher nur geringe Konzentrationen in der Atmosphäre, sind jedoch in den vergangenen Jahren angestiegen. Es werden auch in Zukunft stark wachsende Produktions- und Emissionsraten erwartet. Halon 1211 und 1301 besitzen extrem hohe Zerstörungspotentiale, es werden ODP-Werte von 3 (Halon 1211) und 8 (Halon 1301) berechnet. Ohne eine effektive Emissionsreduzierung können diese Substanzen in Zukunft in großem Umfang Ozon zerstören. Halon 1211 und 1301 werden fast ausschließlich als Feuerlöschmittel verwendet. In den Feuerlöschanlagen ist ein Halon-Reservoir angelegt, das die Verbindungen zeitverzögert in die Atmosphäre abgibt. Auch bei drastischen Produktionsreduzierungen ist daher mit weiter steigenden Konzentrationen zu rechnen.

– Methylbromid (CH_3Br)

Diese Verbindung hat wie Methylchlorid bedeutende natürliche Quellen. Vermutlich stammt der überwiegende Anteil aus den Ozeanen. Industriell produziertes CH_3Br wird wegen seiner toxischen Eigenschaften als Begasungsmittel verwendet. Die Hauptsenke von Methylbromid ist die Reaktion mit OH-Radikalen in der Troposphäre. Oberhalb der Tropopause sinken die Konzentrationen schnell auf sehr geringe Werte. Weitere Meßdaten sind jedoch notwendig.

Tabelle 4

Charakteristika der FCKW

Verbindung	Gemessene konz. (ppt) (1985)	Geschätzte Industrielle Produktion (× 10^6 kg)	Ath. Lebensdauer (Jahre)	konz. Anstieg %/Jahr	Hauptquellen	ODP-Wert
FCKW 11 (CCl_3F)	250* (200) 220◇	(310) 400	50–80	5,7	anthropogen	1
FCKW 12 (CCl_2F_2)	430* (320) 375◇	(444) 560	100–150	6,0	anthropogen	1 (1,1)
FCKW 13 (CF_3Cl)	~ 3,4	–	400	–	anthropogen	–
H-FCKW 22 ($CHCl_{F2}$)	~ 52	206	16–22	11,7	anthropogen	0,05–(0,08)
FCKW 113 (CCl_2FCClF_2)	~ 32+	(138–141) 160	90–110	10	anthropogen	0,9 (0,8)
FCKW 114 ($CClF_2CClF_2$)	13	(13–14)~24	200–300	–	anthropogen	0,8 (–)
FCKW 115 (C_2ClF_5)	9	(–?)~15	400–800×	–	anthropogen	0,2 (0,6)
Methylchloroform (CH_3CCl_3)	(~120) 140◇	(545) 640	6,2–7,4	7 %	anthropogen	0,15
FCKW 116 (C_2F_6)	~4	–	>500	–	anthropogen	0
Tetrachlorkohlenstoff (CCl_4)	~140	~830	50–70	1 %	anthropogen	1,2 (1)
Methychlorid (CH_3Cl)	630	~500	~1,5	–	Ozean/Biomasseverbrennung	–
Halon 1211 ($CBrClF_2$)	2** (~1,2)	(–) ~10	25	–	anthropogen	3
Halon 1301 ($CBrF_3$)	1,5** (~1)	(7–8) ~10	110	–	anthropogen	8
Methylbromid (CH_3Br)	(9,0) –15	–	2,3	–	Ozean/marine Pflanzen	–

Quelle: WMO 1986. Aktualisiert von: ** Singh u. a. Nature 334

◇ Ember u. a. 86. Chemical & Engeneering New (November)

+ Modell 48 (1984)

* extrapoliert

x hier handelt es sich um die partielle Verweilzeit durch die Photolyse in der Stratosphäre

3.5 Distickstoffoxid

N_2O ist ein wichtiges Treibhausgas und trägt zum Abbau der stratosphärischen Ozonschicht über die NO_x-Bildung bei.

Die Entdeckung, daß N_2O über den katalytischen NO_x-Reaktionszyklus den Gehalt des Ozons wesentlich mitbestimmt (69), erzeugte ein starkes Interesse an dieser Komponente. Die verschiedenen Konzentrationsmessungen sind sehr einheitlich, das Mischungsverhältnis wird mit 308 ± 10 ppb angegeben. N_2O ist in der Troposphäre homogen verteilt und weist keine kurzzeitigen Konzentrationsschwankungen auf. Seine Verweilzeit in der Atmosphäre beträgt etwa 150 Jahre. In der Troposphäre wird Distickstoffoxid chemisch nicht umgewandelt. Dies belegen auch die vertikalen Konzentrationsprofile (Abb. 22 in Abschnitt C, 1. Kapitel).

Für N_2O wird eine deutliche Konzentrationserhöhung beobachtet. Sie wird mit etwa 0,2 bis 0,3 Prozent pro Jahr angegeben. Diese Erhöhung wird durch anthropogene Aktivitäten hervorgerufen.

N_2O wird fast ausschließlich in der Stratosphäre abgebaut, im wesentlichen unter Bildung ozonzerstörender NO_x-Radikale:

$N_2O + O^{*} \rightarrow 2NO$

Natürliche Hauptquelle des N_2O ist die mikrobiologische Denitrifikation und Nitrifikation in natürlichen Böden, wobei denitrifizierende Bakterien Nitrat und nitrifizierende Bakterien Ammoniak teilweise umwandeln. Eine wesentliche anthropogene Quelle ist die Verwendung stickstoffhaltiger Dünger (70) in der Landwirtschaft. Bei zunehmendem Einsatz von mineralischem Stickstoffdünger ist mit deutlich steigenden N_2O-Emissionen zu rechnen. Die N_2O-Emissionsrate aus Böden ist abhängig von der Beschaffenheit des Bodens und den meteorologischen Bedingungen (71). Wichtige Veränderungen in der N_2O-Quellstärke sind bei Umwandlung von Waldgebieten in landwirtschaftliche Nutzflächen zu erwarten. Ozeane setzen relativ geringe Mengen frei — Ausnahme bilden Küstengebiete. Bis vor kurzem wurde angenommen, daß der Verbrauch fossiler Brennstoffe eine weitere wichtige anthropogene Emissionsquelle darstellt (72). Dies wird nach neueren Messungen stark bezweifelt. Hier besteht noch Überprüfungsbedarf. Die Verbrennung von Biomasse in den Tropen stellt auch eine signifikante Quelle für N_2O dar (73).

3.6 Kohlenmonoxid (CO)

Auch für Kohlenmonoxid ist die wichtigste Senke die Reaktion mit OH-Radikalen. Aber auch der mikrobiologische Abbau von CO in Böden stellt eine bedeutsame Senke dar. Daher könnte durch steigende CO-Emissionen die OH-Konzentration

---

*) Bei dieser Reaktion muß das O-Atom im angeregten Zustand vorliegen

abnehmen, was zu längeren Verweilzeiten und Konzentrationen von atmosphärischen Spurengasen, deren Abbau ebenfalls durch Reaktion mit OH-Radikalen kontrolliert wird, führen. Zu diesen Substanzen zählen beispielsweise Methan und alle teilhalogenierten Verbindungen. Kohlenmonoxid hat daher indirekt Einfluß auf die Chemie der Troposphäre und Stratosphäre. Auch ist CO wichtig für das Ozon in der Troposphäre. In Abhängigkeit von der Stickoxidkonzentration führt die CO-Oxidation entweder zur Bildung oder Zerstörung von Ozon (vgl. Nr. 4.2.3).

Tabelle 5

Quellen und Senken des Kohlenmonoxid (75)

Quellen (in 10^6 t C pro Jahr)	
Verbrennung fossiler Energieträger	190
Oxidation anthropogener Kohlenwasserstoffe	40
Holzverbrennung zur Energiegewinnung	20
Ozeane	20
Oxidation von CH_4	240
Waldbrände der mittleren Breiten	10
Savannenbrände und landwirtschaftliche Verbrennung in den Tropen	100
Brandrodung tropischer Regenwälder	160
Oxidation von Kohlenwasserstoffen in den Tropen	150
Verbrennungsprozesse der Landwirtschaft in den mittleren Breiten	10
Oxidation von Kohlenwasserstoffen in den mittleren Breiten	100
Senken	
Reaktion mit OH–Radikalen	820 ± 300
Aufnahme durch den Boden	100

CO wird über eine komplizierte Reaktionskette beim photochemischen Abbau des Methans und anderer höherer Kohlenwasserstoffe gebildet. Zu den Kohlenwasserstoffen gehören die natürlich entstehenden Terpene und das Isopren sowie die bei anthropogenen Aktivitäten freigesetzten höheren Kohlenwasserstoffe, die bei der unvollständigen Verbrennung in Motoren, insbesondere in Kraftfahrzeugen, bei

Wald- und Steppenbränden sowie der Verbrennung von Biomasse wie etwa Holz und landwirtschaftlichen Abfallstoffen gebildet werden. Wegen der starken anthropogenen Emissionsquellen und der relativ kurzen Verweilzeit werden deutliche regionale Konzentrationsunterschiede beobachtet. In Reinluftgebieten der nördlichen Hemisphäre liegt die Konzentration bei 100 bis 150 ppb, in der südlichen Hemisphäre dagegen bei 40 bis 80 ppb (74). In Großstädten liegen die CO-Konzentration, hauptsächlich wegen der Kraftfahrzeugabgase, im Bereich von 1 bis 10 ppm. Die relativ kurze Lebensdauer im Bereich weniger Monate erklärt auch, warum im allgemeinen das CO-Mischungsverhältnis mit der Höhe bereits in der Troposphäre abnimmt.

3.7 Stickoxide (NO_x)

In der Stratosphäre werden NO_x-Radikale aus N_2O gebildet und bauen dort oberhalb von etwa 20 bis 25 km in katalytischen Zyklen Ozon ab. Sie sind dort hauptsächlich verantwortlich für den natürlichen Ozonabbau in der Stratosphäre.

In der Troposphäre wird NO_x fast ausschließlich in Form von NO an die Atmosphäre abgegeben. Weil sich sehr schnell ein photochemisches Gleichgewicht zwischen NO und NO_2 durch Reaktion mit Ozon ($NO + O_3 \rightarrow NO_2 + O_2$) und NO_2-Photolyse durch UV-Strahlung mit weniger als 400 nm Wellenlänge ($NO_2 + h\nu \rightarrow NO + O$) - einstellt, können die Substanzen nicht getrennt betrachtet werden. Man spricht im allgemeinen von NO_x.

NO-Quellen für die Troposphäre sind mikrobiologische Prozesse im Boden (Denitrifikation) (76), Biomasseverbrennung und Verbrennung von fossilen Brennstoffen. Außerdem entsteht NO_x durch Blitzentladungen. In der nördlichen Hemisphäre stammt NO_x vorwiegend aus anthropogenen Quellen. Wie CO entstehen große Mengen von NO als Beiprodukt der Verbrennung von fossilen Energieträgern und Holz. Besonders die Abgase der Kraftfahrzeuge führen in Ballungsgebieten zu sehr hohen NO_x-Mischungsverhältnissen, die sich nicht nur regional, sondern auch global auswirken. NO_x wird in der Troposphäre innerhalb einiger Tage durch Reaktion zwischen NO_2 und OH und Reaktion auf wäßrigem Aerosol oder Wassertropfen in Salpetersäure (HNO_3) überführt und als saurer Regen dem Erdboden zugeführt.

Die aus NO_x entstehende Salpetersäure leistet einen wesentlichen Beitrag zur Versauerung der Erdoberfläche. Auch ist NO_x an der troposphärischen Ozonbildung und der Überdüngung der Pflanzen mit Stickstoff beteiligt. NO_x kann somit in zweifacher Weise zu den in fast allen Gebieten Mitteleuropas beobachteten Waldschäden der vergangenen 10 Jahre beitragen. Eine wichtige Senke für NO_x ist die Aufnahme durch Pflanzen. NO_x wird dabei in Nitrat überführt.

3.8 Wasserstoff (H_2)

Molekularer Wasserstoff trägt wie Methan und Kohlenmonoxid zur Produktion von HO_x-Radikalen in der Stratosphäre bei und beeinflußt so die Ozonschicht. H_2 entsteht photochemisch bei der Methanoxidation sowie bei der Oxidation höherer Kohlenwasserstoffe, wie Terpenen und Isopren. Eine weitere Quelle ist die unvollständige Verbrennung in Kraftfahrzeugen und die Biomasseverbrennung. Molekularer Wasserstoff wird zwar im anaeroben Milieu von einer Vielzahl von Mikroorganismen produziert, jedoch wird H_2 von Mikroorganismen auch verbraucht. Insgesamt überwiegt der biologische Abbau gegenüber der Produktion stark. Der biologische Abbau ist sehr effektiv und wird als die größte H_2-Senke angesehen. Hinzu kommt der photochemische Abbau in der Troposphäre und die Reaktion mit OH-Radikalen. Oberhalb der Tropopause wird nur ein schwacher Abfall der Konzentration von H_2 beobachtet.

4. Ursachen der Klimaänderungen

Zusammenfassung

Die Klimaänderungen können sowohl durch natürliche als auch durch anthropogene Ursachen hervorgerufen werden. Paläoklimatologische Klimaänderungen hatten ausschließlich natürliche Ursachen, wie beispielsweise die Kontinentaldrift oder Schwankungen der Erdbahnparameter. Zumindest seit Beginn der Industrialisierung gibt es anthropogene Klimaänderungen, insbesondere die über den Treibhauseffekt verursachten.

4.1 Natürliche Ursachen

4.1.1 Erdbahnparameter

Änderungen der Exzentrizität der Erdbahn, der Präzession des sonnennächsten Punktes der Erdbahn und der Inklination der Erdachse haben vornehmlich eine Änderung jahreszeitlichen Variationen der Sonneneinstrahlung und ihrer meridionalen Verteilung zur Folge. Änderungen der gesamten globalen Sonneneinstrahlung im jahreszeitlichen Mittel werden nur von der Exzentrizität verursacht und sind von untergeordneter Bedeutung. Die Exzentrizität der elliptischen Erdbahn ist ein Maß für die Differenz der Längen zwischen der großen und der kleinen Halbachse dieser Ellipse. Die derzeitige Exzentrizität $e = 0{,}017$ bedingt eine unterschiedliche Sonneneinstrahlung der Erde zwischen dem sonnennächsten und dem sonnenfernsten Punkt ihrer Bahn innerhalb eines Jahres von knapp 7 Prozent. Die Exzentrizität der Erdachse oszilliert mit einer Periode von etwa 100.000 Jahren zwischen Werten von 0,005 und 0,06 (vgl. Abb. 13). Entsprechend schwankt die Sonneneinstrahlung auf der gesamten Erde innerhalb eines Jahres. Die Veränderung der gesamten globalen Sonneneinstrahlung im jahreszeitlichen Mittel durch Variationen der Erdbahnparameter betrug im Verlauf der vergangenen Jahrmillionen maximal 0,3 Prozent und die damit verknüpfte Temperaturänderung höchstens 0,2° C, wenn interne Wechselwirkungen des Klimasystems unberücksichtigt bleiben. Für die Größe der Variationen des Klimas dieser Zeit spielt auch eine Rolle, daß die Nordhemisphäre wesentlich mehr Land aufweist als die Südhemisphäre. Daher kann die Nordhemisphäre viel effektiver erwärmt werden, wenn die Erde auf ihrer Bahn während des nördlichen Sommers der Sonne am nächsten kommt.

Die Abbildung 13 zeigt die langfristigen Variationen der Exzentrizität, der Präzession der Erdbahn und der Inklination der Erdachse. Sie lassen sich auch sehr gut in die Zukunft extrapolieren. Änderungen der Präzession verlaufen ebenfalls zyklisch mit Perioden von 19.000 und 23.000 Jahren, in denen die Meridionalverteilung der Sonnenstrahlung jahreszeitlichen Variationen von maximal 2 Prozent unterworfen ist. Die Inklination der Erdbahn variiert mit einer Periode von etwa 40.000 Jahren. Ist die Inklination niedrig, so liegen die Wendekreise bei 22° und die Temperaturdifferenz zwischen dem Äquator und den Polen ist relativ groß. Ist sie hoch, so liegen sie bei 24°. Dadurch gelangt mehr Sonnenstrahlung zu den Polkappen, wodurch sie sich stärker erwärmen können. Die Überlagerung dieser Erdbahnparameter führt zu mehr oder weniger periodischen Änderungen der jahreszeitlichen Variation der Sonneneinstrahlung und ihrer meridionalen Veränderungen und da-

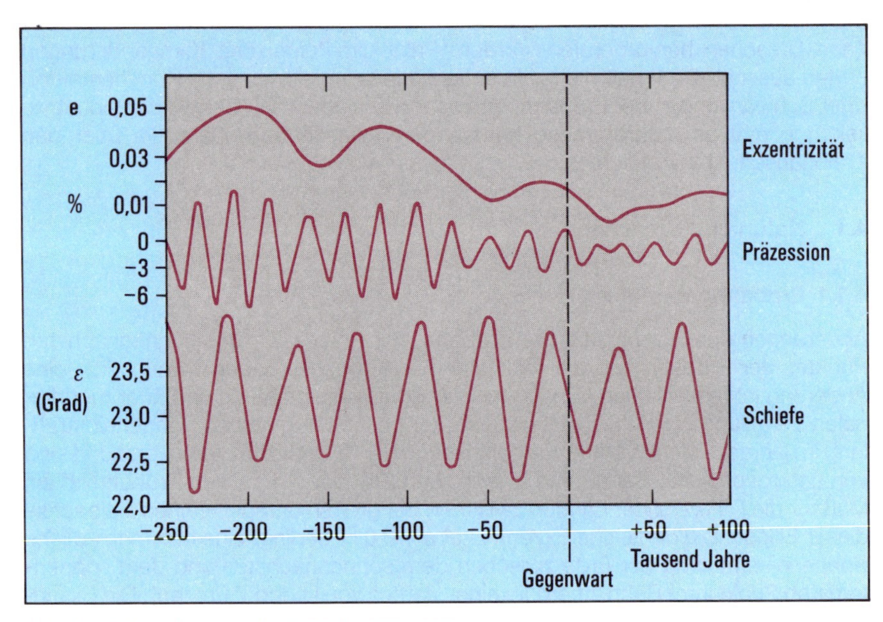

Abb. 13: Schwankungen der Erdbahnparameter:
Änderungen der Exzentrizität der Erdbahn (e), der Präzession des sonnennächsten Punktes der Erdbahn (in Prozent) und der Inklination der Erdachse (geographische Breite in °) (78).

mit zu Änderungen des globalen Klimas. Temperaturschwankungen im Periodenbereich von 20.000 und 40.000 Jahren wurden in vielen ozeanischen Sedimentbohrkernen, aber auch im Eisbohrkern von Vostok (Antarktis) nachgewiesen (vgl. 1.3) (77). Die Hauptschwankung bei etwa 100.000 Jahren, die für mehrere Eiszeitzyklen nachgewiesen ist, kann bisher nicht eindeutig erklärt werden. Die Bestrahlungsunterschiede durch Schwankungen der Exzentrizität der Erdbahn sind dafür zu gering.

4.1.2 Vulkanismus

Vulkanausbrüche schleudern Staub und Gase oft bis in die Stratosphäre. Hier haben die Sulfatteilchen die größte klimawirksame Bedeutung. Sie entstehen nach Oxidation von SO_2 zu SO_4 und haben eine relativ hohe Albedo mit den entsprechenden Auswirkungen auf das Klima (Abkühlung). Diese Sulfatteilchen verbleiben über einige Zeit (Größenordnung wenige Jahre) in der Stratosphäre. Aus diesem Grund müßten Vulkanausbrüche zu globalen Temperaturabnahmen führen. Die größten Vulkanausbrüche der Neuzeit waren die des Tambora im Jahre 1815, des Krakatau im Jahre 1883 und des El-Chichòn im Jahre 1982. Das Jahr 1816, ein Jahr nach dem Ausbruch des Tambora, war in den mittleren Breiten das „Jahr ohne Sommer“. Den Temperaturrückgang unmittelbar nach Ausbruch dieses Vulkans schätzt man auf etwa 0,5° C (79). Nach dem Ausbruch des El-Chichòn 1982 berichteten Astronomen des Observatoriums auf dem Mauna Loa auf Hawaii, daß sich die Intensität der Sonnenstrahlung am Erdboden um 25 bis 30 Prozent vermindert hatte.

4.1.3 Sonstige natürliche Ursachen

— Solare Aktivität

Der elfjährige Sonnenfleckenzyklus hat aller Wahrscheinlichkeit nach keinen direkten Einfluß auf das Klima. Dagegen werden Einflüsse längerfristiger Variationen der solaren Aktivität sowie Modifikationen im Zusammenhang mit der stratosphärischen Zirkulation diskutiert.

— Die Kontinentaldrift

Sie verändert das Klima, weil die Land-Meer-Verteilung der Erde langsam verändert wird. Die Kontinentaldrift hat Auswirkungen auf die Ozeanströmungen, die genau die gleichen Wärmemengen aus den Tropen polwärts transportieren wie die Luftströmungen der Atmosphäre. Die Lage des Golfstroms hat einen großen Einfluß auf das Klima in Mitteleuropa (milde Winter, gemäßigte Sommer, relativ viel Niederschlag). Darüber hinaus beeinflußt die Land-Meer-Verteilung die Zirkulation der Atmosphäre nachhaltig. Das Meer hat eine wesentlich größere Wärmekapazität als die Landoberfläche und wird daher weniger schnell erwärmt. Darüber hinaus ist die Albedo des Meeres kleiner, so daß hier mehr Sonnenstrahlung in Wärme umgesetzt wird. Folglich ist das Meer nicht nur ein Wärmespeicher, sondern auch der Hauptabsorber der Sonnenstrahlung. Die Reaktionszeit der Deckschicht beträgt Wochen bis Monate. Die Reaktionszeit der Tiefsee beträgt sogar 100 bis 1000 Jahre, die des Eisschildes, etwa 10.000 Jahre (80). Die Kontinentalverschiebungen und tektonische Prozesse innerhalb der Erdkruste bewirken neben diesen Klimaänderungen auch, daß sich der Meeresspiegel ändert.

— Klimaänderungen

Die Klimaänderungen können auch durch nichtlineare Wechselwirkungen, die zwischen den unterschiedlichen Komponenten des Klimasystems vorhanden sind, aber auch innerhalb einzelner Komponenten, entstehen, in der Atmosphäre zum Beispiel durch nichtlineare Wechselwirkungen zwischen Strahlung und Bewölkung. Die hier angesprochenen Wechselwirkungen erzeugen derart kräftige Klimaschwankungen, daß trotz stärkerer Störungen des Strahlungshaushaltes der Erde durch den Menschen ein direkter Nachweis schon abgelaufener Änderungen nicht gelingt. Deshalb ist auf die Beweisführung mit Klimamodellen zurückzugreifen.

4.2 Wirkung und Einfluß anthropogener Faktoren

Anthropogene Faktoren wirken in unterschiedlicher Weise auf das Klima ein: Sie können die Konzentration der atmosphärischen Treibhausgase erhöhen und auf diese Weise eine Temperaturerhöhung bewirken; sie können die Albedo ändern (durch eine Erhöhung der Albedo sinkt die Temperatur), und sie können durch chemische Reaktionen eine Veränderung in der Zusammensetzung der Atmosphäre bewirken. Vornehmlich durch chemische Reaktionen, die auf anthropogene Faktoren zurückzuführen sind (etwa Auto- und Kraftwerksemissionen) wird troposphärisches Ozon erzeugt, das ebenfalls einen Einfluß auf den Treibhauseffekt hat. Ferner bewirkt eine Abnahme des Ozongehaltes der Stratosphäre durch Zunahme der UV-B-Strahlung große Schäden in der Pflanzenwelt (vgl. Abschnitt C, 3. Kapitel Nr. 2.3). Neben diesen direkten Einflüssen auf das Klima gehen von den anthropogenen Faktoren auch zahlreiche indirekte Einflüsse in der Art aus, daß sich Klimaänderungen durch natürliche Wechselwirkungen, deren Anstoß irgendwann einmal anthropogene Faktoren waren, gegenseitig verstärken.

Zwei dieser Verstärkungsprozesse wurden bereits geschildert: Die Strahlungs-Wolken-Rückkopplung und der Treibhauseffekt hoher Wolken.

4.2.1 Emissionen von Treibhausgasen

Da der Treibhauseffekt das Thema dieses Kapitels ist, sind vorrangig solche anthropogenen Faktoren von Interesse, deren Einfluß die Konzentrationen der Treibhausgase in der Atmosphäre erhöht. Die Größen des jeweiligen anthropogenen Faktors lassen sich zum Teil nur mit sehr großer Unsicherheiten errechnen. Daher wird hier auf nähere Angaben verzichtet. Man kann sie allerdings aus der Stärke der Quellen für anthropogene Spurengase und dem Anteil der einzelnen

Spurengase am Treibhauseffekt (siehe Tab. 2) errechnen. Die angegebenen Daten sollen daher auch einen Eindruck davon vermitteln, wie groß der Treibhauseffekt der einzelnen anthropogenen Faktoren ist. Aus einer solchen Rechnung kann man allerdings meistens nur qualitativ auf einen möglichen globalen Temperaturanstieg durch einen bestimmten anthropogenen Faktor schließen, da hier andere klimabeeinflussende Größen nicht berücksichtigt sind.

Den größten Anteil am Treibhauseffekt der anthropogenen Spurengase hat die Verbrennung fossiler Energieträger zur Bereitstellung von Energie. Daher wird das 3. Kapitel, welches Möglichkeiten zur Eindämmung des Treibhauseffektes diskutiert, den Möglichkeiten der Energiegewinnung, -umwandlung, -nutzung und -einsparung gewidmet.

Die Größenordnungen der anthropogenen Faktoren „Verbrennung fossiler Energieträger“ und „Emissionen von FCKW“ sind — im Gegensatz zu den anderen anthropogenen Faktoren — recht genau bekannt.

Auf die Rodung der tropischen Regenwälder wird im 4. Kapitel eingegangen. Die Brandrodung der Regenwälder wie auch die anschließende Oxidation des in den Böden gespeicherten Kohlenstoffs erhöhen den CO_2-Gehalt der Atmosphäre. Durch diese Quelle gelangt jährlich ein Nettoeintrag von 1,0 $\pm$ 0,6 Milliarden Tonnen Kohlenstoff (81) in Form von CO_2 in die Atmosphäre. Durch die Rodung tropischer Regenwälder wird außerdem eines der wichtigsten — wenn nicht sogar das wichtigste — Ökosystem der Erde zerstört und darüber hinaus der hydrologische Zyklus, der Wasserkreislauf der Atmosphäre, stark verändert. Weiterhin werden große Mengen CO, NO_x und andere Spurengase in die Atmosphäre emittiert und dadurch das chemische Gleichgewicht der Troposphäre gestört.

Der anthropogene Faktor „Verbrennung von Biomasse“ ist eng mit der Rodung tropischer Regenwälder verbunden, da ein Großteil dieser Rodungen mittels Brandrodung geschieht. Mit zunehmender Zahl von Dürrekatastrophen steigt auch die Häufigkeit von Waldbränden, insbesondere in den Randbereichen der tropischen Regenwälder. Der Beitrag von Wald- und Buschbränden an der Emission von CO_2 ist nur sehr unzureichend bekannt. Die Holzverbrennung hat ebenfalls einen beträchtlichen Anteil an diesem anthropogenen Faktor, da Holz die primäre Energiequelle der Entwicklungsländer ist (82). Das Brennholz wird dabei im allgemeinen so ineffizient genutzt, daß der CO_2-Ausstoß zur Bereitstellung einer bestimmten Menge an Nutzenergie etwa zehnmal höher ist als der beim Einsatz von Kohle.

Auch durch die Landwirtschaft werden erhebliche Mengen an Treibhausgasen freigesetzt. Die CH_4-Emissionen von Reisfeldern und der Viehwirtschaft (anaerobe Gärung, Verdauung bei Rindern) haben die größten Anteile. Große Unsicherheiten bestehen allerdings über das genaue Ausmaß der Emissionen aus Reisfeldern, obwohl deren Fläche weltweit recht gut bekannt ist. Die Emissionen aus den Reisfeldern variieren örtlich und zeitlich sehr stark (83). Insgesamt sind die CH_4-Emissionen seit 1700 linear mit dem Bevölkerungswachstum angestiegen (84). Durch die landwirtschaftliche Bodenbearbeitung wird CO_2 außerdem in die Atmosphäre emittiert, insbesondere durch die Mineralisierung des im Boden gebundenen Kohlenstoffs. Einen weiteren wesentlichen Beitrag zum Treibhauseffekt liefert die Landwirtschaft mit N_2O-Emissionen aus der mikrobiellen Zersetzung mineralischen Stickstoffdüngers. Das N_2O trägt nicht nur zum Treibhauseffekt bei, sondern auch zur Zerstörung der Ozonschicht der Stratosphäre (vgl. Abschnitt C, 1. Kapitel Nr. 3.2.3).

4.2.2 Änderungen der Albedo

Änderungen der Albedo rufen ebenfalls Klimaänderungen hervor. Die Albedo wird derzeit vor allem an den Rändern der großen Wüstenzonen dieser Erde, insbesondere der Sahara, die sich immer weiter polwärts vorschiebt, erhöht. Die Ausdehnung in Richtung der Pole ist eine unmittelbare Folge des Treibhauseffektes, denn die globale Temperaturerhöhung bewirkt eine Verschiebung der Klimazonen polwärts. Zusätzlich ist in der Sahelzone am Südrand der Sahara eine Wüstenausbreitung äquatorwärts zu beobachten. Hier herrscht seit 1968 eine Dürre. Gleichzeitig wird immer mehr Vegetation zerstört, weil die austrocknenden Gebiete durch Vieh überweidet und die noch bestehenden Büsche als Brennholz gesammelt werden. Wachsen die Wüsten, so kann immer mehr Wüstensand durch die bodennahen Winde als Aerosol in die Atmosphäre transportiert werden. Dieses Aerosol erhöht zwar über der Wüste selbst den Treibhauseffekt etwas, über den angrenzenden Ozeanen aber führt der helle Wüstenstaub zu einer Erhöhung der Albedo und wirkt daher vor allem kühlend (85). Jährlich werden 6.000 km^2 Steppe in Wüste verwandelt. Hingegen ist die Größenordnung der Albedoänderung nicht bekannt. Neben den Wüstenrandgebieten ändert sich die Albedo in den Feuchtsavannen besonders stark, wenn diese durch die Klimaänderungen in Trockensavannen umgewandelt werden (86).

4.2.3 Photochemie und Ozonbildung in der Troposphäre

Die Zunahme der Ozonkonzentration in der Troposphäre trägt mit etwa 8 Prozent beträchtlich zum Treibhauseffekt bei (87). Es muß aber berücksichtigt werden, daß ein Anstieg der troposphärischen Ozonkonzentration bisher nur für die Nordhemisphäre nachgewiesen wurde. Ozon wird in der Troposphäre bei der photochemischen Oxidation des CO und des CH_4 wie auch der Kohlenwasserstoffe unter Sonneneinstrahlung bei Anwesenheit von Stickoxiden gebildet. Dabei kommt den Stickoxiden eine besondere Bedeutung zu. Stickoxide werden in der Bundesrepublik Deutschland zu 99 Prozent energiebedingt (88), vor allem im Verkehrssektor (Bundesrepublik Deutschland 57 Prozent) und durch fossil gefeuerte Kraftwerke gebildet. Liegt die NO_x-Konzentration unterhalb eines Wertes von 10 ppt, wird Ozon durch die photochemische Oxidation der oben aufgeführten Substanzen nicht mehr produziert sondern abgegeben (89). Diese NO_x-Konzentration wird in der Nordhemisphäre größtenteils überschritten, so daß Ozon in der Troposphäre gebildet wird. In der Tat wird eine Zunahme der troposphärischen Ozonkonzentration in dieser Region unserer Erde beobachtet (90).

Der Einfluß der Stickoxide bei der Bildung des Ozons in der Troposphäre wird nachfolgend am Beispiel der photochemischen Oxidation des Kohlenmonoxids dokumentiert. Bei Annahme einer NO_2-Konzentration von mehr als 10 ppt wird folgender Reaktionsablauf erwartet:

(1)	$CO + OH$	$\rightarrow CO_2 + H$
(2)	$H + O_2 + M$	$\rightarrow HO_2 + M$
(3)	$HO_2 + NO$	$\rightarrow OH + NO_2$
(4)	$NO_2 + h\nu$	$\rightarrow NO + O$ ($\lambda \leq 0{,}4\ \mu m$)
(5)	$O + O_2 + M$	$\rightarrow O_3 + M$
Netto:	$CO + 2O_2$	$\rightarrow CO_2 + O_3$

(M ist ein für die Reaktion notwendiger Stoßpartner)

Aus diesen Reaktionsgleichungen wird ersichtlich, daß pro CO-Molekül, das oxidiert wird, ein Ozonmolekül gebildet wird. Liegt die NO_x-Konzentration unterhalb des kritischen Wertes von 10 ppt, wird das CO in der Troposphäre über folgende Reaktionen abgebaut:

(6)	$CO + OH$	$\rightarrow CO_2 + H$
(7)	$H + O_2 + M$	$\rightarrow HO_2 + M$
(8)	$HO_2 + O_3$	$\rightarrow OH + 2O_2$
Netto:	$CO + O_3$	$\rightarrow CO_2 + O_2$

In diesem Fall wird pro CO-Molekül, das oxidiert wird, ein Ozonmolekül abgebaut.

Erwähnenswert ist in diesem Zusammenhang, daß die Reaktion 8 etwa 4 000 mal langsamer abläuft als die Reaktion 3, das heißt, daß die Reaktion 8 an Bedeutung gewinnt, wenn die O_3-Konzentration die NO-Konzentration um das Viertausendfache übersteigt. Ozon in der Troposphäre wird auch — allerdings bei erheblich komplizierteren Reaktionsketten — bei der Oxidation von CH_4 und anderen Kohlenwasserstoffen wie Alkanen, Alkenen, Aromaten, sowie Terpenen und Isopren gebildet. Von besonderem Interesse sind die anthropogen, durch unvollständige Verbrennungsprozesse in Motoren, insbesondere durch Autoverkehr emittierten Kohlenwasserstoffe, die wesentlich zur Entstehung des photochemischen Smogs beitragen. Bei Smogwetterlagen werden oft Ozonmischungsverhältnisse von weit über 100 ppb beobachtet.

In der Photochemie der Troposphäre spielt das OH-Radikal eine zentrale Rolle. Da die OH-Radikale mit nahezu allen durch natürliche und anthropogene Quellen in die Atmosphäre emittierten Schadstoffen reagieren und damit als wichtige Senke für diese Substanzen wirken, werden sie vielfach auch als „Waschmittel" der Atmosphäre bezeichnet. Die Konzentration dieser so wichtigen Verbindung sinkt, wenn in Reinluftgebieten (bei atmosphärischen NO_x-Konzentrationen kleiner als

10 ppt) der Gehalt an oxidierbaren Substanzen, wie beispielsweise Methan, Kohlenmonoxid, Kohlenwasserstoffen und anderen, ansteigt. In Gebieten, in denen die NO_x-Konzentration den Wert von 10 ppt übersteigt, wird dagegen aufgrund der Oxidation der zuvor genannten Substanzen eine Zunahme der OH-Konzentration erwartet. Dies gilt insbesondere für die mittleren Breiten der Nordhemisphäre, in denen die NO_x-Konzentrationen in der Regel weit über dem kritischen Wert von 10 ppt liegen (91).

Ist die Reaktion des OH-Radikals die dominante Senke im Zyklus eines Spurengases, wird die Lebenszeit der letzteren vornehmlich durch die Konzentration der OH-Radikale bestimmt. Dies gilt auch für das CH_4, das nahezu ausschließlich durch die photochemische Reaktion

(9) $CH_4 + OH \rightarrow CH_3 + H_2O$

in der Troposphäre abgebaut wird.

Nimmt die Konzentration der OH-Radikale ab, dann verlängert sich die Lebenszeit von CH_4 und führt zu einem weiteren CH_4-Konzentrationsanstieg. Dieser Prozeß kann als Rückkopplungsmechanismus auf das zeitliche Verhalten der atmosphärischen CH_4-Konzentration im Falle einer Klimaänderung wirken. In diesem Zusammenhang kommt dem CO-Molekül eine besondere Rolle zu, da es aufgrund seiner schnellen Reaktion mit OH einen großen Einfluß auf die Verteilung und Konzentration des Ozons in der Troposphäre hat. Zunehmende anthropogene CO-Emissionen bei niedrigen NO_x-Konzentrationen führen zu einer Reduktion der OH-Radikale in der Troposphäre und damit indirekt zu einer Erhöhung der Konzentration des CH_4 in der Atmosphäre.

Es wurde die grundlegende Bedeutung der NO_x-Emissionen für die Bildung von troposphärischem Ozon hervorgehoben. Die photochemisch wichtigen Stickstoffverbindungen wie z.B. NO, NO_2 und andere haben in der unteren Troposphäre eine Lebensdauer von weniger als sieben Tagen. Daher variieren Konzentrationen dieser Stickstoffverbindungen in der Troposphäre äußerst stark. NO_x entsteht vor allem bei der Verbrennung von Biomasse und fossilen Energieträgern, unter anderem durch Kraftwerke und die Kraftfahrzeuge. Eine weitere Quelle, insbesondere in der mittleren und hohen Troposphäre der Tropen, ist die Blitzentladung.

Wegen des starken Einflusses des NO_x auf die Produktion des Ozons ist die Konzentration des troposphärischen Ozons in den mittleren Breiten der Nordhemisphäre, in denen der größte Teil des anthropogenen NO_x emittiert wird, besonders hoch (92). In der unteren Troposphäre der Nordhemisphäre ist bereits ein Anstieg um das vierfache nachgewiesen worden (vgl. Nr. 2.1), wobei besonders hohe Werte über Mitteleuropa beobachtet werden (93). Der Anstieg des Ozons in der Troposphäre beträgt derzeit etwa 1,1 Prozent pro Jahr. In den tropischen Regionen werden besonders hohe Ozonkonzentrationen in der Nähe von Gewitterwolken und in der Trockenzeit in mittleren Höhen der Troposphäre beobachtet, wenn in den Savannen und Regenwäldern Biomasse verbrannt wird und dabei große Mengen an NO_x in die Troposphäre emittiert werden. (94).

Nach den in einem sehr detaillierten 1-D-Modell berechneten Szenarien (95) ist mit einer weiteren Zunahme der troposphärischen Ozonkonzentration zu rechnen. Theoretisch kann die troposphärische Ozonkonzentration um mehr als das Zehnfache steigen, wenn die NO_x-Emissionen global entsprechend stark zunehmen würden (96). Diese Möglichkeit ist sehr besorgniserregend, da das Ozon zum zusätzlichen Treibhauseffekt beiträgt und die heute in den Industriestaaten angetroffenen hohen Konzentrationen bereits toxisch auf Mensch und Pflanzen wirken (97) und darüber hinaus über die Bildung von OH-Radikalen einen entscheidenden Einfluß auf das Oxidationspotential der Atmosphäre haben. Die Pflanzenschäden treten vor allem bei den Spitzenbelastungen des Ozons auf. 80 ppb wird als Schwellenwert genannt (98), ein Wert, der über dem europäischen und amerikanischen Kontinent im Sommer häufig überschritten wird. In den vergangenen Jahren sind gerade die Spitzenbelastungen angestiegen (99). In Oberbayern wurde zwischen 1978 und 1985 ein Anstieg der sommerlichen Spitzenbelastung (Maxima über 200 ppb) von etwa 50 Prozent nachgewiesen (100).

Hohe Ozonkonzentrationen können auch einen Beitrag zu den Waldschäden liefern (101). Untersuchungen im Nordschwarzwald wiesen nach, daß schon bei der Schadstufe 1, von der gut die Hälfte des deutschen Waldes betroffen ist, bei Fichten eine Reduktion der CO_2-Assimilation auf 40 bis 70 Prozent gegenüber gesunden Bäumen stattfindet (102). In diesem Fall sind nicht nur die einzelnen Blätter geschädigt. Vielmehr weisen Bäume der Schadstufe 1 schon einen beträchtlichen Blattverlust auf. Derartige Ergebnisse zeigen auf, in welche Richtung das Waldsterben auf den Treibhauseffekt wirkt. Die Waldschäden bilden in den Industriestaaten ebenfalls eine anthropogene CO_2-Quelle, auch wenn diese bisher noch nicht quantitativ erfaßt wurde.

4.2.4 Anthropogene positive Rückkopplungen auf den Treibhauseffekt

Nach den natürlichen positiven Rückkopplungsmechanismen, die den Treibhauseffekt verstärken, wie die Eis-Albedo-Rückkopplung, die Wasserdampf-Temperatur-Rückkopplung und die Wolken-Strahlungs-Rückkopplung (vgl. 2. Kapitel, Nr. 1) sollen in diesem Abschnitt einige anthropogene Rückkopplungen beschrieben werden, die ebenfalls eine Erwärmung der unteren Atmosphäre vorantreiben.

— Methanemissionen der subarktischen Böden

Wenn die Permafrostböden der Subarktis auftauen, wird mit großer Wahrscheinlichkeit die Emission von CO_2 zunehmen. Gleiches wird für die Emissionen des Methans erwartet, das durch anaerobe Gärung in den dann entstehenden Sümpfen in zunehmendem Maße gebildet würde. Dieser Effekt würde noch durch den hohen Kohlenstoffgehalt des arktischen Bodens verstärkt, der die Bildung von Methan bei einer zunehmenden Temperatur der Tundren fördert.

– Photochemische Rückkopplungen

Von besonderer Bedeutung ist der CH_4-Anstieg, der zusammen mit einer weiteren Zunahme der NO-Emissionen zu einer Erhöhung der OH-Radikal-Konzentration führt. Diesem Prozeß steht eine potentielle Abnahme der OH-Radikal-Konzentration im Falle einer zunehmenden atmosphärischen CO-Konzentration gegenüber.

– Klimabedingtes Waldsterben

Die globale Temperaturerhöhung und die damit einhergehende Verschiebung der Vegetationsgrenzen werden sich wahrscheinlich beschleunigen, wodurch insbesondere in mittleren und hohen Breiten weniger hochstämmige Bäume nachwachsen werden (vgl. 2. Kapitel Nr. 3). Nachdem die alten Bäume durch das veränderte Klima absterben werden, werden Bäume, die sich neu ausbilden könnten, nicht genügend Zeit besitzen, um nachzuwachsen (103). Auch dies beschleunigt den Treibhauseffekt, da immer weniger CO_2 von der Biosphäre gespeichert werden kann.

– Einfluß des Ozons auf die Vegetation

Troposphärisches Ozon verringert die CO_2-Assimilation von Pflanzen (s. o.). Deshalb wird der Anstieg der Ozonkonzentration wahrscheinlich den Anstieg der CO_2-Konzentration verstärken.

– Einfluß verstärkter UV-B Strahlung auf die Vegetation

Die Zerstörung der Ozonschicht der Stratosphäre hat eine Erhöhung der UV-B-Strahlung zur Folge, die die Photosyntheseleistung der Biosphäre, insbesondere die des ozeanischen Phytoplanktons, verringert. Dadurch steigt der CO_2-Gehalt der Atmosphäre.

4.3 Bewertung der unterschiedlichen Ursachen für die Klimaänderungen

Die immer stärker werdenden Klimaänderungen und Klimaanomalien lassen sich in ihrer Gesamtheit sehr wahrscheinlich auf den Treibhauseffekt zurückführen (104).

Das Verfahren, mit dem die Klimatologen versuchen, natürliche Klimaschwankungen von anthropogenen zu unterscheiden, soll im folgenden kurz dargestellt werden:

Die Wissenschaftler sammeln zunächst Indizien, die darüber Auskunft geben, wie sich natürliche und anthropogene Faktoren auf das Klima auswirken. Verdichten sich dann die Vermutungen, daß ein Faktor Auswirkungen auf das Klima hat, so gibt es zwei Möglichkeiten, seinen Einfluß abzuschätzen. Die erste besteht darin, die Klimadaten daraufhin zu untersuchen, wieviel Prozent ihrer Varianz mit diesem

Klimafaktor erklärt werden können (statistische Methode). Je größer der Anteil der Varianz dieses Klimafaktors an einer Klimareihe ist, umso größer ist die Wahrscheinlichkeit, daß er diese Klimareihe beeinflußt. Die zweite Möglichkeit besteht darin, diesen Klimafaktor in ein Klimamodell einzubauen, um darin seine Wirkung auf das Klima abzuschätzen (numerische Methode).

Mit der sogenannten multiplen linearen statistischen Analyse, einer Regressionsanalyse, läßt sich der Einfluß mehrerer Klimafaktoren auf das Klima der Vergangenheit abschätzen. In einer solchen Analyse werden lineare Regressionen zwischen jedem Klimafaktor und der entsprechenden Klimazeitreihe, in der der Einfluß dieser Faktoren auf das Klima abgeschätzt wird, errechnet. Anschließend wird mit diesen Regressionen ein multiples lineares Regressionsmodell erstellt. Je größer der Anteil der Varianz der Klimareihe ist, der von diesem Modell erklärt wird, um so besser beschreiben die Klimafaktoren, die in dieses Modell eingehen, das wirkliche Klima.

Um den Einfluß des Treibhauseffektes auf das Klima der Vergangenheit mit diesen statistischen Methoden festzustellen, werden bevorzugt Zeitreihen der globalen Mitteltemperatur der Erdoberfläche genommen, aber auch Zeitreihen des global gemittelten Meeresspiegels. Mit einer statistischen Regressionsanalyse wurde der Einfluß des Anstiegs der Treibhausgase in der Atmosphäre auf den globalen Temperaturanstieg untersucht. Diese Analyse konnte den Anstieg der globalen Mitteltemperatur der vergangenen 100 Jahre (0,5 bis 0,7° C) erklären (105).

Die statistische Signifikanz der globalen Temperaturzunahme wird anhand des sogenannten Signal-Rausch-Verhältnisses abgeschätzt. Dabei wird das Klimasignal (hier der mittlere globale Temperaturanstieg der vergangenen 100 Jahre) mit dem Klimarauschen (die Varianz der Jahresmittelwerte der globalen Durchschnittstemperatur) verglichen. Je größer das Signal-Rausch-Verhältnis ist, das heißt, je größer das Signal oder je kleiner das Klimarauschen ist, um so größer ist die Wahrscheinlichkeit, daß zum Beispiel den beobachteten Änderungen der globalen Durchschnittstemperatur (vgl. Abb. 1) wirklich ein abweichender Trend vom früheren Verlauf, hier ein Anstieg, zugrunde liegt, sie also nicht auf kurzzeitige Schwankungen um den früheren Mittelwert im Rahmen der statistischen Erwartungen zurückzuführen sind. Wie Abbildung 1 zu entnehmen ist, stehen dem augenfälligen mittleren Anstieg von 0,6° C häufige kurzzeitige Schwankungen um Werte bis etwa 0,4° C gegenüber. Daraus mag man entnehmen, daß der bisher beobachtete Anstieg noch nicht mit letzter Sicherheit erkennbar ist, daß er bei gleichbleibendem Trend innerhalb der nächsten 10 bis 15 Jahre aber zweifelsfrei erkennbar sein wird. Werden nun aber erst nach dieser Zeit Gegenmaßnahmen zur Eindämmung des Treibhauseffektes eingeleitet, so wird es voraussichtlich viel zu spät sein, da im Augenblick noch ein großer Teil der durch den bisherigen Spurengasanstieg bedingten globalen Erwärmung durch die große Wärmspeicherfähigkeit der Ozeane verzögert wird. Es wird sogar erwartet, daß die Temperatur auf der Erde auch dann noch weiter ansteigen würde, wenn die anthropogenen Emissionen der Treibhausgase unmittelbar eingedämmt würden.

Fast alle Wissenschaftler sind sich nach der Bewertung der Häufigkeit und des Ausmaßes der weltweit zunehmenden Klimaanomalien und Klimaveränderungen darüber einig, daß der zusätzliche Treibhauseffekt aufgrund anthropogener Aktivitäten bereits wirkt. Sein Einfluß läßt sich in regional begrenzten Temperaturreihen viel schwerer nachweisen, da hier die Variabilität des Klimas (Klimarauschen) viel größer ist als in den global gemittelten Klimareihen. In bestimmten Regionen kann es sogar durch den Treibhauseffekt zunächst kälter werden.

In 1.2 wurde gezeigt, daß in der Klimageschichte Änderungen der globalen Temperatur mit Änderungen der CO_2-Konzentration verbunden waren. Nun scheint es so, daß in der Klimageschichte beispielsweise Schwankungen der Erdumlaufbahn, Temperaturschwankungen und damit Änderungen der CO_2-Konzentration ausgelöst haben (106). Dagegen ist es heute der Anstieg der anthropogenen Spurengase.

5. Literaturverzeichnis

(1) HANSEN, J.E./LEBEDEFF, S.: Global surface air temperatures: Update through 1987. Geophys. Res. Letters Band 15, 1988, S. 323—326

(2) nach HANSEN, J.E.: The Greenhouse Effect: Impacts on current global temperature and regional heat waves. Statement presented to United States Senate, Committee on Energy and Natural Ressources, Washington, D.C., 1988

(3) nach HANSEN, J.E./LEBEDEFF, S.: a.a.O.

(4) HENSE, A./KRAHE, P./FLOHN, H.: Recent fluctuations of tropospheric temperature and water vapour content. J. Meteor. Atmos. Physics (noch nicht veröffentlicht), 1988

(5) BEHREND, H.: Teleconnections of rainfall anomalies and of the Southern Oscillation over the entire tropics and their seasonal dependence. Tellus Band 39 A, 1987, S. 138—151

(6) HANSEN, J.E./LEBEDEFF, S.: a.a.O.

(7) JULIAN, P.R./CHERVIN, R.M.: A study of the Southern Oscillation and Walker Cirulation phenomenon. Mon Wea. Rev. Band 106, 1978, S. 1438—1451

(8) HANSEN, J.E.: a.a.O.

(9) MALCHER, J.: Statistische Schätzungen des anthropogenen Spurengaseinflusses auf die Temperatur der bodennahen Luftschicht und der Meeresoberfläche sowie Vergleiche mit numerischen Modellergebnissen. Dissertation, Johann Wolfgang Goethe-Universität, Frankfurt am Main, 1987

(10) WIGLEY, T.M.L.: Öffentliche Anhörung der Enquete-Kommission „Vorsorge zum Schutz der Erdatmosphäre" des Deutschen Bundestages zum Thema: Treibhauseffekt, Teil 1, Bonn, 1988

(11) nach HANSEN, J.E.: a.a.O.

(12) ANGELL, J.K.: Annual and seasonal global temperature changes in the troposphere and lower stratosphere, 1960—1985. Mon. Weather Rev. Band 114, 1986, S. 1922—1930

(13) LABITZKE, K./NAUJOKAT, B./ANGELL, J.K.: Long-term Temperature Trends in the middle Stratosphere of the Northern Hemisphere. Adv. Space Res., Band 6, 1986, S. 7—16

(14) KEELING, C.D./MOSS, B.J./WHORF, T.P.: Measurements of the Concentration of atmospheric CO_2 at Mauna Loa Observatory, Hawaii, 1958—1986. Final Report for the Carbon Dioxide Information Center, Oak Ridge, USA, 1987

KEELING, C.D.,: Persönliche Mitteilungen, 1988

(15) BOLIN, B. u.a.: SCOPE 29. The Greenhouse Effect, Climate Change, and Ecosystems. SCOPE of the ICSU with the support of UNEP and WMO, John Wiley & Sons, Chichester, 1986

(16) FLOHN, H.: Das CO_2-Klima-Problem in globaler Sicht: Wo bleibt das Erwärmungs-Signal? EK-Drucksache 11/36, Bonn, 1988 b

(17) NEFTEL, A. u.a.: Evidence from polar ice cores for the increase in atmospheric CO_2 in the past two centuries, Nature Band 315, 1985, S. 45—47

(18) FRIEDLI, H. u.a.: Ice core record of the $^{13}C/^{12}C$ ratio of atmospheric Carbon dioxide in the past two Centuries. Nature Band 324, 1986, S. 237—238

(19) nach SIEGENTHALER, U./ OESCHGER, H.: Biospheric CO_2 emissions during the past 200 years reconstructed by deconvolution of ice core data. Tellus Band 39B, 1987, S. 140—154

(20) CHEN,R.S./PARRY, M.L.: Climate Impacts and public Policy. United Nations Environment Programme, International Institute for applied system Analysis, Laxenburg, 1987

(21) BRADLEY, R.S. u.a.: Precipitation fluctuations over the northern hemisphere land areas since the mid-19th century. Science Band 237, 1987, S. 171—175

(22) nach LANDOLT-BÖRNSTEIN: Numerical Data and Functional Relationships in Science and Technology. Neue Serie, Group V, Band 4, Subvolume c1, „Climatology. Part 1 (Fisher, G. ed), Springer Verlag, 1987

(23) SUNDQUIST, E.T., u.a.: Ice core links CO_2 to climate. Nature Band 329, 1987, S. 389—390

(24) nach BARNOLA, M., u.a.: Vostok ice core provides 160.000-year record of atmospheric CO_2. Nature Band 329, 1987, S. 408—414

(25) nach SCHÖNWIESE, C.-D./DIEKMANN, B.: Der Treibhauseffekt: Der Mensch ändert das Klima. Deutsche Verlagsanstalt, Stuttgart, 2. Aufl., 1988

(26) FLOHN, H.: Öffentliche Anhörung der Enquete-Kommission “Vorsorge zum Schutz der Erdatmosphäre„ des Deutschen Bundestages zum Thema: Treibhauseffekt, Teil 1, Bonn, 1988a

(27) SUNDQUIST, E.T.: a.a.O.

(28) FLOHN, H.: 1988a: a.a.O.

(29) FLOHN, H., 1988b: a.a.0.

(30) KRAHE, P./FLOHN, H./HENSE, A.: Trends of Tropospheric Temperature and Water Vapor in the Indo-Pacific Region During the Last 20 years. Tropical Ocean-Atmosphere Newsletter Band 38, 1987, S. 11—13

(31) OLTMANS, S.J., u.a.: Tropospheric Ozone: Variations from Surface and ECC Ozonesonde Observations. Noch nicht veröffentlicht, 1988

(32) BRUNKE, E.G./SCHEEL/SEILER, W.: Global trends of tropospheric N_2O, CO and CH_4 as observed at Cape Point, South Africa, 1988 (noch nicht veröffentlicht)

(33) BOLIN, B. u.a.: a.a.O.

(34) TANAKA, M./NAKAZAWA, T./AOKI, S.: Seasonal and meridional variations of atmospheric carbon dioxide in the lower troposphere of the northern and southern hemispheres. Tellus Band 39 B, 1987, S. 29—41

(35) FISHMAN, J./SEILER, W./HAAGENSON, P.: Simultaneous presence of O_3 and CO bands in the troposphere. Tellus Band 32, 1980, S. 456—463

FISHMAN, J./SEILER, W.: The correlative nature of ozone and carbon monoxide in the troposphere. J. Geophys. Res. Band 88, 1983, S. 3662—3670

(36) LOGAN, J.A.: Nitrogen Oxides in the Troposphere: Global and Regional Budget. J. Geophys. Res. Band 88, 1983, S. 10785—10807

(37) CRUTZEN, P.J.: Tropospheric Ozone: An Overview. Regional and Global Scale Interactions, ed. I.S.A. Isaksen, NATO ASI-Series, Mathematical and Physical Sciences, Band 227, 1988, S. 3—32

(38) OLTMANS, S.J. u.a.: a.a.O.

(39) BOJKOV, R.D.: Surface Ozone During the Second Half of the Nineteenth Century. Journal of Climate and Appl. Meteorol. Band 25, 1986, S. 343—352

MARENCO, A.: Variations of CO and O_3 in the troposphere: evidence of O_3 photochemistry. Atmospheric Environment Band 20, 1986, S. 911—918

(40) BRUNKE, E.G./SCHEEL/SEILER, W.: a.a.O.

(41) RAMANATHAN, V. u.a.: Climate-Chemical Interactions and Effects of Changing Atmospheric Trace Gases. J. Geophys. Res. Band 25, 1987, S. 1441—1482

(42) nach SCHÖNWIESE, C.-D./DIECKMANN, B.: a.a.O.

(43) BRÜHL, C.: Ein effizientes Modell für globale Klima- und Luftzusammensetzungsänderungen durch menschliche Aktivitäten. Dissertation, Johann Gutenberg-Universität, Mainz, 1987

(44) DICKINSON, R.E./ CICERONE, R.J.: Future global warming from atmospheric trace gases. Nature Band 319, 1986, S. 109—114

(45) WANG, W.-C. u.a.: Greenhouse effects due to man-made perturbations of trace gases. Science Band 194, 1976, S. 685—690

(46) RAMANATHAN, V. u.a.: a.a.O.

(47) RAMANATHAN, V. u.a.: a.a.O.

(48) WINKLER, P./KAMINSKI, U.: Increasing submicron paticle mass concentration at Hamburg. Observation Atm. Env. (wird noch veröffentlicht), 1988

(49) COACKLEY, J.A./BERNSTEIN, R.L./DURKEE, P.A.: Effect of ship stack effluents on cloud reflectivity. Science Band 237, 1987, S. 1020—1022

(50) NEVIGER, M.: Einfluß anthropogener Aerosolteilchen auf den Strahlungshaushalt der Atmosphäre. Dissertation, Universität Hamburg, 1985

(51) SCHÖNWIESE, C.-D.: Volcanism and air temperature variations in recents centuries. Recent Climatic Change, 20—29, Belhaven Press, London-New York, 1987

(52) DICKINSON, R.E.: Modelling Climate Changes due to Carbon Dioxid Increases. Carbon Dioxide Review, Oxford Univ. Press, New York, 1982, S. 101—140

(53) GRASSL, H.: Öffentliche Anhörung der Enquete-Kommission “Vorsorge zum Schutz der Erdatmosphäre„ des Deutschen Bundestages zum Thema : Treibhauseffekt, Teil 1, Bonn, 1988

(54) KRAHE, P./FLOHN, H./HENSE, A.: a.a.O.

(55) nach LORENZ, E.: The Nature and Theory of the General Circulation of the Atmosphere. World Meteorological Organisation, Genf, 1967

(56) GRASSL, H.: a.a.O.

(57) GRASSL, H.: a.a.0.

(58) nach WAGNER, H.J./WAHLBECK, M.: CO_2-Emissionen durch die Energieversorgung. Energiewirtsch. Tagesfragen Band 38, 1988, S. 92—93

(59) DETWILER, R.P./HALL, C.A.S.: Tropical Forests and the Global Carbon Cycle. Science Band 239, 1988, S. 42—47

(60) SMETACEK, V.S.: Role of sinking diatom life-history cycles: ecological, evolutionary and geological significance. Marine Biology Band 84, 1985, S. 239—251

(61) ESSER, G.: Sensitivity of global carbon pools and fluxes to human and potential climate impacts. Tellus Band 39B, 1987, S. 245—260

(62) ASELMANN, I./CRUTZEN, P.J.: Freshwater Wetlands: Global Distribution of Natural Wetlands and Rice Paddies, their Net Primary Productivity, Seasonality and Possible Methan Emissions (noch nicht veröffentlicht), 1988

BACH, W.: The Endangered Climate. Forschungsbericht für die Niederländische Regierung, 1988

BINGEMER, H.G./CRUTZEN, P.J.: The Production of Methane From Solid Wastes. J. Geophy. Res. Band 92, D2, 1987, S. 2181—2187

BOLIN, B. u.a.: a.a.O.

(63) SEILER, W./CONRAD, R./SCHARFFE, D.: Field studies of the CH_4 emissions from termite nests into the atmosphere and measurements of the CH_4 uptake by tropical soils. J. Atmos. Chem. Band 1, 1984, S. 171—186

(64) PRINN R.G./SIMMONDS, P.G./RASMUSSEN, u.a.: The atmospheric lifetime experiment, 1, Introduction, instrumentation and overview, J. Geophys. Res. Band 88, 1983, S. 8353—8367

(65) WORLD METEOROLOGICAL ORGANISATION (WMO): Atmospheric ozone 1985, WMO Global Ozone Research and Monitoring Poject. Report No. 16, World Meteorological Organization, Genf, 1986

(66) WARNECK,: The temporal and spatial distribution of tropospheric nitrous oxide. J. Geophys. Res. Band 86, 1988, S. 7185—7195

(67) ALE/GAGE — Daten aus WORLD METEOROLOGICAL ORGANIZATION (WMO): Atmospheric ozone 1985, WMO Global Ozon Research and Monitoring Project. Band 16, World Meteorological Organization, Geneva, 1986

(68) PENKETT H.S.A./PROSSER, N.J.D./RASMUSSEN, R.A./ KHALIL, M.A.K.: Atmospheric measurements of CF_4 and other fluorocarbons containing the CF_3 grouping; J. Geophys. Res. Band 86, 1981, S. 5172—5178

(69) CRUTZEN, P.J.: The influence of nitrogen oxides on the atmospheric ozone content. Q.J.R. Meteorol. Soc., 1970, S. 320—325

CRUTZEN, P.J.: Ozone production rates in a oxygen-hydrogen-nitrogen oxide atmosphere, J.Geophys. Res. Band 76, 1972, S. 7311–7327

MC ELROY, M.B./MC CONNEL,: Nitrous oxide: a natural source of stratospheric N0, J. Atmos. Sci. Band 28, 1971, S. 1095–1098

(70) CONRAD, R./SEILER, W./ BUNSE, G.: Factors influencing the loss of fertilizer-nitrogen into the atmosphere as N_2O. J. Geophys. Res. Band 88, 1983, S. 6709–6718

(71) SEILER, W./CONRAD, R.: Field measurements of natural and fertilizer – induced N_2O release rates from soil. J. Air. Poll. Contr. Ass. Band 31, 1981, S. 767–772

(72) HAO, W.M./WOFSY, S.C./MC ELROY, M.B. u.a.: Sources of atmospheric nitrous oxide from combustion. J. Geophys. Res., Band 92 (D3), 1987, S. 3098–3104

(73) CRUTZEN, P.J./ARNOLD, F: Niric acid cloud formation in the cold Antarctic stratosphere. A major cause for springtime “ozone hole„. Nature Band 324, 1986, S. 651

(74) SEILER u.a.: a.a.O.

(75) WORLD METEOROLOGICAL ORGANISATION (WMO): a.a.O.

(76) SLEMR, F./ CONRAD, R./ SEILER, W.: N_2O emissions from fertilized and unfertilized soils in a subtropical region (Andalusia/Spain)“. J. Atmos. Chem. Band 1, 1984, S. 159–169

(77) JOUZEL, J. u.a.: Vostok ice core: a continuous isotope temperature record over the last climatic cycle (160.000 years). Nature Band 329, 1987, S. 403–408

(78) nach IMBRIE, J./IMBRI, J.Z.: Moddeling the climatic response to orbital variations. Science Band 207, 1980, S. 943–953

(79) ANGEL, J.K./KORSHOVER, J.: Surface temperature changes following the six major volcanic episodes between 1780 und 1980. J. Climat Appl. Meteorol. Band 24, 1985, S. 937–951

(80) HASSELMANN, K.: Öffentliche Anhörung der Enquete-Kommission „Vorsorge zum Schutz der Erdatmosphäre“ des Deutschen Bundestages zum Thema: Treibhauseffekt, Teil 1, Bonn, 1988

(81) DETWILER, R.P./HALL, C.A.S.: a.a.O.

(82) POSTEL, S./HEISE, L.: Reforesting the Earth. Worldwatch Paper 83, Worldwatch Institute, Washington, D.C., 1988

(83) ASELMANN, I./CRUTZEN, P.J.: a.a.O.

(84) BOLIN, B. u.a.: a.a.O.

(85) GRAßL, H.: a.a.O.

(86) FLOHN, H.: a.a.O.

(87) RAMANATHAN u.a.: a.a.O.

(88) Umweltbundesamt (UBA): Materialien zum 4. Immissionsschutzbericht, Berlin, 1988

(89) CRUTZEN, P.J.: a.a.O.

(90) OLTMANNS, S.J. u.a., 1988: a.a.O.

(91) CRUTZEN, P.J., 1988: a.a.O.

(92) FISHMAN, J./SEILER, W.: a.a.O.

(93) ATTMANNSPACHER, W./HARTMANNSGRUBER, R./LANG, P.: Langzeittendenzen des Ozons der Atmosphäre aufgrund der 1967 begonnenen Meßreihe am Meteorologischen Observatorium Hohenpeißenberg. Meteorol. Rundschau Band 37, 1984, S. 193—199

(94) KIRCHHOFF, V.W.: Surface Ozone Measurements in Amazonia. J. Geophys. Res. Band 93, 1988, S. 1469—1476

(95) BRÜHL, C.: Ein effizientes Modell für globale Klima- und Luftzusammensetzungsänderungen durch menschliche Aktivitäten. Dissertation, Johann Gutenberg-Universität, Mainz, 1987

(96) CRUTZEN, P.J., 1988: a.a.O.

(97) LEFOHN, A.S./HOGSETT, W.E./TINGEY, D.T.: A method for developing ozon exposure that mimic ambient conditions in agricultural areas. Atmospheric Environment Band 20, 1986, S. 361—366

(98) LEFOHN, A.S./RUNECKLES, V.C.: Establishing standards to protect vegetation-ozone exposure/dose considerations. Atmospheric Environment Band 21, 1987, S. 561—568

(99) BOJKOV, R.D.: Surface Ozone During the Second Half of the Nineteenth Century. Journal of Climate and Appl. Meteorol. Band 25, 1986, S. 343—352

(100) REITER, R./SLADKOVIC, R./KAUTER, H-J.: Concentration of Trace Gases in the lower Troposphere simultaneously recorded at neighbouring Alpine Stations. Part 2: Ozone. Meteorol. and Atm. Physics Band 37, 1987, S. 27—47

(101) PRINZ, B.: Symptomatik und mögliche Ursachen der Waldschäden. LIS-Bericht Nr. 57, 1985, S. 7—25, Landesanstalt für Immissionsschutz des Landes Nordrhein-Westfalen, Essen

(102) LICHTENTHALER, H.K./SCHMUCK, G./ DÖLL, M.: Photosyntheseaktivität bei Nadeln gesunder und geschädigter Koniferen. LIS-Bericht Nr. 57, 1985, S. 87—105, Landesanstalt für Immissionsschutz des Landes Nordrhein-Westfalen, Essen

(103) HEKSTRA, G.P.: Effects of Future Climate Changes. EK-Drucksache 11/30 des Deutschen Bundestages, 1988, S. 43—66

(104) HANSEN, J.E., 1988: a.a.O., WIGLEY T.M.L.: a.a.O.

(105) SCHÖNWIESE, C.-D./MALCHER, J.: Der anthropogene Spurengaseinfluß auf das globale Klima. Statistische Abschätzungen auf der Grundlage der Beobachtungsdaten. Bericht 67, Institut Meteorol. Geophys. der Univ. Frankfurt a. Main, 1987

(106) SALTZMANN, B.: Carbon dioxide and the ..^{18} O record of late — Quarternary climatic change: a global model. Climate Dynamics 1, 1987, S. 77—85

6. Abbildungsverzeichnis

7. Tabellenverzeichnis

2. KAPITEL

Mögliche zukünftige Entwicklungen und Auswirkungen

1. Modellrechnungen zukünftiger Klimaänderungen

Zusammenfassung

Der zukünftige globale Temperaturanstieg, der durch die zunehmenden Konzentrationen an Treibhausgasen in der Atmosphäre hervorgerufen wird, läßt sich mit den Klimamodellen am besten vorhersagen. Sie errechnen in der Regel die Temperatur, die sich nach einer Verdoppelung der Kohlendioxid-Konzentration in der Atmosphäre von 300 auf 600 ppm einstellt. Diese liegt um 3 ± 1,5° C höher als ihr vorindustrieller Wert und wird, wenn die anthropogenen Emissionen der Treibhausgase — hierbei werden auch andere Treibhausgase als Kohlendioxid berücksichtigt — zumindest bis zum Jahre 2020 mit der gleichen Rate wie derzeit weiter ansteigen noch zunehmen. Der Temperaturanstieg, der durch diese Klimamodelle errechnet wird, ist allgemein umso höher, je komplexer und damit auch genauer das zugrundeliegende Modell ist. Dreidimensionale atmosphärische Zirkulationsmodelle errechnen fast durchweg einen Temperaturanstieg von mehr als 3° C. Sie haben große Ähnlichkeit mit den atmosphärischen Modellen, die in der operationellen Wettervorhersage eingesetzt werden. Neuere Zirkulationsmodelle errechnen teilweise sogar Temperaturerhöhungen von mehr als 5° C. Daher dürfte der tatsächlich eintretende globale Temperaturanstieg durch die zunehmenden Emissionen von Treibhausgasen eher größer sein als bisher vorhergesagt.

Auch die neueren Zirkulationsmodelle weisen noch die folgenden Unzulänglichkeiten auf:

- Begrenzte räumliche und zeitliche Auflösung. Daher müssen wichtige atmosphärische Prozesse wie beispielsweise der Wärme- und Impulsaustausch zwischen Erdboden und Atmosphäre parameterisiert werden (mit den Variablen an den Gitterpunkten beschrieben).
- Begrenzte spektrale Auflösung sowohl der Sonnenstrahlung im sichtbaren Spektralbereich als auch der infraroten Wärmestrahlung der Erdoberfläche. Dadurch ist die Genauigkeit der simulierten Strahlungserwärmung durch die Treibhausgase in den Modellen begrenzt.
- Lineare Approximation von nichtlinearen Prozessen, insbesondere von der Advektion (Transport atmosphärischer Größen durch die Luftströmungen).
- Relativ ungenaue Modellierung der Rückkopplungen zwischen Wolken, Strahlung und großräumigen Luftströmungen.

Damit sind nur die wichtigsten Fehlerquellen genannt, die in zukünftigen Zirkulationsmodellen verbessert werden sollten. Darüber hinaus sollten Fortschritte bei der Kopplung atmosphärischer Zirkulationsmodelle an ozeanische Zirkulationsmodelle, Eisschild-Modelle und Kohlenstoff-Kreislaufmodelle erzielt werden, um die Rückkopplungen zwischen Atmosphäre, Ozean, Eisschild und Biosphäre besser modellieren zu können. Der Ozean modifiziert das atmosphärische Modellverhalten beträchtlich, da er sehr viel Wärme speichern kann und die Hälfte des globalen Temperaturausgleiches zwischen den Tropen und den hohen Breiten durch die Strömungen in den Ozeanen bewerkstelligt wird. Zudem haben Änderungen der Ozeanströmungen einen großen Einfluß auf regionale Klimaänderungen. Die Koppelung von photochemischen Modellen an die dreidimensionalen Zirkulationsmodelle ist zur Zeit noch nicht realisiert. Sie wird aber angestrebt, da die Photochemie einen großen Einfluß auf die Zusammensetzung und den Strahlungshaushalt der Atmosphäre hat.

Während eine Vorhersage der globalen Durchschnittstemperatur, die sich infolge des Treibhauseffektes einstellen wird, möglich ist, sind die Vorhersagen der anderen Klimaparameter wesentlich schwieriger. Es ist wahrscheinlich, daß der Meeresspiegel im Verlauf des nächsten Jahrhunderts um bis zu 1,5 m ansteigen wird, aber auch ein Anstieg um 5 m ist nicht ausgeschlossen, wenn das westantarktische Schelfeis abschmilzt. Die Niederschlagssummen werden wahrscheinlich im globalen Mittel zunehmen, doch werden sie regional sehr stark variieren und in vielen Gegenden wird es trockener werden. In den inneren Tropen werden die Niederschlagssummen wahrscheinlich um 5 bis 20 Prozent ansteigen. Änderungen der Niederschlagssummen hängen eng mit Verschiebungen der Klimazonen dieser Erde wie etwa der subtropischen Wüsten oder der feuchten Westwindzonen der mittleren Breiten zusammen. Beide werden sich wahrscheinlich weiter polwärts ausbreiten, während die subarktischen Breiten zunehmend schnee- und eisfrei werden. Weitere regionale Klimaänderungen lassen sich noch nicht vorhersagen, da die Zirkulationsmodelle hierfür noch keine verläßlichen Ergebnisse liefern.

1.1 Überblick über Klimamodelle

Die Klimamodelle werden in fünf verschiedene Klassen unterteilt (1): Kreislaufmodelle, atmosphärische Zirkulationsmodelle, weitere hochauflösende Modelle, gekoppelte Modelle und eindimensionale Modelle.

– Kreislaufmodelle

Sie berechnen den Verbleib klimawirksamer anthropogener Emissionen im Klimasystem. Man unterscheidet Kohlenstoff-Kreislaufmodelle und – für die übrigen treibhauswirksamen Spurengase – photochemische Spurengasmodelle. Das bekannteste Kohlenstoff-Kreislaufmodell (2) besteht aus vier „Boxen" (Atmosphäre, Biosphäre, obere Deckschicht der Ozeane, Tiefsee) und hat keine horizontale Auflösung.

Das Hamburger Kohlenstoff-Kreislaufmodell (3) beinhaltet ein ozeanisches Zirkulationsmodell, das Osnabrücker Biosphäre-Modell (4), ein sehr detailliertes biosphärisches Modell, das an das zuerst genannte Kohlenstoff-Kreislaufmodell angeschlossen ist.

— Atmosphärische Zirkulationsmodelle

Dies sind dreidimensionale (3-D) Modelle mit einer großen räumlichen Auflösung, die die Änderungen der atmosphärischen Zirkulation bei anthropogenen Einwirkungen berechnen. Sie haben eine räumliche Auflösung von 200 bis 500 km horizontal und etwa einem km vertikal und können nahezu alle Klimaelemente simulieren, die unser tägliches Wetter bestimmen, wie die Temperatur, den Niederschlag, den Wind, die Wolken, die Strahlung, die Schneebedeckung und die Bodenfeuchte. Daher haben sie auch große Ähnlichkeiten mit den Modellen, die in den nationalen Wetterdiensten routinemäßig Wettervorhersagen errechnen, unterscheiden sich aber von diesen dadurch, daß die räumliche Auflösung geringer ist und das Gesetz der Energieerhaltung sehr genau eingehalten wird. Dadurch sind sie viel stabiler als die Modelle der Wettervorhersage und liefern bei Integrationen über lange Zeiträume für Klimavorhersagen bessere Ergebnisse.

— Hochauflösende Subsystem-Modelle

Diese Modelle der übrigen drei Klimasubsysteme Ozean, Eisschild und Landoberfläche erfassen die wesentlich langsameren, aber gleichwohl wichtigen Änderungen dieser Klimakomponenten. Die Ozeanmodelle sind die Modelle dieser Kategorie, die bereits am weitesten entwickelt sind. Doch liefern auch sie noch keine zufriedenstellenden Ergebnisse, da zum einen Klimadaten den Ozean (insbesondere die Tiefsee) nur sehr unzureichend beschreiben und zum anderen die Störungen in den Ozeanen viel kleinskaliger sind als die in der Atmosphäre (Faktor 10). Daher können sie mit der räumlichen Auflösung der atmosphärischen Zirkulationsmodelle von 200 — 500 km nicht erfaßt werden.

— Gekoppelte Modelle

Die sichersten Aussagen über zukünftige Klimaänderungen liefern die Modelle, die mehrere Subsystem-Modelle miteinander koppeln. Doch sind auch diese noch in der Entwicklungsphase und liefern daher noch keine zufriedenstellenden Ergebnisse. Die Koppelung von Ozeanmodellen mit Kohlenstoff-Kreislaufmodellen liefert bereits recht gute Ergebnisse (5). Die Kopplung von Atmosphäre und Ozean bereitet größere Schwierigkeiten, da die typischen Zeitkonstanten beider Systeme völlig verschieden sind. Es existieren zwar schon gekoppelte Ozean-Atmosphäre-Zirkulationsmodelle, doch sind sie noch nicht über mehrere Jahrzehnte integriert worden. Bei der Koppelung von Atmosphäre und Ozean in Klimamodellen behilft man sich dadurch, daß man Korrekturfaktoren einsetzt, die aber einen Teil der Kopplung wieder rückgängig machen.

– **Eindimensionale Modelle**

Diese Modelle haben heute nicht mehr eine so große Bedeutung wie in der Vergangenheit, da die meisten atmosphärischen Prozesse mit den Zirkulationsmodellen wesentlich besser und genauer modelliert werden können. Eine Ausnahme bilden die 1-D-photochemischen Modelle, da hiervon noch keine 2-D- und 3-D-Modelle existieren. Auf die einzelnen Modellarten dieser Klasse wird im folgenden noch näher eingegangen.

Unter diese Kategorie fallen auch die Energiebilanzmodelle (EBM). Sie berechnen Änderungen von global gemittelten oder breitenabhängigen Klimagrößen. In einem bekannten Beispiel (6) wird die Bedeutung der Eis-Albedo Rückkoppelung errechnet. In diesem Modell wird die Änderung der globalen Mitteltemperatur als Folge von Änderungen der Solarkonstanten berechnet. Eine globale Vereisung wird bei einer Reduktion der Solarkonstanten um 2 Prozent vorausgesagt, da sich nach einer Abkühlung der Erdoberfläche mehr Eis bilden kann. Da Eis eine viel größere Albedo als eisfreie Gebiete hat, sinkt die Temperatur beim Wachsen der Eisfläche immer stärker ab und es bildet sich noch mehr Eis. So verstärkt sich die Abkühlung selbst. Spätere Modelle zeigten, daß dieses Modell viel zu empfindlich war, da es vor allem die dämpfende Wirkung von Wolken nicht berücksichtigte.

Die Strahlungs-Konvektions-Modelle (RCM) errechnen die Temperatur, die Feuchte und Strahlungsflüsse in vertikaler Richtung. Horizontal besitzen sie keine Auflösung. Sie haben vor allem das Ziel, den Einfluß der Strahlung, der Wolkenbildung und der Konvektion auf das globale Klima zu errechnen. Diese Einflüsse sind zwar noch nicht hinreichend genau bekannt, doch lassen sie sich meistens realistischer in den Zirkulationsmodellen errechnen.

Die 1-D-photochemischen Modelle besitzen eine viel größere Bedeutung, da sich die 3-D-photochemischen Spurengasmodelle erst im Anfangsstadium befinden. Es sind im wesentlichen RCM-Modelle, die auch die gesamten chemischen Reaktionen innerhalb der Atmosphäre berücksichtigen. Das ausgereifteste dieser Modelle (7) wurde bereits in Abschnitt C, 4. Kapitel behandelt.

Die Klimaänderungen, die durch eine Zunahme der Treibhausgase hervorgerufen werden, werden am besten von den atmosphärischen Zirkulationsmodellen errechnet. Sie werden um so realistischer simuliert, je realistischer der Ozean modelliert wird, der als untere Randbedingung des entsprechenden atmosphärischen Zirkulationsmodells dient. Allerdings wurden gekoppelte Zirkulationsmodelle, die sowohl die Atmosphäre als auch die Tiefsee berücksichtigen, bisher noch nicht über viele Jahrzehnte hinweg integriert.

Die meisten Zirkulationsmodelle, die die anthropogen bedingten Klimaänderungen errechnen, sind Gleichgewichtsmodelle. Diese Modelle werden zunächst anhand des aktuellen Klimas geeicht, da sie nur dann realistische Klimaänderungen errechnen können, wenn sie zumindest das Klima der heutigen Zeit realistisch simulieren. Anschließend wird ihnen beispielsweise eine verdoppelte CO_2-Konzentration vorgegeben und so das neue Modellklima errechnet. Bei den rein atmosphärischen Modellen sind solche Gleichgewichtsrechnungen nicht sehr aufwendig, da sich ein Gleichgewicht wegen der kurzen Reaktionszeit der Atmosphäre bereits nach wenigen Wochen einstellt.

Die Reaktionszeiten der Subsysteme Ozean- und Eisschild sind wesentlich größer. Daher sind gekoppelte Atmosphäre-Ozean-Modelle transiente Modelle, das heißt Modelle, in denen der zeitliche Trend der CO_2-Konzentration vorgegeben ist. Aus diesem Grund müssen diese Modelle auch über den gesamten Zeitraum, über den sich der CO_2-Gehalt verdoppelt, integriert werden. Sie benötigen daher erheblich mehr Rechenzeit. Auch die langen und unterschiedlichen Zeitkonstanten erhöhen den Rechenaufwand.

Von grundlegender Bedeutung bei den atmosphärischen Zirkulationsmodellen ist auch die Modellierung der unteren Randbedingungen. In der Regel wird ein verändertes Klima veränderte Randbedingungen, wie beispielsweise eine veränderte Vegetation, zur Folge haben. Wüstenboden hat beispielsweise eine höhere Albedo als Grasland. Würde man diesen Effekt für jene Regionen, die durch den Treibhauseffekt zu Wüste werden würden, nicht berücksichtigen, so hätte das großen Einfluß nicht nur auf die Berechnung der Temperatur, sondern auch auf die des Niederschlags, da hierdurch auch der hydrologische Zyklus stark geändert werden würde. Allgemein gilt: Je komplexer ein Modell ist, umso variabler können auch seine Randbedingungen modelliert werden. Das ist ein wichtiger Grund dafür, daß die komplexesten atmosphärischen Zirkulationsmodelle die realistischsten sind.

1.2 Fehlerquellen der Klimamodelle

Dieser Abschnitt behandelt nur Zirkulationsmodelle, da sie am realistischsten sind. Die Zirkulationsmodelle haben eine räumliche Auflösung von 200 bis 500 km. Alle kleinräumigen atmosphärischen Prozesse müssen daher parameterisiert werden, indem sie mit den Klimavariablen an den Gitterpunkten des Modells beschrieben werden. Dazu gehören insbesondere die Konvektion und die Wolken. Auch die Landoberflächen, insbesondere die Gebirge, müssen parameterisiert werden und liefern damit eine Fehlerquelle. Die vertikale Auflösung dieser Modelle beträgt etwa einen km. Somit werden vor allem die Wärme- und Impulsübergänge von der Land- und der Meeresoberfläche in die freie Atmosphäre, die Strahlströme in der hohen Atmosphäre und die Tropopause unzureichend beschrieben. Neben der räumlichen Auflösung sind auch der zeitlichen Auflösung Grenzen von rund 30 Minuten gesetzt. Dies verursacht vor allem Fehler in den nicht-linearen Prozessen der Atmosphäre, wie die Advektion. Die atmosphärischen Variablen im Modell müssen sowohl zwischen den einzelnen räumlichen Gitterpunkten als auch zwischen den einzelnen Zeitschritten linear interpoliert werden, auch wenn sich die Prozesse selbst nicht linear abspielen.

Durch diese Unzulänglichkeiten der begrenzten Auflösung werden vor allem folgende Modellfehler hervorgerufen:

- die Bewölkung muß parameterisiert werden und kann daher nicht genügend realistisch simuliert werden
- die Wechselwirkungen zwischen der Bewölkung und der Strahlung werden nur approximiert
- die Flüsse latenter und fühlbarer Wärme werden möglicherweise unzureichend beschrieben
- die Einflüsse der Orographie (Strukturierung der Landoberfläche) können nicht genau genug modelliert werden.

Mit dieser Auflistung sind nur die gröbsten Modellfehler genannt worden.

In den atmosphärischen Zirkulationsmodellen besteht noch eine weitere Fehlerquelle. Der Strahlungshaushalt muß stark vereinfacht werden, da seine Berechung einen relativ großen Anteil der Rechenzeit des gesamten Modells verbraucht. Die Absorptions- und Emissionskoeffizienten der einzelnen Gase werden für feste Strahlungsbanden konstant gesetzt. Aus Abbildung 10 im 1. Kapitel wird ersichtlich, daß dies nur eine Approximation der wirklichen Verhältnisse ist. Gerade für die Behandlung des Treibhauseffektes ist es aber wichtig, die Strahlungsprozesse möglichst genau zu modellieren. Im 1. Kapitel, Nr. 2.4 ist die Rolle des Wasserdampfes beschrieben. Die Wasserdampf-Kontinuums-Absorption ist in den atmosphärischen Modellen noch mit großen Unsicherheiten behaftet (8).

Viele Klimagrößen, die den Modellrechnungen als Eingangsgrößen dienen, sind ebenfalls nur ungenau bekannt. Hierzu zählen unter anderem die Bewölkung und die Strahlung. Die Wechselwirkung zwischen Wolkenprozessen und Strahlung ist daher auch eine der größten Unsicherheitsquellen in atmosphärischen Zirkulationsmodellen. Wolken sind in dreifacher Weise mit Temperaturänderungen gekoppelt:

- Änderungen des Bedeckungsgrades (und damit der Albedo), der Wolkenuntergrenze und ihrer Obergrenze (und damit der Temperatur der Obergrenze, die die IR-Strahlung der Atmosphäre in den Weltraum als wesentliche Komponente mitbestimmt).
- Änderungen der direkten Strahlungsparameter der Wolken, nämlich Emissionsvermögen und Albedo.
- Das Zusammenspiel zwischen großräumiger Dynamik, Strahlung und Wolkenprozessen.

Diese Einflüsse sind noch viel zu wenig erforscht, da über den Bedeckungsgrad und die wolkenbildenden Prozesse keine befriedigenden globalen Datensätze existieren und außerdem die Implementierung dieser Rückkopplungen in die Zirkulationsmodelle einen enormen Aufwand an zusätzlicher Rechenzeit nach sich ziehen würde. Die Klimatologen sind sich bis heute noch nicht einmal darüber im klaren, ob die Rückkopplungen mit den Wolken den Treibhauseffekt verstärken. Fast alle Klimamodelle (9), in denen Wechselwirkungen mit der Bewölkung sehr detailliert berücksichtigt werden, zeigen allerdings eine Verstärkung des Treibhauseffektes.

Ursache hierfür ist die zunehmende hohe Bewölkung in diesen Modellen, die den Treibhauseffekt verstärkt (siehe 1. Kapitel Nr. 2.4). Eine Zunahme des Bedekkungsgrades an Wolken in der unteren und mittleren Troposphäre dämpft bekanntlich den Treibhauseffekt.

Eine weitere große Fehlerquelle sind bestimmte Daten der Vegetation auf dem Land (und damit der Landalbedo) und Daten der Bodenfeuchte. Diese Größen wirken sich sehr stark auf den Strahlungshaushalt und auf den hydrologischen Zyklus aus. Die Modelle zeigen, daß in den meisten kontinentalen Gebieten durch den Temperaturanstieg die Böden austrocknen. Als Folge steigt die Temperatur hier stärker an als über den Ozeanen, da ein kleinerer Teil der Energie der Sonnenstrahlung bei der Verdunstung verbraucht wird (10).

Die ozeanischen Zirkulationsmodelle sind mit noch weitaus größeren Fehlern behaftet als die atmosphärischen. Wie schon erwähnt, sind Störungen in den Ozeanen viel kleinräumiger; außerdem sind die Klimadaten der Ozeane nur sehr unzureichend bekannt. Die Ozean-Modelle haben einen großen Einfluß auf die atmosphärischen Zirkulationsmodelle, wenn beide miteinander gekoppelt werden, da die Meere genau so viel Wärme polwärts transportieren wie die Atmosphäre, und da Änderungen der Ozeanzirkulation einen großen Einfluß auf regionale Klimaänderungen haben. An dieser Stelle sei nur an die grundlegende Bedeutung des Golfstroms für das Klima in West- und Mitteleuropa erinnert.

Die Tiefenzirkulation des Ozeans ist mit besonders großen Unsicherheiten behaftet, da über sie sehr wenig bekannt ist. Möglicherweise hat sie auch einen bedeutenden Einfluß auf das Klima. Tiefenwasser wird nur am Rande der Arktis und der Antarktis gebildet, wo sich das Oberflächenwasser so weit abkühlen kann, daß es schwer genug wird, um in die Tiefsee abzusinken. Quillt dieses Tiefenwasser nach Jahren an irgendeiner Stelle der Weltmeere wieder auf, so hat es entsprechende Rückwirkungen auf die Atmosphäre.

Neben den atmosphärischen- und ozeanischen Zirkulationsmodellen spielen die Kohlenstoff-Kreislaufmodelle eine große Rolle. Sie sind noch nicht sehr ausgereift und stark vereinfacht. Ihre Fehlergröße ist nicht sehr genau bekannt.

Abschließend noch einmal die zwei wichtigsten Fehlerquellen der Zirkulationsmodelle:

- Wechselwirkungen zwischen Bewölkung, großräumiger Dynamik und Strahlung, da die Bewölkung in den Modellen sehr rudimentär behandelt wird
- Zirkulation der Ozeane (sowohl Oberfläche als auch Tiefenzirkulation)

1.3 Klimavorhersagen

Die Klimatologen erwarten aufgrund der Modellrechnungen eine globale Erwärmung von 3 ± 1,5° C in Bodennähe bei einer Verdoppelung der atmosphärischen CO_2-Konzentration gegenüber dem Wert von 300 ppm. Dieser Wert wurde 1979 erstmals genannt (11). Er wurde 1987 von der Deutschen Meteorologischen Gesellschaft und der Deutschen Physikalischen Gesellschaft übernommen. Berücksichtigt man zusätzlich noch die anderen Treibhausgase, so wird diese Erwärmung 6 ± 3° C betragen und eine Erwärmung von 3 ± 1,5° C gegenüber dem vorindustriellen Wert wird bereits dann eintreten, wenn die Emissionen von Treibhausgasen in den kommenden 40 Jahren die gleiche Steigerungsrate wie zur Zeit beibehalten. Sie wird nur etwa zehn Jahre später erreicht sein, wenn man davon ausgeht, daß das Protokoll von Montreal von allen Staaten ratifiziert und eingehalten wird ohne jegliche Inanspruchnahme der Sonderregelungen. Der Meeresspiegel wird im Verlauf des nächsten Jahrhunderts um bis zu 1,5 m allein schon als Folge des Temperaturanstiegs ansteigen. Ursachen dafür sind die Ausdehnung des Wassers bei der Erwärmung und das Abschmelzen von Eis von den Polkappen und von Gletschern.

Ein mittelfristiger Anstieg des Meeresspiegels um fünf Meter wird dann erwartet, wenn der westantarktische Eisschelf abschmilzt. Andererseits sind aber im vergangenen Jahr in der Westantarktis Eisberge mit einem Wasservolumen vom zweifachen der Niederschlagsmenge der ganzen Antarktis abgebrochen. Nicht zuletzt sagen die Klimamodelle einen Anstieg der globalen Niederschlagsmenge voraus (12), obwohl es in vielen Regionen trockener wird.

Nach diesen Vorhersagen steuern wir auf ein wärmeres Klima zu, wie es zuletzt im Pliozän (vor 3 bis 5 Millionen Jahren) eingetreten ist. Der Zeitpunkt einer direkten Erwärmung wird gegenüber den Modellrechnungen der Gleichgewichtsmodelle um 10 bis 50 Jahre durch den Ozean verzögert, da er sehr viel CO_2 speichern kann und eine große Wärmekapazität besitzt.

Wird die Aussagekraft der Modelle nach dem Gehalt ihrer Modellphysik bewertet, so muß der berechnete Temperaturanstieg von 3 ± 1,5° C nach oben revidiert werden. Die Erwärmung, die sich ohne die genannten positiven Rückkopplungen (Eis-Albedo Rückkopplung, Rückkopplung zwischen großräumiger Dynamik, Wolken und Strahlung, Temperatur-Wasserdampf-Rückkopplung) nur aus der veränderten Strahlungsbilanz ergibt, beträgt 1,2 bis 1,3° C (13). Die meisten Strahlungs-Konvektions Modelle errechnen einen Wert um 2° C, die Zirkulationsmodelle errechnen fast durchgehend höhere Werte. Die Temperaturerhöhung liegt bei fast allen Zirkulationsmodellen, die relativ gut die Wechselwirkung mit den Wolken berücksichtigen und bei denen der Jahresgang der Strahlung simuliert ist, oberhalb von 3,5° C. Ein neues Zirkulationsmodell (14), das als einziges die hochreichende feuchte Konvektion simuliert und daher auch große Erwärmungsraten der mittleren und oberen Troposphäre in den Tropen erhält, errechnet sogar eine Temperaturerhöhung von 5,2° C, die den angegebenen Rahmen (3 ± 1,5° C) überschreitet. Die Zusammenschau der Ergebnisse der Modellrechnungen läßt vermuten, daß der Temperaturanstieg eher an der oberen Grenze bei 4,5° C liegen wird, wenn nicht sogar darüber.

Die regionalen Klimaänderungen sind sehr viel unsicherer vorherzusagen als die globalen. Der Grund liegt darin, daß die Modelle noch so viele Mängel haben.

Desweiteren werden regionale Klimaänderungen besonders stark durch Veränderungen der Ozeanzirkulation beeinflußt. Doch scheinen die großen Klimazonen wie die Wüsten und die Westwinddrift der mittleren Breiten weiter polwärts zu wandern und die kontinentalen Gegenden der mittleren Breiten im Sommer deutlich trokkener zu werden. Die Modelle geben für den Gleichgewichtszustand eine größere Erwärmung der polaren Breiten als der Tropen wieder. Das steht im Widerspruch zu den jüngsten Klimadaten (siehe 1. Kapitel Nr. 1.1). Die Gründe für die stärkere tropische Erwärmung dürften darin liegen, daß zum einen die Tropen in den Modellen am unzulänglichsten erfaßt werden und zum anderen die Wasserdampf-Temperatur-Rückkopplung unterschätzt wird. In den Modellen hat die Eis-Albedo-Rückkopplung einen größeren Einfluß auf das Klima als die Wasserdampf-Temperatur-Rückkopplung. Darüber hinaus wird in einer statistischen Abschätzung für die vergangenen 100 Jahre gezeigt, daß der Vulkanismus für sich betrachtet die Polkappen bei weitem am meisten abgekühlt hat (15). Im globalen Mittel wird sein Einfluß auf 0,6° C geschätzt, an den Polen im Winter auf mehr als 2,0° C. Dies Ergebnis darf allerdings nur qualitativ beurteilt werden, da die Daten der Vulkanstaubmenge in der Atmosphäre mit einem Fehler von mindestens dem Faktor 2 behaftet sind.

Die Rückkopplung mit dem Vulkanismus wird in den Zirkulationsmodellen nicht berücksichtigt. Eine der jüngsten Modellsimulationen belegt allerdings durch die Berücksichtigung der hochreichenden Konvektion zumindest in der mittleren und hohen Atmosphäre der Tropen einen stärkeren Temperaturanstieg als in höheren Breiten (16).

2. Szenarien zukünftiger Treibhausgasentwicklungen

Zusammenfassung

Von größtem Interesse sind Angaben darüber, wie stark die Emissionen anthropogener Spurengase reduziert werden müssen, damit die globale Temperaturerhöhung auf eine maximale Obergrenze reduziert werden kann.

Bereits heute ist das Temperaturniveau um 0,5 bis 0,9° C gegenüber dem vorindustriellen Wert angestiegen.

Die notwendige Begrenzung des derzeit beschleunigt steigenden Temperaturniveaus auf eine maximale Obergrenze um 1 bis 2 °C, bezogen auf das vorindustrielle Niveau, erfordert tiefgreifende Maßnahmen zur Emissionsminderung bei allen Spurengasen.

Jede Überschreitung dieser Obergrenze würde die bereits heute absehbaren Auswirkungen des Treibhauseffektes zumindest in einigen Regionen dramatisch verschärfen.

2.1 Gleichgewichts-Modellrechnungen

Klimamodellrechnungen für eine Reihe von möglichen zukünftigen Treibhausgas-Szenarien zeigen, daß deren Emissionen in kürzester Zeit drastisch reduziert werden müssen, damit eine mittlere globale Erwärmung von etwa 1 bis 2 °C nicht überschritten wird. Dieser Temperaturanstieg wurde von der Deutschen Meteorologischen Gesellschaft und der Deutschen Physikalischen Gesellschaft als Obergrenze genannt. Nach derzeitigen, jedoch unvollständigem Wissen, würden die Folgen der damit verbundenen Klimaänderungen gerade noch tolerabel sein. Dieses Ziel kann nur dadurch erreicht werden, daß das Montrealer Protokoll umgesetzt, seine Ausnahmeregelungen nicht beansprucht und die weltweiten Emissionen von CO_2, CH_4, N_2O und anderer Spurengase drastisch reduziert werden. Wege zur Realisierung dieser Reduktionen werden in Nr. 3.2 näher beschrieben.

Die Szenarien geben darüber Auskunft, inwieweit sich der Treibhauseffekt durch technische, wirtschaftliche und politische Maßnahmen eindämmen läßt. Die folgenden Optionen stehen zur Auswahl:

- Reduzierung der Emissionen von Treibhausgasen.
- Verringerung des CO_2-Gehaltes der Atmosphäre durch Aufforstungsprogramme.
- Adaptation an die Auswirkungen des Treibhauseffektes (beispielsweise durch den Bau von Deichen, um dem Landverlust durch den Anstieg des Meeresspiegels zu begegnen). Es ist aber höchst zweifelhaft, ob sich eine Adaptation noch realisieren läßt, da sich die Klimaänderungen bereits um ein Vielfaches schneller vollziehen — und das mit steigender Tendenz — als natürliche Klimaänderungen, mit Ausnahme der abrupten Klimaänderungen.

Um den Treibhauseffekt zu begrenzen, müssen in erster Linie die Industriestaaten ihre Emissionen verringern, da sie die größten Mengen an Treibhausgasen emittieren und zudem die besseren finanziellen und wirtschaftlichen Rahmenbedingungen haben. Wie weit der Treibhauseffekt sich begrenzen läßt, ist darüber hinaus nicht nur ein wirtschaftliches sondern auch ein soziales Problem (vgl. Nr. 3).

Das einfachste Szenario wurde in Nr. 1 vorgestellt. Nach diesem Szenario hält der Anstieg der Emissionen von Treibhausgasen unvermindert an, so daß die globale Mitteltemperatur in den nächsten Jahrzehnten um 3 ± 1,5 °C gegenüber dem Mittelwert der Jahre 1950 bis 1980 ansteigen würde.

Hier werden Szenarien vorgestellt, die einen guten Überblick über mögliche zukünftige Klimaänderungen unter den verschiedenen Annahmen geben und aufzeigen, wie die geforderte Begrenzung des Treibhauseffektes auf 1 bis 2 °C erreicht werden kann (17). Das zuerst dargestellte Konzept geht nicht von Emissionen, sondern von Konzentrationen aus. Die Konzentrationsangaben vor 1980 in Abb. 1 basieren auf empirischen Formeln, die aus gemessenen Daten abgeleitet wurden (18). Tabelle 1 zeigt die Konzentrationen der hier betrachteten Treibhausgase (CO_2, CH_4, N_2O, FCKW 11, FCKW 12) für das Bezugsjahr 1980. Die Abschätzungen bis

2030 beruhen auf Wachstumsraten (19) beziehungsweise Energieszenarien (20). Dabei werden 6 Szenarien in Betracht gezogen: Je zwei Szenarien mit hohen (A,B), mittleren (C,D) und niedrigen (E,F) Emissionsraten. Die Szenarien A und B unterstellen für die Zukunft beschleunigte Zuwachsraten von CO_2, CH_4 und N_2O und stellen damit eine mögliche Obergrenze für die Konzentration dieser Treibhausgase in der Atmosphäre im Jahre 2030 dar. Die Konzentrationsänderungen dieser Treibhausgase in den Szenarien C und D sind grob geschätzt mit den heutigen Verhältnissen vergleichbar. Eine mögliche Untergrenze zukünftiger atmosphärischer Konzentrationen dieser Treibhausgase stellen die Szenarien E und F dar. Die Szenarien B, D und F basieren auf dem im Montrealer Protokoll vorgeschlagenen aber nicht sehr realistischen Idealfall, daß alle Nationen das Protokoll ratifizieren und keine der gesetzlich zulässigen Sonderregelungen in Anspruch nehmen. Tabelle 2 zeigt die konstanten Wachstumsraten von 1980 bis 2030 und die sich daraus ergebende atmosphärische Konzentration dieser Treibhausgase im Jahre 2030.

Abbildung 1 a—d zeigt die Konzentrationsänderungen der verschiedenen Treibhausgase.

Tabelle 1

Konzentrationen der Treibhausgase im Jahre 1980 als Ausgangspunkt für die Szenarien A—F.

Treibhausgas	Konzentration
CO_2	338 ppm
CH_4	1 650 ppb
N_2O	300 ppb
FCKW 11	179 ppt
FCKW 12	307 ppt

Der Temperaturanstieg, der aus diesen Szenarien resultiert, wurde mit Hilfe der parameterisierten Form eines Strahlungs-Konvektionsmodells abgeschätzt. Dieses kann kein atmosphärisches 3-D-Zirkulationsmodell ersetzen, stellt aber über den Sensitivitätsparameter dieses Modells (21) eine recht gute Approximation von komplizierteren Modellen dar. Der Sensitivitätsparameter repräsentiert die Rückkopplungsmechanismen in den Klimamodellen. In den folgenden Modellrechnungen beträgt dieser Sensitivitätsparameter 2,3 °C; das heißt, daß angenommen wird, daß bei einer Verdoppelung der atmosphärischen CO_2-Konzentration von 300 auf 600 ppm die globale Durchschnittstemperatur in Bodennähe um 2,3 °C ansteigen wird.

Im nächsten Schritt wird aus den Konzentrationen aller in der Atmosphäre befindlichen Spurengase eine äquivalente CO_2-Konzentration errechnet (23). Mit dieser äquivalenten CO_2-Konzentration bezeichnet man diejenige CO_2-Konzentration,

Tabelle 2

Treibhausgas-Szenarien

Konzentrationsanstieg (△ c) in Prozent pro Jahr und atmosphärische Konzentration (c) in ppm der Treibhausgase im Jahre 2030 in den Szenarien A–F

Treibhausgas	Szenario A		Szenario C		Szenario E	
	△c	c	△c	c	△c	c
CO_2	0,98	551	0,57	450	0,24	381
CH_4	1,40	3,3	0,70	2,34	0,23	1,85
N_2O	0,81	0,45	0,45	0,38	0,31	0,35
FCKW 11	4,95	0,002	3,60	0,0011	2,08	0,0005
FCKW 12	4,99	0,0035	3,59	0,0018	2,17	0,0009
	Szenario B		Szenario D		Szenario F	
	△c	c	△c	c	△c	c
CO_2	0,98	551	0,57	450	0,24	381
CH_4	1,40	3,3	0,70	2,34	0,23	1,85
N_2O	0,81	0,45	0,45	0,38	0,31	0,35
FCKW 11	1,16	0,00032	1,16	0,00032	1,16	0,00032
FCKW 12	1,04	0,00051	1,04	0,00051	1,04	0,00051

*) Neben diesen Gasen werden noch 8 weitere FCKW in diesem Modell berücksichtigt, die zur Zeit nur einen relativ geringen Einfluß auf den Treibhauseffekt besitzen und deshalb an dieser Stelle nicht explizit behandelt werden.

die den gleichen Treibhauseffekt erzeugt, wie die Summe aller Treibhausgase. Die daraus errechnete globale Erwärmung in Bodennähe ist in Abbildung 2 dargestellt.

Das beschriebene Modell errechnet mit diesen äquivalenten CO_2-Konzentrationen globale Temperaturerhöhungen von 1,5 bis 4,0 °C bis zum Jahre 2030 (vgl. Abb. 2), daß heißt ähnliche Größenordnungen wie für eine CO_2-Verdopplung. Die Temperaturerhöhung kann nur durch die Szenarien E und F auf die geforderten 1 bis 2 °C begrenzt werden. Hierzu sind aber drastische Reduzierungen der Emissionen der Treibhausgase nötig, wie im folgenden noch gezeigt wird (Tab. 3).

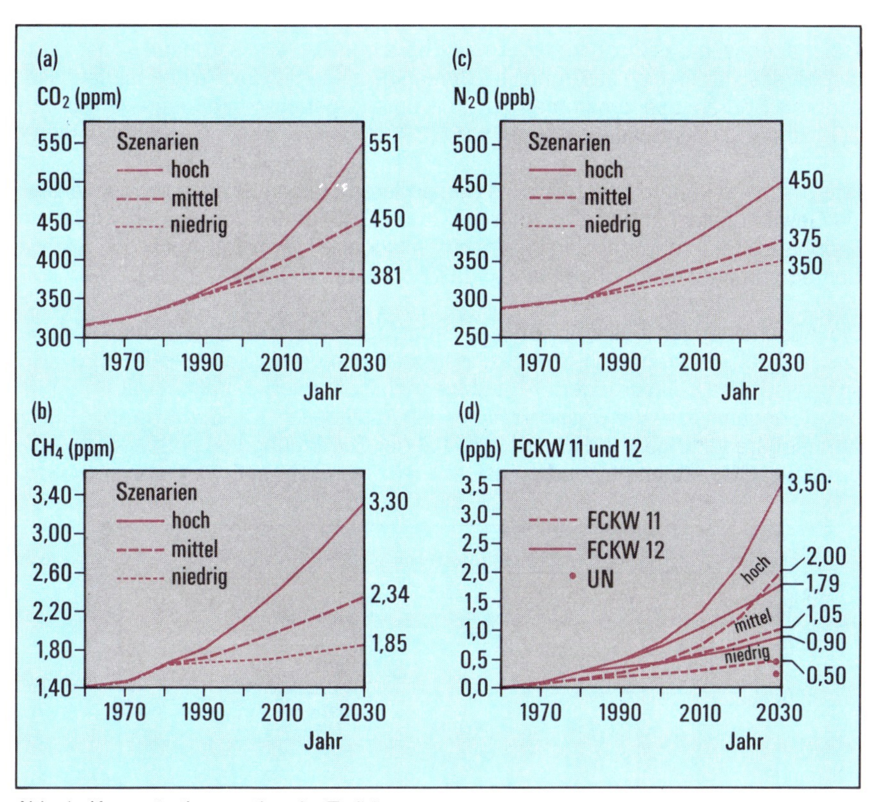

Abb. 1: Konzentrationsanstieg der Treibhausgase:

Konzentration der Treibhausgase CO_2 (a), CH_4 (b), N_2O (c) und FCKW 11 und 12 (d) in den jeweils angegebenen Einheiten zwischen 1960 und 1980 und für die verschiedenen Szenarien zwischen 1980 und 2030. Der Wert rechts gibt jeweils an, welchen Wert nach den verschiedenen Szenarien die atmosphärische Konzentration der einzelnen Spurengase im Jahre 2030 erreichen könnte (22). Hierbei stellt Szenario A einen in Zukunft beschleunigten Anstieg der Konzentration der Spurengase dar, Szenario C einen gleichbleibenden und Szenario E einen verlangsamten. Die Szenarien B, D und F gehen von der Einhaltung des Montrealer Protokolls durch alle Staaten ohne Ausschöpfung der legalen Sonderregelungen aus. Sie sind in (d) nur für 2030 mit den schwarzen Punkten gekennzeichnet.

Abbildung 3 zeigt den relativen Beitrag der einzelnen Treibhausgase an der Erwärmung für die Periode 1850 bis 1980 sowie den Zeitraum 1980 bis 2030 unter Zugrundelegung der verschiedenen Szenarien. Hierbei wurde die gesamte Erwärmung, die auf den Anstieg der atmosphärischen Konzentration dieser Spurengase zurückzuführen ist, über den Zeitraum von 1980 bis 2030 für jedes Szenario einzeln summiert. CO_2 stellt in allen Szenarien mit Abstand das wichtigste Treibhausgas dar. Daher bleibt seine Reduktion das vorrangige Ziel, um den Treibhauseffekt einzudämmen. Berücksichtigt man allerdings zusätzlich zu den hier einbezogenen

Treibhausgasen das Ozon in der Troposphäre und den Wasserdampf in der Stratosphäre, so ergibt sich aufgrund von Berechnungen, daß der Treibhauseffekt aller anderen Spurengase zusammen zur Zeit bereits genauso groß ist, wie der von CO_2, und in Zukunft weiter steigen wird (25).

Entsprechend könnte CO_2 relativ zu den anderen Treibhausgasen etwas weniger ins Gewicht fallen. In den Szenarien A, C und E steigt der Beitrag der FCKW am Treibhauseffekt sehr stark. In A erreicht er sogar 31 Prozent. Auch der relative Beitrag von N_2O steigt ungefähr auf das Doppelte.

Die Abschätzungen basieren auf der Grundlage eines Gleichgewichts-Modells, das heißt eines Strahlungs-Konvektionsmodells, in dem vorausgesetzt wird, daß sich das Klima den veränderten Strahlungsflüssen sofort anpaßt. In Nr. 1 wurde bereits erwähnt, daß der Ozean nicht nur den Anstieg der CO_2-Konzentration in der Atmosphäre verringert, indem er einen Teil der Erwärmung des anthropogen freigesetzten CO_2 aufnimmt, sondern daß er auch einen Teil der Erwärmung speichert,

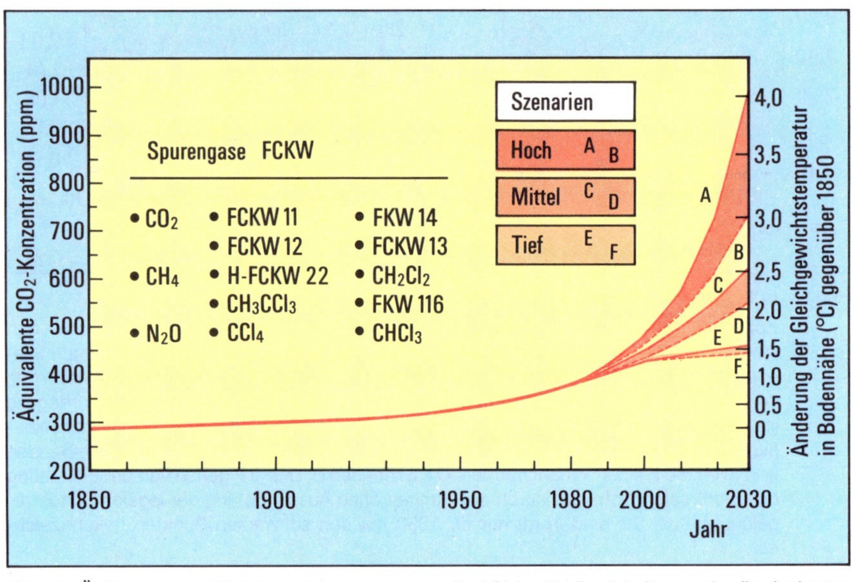

Abb. 2: Änderung der Gleichgewichtstemperatur (in °C) in Abhängigkeit von der äquivalenten CO_2-Konzentration (in ppm). Diese Werte wurden mit der parameterisierten Form eines Strahlungs-Konvektionsmodells berechnet. Von 1980 an werden die Szenarien A–F dargestellt. Dabei werden die Szenarien A und B mit „Hoch" bezeichnet, die Szenarien C und D mit „Mittel" und die Szenarien E und F mit „Tief". Die Szenarien B, D und F zeigen die Wirkungen des Montrealer Protokolls für den Idealfall der völligen Befolgung ohne Ausschöpfung der Sonderregelungen (24).

der auf die veränderte Strahlungsbilanz zurückzuführen ist. Nach Schätzungen konnte der Ozean bisher die Hälfte der Erwärmung zurückhalten (27).

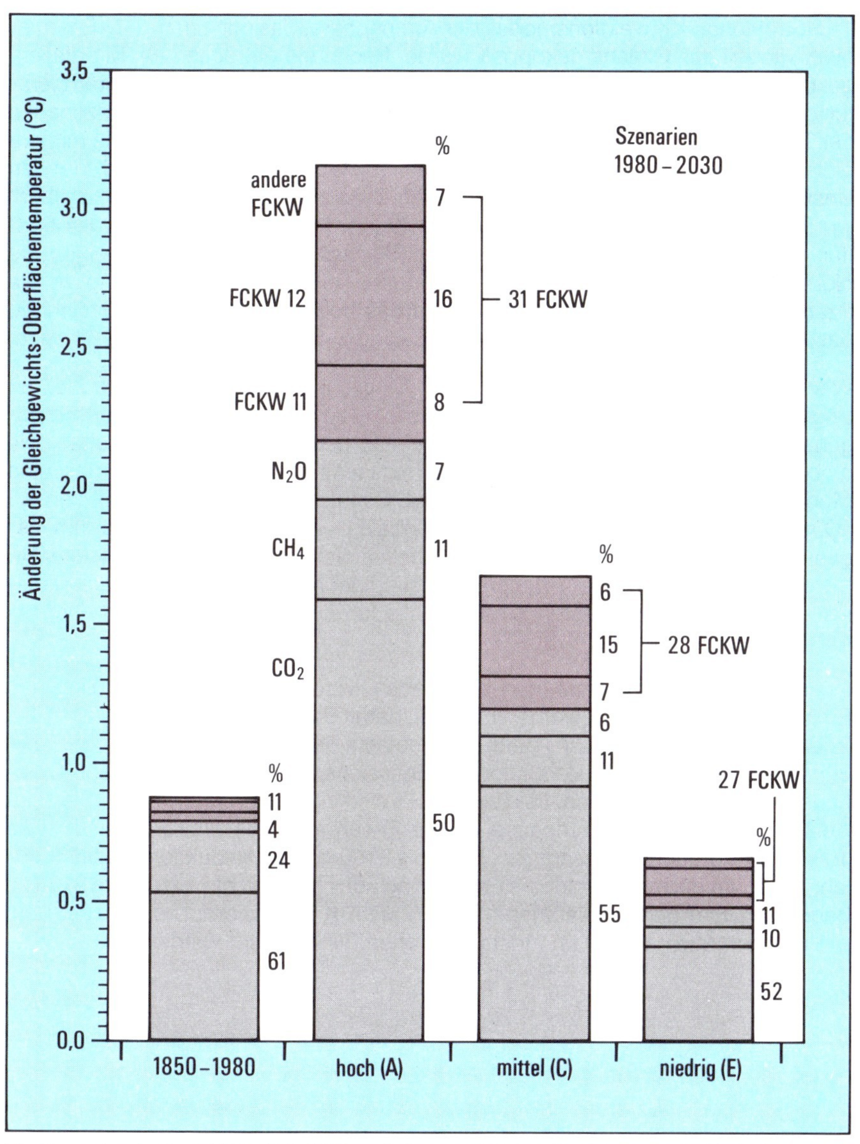

Die Szenarien A, C und E berücksichtigen keine zusätzlichen Reduktionen der Emissionen von FCKW.

Abb. 3: Beschriftung siehe nächste Seite

2.2 Transiente Modellrechnungen

Dem Effekt der Verzögerung der Erwärmung durch die Ozeane wurde in einem 1-D-Strahlungs-Konvektionsmodell der Atmosphäre, das mit einem 1-D-Energiebilanzmodell des Ozeans gekoppelt wurde, Rechnung getragen (28). Mit diesem gekoppelten transienten Modell wurden Änderungen der globalen Mitteltemperatur der Erdoberfläche diesmal aber als Folge verschiedener Emissionsszenarien der Treibhausgase errechnet. Die Szenarien wurden so konzipiert, daß die mittlere globale Erwärmung um 1 bis 2 °C im Jahre 2100 nicht überschritten wird. Um den Unsicherheitsbereich der atmosphärischen Zirkulationsmodelle wiederzugeben, wurden die Rechnungen für Modellsensitivitäten von T_e = 1,5 °C und T_e = 4,5 °C (für eine CO_2-Verdopplung) durchgeführt. Die Abbildungen 4 und 5 zeigen die globale Erwärmung dieser Modellrechnungen. Dabei wird in Anlehnung an die Szenarien der Gleichgewichtsrechnungen das hohe Szenario mit A bezeichnet, das mittlere mit C und das niedrige mit E.

Wie die Abbildungen zeigen, besteht eine Möglichkeit, das vorgegebene Ziel der Begrenzung des Treibhauseffekts auf 1 bis 2 °C zu erreichen darin, die anthropogenen Emissionen von Treibhausgasen gemäß dem Szenario E einzuhalten. Die globale Durchschnittstemperatur steigt insgesamt um 0,9 °C, wenn man eine Modellsensitivität von 1,5 °C zugrunde legt. Benutzt man eine Sensitivität von 4,5 °C, so steigt nach diesem Szenario die globale Durchschnittstemperatur um insgesamt 2,0 °C gegenüber ihrem vorindustriellen Wert. Aus der Diskussion unter Nr. 2.1 geht hervor, daß dieser Temperaturanstieg der realistischere ist, da die Klimasensitivität der detailliertesten Klimamodelle für eine CO_2-Verdopplung eher bei 4,5 °C liegt.

In einem letzten Schritt soll nun angegeben werden, wie stark die zulässigen Emissionsraten verringert werden müssen, damit der Temperaturanstieg auf 1 bis 2 °C beschränkt bleibt. Bach (1988) hat in seinem Bericht „Klima in Gefahr (S. 57—80)" beschrieben, wie die Reduktion der Emissionsraten der verschiedenen Treibhausgase errechnet werden. Die Ergebnisse sind in Tabelle 3 dargestellt. Sie zeigt Anteile der einzelnen Spurengase an der Erwärmung, die Emissionen für etwa 1980, die erforderliche Gesamtreduktion bis 2100 und die Reduktion für das Startjahr 1990, um die mittlere globale Erwärmung auf 1 bis 2 °C bis zum Jahre 2100 zu begrenzen. Eine der Hauptaufgaben der Enquete-Kommission ist es, festzustellen, mit welchen Maßnahmen und Instrumentarien dies erreicht werden kann.

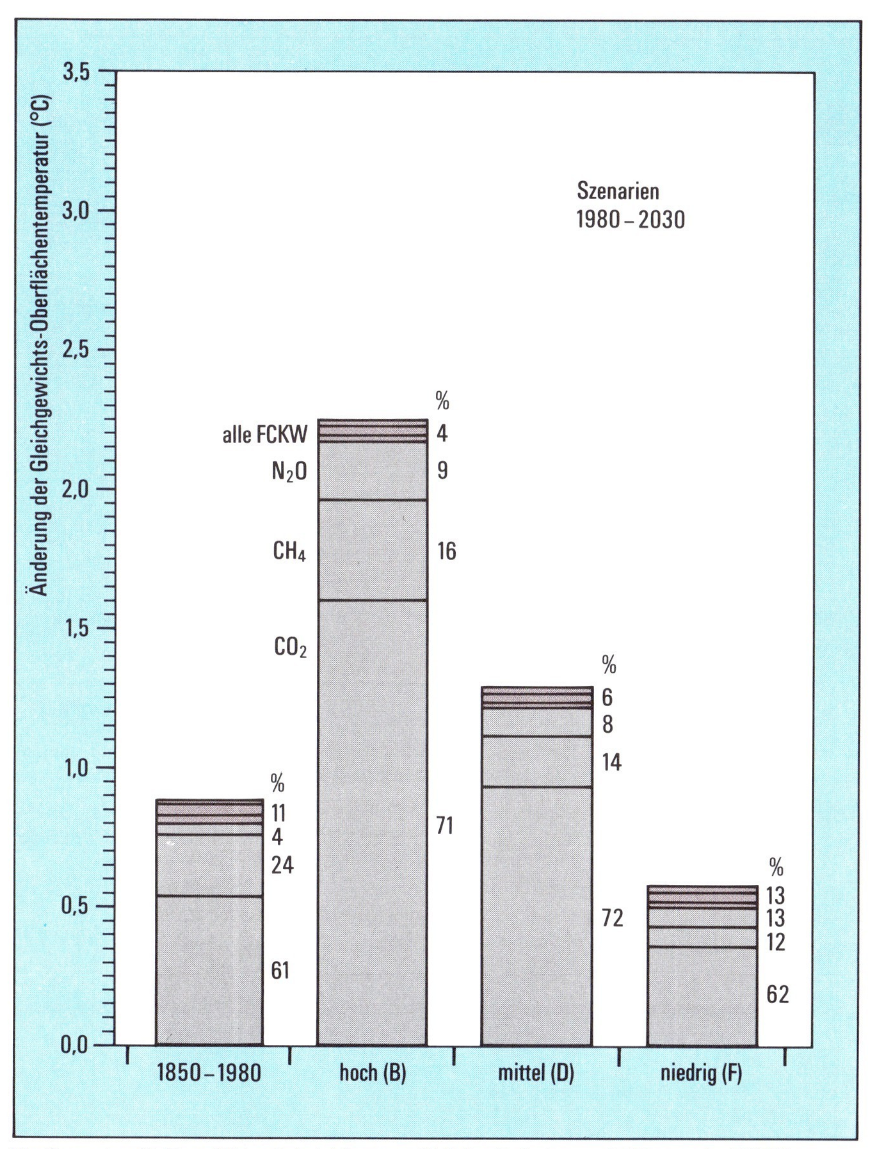

Die Szenarien B, D und F berücksichtigen zusätzliche Emissionsreduktionen der FCKW gegenüber den anderen Spurengasen für den Idealfall des Montrealer Protokolls ohne Ausnahmeregelungen.

Abb. 3: Beitrag der einzelnen Spurengase an der Erwärmung (in °C und Prozent) für verschiedene Zeitperioden nach den einzelnen Szenarien (26).

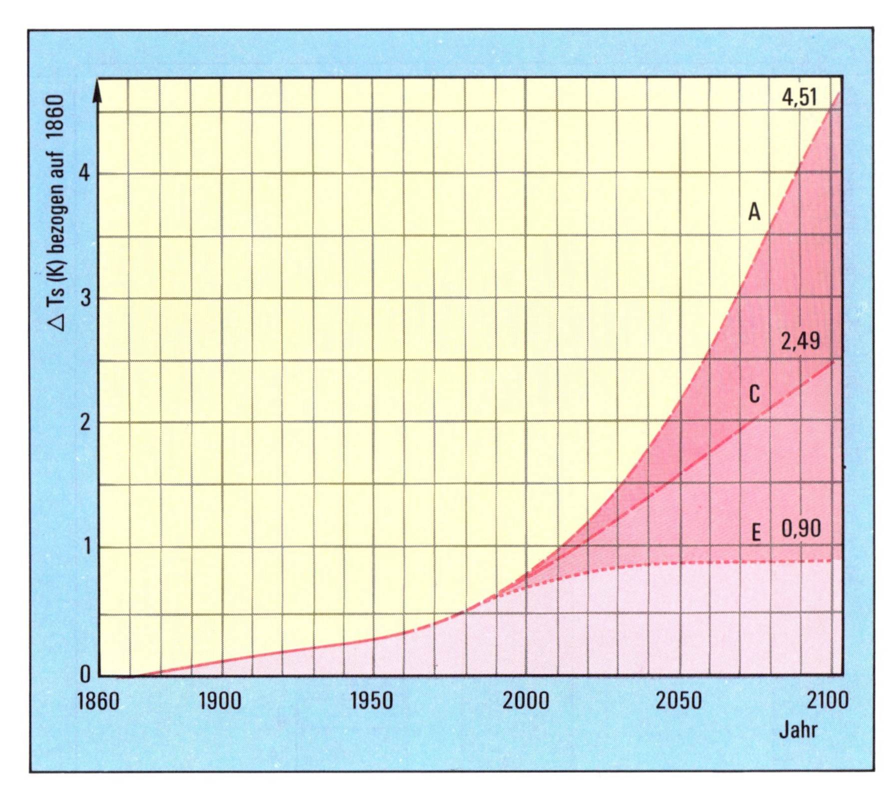

Abb. 4: Änderung der globalen Mitteltemperatur in Erdbodennähe für die verschiedenen Szenarien, die mit dem transienten Modell und einer Klimasensitivität von 1,5 °C errechnet wurden (29).

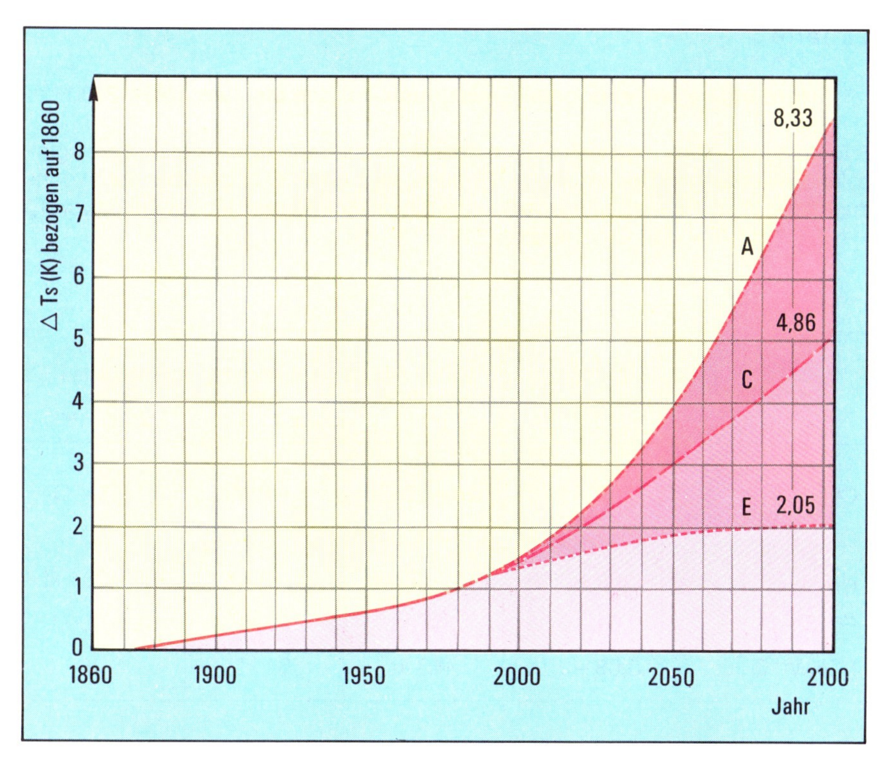

Abb. 5: Änderung der globalen Mitteltemperatur △Ts in Erdbodennähe in den verschiedenen Szenarien mit einem Klimasensitivitätparameter von 4,5 °C (30).

Tabelle 3

Erforderliche anthropogene Emissionsreduktion bis zum Jahre 2100

Erforderliche anthropogene Emissionsreduktion zur Begrenzung der mittleren globalen Erwärmung in Bodennähe (ΔT_s) auf etwa 1 bis 2 °C gegenüber dem vorindustriellen Wert. Es wurde für eine Sensitivität des transienten Modellklimas von T_e = 1,5 °C und T_e = 4,5 °C gerechnet (31).

Spurengas	ΔT_s (°C) T_e=1,5 °C T_e=4,5 °C	Emissionen etwa 1980	Erforderliche Reduktion bis zum Jahr 2100 auf	Erforderliche Reduktion für das Startjahr 1990
CO_2	0,50–1,18	16–20 Gt	6–9 Mt	1,1–1,4 Gt
CH_4	0,18–0,44	135–395 Mt	37–224 Mt	1,6–2,0 Mt
N_2O	0,09–0,19	16–28 Mt	4–9 Mt	200–284 kt
FCKW-11	0,04–0,08	330 kt	63 kt	ca. 5 000 t
FCKW-12	0,08–0,15	440 kt	89 kt	ca. 6 400 t
Summe	0,90–2,05			

Tabelle 3 zeigt eine Möglichkeit, bis zum Jahre 2100 den Anstieg der globalen Durchschnittstemperatur auf maximal etwa 2 °C zu begrenzen. Dies ist nur eine von vielen Möglichkeiten. Würden zum Beispiel die Emissionen der FCKW vollständig unterbunden, so brauchten die CO_2-Emissionen nicht so stark reduziert zu werden wie in diesem Szenario.

Aus den Werten von Tabelle 3 geht hervor, wie ernst das Problem des Treibhauseffektes genommen werden muß und daß es dringend geboten ist, diesem Problem weiter nachzugehen. Auch die erforderlichen Reduktionen der Emissionen von CH_4 und N_2O müssen sehr ernst genommen werden, da sie eng mit der Ernährungssituation der Menschheit, die noch immer stark anwächst, gekoppelt sind (vgl. 1. Kapitel Nr. 4.2). Die erforderlichen Reduktionen der FCKW-Emissionen können dagegen wesentlich leichter verwirklicht werden. Durch die Ratifikation des Montrealer Protokolls wird bereits der erste Schritt in diese Richtung getan.

3. Mögliche Auswirkungen des Treibhauseffektes und der Klimaänderungen

Zusammenfassung

Die Auswirkungen einer ungebremsten Entwicklung des Treibhauseffektes und der Klimaänderungen werden insbesondere wegen ihrer rapiden Entwicklung innerhalb von ein oder zwei Menschen-Generationen mit sehr großer Wahrscheinlichkeit für viele Regionen der Welt katastrophal sein. Deshalb müssen möglichst schnell einschneidende Maßnahmen zur Verringerung der Emissionen der Treibhausgase ergriffen werden. Die Klimagürtel der Erde, insbesondere die subtropischen Wüstenregionen, werden sich sonst weiter polwärts verschieben. In kontinentalen Regionen der mittleren Breiten werden die Sommer trockener, während das Eis der Subarktis auftaut. Der Meeresspiegel wird sich erhöhen, wovon tropische Küstenstaaten besonders betroffen sind, vor allem Bangla Desh und Java (Indonesien), aber auch andere Staaten, insbesondere in Südostasien. Katastrophale Folgen werden für die Landwirtschaft und für die Ernährungssituation der Menschheit erwartet. Die landwirtschaftlichen Anbauweisen müßten sehr schnell verändert werden, da sie sich den geänderten Klimabedingungen anpassen müssen und zusätzlich durch den ansteigenden Meeresspiegel Land verloren geht. Auch die Wasserversorgung kann regional über große Gebiete schlechter werden, da die Verdunstungsraten infolge der steigenden Temperaturen ansteigen würden. Besonders die ökologischen Folgen wären katastrophal, da angenommen wird, daß ganze Ökosysteme, beispielsweise Wälder, dem Treibhauseffekt zum Opfer fallen. Die Temperaturen und Niederschläge würden sich zu schnell ändern, als daß sich an einem Ort auf der Erde neue Wälder ausbilden könnten, die den veränderten Klimabedingungen angepaßt sind. Die gravierendsten sozialen Auswirkungen des Treibhauseffektes wären Völkerwanderungen, die erzwungen würden durch die schlechtere Ernährungslage und Überschwemmungen in küstennahen Tiefländern. Diese und die folgenden Aussagen beziehen sich im wesentlichen auf Aussagen in den öffentlichen Anhörungen der Enquete-Kommission (32), aber auch auf eine UNEP-Studie (33). Es wurde bereits im vorigen Kapitel herausgestellt, daß Vorhersagen der regionalen Auswirkungen dieser Klimaänderungen heute noch weitgehend spekulativ sind. Trotzdem ist es außerordentlich wichtig über die Auswirkungen der Klimaänderungen Studien anzustellen, die auch landwirtschaftliche, ökologische, soziale und volkswirtschaftliche Aspekte mit einbeziehen, damit die Politiker Anhaltspunkte dafür erhalten, wie sie gegensteuern könnten. In diesem Kapitel sollen auch die verheerendsten der möglichen Auswirkungen der Klimaänderungen dargestellt werden, da man gegen sie nur gewappnet ist, wenn man sie mit in die Vorsorgeüberlegung einbezieht.

Hekstra und Parry wiesen darauf hin, daß sich der Anstieg des Treibhauseffektes auf alle Staaten dieser Erde negativ auswirken würde, auch wenn es zunächst in der Sowjetunion, in Kanada und in den skandinavischen Staaten anders erscheinen mag. Doch der Nutzen, den diese Staaten durch die besseren Bedingungen für die Landwirtschaft hätten, würde wahrscheinlich durch soziale Auswirkungen des Treibhauseffektes mehr als kompensiert werden.

Ein zentraler Punkt in der Diskussion über Klimaänderungen ist die Frage nach einer Obergrenze der globalen Temperaturerhöhung, die als gerade noch tolerierbar gilt. Sie wurde auf der internationalen Klimatagung in Villach 1987 auf 1° C pro Jahrhundert festgesetzt, obwohl diese Zahl wissenschaftlich nicht begründet werden kann. Diese Temperaturzunahme wäre etwas größer als die der vergangenen 100 Jahre. Eine Obergrenze zu finden ist deshalb so wichtig, weil angenommen werden muß, daß bei einer schnelleren Klimaänderung sich die Klimagrenzen so schnell verschieben, daß die wachsende Weltbevölkerung und die Vegetationszonen sich nicht mehr anpassen können.

3.1 Regionale Klimaänderungen

Regionale Klimaänderungen sind im wesentlichen die Verschiebung der großen Klimazonen dieser Erde in Richtung auf die Pole, die Austrocknung der kontinentalen Gebiete der mittleren Breiten im Sommer und möglicherweise Verschiebungen der Ozeanströmungen (siehe Nr. 1.3). Gerade die Verschiebungen der Ozeanströmungen sind die großen Unsicherheitsfaktoren der regionalen Klimaänderungen, da sie einen besonders großen Einfluß auf das Klima haben. Weitere vorhergesagte Klimaänderungen sind eine Feuchtezunahme um 5 bis 20 Prozent in den Tropen, eine Verstärkung der Monsungürtel der Erde und eine Häufung von extremen Klimaereignissen, wie beispielsweise Dürre- und Hitzeperioden in den kontinentalen Gegenden der mittleren Breiten im Sommer, wie dieses Jahr in den USA, in China und in Sibirien. Die Erde wird sich insgesamt nicht gleichmäßig erwärmen. Zunächst werden noch viele Gegenden in der Spannweite natürlicher Klimaschwankungen Temperaturanomalien nach oben wie nach unten erleben. Erst später werden die Gegenden zahlreicher werden, in denen die Anomalien nach oben gehen.

Der Anstieg des Meeresspiegels wird sich zwar zunächst noch in Grenzen halten (siehe Nr. 1.3), kann aber in nicht allzu ferner Zukunft, wenn der westantarktische Eisschelf abschmilzt, fünf Meter erreichen. Ein beträchtliches Risiko ist die größere Sturmflutgefahr an den Küsten. Die europäischen Nordseeküsten werden einem Anstieg von ungefähr einem Meter standhalten können, da die Deiche meist schon hoch genug sind. Allerdings sind Inseln wie Sylt schon jetzt äußerst gefährdet. In den Tropen existieren dagegen keine Deiche, und finanzielle Mittel zum Bau von Deichen sind kaum vorhanden.

Darüber hinaus wird die Sturmflutgefahr hier wegen häufiger tropischer Wirbelstürme viel größer sein. Die Zahl der Wirbelstürme steigt bei einer Meeresoberflächentemperatur oberhalb von 27,5° C stark an, da bei dieser kritischen Temperatur die feuchte Konvektion sprunghaft zunimmt (34). Steigt der Meeresspiegel nach einem Abschmelzen des westantarktischen Schelfeises um fünf Meter, dann hat das besonders starke Auswirkungen auf Java, wo 40 bis 60 Prozent der Fläche betroffen wären, und Bangla Desh, wo nahezu 80 Prozent des Landes gefährdet wären. Aber auch in anderen Gebieten der Tropen hat dieser Meeresspiegelanstieg große Auswirkungen. Weltweit würden Küstenregionen überflutet, von denen derzeit direkt und indirekt etwa die Hälfte der Weltbevölkerung abhängt.

3.2 Auswirkungen auf die Landwirtschaft und die Ernährungssituation

Die Auswirkungen der Klimaänderungen auf die Landwirtschaft und auf die Ernährungssituation wären katastrophal. Für die Auswirkungen auf die Landwirtschaft sind Änderungen der Niederschlagsmengen von viel größerer Bedeutung als Temperaturänderungen. Doch lassen sie sich viel unsicherer vorhersagen. Die ausschlaggebenden Klimagrößen für die Landwirtschaft sind:

- die Differenz zwischen Niederschlag und Verdunstung als Maß für die Bodenfeuchte
- die Länge der Vegetationsperiode
- die Häufigkeit von Extremereignissen.

Die landwirtschaftlichen Anbaugebiete dieser Erde, die sich größtenteils in den mittleren Breiten befinden, werden sich mit der Nordwärtsverschiebung der Klimagürtel ebenfalls nach Norden verschieben. Dadurch werden zunächst in den subarktischen Gebieten die Bedingungen etwas günstiger, da sich die Vegetationszeit verlängert und die Temperaturen steigen, doch wird dies zum größten Teil dadurch kompensiert, daß sich viele der auftauenden Böden in Sümpfe verwandeln werden, die Böden recht karg sind und die landwirtschaftliche Anbauweise hier geändert werden muß. Die Änderung der Anbauweise wird für alle Gebiete der Erde ein Problem sein. Besonders hart betroffen sind die Gebiete, in denen heute eine mediterrane Vegetation vorherrscht. Diese Gebiete werde durch die Ausdehnung der Wüsten polwärts immer trockener. Dabei werden auch die Böden weiter versalzen. Extreme Hitze- und Dürreperioden sind zu befürchten. Hinzu kommt die Bodenerosion durch konvektive Regenfälle und Wind.

Die Hitze und Dürre, die im Sommer 1988 in den USA, in der Sowjetunion und in China vorherrschte, läßt sich bisher nicht eindeutig auf den Treibhauseffekt zurückführen. Die Klimamodelle errechnen gerade für die Kornkammern der USA einen besonders großen Temperaturanstieg im Sommer. Gleichzeitig wird ein Rückgang der Niederschlagssummen prognostiziert (35). Doch ist es nicht auszuschließen, daß sich hier die ersten Anzeichen zeigen. In den Trocken- und Feuchtsavannen äquatorwärts der großen Wüstenregionen könnten die Erträge der Landwirtschaft zum Teil steigen, da gerade in dem Monsungürtel mit mehr Niederschlag zu rechnen ist. Doch wenn die Überweidung der Trockensavannen und das Abholzen der Wälder hier nicht gebremst werden können, wird der zusätzliche Niederschlag sogar negative Auswirkungen auf die Landwirtschaft haben, da er die Bodenerosion fördert und fruchtbaren Boden wegschwemmt. In Anbetracht der Bevölkerungsexplosion und des niedrigen Lebensstandards der Menschen in diesen Regionen kann man kaum damit rechnen, daß in absehbarer Zukunft diesen Übeln ein Ende bereitet wird. Die Einwohner der Trockensavannen sind darauf angewiesen, Brennholz zu sammeln. Eine durchschnittliche Familie in Burkina Faso gibt beispielsweise gut 30 Prozent ihres Verdienstes für Brennholz aus. Zur Zeit fallen auf diese Weise jährlich 6 000 km^2 Land der Wüste zum Opfer. Die Bevölkerung der Feuchtsavannen und erst recht der tropischen Regenwälder ist darauf angewiesen, immer mehr Wälder zu roden, um sich Ackerland zu schaffen. Der Boden ist auch hier sehr karg, so daß die einheimischen Bauern nur drei Jahre lang auf einem Acker Landwirtschaft betreiben können. Nimmt in diesen Gebieten der Niederschlag zu, so erodiert der Boden weiter und die Nutzungszeiten der Böden werden noch kürzer (vgl. 4. Kapitel Nr. 3).

Nach all diesen negativen Effekten durch den Treibhauseffekt soll aber auch auf eine positive Rückkopplung hingewiesen werden: Der erhöhte CO_2-Gehalt der Atmosphäre wirkt möglicherweise auf die Pflanzen befruchtend, da sie durch die Photosynthese mehr Kohlenstoff assimilieren und somit mehr Biomasse produzieren können. Der weitaus größere Effekt dieser erhöhten CO_2-Konzentration ist allerdings, daß die Pflanzen weniger Wasserdampf verdunsten, da sich ihre Stomata nicht mehr so stark zu öffnen brauchen um die gleiche Menge CO_2 zu assimilieren (36). Das Ausmaß dieses Düngungseffektes ist noch sehr ungewiß.

Auch der Meeresspiegelanstieg wirkt sich negativ auf die Ernährungssituation der Weltbevölkerung aus, da durch Überflutung und Erosion viel Land dem Meer zum Opfer fallen wird und damit als landwirtschaftliche Nutzfläche ausscheidet. Außerdem wird immer mehr Salzwasser in die Mündungen der großen Flüsse dieser Erde eindringen, was die landwirtschaftliche Nutzfläche dieser Bereiche weiter verkleinern wird.

Insgesamt muß man befürchten, daß der Treibhauseffekt katastrophale Folgen auf die Ernährungssituation großer Teile einer zukünftig weiter stark wachsenden Erdbevölkerung haben wird (Anstieg derzeit 1,5 bis 2 Prozent im Jahr).

Auch auf den Fischfang, einer weiteren Ernährungsquelle des Menschen, wird sich der Treibhauseffekt auswirken; doch sind diese Auswirkungen fast völlig unbekannt und man hat noch nicht einmal Anhaltspunkte über ihr Vorzeichen. Im Fischfang werden sicherlich Veränderungen eintreten, wenn sich die Ozeanströmungen ändern. Das Aufquellen kalten Tiefenwassers in den äquatorialen Gegenden, insbesondere des Pazifiks, steht im engen Zusammenhang mit dem Fischreichtum dort. Da in letzter Zeit die El Niño Ereignisse extremer wurden, dürften die Fischer in dieser Gegend Einbußen im Fischfang verspürt haben. Hiervon besonders betroffen dürften die Fischer von Peru sein, dessen Volkswirtschaft vom Fischfang lebt. In der Subarktis wird durch das Auftauen der Küsten vor Sibirien und Kanada der Fischfang überhaupt erst ermöglicht.

3.3 Auswirkungen auf die Wasserversorgung und die Desertifikation

Die Wasserressourcen dieser Erde sind von grundlegender Bedeutung für die Menschheit, da durch die wachsende Erdbevölkerung und die zunehmende Industrialisierung immer mehr Wasser benötigen wird. Zur Zeit sinkt in immer mehr

Gegenden der Erde der Grundwasserspiegel mit den entsprechenden Auswirkungen auf die Wasserversorgung.

Die Wasserressourcen werden sehr großen regionalen Schwankungen unterworfen sein. Die Adaptation der Menschheit an die veränderten Wasserressourcen wird Schwierigkeiten bereiten, da der Bau von Dämmen und Bewässerungssystemen sehr teuer ist und sehr lange Zeit beansprucht. Die veränderten Wasserressourcen haben auch große Auswirkungen auf die Schiffbarkeit von Flüssen. Es sei nur an den niedrigen Wasserstand des Mississippi im Jahr 1988 erinnert, der vielen Schiffen nicht mehr erlaubte, Waren zu transportieren, und daher während der großen Hitze- und Dürrekatastrophe der Volkswirtschaft der USA zusätzlich große Schäden zufügte. Auch auf die Stromerzeugung durch Wasserkraft haben die veränderten Wasserressourcen großen Einfluß. Weitere Schäden werden dadurch verursacht werden, daß in vielen Gegenden die Niederschläge häufiger und intensiver werden. Viele städtische Abflußsysteme in dicht bevölkerten Gebieten, besonders in Ostasien und Südamerika, werden den Abfluß nicht mehr bewältigen können, mit der Folge großer volkswirtschaftlicher Kosten. Zusammenfassend muß davor gewarnt werden, daß die heute schon folgenreiche Knappheit der Wasserressourcen dieser Erde unter dem Einfluß von Treibhauseffekt und Bevölkerungswachstum zu Katastrophen führen kann, die wir uns gegenwärtig noch nicht ausmalen können.

3.4 Ökologische Folgen des Treibhauseffektes

Auf die ökologischen Folgen des Treibhauseffektes wurde bereits hingewiesen. Erinnert sei hier an die Zielvorgabe, den Treibhauseffekt auf maximal 2° C zu begrenzen. Diese Temperaturerhöhung ist fast halb so groß wie die Erwärmung seit der vergangenen Eiszeit (siehe 1. Kapitel Nr. 2.1). Die Geschwindigkeit des Temperaturanstiegs sollte höchstens 1° C pro Jahrhundert betragen (37). Bei schnellerem Anstieg muß damit gerechnet werden, daß sich die Vegetation nicht mehr anpassen kann. Je schneller die Erde sich erwärmt, desto geringere Chancen haben die vorhandenen Pflanzengesellschaften polwärts auszuweichen und desto mehr spezialisierte Arten werden aussterben und durch anspruchslose Kosmopoliten mit großer Expansionsenergie ersetzt werden. Hierbei kann es auch zum völligen Verschwinden bestimmter Vegetationstypen kommen, zum Beispiel zum Verlust der Hochwälder Mitteleuropas, an deren Stelle vielleicht eine Buschlandschaft tritt.

Die ökologischen Schäden an den Waldbeständen dieser Erde werden durch das Abholzen der tropischen Regenwälder und durch ein denkbares klimatisch bedingtes Waldsterben in mittleren und höheren Breiten vergrößert. Hinzu kommen erhebliche Waldschäden durch industrielle Umweltbelastungen in den heutigen Industriestaaten und durch die Industrialisierung der Schwellen- und Entwicklungsländer. Darüber hinaus muß berücksichtigt werden, daß viele Waldgebiete von Hitze- und Dürrekatastrophen heimgesucht werden und viel leichter in Brand geraten. Insgesamt wird der Treibhauseffekt zusammen mit dem Bevölkerungswachstum und der zunehmenden Industrialisierung bewirken, daß die Waldbestände der Erde weiterhin drastisch abnehmen werden.

Das Ansteigen des Meeresspiegels birgt noch eine zusätzliche ökologische Gefahr. Die Hälfte der Abfälle dieser Erde sind in Gegenden nur wenige Meter über NN gelagert. Werden diese Abfallhalden überschwemmt, so wird das Meer zusätzlich mit Schadstoffen angereichert.

3.5 Soziale Auswirkungen des Treibhauseffektes

Im Abschlußkommunique der internationalen Konferenz „The Changing Atmosphere" in Toronto 1988 stellte die norwegische Ministerpräsidentin Gro Harlem Brundtland die Auswirkungen des Treibhauseffektes auf die Menschheit als so gravierend dar, daß ihr Ausmaß nur durch einen Atomkrieg übertroffen werden könne. Auf dieser Konferenz wurde sehr stark vor den sozialen Auswirkungen des Treibhauseffektes gewarnt. Die Ernährungssituation der Menschheit würde immer schwieriger werden, was großen sozialen Konfliktstoff in sich birgt. Regionale Konflikte sind zu erwarten. Weitere Auswirkungen sind Völkerwanderungen im großen Stil, da viele Völker versuchen werden, in fruchtbarere Gebiete vorzudringen oder dem ansteigenden Meer zu entfliehen.

4. Bewertung möglicher zukünftiger Klimaänderungen

Zusammenfassung

Treibhauseffekt und Ozonabbau in der Stratosphäre sind vielfach miteinander gekoppelt. Einerseits erhöhen die FCKW-Emissionen ebenso wie in geringerem Maße anthropogene Distickstoffoxid-Emissionen den Treibhauseffekt. Andererseits kühlt das bis zur Stratosphäre aufgestiegene Kohlendioxid diese infolge seiner starken Infrarotausstrahlung ab. Diese Abkühlung verlangsamt dort die durch chemische Reaktionen bedingte Ozonzerstörungsrate. Es bestehen jedoch noch weitere Rückkopplungsmechanismen. Wenn das Phytoplankton der Ozeane infolge der Zerstörung der Ozonschicht geschädigt wird, fällt eine wichtige Kohlendioxidsenke weg und es kommt über die daraus folgende Erhöhung der Kohlendioxid-Konzentration der Atmosphäre zur Verstärkung des Treibhauseffektes.

4.1 Bewertung der Treibhausgase im Hinblick auf andere Umweltauswirkungen

Die atmosphärischen Spurengase haben nicht nur einen großen Einfluß auf den Treibhauseffekt. Sie wirken sich auch nachhaltig auf die anderen beiden Gefahren für die Atmosphäre aus, nämlich auf die Zerstörung der stratosphärischen Ozonschicht und auf die Modifikation der troposphärischen Luftchemie. Abb. 6 zeigt diese Zusammenhänge noch einmal schematisch.

Der Abbau der Ozonschicht in der Stratosphäre wird insbesondere durch die FCKW und N_2O nachhaltig verstärkt (vgl. Abschnitt C, 1. Kapitel Nr. 3.2). Kohlendioxid verlangsamt indirekt den Ozonabbau, da es durch seine starke infrarote Wärmeabstrahlung die Stratosphäre kühlt und so die ozonzerstörenden chemischen Reaktionen verzögert. Unter den genannten Spurengasen, die sowohl eine Auswirkung auf den Treibhauseffekt als auch auf die Ozonzerstörung in der Stratosphäre haben, sind die FCKW insgesamt die Gase mit dem größten Schadenspotential. Daher ist es um so wichtiger, daß möglichst viele Staaten so schnell wie möglich das Protokoll von Montreal zur Reduzierung der FCKW-Emissionen ratifizieren und weltweit Anstrengungen unternommen werden, die FCKW-Emissionen noch weit stärker als im Montrealer Protokoll vorgesehen zu reduzieren (im Abschnitt C, 5. Kapitel Nr. 1.1 werden Reduktionen von mindestens 95 Prozent vorgeschlagen).

Weitere Umweltauswirkungen, die in gleichem Maße mit der Verbrennung fossiler Energieträger zusammenhängen, sind die Schäden an Pflanzen, am Wald und in den Seen. Sie werden hervorgerufen durch die sauren Depositionen, die aus Schwefeldioxid (SO_2) und NO_x entstehen, und durch erhöhte Konzentrationen von bodennahem Ozon (siehe 1. Kapitel Nr. 4.2.3). Wie bereits beschrieben, ist das Ozon in der Troposphäre maßgeblich an den Waldschäden und an Pflanzenschäden beteiligt. Da es die CO_2-Assimilation der Bäume durch die Photosynthese reduziert, besitzt es ebenfalls einen — wenn bisher auch noch relativ geringen — indirekten Einfluß auf den Treibhauseffekt. Das NO_x schädigt die Pflanzen nicht nur indirekt über die Bildung von Ozon, sondern auch direkt durch saure trockene und nasse Depositionen. Es muß aber auch auf einen möglichen Düngungseffekt von NO_x hingewiesen werden (38). Beide Arten der Depositionen haben für NO_x etwa die gleiche Größenordnung (39). Einen beträchtlichen Anteil des NO_x nehmen die Böden als Gas auf. Bei der trockenen Deposition setzt sich NO_x als Aerosolnitrat ab, bei der nassen Deposition in Wassertropfen. Alle Arten der Depositionen lassen die Böden versauern, was ebenfalls maßgeblich zum Waldsterben beiträgt (40).

4.2 Offene Fragen und Empfehlungen

In den vorangegangenen Kapiteln dieses Abschnitts des Zwischenberichtes ergaben sich offene Fragen und Unsicherheiten. Hieraus leitet die Enquete-Kommission folgende Empfehlungen ab:

4.2.1 Klimadaten und Verteilung klimarelevanter Spurengase

Die zur Zeit vorliegenden Informationen über die räumliche und zeitliche Verteilung klimarelevanter Spurengase in der Atmosphäre sowie meteorologischer Parameter ist unbefriedigend und muß durch weltweite Messungen verbessert werden. Folgende Aktivitäten werden vorgeschlagen:

— Bessere Nutzung der vorliegenden Klimareihen und weitere Erforschung paläoklimatischer Klimadaten.

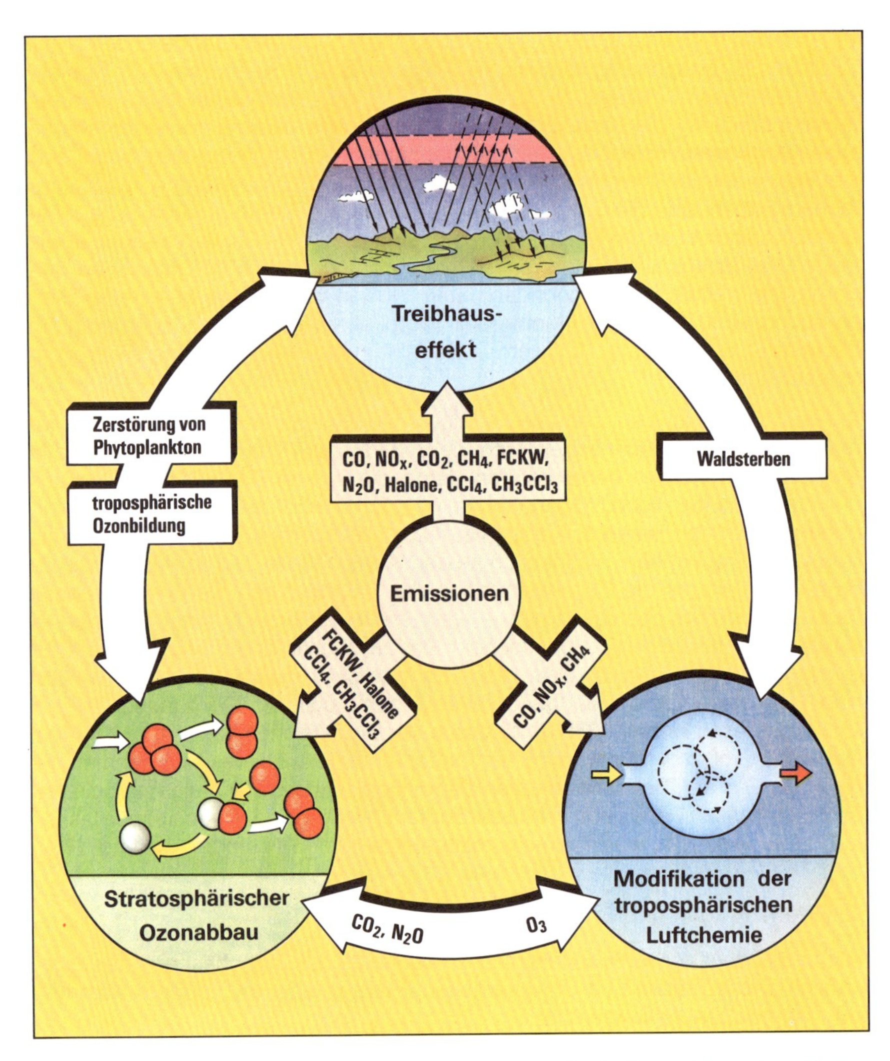

Abb. 6: Zusammenhänge zwischen den drei Bedrohungen für die Atmosphäre schematisch.

— Die Datensätze über die globale Verteilung klimarelevanter Spurenstoffe in der Atmosphäre müssen verbessert und ihre zeitliche Entwicklung durch Langzeitmessungen unter anderem an Reinluftstationen und Flugzeugen verfolgt werden.

- Die Datensätze der Niederschlagsmengen, der Bewölkung und der Vertikalverteilung der Temperatur müssen durch entsprechende Messungen und bessere Meßmethoden dringend verbessert werden.
- Der verstärkte Einsatz von Satelliten wird empfohlen; vorhandene Satellitendaten sind zu nutzen und Methoden zur Bereitstellung von Daten über die Verteilung von klimarelevanten Spurenstoffen, die Bewölkung, den atmosphärischen Strahlungshaushalt und die Vegetation (beispielsweise über Busch- und Waldbrände, Vegetationstyp bestimmter Gebiete) sind zu entwickeln.
- Daten über die zuvor genannten klimarelevanten Parameter sind möglichst kurzfristig zur Verfügung zu stellen, um die Auswirkung der für die neunziger Jahre zu erwartenden Klimaänderungen erfassen und beurteilen zu können. Dazu gehören auch Satellitendaten über die Veränderungen der Vegetationszonen.

4.2.2 Emissionsdaten

Die Emissionsdaten sind zum Teil nur sehr unzureichend bekannt (vgl. 2. Kapitel Nr. 3.2). Deshalb müssen die folgenden Daten besser erfaßt werden:

- Die CO_2-Emissionen, die durch die Rodungen der tropischen Regenwälder entstehen.
- Die CH_4-Emissionen von Reisfeldern, Sümpfen, Abfallhalden, aus der Verbrennung von Biomasse, Erdgasförderung und -verteilung und dem Ausgasen arktischer Permafrostböden.
- Die Emissionen von NO_x, CO und Kohlenwasserstoffen, die zur Bildung von troposphärischem Ozon führen.

4.2.3 Physikalisches Verständnis atmosphärischer Vorgänge und Rückkopplungsprozesse

Die folgenden physikalischen Zusammenhänge müssen näher erforscht werden:

- Rückkopplungen zwischen dem Anstieg des CO_2-Gehaltes, der Ozean-Verdunstung und dem Niederschlag, unter besonderer Berücksichtigung des Freisetzens latenter Wärme und der Änderungen der thermischen Vertikalstruktur.
- Rückkopplung des globalen Temperaturanstiegs auf den CO_2- und CH_4-Austausch zwischen Biosphäre und Atmosphäre, zum Beispiel durch das Auftauen der Permafrostböden der Subarktis.
- Düngungseffekt einer höheren CO_2-Konzentration in der Atmosphäre: Einige Wissenschaftler vermuten, daß eine höhere CO_2-Konzentration zu einer höheren CO_2-Assimilationsrate der Pflanzenwelt führt, wordurch mehr Biomasse entsteht.

- Einfluß des Waldsterbens auf den Treibhauseffekt: Das Waldsterben in den Industriestaaten der mittleren Breiten vernichtet eine biosphärische CO_2-Senke, wodurch der CO_2-Gehalt in der Atmosphäre ebenfalls steigen dürfte.
- Treibhauseffekt vom troposphärischen Ozon und vom stratosphärischen Wasserdampf: Der Ozongehalt in der Troposphäre schwankt regional stark und ein Anstieg der Wasserdampfkonzentration der oberen Stratosphäre ist schwer meßbar.
- Rückkopplungen zwischen dem Anstieg der atmosphärischen CO_2-Konzentration und dem El Niño-Ereignis: In El Niño-Jahren steigt die CO_2-Konzentration besonders stark an (vgl. 1. Kapitel Nr. 1.3). Ein besseres Verständnis dieser Rückkopplung würde erheblich zum Verständis des Kohlenstoff-Kreislaufes beitragen.
- Rückkopplungen zwischen Klimaänderungen und Änderungen anderer anthropogener Faktoren (Aerosole, Albedo): Der Aerosolgehalt in der Atmosphäre wird wahrscheinlich größer, wenn sich die subtropischen Wüsten ausbreiten. Der Temperaturrückgang auf der Nordhemisphäre zwischen 1940 und 1975 wird auf den Einfluß von Aerosolen zurückgeführt. Die Albedo ändert sich, wenn die Vegetation zerstört wird (beispielsweise Abholzung tropischer Regenwälder). Während durch die Vegetationszerstörung die CO_2-Konzentration in der Atmosphäre ansteigt, wirkt die Erhöhung der Albedo einem Temperaturanstieg entgegen.
- Einfluß menschlicher Aktivitäten an den Polen auf das Klima: In diesem Zusammenhang sollten insbesondere das Problem des arktischen Dunstes und die Verschmutzung der Oberfläche der Antarktis (erniedrigte Albedo) untersucht werden.

4.2.4 Klimamodellierung

In den Klimamodellen stecken generell noch sehr große Unsicherheiten. Daher sollten in Zukunft bei der Klimamodellierung die folgenden Punkte verstärkt berücksichtigt werden:

- Die Modellierung der Wolken und ihre Rückkopplung mit der Strahlung und der Dynamik der Atmosphäre.
- Die Parametrisierungen des Impuls-, Wärme- und Wasserdampfaustausches zwischen der Erdoberfläche und der freien Atmosphäre.
- Die Beschreibung der Orographie (Geländestruktur) in den Modellen.
- Die Modellierung der Strahlströme in der höheren Atmosphäre.

Weitere Schwächen der Klimamodelle, die verbessert werden sollten:

- Die Simulation des Ozeans, insbesondere der Ozeanströmungen und der Tiefenzirkulation.

- Die Wechselwirkungen zwischen Atmosphäre, Ozean, Eisschild, Biosphäre und der Luftchemie.
- Der Einfluß des Ozeans auf die CO_2-Konzentration in der Atmosphäre, insbesondere im Hinblick auf die Kohlenstoff-Speicherfähigkeit des Ozeans und die Reaktionszeit des Ozeans bei Klimaänderungen.
- Sowohl die Modellsimulationen des gegenwärtigen Klimas als auch die Vorhersagen der Klimamodelle müssen mit Hilfe möglichst multivariater statistischer Methoden auf der Grundlage der Beobachtungsdaten überprüft werden. (Multivariat heißt, daß mit dem anthropogenen Einfluß zugleich auch die wichtigsten natürlichen Ursachen der Klimaschwankungen erfaßt werden.)

Neue und bessere Klimamodelle müssen präzisieren, ob sich bei einer Verdoppelung des CO_2-Gehaltes der Atmosphäre die Temperatur tatsächlich nur um $3 \pm 1{,}5°$ C erhöht. Dabei sollten insbesondere der Einfluß des Wasserdampfes, der hohen Wolken und des Flüssigwassergehaltes in den Wolken näher erforscht werden. Die Koeffizienten der Strahlungsabsorption und -emission der atmosphärischen Spurengase müßten besser bekannt sein. Besonders die Wasserdampf-Kontinuums-Absorption bereitet große Schwierigkeiten, da sie relativ ungenau bekannt ist, aber einen großen Einfluß auf das Klima besitzt.

4.2.5 Einfluß des Treibhauseffektes auf die Menschen und die Vegetationssysteme

Die Untersuchungen des Einflusses des Treibhauseffektes auf Menschen und Vegetationssysteme (Impakt-Studien) muß in nächster Zeit stark vorangetrieben werden, da sich dieses Forschungsgebiet noch in seinem Anfangsstadium befindet.

Wichtige Punkte, die erforscht werden sollten, sind:

- Genaue Bestimmung einer globalen Erwärmungsrate, bei der das Sterben von Wäldern und Ökosystemen in erträglichen Grenzen bleibt. Gegenwärtig gilt die Erwärmungsrate von 1° C pro Jahrhundert als gerade noch akzeptable Grenze (vgl. 2. Kapitel Nr. 3.4).
- Verifikation der Klimaänderungen anhand von Klimadaten.
- Einfluß der Klimaänderungen auf die landwirtschaftliche Produktivität, Wasserqualität (Versalzung von Böden) und Häufigkeit von Bränden, bei denen sehr viel CO_2 und CO emittiert wird.
- Studien über die Zusammenhänge zwischen mikrobiellen Umwandlungsprozessen und Emissionen von Treibhausgasen.

4.2.6 Indirekte Wirkung von Aerosolen auf das Klima

Indirekte Wirkungen von Aerosolen auf das Klima sind nur im Ansatz bekannt und sollten daher näher erforscht werden. Zu unterscheiden ist:

- die Wasserdampfkondensation von Aerosolen und ihr Beitrag zur Wolkenbildung
- die Veränderung der Strahlungseigenschaften von Wolken durch Aerosole
- die Bildung von Aerosolen durch anthropogen emittierte Spurengase in der Atmosphäre (sekundäres Aerosol)
- die Verweilzeit von Aerosolen in der Atmosphäre als Funktion von Partikelgröße, chemischer Zusammensetzung, Partikelwachstum, usw.
- die optischen Eigenschaften von aus vielen chemischen Verbindungen zusammengesetzten Partikeln mit komplexer Struktur
- die Reaktionskinetik von Aerosolen mit Gasen
- die Partikelgrößenänderung als Funktion des Wasserdampfgehaltes
- die photochemische Umwandlung von Aerosolen
- der Einfluß von Aerosolprozessen auf das Transportverhalten (z. B. Photoporese)
- die globale Verteilung von Aerosolen und ihr regionaler Transport
- die Berücksichtigung des Verhaltens und der realen optischen Eigenschaften von Aerosolen in Klimamodellen.

4.3 Ableitung einer Erwärmungsobergrenze

Aus den von Erdbahnänderungen herrührenden Temperaturunterschieden zwischen Eiszeiten und Warmzeiten kann formal bei starker zeitlicher Mittelung eine Änderungsrate von etwa 0,01° C pro Jahrhundert abgeleitet werden. Durch die Wechselwirkungen im Klimasystem allerdings können vorübergehend weitaus höhere Änderungsraten auftreten, wie beispielsweise beim Übergang von der hochmittelalterlichen Warmphase zur sogenannten kleinen Eiszeit, die von etwa 1400 bis 1850 dauerte. Die verschiedenen Quellen für Paläoklimadaten, nämlich Eisbohrkerne, Pollen, Sedimente aus Süßwasserseen deuten sogar auf Änderungen hin, die mindestens die gegenwärtige Änderungsrate von 0,6° C pro Jahrhundert erreichten. Deshalb wird auch diskutiert, ob die Eigenschaft des Klimasystems, bevorzugte Zustände durch rasche Übergänge einzunehmen, nicht ein zusätzliches Problem im Zusammenhang mit dem hier besprochenen zusätzlichen Treibhauseffekt darstellt.

Bei Anhalten des gegenwärtigen Trends ist in den nächsten 100 Jahren ein transienter Temperaturanstieg von 2 bis 5° C, also das zweihundert- bis fünfhundertfache dieser Änderungsrate zu erwarten. Dieser Temperaturanstieg muß gebremst werden, da er anthropogen ist und der Vegetation vermutlich keine Zeit mehr läßt, sich den veränderten Klimaverhältnissen anzupassen.

Überlegungen auf der Klimakonferenz in Villach, 1987, liefen darauf hinaus, daß sich bei einem maximalen globalen Temperaturanstieg um 1° C pro Jahrhundert die Vegetation gerade noch an das veränderte Klima anpassen könnte. Ein weiteres Kriterium für die Wahl einer Obergrenze des Temperaturanstiegs sind die Auswirkungen von Klimaänderungen auf die Ernteerträge. Untersuchungen für den Maisgürtel und für den Weizengürtel der USA haben ergeben, daß bei einer Niederschlagsschwankung von 20 Prozent in die eine oder andere Richtung oder ein Temperaturanstieg um 1 °C beziehungsweise 2 °C zu einer Maisertragseinbuße von 8 bis 14 Prozent beziehungsweise 20 bis 26 Prozent, und entsprechend zu einer Weizenertragsminderung von 4 bis 6 Prozent beziehungsweise 9 bis 10 Prozent führt (41).

In diesem Zusammenhang muß auch erwähnt werden, daß bei einem Temperaturanstieg von „nur" 1 °C unter Beachtung der dann ebenfalls veränderten Niederschlagsverteilung jede Region neue Extremwerte der Klimaparameter bekommen muß. Gerade diese Extrema wie Dürren oder Hochwasser werden als erstes zu spüren sein, und sie werden sich voraussichtlich häufen.

Wenn gemäß der Forderung der Deutschen Physikalischen Gesellschaft und der Deutschen Meteorologischen Gesellschaft eine Zielsetzung die Eindämmung der mittleren globalen Erwärmung auf 1 bis 2 °C im Laufe des nächsten Jahrhunderts ist und damit noch lokale Temperaturerhöhungen um das zwei- bis dreifache beispielsweise zu den Polen hin, in Kauf genommen werden, dann müssen die hierzu erforderlichen klimawirksamen Faktoren entsprechend reduziert werden.

5. Weitere Vorgehensweise und Forschungsvorhaben

Die wissenschaftliche Erforschung des Treibhauseffektes hat heute einen völlig anderen Schwerpunkt als noch vor wenigen Jahren. Es wird nicht mehr gefragt, was geschehen könnte, wenn die Entwicklung so weitergeht wie bisher. Vielmehr steht nun die Frage im Mittelpunkt, welche Reduktionsmaßnahmen innerhalb welcher Fristen durchgeführt werden müssen, damit eine wahrscheinlich unvermeidbare, aber gerade noch tolerierbare mittlere globale Erwärmung von 1 bis 2 °C bis zum Ende des nächsten Jahrhunderts nicht überschritten wird. Diese Zielsetzung bestimmt die Reduktionsstrategie.

Die von der Kommission entwickelte Reduktionsstrategie besteht aus folgenden Schritten:

1. Erfassung der gegenwärtigen (1980/1985) Emissionsraten der wichtigsten direkt und indirekt klimawirksamen Gase (CO_2, CH_4, N_2O, FCKW 11, FCKW 12, CO, HC, NO_x, SO_2, COS) nach ihren jeweiligen Quellen für jedes Land.

   Die dazu nötigen Kenntnisse müssen in entsprechenden Studien beispielsweise für die Bundesrepublik aber auch für den gesamten EG-Wirtschaftsraum und global erarbeitet werden.

2. Abschätzung zukünftiger (bis 2030/2050/2100, ist noch festzulegen) Emissionsraten nach Gas, Quelle/Nutzung und eine Spannbreite von globalen Szenarien (hoch, mittel, niedrig).

3. Abschätzung zukünftiger globaler Änderungen (bis 2030/2050/2100) von
   - ○ Gaskonzentrationen und
   - ○ Oberflächentemperatur.
4. Abschätzung der ökologischen, ökonomischen und politischen Folgen der Klimaänderungen
5. Festlegung einer zulässigen Obergrenze für die global gemittelte Oberflächentemperatur

   Drei Arten von Grenzwerten bieten sich an: Emissions-, Konzentrations- und Temperaturgrenzwerte. Hier ist zu bedenken, daß eine bestimmte Emissionsreduktion weder zu einer gleich großen noch unmittelbar zu einer gleichgerichteten Konzentrations- und Temperaturänderung führt. Je nach Trägheit des Systems können bei einer bestimmten Emissionsreduktion Konzentration und Temperatur noch für eine lange Zeit beträchtlich ansteigen. Auch die Festlegung von Konzentrationslimits für einzelne Gase garantiert nicht die Einhaltung eines Temperaturlimits. Erst mit der Festsetzung eines Temperaturgrenzbereichs ist eine wirkungsvolle Kontrolle erreicht, denn auf dieser Ebene werden sowohl die Beiträge der einzelnen klimawirksamen Faktoren als auch die Trägheit des Systems mit in Betracht gezogen. Ein mittlerer globaler Temperaturanstieg bis zum Jahre 2100 um 1 bis 2° C soll nicht überschritten werden (Nr. 2 und 3.4). Wegen der Komplexität des Klimasystems können die dazu erforderlichen Emissionsreduktionsraten nur mit Hilfe von Klimamodellen abgeschätzt werden.
6. Abschätzung der erforderlichen Emissionsreduktionsraten für 1990 und nachfolgende Zeitperioden global nach Gas und Quelle/Nutzung durch Vergleich von berechneten Temperaturänderungen mit zulässiger Erwärmung durch die verschiedenen Modellrechnungen.
7. Zuordnung der erforderlichen Emissionsreduktionsraten für 1990 und nachfolgende Zeitperioden nach Gas, Quelle/Nutzung und Land.
8. Erfassung des vorhandenen Gesamt-Emissionsreduktionspotentials nach Gas, Quelle/Sektor, Land und Maßnahme. Das Gesamt-Emissionsreduktionspotential für jede Maßnahme setzt sich zusammen aus dem
   - — technisch-möglichen
   - — wirtschaftlich-günstigsten und
   - — ökologisch-vertretbaren Emissionsreduktionspotential.

   Bei der Abschätzung des Reduktionspotentials werden neben den technischen und ökonomischen insbesondere auch die sozialen und ökologischen Aspekte mit in Betracht gezogen.

   Es wird nach dem Kosten- und Umweltschadensminimierungsprinzip vorgegangen, das heißt vorhandene Technologien/Ersatzstoffe bieten dann ein

Reduktionspotential, wenn sie sowohl kostengünstiger als auch sozial- und umweltverträglicher sind als diejenigen, die sie ersetzen sollen. Der Kostenvergleich beruht nicht auf den reinen Betriebskosten, sondern schließt die externen, für die gesamte Gesellschaft anfallenden Kosten (soziale und Umweltkosten usw.) mit ein und internalisiert sie. Die Beeinflussung des Reduktionspotentials durch wirtschaftliche und fiskalische Instrumente muß im Zusammenhang mit diesen Studien untersucht werden.

Die dazu nötigen Kenntnisse müssen wiederum in entsprechenden Studien für die Bundesrepublik Deutschland erarbeitet werden.

9. Vergleich des vorhandenen mit dem berechneten erforderlichen Emissionsreduktionspotential

10. Internationale Konvention zum Schutz des globalen Klimas

    In Anlehnung an frühere Konventionen, wie die zum Schutz der Meere oder zum Schutze der Ozonschicht, wird eine Konvention zum Schutze des globalen Klimas vorbereitet. Die Ergebnisse von vorbereitenden Aktivitäten (wie beispielsweise internationale Klimakonferenzen und nationale Kommissionen) bilden die Grundlage für die im Rahmen der Konvention zu erarbeitenden Vereinbarungen.

11. Erfassung des erforderlichen Emissionsreduktionspotentials in anderen Ländern

    Die dazu nötigen Studien müssen von Land zu Land entsprechend den jeweiligen Erfordernissen erstellt werden.

12. Überwachung der Fortschritte bei der Verringerung der Emissionen durch ein UN-Gremium

6. Literaturverzeichnis

(1) HASSELMANN, K.: Überblick über Klimamodelle. EK-Drucksache 11/29, 1988 , S. 43 bis 51

(2) OESCHGER, H. u.a.: A box diffusion model to study the carbon dioxide exchange in nature. Tellus Band 27, 1975, S. 168—192

(3) MAIER-REIMER, E. u. a.: Entwicklung eines globalen Kohlenstoff-Kreislauf-Modells. Umweltforschungsplan des BMI, Forschungsbericht 104 02 619, i.A. des UBA, Berlin, 1985

(4) ESSER, G.: Sensitivity of global carbon pools and fluxes to human and potential climate impacts. Tellus Band 39B, 1987, S. 245—260

(5) MAIER-REIMER, E./HASSELMANN, K.: Transport and storage of CO_2 in the ocean - an inorganic ocean-circulation carbon cycle model. Climate Dynamics Band 2, 1987, S. 63—90

(6) BUDYKO, M.T.: The effect of solar radiation on the climate of the earth. Tellus Band 21, 1969, S. 11—19

(7) BRÜHL, C.: Ein effizientes Modell für globale Klima- und Luftzusammensetzungsänderungen durch menschliche Aktivitäten. Dissertation, Johann Gutenberg-Universität, Mainz, 1987

(8) GRAßL, H.: Öffentliche Anhörung der Enquete-Kommission „Vorsorge zum Schutz der Erdatmosphäre" des Deutschen Bundestages zum Thema : Treibhauseffekt, Teil 1, Bonn, 1988

(9) beispielsweise: HANSEN, J.E. u. a.: Climate sensitivity and analysis of feedback mechanisms. In: Climate Processes and Climate Sensitivity, Geophys. Monogr. Ser. Band 29, AGU, Washington, D.C., 1984, S. 130—163

WASHINGTON, W.M./MEEHL, G.A.: Seasonal cycle experiment on the climate sensitivity due to a doubling of CO_2 with an atmospheric general circulation model coupled to a simple mixed-layer ocean model. J. Geophys. Res. Band 89, 1984, S. 9475—9503

WILSON, C.A./MITCHELL, J.F.B.: A doubled CO_2 climate sensitvity experiment with a global climate model including a simple ocean. J. Geophys. Res. Band 92, 1987, S. 13315—13343

(10) SCHLESINGER, M.E.: Climate model simulations of CO_2-induced climatic change. Adv. Geophys. Band 26, 1984, S. 141—235

(11) CHARNEY, J.: Carbon Dioxide and Climate: A Scientific Assessment. National Academy Press, Washington, D.C., 1979

(12) SCHLESINGER, M.E.: a.a.O.

(13) RAMANATHAN, V. u. a.: Climate-Chemical Interactions and Effects of Changing Atmospheric Trace Gases. J. Geophys. Res. Band 25, 1987, S. 1441—1482

(14) WILSON, C.A./MITCHELL, J.F.B.: a.a.O.

(15) MALCHER, J.: Statistische Schätzungen des anthropogenen Spurengaseinflusses auf die Temperatur der bodennahen Luftschicht und der Meeresoberfläche sowie Vergleiche mit numerischen Modellergebnissen. Dissertation, Johann Wolfgang Goethe-Universität, Frankfurt am Main, 1987

(16) WILSON, C.A./MITCHELL, J.F.B.: a.a.O.

(17) BACH, W.: The Endangered Climate. Forschungsbericht für die Niederländische Regierung, 1988

(18) WIGLEY, T.M.L.,: Relative contributions of different trace gases to the greenhouse effect. Climate Monitor Band 16, 1987, S. 14—28

(19) nach RAMANATHAN, V. u.a.: Trace Gas Trends and their Potential Role in Climatic Change. J. Geophys. Res. Band 90, D 3, 1985, S. 5547—5566

(20) nach: EDMONDS, J.A. u.a.: An analysis of possible Future atmospheric retention of fossil fuel CO_2. Dept. of Energy, TR 013, Washington, D.C., 1985

und: LOVINS, A.B. u.a.: Wirtschaftlicher Energieeinsatz: Lösung des CO_2-Problems, Deutsche Fassung, Karlsruhe, 1983

(21) BACH, W.: a.a.O und
RAMANATHAN, V. u.a..: a.a.O.

(22) BACH, W.: a.a.O.

(23) BACH, W.: a.a.O.

(24) nach: BACH, W.: a.a.O.

(25) RAMANATHAN, V., 1987: a.a.O.

(26) nach: BACH, W.: a.a.O.

(27) RAMANATHAN, V., u.a., 1985: a.a.O.

(28) nach: BACH, W.: a.a.O.

(29) nach: BACH, W.: a.a.O.

(30) nach: BACH, W.: a.a.O.

(31) nach: BACH, W.: a.a.O.

(32) HEKSTRA, G.P.: Effects of Future Climatic Changes. EK-Drucksache 11/30, Bonn, 1988, S. 43–66

PARRY, M.L: Effects of Future Climatic Changes. EK-Drucksache 11/30, Bonn, 1988, S. 67–71

(33) CHEN, R.S./PARRY, M.L.: Climate Impacts and public Policy. United Nations Environment Programme, International Institute for Applied System Analysis, Laxenburg, 1987

(34) FLOHN, H.: Das CO_2-Klima-Problem in globaler Sicht: wo bleibt das Erwärmungs-Signal? EK-Drucksache 11/36, Bonn, 1988

(35) HANSEN, J.E.: The Greenhouse Effect: Impacts on current global temperature and regional heat waves. Statement presented to United States Senate, Committee on Energy and Natural Ressources, Washington, D.C., 1988

(36) ESSER, G.: Sensitivity of global carbon pools and fluxes to human and potential climate impacts. Tellus Band 39 B, 1987, S. 245–260

(37) HEKSTRA, G.P.: a.a.O.

(38) BRUENIG, E.: Persönliche Mitteilungen, 1988

(39) LOGAN, J.A.: Nitrogen Oxides in the Troposphere: Global and Regional Budget. J. Geophys. Res. Band 88, 1983, S. 10785–10807

(40) SCHULTE-HOSTEDE, S. u. a.: Ergebnisse der Waldschadensforschung. Projektgruppe Bayern zur Erforschung der Wirkung von Umweltschadstoffen in der GSF, Oberschleißheim-Neuherberg, 1985

(41) BACH, W.: Gefahr für unser Klima. C. F. Müller, Karlsruhe, 1982

7. Abbildungsverzeichnis

8. Tabellenverzeichnis

3. KAPITEL

Denkbare Handlungsstrategien zur Eindämmung des Treibhauseffekts und der anthropogenen Klimaänderungen

1. Das Ausmaß der gebotenen Reduktion

Es zeichnet sich ab, daß die in den vorhergehenden Kapiteln dargestellten zu erwartenden Änderungen der Erdatmosphäre und des Klimas gravierende Folgen für die menschlichen Lebensbedingungen und für die Biosphäre insgesamt nach sich ziehen werden, die durch Vorsorgemaßnahmen nur noch teilweise verhindert werden können. Dramatische Entwicklungen können nicht ausgeschlossen werden. Da es sich um weitgehend irreversible Vorgänge handelt, sieht sich die Enquete-Kommission vor die Aufgabe gestellt, den Reduktionsumfang und angemessene Reduktionsraten der Treibhausgase zu bestimmen sowie geeignete Lösungsstrategien und deren Realisierungswege zu finden und dem Deutschen Bundestag zu empfehlen.

Die Enquete-Kommission hat sich bislang schwerpunktmäßig mit der Ozonzerstörung in der Stratosphäre und den daraus zu ziehenden Konsequenzen sowie mit dem wissenschaftlichen Kenntnisstand zum Treibhauseffekt befaßt. Die Diskussion über Vorsorgemaßnahmen und Handlungsstrategien zur Eindämmung des Treibhauseffekts hat erst begonnen. Die Kommission kann daher auf der Basis der bisherigen Vorarbeiten und Erörterungen zum gegenwärtigen Zeitpunkt noch keine bestimmten Reduktionsquoten und Vorgehensweisen konkretisieren, die zu einer einigermaßen hinreichenden Eindämmung des Treibhauseffekts führen würden. Dies bleibt dem nächsten Bericht vorbehalten. Die politische Entscheidung für die bestmögliche Reduktionsstrategie setzt eine Gesamtrisikoabwägung voraus, die ökologische, technische und soziale Fragen einbezieht. Es kann jedoch bereits jetzt festgestellt werden, daß in Anbetracht der Komplexität, der Unsicherheiten und der Dimension des Problems ein außerordentlich großer Handlungsbedarf besteht und daß tiefgehende sowie langfristig angelegte Handlungsstrategien auf internationaler und nationaler Ebene entwickelt werden müssen.

Für den Teilbereich Energie hat die Weltkonferenz „The Changing Atmosphere" Ende Juni 1988 in Toronto empfohlen, die weltweiten CO_2-Emissionen bis zum Jahr 2005 um 20 Prozent und bis zur Mitte des nächsten Jahrhunderts um mindestens 50 Prozent zu vermindern (1).

Angesichts der gegenwärtig großen Unterschiede im Energieverbrauch (siehe 2.1.1), des zu erwartenden Bevölkerungs- und Wirtschaftswachstums und des mit der notwendigen Steigerung des Lebensstandards in den Entwicklungsländern verbundenen erhöhten Energiebedarfs ist es, um zu einer globalen Reduktionsrate der CO_2-Emissionen von durchschnittlich mindestens 50 Prozent zu gelangen, unvermeidlich, daß die Industrieländer ihre Emissionen bis zum Jahr 2050 um weit mehr als 50 Prozent reduzieren, um den Treibhauseffekt einigermaßen hinreichend einzudämmen. Verschiedene Experten kommen zu dem Ergebnis, daß die Verbrennung der fossilen Energieträger bis zum Jahr 2050 um etwa 80 Prozent reduziert werden müßte, um den Temperaturanstieg auf etwa 1 bis 2° C zu begrenzen. Diese Zahlen nennt die Kommission, um die Größenordnung der notwendigen Substitution vor Augen zu führen. Eine möglichst optimale Vorsorgestrategie muß wegen der immensen globalen Probleme in der Tendenz zu sehr hohen Reduktionswerten führen. Da die Emissionen in erster Linie von den Industrieländern ausgehen und diese auch am ehesten zu Einschränkungen in der Lage sind, kommt ihnen bei der Eindämmung der Entwicklung die Hauptverantwortung zu.

Die Enquete-Kommission kann sich angesichts der äußerst schwierigen Problemlage in diesem Zwischenbericht im Detail nur zu den Maßnahmen zur Reduktion der Fluorchlorkohlenwasserstoffe (FCKW) äußern. Im Unterschied dazu hat die Kommission die Handlungsstrategien im Energiebereich bisher erst in Ansätzen diskutiert. Die folgende Darstellung beschränkt sich daher auf einige Fakten sowie auf das Skizzieren von Problemstellungen und denkbaren Strategien.

Die globale Dimension der zu erwartenden Klimaänderungen erfordert, das Problem im Rahmen eines weltweiten, solidarischen Vorgehens zu lösen. Hierfür haben alle entwickelten Industrieländer[1]), die über größere ökonomische und technische Handlungsoptionen verfügen, eine besondere Verantwortung. Dies gilt sowohl für nationale Anstrengungen als auch für Initiativen zur Verbesserung weltweiter Rahmenbedingungen ökologisch verträglicher Entwicklungen. Die Enquete-Kommission ist der Auffassung, daß es einer internationalen Konvention bedarf, in der sich die einzelnen Staaten verpflichten, die von Quellen in ihren Gebieten ausgehenden Emissionen nach Maßgabe eines einvernehmlich festgestellten Reduktionsprogramms jeweils selbstverantwortlich zu vermindern. Dabei ist zu prüfen, in welchem internationalen Rahmen eine entsprechend abgestimmte Reduktionsstrategie des Energieangebots erreicht werden kann. Um einerseits den vielfältigen Verflechtungen und der allgemeinen Interdependenz, andererseits aber auch der Notwendigkeit Rechnung zu tragen, aus Vorsorgegründen möglichst schnell mit dem Handeln zu beginnen, sieht die Enquete-Kommission den raschen Abschluß einer internationalen Konvention unter Einbeziehung aller relevanten Spurengase sowie dessen Konkretisierung durch sachbereich- oder einzelstoffbezogene Detailabkommen als notwendig an. Hierauf wird in 6. eingegangen. In dieser Sicht kommt es nicht nur darauf an, welche Verringerungen der Emissionen theoretisch erreichbar sind, sondern zu welchen Reduktionen sich die Beitrittsstaaten einer solchen Konvention jeweils verbindlich verpflichten könnten.

Im Teilbereich Energie ist die Bundesrepublik Deutschland mit rund 3,6 Prozent an der weltweiten CO_2-Emission durch kommerzielle Energieträger beteiligt. Nationale Reduktionsstrategien erbringen daher — auch wenn sie über international

---

[1]) Der Begriff „Industrieländer" umfaßt hier und im folgenden sowohl die westlichen als auch die östlichen Industrieländer ohne weitere Differenzierung.

vorzugebende Reduktionsraten hinausgehen — unmittelbar nur einen global relativ kleinen Beitrag. Es ist aber anzunehmen, daß durch Maßnahmen in der Bundesrepublik Deutschland mittelbar größere Reduktionen induziert werden können. Diese mittelbaren Reduktionen könnten beispielsweise eine relevante Größenordnung erreichen durch die forcierte Entwicklung innerhalb der EG aufgrund nationaler bundesdeutscher Maßnahmen, durch eventuelle Wettbewerbsvorteile auf dem Weltmarkt, durch Demonstration der Marktreife und die rasche Markteinführung energieeffizienter Innovationen, durch eine verbesserte Innovationsfähigkeit der Industrieländer insgesamt, durch geeignete Entwicklungshilfen etc.

Was die FCKW angeht, so tragen die durch das Montrealer Protokoll geregelten Stoffe, wie bereits dargelegt (Abschnitt D, 1. und 2. Kapitel), gegenwärtig mit etwa 17 Prozent zum Treibhauseffekt bei. Dabei wirkt ein einzelnes FCKW-Molekül etwa 15 000 mal so stark wie ein CO_2-Molekül. Die nationalen und internationalen Daten der Produktion, des Verbrauchs und der Emissionen der Fluorchlorkohlenwasserstoffe werden in Abschnitt C, 2. Kapitel aufgeführt. Im Hinblick auf ihre doppelt schädigende Wirkung — sie zerstören die Ozonschicht der Stratosphäre (siehe Abschnitt C) und tragen zum Treibhauseffekt bei (siehe Abschnitt D, 1. und 2. Kapitel) — gebührt der schnellen und wirkungsvollen Reduzierung und Substitution der FCKW weltweit höchste Priorität.

Die Kommission empfiehlt daher im Sinne einer wechselseitigen Verstärkung sowohl ein internationales als auch ein beispielhaftes nationales Vorgehen der Bundesrepublik Deutschland zum vorsorgenden Schutz der Erdatmosphäre, das heißt zur weitgehenden Reduktion der Emission aller klimarelevanten Spurengase.

2. Energie

Zusammenfassung

Die durch die weltweiten Energiebereitstellungen, -umwandlungen und -nutzungen emittierten Spurengase gehören zu den Hauptverursachern des durch Menschen verursachten (anthropogenen) Treibhauseffekts und weitreichender sonstiger Schäden.

Es ist erforderlich, die heutige Energieversorgung angesichts dieser neuen Situation grundlegend zu überdenken und dabei Möglichkeiten und Realisierungswege zu finden, um die negativen Folgewirkungen für Mensch und Natur zu minimieren oder zu beseitigen. Dazu besteht ein großer Forschungs-, Entwicklungs-, Entscheidungs- und Handlungsbedarf, so daß die Aufgabe, die aus dem Energiebereich stammenden Spurengasemissionen zu reduzieren, als zentrale Querschnittsaufgabe von Politik, Wirtschaft, Forschung und Technologie anzusehen ist.

Als Konsequenz kann zusammenfassend festgestellt werden: Es zeichnet sich ab, daß die durch den Treibhauseffekt aufgeworfenen Probleme so tiefgehend sind, daß die Struktur der Energieversorgung weltweit in der Bereitschaft grundlegend überdacht werden muß, gravierende Änderungen vorzunehmen. Nur fundierte und wirksame Langfriststrategien auf internationaler Ebene und entsprechende nationale Umsetzungsstrategien können zur Lösung des Problems beitragen. Die Handlungsstrategien müssen langfristig angelegt sein, und Wege zu ihrer Realisierung müssen so früh wie möglich beschritten werden.

Es versteht sich, daß die Energiebereitstellung, -umwandlung und -nutzung generell nicht nur unter dem Gesichtspunkt der Klimarelevanz zu optimieren sind. Speziell diese Thematik aber gehört zu den Aufgaben der Enquete-Kommission.

Daß eine langfristig angelegte Umstrukturierung der weltweiten Energieversorgung in Angriff genommen werden muß, folgt aus der Erkenntnis der Dimension der Gefährdung durch Klimaänderungen, der Höhe des Anteils der fossilen Energieträger von knapp 90 Prozent am weltweiten kommerziellen Primärenergieverbrauch und den immensen Hemmnissen, mit denen auf denkbaren Lösungswegen zu rechnen ist. Eine solch große Aufgabe kann nur in einem breiten und dauerhaften Konsens, mit einem konsequenten politischen Willen, mit einer fundierten, flexiblen Gesamtstrategie und in solidarischer, weltweit gemeinsamer Anstrengung umfassend gelöst werden. Es kommt darauf an, daß möglichst viele Länder möglichst weitgehende und aufeinander abgestimmte Maßnahmen ergreifen, wobei in internationalen Vereinbarungen Reduktionsquoten vorgegeben werden und es einzelnen Ländern und Regionen überlassen bleiben kann, die jeweiligen Vorgaben entsprechend ihren besonderen nationalen Verhältnissen zu erfüllen.

Die Enquete-Kommission hat mit einer ersten öffentlichen Anhörung am 20. Juni 1988 (2) und einer Vielzahl von Einzelgesprächen der mit diesem Themenbereich besonders befaßten Mitglieder mit der Erarbeitung möglicher und notwendiger Maßnahmen im Energiebereich begonnen. Mehrere Ressorts haben der Kommission im Zusammenhang mit der Anhörung Daten und Materialien zur Verfügung gestellt.

Die Kommission hat sich darüber verständigt, daß zur Formulierung gebotener Lösungsstrategien weitere Anhörungen stattfinden und Studien vergeben werden. Zu diesem Zeitpunkt hält es die Kommission für angezeigt, lediglich die Rahmendaten der für den Treibhauseffekt relevanten Energieumwandlungsprozesse darzulegen sowie erste Schlußfolgerungen für erforderliche Maßnahmen zu ziehen.

Energieversorgung (2.1)

Energieverbrauch weltweit

Im Jahr 1987 trugen

- die fossilen Energien mit einem Anteil von 88,1 Prozent,
- die Wasserkraft mit einem Anteil von 6,7 Prozent
- und die Kernenergie mit einem Anteil von 5,2 Prozent

zum gesamten kommerziellen Primärenergieverbrauch der Welt in Höhe von 327 Exajoule (gleich 11,2 Milliarden Tonnen Steinkohleneinheiten (Mrd. t SKE)) bei.

Obgleich der Primärenergieverbrauch der vergangenen Jahre in einigen Industrieländern konstant blieb, wächst er weltweit seit 1983 mit einer jährlichen Steigerung von 2 bis 2,5 Prozent.

Der durchschnittliche Primärenergieverbrauch pro Kopf im Jahr 1986 betrug in Afrika 0,4 Tonnen SKE, in Asien 0,7 Tonnen SKE und weltweit 1,9 Tonnen SKE. Die Werte in den Industrieländern sind weit gestreut: Europa mit 4,4 Tonnen SKE, Italien mit 3,2 Tonnen SKE, die Bundesrepublik Deutschland mit 5,7 Tonnen SKE, die UdSSR mit etwa 6,4 Tonnen SKE und die USA mit rund 9,5 Tonnen SKE pro Kopf und Jahr.

Energieverbrauch in der EG

An Primärenergie verbrauchte die EG im Jahr 1987 insgesamt rund 1,5 Milliarden Tonnen Steinkohleneinheiten — etwa ein Siebtel (rund 14,3 Prozent) des Weltenergieverbrauchs. Hiervon entfielen auf Rohöl knapp 45 Prozent, auf Steinkohle und Erdgas je knapp 20 Prozent und auf Kernenergie etwa 13 Prozent. In den meisten westlichen Industrienationen konnte der Nutzungsgrad der Energie seit 1973 um 20 bis 30 Prozent erhöht werden. In einer Zeit, in der sich das Energieangebot praktisch kaum vergrößert hat, wurde der Nutzungsgrad soweit erhöht, daß dadurch heute in den Industrienationen ein Wert von jährlich 250 Milliarden US-Dollar an Öl, Kohle und Kernenergie ersetzt werden konnte.

Energieverbrauch in der Bundesrepublik Deutschland

1987 betrug der Primärenergieverbrauch in der Bundesrepublik Deutschland 11 368 Petajoule (PJ) (388 Millionen Tonnen Steinkohleneinheiten (Mio. t SKE)).

Davon hatten

- die fossilen Energien einen Anteil von etwa 86 Prozent,
- die Kernenergie einen Anteil von etwa 11 Prozent,
- die Wasserkraft einen Anteil von etwa 2 Prozent und
- die sonstigen Energien (Müll, Brennholz etc.) einen Anteil von etwa 1 Prozent.

Zukünftiger Energieverbrauch der Welt

Die bisher vorliegenden Prognosen und Szenarien der zukünftigen Energieversorgung der Welt gehen bis auf wenige Ausnahmen von einem weiterhin steigenden Bedarf an fossilen Energieträgern aus und berücksichtigen dabei nicht die Konsequenzen, die aus der Zunahme des Treibhauseffekts gezogen werden müssen. Um so mehr zwingt das Ausmaß der Folgen der zu erwartenden Klimaänderungen dazu, die Prioritäten in der zukünftigen Energieversorgung grundlegend zu ändern.

Geht man von der Beibehaltung des gegenwärtigen Pro-Kopf-Energieverbrauchs in den Industrieländern und von einer Steigerung des Pro-Kopf-Energieverbrauchs von etwa 0,7 Prozent pro Jahr in den Entwicklungsländern aus, dann wird der Primärenergieverbrauch der Welt bis zur Mitte des nächsten Jahrhunderts auf etwa das Zweifache des heutigen Wertes ansteigen. Dabei könnten weder der massive Ausbau der Nutzung der erneuerbaren Energien noch ein ebenso starker Ausbau der Kernenergie noch beide zusammen den Verbrauch der fossilen Energieträger auf das zur Eindämmung des Treibhauseffekts in der gegenwärtigen Diskussion als notwendig angesehene Maß reduzieren.

Die Abschätzung zeigt, daß Lösungswege keinen Erfolg versprechen, die nur auf eine Verschiebung zwischen den Energieträgern abzielen, statt einer weitgehenden Substitution von Energie durch Investitionen und technisches Wissen (Energiequelle Energieeinsparung) den Vorrang zu geben. Da sie notwendige und unabdingbare Voraussetzungen für die Bewältigung des Problems sind, kommt daher nach Meinung der Kommission bei allen Überlegungen der Energieeinsparung Priorität zu.

Energierelevante Emissionen (2.2)

Die Prozentanteile der energiebedingten Emissionen der direkten Treibhausgase CO_2 und CH_4 und der indirekt wirkenden Spurengase, das heißt, vor allem der Stickoxide (NO_x), des Kohlenmonoxids (CO), der flüchtigen organischen Verbindungen (VOC) sowie des Schwefeldioxids (SO_2), variieren entsprechend den spezifischen Bedingungen von Land zu Land, bewegen sich in vergleichbaren Ländern allerdings in ähnlicher Größenordnung.

In der Bundesrepublik Deutschland werden von den anthropogenen Emissionen Kohlendioxid zu 92 Prozent, die Stickoxide zu 99 Prozent, Kohlenmonoxid zu 88 Prozent und Schwefeldioxid zu 96 Prozent energiebedingt emittiert.

Die Emissionen von Methan (CH_4) stammen nach neueren Messungen zu etwa 30 Prozent aus der Förderung und Bereitstellung fossiler Energieträger. CH_4 hat ein um den Faktor 32 größeres Treibhauspotential als CO_2. Deshalb muß in Zukunft äußerste Sorge dafür getragen werden, daß CH_4-Verluste auf ein Minimum reduziert werden.

Im Jahr 1986 wurden weltweit etwa 20,5 Milliarden Tonnen CO_2 emittiert. Hiervon trugen Nordamerika mit 28 Prozent, die Staatshandelsländer mit 21,6 Prozent, Westeuropa mit 15,4 Prozent und China mit 13 Prozent, zusammen also 78 Prozent, zur CO_2-Emission bei, was die besondere Rolle der Weltmächte bei der Umsetzung von Reduzierungsmaßnahmen unterstreicht. Die Bundesrepublik Deutschland ist mit etwa 750 Millionen Tonnen, das heißt rund 3,6 Prozent, an der CO_2-Emission durch kommerzielle Energieträger in der ganzen Welt beteiligt.

Möglichkeiten der Reduktion der energiebedingten klimarelevanten Spurengase (2.3)

Die Kommission sieht folgende Möglichkeiten, die klimarelevanten Spurengase aus dem Energiebereich zu vermindern.

Reduktion durch Energieeinsparung (2.3.1)

Energieeinsparung hat die erste Priorität bei der Suche nach Lösungswegen zur Senkung des fossilen Energieverbrauchs auf das gebotene Maß. Eine Energiepolitik, die der Energieeinsparung Priorität gibt, muß in den Industrieländern zu einer erheblichen Senkung des Energieverbrauchs pro Kopf und in den Entwicklungsländern zur besseren Nutzung der bisher genutzten Energien (z. B. des Brennholzes) und zum Aufbau einer tragfähigen zukünftigen Versorgung mit energiebezogenen Dienstleistungen führen.

Energieeinsparung wird hier, dem Stand der Diskussion entsprechend, grundsätzlich im Sinne des Energiedienstleistungskonzepts verstanden. Das heißt, der bisher sogenannte Energiebedarf ist auf eine Dienstleistung (z. B. Raumtemperatur, Licht, Kraft) gerichtet, die immer schon durch eine Kombination der Faktoren Energie, Kapital und technisches Wissen erbracht wird.

Energieeinsparung wird hier als Oberbegriff verstanden: Er umfaßt die Minimierung des Energieeinsatzes für ein gegebenes Niveau von Energiedienstleistungen über die gesamte Prozeßkette — also einschließlich der Umwandlung von Primärenergie in Endenergie und deren Umwandlung in Nutzenergie beziehungsweise in die eigentliche Energiedienstleistung. Aufmerksamkeit verdienen die Angebots- und die Nachfrageseite.

In der Bundesrepublik Deutschland beträgt das Verhältnis von Primärenergie, Endenergie und Nutzenergie etwa 3 zu 2 zu 1; das heißt, nur etwa ein Drittel der Primärenergie bzw. rund 45 Prozent der Endenergie werden in Nutzenergie umgesetzt.

Die weitaus geringste Effizienz hat der Verkehr mit einem Wirkungsgrad bei der Umwandlung von der Endenergie zur Nutzenergie von nur 17 Prozent. Er trägt mit etwa 25 Prozent zum Endenergieverbrauch bei. Wirksame Maßnahmen zur Effizienzsteigerung und Schadstoffrückhaltung bei der Verbrennung fossiler Energieträger im Verkehrsbereich verdienen große Aufmerksamkeit.

Besonders bedeutsam ist auch der Heizenergieverbrauch, der in der Bundesrepublik Deutschland fast ausschließlich auf der Verbrennung fossiler Energieträger beruht und rund ein Drittel des gesamten Endenergieverbrauchs beträgt. Die Enquete-Kommission sieht hier einen besonders großen Handlungsbedarf. Es ist zu prüfen, in welchem Umfang und durch welche Maßnahmen (Wärmeschutz, neue Heizungstechnologien, passive Solartechnik und anderes) die in der wissenschaftlichen Literatur genannten Einsparpotentiale von bis zu 90 Prozent in diesem Bereich realisiert werden können.

Eine Reihe von Abschätzungen gelangt zu dem Ergebnis, daß es in den Industrieländern Einsparpotentiale des Primärenergieverbrauchs von bis zu 90 Prozent gibt. Es wird in vertieften Studien zu untersuchen sein, wie derartige Einsparpotentiale möglichst weitgehend umgesetzt werden können. Die Enquete-Kommission hält es für besonders dringend geboten, diese Effizienzpotentiale systematisch zu erfassen und Strategien zu ihrer weitgehenden Ausschöpfung zu erarbeiten.

Reduktion durch erneuerbare Energien/Solartechnik (2.3.2)

Unter der Nutzung der erneuerbaren (regenerativen) Energien versteht man die technische Umsetzung der direkten und der indirekten, bereits in der Natur umgewandelten Solarenergieformen. Aus der Solarstrahlung läßt sich zum Beispiel mittels Solarzellen (Photovoltaik) Strom oder mittels Sonnenkollektoren Wärme erzeugen. Die in der Natur umgewandelten solaren Energieformen lassen sich in Form von Wasser- und Windkraft, Umweltwärme, Biomasse, Meereswärme und Wellenenergie verwerten. Unter passiver Solarnutzung versteht man die Wandlung der Solarenergie in Wärme im Gebäude beziehungsweise in mit dem Innern des Gebäudes in Verbindung stehenden Wandstrukturen.

Im Jahr 1987 trug die Nutzung der regenerativen Energien in Form der Wasserkraft und damit der Erzeugung hochwertiger Elektrizität mit 6,7 Prozent zum kommerziellen Primärenergieverbrauch weltweit bei. Schließt man die nichtkommerzielle Energienutzung, also vor allem Verbrennung von Holz und anderer Biomasse in den Entwicklungsländern ein, so beträgt der Anteil der direkten und indirekten Sonnenenergienutzung rund 21 Prozent, davon Wasserkraft rund 6 Prozent und Biomasse rund 15 Prozent (der Kernenergie rund 4,5 Prozent und der fossilen Energien rund 74,5 Prozent).

Die Sonnenenergie ist mit weitem Abstand die größte Energiequelle, zumal sie über den natürlichen Treibhauseffekt überhaupt erst ein für das Leben auf der Erdoberfläche geeignet hohes und ausgeglichenes Temperaturniveau schafft.

Der jährliche Primärenergieverbrauch der Menschheit, zur Zeit rund 90×10^{12} Kilowattstunden (rund 330 Exajoule beziehungsweise 11 Milliarden Tonnen Steinkohleneinheiten), beträgt nur etwa ein Zehntausendstel der auf die Erdoberfläche jährlich einfallenden Sonnenstrahlung. Der Anteil der Landfläche an der Erdoberfläche beträgt etwa 30 Prozent, so daß die jährlich auf die Landfläche der Erde einfallende Solarstrahlung etwa das 3 000fache des Primärenergieverbrauchs der Welt beträgt.

Im Prinzip ist ein großes technisches Potential zur direkten und indirekten Nutzung von Solarenergie vorhanden: Würde man langfristig wenige Prozent der Landfläche der Erde, das heißt einige Millionen km^2, für eine Energiewandlung der Solarstrahlung mit einem Gesamtwirkungsgrad von durchschnittlich fünf Prozent (einschließlich aller Umwandlungs-, Verteilungs- und Speicherverlusten) und zusätzlich einen Teil des technisch nutzbaren Potentials der Wasser- und Windkraft nutzen, so ließe sich das Zwei- bis Dreifache des heutigen globalen Primärenergiebedarfs mit regenerativen Energien decken.

Reduktion durch Kernenergie (2.3.3)

Ende 1987 befanden sich weltweit 404 Kernkraftwerke mit einer installierten Bruttoleistung von 317,6 Milliarden Watt (GWe) in Betrieb. Im Jahr 1986 erzeugten die 377 weltweit in Betrieb befindlichen Kernkraftwerke rund 1,5 x 10^{12} kWh (1,5 Billionen Kilowattstunden) Strom.

Im Jahr 1987 trug die Nutzung der Kernenergie weltweit mit rund 5,2 Prozent zum Primärenergieaufkommen bei. In der EG betrug der Anteil der Kernenergie am gesamten Primärenergieaufkommen im Jahr 1987 12,9 Prozent. In der Bundesrepublik Deutschland trug die Nutzung der Kernenergie im Jahr 1987 mit rund 11 Prozent zum Primärenergieaufkommen bei. Ihr Anteil an der Stromproduktion betrug etwa ein Drittel. Da der Strom im Jahr 1987 16,9 Prozent der Endenergie ausmachte, trug die Kernenergie rund 5,5 Prozent zur gesamten Endenergiebereitstellung in der Bundesrepublik Deutschland bei.

Es ist zu prüfen, ob beziehungsweise in welchem Umfang die Kernenergie national und weltweit einen Beitrag zur Eindämmung des Treibhauseffekts leisten kann. Bei dieser Prüfung ist — wie bei allen anderen Energietechnologien auch — nicht nur das Kriterium der Klimaverträglichkeit zugrunde zu legen. Die Kommission wird sich in diesem Sinn auch prüfend mit neuen Reaktorlinien im Kernenergiebereich und einem möglichen Beitrag der Kernenergie auf dem Wärmemarkt auseinandersetzen.

Man sollte bei der globalen Vorgehensweise nicht übersehen, daß die Kernenergienutzung lediglich in einigen Ländern in Frage gestellt ist. Aus heutiger Sicht ist zu erwarten, daß eine Reihe von Ländern Kernenergie zur CO_2-Begrenzung vorsehen wird.

Reduktion durch Emissionsrückhaltung (2.3.4)

Es entspricht dem Stand der Technik, Stickoxide (NO_x), Kohlenmonoxid (CO), Kohlenwasserstoffe (C_xH_y) und Methan (CH_4) bei der Verbrennung fossiler Energieträger weitgehend zurückhalten zu können. So mindern Drei-Wege-Katalysatoren in Pkw mit Ottomotoren in Verbindung mit einer Lambda-Regelung die Emissionen von CO, NO_x und C_xH_y um mehr als 90 Prozent. Analog halten Entstickungsanlagen den Ausstoß von NO_x aus Kraftwerken weitgehend zurück.

Einem rasch und stringent durchgeführten Programm zum Einbau von Rückhaltetechniken für NO_x-, CO- und C_xH_y-Emissionen in Verbrennungsanlagen für fossile Energieträger (im Verkehr bei Otto- und Diesel-Motoren, bei der Heizung, in Kraftwerken) kommt daher — vor allem auch wegen der damit möglichen Verringerung des troposphärischen Ozons — sowohl im Hinblick auf den Treibhauseffekt als auch im Hinblick auf das Waldsterben eine besondere Bedeutung zu.

Eine Rückhaltung des CO_2 am Ort der Verbrennung, wie sie bei den anderen Spurengasen weitgehend möglich ist, läßt sich zwar theoretisch vorstellen, scheitert aber nach dem heutigen Kenntnisstand an dem hierzu erforderlichen außerordentlich großen Aufwand.

Reduktion durch Austausch von fossilen Brennstoffen (2.3.5)

Die verschiedenen fossilen Energieträger haben unterschiedliche CO_2-Emissionsfaktoren. Bezogen auf denselben Heizwert verhalten sich die spezifischen CO_2-Emissionen bei der Verbrennung von Braunkohle, Steinkohle, Erdöl und Erdgas wie 121 : 100 : 88 : 58. Daher läßt sich durch die Substitution der CO_2-Emissions-intensiven durch weniger CO_2-Emissions-intensive fossile Energien der CO_2-Ausstoß verringern.

Erdgas hat zwar im Vergleich zu Kohle und Erdöl wesentlich geringere spezifische CO_2-Emissionen bei der Verbrennung, jedoch muß berücksichtigt werden, daß Erdgas weitgehend aus Methan besteht und daher selbst zu den klimarelevanten Spurengasen gehört. Methan hat, soweit es nicht verbrannt, sondern freigesetzt wird, pro Molekül ein um den Faktor 32 größeres Treibhauspotential als Kohlendioxid. Durch Messungen von radioaktivem CH_4 ist abgeschätzt worden, daß wahrscheinlich etwa 30 Prozent des Methans aus der Öl- und Erdgasindustrie und aus dem Kohlebergbau stammen oder aus den Lagerstätten fossiler Energieträger zur Oberfläche steigen und ausgasen.

Gegenüber der Einsparung von Energie spielt die CO_2-Reduktion durch den Austausch von fossilen Brennstoffen eine nachgeordnete Rolle.

Reduktion durch umweltbewußteres Verhalten (2.3.6)

Untersuchungen der verschiedenen Energieeinsparpotentiale haben ergeben, daß der Energieverbrauch um etwa 10 Prozent zu vermindern wäre, wenn im Umgang mit Energie etwas mehr Aufmerksamkeit darauf verwendet würde, für einen bestimmten Zweck nicht mehr Energie als nötig einzusetzen.

Reduktion durch Konsumverzicht (2.3.7)

Durch einen umweltbewußteren Konsum und einen teilweisen Verzicht auf energiebezogene Dienstleistungen kann jeder Bürger etwa so weit zur Umweltentlastung beitragen, wie der Verzicht reicht.

Externe Kosten, externer Nutzen

Die Kommission weist darauf hin, daß zur Bewertung der Möglichkeiten (2.3.1 bis 2.3.7) im Vergleich zum Verbrauch fossiler Energieträger auch jeweils die externen Kosten beziehungsweise der externe Nutzen berücksichtigt werden müssen. Diese sind in den bisherigen Preisen nicht berücksichtigt. Nach einer solchen

Wirtschaftlichkeitsrechnung würden insbesondere die Energieeinsparung und die regenerativen Energieträger gegenüber den bisherigen Preisrelationen einen Kostenvorteil gewinnen.

2.1 Energieversorgung

Obgleich die Erdatmosphäre nur in internationaler Abstimmung möglichst wirksam geschützt werden kann, müssen international vereinbarte Vorgehensweisen in nationale Strategien umgesetzt werden. Unterschiedliche Länder gehen dabei von sehr unterschiedlichen Bedingungen, Möglichkeiten und Präferenzen aus. Hier liegt der Sinn dafür, daß sich die Enquete-Kommission mit der spezifischen Energieversorgung der Bundesrepublik Deutschland befaßt. Diese Überlegungen sind natürlich nicht ohne weiteres auf andere Länder übertragbar.

Eine Vielzahl von Einheiten und Begriffen erschwert den Überblick über die Größenordnungen in der Energieversorgung. Es sollen daher zunächst die Begriffe Primärenergie, Sekundärenergie, Endenergie, Nutzenergie und Energiedienstleistung (Abbildung 1), die gebräuchlichsten Energieeinheiten, Vorsätze, Vorsatzzeichen und Umrechnungsfaktoren (Tabelle 1) sowie die für den Treibhauseffekt relevanten Daten anhand von Übersichten, Tabellen und grafischen Darstellungen erläutert werden.

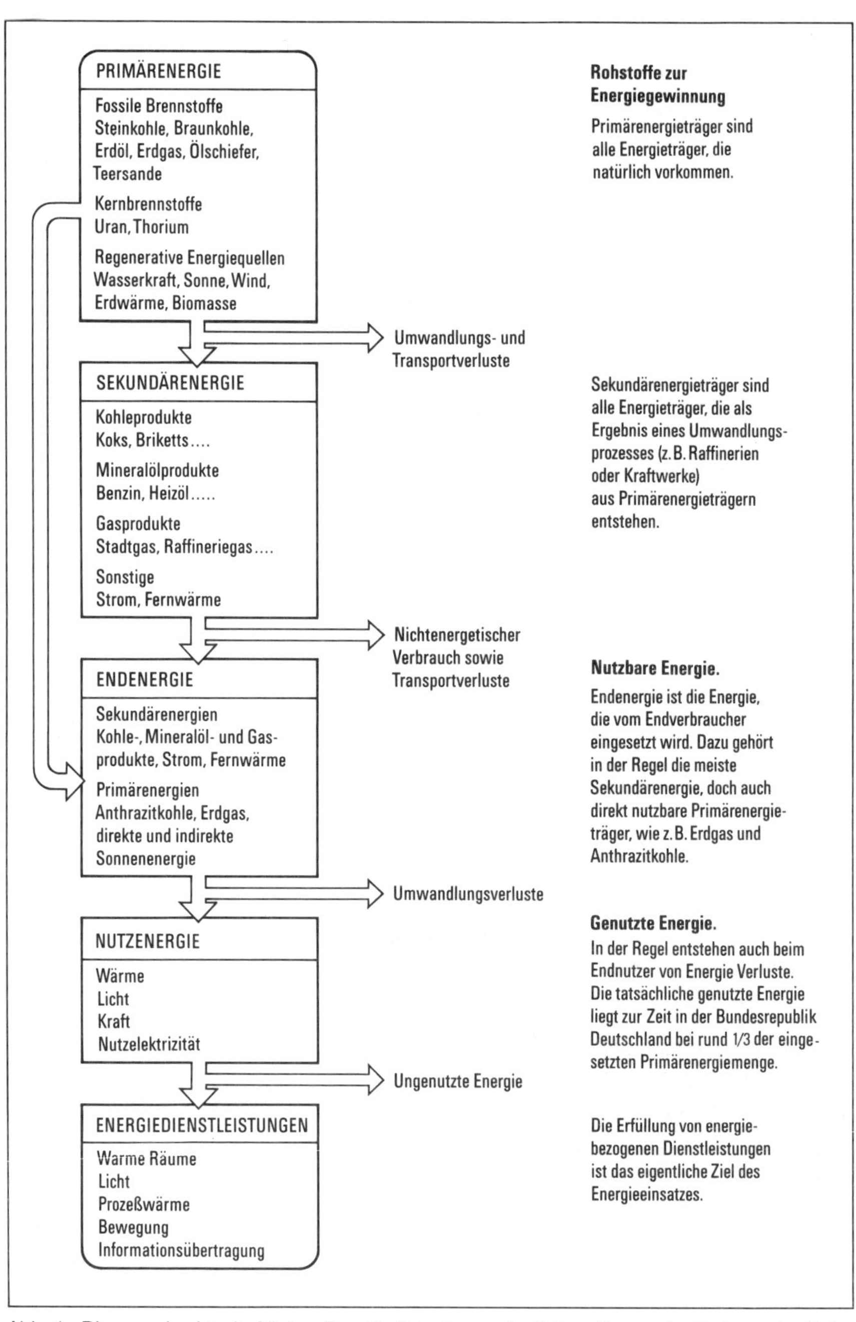

Abb. 1: Die energiewirtschaftlichen Begriffe Primärenergie, Sekundärenergie, Endenergie, Nutzenergie und Energiedienstleistung (3)

Tabelle 1

Energieeinheiten, Vorsätze, Vorsatzzeichen und Umrechnungsfaktoren

verbindliche Einheit: Joule (J) [1]
1 Joule (J) = 1 Newtonmeter (Nm) = 1 Wattsekunde (Ws)

gebräuchliche Energieeinheiten:

1 Terawattstunde	= 1 TWh	= 1 × 10^9 kWh = 3,6 PJ
1 Terawattstunde	= 1 TWh	= 0,123 Mio. t SKE
1 Million Tonnen Steinkohleneinheiten	= 1 Mio. t SKE	= 29,308 PJ
		= 8,15 TWh
1 Exajoule	= 1 EJ	= 278 TWh

Vorsätze und Vorsatzzeichen:

Kilo	k	10^3 Tausend	Tera	T	10^{12} Billion
Mega	M	10^6 Million	Peta	P	10^{15} Billiarde
Giga	G	10^9 Milliarde	Exa	E	10^{18} Trillion

Umrechnungsfaktoren:

Einheit	kJ	kWh	kg SKE
1 kJ	–	0,000 278	0,000 034
1 kWh	3 600	–	0,123
1 kg SKE	29 308	8,14	–

[1]) Für die Bundesrepublik Deutschland gilt ab 1. Januar 1978 als gesetzliche Einheit für Energie verbindlich das Joule. Die Kalorie (cal) und davon abgeleitete Einheiten wie Steinkohleneinheiten (SKE) und Rohöleinheiten (RÖE) (1 SKE = 0,7 RÖE) können für eine Übergangszeit nur noch hilfsweise zusätzlich verwendet werden.

2.1.1 Energieverbrauch weltweit

Abbildung 2 gibt den weltweiten, kommerziellen Primärenergieverbrauch der Jahre 1973 bis 1987 in Exajoule (EJ), 1 000 Tera-Wattstunden (TWh), Milliarden Tonnen Steinkohleneinheiten (Mrd. t SKE) und in Prozentanteilen wieder.

Im Jahr 1987 trugen danach

- die fossilen Energieträger mit einem Anteil von 88,1 Prozent,
- die Wasserkraft mit einem Anteil von 6,7 Prozent
- und die Kernenergie mit einem Anteil von 5,2 Prozent

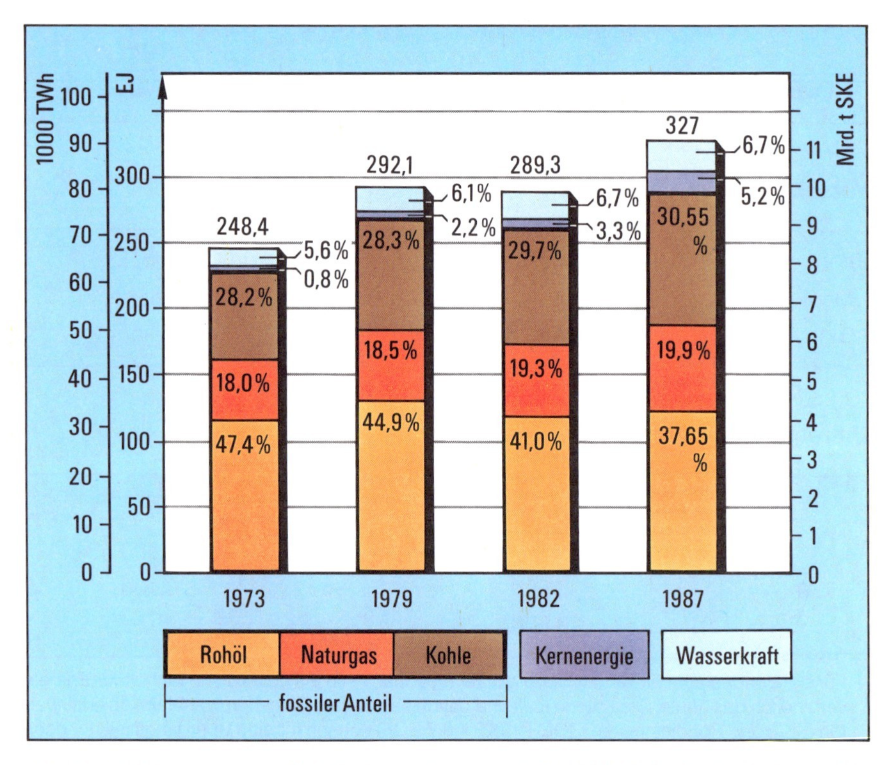

Abb. 2: Jährlicher kommerzieller Primärenergieverbrauch der Welt. Aufgegliedert in Energieträger; Angaben in Exajoule (EJ), 1 000 Terawattstunden (1 000 TWh), Milliarden Tonnen Steinkohleneinheiten (Mrd. t SKE) und prozentualem Anteil (in Klammern). Die Zahlenangaben über den jeweiligen Säulen beziehen sich auf die Summe des Primärenergieverbrauchs in EJ.

88.1 % des kommerziellen Energieverbrauchs der Welt beruhten 1987 auf der Verbrennung fossiler Energieträger (6).

zum gesamten kommerziellen Primärenergieverbrauch der Welt in Höhe von 327 Exajoule (gleich 11,2 Milliarden Tonnen Steinkohleneinheiten gleich 90,9 Tausend Terawattstunden (TWh) gleich 90,9 Billionen Kilowattstunden (kWh)) bei (4).

Hinzu kommt der globale nichtkommerzielle Energieverbrauch, der auf eine Größenordnung von etwa 10 Prozent des kommerziellen geschätzt wird (5).

Obgleich der Primärenergieverbrauch der vergangenen Jahre in einigen Industrieländern konstant blieb, steigt der Energieverbrauch weltweit weiterhin an. Während der kommerzielle Energieverbrauch in den Jahren 1979 bis 1983 nahezu gleich geblieben ist, wächst er seit 1983 mit einer jährlichen Steigerung von 2 bis 2,5 Prozent.

Tabelle 2 gibt überschlägig den kommerziellen Primärenergieverbrauch der Welt im Jahr 1987 und die prozentualen Anteile der einzelnen Energieträger sowie der Stromerzeugung des Jahres 1985 wieder.

Tabelle 2

Kommerzieller Primärenergieeinsatz in der Welt im Jahr 1987 und Anteile an der Stromerzeugung für das Jahr 1985 (gerundete Zahlen).

Die fossilen Energieträger trugen im Jahr 1987 mit 88,1 Prozent zum Primärenergieeinsatz und im Jahr 1985 mit rund 64 Prozent zur Stromerzeugung bei.

(Im Jahr 1985 wurden insgesamt 9,7 Billionen Kilowattstunden elektrischen Stroms erzeugt.) (7)

	Primärenergie insgesamt 1987	Anteil der Primärenergie, der zur Stromerzeugung verwendet wurde 1985
Summe in absoluten Zahlen	11,2 Mrd. t SKE	2,56 Mrd. t SKE
	327 EJ	75 EJ
Anteile in Prozent		
Erdöl	*37,65 %*	*12 %*
Erdgas	*19,9 %*	*8 %*
Kohle	*30,55 %*	*44 %*
Wasserkraft	*6,7 %*	*21 %*
Kernenergie	*5,2 %*	*15 %*
Insgesamt	*100 %*	*100 %*

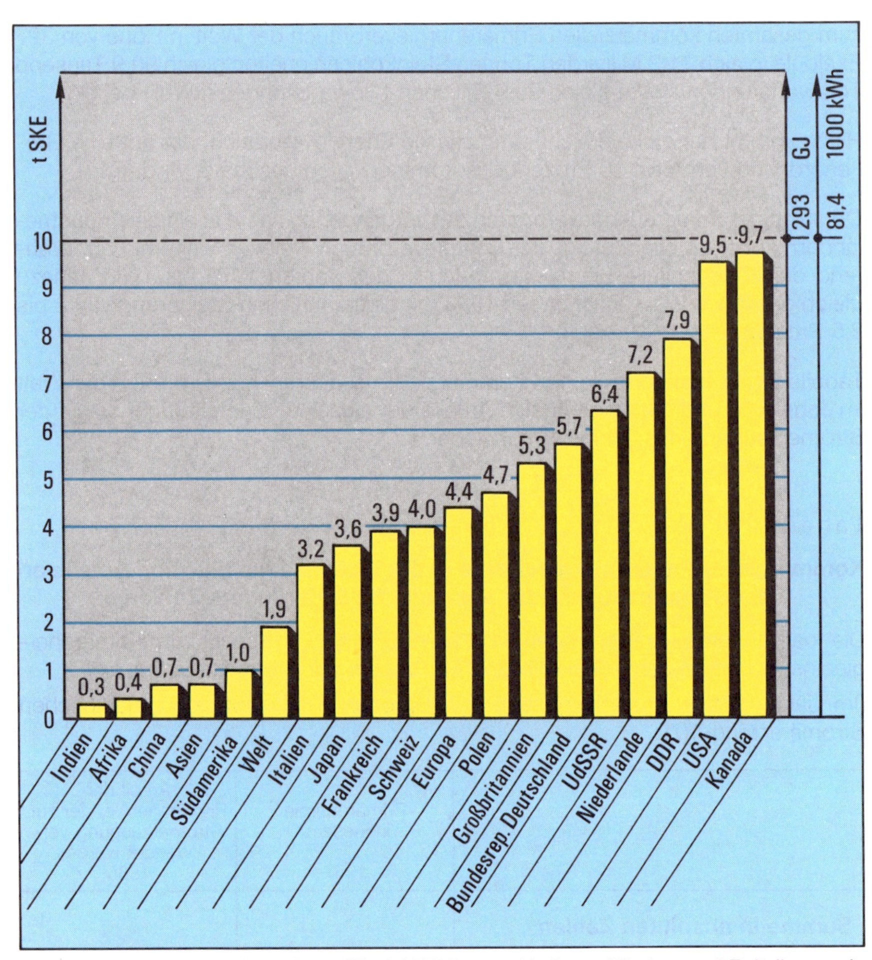

Abb. 3: Primärenergieverbrauch pro Kopf 1986 in verschiedenen Ländern und Erdteilen sowie weltweit.

Einheiten in Tonnen Steinkohleneinheiten (t SKE) (Skala links und Zahlenangaben über den Balken) sowie Gigajoule (GJ) beziehungsweise 1 000 Kilowattstunden (1 000 kWh) (Skalen rechts) (8).

In Abbildung 3 ist der durchschnittliche Primärenergieverbrauch pro Kopf im Jahr 1986 in Tonnen Steinkohleeinheiten (t SKE), Gigajoule (GJ) und 1 000 Kilowattstunden (1 000 kWh) in verschiedenen Ländern und Erdteilen dargestellt. Südamerika kommt auf etwa eine Tonne SKE, Afrika auf 0,4 Tonnen SKE und Asien auf 0,7 Tonnen SKE pro Kopf. Die Werte des Pro-Kopf-Energieverbrauchs in den Industrieländern sind weitgestreut: Europa mit 4,4 Tonnen SKE, Italien mit 3,2 Tonnen SKE, die Bundesrepublik Deutschland mit 5,7 Tonnen SKE, die UdSSR mit etwa 6,4 Tonnen SKE und die USA mit rund 9,5 Tonnen SKE pro Kopf. Weltweit ergab sich im Jahr 1986 ein durchschnittlicher Pro-Kopf-Energieverbrauch von 1,9 Tonnen SKE.

Der Pro-Kopf-Energieverbrauch hängt unter anderem von Faktoren ab wie der Wirtschaftsstruktur, insbesondere der vorhandenen energieintensiven Grundstoffindustrie, der Export-/Importbilanz, dem Niveau der Energiepreise und ihrer Relation zueinander sowie zu denen anderer Güter, der Energieproduktivität, dem erreichten Effizienzniveau sowie vom Klima und der Energie- und Materialintensität der Lebensweise.

2.1.2 Energieverbrauch in der EG

An Primärenergie verbrauchte die EG im Jahr 1987 insgesamt rund 1,5 Milliarden Tonnen Steinkohleneinheiten — etwa ein Siebtel (rund 14,3 Prozent) des Weltenergieverbrauchs. Hiervon entfielen auf Rohöl knapp 45 Prozent, auf Steinkohle und Erdgas je knapp 20 Prozent und auf Kernenergie etwa 13 Prozent. Dieser Bedarf wurde zu 56 Prozent aus heimischen Quellen gedeckt und etwa zu gleichen Teilen aus Steinkohle, Rohöl, Erdgas und Kernenergie. Die Einfuhren trugen mit 44 Prozent zur Primärenergieversorgung bei, hiervon entfielen rund 71 Prozent auf Öl, 16 Prozent auf Erdgas und 13 Prozent auf Kohle (9). Tabelle 3 gibt die Energiebilanz der EG für das Jahr 1987 wieder.

Die Energieversorgung der Europäischen Gemeinschaften befindet sich seit Jahrzehnten in einem permanenten Wandlungsprozeß. Drei wichtige energiewirtschaftliche Indikatoren haben sich seit 1979 signifikant geändert (11):

— der Energiebedarf:

Zwischen 1979 und 1986 erhöhte sich das reale Bruttosozialprodukt um 9 Prozent, der Primärenergieverbrauch sank dagegen um 2 Prozent. Der spezifische Energiebedarf pro Einheit wirtschaftlicher Wertschöpfung hat sich somit um 11 Prozent vermindert. Er ist seit 1973 sogar um über 20 Prozent gesunken. Diese Entwicklung beruhte zum Teil auf Energieeinsparungen durch Substitution: Zum Teil war sie preisbedingt, zum Teil war sie Folge des günstigen Investitionsklimas, das energiesparenden technischen Fortschritt zum Zuge kommen ließ. Dieser Prozeß der Energieeinsparung ist nur zum Teil preisabhängig (Senkung des industriellen Energieverbrauchs von 1955 bis 1973 um 43 Prozent bei relativ niedrigen Energiepreisen, von 1973 bis 1987 um rund 30 Prozent bei relativ hohen Energiepreisen). Diese Entwicklung hat sich 1987 und 1988 nicht in allen Ländern in dieser Weise fortgesetzt. Es kann daher aus der vergangenen Entwicklung nicht abgeleitet werden, daß sich die Verminderung des spezifischen Energiebedarfs von alleine, d. h. ohne zusätzliche unterstützende energiepolitische Maßnahmen, auch in Zukunft im selben Maße fortsetzen wird.

— die Importabhängigkeit:

Sie verminderte sich zwischen 1979 und 1986 von 56 auf 42 Prozent. Der Anteil des Importöls am Primärenergieverbrauch konnte von 62 Prozent im Jahr 1973 auf 31 Prozent im Jahr 1985 verringert werden.

Tabelle 3

Energiebilanz der Europäischen Gemeinschaft 1987 [1])

Angaben in Millionen Tonnen Steinkohleneinheiten (Mio. t SKE) und prozentualen Anteilen; vorläufige Ergebnisse (10).

Energieträger	Primärenergie Erzeugung		Einfuhrsaldo		Bestands-änderung	Primärenergieverbrauch Bruttoinlandsverbrauch		
	Mio. t SKE	%	Mio. t SKE	%	Mio. t SKE	Mio. t SKE	%	± % zum Vorjahr
Steinkohle	196,3	*23,0*	83,8	*12,8*	+3,6	284,3	*18,9*	+ *1,4*
Braunkohle	44,3	*5,2*	1,1	—	+0,3	45,8	*3,0*	*−10,1*
Mineralöl	209,4	*24,5*	465,9	*71,1*	−9,2	666,1	*44,4*	− *1,5*
Erdgas	183,8	*21,6*	102,7	*15,7*	−2,0	284,3	*18,9*	+ *6,5*
Kernenergie [3]) ..	194,3	*22,8*	—	—		194,3	*12,9*	+ *2,7*
Primärelektr. [2]) ..	26,6	*3,1*	2,4	*0,4*		29,0	*1,9*	+ *5,7*
insgesamt	855,3	*100*	655,9	*100*	−7,3	1503,9	*100*	+ *0,9*
%	*56,4* [3])		*43,6* [3])			*100*		

[1]) einschließlich Spanien und Portugal.

[2]) Entsprechend den Gepflogenheiten des Statistischen Amtes der Europäischen Gemeinschaften (EUROSTAT) wurde die elektrische Primärenergie (vor allem Wasserkraft) in Rohöleinheiten (RÖE) — und hier weiter in Steinkohleneinheiten (SKE) — umgerechnet auf der Basis des tatsächlichen Energiegehaltes, das heißt 0,123 kg SKE je kWh (3 600 kJ je kWh).

[3]) Die Nomenklatur der Statistik der EG zählt die Kernenergie wegen ihres minimalen Importanteils zu den heimischen Energiequellen. Wird sie als Importenergie angesehen, dann vermindert sich der Anteil der heimischen Erzeugung von 56,4 Prozent auf 43,5 Prozent, dagegen steigt der Importanteil von 43,6 Prozent auf 56,5 Prozent.

- die Steinkohlenutzung:

  Seit dem Ende der fünfziger Jahre ist die Steinkohlenförderung in der EG einschließlich Großbritanniens um 58 Prozent zurückgegangen. Übertraf der Anteil der heimischen Kohle am Primärenergieverbrauch der damaligen EG einschließlich Großbritanniens im Jahre 1963 noch 50 Prozent, so liegt er derzeit bei 14 Prozent.

In den meisten westlichen Industrienationen konnte der Nutzungsgrad der Energie seit 1973 um 20 bis 30 Prozent erhöht werden. In einer Zeit, in der sich das Energieangebot praktisch kaum vergrößert hat, wurde der Nutzungsgrad soweit erhöht, daß dadurch heute in den Industrienationen ein Wert von jährlich 250 Milliarden US-Dollar an Öl, Kohle und Kernenergie ersetzt werden konnte (12).

2.1.3 Energieverbrauch in der Bundesrepublik Deutschland

Der Primärenergieverbrauch setzt sich aus dem Endenergieverbrauch, dem nichtenergetischen Verbrauch und dem Verbrauch und den Verlusten im Energiesektor selbst zusammen.

1987 betrugen in der Bundesrepublik Deutschland:

- der Primärenergieverbrauch 11 368 Petajoule (PJ) (388 Millionen Tonnen Steinkohleneinheiten (Mio. t SKE)),
- der Verbrauch und die Verluste im Energiesektor 3 153 Petajoule (PJ) (107,6 Millionen Tonnen SKE),
- der nichtenergetische Verbrauch 688,6 PJ (23,5 Millionen Tonnen SKE) und
- der Endenergieverbrauch 7 527 PJ (256,9 Millionen Tonnen SKE).

Der Primärenergieverbrauch der Bundesrepublik Deutschland ist seit der Ölpreiskrise von 1973 durch vier verschiedene Phasen gekennzeichnet:

- In der ersten Phase von 1973 bis 1975 sank der Primärenergieverbrauch von 378 Millionen Tonnen SKE auf 347 Millionen Tonnen SKE und damit um knapp 9 Prozent.
- In der zweiten Phase von 1976 bis 1979 stieg der Primärenergieverbrauch wieder an und erreichte mit 408 Millionen Tonnen SKE den bislang höchsten Stand. Die Steigerung betrug damit 17,5 Prozent.
- In der dritten Phase von 1979 bis 1982 sank der Primärenergieverbrauch von 408 Millionen Tonnen SKE auf 361 Millionen Tonnen SKE. Dies war eine Senkung um 11,5 Prozent.

- Die vierte Phase seit 1983 ist wiederum durch ein Ansteigen des Primärenergieverbrauchs gekennzeichnet. Er erreichte im Jahre 1987 388 Millionen Tonnen SKE, was einer Steigerung um knapp 7 Prozent entspricht.

Dieses Auf und Ab im Primärenergieverbrauch der verschiedenen Phasen gründet sich auf interdependent wirkende Preiseffekte, verstärkte Einsparmaßnahmen, insbesondere in der Phase 1979 bis 1982, sowie auf Wirtschaftsstrukturveränderungen.

Die prozentuale Zusammensetzung der Primärenergieversorgung der Bundesrepublik Deutschland war in den vergangenen Jahrzehnten einem ständigen Wandel unterworfen. So trugen (13) die fossilen Energieträger im Jahr 1973 mit 96 Prozent und im Jahr 1987 mit 86,4 Prozent sowie die Kernenergie 1973 mit 1 Prozent und 1987 mit etwa 11 Prozent zum Primärenergieverbrauch und mit rund 5,5 Prozent zum Endenergieverbrauch der Bundesrepublik Deutschland bei. Die Bereitstellung der Endenergie erfolgte im Jahr 1987 zu rund 93 Prozent durch fossile Energieträger. Der Anteil der Stein- und Braunkohle am Primärenergieverbrauch ist zwischen 1973 und 1987 etwa gleich hoch geblieben, während der Anteil des Erdöls von 55 Prozent im Jahr 1973 auf 42 Prozent im Jahr 1987 gesunken und der Anteil des Erdgases von 10 Prozent im Jahr 1973 auf 16,6 Prozent im Jahr 1987 gestiegen ist.

Abbildung 4 gibt den Primärenergieverbrauch der Bundesrepublik Deutschland, aufgegliedert nach Energieträgern, für die Jahre 1960 bis 1987 wieder. In Tabelle 4 ist die Struktur des Energieverbrauchs der Bundesrepublik Deutschland für die Jahre 1960 bis 1987 aufgeführt. Tabelle 5 gibt den Primärenergieverbrauch der Bundesrepublik Deutschland 1987 wieder. Die Tabellen 6 und 7 geben den Endenergieverbrauch respektive den Einsatz der Energieträger zur Stromerzeugung in der Bundesrepublik Deutschland im Jahr 1987 wieder.

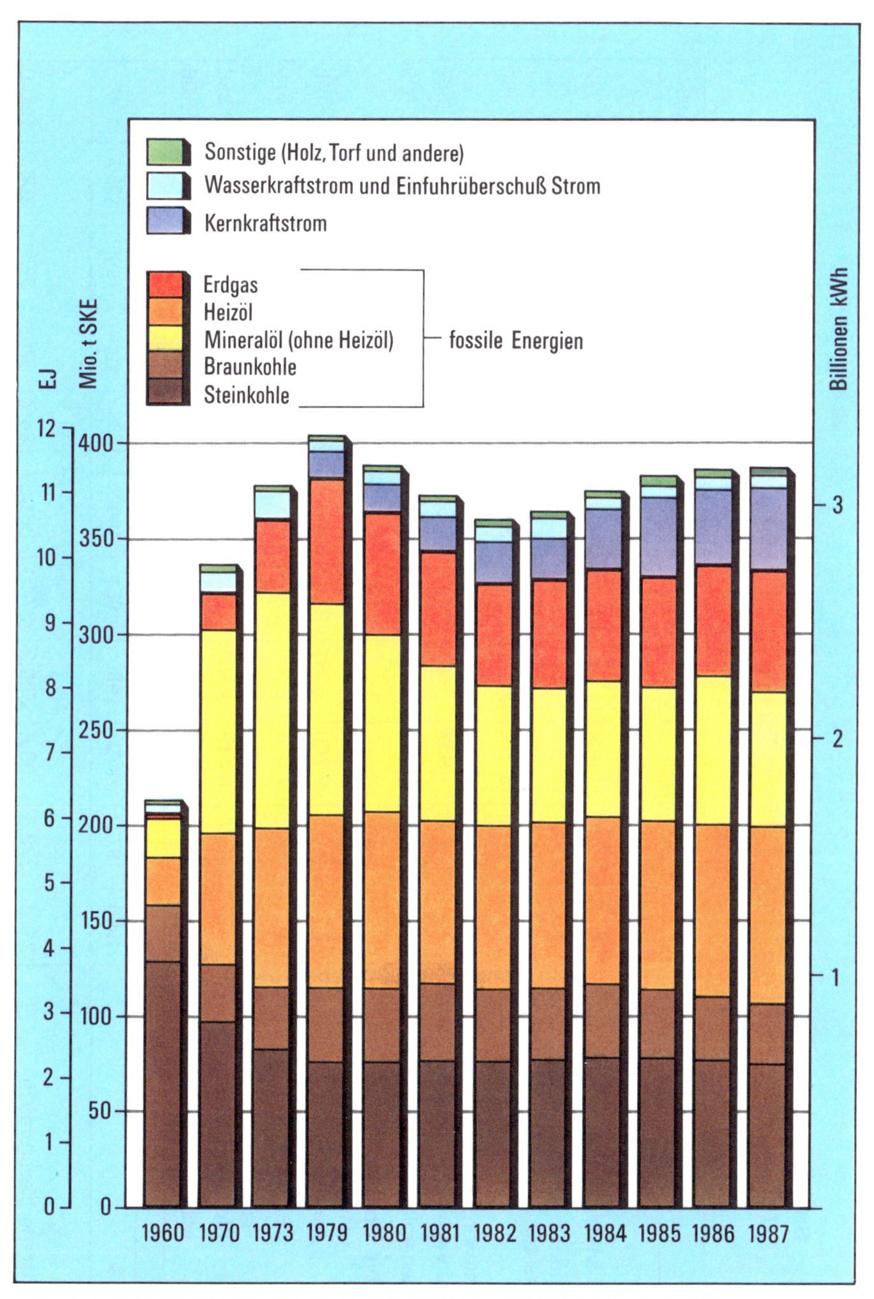

Abb. 4: Primärenergieverbrauch der Bundesrepublik Deutschland 1960 bis 1987
Angaben in Exajoule (EJ), Millionen Tonnen Steinkohleneinheiten (Mio. t SKE) und Billionen Kilowattstunden (Billionen kWh).
Die fossilen Energieträger trugen 1987 zu etwa 86 Prozent zum Primärenergieverbrauch bei (14).

Tabelle 4

Struktur des Energieverbrauchs der Bundesrepublik Deutschland für die Jahre 1960 bis 1987

Angaben in Petajoule, Millionen Tonnen Steinkohleneinheiten (Mio. t SKE) und prozentualen Anteilen (15).

	1960	1973	1979	1980	1981	1982	1983	1984	1985	1986	1987
	Petajoule										
Primärenergieverbrauch	6 198	11 092	11 964	11 436	10 964	10 596	10 689	11 022	11 284	11 338	11 372
Verbrauch und Verluste im Energiesektor, Statistische Differenzen	1 728	2 278	3 115	3 105	3 018	3 024	3 016	3 067	3 170	3 116	3 154
Nichtenergetischer Verbrauch	202	874	957	802	725	684	757	761	725	687	689
Endenergieverbrauch	4 268	7 432	7 892	7 529	7 221	6 888	6 916	7 194	7 389	7 535	7 529
davon: Übriger Bergbau und Verarbeitendes Gewerbe	2 071	2 801	2 700	2 581	2 482	2 253	2 221	2 285	2 287	2 201	2 198
Verkehr	661	1 341	1 643	1 666	1 609	1 618	1 550	1 702	1 712	1 805	1 870
Haushalte und Kleinverbraucher	1 432	3 171	3 449	3 183	3 029	2 903	2 936	3 101	3 291	3 429	3 356
Militärische Dienststellen	104	129	100	99	101	114	109	106	99	100	106

	1960	1973	1979	1980	1981	1982	1983	1984	1985	1986	1987
	Mio. t SKE										
Primärenergieverbrauch	211,5	378,5	408,2	390,2	374,1	361,5	364,7	376,1	385,0	386,9	388,0

Verbrauch und Verluste im Energiesektor, Statistische Differenzen	59,0	94,8	106,2	105,9	103,0	103,1	102,9	104,6	108,1	106,3	107,6
Nichtenergetischer Verbrauch	6,9	29,8	32,7	27,4	24,7	23,4	25,8	26,0	24,8	23,5	23,5
Endenergieverbrauch	145,6	253,9	269,3	256,9	246,4	235,0	236,0	245,5	252,1	257,1	256,9
davon: Übriger Bergbau und Verarbeitendes Gewerbe	70,7	95,6	92,1	88,1	84,7	76,9	75,8	78,0	78,0	75,1	75,0
Verkehr	22,5	45,7	56,1	56,8	54,9	55,2	56,3	58,1	58,4	61,6	63,8
Haushalte und Kleinverbraucher	48,9	108,2	117,7	108,6	103,3	99,0	100,2	105,8	112,3	117,0	114,5
Militärische Dienststellen	3,5	4,4	3,4	3,4	3,5	3,9	3,7	3,6	3,4	3,4	3,6
	Anteil am Primärenergieverbrauch in %										
Verbrauch und Verluste im Energiesektor, Statistische Differenzen	*27,8*	*25,0*	*26,0*	*27,2*	*27,5*	*28,5*	*28,2*	*27,8*	*28,1*	*27,5*	*27,7*
Nichtenergetischer Verbrauch	*3,3*	*7,9*	*8,0*	*7,0*	*6,6*	*6,5*	*7,1*	*6,9*	*6,4*	*6,1*	*6,1*
Endenergieverbrauch	*62,9*	*67,1*	*66,0*	*65,8*	*65,9*	*65,0*	*64,7*	*65,3*	*65,5*	*66,4*	*66,2*
	Anteil am Endenergieverbrauch in %										
Übriger Bergbau und Verarbeitendes Gewerbe	*48,5*	*37,7*	*34,2*	*34,3*	*34,4*	*32,7*	*32,1*	*31,7*	*31,0*	*29,2*	*29,2*
Verkehr	*15,5*	*18,0*	*20,8*	*22,1*	*22,3*	*23,5*	*23,9*	*23,7*	*23,2*	*24,0*	*24,8*
Haushalte und Kleinverbraucher	*33,6*	*42,6*	*43,7*	*42,3*	*41,9*	*42,2*	*42,4*	*43,1*	*44,5*	*45,5*	*44,6*
Militärische Dienststellen	*2,4*	*1,7*	*1,3*	*1,3*	*1,4*	*1,6*	*1,6*	*1,5*	*1,3*	*1,3*	*1,4*

Tabelle 5

Primärenergieverbrauch der Bundesrepublik Deutschland im Jahr 1987, aufgegliedert nach Energieträgern

Die fossilen Energieträger trugen im Jahr 1987 zu rund 86 Prozent zum Primärenergieverbrauch bei (16)

Energieträger	PJ	Mio. t SKE	%
Steinkohle	2 215	75,6	*19,5*
Braunkohle	914	31,2	*8,0*
Mineralöle	4 785	163,3	*42,0*
Naturgase	1 912	65,3	*16,8*
darunter: Erdgas, Erdölgas	1 887	64,4	*16,6*
Wasserkraft, Außenhandelssaldo Strom	210	7,2	*1,9*
Kernenergie	1 234	42,1	*10,9*
Sonstige Energieträger	103	3,5	*0,9*
Insgesamt	11 372	388,0	*100,0*

Tabelle 6

Endenergieverbrauch der Bundesrepublik Deutschland im Jahr 1987, aufgegliedert nach Energieträgern

Die Bereitstellung der Endenergie erfolgte zu etwa 93 Prozent durch fossile Energieträger. Dabei ist zu berücksichtigen, daß der elektrische Strom, der 16,9 Prozent des Endenergieverbrauchs ausmacht, zu rund zwei Dritteln auf der Verbrennung fossiler Energieträger beruht (17)

Energieträger	PJ	Mio. t SKE	%
Steinkohle	190,5	6,5	*2,5*
Steinkohlenkoks	307,7	10,5	*4,1*
Steinkohlenbriketts	20,5	0,7	*0,3*
Rohbraunkohle	11,7	0,4	*0,2*
Braunkohlenbriketts	58,6	2,0	*0,8*
Braunkohlenkoks	2,9	0,1	–
Staub- und Trockenkohle	35,2	1,2	*0,5*
Übrige feste Brennstoffe [1])	41,0	1,4	*0,5*
Kraftstoffe	1 966,6	67,1	*26,1*
Heizöl	1 770,3	60,4	*23,5*
darunter: Leichtes Heizöl	1 544,5	52,7	*20,5*
Übrige Mineralölprodukte [2])	8,8	0,3	*0,1*
Gase [3])	1 671,4	55,9	*21,8*
darunter: Naturgase [4])	1 383,4	47,2	*18,4*
Strom	1 272,0	43,4	*16,9*
Fernwärme	205,2	7,0	*2,7*
Insgesamt	7 529,2	256,9	*100,0*

[1]) Hartbraunkohle, Brennholz und Brenntorf

[2]) Petroleum und Petrolkoks

[3]) Flüssiggas, Raffineriegas, Kokereigas, Gichtgas und Naturgase

[4]) Erdgas, Erdölgas und Grubengas

Tabelle 7

Stromerzeugung der Bundesrepublik Deutschland im Jahr 1987, aufgegliedert nach Energieträgern (Gesamt-Brutto-Stromerzeugung)

Die Stromerzeugung beruht zu knapp zwei Dritteln auf der Verbrennung fossiler Energieträger (18).

Energieträger	TWh	PJ	Mio. t SKE	Anteil %	Änderung 1986/1987 %
Wasser	20,6	74,2	2,5	*4,9*	*+11,0*
Kernenergie	130,5	469,8	16,1	*31,2*	*+ 9,1*
Braunkohle	77,8	280,1	9,6	*18,6*	*– 6,5*
Steinkohle	135,8	488,9	16,7	*32,5*	*+ 0,1*
Heizöl	12,4	44,6	1,5	*3,0*	*– 1,1*
Erdgas	28,7	103,3	3,5	*6,9*	*+13,3*
sonstige gasförmige Brennstoffe	8,6	31,0	1,1	*2,0*	*– 5,3*
übrige Brennstoffe	3,9	14,0	0,5	*0,9*	*+10,3*
gesamt	418,3	1 505,9	51,5	*100,0*	*+ 2,4*

Demzufolge trugen 1987 die fossilen Energieträger mit rund 86 Prozent zur kommerziellen Primärenergieversorgung bei. Dieser Wert stimmt auch etwa mit dem Anteil der fossilen Energien am weltweiten kommerziellen Primärenergieverbrauch (rund 88 Prozent im Jahr 1987) überein. Der Anteil des Stroms an der Endenergie betrug in der Bundesrepublik Deutschland im Jahr 1987 16,9 Prozent. Elektrischer Strom wird zu rund zwei Dritteln aus fossilen Energieträgern erzeugt. Die Bereitstellung der Endenergie der Bundesrepublik Deutschland erfolgt zu etwa 93 Prozent durch fossile Energieträger.

2.1.4 Zukünftiger Energieverbrauch der Welt

Die bisher vorliegenden Prognosen und Szenarien der zukünftigen Energieversorgung der Welt gehen bis auf wenige Ausnahmen von einem weiterhin steigenden Bedarf fossiler Energieträger aus und berücksichtigen dabei nicht die Konsequenzen, die aus der Zunahme des Treibhauseffekts gezogen werden müssen. Umso mehr zwingt das Ausmaß der Folgen der zu erwartenden Klimaänderungen dazu, die Prioritäten in der zukünftigen Energieversorgung grundlegend zu ändern.

Die Annahmen und Ergebnisse der vorliegenden Szenarien des zukünftigen Weltenergieverbrauchs sind von der Kommission bisher nicht diskutiert worden. Als Vorarbeit sollen im folgenden lediglich die wesentlichen Aussagen einer zusammenfassenden Studie berichtet werden, die den Treibhauseffekt noch nicht berücksichtigt, um die Probleme vor diesem Hintergrund plastischer werden zu lassen.

Die Notwendigkeit eines grundsätzlichen Überdenkens der zukünftigen Energieversorgung wird aus den Ergebnissen einer Studie deutlich, die im Auftrag der Weltenergiekonferenz erstellt und auf der Weltenergiekonferenz in Cannes im Jahr 1986 vorgestellt worden ist (19). Die FUSER-Studie (*Fu*ture *S*tresses for *E*nergy *R*esources) geht davon aus, daß die Weltbevölkerung von fünf Milliarden Menschen im Jahr 1987 auf 6,1 Milliarden im Jahr 2000 sowie 7,8 Milliarden im Jahr 2020 und 9,6 Milliarden im Jahr 2060 zunimmt und daß die Dritte Welt für ein menschenwürdiges Leben und im Zuge ihrer gesellschaftlichen und industriellen Entwicklung erheblich größere Energiemengen benötigt als bisher. Andere Studien nehmen einen stärkeren Anstieg der Weltbevölkerung an (20).

Die Studie rechnet mit einer deutlichen Veränderung der Struktur der Weltenergieerzeugung und berücksichtigt die unterschiedlichen Erwartungen und Ansprüche der westlichen Industrieländer, der Staatshandelsländer und der Entwicklungsländer. Angenommen wird, daß in den 80 Jahren zwischen 1980 und 2060 der Primärenergieverbrauch um 1,3 Prozent pro Jahr steigt. Dies entspricht einer Steigerung des Pro-Kopf-Verbrauchs um 0,3 Prozent pro Jahr. Abbildung 5 gibt den so ermittelten weltweiten Primärenergieverbrauch bis zum Jahr 2060 für einen Pfad in absoluten Werten wieder.

Nach dieser Studie würde der Verbrauch der fossilen Energieträger im Jahr 2060 im Vergleich zu heute fast verdoppelt werden — trotz der Annahme eines Ausbaus der Kernenergie auf etwa das Zwölffache des Jahres 1984 weltweit (das entspricht etwa dem Achtfachen des Jahres 1988) und trotz eines ähnlich starken Anstiegs der Nutzung der regenerativen Energien (Wasserkraft plus „Neue Energien" plus Brennholz [1]).

Obgleich der relative Anteil der fossilen Energieträger am gesamten kommerziellen Primärenergieverbrauch von 88,3 Prozent im Jahr 1984 zurückgeht, würde der absolute CO_2-Ausstoß von 20,5 Milliarden Tonnen CO_2 im Jahr 1986 auf etwa 43 Milliarden Tonnen CO_2 im Jahr 2060 ansteigen und sich damit mehr als verdoppeln.

Die Fuser-Studie schätzt auch den nichtkommerziellen Energieverbrauch der Welt. Die CO_2-Emissionen, die bei der Verbrennung von Biomasse für die Energiegewinnung entstehen, sind in den oben genannten Emissionswerten nicht eingerech-

---

[1]) Es sei daran erinnert, daß Brennholz großenteils nicht nachhaltig genutzt wird. Ökologisch verträglich ist die Nutzung des Brennholzes nur in dem Umfang, der nachwächst. Nur dieser Anteil kann als eine Form der regenerativen Energienutzung angesehen werden (siehe auch 2.3.2).

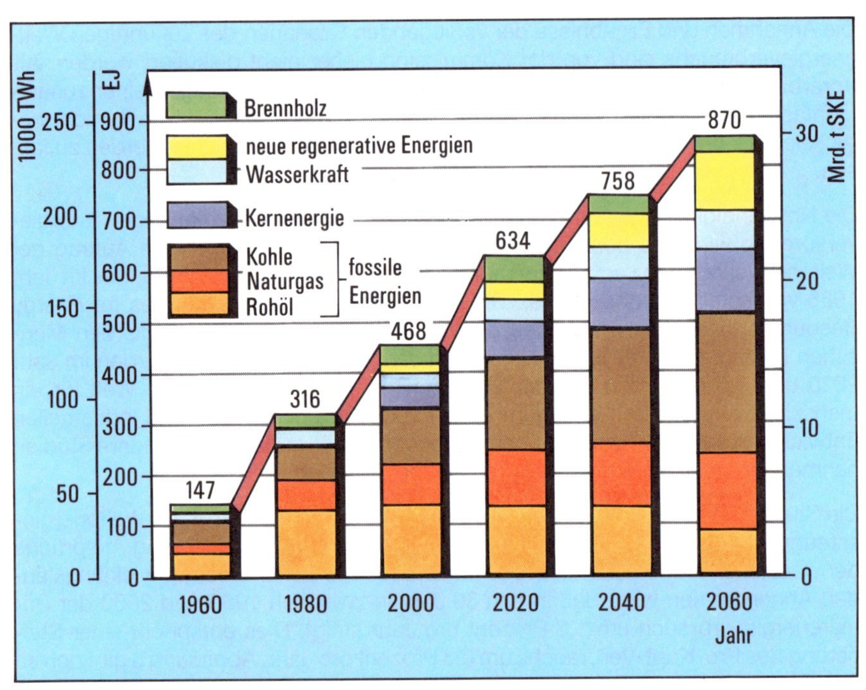

Abb. 5: Von der Weltenergiekonferenz 1986 in Cannes als ein Pfad der Entwicklung ermittelter weltweiter Primärenergieverbrauch bis zum Jahr 2060.

Aufgeteilt in die Anteile der verschiedenen Energieträger. Angaben über den Säulen in Exajoule (EJ). Skalen: 1 000 Terawattstunden (TWh), Exajoule (EJ) und Milliarden Tonnen Steinkohleneinheiten (Mrd. t SKE).

Der Verbrauch fossiler Energieträger würde sich danach bis zum Jahr 2060 gegenüber heute mehr als verdoppeln. (21)

net. Sie sind dann als treibhausneutral anzusehen, wenn nachwachsende Pflanzen durch Photosynthese dieselbe Menge CO_2 aus der Luft binden. Der nichtkommerzielle Energieverbrauch (Brennholz, Verbrennung von Dung etc.) ist sowohl im Gesamtumfang als auch in dieser Hinsicht schwer abzuschätzen, da die Landwirtschaft und die Forstwirtschaft teilweise nicht nachhaltig, das heißt nicht auf langfristig regenerierbarer Basis betrieben werden und somit unter anderem mehr Holz verbrannt wird, als gleichzeitig nachwächst.

Zu ähnlichen Ergebnissen bezüglich des langfristig projizierten Anstiegs des Energiebedarfs gelangen viele andere Weltenergie-Szenarien (22), soweit der Treibhauseffekt nicht berücksichtigt wird. Geht man von der Beibehaltung des gegenwärtigen Pro-Kopf-Energieverbrauchs in den Industrieländern und im Sinn der

Fuser-Studie von den angestrebten Steigerungen des Pro-Kopf-Energieverbrauchs in den Entwicklungsländern aus, dann wird der Primärenergieverbrauch der Welt bis zur Mitte des nächsten Jahrhunderts auf etwa das Zweifache des heutigen Werts ansteigen. Dabei könnten weder der massive Ausbau der Nutzung der erneuerbaren Energien noch ein ebenso starker Ausbau der Kernenergie noch beide zusammen den Verbrauch der fossilen Energieträger auf das zur Eindämmung des Treibhauseffekts in der gegenwärtigen Diskussion als notwendig angesehene Maß reduzieren.

Die Abschätzung zeigt, daß Lösungswege keinen Erfolg versprechen, die nur auf eine Verschiebung zwischen den Energieträgern abzielen, statt einer weitgehenden Substitution von Energie durch Investitionen und technisches Wissen (Energiequelle Energieeinsparung) den Vorrang zu geben. Da sie notwendige und unabdingbare Voraussetzungen für die Bewältigung des Problems sind, kommt daher nach Meinung der Kommission bei allen Überlegungen der Energieeinsparung Priorität zu.

Energieeinsparung wird hier als Oberbegriff verstanden: Er umfaßt die Minimierung des Energieeinsatzes für ein gegebenes Niveau von Energiedienstleistungen über die gesamte Prozeßkette — also einschließlich der Umwandlung von Primärenergie in Endenergie und deren Umwandlung in Nutzenergie beziehungsweise in die eigentliche Energiedienstleistung. Aufmerksamkeit verdienen die Angebots- und die Nachfrageseite.

In diese Richtung zielt der Bericht der unabhängigen Kommission für Umwelt und Entwicklung unter der Leitung von Gro Harlem Brundtland. Der Bericht „Unsere Gemeinsame Zukunft" (23) weist auf die ökonomischen und ökologischen Gefahren eines hohen Energieverbrauchs hin:

> „Wenn die heute verfügbaren energieeffizientesten Technologien und Prozesse in allen Sektoren der Wirtschaft angewendet würden, könnte weltweit das Wachstum des Pro-Kopf-Bruttoinlandsprodukts (BIP) im Jahr 3 Prozent betragen. Dieser Zuwachs wäre mindestens so groß, wie der in diesem Bericht als Minimum für vernünftige Entwicklung angesehene. Die Energieprognose des World Resource Institute nimmt dabei an, daß in den Industrieländern der Pro-Kopf-Primärenergieverbrauch bis zum Jahre 2020 um 50 Prozent fällt und in den Entwicklungsländern um 30 Prozent steigt.
>
> Das eigentlich Entscheidende an diesen niedrigen Energieniveaus für die Zukunft ist nicht, ob sie sich innerhalb eines gesetzten zeitlichen Rahmens realisieren lassen. Grundlegende politische und institutionelle Veränderungen werden erforderlich sein, um die Investitionen umzustrukturieren und somit zu niedrigeren Energieverbrauchsniveaus zu gelangen. Die Kommission meint, daß kein anderer realistischer Weg für die Welt des 21. Jahrhunderts offensteht. Die Ideen hinter den niedrigen Szenarien sind ganz einfach. Energieeinsparung hat sich bereits als kostengünstig erwiesen. In vielen Industrieländern ist während der letzten 13 Jahre die Menge der Primärenergie für die Produktion einer

Einheit des BIP um ein Viertel oder sogar ein Drittel gefallen, zum Teil durch Energiesparmaßnahmen. Wenn solche Sparmaßnahmen richtig umgesetzt würden, könnten die Industrieländer bis zur Jahrhundertwende ihren Primärenergieverbrauch stabilisieren. Sie würden zugleich den Entwicklungsländern höheres Wachstum bei geringeren Investitionen, Auslandsschulden und Umweltschäden ermöglichen."

2.2 Energierelevante Emissionen

Wie in Abschnitt D, 1. Kapitel, 2.3.4 ausgeführt, tragen gegenwärtig die Treibhausgase aus allen Quellen mit folgenden Beiträgen zum durch Menschen verursachten (anthropogenen) Treibhauseffekt bei (24):

– Kohlendioxid (CO_2)	mit rd. 50 %
– Methan (CH_4)	mit rd. 19 %
– Fluorchlorkohlenwasserstoffe (FCKW)	mit rd. 17 %
– Ozon der Troposphäre (O_3)[1]	mit rd. 8 %
– Distickstoffoxid (N_2O)	mit rd. 4 %
– Wasserdampf der Stratosphäre (H_2O)	mit rd. 2 %.

Die Prozentanteile der energiebedingten Emissionen der direkten Treibhausgase CO_2 und CH_4 und der indirekt wirkenden Spurengase, das heißt vor allem der Stickoxide (NO_x), des Kohlenmonoxids (CO), der flüchtigen organischen Verbindungen (VOC) und des Schwefeldioxids (SO_2) variieren entsprechend den spezifischen Bedingungen von Land zu Land, bewegen sich in vergleichbaren Ländern allerdings in ähnlicher Größenordnung.

Als Anhaltspunkt seien einige Daten für die Bundesrepublik Deutschland aufgeführt. Kohlendioxid wird hier zu 92 Prozent, die Stickoxide werden zu 99 Prozent, Kohlenmonoxid zu 88 Prozent und Schwefeldioxid zu 96 Prozent energiebedingt emittiert. Abbildung 6 gibt den Anteil dieser Emissionen aus dem Energiebereich in Prozent und in 1 000 Tonnen an, der in der Bundesrepublik Deutschland zu den Gesamtemissionen beiträgt.

Die Emissionen von Methan, die in Abbildung 6 nicht erfaßt sind, stammen ebenfalls zu nennenswerten Prozentsätzen aus der Förderung und Bereitstellung fossiler Energieträger. Durch Messungen von radioaktivem CH_4 ist abgeschätzt worden, daß wahrscheinlich etwa 30 Prozent des Methans aus der Erdöl-und Erdgasindustrie und aus dem Kohlebergbau stammen oder aus den Lagerstätten fossiler Energieträger zur Oberfläche steigen und ausgasen (26). Diese Abschätzung muß noch überprüft werden. CH_4 hat ein um den Faktor 32 größeres Treibhauspotential als CO_2. Deshalb muß in Zukunft äußerste Sorge dafür getragen werden, daß CH_4-Verluste auf ein Minimum reduziert werden.

---

[1]) Dabei ist zu beachten, daß die Ozonkonzentration der Troposphäre im Bereich der Nordhemisphäre wesentlich größere Werte annimmt (mit weiterhin steigender Tendenz) als im Bereich der Südhemisphäre; hier ist ein globaler Mittelwert angegeben. (Details siehe Abschnitt D, 1. Kapitel.)

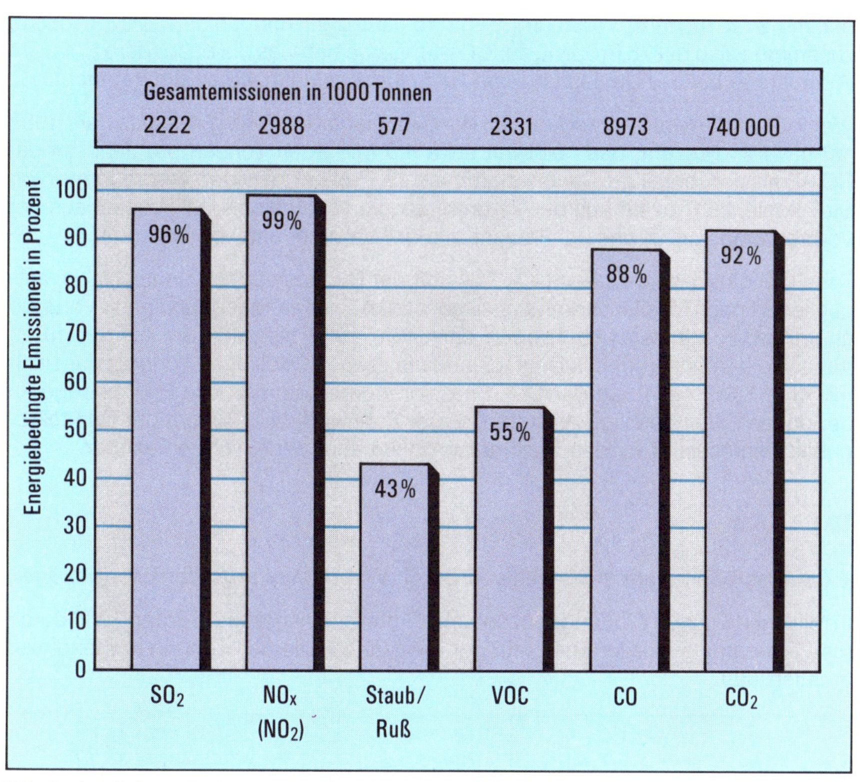

Abb. 6: Anteil der energiebedingten Emissionen von Schwefeldioxid (SO_2), Stickoxiden (NO_x als NO_2), Staub/Ruß, flüchtigen organischen Verbindungen (VOC), Kohlenmonoxid (CO) und Kohlendioxid (CO_2) an den Gesamtemissionen im Jahr 1986 in der Bundesrepublik Deutschland (25).

Zur Verringerung der Emissionen von Spurengasen, die zum Treibhauseffekt beitragen, erweisen sich Konsequenzen im Energiebereich als vordringlich und unumgänglich. In diesem Zusammenhang sind nicht nur die Energieerzeugung und die Energiebereitstellung gemeint, sondern auch alle Energiewandlungs- und -nachfragebereiche und damit insbesondere auch der Heizenergieverbrauch (etwa ein Drittel der Endenergie), also auch der Baubereich, sowie der Verkehrsbereich (etwa ein Viertel der Endenergie).

Tabelle 8 gibt den jährlichen CO_2-Ausstoß durch Verbrennung fossiler Energieträger nach Ländergruppen an. Insgesamt wurden 1986 etwa 20,5 Milliarden Tonnen CO_2 emittiert. Hiervon tragen Nordamerika mit 28 Prozent, die Staatshandelsländer mit 21,6 Prozent, Westeuropa mit 15,4 Prozent und China mit 13 Prozent, zusammen also mit 78 Prozent, zur CO_2-Emission bei, was die besondere Rolle der Weltmächte bei der Umsetzung von Reduzierungsmaßnahmen unterstreicht.

Weltweit ist die Stromerzeugung auf der Grundlage von Zahlen aus dem Jahr 1983 mit etwa 21 Prozent, das heißt mit etwa 4,3 Milliarden Tonnen pro Jahr, an der CO_2-Emission beteiligt. Davon stammen 45 Prozent aus der Verbrennung von Steinkohle, 26 Prozent aus der Verbrennung von Braunkohle, 18 Prozent aus der Verbrennung von Öl und 11 Prozent aus der Verbrennung von Gas (27).

Tabelle 9 gibt den jährlichen CO_2-Ausstoß der Bundesrepublik Deutschland, aufgegliedert nach fossilen, kommerziell genutzten Energieträgern und nach Verursachergruppen mit den Mittelwerten der Jahre 1980 bis 1985 an. Insgesamt ist danach die Bundesrepublik Deutschland mit etwa 743 Millionen Tonnen, das heißt mit rund 3,6 Prozent, an der CO_2-Emission durch kommerzielle Energieträger in der ganzen Welt beteiligt. Allein aus dieser Zahl wird das Gewicht der Bundesrepublik Deutschland für das Treibhausproblem aber noch nicht erkennbar.

Tabelle 8

CO_2-Ausstoß im Jahr 1986 weltweit durch Verbrennung fossiler Energieträger

In Millionen Tonnen CO_2 und prozentualen Anteilen. Insgesamt wurden 1986 durch die Verbrennung fossiler Energieträger etwa 20,5 Milliarden Tonnen Kohlendioxid emittiert (28).

	Steinkohle	Braunkohle	Erdöl	Erdgas	Summe	%
Westeuropa (ohne Ostblock)	807	172	1 704	473	3 156	*15,4*
Nordamerika	1 725	81	2 852	1 103	5 761	*28,0*
Mittel-/Südamerika	83	—	705	151	939	*4,6*
Afrika	254	—	269	42	585	*2,8*
Naher Osten	48	—	394	76	518	*2,6*
Süd-/Ostasien/Australien	875	117	1 306	173	2 471	*12,0*
Ostblockländer (ohne China)	1 119	713	1 410	1 212	4 454	*21,5*
China	2 186	29	426	33	2 674	*13,0*
Summe	7 097	1 112	9 066	3 263	20 538	*100,0*
%	*34,5*	*5,4*	*44,1*	*15,9*		*100,0*

Zwar kann nur ein globales Absenken der Emissionen die erforderliche Reduktion der Konzentration in der Atmosphäre erbringen. Daher erachtet es die Enquete-Kommission als konsequent, wenn sich die Bundesrepublik Deutschland — eingebettet in ein abgestimmtes Vorgehen aller EG-Staaten — für ein internationales Übereinkomen zum Schutz der Erdatmosphäre einsetzt. Nationale Reduktionsstrategien erbringen — auch wenn sie über die international vorgegebene Reduktionsraten hinausgehen — global gesehen unmittelbar nur einen relativ kleinen Beitrag. Es ist aber zu berücksichtigen, daß durch weitgehende Maßnahmen in der Bundesrepublik Deutschland mittelbar weit größere Reduktionen ausgelöst werden können. Diese mittelbaren Reduktionen könnten eine relevante Größenordnung erreichen, beispielsweise durch die beschleunigte Entwicklung innerhalb der EG aufgrund nationaler bundesdeutscher Maßnahmen, durch eventuelle Wettbewerbsvorteile auf dem Weltmarkt, durch Demonstration der Marktreife und rasche Markteinführung energieeffizienter Innovationen und durch geeignete Entwicklungshilfe. Die Kommission erachtet es daher als die wirksamste Lösung, daß die Bundesrepublik Deutschland mit dem Ziel einer wechselseitigen Verstärkung auch im Energiesektor sowohl ein internationales als auch ein nationales Vorgehen zum vorsorgenden Schutz der Erdatmosphäre in die Wege leitet.

Tabelle 9

Jährlicher CO_2-Ausstoß der Bundesrepublik Deutschland

Angaben in Millionen Tonnen CO_2 und in prozentualen Anteilen; aufgeteilt nach fossilen Energieträgern und Verursachergruppen; Mittelwerte der Jahre 1980 bis 1985

Die bei der Umwandlung der Primärenergie in Endenergie (Konversion) entstehenden Emissionen (45,1 Prozent) sind anteilig den Endenergieverbrauchskategorien Haushalte und Kleinverbraucher/Industrie/Verkehr zuzuordnen (29).

	Steinkohle	Braunkohle	Erdöl	Erdgas	Summe	%
Konversion:						
— Kraftwerke	109	116	10	23	258	*34,7*
— Raffinerien, Hochöfen, übrige	69	—	9	—	78	*10,4*
Haushalte und Kleinverbraucher	13	6	122	39	180	*24,2*
Industrie	7	—	60	33	100	*13,5*
Verkehr:						
— Pkw	—	—	86	—	86	*11,6*
— Lkw/Bahn	—	—	28	—	28	*3,8*
— Schiff-/Luftfahrt	—	—	13	—	13	*1,8*
Summe	198	122	328	95	743	*100*
%	*26,7*	*16,4*	*44,1*	*12,8*		*100*

Tabelle 10 gibt die unterschiedlichen CO_2-Emissionen für die Verbrennung der verschiedenen fossilen Energieträger an. Bezogen auf denselben Heizwert verhalten sich die spezifischen CO_2-Emissionen bei der Verbrennung von Braunkohle, Steinkohle, Erdöl und Erdgas wie 121 : 100 : 88 : 58. Diese unterschiedlichen Faktoren werden in der Diskussion um mögliche Reduzierungspotentiale durch Substitution CO_2-Emissions-intensiver durch weniger CO_2-Emissions-intensive fossile Energieträger eine Rolle spielen (siehe auch 2.3.5).

Tabelle 10

Spezifische CO_2-Emissionen für die Verbrennung fossiler Energieträger, Angaben in relativen Emissionswerten (Steinkohle gleich 100) sowie bezogen auf dieselbe Primärenergie (umgerechnet in eine Tonne Steinkohleneinheit), denselben Heizwert (eine Kilowattstunde) sowie die erzeugte elektrische Energie (eine Kilowattstunde) bei realistischen Wirkungsgraden in Kondensationskraftwerken (30)

	relative Werte, bezogen auf Steinkohle (=100)	t CO_2 pro t SKE	kg CO_2 pro kWh Heizwert	kg CO_2 pro kWh_e
Braunkohle	121	3,25	0,40	1,18
Steinkohle	100	2,68	0,33	0,97
Erdöl	88	2,30	0,29	0,85
Erdgas	58	1,50	0,19	0,53

Es ist notwendig, die spezifische CO_2-Emission bei der Verbrennung von fossilen Energieträgern in das Verhältnis zu ihrem Wirkungsgrad zu setzen, der bei der Umwandlung von Primärenergie in Sekundär-, End- oder Nutzenergie erreicht wird. Dies bedeutet, die spezifischen CO_2-Emissionen für ganze Wirkungsketten — beispielsweise analog zum kumulierten Energieverbrauch — zu ermitteln. Für den Kraftwerksbereich ließe sich auf diese Art zum Beispiel sehr viel realitätsnäher ermitteln, wie die jeweilige Kraftwerksbetriebsart vor dem Hintergrund der CO_2-Problematik zu bewerten ist.

Jetzt und für den Fall eines weltweiten Ausbaus der Nutzung der Kernenergie ist — beschränkt man sich auf die Frage der direkten Klimarelevanz der Kernenergie — zu prüfen, inwieweit ein damit einhergehender Anstieg der Emissionen radioaktiver Gase mit klimarelevanten Folgen verbunden wäre. Derzeit werden keine nennenswerten Störungen der regionalen und globalen Luftchemie durch die Änderung der Ionisation und daraus folgende luftchemische Prozesse erwartet, da die luftchemischen Prozesse in großem Maße durch die photochemische Wirkung der solaren UV-Strahlung angetrieben werden (31).

Allerdings müßte jetzt und insbesondere in Zukunft den eventuell zunehmenden Emissionen von Krypton-85 und gegebenenfalls weiteren radioaktiven Spurengasen sowie möglichen Rückhaltetechniken gemäß dem Stand der Technik bei einem Ausbau der Kernenergie, insbesondere bei atomaren Wiederaufarbeitungsanlagen, Aufmerksamkeit geschenkt werden.

Zu untersuchen wären in erster Linie die Veränderung der Ionisation der Atmosphäre sowie die damit eventuell einhergehenden Einwirkungen auf die globale

Luftelektrizität und die Mikrophysik der Wolkenbildung. Dies ist ein Thema, das weitere Aufmerksamkeit verdient (32). In diesem Zusammenhang ist auch zu klären, in welchem Maße sich der derzeitige Bestand an zivilen und militärischen kerntechnischen Anlagen auf der Welt bei großen Störfällen negativ auf die Erdatmosphäre auswirken kann, und ob gegebenenfalls ein internationaler Standard für Rückhaltetechniken der Emission klimarelevanter radioaktiver Spurengase festgelegt werden müßte.

2.3 Möglichkeiten der Reduktion der energiebedingten klimarelevanten Spurengase

Soweit die klimarelevanten Spurengase energiebedingt sind, handelt es sich um ein Problem der Nutzung fossiler Energieträger. Den Umfang des Verbrauchs dieser Energieträger zu reduzieren, ist

- aus Gründen der Ressourcenschonung und
- wegen der mit ihrer Nutzung verbundenen Umweltbelastung

ohnehin wünschenswert. Seit der Ölpreiskrise und der Diskussion über die Grenzen des Wachstums ist hierzu eine Fülle von Möglichkeiten sichtbar geworden, so daß zur Vermeidung energiebedingter Klimaänderungen an einen bereits weit entwickelten Stand der Diskussion angeknüpft werden kann. Insbesondere hat es sich als möglich erwiesen,

[1] die durch fossile Energieträger (Kohle, Mineralöl, Naturgas) erbrachten Dienstleistungen in weitem Umfang auch bei Substitution der Energieträger durch Investitionen und technisches Wissen zu gewährleisten (33).

Diese Substitutionsmöglichkeit ist umso bedeutsamer, als die bisherigen Weltenergieszenarien zeigen, daß zumindest Klimaänderungen nicht allein auf dem Weg des Ersatzes fossiler Energieträger durch regenerative Energieträger oder Kernenergie vermieden werden können (siehe 2.1.4). Soweit Weltenergieszenarien die Klimaprobleme berücksichtigen (34), ergeben sich Lösungswege vor allem durch die weitgehende Nutzung von Energieeinsparungsmöglichkeiten. In zweiter Linie bedarf es jedoch auch

[2/3] der Substitution fossiler Energieträger durch Energieträger, deren Nutzung nicht mit der Emission klimarelevanter Spurengase verbunden ist. Technische Möglichkeiten sind dazu verschiedene [2] Solarenergietechnologien und [3] Kernenergietechnologien. Beide Wege sind politisch zu bewerten.

Wo weiterhin, auf kürzere oder längere Sicht, fossile Energieträger gebraucht werden, gibt es

[4] die Möglichkeit, wenigstens einige der umweltschädlichen Emissionen zurückzuhalten oder

[5] relativ schädlichere fossile Energieträger durch weniger schädliche zu ersetzen.

Zu erörtern bleiben schließlich

[6] Möglichkeiten eines umweltbewußteren Verhaltens im Energiebereich und

[7] Möglichkeiten des Konsumverzichts durch Einschränkung der energiebezogenen Dienstleistungen, die bisher durch fossile Energieträger erbracht wurden.

Am Beispiel einer Ölheizung veranschaulicht, können klimarelevante Spurengase also etwa vermieden werden, indem [1] der Wärmebedarf des Hauses durch bauliche Maßnahmen (z. B. Wärmedämmung, Südfenster) vermindert und der Ölverbrauch durch eine effizientere Heizanlage gesenkt wird, [2] der Wärmebedarf (z. B. Brauchwasser) außerdem teilweise durch Solarenergie oder [3] durch Atomenergie gedeckt wird, [4] Abgasfilter für Stickoxide eingebaut werden (nicht möglich für CO_2), [5] die Heizung von Öl auf Gas [1]) umgestellt wird, [6] unnötiges Heizen vermieden wird und [7] die für wünschenswert gehaltenen Raumtemperaturen gesenkt werden.

Die verschiedenen Möglichkeiten zur Verminderung der Umweltbelastung durch klimarelevante Spurengase werden im folgenden in der Reihenfolge [1] bis [7] und nach dem bisherigen Stand der Kenntnisse skizziert. Welche Wege besonders geeignet sind, um der Klimagefährdung zu begegnen, ist ein Thema der weiteren Arbeit der Kommission.

Die Kommission weist darauf hin, daß zur Bewertung der Möglichkeiten [1] bis [7] im Vergleich zum Verbrauch fossiler Energieträger auch jeweils die externen Kosten beziehungsweise der externe Nutzen berücksichtigt werden müssen. Diese sind in den bisherigen Preisen nicht berücksichtigt. Nach einer solchen Wirtschaftlichkeitsrechnung würden insbesondere die Energieeinsparung und die regenerativen Energieträger gegenüber den bisherigen Preisrelationen einen Kostenvorteil gewinnen. Für das internationale Vorgehen hinsichtlich der Umweltbelastung durch klimarelevante Spurengase kommt es nur auf die Verminderung der Emission dieser Gase an. Welchen der verschiedenen Möglichkeiten einzelne Länder Priorität geben, kann der nationalen Entscheidung vorbehalten bleiben.

Da die Emissionen in erster Linie von den Industrieländern ausgehen, kommt ihnen bei der Eindämmung der weiteren Entwicklung eine besondere Verantwortung zu. Weitere Anhörungen und Studien sollen der Klärung der Fragestellungen im einzelnen dienen. Die Ergebnisse dieser Arbeit der Enquete-Kommission werden Gegenstand des Endberichtes sein.

2.3.1 Reduktion durch Energieeinsparung

Energieeinsparung wird hier, dem Stand der Diskussion entsprechend, grundsätzlich im Sinne des Energiedienstleistungskonzeptes verstanden. Das heißt, der bisher sogenannte Energiebedarf ist auf eine Dienstleistung (z. B. Raumtemperatur,

---

[1]) Dabei ist zu beachten, daß Methan selbst ein Treibhausgas ist (siehe Abschnitt D, 1. Kapitel sowie 3. Kapitel, 2.2 und 2.3.5).

Licht, Kraft) gerichtet, die immer schon durch eine Kombination der Faktoren Energie, Kapital und technisches Wissen erbracht wird. Die optimale Kombination dieser Faktoren hängt von den relativen Kosten ab. Berücksichtigt man die gestiegenen Energiepreise und außerdem die externen Kosten der verschiedenen Energieumwandlungsprozesse, so erweist es sich volkswirtschaftlich und umweltpolitisch als sinnvoll, künftig in weitem Umfang Energie durch Investitionen und technisches Wissen zu ersetzen. Energieeinsparung heißt, dieselben Dienstleistungen durch eine effizientere Kombination der verschiedenen Faktoren zu gewährleisten (35). Dabei sind die Vorleistungen zu berücksichtigen, das heißt der Energieumsatz ist nur dann vermindert, wenn dies auch in der Primärenergiebilanz gilt.

Energieeinsparung wird hier als Oberbegriff verstanden: Er umfaßt die Minimierung des Energieeinsatzes für ein gegebenes Niveau von Energiedienstleistungen über die gesamte Prozeßkette — also einschließlich der Umwandlung von Primärenergie in Endenergie und deren Umwandlung in Nutzenergie beziehungsweise in die eigentliche Energiedienstleistung. Aufmerksamkeit verdienen die Angebots- und die Nachfrageseite.

Energieeinsparung hat die erste Priorität bei der Suche nach Lösungswegen zur Senkung des fossilen Energieverbrauchs auf das gebotene Maß. Die Ergebnisse der vorliegenden Studien zum zukünftigen Weltenergieverbrauch führen zu dem Schluß, daß alle Anstrengungen zum Ausbau der nichtfossilen Energien nicht mit ausreichendem Erfolg verbunden sind, wenn die Möglichkeiten der Einsparung und Effizienzsteigerung nicht hinreichend genutzt werden.

Energieeinsparung bedeutet eine Minimierung des Energieverbrauchs pro Energiedienstleistung. Dabei müssen soziale, ökologische, wirtschaftliche und systemanalytische Kriterien berücksichtigt werden. Dies kann in reichen und armen Ländern zu verschiedenen Ergebnissen führen. Deshalb kann nur ein differenziertes Vorgehen vor Mißverständnissen und Fehlentscheidungen schützen.

Eine Energiepolitik, die der Energieeinsparung Priorität gibt, muß in den Industrieländern zu einer erheblichen Senkung des Energieverbrauchs pro Kopf und in den Entwicklungsländern zur besseren Nutzung der bisher genutzten Energien (z. B. des Brennholzes) und zum Aufbau einer tragfähigen zukünftigen Versorgung mit energiebezogenen Dienstleistungen führen. Nur bei weltweiten Anstrengungen in Politik, Wirtschaft, Forschung und technologischer Entwicklung wird es möglich sein, die Energieeffizienz auf Werte zu steigern, die die Emissionen der klimarelevanten Spurengase wesentlich unter die heutigen Werte sinken lassen.

Hier ist der Ort, darauf hinzuweisen, daß die Bundesrepublik Deutschland vermocht hat, seit der Ölkrise ihren Energieverbrauch, bezogen auf das Bruttosozialprodukt, wie im besonderen den Energieverbrauch je Haushalt, stärker zu senken als andere Länder der westlichen Welt und erst recht als die Staatshandelsländer. Gleichwohl kann noch viel getan werden.

Anhand einiger Daten aus der Bundesrepublik Deutschland soll hier nur grob angedeutet werden, in welchen Bereichen mit besonders hohen Potentialen der

Energieeinsparung zu rechnen ist. Die Größenordnung und die Realisierungschancen müssen im einzelnen geprüft werden:

- Bei der Umwandlung von der Primär- zur Endenergie entfielen im Jahr 1987 27,7 Prozent der Primärenergie auf Verluste und den Eigenverbrauch im energiewirtschaftlichen Sektor, vor allem bei der Stromerzeugung (36). Da ferner 6,1 Prozent der Primärenergie nichtenergetisch genutzt wurden, standen dem Verbraucher nur 66,2 Prozent, das heißt etwa zwei Drittel der eingesetzten Primärenergie, als Endenergie zur Verfügung. Daraus ergibt sich die Aufgabe zu prüfen, durch welche Maßnahmen sich die Verluste insbesondere bei der Stromerzeugung — zum Beispiel durch verstärkten Einsatz der Kraft-Wärme-Kopplung —, reduzieren lassen (37).
- Vom gesamten Endenergieverbrauch wurden schätzungsweise 45 Prozent in Nutzenergie überführt, der Rest waren Verluste (38). Es ist daher zu prüfen, inwieweit durch eine effizientere Nutzung der Endenergie (Heizung, Verkehr, stromspezifische Anwendungen, Prozeßwärme und anderes) Energie eingespart werden kann.

Insgesamt betrug das Verhältnis von Nutzenergie zu Primärenergie etwa eins zu drei (39). Die eingesetzte Primärenergie bestimmt aber die Höhe der Emissionen.

Die Industrie setzte rund 54 Prozent der Endenergie in Nutzenergie um, der Verkehr 17,1 Prozent, die Haushalte 58,4 Prozent und die Kleinverbraucher (Gewerbebetriebe, öffentliche Einrichtungen und andere) 47,7 Prozent (40).

Der Verkehr hat mit rund 17 Prozent Wirkungsgrad bei der Umwandlung von der Endenergie zur Nutzenergie mit großem Abstand die geringste Effizienz der Energienutzung. Die Nutzenergie des Verkehrssektors liegt derzeit bei knapp 10 Prozent des gesamten Nutzenergiebudgets der Bundesrepublik Deutschland. Der Verkehr trägt jedoch mit etwa 25 Prozent zum Endenergieverbrauch (41) und mit wesentlichen Anteilen zur Emission der klimarelevanten Spurengase bei. Aufgrund dieser Zahlen gebührt wirksamen Maßnahmen zur Effizienzsteigerung und Schadstoffrückhaltung bei der Verbrennung fossiler Energieträger im Verkehrsbereich ganz besondere Aufmerksamkeit. Auch der Verkehrsbereich muß zur Reduktion des CO_2-Ausstoßes beitragen. Dabei ist eine breite Palette von Maßnahmen denkbar, die von der Motortechnik über Geschwindigkeitsbegrenzungen und Verkehrslenkungen bis hin zur Verbesserung der Verkehrssysteme reichen.

Insgesamt liegt daher ein wichtiger Ansatz zur Reduktion des Energieverbrauchs und der Spurengasemissionen in einer Verbesserung des durchschnittlichen Wirkungsgrades von gegenwärtig rund 45 Prozent beim Übergang von der Endenergie zur Nutzenergie in den verschiedenen Nutzungsbereichen.

Dies gilt auch für den Heizenergieverbrauch, der in der Bundesrepublik Deutschland fast ausschließlich auf der Verbrennung fossiler Energieträger beruht und rund ein Drittel des gesamten Endenergieverbrauchs beträgt (42). Die Enquete-Kommission sieht hier einen besonders großen Handlungsbedarf. Es ist zu prüfen, in welchem Umfang und durch welche Maßnahmen (Wärmeschutz, neue Heizungstechnologien, passive Solartechnik und anderes) die in der wissenschaftlichen Literatur genannten Einsparpotentiale von bis zu 90 Prozent in diesem Bereich (43) realisiert werden können.

Eine Reihe von Abschätzungen gelangt zu dem Ergebnis, daß es in den Industrieländern technische Einsparpotentiale des Primärenergieverbrauchs von bis zu 90 Prozent gibt (44). Es wird in vertieften Studien zu untersuchen sein, wie derartige Einsparpotentiale möglichst weitgehend umgesetzt werden können. Die Enquete-Kommission hält es für besonders dringend geboten, diese Effizienzpotentiale systematisch zu erfassen und Strategien zur weitgehenden Ausschöpfung dieser Potentiale zu erarbeiten. (Die verschiedenen, üblicherweise benutzten Potentiale werden in 2.3.2 definiert). Allerdings ist aber auch darauf hinzuweisen, daß neben der Verminderung von Umweltrisiken (durch verminderte Spurenstoffemissionen) auch vermehrte Umweltrisiken bei der Energieeinsparung auftreten können, die zu untersuchen sind.

Die für die Bundesrepublik Deutschland genannten Daten gelten in ähnlicher Größenordnung für vergleichbare Industrieländer. International ergeben sich, insbesondere bezüglich der Einführung energieeffizienter Technik in den Schwellen- und Entwicklungsländern, größere Differenzierungen. In den von der Sonne begünstigten Ländern tritt aber der Raumwärmebedarf und das hier gegebene Einsparpotential deutlich zurück hinter dem Raumkühlungsbedarf mit den dort gegebenen Sparmöglichkeiten.

2.3.2 Reduktion durch erneuerbare Energien/Solartechnik

Unter der Nutzung der erneuerbaren (regenerativen) Energien versteht man die technische Umsetzung der direkten und der indirekten, bereits in der Natur umgewandelten Solarenergieformen (siehe Abbildung 7). Aus der Solarstrahlung läßt sich zum Beispiel mittels Solarzellen (Photovoltaik) Strom oder mittels Sonnenkollektoren Wärme erzeugen. Die in der Natur umgewandelten solaren Energieformen lassen sich in Form von Wasser- und Windkraft, Umweltwärme, Biomasse, Meereswärme und Wellenenergie verwerten. Unter passiver Solarnutzung versteht man die Wandlung der Solarenergie in Wärme direkt im Gebäude beziehungsweise in mit dem Innern des Gebäudes in Verbindung stehenden Wandstrukturen.

Als quasi erneuerbare Primärenergien gibt es außerdem die geothermische Energie aus der Erdwärme, die allerdings zur Energieversorgung nur einen sehr geringen Beitrag leisten kann. Dasselbe gilt für die Gezeitenenergie.

Wie in Abbildung 2 ersichtlich ist, trug 1987 die Nutzung der regenerativen Energien in Form der Wasserkraftnutzung und damit der Erzeugung hochwertiger Elektrizität weltweit mit 6,7 Prozent zum kommerziellen Primärenergieverbrauch bei. Schließt man die nichtkommerzielle Energienutzung, also vor allem die Verbrennung von Holz und anderer Biomasse in den Entwicklungsländern, ein, so beträgt der Anteil der direkten und indirekten Sonnenenergienutzung rund 21 Prozent,

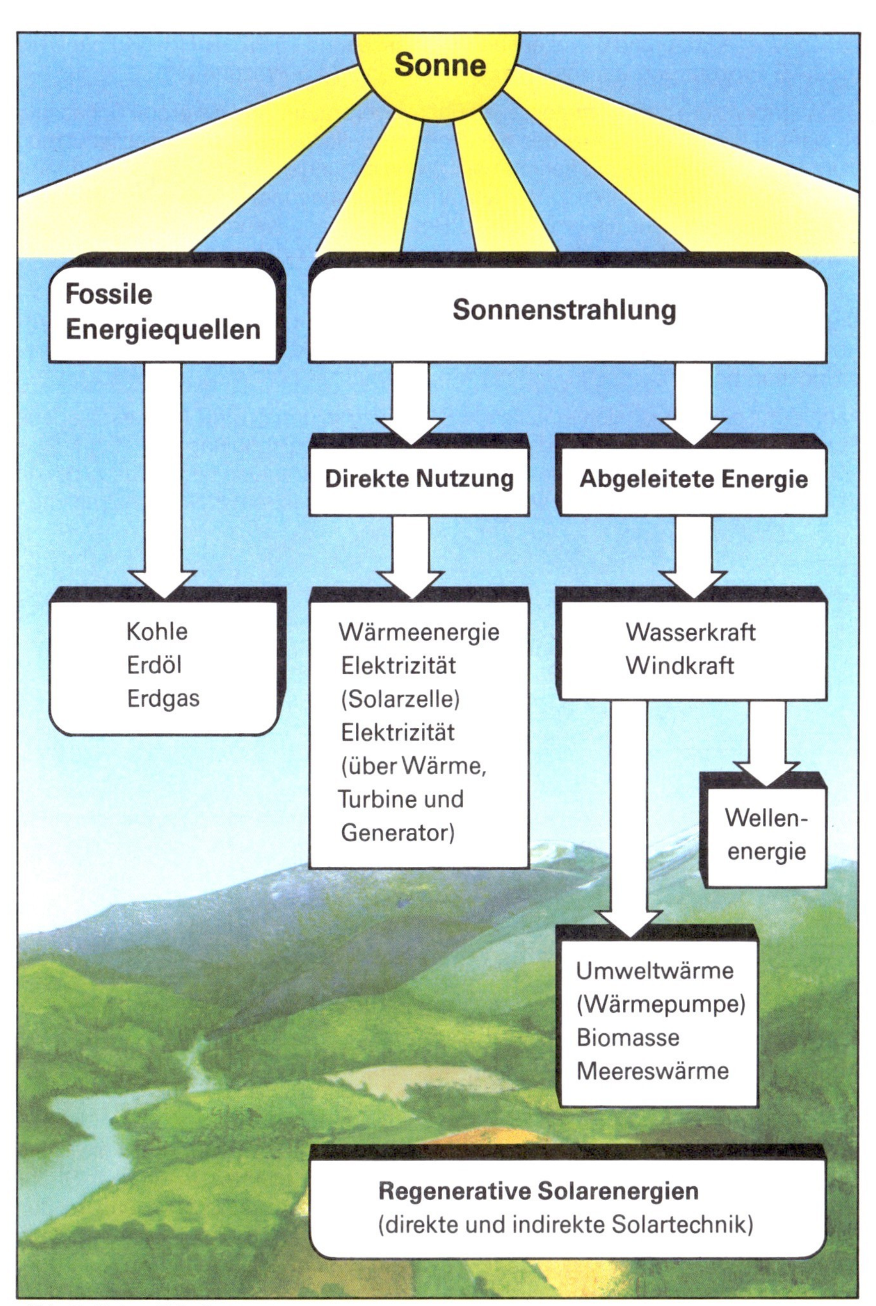

Abb. 7: Solare Primärenergiequellen (45).

davon Wasserkraft rund 6 Prozent und Biomasse rund 15 Prozent (der Kernenergie rund 4,5 Prozent und der fossilen Energien rund 74,5 Prozent) (46).

Die Angaben zum nichtkommerziellen Energieverbrauch sind als grobe Schätzung zu werten; die Angaben über den nichtkommerziellen Anteil der Biomassenutzung (zum Beispiel Brennholz) differieren bei den verschiedenen vorliegenden Grobabschätzungen. Dabei gilt es zu bedenken, daß insbesondere Brennholz in vielen Gegenden nicht mehr als erneuerbare Ressource angesehen werden kann, weil keine nachhaltige Forstwirtschaft betrieben wird und daher weniger Holz nachwächst als verbraucht wird.

Die Wasserkraft trug 1987 weltweit zu rund 21 Prozent, in der EG zu rund 11 Prozent und in der Bundesrepublik Deutschland zu rund 4,3 Prozent zur Nettostromproduktion bei (47).

Tabelle 11 gibt die jährlich einfallende Sonnenstrahlung pro m^2 für verschiedene Standorte der Erde an. Es sind die Werte für die Globalstrahlung aufgeführt. Darunter versteht man die Summe von direkter Sonnenstrahlung und diffuser, d.h. in der Luft, an den Wolken und an der Erdoberfläche gestreuter Sonnenstrahlung.

Tabelle 11

Typische Jahressummen der solaren Globalstrahlung für verschiedene Standorte der Erde (48)

Angaben in Kilowattstunden pro m^2 und Jahr

	kWh pro m^2 und Jahr
London	945
Hamburg	980
Paris	1 130
Freiburg	1 170
Rom	1 680
Kairo	2 040
Arizona	2 350
Sahara	2 350

Die diffuse Strahlung macht in unseren Breiten in der Jahressumme etwa die Hälfte der Globalstrahlung aus. Im Winterhalbjahr überwiegt der Anteil der diffusen Strahlung (siehe Abbildung 8), im Sommer der der direkten Sonnenstrahlung. In den Ländern geringerer geographischer Breite wächst nicht nur die globale Strahlung insgesamt bis auf etwa das 2,3fache des Wertes unserer Breiten an, auch der Anteil der direkten Strahlung ist größer.

Tabelle 11 verdeutlicht, daß südliche Länder und insbesondere Wüstenzonen bevorzugt Solarstrahlung empfangen. So fällt beispielsweise auf die Sahara etwa die 2,3fache Strahlungsenergie wie auf die Bundesrepublik Deutschland mit im Durchschnitt 1 000 Kilowattstunden pro m^2 und Jahr. Dies bedeutet, daß in niedrigen geographischen Breiten und damit in vielen sonnenreichen Entwicklungsländern mit Solaranlagen ein weit höherer Energiegewinn pro Jahr erzielt werden kann als in mittleren und hohen Breiten. Diese Zahlen zeigen zugleich, daß auch in mittleren und hohen Breiten, wie beispielsweise in der Bundesrepublik Deutschland, Solarstrahlung genutzt werden kann — in erster Linie durch nichtfokussierende Solartechnik wie beispielsweise Sonnenkollektoren, passive Solartechnik und Photovoltaik.

Es muß ausdrücklich darauf hingewiesen werden, daß auch erneuerbare Energien mit dem Ziel der Minimierung von Schäden und Risiken genutzt werden müssen. Unter anderem sind dabei die Gefahren von Dammbrüchen bei Wasserkraftanlagen und die Probleme des Flächenverbrauchs zu bedenken.

Die Sonnenenergie ist mit weitem Abstand die größte Energiequelle, zumal sie über den natürlichen Treibhauseffekt überhaupt erst ein für das Leben auf der Erdoberfläche geeignet hohes und ausgeglichenes Temperaturniveau schafft.

Die in der Literatur vorliegenden Daten zum Beitrag beziehungsweise zum Potential der erneuerbaren Energien gehen weit auseinander. Diese zum Teil widersprüchlichen Ergebnisse stiften Verwirrung, da die jeweiligen Voraussetzungen ihrer Berechnung häufig nicht genannt werden. Es sind daher vier üblicherweise verwendete Potentialkategorien zu unterscheiden (50):

- Das theoretische Potential gibt das Angebot der regenerativen Energiequellen nach physikalischen beziehungsweise naturwissenschaftlichen Gesetzmäßigkeiten wieder (z. B. die solare Einstrahlung auf die Fläche der Bundesrepublik Deutschland);

- das technische Potential ergibt sich aus dem theoretischen Potential unter Berücksichtigung der Wirkungsgrade der verschiedenen Systeme zur Nutzbarmachung erneuerbarer Energiequellen sowie unter Berücksichtigung anderer technischer Randbedingungen und entspricht dem jeweiligen Stand der Technik;

- das wirtschaftliche Potential schränkt das technische Potential auf den Anteil ein, der sich unter Einbeziehung der Kosten der jeweiligen Systeme zur Nutzung der erneuerbaren Energiequellen im Vergleich zu den Kosten konkurrierender Systeme als wirtschaftlich konkurrenzfähig erweist;

- das Erwartungspotential ist die Teilmenge des wirtschaftlichen Potentials, die die Markteinführungsgeschwindigkeiten und andere Einflußfaktoren berücksichtigt, und stellt damit das ausgeschöpfte wirtschaftliche Potential dar, das aufgrund der verschiedenen Randbedingungen zu erwarten ist.

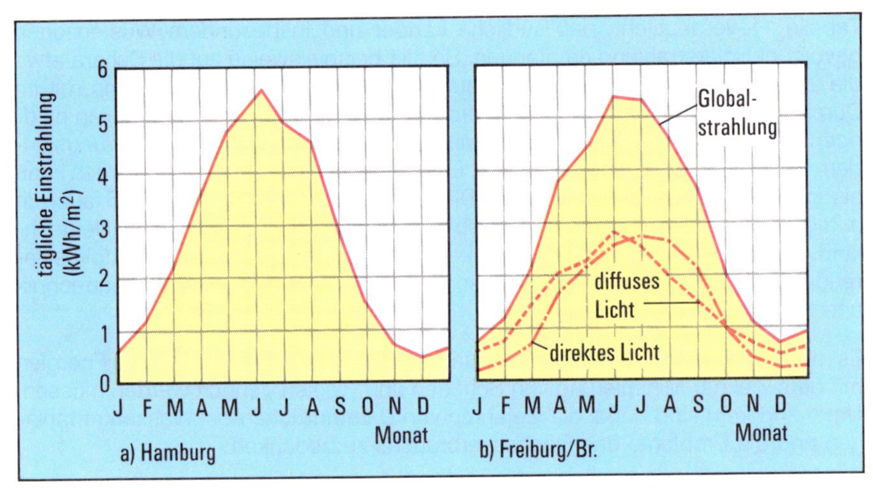

Abb. 8: Tägliche solare Globaleinstrahlung pro m^2 in a) Hamburg und b) Freiburg/Br (49).

Solaranlagen tragen zur Substitution der fossilen Energieträger in größerem Umfang nur dann bei, wenn sie während ihrer Betriebszeit mehr Energie ernten als Energie für ihre Herstellung und ihren Betrieb aufgewendet werden muß. Der Gesamterntefaktor energieerzeugender Anlagen — der Quotient aus der Nettoenergieerzeugung während der Lebensdauer und dem kumulierten Energieverbrauch für die Herstellung der Anlagen, der Betriebsmittel und -stoffe und des Betriebsverbrauchs der Anlagen über ihre Lebensdauer — ist daher als besonders wichtige Größe zu berücksichtigen (51).

Der jährliche Primärenergieverbrauch der Menschheit, zur Zeit rund 90 x 10^{12} Kilowattstunden (rund 11 Milliarden Tonnen Steinkohleneinheiten), beträgt nur etwa ein Zehntausendstel der auf die Erdoberfläche jährlich einfallenden Sonnenstrahlung (52). Der Anteil der Landfläche an der Erdoberfläche beträgt etwa 30 Prozent, so daß die jährlich auf die Landfläche der Erde einfallende Solarstrahlung etwa das 3 000fache des Primärenergieverbrauchs der Welt beträgt.

Ein Teil der extraterrestrischen (auf die Lufthülle auftreffenden) Sonnenstrahlung wird an der Atmosphäre reflektiert und in der Atmosphäre absorbiert (siehe Abschnitt D, 1. und 2. Kapitel). Ein Teil dieser eingestrahlten Sonnenenergie wird durch Verdunstung von Wasser und durch unterschiedlich starke Absorption in Form von Wasserkraft, Windkraft und Meeresströmungen nutzbar.

Der globale Primärenergieverbrauch beträgt heute — um einen Vergleich mit den Energieumsätzen der Biosphäre zu haben — etwa 16 Prozent des Energiegehalts der jährlich neu gebildeten Biomasse der Landfläche der Erde.

Im Prinzip ist ein großes technisches Potential zur direkten und indirekten Nutzung von Solarenergie vorhanden: Würde man langfristig wenige Prozent der Landfläche der Erde, das heißt einige Millionen km^2, für eine Energiewandlung der Solarstrahlung mit einem Gesamtwirkungsgrad von durchschnittlich 5 Prozent (einschließlich aller Umwandlungs-, Verteilungs- und Speicherverlusten) und zusätzlich einen Teil des technisch nutzbaren Potentials der Wasser- und Windkraft nutzen, so ließe sich das Zwei- bis Dreifache des heutigen globalen Primärenergiebedarfs mit regenerativen Energien decken.

In der Bundesrepublik Deutschland beträgt die jährliche Einstrahlung an Sonnenenergie insgesamt etwa 1 000 kWh pro m^2. Dabei variiert die Einstrahlungsleistung tageszeitlich und jahreszeitlich sehr stark; sie erreicht stundenweise während direkter Sonneneinstrahlung in den Sommermonaten Werte bis zu maximal 1 kW pro m^2. Während dieser Zeit (von wenigen Prozent der Gesamtzeit eines Jahres) könnte mit Solarzellen von netto 500 km^2 Fläche, einem Bruchteil der Dachfläche von etwa 3 200 km^2 entsprechend (53), praktisch der Gesamtbedarf an elektrischer Leistung von etwa 50 GW gedeckt werden. Hingegen kann während etwa 80 Prozent der Zeit nur wenige Prozent des Elektrizitätsbedarf aus den Solarzellen entnommen werden.

Ein anderes Bild ergäbe sich, wenn neue Speichertechniken für Elektrizität entwickelt würden. Diese sind zwar einstweilen nicht verfügbar, jedoch muß zur Vermeidung der drohenden Klimaänderungen langfristig gedacht werden, und im Verlauf mehrerer Jahrzehnte sind entsprechende technische Fortschritte sowohl denkbar als auch technologiepolitisch zu unterstützen.

Unter dieser Voraussetzung sind aus der Sonneneinstrahlung von hierzulande 1 000 kWh pro m^2 und Jahr, das sind 1 000 TWh pro 1 000 km^2 und Jahr, bei einem Wirkungsgrad von 10 bis 15 Prozent auf einer Fläche von 1 000 km^2 100 bis 150 TWh Elektrizität zu gewinnen, etwa ein Drittel des derzeitigen Jahresbedarfs. 1 000 km^2 sind zwar nur 0,4 Prozent der Gesamtfläche der Bundesrepublik Deutschland, gleichwohl aber eine große Fläche. Verglichen mit der insgesamt überdachten Fläche von etwa 3 200 km^2 (54) und einer insgesamt bebauten Fläche von etwa 15 000 km^2 (6 Prozent der Fläche der Bundesrepublik Deutschland (55)) ist es denkbar, auch Flächen dieser Größenordnung zur Energiegewinnung zu nutzen.

Andeutungsweise soll auf das globale technische Potential einer erneuerbaren Energiequelle eingegangen werden:

Die Wasserkraft wurde 1987 weltweit mit rund 6 080 TWh pro Jahr (rund 750 Millionen Tonnen Steinkohleneinheiten pro Jahr) genutzt und bestreitet damit 6,7 Prozent des kommerziellen Weltprimärenergieverbrauchs und rund 21 Prozent der Stromproduktion weltweit (siehe Abbildung 2 und Tabelle 2). Ein beträchtliches Ausbaupotential der Wasserkraftnutzung liegt vor allem in den Entwicklungs- und Schwellenländern. Dabei sind auch bei Wasserkraftanlagen hohe Anforderungen an eine Sozial- und Umweltverträglichkeitsprüfung zu stellen (Dammbrüche, Eingriffe in natürliche Lebensräume und anderes).

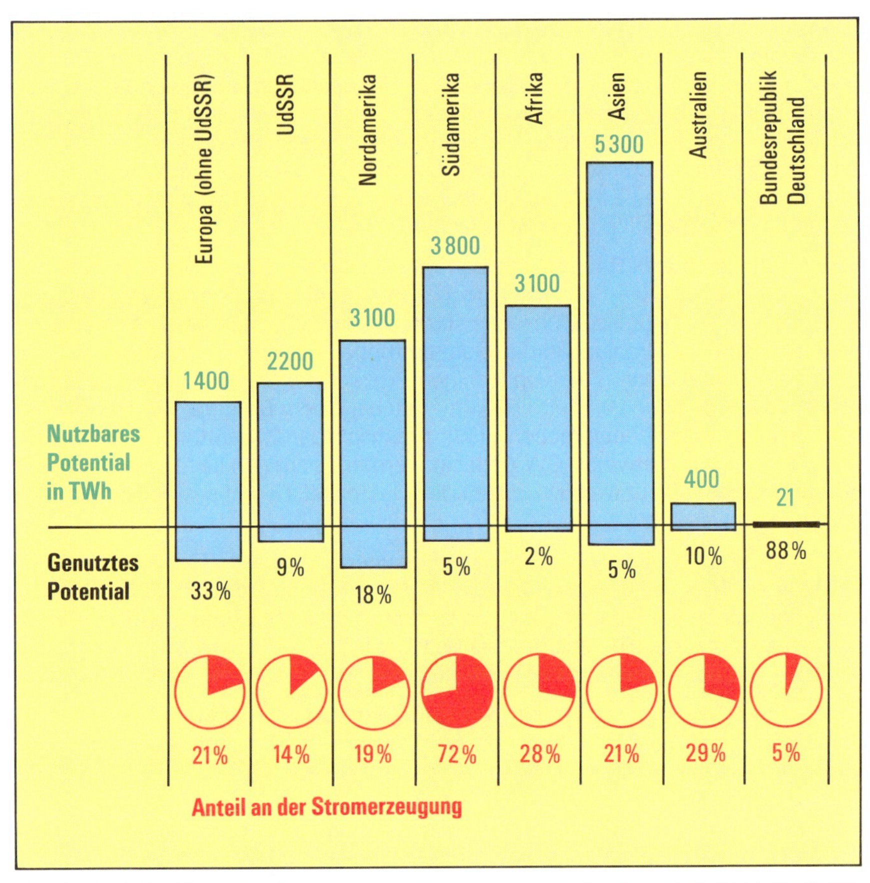

Abb. 9: Anteil der Wasserkraftnutzung an der Stromerzeugung (unten) sowie technisch nutzbares Potential in Terawattstunden (TWh) und bisher genutzter Anteil des technischen Potentials der Wasserkraft (58).

Das weltweite technische Potential der Wasserkraftnutzung wird auf rund 13 000 TWh pro Jahr (rund 1,6 Milliarden Tonnen Steinkohleneinheiten pro Jahr; rund 49 EJ pro Jahr) (56) bis 20 000 TWh pro Jahr (57) geschätzt. Selbst wenn aus Sicherheitsgründen (Überflutung bei Dammbrüchen) und ökologischen Gründen dieses Potential nicht vollständig ausgeschöpft würde, könnte der Umfang der Stromerzeugung mittels Wasserkraft langfristig nicht unerheblich gesteigert werden.

Abbildung 9 gibt das bisher genutzte Potential und das wesentlich größere technische Potential der Wasserkraft zur Stromerzeugung sowie den gegenwärtigen Anteil der Wasserkraft an der Stromerzeugung wieder.

Die Enquete-Kommission erachtet es als besonders wichtig, die technischen Potentiale der verschiedenen erneuerbaren Energien weltweit, EG-weit und in der Bundesrepublik Deutschland zu erfassen und Realisierungswege zu einer möglichst weitgehenden Ausschöpfung dieser Potentiale zu erarbeiten. Der Forschungs-und Entwicklungsbedarf ist groß, zusätzlich aber bedarf die Einführung verschiedener Techniken zur direkten und indirekten Nutzung der Sonnenenergie politischer Unterstützung. Daneben sind die Risiken und die Umweltauswirkungen der verschiedenen Möglichkeiten des Einsatzes erneuerbarer Energien zu untersuchen.

2.3.3 Reduktion durch Kernenergie

Ende 1987 befanden sich weltweit 404 Kernkraftwerke mit einer installierten Bruttoleistung von 317,6 GWe in Betrieb (59); (siehe Tabelle 12). Im Jahr 1986 erzeugten die 377 weltweit in Betrieb befindlichen Kernkraftwerke rund 1,5 x 10^{12} kWh (1,5 Billionen Kilowattstunden) Strom (60).

Die Nutzung der Kernenergie trug im Jahr 1986 weltweit mit 4,9 Prozent zur kommerziellen Primärenergiebereitstellung und mit rund 16 Prozent zur gesamten Stromproduktion bei (61).

Im Bau befanden sich Ende 1987 weltweit 129 Kernkraftwerke, weitere 64 waren in Auftrag gegeben. Insgesamt ergäben diese 597 Anlagen zusammen eine installierte Bruttoleistung von rund 504 GWe (62) (siehe Tabelle 12).

Im Jahr 1987 trug die Nutzung der Kernenergie weltweit mit rund 5,2 Prozent zum Primärenergieaufkommen bei (63). In der EG betrug der Anteil der Kernenergie am gesamten Primärenergieaufkommen im Jahr 1987 12,9 Prozent (64).

In der Bundesrepublik Deutschland trug die Nutzung der Kernenergie im Jahr 1986 mit rund 10 Prozent und im Jahr 1987 mit rund 11 Prozent zum Primärenergieaufkommen bei (65) (siehe auch Tabelle 5 und Abbildung 4). Dies entspricht im Jahr 1987 einem Primärenergieäquivalent von etwa 43 Millionen Tonnen Steinkohleneinheiten. Ihr Anteil an der Stromproduktion betrug etwa ein Drittel. Da der Strom im Jahr 1987 16,9 Prozent der Endenergie ausmachte (siehe Tabelle 6), trug die Kernenergie rund 5,5 Prozent zur gesamten Endenergiebereitstellung in der Bundesrepublik Deutschland bei.

Es muß berücksichtigt werden, daß nach Abschluß des angestrebten internationalen Übereinkommens zum Schutz der Erdatmosphäre (siehe 6) jedes Land anstreben wird, die Entscheidung über die einzuschlagende konkrete Strategie, also insbesondere auch über die Nutzung der Kernenergie, selbst zu treffen. Man sollte daher bei der globalen Vorgehensweise nicht übersehen, daß die Kernenergienutzung lediglich in einigen Ländern in Frage gestellt ist. Aus heutiger Sicht ist

Tabelle 12

Die Kernkraftwerke der Welt, nach Ländern aufgeschlüsselt

Stand: Ende 1987

Die rechte Spalte (gesamte Atomstromerzeugung) bezieht sich nicht auf das Jahr 1987, sondern gibt die kumulierte Stromerzeugung seit Inbetriebnahme der Anlagen wieder.

Im Jahr 1987 trug die Nutzung der Kernenergie weltweit mit rund 5,2 Prozent zum kommerziell genutzten Primärenergieaufkommen bei (66).

Land	in Betrieb[1])		im Bau[2])		bestellt[2])		insgesamt		Gesamte Atomstromerzeugung[3]) bis 31. Dezember 1987 GWh brutto
	Anzahl	Bruttoleistung MW	Anzahl	Bruttoleistung MW	Anzahl	Bruttoleistung MW	Anzahl	Bruttoleistung MW	
Argentinien	2	988	1	745	—	—	3	1 733	46 363
Belgien	8	5 720	—	—	—	—	8	5 720	261 442
Brasilien	1	657	2	2 618	—	—	3	3 275	6 792
Bulgarien	5	2 760	1	1 000	2	2 000	8	5 760	83 738*)
BR Deutschland	21	19 851	4	4 326	3	3 979	28	28 156	877 355
China	—	—	3	2 289	—	—	3	2 289	—
DDR	5	1 830	4	2 820	2	880	11	5 530	74 516*)
Finnland	4	2 296	—	—	—	—	4	2 296	143 463
Frankreich	53	52 141	12	16 559	2	3 000	67	71 700	1 503 616
Großbritannien	22	12 438	5	4 007	—	—	27	16 445	725 299
Indien	6	1 330	6	1 410	4	940	16	3 680	54 090
Iran	—	—	2	2 586	—	—	2	2 586	—
Italien	4	2 353	3	2 049	3	3 018	10	7 420	80 141
Japan	36	28 046	12	11 174	4	4 912	52	44 132	1 269 076
Jugoslawien	1	664	—	—	—	—	1	664	23 726
Kanada	18	12 381	4	3 744	1	685	23	16 810	613 094
Korea (Süd)	7	5 808	2	1 900	2	2 000	11	9 708	120 827

Kuba	—	—	2	880	—	—	2	880	—
Mexiko	—	—	2	1 350	—	—	2	1 350	—
Niederlande	2	528	—	—	—	—	2	528	55 710
Österreich	—	—	1	723	—	—	1	723	—
Pakistan	1	137	—	—	—	—	1	137	4 931
Philippinen	—	—	1	650	—	—	1	650	—
Polen	—	—	2	930	3	1 370	5	2 300	—
Rumänien	—	—	3	2 037	2	1 374	5	3 411	—
Schweden	12	9 908	—	—	—	—	12	9 908	485 517
Schweiz	5	3 034	—	—	2	2 174	7	5 208	212 827
Sowjetunion	56	37 205	25	26 240	28	29 600	109	93 045	?
Spanien	9	6 797	5	4 850	1	1 075	15	12 722	222 683
Südafrika	2	1 930	—	—	—	—	2	1 930	25 836
Taiwan	6	5 146	—	—	—	—	6	5 146	173 337
Tschechoslowakei	8	3 458	8	5 632	—	—	16	9 090	34 075*)
Ungarn	4	1 760	1	1 000	1	1 000	6	3 760	29 230*)
USA 1)	106	98 411	18	22 050	4	4 752	128	125 213	4 338 015
Summe	404	317 577	129	123 569	64	62 759	597	503 905	11 465 699 4) 5)

*) Gesamte Atomstromerzeugung bis 30. 11. 87

1) In den Spalten „in Betrieb“ und „insgesamt“ sind folgende inzwischen endgültig abgeschaltete Kernkraftwerke nicht mehr berücksichtigt: Bundesrepublik Deutschland: KKN (100 MWe), HDR (25 MWe), KWL (252 MWe), KRB (252 MWe), MZFR (58 MWe), VAK (16 MWe); Frankreich: Chinon-1 (70 MWe), G-2 (40 MWe), G-3 (43 MWe); Großbritannien: PFR Dounreay (13 MWe), AGR (28 MWe); Italien: Garigliano (150 MWe); Kanada: Gentilly-1 (265 MWe), Douglas Point (218 MWe); Schweden: Agesta (12 MWe); Sowjetunion: Tschernobyl-4 (1 000 MWe); USA: Peach Bottom-1 (40 MWe), Shippingport (90 MWe), Humboldt Bay (65 MWe), Dresden-1 (180 MWe), Three Mile Island-2 (960 MWe). Als Kriterium der Inbetriebnahme gilt in dieser Tabelle die 1. Stromerzeugung.

2) Ohne stornierte Anlagen.

3) Bei der Atomstromerzeugung sind Lieferungen aus Gemeinschaftskraftwerken in Nachbarländer nicht berücksichtigt.

4) Summendifferenz durch Rundungen.

5) Ohne Sowjetunion.

Anmerkung: Beim Vergleich dieser Tabelle mit früheren Jahren ist zu beachten, daß die Tabelle zwecks Vereinheitlichung von Netto- auf Bruttozahlen umgestellt wurde.

zu erwarten, daß eine Reihe von Ländern Kernenergie zur CO_2-Begrenzung vorsehen wird.

Es ist zu prüfen, ob beziehungsweise in welchem Umfang die Kernenergie national und weltweit einen Beitrag zur Eindämmung des Treibhauseffekts leisten kann. Bei dieser Prüfung ist – wie bei allen anderen Energietechnologien auch – nicht nur das Kriterium der Klimaverträglichkeit zugrunde zu legen. Die Kommission wird sich in diesem Sinne prüfend auch mit neuen Reaktorlinien im Kernenergiebereich und einem möglichen Beitrag der Kernenergie auf dem Wärmemarkt auseinandersetzen.

Die unterschiedliche Bewertung der Kernenergie in verschiedenen Staaten veranlaßte die Weltkommission für Umwelt und Entwicklung – auch mit Blick auf den Treibhauseffekt – zu folgender Schlußfolgerung:

> „Aus diesen unterschiedlichen Reaktionen geht hervor, daß die Regierungen, während sie das verfügbare Beweismaterial weiterhin prüfen und auf den neuesten Stand bringen, drei mögliche Positionen einnehmen:
>
> – sie bleiben ohne Kerntechnologie und entwickeln andere Energiequellen;
>
> – sie betrachten ihre derzeitige Kernkraftkapazität als notwendig während einer zeitlich begrenzten Übergangsperiode zu sichereren alternativen Energiequellen; oder
>
> – sie nehmen Kernenergie an und entwickeln sie in der Überzeugung, daß die damit in Verbindung stehenden Probleme und Risiken auf einem Sicherheitsniveau gelöst werden können und müssen, das national und international annehmbar ist.
>
> Die Kommission (Weltkommission für Umwelt und Entwicklung; Anmerkung der Redaktion) hat in ihrer Diskussion diese Tendenzen, Standpunkte und Positionen in Betracht gezogen. Aber welche Politik auch immer eingenommen wird, es ist die erste Priorität, daß energiesparende Praktiken in allen Sektoren und umfassenden Forschungs-, Entwicklungs- und Demonstrationsprogrammen gefördert werden; nur dies ist im Sinne eines sicheren und umweltfreundlichen Gebrauchs aller vielversprechenden Energiequellen, insbesondere der erneuerbaren Energiequellen." (60).

Die Enquete-Kommission schließt sich dieser Bewertung der Energieeinsparung an.

2.3.4 Reduktion durch Emissionsrückhaltung

Ein erhebliches Potential zur Verringerung verschiedener Spurengasemissionen bilden Rückhaltetechniken und Minderungsmaßnahmen im Straßenverkehr und bei stationärer Verbrennung.

Der Verkehr nutzt fast ausschließlich die Verbrennung fossiler Energieträger und verbraucht rund 25 Prozent der gesamten Endenergie der Bundesrepublik

Deutschland. In vergleichbaren Ländern kommt der Verkehr auf prozentuale Anteile am gesamten Energieverbrauch in ähnlicher Größe.

Es entspricht dem Stand der Technik, Stickoxide (NO_x), Kohlenmonoxid (CO), Kohlenwasserstoffe (C_xH_y) und Methan (CH_4) bei der Verbrennung fossiler Energieträger weitgehend zurückhalten zu können.

So mindern Drei-Wege-Katalysatoren in Pkw mit Ottomotoren in Verbindung mit einer Lambda-Regelung die Emissionen von CO, NO_x und C_xH_y um mehr als 90 Prozent (68). Analog halten Entstickungsanlagen den Ausstoß von NO_x aus Kraftwerken weitgehend zurück.

Einem rasch und stringent durchgeführten Programm zum Einbau von Rückhaltetechniken für NO_x-, CO- und C_xH_y-Emissionen in Verbrennungsanlagen für fossile Energieträger (im Verkehr bei Otto- und Diesel-Motoren, bei der Heizung, in Kraftwerken) kommt daher — vor allem auch wegen der damit möglichen Verringerung des Ozons in der Troposphäre — sowohl im Hinblick auf den Treibhauseffekt als auch im Hinblick auf das Waldsterben eine besondere Bedeutung zu. Auf das Problem, die vorhandene Rückhaltetechnik international stringent einzusetzen, sei an dieser Stelle nur hingewiesen.

Eine Rückhaltung des CO_2 am Ort der Verbrennung, wie sie bei den anderen Spurengasen weitgehend möglich ist, läßt sich zwar theoretisch vorstellen, scheitert aber nach dem heutigen Kenntnisstand an dem hierzu erforderlichen außerordentlich großen Aufwand.

2.3.5 Reduktion durch Austausch von fossilen Brennstoffen

Die verschiedenen fossilen Energieträger haben unterschiedliche CO_2-Emissionsfaktoren. Diese sind in Tabelle 10 zusammengestellt. Bezogen auf denselben Heizwert verhalten sich die spezifischen CO_2-Emissionen bei der Verbrennung von Braunkohle, Steinkohle, Erdöl und Erdgas wie 121 : 100 : 88 : 58. Daher läßt sich durch die Substitution der CO_2-Emissions-intensiven durch weniger CO_2-Emissions-intensive fossile Energien der CO_2-Ausstoß verringern.

Der Erdgasanteil am weltweiten Primärenergieverbrauch betrug im Jahr 1987 rund 20 Prozent (69). In der Bundesrepublik Deutschland trug Erdgas im Jahr 1987 zu rund 17 Prozent zum Primärenergieverbrauch bei (70). Erdgas hat zwar im Vergleich zu Kohle und Erdöl wesentlich geringere spezifische CO_2-Emissionen bei der Verbrennung, jedoch muß berücksichtigt werden, daß CH_4 selbst zu den klimarelevanten Spurengasen gehört. Methan — Erdgas besteht zu etwa 90 Prozent aus Methan (CH_4) — hat, soweit es nicht verbrannt, sondern freigesetzt wird, pro Molekül ein um den Faktor 32 größeres Treibhauspotential als Kohlendioxid. Die CH_4-Verluste bei der Erdgas- und Erdölförderung und Erdgasverteilung verdienen deshalb besondere Aufmerksamkeit.

Durch Messungen von radioaktivem CH_4 ist abgeschätzt worden, daß wahrscheinlich etwa 30 Prozent des Methans aus der Öl- und Erdgasindustrie und aus dem

Kohlebergbau stammen oder aus den Lagerstätten fossiler Energieträger zur Oberfläche steigen und ausgasen (71). Diese Abschätzung muß noch überprüft werden. Deshalb muß in Zukunft äußerste Sorge dafür getragen werden, daß CH_4-Verluste auf ein Minimum reduziert werden.

Bei allen Überlegungen zur Teilsubstitution von fossilen Energieträgern durch solche, die weniger CO_2 emittieren, muß unter anderem auf die Kombination der verschiedenen Energieträger geachtet werden. Beim gegenwärtigen Mix der in der Bundesrepublik Deutschland bestehenden Energieversorgung beträgt der spezifische CO_2-Endenergie-Emissionsfaktor im Mittel rund 3,1 Tonnen CO_2 pro Tonne SKE Endenergie (72). So ergibt beispielsweise eine Einsparung von 20 Prozent bei jeder Endenergieform (Elektrizität, Kraftstoff, Heizöl, Erdgas etc.) in der Bundesrepublik Deutschland eine Reduktion der CO_2-Emission um rund 150 Millionen Tonnen pro Jahr, was etwa einer Verringerung der CO_2-Emission um 20 Prozent entspricht. Bei der Wahl zwischen Brennstoffen mit unterschiedlicher spezifischer CO_2-Emission (siehe Tabelle 10) muß unter dem Gesichtspunkt größtmöglicher Effizienz allerdings differenziert vorangegangen werden.

Wie die Entwicklung vor und nach der Ölkrise in den siebziger Jahren gezeigt hat, sind erhebliche Strukturveränderungen im Energiesektor realisierbar, vorausgesetzt, die Wirtschaftlichkeit, der Stand der Technik und der Druck der politischen Rahmenbedingungen erzwingen den Strukturwandel. Diese Entwicklung war auch in anderen vergleichbaren Ländern zu beobachten.

Gegenüber der Einsparung von Energie spielt die CO_2-Reduktion durch den Austausch von fossilen Brennstoffen eine nachgeordnete Rolle.

2.3.6 Reduktion durch umweltbewußteres Verhalten

Untersuchungen der verschiedenen Energieeinsparpotentiale haben ergeben, daß der Energieverbrauch um etwa 10 Prozent zu vermindern wäre, wenn im Umgang mit Energie etwas mehr Aufmerksamkeit darauf verwendet würde, für einen bestimmten Zweck nicht mehr Energie als nötig einzusetzen. Beispiele sind langsamere und stetigere Fahrweisen im Verkehr (Vermeiden sinnloser Beschleunigungen), Temperaturabsenkungen von Heizanlagen außerhalb der Bedarfszeiten, sorgfältiger Umgang mit Elektrizität und nicht zuletzt Achtsamkeit auch auf diejenigen Energieumsätze, die der Verbraucher nicht selbst bezahlt (z.B. Heizung und Licht in Firmen, Schulen, Verwaltungsgebäuden und anderes).

2.3.7 Reduktion durch Konsumverzicht

Viele Menschen finden es zwar angenehm, sich zum Beispiel die Hände generell mit warmem Wasser (oft aus Durchlauferhitzern oder Elektroboilern) zu waschen, mit dem Auto zum Briefkasten zu fahren, im Winter innerhalb des Hauses so gekleidet zu sein wie im Sommer und dazu eine Temperatur von 21° C oder mehr aufzubieten, kommen angesichts der Umweltbelastung durch die Energieumwandlungsprozesse aber doch zu dem Ergebnis, daß die geschilderten Annehmlichkeiten ihren Preis nicht wert seien. Ein so weit oder weitergehender Konsumverzicht, zum Beispiel die spürbare Einschränkung des Autofahrens, kann erheblich zur Eindämmung der Umweltbelastung, auch durch klimarelevante Spurengase, beitragen. Viele Menschen klagen darüber, der zunehmenden Umweltbelastung hilflos ausgeliefert zu sein. Durch einen umweltbewußteren Konsum und einen teilweisen Verzicht auf energiebezogene Dienstleistungen kann jeder Bürger etwa so weit zur Umweltentlastung beitragen, wie der Verzicht reicht.

2.4 Ausblick

Die Enquete-Kommission hat sich in ihren bisherigen Beratungen und der ersten Anhörung zu Energiefragen am 20. Juni 1988 zunächst erst vorläufig mit den zu treffenden Maßnahmen bezüglich der zukünftigen Energieversorgung beschäftigt. Als vorläufiges Ergebnis stellt die Kommission im Zwischenbericht fest:

- Die Emissionen aus der Energieversorgung gehören zu den bedeutsamsten Ursachen des durch Menschen verursachten (anthropogenen) Treibhauseffekts. Es ist daher notwendig, die Emissionen aller klimarelevanten Spurengase aus dem Energiebereich erheblich zu senken.
- Die globale Dimension der zu erwartenden Klimaänderungen zwingt dazu, das Problem im Rahmen eines weltweiten, solidarischen Vorgehens zu lösen.
- Insbesondere im Energiebereich empfiehlt die Kommission eine internationale Konvention, in der sich die einzelnen Staaten verpflichten, die wegen des Energieverbrauchs entstehenden Emissionen nach Maßgabe eines einvernehmlich beschlossenen Reduktionsprogramms jeweils selbstverantwortlich zu vermindern.
- Die Kommission fordert den Bundestag und die Bundesregierung auf, als wirksamste Strategie mit dem Ziel einer wechselseitigen Verstärkung sowohl ein internationales als auch ein nationales Vorgehen zur Vorsorge zum Schutz der Erdatmosphäre und insbesondere zur Reduktion der energierelevanten Spurengasemissionen in die Wege leiten.
- Aufgrund von Klimamodellrechnungen sind Vorsorgewerte (z. B. Spurengaskonzentrationen und Klimaveränderungen) zu definieren und daraus die notwendigen Reduktionsraten zu ermitteln. Diese würden im Energiebereich die Reduktion der Verbrennung der fossilen Energieträger beziehungsweise die Rückhaltung der dabei freigesetzten klimarelevanten Spurengase verlangen.
- Die Prioritäten der Entwicklungshilfe der Bundesrepublik Deutschland sind besonders auf den Aufbau einer effizienten, sozial und ökologisch optimierten Energieversorgung der Entwicklungs- und Schwellenländer auszurichten.
- Energieeinsparung und Effizienzsteigerung haben — insbesondere in den Industrieländern — Priorität bei der Suche nach Lösungswegen zur Senkung des Energieverbrauches, namentlich zur Reduktion der Verbrennung der fossilen Energieträger auf das gebotene Maß.

- Alle Energieeinsparpotentiale und die Umsetzungsstrategien zu ihrer weitgehenden Ausschöpfung sind angesichts der Klimagefährdung erneut zu untersuchen. Dabei ist es erforderlich, die bestehenden Marktbarrieren und strukturellen Hemmnisse in die Untersuchung einzubeziehen. Zu untersuchen sind insbesondere die technischen Einspar- und Rückhaltepotentiale durch Effizienzsteigerung im Bereich der Raumheizung (etwa ein Drittel des Endenergieverbrauchs der Bundesrepublik Deutschland), des Verkehrs (etwa ein Viertel des Endenergieverbrauchs der Bundesrepublik Deutschland), der Elektrizitätserzeugung und -verwendung und weiterer noch zu bestimmender Bereiche sowie die Strategien zu ihrer weitgehenden Ausschöpfung in der Bundesrepublik Deutschland und analog in anderen vergleichbaren Ländern.

- Bei der Erarbeitung von Strategien und Wegen zur Realisierung einer weitgehenden Ausschöpfung der technischen Potentiale der erneuerbaren Energien durch direkte und indirekte Solartechniken müssen national und international besonders große Anstrengungen unternommen werden.

- Es ist zu prüfen, ob beziehungsweise in welchem Umfang die Kernenergie national und weltweit einen Beitrag zur Eindämmung des Treibhauseffekts leisten kann. Bei dieser Prüfung ist — wie bei allen anderen Energietechnologien auch — nicht nur das Kriterium der Klimaverträglichkeit zugrunde zu legen. Die Kommission wird sich in diesem Sinn prüfend auch mit neuen Reaktorlinien im Kernenergiebereich und einem möglichen Beitrag der Kernenergie auf dem Wärmemarkt auseinandersetzen.

- Auch bei der Nutzung der Kernenergie ist — unabhängig von anderen Fragestellungen — zu prüfen, inwieweit damit Emissionen radioaktiver Gase mit klimarelevanten Folgen verbunden sind.

- Die Entwicklung von politischen Rahmenbedingungen, die international und national einen Beitrag zur Lösung des Treibhausproblems leisten können, bedarf im Energiebereich besonders intensiver Bemühungen.

- Besondere Bedeutung ist den jeweiligen externen Kosten bzw. dem externen Nutzen des Einsatzes der verschiedenen Energieträger beziehungsweise der Energieeinsparung beizumessen. Es ist zu prüfen, inwieweit der Treibhauseffekt und die zu erwartenden Klimaänderungen neben weiteren Umweltbelastungen in eine solche Wirtschaftlichkeitsrechnung einbezogen werden können.

- Im Hinblick auf die wirksamsten Maßnahmen sind national und international optimierte Gesamtstrategien zu erarbeiten. Unter anderem sind dabei nationale und internationale energiewirtschaftliche Analysen und Entscheidungsprozeduren zu erfassen und auf ihre Realisierungsmöglichkeiten zu prüfen. Die Aufgaben der Energiewirtschaft (in allen Bereichen der Energiebereitstellung, -umwandlung und -nutzung) sind dabei grundlegend zu überprüfen.

3. Fluorchlorkohlenwasserstoffe (FCKW)/ Chemische Industrie Produktion/Abfall

3.1 Reduktion der Fluorchlorkohlenwasserstoffe (FCKW)

Wie bereits dargelegt (Abschnitt D, 1. und 2. Kapitel), tragen die durch das Montrealer Protokoll geregelten FCKW gegenwärtig mit etwa 17 Prozent zum Treibhauseffekt bei. Dabei wirkt ein einzelnes FCKW-Molekül etwa 15 000 mal so stark wie ein CO_2-Molekül. Im Hinblick auf ihre doppelt schädigende Wirkung — sie zerstören die Ozonschicht der Stratosphäre (siehe Abschnitt C) und tragen zum Treibhauseffekt bei (siehe Abschnitt D, 1 und 2. Kapitel) — gebührt der schnellen und wirkungsvollen Reduzierung und Substitution der FCKW weltweit höchste Priorität.

Für eine weitgehende Abschaffung der FCKW bis zum Jahr 2000 bestehen gute Voraussetzungen, da

- es sich bei den FCKW um wenige, synthetische Substanzen handelt, die von einer begrenzten Anzahl von Firmen hergestellt werden, wodurch eine große Überschaubarkeit gegeben ist,
- die gesellschaftliche und wirtschaftliche Entwicklung nicht von den FCKW abhängig ist,
- mit dem Wiener Übereinkommen zum Schutz der Ozonschicht von 1985 und dem Montrealer Protokoll von 1987 über Stoffe, die die Ozonschicht schädigen, internationale Reduktionsregelungen in die Wege geleitet worden sind.

Auch die nicht im Montrealer Protokoll geregelten FCKW sowie weitere Kohlenwasserstoffe sind darauf zu überprüfen, inwieweit sie derzeit beziehungsweise bei einem Anstieg ihrer Emissionen zum Treibhauseffekt (und zur Zerstörung des stratosphärischen Ozons) beitragen können. Insbesondere die Substanzen, die heute als Ersatzstoffe für die im Montrealer Protokoll geregelten FCKW gelten, müssen nicht nur auf ihr Ozonzerstörungspotential, sondern auch auf ihren möglichen Beitrag zum Treibhauseffekt überprüft werden.

Detailliertere Ausführungen über die Reduzierung und Substitution der FCKW und die dazu geeignetsten unterschiedlichen Instrumente finden sich in Abschnitt C. Die dort vorgeschlagenen stringenten Maßnahmen sind gerade auch angesichts der Treibhauswirkung der FCKW in der vorgeschlagenen Form ausgestaltet worden. Im einzelnen ist auf das Kapitel „Handlungsmöglichkeiten, Maßnahmen und Empfehlungen zum Schutz der Ozonschicht in der Stratosphäre" (Abschnitt C, 5. Kapitel) zu verweisen.

3.2 Reduktion weiterer für den Treibhauseffekt relevanter Emissionen

Obwohl die FCKW und die Emissionen aus dem Energiebereich in großem Maß zum Treibhauseffekt beitragen, sollten die weiteren Treibhausgasemissionen nicht außer acht gelassen werden. Die produktions- und anwendungstechnisch bedingten Quellen der NO_x-, N_2O-, CH_4-, CO-, CO_2-, Lösungsmittel- und Kohlenwasserstoff-Emissionen sind daher unter Vorsorgegesichtspunkten systematisch zu erfassen.

Die einzelnen Produktions- und Anwendungstechniken sind daraufhin zu überprüfen, welche treibhausrelevanten Spurengase in welcher Größenordnung emittiert werden. Im Falle einer relevanten Treibhauswirkung sind geeignete Maßnahmen zu ergreifen, die beispielsweise durch verfahrenstechnische Umstellungen oder Rückhaltetechniken die Emissionen deutlich reduzieren. Dabei solte unter anderem eine Gruppe von indirekten Emissionen beachtet werden, die von der Art der Produktion und des Konsums bestimmt sind: Nicht wiederverwertbare oder weiterverwertbare Produkte verursachen große Abfallmengen, die sowohl in Müllverbrennungsanlagen als auch in Mülldeponien zu Spurengasemissionen führen.

Nicht nur zur Bewältigung der Müll-, Ressourcen- und Energieprobleme, sondern auch zur Eindämmung des Treibhauseffekts ist im einzelnen zu untersuchen, inwieweit durch Vermeidungsstrategien und durch eine Optimierung von Produktion, Anwendung, Konsum, Abfallverwertung und -beseitigung beziehungsweise Wieder- und Weiterverwertung der Güter die Spurengasemissionen minimiert werden können.

4. Forstwirtschaft

4.1 Waldsterben in den Industrieländern

Die Waldschäden in den Industrieländern verstärken den Treibhauseffekt ebenfalls, da sie die CO_2-Konzentration in der Atmosphäre erhöhen. Ursachen hierfür sind:

- das vorzeitige Absterben von Waldbeständen,
- die Verringerung der Biomasse überlebender Waldbestände und
- der verstärkte Humusabbau nach Freilegung des Bodens oder Auflichtung des Kronendachs.

Das freigesetzte CO_2 entspricht der Differenz zwischen dem in der Biomasse und dem Humus gespeichertem Kohlenstoff gesunder Wälder und den in der Regel geringeren Mengen von Kohlenstoff in kranken Wäldern, beziehungsweise den noch geringeren Mengen einer Ersatzvegetation.

Die größten Mengen von CO_2 werden bei einer völligen Vernichtung des Waldes, die gebietsweise in den Hochlagen der Mittelgebirge und der Alpen auftritt, freigesetzt. Die abgestorbene Biomasse wird entweder am Standort innerhalb weniger Jahre zersetzt oder abtransportiert und als Brennholz oder Nutzholz verwendet. Verkürzte Umtriebszeiten, die durch Waldschäden hervorgerufen werden, erhöhen den CO_2-Gehalt der Atmosphäre, denn die Holzvorräte eines Forstbetriebes verringern sich, wenn massereiche Althölzer überproportional durch Kulturen und Jungbestände mit geringerer Holzmasse ersetzt werden. Bereits eine Auflichtung der Baumkronen durch den vorzeitigen Abfall mehrjähriger Nadeln oder den Ausfall ganzer Äste verringert die Biomasse eines Waldbestandes und setzt dadurch CO_2 frei. Das gleiche erfolgt nach dem Kahlschlag von Waldflächen beim Abbau der Humusvorräte.

Die Ursachen der Waldschäden sind nach dem heutigen Stand der Forschung auf ein komplexes Ursachengefüge zurückzuführen. Ausgangspunkt der Schädigung ist der Eintrag von Schadstoffen aus der Atmosphäre durch nasse und trockene Deposition. Hierbei können die Transportwege unterschiedlich lang sein. Die Hauptschadstoffe sind säurebildende Gase, photochemische Luftverunreinigungen und Schwermetalle. Die Bäume können sowohl durch unmittelbare Einwirkung auf die Blattorgane als auch über die Veränderung des Bodens geschädigt werden. Hierbei spielen der Mangel an basischen Kationen, Überschuß an Stickstoffverbindungen oder die direkte Beeinträchtigung des Feinwurzelsystems durch Säure oder Schwermetalle die Hauptrolle.

Sekundäre Luftverunreinigungen (z.B. Ozon, PAN (Peroxyazetylnitrat), Peroxide und organische Säuren) können die Pflanzen bei direkter Einwirkung unter Umständen bereits bei wesentlich niedrigeren Konzentrationen schädigen als die primären Schadstoffe (z.B. SO_2 und NO_x).

Stickoxide sind zusammen mit Kohlenwasserstoffen maßgeblich an der Entstehung der genannten Sekundärschadstoffe wie Ozon beteiligt, sie bewirken jedoch auch nach Eintrag in das Waldökosystem eine oft nicht gewünschte Eutrophierung sowie eine Versauerung der Böden. Ihre Reduzierung ist deshalb vordringlich.

Schwefeldioxid wirkt ebenfalls auf doppelte Weise: Die unmittelbare Wirkung auf die Blattorgane wird durch die Kombination mit anderen Schadgasen wie Ozon oder NO_2 verstärkt. Es spielt jedoch auch eine Rolle im sauren Nebel und vor allem durch den Säureeintrag in den Boden. Dieser kann zur Freisetzung schädlicher Metallionen im Boden führen, da Aluminium, Eisen und andere Schwermetalle dort im sauren Bereich besser löslich sind.

Die Einwirkung von Luftverunreinigungen können durch extreme Witterung (Hitze-, Dürre- und Frostperioden) verstärkt werden. Die Frostresistenz vieler Bäume wird nachgewiesenermaßen durch Ammoniak oder SO_2 verringert. Auch Trockenperioden schädigen die Bäume stärker, wenn die Kutikula durch Oxidantien oder sauren Nebel vorgeschädigt wurde. Verheerend wirkt sich eine längere Dürre mit Austrocknung des Oberbodens dann aus, wenn das Feinwurzelsystem zum Beispiel der Fichten im darunterliegenden Mineralboden bereits durch phytotoxische Metallionen geschädigt ist.

Der Anteil des Waldsterbens am Treibhauseffekt läßt sich am effektivsten dadurch verringern, daß die Schwefeldioxid- und besonders die NO_x-Emissionen reduziert werden, da sie für die sauren Depositionen in den Boden, den Säuregehalt der Nebeltropfen und die Bildung von troposphärischem Ozon verantwortlich sind (siehe 1. Kapitel). Die NO_x-Emissionen sind in der Bundesrepublik Deutschland zu 57 Prozent dem Kraftfahrzeugverkehr anzurechnen, der Rest zum überwiegenden Teil den Kraftwerken. Die wirksamsten Mittel zur Reduzierung der NO_x-Emissionen sind bei Kraftfahrzeugen mit Otto-Motoren die Einführung des geregelten Drei-Wege-Katalysators, bei den Kraftwerken die Entstickung der Rauchgase.

Beim oben genannten Schadstoff SO_2 sind zwar die Emissionen in der Bundesrepublik Deutschland in den vergangenen Jahren stark zurückgegangen, nicht aber seine Immissions-Konzentrationen. Sie haben bisher noch nicht merklich abgenommen, da die Schwefeldioxid-Emissionen unserer Nachbarn, insbesondere die der Deutschen Demokratischen Republik, der Tschechoslowakei, Polens und Großbritanniens, bisher sogar noch angestiegen sind.

4.2 Vernichtung der tropischen Regenwälder

Der Einfluß der Vernichtung der tropischen Regenwälder auf den Treibhauseffekt und auf den globalen Temperaturanstieg wird im 4. Kapitel ausführlich diskutiert und dargestellt. Bei der Brandrodung, der vorherrschenden Form der Rodung der Regenwälder, tritt der in der Biomasse gespeicherte Kohlenstoff in Form von CO_2 in die Atmosphäre ein. Dadurch erhöht sich die CO_2-Konzentration in der Atmosphäre, die über den Treibhauseffekt zu einer globalen Erwärmung führt. Insgesamt haben die Rodungen der Regenwälder einen Anteil zwischen etwa 10 und 30 Prozent an den globalen anthropogenen CO_2-Emissionen.

5. Landwirtschaft/Welternährung

5.1 Reduktion der Emissionen von Treibhausgasen aus der Landwirtschaft

Methan (CH_4), Distickstoffoxid (N_2O) und Kohlendioxid (CO_2) tragen als landwirtschaftlich bedingte Emissionen zum Treibhauseffekt bei (s. auch Abschnitt D, 1. Kapitel, 3. sowie 1. Kapitel, 4.2)). Solange die Landwirtschaft ökologisch nachhaltig betrieben wird, das heißt, wenn langfristig gleichviel Biomasse nachwächst wie verbraucht wird, erfolgt die landwirtschaftlich bedingte CO_2-Freisetzung treibhausneutral. Dies gilt nicht für die Substanzen N_2O und CH_4, die wesentlich beziehungsweise vorwiegend durch landwirtschaftliche Prozesse gebildet und in die Atmosphäre abgegeben werden.

Die gegenwärtige landwirtschaftliche Praxis hat nicht nur Folgen für die Änderungen der Erdatmosphäre und des Klimas, sondern auch für eine Vielzahl weiterer langfristiger ökologischer Probleme (beispielsweise die Nitrat- und Pestizidbelastung des Wassers, den Artenschwund, die Bodenerosion). Aufgrund der vielfältigen Langzeitfolgen der landwirtschaftlichen Praxis ist daher zu prüfen, ob ihre Spurengasemissionen höher zu gewichten sind als andere Spurengase oder Umweltfragen, deren Auswirkungen allein die Atmosphäre betreffen.

Die Emission von Distickstoffoxid (N_2O) erfolgt durch mikrobielle Umsetzung aus stickstoffhaltigen organischem Material, wird aber wesentlich verstärkt durch den intensiven Einsatz von mineralischem (synthetischem) Stickstoffdünger (73).

Der hohe Nitratgehalt des Wassers in landwirtschaftlich intensiv genutzten Arealen läßt den eindeutigen Schluß zu, daß ein beträchtlicher Teil der mineralischen Stickstoffdüngung für Düngezwecke verloren geht und die Ökosysteme belastet.

Methan (CH_4) entsteht durch mikrobielle Umsetzung organischen Materials unter anaeroben Bedingungen, das heißt unter Luftabschluß unter anderem bei kompakter Lagerung organischen Materials, in verdichteten Böden und in Reisfeldern.

Die Methanemission der Abfallwirtschaft läßt sich unter kontrollierten Bedingungen nutzen, indem organischer Abfall (Küchen- und Gartenabfälle, Abfallprodukte lebensmitteltechnischer Verarbeitung, nicht kontaminierter Klärschlamm usw.) in Biogasanlagen zu Methan und hochwertigem Dünger aufbereitet werden. Bei der Verbrennung dieses so erzeugten Methans in Kraft-Wärme-Kopplungsanlagen wird CO_2 emittiert, wobei ein hoher energetischer Wirkungsgrad erzielbar und teilweise die Erzeugung hochwertiger Energie in Form von Elektrizität möglich ist. Gegebenenfalls sind geeignete Filter zur Rückhaltung weiterer Emissionen vorzusehen. Das bei der Biogasverbrennung entstehende Kohlendioxid hat eine um den Faktor 32 geringere Treibhauswirkung als das CH_4 und ist bei nachhaltiger Landwirtschaft treibhausneutral, da bei der Photosynthese Kohlendioxid der Luft gebunden worden ist.

In den Mägen der Wiederkäuer entsteht Methan, das emittiert wird. Die Zunahme der Zahl der Wiederkäuer weltweit hat also eine erhöhte CH_4-Emission zur Folge. Es ist daher zu prüfen, wieweit auch aus Klimagründen eine Reduktion des hohen Rindfleischkonsums der Industrieländer anzustreben ist. Daß der Übergang zu einer höheren trophischen Ebene der Ernährung einen etwa zehnfachen Anstieg des Land-, Energie- und Ressourcenverbrauchs bedeutet, ist auch im Hinblick auf die Welternährungslage und die ökologischen Konsequenzen der landwirtschaftlichen Beanspruchung zu bedenken.

Der jährliche Anstieg der auf die Rinderhaltung zurückzuführenden CH_4-Emission beträgt rund 0,75 Prozent (74). Insgesamt betragen diese CH_4-Emissionen 70 Millionen bis 80 Millionen Tonnen pro Jahr und haben damit einen Anteil von etwa 15 Prozent an den anthropogenen CH_4-Emissionen. Damit ergibt sich ein Anteil von rund 3 Prozent an den Emissionen aller anthropogener Spurenstoffe, die den Treibhauseffekt bewirken (siehe Abschnitt D, 1. Kapitel).

Beim Reisanbau wird wegen der anaeroben Bedingungen in den Feldern CH_4 emittiert. Es ist zu prüfen, ob diese Methanemissionen reduziert werden können. Denkbar wäre vielleicht ein höherer Anteil von Trockenreisanbau, wobei aber die Ernährungsgrundlage der Dritte-Welt-Länder nicht in Frage gestellt werden darf.

Eine weitere Quelle der treibhausrelevanten Spurengase ist die Verbrennung von Biomasse. Konsequenterweise sind hier Strategien zu verfolgen, die diese Emissionen möglichst weitgehend reduzieren. Nur die CO_2-Emission ist bei nachhaltiger Landwirtschaft klimaneutral.

5.2 Landwirtschaft und Welternährung unter veränderten Klimabedingungen

Welthunger und Fehlernährung führen bereits heute zu untragbaren Auswirkungen auf das Leben und die Gesundheit eines beträchtlichen Teils der Menschheit. In Anbetracht der steigenden Weltbevölkerung und der wahrscheinlich verheerenden Auswirkungen der Klimaänderungen und des Anstiegs der UV-B-Strahlung muß die künftige Lebensmittelversorgung als außerordentlich gefährdet angesehen werden.

Zu einem möglicherweise notwendig werdenden Krisenmanagement für die weltweite Landwirtschaft und Lebensmittelversorgung der Zukunft äußert sich die Enquete-Kommission „Vorsorge zum Schutz der Erdatmosphäre" derzeit nicht. Es sei aber daran erinnert, daß bei der notwendigen Substitution der fossilen Energieträger über die bisherigen Entscheidungshorizonte hinausgedacht werden muß. So könnte eine Konsequenz sein, daß die Gefährdung der Welternährungslage es verbietet, auf Böden, die für die Lebensmittelversorgung geeignet sind, großflächig Pflanzen anzubauen, die zum Beispiel in Form von Bioalkohol oder Ölen einer energetischen Nutzung zugeführt werden. Derartige Fragestellungen müssen in Zukunft umfassend geprüft werden.

Die Auswirkungen der Zerstörung des Ozons in der Stratosphäre und der zu erwartenden Klimaänderungen auf die zukünftige Lebensmittelversorgung, aber auch andere langfristige ökologische Folgen der Landwirtschaft und die nach wie vor exponentiell steigende Weltbevölkerung lassen es als äußerst dringlich erscheinen, systematisch Gesamtkonzeptionen zum Schutz der globalen Ökosysteme, der weltweiten Landwirtschaft und zur Sicherung einer vollwertigen, ausreichenden und dauerhaften Lebensmittelversorgung auf ökologischer Basis zu entwickeln.

6. Internationale Konvention zum Schutz der Erdatmosphäre

Die Enquete-Kommission ist der Überzeugung, daß der am ehesten erfolgversprechende Weg zu einer effizienten Reduktion der klimarelevanten Spurengase eine internationale Konvention ist. Die inhaltliche Ausgestaltung bleibt im einzelnen noch zu konkretisieren. Sichergestellt werden sollte, daß die weltwirtschaftliche Zusammenarbeit nicht beeinträchtigt wird.

Wegen der Vielschichtigkeit der mit den Spurengasemissionen zusammenhängenden Faktoren und der gebotenen Eile ist es unerläßlich, parallel zu den Bemühungen um eine internationale Konvention in jedem Land fundierte nationale Maßnahmen einzuleiten. Diese müssen geeignet sein, einerseits in einer ersten Phase möglichst rasche Reduktionen der treibhausrelevanten Spurengase zu veranlassen und andererseits flexible nationale Gesamtstrategien in die Wege zu leiten.

Die Zugehörigkeit der Bundesrepublik Deutschland zur Europäischen Gemeinschaft und die Einbindung der deutschen Wirtschaft in den internationalen Güter- und Warenaustausch haben die Möglichkeiten eingeschränkt, auf dem Energie- und Umweltgebiet eine Vorreiterrolle zu übernehmen. Isolierte nationale Maßnahmen zur Umstrukturierung der Energieversorgung und zur Reduktion der Verbrennung fossiler Energieträger stoßen auf Schwierigkeiten. Einschneidende Maßnahmen zur Reduktion der Emissionen aus Quellen in der Bundesrepublik Deutschland können dann besonders stringent durchgeführt werden, wenn dies Teil einer internationalen Strategie ist. Die Internationalisierung der wirtschaftlichen und politischen Strukturen eröffnet auch neue, weitergehende Handlungschancen. Die Bundesrepublik Deutschland sollte anstreben, im Rahmen einer internationalen Konvention den ihr zugewiesenen Beitrag zur Reduktion der Emissionen so zu erfüllen, daß sie eine Schrittmacherrolle übernehmen kann.

Die kommenden Jahre sind dafür zu nutzen, parallel zu den nationalen Schritten internationale Strategien zu entwickeln, da nur ein weltweites Vorgehen zu umfassenden Erfolgen führen kann. In einigen Bereichen werden tiefgreifende nationale Maßnahmen nur bei weltweiter Abstimmung erfolgen können, wobei es insbesondere auch auf das Vorgehen in der EG ankommt.

Ein internationales Übereinkommen zum Schutz der Erdatmosphäre durch Vermeidung und Reduzierung aller beteiligten Spurengase ist unabdingbar notwendig. Die Bundesrepublik Deutschland ist mit rund 3,6 Prozent an der weltweiten CO_2-Emission durch kommerziell genutzte Energieträger beteiligt. Nationale Reduktionsstrategien erbringen daher — auch wenn sie über die international vorzugebenden Reduktionsraten hinausgehen — global gesehen einen relativ kleinen unmittelbaren Reduktionsbeitrag. Allerdings können durch weitergehende Maßnahmen in der Bundesrepublik Deutschland mittelbar weit größere Reduktionen induziert werden. Diese könnten eine relevante Größenordnung erreichen beispielsweise durch eine Beschleunigung der Entwicklung innerhalb der EG durch nationale bundesdeutsche Maßnahmen, eventuell durch Wettbewerbsvorteile auf dem Weltmarkt, durch Demonstration der Marktreife und raschen Markteinführung zum Beispiel energieeffizienter Innovationen, durch eine verbesserte Innovationsfähigkeit der Industrieländer insgesamt, durch geeignete Entwicklungshilfe etc.

Die Kommission empfiehlt daher für die Bundesrepublik Deutschland mit dem Ziel einer wechselseitigen Verstärkung sowohl ein internationales als auch ein nationales Vorgehen zur weitgehenden Reduktion der Emission aller klimarelevanten Spurengase.

Die internationalen Anstrengungen sollten zu dem Erfolg führen, daß bis spätestens 1992 ein internationales Übereinkommen in Form eines Rahmenabkommens zu treffen ist. Das Wiener Übereinkommen zum Schutz der Ozonschicht kann als Vorbild für ein solches Rahmenabkommen dienen, das die Modalitäten für die konkrete Ausgestaltung und Umsetzung künftiger Maßnahmen zum Schutz der Erdatmosphäre in bezug auf alle treibhausrelevanten Spurengase sowie die korrespondierenden Politikfelder festlegt.

Wichtig ist, daß die Industrieländer als Hauptemittenten der Spurengase bald den Anstoß zu einem solchen Abkommen geben und daß sie weitgehende Maßnahmen in ihrem nationalen Rahmen sowie geeignete Unterstützung der Schwellen- und Entwicklungsländer zusagen.

Das Rahmenabkommen muß die gegenwärtigen und möglicherweise zukünftig für den Schutz der Erdatmosphäre relevanten Spurengase umfassen. Es muß so ausgestaltet werden, daß es in bestimmten Zeitintervallen jeweils überprüft wird, mit dem Ziel, Umfang und Ausgestaltung dem fortschreitenden wissenschaftlichen Kenntnisstand anzupassen.

Aufgrund des heutigen Kenntnisstandes geht es vor allem um die Reduktion der Emissionen von Fluorchlorkohlenwasserstoffen (FCKW), Kohlendioxid (CO_2), Methan (CH_4), Distickstoffoxid (N_2O), der Spurengase, welche die Bildung des troposphärischen Ozons (O_3) begünstigen bzw. luftchemische Veränderungen bewirken (in erster Linie Stickoxide (NO_x), Kohlenmonoxid (CO), Kohlenwasserstoffe (C_xH_y) und Schwefeldioxid (SO_2)) sowie weiterer auf ihre Klimarelevanz noch im einzelnen zu überprüfender Spurengase.

Die konkrete Ausgestaltung und die Durchführung von internationalen und nationalen Maßnahmen zur Verringerung der Emissionen können in Form einzelner, den Sachgebieten zuzuordnender Einzelprotokolle oder Einzelübereinkommen festgelegt werden.

Es wäre von der Sache her begrüßenswert, wenn es gelänge, die internationalen Anstrengungen so zu forcieren, daß erste Einzelabkommen Anfang der neunziger Jahre abgeschlossen sind und gegebenenfalls bereits in Kraft treten können.

Für diese Einzelabkommen werden folgende Sachgebiete vorgeschlagen, die geeignet sind, den zuständigen Politikbereichen zugeordnet zu werden:

a) Fluorchlorkohlenwasserstoffe (FCKW)

Das erste, konkrete Reduktionen vorsehende Abkommen in diesem Bereich, das Montrealer Protokoll, muß sowohl wegen der neuen wissenschaftlichen Erkenntnisse über den Abbau des Ozons in der Stratosphäre (siehe Abschnitt C) als auch zur Berücksichtigung der Klimarelevanz der FCKW (siehe Abschnitt D) erheblich verschärft werden.

Die Kommission empfiehlt dazu weltweit, EG-weit und auf nationaler Ebene stringente Maßnahmen. Diese sind wegen der doppelt schädigenden Wirkung der FCKW besonders wichtig (siehe Abschnitt C, 5. Kapitel).

b) Energie

Da die Emissionen aus dem Energiebereich zu den Hauptverursachern des Treibhauseffekts gehören, erhalten Strategien zur Vermeidung und Reduktion aller energierelevanten Spurengasemissionen ein besonderes Gewicht.

Die Kommission wird prüfen, ob es unter dem Aspekt, möglichst schnell konkrete Vereinbarungen zu erreichen, besser ist, zweigleisig zu verfahren, indem die Reduktion der CO_2-Emission einerseits und die Reduktion der anderen Spurengase andererseits (CH_4, N_2O, NO_x, CO, C_xH_y, SO_2 u. a.) in Form von gesonderten Teilabkommen angestrebt werden.

Der derzeitige kommerzielle Energieverbrauch der Erde beruht zu etwa 90 Prozent auf der Verbrennung fossiler Energieträger. Aufgrund vorläufiger Abschätzungen kommt die Kommission zu dem Ergebnis, daß der weltweite Verbrauch fossiler Energien bis zur Mitte des nächsten Jahrhunderts wesentlich unter die heutigen Werte gesenkt werden muß, wenn es gelingen soll, den Temperaturanstieg auf etwa 1 bis 2° C zu begrenzen.

Daß gegenwärtig der weltweite Energieverbrauch noch ansteigt, deutet darauf hin, daß die durch den Treibhauseffekt aufgeworfenen Probleme tiefgreifend mit der Struktur der Energieversorgung zusammenhängen, so daß diese grundlegend mit der Bereitschaft überdacht werden muß, gravierende Änderungen vorzunehmen. Die Kommission wird dazu geeignete Strategien, die rasch wirken und langfristig stringent durchzuführen sind, erarbeiten (siehe Abschnitt D, 3. Kapitel, 2).

c) Wald/Forstwirtschaft:

Es ist zu prüfen, ob hier ebenfalls zweigleisig verfahren werden kann, indem parallel Strategien einerseits zur Begrenzung des Waldsterbens und zur Regenerierung der Waldböden in den Industrieländern sowie andererseits zur Eindämmung der Vernichtung der tropischen Regenwälder begonnen werden. In beiden Fällen sind geeignete Programme zur Wiederaufforstung zu entwickeln. Es ist zu prüfen, ob wegen der Bedeutung der Wälder als CO_2-Senken dieses Teilabkommen mit dem Teilabkommen des Energiebereichs gekoppelt werden sollte (siehe Abschnitt D, 3. Kapitel, 4.).

d) Landwirtschaft/Welternährung

Hier sind zum einen Strategien zur Verringerung der Spurengasemissionen aus der Landwirtschaft zu entwickeln. Zum anderen bleibt zu prüfen, ob trotz der hoffentlich beginnenden Anstrengungen zur Eindämmung des Treibhauseffekts für den Fall, daß die Welternährungslage sich drastisch verschlechtert (siehe Abschnitt D, 3. Kapitel, 5.), Vorüberlegungen zur Bildung eines Krisenmanagements anzustellen sind.

e) Weitere relevante Quellen von Spurengasemissionen

Es ist zu prüfen, ob die Notwendigkeit besteht, industrielle und gewerbliche Verfahren und Anwendungsfelder, die mit relevanten Spurengasemissionen verbunden sind, sowie Emissionen aus Abfällen in Form geeigneter Teilabkommen zu erfassen und dadurch die Reduktion der Emissionen zu gewährleisten. (siehe Abschnitt D, 3. Kapitel, 3.2).

Für die Ausgestaltung der Einzelabkommen sowie im Hinblick auf nationale Anstrengungen wird die Notwendigkeit systembezogener Studien besonders deutlich. Gegenstand dieser Studien muß es sein, Strategien herauszufinden, die national und international die größte Effizienz zur vorbeugenden Eindämmung der Schäden hätten.

Vor allem in den Bereichen Energie, Wald/Forstwirtschaft und Landwirtschaft/Welternährung wird es notwendig sein, die bisher vorhandenen Studien mit Rücksicht auf die neue Problemlage auszuwerten, ergänzende Studien auf den Weg zu bringen und geeignete Lösungsstrategien zu erarbeiten.

Das Rahmenabkommen und die Einzelprotokolle oder Teilabkommen sind so zu entwerfen, daß durch die vorgeschlagenen Maßnahmen keine neuen ökologischen und sozialen Schäden und Risiken entstehen, sondern so weit wie möglich gleichzeitig andere negative Folgen und Risiken reduziert beziehungsweise minimiert werden. Die mit der Vorbereitung des Rahmenabkommens sowie der Einzelabkommen beziehungsweise Einzelprotokolle betrauten Organisationen sollten dafür Sorge tragen, daß das Rahmenabkommen spätestens 1992 und die Einzelabkommen spätestens 1995 in Kraft treten. Der Sachstand der wissenschaftlichen Erkenntnisse gebietet forcierte Anstrengungen, um so schnell wie möglich zu internationalen Vereinbarungen zu kommen. Dazu sollten fortan auch alle dafür geeigneten internationalen Begegnungen und Treffen — Weltwirtschafts- und EG-Gipfel, bilaterale Kontakte, West-Ost-Dialog und andere — genutzt werden. Die Kommission schlägt vor, einen Weltumweltgipfel einzuberufen.

Als Bezugsjahr für die Emissionen der Spurengase wird das Jahr 1988 vorgeschlagen. Diese Vorterminierung des Bezugsjahres sichert den Ländern, die in nächster Zukunft bereits geeignete Maßnahmen zum Schutz der Erdatmosphäre durchführen, zu, daß sie sich dadurch nicht in eine schlechtere Ausgangslage bringen. Würde das Jahr 2000 als Bezugsjahr gewählt, fehlte der Anreiz für nationale Maßnahmen bis dahin.

Nach den bisher vorliegenden Klimamodellrechnungen sind schnelle Maßnahmen besonders wirksam und mit nicht so großem Aufwand durchzuführen wie zeitverzögerte Maßnahmen. Je später eine Maßnahme ergriffen wird, umso höher werden die notwendigen Anstrengungen und Kosten sein, um den gleichen klimaentlastenden Effekt zu erzielen.

Das Rahmenübereinkommen und die Einzelübereinkommen sind so zu gestalten, daß jedem Land zusätzliche Anreize gegeben werden, darüber hinausgehende nationale Maßnahmen zu veranlassen.

Die Maßnahmen sollten nicht nur rein technisch gefaßt werden, sondern außerdem geeignete Realisierungschancen für eine umweltverträgliche Neuordnung der weltwirtschaftlichen Beziehungen zwischen den Industrieländern, im Nord-Süd-Verhältnis und weltweit bieten.

Das Übereinkommen beziehungsweise die Einzelübereinkommen müssen sicherstellen, daß die nationalen Programme und Maßnahmen in ein weltweites Vorgehen eingebettet werden. Andererseits muß jedem Land ein möglichst großer Spielraum für die Verwirklichung der in den Übereinkommen vorgegebenen Reduktionsraten gelassen werden. Nur so kann sichergestellt werden, daß die unterschiedlichen Ausgangsbedingungen und Interessen gebührend berücksichtigt werden. Dieses Vorgehen wird als Voraussetzung für das Zustandekommen eines in dieser Tiefe und Konsequenz bisher einmaligen internationalen Vorgehens angesehen.

Entscheidend für die Aussicht, ein internationales Übereinkommen zu realisieren, ist daher der Grundsatz, den Beitrittsstaaten freizustellen, wie sie die ihnen obliegenden Reduktionen der Emissionen vornehmen wollen.

Das Übereinkommen soll folgende Grundsätze beinhalten:

- Die Beitrittsstaaten verpflichten sich, ihre Emissionen nach Maßgabe der im Übereinkommen bezeichneten Planung schrittweise zu verringern. Zum vorzuschlagenden Reduzierungsrhythmus beabsichtigt die Enquete-Kommission Vorschläge zu erarbeiten, die an den gegenwärtigen internationalen Erkenntnissen über die potentielle Klimaschädlichkeit der Emissionen ausgerichtet sind.
- Jeder Beitrittsstaat kann selbstverantwortlich entscheiden, auf welchem Wege er die von ihm akzeptierte Verringerung der Emissionen vornimmt.
- Der Reduktionsplan müßte die in den einzelnen Ländern, Staatengemeinschaften, Regionen und Erdteilen unterschiedlichen Interessen und Möglichkeiten berücksichtigen. Unter anderem könnten dabei die Finanzstärke der einzelnen Länder und die seit Beginn der Industrialisierung kumulierte freigesetzte Menge an Emissionen berücksichtigt werden.

Die einzelnen Staaten oder Weltregionen werden einen unterschiedlich intensiven Beitrag zur Eindämmung des Treibhauseffekts leisten können oder müssen. Einzelne Wirtschaftsregionen wie beispielsweise die EG könnten das Zustandekommen des weltweiten Übereinkommens dadurch zügig voranbringen, daß sie die entsprechenden Regelungen in ihrem Einflußbereich abstimmen.

Hierbei ist auch folgendes zu bedenken: Die Politik wird sich vielleicht nicht entschließen können, in einem einmaligen Kraftakt über eine weltweite Gesamtaktion zur ausreichenden Reduktion der CO_2-Emissionen zu entscheiden. Ein alles oder nichts könnte alles zum Scheitern bringen. In diesem Fall müßte schrittweise vorgegangen werden, etwa in der Weise, daß — in voller Erkenntnis der Unzulänglichkeit — zunächst über eine Teilaktion mit kürzerer Fristsetzung entschieden würde, der dann — mit Bestätigung der Erkenntnisse und zunehmender Bereitschaft der Öffentlichkeit — Entscheidungen über weitere Teilaktionen bis hin zur ausreichenden Vorsorge folgen müßten.

In der Vorbereitungsphase des internationalen Übereinkommens zum Schutz der Erdatmosphäre wird es wichtig sein zu verdeutlichen, daß es sich wegen des Zeithorizonts und der Irreversibilität der Abläufe in der Atmosphäre, aber auch wegen der Unterschiede zwischen der kurzfristigen und der langfristigen Wirtschaftlichkeit der Maßnahmen um einen völlig neuen Typus von Übereinkommen handelt. Nur wenn es gelingt zu verdeutlichen, daß jedes Land zwar kurzfristig „Opfer" bringen muß, diese aber längerfristig mit einem ungleich höheren materiellen und immateriellen Gewinn verbunden sind, wird es möglich sein, die aufgrund des Treibhauseffekts gebotenen Emissions-Reduktionen in der knappen zur Verfügung stehenden Zeit zu realisieren.

In den marktwirtschaftlich orientierten Ländern sollte das internationale Übereinkommen sicherstellen, daß die wirtschaftliche Effizienzsteuerung durch die Marktkräfte gewährleistet wird. In einigen Bereichen, zum Beispiel der Energieversorgung, könnte es geboten sein, die im Sinn des Treibhauseffekts notwendige Effizienzsteuerung durch die Marktkräfte erst durch das Übereinkommen auf internationaler Ebene herbeizuführen. Dabei bleibt zu prüfen, auf welche Weise die Diskrepanz zwischen der heutigen kurzfristig orientierten Wirtschaftlichkeitsrechnung und einer langfristigen Wirtschaftlichkeit — unter Einbeziehung der externen Kosten bzw. des externen Nutzens — überwunden werden kann.

Es bietet sich an, daß die Länder der Europäischen Gemeinschaften die geplante Realisierung des europäischen Binnenmarkts und den Abschluß des internationalen Übereinkommens zum Schutz der Erdatmosphäre koordinieren. Eine besondere Chance besteht darin, durch ein geeignetes Vorgehen darauf hinzuwirken, daß das internationale Übereinkommen mit seinen Teilabkommen beziehungsweise Protokollen nicht nur von der Bundesrepublik Deutschland, sondern von der gesamten EG gefordert und vorbereitet wird. Zugleich besteht die Notwendigkeit, daß die größten Emittenten, das heißt Nordamerika, Europa, die UdSSR und China, ein solches Vertragswerk zügig in Angriff nehmen.

Ein internationales Übereinkommen anzustreben, darf nicht in der Weise mißverstanden werden, daß zeitlich vorgezogene nationale Maßnahmen unterbleiben sollen oder weitergehende Reduktionen während der Laufzeit des Übereinkommens unerwünscht sind. Im Gegenteil wird die Ernsthaftigkeit des Anliegens erst dadurch zum Ausdruck gebracht, daß finanzkräftige Industrieländer wie die Bundesrepublik Deutschland oder Weltregionen wie Nordamerika und die EG teilweise vorangehen und anderen, mit weniger materiellen Mitteln ausgestatteten Ländern damit ihre Solidarität signalisieren.

Perspektiven für das weitere Vorgehen:

Die zur Ausgestaltung des zum gegenwärtigen Zeitpunkt nur grob skizzierbaren internationalen Übereinkommens zum Schutz der Erdatmosphäre notwendigen Daten liegen nur zum Teil vor. Die Frage der Funktionsfähigkeit und Effizienzsteuerung bedarf noch einer eingehenden Prüfung. Die Kommission hält es für angebracht, insbesondere die folgenden Problemkomplexe zu prüfen:

1. Die Entwicklung der weltweiten und nationalen Spurengasemissionen sind unter verschiedenen Prämissen der Weltwirtschaftsentwicklung und der emissionsmindernden Interventionen zu ermitteln.

2. Analysen der Potentiale und der Machbarkeiten der verschiedenen Reduktionsansätze weltweit und national (Einsparen/Vermeiden/Effizienzsteigerung/fossiler Austausch/erneuerbare Energien/Kernenergie) sind zu entwickeln.

3. Weltweit zur Verfügung stehende Instrumente für die Emissionsminderung sowohl im Rahmen internationaler Organisationen als auch auf nationaler Ebene sind zu erfassen, beziehungsweise neue Instrumente sind zu entwickeln.

4. Eine vielschichtig angelegte Gesamtstrategie ist angesichts der verschiedenen Interdependenzen und Interessen nötig für die Ausgestaltung und die Lösung der Funktionsprobleme einer Konvention zum Schutz der Erdatmosphäre in Form eines Rahmenabkommens sowie der grob umrissenen, fachbezogenen oder Spurengas-bezogenen Einzelabkommen.

7. Literaturverzeichnis zum 3. Kapitel

(1) CONFERENCE STATEMENT: „The Changing Atmosphere: Implications for Global Security". Toronto. 27.—30. Juni 1988

(2) Schriftliche Stellungnahmen zur öffentlichen Anhörung der Enquete-Kommission „Vorsorge zum Schutz der Erdatmosphäre" zum Thema Treibhauseffekt, Teil 2: Möglichkeiten zur Eindämmung der Klimaänderungen am 20. Juni 1988 in Bonn:
EK-DRUCKSACHEN 11/25, 11/32; 11/34; 11/35;
EK-ARBEITSUNTERLAGEN 11/105; 11/106; 11/123; 11/140; 11/156;
Stellungnahme des Umweltbundesamtes vom 15. Juni 1988

(3) DEUTSCHER BUNDESTAG (1980): Bericht der Enquete-Kommission „Zukünftige Kernenergie-Politik". Kriterien — Möglichkeiten — Empfehlungen, Teil II. Abschnitt C: Energiepolitische Handlungsempfehlungen zur Förderung von Energieeinsparungen und zur verstärkten Nutzung erneuerbarer Energiequellen. in: Zur Sache, 2/80. Bonn 1980 (BT-Drucksache 8/4341)

(4) BP STATISTICAL REVIEW OF WORLD ENERGY, Juni 1988

(5) FRISCH, J.-R.: Future Stresses for Energy Resources. Energy Abundance: Myth or Reality?. World Energy Conference in Cannes 1986/87. London 1986

GOLDEMBERG, J./JOHANSSON, T.B./REDDY, AK.N./WILLIAMS, R.H.: Energy for a Sustainable World, New Delhi 1988

WELTKOMMISSION FÜR UMWELT UND ENTWICKLUNG: Unsere gemeinsame Zukunft (Der Brundtland-Bericht der Weltkommission für Umwelt und Entwicklung). Hrsg. der dt. Übersetzung: Volker Hauff. Greven 1987

(6) BP STATISTICAL REVIEW OF WORLD ENERGY. Juni 1988

(7) BP STATISTICAL REVIEW, a.a.O. (Primärenergie insgesamt)

MICHAELIS, HANS: Mitteilung zum Anteil der Primärenergie, der zur Stromerzeugung verwendet wurde.

(8) UNITED NATIONS: 1986 Energy Statistics Yearbook, United Nations, Departement of International Economic And Social Affairs, Statistical Office, New York 1988

(9) MICHAELIS, HANS: in: Jahrbuch der europäischen Integration 1988, Baden-Baden 1988

(10) STATISTISCHES AMT DER EUROPÄISCHEN GEMEINSCHAFTEN (EUROSTAT), Luxemburg: Schnellberichte 7/1988

(11) MICHAELIS, HANS, a.a.O.

(12) BROWN, LESTER, R. u. a.: Zur Lage der Welt 88/89. Daten für das Überleben unseres Planeten. World Watch Institute Report. Frankfurt/Main 1988, S. 47

(13) ARBEITSGEMEINSCHAFT ENERGIEBILANZEN: Energiebilanzen der Bundesrepublik Deutschland, Frankfurt/Main, jährlich aktualisierte Loseblattsammlung

(14) BUNDESMINISTERIUM FÜR WIRTSCHAFT: Daten zur Entwicklung der Energiewirtschaft in der Bundesrepublik Deutschland, Bonn, mehrere Jahrgänge

(15) ARBEITSGEMEINSCHAFT ENERGIEBILANZEN, a.a.O.

(16) ARBEITSGEMEINSCHAFT ENERGIEBILANZEN, a.a.O.

(17) ARBEITSGEMEINSCHAFT ENERGIEBILANZEN, a.a.O.

(18) BUNDESMINISTER FÜR WIRTSCHAFT: Stromstatistik BMWi, Bonn 1988

(19) FRISCH, J.-R., a.a.O.

(20) WELTKOMMISSION, a.a.O.

(21) FRISCH, J.-R., a.a.O;

VOSS, A: Perspektiven der Energieversorgung — Möglichkeiten der Umstrukturierung der Energieversorgung Baden-Württembergs unter besonderer Berücksichtigung der Stromversorgung, Gesamtbericht, Gutachten im Auftrag der Landesregierung von Baden-Württemberg, Stuttgart 1987

(22) INTERNATIONALES INSTITUT FÜR ANGEWANDTE SYSTEMANALYSE, Energy Systems Group: Energy in a Finite World, Executive Summary, Laxenburg bei Wien 1981

(23) WELTKOMMISSION FÜR UMWELT UND ENTWICKLUNG, a.a.O., S. 174/175

(24) RAMANATHAN, u. a.: Climate-Chemical interactions and Effects of Changing Atmosphere Trace Gases.Reviews of Geophysics 25, 1441—1482, 1987

(25) UMWELTBUNDESAMT (UBA): Materialien zum vierten Immissionsschutzbericht der Bundesregierung, Berlin 1988

(26) LOWE, u. a.: Radiocarbon determination of atmospheric methane at Baring Head, New Zealand, in: Nature Vol. 332. 7. April 1988. S. 522—524

(27) WAGNER, H.J./WALBECK, M.: CO_2-Emissionen durch die Energieversorgung, Energiewirtschaftliche Tagesfragen, Heft 2, Februar 1988

(28) WAGNER, H.J./WALBECK, M.: a.a.O.

(29) WAGNER, H.J./WALBECK, M.: a.a.O.

(30) WAGNER, H.J./WALBECK, M.: a.a.O.

(31) PLATT, U.: Atmosphärische Spurenstoffzyklen aus dynamischer und energetischer Sicht. in: Beirat Umweltforschung des Landes Baden-Württemberg: Forum „Einfluß radioaktiver Stoffe auf das Schadenspotential der Atmosphäre und auf die Aktivitätbelastung von Pflanzen". Stuttgart 1986

(32) BOECK, W.L.: Meteorological Consequences of Atmospheric Krypton-85. Science 193, 195—198, 1976

GRASSL, H.: Mögliche atmosphärische Auswirkungen weltweiter Krypton-85-Bildung, unveröffentlichtes Manuskript, Max-Planck-Institut für Meteorologie, Hamburg 1980; (EK-Arbeitsunterlage 152)

BOECK, W.L. (1984): Atmospheric Krypton 85, a ten year overview; States Report 7. Conference on Amospheric Electricity, Albany, New York, 4.—8. Juni 1984

PLATT, U.: a.a.O.

(33) MEYER-ABICH, K.H. u.a.: Energie-Sparen: Die neue Energiequelle. Frankfurt/M. 1983. 1. Aufl.: München 1979

(34) LOVINS, A. B./LOVINS, L. H./KRAUSE, F./BACH, W.: Wirtschaftlichster Energieeinsatz: Lösung des CO_2-Problems, Deutsche Fassung, Karlsruhe 1983; (Engl. Fassung: Least-cost Energy — Solving the CO_2-Problem, Andover/Massachusetts 1981)

(35) HENNICKE, P., u. a.: Die Energiewende ist möglich. Frankfurt/M. 1985

(36) ARBEITSGEMEINSCHAFT ENERGIEBILANZEN, a.a.O.

(37) DER RAT VON SACHVERSTÄNDIGEN FÜR UMWELTFRAGEN: Energie und Umwelt, Sondergutachten, Stuttgart/Mainz 1981;

DER RAT VON SACHVERSTÄNDIGEN FÜR UMWELTFRAGEN: Umweltgutachten 1987, BT-Drucksache 11/1568, Bonn: 1987

(38) SCHÄFER, H.: Schriftliche Stellungnahme zur öffentlichen Anhörung der Enquete-Kommission „Vorsorge zum Schutz der Erdatmosphäre" am 20. Juni 1980, EK-Drucksache 11/32, Bonn 1988

(39) SCHÄFER, H.: a.a.O.

(40) SCHÄFER, H.: a.a.O.

(41) ARBEITSGEMEINSCHAFT ENERGIEBILANZEN, a.a.O.

SCHÄFER, H.; a.a.O.

(42) ARBEITSGEMEINSCHAFT ENERGIEBILANZEN, a.a.O.

SCHÄFER, H., a.a.O.

GERTIS, KARL: Wärmeschutz — Energieeinsparung — Umweltschutz, Studie des Lehrstuhls Konstruktive Bauphysik, Universität Stuttgart 1986

(43) Siehe zum Beispiel:

GERTIS, KARL, a.a.O.

ERHORN, H./GERTIS, K.: Was trägt die Energieeinsparung im Hochbau zum Umweltschutz bei? in: Bauphysik, 9 (1987), Heft 3, S. 65—74

GOETZBERGER, A./GERTIS, K. u. a.: Transparente Wärmedämmung. Schlußbericht zum BMFT-Vorhaben O3E-8411-A, Stuttgart: 1988

(44) Siehe zum Beispiel:

JOCHEM, EBERHARD: Stellungnahme zur öffentlichen Anhörung der Enquete-Kommission „Vorsorge zum Schutz der Erdatmosphäre“ am 20. Juni 1988, EK-Drucksache 11/32, Bonn 1988

(45) GOETZBERGER, A./WITTWER, V.: Sonnenenergie. Physikalische Grundlagen und thermische Anwendungen, Teubner Studienbücher Physik, Stuttgart 1986

(46) WELTKOMMISSION FÜR UMWELT UND ENTWICKLUNG, a.a.O., Seite 193

(47) STATISTISCHES AMT DER EUROPÄISCHEN GEMEINSCHAFTEN, a.a.O.

ARBEITSGEMEINSCHAFT ENERGIEBILANZEN, a.a.O.

(48) GOETZBERGER, A./WITTWER, V., a.a.O., Seite 54

(49) GOETZBERGER, A./WITTWER, V., a.a.O., Seite 51

(50) BOSTEL u. a.: Möglicher zukünftiger Beitrag regenerativer Energiequellen zur Energieversorgung der Bundesrepublik Deutschland, Studie der Kernforschungsanlage Jülich, Programmgruppe Systemforschung und technologische Entwicklung, Jülich 1982

(51) SCHÄFER, H., a.a.O.

(52) HEINLOTH, KLAUS: Energie, Teubner Studienbücher Physik, Stuttgart 1983

FRICKE, J./BORST, W.L.: Energie: Lehrbuch der physikalischen Grundlagen, München: 2. Auflage 1984

GOETZBERGER, A./WITTWER, V, a.a.O.

(53) HEINLOTH, KLAUS: Bedrohliche Eingriffe in die Atmosphäre erzwingen weltweit Veränderungen bei Bereitstellung und Nutzung von Energie, in: Tagungsbericht/Proceedings des 6. Internationalen Sonnenforums, 30. August bis 2. September 1988, Deutsche Gesellschaft für Sonnenenergie, München 1988. Seite 66 bis 78 (EK-Arbeitsunterlage 11/115)

KOHLER, S./LEUCHTNER, J./MÜSCHEN, K.: Sonnenenergie Wirtschaft. Für eine konsequente Nutzung von Sonnenenergie, Frankfurt am Main 1987, Seite 89

(54) KOHLER, S./LEUCHTNER. J. MÜSCHEN, K., a.a.O.

(55) UMWELTBUNDESAMT: Daten zur Umwelt 1986/87, Berlin 1987

(56) KLEEMANN, M./MELISS, M.: Regenerative Energiequellen, Berlin 1988, Seiten 11, 12

(57) MAGERL, H.: Welt-Elektrizitätsversorgung. in: Atomwirtschaft (atw) 1/1986, Seite 27

WELTENERGIEKONFERENZ: Survey of Energy Resources 1980. bearbeitet von der Bundesanstalt für Geowissenschaften und Rohstoffe (BGR), Braunschweig. München. September 1980

(58) MAGERL, H., a.a.O., S. 27

WELTENERGIEKONFERENZ, a.a.O.

(59) ATW-SCHNELLSTATISTIK. in: Atomwirtschaft (atw), 3/88, Seite 149

(60) BUNDESMINISTERIUM FÜR WIRTSCHAFT: Stellungnahme zur öffentlichen Anhörung der Enquete-Kommission „Vorsorge zum Schutz der Erdatmosphäre“ am 20. Juni 1988, EK-Drucksache 11/34, Bonn 1988

(61) JAHRBUCH DER ATOMWIRTSCHAFT 1988. Düsseldorf 1988

(62) ATW-SCHNELLSTATISTIK, a.a.O.

(63) BP STATISTICAL REVIEW OF WORLD ENERGY, Juni 1988

(64) STATISTISCHES AMT DER EUROPÄISCHEN GEMEINSCHAFTEN, a.a.O.

(65) BUNDESMINSISTERIUM FÜR WIRTSCHAFT, a.a.O.

ARBEITSGEMEINSCHAFT ENERGIEBILANZEN, a.a.O.

(66) ATW-SCHNELLSTATISTIK, a.a.O.

(67) WELTKOMMISSION FÜR UMWELT UND ENTWICKLUNG, a.a.O., Seite 189

(68) UMWELTBUNDESAMT (UBA): Materialien zum vierten Immissionsschutzbericht der Bundesregierung, Berlin 1988

(69) BP STATISTICAL REVIEW, a.a.O.

(70) ARBEITSGEMEINSCHAFT ENERGIEBILANZEN, a.a.O.

(71) LOWE, D.C., u.a., a.a.O.

(72) WAGNER, H.J./WALBECK, M., a.a.O.

(73) CRUTZEN, PAUL J.:Atmospheric interactions — homogeneous gas reactions of C, N and S containing compounds, SCOPE-Report 1983

CRUTZEN, PAUL J.: Atmospheric chemical processes of the oxides of nitrogen, including nitrous oxide, in: Denitrification, Nitrification and Atmospheric N_2O, (Hrsg. C.C. Delwiche), New York 1981, Seite 17—44

CONRAD, R./SEILER, W./BUNSE, J. (1983): Factors influencing the loss of fertilizer-nitrogen into the atmosphere as N_2O, J. Geophys. Res. 1983

CONRAD, R./SEILER, WOLFGANG: Einfluß der Biosphäre auf die Freisetzung von N_2O aus mineralischen Stickstoffdüngern, Abschlußbericht des BMFT-Projektes FKW 18, Gesellschaft für Strahlen- und Umweltforschung, München 1984

(74) CRUTZEN, P.J./ASELMANN, I./SEILER, W.: Methane production by domestic animal, wild ruminants, other herbivorous fauna, and humans. Tellus 38B, 1986, S. 271—281

BINGEMER, H.G./CRUTZEN, P.J.: The Production of Methane From Solid Wastes. Journal of Geophysical Research 92, D2, 1987, S. 2181—2187.

8. Abbildungsverzeichnis

9. Tabellenverzeichnis

4. KAPITEL

Internationale Schwerpunktaufgabe: Schutz der tropischen Regenwälder

Zusammenfassung

Ein besonders komplexes entwicklungspolitisches Problem ist der rapide Rückgang der tropischen Waldgebiete, der mit gravierenden wirtschaftlichen, sozialen und ökologischen Auswirkungen verbunden ist. Die Rodung der tropischen Wälder führt darüber hinaus zu einer erheblichen Veränderung des lokalen und regionalen Klimas. Durch die sich ändernden Stoffflüsse zwischen der Atmosphäre und der tropischen Biosphäre wird durch die Rodung der Wälder auch die Chemie der Troposphäre und damit auch das globale Klima beeinflußt. Weiterhin bewirkt die Zerstörung der tropischen Waldgebiete einen nicht wieder rückgängig zu machenden Verlust wichtiger genetischer Ressourcen.

Im Anbetracht der Bedeutung der länder- und regionenübergreifenden Folgewirkungen ist der Schutz der tropischen Waldgebiete im Interesse der gesamten Menschheit zu einer internationalen Schwerpunktaufgabe zu erheben.

Die Fläche der geschlossenen tropischen Wälder wurde für das Jahr 1980 auf weltweit 11 Millionen km^2 geschätzt. Zusammen mit den offenen tropischen Wäldern betrug die gesamte tropische Waldfläche 17,5 Millionen km^2, das entspricht 40 Prozent der Waldfläche der Erde. Die tropische Waldfläche hat in den vergangenen Jahrzehnten durch Rodungen laufend abgenommen. Diese Abnahme ist im wesentlichen durch die überdurchschnittlich wachsende Bevölkerung in dieser Region und die dadurch notwendige Erhöhung der landwirtschaftlichen Nutzfläche bedingt. Der Einfluß des Bevölkerungswachstums wird noch durch die Tatsache verstärkt, daß der Boden nur über verhältnismäßig kurze Zeit landwirtschaftlich genutzt werden kann. Schon drei bis vier Jahre nach der Rodung sinkt der Ernteertrag so weit ab, daß sich eine weitere Nutzung als Ackerland nicht mehr lohnt und ein weiteres Waldgebiet zur Schaffung neuer Ackerflächen gerodet werden muß. Zusätzlich gehen große Flächen an primärem und sekundärem Regenwald durch den Bau von Straßen zur Erschließung von Rohstoffen (Holz, Eisenerz und andere) verloren. Hinzu kommt noch der Verlust von Waldgebieten durch andere anthropogene Faktoren, wie zum Beispiel der Anlage von Stauseen (Wasserkraft), Industriekomplexen, der Holzgewinnung und großflächig ausgelegte Viehzuchtbetriebe.

Der jährliche Verlust an Waldgebieten in den tropischen Breiten ist wegen des unvollständigen Kenntnisstandes nur schwer abzuschätzen. Die in der Literatur angegebenen Zahlen sind oft fehlerhaft oder widersprüchlich. Weitere intensive Untersuchungen und die Verwendung neuer Techniken, zum Beispiel von Satellitenaufnahmen, sind zur Verbesserung der Daten erforderlich.

Nach den derzeit vorliegenden Daten verringerte sich die gesamte Waldfläche in den tropischen Breiten im Jahr 1980 um bis zu 560 000 km^2, was in etwa der doppelten Fläche der Bundesrepublik Deutschland entspricht. Von dieser Fläche entfallen etwa 160 000 km^2 auf Primärwald, also Waldfläche, die bis dahin nicht durch menschliche Aktivitäten beeinflußt worden war.

Dem Verlust an Waldfläche in den tropischen Breiten steht eine Zunahme der Waldfläche in Teilen der gemäßigten und subtropischen Breiten durch Wiederaufforstung sowie durch Auflassung landwirtschaftlich genutzter Fläche etwa in Europa gegenüber, durch die atmosphärischer Kohlenstoff in Form von Biomasse gebunden wird. Der Umfang der Kohlenstoffixierung ist wegen unsicherer und unvollständiger Daten nicht bekannt. Es kann mit Sicherheit davon ausgegangen werden, daß diese Kohlenstoffsenke im globalen Mittel, die durch die Brandrodungen freigesetzte Kohlenstoffmenge bei weiten nicht aufwiegt. Die in der Atmosphäre bleibende Netto-Menge an Kohlenstoff wird auf etwa 1 $\pm$ 0,6 Milliarden Tonnen Kohlenstoff (C) pro Jahr geschätzt. Dies entspricht etwa 7 — 32 Prozent des weltweit durch die Verbrennung fossiler Brennstoffe emittierten Kohlendioxids. Die Rodung der tropischen Waldgebiete trägt damit entscheidend zum Anstieg des CO_2-Gehalts der Atmosphäre und dadurch zum Treibhauseffekt bei.

Weiterhin werden die tropischen Ökosysteme durch die Brandrodungen in ihrem Bestand erheblich dezimiert und in ihrem Systemgefüge nachhaltig gestört, was sich negativ auf das regionale und lokale Klima und auf die wirtschaftliche Lage dieser Staaten auswirkt. Zusätzlich wird der Austausch an Spurengasen zwischen der tropischen Biosphäre und der Atmosphäre und dadurch die Chemie der Troposphäre beeinflußt. Dieser Effekt wird noch durch die starke Emission weiterer luftchemisch wichtiger Spurengase wie Stickoxide (NO_x), Kohlenmonoxid (CO) und Nichtmethankohlenwasserstoffe (NMHC) verstärkt, die bei der Verbrennung der gerodeten Biomasse entstehen, und einen entscheidenden Einfluß auf die Photochemie und Verteilung anderer klimarelevanter Spurenstoffe nehmen.

Die mit der Rodung tropischer Wälder zusammenhängenden Probleme wurden schon zu Beginn der achtziger Jahre erkannt und diskutiert. Trotzdem sind bisher nur geringe politische Aktivitäten auf internationaler Ebene zur Eindämmung oder Minimierung des Waldverlustes zu verzeichnen. Als ein zukunftsweisender Schritt in diese Richtung kann die Aufstellung des internationalen Tropenwald-Aktionsplanes im Jahre 1986 durch die FAO gewertet werden. Ergänzend hierzu schlug der Bundeskanzler auf dem Weltwirtschaftsgipfel 1988 in Toronto vor, den Umfang der Rodungen in den tropischen Ländern einzudämmen, indem der Erlaß der Schulden mit entsprechenden Auflagen gekoppelt werde. Mit diesem und weiteren Vorschlägen von anderer Seite wird sich die Enquete-Kommission in ihrem nächsten Zwischenbericht mit dem Schwerpunkt „Tropische Regenwälder“ auseinandersetzen.

1. Ursachen der tropischen Waldrodungen

Die wichtigsten Ursachen der tropischen Waldrodungen sind das enorme Bevölkerungswachstum und der damit unmittelbar verbundene Mehrbedarf an landwirtschaftlich nutzbarer Fläche, die Landnot der Kleinbauern, die Wanderfeldbau betreiben, die Beschaffung von Brennholz, eine verfehlte Ansiedlungspolitik als Folge einer nicht durchgeführten Landreform, Rodungsanreize durch Gesetze und das Steuersystem, aber auch entwicklungspolitische Großprojekte wie der Bau von Wasserkraftwerken mit riesigen Stauseen, große Straßenbauvorhaben, die den Primärwald aufreißen, die Ausbeutung von Erzvorkommen durch Bergbau, die Anlage agroindustrieller Rinderfarmen, die kommerzielle Nutzung tropischer Hölzer durch den internationalen Holzhandel, Grundstücksspekulationen, die Industrialisierung und die zunehmende Verstädterung (19). Der Beitrag der hier aufgeführten Ursachen zu der Vernichtung von Regenwaldflächen ist in den einzelnen Ländern sehr unterschiedlich.

Die Landnahme tropischer Regenwälder wird vielfach durch staatliche Programme gefördert, die die Ansiedlung von Bauern aus dicht besiedelten Gebieten in Gebiete mit noch unberührten Waldflächen finanziell unterstützt. Daher steigt der Flächenbedarf für die landwirtschaftliche Nutzung ständig. Immer neue Waldstücke werden niedergebrannt, wenn der Nährstoffvorrat der schon genutzten Felder so weit erschöpft ist, daß der Ernteertrag unter eine wirtschaftliche Grenze fällt. Ein derartiger Ertragsabfall tritt im allgemeinen schon nach zwei bis drei Jahren ein, da tropische Böden sehr nährstoffarm sind. Nach vorliegenden Erkenntnissen sind in den Tropen die Nährstoffe zu 90 Prozent in der Biosphäre gebunden, gegenüber 3 Prozent in den mittleren Breiten (9). Aufgrund dieser Verteilung geht den tropischen Böden mit der Rodung der Wälder ein großer Teil der Nährstoffe verloren. Desweiteren besteht die Gefahr der Bodenerosion (vgl. 3.). Je nach Ausmaß der Bodenerosion und des Nährstoffverlustes kann sich nach Auflassung der landwirtschaftlich genutzten Flächen ein Sekundärwald bilden. Theoretisch dauert es etwa 35 Jahre, bis die Böden dieser Flächen wieder annähernd den selben Nährstoffgehalt wie vor der Rodung besitzen und erst nach über 100 Jahren wäre das neue Ökosystem wieder völlig intakt. Diesem Regenerationsprozeß wirkt allerdings die Bodenerosion deutlich entgegen.

Im Wanderfeldbau werden die auf dem verlassenen Feld- und Weideland gewachsenen Sekundärwälder nach einer bestimmten Zeit erneut gerodet und wieder als landwirtschaftliche Fläche genutzt. Bei ausreichend langen Rotationszyklen dieses seit Generationen praktizierten Wanderfeldbaus mit Abbrennen und nachfolgender Bestellung des Landes bleibt die Fruchtbarkeit dieser Gebiete erhalten. Mit zunehmendem Bevölkerungsdruck und dem größeren Bedarf an landwirtschaftlicher Nutzfläche werden die Abstände zwischen den Rodungen immer kürzer. Der Boden kann sich immer weniger erholen, bis er durch Erosion so weit geschädigt ist, daß eine weitere Nutzung ohne Rekultivierungsmaßnahmen nicht mehr möglich ist. Indonesien alleine besitzt schon 160 000 km^2 Brachland (23), das durch die Zerstörung seiner Regenwälder entstanden ist.

Ein großer Teil der gerodeten primären Waldflächen wird nicht dauerhaft für den Wanderfeldbau genutzt, sondern bereits nach einigen Jahren der Nutzung als Weideland zugeführt. Besonders intensiv wird die tropische Weidewirtschaft in Südamerika betrieben. Zugenommen hat auch der Anteil der gerodeten Fläche, die als permanente landwirtschaftliche Fläche genutzt wird.

Die Rodung zur kommerziellen Nutzung durch Holzfirmen hat in zweifacher Hinsicht Auswirkungen auf den Bestand der Regenwälder: Zum einen durch den direkten Verlust von Waldfläche, zum anderen durch den Bau von Straßen in den Regenwald hinein, um im selektiven Einschlag bestimmte Edelhölzer zu fällen. Diese Straßen erleichtern es den Siedlern, immer tiefer in den Regenwald vorzudringen und große Flächen primären Regenwaldes nach kleinflächigen Brandrodungen landwirtschaftlich zu nutzen. Im Falle des brasilianischen Bundesstaates Rondônia konnte nachgewiesen werden (20), daß nach dem Bau einer großen Straße die Rate der Waldrodungen zwischen 1982 und 1985 exponentiell anstieg. Erwähnenswert ist ebenso, daß beim selektiven Holzeinschlag zwar nur einzelne Baumstämme entfernt werden, der umliegende Boden und Restwald aber durch die schweren Transportmaschinen stark beeinträchtigt werden.

Waldflächen gehen auch durch die Erschließung großer Gebiete zur Gewinnung von Rohstoffen wie Kupfer, Eisenerz und anderen verloren. Durch den sich vielfach daran unmittelbar anschließenden Aufbau von Industriekomplexen sowie der dazu erforderlichen Infrastruktur (Straßen und Wohngebiete) werden weitere Flächen wertvollen Regenwaldes zerstört.

Erwähnenswert ist ferner der Verlust von tropischen Regenwaldgebieten durch den Bau großer Staudämme zur Energiegewinnung. Aufgrund der speziellen topographischen Verhältnisse in den Ländern mit tropischen Regenwäldern wie Brasilien, können die angelegten Stauseen riesige Flächen überdecken.

Ein weiterer Grund für die Verringerung der tropischen Waldbestände ist der wachsende Bedarf an Brennholz. Diese Entwicklung wirkt sich besonders in den Savannen aus, in denen Brennholz die primäre Energiequelle der Bevölkerung darstellt. Besonders betroffen sind die Ränder der Savannengebiete wie die Sahelzone. Schon heute verbrauchen weltweit 1,2 Milliarden Menschen mehr Holz als in ihrer Umgebung nachwächst. In Burkina Faso (Obervolta) beispielsweise wird 96 Prozent des primären Energiebedarfs durch Holz gedeckt. Durch die Abnahme des Baumbestandes der Savannen müssen die dort lebenden Menschen immer weitere Wege in Kauf nehmen, um ihren Brennholzbedarf zu decken. Da Bäume als Schutz vor der Winderosion und zur Erhöhung der Wasserkapazität der Böden fehlen, ist in den Savannen die Degradation des Bodens unaufhaltsam. Die Zerstörung der Vegetation in den Savannen zwingt deren Einwohner, immer tiefer in die Regenwälder vorzudringen, wenn sie in ihrem ursprünglichen Lebensraum nicht mehr genügend Holz finden. Dies ist zusammen mit dem Bevölkerungswachstum der Grund dafür, daß in Afrika die Regenwälder von Nigeria, der Elfenbeinküste und den anderen Staaten der Savannenzone wesentlich stärker zerstört worden sind, als beispielsweise die von Zaire.

Das Brennholzproblem wird durch die zunehmende Verstädterung insofern verschärft, als in den Städten vorwiegend Holzkohle gebraucht wird. Sie hat den Nachteil, daß mit den derzeitigen Verfahren der Holzkohleherstellung in Afrika etwa 50 Prozent des ursprünglichen Brennwertes verloren geht. Der einzige Vorteil der Holzkohle ist, daß sie wesentlich leichter als Holz und daher einfacher zu transportieren ist. In den tropischen Staaten werden für den Brennholzbedarf jährlich nur 5 000 km^2 Wald angepflanzt. Die Holzernte aus diesen Flächen deckt den aktuellen Bedarf nicht einmal zu 20 Prozent (vgl. 5.); ein weiteres Absinken dieses Prozentsatzes ist wegen der zunehmenden Bevölkerung und der Verkleinerung der Waldbestände zu erwarten.

Die Ursachen der Waldzerstörung haben in den einzelnen Regionen unterschiedliche Gewichtung. In Mittelamerika insbesondere Costa Rica ist die Umwandlung in Viehweiden für den Fleischexport wichtigste Ursache (34), in Westafrika (35) und Südostasien (36) spielen Projekte der Holzindustrie eine größere Rolle. In Brasilien dagegen gehört Landspekulation von Großgrundbesitzern zu den Hauptgründen für Waldrodungen, da Landbesitz durch die galoppierende Inflationsrate die beste Geldanlage ist und steuerliche Anreize seitens der Regierung zur Rodung der Waldbestände auf diesen Grundstücken. Hat ein Großgrundbesitzer ein Stück Wald in Besitz genommen, gerodet und die Biomasse in der Trockenzeit in Brand gesetzt, wird dieses Stück Land in landwirtschaftliche Nutzfläche, vor allem Weideland, umgewandelt. In der Regel muß das gerodete Stück Land mehrere Jahre nacheinander jedes Jahr erneut in Brand gesetzt werden, bevor es als Weideland benutzt werden kann. Die Rodungen nehmen dort, wo neue Straßen gebaut werden, die größten Ausmaße an, da sich die Landspekulation hier am meisten lohnt.

Ein weiterer Grund für die Waldrodungen in Brasilien ist die Freisetzung von Arbeitskräften (Fearnside, 1986). Die Enteignung vieler Kleinbauern durch das staatliche Alkoholprogramm der Regierung zur Brennstoffgewinnung, in welchem der Zuckerrohranbau gefördert wurde, aber auch die Mechanisierung der Landwirtschaft und Änderungen der landwirtschaftlichen Anbauweise, bei der weniger Arbeitskräfte benötigt werden, treiben immer mehr Kleinbauern tiefer in die tropischen Regenwälder. So können bei Umstellung auf den mechanisierten Sojabohnenanbau von elf Landarbeitern zehn entlassen werden. Auch das Anlegen von Weizenfeldern auf ehemaligen Kaffeeplantagen, deren Bewirtschaftung erheblich arbeitsintensiver war, macht zahlreiche Landarbeiter arbeitslos, die ihren Lebensunterhalt dann durch Rodung neuer Flächen sichern müssen.

2. Ausmaß der Rodungen in den Tropen

Im Jahre 1980 bedeckten die geschlossenen und offenen tropischen Wälder eine Fläche von 17,5 Millionen km^2 (13), das entspricht 11 Prozent der gesamten Landoberfläche der Erde (5). Im gleichen Jahr wurde in den Tropen eine Waldfäche von 563 000 km^2, mehr als der doppelten Fläche der Bundesrepublik, gerodet. Davon entfallen 157 000 km^2 auf unberührte tropische Regenwälder, der Rest auf Sekundärwälder, die auf bereits früher gerodeten Flächen nachgewachsen waren. Setzt sich diese Rate der Rodungen fort, werden innerhalb des nächsten Jahrhunderts die letzten tropischen Regenwälder vernichtet sein. Sollte sich die Rodungsrate sogar noch beschleunigen, was aufgrund der Entwicklungen der Agrarstrukturen und des großen Bevölkerungswachstums in den tropischen Staaten sehr wahrscheinlich ist, könnten die letzten tropischen Regenwälder bereits in etwa 50 Jahren von der Erde verschwunden sein. In einigen Staaten wie beispielsweise Nigeria oder der Elfenbeinküste wird diese Situation bereits für das Jahr 2000 erwartet. Die Staaten mit dem größten Anteil an Regenwäldern sind Brasilien, Indonesien und Zaire. Noch sind hier große Flächen ungestörten Primärwaldes vorhanden.

Zum Gesamtbestand der tropischen Wälder mit einer Fläche von 17,5 Millionen km^2 zählen die geschlossenen tropischen Wälder mit 11 Millionen km^2 und die offenen tropischen Wälder mit einem Bestand von 6,5 Millionen km^2. Als offen werden Wälder dann definiert, wenn nicht mehr als 10 Prozent der Bodenfläche von den Bäumen beschattet werden. Der Bestand der Regenwälder ist eng mit dem Klima gekoppelt und schwankte auch in der Vergangenheit stark. Nach einem Minimum während der letzten Eiszeit hat sich der Bestand der Regenwälder fast verdreifacht, bis er seit dem Beginn dieses Jahrhunderts stark zurückging.

Das Ausmaß der durch Wanderfeldbau zerstörten Fläche des tropischen Regenwaldes läßt sich wegen noch fehlender Daten schwer abschätzen. Eine umfassende globale Statistik der Waldrodungen, die auf Waldinventuren beruht, wurde von der FAO (1982) für das Jahr 1980 erstellt. Sie ist aber wegen selektiver Inventuren und unterschiedlichen Genauigkeiten mit großen Unsicherheiten behaftet. Diese Statistik unterscheidet zwischen offenen und geschlossenen Wäldern sowie zwischen der Rodung von unberührten tropischen Regenwäldern und der Rodung von Sekundärwäldern. Zusätzlich wird zwischen Wäldern unterschieden, die der permanenten Land- oder Weidewirtschaft und dem Wanderfeldbau zum Opfer fallen.

In Tabelle 1 sind die von verschiedenen Autoren abgeschätzten Raten der Waldrodungen in geschlossenen und offenen Wäldern zusammengefaßt. Die Tabelle wurde der Arbeit von Detwiler und Hall (1988) entnommen. Die Schätzungen der in den Jahren 1975 – 1980 in den Tropen gerodeten Waldflächen schwanken zwischen 205 000 und 789 000 km^2 pro Jahr. 64 000 bis 123 000 km^2 entfallen auf die Umwandlung unberührten Regenwaldes und 241 000 bis 666 000 km^2 auf die Umwandlung von Sekundärwald in landwirtschaftliche Nutzfläche. Die Folgen sind in vielen tropischen Ländern bereits nicht mehr zu übersehen. So ist der Waldbestand in afrikanischen Ländern, etwa der Elfenbeinküste, erheblich zurückgegangen. Die umfangreichsten Rodungen wurden aus Brasilien gemeldet, dem Land mit dem größten zusammenhängenden tropischen Regenwaldgebiet. Stark betroffen sind die Bundesstaaten Mato Grosso, Rondônia und Acre in der Region

Tabelle 1

Schätzungen der im Jahr 1980 in tropischen Ländern gerodeten Waldflächen

in 10^3 km^2/Jahr

Geschlossene Wälder

Quelle	Seiler und Crutzen (1980)	FAO (1982)	Lanly (1982)	Myers* (1981)
Ursache				
Permanent, unber.	19– 36	68	85	51
Wanderfeldbau, unber.	26– 36	32	34	19
permanent, Sek. W.	11– 23	2	—	101
Wanderfeldbau, Sek. W. ..	149–400	185	220	34
Summe	205–495	287	339	205

Offene Wälder

Quelle	Seiler und Crutzen (1980)	FAO (1982)	Lanly (1982)
Ursache			
Permanent, unber.	19– 51	15	21
Wanderfeldbau, unber.	— —	12	17
permanent, Sek. W.	12– 24	—	—
Wanderfeldbau, Sek. W. ..	69–219	114	186
Summe	100–294	141	224

permanent, unber. = Rodung unberührter Regenwälder zur permanenten landwirtschaftlichen Nutzung

Wanderfeldbau, unber. = Rodung unberührter Regenwälder für den Wanderfeldbau (entsprechendes gilt für die Sekundärwälder [Sek. W.])

* enthält bereits Rodungen in offenen Wäldern

„Amazônia legal", in denen allein 1985 265 000 km² Waldfläche durch Einschläge stark geschädigt wurden. Davon wurden 89 000 km² vollständig gerodet (20). Schätzungen aufgrund von Satellitenaufnahmen ergaben, daß in der gesamten Region „Amazônia legal" 1987 eine Fläche von ca. 200 000 km², gebrandgerodet wurden. Davon entfiel 40 Prozent auf kurz zuvor gefällten Wald, der Restbestand aus wiederholt angezündeten Waldflächen, Weideland und Steppen. In Extremfällen wurden Brandrodungen von 4 000 km² pro Tag ausgemacht. Das Ausmaß der Brandrodungen in Brasilien wird deutlich in Abbildung 1, die eine nächtliche Satellitenaufnahme über Brasilien zeigt.

Bei der Abschätzung der Rodungsflächen in tropischen Regenwäldern wird in zunehmendem Maß auf die Auswertung von Satellitendaten zurückgegriffen. Diese Methode hat den großen Vorteil, daß sie den tropischen Regenwald in seiner Gesamtfläche abdecken kann, aber den Nachteil, daß sie nicht zwischen Primär- und Sekundärwald und zwischen offenem und geschlossenem Wald unterscheiden kann.

Die Inventur der Brandrodungen von Satelliten aus wurde in Brasilien (beschränkt auf das Gebiet „Amazônia legal") während der Trockenzeit mit den NOAA-Satelliten erstellt, die dieses Gebiet zweimal täglich überqueren. Inventuren während der Trockenzeit haben den Vorteil, daß nahezu alle Brandrodungen in dieser Zeit stattfinden und das beobachtete Gebiet kaum von Wolken bedeckt wird. Letzteres ist wichtig, da vom Satelliten aus Brandwolken schlecht von natürlichen Wolken unterschieden werden können. Allerdings schweben über immerfeuchten Wäldern fast immer Wolken. Eine gravierende Fehlerquelle dieser Methode ist die räumliche Auflösung des Satelliten von einem Kilometer, wodurch kleinräumige Brandrodungen schlecht erfaßt werden. Außerdem sind die Brandwolken nicht immer genau identisch mit dem Gebiet der Brände, da der Wind die Wolken verdriftet. Daher werden die Daten, die aus den reinen Satellitenaufnahmen gewonnen wurden, mit Flugzeugmessungen sowie exemplarischen Felduntersuchungen vor Ort verifiziert. Ein Vergleich dieser Datensätze mit denen der FAO (1982) fällt derzeit schwer, da noch nicht genügend Fachwissen vorhanden ist. Es sollte im Verlauf der Arbeit der Enquete-Kommission vertieft werden.
Die Inventur der Brandrodungen vom Satelliten aus wird in Zukunft auf die gesamte Tropenzone ausgeweitet. Es dürfte allerdings noch ein paar Jahre dauern, bis die ersten Ergebnisse vorliegen.

3. Folgen der Zerstörung des Regenwaldes

Eine der wichtigsten schwerwiegendsten Folgen der Regenwaldzerstörung ist die Bodenerosion, bei der fruchtbarer Boden durch die starken Niederschläge weggewaschen wird. Dieser Vorgang läßt das Land irreversibel versteppen. Die Wälder schützen die Böden in zweifacher Weise vor der Erosion. Zum einen besitzen sie einen Interzeptionspuffer (Regenwasser benetzt die Pflanzen und wird so zurückgehalten) (5) und zum anderen bremsen sie die Fallgeschwindigkeit der Regen-

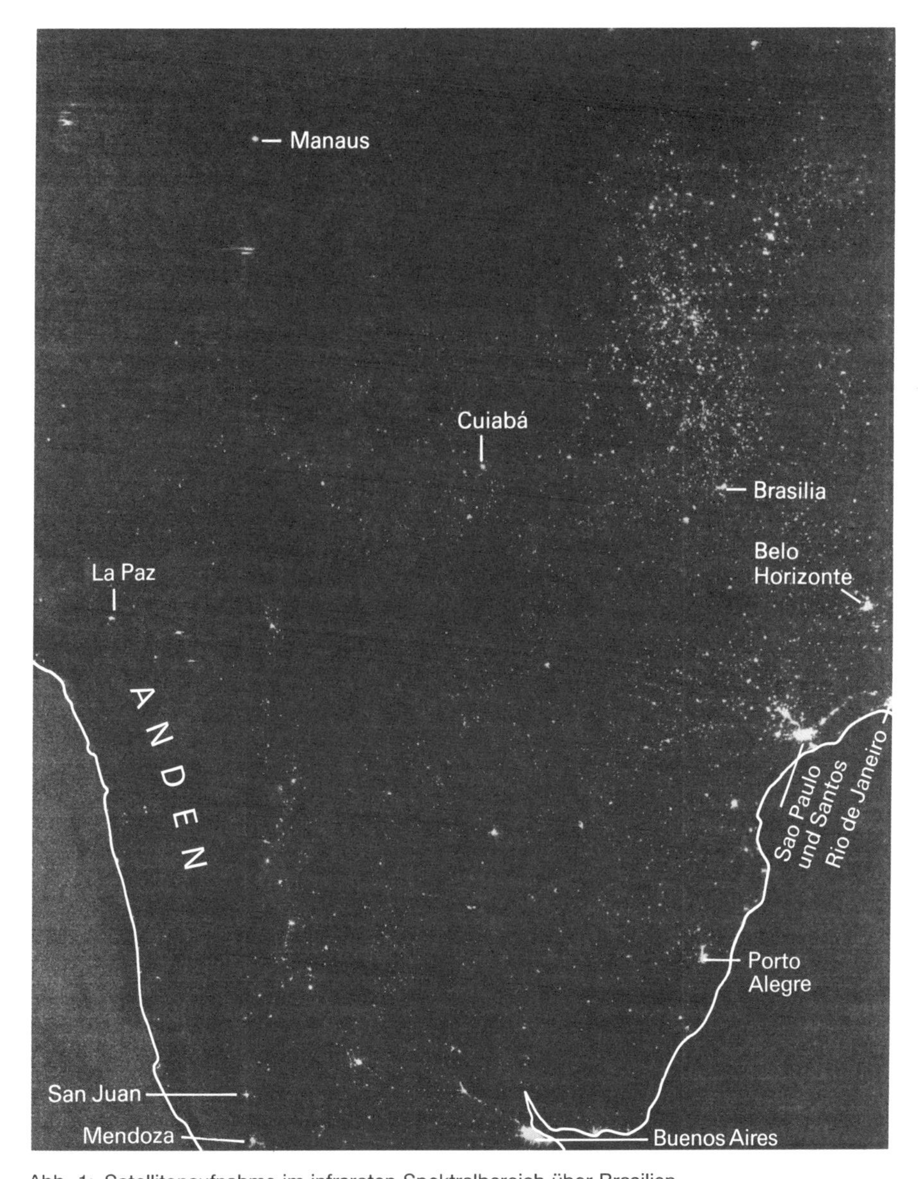

Abb. 1: Satellitenaufnahme im infraroten Spektralbereich über Brasilien.
Die Brandherde sind deutlich als Lichtpunkte zu erkennen. (National Snow and Ice Data Center, NOAA Boulder, Colorado)

tropfen. Ohne Wald sind die Böden der Erosion ausgesetzt — ein Teil des Bodens wird abgetragen und in die Flüsse geschwemmt. Dadurch versanden die Flüsse zunehmend, was zu häufigeren und intensiveren Hochwassern führt. Außerdem erhöhen die Wälder die Speicherkapazität der Böden für Regenwasser. Werden sie gerodet, muß das Wasser an der Bodenoberfläche schneller abfließen, was ebenfalls zu häufigeren Hochwassern der Flüsse stromabwärts beiträgt und die Siedler dort gefährdet. Diese Hochwasser werden noch durch einen dritten Faktor verstärkt, nämlich die verringerte Transpiration (Verdunstung durch die Blattoberfläche). Die Bäume der tropischen Regenwälder verdunsten etwa die Hälfte des Niederschlags. Wird der Wald gerodet, so gerät dieser Anteil des Wassers zusätzlich und ohne zeitliche Verzögerung in die Flüsse. Der Boden wird an den Hängen der tropischen Hochländer besonders stark abgetragen, da die Erosion hier durch die steile Lage der landwirtschaftlichen Anbauflächen noch beschleunigt wird. Die tropischen Hochländer sind in jüngster Zeit wegens des starken Bevölkerungsdrucks und der Art der Landverteilung beschleunigt besiedelt worden. Insgesamt haben die Feuchttropen weltweit die höchste Rate an Bodenerosion und Sedimentationsfracht in den Flüssen (4). Letzteres wird belegt durch Untersuchungen an den Flüssen Ambuklao und Binga auf den Philippinen, wo sich die Sedimentationsfracht zwischen 1967 und 1980 mehr als verdoppelt hat (23). Auch die Hochwassermarken des Bramahaputra in Indien dokumentieren diese Zunahme der Sedimentationsfracht. In den vergangenen 65 Jahren sind sie um durchschnittlich 2 m gestiegen. Die gestörte Regulation des Wasserhaushalts der Böden wirkt sich auch in der Vertiefung der Niedrigwasser aus, was auf angepaßte Pflanzengesellschaften, zum Beispiel im Amazonas, verheerende Auswirkungen haben kann.

Ein erheblicher Teil des Niederschlags stammt aus der Transpiration der Regenwälder selbst. Daher ist es sehr wahrscheinlich, daß die Niederschlagsrate nach der Rodung der Regenwälder sowohl lokal als auch außerhalb der Rodungsgebiete abnimmt. Dadurch sind Auswirkungen auf andere Ökosysteme und landwirtschaftliche Nutzflächen verbunden mit Einbußen im Ertrag zu erwarten. Durch die fehlende Evapotranspiration der Bäume wird auch der hydrologische Zyklus der Troposphäre empfindlich gestört. Auf diese Weise wird auch die nasse Deposition beeinflußt, die als wichtige Senke einer Vielzahl von Schadstoffen wirkt.

Darüber hinaus führt die Zerstörung des Ökosystems Regenwald mit seiner enormen Artenvielfalt dazu, daß immer mehr Tier- und Pflanzenarten aussterben und die genetischen Ressourcen der Erde geschmälert werden.

Einen entscheidenden Einfluß auf das globale Klima haben auch die Spurensubstanzen, die bei der Verbrennung der abgeholzten Biomasse freigesetzt werden. Von besonderer Bedeutung ist dabei die Emission von Kohlendioxid, auf die im folgenden Kapitel eingegangen wird.

4. Abschätzung der CO_2-Emission durch Brandrodungen

Durch die Umwandlung kohlenstoffreicher Ökosysteme wie die tropischen Regenwälder in Flächen mit bedeutend geringeren Kohlenstoffgehalten (zum Beispiel landwirtschaftlich genutzte Flächen) werden erhebliche CO_2-Mengen freigesetzt und in die Atmosphäre emittiert. Die Brandrodung trägt damit zu einer globalen Veränderung der atmosphärischen CO_2-Konzentration bei und nimmt so Einfluß auf das globale Klima.

Um die durch die Brandrodung jährlich in die Atmosphäre emittierte CO_2-Menge abschätzen zu können, muß neben der Gesamtfläche und Art (geschlossene oder offene Wälder) der gerodeten Waldflächen auch die nachfolgende Nutzungsart der gerodeten Flächen und der in diesen Flächen fixierte Kohlenstoffgehalt bekannt sein. Längerfristig wird nur die Differenz des Kohlenstoffgehaltes zwischen den gerodeten und den Folgeflächen als CO_2 freigesetzt.

Die Biomassedichte (das heißt der organische Kohlenstoffgehalt) in den offenen und geschlossenen tropischen Wäldern ist unter anderem vom Standort und den dort wirksamen meterologischen Parametern abhängig und wird deshalb großen Schwankungsbreiten unterliegen. Dementsprechend reichen die in der Literatur angegebenen Werte über den organischen Kohlenstoffgehalt sowie über die CO_2-Fixierungsraten in den einzelnen tropischen Ökosystemen erheblich von einander ab. Während Seiler und Crutzen (1980) die von Whittaker und Likens (1975) angegebenen Biomassedichten mit Werten von 38 kg pro m^2 für den geschlossenen tropischen Regenwald und 7 kg pro m^2 für den offenen tropischen Regenwald zur Abschätzung der durch Brandrodung freigesetzten CO_2-Mengen verwendet haben, nehmen Setzer u.a. (1988) Biomassedichten von generell 22,6 kg C pro m^2 für alle Wälder an, unabhängig davon, ob diese geschlossen oder offen sind. Brown und Lugo (1984) verweisen dagegen auf Biomassedichten in geschlossenen Regenwäldern von 9 kg C pro m^2 und für offene Regenwälder von 3,1 kg C pro m^2, die im letzten Fall um etwa um eine Größenordnung unter den von Setzer u.a. (1988) verwendeten Werte liegen. Eine bessere Kenntnis der Biomassedichte ist eine wichtige Voraussetzung zur Bestimmung der durch Brandrodung freigesetzten CO_2-Menge.

Ein weiterer wichtiger Aspekt ist in diesem Zusammenhang die Verbrennungseffizienz der gerodeten Biomasse und die Mineralisationsrate der gerodeten aber nicht verbrannten Biomasse. Angaben über das Verhältnis des unmittelbar verbrannten und des durch die mikrobiologischen Aktivitäten langsam umgesetzten (mineralisierten) organischen Kohlenstoffs in der Biomasse existieren kaum. Sie sind aber insbesondere für die Berechnung der zeitlichen Verzögerung der CO_2-Freisetzung von ausschlaggebender Bedeutung. Es wird angenommen, daß ca. 50 Prozent der auf 5 bis 9 Milliarden Tonnen abgeschätzten bei Brandrodung oberirdisch anfallenden Biomasse durch Verbrennung direkt verloren geht (26). Der verbleibende Teil wird entweder in der nächsten Trockenzeit mit den bei landwirtschaftlicher Nutzung anfallenden Rückständen verbrannt oder langsam durch mikrobiologische Umsetzung in CO_2 überführt. Es kann dadurch zu zeitlichen Verzögerungen zwischen der Freisetzung des CO_2 und der Brandrodungen von bis zu 10 bis 15 Jahren kommen. Dies gilt insbesondere für den im Boden vorhandene organischen Kohlenstoff in Form von Wurzeln.

Im Falle einer permanenten landwirtschaftlichen Nutzung wird mit einem 40prozentigen Verlust von Kohlenstoff in einem Zeitraum von 5 Jahren gerechnet, bei Wanderfeldbau mit 8 bis 27 Prozent innerhalb von 2 Jahren. Weidelandnutzung führt dagegen zu einem direkten Kohlenstoffverlust von 20 Prozent im ersten Jahr.

Erwähnenswert ist in diesem Zusammenhang der bei der Verbrennung von organischem Kohlenstoff entstehende graphitische Kohlenstoff, der gegenüber mikrobiologischen Aktivitäten äußerst resistent ist und als mögliche zusätzliche Senke des atmosphärischen CO_2 angesehen werden kann (26).

Die in der Literatur angegebenen CO_2-Emissionen durch Rodung von tropischen Regenwäldern sind in Tabelle 2 zusammengefaßt.

Tabelle 2

Nettofluß von Kohlenstoff aus der Biosphäre in die Atmosphäre durch die Rodung tropischer Regenwälder für das Jahr 1980

Abschätzung	Gt Kohlenstoff
Bolin (1977) *)	0,4 –1,6
Stuiver (1978) *)	1,2
Seiler und Crutzen (1980) ***)	–2,0 –2,0
Woodwell u. a. (1983)	1,4 –3,8
Molovsky u. a. (1984)	0,5 –1,1
Houghton u. a. (1985)	0,5 –4,2
Detwiler u. a. (1985)	1,0 –1,5
Houghton u. a. (1987)	0,9 –2,5
Detwiler u. a. (1988)	0,42–1,55
Setzer u. a. (1988) *)	0,14 (nur Brasilien) **)

*) Diese Abschätzungen beziehen sich nicht auf 1980

**) Brasilien ist zu 20% an den globalen CO_2-Emissionen aus Landnutzungsänderungen beteiligt

***) In dieser Abschätzung ist auch globale Wiederaufforstung und die Bildung von biologisch schwer abbaubaren graphitischen Kohlenstoffs bei der Verbrennung von Biomasse berücksichtigt

Die in der Tabelle zusammengefaßten Werte zeigen erhebliche Schwankungsbreiten. Wesentliche Gründe für diese Schwankungsbreiten sind:

- die Nutzung unterschiedlicher Eingangsdaten,
- die zum Teil grobe Schätzung der Daten,
- die unzureichende Kenntnis der Zusammenhänge zwischen Bodenklima, Walddynamik, Produktivität der Regenwälder und Stabilität,
- der Mangel an Angaben über die Verbrennungseffizienz und Verrottungsraten der bei der Rodung anfallenden Biomasse,
- die unzureichende Kenntnis der Biomassedichte der gerodeten Waldflächen und der nachfolgenden Nutzflächen.

Basierend auf den zur Zeit vorliegenden Informationen kann davon ausgegangen werden, daß die CO_2-Emission durch Brandrodung im Bereich zwischen $1 \pm 0{,}6$ Milliarden Tonnen Kohlenstoff pro Jahr liegt. Die durch Rodung tropischer Regenwälder freigesetzte CO_2-Menge entspricht damit etwa 7 bis 32 Prozent des durch Verbrennung fossiler Brennstoffe emittierten CO_2. Die außerhalb der Tropen durch Landnutzungsänderungen freigesetzte CO_2-Menge ist mit weniger als 0,1 Milliarden Tonnen Kohlenstoff pro Jahr dagegen vernachlässigbar klein (21).

Tabelle 3 listet den Anteil der einzelnen tropischen Staaten an den CO_2-Emissionen durch die Rodung tropischer Regenwälder auf. Brasilien allein hat einen Anteil von 20 Prozent und stellt zusammen mit Indonesien fast ein Drittel der Emissionen des CO_2.

Bezogen auf die Kontinente wird der größte Anteil der durch Rodung tropischer Regenwälder freigesetzten CO_2-Menge in Südamerika (40 Prozent) emittiert. Es folgen Asien mit 37 Prozent und Afrika mit 23 Prozent.

Insgesamt kann davon ausgegangen werden, daß die CO_2-Emission durch Rodung von tropischen Regenwäldern einen erheblichen Beitrag zum atmosphärischen CO_2-Gehalt leistet und dadurch einen nicht zu unterschätzenden Einfluß auf das Klima unserer Erde hat. Dieser Effekt wird, wie bereits in einem vorangehenden Kapitel ausgeführt, durch Änderungen des kleinräumigen Klimas und durch die Störung des atmosphärischen Wasserdampfkreislaufes aufgrund des Verlustes der tropischen Regenwaldfläche verstärkt.

Von besonderer Bedeutung ist in diesem Zusammenhang auch die Emission der bei der Verbrennung von Biomasse entstehenden klimarelevanten Spurengase wie CO, der Kohlenwasserstoffe, NO_x, CH_4 und anderer, die für die Chemie der Troposphäre von eminenter Bedeutung sind. Desweiteren werden, vornehmlich in der Zeit der Brandrodungen, hohe Ozonkonzentrationen in den tropischen Breiten beobachtet, die eindeutig auf die photochemische Bildung von Ozon in der Troposphäre zurückgehen. Beim photochemischen Kohlenwasserstoffabbau werden

Tabelle 3

Anteil der einzelnen Staaten an den CO_2-Emissionen durch die Rodung der tropischen Regenwälder

Staat	Anteil
Brasilien	20%
Indonesien	12%
Kolumbien	7%
Elfenbeinküste	6%
Thailand	6%
Laos	5%
Nigeria	4%
Philippinen	3%
Burma	3%
Peru	3%
Restliche tropische Staaten	31%

neben dem Ozon auch andere Zwischen- und Endprodukte, wie zum Beispiel HNO_3, PAN (Peroxiacetylnitrat), H_2O_2 gebildet, die auf die in diesen Breiten vorhandene Vegetation phytotoxisch einwirken.

5. Wiederaufforstungen in den Tropen

Wiederaufforstungen von Wäldern in den Tropen sind eine Möglichkeit, die klimatischen ökologischen und ökonomischen Schäden, die durch die Rodung der tropischen Regenwälder verusacht werden, zu mildern. Sie sind aus folgenden ökologischen Gründen dringend erforderlich:

— Milderung der ökologischen Zerstörung der tropischen Wälder;

— Verminderung der Bodenzerstörung, die der Rodung der tropischen Regenwälder folgt;

— Verminderung der Lücke, die zwischen dem Brennholzbedarf der tropischen Staaten und dem Nachwachsen von Brennholz besteht (siehe Kapitel 4.1);

— Verminderung der Zuwachsrate der CO_2-Konzentration in der Atmosphäre.

In der Tat wurden in vielen tropischen Ländern Anstrengungen zur Wiederaufforstung unternommen. Die jährliche Rate der Wiederaufforstung betrug Anfang der achtziger Jahre 11.000 km^2 pro Jahr (11). Die Gesamtfläche der Wiederaufforstungen in den Tropen betrug bis 1980 115.000 km^2 und wird bis 1985 in der selben FAO-Studie auf 170.000 km^2 geschätzt. Doch klafft gegenwärtig in den Tropen zwischen Rodungen und Wiederaufforstungen eine Lücke von 10 : 1 (23).

Das Verhältnis zwischen Wiederaufforstung und Rodung beträgt in Südost-Asien nur 1 : 4,5. Doch sollte man hierbei bedenken, daß hier in der Vergangenheit fast 70 Prozent der Rodungen stattgefunden haben. In Amerika beträgt dieses Verhältnis 1 : 10, in Afrika 1 : 29. Diese FAO-Statistik muß aber insofern kritisch betrachtet werden, als sie lediglich die Wiederaufforstung geschlossener Wälder berücksichtigt. Darüber hinaus werden oft Bäume lokal um Felder angepflanzt, beispielsweise als Windschutz. In vielen Staaten sind die vereinzelt angepflanzten Bäume die primäre Quelle für Brennholz, Trockenfutter und ländliche Baumaterialien. In Kenia zum Beispiel ist die Anzahl der Bäume, die lokal von Siedlern angepflanzt wurden, größer als die von staatlichen Wiederaufforstungen. In Ruanda bedecken solche verstreuten Anpflanzungen eine Fläche von 2.000 km^2, mehr als die Fläche der gesamten übrigen Wälder (23).

Die meisten Wiederaufforstungen in den Tropen dienen industriellen Zwecken, vor allem der Herstellung von Holz und Papier. Tabelle 4 gibt eine Übersicht über die jährlichen Wiederaufforstungen in den Tropen Anfang der achtziger Jahre. Sie unterscheidet in Wiederaufforstungen zu industriellen und zu nicht-industriellen Zwecken. In Tabelle 5 wird die Fläche angegeben, die in den einzelnen tropischen Regionen bis 1985 (Schätzungen nach FAO, 1982) wieder aufgeforstet waren. Aus diesen Tabellen wird deutlich, daß bisher etwa zwei Drittel der Wiederaufforstungen industriellen Zwecken dienten. In letzter Zeit werden zusehends auch nicht-industrielle Zwecke bei der Wiederaufforstung verfolgt, mit großer Priorität die bessere Brennholzversorgung der Bevölkerung.

Tabelle 4

Jährliche Wiederaufforstungsfläche in den Tropen für die industrielle und die nicht-industrielle Nutzung

in km^2 (23)

	Industrielle Nutzung	Nicht-industrielle Nutzung	Gesamte Aufforstungen
Amerika	2 820	2 520	5 340
Afrika	650	620	1 270
Asien	2 340	2 050	4 390
gesamte Tropen	5 810	5 190	11 000

Tabelle 5

Gesamte Fläche der Tropen, die nach FAO-Schätzungen 1985 wieder aufgeforstet war (11)
in km^2

	Industrielle Nutzung	Nicht-industrielle Nutzung	Gesamte Aufforstungen
Amerika	39 790	33 140	72 930
Afrika	13 190	10 920	24 110
Asien	46 700	26 330	73 030
gesamte Tropen	99 680	70 390	170 070

Die Wiederaufforstungen verlaufen im tropischen Amerika und Asien viel schneller als in Afrika. Wiederaufforstungen für industrielle Zwecke sind in der Vergangenheit vor allem in Asien erfolgt, doch wird damit in immer größerem Ausmaß auch im tropischen Amerika (insbesondere Brasilien) begonnen. Tabelle 6 gibt wieder, in welchen tropischen Staaten die meisten Wiederaufforstungen für industrielle Zwecke, vornehmlich der Papierherstellung, stattfinden.

Tabelle 6

Industrielle Wiederaufforstungen bis 1985 in den 4 tropischen Staaten, mit den umfangreichsten Wiederaufforstungsmaßnahmen (23)

Staat	Fläche (in km^2)
Brasilien	35 000
Indien	19 600
Indonesien	18 000
Nigeria	2 700

Es fällt auf, daß sich die Wiederaufforstungsmaßnahmen nach den zur Verfügung stehenden Statistiken auf wenige Staaten beschränken. 35 Prozent entfallen alleine auf Brasilien, knapp 75 Prozent auf Brasilien, Indien und Indonesien zusammen. 80 Prozent der neuen Wälder Lateinamerikas stehen in Brasilien, vor allem in den südlichen Landesteilen. Dagegen findet die Rodung der Wälder vorzugsweise im Amazonasgebiet statt und schreitet fünfmal so schnell fort wie die Wiederaufforstungen im südlichen Teil Brasiliens. In Afrika wurden industrielle Aufforstungen in letzter Zeit besonders stark in Zimbabwe und Zambia vorangetrieben, in denen mittlerweile eine Fläche von 1.000 beziehungsweise 450 km^2 aufgeforstet wurde. Die häufigsten Baumarten dieser Anpflanzungen sind tropische Pinien und tropische Eukalyptusarten, deren jährlicher Holzzuwachs besonders groß ist. Er beträgt 15 bis 45 m^3 pro Hektar bei der Pinie und 18 bis 60 m^3 pro Hektar beim Eukalyptus (8).

Die nicht-industriellen Wiederaufforstungen dienen der Produktion von Brennholz. Das Brennholzproblem ist in den inneren Tropen weniger groß als in den Savannengürteln, hier insbesondere in der Sahelzone (vgl. Kapitel 4.1). Nach Schätzungen der Weltbank müssen zwischen 1980 und 2000 insgesamt 550.000 km^2 Wälder mit hohen Holzerträgen angepflanzt werden, um dem Bedarf an Brennholz in der Dritten Welt gerecht zu werden. Hierbei hat sie schon von vornherein angenommen, daß 25 Prozent des Bedarfs durch die Substitution von Brennholz durch andere Energieträger und durch effizientere Herde eingespart werden können. Trotzdem erreichen die gegenwärtigen Anpflanzungen von 5.190 km^2 pro Jahr (vgl. Tabelle 4) noch nicht einmal 20 Prozent des geschätzten Bedarfs (23). In der selben Studie wird der Bedarf an Wiederaufforstungen zu industriellen Zwecken auf 100.000 km^2 geschätzt und der zur Wiederherstellung des ökologischen Gleichgewichts auf 1.000.000 km^2. Diese Zahlen gelten jeweils für die 20-Jahres-Periode 1980—2000.

Eine neue Methode, das Brennholzproblem etwas abzumildern, ist die sogenannte agro-forstliche landwirtschaftliche Anbauweise. Bei dieser Anbauweise werden auf Getreidefeldern einzelne Bäume angepflanzt, wodurch die Getreideerträge gesteigert werden und gleichzeitig Brennholz nachwächst. Diese Anbauweise ermöglicht es, die Bodenfruchtbarkeit zu steigern, die Bodenfeuchte zu erhöhen und die Erosion zu vermindern. Die Brennholzproduktion ist bei agro-forstlicher Anbauweise viel billiger als bei der Wiederaufforstung in Plantagenform; es fallen nur 10 bis 20 Prozent der Investitionen an. Ein weiterer Vorteil der agro-forstlichen Anbauweise ist der höhere Holzertrag. Weil die Nährstoffkonkurrenz durch andere Bäume fehlt, ist die Biomassenproduktion pro Baum größer als bei Anbau in Plantagenform. Darüber hinaus ist es durch spezielle Techniken der Beschneidung gelungen, den Holzertrag auf das fünf- bis zehnfache des Holzertrags aus Baumplantagen zu steigern (8).

Wiederaufforstungen werden auch dringend benötigt um das ökologische Gleichgewicht zu stabilisieren. Sie sind in den Oberläufen der Einzugsgebiete von Flüssen besonders dringend erforderlich, um der Bodenerosion und den Hochwasserwellen vorzubeugen (vgl. Kapitel 4.1). Auch die Savannen sollten wieder aufgeforstet werden, da Bäume die Wasserspeicherkapazität des Bodens erhöhen und so einer Austrocknung und einer zunehmenden Desertifikation entgegenwirken.

Die Wiederaufforstungen zu industriellen Zwecken, zumindest wie sie zur Zeit betrieben werden, sind allerdings auch mit Nachteilen verbunden. Die für industrielle Zwecke aufgeforsteten Baumplantagen bestehen fast immer aus Monokulturen, häufig nicht einmal einheimischer Gehölze, und können daher das ursprüngliche Ökosystem in keiner Weise ersetzen. Außerdem verbrauchen sie sehr viel Nährstoffe und große Mengen an mineralischem Dünger, wodurch wieder mehr N_2O in die Atmosphäre emittiert und der Treibhauseffekt verstärkt wird. Der letztere Effekt dürfte aber gegenüber der stärkeren CO_2 Speicherung durch Wiederaufforstung klein sein. In Betracht gezogen werden muß auch die Belastung von Grundwasser und Boden durch die Verwendung von Dünger und erheblichem Pestizideneinsatz.

6. Internationale und nationale Bemühungen zum Schutz des Tropenwaldes

Seit einigen Jahren werden sowohl auf internationaler als auch auf nationaler Ebene Bemühungen unternommen, die tropischen Regenwälder besser zu schützen, insbesondere weil die ökologischen Schäden, die durch das Abholzen der Regenwälder entstehen, immer deutlicher sichtbar werden und in zunehmendem Maße in das Blickfeld der Öffentlichkeit rücken. Wichtig Initiativen auf internationaler Ebene waren der Internationale Tropenwald-Aktionsplan, der 1986 von der FAO in Kraft gesetzt wurde und den tropischen Staaten beim Schutz ihrer Waldressourcen helfen sollte. Hinzu kommen Bemühungen von Umweltverbänden und Nichtregierungsorganisationen.

– Mitteleinsatz der FAO im Förderbereich „ländliche Entwicklung"

Hierzu gehören unter anderem der Tropenwald-Aktionsplan der FAO, das internationale Tropenholzabkommen, der Vorschlag von Bundeskanzler Kohl auf dem Weltwirtschaftsgipfel von Toronto, den ärmsten Entwicklungsländern gegen Auflagen Schulden zu erlassen, die bilateralen Bemühungen der Bundesregierung und beginnende Bemühungen Brasiliens, seine Waldressourcen zu retten.

Nach einer Erhebung der FAO betrug 1986 der bi- und multilaterale Mitteleinsatz für den Förderbereich „ländliche Entwicklung" 5 bis 10 Prozent des gesamten Entwicklungshilfevolumens beziehungsweise 910 Millionen US-Dollar. Aktivitäten, die gefördert wurden, sind:

- Aufforstungen
- der Aufbau von Forstverwaltungen
- der Aufbau von Ausbildungs- und Forschungseinrichtungen
- die Inventur und Bewirtschaftung vorhandener Waldvorkommen
- der Aufbau von Holzverarbeitungsbetrieben
- Schutz für Wildtiere und erhaltenswerte Waldgebiete (beispielsweise Nationalpark)

— Internationaler Tropenwald-Aktionsplan der FAO

Der internationale Tropenwald-Aktionsplan der FAO ist die erste Maßnahme, die auf internationaler Ebene finanziert wird und dem Ziel der Erhaltung der tropischen Regenwälder dienen solle. Er wurde von der FAO (Food and Agriculture Organisation) der UNO, der UNDP (United Nations Development Program), der Weltbank und vom World Resources Institute vorbereitet. 1986 wurde er offiziell auf FAO-Ebene verabschiedet. Der internationale Tropenwald-Aktionsplan ist ein globaler Rahmenplan, der als Leitlinie für die Erarbeitung und Umsetzung von Forstsektorstrategien auf der Ebene der einzelnen Entwicklungsländer dient. Damit ist er eine Koordinierungsgrundlage für internationale Entwicklungshilfe zum Waldschutz und zur Forstentwicklung in den Tropen. Er ist unterteilt in die folgenden wichtigsten Maßnahmenbereiche, die im weiteren noch näher erläutert werden sollen:

- Forstwirtschaft und Landnutzung
- Forstwirtschaftliche industrielle Entwicklung
- Brennholz und Energie
- Erhaltung der Ökosysteme des tropischen Regenwaldes
- Institutionen (auch nicht-staatliche, Forstgesetzgebung und -Verwaltung, Planung, Ausbildung, Forschung)

Der Tropenwald-Aktionsplan wurde zunächst für einen Fünfjahres-Zeitraum (1987—1991) verabschiedet. Sein Finanzvolumen beträgt mindestens acht Milliarden US-Dollar. Für seine Finanzierung wurde kein spezieller Mechanismus geschaffen. Die Hälfte der Gelder soll aus der Entwicklungszusammenarbeit im Rahmen der normalen bi- und multilateralen Entwicklungshilfe finanziert werden.

Der Internationale Tropenwald-Aktionsplan versetzt die Entwicklungsländer in die Lage, die FAO als Koordinierungsinstanz darum zu bitten, sie bei der Aus- und Überarbeitung nationaler Forstsektorpläne zu unterstützen. Über 50 Regierungen von Entwicklungsländern haben bisher von dieser Möglichkeit Gebrauch gemacht, acht derartige Ländermissionen sind schon abgeschlossen, siebenundzwanzig sind in Vorbereitung oder Durchführung. Die FAO ist dabei stets das Koordinationsorgan. Sie wird von vielen wichtigen bi- und multilateralen Entwicklungshilfeorganisationen (unter Einbeziehung der großen Entwicklungsbanken) durch Beratergruppen unterstützt. Auf den Sitzungen in halbjährigem Abstand werden die Ländermissionen koordiniert. Auf diesen Sitzungen werden die Erfahrungen der Beteiligten ausgewertet und weitere Umsetzungsschritte erörtert.

Im folgenden sollen die einzelnen prioritären Maßnahmenbereiche näher erläutert werden (nach FAO, 1987).

Forstwirtschaft und Landnutzung

In diesem Bereich zielt der Aktionsplan darauf hin, daß die landwirtschaftlichen Ressourcen der tropischen Staaten an der Nahtstelle zwischen Forst- und Landwirtschaft durch gezieltes Handeln erhalten bleiben. Landwirtschaftliche Anbaumethoden sollen in die Forstwirtschaft übernommen werden. Darüber hinaus sollen nachhaltige Formen der Landnutzung gefördert werden.

Forstwirtschaftliche industrielle Entwicklung

Die forstwirtschaftlichen Industrien der tropischen Staaten sollen dadurch gefördert werden, daß ihre Ressourcenbewirtschaftung und -bevorratung intensiviert wird. Außerdem sollen moderne Verfahren zur Holzernte, zur Errichtung und Lenkung der eigenen forstwirtschaftlichen Industrien und zur Straffung von Märkten für industrielle Holzerzeugnisse entwickelt werden.

Brennholz und Energie

Ein Ziel des Aktionsplanes ist es, daß die Brennholzvorräte in Zukunft in den tropischen Staaten, in denen zur Zeit ein Brennholzmangel herrscht, ausreichend vorhanden sind. Dieses Ziel soll dadurch erreicht werden, daß globale Hilfen bereitgestellt werden und die nationalen Brennholz- und Holzenergieprogramme unterstützt werden. Darüber hinaus sollen neue holzverwertende Energiesysteme für die ländliche und industrielle Entwicklung entwickelt werden. Die tropischen Staaten sollen auf der regionalen Ebene an diese Systeme herangeführt werden. Zusätzlich soll die Forschung und Entwicklung auf diesem Gebiet intensiviert werden.

Erhaltung der Ökosysteme des tropischen Regenwaldes

Der Aktionsplan hat auch zum Ziel, daß die genetischen Ressourcen der tropischen Pflanzen- und Tierwelt erhalten, kontrolliert und genutzt werden. Hierzu sollen eine Vielzahl von nationalen Schutzgebieten ausgewiesen werden, bei deren Planung, Verwaltung und Entwicklung der Aktionsplan hilft. Institutionen (auch nicht-staatliche Forstgesetzgebung und -Verwaltung, Planung, Ausbildung, Forschung)

Primäres Ziel des Aktionsplanes ist es, die institutionellen Zwänge der tropischen Staaten zu beseitigen, die die Erhaltung und den sorgsamen Umgang mit den tropischen Regenwald-Ressourcen behindern. Hierzu gehört insbesondere eine Stärkung der Forstverwaltungen und sonstiger staatlicher Stellen. Die forstwirtschaftlichen Erfordernisse sollen in die Entwicklungsplanung einbezogen werden. Darüber hinaus sollen private und lokale Organisationen institutionelle Unterstützungen erhalten. Die technische und berufliche Ausbildung der Bevölkerung soll gefördert und die Forschung und Aufklärung verstärkt werden.

Die Kosten der einzelnen Bereiche des Aktionsplanes sind in Tabelle 7 aufgelistet. 50 Prozent des Mitteleinsatzes dienen der Hilfe für Asien, 30 Prozent der Hilfe für Lateinamerika und 20 Prozent der Hilfe für Afrika.

Tabelle 7

Prozentualer Einsatz der Finanzmittel des Internationalen Tropenwald-Aktionsplanes

Bereich	Mitteleinsatz
Brennholz und „Agroforestry“ *)	30 %
Industrielle Nutzung	25 %
Institutionen	20 %
Landnutzung	17 %
Schutz- und Erhaltungsmaßnahmen	8 %

*) Agroforestry = Agro-forstliche Landwirtschaft

Eine Gesamtbeurteilung insbesondere auch der Gewichtung des Mitteleinsatzes ist nach genauer Betrachtungen notwendig und wird im nächsten Zwischenbericht vorgelegt.

— Internationales Tropenholzabkommen:

Das internationale Tropenholzabkommen (ITTA) wurde 1987 im Rahmen des UNCTAD-Rohstoffabkommens verabschiedet. Die Hauptzwecke dieses Abkommens sind die Förderung des Tropenholzhandels und die Förderung der Holzverarbeitung in den Erzeugerländern mit begleitenden Maßnahmen zum Tropenwaldschutz und der nachhaltigen Tropenholzerzeugung. Zur Ausführung und Verwaltung des internationalen Tropenholzabkommens wurde in Yokohama/Japan die internationale Tropenholzorganisation (ITTO) gegründet. Sie ist Mitglied in der Beratungsgruppe des Internationalen Tropenwald-Aktionsplanes, wodurch sie automatisch mit den Problemen konfrontiert wird, die diese Beratungsgruppe zu lösen hat.

— Weitere internationale Initiativen zum Tropenwaldschutz

Dr. Tolba, der Exekutiv-Direktor der UNEP (United Nations Environmental Program), unterbreitete den Vorschlag, die internationale Gemeinschaft solle den Entwicklungsländern diejenigen Nachteile durch „Kompensation“ ausgleichen, die ihnen entstehen würden, wenn sie großflächige ökologisch wertvolle Tropenwaldgebiete unter Schutz stellen und damit auf die Ressourcennutzung und mögliche

Exporterlöse verzichten würden. Dabei hat er folgende Modelle als Handlungsalternativen empfohlen:

- Schuldenerlaß gegen Tropenwaldschutz;
- Globaler Walderhaltungsfonds zur Finanzierung konkreter Waldschutzprogramme in einzelnen Entwicklungsländern;
- Internationale Steuern auf den Tropenholzhandel, die für die Finanzierung von Waldschutz- und Waldbewirtschaftungsmaßnahmen Verwendung finden sollen.

Dieser Vorschlag ist derzeit allerdings noch nicht Gegenstand formaler Erörterungen innerhalb der UNO beziehungsweise der für die einzelnen Fragestellungen zuständigen Organisationen und Gremien.

7. Ausblick

Das in diesem Abschnitt behandelte Problem der Vernichtung der tropischen Regenwälder ist in der Enquete-Kommission noch nicht grundlegend diskutiert worden.

Die Enquete-Kommission gibt zum jetzigen Zeitpunkt noch keine Empfehlung zu diesem Bereich, da zu der Schwerpunktaufgabe „Schutz der tropischen Regenwälder" im Verlauf des Jahres 1989 ein gesonderter Zwischenbericht erscheint. Als Grundlage dazu sind Anhörungen zu folgenden Themenbereichen geplant:

- Bestandsaufnahme und voraussichtlich zukünftige Rodungsraten des tropischen Regenwaldes in Süd- und Mittelamerika, Afrika, Asien und Nordaustralien,
- neueste Erkenntnisse über den Beitrag der Regenwaldvernichtung zum Treibhauseffekt und zu lokalen Klimaveränderungen unter besonderer Berücksichtigung der Biomassenberechnung,
- ökologische Folgen der Regenwaldvernichtung,
- wirtschaftliche, soziale, politische und demographische Ursachen der Regenwaldvernichtung,
- Zusammenhänge zwischen Bevölkerungswachstum und Regenwaldvernichtung,
- alternative Projekte,
- Möglichkeiten und Grenzen einer nachhaltigen Holznutzung im tropischen Regenwald,
- politischer und wirtschaftlicher Handlungsbedarf auf nationaler und internationaler Ebene,
- wirtschaftliche und politische Durchsetzungsmöglichkeiten.

8. Literaturverzeichnis

(1) BOLIN, B., Changes of land biota and their importance for the carbon cycle. Science Band 196, 1977, S. 613—615

(2) BROWN, S. und LUGO, A.E., Biotropica Band 14, 1982, S. 161

(3) BROWN, S. und LUGO, A.E., Biomass of tropical forests: a new estimate based on forest volumes. Science Band 223, 1984, S. 1290—1293

(4) BRUENIG, E.F., Der Raubbau an den Wäldern ist bedrohlich. Umschau 3, 1985, S. 153—155

(5) BRUENIG, E.F., Die Entwaldung der Tropen und die Auswirkungen auf das Klima, 1987

(6) DETWILER, R.P., HALL, C.A.S. und BOGDONOFF, P., Land use change and carbon exchange in the tropics-11. estimates for the entire region. Environmental Management Band 9, 1985, S. 335—344

(7) DETWILER, R.P. und HALL, C.A.S., Tropical Forests and the Global Carbon Cycle. Science Band 239, 1988, S. 42—47

(8) DOE, The prospect of solving the CO_2-problem through global reforestation. office of energy research, office of basic Energy Sciences, Carbon Dioxide Research Division, Washington, D.C., 1988

(9) DOVER, M. und TALBOT, L.M., To feed the Earth: Agro-ecology for sustainable development. Washington, D.C., 1987

(10) ESSER, G., Sensitivity of global carbon pools and fluxes to human and potential climatic impacts. Tellus Band 39 B, 1987, S. 245—260

(11) FAO, Tropical Forest Resources. Forestry Paper Band 30, Rome, 1982

(12) FAO, FAO Production Yearbook, Rome, 1983

(13) FAO, Forestry beyond 2000. Unasylva Band 37, 1985, S. 7—16

(14) FAO, The tropical forestry actionplan, Rome, 1987

(15) FEARNSIDE, Causes of Deforestation in Brazilia Amazon, 1986

(16) HEKSTRA, G.P., Effects of Future climate change, EK-Drucksache 11/30, 1988, S. 43—66

(17) HOUGHTON, R.A. u.a., Net flux of carbon dioxide from tropical forests in 1980. Nature Band 316, 1985, S. 617—620

(18) HOUGHTON, R.A. u.a., Tellus B., 1987

(19) LANLY, J.P., Tropical forest resources, in: Forestry Paper Band 30, Rome, 1982

(20) MALINGREAU, J.-P. und TUCKER, C.J., Large-scale deforestation in the southeastern Amazon Basin of Brazil. Ambio Band 17, 1988, S. 49—55

(21) MELILLO, J.M. u.a., Land-use change in the sovjet union between 1850 and 1980: Causes of a net release of CO_2 to the atmosphere. Tellus 40 B, 1988, S. 116—128

(22) MOLOVSKY, J. u.a., The Biosphere: Problems and Solutions (Hrsg. Veziroglu, F.N.). 181—194, Elsevier, Amsterdam

(23) POSTEL, S. und HEISE, L., Reforesting the Earth. Worldwatch Paper Band 83, Washington, D.C., 1988

(24) ROTTY, R.M., J. Geophys. Res. Band 88, 1982, S. 1301

(25) SALATI, E. und VOSE, P.B., Depletion of tropical rain forests. Ambio Band 12, 1983, S. 67–71

(26) SEILER, W. und CRUTZEN, P.J., Climate change 2, 1980, S. 207

(27) SETZER, A.W. u.a., Bericht über die Aktivitäten des Projekts „SEQE" des IBDF-INPE im Jahr 1987. (Übersetzung aus dem Portugiesischen von Christopher Martius). Ministerium für Wissenschaft und Technologie, Raumforschungsinstitut, Brasilien, 1988

(28) SINCLAIR, L., International task force plans to reverse tropical deforestation. WRI News, Washington, D.C., 1985

(29) STUIVER, M., Atmospheric carbon dioxide and carbon reservoir changes. Science Band 199, 1978, S. 253–258

(30) World Commission on Environment and Development, Unsere gemeinsame Zukunft. (Bericht der Brundtland-Kommission), Greven 1987

(31) WHITTAKER, R.H. und LIKENS, G.E., in: Carbon and the Biosphere, G.M. Woodwell und E.V. Pecan, Atomic Energy Commission, Washington, D.C., 1973

(32) WOODWELL, G.M. u.a., Global Deforestation: Contribution to Atmospheric Carbon Dioxide. Science Band 222, 1983, S. 1081–1086

(33) WITTHAKER, R.H. und LIKENS, G.E., The Biosphere and Man, 305-328 in: Primary Productivity of the Biosphere, New York, 1975, S. 339 pp

(34) DILGER, R., Die Kolonisation der karibischen Tiefländer Zentralamerikas, in: Kahlschlag im Paradies (Hrsg. Stüben, P.E.) Giessen, 1985, S. 82–102)

(35) MARTIN, C., West- und zentralafrikanische Regenwälder: kaum genutzt und zerstört, in: Kahlschlag im Paradies (Hrsg. Stüben, P.E.) Giessen, 1985, S. 103–121.

(36) GARBE, E., Südostasien, Ausverkauf der Regenwälder, in: Kahlschlag im Paradies (Hrsg. Stüben) Giessen, S. 122–137

9. Abbildungsverzeichnis

10. Tabellenverzeichnis

Chronologie zu Abschnitt C, 3. Kapitel

Jahr	International*)	National	Jahr
1974	Die amerikanischen Wissenschaftler Rowland und Molina weisen erstmals auf die Gefährdung der Ozonschicht durch die zunehmende Verwendung von FCKW hin.		
1975	Der indische Wissenschaftler Ramanathan veröffentlicht eine Studie, die zu dem Ergebnis kommt, daß infolge des Abbaus der Ozonschicht auch mit Auswirkungen auf den Treibhauseffekt zu rechnen sei.	*Die Bundesregierung gibt eine Studie zur Untersuchung der wissenschaftlichen und ökonomischen Aspekte der FCKW-Problematik in Auftrag.*	*1975*
		Die Bundesregierung fördert mehr als zwanzig Projekte zur Erforschung der Erdatmosphäre.	*1976 (bis 1979)*
		Anfang des Jahres erzielt der seinerzeit für Umweltfragen zuständige Bundesminister des Innern mit der Industrie eine Übereinkunft, das Volumen der FCKW in Aerosolen bis 1979 um 30 Prozent gegenüber dem Volumen des Vorjahres zu vermindern. Diese Vereinbarung wurde eingehalten.	*1977*

*) nur EG und Vereinte Nationen; die Maßnahmen einzelner anderer Länder sind auf S. 257 ff aufgelistet

Jahr	International	National	Jahr
1977	Vom 26. bis 28. April findet in Washington D.C. eine internationale Konferenz über die FCKW-Problematik statt. Die Mehrheit der vertretenen Regierungen, darunter auch die der Bundesrepublik Deutschland, tritt für eine Verminderung der FCKW-Emissionen ein.		
	Am 29. August legt die EG-Kommission dem Rat der EG einen Vorschlag über FCKW in der Umwelt vor, der im wesentlichen zum Inhalt hat, daß die Produktion von FCKW 11 und 12 nicht mehr erweitert wird und die Industrie nach Alternativprodukten suchen soll.		
		In seiner Sitzung am 20. Januar stimmt der Deutsche Bundestag dem Empfehlungsvorschlag der EG-Kommission einvernehmlich zu. Gleichzeitig fordert er die Bundesregierung auf, sich im Fall eines Schädlichkeitsnachweises für FCKW, für die internationale Durchsetzung von Maßnahmen einzusetzen, die die Verwendung von FCKW als Treibmittel unterbinden.	*1978*
1978	Am 30. Mai nimmt der Rat der EG auf der Basis des Empfehlungsvorschlags der Kommission eine Entschließung über „FCKW in der Umwelt" an.		

Jahr	International	National	Jahr
1978	Ergänzend zur ursprünglichen Empfehlung ist vorgesehen, daß im 2. Halbjahr die Auswirkungen der FCKW auf die Umwelt erneut überprüft werden. Vom 28. November bis 1. Dezember erörtert das speziell für dieses Problem eingesetzte „Koordinierungskomitee Ozonschicht" der Umweltsachverständigen der Vereinten Nationen den damaligen Stand der wissenschaftlichen Erkenntnisse. Es ergibt sich, daß Modellberechnungen bereits eine Abnahme der Ozonschicht um 2 Prozent und bei Erreichen des Gleichgewichtszustands sogar eine Verminderung um 15 Prozent berechnen. Die zweite internationale Regierungskonferenz über FCKW vom 6. bis 8. Dezember diskutiert diese Ergebnisse in Anwesenheit von Regierungsvertretern der dreizehn bedeutendsten Hersteller- und Verbraucherstaaten. Am 19. Dezember beauftragt der Rat der EG die Kommission, Maßnahmen vorzuschlagen, die im Rahmen eines gemeinsamen Marktes eine signifikante und staatlich überwachte Verwendungsbeschränkung von FCKW in Aerosolen ermöglichen.		

Jahr	International	National	Jahr
1979	Die EG-Kommission legt am 16. Mai einen entsprechenden Vorschlag vor.		
		Der Innenausschuß berät den Entscheidungsvorschlag der EG-Kommission in seiner Sitzung am 5. März 1980 und nimmt ihn ebenso wie die Bundesregierung als einen ersten notwendigen Maßnahmenkatalog zur Verringerung der Verwendung von FCKW zustimmend zur Kenntnis. *Gleichzeitig fordert der Innenausschuß die Bundesregierung auf, bis zum 30. April einen umfassenden Bericht zur FCKW-Problematik vorzulegen.*	*1980*
1980	Am 26. März verabschiedet der Rat der EG den Entscheidungsvorschlag der EG-Kommission einschließlich der infolge nationaler Beratungen vorgenommenen Änderungen. Am 16. Juni leitet die Kommission dem Rat der EG eine Mitteilung in bezug auf die Überprüfung der verfügbaren wissenschaftlichen Daten zu.		
1981	Am 26. Mai des folgenden Jahres legt die EG-Kommission dem Rat eine zweite Mitteilung vor, die Strategien der Gemeinschaftspolitik für eine Reduzierung der FCKW betrifft.		

Jahr	International	National	Jahr
1981	Auf der Grundlage beider Mitteilungen stimmt der Rat der Umweltminister am 11. Juni verschiedenen Vorhaben zu, die das Ziel verfolgen, die FCKW-Produktion zu verbieten oder zu verringern und fordert die Kommission auf, für weitere Reduktionsmaßnahmen, Vorschläge zu entwickeln. Auf der Basis dieser Vorgabe legt die EG-Kommission am 8. Oktober dem Rat einen Entscheidungsvorschlag vor, der zur Schaffung einer umfassenden Rahmenvereinbarung zum Schutz der Ozonschicht führen soll.		
1982	Der Rat der EG verabschiedet am 15. November des folgenden Jahres eine Entscheidung zur Verstärkung der Vorbeugungsmaßnahmen, die fast alle Punkte des ursprünglichen Kommissionsvorschlags enthält.		
1982 (bis 1983)	Die Konstrukteure der Modelle, auf deren Grundlage die Reduktionspläne der EG beruhen, revidieren ihre Modellaussagen und gehen nun davon aus, daß die Ozonschicht in deutlich schwächerem Ausmaß als noch 1978 angenommen, zerstört wird.		

Jahr	International	National	Jahr
1983	Auf der Grundlage dieser Erkenntnisse teilt die EG-Kommission dem Rat am 31. Mai mit, daß eine Änderung der Politik bzw. zusätzliche Maßnahmen nicht erforderlich seien. Eine erneute umfassende Überprüfung und Bewertung der Situation brauche erst gegen Ende des Jahres 1985 zu erfolgen.		
1985	Im Januar 1985 legt die EG-Kommission drei Verhaltenskodizes für die Industrie vor, die im wesentlichen auf deutschen Vorschlägen basieren. Sie dienen dem Ziel der Verminderung der Emissionen von FCKW 11 und 12. Das Wiener Übereinkommen zum Schutz der Ozonschicht wird gezeichnet. Im Herbst 1985 wird eine drastische Abnahme des Ozons in der Stratosphäre über der Antarktis entdeckt.		
		Die Bundesregierung legt bei der Neufassung der TA Luft und der 2. BImSchV auch für FCKW-emittierende Anlagen Emissionsgrenzwerte fest.	*1986*
1986	Im November legt die EG-Kommission ihre ursprünglich für 1985 vorgesehene Bewertung der aktuellen Sachlage vor.		

Jahr	International	National	Jahr
		Die Bundesregierung kritisiert die Bewertung der EG-Kommission, weil sie sich im wesentlichen auf die Aussage beschränkt, daß im Grunde kein Anlaß bestehe, den erreichten Stand zu verändern.	*1986*
		In der Regierungserklärung vom 18. März weist der Bundeskanzler auf zunehmende globale Gefährdungen der Erdatmosphäre und auf die Notwendigkeit nationaler und internationaler Maßnahmen hin.	*1987*
		Der Bundesrat verabschiedet am 15. Mai eine Entschließung, in der die Bundesregierung gebeten wird, die Herstellung und das Inverkehrbringen von FCKW grundsätzlich zu verbieten.	
		Am 21. Mai verabschiedet der Bundestag eine Beschlußempfehlung des Petitionsausschusses, in der ebenfalls Verbote und Reduktionsmaßnahmen gefordert werden.	
		Die chemische Industrie reagiert auf die neue Lage, indem sie dem BMU eine Selbstbeschränkungserklärung zur Reduzierung des Einsatzes vollhalogenierter FCKW in Spraydosen übermittelt.	

Jahr	International	National	Jahr
		Die SPD-Fraktion fordert von der Bundesregierung am 7. August ein schärferes Vorgehen. *Die Fraktion DIE GRÜNEN legt am 14. September ein Klimaschutzprogramm als Antrag vor, in dem Sofortmaßnahmen gegen den Treibhauseffekt und die Ozonzerstörung gefordert werden.* *In einer Antwort auf eine Kleine Anfrage der Fraktion DIE GRÜNEN vom 28. Juli verdeutlicht die Bundesregierung in Auseinandersetzung mit der Position der Opposition ihren Standpunkt.* *Am 14. Oktober beschließt der Ausschuß für Umwelt, Naturschutz und Reaktorsicherheit des Deutschen Bundestages einvernehmlich die Einsetzung der Enquete-Kommission „Vorsorge zum Schutz der Erdatmosphäre“ auf der Grundlage eines von allen Fraktionen gemeinsam befürworteten Auftrages und lehnt Sachanträge der Opposition mit der Mehrheit der Koalitionsfraktionen ab.* *Am 3. Dezember konstituiert der Präsident des Deutschen Bundestages die Enquete-Kommission (EK).*	*1987*

Jahr	International	National	Jahr
		Während einer öffentlichen Sitzung der EK berichten der BMFT und der BMU am 28. Januar über ihre Erkenntnisse in bezug auf das von der Kommission in Angriff genommene Arbeitsfeld.	*1988*
1988	Am 3. und 4. Februar findet in London eine Konferenz mit Regierungsvertretern und Wissenschaftlern statt, auf der eine Expertengruppe eingesetzt wird, die einen Entwurf für ein koordiniertes europäisches Forschungsprogramm erarbeiten soll.		
1988	Seit der Sitzung des „Ozone Trends Panel“ am 15. März, eines Ausschusses, dem weltweit über 100 Wissenschaftler u.a. der NASA angehören, bestehen keine Zweifel mehr an einem ursächlichen Zusammenhang zwischen der Zerstörung der Ozonschicht und den durch menschliches Handeln verursachten Emissionen von FCKW und Halonen.		
	Anläßlich des Polar-Ozone-Workshop vom 9. bis 13. Mai beklagen viele europäische Wissenschaftler, daß nicht genügend Plattformen (Flugzeuge, Satelliten und Meßstationen) zur Erforschung der Ozonschicht zur Verfügung stünden.		

Jahr	International	National	Jahr
		Mit Schreiben vom 20. Mai unterrichtet der Vorsitzende der EK den Bundeskanzler über den Stand der Arbeit in der Kommission.	*1988*
		Am 25. Mai stimmt das Bundeskabinett dem Entwurf des Ratifikationsgesetzes zum Montrealer Protokoll zu.	
		Der Vorsitzende der EK weist in Schreiben an den BMFT und den BMU darauf hin, daß die EK aufgrund der von ihr durchgeführten Anhörungen zu der Überzeugung gelangt sei, das Problem des Ozonabbaus in der Stratosphäre sei weder in den bestehenden nationalen noch in den Forschungsprogrammen auf EG-Ebene genügend berücksichtigt worden.	
		Im Rahmen der Plenardebatte am 10.6. aus Anlaß der ersten Beratung des von der Bundesregierung eingebrachten Gesetzentwurfs zum Wiener Übereinkommen fordern die Sprecher aller Fraktionen, die gleichzeitig Mitglieder der EK sind, eine drastische Reduktion der FCKW-Emissionen.	
1988	Am 13. und 14. Juni beschließen Regierungsvertreter und Wissenschaftler der EG und EFTA-Länder Empfehlungen zur Koordinierung der europäischen Forschung zur Ozonchemie in der Stratosphäre.		

Jahr	International	National	Jahr
1988	Am 16. Juni beschließt der EG-Umweltministerrat auf Drängen der deutschen Präsidentschaft den Vorschlag für eine Entscheidung des Rates über den Abschluß und die Durchführung des Wiener Übereinkommens und des Montrealer Protokolls sowie den Vorschlag einer Verordnung des Rates zur Festlegung gemeinsamer Vorschriften für bestimmte Stoffe, die zu einer Abnahme der Ozonschicht führen.	*Der BMFT und der BMU sichern der EK in ihren Antwortschreiben vom 16. Juni bzw. 5. Juli volle Unterstützung bei den von ihr vorgetragenen Anliegen zu.*	*1988*
		Der BMU ersucht die EK, einen Bericht über den derzeitigen Stand der Forschungsaktivitäten und weiterer Planungen abzugeben.	
	Auf dem Weltwirtschaftsgipfel in Toronto vom 19. bis 21. Juni und während des EG-Gipfels am 30. Juni in Hannover bringt der Bundeskanzler die Problematik der weltweiten Klimaänderungen und des Ozonabbaus in der Stratosphäre zur Sprache.		
		Am 12. Juli konstituiert der BMFT einen von der Bundesregierung zur Intensivierung der Klimaforschung beim Bundesminister für Forschung und Technologie eingesetzten Klimabeirat.	
		Der BMFT stellt am 18. Juli die angekündigte Forschungsinitiative zur verstärkten Erforschung des Ozonabbaus in der Stratosphäre als Teil des BMFT-Programms „Umweltforschung und Umwelttechnologie" vor.	

Jahr	International	National	Jahr
		Am 21. September bringt die SPD-Fraktion anläßlich der abschließenden Beratung des Wiener Übereinkommens und der ersten Lesung des Montrealer Protokolls einen Antrag zum Schutz der Ozonschicht ein.	*1988*
		In der Plenardebatte am 22. September äußern sich die Sprecher der Fraktionen, die alle Mitglieder der EK sind, übereinstimmend zu den aktuellen Arbeitsergebnissen — sowohl in bezug auf die Problematik des drastischen Ozonabbaus in der Stratosphäre wie auch des Treibhauseffektes.	
		Die Bundesregierung hinterlegt am 30. September ihre Ratifikationsurkunde für das Wiener Übereinkommen.	
1988	Der britische Umweltminister teilt am 4. Oktober mit, daß er die Initiative der Bundesregierung in der EG aufgreifen und unterstützen werde.		
	Die Sowjetunion schlägt am 12. Oktober vor, einen internationalen Umweltgipfel einzuberufen.		

Jahr	International	National	Jahr
		Bereits am 13. Oktober verabschiedet der Bundestag den Gesetzentwurf zum Montrealer Protokoll. Aus Anlaß der Beratungen bringt die Fraktion DIE GRÜNEN einen Entschließungsantrag zum Montrealer Protokoll ein.	*1988*
1988	In Den Haag kommt am 15. und 16. Oktober eine Gruppe europäischer Wissenschaftler zusammen, die Vorarbeit für die unmittelbar anschließende UNEP-Sitzung vom 17. bis 18. Oktober zur wissenschaftlichen Verfolgung des Montrealer Protokolls leistet.		
	Während ihrer Sitzung vom 24. bis 26. Oktober in Den Haag kommt die Ad-hoc-Arbeitsgruppe „Datenharmonisierung" des Umweltprogramms der Vereinten Nationen u.a. zu dem Ergebnis, daß die Voraussetzungen für das Inkrafttreten des Montrealer Protokolls erfüllt seien. Dieses werde demnach am 1. Januar 1989 in Kraft treten.		
		Am 4. November übergibt die EK dem Präsidenten des Deutschen Bundestages den vorstehenden Ersten Zwischenbericht über ihre bisherige Arbeit.	

Enquete-Kommissionsdrucksachen (EK-Drucksachen)

Nr.	Titel	Verfasser/Hrsg./Quelle
1	Fragen- und Sachverständigenkatalog für eine öffentliche Anhörung der EK am 29.02.1988 zum Thema FCKW und stratosphärisches Ozon	Kommissionssekretariat 02.02.1988
2	Sitzungstermine der EK-ERDATMOSPHÄRE im 1. Halbjahr 1988	Kommissionssekretariat 10.02.1988
3	Auszug aus dem Protokoll der dritten Sitzung der EK am 28.01.1988: Berichte des BMFT und des BMU	Kommissionssekretariat
4	Schriftliche Stellungnahmen zum Fragenkatalog der öffentlichen Anhörung der EK am 29.02.1988 zum Thema FCKW und stratosphärisches Ozon; Teil I	Kommissionssekretariat 23.02.1988
5	Schriftliche Stellungnahmen zum Fragenkatalog der öffentlichen Anhörung der EK am 29.02.1988 zum Thema FCKW und stratosphärisches Ozon; Teil II	Kommissionssekretariat 24.02.1988
6	Schriftliche Stellungnahmen zum Fragenkatalog der öffentlichen Anhörung der EK am 29.02.1988 zum Thema FCKW und stratosphärisches Ozon; Teil III	Kommissionssekretariat 25.02.1988
7	Schriftliche Stellungnahme von Prof. Dr. E.H. Ehhalt zum Fragenkatalog der öffentlichen Anhörung der EK am 29.02.1988 zum Thema FCKW und stratosphärisches Ozon	Kommissionssekretariat 25.02.1988
8	Schriftliche Stellungnahme von Prof. Dr. P. Faber zum Fragenkatalog der öffentlichen Anhörung der EK am 29.02.1988 zum Thema FCKW und stratosphärisches Ozon	Kommissionssekretariat 25.02.1988

Nr.	Titel	Verfasser/Hrsg./Quelle
9	Schriftliche Stellungnahmen zum Fragenkatalog der öffentlichen Anhörung der EK am 29.02.1988 zum Thema FCKW und stratosphärisches Ozon; Teil IV	Kommissionssekretariat 26.02.1988
10	Atmospheric Ozone	Watson, Robert T. Washington D.C. 29.02.1988
11	Stellungnahme zur öffentlichen Anhörung der EK am 29.02.1988 zum Thema FCKW und stratosphärisches Ozon (Englische Fassung)	Stolarski, Richard Greenbelt, USA 29.02.1988
12	Fragen- und Sachverständigenkatalog für eine öffentliche Anhörung der EK am 27.04.1988 zum Thema FCKW und stratosphärisches Ozon	Kommissionssekretariat 08.03.1988
13	Fragen- und Sachverständigenkatalog für eine öffentliche Anhörung der EK am 02. und 03.05.1988 zum Thema FCKW und stratosphärisches Ozon	Kommissionssekretariat 16.03.1988
14	Montrealer Protokoll über Stoffe, die die Ozonschicht reduzieren	09.03.1988
15	Vorläufige Arbeitsgliederung der EK-ERDATMOSPHÄRE	Kommissionssekretariat 21.03.1988
16	Schriftliche Stellungnahme zum Fragenkatalog der öffentlichen Anhörung der EK am 27.04.1988 zum Thema FCKW und stratosphärisches Ozon; Teil I	Kommissionssekretariat 12.04.1988
17	Schriftliche Stellungnahmen zum Fragenkatalog der öffentlichen Anhörung der EK am 02. und 03.05.1988 zum Thema FCKW und stratosphärisches Ozon; Teil I	Kommissionssekretariat 14.04.1988

Nr.	Titel	Verfasser/Hrsg./Quelle
18	Schriftliche Stellungnahmen zum Fragenkatalog der öffentlichen Anhörung der EK am 27.04.1988 zum Thema FCKW und stratosphärisches Ozon; Teil II	Kommissionssekretariat 18.04.1988
19	Schriftliche Stellungnahmen zum Fragenkatalog der öffentlichen Anhörung der EK am 02. und 03.05.1988 zum Thema FCKW und stratosphärisches Ozon; Teil II	Kommissionssekretariat 19.04.1988
20	Schriftliche Stellungnahmen zum Fragenkatalog der öffentlichen Anhörung der EK am 27.04.1988 zum Thema FCKW und stratosphärisches Ozon; Teil III	Kommissionssekretariat 21.04.1988
21	Schriftliche Stellungnahmen zum Fragenkatalog der öffentlichen Anhörung der EK am 02. und 03.05.1988 zum Thema FCKW und stratosphärisches Ozon; Teil III	Kommissionssekretariat 25.04.1988
22	Schriftliche Stellungnahmen zum Fragenkatalog der öffentlichen Anhörung der EK am 02. und 03.05.1988 zum Thema FCKW und stratosphärisches Ozon; Teil IV	Kommissionssekretariat 27.04.1988
23	Schriftliche Stellungnahmen zum Fragenkatalog der öffentlichen Anhörung der EK am 02. und 03.05.1988 zum Thema FCKW und stratosphärisches Ozon; Teil V	Kommissionssekretariat 28.04.1988
24	Fragen- und Sachverständigenkatalog für eine öffentliche Anhörung der EK am 06. und 07.06.1988 zum Thema Treibhauseffekt	Kommissionssekretariat 29.04.1988
25	Fragen- und Sachverständigenkatalog für eine öffentliche Anhörung der EK am 20.06.1988 zum Thema Treibhauseffekt	Kommissionssekretariat 09.06.1988
26	Schriftliche Stellungnahmen zum Fragenkatalog der öffentlichen Anhörung der EK am 02. und 03.05.1988 zum Thema FCKW und stratosphärisches Ozon; Teil VI	Kommissionssekretariat 29.06.1988

Nr.	Titel	Verfasser/Hrsg./Quelle
27	Schriftliche Stellungnahmen zum Fragenkatalog der öffentlichen Anhörung der EK am 27.04.1988 zum Thema FCKW und stratosphärisches Ozon; Teil IV	Kommissionssekretariat 03.05.1988
28	Schriftliche Stellungnahmen zum Fragenkatalog der öffentlichen Anhörung der EK am 02. und 03.05.1988 zum Thema FCKW und stratosphärisches Ozon; Teil VII	Kommissionssekretariat 19.05.1988
29	Schriftliche Stellungnahmen zum Fragenkatalog der öffentlichen Anhörung der EK am 06. und 07.06.1988 zum Thema Treibhauseffekt; Teil I	Kommissionssekretariat 19.05.1988
30	Schriftliche Stellungnahmen zum Fragenkatalog der öffentlichen Anhörung der EK am 06. und 07.06.1988 zum Thema Treibhauseffekt; Teil II	Kommissionssekretariat 01.06.1988
31	Schriftliche Stellungnahmen zum Fragenkatalog der öffentlichen Anhörung der EK am 06. und 07.06.1988 zum Thema Treibhauseffekt; Teil III	Kommissionssekretariat 03.06.1988
32	Schriftliche Stellungnahmen zum Fragenkatalog der öffentlichen Anhörung der EK am 20.06.1988 zum Thema Treibhauseffekt; Teil I	Kommissionssekretariat 08.06.1988
33	Schriftliche Stellungnahmen zum Fragenkatalog der öffentlichen Anhörung der EK am 06. und 07.06.1988 zum Thema Treibhauseffekt; Teil IV	Kommissionssekretariat 13.06.1988
34	Schriftliche Stellungnahmen zum Fragenkatalog der öffentlichen Anhörung der EK am 20.06.1988 zum Thema Treibhauseffekt; Teil II	Kommissionssekretariat 14.06.1988

Nr.	Titel	Verfasser/Hrsg./Quelle
35	Schriftliche Stellungnahmen zum Fragenkatalog der öffentlichen Anhörung der EK am 20.06.1988 zum Thema Treibhauseffekt; Teil III	Kommissionssekretariat 21.06.1988
36	Nachgereichte schriftliche Stellungnahme zur öffentlichen Anhörung der EK am 06. und 07.06.1988 zum Thema Treibhauseffekt	Kommissionssekretariat 05.08.1988
37	Sitzungstermine der EK-ERDATMOSPHÄRE im 2. Halbjahr 1988	Kommissionssekretariat 15.09.1988

Enquete-Kommissionsarbeitsunterlagen (EK-Arbeitsunterlagen)

Nr.	Titel	Verfasser/Hrsg./Quelle
1	Allgemeine Kommissionsangelegenheiten	Kommissionssekretariat Bonn, 11.12.1987
2	Vorstellung von der anfänglichen Arbeit der EK-ERDATMOSPHÄRE	Heinloth, Klaus Bonn, 07.12.1987
3	Terminplan für die Sitzungen der EK-ERDATMOSPHÄRE 1. Halbjahr 1988	Kommissionssekretariat Bonn, 11.12.1987
4	Kurzer Überblick der Spurengas-Treibhauswirkung	Heinloth, Klaus Bonn, 10.12.1987
5	Vorschläge zum Arbeitsprogramm der EK-ERDATMOSPHÄRE	Bach, Wilfrid Bonn, 17.12.1987
6	Vorstellungen zum Inhalt und zur Ausgestaltung der Kommissionsarbeit	Hennicke, Peter Mannheim/Freiburg, 13.12.1987
7	Vorstellungen über die Arbeit der EK-ERDATMOSPHÄRE	Michaelis, Hans Köln, 16.12.1987
8	Termine für die Sitzungen der EK-ERDATMOSPHÄRE 1. Halbjahr 1988	Kommissionssekretariat Bonn, 18.12.1987
9	Fluorchlorkohlenwasserstoffe und stratosphärisches Ozon Teil I: Bestandsaufnahme	Zellner, Reinhard Göttingen, 01.01.1988
10	Vorschläge für einen Fragen- und Sachverständigen-Katalog zum Themenkreis FCKW's und stratosphärisches Ozon	Zellner, Reinhard Göttingen, 16.01.1988
11	Anregungen zu den Orientierungen und zur Vorgehensweise der EK bei der Erarbeitung von Empfehlungen zur Verringerung von CO_2-Emissionen	Michaelis, Hans Köln, 19.01.1988
12	Vorschläge zur Vorgehensweise in der EK-ERDATMOSPHÄRE	Bach, Wilfrid Münster, 20.01.1988

Nr.	Titel	Verfasser/Hrsg./Quelle
13	Vorschlag für ein Inhaltsverzeichnis zum Bericht der EK-ERDATMOSPHÄRE	Seiler, Wolfgang Garmisch-Partenkirchen, 22.01.1988
14	Anmerkungen zur AU 11	Michaelis, Hans Köln, 21.01.1988
15	The Depletion of the Stratospheric Ozone Layer	Worldnet Dr. Robert Watson Washington D.C., 14.01.1988
16	Planned Antarctic Activities of the FRG for 1987—1988	Der Bundesminister für Forschung und Technologie Bonn, 26.01.1988
17	Abschätzung über die mögliche zukünftige Energieversorgung in Deutschland	Heinloth, Klaus Bonn, 26.01.1988
18	Bemerkungen zum Arbeitsprogramm der EK-ERDATMOSPHÄRE	Schikarski, Wolfgang Karlsruhe, 27.01.1988
19	Bemerkungen zum Arbeitsprogramm der EK-ERDATMOSPHÄRE, Gliederung des Endberichts	Michaelis, Hans Köln, 25.01.1988
20	Literaturzitate zum Thema FCKW und Rohentwurf zur Gliederung der FCKW-Anhörung am 29. 02. 1988	Umweltbundesamt Berlin, 25.01.1988
21	Literaturhinweise zum Thema FCKW/stratosphärisches Ozon	Der Bundesminister für Forschung und Technologie Bonn, 26.01.1988
22	Beschluß des Bayerischen Landtags zur Erforschung von Klimaveränderungen	Bayerischer Landtag Drucksache 11/4649 vom 15.12.1987
23	Vorschlag für ein Inhaltsverzeichnis zum Bericht der EK — überarbeitete Fassung	Kommissionssekretariat Bonn, 28.01.1988
24	Ergänzende Vorschläge zum Fragen- und SachverständigenKatalog	Zellner, Reinhard Bonn, 28.01.1988
25	Gliederung des Zwischenberichts und des künftigen Abschlußberichts	Meyer-Abich, Klaus M. Bonn, 28.01.1988
26	Forschungsberichte des Umweltbundesamtes	Umweltbundesamt Berlin, 02.02.1988

Nr.	Titel	Verfasser/Hrsg./Quelle
27	Literaturzitate zum Thema FCKW	Umweltbundesamt Berlin, 02.02.1988
28	Vorschlag zum Inhaltsverzeichnis des Berichts der EK-ERD-ATMOSPHÄRE	Hennicke, Peter Freiburg, 01.02.1988
29	Überarbeitete Inhaltsangabe des Endberichts der EK	Seiler, Wolfgang Garmisch-Partenkirchen, 04.02.1988
30	Fluorchlorkohlenwasserstoffe und stratosphärisches Ozon, Teil II: Modellvoraussagen, Emissionsverminderung, Anwendungen und Ersatzstoffe	Zellner, Reinhard Bonn, 08.02.1988
31	Vorschläge zur Durchführung einer Anhörung (Beschlußfassung)	Kommissionssekretariat Bonn, 08.02.1988
32	Einige Bemerkungen zu den Arbeitspapieren von Prof. Dr. H. Michaelis	Hennicke, Peter Mannheim, 08.02.1988
33	Vorschlag für ein Inhaltsverzeichnis zum Bericht der EK-ERD-ATMOSPHÄRE	Seiler, Wolfgang Garmisch-Partenkirchen, 09.02.1988
34	Kurze Erwiderung auf Bemerkungen von Prof. Dr. P. Hennicke	Michaelis, Hans Köln, 09.02.1988
35	Outline for a Seminar „Energy and Climate Change: What can Western Europe do?“	European Environmental Bureau Brüssel, 10.02.1988
36	1976ff. begonnene Projektförderung durch den BMFT aus der Aktivität F1 40 „Atmosphärische Prozesse und Stoffkreisläufe“	Der Bundesminister für Forschung und Technologie Bonn, 28.01.1988
37	Vorschlag für einen Fragen- und Sachverständigenkatalog für die öffentliche Anhörung am 27.04.1988 zum Thema FCKW und stratosphärisches Ozon	Kommissionssekretariat Bonn, 16.02.1988

Nr.	Titel	Verfasser/Hrsg./Quelle
38	Vorschlag für einen Fragen- und Sachverständigenkatalog für die öffentliche Anhörung am 02.05.1988 zum Thema FCKW und stratosphärisches Ozon	Kommissionssekretariat Bonn, 12.02.1988
39	Weitere Vorschläge zum Arbeitsprogramm bzw. Inhaltsverzeichnis des Enquete-Berichts	Heinloth, Klaus Bonn, 16.02.1988
40	Proposed Domestic Rule on Ozone Depleting Substances Approach to Implementation	EPA/USA 01.01.1988
41	Report Changes in Climate as a Result of CO_2 and other Trace Gases	Ministry of Housing, Physical Planning and Environment Leidschendam (NL), 17.02.1988
42	Ergänzende Vorschläge zum Arbeitsprogramm bzw. Inhaltsverzeichnis des Enquete-Berichts	Bach, Wilfrid Münster, 22.02.1988
43	Unterlagen aus den Niederlanden, Dänemark und den USA zur FCKW-Problematik	Kommissionssekretariat Bonn, 23.02.1988
44	Unterlagen aus den Niederlanden, USA, aus Frankreich, Belgien und von der EG zur FCKW-Problematik	Kommissionssekretariat Bonn, 26.02.1988
45	The Endangered Climate — Forschungsbericht für die Niederländische Regierung und die EG	Bach, Wilfrid Bonn, 18.03.1988
46	Ergänzende Bemerkungen zu den Vorschlägen für Fragen- und Sachverständigenkataloge für die öffentlichen Anhörungen am 27.04. und 02.02.1988 zum Thema: FCKW und stratosphärisches Ozon	Zellner, Reinhard Göttingen, 27.02.1988
47	Vorschlag für ein Inhaltsverzeichnis zum Bericht der EK-ERD-ATMOSPHÄRE	Seiler, Wolfgang Bonn, 29.02.1988

Nr.	Titel	Verfasser/Hrsg./Quelle
48	Änderungsvorschlag für ein Inhaltsverzeichnis zum Bericht der EK-ERD-ATMOSPHÄRE	Heinloth, Klaus Bonn, 01.03.1988
49	Zuordnung der erforderlichen Sachkenntnisse zu den zu bearbeitenden Problemstellungen	Seiler, Wolfgang Bonn, 02.03.1988
50	Stratospheric Ozone — First Report	United Kingdom Stratospheric Ozone Review Group, 02.03.1988
51	Washingtoner Tagung über Ersatzstoffe und Ersatzverfahren für FCKW	Umweltbundesamt Berlin, 23.02.1988
52	Our Common Future — Bericht der Brundtland-Kommission	Brundtland-Kommission Bonn, 03.03.1988
53	Die Spurengas-Klima-Problematik	Heinloth, Klaus Bonn, 08.03.1988
54	Das Ozonloch über der Antarktis	Stolarski, Richard S. in: Spektrum der Wissenschaft März 1988
55	Änderungsvorschläge zum Inhaltsverzeichnis des Berichts der EK	Heinloth, Klaus Bonn, 10.03.1988
56	Breaking Ranks on CFCs	Industrie-Report 156 Januar 1988
57	Stratospheric Ozone Protection	Environmental Protection Agency Washington, 10.03.1988
58	Vorschläge zur Benennung weiterer Sachverständiger und Institutionen für die Anhörungen am 27.04. und 02./03.05.1988	Kommissionssekretariat Bonn, 11.03.1988
59	Mögliche Empfehlungen der EK zur globalen Reduktion der CO_2-Emissionen	Michaelis, Hans Köln, 10.03.1988
60	Fragen- und Sachverständigenkatalog für die öffentliche Anhörung der EK am 06.06.1988	Bach, Wilfrid Heinloth, Klaus Bonn, 14.03.1988

Nr.	Titel	Verfasser/Hrsg./Quelle
61	Vorschläge zum Inhaltsverzeichnis des Berichts der EK	Knabe, Wilhelm Bonn, 14.03.1988
62	Treibhauseffekt: Können — müssen wir handeln?	Degens, Egon T. Spitzy, Alejandro Hamburg, 16.03.1988
63	Absage und Vorschläge zur Benennung von Sachverständigen	Thielmann, H. W. Heidelberg, 17.03.1988
64	Fragen- und Sachverständigenkatalog für eine öffentliche Anhörung am 06. und 07.06.1988 zum Thema Treibhauseffekt	Kommissionssekretariat Bonn, 23.03.1988
65	Fragen- und Sachverständigenkatalog für eine öffentliche Anhörung am 20.06.1988 zum Thema Treibhauseffekt	Kommissionssekretariat Bonn, 23.03.1988
66	Veröffentlichung der Zusammenfassung des Berichts des Ozone Trends Panel	Deutsche Botschaft USA Washington D.C., 28.03.1988
67	Vorschläge zur Benennung von Sachverständigen zur Thematik des Treibhauseffektes	Michaelis, Hans Köln, 27.03.1988
68	Das Konzept einer internationalen Konvention zur globalen Reduktion der CO_2-Emissionen	Michaelis, Hans Köln, 30.03.1988
69	Stratospheric Ozone „Clips“	World Resources Institute Washington, D.C. 31.03.1988
70	Ozone Trends Panel Report (Zusammenfassung)	Ozone Trends Panel
71	Verordnungsvorschlag der EPA zum Montrealer Protokoll	Bräutigam Kali-Chemi
72	Report Finds Global Threat From The Ozone Hole	Environmental Defense Fund, New York, 08.04.1988
73	Mustering Political Will	CO_2/Climate Report Winter, 1988

Nr.	Titel	Verfasser/Hrsg./Quelle
74	Informationen über die 3. KSZE-Folgekonferenz — Fragen des Umweltschutzes	Der Bundesminister für Umwelt, Naturschutz und Reaktorsicherheit Bonn, 29.03.1988
75	Unkorrigiertes stenographisches Protokoll über die Anhörung der EK-ERDATMOSPHÄRE am 29.02.1988	Kommissionssekretariat Bonn, 19.04.1988
76	Fluorchlorkohlenwasserstoffe und stratosphärisches Ozon — Teil II: Modellvoraussagen	Zellner, Reinhard Göttingen, 20.04.1988
77	Unterlagen zu Veröffentlichungen von vorgeschlagenen Sachverständigen	Michaelis, Hans Köln, 20.04.1988
78	Kritische Anmerkungen zum Abschlußbericht „Natürliche und anthropogene Quellgase: Ihre vertikale und globale Verteilung	Hoffmann, Bernd Höchst AG Frankfurt, 21.04.1988
79	Norway's Implementation of the international Stratospheric Ozone Protokoll (Zusammenfassung)	Kommissionssekretariat Bonn, 03.05.1988
80	Informationen über den Stand von Ratifizierung und Umsetzung des Montreal-Protokoll	Adam-Schwaetzer, Irmgard Bonn, 02.05.1988
81	Hinweis auf Materialien von Dr. Irvin Mintzer zu Ozon, Treibhauseffekt und Klimaveränderung	Kommissionssekretariat Bonn, 09.05.1988
82	Zur Aufarbeitung der Treibhaus-Problematik	Heinloth, Klaus Bonn, 09.05.1988
83	Anmerkungen zur Anhörung von Sachverständigen zum Thema FCKW und stratosphärisches Ozon am 02./03.05.1988	Der Bundesminister für Wirtschaft Bonn, 09.05.1988
84	Vorschlag zur Anforderung weiterer Stellungnahmen zur potentiellen Reduktion von FCKW-Emissionen	Schikarski, Wolfgang Karlsruhe, 09.05.1988

Nr.	Titel	Verfasser/Hrsg./Quelle
85	Hinweis auf Materialien von Dr. James K. Hammitt zu stratospherischem Ozon	Kommissionssekretariat Bonn, 16.05.1988
86	Die Wechselwirkung zwischen Dynamik, Chemie und Strahlung in der Stratosphäre	Labitze, Karin Berlin, 16.05.1988
87	Katalog über Forschungsbedarf für terrestrische Pflanzen im Hinblick auf UV-B	Tevini, M. Karlsruhe, 11.05.1988
88	Entscheidungsvorschlag der EG betr. die Durchführung des Wiener Übereinkommens sowie des Montrealer Protokolls und Verordnungsvorschlag	Bundesratsdrucksache 129/88 vom 15.03.1988
89	Unkorrigiertes stenographisches Protokoll über die Anhörung der EK-ERDATMOSPHÄRE am 27.04.1988	Kommissionssekretariat Bonn, 24.05.1988
90	Unterlagen über den Ozone-Workshop in Aspen/Colorado	Ganseforth, Monika Bonn, 19.05.1988
91	Schreiben von US-Senatoren an Präsident Reagen über Klimaprobleme	United States Senate Washington, 24.05.1988
92	Unkorrigiertes stenographisches Protokoll über die Anhörung der EK-ERDATMOSPHÄRE am 02. und 03.05.1988; 2 Teile	Kommissionssekretariat Bonn, 26.05.1988
93	Informationen zum Ozonschwund in der Atmosphäre durch FCKW und Halone — Vorsorgemöglichkeiten zum Schutz der Menschheit	Bach, Wilfrid Münster, 01.06.1988
94	Developing Policies for Responding to Climatic Change	The Beijer Institute Schweden, 08.06.1988
95	Termine für die Sitzungen der EK-ERDATMOSPHÄRE 2. Halbjahr 1988	Kommissionssekretariat Bonn, 10.06.1988
96	Eine Anmerkung zur Vergabe von Studien und Szenarien (zum Treibhauseffekt)	Hennicke, Peter Mannheim, 15.06.1988

Nr.	Titel	Verfasser/Hrsg./Quelle
97	World Conference on The Changing Atmosphere: Implications for Global Security	Atmospheric Environment Service Downsview, Ontario, 20.06.1988
98	Modifizierte Vorschläge für eine Gesamtstrategie zum Schutze der Erdatmosphäre	Bach, Wilfrid Münster, 14.06.1988
99	Vorschläge für Studien zur Erarbeitung einer Strategie zur Minimierung der CO_2-Emissionen	Michaelis, Hans Köln, 05.06.1988
100	Unterlagen über den Ozone-Workshop in Aspen/Colorado (Nachtrag zu Nr. 90)	Ganseforth, Monika Bonn, 20.06.1988
101	Entwurf für die Strukturierung des Zwischenberichts der EK Teil 1	Zellner, Reinhard Göttingen, 20.06.1988
102	Entwurf für die Strukturierung des Zwischenberichts der EK Teil 2	Heinloth, Klaus Bonn, 20.06.1988
103	Stand der Auseinandersetzungen zum Thema: „Ein europäischer Binnenmarkt für Energie“	Kommissionssekretariat Bonn, 21.06.1988
104	Unterlagen über Möglichkeiten der Energieeinsparung	Lovins, Amory B. Rocky Mountain Institute Colorado, 25.05.1988
105	Materialien zur öffentlichen Anhörung der EK am 20.06.1988 zum Thema Treibhauseffekt/Teil 2	Mintzer, Irvin Washington D.C. 23.06.1988
106	Materialien zur öffentlichen Anhörung der EK am 20.06.1988 zum Thema Treibhauseffekt/Teil 2	Krause, Florentin Berkeley/California 23.06.1988
107	Scenarios of possible Changes in atmospheric Temperatures and Ozone Concentrations due to Man's Activities	Brühl, Christoph Crutzen, Paul J. Mainz, 23.06.1988
108	Informationen über das Montreal-Protokoll	Adam-Schwaetzer, Irmgard Bonn, 21.06.1988
109	Materialie über eine Anhörung des US-Senats — Committee on Energy an Natural Resources	Hoffmann, Bernd Bonn, 23.06.1988

Nr.	Titel	Verfasser/Hrsg./Quelle
110	Energie-Studien für die Arbeit der Klima-Enquete	Meyer-Abich, Klaus M. Bonn, 24.06.1988
111	Vorschlag für die Behandlung des Teilbereiches Energie-Treibhauseffekt-Klima/Atmosphäre	Kommissionssekretariat Bonn, 23.06.1988
112	Zum aktuellen Stand der Ozon-Diskussion	Zellner, Reinhard Göttingen, 13.06.1988
113	Unkorrigiertes stenographisches Protokoll über die Anhörung der EK am 07.06.1988	Kommissionssekretariat Bonn, 29.06.1988
114	Arbeitsunterlagen zum Thema Tropischer Regenwald	Junk, Wolfgang Plön, 25.07.1988
115	Bedrohliche Eingriffe in die Atmosphäre erzwingen weltweit Veränderungen bei Bereitstellung und Nutzung von Energie	Heinloth, Klaus Bonn, 29.07.1988
116	Ratifizierung des Montreal-Protokolls durch Ägypten	Deutsche Botschaft Kairo, 18.07.1988
117	The Forest for the Trees? Government Policies and the Misuse of Forest Resources	Repetto, Robert World Resources Institute 05.08.1988
118	Informationsersuchen der EK an das AA bezüglich des Montreal-Protokolls	Kommissionssekretariat Bonn, 29.09.1988
119	The Greenhouse Effect: Impacts on current global Temperature and Regional Heat Waves	Hansen, James E. New York, 05.08.1988
120	The Tropical Forestry Action Plan	FAO-Bericht 05.08.1988
121	Berechnungen über Veränderungen des stratosphärischen Chlorgehalts und der Ozonkonzentration bei verschiedenen FCKW — Emissionsszenarien	Nien Dak Sze Malcolm, K.W.Ko
122	Der Himmel ist die Grenze Strategien zum Schutz der Ozonschicht	Miller, Alan S. Mintzer, Irvin M. Bonn, 08.08.1988

Nr.	Titel	Verfasser/Hrsg./Quelle
123	Verlust von Erdgas bei der Produktion und Verteilung	Jochem, E. Karlsruhe, 08.08.1988
124	Verhütung stratospherischer Veränderungen — Stellungnahme vor der EK, 02.05.1988	Reijnders, L. Bonn, 08.08.1988
125	Ozone Trends Panel — Zusammenfassende Darstellung der Ergebnisse	Kommissionssekretariat Bonn, 08.08.1988
126	Fluorchlorkohlenwasserstoffe und stratosphärisches Ozon (Positionspapier)	Leun, J.C. van der Bonn, 08.08.1988
128	Energy ans Climate Change: What can Western Europe do?	Hennicke, Peter Bonn, 19.08.1988
129	Unsere gemeinsame Zukunft — Der Brundtland-Bericht	Hauff, Volker Bonn, 19.08.1988
130	Verbalnote der chilenischen Botschaft zur Ratifizierung des Montreal-Protokolls	Kommissionssekretariat Bonn, 19.08.1988
131	The Greenhouse Effect: Impacts on current global Temperature and Regional Waves	Hansen, James E. New York, 22.08.1988
132	Mitteilung der Ratifizierung des Montreal-Protokolls durch Chile	Deutsche Botschaft Chile, 22.08.1988
133	Der Treibhauseffekt — die neue Herausforderung	Mineralölwirtschafts-verband e.V. Bonn, 22.08.1988
134	Tropical Forests: A Call for Action Part I: The Plan	World Resources Institute World Bank, UNO 22.08.1988
135	International Programme on Chemical Safety Environmental Health Criteria for CFCs	UN-Environmental Programme WHO, Genf, 22.08.1988
136	Die Bedeutung atmosphärischer Spurenstoffe für das Klima und seine Entwicklung	Bolle, Hans-Jürgen Deutsche Meteorologische Gesellschaft e.V. Berlin, 22.08.1988

Nr.	Titel	Verfasser/Hrsg./Quelle
137	Unkorrigiertes stenographisches Protokoll über die Anhörung der EK am 06.06.1988	Kommissionssekretariat Bonn, 19.08.1988
138	Der Einfluß von UV-B-Strahlung auf Pflanzenwachstum und -entwicklung	Knabe, Wilhelm Bonn, 22.08.1988
139	Anmerkungen zum Protokoll der 11. Sitzung der EK bezüglich „Press-Pack"	Bräutigam, H. Kali-Chemie Bonn, 26.08.1988
140	Unkorrigiertes stenographisches Protokoll über die 17. Sitzung der EK am 20.06.1988	Kommissionssekretariat Bonn, 29.08.1988
141	Schreiben zu geplanten FCKW-Emissionsszenarien	Umweltbundesamt Berlin, 31.08.1988
142	Neue Du Pont Stellungnahme zum FCKW-Problem	Kommissionssekretariat Bonn, 31.08.1988
143	Bericht über die zweite Weltklimakonferenz vom 01.—03.06.1988 in Genf	Der Bundesminister für Umwelt, Naturschutz und Reaktorsicherheit Bonn, 01.09.1988
144	Wirkung von UV-B-Strahlung auf marine Diatomeen und Phytoplankton	Döhler, G. Frankfurt, 01.09.1988
145	Executive Summary of The Ozone Trends Panel	Botschaft der USA Bonn, 01.09.1988
146	Betrachtung der Ozonvertikalverteilung im Zusammenhang mit den neuartigen Waldschäden	Paffrath, D. Peters, W. Forstw. Cbl. 107 (1988) 05.09.1988
147	Statement of Du Pont to the Study Commission of the German Bundestag on preventive Measures to protect the Earth's Atmosphere	McFarland Botschaft der USA Du Pont Bonn, 05.09.1988
148	Arbeiten der DFVLR zum Themenkreis: Regenerative Energieträger, Wasserstoff als Energieträger	Pfriem, Hans-Jürgen DFVLR Köln, 05.09.1988

Nr.	Titel	Verfasser/Hrsg./Quelle
149	Polar Ozone Workshop in Snowmass/Colorado	NASA Conference Publication 10014 Washington D.C. 05.09.1988
150	Strategie zur Reduzierung von Spurengasen und Klimagefahr	Bach, Wilfrid Münster, 14.09.1988
151	Das Grüne Energiewende-Szenario 2010	Öko-Institut, Freiburg 19.09.1988
152	Mögliche atmosphärische Auswirkungen weltweiter Krypton-85-Bildung	Graßl, Hartmut Max-Planck-Institut Hamburg, 19.09.1988
153	Study on the climatic and other global Effects of Nuclear War — Report of the Secretary General	United Nations General Assembly 19.09.1988
154	Treibhauseffekt: Was können wir dagegen tun?	Bach, Wilfrid in: Arb. d. Forschungsst. f. angew. Klimatologie, Nr. 19 Münster, 21.09.1988
155	Beiträge zur Arbeit in der EK „Vorsorge zum Schutz der Erdatmosphäre“	Bach, Wilfrid in: Arb. d. Forschungsst. f. angew. Klimatologie, Nr. 20 Münster, 21.09.1988
156	Nachträgliche Stellungnahme zu den Anhörungsfragen der EK vom 20.06.1988	Krause, Florentin Berkeley/California 21.09.1988
157	Synoptische Kurzdarstellung zur Degradierung tropischer und subtropischer Wälder durch Feuer	Goldammer, Johann Georg Freiburg, 21.09.1988
158	Energieversorgung in Anbetracht des Kohlendioxid-Klima-Problems	Voigt, Hans Deutsche Physikal. Ges. 26.09.1988
159	Überblick über Energiestudien	Der Bundesminister für Wirtschaft

Nr.	Titel	Verfasser/Hrsg./Quelle
160	Zerstörung des tropischen Regenwaldes — CO_2-Freisetzung — Klimakatastrophe — Verschuldung der 3. Welt (Projektskizze)	Umwelt- und Prognose-Institut Heidelberg e.V. 28.09.1988
161	Ein paar Grad entscheiden: Das Potential zur Eindämmung des Treibhauseffekts	World Resources Institute Forschungsbericht Nr. 5 29.09.1988
162	Saving our Skins: Technical Potential and Policies for the Elimination of Ozone-Depleting Chlorine Compounds	Arjun, Makhijani, Ph. D. Makhijani, Annie Bickel, Amanda EPI, Washington D.C. 30.09.1988
163	Trends of tropospheric CO, N_2O and CH_4 as observed at Cape Point, South Africa	Brunke, E.-G. Scheel, H.E. Seiler, W. 03.10.1988
164	Mitteilung zur Ratifizierung des Montreal-Protokolls durch die japanische Regierung	Auswärtiges Amt Bonn, 06.10.1988
165	Ozonzerstörung und Klimaänderung erfordern eine Verschärfung des Montrealer Protokolls	Bach,Wilfrid in: Arb. d. Forschungsst. f. angew. Klimatologie, Nr. 23 Münster, 10.10.1988
166	Entwurf für einen Zwischenbericht der EK-ERDATMOSPHÄRE	Kommissionssekretariat Bonn, 14.10.1988

Stenographischer Bericht
131. Sitzung

(Auszug)

Bonn, den 9. März 1989

Präsidentin Dr. Süssmuth: Ich rufe den Tagesordnungspunkt 4 auf:

Beratung der Ersten Beschlußempfehlung und des Berichts des Ausschusses für Umwelt, Naturschutz und Reaktorsicherheit (21. Ausschuß) zum Ersten Zwischenbericht der Enquete-Kommission

Vorsorge zum Schutz der Erdatmosphäre

— Drucksachen 11/3246 *, 11/4133 ** —

Berichterstatter:
Abgeordnete Schmidbauer
Frau Dr. Segall
Müller (Düsseldorf)
Dr. Knabe

Meine Damen und Herren, nach einer Vereinbarung im Ältestenrat sind für die Beratungen zwei Stunden vorgesehen. — Ich sehe keinen Widerspruch. Dann ist es so beschlossen.

Ich eröffne die Aussprache. Das Wort hat der Abgeordnete Schmidbauer.

Schmidbauer (CDU/CSU): Frau Präsidentin! Meine sehr verehrten Kolleginnen und Kollegen! Der zunehmende **Ozonabbau** in der Stratosphäre und der **Treibhauseffekt,** verursacht durch anthropogene Spurengase, bedrohen unser Leben, bedrohen die Erde insgesamt in einem bisher nur in Umrissen vorstellbaren Ausmaß. Wir alle, Industrie-, Schwellen- und Entwicklungsländer, jeder einzelne von uns, sind Zeitgenossen einer der gewaltigsten Herausforderungen, denen sich die Menschheit je gegenübersah. Wissenschaftliche Erkenntnisse über ökologische Mechanismen und Gesamtzusammenhänge machen die ökologischen Auswirkungen unbedachter Eingriffe und Belastungen im Naturhaushalt immer deutlicher. Sie zeigen uns, daß lokale Maßnahmen nicht mehr ausreichen, um Tier- und Pflanzenarten vor der Ausrottung zu schützen oder Schadstoffemissionen in Luft und Wasser abzubauen, sondern daß wir die Erde als Ganzes betrachten müssen, um die Lebensgrundlage des Menschen und den Menschen selbst zu erhalten. Gemeinsam, so denke ich, müssen wir ein Wertesystem des Bewahrens entwickeln, das ein Umdenken in großem Ausmaß erfordert, um dieser Verantwortung gerecht zu werden.

Dies gilt um so mehr, als nun Gewißheit ist, was einige Wissenschaftler schon seit Mitte der 70er Jahre vermuteten. Durch die stetige Zunahme der **FCKW-Emissionen** Jahr für Jahr, weltweit über 1 Million Tonnen, die in die Atmosphäre entweichen — 20 bis 30 Millionen Tonnen sind noch unterwegs —, wird der Ozonschild der Erde, der die harte UV-B-Strahlung filtert, zerstört. Ein Anstieg der Hautkrebsraten, Augenerkrankungen und Schädigungen des Immunsystems wären die Folge, wie auch Zerstörungen von Kleinlebewesen, Kleinorganismen in den Meeren, und damit wäre auch die Nahrungskette des Menschen unterbrochen.

Besonders drastische Ozonabnahmen wurden über der Antarktis beobachtet. Dort sind teilweise mehr als 50 % des Gesamtozons, im Höhenbereich von 15 bis 20 km sogar mehr als 95 % betroffen. Seit 1979 hat der Gesamtozongehalt in allen Breiten südlich des

* Drucksache 11/3246 ist der Zwischenbericht der Enquete-Kommission.
** Drucksache 11/4133 s. Seite 607.

Schmidbauer

60. Breitengrades im Jahresmittel um mehr als 5% abgenommen.

Amerikanische, kanadische, europäische, auch deutsche Wissenschaftler haben in diesem Winter in der **Nordpolarregion Ozonmessungen** durchgeführt. Erste Ergebnisse zeigen deutlich, daß auch in der Atmosphäre der Arktis gravierende Veränderungen stattfinden. Die FCKW stellen nicht nur eine Bedrohung für die Ozonschicht in der Stratosphäre dar, sondern sind neben anderen Spurengasen auch mit 17% verantwortlich für ein anderes ökologisches Problem mit globaler Dimension: für die zunehmende Erwärmung der Erde, also den Treibhauseffekt.

Die Folgen, die dadurch auf uns zukommen, wären katastrophal. Wir beobachten Klimaanomalien in großer Häufigkeit. Meine verehrten Kolleginnen und Kollegen, es gibt heute noch in verschiedenen Ländern Stellungnahmen, die so aussehen, als gäbe es dabei strategische Gewinner. Ich warne Neugierige; ich denke, daß wir alle insgesamt Verlierer wären.

Dennoch, für Panik ist kein Anlaß, und für Horrorszenarien haben wir keine Zeit. Wir müssen diese Herausforderung annehmen.

Es gibt kein Land der Erde, das so intensiv wie wir damit begonnen hat, Erkenntnisse und Maßnahmen auch umzusetzen. Wir haben damit begonnen, ernst zu machen. Wir müssen mit Tatkraft und Entschlossenheit darangehen, diese Bedrohung abzuwenden, und wir sind dazu auch in der Lage.

Wissenschaftler, Ökologen, die Industrie und der Verbraucher, Politiker aus Ost und West, aus Nord und Süd, alle stimmen in dem Grundsatz überein: Die Gefahr der Ozonzerstörung und des Treibhauseffektes kann nur gemeinsam gebannt werden. Daraus folgt: **Produktion und Verbrauch von FCKW** müssen bis zum Jahr 2000 weltweit eingestellt sein. Die CDU/CSU-Bundestagsfraktion unterstützt diese Forderung in vollem Umfang. Das Wiener Übereinkommen von 1985 und das Montrealer Protokoll von 1987 waren die ersten Meilensteine.

In seiner Regierungserklärung im März 1987 hat Bundeskanzler Helmut Kohl erklärt, daß der Schutz der Erdatmosphäre im Mittelpunkt der Umweltpolitik stehen muß. Daraufhin hatten wir die Initiative ergriffen, gemeinsam mit den anderen Fraktionen in diesem Hause eine Enquete-Kommission auf die Beine zu stellen.

Ich darf an dieser Stelle allen Berichterstattern für die heutige Beschlußempfehlung danken. Ich darf allen Obleuten danken, die in gemeinsamer Arbeit diese Beschlußempfehlung zustande gebracht haben. Ich denke, das war ein gutes Beispiel, wie es auch im Deutschen Bundestag gelingen kann, über alle Fraktionen zu einem einvernehmlichen Konsens zu kommen, nicht zu einem faulen Kompromiß, sondern zu einem wichtigen und richtigen Konsens.

Wir beobachten, daß viele Länder begonnen haben, ähnliches zu tun. Auch die amerikanische Regierung macht dieses zu einem vorrangigen Thema. Immer mehr werden die Zeichen der Zeit erkannt. Dies zeigen die großen **internationalen Konferenzen** in Toronto, in Ottawa und am letzten Wochenende in Paris, die Beratungen der EG in Brüssel in der letzten Woche, die Konferenz Anfang dieser Woche in London und in wenigen Tagen eine wichtige Konferenz in Den Haag.

Wir haben die Bitte an die Bundesregierung, an den Bundeskanzler, diese Thematisierung nicht aufzugeben, sondern dies bei allen Gipfelgesprächen auf die Tagesordnung zu setzen.

Wir danken in diesem Zusammenhang den Mitgliedern der Bundesregierung für ihr Engagement auf diesen Konferenzen. Wir danken auch den Kolleginnen und Kollegen, die bei diesen Konferenzen die Stellungnahmen vorgetragen haben und sehr gezielt auch die Meinung des Deutschen Bundestages, so denke ich, wenn wir das heute beschlossen haben, vertreten werden. Auch in der Sache werden erhebliche Fortschritte erzielt, die noch vor kurzem kaum vorstellbar waren. Die CDU/CSU-Bundestagsfraktion begrüßt und unterstützt diese internationale Entwicklung.

Die vom Deutschen Bundestag eingesetzte **Enquete-Kommission „Vorsorge zum Schutz der Erdatmosphäre"** hat in ihrem ersten Bericht weitreichende Empfehlungen erarbeitet, damit national und international schnell und gezielt die notwendigen Maßnahmen ergriffen werden können. Die Chancen für eine Realisierung dieser Vorschläge haben sich nun auch auf internationaler Ebene deutlich erhöht. Die heute hier vorliegende Beschlußempfehlung greift die Vorschläge aus dem ersten Zwischenbericht auf, der als das im internationalen Vergleich umfassendste und wichtigste Dokument in der aktuellen Problemdiskussion eingestuft wird.

Die CDU/CSU-Bundestagsfraktion fordert die Bundesregierung auf, sich im Hinblick auf die für 1990 vorgesehene Überprüfung des Montrealer Protokolls in diesem Sommer in Helsinki dafür einzusetzen, daß folgende **Maßnahmen** beschlossen werden:

Erstens. Die **FCKW-Produktion** ist wesentlich schneller und umfassender als im Montrealer Protokoll vorgesehen zu verringern. Das Ziel ist, im Jahr 2000 auf Null zu kommen.

Zweitens. Die bisher im Montrealer Protokoll noch nicht geregelten **Chlorverbindungen** — Tetrachlorkohlenstoff und andere — sind in das Protokoll mit einzubeziehen. Es ist überaus wichtig, daß wir nicht nur auf die FCKW starren, sondern auch auf andere schädliche Stoffe abzielen, daß wir Bilanzierungen vornehmen, daß wir uns überlegen, wie mittel- und langfristig diese Stoffe ebenfalls zu reduzieren sind, daß eine Beurteilung im Hinblick auf das Ozonzerstörungspotential stattfindet, daß wir aber auch die Wirkung des Treibhauseffektes dabei im Auge haben.

Drittens. **Ausnahmetatbestände**, besonders die Zulassung eines globalen Pro-Kopf-Verbrauchs, sind zu beseitigen. Hier muß sichergestellt werden, daß den Drittländern im Hinblick auf ihre industrielle Entwicklung von den Industrieländern die entsprechenden Technologien zur Verfügung gestellt werden. Mit dem Technologietransfer muß Ernst gemacht werden; es darf nicht nur darüber geredet werden. Wir müssen hier sehr sensibel vorgehen. Zu Recht erwarten bevöl-

Schmidbauer

kerungsreiche Länder wie China, Indien und Brasilien Unterstützung durch die Industriestaaten, um ihre wirtschaftliche Entwicklung nicht mit einer Umweltzerstörung bezahlen zu müssen. Ich beobachte die Konferenz in Quito, und ich rate uns allen, in diesem Zusammenhang nachzudenken. Wir sollten weniger Patentrezepte verkaufen, sondern uns überlegen, wie wir mit diesem Technologietransfer Ernst machen, wie wir helfen. Wir sollten nicht darauf schielen, Substitute zu transferieren, sondern Alternativen in diese Länder exportieren und ihnen dadurch helfen.

Viertens. Die **Hersteller in den Vertragstaaten des Montrealer Protokolls** müssen sich verpflichten — was den europäischen Raum anlangt, haben sie das teilweise bereits getan —, eine FCKW-Produktion weder in Nichtunterzeichnerstaaten zu verlagern noch sie dort auszuweiten. Die Ozonschicht fragt nicht nach dem Ort der Emission. Wichtig ist, daß wir die Emissionen insgesamt reduzieren.

Fünftens. Wir fordern die weltweite **Kennzeichnung FCKW-haltiger Roh-, Zwischen- und Endprodukte.** Dies muß in Europa harmonisiert werden.

Sechstens. Notwendig sind eine **staatliche Kontrolle der Produktions- und Verbrauchszahlen von FCKW** sowie eine für die Öffentlichkeit nachvollziehbare Kontrolle der erzielten Reduktionsquoten. Es muß Schluß sein mit dem Katz-und-Maus-Spiel um die nationalen, die europäischen und die weltweiten Produktionszahlen. Auch hier haben wir, so denke ich, einige kleine Tapser nach vorn gemacht, und ich bin gespannt auf die Veröffentlichung der Zahlen über Produktion und Verbrauch des Jahres 1986.

Siebtens. Es muß jedem Vertragstaat offenstehen, durch **nationale Regelungen** die vorgesehenen Quoten erheblich früher zu erreichen, ohne daß es dabei zu Wettbewerbsverzerrungen kommt. Es hat keinen Sinn, national zu reduzieren, dann aber durch den Import die Nischen aufzufüllen und damit nicht ein Weniger, sondern ein konstantes oder sogar größeres Potential an Emissionen zu erreichen.

Angesichts der großen Verantwortung auf seiten der Industrienationen unterstützt die CDU/CSU-Bundestagsfraktion die Bundesregierung in ihrer Absicht, sich auf allen Ebenen dafür einzusetzen, daß die führenden westlichen Industrieländer nun Ernst machen und handeln. Unabhängig von internationalen Vereinbarungen sowie unabhängig von Reduzierungsquoten innerhalb der EG muß nach unserer Auffassung die Bundesrepublik Deutschland selber versuchen, Produktion und Verbrauch umgehend auf ein Minimum zu reduzieren. Ich denke, unsere Bürger ziehen hier mit. Konkret bedeutet dies, daß bis 1990 50 %, bis 1992 75 % und bis 1995 95 % der Produktion und des Verbrauchs der im Montrealer Protokoll geregelten Stoffe reduziert werden.

Um diese Ziele auch tatsächlich erreichen zu können, sind **Selbstverpflichtungen von Industrie und Handel,** gesetzliche Regelungen und/oder ökonomische Anreize bzw. eine Kombination dieser Instrumente erforderlich. Die Möglichkeit einer freiwilligen Beschränkung der Industrie muß zeitlich befristet sein, um gegebenenfalls gesetzliche Regelungen durchzuführen. Ich sage sehr deutlich: Die Selbstverpflichtung darf kein Instrument sein, das dazu führt, daß verzögert gehandelt wird.

(Zuruf von der CDU/CSU: Richtig!)

Vielmehr muß eine Befristung gegeben sein. Nach dieser Frist muß die gesetzliche Regelung greifen.

Hier ist eine unendlich große **Chance der Kooperation** gegeben. Das ist nicht nur ein restriktiver Ansatz, sondern dies bedeutet, daß die Industrie die Chance nutzen kann, innovativ und kreativ zu entwickeln, zu forschen und umzusetzen. Ich bedanke mich in diesem Zusammenhang für die vielen Zuschriften an die Enquete-Kommission. Eine war negativ, alle anderen positiv und enthielten den Hinweis: Wir wollen hier mithelfen, wir wollen hier die Forschung intensivieren.

Für die einzelnen Einsatzbereiche sehen wir folgende Möglichkeiten:

Erstens: **Aerosolbereich.** Die bestehende Selbstverpflichtung der Industriegemeinschaft Aerosole vom August 1987 war ein wichtiger Schritt, Herr Minister Töpfer. Das war ein wichtiger Schritt.

(Stahl [Kempen] [SPD]: Ein kleiner!)

Nun brauchen wir allerdings weitere Initiativen. Das Ziel muß heißen: Ab 1. Januar 1990 darf der Verbrauch 1 000 t FCKW pro Jahr nicht übersteigen. Die Verwendung sollte sich ausschließlich auf lebenserhaltende medizinische Systeme beschränken. Wir sollen dort die negative Kennzeichnung vorsehen, um überprüfen zu können, ob es sich wirklich um ausschließlich notwendige medizinische Systeme handelt. Zusätzlich muß die neue Verpflichtung die Erklärung enthalten, daß im Aerosolbereich H-FCKW 22 nicht eingesetzt wird. Wir brauchen diese Substanz in diesem Bereich nicht.

Zweitens: **Kälte- und Klimabereich.** Im Kälte- und Klimabereich muß ein Entsorgungskonzept auf den Tisch. Unsere Terminvorstellung heißt Juli dieses Jahres. Es gibt bereits erfolgversprechende Ansätze. Nur wenn diese nicht weiterführen, sind bis zum 1. Juni dieses Jahres gesetzliche Lösungsmöglichkeiten vorzuschlagen. Es hat sich etwas bewegt: Die Industrie hat in großen Anzeigen darauf hingewiesen, daß sie mit 50 % weniger FCKW z. B. in Kühlschränken auskommt. Es geht also! Ich behaupte, es geht auch, Kühlschränke ohne FCKW zu produzieren. Das ist die intelligente Lösung, die wir brauchen, meine sehr verehrten Kolleginnen und Kollegen.

(Beifall bei der CDU/CSU, der SPD und den GRÜNEN)

Das andere kann ein Übergang sein. Das Ziel heißt: ohne FCKW intelligente technische Lösungen.

Drittens: **Verschäumungsbereich.** Für den Verschäumungsbereich gilt ähnliches. Mit einer bis zum 31. Dezember 1989 vorzulegenden Verpflichtungserklärung der zuständigen Industrie sollte ab 1992 eine 80 %ige Verringerung in diesem Bereich möglich sein. Wir wissen, daß das schwierig ist. Als unverzichtbar sehen wir vor allem folgende Punkte: 50 % weniger FCKW bei Polyurethan-Hartschaum, keine FCKW mehr für die Weichschaumherstellung, keine Herstellung von XPS-Schäumen mit vollhalogenierten

Schmidbauer

FCKW. Ich denke, daß die Industrie hier überkommt; die Signale liegen bereits vor.

Teilhalogenierte ozonschädigende FCKW dürfen je nach Gefährdungspotential höchstens noch fünf bis zehn Jahre hergestellt werden. Hier sind die Auswirkungen auf den Treibhauseffekt zu beachten. Hier ist eine klare Darstellung vorzunehmen, in welchem Bereich ODP wirksam ist und in welchen Bereichen Klimawirksamkeit besteht. Bei allen übrigen Schaumstoffen ist der Einsatz von FCKW um 90 % zu reduzieren. Verpackungsmaterial und Wegwerfgeschirr, mit FCKW hergestellt, sind an sich unverzüglich zu verbieten. Das brauchen wir ebenfalls überhaupt nicht. Hier gibt es wesentlich bessere Möglichkeiten.

(Beifall bei allen Fraktionen)

Viertens. Im **Reinigungs- und Lösemittelbereich** wollen wir bis Ende des Jahres eine Verpflichtungserklärung der zuständigen Industrie und der Verbände erreichen. Ab Januar 1992 muß der FCKW-Einsatz bei Reinigungs- und Lösemitteln mit Hilfe von Ersatzstoffen und Technologien sowie durch gekapselte Systeme auf ein Minimum beschränkt werden. Ab 1995 ist hier ebenfalls eine 95 %ige Verringerung zu erreichen.

Denjenigen, denen diese Maßnahmen zu weitgehend sind, möchte ich sagen, daß der **Weg zum Montrealer Protokoll** bereits 1974 begonnen hat. 1974 formulierten Rowland und Molina die Hypothese, nach der die FCKW für den Abbau des Ozons in der Stratosphäre verantwortlich seien. 1977 wurde ein UNEP-Programm zum Schutz der Ozonschicht auf den Weg gebracht. 1978 erließen die USA, gefolgt von Kanada und den skandinavischen Ländern, ein Teilverbot von FCKW in Spraydosen. 1980 beschloß der EG-Ministerrat, die Produktion von FCKW 11 und 12 um mindestens 30 % zu reduzieren. 1981 begann die UNEP mit der Ausarbeitung einer weltweiten Konvention zum Schutz der Ozonschicht. 1985 wurde schließlich die Wiener Konvention von 22 Staaten unterzeichnet.

Ein langer Zeitraum: 15 Jahre. Wir sehen, in welchem Bereich wir bis heute langsam vorangekommen sind, wie bereits der Kollege Baum während seiner Amtszeit begonnen hat, die Dinge auf den Weg zu bringen, und wie lang dies dauert.

(Zurufe von der SPD)

— Kollegen der Opposition, ich habe Sie ja gelobt. Ich kann es noch einmal tun. Aber gestatten Sie mir, daß ich den Koalitionspartner hier noch einmal lobend herausstreiche. Das ist für unser Klima in der Koalition ein wichtiger Faktor, Herr Kollege Schäfer.

Ich habe Ihre Presseerklärung gelesen, in der Sie von Nasenwasser und vom Verhalten der Bundesregierung geredet haben. Herr Kollege Schäfer, das kann in diesem Punkt nicht zutreffen.

(Schäfer [Offenburg] [SPD]: In diesem Punkt?)

Ich empfehle uns allen, die Dinge sehr nüchtern zu sehen.

(Schäfer [Offenburg] [SPD]: Ja eben!)

Um die gegenwärtige Entwicklung in eine neue Richtung zu steuern und neue Wege aufzeigen zu können, bedarf es einerseits eines solidarischen Vorgehens der internationalen Staatengemeinschaft und andererseits der gemeinsamen Bemühung, die nötigen Maßnahmen umgehend durchzuführen, um die zunehmenden Emissionen klimawirksamer und anthropogener Spurengase schnellstmöglich zu verringern.

Die Industrieländer als Hauptemittenten der Spurengase müssen den Anstoß geben, voranzugehen.

Begleitend zu all diesen Maßnahmen muß das im Dezember 1988 vorgelegte **Ozonforschungsprogramm** des Bundesministers für Forschung und Technologie durchgeführt werden. Hier gibt es eine gute Vorarbeit. Ich nehme an, daß der Kollege Seesing darauf noch einmal eingehen wird.

Wir haben gute Signale aus Großbritannien. Die französische Regierung hat in den vergangenen Tagen ihre Vorstellungen zum Forschungsbereich vorgetragen. Hier entsteht unübersehbar in Europa ein **neues Verständnis globaler Umweltprozesse.**

Meine sehr verehrten Kolleginnen und Kollegen, die internationalen Konferenzen und Erklärungen der vergangenen Wochen machen deutlich, daß die Weltgemeinschaft begriffen hat, daß die globalen Umweltprobleme nur durch eine **systemübergreifende Zusammenarbeit** zu lösen sind.

Das Umweltbewußtsein muß sich sowohl in den Industrieländern, in den Schwellenländern als auch in den noch zu entwickelnden Ländern grundlegend ändern. Das ist gut so. Auf diesem Weg sind wir.

Was den heutigen Beschluß betrifft, so bedeutet er für unser Land den Beginn vieler kleiner, aber wichtiger Schritte bis hin zu einem völligen Verzicht auf FCKW.

Laßt uns deshalb Anfang Mai nach Helsinki gehen mit dem Ziel, das Montrealer Protokoll den wissenschaftlichen Erkenntnissen entsprechend zu verschärfen.

Laßt uns alles daransetzen, unserer Umwelt, unserer Erde doch noch in letzter Minute eine Chance und eine Zukunft zu geben.

Laßt uns alles daransetzen, zu instrumentalisieren und dafür zu sorgen, daß es einen **UNO-Umweltrat** und eine **europäische Umweltbehörde** gibt, die in der Lage sind, Konventionen abzuschließen, Sanktionen zu beschließen und die Staaten auf einen insgesamt guten Weg zu bringen.

Herzlichen Dank für die Aufmerksamkeit.

(Beifall bei der CDU/CSU, der FDP und der SPD sowie des Abg. Dr. Knabe [GRÜNE])

Präsidentin Dr. Süssmuth: Das Wort hat der Abgeordnete Schäfer (Offenburg).

Schäfer (Offenburg) (SPD): Frau Präsidentin! Meine sehr geehrten Damen und Herren! Liebe Kolleginnen! Liebe Kollegen! Der vorliegende Zwischenbericht der Enquete-Kommission „Vorsorge zum Schutz der Erdatmosphäre" verdient uneingeschränkte Aufmerksamkeit. Er ist eine eindeutige, ungeschminkte

Schäfer (Offenburg)

Bestandsaufnahme, eine sehr deutliche Warnung. Mein Dank, der Dank meiner Fraktion, gilt hier zuerst der hervorragenden Arbeit der Mitglieder der Enquete-Kommission.

(Beifall bei der SPD und den GRÜNEN)

Dieser Bericht, meine Damen und Herren, macht deutlich, daß bei einer Fortschreibung der gegenwärtigen Entwicklung die Menschheit mit einer globalen Umweltkatastrophe konfrontiert wird. Die Erdatmosphäre, die mit unserem Planeten eine zerbrechliche Einheit bildet, ist in zweifacher Hinsicht in Gefahr, durch die **Ausdünnung der Ozonschicht** und die **Verstärkung des Treibhauseffektes.**

Über die möglichen **Folgen** besteht weitgehend Einigkeit: ein Anstieg des Meeresspiegels und damit verbundene Überschwemmungen, eine Ausdehnung von Wüsten und Dürregebieten, eine Zerstörung fruchtbarer Anbauflächen, eine massive Zunahme von Krankheiten wie etwa Hautkrebs.

Nach meiner Auffassung ist der Schutz der Erdatmosphäre neben der Wiederherstellung und Bewahrung des Friedens die zentrale politische Gestaltungsaufgabe.

(Seesing [CDU/CSU]: Gut erkannt!)

Das Neue an dem Problem ist, daß wir es hier mit einer schleichenden Umweltzerstörung zu tun haben, mit einer schleichenden globalen Umweltzerstörung. Selbst bei einem sofortigen Nutzungsverbot beispielsweise von FCKW würde wegen der Langfristwirkung die Zerstörung der Ozonschicht noch für lange Zeit voranschreiten.

Die wichtigsten Verursacher der drohenden Zerstörung der Erdatmosphäre sind die Industrieländer, sind wir. Wir produzieren den überwiegenden Teil der Spurengase, die die Erdatmosphäre zerstören. Wir, die **Industriestaaten,** haben folglich auch die **Hauptverantwortung für den Schutz der Erdatmosphäre.** Es besteht Einigkeit in der Erkenntnis, daß wir unsere Art des Produzierens und des Konsumierens so nicht fortsetzen können,

(Baum [FDP]: Sehr richtig!)

es sei denn zum Preis der Selbstzerstörung der Lebensgrundlagen des Menschen. Wenn wir die Schöpfung bewahren wollen, müssen vor allem wir in den Industrieländern unsere Lebensgewohnheiten und unsere Art des Wirtschaftens und Konsumierens radikal ändern.

(Lennartz [SPD]: Sehr gut!)

Die Fortschreibung der Gegenwart in die Zukunft ergibt keine verantwortbare Zukunft. Wer Bewahrenswertes bewahren will, der muß verändern.

(Beifall bei der SPD — Fellner [CDU/CSU]: Sehr konservative Auffassung!)

Auch dies ist eine der Notwendigkeiten.

Erforderlich ist ein grundlegender und umfassender Wandel in zentralen Politikfeldern, in der Umweltpolitik, der Energiepolitik, der Agrarpolitik, der Verkehrspolitik, der Weltwirtschaft- und Entwicklungspolitik.

(Lennartz [SPD]: Sehr gut!)

Für diesen Wandel — auch darüber besteht Übereinstimmung — ist national und international eine immense Kraftanstrengung erforderlich. Wer einfach „Weiter so" sagt und auch danach handelt, hat den Wettlauf um den Schutz der Erdatmosphäre bereits verloren.

Zwei Grundsätze, meine Damen und Herren, möchten wir dabei besonders herausstellen: zum einen die **Notwendigkeit der ökologischen Partnerschaft.** Wir leben — national — nicht nur in einer Risikogesellschaft, sondern zugleich in einer **globalen Risikogemeinschaft.** Das ökologische Fehlverhalten einzelner Staaten muß von anderen mitgetragen werden. Auch deshalb brauchen wir eine ökologische Partnerschaft nicht nur zwischen Ost und West, sondern auch und gerade zwischen Nord und Süd.

Der zweite Gedanke ist: Wir müssen stärker erkennen, daß wir in unserem Handeln der **Solidarität zwischen den Generationen** entsprechen müssen. Es ist offensichtlich, meine Damen und Herren — und auch dies zeigt der vorliegende Bericht der Enquete-Kommission — daß die Folgen unseres Handelns erst für kommende Generationen voll spürbar werden. Deshalb haben wir die Verantwortung, heute Vorsorge zu treffen.

Die politische Dimension, die vor uns liegt, verlangt mehr als nur Flickschusterei oder kosmetische Retuschen. Nachdenkliche Reden auf internationalen Kongressen helfen nicht weiter. Das Wichtigste ist, sofort zu handeln: international, europaweit und national. Sosehr wir Sozialdemokraten die Beschlüsse von Brüssel und London bezüglich des Verzichts auf den Einsatz der FCKW bis zum Jahr 2000 als einen entscheidenden Schritt nach vorn begrüßen, so hat Prinz Charles mit seiner Feststellung doch wohl recht, dieser Schritt komme vermutlich ein Jahrzehnt zu spät.

Wir Sozialdemokraten plädieren für ein mutiges Handeln auch auf der internationalen Ebene. Wir sollten dabei bedenken, meine Damen und Herren, daß unser Wohlstand mit Auslöser für die **Umweltkatastrophen** auch in der **Dritten Welt** und nicht nur bei uns ist. Wir können deshalb nicht auf unserer Art des Wirtschaftens bestehen und den Rest der Welt, Herr Kollege Töpfer, in Naturreservate einsperren wollen. Wir müssen deshalb als erste handeln. Nur dann sind übrigens unsere Forderungen auf internationaler Ebene und vor der Weltöffentlichkeit glaubwürdig. Wir müssen — auch darüber besteht zumindest verbal Übereinstimmung — die **brutale Ausbeutung der Naturschätze und Naturressourcen** zu unseren Gunsten auch in der Dritten Welt beenden. Wir müssen also endlich eine faire ökologische Partnerschaft zwischen der Nord- und der Südhalbkugel auf der Erde einleiten.

Bisher haben wir international im wesentlichen nur Maßnahmen zur Rettung der Ozonschicht ins Auge gefaßt. Das reicht nicht; auch darüber besteht Übereinstimmung. Die Erstellung einer **Konvention zum Schutz der Erdatmosphäre** ist der nächste Schritt. Er muß schnell vollzogen werden. Es müssen international verbindliche Zielwerte zur Reduzierung der Spurengase festgelegt werden, die dann national von Land zu Land umzusetzen sind. Auch hier sind in

Schäfer (Offenburg)

erster Linie die Industrieländer gefordert. Wir müssen aber auch die Entwicklungsländer massiv unterstützen, nicht nur über die Entwicklungshilfe, sondern auch über eine umfassende Entschuldung. Wir brauchen, meine Damen und Herren, weltweit einen ökologischen Lastenausgleich.

Anders als beim Schutz und beim Abkommen zum Schutz der Ozonschicht sind hier fast alle Politikfelder betroffen. Daher sind beträchtliche Widerstände zu erwarten, die nur in einer gemeinsamen Anstrengung schnell zu überwinden sind. Deshalb brauchen wir Mut zu Reformen. Ich wiederhole: Wer Bewahrenswertes bewahren will, der muß verändern.

Der Schutz des Klimas verlangt von uns mehr als die noch weitergehende Entkoppelung von Bruttosozialprodukt und Energieverbrauch. Er verlangt eine massive **Reduzierung des Energieverbrauchs**, weil die Energiepolitik ein Schlüssel zur Lösung dieses Problems ist. Spätestens bis zum Jahre 2030 — spätestens bis dahin — müssen wir den heutigen Energieverbrauch um mindestens 50 % vermindern, bei gleichbleibender Energiedienstleistung. Diese Aufgabe, meine Damen und Herren, legt ein breites Bündnis aller Parteien, die Bereitschaft der Bürger zum Mitmachen, aber auch das Mitziehen der Wirtschaft nahe. Ich biete für die SPD ausdrücklich ein solches gemeinsames Handeln an.

Ich will die Schwere der Aufgabe, vor der wir stehen, an einem einzigen Beispiel deutlich machen. Wir haben in der Bundesrepublik Deutschland von 1986 bis 1988 mehr als 100 Milliarden DM weniger für mehr Importenergie ausgegeben. Diese 100 Milliarden DM sind fast ausschließlich in den Konsum geflossen. Es ist fast keine einzige Mark in den ökologischen Umbau unserer Industriegesellschaft, fast keine einzige Mark in den Aufbau einer neuen Energieversorgungsstruktur geflossen.

Präsidentin Dr. Süssmuth: Herr Abgeordneter Schäfer, gestatten Sie eine Zwischenfrage des Abgeordneten Schmidbauer?

Schäfer (Offenburg) (SPD): Wenn ich meinen Satz gerade eben zu Ende führen dürfte, Frau Präsidentin.

Präsidentin Dr. Süssmuth: Ja, gerne.

Schäfer (Offenburg) (SPD): Hier zeigt sich, lieber Kollege Schmidbauer, daß Sonntagsreden zum Schutz der Erdatmosphäre nur vernebeln.

Bitte schön.

Schmidbauer (CDU/CSU): An sich, Herr Kollege Schäfer, wollte ich dieses Thema nicht ansprechen, aber mir schien eben ein wichtiger Beitrag von Ihnen gekommen zu sein. Ich möchte deshalb hinterfragen: Heißt dieses Anbieten des gemeinsamen Vorgehens, daß wir wieder den **Konsens im energiepolitischen Bereich** anstreben?

Ich frage das aus einem guten Grund, weil wir ja in der Enquete-Kommission an einem kritischen Punkt sind. Wenn ich dieses Signal so verstehen darf, dann rennen Sie bei mir offene Türen ein.

Schäfer (Offenburg) (SPD): Erstens weiß ich, daß das, was ich jetzt antworte, nicht auf meine Redezeit angerechnet wird. Zweitens will ich später auf die Frage zurückkommen. Drittens will ich konkret antworten.

Es wird in der Frage der Kernenergie, wenn Sie bei Ihrem sturen Ausbaukurs bleiben, keine Gemeinsamkeit geben können. Aber auch bei Anerkennung der Tatsache, daß in dieser Frage strittige Auffassungen bestehen, bieten wir ausdrücklich einen gemeinsamen energiepolitischen Konsens an.

(Schmidbauer [CDU/CSU]: Heißt das, daß Sie nicht bei Ihrem sturen Ausstiegskurs bleiben wollen?)

— Ich habe eben gesagt — ich wiederhole es —: Auch wenn sich, wie es sich gegenwärtig darstellt, in der Frage der Kernenergie keine Gemeinsamkeit abzeichnet, gibt es jede Menge von Aktionsfeldern, beispielsweise bei der Notwendigkeit, die Energieeinsparung zu fördern, wo die Gemeinsamkeit von uns angeboten wird, wo die Gemeinsamkeit notwendig ist.

(Beifall bei der SPD)

Wir dürfen uns nicht, weil wir uns wegen grundsätzlich unterschiedlicher Positionen in einer Frage nicht verständigen können, auf anderen wichtigen Handlungsfeldern wechselseitig blockieren. Sonst, meine Damen und Herren, würden wir unserer Verantwortung nicht gerecht.

Ich fahre jetzt im Rahmen meiner genehmigten Redezeit fort. Wer sich wie die Bundesregierung nur am Strohfeuer der niedrigen Energiepreise wärmt

(Fellner [CDU/CSU]: Und sich beschimpfen läßt, wenn sie durch Steuern erhöht werden!)

und nicht den Mut und die politische Kraft hat, dem Bürger zu sagen, daß Energieverschwendung nicht noch belohnt werden darf, wie will der die Erdatmosphäre noch wirksam schützen?

Wer in der Energiepolitik nicht die absolute Priorität auf die rationelle Energieverwendung legt, auf die Förderung erneuerbarer Energiequellen, der ist im Ernst, meine Damen und Herren, zum Kampf um den Schutz der Erdatmosphäre gar nicht erst angetreten. Wer den Bürgern und der Wirtschaft nicht sagt, daß die Preise für Benzin, Strom, Gas, Heizöl steigen müssen, wird das Ziel verfehlen. Hier sind, wie Sie wissen, Entscheidungen überfällig. Unsere Vorschläge dazu liegen seit Jahren auf dem Tisch.

In der Energiepolitik setzt die Bundesregierung die falschen Signale. Sie gibt der rationellen Energienutzung und den umweltfreundlichen erneuerbaren Energien keine Chance. Sie setzt statt dessen auf die Kernenergie, auf den Schnellen Brüter, auf die Wiederaufarbeitungsanlage, auf das unsinnige Projekt des Euro-Brüters. Diese Politik und ihre Fortschreibung ergeben nach unserer Überzeugung keine verantwortbare Zukunft.

Im übrigen, meine Damen und Herren, ist der **Ausbau der Kernenergie** — auch das zeigt der vorliegende Bericht — keine Lösung des Klimaproblems. Wer weiter auf die Kernenergie setzt, betreibt die

Schäfer (Offenburg)

größte ökonomische und ökologische Fehlinvestition der nächsten Jahrzehnte.

(Beifall bei der SPD und den GRÜNEN)

Ich will ein kleines Beispiel nennen. Wir können theoretisch weltweit bis zum Jahr 2000 120 Kernkraftwerke zubauen. Dazu ist ein Kapital in Höhe von 600 Milliarden DM erforderlich. Damit könnten wir den **Kohlendioxidausstoß** um genau 2,5 % reduzieren. Wenn wir in demselben Zeitraum diese Summe in Energieeinsparung und eine rationelle und intelligente Energienutzung investieren, können wir den Kohlendioxidausstoß um genau das Achtfache, nämlich um 20 %, reduzieren.

Meine Damen und Herren, wir müssen handeln — darüber besteht Übereinstimmung —, und zwar schnell. Wir unterstützen jede wirksame internationale Vereinbarung zum Schutz der Erdatmosphäre. Jede wirksame internationale Vereinbarung hat unsere Unterstützung, vom schnellen Verbot der FCKW bis hin zur Bildung von ökologischen Solidaritätsfonds für die Dritte Welt.

Wir plädieren aber auch für ein **nationales Aktionsprogramm** zum Schutz der Erdatmosphäre. Unser Aktionsprogramm lautet:

Erstens. Reduzierung der Produktion und Verwendung der FCKW bis 1995 um 95 %.

Zweitens. Einführung einer Energiesteuer auf fossile und nukleare Energieträger in Verbindung mit einer ökologischen Steuer- und Abgabenreform.

Drittens. Massive staatliche Förderung und Markteinführungshilfen für Energieeinsparung und rationelle Energieverwendung, für erneuerbare Energien, für umweltfreundliche Kohletechnologien.

Viertens. Sofortige Einführung eines Tempolimits von 100 km/h auf Autobahnen und 80 km/h auf Landstraßen, bis eine einheitliche europäische Geschwindigkeitsbegrenzung verwirklicht ist.

Fünftens. Ausbau des Güterverkehrs.

Sechstens. Entwicklung einer Technischen Anleitung zur Begrenzung des Kraftstoffverbrauchs in Automobilen.

Siebtens. Verringerung des Stickstoffeinsatzes in der Landwirtschaft.

Achtens. Schuldenerlaß für Länder der Dritten Welt.

Neuntens. Neuorientierung der Zusammenarbeit mit Ländern der Dritten Welt und in der Zielsetzung einer dauerhaften Entwicklung.

Und zehntens schließlich Beschränkung des Imports von tropischen Hölzern wirklich auf ein Minimum.

Unser Aktionsprogramm, meine Damen und Herren, ist ein Angebot zur Zusammenarbeit an alle Seiten dieses Hauses. Unsere gemeinsame Verantwortung für die eine Welt gebietet schnelles und gemeinsames Handeln.

Ich bedanke mich bei Ihnen für die Aufmerksamkeit.

(Beifall bei der SPD und den GRÜNEN)

Präsidentin Dr. Süssmuth: Das Wort hat die Abgeordnete Frau Dr. Segall.

Frau Dr. Segall (FDP): Frau Präsidentin! Liebe Kollegen! Liebe Kolleginnen! Die hier zur Debatte stehende Beschlußempfehlung des Ausschusses für Umwelt, Naturschutz und Reaktorsicherheit zum Ersten Zwischenbericht der Enquete-Kommission Vorsorge zum Schutz der Erdatmosphäre ist im Ausschuß einstimmig von allen im Deutschen Bundestag vertretenen Parteien angenommen worden. Das dokumentiert eine erfreuliche Gemeinsamkeit, die leider in den letzten Jahren immer seltener geworden ist. Der Versuch, auch bei der Rentenreform zu einem gemeinsamen Konzept zu kommen, läßt hoffen, daß man im deutschen Parlament wieder mehr die **sachbezogene Lösung der Probleme** in den Mittelpunkt rückt und weniger die politische Auseinandersetzung in Formen betreibt, die auf den Bürger abstoßend wirken.

(Beifall bei der FDP)

Eine solche Umkehr könnte dem Ansehen der Demokratie sowie dem Ansehen der politischen Parteien und ihrer Repräsentanten nur dienlich sein.

Die Gemeinsamkeit der Auffassung über das, was nach Meinung der Wissenschaft Ursache für die Ozonveränderungen in der Erdatmosphäre ist, und darüber, was getan werden muß, hat zu einem erfreulichen Klima in der Enquete-Kommission geführt. Es ist nur zu hoffen, daß dieses gute Klima uns auch erhalten bleibt, wenn es um die Klimaveränderungen durch die Anreicherung der Spurengase in der Erdatmosphäre geht. Ihr Angebot, Herr Schäfer, zum Dialog nehmen wir gerne an. Heute ist unser Thema allerdings die Ozonzerstörung und nicht der Treibhauseffekt, und Sie hätten erst einmal abwarten sollen, was wir von der Enquete-Kommission für Vorschläge zum Energiethema machen. Aber, wie gesagt, ich danke Ihnen für Ihr Angebot zu einer fairen Zusammenarbeit.

Ich wünsche mir jedenfalls, daß die menschliche Achtung unter den Mitgliedern der Enquete-Kommission, die in diesem Jahr der Zusammenarbeit gewachsen ist, nicht leiden möge, wenn es bei der Frage, wie wir eine Veränderung unseres Klimas verhindern können, zu schwierigen und vermutlich leider auch ideologisch belasteten Auseinandersetzungen bei der Suche nach Lösungen kommt.

Bei den **Spurengasen in der Erdatmosphäre,** die über das globale und regionale Klima entscheiden, handelt es sich nämlich überwiegend um Emissionen, die durch die bloße Existenz von Pflanzen, Tieren und Menschen auf diesem Planeten bedingt sind. Die Bedürfnisse des Menschen nach Nahrung, Kleidung, Mobilität, sprich Verkehr, und Wärme erhöhen die Emissionen, und je höher der Lebensstandard und damit die Ansprüche an Energie werden, um so höher werden die Emissionen.

Zu den Spurengasen, die einen Treibhauseffekt bewirken können, gehören auch die **FCKW.** Sie sind nach Schätzungen der Wissenschaftler bereits zu 15 bis 20 % daran beteiligt, nicht wegen der Menge, sondern wegen ihrer Reflexionswirkung in einem Wellenbereich, der bisher wie ein offenes Fenster das Entweichen von Wärmestrahlen ermöglichte. Diese che-

Frau Dr. Segall

mischen Verbindungen sind aber im Gegensatz zu den anderen Spurengasen nicht ein Nebenprodukt der reinen Existenz von Mensch, Tier und Vegetation, sondern allein eine menschliche Erfindung und daher verzichtbar.

Wenn man dies so feststellt, ergibt sich logischerweise die Frage, wieso es zu dem breiten Anwendungsspektrum der FCKW gekommen ist. Dabei muß man wissen, daß die **Eigenschaften der FCKW** diese chemischen Verbindungen so attraktiv gemacht haben. Sie sind nicht toxisch, was z. B. für eine Reihe der möglichen Ersatzstoffe nicht zutrifft. Sie sind als inerte, d. h. langlebige Verbindungen nur schwer entflammbar und explodieren daher auch nicht. Auch das ist ein wichtiges Argument für viele Anwendungsbereiche. Aber gerade die Langlebigkeit ist schuld an den Problemen, mit denen wir uns jetzt herumschlagen.

Die FCKW entweichen unverändert in die Atmosphäre und werden erst in der Stratosphäre gespalten, so daß das Chlor dort seine ozonzerstörende Wirkung entfalten kann. Da sich diese Prozesse in der Stratosphäre, also in Bereichen oberhalb von 10 Kilometern Höhe, abspielen, sind die Möglichkeiten einer exakten Beobachtung der chemischen Umwandlungsprozesse, die in einem Labor auch nicht nachvollzogen werden können, sehr begrenzt.

Der amerikanische Wissenschaftler Dobson — die internationale Maßeinheit für Ozon ist nach ihm benannt — hat bereits in den 50er Jahren, also zu Zeiten, als es noch kaum FCKW gab, wohl aber andere Chlorverbindungen, das **Ozonloch über der Antarktis** beobachtet. Im Jahre 1988 wurde über der Antarktis wieder einmal kein Ozonloch geortet. All diese Unsicherheiten bei der Ermittlung eines kausalen Zusammenhangs zwischen den FCKW und der Zerstörung des Ozons in der Stratosphäre darf uns nicht dazu verführen, die Gefahren herunterzuspielen. Im Umweltschutz gilt das Vorsorgeprinzip. Das muß ganz besonders gelten, wenn es um die Bedrohung durch eine ultraviolette Bestrahlung ohne den Ozonschild der Atmosphäre geht.

Die Erkenntnis dieser Gefahren hat zu dem **Wiener Abkommen** geführt, in dem sich die Vertragsländer zu einer Reduktion von Produktion und Verbrauch der FCKW verpflichtet haben. Das **Montrealer Protokoll** hat die Zeitabfolge und die Reduktionsraten hierzu festgelegt. Die Enquete-Kommission des Deutschen Bundestages ist nach Anhörung der Wissenschaftler zu der Ansicht gelangt, daß diese Maßnahmen nicht ausreichen. Wir haben das schon mehrfach erklärt. Dem Deutschen Bundestag liegt daher heute ein ganzer Katalog von Maßnahmen zur Beschlußfassung vor, um deren Annahme ich Sie im Namen der FDP bitte.

In der Erkenntnis, daß man zunächst im eigenen Haus anfangen sollte, wenn man auch andere überzeugen will, schlägt die Enquete-Kommission die schnellsten und radikalsten Reduktionsmaßnahmen für die Bundesrepublik Deutschland vor, so daß wir bereits 1995 Produktion und Verbrauch der im Montrealer Protokoll aufgeführten Stoffe um mindestens 95 % reduziert haben sollten. 1997 sollte das auch in der EG erreicht sein und 1999 weltweit.

Was sich in dieser Hinsicht in letzter Zeit auf dem Parkett der internationalen Treffen tut, läßt relativ hoffnungsvoll in die Zukunft schauen. Hat doch selbst die „Eiserne Lady", der es bisher nur um die Durchsetzung harter ökonomischer Notwendigkeiten ging, die Umwelt und die FCKW entdeckt. Die **Londoner Konferenz** hat in dieser Woche ähnliche Maßnahmen gefordert wie der Bericht, über den hier und heute abgestimmt werden soll. Erfreulich ist auch und sollte vom Deutschen Bundestag begrüßt werden, daß zwanzig weitere Länder in London erklärt haben, dem Wiener Abkommen beitreten zu wollen. Denn hier besteht immer noch eine offene Flanke. Die Bundesregierung sollte auch hier ihren Einfluß bei allen Gesprächen mit Nichtvertragsländern geltend machen, um noch mehr Staaten zu einem Beitritt zu bewegen. Da es sich bei den Nichtvertragsländern in erster Linie um sogenannte Entwicklungsländer handelt, müssen wir sicherstellen, daß Ersatzstoffe und Ersatztechnologien zur FCKW-Reduzierung zeitgleich weltweit zur Verfügung stehen. Dazu ist ein umfassender Technologietransfer nötig.

Obwohl die FDP **staatlichen Kontrollmaßnahmen** immer kritisch gegenübersteht, begrüßen wir, daß nach dem Montrealer Protokoll auch die Einhaltung der befaßten Beschlüsse überwacht wird.

(Beifall des Abg. Wolfgramm [Göttingen] [FDP])

Gerade auf internationalem Gebiet ist diese Kontrolle nicht verzichtbar. Denn ohne sie stünde zu befürchten, daß das Protokoll von einigen Vertragsstaaten ratifiziert, aber nicht umgesetzt würde. Eine fortlaufende Überprüfung kann diesem Risiko entgegenwirken.

Alles, was helfen könnte, die Reduzierung von Produktion und Verbrauch der FCKW über das angestrebte Ziel hinaus zu beschleunigen, wird von der FDP nachdrücklich unterstützt.

(Beifall bei der FDP)

Die Enquete-Kommission schlägt dazu unter anderem Vereinbarungen über **Selbstverpflichtungen der Industrie und des Handels** vor. Diese können sich z. B. beziehen auf Beschränkungen von FCKW im Aerosolbereich auf die Verwendung bei lebenserhaltenden medizinischen Systemen ab 1. Januar 1990, womit erreicht würde, daß weniger als 1 000 Tonnen pro Jahr gebraucht würden, auf eine gleichlautende Beschränkung auch des Handels, wodurch der Import FCKW-haltiger Aerosole unterbunden würde, oder auf die Erstellung von Entsorgungskonzepten für den Kälte- und Klimabereich, sowie auf Kennzeichnungen im allgemeinen und insbesondere auf die Recyclingfähigkeit der Kältemittel.

Welche anderen Maßnahmen nötig sind, hängt insbesondere von der Beantwortung einer Reihe leider immer noch offener Fragen ab. Hier besteht Forschungsbedarf. Daher ist es zu begrüßen, daß der Bundesminister für Forschung und Technologie ein **Ozon-Forschungsprogramm** vorgelegt hat. Allerdings fehlt darin ein nationales Satellitenexperiment zur Erforschung der Erdatmosphäre. Die **Satellitenbeobachtung** ist aber von zentraler Bedeutung, da nur sie geeignet ist, die noch fehlenden, aber unverzicht-

Frau Dr. Segall

baren Daten zu ermitteln. Nochmals möchte ich darum auf den Beschluß, den Sie hier alle vorliegen haben, aufmerksam machen, in dem der Bundestag die Bundesregierung auffordert, einen konkreten Plan vorzulegen, der ein solches Projekt ermöglicht. Kontinuierliche Langzeitmessungen in der Nordhemisphäre, in der Antarktis und in den Ländern der Südhalbkugel sind die einzige Möglichkeit, um den Ozonabbau zuverlässig abzuschätzen. Auch Aussagen über natürliche Schwankungen der Ozonschicht sind bislang definitiv nicht möglich. Über diese Zusammenhänge müssen zuverlässige Daten erhoben werden. Dies ist bei dem Mangel an satellitengestützter Beobachtung nicht gewährleistet.

Die Bundesregierung fordere ich namens der FDP auf, mit den zuständigen Organisationen der lateinamerikanischen Länder Forschungsprogramme zu entwickeln, die geeignet sind, wissenschaftlich gesicherte Aussagen über die Ozonverteilung und die Auswirkung erhöhter UVB-Strahlung zu treffen.

Für die FDP-Fraktion möchte ich betonen, daß die besondere Verantwortung der Bundesrepublik Deutschland wie auch anderer Industrienationen darin liegt, national beispielhaft voranzugehen, um so international glaubhaft für die notwendigen Schritte eintreten zu können.

Dabei ist es zu begrüßen, wenn der Bundeskanzler und der Außenminister persönlich deutlich machen, welche Wichtigkeit die Bundesrepublik Deutschland dem Klimaschutz beimißt. Bereits im vergangenen Jahr hat sich Bundeskanzler Kohl auf dem Weltwirtschaftsgipfel in Toronto für die Verbesserung des Montrealer Protokolls eingesetzt. Der Weltwirtschaftsgipfel in diesem Jahr gibt nun die Möglichkeit, dies erneut zu tun. Schon die übermorgen beginnende Konferenz zum Schutz der Biosphäre in Den Haag sollte von der Bundesregierung genutzt werden, um gemeinsam mit den dort vertretenen europäischen Nachbarn wichtige Schritte zum Klimaschutz einzuleiten.

An die Bundesregierung appelliere ich darum, bereits diese Möglichkeit wahrzunehmen. Viel Zeit geben uns die Klimaveränderungen nicht mehr.

Ich danke Ihnen.

(Beifall bei der FDP und der CDU/CSU)

Präsidentin Dr. Süssmuth: Das Wort hat der Bundesumweltminister.

(Schäfer [Offenburg] [SPD]: Nein! Erst Herr Knabe! — Dr. Knabe [GRÜNE]: Wenn Sie zuerst sprechen wollen, Herr Minister, gerne!)

— Entschuldigung, das Wort hat Herr Abgeordneter Knabe.

Dr. Knabe (GRÜNE): Frau Präsidentin! Meine Damen und Herren! Ich hätte es ja sehr begrüßt, Herrn Töpfer einmal vor mir sprechen zu hören, damit man auf seine Argumente eingehen kann.

(Fellner [CDU/CSU]: Er wollte ihn mal so richtig von hinten treten!)

So kann ich nur auf die der letzten Tage zu sprechen kommen.

Das Problem ist klar: Wir haben eine Veränderung der Atmosphäre, die Rückwirkungen auf den Menschen und auf die Natur hat. Was hat sich denn geändert? Was ist neu an dem Problem? Die jetzt zur Diskussion stehenden Schadstoffe wirken nicht am Ort der Entstehung, also nicht dort, wo ich mit einer Flasche mit CO_2 oder mit FCKW stehe. Nein, dort passiert nichts; es passiert weit entfernt — räumlich und zeitlich. Die Raumdimension war angesprochen: die Stratosphäre, also 10, 15 bis 40 Kilometer über uns und weltweit verteilt, bis hin zur Antarktis.

Zeitlich verschoben ist das Ganze, weil diese Klimaänderung nicht plötzlich eintritt. Vielmehr macht sie sich jedes Jahr ein kleines bißchen mehr bemerkbar — mit wilden Zacken, mal nach oben, mal nach unten —, ändert sich irgend etwas mit dem Wetter und damit mit der Bodennutzung, mit dem Überleben der Pflanzen. Auch die FCKW wirken nicht direkt. Sie schwächen zunächst die Ozonschicht und erst indirekt, durch diese geschwächte Ozonschicht, kommt dann die schädliche Strahlung hier zur Wirkung. Also, eine andere Situation.

Und es ist noch etwas Neues: Die alten Rezepte zur **Luftreinhaltung** helfen hier nicht mehr.

(Sehr richtig! bei der SPD)

Was hat man denn in der Luftreinhaltung — wir haben die Debatte gleich anschließend — gemacht? Man hat **hohe Schornsteine** gebaut, obwohl man wußte, daß die Verdünnung der Schadstoffe nicht die richtige Lösung ist. Aber hohe Schornsteine nützen absolut nichts gegen CO_2, und sie nützen auch nichts gegen die FCKW; denn die wirken ja erst in der Gesamtheit der Atmosphäre.

(Dr. Lippold [Offenbach] [CDU/CSU]: Jetzt hält er wieder die Rede vom letzten Mal!)

— Ja, der Herr Lippold zweifelt das an, aber es stimmt trotzdem. — Und des weiteren hat man Filter eingebaut.

(Fellner [CDU/CSU]: Was richtig ist, soll man ruhig öfter sagen!)

— Ja, wir stimmen ja sehr oft überein, nicht wahr? —

(Fellner [CDU/CSU]: Leider!)

Also, wir haben zur Luftreinhaltung Filter eingesetzt. Beim Auto wird der Katalysator als die Rettung angepriesen, als die Rettung für die Wälder. Dafür ist er zwar ganz gut, aber er nützt absolut nichts gegen das CO_2, das aus dem Auspuff herauskommt. Da nützt es nur etwas, wenn man nicht fährt, wenn man langsamer fährt oder vier Mann in einem Wagen fahren. Ansonsten nützt nichts, kein Filter!

Gleiches gilt für **Kraftwerke:** Die Wäsche, die dort das SO_2 herausholt, oder die Steuerung der Verbrennung mit dem Ziel, weniger Stickoxide anfallen zu lassen, nützt im Hinblick auf CO_2 nichts; das geht raus. Und die FCKW kann man mit Filtern nur ganz, ganz schwer herausholen. Die sind viel zu inert, viel zu träge zur chemischen Reaktion. Man könnte bei kleinen Teilströmen — hat mir heute noch ein Chemi-

Dr. Knabe

ker von Hoechst gesagt, Dr. Hoffmann — vielleicht etwas machen, und zwar mit einem Filter mit Aktivkohle. Aber habt ihr einmal einen solchen Filter mit Aktivkohle gesehen? Da muß man Druck dransetzen, da muß man Pumpen dransetzen, da muß die Luft durchgepreßt werden. Das schafft man gar nicht, diese Energie aufzubringen. Das würde wieder neues Treibhausklima produzieren.

Also, wir haben neue Probleme; wir brauchen neue Entwicklungen, neue Strategien. Und da hat die Kommission in guter Zusammenarbeit einiges vorgelegt. Wir haben z. B. über **Energieeinsparung** nachgedacht, entweder durch Verzicht auf Dienstleistungen oder — was bei der Koalition natürlich viel besser ankommen wird — durch Effizienzsteigerungen auf der Produktionsseite, auf der Konsumptionsseite. Das sind die zwei Wege. Wir als GRÜNE meinen allerdings: Ganz ohne Verzicht geht es nicht. Denn das Gefälle des Lebensstandards zwischen Nord und Süd ist viel zu gewaltig.

Wir brauchen neue Methoden. Wir sind — deshalb haben die GRÜNEN dieser Beschlußempfehlung zugestimmt — sehr weit gegangen. Herr Schmidbauer hat sich nicht — wie Herr Töpfer — auf freiwillige Vereinbarungen beschränkt. Er hat vielmehr gesagt: Wenn die nicht kommen, müssen gesetzliche Regelungen her.

(Fellner [CDU/CSU]: Das sagt Herr Töpfer aber auch!)

— Ja, ja, Herr Töpfer hat inzwischen gelernt. Das ist erfreulich; also, man staunt ja darüber. —

Verbot: Was heißt denn „Verbot"? Wenn das **Verbot eines Stoffes** nötig ist und z. B. diese FCKW erstmals nicht mehr produziert werden dürfen, und zwar weltweit, dann stellt sich doch die Frage, ob das nicht auch für andere Stoffe nötig ist. Macht es denn einen großen Unterschied, ob ein Stoff nun in der Atmosphäre die Ozonschicht abbaut, so daß mehr Hautkrebs entsteht, oder ob ein anderer Stoff unmittelbar auf uns einwirkt und dann einen Lungenkrebs, einen Leberkrebs oder einen Hodenkrebs erzeugt? Das sind doch ähnliche Probleme! Wenn man mit dem Verbotsweg anfängt, muß man sich darüber im klaren sein, daß das den Beginn des **Ausstiegs aus der Chlorchemie,** aus der Halogenchemie bedeuten wird. Das hört die chemische Industrie nicht gern. Aber sie war erfindungsreich genug, diese Stoffe zu entwickeln. Ich hoffe, sie wird erfindungsreich genug sein, auch neue Stoffe zu finden, die nicht diese schädlichen Wirkungen hervorrufen, die nicht so langlebig und nicht auf so lange Dauer schädigend sind.

Die Forderung an die Bundesregierung ist ganz klar: International verhandeln, die FCKW müssen weg. Prima, daß Sie sagen: Das Ziel ist, die FCKW müssen verschwinden. Im Inneren müssen Sie die nötigen Vorschriften erlassen und endlich auch mit dem CO_2 anfangen. Sie müssen endlich beim Verkehrssektor, der ein Viertel der Kohlendioxid-Emissionen herausbringt, anfangen. Die Beispiele hatte ich genannt. Da gibt es genug zu tun.

Natürlich ist auch der **Verbraucher** gefragt. Ist irgend jemand auf Grund des Treibhauseffektes bisher langsamer gefahren? Hat ein Abgeordneter auf seinen Dienstwagen verzichtet? Ist er mit der Eisenbahn gefahren?

(Zurufe von der SPD und der CDU/CSU: Haben Sie einen Dienstwagen?)

— Nein, — —

(Zurufe von der SPD und der CDU/CSU: Aha! Erwischt! Ertappt!)

— Sie mögen reden. Ich frage selbstkritisch: Haben wir das gemacht, oder haben wir es nicht zuwenig gemacht? Ich meine, wir haben es alle zuwenig gemacht.

(Dr.-Ing. Kansy [CDU/CSU]: Reden Sie doch nicht von Dienstwagen, die wir gar nicht haben!)

— Ein Dienstwagen emittiert genausoviel CO_2 wie ein Privatwagen; das müssen wir einfach akzeptieren.

(Fellner [CDU/CSU]: Der, der nichts hat, emittiert gar nichts!)

— Gut, ich habe ja nur gefragt, was sich geändert hat, und ich sage, es hat sich eben zuwenig geändert. Sind die Zeitungen dünner geworden, seitdem wir wissen, daß es den Treibhauseffekt gibt? Sind weniger WC-Reiniger eingebaut worden, für deren Erzeugung man ja Energie braucht? Ist in der letzten Zeit weniger Stickstoffdünger ausgetragen worden? Es ist zuwenig, und die Aufgaben sind gewaltig.

Wir brauchen natürlich auch **Aufklärung.** Ich habe neulich in einer Schule gesprochen. Eine Schulklasse ist ja nur bedingt interessiert. Die Schüler waren zwar interessiert. Aber als die Luft dann zu stickig wurde und die Leute einzuschlafen begannen, haben wir einfach ein Spiel angefangen. Da wurden Zweier- und Dreiergruppen aufgebaut. Die Zweiergruppen waren die Sauerstoffmoleküle; die Dreiergruppen waren die Ozonmoleküle. Dann sauste ein wildgewordenes Chloratom, mit einer grünen Jacke drüber, und packte sich einen weg von der Dreiergruppe Ozon. Diese wurde so zerstört. Es ging zum nächsten und gab diese wieder ab. So kann man in solchen Spielen entwickeln, was sich hier abspielt.

Die GRÜNEN möchten auch auf das Problem der **Regenwälder** eingehen, das hier kurz angesprochen war, das jedoch nicht in der Beschlußempfehlung enthalten ist, weil wir uns noch intensiv mit diesem Thema befassen wollen. Aber wir müssen es heute schon nennen.

Der zweite Energiesektorkredit für Brasilien ist vom Bundeskanzler zunächst angehalten worden. Inzwischen sind die Weltbankverhandlungen auf Eis gelegt worden. Man hat sie abgebrochen. Aber es besteht die wirklich große Gefahr, daß das nur ein Vorwand ist und daß ein neuer Antrag dann ohne Schwierigkeiten genehmigt wird.

(Frau Unruh [GRÜNE]: Was wollen denn die GRÜNEN eigentlich?)

— Die GRÜNEN wollen diese Regenwälder erhalten. Wir wissen im Unterschied zu vielen anderen, daß das nur mit den Naturvölkern zusammen möglich ist, mit den Menschen, die seit Jahrtausenden dort wohnen und die von dem Regenwald mit seinen Produkten,

Dr. Knabe

von seinen Tieren und von den Pflanzen, die dort vorkamen, gelebt haben, die z. B. die Paranüsse gesammelt haben oder die Affen erlegt haben, um davon zu leben. Wir wissen heute, daß in den Urwäldern mehr Eiweiß erzeugt wird als hinterher auf den extensiv genutzten Rinderweiden. Das heißt, diese Regenwälder müssen wir erhalten.

Aber — und nun kommt die Frage zu uns zurück — auf der Regenwaldkonferenz in Südamerika haben die Staaten jetzt klar gesagt: Was wollt ihr überhaupt? Was wir hier verbrennen, ist ein Bruchteil dessen, was ihr an Kohle und an Öl verbrennt. Hört doch auf mit eurer Autogesellschaft! Stoppt das doch! — Und was sagen wir dann? Wir stehen dieser Frage ziemlich hilflos gegenüber. Jeder weiß, daß man aus dieser Autogesellschaft nicht sofort aussteigen kann. Das wissen wir, auch die GRÜNEN. Die autofreie Stadt Berlin ist eine schöne Utopie. Aber sie ist zur Zeit nicht realisierbar.

(Zuruf von der SPD: Zur Zeit?)

— Eine Utopie, die anstrebenswert wäre, aber zur Zeit nicht realisierbar ist.

(Reuschenbach [SPD]: Unter welchen Umständen denn? — Lennartz [SPD]: Wie machen wir das denn, Herr Knabe? Erzählen Sie mal!)

Deshalb muß man alles tun, um eine Weiterentwicklung des Autoverkehrs abzubremsen.

(Reuschenbach [SPD]: Wird es rationiert, wird es zugeteilt? — Weiterer Zuruf des Abg. Lennartz [SPD])

— Können Sie nicht eine ordentliche Frage stellen, Herr Lennartz? Dann wäre es einfacher zu antworten. Da ist doch ein Mikrophon.

(Lennartz [SPD]: Sie meinen Herrn Reuschenbach?!)

Ich habe von den Regenwäldern gesprochen, die wir erhalten müssen und die wir nur zusammen mit den dort lebenden Völkern erhalten können, aber auch nur zusammen mit den Staaten dort, die souverän sind, deren Souveränität wir achten und denen wir dafür etwas bieten müssen. Wir müssen ihnen auch eine **Technologie** bieten, die nicht eine weitere Umweltzerstörung bewirkt. Zum anderen müssen wir aber auch neue **Vorbilder** geben. Wir müssen selbst zeigen, daß wir mit weniger Energie auskommen, daß wir in der Lage sind, die Gesellschaft zu entwickeln, daß wir uns wohl fühlen mit weniger materiellem Verbrauch als heute.

Die Belastung der Umwelt durch die Spurengase, durch die FCKW und das CO_2 ist so groß, daß wir so nicht weitermachen können.

Abschließend zur Kommission: Die Kommissionsarbeit war der Versuch, einem Problem gerecht zu werden. Dieser Versuch wurde unterstützt durch die anwesenden Wissenschaftler. Wir haben auch unterschiedliche Meinungen; ganz klar. Wenn es heißt 95 % Reduzierung, dann meinen wir, daß das 100 % bedeuten muß. Die anderen sind großzügig genug, uns das zuzugestehen. Vielleicht sind sie sogar der gleichen Meinung.

Wir glauben nicht, daß die **Atomenergie** einen Ausweg darstellt. Die Kosten für den Ausbau wären unerschwinglich. Das Risiko des Weiterbetriebes ist einfach zu groß. Die Gefahr, daß eine aggressive Marktpolitik etwa der französischen Elektrizitätsindustrie jede Energieeinsparung erstickt, ist ebenfalls zu groß.

(Sehr richtig! bei der SPD)

Ich danke Ihnen.

(Beifall bei den GRÜNEN und bei Abgeordneten der SPD sowie der Abg. Frau Dr. Segall [FDP])

Präsidentin Dr. Süssmuth: Das Wort hat jetzt der Bundesminister für Umwelt, Naturschutz und Reaktorsicherheit.

Dr. Töpfer, Bundesminister für Umwelt, Naturschutz und Reaktorsicherheit: Frau Präsidentin! Meine sehr verehrten Damen und Herren! Zunächst darf ich der **Enquete-Kommission,** ihrem Vorsitzenden und allen Mitgliedern, sehr herzlich zu der wirklich überzeugenden, respektablen Arbeit gratulieren, die sie vorgelegt hat. Diese Arbeit ist für die Bundesregierung von großer Bedeutung. Wir freuen uns auf die weitere Zusammenarbeit mit der Enquete-Kommission auch in den jetzt vor uns liegenden Arbeitsfeldern.

Die bisherigen Arbeitsergebnisse haben mit ihren anspruchsvollen, herausfordernden Empfehlungen und mit ihren Forderungen sicherlich dazu beigetragen, daß wir europaweit und weltweit die jetzige Position erreicht haben. Sie hat in den letzten Tagen eine deutliche Bestätigung gefunden.

Der vorgelegte Zwischenbericht hat bei uns **Zwischenerfolge** zum **Schutz der Ozonschicht und der Erdatmosphäre** möglich gemacht. Für uns gilt ganz eindeutig und ohne Abstriche: FCKW so schnell wie möglich ganz weg ohne Umstieg auf andere umweltgefährdende oder besorgniserregende Stoffe. Dabei führen wir die internationale Diskussion — in Europa und weltweit — mit an.

Lassen Sie mich nur einige Belege dafür vortragen. 123 Staaten haben sich zu Beginn dieser Woche in London zur **Konferenz zur Rettung der Ozonschicht** zusammengefunden. Als Teilnehmer an dieser Ministerkonferenz kann ich dem Deutschen Bundestag und jedem einzelnen Bürger meinen wichtigsten Eindruck vermitteln: Es herrscht weltweit die Einsicht, daß wir heute gemeinsam handeln müssen, um das Morgen sicher zu erreichen. Es gibt nur noch ganz wenige Staaten, die einen Zweifel an der wissenschaftlichen Nachweisführung äußern. Die Sowjetunion war der einzige Staat, der eigentlich noch einmal deutlich herausgestellt hat, man brauche noch weitere Forschungsergebnisse. Aber das war wirklich eine fast isolierte Position. Ansonsten wurde klar und eindeutig die Meinung vertreten: Hier ist nicht mehr zu forschen, sondern hier ist zu handeln, hier ist zu entscheiden.

(Schäfer [Offenburg] [SPD]: Sehr wahr!)

Präsident arap Moi aus Kenia hat in seiner Eröffnungsansprache auf dieser wichtigen Konferenz

Bundesminister Dr. Töpfer

daran erinnert, daß der Mensch Hand an die ursprünglich intakte Schöpfung legt und daß allein die Partnerschaft aller Nationen die schützende Ozonschicht erhalten und auch den Treibhauseffekt entsprechend bekämpfen kann.

Meine Damen und Herren, immer mehr findet die Überschrift, die der Bundeskanzler seiner Regierungserklärung für diese Legislaturperiode gegeben hat, ihre Bestätigung: Schöpfung bewahren, damit Zukunft gestaltet werden kann. Dies ist etwas, was in der Zeit, als diese Regierungserklärung abgegeben wurde, vielleicht noch als emotional oder vielleicht als nicht sicher abgeklärt angesehen wurde. Aber diese Überschrift ist international mehr und mehr zum Leitmotiv geworden.

Es ist auch ganz unstrittig: Was wir brauchen, ist ein Vollkostenprinzip unseres heutigen Wohlstands. Wir wollen die **Kosten dieses Wohlstands** nicht anderen — weder weltweit noch kommenden Generationen — überbürden, sondern wir wollen die Preise so auszeichnen, daß sie die vollen Kosten erfassen. Nichts anderes ist das **Verursacherprinzip.** Nichts anderes führt auch zu dauerhafter Weiterentwicklung, Um- und Ausbau unserer Volkswirtschaft.

(Beifall bei der CDU/CSU und der FDP)

Meine Damen und Herren, es freut uns — ich nehme hier zum erstenmal den Begriff des Konsenses auf; ich komme darauf zurück —, daß wir uns ja fast schon bis in die Begriffe hinein einigen. Es freut mich, wenn der Abgeordnete Schäfer heute von einer „Umweltpartnerschaft" spricht. Ich könnte mir vorstellen, daß ich ohne große Schwierigkeiten auch beim Nachblättern meiner Reden immer und immer wieder finde, daß wir von internationaler Risikopartnerschaft sprechen, die eine Antwort in einer internationalen **Umweltpartnerschaft** finden muß. All dies ist konsensfähig.

Meine Damen und Herren, ich sage noch einmal: Wir können doch beim besten Willen nicht ein internationales solidarisches Handeln auf diesem Gebiet fordern, wenn wir uns innerhalb der Bundesrepublik Deutschland noch nicht einmal zwischen den Parteien über das einigen können, was dafür notwendig ist. Dies wäre eigentlich ein Beleg dafür, wie unmöglich es ist, international zu einem Konsens zu kommen.

(Beifall bei der CDU/CSU und der FDP)

Indem ich das aufgreife, was hier gesagt worden ist, wiederhole ich: Deswegen heißt „konservativ" für mich im guten, modernen Sinne, daß wir aus Respekt vor der Schöpfung Zukunft gestalten. Genau das findet sich in der wahrsten Übersetzung des Wortes conservare — bewahren, erhalten — wieder.

Ich habe in dieser Konferenz auch eine ganz konkrete politisch-praktische Überzeugung gewonnen. Die **Politik der Bundesregierung zum Schutz der Ozonschicht** kann im internationalen Vergleich ganz ohne jeden Zweifel jeden Vergleich aushalten: Es gibt international keine Nation, die in dem, was getan wurde, oder in dem, was sie sich vorgenommen hat, weiter ist als die Bundesrepublik Deutschland. Es gibt keine andere Nation. Ich fordere jeden auf, uns das Gegenteil zu beweisen. Wir werden dies sehr, sehr genau überprüfen.

Ich erinnere zunächst an die **Beschlüsse des Rates der Umweltminister** in Brüssel vom 2. März 1989. Das ist gerade eine Woche her. Da so häufig negativ über die europäische Umweltgemeinschaft gesprochen wird, möchte ich hier doch auch einmal folgendes deutlich machen: Wir haben dort festgelegt, daß die Erzeugung und der Verbrauch der ozonschädigenden Stoffe bis zum Ende des nächsten Jahrzehnts vollständig abgebaut werden sollen. Sowohl in der Gemeinschaft als auch weltweit müssen daher so bald wie möglich Reduktionsquoten von mindestens 85 % erreicht werden. Mit dieser Zielsetzung ist das Montrealer Protokoll zu verschärfen. Dieses sind — fast dekkungsgleich — die Forderungen, die der Zwischenbericht der Enquete-Kommission an die europäische Dimension gestellt hat.

(Schmidbauer [CDU/CSU]: Und die Forderungen der CDU/CSU-Fraktion!)

— Und die der CDU/CSU-Fraktion, wie sie hier gerade vorgetragen wurden. Das ist fast deckungsgleich. Sie unterscheiden sich noch zwischen 85 und 95 %, und sie unterscheiden sich noch in der Fixierung, bis wann das erreicht wird. Aber das ist zwischenzeitlich durch das nachgebessert, was der neue europäische Umweltkommissar **Ripa di Meana** in der Londoner Konferenz mit unserer nachhaltigen Unterstützung konkretisierend hinzugefügt hat. Er hat nämlich gesagt: Dies bedeutet für uns 85 % bis Mitte des kommenden Jahrzehnts und früher als „nur" zum Ende des kommenden Jahrzehnts, auch ein Outphasing, also ein Beseitigen. Das ist exakt die Position, die wir in Brüssel maßgeblich gemeinsam mit anderen Mitgliedstaaten vertreten haben.

Wenn Sie, meine Damen und Herren, das einmal mit dem Zustand vor zwölf Monaten vergleichen, als wir unter unserem Vorsitz in Brüssel das Montreal-Protokoll im europäischen Bereich umgesetzt haben, dann sehen Sie, was sich hier durch die beharrliche Bemühung verändert hat. Ich sage noch einmal: Dies beziehe ich keineswegs ausschließlich auf die Tätigkeit der Bundesregierung, da hat uns die Enquete-Kommission maßgebliche Unterstützung mitgegeben, für die ich ebenfalls zu danken habe.

(Stahl [Kempen] [SPD]: Aber auch die Wissenschaft insgesamt!)

— Herr Abgeordneter Stahl, daß dazu natürlich bei uns und bei anderen die Wissenschaft eine Rolle gespielt hat, ist überhaupt keine Frage. Aber im allgemeinen ist ja leider Gottes der Zeitsprung zwischen wissenschaftlicher Fixierung und politischer Handlung etwas anders, als wir das hier gesehen haben. Ich glaube, das geht so gut weiter.

(Lennartz [SPD]: Das liegt nicht an der Wissenschaft!)

Dies ist auch nicht von allein gekommen. Ich habe im November letzten Jahres ein **FCKW-Memorandum** in die EG eingebracht. Wir wollten das, was wir in der letzten Woche erreicht haben, schon im Novemberrat haben. Wir haben es im Novemberrat noch nicht bekommen, aber wir sind durch unser Memo-

Bundesminister Dr. Töpfer

randum diejenigen gewesen, die es angestoßen und vorangetrieben haben. Ich sage noch einmal: Dies ist kein Beleg — an keiner Stelle — für falsche Selbstzufriedenheit mit dem Erreichten, aber es ist zumindest der Hinweis darauf, daß die Kritiker nun wirklich nicht mehr sagen können, wir würden an irgendeiner Stelle nur reden und fordern. Nein, hier ist gehandelt worden, und dies wird weiterhin genau unsere Marschroute sein und bleiben.

Bleiben wird für uns auch das andere Ziel, das hier vom Abgeordneten Schmidbauer angesprochen worden ist, auch von Herrn Schäfer unterstrichen worden ist, was Enquete-Kommissions-Position ist, und auch Frau Segall hat es gesagt. Für uns ist und bleibt das klare Ziel: Ende mit FCKW im Jahr 1995/96.

Herr Abgeordneter Knabe, Sie haben immer das Schicksal, vor mir reden zu müssen, was mich fast schon bedrückt.

(Schäfer [Offenburg] [SPD]: Jetzt haben Sie übertrieben! — Heiterkeit)

— Frau Präsidentin, ich darf mit großer Nachdrücklichkeit bitten zu Protokoll zu nehmen, daß der Abgeordnete Schäfer erst an dieser Stelle zum erstenmal darauf hingewiesen hat, daß ich übertrieben hätte.

(Schäfer [Offenburg] [SPD]: Er hat auch sonst übertrieben, einverstanden!)

Unsere Politik findet **internationale Zustimmung** und Beifall. Die USA, Kanada sind eindeutig der Überzeugung, daß die Signale richtig gestellt sind. Ich hatte Gelegenheit, in London mit dem neuen EPA-Administrator, mit William Reilly, zu sprechen. Wir werden ihn in Kürze wiedersehen. Wir sind insgesamt der Überzeugung, daß es eine außerordentlich gut abgestimmte Zusammenarbeit in der Umweltpolitik über den Atlantik hinweg gibt, mit den USA, mit Kanada. Die Tatsache, daß das am Wochenende seine Fortsetzung findet, ist ein Beleg dafür.

Wir haben national gehandelt. Wir sind im **Aerosolbereich** so weit gekommen, wie wir es uns in einem ersten Schritt vorgenommen haben. Der Abgeordnete Schäfer hat mir die Freude gemacht, zu sagen, Prinz Charles habe gesagt, vor zehn Jahren hätte man das tun sollen. Man muß sich das auf der Zunge zergehen lassen: Vor zehn Jahren hätte man das tun sollen. Ich greife das mit den zehn Jahren einmal auf: Vor zehn Jahren hatten wir im Aerosolbereich noch etwa um die 50 000 Tonnen FCKW. 1976 waren es genau 56 000.

(Baum [FDP]: Sie wissen, daß wir damals angefangen haben! Die wissenschaftlichen Erkenntnisse waren anders! — Schäfer [Offenburg] [SPD]: Jetzt haben Sie Herrn Baum schwer angegriffen!)

— Nachdem der Abgeordnete Schmidbauer bereits die entsprechende Brücke geschlagen hat, wollte ich dies gerade aufgreifen: Dieses ist in einem ersten Schritt in der Abmachung um die Wende dieses Jahrzehnts verändert worden, und wir haben 1986 insgesamt noch 26 000 t gehabt; das war die erste Halbierung.

(Frau Dr. Hartenstein [SPD]: Wir haben das immerhin schon um ein Drittel reduziert seit Mitte der 70er Jahre!)

— Habe ich das denn bestritten? Ich nehme doch genau das auf und will die Zahlen zu Ende führen. — Dann gab es einen Punkt, wo international etwas Ruhe eintrat. Diese Ruhe ist beendet. Wir sind nun von 26 000 t 1986 auf 4 800 t im Jahre 1988 gekommen. Wir werden im Jahre 1989 weiterhin einen Strich nach unten setzen können, und wir hoffen, daß wir diese 1 000 t ins Visier nehmen können. Dies ist nicht eine wie auch immer geartete Werbeaussage des deutschen Bundesministers für Umwelt, sondern das sind Fakten, sind Zahlen, die man vorlegen kann.

Daß diese Zahlen nicht auf schlechtem Wege erreicht wurden, belegt mir die Tatsache, daß wir international denselben Weg nachvollzogen sehen: Die Franzosen haben im Februar ein vergleichbares Abkommen mit ihrer Aerosolindustrie gemacht; die Europäische Kommission macht dasselbe europaweit.

Also, bezogen auf das Instrument und den Erfolg können wir sagen: Hier ist nicht die Lippe voll genommen worden, sondern hier ist gehandelt worden. Am besten sehe ich mich immer dadurch bestätigt, wenn ich betrachte, mit welcher nachdrücklichen Kommentierung aus den Reihen der SPD dieses begleitet wird. Dies scheint mir ein Beleg dafür zu sein, daß ich recht habe.

Gleiches tun wir in Aufnahme dessen, was hier vorgetragen worden ist, bei den **Kühlgeräten.** Wir sind in London als beispielgebend dafür hingestellt worden, daß wir das Recycling bei Kühlgeräten in Angriff genommen haben. Die Europäer wollen das übernehmen und daraus lernen. Wir sind im Bereich der **Schaumstoffe** in die Gespräche hineingegangen; es liegen erste Zwischenergebnisse vor, die ich hier noch nicht vortragen will, weil ich sie noch nicht endgültig und rund habe; aber dies wird bei Schaumstoffen ganz genauso passieren.

Lassen Sie mich wiederholen: Für mich gilt es nicht, so etwas wie einen Ausschließlichkeitsanspruch für das eine oder andere Instrument zu erheben. Ich will das Ziel erreichen. Wenn ich das Ziel in einer vernünftigen Übereinstimmung mit denen, die anbieten, erreichen kann, dann kann ich es auf diesem Gebiet am besten und am schnellsten erreichen. Wir haben aber nie einen Hehl daraus gemacht, daß, wenn dies nicht geht, wir vorhandenes **gesetzliches Instrumentarium** nutzen und, wenn es nicht hinreicht, verbessern. Deswegen machen wir u. a. ein neues Chemikaliengesetz, und deswegen nutzen wir sowohl das Chemikaliengesetz als auch das Abfallbeseitigungsgesetz, um diese Sache wirklich glaubwürdig für jeden, mit dem wir sprechen, absichern zu können.

(Beifall bei der CDU/CSU und der FDP — Frau Dr. Hartenstein [SPD]: Die Jahreszahl fehlt noch für dieses Ziel!)

— Ich habe mich auf die Zahl bezogen, die die Enquete-Kommission genannt hat. Ich habe ganz deutlich gesagt, daß die Produktion der FCKW bis 1995,

Bundesminister Dr. Töpfer

1996 auslaufen soll, aber ich wiederhole mich gern. Ich habe mich auf den Abgeordneten Knabe bezogen.

Meine Damen und Herren, wenn man über FCKW spricht, muß man auch über die Ozonschicht sprechen, muß man aber auch über den **Treibhauseffekt** sprechen. 20 % Verursachung an dem Treibhauseffekt gehen auf die FCKW zurück; auch deswegen ist es wichtig, dies anzusprechen. Ich sage in der Kürze des dafür verfügbaren Zeitraums: Wir brauchen für die Treibhausfrage genau dieselbe internationale Solidarität,

(Baum [FDP]: Sehr richtig!)

wie wir sie für die FCKW brauchen. Daß heißt, wir brauchen eine vergleichbare Konvention und ein Übereinkommen wie in Wien für die FCKW und CO_2 und ein entsprechendes Protokoll dafür. Ich bin ebenfalls der Meinung, daß wir das gleiche für die tropischen Regenwälder brauchen und auch dafür ein entsprechendes Protokoll.

Aber eins muß ich ganz deutlich dazu sagen: Wir werden das Montrealer Protokoll, über das wir Anfang Mai in Helsinki weiter diskutieren und das dann in der Revisionssitzung im nächsten Jahr, also 1990 auf dem Prüfstein steht, weltweit in unserem Sinne nur voranbringen können, wenn wir eine **entwicklungspolitische Absicherung für die Entwicklungsländer** zustandebringen.

(Dr. Knabe [GRÜNE]: Das stimmt!)

Sonst werden wir das nicht erreichen; ich sage das schlicht und einfach. Wir können den Entwicklungsländern den Umweg über eine FCKW-Industriestruktur nur ersparen oder abnehmen, wenn wir dazu beitragen, daß sie die Substitute und die Technologien von uns bekommen; sonst werden wir das nicht erreichen.

(Beifall bei der CDU/CSU, der FDP und der SPD)

Der chinesische Kollege und der indische Kollege haben das in London mit seltener Klarheit und Deutlichkeit so gesagt. Das können Sie überhaupt nicht übersehen.

Deswegen sage ich noch einmal: Die Aufgabe, die jetzt vor uns steht, ist nicht mehr in der Frage zu sehen: Wer bietet mehr, und wer bietet ein Jahr früher was? Das, was vor uns steht, ist vielmehr die Frage: Wer geht in diese Solidarität mit den Entwicklungsländern hinein? Daran entscheidet es sich. Nicht die Zahlen allein sind es.

Meine Damen und Herren, die Entwicklungsländer haben im Montrealer Protokoll einen **FCKW-Verbrauch** von 0,3 kg pro Kopf und Jahr für sich in Anspruch genommen. Unser gegenwärtiger Ansatz liegt bei etwa 0,9 kg pro Kopf und Jahr. Der Verbrauch in den USA liegt bei 1,3 oder 1,4 kg pro Kopf und Jahr. Wenn Sie diese Zahlen nebeneinander sehen, wissen Sie, wo die Aufgaben jetzt liegen.

Lassen Sie mich ganz zum Schluß noch einmal zur Konsensfrage zurückkehren. Herr Abgeordneter Schäfer, wir haben sehr genau zugehört, als Sie vom **energiepolitischen Konsens** gesprochen haben. Da möchte ich nur einmal ganz knapp folgendes festhalten. Für mich gibt es vier Punkte, vier Eckpfeiler, auf die sich dieser Konsens gründen muß:

Erstens geht es um die Frage des **sparsamen und effizienten Einsatzes von Energie.** Hier haben diese Bundesregierung und die vorhergehenden bereits eine wesentliche Veränderung erreicht, nämlich das Abkoppeln des wirtschaftlichen Wachstums vom Energieverbrauch.

(Schäfer [Offenburg] [SPD]: Im Gegenteil! — Weiterer Zuruf von der SPD: Diese Regierung nicht!)

Zum zweiten brauchen wir eine **Weiterentwicklung und** eine **Nutzung regenerativer Energiequellen.** Es gibt europa- und weltweit keine Regierung, die für die Erforschung regenerativer Energien mehr Geld ausgibt als diese Bundesregierung.

(Beifall bei der CDU/CSU und der FDP — Schäfer [Offenburg] [SPD]: Auch das ist nicht wahr!)

Präsidentin Dr. Süssmuth: Herr Bundesminister, gestatten Sie eine Zwischenfrage der Abgeordneten Frau Flinner?

Dr. Töpfer, Bundesminister für Umwelt, Naturschutz und Reaktorsicherheit: Frau Präsidentin, ich würde es fürchterlich gern tun, aber das rote Licht leuchtet bereits.

Präsidentin Dr. Süssmuth: Schon seit einer Weile, aber die Zeit wird Ihnen nicht angerechnet.

Dr. Töpfer, Bundesminister für Umwelt, Naturschutz und Reaktorsicherheit: Dann darf ich herzlich darum bitten.

Frau Flinner (GRÜNE): Herr Minister, wir haben gestern im Ausschuß über die Erwärmung der Erdatmosphäre beraten. Wir wissen, daß dabei der Stickstoffeinsatz eine wesentliche Rolle spielt. Was unternehmen Sie, um den Stickstoffeinsatz zu reduzieren? Ich denke z. B. an das Halmverkürzerverbot, also daran, daß man nicht mehr so viel Stickstoff ausbringen kann. Meine Frage bezieht sich aber auch auf den tropischen Regenwald. Was unternehmen Sie konkret, damit dieser Wald geschützt wird? Bei uns im Agrarausschuß wird darüber ganz anders diskutiert als bei Ihnen. Und wie kann der Sojaanbau reduziert werden? Durch die Massentierhaltung bei uns wird der Treibhauseffekt ja auch verstärkt.

Dr. Töpfer, Bundesminister für Umwelt, Naturschutz und Reaktorsicherheit: Frau Abgeordnete, Sie werden Verständnis dafür haben, daß ich hier jetzt nicht eine agrarpolitische Debatte beginnen kann. Ich weiß, daß sich die Enquete-Kommission auch sehr intensiv mit den Fragen von Stickstoff und Methan beschäftigt. Wir werden hier eine Diskussion über den Endbericht haben, und Sie dürfen gerne davon ausgehen, daß wir Ihnen eine sehr überzeugende Antwort auf all diese Fragen vorlegen können, bis hin zum tropischen Regenwald, über den wir an dieser Stelle, im Ausschuß und an anderer Stelle ebenfalls gesprochen haben.

Bundesminister Dr. Töpfer

Lassen Sie mich nun ein Letztes zu dem energiepolitischen Konsens sagen: Der dritte Punkt ist die **umweltfreundliche Nutzung fossiler Energieträger.** Darüber werden wir heute noch im Zusammenhang mit dem Immissionsschutzbericht zu sprechen haben.

Der vierte Punkt ist die Frage, welche Rolle die **Kernenergie** spielt. Auch das wollen wir doch noch einmal weiter eingrenzen, Herr Abgeordneter Schäfer. Es kann ganz offenbar überhaupt keinen Dissens darüber geben, daß wir uns gemeinsam der Frage der Entsorgung von Kernkraftwerksabfällen widmen.

(Lennartz [SPD]: Richtig!)

Dann kann es wohl auch überhaupt keine Diskussion darüber geben, daß wir gemeinsam die Sicherheit von Kernkraftwerken mit zu verantworten haben, gemeinsam in allen Ländern, von Herrn Jansen bis zu Herrn Dick.

(Schäfer [Offenburg] [SPD]: Richtig! — Lennartz [SPD]: Da stimmen wir total überein! — Schäfer [Offenburg] [SPD]: Aber warum regen Sie sich eigentlich so auf?)

— Herr Abgeordneter Schäfer, Sie müßten mich einmal erleben, wenn ich mich wirklich aufrege.

(Heiterkeit)

Nach meinem Verständnis habe ich mich eben wirklich nicht aufgeregt.

(Lennartz [SPD]: Die arme Familie!)

Meine Damen und Herren, wenn Sie zu all dem ja gesagt haben, dann gehen Sie bitte erst hin und korrigieren Sie Ihre Aussagen auch in der Öffentlichkeit, bevor Sie wieder zurückkommen und uns hier einen Konsens in der Energiepolitik abfordern.

Ich darf Ihnen sehr herzlich danken.

(Beifall bei der CDU/CSU und der FDP)

Präsidentin Dr. Süssmuth: Das Wort hat der Abgeordnete Müller (Düsseldorf).

Müller (Düsseldorf) (SPD): Frau Präsidentin! Meine Damen und Herren! Frau Segall, der Tagesordnungspunkt heißt insgesamt „Bericht der Enquete-Kommission". Insofern werde ich in Anspruch nehmen, hier über die Klimaproblematik zu reden. Frau Ganseforth redet über die Ozonproblematik; nur damit Sie sich darüber im klaren sind.

Der Bericht der Enquete-Kommission belegt, daß wir mit dem fortgesetzten **Atmosphärenkrieg der Menschheit** die Erde auf eine globale Umweltkrise zusteuern. Diese besteht in zweierlei Hinsicht:

Erstens. Wir haben in der Zwischenzeit eine globale Ausdünnung der lebenswichtigen Ozonschicht zwischen 3 % und 10 %. Es ist problematisch, wenn immer nur vom Ozonloch geredet wird. Es geht vielmehr um die weltweite Ausdünnung der Ozonschicht.

(Frau Flinner [GRÜNE]: Das ist es!)

Damit verliert die Sonne sozusagen ihre Sonnenbrille und die Erde ihren Schutz vor harten Strahlen.

Zweitens. Es geht um die Aufheizung des Treibhauses Erde, d. h. die Erde wird zu einer fatalen Wärmefalle.

Die Ursachen hierfür sind sicherlich auch Bequemlichkeit und Unwissenheit, aber sie bestehen vor allem in dreierlei Hinsicht: erstens in einem falschen Verständnis von wirtschaftlicher und technischer Entwicklung, die die Dimensionen von Zeit und Raum verloren hat,

(Beifall bei der SPD)

zweitens bornierte Einzelinteressen, wobei ich insbesondere rücksichtslos operierende Wirtschaftsgruppen nenne,

(Beifall bei der SPD und den GRÜNEN)

und drittens — auch das muß man in aller Deutlichkeit sehen — falsche kulturelle Leitbilder, die wir von Verantwortung und Zukunft haben.

(Beifall bei der SPD und den GRÜNEN)

Menschliches Handeln ist natürlich schon seit Jahrhunderten dabei, auf verschiedene Weise **Ökologie und Klima der Erde** sowie die Zusammensetzung der Atmosphäre zu verändern, beispielsweise durch den beängstigenden Abbau der Wälder, durch die Freisetzung von Staubpartikeln und Gasemissionen oder auch durch die Versiegelung der Böden. Wir müssen aber sehen: Wir haben in den letzten 150 Jahren — das ist die Zeit der Industriegeschichte — in einer beschleunigten und globalen Weise industrielle Handlungsprozesse und industrielle Entwicklungstätigkeiten in Gang gesetzt, die zu einer neuen globalen und bedrohlichen Dimension von Umweltzerstörung geführt haben. Das heißt, es geht eben nicht nur darum zu sagen: „Es gab schon immer Umweltzerstörung", sondern wir müssen auch darüber nachdenken, ob unsere industriellen Handlungsweisen nicht aus sich heraus, in der Form, wie wir sie organisieren, einen Mechanismus der ökologischen Selbstzerstörung beinhalten.

(Beifall bei der SPD)

Meine Damen und Herren, die **Atmosphäre** hat eine einzigartige Funktion als lebenserhaltendes System, die man nicht ohne weiteres wieder herstellen kann. Zudem bestehen enge uns weitgehend noch nicht bekannte Wechselwirkungen zwischen Atmosphäre und anderen Bereichen des Klimasystems: Ozeane, Landflächen, Tier- und Pflanzenleben, Eis- und Schneeschichten. Dieses komplizierte System ist zur Zeit dabei, außer Kontrolle zu geraten. Wir wissen nicht, was passiert, wenn dieses Außer-Kontrolle-Geraten immer schneller wird, und welche Folge- und Kumulationswirkungen dadurch entstehen. Wir wissen nur, daß vor allem in den letzten 20 Jahren die Emission von ozon- und klimaschädlichen Gasen rapide zugenommen hat.

Wir haben heute eine mittlere **Erdtemperatur** von ca. 15 °. Die Temperatur auf der Erde wäre ohne die Schutzschicht um die Erde etwa minus 18 °. Durch die Lufthülle, insbesondere durch die Kombination von Wasserdampf und Kohlendioxid, ist die Erde in der Lage, einen Teil der Sonnenstrahlen zurückzuhalten, also die Wärmestrahlen in einer gewissen Weise zu binden, und dadurch die Erde um ca. 33 ° zu erwär-

Müller (Düsseldorf)

men. Das führt dazu, daß Leben auf der Erde möglich ist. In der Klimageschichte hat es bei den gemittelten Temperaturen nur Schwankungen zwischen etwa 10,5 ° und 16 °C gegeben.

Wenn wir nun davon ausgehen, daß wir heute etwa 15,3 °C haben und daß von diesen 15,3 ° ungefähr 0,7 ° auf industrielle Handlungsweisen zurückgehen — wobei wir wissen, daß die Temperaturerhöhung eigentlich noch höher ist, weil nämlich ein Teil des CO_2 durch die Wärmekapazität der Meere gespeichert wird —, und wenn wir zugleich davon ausgehen, daß die Erhöhung in einem engen Zusammenhang mit der Zunahme der Kohlendioxid-Konzentration in der Atmosphäre, nämlich um 25 %, steht, dann können wir daraus schließen, daß es zum erstenmal nicht natürliche Schwankungen sind, sondern daß der Mensch damit, daß er die Zusammensetzung der Atmosphäre ganz gravierend verändert, Temperatur und Klima künstlich verändert.

Es gibt eine Prognose des World Resources Institute, die besagt: Wenn der Anstieg des Kohlendioxidgehalts in der Atmosphäre so weitergeht, müssen wir mit einer Verdoppelung etwa im Jahre 2075 rechnen. Das bedeutet bei der 0,7-Grad-Erhöhung, hochgerechnet, daß dann eine Temperaturerhöhung von 3 °C die Konsequenz wäre. Wir müssen wissen: Das wäre bereits eine Temperatur, die es in der Klimageschichte noch nicht gegeben hat.

Nun kommt aber ein zweites hinzu. Seit zehn Jahren wissen wir nämlich, daß nicht nur der steigende Kohlendioxidgehalt in der Atmosphäre die Temperatur verändert, sondern auch eine Reihe weiterer **klimarelevanter Treibhausgase,** von denen der Ozonkiller FCKW nur eines ist. Das World Resources Institute kommt zu folgendem Ergebnis. Es geht dabei von den Daten von 1986 aus, wonach diese anderen Treibhausgase inzwischen ein Äquivalent der CO_2-Emissionen erreicht haben, also 50 Prozent der Erwärmung ausmachen. Dies sagt: Wenn man den Trend hochrechnet, haben wir bereits im Jahr 2030 mit einer Temperaturerhöhung um 3 Grad zu rechnen. Das macht die Bedrohlichkeit der Situation vollends deutlich. Schon fast in Generationssicht müssen wir mit derart globalen Klimaveränderungen rechnen, wie wir sie aus der Klimageschichte und aus der Menschheitsgeschichte nicht kennen. Dabei gibt es eine Reihe unsicherer Fragen, beispielsweise: Bleibt die Wärmekapazität der Meere so? Wie verändern sich beispielsweise die Wechselwirkungen zwischen Wolkensystem und Erdoberfläche?

Mit anderen Worten, wir stehen vor einer Jahrhundertherausforderung. Das bedeutet sowohl grundsätzliche Veränderungen in unseren Denkweisen als auch — erst recht — konsequentes Handeln.

Klimaveränderungen — auch das muß man sehen — verhalten sich wie ein großes Schiff. Wenn bei einem großen Schiff die Motoren abgestellt werden, schwimmt es dennoch vorerst weiter. Auch Klimaveränderungen haben einen langen Bremsweg.

Das bedeutet in der Konsequenz: Wenn wir nicht in der Lage sind, in den nächsten 10 bis 15 Jahren Korrekturen durchzuführen, werden wir bestimmte globale Veränderungen insbesondere in sensiblen Bereichen unserer Erde nicht mehr verhindern können.

Ich nenne ein paar **Folgen,** die absehbar sind. Dazu gehören irreversible Schäden am Ökosystem. Wir können — das verdichtet sich in der wissenschaftlichen Diskussion etwas — auch erhebliche evolutionsbiologische Folgen nicht mehr ausschließen. Das ist dramatisch.

Zweitens. Wir erleben eine weitreichende Verschiebung von Klimazonen. Wir wissen, daß schon diese relativ geringe Erhöhung um 0,7 °C zu vermehrten Wirbelstürmen, Ausweitung von Dürrezonen, Ausbleiben von Regenfällen etc. führt.

Wir müssen drittens damit rechnen, daß es gewaltige Hungerkatastrophen gibt. Ich nenne Ihnen nur ein einziges Beispiel. Eine Erhöhung um 3 °C kann die Konsequenz haben, daß das fruchtbare Nildelta in Ägypten überflutet und versalzen wird. Das bedeutet die Zerstörung der Ernährungsgrundlage für 30 Millionen Menschen — jeder muß sich darüber im klaren sein, was das bedeutet — und natürlich in der Konsequenz dann auch Völkerwanderungen.

Das Grundproblem ist: die Gefahr ist real, aber bei uns erst wenig greifbar, und wenn wir sie spüren, ist es in der Regel für konsequentes Handeln zu spät.

Ich bleibe bei den Aussagen des World Resources Institute. Es sagt: Nimmt man die bisherigen Erfahrungen der Menschheit im Umgang mit Umweltproblemen, so bleiben nur zwei Möglichkeiten: Wir treffen schon jetzt Vorbereitungen, um uns einigermaßen vor der Katastrophe zu schützen, beispielsweise durch Umsiedlungsprogramme, Schutz von gefährdeten Landstrichen und veränderte Ernährungsgrundlagen, oder wir sind in der Lage, durch eine Reihe von Maßnahmen den Eintritt der Klimaproblematik und des Klimakollaps zeitlich nach hinten zu verschieben.

Das World Resources Institute sagt in einer Studie, daß auf Grund der bisherigen Verhaltensweisen und Industralisierungsformen eigentlich keine Chance besteht, eine Klimakatastrophe zu verhindern.

Ich will mich dieser düsteren Prognose nicht anschließen. Ich glaube, es gibt auch Hoffnungsvolles, beispielsweise das, was in den letzten Monaten an Bewußtseinsbildung in Gang gekommen ist. Das stimmt mich positiv.

Aber ich sage in aller Deutlichkeit: Es geht nicht nur um einzelne Maßnahmen, nicht nur um Korrekturen in Teilbereichen, sondern um einen radikalen **Umbau industrieller Entwicklungsweisen.** Das heißt, es geht um eine neue Qualität des Zusammenlebens der Menschheit, sowohl in den Industrieländern als auch zwischen Industrieländern und Entwicklungsländern.

(Beifall bei der SPD)

Deshalb, meine Damen und Herren, beteilige ich mich auch nicht an dem für mich etwas unsinnigen Streit um die Atomenergie.

(Beifall des Abg. Schmidbauer (CDU/CSU) — Stahl [Kempen] [SPD]: Sehr gut!)

— Ich sage, warum ich den für unwichtig halte. Sie werden dann vielleicht nicht mehr klatschen.

Müller (Düsseldorf)

Es geht um einen Entwicklungspfad, der sowohl sozialverträglich als auch umweltschonend als auch risikoarm ist.

(Frau Blunck [SPD]: Richtig!)

Wenn ich die Atomenergie nehme, trifft das nicht zu.

(Beifall bei der SPD)

Auch die Atomenergie birgt beispielsweise erhebliche Gefahren für die atmosphärische Zusammensetzung

(Schäfer [Offenburg] [SPD]: Krypton 85!)

— beispielsweise durch Krypton 85. Und wer will sagen, sie sei risikoarm? Wer will wagen, das hier zu sagen?

Meine Damen und Herren, ich glaube, wir müssen uns von einer Reihe von Illusionen befreien, wir könnten ohne tiefgreifende Einschnitte den Klimakollaps verhindern.

Ich möchte noch eine Schlußbemerkung zum Thema „Politik" machen. Auch ich glaube, daß die Probleme nicht ohne einen neuen Stil in der Politik lösbar sind. Das bedeutet aber nicht weniger an Streit, sondern es bedeutet eher mehr produktiven Streit. Das ist etwas anderes.

(Stahl [Kempen] [SPD]: Sehr gut!)

Ich warne davor, alles mit Harmonie und Konsens überdecken zu wollen. Es geht um einen produktiven, um einen offenen, um einen diskursiven Streit. Wir müssen aufhören, uns nur mit festgefügten Positionen zu begegnen und gar nicht mehr lernfähig zu sein.

(Beifall bei der SPD und den GRÜNEN)

Das Wichtigste ist, auf der Basis klarer Positionen einen inhaltlichen Meinungsaustausch zu finden.

Deshalb will ich mit einem Beispiel von Konrad Lorenz schließen. Konrad Lorenz hat in einem seiner Bücher das Verhalten von zwei Hunden beschrieben. Es sind zwei große Schäferhunde, die auf Nachbargrundstücken sind, zwischen denen ein Zaun steht. Sie stehen sich gegenüber und bellen sich wie verrückt in aggressiver Pose an. Nun passiert es eines Tages, daß der Zaun repariert werden muß. Er ist weg. Die Hunde stehen sich direkt gegenüber. Was geschieht? Sie weichen verängstigt zurück. Und keiner weiß eigentlich mehr, was er tun soll. Sie laufen dann zu einer anderen Stelle, wo der Zaun noch in Ordnung ist, und fangen wieder an, furchtbar zu bellen. — Genau dieses Verhalten dürfen wir uns nicht leisten, wir müssen eine neue Kultur des Streitens finden.

Schönen Dank.

(Beifall bei der SPD und den GRÜNEN)

Präsidentin Dr. Süssmuth: Das Wort hat der Abgeordnete Seesing.

Seesing (CDU/CSU): Frau Präsidentin! Meine Damen und Herren! Wir sind heute gefordert, unseren Rang als führende Industrie- und Handelsnation für die Zukunft zu sichern. Das hängt wieder davon ab, welche Haltung wir zur Forschung und Entwicklung neuer Techniken einnehmen. Dabei ist für uns in der Bundesrepublik Deutschland erkennbar, daß neue Techniken nicht mehr unbedingt als gut und segensreich angesehen werden. Das hängt vielleicht damit zusammen, daß früher Techniken nach Auffassung der Menschen nur lokale und zeitliche Auswirkungen hatten. Heute müssen wir erkennen, daß die **Wirkungen neuer Techniken** grenzenlos sein können, zeitlich wie auch räumlich. Wir fordern heute, daß Techniken begrenzbar sein müssen, daß ihre Auswirkungen reversivel sein müssen.

Aber was ist, wenn wir heute feststellen, daß angewandte Techniken, angewandte Industrieprodukte und sonstige Annehmlichkeiten unseres Lebens gerade die **Grundlagen des Lebens** in der Zukunft zerstören oder wenigstens stark beeinträchtigen. Die Diskussion um das sogenannte Ozonloch und den Treibhauseffekt zeigt uns, wo die **Gefährdungen** liegen. Wenn wir auch den Eindruck haben dürfen, daß wenigstens in Teilen der Weltpolitik diese Gefährdungen erkannt sind, so fehlt es doch noch in weiten Teilen der Weltbevölkerung an einem **Problembewußtsein.**

Ich glaube, daß die Sprache, mit der wir diese Botschaft zu überbringen versuchen, von vielen Menschen nicht verstanden werden kann. Sie ist meist zu wissenschaftlich. Wie soll der Bürger reagieren, wenn etwa folgendes zu erforschen gilt — ich zitiere einmal aus unserem Bericht —:

> Rückkoppelungen zwischen dem Anstieg des CO_2-Gehaltes, der Ozeanverdunstung und dem Niederschlag unter besonderer Berücksichtigung des Freisetzens latenter Wärme und der Änderung der thermischen Vertikalstruktur.

Prinz Charles hat in diesen Tagen gefordert: Wir müssen verhindern, daß der Himmel zum Mikrowellenherd wird. — Er hat auch gesagt: Wichtig ist es, den Mann auf der Straße zu überzeugen, daß er sogar im Winter mit Sonnenbrille und einer dicken Schicht Sonnenöl mit Lichtschutzfaktor 16 auf die Straße gehen muß, wenn die Ozonschicht nicht geschützt wird. — Vielleicht ist das die Sprache, die Menschen verstehen.

Dazu, was wir schon tun können, ist heute morgen bereits viel gesagt worden. Aber auch eine Massendemonstration mit über einer Million Teilnehmer, die ein Mitglied der Enquete-Kommission „Vorsorge zum Schutz der Erdatmosphäre" und Professor an einer deutschen Universität in Bonn veranstalten will, kann das Problembewußtsein in diesem Hause, glaube ich, nicht mehr wesentlich erhöhen. Viel wichtiger ist es, die Sprache zu finden, damit die Menschen nicht nur in Deutschland, sondern weltweit erkennen, daß die Erde und ihre Atmosphäre des intensiven Schutzes bedarf.

Wichtig ist es aber auch, den durchaus noch erheblichen **Forschungsbedarf** zu regeln. Im Zwischenbericht der Enquete-Kommission sind dazu wichtige Aussagen gemacht worden. Wir dürfen anerkennen, daß die Bundesregierung bereits seit 1978 Forschungsarbeiten unterstützt, um die möglichen biologischen Auswirkungen der erhöhten ultravioletten Strahlung im B-Bereich zu erfahren.

(Lennartz [SPD]: Herr Töpfer, haben Sie zugehört?)

Seesing

Der UV-B-Bereich wird von der Erdatmosphäre nur abgeschwächt durchgelassen. Durch den Abbau der Ozonschicht in der Stratosphäre wird die biologisch aktive UV-B-Strahlung erhöht, mit allen ihren Auswirkungen auf Leben und Lebewesen auf der Erde.

Trotz aller bisherigen Bemühungen gilt es, noch weiter zu forschen. Das im Dezember 1988 vom Bundesminister für Forschung und Technologie vorgestellte Ozon-Forschungsprogramm greift den von der Enquete-Kommission zu den Modellvoraussagen zur Änderung des Ozons in der Atmosphäre genannten Forschungsbedarf auf. Dieses Programm wird Bestandteil von Forschungsanstrengungen der Europäischen Gemeinschaft sein. Darin sollen größere internationale Experimente mit Satellitenflugzeugen, Großballons und Forschungsraketen vorgenommen werden. Auch im Rahmen des Klimaforschungsprogramms des BMFT werden wichtige Daten gesammelt, um weitere Maßnahmen zum Schutz der Erdatmosphäre durchführen zu können. In Kürze will der BMFT einen eigenen Förderschwerpunkt zum Treibhauseffekt beginnen.

Meine Damen und Herren, der Forschungsbedarf ist noch unendlich groß. Ich hoffe nur, daß auch der Finanzminister und der Haushaltsausschuß einsehen, daß hierfür die notwendigen Finanzmittel zur Verfügung stehen müssen; sonst könnten nämlich eines Tages beide Instanzen nicht mehr nötig sein.

(Beifall bei allen Fraktionen)

Präsidentin Dr. Süssmuth: Das Wort hat die Abgeordnete Frau Ganseforth.

Frau Ganseforth (SPD): Frau Präsidentin! Meine Damen und Herren! Das Problem, vor dem wir mit der zu erwartenden **Klimakatastrophe** stehen, ist so komplex und schwierig, daß man resignieren könnte. In der Enquete-Kommission „Vorsorge zum Schutz der Erdatmosphäre" haben wir das nicht getan, sondern wir haben die Ärmel hochgekrempelt und haben uns an die Aufgabe gemacht, die Herausforderung anzunehmen und **Problemlösungen** zu finden. Bei den Mitgliedern, soweit sie mitgearbeitet haben, war in großem Maße der Wille und die Einsicht vorhanden, die tatsächlichen Fakten zu benennen, auch wenn sie unbequem sind und uns nicht schmecken wollen. Es war der Wille vorhanden, die Augen nicht zu verschließen und nicht zu verdrängen, was bei Umweltproblemen ja heute häufig der Fall ist. Dabei haben wir festgestellt, daß es fünf vor zwölf ist. Der Mensch hat durch seine Aktivitäten besonders seit der Industrialisierung das Klima und die Umwelt in nie gekanntem Maße beeinflußt. Beängstigend sind die Größenordnung und die Geschwindigkeit der Klimaänderungen. Herr Müller hat darauf hingewiesen: Wir befinden uns in einer Klimafalle.

Mit diesem Wissen hat die Enquete-Kommission Handlungsstrategien entwickelt. Der Handlungsbedarf hat Dimensionen, die an den Grundfesten unserer Gesellschaft rühren. Im **Zwischenbericht** haben wir die **Palette von Gegenmaßnahmen** formuliert. Zugegeben, es ist erst einmal Papier. Aber immerhin. Wer es ansieht, wird feststellen, daß wir viele konkrete Möglichkeiten zum Handeln benannt haben. Es ist sehr erfreulich, daß das, was wir in der Enquete-Kommission als notwendig festgestellt haben, nun auch vom Bundestag nachvollzogen wird.

(Abg. Dr. Knabe [GRÜNE]: Sehr gut!)

Allerdings war ich bei den Diskussionen gestern im Forschungsausschuß — der Staatssekretär Probst ist ja hier — etwas überrascht, wie wenig das bei den einzelnen Mitgliedern dann tatsächlich angekommen ist. Auch die Rede von Herrn Töpfer hat mir nicht so deutlich gemacht, daß das in der ganzen Dimension auch erkannt wird. Aber der Beschluß, den wir heute fassen, ist ja ganz wichtig. Nun muß das Papier der Enquete-Kommission, dem sich der Bundestag anschließt, in politisches Handeln umgesetzt werden.

(Beifall bei der SPD und den GRÜNEN)

Ich sagte Handeln und nicht das Vortäuschen von Handeln, nicht das Verkleistern der Probleme oder den Ersatz von Handeln durch Public Relations, was teilweise die Stärke dieser Regierung ist.

(Müller [Düsseldorf] [SPD]: Die Schwäche!)

Hier, Kolleginnen und Kollegen, verläßt mich aller Optimismus. Nach allem, was wir von der Regierung und den Ministern kennen, ist die Hoffnung auf politische Konsequenzen gering. Auch die Aufzählung, Herr Töpfer, der Erfolgsbilanzen ist bei der Größe des Problems, mit dem wir es zu tun haben, nicht hilfreich.

(Beifall bei der SPD und den GRÜNEN)

Das ist genauso schädlich wie eine unnötige Dramatisierung. Das, was wir in der Enquete-Kommission hinbekommen haben, nämlich uns dem Problem zu stellen und Handlungsstrategien da anzusetzen, wo sie möglich sind, ist das Richtige.

Ich glaube aber, wenn die Regierung nicht zum Handeln fähig ist oder sehr zögerlich handelt, liegt das nicht unbedingt an dem fehlenden guten Willen. Die Handlungsmöglichkeiten sind jedoch nicht nach dem Motto „Wasch mir den Pelz, aber mach mich nicht naß" zu realisieren.

(Beifall bei der SPD)

Das heißt, es geht nicht ohne gravierende Einschnitte, und es geht nicht, ohne daß wir der interessierten Industrie wehtun. Es geht auch nicht, ohne daß wir liebgewordene Gewohnheiten hinter uns lassen.

Auf die Kooperationsbereitschaft der **Industrie** ist kaum zu hoffen. Ich denke, viele **Menschen** bei uns sind bereit zur **Kooperation.** Wir haben das an der Reaktion vieler Bürgerinnen und Bürger in bezug auf die Spraydosen gesehen. Daß wir die FCKW aus den Spraydosen zurückgedrängt haben, liegt nämlich gravierend auch an den Verbraucherinnen und Verbrauchern.

(Beifall bei der SPD und den GRÜNEN — Zustimmung des Abg. Seesing [CDU/CSU])

Ich möchte denjenigen danken, die es auf sich nehmen, sich vernünfrig zu verhalten, und zwar sowohl was den Verkehrssektor als auch die Energiefrage und den Einsatz chemischer Produkte anlangt. Ohne die Mitwirkung der Bevölkerung ist das schwer zu machen. Von der Industrie haben wir kaum eine entsprechende Kooperationsbereitschaft zu erwarten,

Frau Ganseforth

wie wir in der Enquete-Kommission festgestellt haben.

Dabei haben wir uns aus der **Palette der Gegenmaßnahmen** mit jenen befaßt, die schnell wirken, deren Wirkung groß ist und bei denen die Eingriffe am geringsten sind. Das heißt, wir haben mit dem Problem des **Ozonabbaus** begonnen. Der Stopp des Ozonabbaus ist die Nagelprobe auf die Fähigkeit und Bereitschaft der Menschheit, die Probleme in den Griff zu bekommen.

(Zustimmung des Abg. Dr. Knabe [GRÜNE])

Zusätzlich und gleichzeitig müssen wir natürlich auch auf den anderen Gebieten handeln. Aber ob wir erfolgreich werden, wird sich am Thema Ozon zeigen. Warum? Eine wesentliche Ursache für die Zerstörung und Ausdünnung der Ozonschicht sind die FCKWs, die Fluorchlorkohlenwasserstoffe, die außerdem zu 17 % zum Treibhauseffekt beitragen. In der Natur kommen diese Chemikalien nicht vor. Sie sind also künstlich erzeugt. Wir Menschen benutzen sie erst seit etwa 30 Jahren. Das heißt, vor 30 Jahren sind wir ohne diese Chemikalien ausgekommen.

(Müller [Düsseldorf] [SPD]: Sehr richtig!)

Die Produktion hat sich in den letzten 30 Jahren sehr erhöht. Der Umfang der heutigen **FCKW-Produktion** in der Bundesrepublik entspricht der Weltproduktion der FCKWs im Jahre 1960. Insofern hat sich sehr viel in die falsche Richtung bewegt.

Bereits vor 15 Jahren — das hat Herr Schmidbauer angesprochen —, nämlich 1974, wurde von amerikanischen Wissenschaftlern der Zusammenhang zwischen FCKWs und der Ozonzerstörung festgestellt. Ein Jahr später, also 1975, wurde ermittelt, daß damit zu rechnen ist, daß die FCKWs auch auf den Treibhauseffekt Auswirkungen haben.

So lange sind die Vermutung und die These bekannt. Das heißt, seit 15 Jahren hätten wir Schritt für Schritt oder sofort die Produktion beenden müssen und können. Statt dessen ist sie angestiegen — ich habe eben auf die Zahlen hingewiesen —, in der EG sogar überproportional. Die Bundesrepublik ist mit über 10 % an der gesamten FCKW-Produktion beteiligt. Ich kann es nicht glauben, Herr Töpfer, wenn Sie sagen, keine Nation sei bezüglich des Zurückdrängens der FCKWs so weit wie die Bundesrepublik.

(Schäfer [Offenburg] [SPD]: Schweden und Dänemark!)

In der Bundesrepublik produzieren zwei Firmen die FCKWs, nämlich die Kali-Chemie und Hoechst. In deren Produktpalette machen die FCKWs nur einen kleinen Teil aus. Trotzdem sträubt sich die Industrie, die Produktion einzustellen.

Ich möchte das an einem Beispiel deutlich machen. Ich habe einen Brief vorliegen, den der Aufsichtsratsvorsitzende der Kali-Chemie, Konsul van Lierde, am 1. Juni 1988 an den BUND geschrieben hat. Der BUND hatte dazu aufgefordert, die FCKW-Produktion einzustellen.

Aus diesem Antwortschreiben des Aufsichtsratsvorsitzenden möchte ich einen — wie ich finde — für die **Haltung der Industrie** typischen Satz vorlesen: „Eine sofortige Produktionseinstellung ist somit aus heutiger Sicht weder nötig noch möglich."

Woran liegt es, daß die Industrie mauert? Die Herstellung von FCKWs ist eingebettet in hochgradig vernetzte chemische Produktionsprozesse und Stoffkreisläufe, bei denen chemische Koppelprodukte entstehen. Es ist zu vermuten — wir wissen es nicht genau —, daß z. B. Chlor, das bei der Herstellung von Natronlauge in großen Mengen anfällt, durch die Produktion von FCKW noch ökonomisch günstig verwertet werden kann und deshalb nicht anders beseitigt oder entsorgt werden muß. Anders ist es nicht zu verstehen, daß wir uns die Zähne bei dem Versuch ausbeißen, von der Chemie Produktionszahlen über FCKW zu erhalten oder mit freiwilligen Vereinbarungen und Verboten weiterzukommen. Die SPD-Fraktion hält nach wie vor das Verbot und die Abgabenregelung für die wirksamsten und schnellsten Möglichkeiten, hier gegen die Interessen dieser beiden Industriefirmen weiterzukommen.

(Beifall bei der SPD und den GRÜNEN)

Aber selbst wenn es uns gelingt, in der Bundesrepublik die FCKW-Produktion einzustellen, besteht die Gefahr, daß die Industriemafia die Produktion in andere Länder verlegt, nach Spanien, nach Brasilien. Das **Montrealer Protokoll** wurde bisher nicht unterschrieben von Ländern wie China, Indien, Brasilien. Wir sind eine der wichtigsten Handelsnationen der Welt. Meistens stellt man fest, wenn Umweltschutz sich nicht durchsetzt, daß Industrie- oder andere Interessen dahinterstehen. In der Bundesrepublik ist das Auseinanderfallen von Ökonomie und Moral sehr viel stärker verbreitet als in anderen Ländern. Das betrifft Fragen der Menschenrechte ebenso wie die Menschheitsfragen der Zukunft unseres Planeten. Daher stellt sich die Frage: Hat die Bundesregierung bilateral oder im Rahmen der EG ihren Einfluß geltend gemacht auf Länder, die sich bisher dem Montrealer Protokoll nicht angeschlossen haben? Dabei ist klar, und das ist hier auch schon gesagt worden, wenn wir von den Entwicklungsländern verlangen, daß sie nicht in die Chlorchemie und FCKW-Produktion einsteigen, daß wir ihnen dann finanziell und mit Know-how entgegenkommen müssen, daß wir Technologietransfer betreiben müssen. Der Vorschlag Chinas, der Dritten Welt durch einen internationalen Ausgleichs- und Entwicklungsfonds zur Finanzierung alternativer Produkte und von Technologietransfer zu helfen, ist ein Weg in die richtige Richtung. Aber auch hier geht es nicht nach dem Motto: „Wasch mir den Pelz, aber mach mich nicht naß!" Ich finde, was Herr Töpfer hier gesagt hat, war zwar richtig, aber ich würde ihn bitten, das auch dem Entwicklungsminister Klein weiterzusagen und dann entsprechend zu handeln.

Fazit: Wenn es uns nicht gelingt, innerhalb kürzester Zeit bei der Produktion der FCKW zu einer Null-Lösung zu kommen — hier ist jetzt die Regierung am Zuge und nicht mehr die Enquete-Kommission —, dann schwindet alle Hoffnung, die national und international viel komplizierteren Probleme der Energieversorgung, des Methans, der Abholzung der tropischen Regenwälder in den Griff zu bekommen.

Frau Ganseforth

Schönen Dank.

(Beifall bei der SPD und den GRÜNEN)

Präsidentin Dr. Süssmuth: Das Wort hat der Abgeordnete Fellner.

Fellner (CDU/CSU): Frau Präsidentin! Verehrte Kolleginnen und Kollegen! Auch ich möchte mich zunächst beim Kollegen Schmidbauer und den Kollegen in dieser Enquete-Kommission sehr herzlich für ihre Arbeit bedanken. Das ist ja nicht nur eine Arbeit, die uns allen guttut, sondern sicherlich insgesamt das Ansehen des Bundestages draußen fördert.

(Beifall der Abg. Frau Blunck [SPD])

Wenn ich an diesen Dank das Wort eines Propheten anschließe, dann einerseits deshalb, weil ich glaube, daß dieser Zwischenbericht und sicherlich dann auch das Ergebnis der Kommission genauso weitsichtig sein wird wie Worte von Propheten überhaupt, und andererseits natürlich auch in der Hoffnung, daß die Worte nicht so verhallen wie die Worte des Propheten Hosea vor 2 700 Jahren, als er gesagt hat:

> Darum soll das Land verdorren, jeder, der darin wohnt, soll verwelken,
> samt den Tieren des Feldes und den Vögeln des Himmels; auch die Fische im Meer sollen zugrunde gehen.

(Vorsitz: Vizepräsident Stücklen)

Er hat dies angedroht als Strafe für Unmoral und Gottlosigkeit. In der Begründung sagt er:

> Es gibt keine Treue und keine Liebe und keine Gotteserkenntnis im Land.
> Nein, Fluch und Betrug, Mord, Diebstahl und Ehebruch machen sich breit, Bluttat reiht sich an Bluttat.

Ich will nicht ausschließen, daß diese Begründung auch heute noch gültig wäre, aber wir haben gelernt, in unserem aufgeklärten Zeitalter die Umweltproblematik vor allen Dingen unter wissenschaftlichen und technischen, wirtschaftlichen und politischen Gesichtspunkten zu sehen und als eine Herausforderung zu verstehen. Das hat sicherlich auch seine Berechtigung. Ich glaube, ohne Fortschritte in diesem Bereich sind Fortschritte im Umweltschutz überhaupt undenkbar. Wir stehen vor einer großen Aufgabe, die wir sicherlich Schritt für Schritt bewältigen müssen, nämlich vor der Aufgabe, unsere Technik und Wirtschaft im umfassendsten Sinn umweltfreundlich zu gestalten.

Vielleicht hat das, was wir erleben, etwas mit Glauben zu tun, nämlich mit dem Fortschrittsglauben. Denn es gibt für den Zusammenbruch des Fortschrittsglaubens reale Gründe, nämlich derart unerwartete Nebenfolgen von politischem Handeln, das im politischen und gesellschaftlichen Konsens erfolgt ist, z. B. seit Jahrhunderten die Nutzung fossiler Energien. Vielleicht ist gerade hier der Schock für uns so groß, weil wir erleben, daß auch hier Konsequenzen auftreten können, die wir nicht bedacht haben.

Herr Kollege Müller, ich möchte Ihnen in einem Punkt widersprechen. Sie haben gesagt, Kernenergie könne kein Ersatz für fossile Energien sein, deren Gefahren wir jetzt in dieser Form kennenlernen. Sie sagen, das gehe u. a. deshalb nicht, weil es nicht sozialverträglich ausgestaltet werden könne. In diesem Punkt muß ich Ihnen klar widersprechen. Wenn wir, die CDU/CSU, den energiepolitischen Konsens, den wir bezüglich Kohle und Kernenergie einmal hatten, in ähnlicher Weise wie Sie aufkündigen würden — die CSU in Bayern könnte das ohnehin sehr leicht tun —, dann könnten Sie die Kohlenutzung auch nicht mehr im gesellschaftspolitischen Konsens betreiben. Deshalb glaube ich, der Schaden ist eigentlich dadurch entstanden, daß Sie sich so bequem, so billig aus der Verantwortung für die Kernenergie verabschiedet haben.

(Frau Blunck [SPD]: Sie haben das Problem gar nicht begriffen! — Abg. Müller [Düsseldorf] [SPD] meldet sich zu einer Zwischenfrage)

— Bitte schön.

Vizepräsident Stücklen: Herr Abgeordneter, Sie gestatten eine Zwischenfrage? — Herr Abgeordneter Müller, bitte.

Müller (Düsseldorf) (SPD): Herr Abgeordneter Fellner, stimmen Sie vielleicht der These zu, daß die Klimaproblematik zweifellos ein Argument gegen den Einsatz fossiler Brennstoffe, aber nicht automatisch eine Begründung für die Atomenergie ist?

(Beifall bei Abgeordneten der SPD)

Fellner (CDU/CSU): Lieber Kollege Müller, ich werde dazu natürlich auch etwas sagen. Ich habe mich nur gegen Ihre These gewandt, daß die Kernenergie — auch wenn sie, wie Sie es nennen, aus anderen Gründen schon nicht erlaubt sein könnte — aus gesellschaftspolitischen Gründen nicht genutzt werden kann. Ich werde nicht predigen, daß sich die Kernenergie als Ersatz zur Lösung dieser Probleme anbiete. Ich werde zu diesen — wenn auch bescheidenen — Beträgen noch etwas sagen.

Ich meine — damit komme ich gleich zu diesem Punkt —, daß es natürlich nicht angeht, zu sagen: Die Bundesrepublik hat nur 3,5 % **Anteil am Weltenergieverbrauch,** hat nur 3 % Anteil am CO_2-Ausstoß von 20 000 Millionen Tonnen; durch eine Reduzierung nur bei uns könne man das globale Problem nicht beseitigen. — Zwar sind die Zahlen korrekt, aber die Denkweise ist nicht verantwortbar. Denn wenn jeder Staat so dächte, geschähe überhaupt nichts. Im übrigen liegt die Bundesrepublik mit ihren 3,5 % an der fünften Stelle unter den Staaten, die zum CO_2-Ausstoß beitragen, und wir stehen an erster Stelle in Europa.

Wenn nun gesagt wird, die Kernkraftwerke der Erde könnten zusammen den globalen CO_2-Ausstoß von 20 000 Millionen Tonnen nur um etwa 8 % mindern und die deutschen Kraftwerke könnten den Ausstoß national nur um 15 % und global nur um 0,7 % mindern, dann meine ich, daß das von den Größenordnungen her zwar nicht so bedeutend ist, aber daß wir das eigentliche Problem verkennen würden, wenn wir nicht sagten: Jeder Beitrag, den irgendjemand irgendwo leisten kann, muß erbracht werden. Wir kön-

Fellner

nen über die — jedenfalls für uns — beherrschbare Kernenergie unseren Beitrag leisten.

(Dr. Daniels [Regensburg] [GRÜNE]: Die ist für niemanden beherrschbar!)

Dann ist auch gefordert, daß wir das tun. Die einzelnen Beiträge sind also beileibe nicht bedeutungslos.

Ich glaube, gerade angesichts der Probleme, die ausreichend dargestellt worden sind, ist es bedauerlich, daß wir hierzulande ein sehr markantes Beispiel dafür liefern, daß sich eine Gesellschaft den eigentlich unvorstellbaren Luxus leistet, alles und jedes unter dem Vorwand anzuzweifeln, daß dies für kommende Generationen schädlich wäre,

(Frau Blunck [SPD]: Die Frage ist: Wo bleibt der Müll der Atomkraftwerke?)

in Wahrheit aber in einem historisch einmaligen Ausmaß zu Lasten der kommenden Generationen lebt.

Ich will das verdeutlichen. Wir alle verbrauchen heute zwanzigmal mehr Energie, als wir noch vor hundert Jahren verbraucht haben. Der Energieverbrauch auf dem Globus war von 1800 bis 1960 deutlich kleiner als von 1961 bis heute. Innerhalb weniger Jahrzehnte wird von uns global mehr Energie verbraucht, als von Adam und Eva bis vor einigen Jahrzehnten insgesamt verbraucht worden ist. 90 % dieses Verbrauchs bestehen eben aus Kohle, Öl und Gas, also aus fossilen Energien. Wir verschlingen also in einem menschlichen Feuerungsjahr fast 10 Milliarden Tonnen fossilen Brennstoffs und damit so viel, wie die Sonne in etwa 500 000 Jahren hat bilden können.

Ich sage das deshalb, weil ich zum Ausdruck bringen möchte, daß wir, wenn sich an der **Struktur des Weltenergieverbrauchs** nichts ändert, uns schnell ausrechnen können, wann uns die Menschheitsgeschichte eingeholt haben wird. Ich meine, daß gerade an dieser Stelle der Generationenvertrag, den auch der Kollege Schäfer hier angesprochen hat, so massiv verletzt ist wie in keinem der anderen Punkte, die wir auch politisch im Augenblick miteinander diskutieren.

Lassen Sie mich alle vernünftigen Perspektiven — die teilweise traurigen Perspektiven, die heute schon dargelegt worden sind — an Hand eines Punktes verdeutlichen. Wir haben heute auch in der Energieverbrauchsstruktur der verschiedenen Länder auf der Welt deutliche Unterschiede. Die Nordamerikaner haben 27 kg Steinkohleeinheiten Energieverbrauch pro Kopf und Tag. Bei uns sind es 16 kg SKE, bei den Chinesen 2 kg SKE, bei den Afrikanern 1,2 kg SKE und bei den Indern etwa 1 kg SKE.

Ich sage das deshalb, weil ich glaube, daß wir den Schwerpunkt unserer Analyse darauf legen müssen, daß sich der Energieverbrauch auf der Welt ändern, daß er steigen wird. Wenn wir zulassen wollen — und wir müssen das wohl zulassen —, daß sich die **Entwicklungsländer** weiterentwickeln, dann wird deren **Energieverbrauch** steigen. Wenn wir sehen, daß die Weltbevölkerung weiter steigt — und sie wird weiter steigen, denn niemand wird wohl auf die Idee kommen, die **Bevölkerungsentwicklung** künstlich einschränken zu wollen —, dann wird eine zweite Konsequenz nachhaltig auf uns zukommen, nämlich daß auch der Methaneintrag in die Erdatmosphäre steigt. Wir dürfen also nicht nur über das CO_2 reden, das jetzt zu etwa 50 % zu dem Treibhauseffekt beiträgt, sondern wir müssen auch über die 17 % Methan reden, die aus den Wiederkäuermägen, aus den Reisfeldern, im weitesten Sinne also aus der Menschheitsernährung kommen.

Wenn ich jetzt noch einmal betone, daß der Energieverbrauch der Entwicklungsländer und der Lebensmittelbedarf der Menschheit steigen wird, dann haben wir zwei Komponenten, an denen wir eigentlich nur absehen können, daß der Verbrauch und damit der Schadstoffeintrag zunehmen wird, wenn der Energieverbrauch auch künftig auf der fossilen Basis bleiben wird. Wenn wir nicht das tun, was die Kommission im Zwischenbericht schon fordert, nämlich den Gaseintrag auf die Hälfte zu reduzieren, müssen wir eigentlich befürchten, daß sich der Energieverbrauch allein weltweit verdoppelt. Wenn diese Länder nichts anderes zur Verfügung haben als die einfach handhabbare fossile Energie, dann wird der CO_2- und auch der Methaneintrag steigen, weil die Weltbevölkerung und der Ernährungsbedarf dieser Welt zunehmen.

Ich meine, wenn wir das richtig und ehrlich sehen, haben wir die verdammte Pflicht, neben dem, was wir bei uns national tun können — daß wir mit technischen Methoden arbeiten, daß wir selbstverständlich Energieeinsparungen betreiben —, dafür zu sorgen, daß wir diesen Ländern helfen, den Energieverbrauch, speziell den Verbrauch fossiler Energie, einzuschränken. Dann haben wir die Pflicht, dazu Technik zu liefern. Wenn diese Technik die der Kerntechnik ist, dann sind wir auch dazu verpflichtet. Wir haben auch dafür zu sorgen, daß sich diese Länder entwickeln können, aber eben umweltschonend.

Ich halte es für äußerst unverantwortbar, wenn wir so tun, als würde es ausreichen, bei uns FCKW einzuschränken. Selbstverständlich sollte man das tun. Wir können aber nicht so tun, als würde es reichen, den Energieverbrauch einzuschränken. Wir sollten es tun. Nur, die anderen werden es nicht tun können. Deshalb ist es schlicht falsch, die **Energieeinsparung** als Lösung eines jeden Problems anzubieten. Sie können die Energieeinsparung nicht als Lösung oder als Ersatz — —

(Schäfer [Offenburg] [SPD]: Man merkt, daß er nicht in der Enquete-Kommission ist!)

— Lieber Herr Kollege Schäfer, Sie hören ja nicht zu. Herr Kollege Schäfer ist nicht Mitglied der Enquete-Kommission; das ist mir bekannt.

Sie können Energieeinsparung nicht als Ersatz für den Ausstieg aus der Kernenergie anbieten.

(Dr. Göhner [CDU/CSU]: Richtig!)

Auch können Sie Energieeinsparung nicht gleichzeitig als Ersatz für den steigenden Energiebedarf auf der Welt, insbesondere in den Entwicklungsländern, anbieten. Und schließlich können Sie Energieeinsparung nicht auch noch als Ersatz für das Abholzen

— oder nicht mehr erfolgende Abholzen — der tropischen Regenwälder anbieten.

(Schäfer [Offenburg] [SPD]: Nichts gelesen, nichts gelernt, aber daherschwätzen!)

Man kann Energie natürlich einsparen, aber irgendwo braucht man noch Energie, und der Energiebedarf wird weltweit steigen.

Deshalb sind wir aufgefordert, ehrliche Lösungen zu verwirklichen und das zu tun, was technisch machbar ist, um für die ganze Welt einen Beitrag dazu zu leisten.

Danke schön.

(Beifall bei der CDU/CSU und der FDP)

Vizepräsident Stücklen: Meine Damen und Herren, ich schließe die Aussprache.

Wir kommen zur Abstimmung über die Beschlußempfehlung des Ausschusses für Umwelt, Naturschutz und Reaktorsicherheit auf Drucksache 11/4133. Wer stimmt für diese Beschlußempfehlung? — Gegenprobe! — Keine Gegenstimme. Enthaltungen? — Keine Enthaltung. Einstimmige Annahme.

(Beifall bei Abgeordneten aller Fraktionen)

Deutscher Bundestag
11. Wahlperiode

Drucksache 11/4133

08. 03. 89

Sachgebiet 2129

Erste Beschlußempfehlung und Bericht

des Ausschusses für Umwelt, Naturschutz und Reaktorsicherheit (21. Ausschuß)

zu dem Ersten Zwischenbericht der Enquete-Kommission „Vorsorge zum Schutz der Erdatmosphäre" gemäß Beschluß des Deutschen Bundestages vom 16. Oktober und 27. November 1987
— Drucksachen 11/533, 11/787, 11/971, 11/1351, 11/3246 —

A. Problem

Der Ozonabbau in der Stratosphäre und der Treibhauseffekt werden zu einer immer größeren Herausforderung für die Menschheit. Die Bedrohung der Erdatmosphäre gefährdet das Leben auf der Erde, wenn der gegenwärtigen Entwicklung nicht frühzeitig und umfassend Einhalt geboten wird. Ursache für die Gefährdung sind durch menschliche Aktivitäten freigesetzte Spurengase.

Für den Ozonabbau in der Stratosphäre sind hauptsächlich verschiedene chlorhaltige Substanzen verantwortlich, im wesentlichen die Fluorchlorkohlenwasserstoffe (FCKW). Sie werden ausschließlich industriell produziert.

Für den Treibhauseffekt ist eine Reihe durch den Menschen verursachter Spurengase verantwortlich, wie Kohlendioxid, im wesentlichen bedingt durch die Verbrennung fossiler Energieträger, Methan, das vor allem aus dem Reisanbau, aus Verlusten bei der Gewinnung und Nutzung fossiler Energie, aus der Rinderhaltung und aus Mülldeponien stammt, durch FCKW sowie, in geringerem Umfang, durch das Ozon in der Troposphäre und durch Distickstoffoxide.

Zur parlamentarischen Diskussion der Vorsorgemaßnahmen hat der Deutsche Bundestag am 3. Dezember 1987 die Einsetzung einer Enquete-Kommission „Vorsorge zum Schutz der Erdatmosphäre" beschlossen — Drucksache 11/971. Die Kommission wurde beauftragt, bis Ende 1988 einen Bericht vorzulegen.

B. Lösung

Vorlage des Ersten Zwischenberichtes der Enquete-Kommission „Vorsorge zum Schutz der Erdatmosphäre" — Drucksache 11/3246 —; dieser enthält neben einer umfassenden Bestandsaufnahme der gegenwärtigen Sachlage und möglicher Entwicklungen und Auswirkungen des Ozonabbaus in der Stratosphäre und der Zunahme des Treibhauseffektes in der Troposphäre weitreichende Vorschläge für nationale und internationale Maßnahmen zum Schutz der Erdatmosphäre. Damit liegen fundierte Empfehlungen vor, um national und international schnell und gezielt die entsprechenden Maßnahmen zu ergreifen.

Inhaltlich volle Zustimmung des Deutschen Bundestages zu den Analysen zum gegenwärtigen Sachstand in bezug auf den Ozonabbau in der Stratosphäre und den Treibhauseffekt, zu den daraus zu ziehenden Schlußfolgerungen wie auch zu den im Zwischenbericht enthaltenen Maßnahmevorschlägen.

Umsetzung der Vorschläge durch eine Reihe internationaler, EG-weiter und nationaler Maßnahmen.

Einstimmigkeit im Ausschuß

C. Alternativen

keine

D. Kosten

keine

Beschlußempfehlung

Der Bundestag wolle beschließen:

1. Der Deutsche Bundestag begrüßt, daß die am 3. Dezember 1987 eingesetzte Enquete-Kommission „Vorsorge zum Schutz der Erdatmosphäre" neben einer umfassenden Bestandsaufnahme der gegenwärtigen Sachlage und möglicher Entwicklungen und Auswirkungen des Ozonabbaus in der Stratosphäre und der Zunahme des Treibhauseffektes in der Troposphäre weitreichende nationale und internationale Maßnahmen zum Schutz der Erdatmosphäre erarbeitet hat. Damit liegen fundierte Empfehlungen vor, um national und international schnell und gezielt die entsprechenden Maßnahmen zu ergreifen.

   Der Deutsche Bundestag begrüßt, daß die Konferenz der Umweltminister des Bundes und der Länder im November 1988 und darüber hinaus einige Landesregierungen den Vorschlägen der Kommission zur Reduzierung der FCKW bereits voll zugestimmt haben und daß der Bericht von zahlreichen Stimmen aus Wissenschaft, Politik und dem Bereich der Medien auf nationaler Ebene, aber auch von ersten Stimmen aus dem internationalen Bereich als das im internationalen Vergleich umfassendste und wichtigste politische Dokument in der aktuellen Klimadiskussion eingestuft wird.

2. Der Deutsche Bundestag teilt die grundlegende Aussage der Enquete-Kommission, daß die beiden großen Problembereiche des Ozonabbaus in der Stratosphäre und des Treibhauseffektes in der Troposphäre zu einer immer größeren Herausforderung für die Menschheit werden, wenn der gegenwärtigen Entwicklung nicht frühzeitig und umfassend Einhalt geboten wird. Die konkreten Gefahren für die Erdatmosphäre erfordern sofortiges und weitreichendes Handeln auf nationaler und internationaler Ebene. Die Bundesregierung wird dabei auf internationaler Ebene um so erfolgreicher auf gemeinsame Maßnahmen drängen können, je mehr sie national beispielhaft vorangeht.

3. Der Deutsche Bundestag stimmt sowohl den Analysen zum gegenwärtigen Sachstand in bezug auf den Ozonabbau in der Stratosphäre und den Treibhauseffekt sowie den daraus zu ziehenden Schlußfolgerungen als auch den im Zwischenbericht enthaltenden Maßnahmevorschlägen inhaltlich voll zu. Daraus ergeben sich eine Reihe internationaler, EG-weiter und nationaler Maßnahmen, die von der Bundesregierung dringlich umzusetzen sind.

4. Die Maßnahmen zur Reduktion der Emissionen von Fluorchlorkohlenwasserstoffen (FCKW) sind beschleunigt und nachdrücklich zu verwirklichen, da diese Stoffgruppe an der Ozonzerstörung im wesentlichen und am Treibhauseffekt erheblich beteiligt ist. Durch eine Anknüpfung an die bisher eingeleiteten nationalen und internationalen Maßnahmen zur FCKW-Reduktion können am schnellsten konkrete Erfolge erreicht werden.

   Die nachfolgenden im einzelnen aufgelisteten Vorschläge der Enquete-Kommission aktualisieren und ergänzen die Beschlüsse des Deutschen Bundestages vom 22. September und vom 13. Oktober 1988, die bereits auf ersten Zwischenergebnissen der Enquete-Kommission beruhen.

5. Der Deutsche Bundestag sieht es als notwendig an, daß die Bundesregierung auf internationaler Ebene mit Nachdruck dafür eintritt, daß das Montrealer Protokoll von möglichst vielen Staaten schnell ratifiziert wird, um Produktionsverlagerungen und Produktionserweiterungen zu verhindern.

   Der Deutsche Bundestag begrüßt in diesem Zusammenhang, daß das Montrealer Protokoll zum Schutz der Ozonschicht fristgerecht zum 1. Januar 1989 in Kraft getreten und dem Beschluß des Deutschen Bundestages vom 13. Oktober 1988 — Drucksache 11/3093, unter 2 b) — sowie dem damit verbundenen Anliegen Rechnung getragen worden ist.

   Der Deutsche Bundestag ist jedoch der Auffassung, daß das Montrealer Protokoll in seiner gegenwärtigen Ausgestaltung bei weitem nicht ausreicht, um die bereits eingetretenen und die zu erwartenden Schäden an der Ozonschicht zu begrenzen und zu reduzieren.

Wegen der Schädlichkeit der FCKW, sowohl im Ozon- als auch im Klimabereich, ist der Deutsche Bundestag der Auffassung, daß Produktion und Verbrauch dieser Stoffe bis zum Jahre 2000 weltweit um mindestens 95 Prozent reduziert werden müssen.

Die Forderung nach einer fast völligen Beseitigung der FCKW ergibt sich aus den aktuellen wissenschaftlichen Erkenntnissen über das Ozonzerstörungspotential der zu regelnden Stoffe sowie über ihre Treibhausrelevanz und die Verstärkung ihres Wirkungspotentials bei der Reduktion anderer treibhausrelevanter Spurengase.

6. Der Deutsche Bundestag fordert die Bundesregierung auf, sich dafür einzusetzen, daß das Montrealer Protokoll im Rahmen der im Jahre 1990 vorgesehenen Überprüfung überarbeitet und drastisch verschärft wird. Dies erfordert, daß die Verhandlungen für die Überprüfung des Montrealer Protokolls bereits im Jahr 1989 eingeleitet werden, damit 1990 weiterreichende Maßnahmen beschlossen werden können.

   Der Deutsche Bundestag sieht es als erforderlich an, daß die Bundesregierung bei den Verhandlungen folgende Ziele mit allem Nachdruck verfolgt:

   — Eine Erhöhung der Reduktionsquoten und eine Verkürzung der Zeitläufe bei den im Montrealer Protokoll geregelten Stoffen. (Die Reduktionszahlen beziehen sich jeweils auf das Basisjahr 1986):

     • Spätestens im Laufe des Jahres 1992 müssen Produktion und Verbrauch der geregelten Stoffe um mindestens 20 Prozent reduziert werden. Die dann erreichten Verbrauchs- und Produktionsmengen dürfen bis zum 31. Dezember 1994 nicht mehr überschritten werden.

     • Spätestens im Laufe des Jahres 1995 müssen Produktion und Verbrauch der geregelten Stoffe um mindestens 50 Prozent reduziert werden. Diese dann erreichten Verbrauchs- und Produktionsmengen dürfen bis zum 31. Dezember 1998 nicht mehr überschritten werden.

     • Spätestens im Laufe des Jahres 1999 müssen Produktion und Verbrauch der geregelten Stoffe um mindestens 95 Prozent reduziert werden. Dieser Restbestand von 5 Prozent darf in den folgenden Jahren nicht überschritten werden;

   — die Einbeziehung der bisher im Montrealer Protokoll noch nicht geregelten Chlorverbindungen — wie zum Beispiel Tetrachlorkohlenstoff, Methylchloroform und der H-FCKW — in die Regelungen des Montrealer Protokolls mit der Maßgabe, daß bis spätestens zum 31. Dezember 1992 eine Bilanzierung

     • der Produktionsmengen,

     • der Emissionsmengen und

     • der Trends

     von allen Vertragsparteien vorgenommen wird. Im Rahmen der weiteren Überprüfung des Montrealer Protokolls müssen diese Werte und der damit möglichen Abschätzbarkeit ihres gesamten Gefährdungspotentials (Ozonabbau in der Stratosphäre und Treibhauseffekt) in die internationalen Regelungen miteinbezogen werden. Dafür sind entsprechende Maximalmengen oder Reduktionsquoten auch für diese Stoffe vorzugeben, mit dem Ziel, die Reduzierung des Gefährdungspotentials entsprechend dem verschärften Montrealer Protokoll nicht zu unterlaufen;

   — die Beseitigung von Ausnahmetatbeständen, wie insbesondere die Zulassung eines globalen Pro-Kopf-Verbrauchs. Dabei muß durch die Industrieländer sichergestellt werden, daß Ersatzstoffe und Ersatztechnologien auch in Drittländern zeitgleich wie in den Industrieländern zur Verfügung gestellt werden und der notwendige Technologietransfer hierfür ermöglicht wird;

- eine Regelung, durch die die Hersteller in Vertragsstaaten des Montrealer Protokolls verpflichtet werden, keine Produktion in Nicht-Unterzeichnerstaaten zu verlagern oder auszuweiten;

- eine weltweite Kennzeichnung FCKW-haltiger Roh-, Zwischen- und Endprodukte;

- die Regelung einer staatlichen Kontrolle der Produktions- und Verbrauchszahlen;

- eine Regelung über eine effektive, von der interessierten Öffentlichkeit nachvollziehbare Kontrolle der erzielten Reduktionsquoten sowie

- die Erhaltung der Möglichkeit, daß jeder Vertragsstaat nationale Regelungen treffen kann mit dem Ziel, die vorgegebenen Quoten erheblich früher zu erreichen, als im Protokoll festgelegt ist. Dabei darf es durch weitergehende Regelungen nicht zu Wettbewerbsverzerrungen kommen.

Der Deutsche Bundestag sieht es ferner als erforderlich an, daß sich die Bundesregierung im Rahmen des Weltwirtschaftsgipfels 1989 dafür einsetzt, daß die führenden westlichen Industrienationen beschließen, gemeinsam eine entsprechende Verschärfung des Montrealer Protokolls im Jahre 1990 herbeizuführen und national bereits vorab Maßnahmen einzuleiten, die über die gegenwärtigen Vorgaben des Montrealer Protokolls hinausgehen.

7. Auf EG-Ebene sieht es der Deutsche Bundestag als notwendig an, daß die Reduzierungsquoten innerhalb der EG, unabhängig von den internationalen Vereinbarungen, schneller erreicht werden. Dies bedeutet, daß es Ziel der Bundesregierung sein muß, unabhängig von einer Verschärfung des Montrealer Protokolls innerhalb der EG folgende Reduktionsquoten mit allem Nachdruck anzustreben (die Ziele beziehen sich wiederum auf die Ausgangsdaten des Jahres 1986):

   - Spätestens im Laufe des Jahres 1992 werden Produktion und Verbrauch der im Montrealer Protokoll geregelten Stoffe um mindestens 50 Prozent reduziert. Diese dann erreichten Verbrauchs- und Produktionsmengen dürfen bis zum 31. Dezember 1994 nicht überschritten werden.

   - Spätestens im Laufe des Jahres 1995 werden Produktion und Verbrauch der geregelten Stoffe um 75 Prozent reduziert. Diese dann erreichten Verbrauchs- und Produktionsmengen dürfen bis zum 31. Dezember 1996 nicht überschritten werden.

   - Spätestens im Laufe des Jahres 1997 werden Produktion und Verbrauch der geregelten Stoffe um mindestens 95 Prozent reduziert. In den folgenden Jahren dürfen die Produktions- und Verbrauchsmengen nicht mehr als 5 Prozent der Werte des Jahres 1986 betragen.

   Die Bundesregierung wird ersucht, im Rahmen des nächsten EG-Gipfels im Juni 1989 darauf hinzuwirken, daß die EG-Mitgliedstaaten sich bereit erklären, bereits 1989 Verhandlungen zur Überprüfung des Montrealer Protokolls aufzunehmen und dafür Sorge zu tragen, daß eine Verschärfung des Protokolls im Jahre 1990 abgeschlossen wird.

   Auch auf EG-Ebene muß so schnell wie möglich — und unabhängig von einer Verschärfung des Montrealer Protokolls — eine Kennzeichnung FCKW-haltiger Roh-, Zwischen- und Endprodukte herbeigeführt werden.

   Die Bundesregierung wird ersucht, eine Einbeziehung der bisher im Montrealer Protokoll noch nicht geregelten ozon- und klimaschädlichen Chlorverbindungen, unabhängig von der Umsetzung im Rahmen des Montrealer Protokolls, auf EG-Ebene zu erreichen.

8. Der Deutsche Bundestag ist der Auffassung, daß die Bundesrepublik Deutschland bei den Maßnahmen zum Schutz der Erdatmosphäre beispielhaft vorangehen sollte.

   Der Deutsche Bundestag sieht es als notwendig an, daß auf nationaler Ebene die international verschärften Regelungen noch weiter verstärkt werden. Dies bedeutet, daß, ausgehend von den Werten des Jahres 1986,

- spätestens im Laufe des Jahres 1990 Produktion und Verbrauch der im Montrealer Protokoll geregelten Stoffe innerhalb der Bundesrepublik Deutschland um mindestens 50 Prozent reduziert werden. Diese dann erreichten Verbrauchs- und Produktionsmengen dürfen bis zum 31. Dezember 1991 nicht überschritten werden;
- spätestens im Laufe des Jahres 1992 Produktion und Verbrauch der geregelten Stoffe um mindestens 75 Prozent reduziert werden. Diese dann erreichten Verbrauchs- und Produktionsmengen dürfen bis zum 31. Dezember 1994 nicht überschritten werden;
- spätestens im Laufe des Jahres 1995 Produktion und Verbrauch der geregelten Stoffe um mindestens 95 Prozent reduziert werden. In den folgenden Jahren dürfen die Produktions- und Verbrauchsmengen 5 Prozent der Werte des Jahres 1986 nicht übersteigen. Insgesamt darf die jährliche Verbrauchsmenge 5 000 Tonnen ab dem Jahre 1995 nicht überschreiten.

Der Deutsche Bundestag sieht es als notwendig an, in den einzelnen Anwendungsbereichen möglichst schnell zu weitgehenden und wirksamen Maßnahmen zu gelangen. Zur Erreichung dieser Zielsetzung bieten sich unterschiedliche Instrumente an:

- Vereinbarungen über Selbstverpflichtungen von Industrie und Handel,
- gesetzliche Regelungen,
- ökonomische Anreize (Steuern/Abgaben) beziehungsweise
- eine Kombination dieser Instrumente.

Der Deutsche Bundestag erwartet von der Enquete-Kommission aus dem weiteren Verlauf ihrer Arbeit Aussagen dazu, welche dieser Maßnahmen die vorgegebenen Zielsetzungen besonders gut und schnell erreichen. Dies gilt insbesondere für ökonomische Anreize zur Erreichung ökologischer Ziele.

Unverzichtbar ist nach Auffassung des Deutschen Bundestages, daß die Bemühungen um Vereinbarungen zur Selbstbeschränkung der Industrie zeitlich befristet sind. Sollten bis zu einer festgesetzten Frist keine Vereinbarungen zustande kommen, sind dem Deutschen Bundestag unverzüglich rechtliche Regelungen vorzuschlagen. Dies gilt auch für den Fall, daß die im folgenden aufgelisteten Verpflichtungserklärungen nicht eingehalten werden. Im einzelnen fordert der Deutsche Bundestag Selbstverpflichtungen oder Regelungsvorschläge in folgenden Bereichen:

8.1 *Aerosolbereich*

Eine Verschärfung der bestehenden Selbstverpflichtung der Industriegemeinschaft Aerosole e. V. vom August 1987 dahin gehend, daß ab 1. Januar 1990 jährlich weniger als 1 000 Tonnen FCKW pro Jahr im Aerosolbereich verwendet werden und sich die Verwendung auf lebenserhaltende medizinische Systeme beschränkt.

Gleichzeitig soll die neue Verpflichtung die Erklärung enthalten, daß in diesem Bereich H-FCKW 22 nicht eingesetzt werden.

Sollte eine Verschärfung der Selbstverpflichtung der Industriegemeinschaft Aerosole und eine entsprechende Selbstverpflichtung des Handels, damit auch sämtliche Importe im Aerosolbereich umfaßt werden, nicht bis zum 1. Juni 1989 beim Bundesminister für Umwelt, Naturschutz und Reaktorsicherheit eingegangen sein, wird die Bundesregierung ersucht, dem Deutschen Bundestag bis zum 1. September 1989 den Entwurf für eine gleichgerichtete nationale, EG-konforme Verbotsregelung zuzuleiten.

8.2 *Kälte- und Klimabereich*

Die Bundesregierung wird ersucht, mit dem zuständigen Industrieverband ein Entsorgungskonzept für den Kälte- und Klimabereich bis zum 1. April 1989 vorzulegen. Sollte dies nicht erreichbar sein, wird die Bundesregierung gebeten, dem Deutschen Bundestag bis zum 1. Juni 1989 einen Vorschlag für eine rechtliche Regelung dieses Bereiches vorzulegen.

Die Bundesregierung wird ersucht, bis zum 31. Dezember 1990 eine Verpflichtungserklärung der entsprechenden Industrie und des Handels zu erreichen, die auch sämtliche Importe erfassen muß, daß spätestens ab dem 1. Januar 1992 nur noch Ersatzstoffe als Kühl- und Kältemittel eingesetzt werden, die auf lange Sicht als Ersatzstoffe dienen können.

Darüber hinaus soll in dieser Selbstverpflichtung auch eine Kennzeichnungsverpflichtung über die Recyclingfähigkeit der Kühl- und Kältemittel sowie der Geräte aufgenommen werden.

Sollte eine entsprechende Verpflichtungserklärung der Industrie nicht bis zum 31. Dezember 1990 beim Bundesminister für Umwelt, Naturschutz und Reaktorsicherheit vorliegen, wird die Bundesregierung ersucht, dem Deutschen Bundestag bis zum 1. Juni 1991 einen Vorschlag für eine gleichgerichtete, EG-konforme rechtliche Regelung zuzuleiten.

8.3 *Verschäumungsbereich*

Die Bundesregierung wird ersucht, bis zum 31. Dezember 1989 eine Verpflichtungserklärung der schaumstoffherstellenden Industrie zu erreichen, nach der im Jahre 1992 und in den folgenden Jahren eine Verringerung im Bereich der Schaumstoffherstellung um 80 Prozent erreicht wird. Dabei soll der FCKW-Einsatz bei den Polyurethan-Hartschäumen um mindestens 50 Prozent verringert werden.

Für die Weichschaumherstellung darf kein FCKW verwendet werden. XPS darf nicht mehr mit vollhalogenierten FCKW hergestellt werden.

Auch für die Herstellung mit teilhalogenierten ozonschädigenden FCKW ist nur eine Übergangszeit von fünf bis zehn Jahren je nach Gefährdungspotential vorzusehen.

Bei den übrigen Schaumstoffen soll eine Reduktion um 90 Prozent erreicht werden.

Insbesondere soll unverzüglich eine Regelung angestrebt werden, die die Herstellung und das Inverkehrbringen von FCKW in Verpackungsmaterial und Wegwerfgeschirr in der Bundesrepublik Deutschland unverzüglich unterbindet.

8.4 *Reinigungs- und Lösemittelbereich*

Die Bundesregierung wird ersucht, bis spätestens zum 31. Dezember 1989 eine Verpflichtungserklärung der entsprechenden Industrien und Verbände herbeizuführen, nach spätestens ab dem 1. Januar 1992 der FCKW-Einsatz bei Reinigungs- und Lösemitteln durch den Einsatz von Ersatzstoffen und -technologien sowie durch gekapselte Reinigungssysteme auf unumgängliche Einsatzbereiche eingeschränkt und in diesen Bereichen ab dem Jahre 1995 um 95 Prozent verringert wird. Dabei sind insbesondere die umweltrelevanten Eigenschaften der Chlorkohlenwasserstoffe verstärkt zu berücksichtigen.

8.5 Sollten entsprechende Verpflichtungserklärungen in den unter 8.3 und 8.4 genannten Bereichen nicht bis zum 31. Dezember 1989 beim Bundesminister für Umwelt, Naturschutz und Reaktorsicherheit vorliegen, wird die Bundesregierung ersucht, dem Deutschen Bundestag bis zum 1. Juni 1990 Regelungsvorschläge zur Erreichung der genannten Zielsetzungen vorzulegen.

8.6 Durch Vereinbarungen ist mit der Bundeswehr, mit den Trägern der Feuerwehr, den Brandschutzbeauftragten sowie den Versicherungen zu erreichen, daß

- bei Übungen auf den Einsatz von Halonen verzichtet wird, soweit die Sicherheit dies zuläßt,
- Halone aus Feuerlöschgeräten prinzipiell wiederverwertet werden.

8.7 Hinsichtlich der Ausgestaltung der Verpflichtungserklärungen der Industrie oder der rechtlichen Regelungen ist Voraussetzung, daß diese klare, für Parlament und Öffentlichkeit nachvollziehbare Kontrollmechanismen vorsehen. Es muß gewährleistet sein, daß es zu keinen Wettbewerbsverzerrungen innerhalb der EG kommt und ausländische Produzenten die Selbstverpflichtungen nicht unterlaufen können.

8.8 Die Bundesregierung wird aufgefordert, dem Deutschen Bundestag jährlich einen Bericht über die eingeleiteten Maßnahmen im internationalen, EG- und nationalen Bereich sowie eine Bilanzierung der Reduktionsquoten in der Bundesrepublik Deutschland zuzuleiten.

Dabei ist gleichzeitig darüber zu berichten, ob und in welcher Form eine Chlorbilanz der Atmosphäre vorgelegt werden kann.

9. Der Deutsche Bundestag begrüßt es, daß der Bundesminister für Forschung und Technologie als Antwort auf die Vorschläge der Enquete-Kommission zur Intensivierung der Atmosphärenforschung im Dezember 1988 ein Ozonforschungsprogramm vorgelegt hat, das den Vorschlägen der Enquete-Kommission im wesentlichen Rechnung trägt. Der Deutsche Bundestag erwartet, daß auch die anderen Vorschläge der Enquete-Kommission aufgegriffen und umgesetzt werden.

9.1 Im Ozonforschungsprogramm ist nicht vorgesehen, daß ein nationales Satellitenexperiment zur Erforschung der Erdatmosphäre gefördert werden soll. Bei der Erforschung der Atmosphärenchemie kommt der Satellitenbeobachtung eine große Bedeutung zu, weil nur so eine Reihe von wichtigen Daten gesammelt werden können, die anderweitig nicht erzielbar sind. Deshalb ersucht der Deutsche Bundestag die Bundesregierung (gemäß Beschluß in Drucksache 11/2946 Nr. 2.5), einen konkreten Plan zur Durchführung eines Satellitenexperimentes der Bundesrepublik Deutschland gegebenenfalls in Zusammenarbeit mit anderen (vor allem europäischen) Staaten vorzulegen und so schnell wie möglich erste Schritte zur Realisierung eines solchen Projektes einzuleiten.

Dazu müssen auch die notwendigen Forschungsvorprojekte schnell und umfassend gefördert werden.

9.2 In Übereinstimmung mit den Zielen des Ozonforschungsprogramms des Bundesministers für Forschung und Technologie ist der Deutsche Bundestag der Auffassung, daß ein Schwerpunkt der Forschungsvorhaben die Atmosphäre der nördlichen Hemisphäre ist.

Der Deutsche Bundestag ist ebenfalls der Auffassung, daß die weitere Beobachtung der Ozonkonzentration in der Antarktis und den Ländern der Südhalbkugel von entscheidender Bedeutung ist. Nur durch kontinuierliche Langzeitmessungen besteht die Möglichkeit, genaue Aussagen über die Entwicklung des Ozonabbaus zu treffen und den Einfluß natürlicher Schwankungen abzuschätzen. Die Erstellung dieser Informationen ist notwendig, da sich andere Staaten verstärkt aus diesen Regionen zurückziehen und ein erheblicher Mangel an satellitengetragenen Ozoninstrumenten existiert. Der Deutsche Bundestag ersucht die Bundesregierung in Zusammenarbeit mit den zuständigen wissenschaftlichen Organisationen der lateinamerikanischen Länder gemeinsame Meß- und Untersuchungsprogramme entlang der Breitengrade sowohl in bezug auf die Ozonverteilung als auch in bezug auf die Auswirkungen erhöhter UV-B-Strahlung auf Menschen, Tiere und Pflanzen durchzuführen. Dadurch besteht auch in verstärktem Umfang für die Bundesrepublik Deutschland die Möglichkeit, von anderen Ländern offengelassene Lücken zu besetzen und aufgrund der dadurch erzielten Ergebnisse das Gewicht der Bundesrepublik Deutschland in der Diskussion um weitreichende Maßnahmen erheblich zu verstärken.

Die Bundesregierung wird daher ersucht, zusätzlich zu ihren Aktivitäten in der Nordhemisphäre langfristige Meßprogramme in enger Kooperation mit den lateinamerikanischen Ländern auf der Südhalbkugel durchzuführen.

9.3 Der Deutsche Bundestag begrüßt, daß der Bundesminister für Forschung und Technologie auch Forschungsarbeiten über die möglichen biologischen Auswirkungen des Ozonabbaus in der Stratosphäre unterstützt. Der Deutsche Bundestag sieht es jedoch als notwendig an, daß die Forschungsmittel für diese Arbeiten entsprechend den für die Ozonforschung aufgebrachten Mitteln erhöht werden. Ebenso sollte die Erforschung der Troposphärenchemie verstärkt werden.

10. Wegen der Dringlichkeit der Maßnahmen zur weiteren FCKW-Reduktion hat der Deutsche Bundestag in dieser Entschließung die entsprechenden Empfehlungen aus dem Ersten Zwischenbericht der Enquete-Kommission vorab aufgegriffen. Die weiteren Empfehlungen aus dem Zwischenbericht zur Verhinderung einer weltweiten Klimaänderung, so zum Beispiel Maßnahmen im Energiebereich, werden in einer gesonderten Entschließung behandelt.

Bonn, den 22. Februar 1989

Der Ausschuß für Umwelt, Naturschutz und Reaktorsicherheit

Dr. Göhner	**Schmidbauer**	**Frau Dr. Segall**	**Müller (Düsseldorf)**	**Dr. Knabe**
Vorsitzender	Berichterstatter			

Bericht der Abgeordneten Schmidbauer, Frau Dr. Segall, Müller (Düsseldorf), Dr. Knabe

Der Erste Zwischenbericht der Enquete-Kommission — Drucksache 11/3246 — wurde in der 115. Sitzung des Deutschen Bundestages am 7. Dezember 1988 dem Ausschuß für Umwelt, Naturschutz und Reaktorsicherheit federführend und dem Finanzausschuß und den Ausschüssen für Wirtschaft, für Jugend, Familie, Frauen und Gesundheit sowie für Forschung und Technologie zur Mitberatung überwiesen.

Die Stellungnahme des Finanzausschusses lag zum Zeitpunkt der Beschlußfassung nicht vor.

Der Ausschuß für Wirtschaft hat den Ersten Zwischenbericht in seiner Sitzung am 25. Januar 1989 beraten und diesen einstimmig zur Kenntnis genommen.

Der Ausschuß für Jugend, Familie, Frauen und Gesundheit hat den Ersten Zwischenbericht in seiner Sitzung am 22. Februar 1989 beraten und hat die bei der Beschlußfassung im Umweltausschuß vorliegende ,Erste Beschlußempfehlung des Ausschusses für Umwelt, Naturschutz und Reaktorsicherheit zum Ersten Zwischenbericht der Enquete-Kommission „Vorsorge zum Schutz der Erdatmosphäre" — Drucksache 11/3246 — hier: Maßnahmen zur Reduktion der Emissionen von Fluorchlorkohlenwasserstoffen zur Eindämmung des Ozonabbaus in der Stratosphäre und als erster Beitrag zur Verminderung des Treibhauseffektes' einstimmig gebilligt.

Der Ausschuß für Forschung und Technologie hat den Ersten Zwischenbericht in seiner Sitzung am 15. Februar 1989 außerhalb der Tagesordnung beraten und diesen einvernehmlich anerkennend zur Kenntnis genommen.

Der Ausschuß für Umwelt, Naturschutz und Reaktorsicherheit hat den Ersten Zwischenbericht der Enquete-Kommission „Vorsorge zum Schutz der Erdatmosphäre" — Drucksache 11/3246 — in seiner 43. Sitzung am 25. Januar 1989 erstmalig beraten. In der 44. Sitzung des Ausschusses am 15. Februar 1989 wurde die Beratung fortgesetzt, und in der 45. Sitzung am 22. Februar 1989 wurde die Beratung abgeschlossen.

Die Fraktionen der CDU/CSU und FDP brachten zu Beginn der Beratungen zum Ausdruck, daß sich die Vorstellungen der einzelnen Fraktionen lediglich in Nuancen unterscheiden würden und daß die Empfehlungen der Enquete-Kommission übernommen werden sollten. Klarheit bestand darüber, daß es durchaus einige gesondert zu beratende Punkte gibt. Bei der Vorlage des Entschließungsantrages in der 45. Sitzung des Ausschusses am 22. Februar 1989 wurde darauf hingewiesen, daß sämtliche Empfehlungen der Enquete-Kommission im Entschließungsantrag aufgeführt seien; Einvernehmen wurde darüber erzielt, sämtliche Zeitvorstellungen in den Empfehlungen der Kommission in den Entschließungsantrag zu übernehmen. Einige Punkte aus dem Forschungsbereich sollten spezifiziert werden, so daß letztlich über den Enquete-Bericht hinausgegangen werde.

In bezug auf einige Äußerungen des Bundesministeriums für Forschung und Technologie zu einem bestimmten Forschungsprojekt wurde eine abweichende Beurteilung hervorgehoben. Beide Koalitionsfraktionen forderten einvernehmlich, daß das Projekt Athmos nicht fallengelassen werden solle.

Es wurde darauf hingewiesen, daß die Entwicklung in den vergangenen Monaten bereits Anlaß zu Optimismus gebe: Aus den Anzeigen der Hersteller von Kühlschränken ergebe sich deutlich, daß bereits eine Reduzierung ozonschichtschädigender Stoffe bei der Herstellung eingeplant werde. Damit erscheine der Vorschlag der Enquete-Kommission nach einer stufenweisen Reduzierung um 95 % in den nächsten 5 Jahren als realistisch. In diesem Zusammenhang wurde auf die Problematik der Ersatzstoffe hingewiesen. Der vorliegende Bericht fordere dazu eine Bilanzierung im Rahmen der Fortberatung des Montrealer Protokolls bis 1992. Schwierigkeiten im Zusammenhang mit dem ozonschädigenden Potential des Ersatzstoffes 22 seien vorhanden. Für den Fall, daß Selbstverpflichtungen nicht vereinbart werden könnten, sei es ganz wesentlich, gesetzliche Regelungen zu schaffen; das Bundesministerium für Umwelt, Naturschutz und Reaktorsicherheit wurde gebeten, derartige Regelungen vorzubereiten.

Es wurde kritisiert, daß bestimmte Randprobleme, wie beispielsweise der Einsatz von Schwefeldioxid im Bereich der Kühl- und Kältemittel, in den Vordergrund gerückt würden, um von wichtigen Problemen abzulenken und dadurch zu unterstreichen, daß die Umsetzung in der Praxis nicht rasch machbar sein würde. Demgegenüber sei es aber positiv zu bewerten, daß die Industrie die Bereitschaft zur Anpassung signalisiere. Ein Umdenken in der Industrie sei zu beobachten. In einem Zeitraum von etwa einem halben Jahr sei, ganz gegen die zuvor herrschenden Erwartungen, die Reduzierung von FCKW als Kühlmittel um 50 % angekündigt worden. Namhafte Hersteller im Verschäumungsbereich hätten bereits den Verzicht auf XPS-Schäume erklärt, ebenfalls völlig gegen zuvor bestehende Erwartungen. Im übrigen solle die gemeinsame Erklärung der Industrie zu dem Zwischenbericht der Enquete-Kommission abgewartet werden, in der möglicherweise Aussagen über die Ersatzstofforschung gemacht würden.

Die Realisierung der Reduktionsquoten wurde in kleinen Schritten für machbar angesehen. Angesichts dieser Perspektiven bedeute die vorausgesetzte 20 %ige Reduktion in den kommenden drei Jahren eine ziemlich realistische Einschätzung. Für die Vereinbarung kontrollierter Selbstverpflichtungen würden vor allem rechtliche Gründe sprechen, wenngleich hierbei nicht außer acht gelassen werden dürfe, daß es in diesem Zusammenhang Versuche geben könne, eine defensive Strategie zu betreiben.

Entsprechend der in allen im Ausschuß vertretenen Fraktionen sichtbar gewordenen Neigung, einen von allen Fraktionen getragenen Entschließungsantrag zu erarbeiten, wurde von seiten der Koalitionsfraktionen angeregt, daß sich Berichterstatter und Obleute zusammensetzen, um die angestrebte gemeinsame Entschließung in die Wege zu leiten.

Die Fraktion der SPD bemängelte zunächst, daß eine ausführliche Beschäftigung mit der Thematik in der Enquete-Kommission lediglich einer rudimentären Beschäftigung mit deren Ergebnissen in den Ausschüssen entspreche. Der Bericht der Enquete-Kommission dürfe nicht so gehandhabt werden wie das bei anderen Kommissionsberichten der Fall gewesen sei. Im Rahmen eines stattzufindenden Berichterstattergespräches müßte auch überlegt werden, wie man eine relativ kontinuierliche Bearbeitung der gesamten Problembreite gewährleisten könne. In diesem Zusammenhang wird die Bildung einer ständigen Koordinierungsgruppe vorgeschlagen.

Unabhängig von den Empfehlungen der Enquete-Kommission würde eine Reihe von Fragestellungen bestehen. Hierzu gehöre die Tatsache, daß Versicherungsunternehmen ihren Versicherungsnehmern dann besonders günstige Tarife geben würden, wenn diese ihre Feuerlöschsysteme mit den besonders problematischen Halonen ausrüsten würden. Zu klären sei auch, wie hoch der Halonen-Einsatz im Bereich der Bundeswehr ist. Es müsse auch daran gedacht werden, die mit der FCKW-Problematik zusammenhängenden Gesetze zu novellieren. Werde beispielsweise eine Recyclingpflicht für Kühlschränke vorgesehen, so müßte diese im Abfallgesetz geregelt sein. Offene Fragen würden auch im Bereich des Bundes-Immissionsschutzgesetzes bestehen, aber auch hinsichtlich des Chemikaliengesetzes. Es wird vorgeschlagen, derartige Fragestellungen in der vorgeschlagenen Koordinierungsgruppe vorbereitend zu behandeln.

Offen sei auch, wie weit die Erstellung einer Chlorbilanz, einem Auftrag der Enquete-Kommission, gediehen sei. Überdies sei es nicht hinnehmbar, wenn das Montrealer Protokoll durch die Verwendung dort nicht geregelter Stoffe unterlaufen werde. Es stelle sich die Frage nach den zu erarbeitenden Regelungen, beispielsweise für bestimmte Bromverbindungen und Halone. Wesentlich sei es auch, über diejenigen Punkte zu diskutieren, in denen es nicht um Selbstverpflichtungen gehe, bei denen vielmehr sofortige Verbote in Betracht gezogen werden müßten. Als Beispiel wurde das auch im Kommissionsbericht erwähnte „Wegwerfgeschirr" genannt. Über die Parteigrenzen hinweg sei es auch notwendig, sich über Umweltabgaben Gedanken zu machen.

Der politischen und ökologischen Bedeutung des Berichtes diene nur eine konsensorientierte Arbeitsform. Diese Absicht diene der von der Fraktion der SPD vorgeschlagenen begleitenden Arbeitsgruppe. Den zu diesem Thema bereits vorliegenden Voten seien zum Teil Übereinstimmungen mit den Zielen der Enquete-Kommission zu entnehmen, teilweise aber auch eine völlig undifferenzierte Ablehnung festzustellen.

Die Fraktion der SPD erinnert an das in diesem Ausschuß mehrfach erzielte Einvernehmen bezüglich wesentlicher übergreifender Problemstellungen mit dem Erfolg, einen gemeinsamen Entschließungsantrag aller vier Fraktionen zu erstellen. Die Fraktion befürwortet ausdrücklich die Erarbeitung eines gemeinsamen Entschließungsantrages zu diesem Bericht. Es wird deshalb vorgeschlagen, so schnell wie möglich eine Abklärung noch offener Fragen unter Berücksichtigung der gesamten Tätigkeit der Enquete-Kommission zwischen allen Berichterstattern zu erzielen.

Die Fraktion DIE GRÜNEN hebt zunächst die Arbeit der Enquete-Kommission lobend hervor. Die Kommission habe sich den Problemen voll gestellt. Gemeinsam habe man versucht, Lösungswege zu finden. Das Ozonloch über der Antarktis sei ein früher unbekanntes und lange unterschätztes Phänomen gewesen. Der Bericht als solcher sei keineswegs ausreichend, wesentlich sei es vielmehr, nunmehr in einem zweiten Umsetzungsprozeß innerhalb der einzelnen Fraktionen die Ergebnisse mitzutragen. Die hierzu erforderliche Diskussion müsse im Umweltausschuß, aber auch im Wirtschaftsausschuß geführt werden. Die Fraktion DIE GRÜNEN erklärt, daß sie zur Arbeit an einer gemeinsamen Entschließung bereit sei, wobei davon ausgegangen werde, daß die zusammen mit dem Bericht auf der Tagesordnung stehenden Empfehlungen für internationale Verhandlungen in die Diskussion mit einbezogen würden. Es werde ferner davon ausgegangen, daß auch die Vorschläge im ursprünglichen, jedoch bereits abgelehnten Antrag der Fraktion DIE GRÜNEN, in diesem Zusammenhang berücksichtigt würden. Die Bereitschaft, neue Tatsachen und Erkenntnisse aufzunehmen, die zum damaligen Zeitpunkt nicht bekanntgewesen seien, sei vorhanden.

Die Fraktion DIE GRÜNEN hält ebenfalls ein spezielles Modell für die Arbeitsweise auf diesem Gebiet für erforderlich; dementsprechend sollten Vertreter der Enquete-Kommission im jeweiligen Ausschuß dann anwesend sein, wenn der Bericht der Enquete-Kommission dort beraten werde.

Schließlich wies die Fraktion DIE GRÜNEN darauf hin, daß die FCKW-Problematik lediglich einen Teil der Arbeit der Enquete-Kommission erfasse, so daß im Ausschuß noch die Beschäftigung mit den Fragen von Klimaänderungen und Tropenwaldsituation bevorstehe.

Die Berichterstatter stimmen darin überein, daß die mehrfach zitierte Formulierung „einer mindestens 95prozentigen Reduzierung" praktisch die totale Beseitigung der geregelten FCKW bedeute.

In der 45. Sitzung des Ausschusses für Umwelt, Naturschutz und Reaktorsicherheit am 22. Februar 1989 wurde der Vorschlag für eine Erste Beschlußfassung des Ausschusses zum Ersten Zwischenbericht der Enquete-Kommission „Vorsorge zum Schutz der Erdatmosphäre" — Drucksache 11/3246 — hier: „Maßnahmen zur Reduktion der Emissionen von Fluorchlorkohlenwasserstoffen zur Eindämmung des Ozonabbaus in der Stratosphäre und als erster Beitrag zur Verminderung des Treibhauseffektes" vorgelegt, beraten und zur Abstimmung gestellt.

Der Ausschuß für Umwelt, Naturschutz und Reaktorsicherheit hat einstimmig, bei einer Enthaltung, beschlossen, diesen Vorschlag als Erste Beschlußempfehlung dem Plenum zur Annahme zu empfehlen.

Bonn, den 8. März 1989

Schmidbauer **Frau Dr. Segall** **Müller (Düsseldorf)** **Dr. Knabe**

Berichterstatter